钛基材料制造

Titanium Based Material Manufacture

杨保祥　胡鸿飞　何金勇　张桂芳　编著

北　京

冶金工业出版社

2015

内容简介

本书比较全面、系统、深入地介绍了钛产业发展要素的构成及钛基材料制造的特点，分析阐述了钛资源状况、不同类型资源提钛工艺、不同时期钛提取应用发展、不同地域钛产业发展配置、钛制品的内生演化以及应用延伸要求，其主要内容包括钛基础、钛制品制造、钛制品应用、钛产业发展及钛基材料制造有关的数据等。

本书适用以下人员参考阅读：围绕钛资源、技术装备、产品、环境和市场展开竞争合作的专家学者，钛专业生产厂的专业技术和科技管理人员，钛制品的专业销售推广人员，钛相关行业技术决策咨询机构人员，钛产业相关地区的政府经济规划和科技管理人员，科研院所的教学研究设计人员，有关专业的大专院校师生等。

图书在版编目（CIP）数据

钛基材料制造／杨保祥等编著 . —北京：冶金工业出版社，2015.1

ISBN 978-7-5024-6803-3

Ⅰ . ①钛… Ⅱ . ①杨… Ⅲ . ①钛基合金—金属材料 Ⅳ . ①TG146.2

中国版本图书馆 CIP 数据核字（2015）第 003310 号

出 版 人　谭学余
地　　址　北京市东城区嵩祝院北巷 39 号　邮编　100009　电话　(010)64027926
网　　址　www.cnmip.com.cn　电子信箱　yjcbs@cnmip.com.cn
责任编辑　于昕蕾　美术编辑　吕欣童　版式设计　孙跃红
责任校对　石　静　责任印制　牛晓波
ISBN 978-7-5024-6803-3
冶金工业出版社出版发行；各地新华书店经销；三河市双峰印刷装订有限公司印刷
2015 年 1 月第 1 版，2015 年 1 月第 1 次印刷
787mm×1092mm　1/16；38.5 印张；936 千字；598 页
120.00 元

冶金工业出版社　投稿电话　(010)64027932　投稿信箱　tougao@cnmip.com.cn
冶金工业出版社营销中心　电话　(010)64044283　传真　(010)64027893
冶金书店　地址　北京市东四西大街 46 号(100010)　电话　(010)65289081(兼传真)
冶金工业出版社天猫旗舰店　yjgy.tmall.com
（本书如有印装质量问题，本社营销中心负责退换）

前　言

　　钛产业发展以技术理论突破为引导，高新技术产品为目标，资源—技术—市场—环境互动为动力，体现了技术能力本位建设的重要性。钛产业发展经历了发现、发明、专业认知、技术成熟和市场成熟五个阶段，不同的发展阶段拥有各种差异和不平衡，发现的茫然、发明遭遇的低专业认知、技术成熟和市场成熟的不同步、产业要素互动的不深刻、政治经济军事在钛产业发展中的拦腰式竞争以及全球范围竞争合作领域的变迁使钛产业发展走出了一条不平凡而又充满传奇之路。

　　钛产品以典型特殊性能著称，应用以国家部门为核心进行有限度的扩散，部分产品技术被设置禁区。随着钛产品制备技术的成熟发展和全球政治经济社会发展一体化进程的加快，钛产品正在从单一形态走向多元化，从独特性能向多功能转化，强化应用功能和性能的产品设计赋予，形成了形状、性能和功能性统一的复合体，逐步提高专业性，精确对接不同领域的产业产品需求。

　　20世纪40年代钛的工业化制造使钛一跃成为新型结构材料、装饰材料和功能材料的代表，加速了航空航天事业的迅速发展，实现了人类历史发展时空的跨越与转换，改变了科学探索发现的重心，承载并放飞了人类遨游太空的梦想。钛工业在较长一段时间里是由国家军事单位主导的，单一军事用途强化了钛技术发展的国家使命，钛产品技术的军事工业应用使军事对抗的空间和方式发生质的改变，促进了国家间竞争的良性互动，并且使竞争的方式趋于理性，将国家化的竞争进一步引向外空间，增加了技术、经济、军事和社会发展的多元考量。世界经济社会发展和技术进步给钛工业提供了钛产品技术转移的机会，钛产品技术由单一军事用途转变为军民的共同功能开发，钛的军事民用的多用途和多功能应用交织放大了钛合金应用性能的拓展，使钛与卫星、航天、航空、冶金、建筑、化工、电力、电子、海洋、造船、体育、轻工、机械、装饰和医疗等领域结合，改变了现代人类社会的生活方式和世界经济发展模式。

20世纪20年代的硫酸法钛白和50年代的氯化钛白的工业化制造催生了一场颜料革命，实现了无机颜料高纯度和高稳定性的统一，改变了人们对无机颜料的传统性认识，给无机颜料提供了一种具有良好着色力、遮盖力和稳定性优异的高纯度无机颜料化合物选择，呈现给人类一个绚丽多彩的世界。钛白正在改变和改造涂料、油漆、造纸、化纤、油墨、橡胶加工、化工、电子和食品工业的发展，技术进步和经济社会发展促进了钛产业发展的精品化和高附加值化，带动钛矿开发、能源、设备集成和金属加工发展，直接改变了世界经济发展的地理布局。

作者潜心研究钛提取应用技术已近30年，一直关心关注钛产业的创新发展，钛是作者科研经历最丰富的领域之一，在攀枝花的工作经历使作者有幸见证了中国钛提取应用产业技术发展的艰辛和成长辉煌。岁月似水，钒钛如歌，20世纪60年代国家重点发展钒钛资源得天独厚的攀枝花。较长时间里国家高度重视，部门高效协调，坚持大矿大开大利用，铁钒钛均衡开发升华资源价值链，全国动员技术配套支持，全产业链发展，集群化创新，产业链互动，成就功能钒钛和精致钢铁。钒钛影响、改变了中国攀枝花，攀枝花影响、改变了世界钒钛经济地理分布，具献特色工程结构材料和功能材料，正在影响世界高新技术的发展进程。

有关钛的文献书籍比较多，有关专家学者从不同角度描述钛，这些书籍我们大多拜读过，受益匪浅。我1985年进入攀钢从事钒钛研究，接触了许多与钒钛有关的人和事，经过二十多年的研究、学习和积累，对钛的认识视角不断发生变化，希望通过记录我们从事钒钛研发和产业实践的经验，撰写一本适合钒钛研究和钒钛产业发展的书，权当参考资料，更好地为钒钛产业的产品高端化和高新技术化服务。

何金勇是攀枝花市银江金勇工贸有限责任公司的董事长，我们的合作伙伴，一直致力于钛铁合金生产应用技术的深度研究与示范，生产出金红石型80TiFe，攀枝花市银江金勇工贸有限责任公司40TiFe、50TiFe和80TiFe企业标准已上升为国家标准；胡鸿飞是攀枝花钢铁研究院和四川钒钛产业技术研究院副院长、国家钒钛资源综合利用重点实验室主任，长期从事钒钛产业技术研究开发和科技创新管理，曾经率队攻关，成功解决中国氯化钛白氧化反应器长周期运行问题，受到业界好评；张桂芳博士是昆明理工大学的教授，也是我们的合作伙伴，致力于钒钛磁铁矿冶炼技术的教学研究，基础理论研究造诣较深，提供了大量的模型数据参考，增加了本书的关联性认识。

本书包括4个篇章，第1篇钛基础篇，第2篇钛制造篇，第3篇钛应用篇，第4篇钛产业发展篇，附录给出了与钛制造有关的数据。第1篇按照钛的性质、钛的化合物、钛资源和提钛矿物等进行谋篇布局。第2篇则按照不同矿物、不同工艺和不同类别产品进行重点分析，通过不同原料基础和工艺递进生产优质钛产品。第3篇以钛白、钛金属及其合金产品为重点，突出钛的结构、装饰和功能应用，特别是各类实用钛合金，以钛系合金为重点突出钛的钢铁和有色金属合金的应用特性；以钛系化合物突出功能材料特性。第4篇则展现在一个地区内一个大产业链的集中发展，着眼特色资源的分类利用，把握钛技术研究与产业的结合基础，展现攀枝花钛产业全方位发展历程，见证中国钛产业的创新发展与壮大。附录主要强调关联性认识。

本书旨在建立产业框架，提供一个全面的专业索引，按照钛产业重点发展要素进行布局，大了解，小认识，深内涵，广覆盖，使研究、产业和学术各取所需。

本书成书过程参考较多资料，部分来自科研报告、期刊和书籍，部分为内部资料，部分则来自网络，也有部分来自老师、同仁的传承。有关钛的研究综述类文章较多，相互引证印证，本书有时通过多层次分析形成印象结论，这里对被引用和参考的文献的作者和献身钛技术研究的同仁表示感谢和敬意。参考文献部分如有疏漏，敬请包涵。由于时间限制以及学术水平有限，部分资料年代跨度较大，外文资料译文有多个版本，印证考据难度较大，特别是初期钛资源的稀缺性和应用领域的敏感性，导致业界出现一些复杂的认识，因此书中难免有疏忽不当之处，敬请读者不吝指正。各位专家教授同仁如对书中观点持不同意见，我们愿意一起探讨。

本书撰写过程凝聚了一批人的创新积累和共识，我们不评价过去学者的观点，也不讨论其对产业发展的影响，仅用现在的一个视角审视钛基材料制造业的发展。攀枝花钢铁研究院的朱胜友、缪辉俊、王怀斌、牛茂江、杨仰军、陈永、程晓哲、宋国菊、锡淦、赵青娥、周玉昌、弓丽霞、杜剑桥、陈新红、李礼、伍良英、董雅君、王彦华、宁雄显、刘锦燕、周艾然、孙茂、陈祝春、李龙、李军、何安西、穆宏波、潘平、陆平、刘森林、穆天柱、路瑞芳、任亚平、罗志强、王斌、吴键春、马维平、张继东、沈小小、杨小琴、李良、王建鑫、张苏新、黄家旭、李开华、叶恩东和韩可喜等专家从专业角度给予了专业经验借鉴以及保密审查，杜明、郭继科、何翠芬、刘娟、李开华、陈亚非、吴轩、李亮、李庆、李凯茂、肖军、张兴勇、邓斌、赵三超、朱福兴、杨梦西和董艳华等提供了专业的图表；西安建筑科技大学朱军教授，陕西理工学院李雷权教授，荣大公司章荣会教授，攀钢景海都高工，攀枝花学院杨绍利教授，攀枝花市钒钛产业协会彭天柱、张祖光和郑谟，四川钒钛产业技术研究院罗昌轶、张雪峰、罗涛、曾志勇和张茂斌高工，攀枝花市银江金勇工贸有限责任公司蒲芝明、何源、何霞和蒲小丽等，攀枝花市老年科技工作者协会聂仲清、邹京发、苟帮云和何富本高工等也对成书做出了贡献。十分感谢为我们提供资料、论证、论据、校正、制图、审阅以及关心支持的业界朋友们！

　　本书适合以下人员参考：围绕钛资源、技术装备、产品、环境和市场展开竞争合作的专家学者；钛专业生产厂的专业技术和科技管理人员；钛制品的专业销售推广人员；钛相关行业技术决策咨询机构人员；钛产业相关地区的政府经济规划和科技管理人员；大专院校和科研院所的师生及研究设计人员。

杨保祥

2015 年 1 月于攀枝花

目　录

✤ 第1篇　钛　基　础 ✤

1　绪论 ……………………………… 1

2　钛及其化合物 ………………… 6

2.1　钛 …………………………………… 6
2.1.1　钛的基本性质 …………… 6
2.1.2　钛的同位素 ……………… 7

2.2　钛的性能 ………………………… 7
2.2.1　纯钛的分类 ……………… 7
2.2.2　钛的强度 ………………… 7
2.2.3　钛的化学活性 …………… 7
2.2.4　钛的热性能 ……………… 8
2.2.5　钛的可塑性 ……………… 8
2.2.6　钛的低温性能 …………… 8
2.2.7　钛的耐蚀性能 …………… 8
2.2.8　钛的耐热性 ……………… 8
2.2.9　纯钛性能 ………………… 8
2.2.10　重要的含钒钛合金 …… 9
2.2.11　钛合金形成元素 ……… 10
2.2.12　钛的典型金属间化合物
……………………………………… 10
2.2.13　钛的不反应元素 ……… 11
2.2.14　钛的结合杂质及其影响
……………………………………… 11
2.2.15　热氢处理 ……………… 12
2.2.16　工业化制钛方法 ……… 12
2.2.17　在研制钛方法 ………… 12
2.2.18　可能的制钛途径 ……… 12

2.3　钛的化学性质 ………………… 13
2.3.1　化学反应 ……………… 13
2.3.2　其他形式的化学反应 … 13

2.3.3　钛与 HF 和氟化物 ……… 13
2.3.4　钛与 HCl 和氯化物 ……… 13
2.3.5　钛与硫酸和硫化氢 ……… 13
2.3.6　钛与硝酸和王水 ……… 14

2.4　钛的化合物 …………………… 14
2.4.1　钛的无机化物 ………… 14
2.4.2　钛的有机化合物 ……… 32

2.5　钛的生物特性 ………………… 35
2.5.1　放电等离子烧结工艺 … 35
2.5.2　粉末注射成型技术 …… 36
2.5.3　Ti 合金 – 生物陶瓷复合
材料的研发 ……………………… 36

3　钛资源 ……………………… 37

3.1　钛的地球化学 ………………… 37
3.2　钛矿的成矿特点 ……………… 39
3.3　重要钛矿床 …………………… 42
3.3.1　钒钛磁铁矿岩矿床 …… 42
3.3.2　钛铁矿砂矿床 ………… 47
3.3.3　金红石岩矿床 ………… 50
3.3.4　其他 …………………… 51

3.4　钛矿物 ………………………… 51
3.4.1　钛铁矿 ………………… 53
3.4.2　钛磁铁矿 ……………… 54
3.4.3　白钛石 ………………… 54
3.4.4　金红石 ………………… 54
3.4.5　钙钛矿 ………………… 55
3.4.6　锐钛矿 ………………… 55
3.4.7　板钛矿 ………………… 55

3.5 工业矿物 …………… 56

3.6 资源分布 …………… 58

3.6.1 国内资源分布 …………… 58

3.6.2 国外资源分布 …………… 60

❈ 第 2 篇 钛 制 造 ❈

4 钛材料制造技术——
钛精矿 …………… 63

4.1 钛矿选别基础 …………… 63

4.1.1 粗选 …………… 64

4.1.2 重力选矿 …………… 64

4.1.3 浮选 …………… 64

4.1.4 磁选 …………… 65

4.1.5 电选 …………… 65

4.2 钛铁矿的矿石性质 …………… 66

4.2.1 海滨砂矿的矿石性质 …… 66

4.2.2 钛铁矿风化壳或残坡积
砂矿的矿石性质 …… 68

4.2.3 岩矿钛铁矿性质 …… 71

4.3 钛铁矿选矿 …………… 75

4.3.1 砂矿钛铁矿选矿 …… 75

4.3.2 钛原生矿（脉矿）的
选矿 …… 86

4.3.3 钛铁矿岩矿 …… 86

4.4 典型选矿厂 …………… 90

4.4.1 中国攀枝花典型选矿厂 … 90

4.4.2 中国承德典型选矿厂 … 90

4.4.3 美国麦金太尔选矿厂 … 90

4.4.4 芬兰奥坦麦基选矿厂 … 91

4.4.5 俄罗斯卡奇卡纳尔
选矿厂 …… 91

4.4.6 新西兰试验选厂 … 91

4.5 钛铁矿选矿设备 …………… 92

4.5.1 筛分分级设备 …… 92

4.5.2 洗矿 …… 94

4.5.3 重选 …… 95

4.5.4 强磁选 …… 96

4.5.5 浮选 …… 97

4.5.6 电选 …………… 98

4.6 选矿药剂 …………… 99

4.6.1 黄药 …… 99

4.6.2 起泡剂 …… 100

4.6.3 调整剂 …… 100

4.6.4 抑制剂 …… 100

4.6.5 活化剂 …… 101

4.6.6 介质 pH 值调整剂 … 101

4.7 钛精矿标准 …………… 102

4.7.1 中国钛精矿行业标准
YB 4031—91 …… 102

4.7.2 世界各地钛铁矿精矿
的化学组成 …… 103

4.7.3 钛精矿质量标准
YB/T 4031—2006 …… 103

4.7.4 上海、株洲电焊条厂
对钛铁精矿质量要求 …… 104

5 钛材料制造技术——
天然金红石 …………… 105

5.1 天然金红石 …………… 105

5.1.1 金红石矿物特征 …… 105

5.1.2 天然金红石产品特征 …… 106

5.2 金红石矿床的分类及其主要
地质特征 …………… 106

5.2.1 变质类矿床 …… 107

5.2.2 与侵入岩有关的矿床 …… 109

5.2.3 沉积类矿床 …… 111

5.2.4 碱性岩风化型矿床 …… 112

5.3 金红石矿物选矿特性及其
工艺要求 …………… 113

5.3.1 金红石砂矿的选矿特性
及其工艺要求 …… 113

5.3.2 金红石脉矿特点及选矿
工艺选择 …………… 115
5.5 典型金红石选矿 ………… 116
5.5.1 山西代县碾子沟
金红石矿 ………… 116
5.5.2 四川会东新山
金红石矿 ………… 117
5.5.3 湖北枣阳金红石矿 … 117
5.5.4 陕西商南金红石矿 … 117
5.5.5 江苏等地金红石矿 … 117
5.5.6 河南方城金红石矿 … 118
5.6 国内外天然金红石矿物
质量及用途 ………… 118
5.6.1 国内外天然金红石
矿物质量 ………… 118
5.6.2 金红石矿产品用途
及特点 …………… 119

6 钛材料制造技术——
人造富钛原料 ………… 120
6.1 人造金红石 …………… 120
6.1.1 ILuka 还原锈蚀法 … 120
6.1.2 盐酸浸出法 ……… 123
6.1.3 硫酸浸出法 ……… 124
6.1.4 稀盐酸常压流态化
浸出法 …………… 126
6.1.5 UGS 升级钛渣法 … 126
6.1.6 碱处理法 ………… 128
6.1.7 氯化处理 ………… 130
6.2 中国人造金红石生产实践 …… 130
6.2.1 盐酸法人造金红石 … 130
6.2.2 还原磨选富钛料 … 132
6.3 主要原料 …………… 135
6.3.1 主要钛原料 ……… 135
6.3.2 辅助原料 ………… 136
6.3.3 工业燃料 ………… 138
6.3.4 典型设备配置 …… 139
6.3.5 重要厂家 ………… 139

6.3.6 典型工艺 ………… 139
6.4 人造金红石标准
YS/T 299—2010 …… 141
6.4.1 人造金红石（Artificial rutile）
说明 ……………… 141
6.4.2 人造金红石 ……… 141

7 钛材料制造技术——
钛渣 ………………… 144
7.1 钛渣及其分类 ………… 144
7.1.1 定性分类 ………… 144
7.1.2 定位分类 ………… 145
7.2 钛渣冶炼技术 ………… 146
7.2.1 钛渣冶炼技术特征 … 147
7.2.2 钛渣冶炼原理 …… 149
7.2.3 炉料系统配置要求 … 150
7.2.4 电控系统要求 …… 153
7.2.5 挂渣保护 ………… 153
7.2.6 操作制度 ………… 154
7.3 钛渣冶炼设备 ………… 155
7.3.1 电炉选择 ………… 155
7.3.2 电极选择 ………… 163
7.3.3 耐火材料选择 …… 167
7.3.4 原料及配上料系统 … 169
7.3.5 电炉辅助系统 …… 169
7.3.6 成品加工系统 …… 170
7.3.7 钛渣冶炼操作制度 … 170
7.4 典型钛渣冶炼技术 …… 171
7.4.1 Rio Tinto 钛铁公司
（QIT）矩形电炉熔炼
钛渣技术 ………… 172
7.4.2 乌克兰半密闭圆形电炉
熔炼钛渣技术 …… 175
7.4.3 乌克兰输出 25MV·A
圆形半密闭电炉熔炼
技术 ……………… 175
7.4.4 国内矩形电炉熔炼钛渣
技术 ……………… 176

7.4.5 南非密闭圆形电炉熔炼
钛渣技术 ……… 177

7.4.6 小型钛渣电炉冶炼适用
技术参数选择与经济
技术指标 ……… 177

7.5 强化冶炼措施分析 ……… 178

7.5.1 提高极心圆功率密度 …… 178

7.5.2 提高极心圆面积功率
密度 ……… 179

7.5.3 增大电极电流密度 …… 179

7.6 钛铁矿预处理冶炼钛渣 ……… 180

7.6.1 钛精矿球团冶炼高钛渣
试验 ……… 180

7.6.2 攀枝花钛精矿氧化焙烧——
密闭电炉冶炼钛渣
半工业试验 ……… 181

7.6.3 攀枝花钛精矿预还原——
密闭电炉冶炼钛渣半工业
试验 ……… 181

7.6.4 深还原钛渣 ……… 182

7.7 钛渣质量 ……… 183

7.7.1 钛渣标准 ……… 183

7.7.2 钛渣测试 ……… 183

7.8 主要钛精矿原料 ……… 186

**8 钛材料制造技术——
硫酸法钛白** ……… 187

8.1 硫酸法生产工艺技术 ……… 187

8.1.1 硫酸法生产工艺技术
原理 ……… 187

8.1.2 酸解 ……… 189

8.1.3 酸解节约用酸的方法 …… 194

8.1.4 浸取 ……… 195

8.1.5 钛液的还原 ……… 195

8.1.6 钛液除杂与深度净化 …… 196

8.1.7 沉清/沉降 ……… 199

8.1.8 绿矾回收 ……… 200

8.1.9 钛液的浓缩 ……… 200

8.1.10 水解 ……… 200

8.1.11 钛液的早期水解及影响
钛液稳定性的因素 …… 206

8.1.12 过滤洗涤 ……… 208

8.1.13 盐处理 ……… 210

8.1.14 煅烧 ……… 217

8.1.15 提高钛白白度的措施 … 218

8.1.16 物料平衡 ……… 219

8.1.17 硫酸法钛白工艺特点 … 219

8.1.18 钛白包膜 ……… 220

8.1.19 硫酸法钛白工艺发展
趋势 ……… 220

8.2 钛白原料 ……… 221

8.2.1 钛精矿 ……… 221

8.2.2 钛渣 ……… 224

8.2.3 硫酸 ……… 226

8.2.4 氢氟酸 ……… 227

8.2.5 磷酸 ……… 227

8.2.6 纤维素 ……… 228

8.2.7 絮凝剂 ……… 228

8.2.8 氢氧化钠 ……… 229

8.2.9 石灰 ……… 229

8.2.10 三氧化二锑 ……… 229

8.3 硫酸法钛白主要设备 ……… 230

8.3.1 主体设备 ……… 230

8.3.2 电器设备 ……… 233

8.4 硫酸法钛白的技术参数 ……… 233

**9 钛材料制造技术——
四氯化钛** ……… 238

9.1 四氯化钛 ……… 238

9.1.1 四氯化钛性质 ……… 238

9.1.2 安全特性 ……… 239

9.1.3 急救措施 ……… 239

9.2 四氯化钛生产工艺技术
原理 ……… 239

9.2.1 TiO_2 直接氯化 ……… 239

9.2.2 TiO_2 加碳氯化 ……… 240

9.2.3　氯化理论氯气消耗
　　　计算 ••••••••• 243
9.3　粗四氯化钛生产工艺 •••••• 243
9.3.1　配料 ••••••• 245
9.3.2　氯化 ••••••• 245
9.3.3　精制 ••••••• 245
9.4　粗四氯化钛的精制 •••••• 246
9.4.1　粗四氯化钛中的杂质
　　　分类和性质 •••••• 246
9.4.2　杂质在四氯化钛中的
　　　溶解度 ••••••• 247
9.4.3　精制的原理和方法 ••••• 248
9.4.4　精制工艺流程 •••••• 253
9.4.5　精制设备 ••••••• 255
9.4.6　技术操作 ••••••• 258
9.5　典型粗四氯化钛制备流程 •••••• 260
9.5.1　沸腾氯化 ••••••• 260
9.5.2　熔盐氯化 ••••••• 271
9.5.3　多级快速氯化 •••••• 276
9.5.4　高温碳化—低温氯化 ••••• 277
9.6　"三废"处理处置 ••••••• 279
9.6.1　废气处理 ••••••• 280
9.6.2　废渣处理 ••••••• 281
9.6.3　废水处理 ••••••• 281
9.6.4　回收处置 ••••••• 282
9.7　四氯化钛生产原料 •••••• 283
9.7.1　主要钛原料 •••••• 283
9.7.2　石油焦 ••••••• 288
9.7.3　氯气 ••••••• 289
9.7.4　四氯化钛精制原料 ••••• 291
9.8　四氯化钛标准 ••••••• 294
9.9　四氯化钛非典型应用 •••••• 295
9.10　沸腾氯化技术的发展 ••••••• 296

**10　钛材料制造技术——
　　海绵钛** ••••••• 299

10.1　制钛方法 ••••••• 299
10.1.1　氧化钛还原法 ••••• 299
10.1.2　卤化钛还原法 ••••• 301

10.1.3　其他还原方法 ••••••• 304
10.2　钛金属工业生产方法 •••••• 305
10.2.1　Na还原法 ••••••• 306
10.2.2　Mg还原法 ••••••• 308
10.2.3　海绵钛工业发展趋势 ••• 312
10.3　海绵钛质量影响因素 •••••• 313
10.3.1　加料速度 ••••••• 313
10.3.2　温度影响 ••••••• 314
10.3.3　压力影响 ••••••• 315
10.3.4　产品质量控制 ••••• 315
10.3.5　工艺过程控制异常 ••• 315
10.4　主要生产原料 ••••••• 315
10.4.1　金属镁 ••••••• 315
10.4.2　金属钠 ••••••• 317
10.4.3　氩气 ••••••• 317
10.5　海绵钛 ••••••• 318
10.5.1　GB/T 2524—2002中
　　　规定的产品化学成分
　　　及硬度 ••••••• 318
10.5.2　日本住友钛公司的
　　　海绵钛质量标准 ••••• 318
10.5.3　东邦钛公司海绵钛
　　　成分 ••••••• 319
10.5.4　Avisma海绵钛产品的
　　　化学成分与布氏硬度 ••• 319
10.5.5　Ustkamenogosk的海绵钛
　　　化学成分 ••••••• 320
10.5.6　中国海绵钛国家标准
　　　GB/T 2524—2002 ••••• 320
10.6　遵义钛业公司海绵钛产品
　　标准 ••••••• 321
10.6.1　粒度 ••••••• 321
10.6.2　外观 ••••••• 321
10.6.3　包装 ••••••• 322

**11　钛材料制造技术——
　　氯化法钛白** ••••••• 323

11.1　氯化法生产技术 ••••••• 323
11.1.1　液相水解法 ••••• 323

11.1.2 气相水解法 ……… 323
11.1.3 气相氧化法 ……… 325
11.2 气相氧化反应及热力学
数据 ……………………… 326
11.2.1 热力学数据 ……… 326
11.2.2 $TiCl_4$ 气相反应的
动力学 ……… 327
11.3 气相氧化主要设备功能 … 328
11.3.1 四氯化钛预热器 … 328
11.3.2 氧气预热器 ……… 328
11.3.3 三氯化铝发生器 … 329
11.3.4 氧化反应器 ……… 331
11.4 $TiCl_4$ 氧化影响因素 …… 335
11.4.1 反应温度 ………… 335
11.4.2 反应时间 ………… 335
11.4.3 晶型转化剂的作用 … 336
11.4.4 晶粒细化剂加入 … 337
11.4.5 对装置的技术要求 … 337
11.5 二氧化钛（中间半成品）
脱氯 …………………… 338
11.5.1 干法脱氯 ………… 338
11.5.2 湿法脱氯 ………… 339
11.6 氧化尾气的循环使用 … 340
11.7 钛白后处理 …………… 341
11.7.1 湿磨 ……………… 341
11.7.2 无机物包膜与干燥 … 341
11.7.3 有机包膜与气流粉碎 … 341
11.7.4 产品包装 ………… 342
11.8 主要原料消耗及技术经济
指标 …………………… 342
11.8.1 原料掺混90% TiO_2
或更高含量 ……… 342
11.8.2 排出废料 ………… 342
11.8.3 氯化钛白典型消耗
指标 ……………… 342
11.9 氯化钛白原料 ………… 343
11.9.1 铝粉 ……………… 343
11.9.2 甲苯 ……………… 344

11.9.3 氧气 ……………… 344
11.9.4 氯化钾 …………… 345
11.9.5 氮气 ……………… 345
11.10 氯化钛白厂的建设规范
及要求 ……………… 345

12 钛材料制造技术——
钛白后处理 …………… 347
12.1 钛白后处理技术发展背景 … 347
12.1.1 晶格缺陷修补 …… 348
12.1.2 遮盖力提升 ……… 348
12.2 包核钛白的生产技术原理 … 349
12.2.1 物理法生产原理及
其缺陷 …………… 349
12.2.2 化学法生产包核钛白
的原理 …………… 350
12.2.3 化学物理综合法生产
原理 ……………… 350
12.2.4 影响包核钛白质量的
因素 ……………… 351
12.2.5 包覆剂的选择 …… 351
12.2.6 包覆配方和工艺 … 352
12.3 包膜钛白产品分类 …… 352
12.3.1 通用型钛白 ……… 352
12.3.2 高耐候性钛白 …… 352
12.3.3 颜料体积浓度高的
涂料钛白 ………… 352
12.4 包膜钛白生产方法概述 … 352
12.4.1 无机包膜 ………… 353
12.4.2 有机包膜 ………… 356
12.4.3 影响钛白遮盖力的
因素 ……………… 357
12.5 重要钛白包膜产品 …… 358
12.6 提高钛白遮盖力的途径 … 359
12.6.1 钛白粉的遮盖力 … 359
12.6.2 产生多孔包覆的
条件控制 ………… 360
12.6.3 国外相关专利简介 … 361

12.6.4　典型包膜工艺方法 …… 362
　12.6.5　珠光云母钛 …… 363

**13　钛材料制造技术——
钛铁** …… 365

13.1　铝热法钛铁冶炼工艺 …… 365
　13.1.1　铝热还原原理 …… 365
　13.1.2　工艺流程 …… 367
　13.1.3　配料计算 …… 368
　13.1.4　配热计算 …… 369
　13.1.5　钛铁生产技术经济指标的
　　　　　影响因素 …… 369
　13.1.6　铝热法实践 …… 370
　13.1.7　电铝热法实践 …… 371
13.2　电硅热法冶炼钛硅铁合金 … 371
　13.2.1　电硅热法冶炼钛硅铁合金
　　　　　技术原理 …… 371
　13.2.2　钛硅铁合金实践 …… 371
13.3　合成法钛铁冶炼工艺 …… 377
13.4　铝硅钛合金 …… 377

**14　钛材料制造技术——
碳氮化钛** …… 379

14.1　碳氮化钛 …… 379
　14.1.1　制备方法 …… 379
　14.1.2　基本技术原理 …… 381
　14.1.3　碳化钛生产工艺 …… 383
14.2　碳化钛的应用性质 …… 383
　14.2.1　物性数据 …… 384
　14.2.2　毒理学数据 …… 384
　14.2.3　计算化学数据 …… 384
　14.2.4　安全稳定性数据 …… 384
14.3　氮化钛应用性质 …… 384
　14.3.1　物性数据 …… 384
　14.3.2　计算化学数据 …… 385
　14.3.3　安全稳定性数据 …… 385
14.4　TiCN 应用性质 …… 385
　14.4.1　物性数据 …… 385

14.4.2　安全稳定性数据 …… 385
14.5　碳氮化钛应用 …… 385
　14.5.1　含钛特殊钢 …… 385
　14.5.2　磨料用途 …… 386
　14.5.3　陶瓷用途 …… 386
　14.5.4　硬质合金 …… 386
　14.5.5　高温冶金用途 …… 386
　14.5.6　钛在表面技术中
　　　　　的应用 …… 387

**15　钛材料制造技术——
纳米钛白** …… 389

15.1　纳米钛白 …… 389
15.2　纳米钛白制造方法 …… 390
　15.2.1　气相法制备纳米
　　　　　钛白粉 …… 390
　15.2.2　液相法制备纳米
　　　　　钛白粉 …… 390
　15.2.3　固相法合成纳米
　　　　　钛白粉 …… 392
　15.2.4　表面改性工艺 …… 393
15.3　纳米钛白应用功能特性 …… 393
　15.3.1　颜料特性 …… 393
　15.3.2　杀菌功能 …… 394
　15.3.3　防紫外线功能 …… 395
　15.3.4　光催化功能 …… 395
　15.3.5　综合作用 …… 397
　15.3.6　防雾及自清洁功能 …… 397
　15.3.7　二氧化钛纳米材料
　　　　　紫外线吸收特性的
　　　　　应用 …… 398
　15.3.8　抗菌剂 …… 398
15.4　化妆品 …… 399
15.5　典型纳米钛白 …… 400

**16　钛材料制造技术——
钛粉末** …… 403

16.1　钛粉的生产 …… 403

16.1.1　$TiCl_4$ 金属热还原法 …… 403

16.1.2　TiO_2 金属热还原 ……… 404

16.1.3　电解法 …………… 404

16.1.4　熔融雾化法 ……… 404

16.1.5　机械合金化法 …… 405

16.1.6　氢化脱氢法生产钛粉 …… 405

16.2　钛粉成分和牌号 ……… 406

16.2.1　钛粉成分及牌号 ……… 406

16.2.2　钛粉对环境的影响 …… 409

16.3　钛粉的应用 ………… 409

16.3.1　钛粉在粉末冶金中的
应用 ………… 410

16.3.2　钛粉在铝合金生产中
的应用 ………… 411

❋ 第3篇　钛　应　用 ❋

17　钛制品应用特性——
钛白制品性质与延伸应用 …… 413

17.1　钛白的物理性能 …… 413

17.2　特殊物理性能 ………… 413

17.2.1　相对密度 ………… 413

17.2.2　熔点和沸点 ……… 414

17.2.3　介电常数 ………… 414

17.2.4　电导率 …………… 414

17.2.5　硬度 ……………… 414

17.2.6　吸湿性 …………… 414

17.2.7　热稳定性 ………… 414

17.2.8　粒度 ……………… 414

17.3　晶体性质 …………… 415

17.4　化学性质 …………… 415

17.4.1　特殊化学反应 …… 415

17.4.2　应急处理 ………… 416

17.5　光学性质 …………… 416

17.5.1　折射率 …………… 416

17.5.2　散射力 …………… 417

17.5.3　光泽度 …………… 418

17.5.4　耐候性 …………… 418

17.5.5　光色互变现象 …… 418

17.6　颜料性能 …………… 418

17.6.1　遮盖力 …………… 418

17.6.2　着色力和消色力 … 419

17.6.3　白度 ……………… 419

17.6.4　吸油量 …………… 420

17.6.5　分散性 …………… 420

17.7　二氧化钛应用 ……… 420

17.7.1　涂料工业 ………… 421

17.7.2　塑料工业 ………… 421

17.7.3　造纸工业 ………… 421

17.7.4　油墨用钛白 ……… 421

17.7.5　纺织化纤用钛白 … 421

17.7.6　橡胶用钛白 ……… 422

17.7.7　日用化妆用钛白 … 422

17.7.8　其他用途钛白 …… 422

17.8　钛白标准 …………… 422

17.8.1　钛白性能指标 …… 422

17.8.2　二氧化钛颜料的国家标准
GB/T 1706—2006 …… 423

17.8.3　日本工业标准 JIS K1409—
1994 化学纤维用钛白粉
标准 ………… 424

17.8.4　搪瓷、陶瓷用钛白粉
的技术指标 ………… 424

17.8.5　电焊条钛白粉的技术
指标 ………… 425

17.8.6　食品中使用的钛白粉
产品标准 ………… 425

17.8.7　电容器用钛白粉的
技术指标 ………… 426

17.8.8　显像管用钛白粉的
技术指标 ………… 426

18 钛制品应用特性——钛合金 …… 428

18.1 钛的性质 ……… 428
18.2 钛合金的分类 …… 428
18.2.1 高温钛合金 …… 429
18.2.2 高强钛合金 …… 429
18.2.3 中强钛合金 …… 430
18.2.4 低强高塑性钛合金 … 430
18.2.5 铸造钛合金 …… 430
18.3 钛及其合金的加工应用性能 …… 431
18.3.1 比强度高 …… 431
18.3.2 强度高 …… 431
18.3.3 热强度高 …… 431
18.3.4 抗蚀性好 …… 432
18.3.5 低温性能好 …… 432
18.3.6 弹性模量低 …… 432
18.3.7 导热系数小 …… 432
18.3.8 抗拉强度与其屈服强度接近 …… 432
18.3.9 无磁性、无毒 …… 433
18.3.10 抗阻尼性能强 …… 433
18.3.11 耐热性能好 …… 433
18.3.12 吸气性能 …… 433
18.3.13 化学活性大 …… 433
18.4 钛合金 …… 433
18.4.1 合金化 …… 434
18.4.2 α 钛合金 …… 434
18.4.3 β 钛合金 …… 434
18.4.4 α+β 钛合金 …… 434
18.4.5 热处理 …… 436
18.4.6 切削特点 …… 437
18.5 钛合金制品 …… 438
18.5.1 高温钛合金 …… 439
18.5.2 钛铝化合物为基的钛合金 …… 439

18.5.3 高强高韧 β 型钛合金 … 440
18.5.4 阻燃钛合金 …… 440
18.5.5 医用钛合金 …… 440
18.5.6 钛镍合金 …… 441
18.5.7 超导功能 …… 441
18.5.8 贮氢功能 …… 441
18.6 钛的合金应用 …… 441
18.6.1 钛医疗器械 …… 442
18.6.2 航空航天用钛 …… 442
18.6.3 现代军事工业用钛 …… 443
18.6.4 体育用钛 …… 446
18.6.5 化学工业用钛 …… 447
18.6.6 轻工业用钛 …… 447
18.6.7 日常生活中用钛 …… 447
18.6.8 有色金属工业用钛 …… 448
18.6.9 海洋事业用钛 …… 448
18.6.10 交通运输用钛 …… 449
18.6.11 钛的建筑业应用 …… 449
18.6.12 装饰材料 …… 450

19 钛制品应用特性——钛系催化剂 …… 451

19.1 烟气脱硝工艺 …… 451
19.1.1 相关化学反应 …… 452
19.1.2 非选择性催化还原工艺 …… 452
19.1.3 选择性催化还原 …… 453
19.1.4 SCR 工艺采用的催化剂 …… 453
19.1.5 催化剂的维护 …… 461
19.2 有机聚合钛催化剂 …… 461
19.2.1 选择性聚合 …… 462
19.2.2 有机合成催化剂选择 …… 462
19.2.3 催化机理 …… 462
19.2.4 茂金属催化剂 …… 463
19.2.5 钛硅分子筛催化剂 …… 464

19.2.6 Ziegler – Natta 催化剂 … 464

19.3 光催化剂 …………… 466

19.3.1 TiO_2 的光催化结构
基础 ……………… 466

19.3.2 光催化机理 ………… 467

19.3.3 提高 TiO_2 光催化剂
活性的途径 ……… 468

19.3.4 TiO_2 光催化剂的
载体 ……………… 469

19.3.5 光催化剂制备 ……… 470

20 钛制品应用特性——
钛在钢铁中的应用 ………… 471

20.1 钢铁产品分类 ……… 471

20.2 钢中的主要元素及其
影响 ……………… 472

20.2.1 钢中的主要元素 …… 472

20.2.2 合金元素在钢中的
作用 ……………… 472

20.3 钛在钢铁中的作用机理 … 475

20.3.1 钛在钢铁中的作用 …… 475

20.3.2 Ti(C, N) 控制基体
晶粒长大 ………… 476

20.3.3 TiC 沉淀析出强化 …… 478

20.3.4 固溶钛及应变诱导析出
的 TiC 阻止形变奥氏体
再结晶 …………… 480

20.3.5 TiN 促进晶内铁素体
形成 ……………… 481

20.3.6 钛固定非金属元素 …… 482

20.3.7 钛对钢的韧性的
影响 ……………… 483

20.4 含钛钢种 …………… 484

20.5 离子注入技术 ……… 485

20.6 钛钢复合板 ………… 485

20.6.1 爆炸复合法 ………… 485

20.6.2 厚板轧制法 ………… 486

20.6.3 连续热轧法 ………… 486

20.6.4 钛钢复合板应用 ……… 486

20.6.5 质量问题 …………… 486

20.6.6 防治措施 …………… 486

20.6.7 钛钢复合板标准 ……… 487

21 钛制品应用特性——
钛加工 ……………… 488

21.1 钛材料加工 ………… 488

21.1.1 塑性加工 …………… 488

21.1.2 锻造 ……………… 488

21.1.3 挤压成型 …………… 489

21.1.4 板材、带材、箔材
轧制 ……………… 489

21.1.5 管材轧制 …………… 490

21.1.6 型材轧制 …………… 490

21.1.7 拉伸 ……………… 490

21.2 熔炼与铸锭 ………… 490

21.2.1 真空自耗电弧炉
熔炼法 …………… 490

21.2.2 冷炉床熔炼法 ……… 491

21.2 钛锭锻造 …………… 492

21.3 钛铸造 ……………… 493

21.4 粉末冶金 …………… 494

21.5 钛板带生产 ………… 494

21.5.1 轧制 ……………… 494

21.5.2 精整处理 …………… 496

21.6 国外钛加工 ………… 499

21.6.1 日本 ……………… 499

21.6.2 美国 ……………… 502

21.6.3 俄罗斯 …………… 503

21.7 中国钛加工 ………… 505

21.7.1 宝钛 – 酒钢 – 太钢 … 505

21.7.2 宝特 ……………… 506

21.7.3 湘投金天 – 涟钢 …… 507

21.7.4 云钛 – 昆钢 ……… 507

21.7.5 攀长钢钛业分公司 …… 508

❉ 第4篇 钛产业发展 ❉

22 攀枝花钒钛资源特征………… 509

22.1 攀枝花地质演变 … 509
22.2 勘探定性 ……………… 510
22.3 勘探定量 ……………… 512
22.4 资源特征 ……………… 513

23 攀枝花矿产资源配置及利用布局 ……………… 515

23.1 攀枝花重要资源矿物的利用流向设计 ……… 515
23.1.1 铁矿物 ………… 515
23.1.2 钛矿物 ………… 516
23.1.3 钒矿物 ………… 516
23.1.4 钴、镍矿物 …… 516
23.1.5 镓、钪矿物 …… 516
23.1.6 其他有益元素矿物 517
23.2 技术选择 …………… 517
23.2.1 选矿富集 ……… 517
23.2.2 冶炼试验 ……… 521
23.2.3 提钒炼钢试验 … 523
23.2.4 钢材轧制试验 … 524
23.3 攀枝花资源战略布局 … 525
23.3.1 总体要求 ……… 525
23.3.2 项目选址 ……… 525
23.3.3 设计遵循的原则 … 526
23.3.4 工程勘察 ……… 527
23.3.5 厂区设计 ……… 527
23.3.6 矿区设计 ……… 528

24 攀枝花钛资源利用………… 531

24.1 攀枝花钛精矿选别 …… 531
24.1.1 选钛技术发展 … 531
24.1.2 选钛装备选择 … 532

24.1.3 选钛技术优化 ……… 532
24.1.4 选钛装备水平的提高 ……………… 532
24.1.5 选钛能力提升 ……… 533
24.2 攀枝花钛精矿高品质化利用尝试 ……………… 534
24.2.1 冶炼钛渣 …………… 534
24.2.2 人造金红石 ………… 537
24.2.3 攀枝花矿高钙镁钛原料氯化 …………… 538
24.3 高钛型高炉渣利用 …… 545
24.3.1 非提钛利用高钛型高炉渣 …………… 546
24.3.2 高钛型高炉渣提钛利用 ……………… 547
24.4 钛白 …………………… 548
24.5 钛合金 ………………… 548

25 钛产业发展 ……………… 549

25.1 钛产业发展特征 ……… 549
25.1.1 钛产业的资源性经济特征 …………… 549
25.1.2 钛产业的技术复杂性特征 …………… 549
25.1.3 钛产业的产品多重性特征 …………… 550
25.1.4 资源能源对接结合特征 ……………… 550
25.1.5 管理分区与功能分区特征 …………… 551
25.1.6 政治经济社会一体化发展特征 ……… 551
25.2 钛铁矿和天然金红石 …… 551
25.2.1 选矿技术进步 … 551

25.2.2 选钛技术发展 ………… 553

25.3 钛渣 ……………………… 554

25.3.1 国外钛渣 …………… 554

25.3.2 国内钛渣 …………… 555

25.4 人造金红石 …………… 556

25.4.1 酸浸法 …………… 556

25.4.2 锈蚀法 …………… 556

25.4.3 选择氯化法 ……… 556

25.4.4 Becher 法 ……… 556

25.4.5 NewGenSR 法 …… 557

25.4.6 SREP 工艺 ………… 557

25.4.7 RUTILE 工艺 ……… 557

25.4.8 UGS 工艺 ………… 557

25.5 钛白粉 …………………… 558

25.5.1 国外钛白粉产业发展 … 558

25.5.2 中国钛白产业发展 …… 561

25.6 钛及其合金 …………… 564

25.6.1 钛的生产启蒙 …… 564

25.6.2 钛的工业化生产 … 565

25.6.3 钛合金 ………… 567

附录 钛基材料制造有关附表 ……………………………………………… 569

参考文献 ……………………………………………………………………… 594

第1篇　钛　基　础

1　绪　论

钛是重要的有色金属元素，金属本体及其化合物和合金材料拥有独特而优异的性能，给人类世界迎来了一个伟大的变革，为现代工业文明谱写了灿烂的篇章，人类历史将永远记住钛。

钛发现于 1789 年，英国业余矿物学家格雷戈尔（William Gregor）神甫在其教区哥纳瓦尔州的默纳金山谷里的黑色磁性砂石（钛铁矿）中发现一种新的元素（钛），当时命名为"默纳金尼特"（Menaccanite）。1795 年，德国化学家克拉普罗特（M. H. Klaproth）在对岩石矿物作系统分析检验时发现一种新的金属氧化物，即现在的金红石（TiO_2）也含有此新元素，他把此新元素以希腊神话中天地之子 Titans（泰坦神）命名为钛（Titanium）。钛元素符号为 Ti，原子序数为 22，相对原子质量为 47.88，在元素周期表中位于第 4 周期 IVB 族。1910 年美国人亨特（M. A. Hunter）用金属钠还原四氯化钛制得较纯的金属钛，1932 年卢森堡科学家克劳尔（W. J. Kroll）用钙还原制得金属钛，1940 年克劳尔在氩气保护下用镁还原制得金属钛，从此金属钠还原法（亨特法）和镁还原法（克劳尔法）成为海绵钛的工业生产方法。

在很长一段时间内，人们一直把以含钛的磁铁矿精矿为原料，在高炉炼铁时产生的高炉渣中形貌与金属钛有些相像的钛的碳氮化物（$Ti(N, C)$）误认为是金属钛。到了 1825 年才由化学家贝齐里乌斯（I. J. Berzelius）用金属钾还原氟钛酸钾（K_2TiF_6）的方法，在实验室第一次制得了真正意义上的金属钛，但其纯度很差，量又很少，不能供研究之需。1887 年瑞典学者尼尔森（Nilson）和彼得森（Petson）又用钠热还原 $TiCl_4$ 的方法制得了杂质含量小于 5% 的金属钛。因为量少，杂质多，无法对其理化性质进行研究，因此，对钛的各种性质仍然知之甚少。1895 年 Muasana 用碳还原 TiO_2 并随后精炼的方法，制得了约含 2% 杂质的金属钛。直到 1910 年，也就是在发现钛元素 120 年之后，美国化学家亨特（M. A. Hunter）在前人研究的基础上，再次重复尼尔森和彼得森的方法，在抽除了空气的钢弹中，用钠还原高纯 $TiCl_4$，第一次制取了几克纯金属钛，这种纯钛含杂质 0.5%，热态时具有延性，冷态下却是脆性的。1925 年，V. 阿尔克尔（Van Arkel）和 D. 布尔（De Boer）用在灼热的钨丝上热分解 TiI_4 的方法，制出了无论在冷态或热状态下都具有优良延展性的纯金属钛，高纯度为钛性质的研究创造了条件。这种制取纯金属钛的方法，因生产效率很低，且成本很高，无法用于大规模工业生产，但它是提纯金属钛的一种有效方法，至今仍被用来小规模生产特殊用途的高钝钛。1938 年，卢森堡冶金学家克劳尔（W. J. Kroll）发明了新的钛制备技术，在内衬了钼的反应器中，在惰性气体氩（Ar）的保护气氛下，用镁热还原纯 $TiCl_4$ 制取金属钛的方法。镁热还原法和钠热还原法为钛的工业化生产提供了可能性。又经过 10 年时间的不断研究和改进，金属钛的生产终于从实验室走向了工业化生产。1948 年美国用金属镁还原法制出 2t 海绵钛，从此开始了钛的工业生产，随后英国、日本、前苏联和中国相继进入工业化生产，前苏联、日本和美国是金属钛生产应用的大国。

20 世纪 40 年代钛的工业化制造使钛一跃成为新型结构材料、装饰材料和功能材料的代表，加速了航空航天事业的迅速发展，实现人类历史发展时空的跨越与转换，改变了科学探索发现的重心，承载并放飞了人类遨游太空的梦想。钛工业在较长一段时间里是由国家军事单位主导的，单一军事用途强化了钛技术发展的国家使命，钛产品技术的军事工业应用使军事对抗的空间和方式发生质的改变，促进了国家间竞争的良性互动，并且使竞争的方式趋于理性，将国家化的竞争进一步引向外空间，增加了技术、经济、军事和社会发展的多元考量。世界经济社会发展和技术进步给钛工业提供了钛产品技术转移的机会，钛产品技术由单一军事用途转变为军民的共同功能开发，钛的军事民用的多用途和多功能应用交织放大了钛合金应用性能的拓展，使钛与卫星、航天、航空、冶金、建筑、化工、电力、电子、海洋、造船、体育、轻工、机械、装饰和医疗等领域结合，改变了人类社会的生活方式和世界经济发展模式。

中国对钛的研究始于 1957 年的北京有色金属研究院，海绵钛生产则始于抚顺铝厂和锦州铁合金厂，规模化生产在遵义钛厂实现，随后的企业在遵义钛厂和抚顺铝厂基础上引进借鉴乌克兰技术，产能规模迅速放大；钛加工研究始于西北有色金属研究院，规模化生产在宝鸡钛加工厂和沈阳有色金属加工厂落户，随后多元企业加盟使钛加工基地化建设进一步充实放大，基本参考参照了已有模式。多元钛合金拓展了钛的应用空间，世界材料设计研究表明，以金属间化合物 $\gamma(TiAl)$ 和 $\alpha(Ti_3Al)$ 为基础的钛铝合金可以满足高熔点（1460℃）、低密度（$3.9 \sim 4.2g/cm^3$）、高弹性模量、低扩散系数和良好的结构稳定性等设计要求，同时拥有优良的抗氧化性和抗腐蚀性，阻燃性高于常规钛合金，可以在一定应力范围和温度范围内用钛合金替换较重的铁基和镍基合金，最终使钛铝合金在汽车工业、发电厂涡轮机和燃气涡轮机部件中得到应用。在钢铁冶炼中，钛铁合金不仅有合金化的功能，也有脱氧、固氮、固碳的功能。Ti 在钢中除了和 C、N 结合形成 Ti[C，N]，细化铁素体晶粒达到增强韧性目的，Ti 与钢中的 O、S 也有着极强的亲和力，可以改善硫化物的形态，显著提高钢的韧性，改善焊接热影响区性能和疲劳性能，并有利于改变板材的表面性能。

当前钛的生产采用金属热还原法，利用金属还原剂（R）与金属氧化物或氯化物（MX）的反应制备金属钛。已经实现工业化生产的钛冶金方法为镁热还原法（Kroll 法）和钠热还原法（Hunter 法），它们均为间歇式生产，工艺过程包括四氯化钛制备和金属热还原两个重要步骤，钠热还原法（Hunter 法）由美国人 Hunter 于 1911 年发明，模拟投入工业生产，镁热还原法由卢森堡人 Kroll 于 1948 年发明，逐步实现工业化生产。美国、日本、前苏联等国率先实现钢钛加工一体化模式，铸造加工设备共用，质量控制一体化，全面提升了钛的应用，钛的产品规格增加，已经覆盖了重要的结构材料应用领域。

2012 年中国钛产业发展迅速，海绵钛产能达到 148500t/a，比 2011 年增长 15.6%，16 家企业生产 81451t，同比增加 25.4%，表观开工率为 54%；钛锭生产能力为 105800t/a，比 2011 年增长 10.0%，22 家企业生产 64927t，同比增长 5.1%，表观开工率为 61.4%。

钛白粉是一种白色颜料，主要有锐钛和金红石两个晶型，是钛系产品最重要的组成部分，世界 90% 的钛矿用于生产钛白，由于它的密度、介电常数和折射率比较优越，被公认为是目前世界上性能最好的白色颜料，广泛应用于涂料、塑料、造纸、印刷、油墨、化纤和橡胶等工业。超细二氧化钛具有优良的光学、力学和电学性能，在高级涂料、塑料、造纸以及某些电子材料领域具有很高的应用价值。纳米钛白由于独特的色泽效应、光催化作用和屏蔽紫外线等功能，在汽车工业、防晒化妆品、废水处理、杀菌和环保等方面拥有广阔的应用前景。

1911 年法国人罗西申请了第一个钛白制造专利，1916 年挪威率先工业化生产钛白，1921~1923 年法国人布鲁门菲尔等人用硫酸溶解钛铁矿制取钛白并申请了专利，1923 年法国的卢米兹公司以此专利为基础生产出纯度为 90%~99% 的颜料级钛白，1925 年美国国家铅业公司同样用硫酸法生产出颜料钛白，1942 年美国生产出金红石型钛白，结束了此前只能生产锐钛型钛白的历史，20 世纪 50 年代开始采用无机包膜处理提高耐候性。氯化法生产钛白的方法主要有水解法、气相水解法和气相氧化法三种，真正实现工业化生产的只有气相氧化法。氯化法钛白研究始于 20 世纪 30 年代，1932 年德国法本公司（现在的拜尔公司）首先发表有关气相氧化 $TiCl_4$ 制造颜料级钛白粉的专利，1933 年起美国克莱布斯公司、匹兹堡玻璃公司和杜邦公司以及法国的麦尔霍斯公司对氯化钛白进行了系列研究并申请了一些专利。杜邦公司则于 1940 年开始进行实验室试验、扩大试验和中间试验，1948 年在特拉华州的埃奇摩尔建成日产 35t 的试验工厂，1954 年在田纳西州的斯约翰维尔建成年产 10 万吨的生产工厂，1958 年率先投入工业生产，并于 1959 年向市场提供优质氯化钛白产品。20 世纪 60 年代以后，先后有十多家公司建厂介入氯化钛白生产，在以后的生产技术稳定发展过程中，其中有 3 家公司因技术不过关被迫停产关闭，只有美国杜邦和钾碱公司实现技术生产跨越，维持了正常生产。这个时期形成的杜邦法和钾碱公司的 APCC 法成为较为普遍的生产方法。20 世纪六七十年代氯化钛白技术扩散迅速，在美国、澳大利亚和亚洲部分国家和地区形成规模化产能，因其产品的高质量和工艺的低污染特性而超越硫酸法成为钛白生产的主流工艺。

氯化钛白生产包括五大工艺环节和两个核心技术，五大工艺环节即富钛料生产、氯化制取四氯化钛、四氯化钛精制、氯化氧化制取 TiO_2 和 TiO_2 后处理，两个核心技术是氯化技术和氧化技术，目前的工业生产技术流派主要是杜邦法和 APCC 法，两者的区别在于氧化技术上。

20 世纪 20 年代硫酸法钛白和 40 年代的氯化钛白的工业化制造催生了一场颜料革命，实现了无机颜料高纯度和高稳定性的统一，改变了人们对无机颜料的传统化认识，给无机颜料提供了一种具有良好着色力、遮盖力和稳定性优异的高纯度无机颜料化合物选择，呈现给人类一个绚丽多彩的世界。钛白正在改变涂料、油漆、造纸、化纤、油墨、橡胶加工、化工、电子和食品工业的发展，技术进步和经济社会发展，促进了钛产业发展的精品化和高附加值化，带动钛矿开发、能源、设备集成和金属加工的发展，直接改变了世界经济发展的地理布局。

中国硫酸法钛白研究始于 20 世纪 50 年代，1956 年在上海利用硫酸法建成 4000t/a 生产搪瓷和电焊条用的钛白装置，受历史条件限制，发展十分缓慢。20 世纪 60 年代天津化工厂和厦门电化厂研究氯化钛白，建成千吨级试验工厂，由于核心技术和资金准备等问题相继停产。20 世纪 80 年代株洲化工厂、济南裕兴化工总厂和广州钛白粉厂等从国外引进技术建成数套 4000t/a 规模硫酸法钛白生产装置，生产锐钛钛白和金红石钛白。20 世纪 90 年代初全国钛白呈现产能小和分布广的景象，100 多个厂产能在 10 万吨/年水平，20 世纪 90 年代初至 90 年代末，重庆渝港钛白粉有限公司、中核华原钛白股份有限公司及济南裕兴化工总厂相继引进了 3 套万吨级钛白粉生产装置，3 套装置的相继建成投产，标志着中国钛白粉工业的发展走向了一个新的阶段。21 世纪第一个十年，中国硫酸法钛白发展突飞猛进，达到 200 万吨/年，但总体配套差，技术质量水平不高，经济效益和社会效益形成强烈反差。20 世纪 90 年代初锦州铁合金厂从美国咨询引进 1.5 万吨/年氯化钛白生产线，进行了十多年的中国式技术攻关，直到 2003 年攀钢介入后，才取得基本的顺产突破，但同样存在经济规模不合理、技术质量水平不高以及经济效益和社会效益形成强烈反差的问题。目前国内企业和地方政府对氯化钛白热情不减，纷纷提出规划，但技术来源和技术配套使整个实施力度和进度明显减缓。中国需要氯化钛白，中国的企业还需要努力。

钛产品的规模化发展使钛资源开发加速，首先要求开发资源，保证供应供给，同时要科学统筹，节约资源，保护环境，集约发展，通过开发高质量产品和低成本工艺，提高生产利用效率，钛资源勘探、深加工和再利用等钛产业生产应用环节正在按照多元化和科学化要求进入良性循环。

19 世纪末至 20 世纪 20 年代，世界工业生产快速发展，对矿物原料的需求增大，加上 18 世纪产业革命的推动，使机械化成为可能，直接推动了选矿技术从古代的手工作业向工业技术的真正转变，选矿技术已成为一门人类从天然矿石中选别、富集有用矿物原料的成熟的工业技术，并得到广泛应用。选矿技术进步以选矿技术理论为引导，技术突破和市场化应用为动力，设备应用支持为条件，使选矿技术和产业发展实现了质的飞跃。欧美于 1848 年出现了机械重选设备——活塞跳汰机，1880 年发明静电分选机，1890 年发明磁选机，促进了钢铁工业的发展，1893 年发明摇床，1906 年泡沫浮选法取得专利。从 20 世纪 40 年代末起，钛铁矿的浮选法就已成功地应用于工业生产，陆续建厂的有美国的麦克太尔矿，芬兰的奥坦麦基矿等。重选是选钛的基础和开端，伴随选矿技术进步和设备大型化，选钛到 20 世纪 60 年代已经形成了基础完备的技术装备和理论体系。

从 20 世纪六七十年代开始，澳大利亚、南非、印度、前苏联和美国等规模化开发钛砂矿资源，生产钛铁矿和天然金红石满足钛工业发展需求，从设备发展的角度看，整个选钛产业的特点是：（1）向连续作业转变；（2）由单一的重力选别发展到利用离心力、剪切力和磁力等综合力场的选别；（3）设备向大型化、多层化发展。

伴随着中国 20 世纪 50 年代钛白和海绵钛的发展，钛矿的探矿选矿应声而起，但规模一直比较小，而且开发主体为两广砂矿和云南的风化钛矿，由于受环境制约，产能维持在较低水平。20 世纪 60 年代国家规模化开发攀枝花钒钛磁铁矿资源，从选铁尾矿中回收钛精矿，1978 年攀枝花密地选钛厂成功试生产，引领岩矿开发潮流，攀枝花钛精矿产能从

1978 年的 50 万吨/年上升到 2013 年的 2500 万吨/年，成为国内钛矿供应的主力，为世人和业界所瞩目。

为了保证和满足钛产业发展对优质钛原料的质量需要，对钛铁矿进行加工处理，尽可能提高原料的 TiO_2 含量，降低杂质水平。富钛料包括钛渣、天然金红石和人造金红石，国外钛渣冶炼以加拿大 QIT 为首的工艺技术集团垄断形成了第一层次钛渣冶炼技术，采用密闭式电炉连续加料生产，典型代表包括南非 RBM、南非 Namakwa 和挪威 Tinfos。加拿大魁北克铁钛公司（Quebec Iron and Titanium Corporation）于 1948 年开始研究电炉法冶炼钛渣，1950 年建立试验工厂，1956 年用于商业性生产，20 世纪 50 年代以后，这种方法得到广泛应用，成为世界上生产富钛料的主要方法，开创了一个钛白生产用酸溶性钛渣新纪元，矩形密闭电炉熔炼低还原度钛渣（TiO_2 总量为 75% ~85%），主要用作硫酸法生产钛白的原料。伴随氯化钛白的发展，1997 年将酸溶性钛渣后处理加工成满足氯化要求的升级钛渣。第二层次钛渣冶炼技术以乌克兰国家钛研究设计院为核心设计形成的非连续生产工艺，采用中大型矮烟罩电炉，粉料入炉，用无烟煤作还原剂，后期补加 20% ~25% 的还原剂，中等还原度钛渣（TiO_2 总量为 87% ~91%）作为熔盐氯化法生产四氯化钛的原料，代表性企业包括乌克兰扎波罗什（Zaporozhye）和哈萨克斯坦的乌斯卡缅诺哥尔斯克（UST – Kamenogorsk），生产钛渣用于熔盐氯化。

中国于 1956 年开始钛渣试验，1958 年建厂投产，采用圆形敞口电炉熔炼高还原度钛渣（TiO_2 总量大于 92%），作为生产 $TiCl_4$ 的原料。国内钛渣冶炼第一层次表现为引进 QIT 技术，国内较多厂与国外交流，表现出引进意向，但都没有与直接厂家形成合作，云冶引进了南非大型直流电炉技术；第二层次表现为乌克兰引进电炉，容量为 25.5MV·A，2006 年攀钢引进成功投产，但容量发挥不足影响产能提高；第三层次表现为 4500 ~6300kV·A 的矮烟罩电炉，属于一种铁合金电炉炼钛渣的改进型，外环境条件和操作条件有所改变，但工艺稳定性差，能力发挥部分不足，处在国家产业政策电炉容量限制标准的边沿；第四层次表现为容量为 400 ~1800kV·A 的敞口电炉，具有容量小、产量低、能耗大、品种单一、劳动强度大和劳动条件差的特点，环境问题突出，不符合国家产业政策电炉容量标准要求，已经受到限制并趋于淘汰。

由于氯化钛白和海绵钛生产技术的快速发展，富钛原料需求迅猛增加，严重冲击钛原料供应结构和格局，20 世纪 80 年代钛原料供应结构发生深刻变化，在天然金红石供应恒定或者略微减少的情况下，出现了适合氯化高品位原料的较大供应真空。利用化学加工方法，将钛铁矿中的大部分铁成分分离出去所生产的一种在成分上和结构性能上与天然金红石相同的富钛原料，其 TiO_2 含量视加工工艺之不同在 91% ~96% 波动，是天然金红石的优质代用品，大量用于生产氯化法二氧化钛，也可用于生产四氯化钛、金属钛以及搪瓷制品和电焊条药皮，还可用于生产人造金红石黄颜料。

2012 年国内钛原料消费量为 580 万吨，产量为 330 万吨，需求量为 550 万吨，与 2011 年相比产量增长 4.8%，进口量为 290 万吨，年度钛矿过剩 30 万吨，金红石原料进口量为 8.5 万吨，攀枝花产钛精矿 190 万吨，占全国产量的 58%，越南、印度、澳大利亚和塞拉利昂成为主要进口国，钛原料受下游钛制品市场疲软影响较深，呈现结构性不稳定态势，需求有下行风险，2012 年全国钛白产能为 250 万吨，产量为 188 万吨，开工率为 75%。

2 钛及其化合物

钛具有多元物理化学性质，可以形成多层次以及多类别的钛化合物，有钛金属、钛合金、钛无机化合物和钛有机化合物，利用其性能特点经过加工处理形成多元钛制品。钛工业应用性能优异，工业化钛产品包括钛白（TiO_2）、四氯化钛（$TiCl_4$）、海绵钛、钛合金、钛加工材料和钛功能材料等。

2.1 钛

2.1.1 钛的基本性质

钛的基本性质见表 2-1。

表 2-1　钛的基本性质

英文名称	Titanium	状　态	固态
中文名称	钛	色　泽	银灰
元素符号	Ti	硬　度	莫氏
原子序数	22	毒　性	无
组　数	4	特　征	最大强度/质量
相对原子质量	47.90	布氏硬度 30~10/MPa	550~600
元素类型	过渡金属	293.15K 弹性模量/Pa	10.8×10^{10}
密度/g·cm^{-3}	4.50	原子半径/m	147×10^{-12}
原子体积/cm^3·mol^{-1}	10.64	离子半径	（1+离子）资料不详
地壳中含量/%	0.63	离子半径	（1-离子）资料不详
质子数	22	离子半径/m	（2+离子）100×10^{-12}
中子数	26	离子半径/m	（3+离子）81×10^{-12}
所属周期	3	离子半径	（2-离子）资料不详
所属族数	ⅣB	第一电离能/kJ·mol^{-1}	658
电子层分布	2-8-10-2	第二电离能/kJ·mol^{-1}	1310.3
晶体结构	六方形最致密球状排列	第三电离能/kJ·mol^{-1}	2652.5
氧化态	Ti^-,Ti^+,Ti^{2+},Ti^{3+},Ti^{4+}	电负性（阴电性）	1.54
价电子结构	$3d^2 4s^2$	电子亲和性/kJ·mol^{-1}	7.6
热中子俘获截面	5.8 靶	比热容/J·(g·K)$^{-1}$	0.52
293.15~473.15K 线膨胀系数/K^{-1}	8.5×10^{-6}	热雾化/kJ·mol^{-1}	470

熔　点	(1941 ± 10) K (1668 ± 10) ℃	电导率	—
沸　点	> 3473K > 3200℃	极化率	—
三相点	—	热融合/kJ·mol^{-1}	14.15
临界点	—	汽化热/kJ·mol^{-1}	425
导热系数/W·(m·K)$^{-1}$	21.9	发现人	德国化学家克拉普罗特 (M. H. Klaproth)
273.15K 比电阻/Ω·cm	47.5 × 10^{-6}	发现年份	1791

2.1.2　钛的同位素

天然生的钛有五种稳定的同位素：^{46}Ti、^{47}Ti、^{48}Ti、^{49}Ti 及 ^{50}Ti，其中最常见的是 ^{48}Ti（天然丰度为 73.8%）。现时已知钛共有十一种放射性同位素，其中比较稳定的有 ^{44}Ti（半衰期 63a）、^{45}Ti（半衰期 184.8min）、^{51}Ti（半衰期 5.76min）及 ^{52}Ti（半衰期 1.7min）。而剩下的其他放射性同位素，半衰期最长只有 33s，而大部分的半衰期更在半秒以下。钛各同位素的原子质量，最轻有 39.99u（^{40}Ti），最重有 57.966u（^{58}Ti）。最常见的稳定同位素为 ^{48}Ti，其主要衰变模式为电子捕获，衰变产物为钪（原子序数为 21）的同位素；而其次的衰变模式为 β 衰变，产物为钒（原子序数为 23）的同位素。

2.2　钛的性能

钛有两种同素异构体，α - Ti 在 882℃ 以下稳定，为密排六方晶格（hcp）结构，20℃ α - Ti 点阵常数 $a = 0.2950$nm，$c = 0.4683$nm，$c/a = 1.587$；β - Ti 在 882℃ 与熔点 1678℃ 之间稳定存在，具有体心立方晶格（bbc）结构，20℃ β - Ti 点阵常数 $a = 0.3282$nm（20℃）或 $a = 0.3306$nm（900℃）。在 882℃ 发生 α→β 转变。

2.2.1　纯钛的分类

根据杂质含量，钛分为高纯钛（纯度达 99.9%）和工业纯钛（纯度达 99.5%）。工业纯钛有三个牌号，分别用 TA + 顺序号数字 1、2、3 表示，数字越大，纯度越低。

2.2.2　钛的强度

钛合金的密度一般在 4.5g/cm^3 左右，仅为钢的 60%，纯钛的强度接近普通钢的强度，一些高强度钛合金超过了许多合金结构钢的强度。因此钛合金的比强度（强度/密度）远大于其他金属结构材料，可制出单位强度高、刚性好、质轻的零、部件。目前飞机的发动机构件、骨架、蒙皮、紧固件及起落架等都使用钛合金。

2.2.3　钛的化学活性

钛的化学活性大，与大气中 O、N、H、CO、CO_2、水蒸气、氨气等产生强烈的化学反应。含碳量大于 0.2% 时，会在钛合金中形成硬质 TiC；温度较高时，与 N 作用也会形成 TiN 硬质表层；在 600℃ 以上时，钛吸收氧形成硬度很高的硬化层；氢含量上升，也会形成脆化层。吸收气体而产生的硬脆表层深度可达 0.1~0.15mm，硬化程度为 20%~30%。钛的化学亲和性也大，易与摩擦表面产生黏附现象。

2.2.4 钛的热性能

钛的导热系数 $\lambda = 15.24W/(m \cdot K)$，约为镍的 1/4，铁的 1/5，铝的 1/14，而各种钛合金的导热系数比钛的导热系数低约 50%。钛合金的弹性模量约为钢的 1/2，故其刚性差、易变形，不宜制作细长杆和薄壁件，切削时加工表面的回弹量很大，约为不锈钢的 2~3 倍，造成刀具后刀面的剧烈摩擦、黏附、黏结磨损。

钛的导热性和导电性能较差，近似或略低于不锈钢，钛具有超导性，纯钛的超导临界温度为 0.38~0.4K。在 25℃ 时，钛的热容为 0.526J/(mol·K)，焓为 4808J/mol，熵为 30.63J/(mol·K)，金属钛是顺磁性物质，相对磁导率为 1.00004。

2.2.5 钛的可塑性

钛具有可塑性，高纯钛的伸长率可达 50%~60%，断面收缩率可达 70%~80%，但强度低，不宜作结构材料。钛中杂质的存在，对其力学性能影响极大，特别是间隙杂质（氧、氮、碳）可大大提高钛的强度，显著降低其塑性。钛作为结构材料所具有的良好力学性能，就是通过严格控制其中适当的杂质含量和添加合金元素而达到的。

2.2.6 钛的低温性能

钛合金在低温和超低温下，仍能保持其力学性能。低温性能好，间隙元素极低的钛合金，如 TA7，在 -253℃ 下还能保持一定的塑性。因此，钛合金也是一种重要的低温结构材料。

2.2.7 钛的耐蚀性能

钛合金在潮湿的大气和海水介质中工作，其抗蚀性远优于不锈钢；对点蚀、酸蚀、应力腐蚀的抵抗力特别强；对碱、氯化物、氯的有机物品、硝酸、硫酸等有优良的抗腐蚀能力。但钛对具有还原性氧及铬盐介质的抗蚀性差。

2.2.8 钛的耐热性

钛的使用温度比铝合金高几百摄氏度，在中等温度下仍能保持所要求的强度，可在 450~500℃ 的温度下长期工作，两类钛合金在 450~500℃ 范围内仍有很高的比强度，而铝合金在 150℃ 时比强度明显下降。钛合金的工作温度可达 500℃，铝合金则在 200℃ 以下。

2.2.9 纯钛性能

钛金属材料分为纯钛和钛合金两种，钛合金与纯钛相比是在纯钛中加入了 Al、Mo、Cr、Sn、Mn、V 等合金元素。因此，纯钛在力学性能方面有其特有的优良性能和不同用途。纯钛的性能：Ti 的密度为 4.507g/cm³，熔点为 1688℃。具有同素异构转变，当温度不高于 882.5℃ 时为密排六方结构的 α 相，当温度不低于 882.5℃ 时为体心立方结构的 β相。纯钛的强度低，但比强度高，塑性好，低温韧性好，耐蚀性很高。钛具有良好的压力加工工艺性能，切削性能较差。钛在氮气中加热可发生燃烧，因此钛在加热和焊接时应采用氩气保护。

工业纯钛与高纯钛（99.9%）相比强度明显提高，而塑性显著降低，钛的力学性能见表 2-2。

表 2-2　钛的力学性能

性　　能	高纯钛	工业纯钛	性　　能	高纯钛	工业纯钛
抗拉强度 σ_b/MPa	250	300～600	正弹性模量 E/MPa	108×10^3	112×10^3
屈服强度 $\sigma_{0.2}$/MPa	190	250～500	切变弹性模量 G/MPa	40×10^3	41×10^3
伸长率/%	40	20～30	泊松比 μ	0.34	0.32
断面收缩率 Ψ/%	60	45	冲击韧性 a_k/MJ·m^{-2}	≥2.5	0.5～1.5
体积弹性模量 K/MPa	126×10^3	104×10^3			

工业纯钛的低温力学性能见表 2-3。

表 2-3　工业纯钛的低温力学性能

温度/℃	σ_b/MPa	$\sigma_{0.2}$/MPa	Σ/%	Ψ/%
20	520	400	24	59
-196	990	750	44	68
-253	1280	900	29	64
-269	1210	870	35	58

纯钛的牌号和成分见表 2-4。

表 2-4　纯钛的牌号和成分（GB/T 3620.1—1994）　　　　（%）

牌号	杂质元素含量（≤1%）					
	O	C	N	H	Fe	Si
TA0	0.20	0.10	0.02	0.015	0.25	0.1
TA1	0.20	0.10	0.03	0.015	0.25	0.1
TA2	0.25	0.10	0.05	0.015	0.30	0.1
TA3	0.30	0.10	0.05	0.015	0.40	0.15

2.2.10　重要的含钒钛合金

重要的含钒钛合金比较多，具体如下。近 α 型钛合金，国家牌号：TA11，成分：Ti - 8Al - 1Mo - 1V；国家牌号：TA15，成分：Ti - 6.5Al - 1Mo - 1V - 2Zr - 0.25Si；国家牌

号：TA17，成分：Ti － 4Al － 2V；国家牌号：TA18，成分：Ti － 3Al － 2.5V；国家牌号：TC3，成分：Ti － 5Al － 4V。α ＋ β 型钛合金，国家牌号：TC4，成分：Ti － 6Al － 4V；国家牌号：TC16，成分：Ti － 3Al － 5Mo － 4.5V；国家牌号：TC10，成分：Ti － 6Al － 6V － 2.5Sn － 0.5Cu － 0.5Fe；国家牌号：TC18，成分：Ti － 5Al － 4.75Mo － 4.75V － 1Cr － 1Fe。近 β 型钛合金，国家牌号：TB6，成分：Ti － 10V － 2Fe － 3Al；国家牌号：TB10，成分：Ti － 5Mo － 5V － 2Cr － 3Al；国家牌号：TB2，成分：Ti － 5Mo － 5V － 8Cr － 3Al；国家牌号：TB3，成分：Ti － 10Mo － 8V － 1Fe － 3.5Al；国家牌号：TB4，成分：Ti － 7Mo － 10V － 2Fe － 1Zr － 4Al；国家牌号：TB5，成分：Ti － 15V － 3Cr － 3Sn － 3Al；国家牌号：TB9，成分：Ti － 3Al － 8V － 6Cr － 4Mo － 4Cr。

2.2.11　钛合金形成元素

钛合金元素包括：提高 α↔β 转变的 α 稳定元素，降低 α↔β 转变温度的 β 稳定元素，对同素异形转变影响较小的中性元素。

α 稳定元素能够提高 β 相变温度，在周期表的位置离钛较远，一般与钛的电子结构和化学性质差异较大，一般与钛形成包析反应。α 稳定元素包括 Ga、O、N、C，铝是广泛使用的唯一的和有效的 α 稳定元素，铝原子以置换方式存在于 α 相中，当铝添加量超过 α 溶解极限时会出现以 Ti_3Al 为基的有序 $α_2$ 固溶体，使合金变脆，热稳定性降低。

钛中加入铝可以降低熔点和提高 β 转变温度，在室温和高温都起到强化作用，同时降低合金密度，含6% ~7% Al 的钛合金具有较高的热稳定性和良好的焊接性，添加铝可以提高 β 转变温度，增加 β 稳定元素在 α 相中的溶解度。

铝含量分别为16% 和36% 的 Ti_3Al 及 TiAl 基合金是具有耐热特性的金属间化合物。

中性元素主要是对钛的 β 相转变温度影响不明显的元素，包括与钛同族的锆和铪，中性元素在 α 和 β 相有较大的溶解度，在很大程度上可以形成无限互溶体，锡、铈、镧和镁对钛的 β 转变温度影响不明显，中性元素加入对 α 相起固溶强化作用，常用的中性元素为锆和锡，在提高 α 相强度的同时，提高热强性能，强化效果低于铝，但对塑性的不利影响小于铝，有利于压力加工和焊接，适量加入铈、镧等稀土元素，具有改善钛合金的高温拉伸强度以及热稳定性的作用。

β 稳定元素属于降低 β 转变温度的元素，分为 β 同晶元素和 β 共析元素，β 同晶元素在元素周期表上的位置靠近钛，如钒、钼、铌和钽等，具有与 β 钛相同的晶格类型，产生较小的晶格畸变，能够以置换的方式大量熔入 β 钛中，与 β 钛无限互溶，而在 α 钛中具有有限溶解度。在强化合金的同时，可以保持其较高的塑性，含同晶元素的钛合金，一般不发生共析或者包析反应生成脆性相，组织稳定性好。

β 共析元素在 β 和 α 钛中均有一定的溶解度，如锰、铁、铬、硅和铜等，β 相溶解度大于 α 相。

2.2.12　钛的典型金属间化合物

钛与锡可以形成的金属间化合物包括 Ti_2Sn、Ti_5Sn_3 和 Ti_6Sn_5；

钛与锰可以形成的金属间化合物包括 TiMn 和 $TiMn_2$；

钛与铁可以形成的金属间化合物包括 TiFe、$TiFe_2$ 和 $TiFe_n$，n 暂时无法测试；

钛与铬可以形成的金属间化合物包括 $TiCr_2$；

钛与铜可以形成的金属间化合物包括 $TiCu$、Ti_2Cu、$TiCu_3$ 和 Ti_2Cu_3；

钛与硅可以形成的金属间化合物包括 Ti_2Si、Ti_5Si_3、Ti_5Si_4、$TiSi$ 和 $TiSi_2$。

2.2.13　钛的不反应元素

钛的不反应元素包括：（1）惰性气体元素，如氦和氩等；（2）元素周期表第Ⅰ和第Ⅱ主族元素，如镁、钠和钙等元素，可以用作钛化合物的还原剂。

2.2.14　钛的结合杂质及其影响

钛中常见的杂质元素有氧、氮、碳、氢、铁和硅等，氧、氮、碳和氢与钛形成间隙固溶体，铁和硅与钛形成置换固溶体，过量时形成脆性化合物，钛的性能与杂质水平密切相关，氧、碳和氮提高 $\alpha \leftrightarrow \beta$ 转变温度，扩大 α 相区，属于稳定的 α 元素，使钛的强度提高，塑性下降。

氧在 α 相中溶解度可以达到14.5%（质量分数），占据八面体间隙位置，产生点阵畸变，起强化作用，但塑性降低，一般氧含量保持在0.1%~0.2%；氮与氧的作用类似，是强化 α 相元素，溶解度可以达到6.5%~7.4%（质量分数），存在于钛原子的间隙位置，形成间隙固溶体，明显提高强度，但塑性下降，$w(N)$ 为0.2%时易发生脆性断裂，钛合金氮含量一般控制在0.03%~0.06%；碳在 α-Ti 包析温度时的溶解度 $w(C)$ 为0.48%，溶解度随温度降低而下降，当碳的含量小于0.1%（质量分数）时，形成间隙固溶体，当碳的含量大于0.1%（质量分数）时，析出碳化物，碳在钛合金中的作用因合金种类不同而有所差异。

氧、氮和碳作为间隙元素与钛形成固溶体后，使钛的晶格发生畸变，阻碍位错运动；同时使钛晶格 c 轴增多，a 轴增加少，导致长短轴比 c/a 增大，当长短轴比 c/a 增大并接近理论值（1.633）时，钛的滑移系减少，从而失去良好塑性。

氢是稳定的 β 相元素，氢在 β 相中的溶解度比在 α 相中大，在 α 相中的溶解度随着温度降低显著降低，当含氢的 β 钛共析分解以及含氢 α 钛冷却时，析出氢化物 TiH，使钛合金脆化，β 相钛合金容易吸氢，氢含量高时 TiH 呈点状，氢含量高时 TiH 呈针状，钛合金中的氢可以在真空熔炼过程中逐步去除。

钛基体中的含氢量超过90~150mg/kg，可能沿着晶界或者由晶内方向析出针状、片状或者块状等氢化物的沉淀相（TiH_2），类似在钛基体中有裂纹，在应力作用下扩展，直至破裂。氢化物与钛基体的结合力较弱，且它们的弹性和塑性不同，受力后引起应力集中，产生裂纹，裂纹迅速扩展，发生断裂。温度降低时，氢的溶解度下降，氢以过饱和状态存在，在应力作用下，产生时效型氢脆，原因是晶格间隙中氢原子，在应力作用下经过一定时间的扩散并密集在缺陷引起的应力集中处，氢原子与位错交互作用，位错被钉扎，不能自由运动，使基体变脆。

氢化物的晶体结构和析出方式随着氢/钛原子比的变化有所改变，在360℃和0.1~0.2MPa 条件下进行氢化研究，H/Ti 在0.1~2.0MPa 时不小于0.1，钛基体中开始出现体心四方结构的亚稳相 $\gamma(TiH)$，与 α(hcp) 形成混合亚稳结构；H/Ti 达到0.6左右时，亚稳 γ 相开始转变为体心立方相结构 $\delta(TiH_2)$；H/Ti 达到1.9~2.0时，γ 相几乎全部转化为 δ 相。

2.2.15 热氢处理

氢对钛合金具有氢致塑性、氢致相变和可逆合金化特性，可以实现钛氢系统的最佳组织结构和改善加工性能，提高钛制件的使用性能，降低制造成本，提高加工效率。热氢处理英文为 Thermo Hydrogen Treatment，热氢处理利用了氢在钛合金中的特性，作为临时合金化元素，将氢的可逆合金化与热影响相结合，控制含氢合金的一个或者几个相变，降低合金的变形应力，促进最终热处理和真空退火的组织变化，改善钛合金的组织结构和加工性能。氢合金化使粗大组织明显细化，合金的切削和加工温度降低 $50 \sim 150℃$，切削力降为 $1/(1.3 \sim 1.5)$，工具寿命提高 $2 \sim 10$ 倍。

2.2.16 工业化制钛方法

工业化制钛方法包括镁还原法（Kroll）和钠还原法（Hunter），以精四氯化钛为原料，氩气保护下金属钠和镁为还原剂，最后一家钠还原法（Hunter）工厂已经于 1993 年关闭，目前广泛应用于工业生产的是镁还原法（Kroll）。

2.2.17 在研制钛方法

在研制钛方法包括 Al – Ti 法、铝热还原法、碳热还原法、钙热还原法、Li – Ca 合金还原法、熔盐电解法、锰还原法、等离子还原法、氮化物热分解法、熔融氟化物还原法和 Solex 法。

2.2.18 可能的制钛途径

制钛工艺途径比较多，具有物理化学基础，且经过试验确认的制钛工艺途径见图 2 – 1。

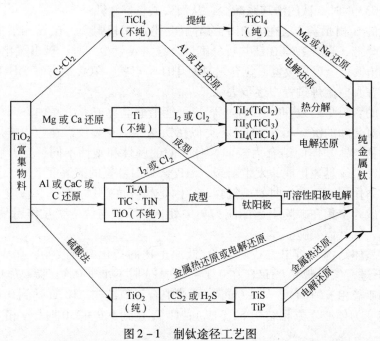

图 2 – 1 制钛途径工艺图

2.3 钛的化学性质

2.3.1 化学反应

与空气反应：轻度，白色 TiO_2，TiN；

与 6mol/L 盐酸反应：无；

与 15mol/L 硝酸反应：无；

与 6mol/L 氢氧化钠反应：钝化。

2.3.2 其他形式的化学反应

氢化物：TiH、TiH_2；

氧化物：TiO、Ti_2O_3、TiO_2 等；

氯化物：$TiCl_2$、$TiCl_3$、$TiCl_4$。

2.3.3 钛与 HF 和氟化物

氟化氢气体在加热时与钛发生反应生成 TiF_4，反应式为式（2-1）。不含水的氟化氢液体可在钛表面上生成一层致密的四氟化钛膜，可防止 HF 浸入钛的内部。氢氟酸是钛的最强熔剂，即使是浓度为 1% 的氢氟酸，也能与钛发生激烈反应，见式（2-2）。无水的氟化物及其水溶液在低温下不与钛发生反应，仅在高温下熔融的氟化物与钛发生显著反应。

$$Ti + 4HF \rightleftharpoons TiF_4 + 2H_2 + 135.0 kcal \qquad (2-1)$$
$$Ti + 4HF \rightleftharpoons TiF_4 + 2H_2 \qquad (2-2)$$

2.3.4 钛与 HCl 和氯化物

氯化氢气体能腐蚀金属钛，干燥的氯化氢在温度 300℃ 时与钛反应生成 $TiCl_4$，见式（2-3）。浓度小于 5% 的盐酸在室温下不与钛反应，20% 的盐酸在常温下与钛发生反应生成紫色的 $TiCl_3$，见式（2-4）。当温度升高时，即使稀盐酸也会腐蚀钛。各种无水的氯化物，如镁、锰、铁、镍、铜、锌、汞、锡、钙、钠、钡和 NH_4 离子及其水溶液，都不与钛发生反应，钛在这些氯化物中具有很好的稳定性。

$$Ti + 4HCl \rightleftharpoons TiCl_4 + 2H_2 + 94.75 kcal \qquad (2-3)$$
$$2Ti + 6HCl \rightleftharpoons 2TiCl_3 + 3H_2 \qquad (2-4)$$

2.3.5 钛与硫酸和硫化氢

钛与浓度低于 5% 的稀硫酸反应后在钛表面上生成保护性氧化膜，可保护钛不被稀酸继续腐蚀。但浓度高于 5% 的硫酸与钛有明显的反应，在常温下，约 40% 的硫酸对钛的腐蚀速度最快，当浓度大于 40%，达到 60% 时腐蚀速度反而变慢，80% 又达到最快。加热的稀酸或 50% 的浓硫酸可与钛反应生成硫酸钛，见式（2-5）、式（2-6），加热的浓硫酸可被钛还原，生成 SO_2。

常温下钛与硫化氢反应，在其表面生成一层保护膜，可阻止硫化氢与钛的进一步反应。但在高温下，硫化氢与钛反应析出氢，见式（2-8），粉末钛在600℃开始与硫化氢反应生成钛的硫化物，在900℃时反应产物主要为TiS，1200℃时为Ti_2S_3。

$$Ti + H_2SO_4 \overline{} TiSO_4 + H_2 \qquad (2-5)$$

$$2Ti + 3H_2SO_4 \overline{} Ti_2(SO_4)_3 + 3H_2 \qquad (2-6)$$

$$2Ti + 6H_2SO_4 \overline{} Ti_2(SO_4)_3 + 3SO_2 + 6H_2O \qquad (2-7)$$

$$Ti + H_2S \overline{} TiS + H_2 + 70kcal \qquad (2-8)$$

2.3.6 钛与硝酸和王水

致密的表面光滑的钛对硝酸具有很好的稳定性，这是由于硝酸能快速在钛表面生成一层牢固的氧化膜，但是表面粗糙，特别是海绵钛或粉末钛，可与次、热稀硝酸发生反应，见式（2-9）、式（2-10）。高于70℃的浓硝酸也可与钛发生反应，见式（2-11）。常温下，钛不与王水反应。温度高时，钛可与王水反应生成$TiCl_2$。

$$3Ti + 4HNO_3 + 4H_2O \overline{} 3H_4TiO_4 + 4NO \qquad (2-9)$$

$$3Ti + 4HNO_3 + H_2O \overline{} 3H_2TiO_3 + 4NO \qquad (2-10)$$

$$Ti + 8HNO_3 \overline{} Ti(NO_3)_4 + 4NO_2 + 4H_2O \qquad (2-11)$$

钛的性质与温度及其存在形态、纯度有着极其密切的关系。致密的金属钛在自然界中是相当稳定的，但是，粉末钛在空气中可引起自燃。钛中杂质的存在，显著地影响钛的物理性能、化学性能、力学性能和耐腐蚀性能。特别是一些间隙杂质，它们可以使钛晶格发生畸变，而影响钛的各种性能。常温下钛的化学活性很小，能与氢氟酸等少数几种物质发生反应，但温度增加时钛的活性迅速增加，特别是在高温下钛可与许多物质发生剧烈反应。钛的冶炼过程一般都在800℃以上的高温下进行，因此必须在真空中或在惰性气氛保护下操作。

在钛的化合物中，以+Ⅳ氧态最稳定，在强还原剂作用下，也可呈现+Ⅲ和+Ⅱ氧化态，但不稳定。

2.4 钛的化合物

钛原子的价层电子构型为$3d^24s^2$，最高氧化数为+4，此外还有+3和+2氧化数，其中+4氧化数的化合物最重要。

2.4.1 钛的无机化物

2.4.1.1 二氧化钛（TiO_2）

TiO_2具有同素异构形态，不同形态性质存在一定差异，在自然界中有3种晶型：金红石、锐钛矿和板钛矿。其中最重要的为金红石，金红石由于含有少量杂质而呈红色或橙色。金红石TiO_2属于四方晶系，晶格的中心有1个钛原子，周围有6个氧原子，位于八面体的棱角处，两个TiO_2分子组成一个晶胞；锐钛矿型TiO_2也属于四方晶系，由4个TiO_2分子形成晶胞，锐钛型TiO_2具有低温稳定性，在温度达到610℃时便开始缓慢转换为金红石型，730℃时转化速度提高，915℃完全转化为金红石型；板钛型TiO_2的晶型属于斜方晶系，6个TiO_2分子形成1个晶胞，板钛型TiO_2是不稳定化合物，加热至650℃时转化为金红石型。

二氧化钛的物理性能介绍如下：

密度（g/cm³）：金红石型 4.261（0℃），金红石型 4.216（25℃）；锐钛型 3.881（25℃），锐钛型 3.894（25℃）；板钛型 4.135（25℃），板钛型 4.105（25℃）。

熔点（℃）：金红石型 1842±6，熔化热为 811J/g。

沸点（℃）：金红石型 2670±6，汽化热为（3762±313）J/g。

TiO_2 属于两性化合物，碱性略强于酸性，TiO_2 化合物结构十分稳定，在许多有机和无机介质中具有很好的稳定性，不溶于水和众多溶剂。

在高温下 TiO_2 可以被许多还原剂还原，还原产物取决于还原剂种类和还原条件，一般为低价钛氧化物，少数强还原剂可以将 TiO_2 还原成钛金属。

（1）氢气还原。750～1000℃ 干燥氢气缓慢通过 TiO_2，化学反应如下：

$$2TiO_2 + H_2 == Ti_2O_3 + H_2O \qquad (2-12)$$

2000℃ 氢气在 13～15MPa 压力条件下还原 TiO_2 生成 TiO，化学反应如下：

$$TiO_2 + H_2 == TiO + H_2O \qquad (2-13)$$

（2）金属蒸汽还原。加热的 TiO_2 可被钠蒸气和锌蒸气还原为低价钛氧化物，化学反应如下：

$$4TiO_2 + 4Na == Ti_2O_3 + TiO + Na_4TiO_4 \qquad (2-14)$$

$$TiO_2 + Zn == TiO + ZnO \qquad (2-15)$$

（3）轻金属还原。铝、镁、钙在高温下可还原 TiO_2 为低价钛氧化物，在高真空条件下可以还原形成金属钛，化学反应如下：

$$3TiO_2 + 4Al == 3Ti + 2Al_2O_3 \qquad (2-16)$$

钛金属氧含量较高。

TiO_2 在高温条件下可以被金属钛还原为低价钛氧化物，化学反应如下：

$$3TiO_2 + Ti == 2Ti_2O_3 \qquad (2-17)$$

$$TiO_2 + Ti == 2TiO \qquad (2-18)$$

（4）重金属还原。铜和钼加热至 1000℃ 以上可以还原 TiO_2。

（5）高温碳还原。TiO_2 在高温条件下可以被碳还原形成低价钛氧化物和碳化钛，反应温度为 1800℃，碳化钛熔点在 2200℃，化学反应如下：

$$TiO_2 + C == TiO + CO \qquad (2-19)$$

$$TiO_2 + 3C == TiC + 2CO \qquad (2-20)$$

（6）氢化钙反应。反应生成 TiH_2，在真空高温脱氢后可制得金属钛。

$$TiO_2 + 2CaH_2 == TiH_2 + 2CaO + H_2 \qquad (2-21)$$

（7）与 F_2 反应。反应生成 TiF_4，放出氧，化学反应如下：

$$TiO_2 + 2F_2 == TiF_4 + O_2 \qquad (2-22)$$

（8）与 HF 反应。TiO_2 与氟化氢反应生成可溶于水的氧氟钛酸，化学反应如下：

$$TiO_2 + 3HF == H(TiOF_3) + H_2O \qquad (2-23)$$

（9）与 Cl_2 反应。TiO_2 与 Cl_2 直接反应较难，但在 1000℃ 以上发生不完全反应，化学反应如下：

$$TiO_2 + 2Cl_2 == TiCl_4 + O_2 \qquad (2-24)$$

（10）与 HCl 反应。TiO_2 与氯化氢反应生成可溶于水的二氧二氯钛酸，化学反应如下：

$$TiO_2 + 2HCl === H_2(TiO_2Cl_2) \tag{2-25}$$

（11）高温条件下与其他氯化物反应。高温条件下 TiO_2 与其他氯化物反应得到 $TiCl_4$，化学反应如下：

$$TiO_2 + 2SOCl_2 === TiCl_4 + 2SO_2 \tag{2-26}$$

（12）高温加碳条件下与 HCl 反应。高温条件下 TiO_2 加碳条件下与 HCl 反应生成 $TiCl_4$，化学反应式如下：

$$TiO_2 + C + 4HCl === TiCl_4 + CO_2 + 2H_2 \tag{2-27}$$

（13）高温条件下与氨反应。高温条件下 TiO_2 与氨反应生成氮化钛，化学反应如下：

$$6TiO_2 + 8NH_3 === 6TiN + 12H_2O + N_2 \tag{2-28}$$

（14）高温加热条件下与氮和氢的混合物反应。TiO_2 高温加热条件下与氮和氢的混合物反应，生成氮化钛，化学反应如下：

$$TiO_2 + N_2 + 2H_2 === TiN_2 + 2H_2O \tag{2-29}$$

纯的二氧化钛为白色难熔固体，受热变黄，冷却又变白。二氧化钛为白色粉末，不溶于水，也不溶于酸，但能溶解于氢氟酸和热的浓硫酸中：

$$TiO_2 + 2H_2SO_4 === Ti(SO_4)_2 + 2H_2O \tag{2-30}$$

$$TiO_2 + H_2SO_4 === TiOSO_4 \cdot H_2O \tag{2-31}$$

实际上并不能从溶液中析出 $Ti(SO_4)_2$，而是析出 $TiOSO_4 \cdot H_2O$ 的白色粉末。这是因为 Ti^+ 离子的电荷半径比值（即 z/r）大，容易与水反应，经水解而得到 TiO^{2+} 离子。钛酰离子常成为链状聚合形式的离子 $(TiO)_n^{2n+}$，如固态的 $TiOSO_4 \cdot H_2O$ 中的钛酰离子即是如此。

TiO_2 难溶于水，具有两性（以碱性为主），由 $Ti(IV)$ 溶液与碱反应所制得的 TiO_2 可溶于浓酸和浓碱，生成硫酸氧钛和偏钛酸钠：

$$TiO_2 + H_2SO_4（浓）\longrightarrow TiOSO_4 + H_2O \tag{2-32}$$

$$TiO_2 + 2NaOH（浓）\longrightarrow Na_2TiO_3 + H_2O \tag{2-33}$$

由于 Ti^{4+} 电荷多，半径小，极易水解，所以 $Ti(IV)$ 溶液中不存在 Ti^{4+}。TiO_2 可看做是由 Ti^{4+} 二级水解产物脱水而形成的。TiO_2 也可与碱共熔，生成偏钛酸盐。此外，TiO_2 还可溶于氢氟酸中：

$$TiO_2 + 6HF \longrightarrow [TiF_6]^{2-} + 2H^+ + 2H_2O \tag{2-34}$$

TiO_2 的化学性质不活泼，且覆盖能力强、折射率高，可用于制造高级白色油漆。TiO_2 在工业上称为"钛白"，它兼有锌白（ZnO）的持久性和铅白 $[Pb(OH)_2CO_3]$ 的遮盖性，是高档白色颜料，其最大的优点是无毒，在高级化妆品中用作增白剂。TiO_2 也用作高级铜板纸的表面覆盖剂，以及用于生产增白尼龙。在陶瓷中加入 TiO_2 可提高陶瓷的耐酸性。TiO_2 粒子具有半导体性能，且以其无毒、廉价、催化活性高、稳定性好等特点，成为目前多相光催化反应最常用的半导体材料。世界钛矿开采量的 90% 以上是用于生产钛白的。钛白的制备方法随其用途而异。

工业上生产 TiO_2 的方法主要有硫酸法和氯化法。

TiO_2 是一种优良的白色颜料，可以制造高级白色油漆，在工业上称二氧化钛为钛白。

TiO_2 在造纸工业中可用作填充剂，人造纤维中作消光剂。它还可用于生产硬质钛合金、耐热玻璃和可以透过紫外线的玻璃。在陶瓷和搪瓷中，加入 TiO_2 可增强耐酸性。TiO_2 还在许多化学反应中用作催化剂，如乙醇的脱水和脱氢等。

二氧化钛的水合物——$TiO_2 \cdot xH_2O$ 称为钛酸。这种水合物既溶于酸又溶于碱而具有两性。与强碱作用得碱金属偏钛酸盐的水合物。无水偏钛酸盐如偏钛酸钡可由 TiO_2 与 $BaCO_3$ 一起熔融（加入 $BaCl_2$ 或 Na_2CO_3 作助熔剂）而制得：

$$TiO_2 + BaCO_3 = BaTiO_3 + CO_2 \tag{2-35}$$

人工制得的 $BaTiO_3$ 具有高的介电常数，由它制成的电容器具有较大的容量。

2.4.1.2　钛的一氧化物（TiO）

TiO 属于钛低价氧化物，呈现金黄色，为碱性氧化物，强还原剂，容易被氧化，可用作乙烯聚合的催化剂。

（1）加热氧化。TiO 在空气中加热到 400℃ 时，开始被氧化，达到 800℃ 时氧化为 TiO_2，化学反应如下：

$$2TiO + O_2 = 2TiO_2 \tag{2-36}$$

（2）与卤素反应。TiO 与卤素反应生成相应的卤化物或者卤氧化物，化学反应如下：

$$2TiO + 4F_2 = 2TiF_4 + O_2 \tag{2-37}$$

$$TiO + Cl_2 = TiOCl_2 \tag{2-38}$$

（3）与稀酸反应。TiO 与稀酸发生溶解反应，生成盐和水，并放出氢气，化学反应如下：

$$2TiO + 6HCl = 2TiCl_3 + 2H_2O + H_2 \tag{2-39}$$

$$2TiO + 3H_2SO_4 = Ti_2(SO_4)_3 + 2H_2O + H_2 \tag{2-40}$$

2.4.1.3　钛的三氧化物（Ti_2O_3）

Ti_2O_3 是一种紫黑色粉末，存在两种变体，转化温度为 200℃，转化热为 6.35J/g，低温稳定态 $\alpha - Ti_2O_3$ 属于斜方六面体，高温稳定态 $\beta - Ti_2O_3$，熔点为 1889℃，熔化热为 6.35J/g。液体 Ti_2O_3 在 3200℃ 分解，Ti_2O_3 具有 p 型半导体性质。

（1）蒸发歧化反应。Ti_2O_3 是一种弱碱性化合物，蒸发至气态条件时发生歧化反应，化学反应式如下：

$$Ti_2O_3 = TiO + TiO_2 \tag{2-41}$$

（2）高温氧化反应。Ti_2O_3 在空气中较高温度下发生氧化反应，化学反应式如下：

$$2Ti_2O_3 + O_2 = 4TiO_2 \tag{2-42}$$

（3）与酸反应。Ti_2O_3 不溶于水，不与稀硫酸、稀盐酸和稀硝酸发生反应，与浓硫酸反应生成紫色溶液，化学反应式如下：

$$Ti_2O_3 + 3H_2SO_4 = Ti_2(SO_4)_3 + 3H_2O \tag{2-43}$$

（4）与特殊酸反应。Ti_2O_3 与氢氟酸、王水反应，放出热量。

（5）与硫酸氢钾反应。Ti_2O_3 与硫酸氢钾发生氧化反应，化学反应式如下：

$$Ti_2O_3 + 6KHSO_4 = K_2[TiO_2(SO_4)_2] + K_2[TiO(SO_4)_2] + K_2SO_3 + SO_2 + 3H_2O \tag{2-44}$$

Ti_2O_3 与 CaO 和 MgO 等金属类氧化物熔融时形成复盐。

2.4.1.4　钛的五氧化物（Ti_2O_5）

Ti_2O_5 存在两个变体，转化温度为 177℃，$\alpha - Ti_2O_5$ 密度为 4.75g/cm^3，$\beta - Ti_2O_5$ 密度

为 $4.29 g/cm^3$。

2.4.1.5 钛的氢氧化物

钛的氢氧化物可以有二氢氧化物 $Ti(OH)_2$ 和三氢氧化物 $Ti(OH)_3$，同时存在以正钛酸（α-钛酸）H_4TiO_4、偏钛酸（β-钛酸）H_2TiO_3 和多钛酸为特征的氢氧化物，二氢氧化物 $Ti(OH)_2$ 为碱性化合物，三氢氧化物 $Ti(OH)_3$ 为弱碱性化合物，H_4TiO_4 和 H_2TiO_3 属于两性氢氧化物。

A 二氢氧化物

$Ti(OH)_2$ 是强还原剂，容易被氧化，自然氧化为 TiO_2，化学反应如下：

$$Ti(OH)_2 = H_2 + TiO_2 \qquad (2-45)$$

在空气中加热氧化形成偏钛酸，化学反应如下：

$$2Ti(OH)_2 + O_2 = 2H_2TiO_3 \qquad (2-46)$$

$Ti(OH)_2$ 是碱性氢氧化物，溶于酸放出氢气，化学反应如下：

$$2Ti(OH)_2 + 6H^+ = 2Ti^{3+} + 4H_2O + H_2 \qquad (2-47)$$

$Ti(OH)_2$ 在氢气保护下溶于酸，生成二价钛盐，化学反应如下：

$$Ti(OH)_2 + 2H^+ = Ti^{2+} + 2H_2O \qquad (2-48)$$

钛的二氢氧化物可以在氢气保护下在二价钛溶液中加入弱碱性物质化合生成，如加入氢氧化物或者碳酸铵，化学反应如下：

$$Ti^{2+} + 2NH_4OH = 2NH_4^+ + Ti(OH)_2(黑色沉淀) \qquad (2-49)$$

$$Ti^{2+} + (NH_4)_2CO_3 + H_2O = 2NH_4^+ + CO_2 + Ti(OH)_2(褐色沉淀) \qquad (2-50)$$

B 三氢氧化物

$Ti(OH)_3$ 是强还原剂，容易被氧化，在水的作用下被氧化为正钛酸，化学反应如下：

$$2Ti(OH)_3 + 2H^+ + O_2 = H_2TiO_3 + H_4TiO_4 + H_2O - 2e \qquad (2-51)$$

在空气中氧化生成偏钛酸，化学反应如下：

$$2Ti(OH)_3 + 1/2O_2 = 2H_2TiO_3 + H_2O \qquad (2-52)$$

作为弱碱性氢氧化物，溶于酸中生成三价钛离子，化学反应如下：

$$Ti(OH)_3 + 3H^+ = Ti^{3+} + 3H_2O \qquad (2-53)$$

钛的三氢氧化物可以在三价钛溶液中加入氢氧化铵、碱金属氢氧化物、硫化物或碳酸盐化合生成，化学反应如下：

$$TiCl_3 + 3OH^- = Ti(OH)_3 + 3Cl^- \qquad (2-54)$$

$$2TiCl_3 + 3S^{2-} + 6H_2O = 2Ti(OH)_3 + 6Cl^- + 3H_2S \qquad (2-55)$$

$$2TiCl_3 + 3CO_3^{2-} + 6H_2O = 2Ti(OH)_3 + 6Cl^- + 3H_2CO_3 \qquad (2-56)$$

C 正钛酸

正钛酸通常是无定形白色粉末，属于不稳定化合物，为两性氢氧化物，常温下易溶于无机酸和强有机酸，也能溶于热的浓碱溶液，水溶液中以水合物存在，不溶于水和醇，但易转化为胶体溶液，热水洗涤或者加热时或者长时间真空干燥时会转化为偏钛酸。

钛粉末与水沸腾反应生成正钛酸；$TiCl_4$ 在大量水中水解生成正钛酸的水化物，化学反应式如下：

$$TiCl_4 + 5H_2O = H_4TiO_4 \cdot H_2O + 4HCl \qquad (2-57)$$

硫酸或者盐酸的 TiO_2 溶液与碱金属氢氧化物或碳酸盐反应，生成物在常温下干燥可以得到正钛酸。

D 偏钛酸

偏钛酸是一种白色粉末，加热时变黄，25℃时密度为 $4.3g/cm^3$，偏钛酸不导电，不溶于水，不溶于稀酸和碱溶液，但溶于热浓硫酸，偏钛酸是不稳定化合物，在煅烧时分解形成 TiO_2。偏钛酸脱水的初始温度是 200℃，300℃达到较大的脱水度，但需要在高温条件下才能脱水完全。

偏钛酸呈酸性，高温下可以与金属氧化物、氢氧化物和碳酸盐等反应生成相应的钛酸盐；与金属卤化物反应生成相应的钛酸盐，并析出卤化氢。

金属钛与 40% 的硝酸反应生成偏钛酸，化学反应如下：
$$3Ti + 4HNO_3 + H_2O === 3H_2TiO_3 + 4NO \qquad (2-58)$$

金属钛与胺和双氧水反应生成偏钛酸，化学反应如下：
$$Ti + 5H_2O_2 + 2NH_3 === H_2TiO_3 + 7H_2O + N_2 \qquad (2-59)$$

$TiCl_4$ 在沸腾水中水解可生成偏钛酸；$Ti(SO_4)_2$ 和 $TiOSO_4$ 的酸性溶液在沸水中水解生成偏钛酸沉淀；正钛酸在 140℃ 或在真空干燥时，同样生成偏钛酸。

2.4.1.6 钛的碳氮化物

A 钛的碳化物

钛的碳化物比较多，重要的是 TiC，是一种具有金属光泽的铜灰色结晶，晶型构造为正方晶系，20℃时密度为 $4.91g/cm^3$，具有高熔点（3150℃±10℃）和高硬度（莫氏硬度为 9.5），显微硬度为 2.795GPa，硬度仅次于金刚石，沸点为 4300℃，升华热为 10.1kJ/g。TiC 具有良好的传热性能和导电性能，TiC 具有金属性质，在 1.1K 具有超导性，是顺磁性物质，随着温度升高其导电性降低。

碳化钛是已知最硬的碳化物，热硬度高，摩擦系数小，热导率低，可用于生成硬质合金，与其他碳化物 WC、TaC 和 NbC 相比具有密度小、硬度高的特点，与 W 和 C 等形成固溶体，WC-TiC 合金、WC+(WC-Mo_2C-TiC) 固溶体、TiC-TAC 合金已经成为重要切削材料。

常温下 TiC 很稳定，真空加热高于 3000℃时放出比 TiC 含钛高的更多蒸气，在氢气中加热高于 1500℃时出现缓慢脱碳现象；高于 1200℃时，TiC 与 N_2 反应生成 Ti(C,N)，组成随氮化深度发生变化，致密 TiC 在 800℃时氧化缓慢，粉末状 TiC 在 600℃时可在氧气中燃烧，化学反应如下：
$$TiC + 2O_2 === TiO_2 + CO_2 \qquad (2-60)$$

TiC 在 1200℃可与 CO_2 反应生成 TiO_2，化学反应如下：
$$TiC + 3CO_2 === TiO_2 + 4CO \qquad (2-61)$$

TiC 在 1900℃可与 MgO 反应生成 TiO，化学反应如下：
$$TiC + 2MgO === TiO + 2Mg + CO \qquad (2-62)$$

TiC 在 400℃可与 Cl_2 反应生成 $TiCl_4$，化学反应如下：
$$2TiC + O_2 + 2Cl_2 === 2TiCl_4 + 2CO \qquad (2-63)$$

TiC 不溶于水，在高于 700℃可与水蒸气反应生成 TiO_2，化学反应如下：

$$2TiC + 6H_2O = 2TiO_2 + 2CO + 6H_2 \qquad (2-64)$$

在 1800~2400℃ 高温下熔化金属钛，钛直接与碳反应生成碳化钛，一般在高温（1800℃以上）、真空条件下用碳还原 TiO_2 生成碳化钛，高于 1600℃ 下碳和氢（CO 和 H_2）混合物与 $TiCl_4$ 反应生成 TiC，化学反应如下：

$$TiCl_4 + 2H_2 + C = TiC + 4HCl \qquad (2-65)$$

$$TiCl_4 + CO + 3H_2 = TiC + 4HCl + H_2O \qquad (2-66)$$

B　钛的氮化物

钛的氮化物比较多，其中包括 TiN、Ti_2N、TiN_2、Ti_3N、Ti_4N、Ti_3N_5 和 Ti_5N_6 等，重要的是 TiN，相互可以形成连续固溶体。TiN 外形像金属，颜色随组成发生变化，可由亮黄色变成黄铜色，晶体构造为立方晶系，25℃ 时密度为 5.21g/cm³，莫氏硬度为 9，显微硬度为 2.12GPa，熔点为 2930℃；20℃ 时电导率为 8.7μS/m，随温度升高，导电性降低，表现为金属属性，1.2K 时具有超导性。

常温条件下 TiN 十分稳定，真空加热时失去部分氮，生成失氮非均衡升华 TiN，并可重新吸氮形成 TiN；TiN 不与氢反应，可在氧气或者空气中燃烧氧化生成 TiO_2，化学反应如下：

$$2TiN + 2O_2 = 2TiO_2 + N_2 \qquad (2-67)$$

高于 1200℃，反应高速进行，随着时间延长，白色 TiO_2 消失，表面出现黑色，主要是 TiO_2 氮化，形成 TiN–TiO 含氧无限固溶体。

TiN 在加热时可以与氯反应生成氯化物，化学反应如下：

$$2TiN + 4Cl_2 = 2TiCl_4 + N_2 \qquad (2-68)$$

TiN 不溶于水，在加热时与水蒸气反应生成 TiO_2、氨和氢，化学反应如下：

$$2TiN + 4H_2O = 2TiO_2 + 2NH_3 + H_2 \qquad (2-69)$$

TiN 在稀酸（除硝酸）中相当稳定，有氧化剂时可以溶于盐酸，与加热的浓硫酸反应，化学反应如下：

$$2TiN + 6H_2SO_4 = 2TiOSO_4 + 4SO_2 + N_2 + 6H_2O \qquad (2-70)$$

在 1300℃ 下 TiN 与氯化氢反应生成 $TiCl_4$，TiN 与碱反应析出氨，TiN 不与 CO 反应，可与 CO_2 慢慢反应生成 TiO_2，化学反应如下：

$$2TiN + 4CO_2 = 2TiO_2 + N_2 + 4CO \qquad (2-71)$$

在 800~1400℃ 钛与氮直接反应生成 TiN，如粉末钛和熔化钛在过量氮气氧化反应生成氮化钛，化学反应如下：

$$2Ti + N_2 = 2TiN \qquad (2-72)$$

TiO_2 和炭的混合物在氮气流中加热至高温反应生成 TiN，化学反应如下：

$$2TiO_2 + 4C + N_2 = 2TiN + 4CO \qquad (2-73)$$

氮和氢的混合物在高温金属表面与 $TiCl_4$ 反应生成 TiN 沉积层，化学反应如下：

$$2TiCl_4 + N_2 + 4H_2 = 2TiN + 8HCl \qquad (2-74)$$

氮与 $TiCl_4$ 在铁表面形成 TiN 沉积层，化学反应如下：

$$2TiCl_4 + N_2 + 4Fe = 2TiN + 4FeCl_2 \qquad (2-75)$$

2.4.1.7　钛的硼化物

钛的硼化物比较多，有 Ti_2B、TiB、TiB_2 和 Ti_2B_5 等，均呈灰黑色粉末，重要的钛硼化

物为 TiB_2，价键结合力强，具有熔点高、硬度大、导热性能和导电性能好的特性，晶格构造为六方晶系，密度为 $4.5g/cm^3$，熔点为 $2980℃$，莫氏硬度为 9，显微硬度为 $2.9GPa$，电导率在常温下为 $6.25×10^5 S/m$，电阻温度系数为正，线膨胀系数为 $4.6×10^{-6}K^{-1}$，TiB 熔点为 $2200℃$。

TiB_2 具有良好的热稳定性，即使在高温下也具有良好的抗氧化性能，由于表面形成复合氧化物保护层，使用温度可以达到 $2000～3000℃$；TiB_2 具有良好的耐磨耐蚀性能，可以抗熔融金属的腐蚀和酸腐蚀；TiB_2 在碱中或者氯气气氛中加热至高温时会被浸蚀，与氟在常温下发生反应。

TiB_2 主要用作惰性气氛或者真空中的高温发热体材料，如用粉末冶金制取的含 57% TiB_2 和 43% TiCN 导电复合材料，适应于制造金属真空蒸发皿；TiB_2 基工程陶瓷烧结体可以制造高硬度和高韧性切削工具、管坯拉膜和高压喷嘴等。

将 TiO_2、B_4C 和炭混合经高温合成钛的硼化物，化学反应如下：

$$2TiO_2 + B_4C + 3C \xlongequal{\quad} 2TiB_2 + 4CO \qquad (2-76)$$

将 TiO_2、B_4C 和镁粉混合让其自燃烧，生成 TiB_2，化学反应如下：

$$2TiO_2 + B_4C + 3Mg \xlongequal{\quad} 2TiB_2 + 3MgO + CO \qquad (2-77)$$

燃烧反应产物经过破碎、筛分和酸洗除去 MgO，得到 TiB_2。

2.4.1.8 钛的卤化物

A 钛的氯化物

钛的卤化物中最重要的是四氯化钛，呈单分子存在，偶极距为零，不导电，Ti-Cl 间距为 $0.219nm$，正四面体结构，钛原子位于正四面体的中心，顶端为氯原子。$TiCl_4$ 是共价键结构，热稳定性好，不能离解出 Ti^{4+}，在含有 Cl^- 的溶液中可以形成 $[TiCl_6]^{2-}$ 配合阴离子，在 $2500K$ 仅有部分分解；常温下是无色透明液体，具有强烈的刺激性气味，熔点为 $250K$，沸点为 $409K$，液体蒸发热为 $(54.5±0.048)kJ/mol$；临界温度为 $365℃$；临界压力为 $4.57MPa$；临界密度为 $2.06g/cm^3$ $(194K)$；线膨胀系数为 $9.5×10^{-4}K^{-1}$ $(273K)$；导热系数为 $0.085W/(m·K)$ $(293K)$，$0.0928W/(m·K)$ $(323K)$，$0.108W/(m·K)$ $(373K)$，$0.116W/(m·K)$ $(409K)$；磁化率为 $-2.87×10^{-7}$；折射指数为 $1.61(93K)$；介电常数为 $2.83(273K)$，$2.73(293K)$。

$TiCl_4$ 可以与液氯按照任意比例混合溶解；$TiCl_4$ 可以与 Br 按照任意比例混合溶解，混合物为亮红色，$TiCl_4$ 与 Br_2 的共存系统可生成 $TiCl_4Br$ 和 $TiCl_4Br_4$ 两个化合物，并有三个低共熔点；$TiCl_4$ 能很好地溶解碘，不生成化合物，混合物为紫色。

$TiCl_4$ 有刺激性气味，它在水中或潮湿空气中都极易水解溶解，水和液相间反应关系复杂，受到温度和其他条件影响，在水量充足时生成五水化合物 $TiCl_4·5H_2O$，水量不足时生成 $TiCl_4·2H_2O$，继续水解过程中，$TiCl_4$ 中的 Cl^- 被 OH^- 取代。

四氯化钛暴露在空气中会发烟，化学反应如下：

$$TiCl_4 + 3H_2O \xlongequal{\quad} H_2TiO_3 + 4HCl \qquad (2-78)$$

如果溶液中有一定量的盐酸时，$TiCl_4$ 会发生部分水解，生成氯化钛酰 $TiOCl_2$，钛（Ⅳ）的卤化物和硫酸盐都易形成配合物，如钛的卤化物与相应的卤化氢或它们的盐生成 $M_2(TiX_6)$ 配合物：

$$TiCl_4 + 2HCl（浓）=== H_2（TiCl_6）\tag{2-79}$$

这种配酸只存在于溶液中，若往此溶液中加入 NH_4^+ 离子，则可析出黄色的 $(NH_4)_2[TiCl_6]$ 晶体。钛的硫酸盐与碱金属硫酸盐也可生成 $M_2[Ti(SO_4)_3]$ 配合物，如 $K_2[Ti(SO_4)_3]$。

在中等酸度的钛（Ⅳ）盐溶液中，加入 H_2O_2，可生成较稳定的橘黄色的 $[TiO(H_2O_2)]_2^+$：

$$TiO^{2+} + H_2O_2 === [TiO(H_2O_2)]^{2+}\tag{2-80}$$

利用钛的反应特性可进行钛的定性检验和比色分析。

最常用的电压电体为含铅、钛和锆的具有尖晶石型晶体结构的氧化物 $PbZr_{1-x}Ti_xO_3$，通称 PZT 的微小粒子的烧结体（陶瓷）。轻撞击一下只有数厘米长的圆柱体 PZT，就能得到数万伏的高压电，放出电火花起到点火作用。

用锌处理钛（Ⅳ）盐的盐酸溶液，或将钛溶于浓盐酸中得到三氯化钛的水溶液，浓缩后，可以析出紫色的六水合三氯化钛晶体。

四氯化钛（$TiCl_4$）是钛最重要的卤化物，通常由 TiO_2、氯气和焦炭在高温下反应制得。

$TiCl_4$ 为共价化合物（正四面体构型），其熔点和沸点分别为 $-23.2℃$ 和 $136.4℃$，常温下为无色液体，易挥发，具有刺激气味，易溶于有机溶剂。$TiCl_4$ 极易水解，在潮湿空气中由于水解而冒烟：

$$TiCl_4 + 3H_2O \longrightarrow H_2TiO_3 \downarrow + 4HCl \uparrow\tag{2-81}$$

利用此反应可以制造烟幕。

$TiCl_4$ 是制备钛的其他化合物的原料。利用氮等离子体，由 $TiCl_4$ 可获得仿金镀层 TiN：

$$2TiCl_4 + N_2 \xrightarrow{等离子技术} 2TiN + 4Cl_2\tag{2-82}$$

钛的氧化数为 +3 的化合物中，较重要的是紫色的三氯化钛（$TiCl_3$）。在 $500 \sim 800℃$ 用氢气还原干燥的气态 $TiCl_4$，可得 $TiCl_3$ 粉末：

$$2TiCl_4 + H_2 \longrightarrow 2TiCl_3 + 2HCl\tag{2-83}$$

$TiCl_3$ 与 $TiCl_4$ 一样，均可作为某些有机合成反应的催化剂。在 Ti（Ⅳ）盐的酸性溶液中加入 H_2O_2 则生成较稳定的橙色配合物 $[TiO(H_2O_2)]^{2+}$：

$$TiO_2 + H_2O_2 \longrightarrow [TiO(H_2O_2)]^{2+}\tag{2-84}$$

可利用此反应现象测定钛。

依据还原剂的种类和还原条件不同，$TiCl_4$ 可以被许多金属还原形成 $TiCl_3$、$TiCl_2$ 和金属钛。Mg、Na、Mn 和 Ca 可以将 $TiCl_4$ 还原为金属钛，化学反应如下：

$$TiCl_4 + 2Mg === Ti + 2MgCl_2\tag{2-85}$$

$$TiCl_4 + 4Na === Ti + 4NaCl\tag{2-86}$$

目前 Ti 的主要生产工艺原理与式（2-85）和式（2-86）相同。

$TiCl_4$ 与铝在 200℃ 时开始反应，在 $163 \sim 400℃$ 有铝存在时生成 $TiCl_3$，化学反应式如下：

$$3TiCl_4 + Al === 3TiCl_3 + AlCl_3\tag{2-87}$$

在约 1000℃ 下 Al 可以将 $TiCl_4$ 还原生成金属钛，熔解生成 Ti-Al 合金，化学反应如下：

$$3TiCl_4 + 4Al \rightleftharpoons 3Ti + 4AlCl_3 \qquad (2-88)$$

$TiCl_4$ 在低于 300℃ 时不与金属钛发生反应，在 400℃ 时反应生成 $TiCl_3$，500～600℃ 反应生成 $TiCl_3$ 和 $TiCl_2$ 的混合物，700℃ 主要反应产物是 $TiCl_2$，金属钛过量时主要生成 $TiCl_2$，$TiCl_4$ 过量时，主要生成物是 $TiCl_3$。

铜可以将 $TiCl_4$ 还原成 $TiCl_3$，有氧存在时与铜反应生成 $Cu(TiCl_4)$，化学反应如下：

$$TiCl_4 + Cu \rightleftharpoons Cu(TiCl_4) \qquad (2-89)$$

加热时银能部分将 $TiCl_4$ 还原为 $TiCl_3$，化学反应式如下：

$$TiCl_4 + Ag \rightleftharpoons TiCl_3 + AgCl \qquad (2-90)$$

大于 100℃ 时 Hg 能将 $TiCl_4$ 还原为 $TiCl_3$，化学反应式如下：

$$TiCl_4 + Hg \rightleftharpoons TiCl_3 + HgCl \qquad (2-91)$$

在 500～800℃ 时 H 能将 $TiCl_4$ 还原为 $TiCl_3$，化学反应式如下：

$$2TiCl_4 + H_2 \rightleftharpoons 2TiCl_3 + 2HCl \qquad (2-92)$$

高于 800℃ 时过量的 H 能将 $TiCl_4$ 还原为 $TiCl_2$，化学反应式如下：

$$TiCl_4 + H_2 \rightleftharpoons TiCl_2 + 2HCl \qquad (2-93)$$

高于 2000℃ 时 H 能将 $TiCl_4$ 还原为金属 Ti，化学反应式如下：

$$TiCl_4 + 2H_2 \rightleftharpoons Ti + 4HCl \qquad (2-94)$$

$TiCl_4$ 与氧气在 550℃ 开始反应，生成 TiO_2，也可能生成氯氧化钛，化学反应如下：

$$TiCl_4 + O_2 \rightleftharpoons TiO_2 + 2Cl_2 \qquad (2-95)$$

$$4TiCl_4 + 3O_2 \rightleftharpoons 2Ti_2O_3Cl_2 + 6Cl_2 \qquad (2-96)$$

$TiCl_4$ 与氧在 800～1000℃ 与氧完全反应生成 TiO_2，有 $AlCl_3$ 存在时实现 TiO_2 金红石转型。

$TiCl_4$ 通常条件下不与氮气反应，有 $AlCl_3$ 存在时与硫发生反应生成 $TiCl_3$，化学反应如下：

$$2TiCl_4 + 2S \rightleftharpoons 2TiCl_3 + S_2Cl_2 \qquad (2-97)$$

氟与 $TiCl_4$ 发生取代反应，化学反应如下：

$$TiCl_4 + 2F_2 \rightleftharpoons TiF_4 + 2Cl_2 \qquad (2-98)$$

$TiCl_4$ 可以通过氯化剂氯化钛及其化合物获得，氯化剂包含 Cl_2、$COCl_2$、$SOCl_2$ 和 CCl_2 等，可氯化钛化合物包括氧化钛、氮化钛、碳化钛、硫化钛、钛酸盐及其他钛化合物。

B $TiCl_3$

$TiCl_3$ 存在四种变体，通常在高温下还原 $TiCl_4$ 得到的是 α 型，紫色片状结构，属于六方晶系，晶格常数为 $a = 0.6122nm$，$c = 1.752nm$；烷基铝还原 $TiCl_4$ 得到 β 型 $TiCl_3$，褐色粉末，纤维状结构；铝还原 $TiCl_4$ 得到 γ 型 $TiCl_3$，红紫色粉末；将 γ 型 $TiCl_3$ 研磨得到 σ 型 $TiCl_3$，催化性能优异。

$TiCl_3$ 熔点为 730～920℃，25℃ 密度计算值为 $2.69g/cm^3$，测量值为 $2.66g/cm^3$。$TiCl_3$ 中钛为中间价态，稳定性差，容易分解，具有还原剂特征，容易被氧化为高价态化合物，也可被还原，但总体被氧化趋势大于被还原趋势。具有盐类物质特性，兼有弱酸性特征，可以形成三价钛酸盐，$TiCl_3$ 不溶于 $TiCl_4$。

$TiCl_3$ 在真空条件下加热至 500℃ 发生歧化反应，化学反应如下：

$$2TiCl_3 === TiCl_2 + TiCl_4 \tag{2-99}$$

在氢气流加热 $TiCl_3$ 时，歧化并发生还原，化学反应如下：

$$2TiCl_3 + H_2 === 2TiCl_2 + 2HCl \tag{2-100}$$

$TiCl_3$ 在氧气中氧化生成 TiO_2 和 $TiCl_4$，化学反应如下：

$$4TiCl_3 + O_2 === 3TiCl_4 + TiO_2 \tag{2-101}$$

$TiCl_3$ 在卤素作用下发生氧化，化学反应如下：

$$2TiCl_3 + Cl_2 === 2TiCl_4 \tag{2-102}$$

高温下被 HCl 氧化，化学反应如下：

$$2TiCl_3 + 2HCl === 2TiCl_4 + H_2 \tag{2-103}$$

$TiCl_3$ 的制取方法较多，主要通过 $TiCl_4$ 还原制取，如在 500~800℃ 通氢气还原，化学反应如下：

$$2TiCl_4 + H_2 \rightleftharpoons 2TiCl_3 + 2HCl \tag{2-104}$$

此过程为可逆反应，需要不断清理反应产物，使反应平衡右行，其他金属类还原剂也可使 $TiCl_4$ 还原形成 $TiCl_3$，化学反应如下：

$$TiCl_4 + Na \xrightarrow{270℃} TiCl_3 + NaCl \tag{2-105}$$

$$2TiCl_4 + Mg \xrightarrow{400℃} 2TiCl_3 + MgCl_2 \tag{2-106}$$

$$3TiCl_4 + Ti \xrightarrow{400~600℃} 4TiCl_3 \tag{2-107}$$

$$3TiCl_4 + Al \xrightarrow{>136℃} 3TiCl_3 + AlCl_3 \tag{2-108}$$

C $TiCl_2$

$TiCl_2$ 是黑褐色粉末状物质，属于六方晶系，晶格常数 $a = (0.3561 \pm 0.0005)$ nm，$c = (0.5875 \pm 0.008)$ nm，熔点为 (1030 ± 10)℃，沸点为 (1515 ± 20)℃，25℃ 密度计算值为 $3.06 g/cm^3$，实测值为 $3.13 g/cm^3$。$TiCl_2$ 具有离子键特征，是典型的盐类，稳定性较差，容易被氧化，属于强还原剂，加热时分解。

$TiCl_2$ 在空气中吸湿并氧化，溶于水或者稀盐酸时迅速被氧化，并放出氢气，化学反应如下：

$$2TiCl_2 + 2HCl(H_2O) === 2TiCl_3 + H_2 \tag{2-109}$$

$TiCl_2$ 溶于浓盐酸，初始溶液呈绿色，逐渐被氧化呈现紫色，在空气或者氧气中加热可以生成 $TiCl_4$ 和 TiO_2，化学反应如下：

$$2TiCl_2 + O_2 === TiCl_4 + TiO_2 \tag{2-110}$$

$TiCl_2$ 可以被 Cl_2 氯化，化学反应如下：

$$TiCl_2 + Cl_2 === TiCl_4 \tag{2-111}$$

$$2TiCl_2 + Cl_2 === 2TiCl_3 \tag{2-112}$$

$TiCl_2$ 可以被碱金属或者碱土金属还原为金属钛，以 Na 为例，化学反应如下：

$$TiCl_2 + 2Na === Ti + 2NaCl \tag{2-113}$$

$TiCl_2$ 能溶于碱金属或者碱金属氯化物的熔盐中，与碱金属氯化物生成复盐，但与 LiCl 形成无限互溶体。

高温下，$TiCl_2$ 与 HCl 反应生成 $TiCl_3$ 或者 $TiCl_4$，化学反应如下：

$$2TiCl_2 + 2HCl \rule{1cm}{0.4pt} 2TiCl_3 + H_2 \tag{2-114}$$

$$TiCl_2 + 2HCl \rule{1cm}{0.4pt} TiCl_4 + H_2 \tag{2-115}$$

$TiCl_2$ 能溶于甲醇和乙醇中，并放出氢气，生成淡黄色溶液。

$TiCl_2$ 通常在合适反应条件下通过还原 $TiCl_4$ 制得，化学反应如下：

$$TiCl_4 + 2Na \rule{1cm}{0.4pt} TiCl_2 + 2NaCl \tag{2-116}$$

$$TiCl_4 + Ti \rule{1cm}{0.4pt} 2TiCl_2 \tag{2-117}$$

D 二氯氧钛盐

$TiOCl_2$ 是一种具有吸水性的黄色粉末，属于立方晶系，晶格常数 $a = （0.451 \pm 0.001）$ nm，密度为 $2.45g/cm^3$；$TiOCl_2$ 是一种不稳定化合物，只有在室温下存在，加热时（180～350℃）发生分解，化学反应如下：

$$2TiOCl_2 \rule{1cm}{0.4pt} TiCl_4 + TiO_2 \tag{2-118}$$

$TiCl_4$ 在水蒸气中水解，一般存在一些 $TiOCl_2$，在 $TiCl_4$ 生产过程中，很容易产生 $TiOCl_2$，这是由 $TiCl_4$ 与空气接触或氯化温度低于（小于600℃）而造成，氯化制得的粗 $TiCl_4$ 中一般含有少量 $TiOCl_2$。

$TiOCl_2$ 与 F 反应生成 TiF_4，化学反应如下：

$$2TiOCl_2 + 4F_2 \rule{1cm}{0.4pt} 2TiF_4 + O_2 + 2Cl_2 \tag{2-119}$$

$TiOCl_2$ 在高温下与氧反应生成 TiO_2，化学反应如下：

$$2TiOCl_2 + O_2 \rule{1cm}{0.4pt} 2TiO_2 + 2Cl_2 \tag{2-120}$$

$TiOCl_2$ 在 120℃与液体硫反应生成 TiS_2，化学反应如下：

$$TiOCl_2 + 2S \rule{1cm}{0.4pt} TiS_2 + Cl_2O \tag{2-121}$$

$TiOCl_2$ 在热水中水解生成偏钛酸，化学反应如下：

$$TiOCl_2 + 2H_2O \rule{1cm}{0.4pt} H_2TiO_3 + 2HCl \tag{2-122}$$

$TiOCl_2$ 能溶于盐酸和硫酸，在盐酸溶液中存在 NH_4Cl 时可生成 $[TiOCl_4]^{2-}$ 和 $[TiOCl_5]^{3-}$ 配合离子。

$TiOCl_2$ 的制取方法很多，具体化学反应如下：

$$TiO + Cl_2 \rule{1cm}{0.4pt} TiOCl_2 \tag{2-123}$$

$$TiCl_2 + Cl_2O \rule{1cm}{0.4pt} TiOCl_2 + Cl_2 \tag{2-124}$$

$$2TiO_2 + MgCl_2 \rule{1cm}{0.4pt} TiOCl_2 + MgTiO_3 \tag{2-125}$$

过量 $TiCl_4$ 与 TiO_2 反应生成 $TiOCl_2$。

E 一氯氧钛盐

TiOCl 是淡黄色的针状或者长方形片状结晶，25℃时密度为 $3.14g/cm^3$。在存有 $TiCl_3$ 的密闭管中加热（500～700℃）时，TiOCl 发生升华。

TiOCl 是一种不稳定化合物，在真空加热时发生分解，化学反应如下：

$$3TiOCl \rule{1cm}{0.4pt} Ti_2O_3 + TiCl_3 \tag{2-126}$$

TiOCl 在湿空气中氧化并水解生成偏钛酸，化学反应如下：

$$4TiOCl + O_2 + 6H_2O \rule{1cm}{0.4pt} 4H_2TiO_3 + 4HCl \tag{2-127}$$

TiOCl 在空气中加热氧化生成 TiO_2 和 $TiCl_4$，化学反应如下：

$$4TiOCl + O_2 \rlap{=\!=\!=} 3TiO_2 + TiCl_4 \qquad\qquad (2-128)$$

$TiCl_3$ 与水蒸气在 600℃ 发生反应生成 TiOCl，金属氧化物与 $TiCl_3$ 反应生成 TiOCl，化学反应如下：

$$3TiCl_3 + Fe_2O_3 \rlap{=\!=\!=} 3TiOCl + 2FeCl_3 \qquad\qquad (2-129)$$

$$2TiCl_3 + TiO_2 \rlap{=\!=\!=} 2TiOCl + TiCl_4 \qquad\qquad (2-130)$$

F　钛的氟化物

TiF_4 是白色粉末，为强烈挥发性物质，10℃ 时密度为 $2.84g/cm^3$，20℃ 时密度为 $2.80g/cm^3$，不经过熔化便可升华，284℃ 时蒸汽压为 0.1MPa。

TiF_4 在加热条件下被碱金属、碱土金属、铝和铁等还原为金属钛，化学反应如下：

$$TiF_4 + 4Na \rlap{=\!=\!=} Ti + 4NaF \qquad\qquad (2-131)$$

TiF_4 是强吸湿性物质，溶于水时放出大量的热，蒸发水溶液可以析出结晶水化物 $TiF_4 \cdot 2H_2O$；TiF_4 不与氮、碳、氢、氧、硫及卤素发生反应；TiF_4 可用作 HF 氟化 CCl_4 及烯烃等有机化学反应的催化剂。

低价钛氟化物 TiF_3 是一种紫色粉末，密度为 $3.0g/cm^3$，熔点为 1230℃，沸点为 1500℃；TiF_2 是一种暗紫色粉末，25℃ 时密度为 $3.79g/cm^3$，熔点为 1280℃，沸点为 2150℃。TiF_3 和 TiF_2 与 $TiCl_2$ 及 $TiCl_3$ 性质相似，稳定性差，加热时发生歧化反应，容易被氧化。

以氟或者氟化氢及其化合物可以制取 TiF_4，化学反应如下：

$$TiO_2 + 2F_2 \rlap{=\!=\!=} TiF_4 + O_2 \qquad\qquad (2-132)$$

$$TiC + 4F_2 \rlap{=\!=\!=} TiF_4 + CF_4 \qquad\qquad (2-133)$$

$$TiCl_4 + 4HF \rlap{=\!=\!=} TiF_4 + 4HCl \qquad\qquad (2-134)$$

G　钛的溴化物

$TiBr_4$ 存在两个变体，低于 -15℃ 时稳定态为 α 型，属于单斜晶系；高于 -15℃ 时稳定态为 β 型，属于立方晶系。$TiBr_4$ 熔点为 38.25℃，沸点为 232.6℃，25℃ 时固体密度为 $3.37g/cm^3$，40℃ 时液体密度为 $2.95g/cm^3$，40℃ 时液体黏度为 $1.95 \times 10^{-3} Pa \cdot s$。

$TiBr_4$ 是吸湿性强的黄色结晶，化学性质与 $TiCl_4$ 相似，$TiBr_4$ 在高温下可以被氢还原形成低价溴化钛和金属钛，化学反应如下：

$$2TiBr_4 + H_2 \xrightarrow{600 \sim 700℃} 2TiBr_3 + 2HBr \qquad\qquad (2-135)$$

$$TiBr_4 + H_2 \xrightarrow{800 \sim 900℃} TiBr_2 + 2HBr \qquad\qquad (2-136)$$

$$TiBr_4 + 2H_2 \xrightarrow{1200 \sim 1400℃} Ti + 4HBr \qquad\qquad (2-137)$$

$TiBr_4$ 在 800℃ 与氧反应生成 TiO_2，化学反应如下：

$$TiBr_4 + O_2 \rlap{=\!=\!=} TiO_2 + 2Br_2 \qquad\qquad (2-138)$$

其他溴化物有 $TiBr_3$，为紫红色物质，25℃ 时密度为 $3.94g/cm^3$，熔点高于 1260℃，600℃ 时蒸气压为 13MPa，隔绝空气加热至 400℃ 时则发生歧化，$TiBr_2$ 是黑色粉末，25℃ 时密度为 $4.13g/cm^3$，熔点为 900℃，沸点为 1200℃，加热至 500℃ 时开始发生缓慢歧化反应。

高温下用溴蒸气与碳化钛或者（$TiO_2 + C$）反应可以生成 $TiBr_4$，化学反应如下：

$$TiC + 2Br_2 \Longrightarrow TiBr_4 + C \qquad (2-139)$$

$$TiO_2 + 2C + 2Br_2 \xrightarrow{650\sim700℃} TiBr_4 + 2CO \qquad (2-140)$$

HBr 与沸腾的 $TiCl_4$ 反应也可生成 $TiBr_4$。

H 钛的碘化物

TiI_4 是一种红褐色晶体，属于立方晶系，其晶格常数为 1.20nm，106℃时发生晶型转化，转化后晶格常数 $a=1.22nm$，转化热为 17.8J/g，熔点为 155℃，液体 TiI_4 在 160℃的蒸气压为 439Pa，25℃时固体密度为 4.01g/cm^3，380℃液体密度为 3.41g/cm^3。

TiI_4 在湿空气中冒烟，在水中发生水解，水解中间产物为 $Ti(OH)_3·H_2O$，最终产物是正钛酸 H_4TiO_4；TiI_4 可溶于硫酸和硝酸中，并发生水解析出碘，也可以被碱溶液分解；TiI_4 可溶于苯中。

加热时 TiI_4 歧化为金属钛和碘，歧化开始温度为 1000℃，1500℃可以完全歧化，可以用于钛的碘化提纯。高温下 TiI_4 可以被氢和金属还原为低价钛的碘化物以及钛金属，化学反应式如下：

$$TiI_4 + Ti \xrightarrow{250℃} 2TiI_2 \qquad (2-141)$$

$$TiI_4 + TiI_2 \xrightarrow{250℃} 2TiI_3 \qquad (2-142)$$

TiI_4 高温下与氧反应生成 TiO_2，化学反应如下：

$$TiI_4 + O_2 \Longrightarrow TiO_2 + 2I_2 \qquad (2-143)$$

TiI_4 与 F_2、Cl_2 和 Br_2 均可发生取代反应，化学反应如下：

$$TiI_4 + 2F_2 \Longrightarrow TiF_4 + 2I_2 \qquad (2-144)$$

TiI_4 和 $TiCl_4$ 反应生成 $TiCl_3I$，化学反应如下：

$$TiI_4 + 3TiCl_4 \Longrightarrow 4TiCl_3I \qquad (2-145)$$

TiI_4 溶于液体卤代烃、乙醇和二乙醚中，与醇（甲醇、乙醇、丙醇和丁醇）在加热时发生反应。

其他碘化钛有 TiI_3，是具有金属光泽的紫黑色晶体，15℃时密度为 4.76g/cm^3，熔点约为 900℃，TiI_3 隔绝空气加热至 350℃以上发生歧化反应：

$$2TiI_3 \Longrightarrow TiI_2 + TiI_4 \qquad (2-146)$$

TiI_3 在氧气中加热被氧化为 TiO_2，化学反应如下：

$$2TiI_3 + 2O_2 \Longrightarrow 2TiO_2 + 3I_2 \qquad (2-147)$$

TiI_3 在含有碘化氢的水溶液中可以析出紫色的六水化合物 $TiI_3·6H_2O$。TiI_3 溶液容易在氧和其他氧化剂存在的情况下氧化。

TiI_2 是具有金属光泽的紫黑色晶体，兼有强吸湿特性，20℃时密度为 4.65g/cm^3，熔点约为 750℃，沸点约为 1150℃。TiI_2 在真空中加热至 450℃不发生变化，当温度大于 480℃时部分 TiI_2 蒸发，部分发生歧化反应：

$$2TiI_2 \Longrightarrow Ti + TiI_4 \qquad (2-148)$$

TiI_2 在加热时容易被氧化，化学反应如下：

$$TiI_2 + O_2 \Longrightarrow TiO_2 + I_2 \qquad (2-149)$$

TiI_2 在高温下被氢还原，化学反应如下：

$$TiI_2 + H_2 \stackrel{}{=\!=\!=} Ti + 2HI \qquad (2-150)$$

TiI$_2$ 在水中溶解时部分发生水解，激烈反应析出氢，生成含有三价钛的紫红色溶液；在碱和氨溶液中分解生成黑色二氢氧化钛沉淀，化学反应如下：

$$TiI_2 + 2OH^- \stackrel{}{=\!=\!=} Ti(OH)_2 + 2I^- \qquad (2-151)$$

TiI$_2$ 在盐酸溶液中溶解生成浅蓝色溶液，还与硫酸和硝酸激烈反应，甚至在冷溶液中析出碘；TiI$_2$ 不溶于有机溶剂（醇、氯、醚、CS$_2$ 和苯）。

钛的卤化物有许多是混合卤化钛，典型的如 TiFCl、TiF$_2$Cl$_2$、TiFCl$_3$、TiCl$_2$Br$_2$ 和 TiCl$_3$I 等，另有许多多氧卤化钛，典型的如 Ti$_2$OCl$_6$、Ti$_2$O$_3$Cl$_2$、TiOBr$_2$ 和 TiOI$_2$ 等。

2.4.1.9 钛酸盐和钛氧盐

TiO$_2$ 为两性偏碱性氧化物，可形成两系列盐——钛酸盐和钛氧盐，钛酸盐大都难溶于水。BaTiO$_3$（白色）、PbTiO$_3$（淡黄）介电常数高，具有压电效应，是最重要的压电陶瓷材料（是一种可以使电能和机械能相互转换的功能材料），广泛用于电子信息技术和光电技术领域。

A 钛酸钡

在 TiO$_2$ - BaO 中通过控制不同的钛钡比，可以生成偏钛酸钡（BaTiO$_3$）、正钛酸钡（Ba$_2$TiO$_4$）、二钛酸钡（BaTi$_2$O$_5$）和多钛酸钡（BaTi$_3$O$_7$，BaTi$_4$O$_9$ 等），制备偏钛酸钡可以归纳为固相法和液相法，固相法一般以 TiO$_2$ 和 BaCO$_3$ 按照 1:1 摩尔比混合，并适当压制成型，放入 1300℃ 左右氧化气氛炉中焙烧，BaTiO$_3$ 主要通过"混合—预烧—球磨"流程大规模生产，化学反应如下：

$$BaCO_3 + TiO_2 \longrightarrow BaTiO_3 + CO_2 \qquad (2-152)$$

若要制备高纯度粉体或薄膜材料，一般采用溶胶 - 凝胶法，如制备 BaTiO$_3$，选用 BaC$_2$O$_4$［或 Ba(NO$_3$)$_2$］和 Ti(OC$_4$H$_9$)$_4$，乙醇作溶剂。先制成溶胶，在空气中存贮，经加入（或吸收）适量水，发生水解 - 聚合反应变成凝胶，在经热处理可制得所需样品。

固相法过程对原料和过程控制要求极高，同时不希望过程产物形成多种钛酸钡，普遍存在纯度低、细度难控和活性差的问题。

液相法以精制 TiCl$_4$ 和 BaCl$_2$ 为原料，与草酸反应生成草酸盐 Ba(TiO)(C$_2$O$_4$)$_2$·4H$_2$O 沉淀，经过焙烧获得偏钛酸钡，产品表现为高纯度、高活性和超细粒度等特征，产品中的钛钡比可以达到精准可控目标。

偏钛酸钡有四种不同晶型，各具不同性质，122℃ 是偏钛酸钡的居里点，5～90℃ 下稳定的是正斜方晶型，是强性电解质；5～122℃ 下稳定的是正方晶型，是强性电解质；高于 122℃ 稳定的是立方晶型，不是强性电解质；低于 -90℃ 下稳定的是斜方六面体晶型，会发生极化。

偏钛酸钡为白色粉末，密度为 6.0g/cm^3，熔点为 1618℃，不溶于水，在热浓酸中分解，可与偏钛酸钡的同素异形体、锆酸盐和铪酸盐等形成连续固溶体，具有强电解质性质。

偏钛酸钡具有极高的介电常数、耐压和绝缘性能优异，可以用作制造陶瓷电容器和其他功能陶瓷的重要材料，用偏钛酸钡生产的电子陶瓷元件已经在无线电、电视和通信设备中广泛应用，使设备性能提高并实现小型化，成为高频电路元件不可缺少的材料；偏钛酸钡的强电性能正在被广泛用来生产介质放大、调频和存储装置等；偏钛酸钡具有致电伸缩和压电性能，用它制造的压电晶体质量优于其他晶体，广泛用于超声波振子、声学装置、测量或滤波器等方面。

偏钛酸钡是制造正温度系数（PTC）热敏陶瓷电阻的重要原料，纯的 $BaTiO_3$ 是良好的绝缘体，加入微量元素如用三价镧置换部分钡，可以形成半导体结构，电阻率出现随温度升高发生突变的特性。在居里温度以下可以是一种导体，而在居里温度以上电阻值可以激增几个数量级，几近绝缘体，产生 PTC 现象，$BaTiO_3$ 作为原料生产功能电阻陶瓷，生产现代工业应用广泛的热敏陶瓷电阻。

B 钛酸锶

钛酸锶是制造电容器中间材料，属于钙钛矿型结构，熔点为 2080℃，密度为 5.12 g/cm^3，可以采用固相法和液相法制备，固相法用纯 TiO_2 和纯 $SrCO_3$ 为原料，按照一定比例混合烧结生成钛酸锶；液相法用纯 $TiCl_4$ 和纯 $SrCl_2$ 为原料，按照一定比例形成液相混合物，用草酸沉淀形成复盐，经过洗涤和干燥形成钛酸锶。

少量钛酸锶加入 $BaTiO_3$ 热敏陶瓷中，可以降低居里点并改变温度系数，可以制作压敏电阻器，具有电阻器和电容器的双重功能，在抗干扰电路中拥有广泛用途。

C 钛酸钙

在 TiO_2 – CaO 体系中可以形成偏钛酸钙 $CaTiO_3$（$CaO \cdot TiO_2$）和正二钛酸钙（$Ca_3Ti_2O_7$）。

TiO_2 与相应量的 CaO 加热烧结生成偏钛酸钙 $CaTiO_3$。偏钛酸钙是黄色晶体，属于单斜晶系，固体密度为 4.02g/cm^3，在 1260℃发生同素异型转化，转化热为 4.70J/g，软化温度为 1650℃，熔化温度为 1980℃。

偏钛酸钙不溶于水，在加热的浓硫酸和盐酸中发生分解，与碱金属硫酸氢物或硫酸铵熔化时发生分解；正二钛酸钙 $Ca_3Ti_2O_7$ 是一种黄色结晶，熔点为 1770℃，熔化析出偏钛酸钙，正二钛酸钙不溶于水，在加热的浓硫酸或者金属硫酸氢物中分解。

D 钛酸铅

钛酸铅是黄色固体，密度为 7.3g/cm^3，可以通过 TiO_2 和 PbO 混合烧结制备，钛酸铅在功能陶瓷制造中有重要应用，是制造钛酸锆铅铁电陶瓷的重要材料。

E 钛酸锌

正钛酸锌（Zn_2TiO_4）可以由 ZnO 和 TiO_2 在 1000℃下烧结而成，为尖晶石结构，白色固体状，密度为 5.12g/cm^3。

F 钛酸镍

钛酸镍是黄色固体，密度为 5.08g/cm^3，当 Sb_2O_3 加到 $NiCO_3$ 和 TiO_2 的混合物并加热到 980℃时形成钛酸锑镍，可以作为黄色颜料。

G 钛酸镁

在 TiO_2 – MgO 体系中可以生成正钛酸镁 Mg_2TiO_4（$2MgO \cdot TiO_2$）、偏钛酸镁 $MgTiO_3$（$MgO \cdot TiO_2$）、二钛酸镁 $MgTi_2O_5$（$MgO \cdot 2TiO_2$）、三钛酸镁 $Mg_2Ti_3O_8$（$2MgO \cdot 3TiO_2$）和四钛酸镁 $MgTi_4O_9$（$MgO \cdot 4TiO_2$）5 种钛酸盐，其中四钛酸镁不稳定。

2 份 TiO_2 和 1 份 MgO 在 10 份 $MgCl_2$ 溶剂中熔融可以得到正钛酸镁，是一种亮白色结晶，属于正方晶系，固体密度为 $3.52g/cm^3$，熔点为 1732℃，不溶于水，在盐酸和硝酸中长时间加热会分解。

TiO_2 和镁的混合物加热至 1500℃ 可生成偏钛酸镁 $MgTiO_3$，在高温下 TiO_2 和 $MgCl_2$ 反应生成偏钛酸镁 $MgTiO_3$。偏钛酸镁属于六方晶系，固体密度为 $3.91g/cm^3$，熔点为 1630℃；偏钛酸镁在 1050℃ 氢气流中可被还原成三价钛酸镁 $Mg(TiO_2)_2$；在与碳混合物加热至 1400℃ 时同样发生相应的还原。

偏钛酸镁能够缓慢溶解于稀盐酸，快速溶解于浓盐酸，也可溶解于硫酸氢铵的熔融液体。

在 TiO_2 – MgO 体系中形成二钛酸镁 $MgTi_2O_5$，为白色结晶，固体密度为 $3.58g/cm^3$，熔点为 1652℃。$MgTi_2O_5$ 与碳的混合物加热至 1400℃ 被还原为三价钛酸盐：

$$MgTi_2O_5 + C === Mg(TiO_2)_2 + CO \qquad (2-153)$$

$MgTi_2O_5$ 在水和稀酸中不溶解，偏钛酸与碳酸镁烧结生成三钛酸镁 $Mg_2Ti_3O_8$，为白色结晶，具有较大介电常数。

H 钛酸锰

偏钛酸与二氯化锰加热熔化生成偏钛酸锰，属于六方晶系，密度为 $4.84g/cm^3$，熔点为 1390℃，自然界的红钛锰矿中存在偏钛酸锰 $MnTiO_3$。

5 份的 $MnCl_2$ 和 2 份偏钛酸混合物加热熔化生成正钛酸锰 Mn_2TiO_4、无定型 TiO_2 和 $MnCO_3$ 混合物（质量比 1:1），在氢气气氛中或者氮气气氛中加热至 1000℃ 烧结得到正钛酸锰。

缓慢冷却得到的 α – 正钛酸锰，密度为 $4.49g/cm^3$，快速冷却得到 β – 正钛酸锰，转化温度为 770℃，熔点为 1455℃，两种正钛酸锰变体在低温下均是铁磁性物质。

I 钛酸铁

在 TiO_2 – FeO 和 TiO_2 – Fe_2O_3 体系中形成各种 2 价铁和 3 价铁的钛酸盐，自然界中的钛矿物多数以钛酸盐形式存在，在 TiO_2 – FeO 系中形成正钛酸亚铁 Fe_2TiO_4，5 份的 FeF_2 和 2 份偏钛酸在 NaCl 熔盐介质中烧结可以生成 Fe_2TiO_4。

正钛酸亚铁是亮红色结晶，属于斜方晶系，密度为 $4.37g/cm^3$，熔点为 1375℃，为非磁性物质；TiO_2 与相当量的 FeO 在 700℃ 下烧结，或者偏钛酸与相应量的 $FeCl_2$ 烧结反应生成偏钛酸亚铁 $FeTiO_3$，偏钛酸亚铁比较稳定，在 1000~1200℃ 的氢气气氛中仅有一半被还原，化学反应如下：

$$2FeTiO_3 + H_2 === Fe + FeTi_2O_5 + H_2O \qquad (2-154)$$

J 钛酸铝

在 TiO_2 – Al_2O_3 体系中，2 份 Al_2O_3 和 5 份 TiO_2 在冰晶石介质中加热生成偏钛酸铝，没有正钛酸铝存在，TiO_2 和相应量 Al_2O_3 熔化生成 $Al_2O_2(TiO_3)$，生成物属于斜方晶系，25℃ 时密度为 $3.67g/cm^3$，熔点为 1680℃，线膨胀系数很小，可用作耐火材料，$Al_2O_2(TiO_3)$ 与二钛酸镁可形成无限固溶体。

K 钛酸钾

钾的钛酸盐的通式为 $K_2O \cdot nTiO_2$（$n = 2~8$），单钛酸钾 K_2TiO_3 熔点为 800℃ 左右，

二钛酸钾 $K_2Ti_2O_5$ 熔点为 980℃，四钛酸钾 $K_2Ti_4O_9$ 熔点为 1114℃，六钛酸钾 $K_2Ti_6O_{13}$ 熔点为 1370℃，钛酸钾能够在一定条件下具有纤维晶须特征，钛酸钾纤维主要是化学组成以六钛酸钾（$K_2Ti_6O_{13}$）和八钛酸钾（$K_2Ti_8O_{17}$）为主的单纤维晶须，化学稳定性高，热稳定性高。钛酸钾热导率低，耐腐蚀性好，对红外光反射率高。

国外成型钛酸钾纤维主要性能如下：纤维平均直径为 $0.2 \sim 0.5\mu m$，纤维平均长度为 $10 \sim 40\mu m$，熔点为 1300 ~ 1350℃，真密度为 $3.3g/cm^3$，松装密度小于 $0.2g/cm^3$，比表面积（BET 法）为 $7 \sim 10m^2/g$，拉伸强度为 4.5 ~ 5.0GPa，拉伸模量为 200 ~ 240GPa，维氏硬度为 6.38GPa，线膨胀系数为 $8.7 \times 10^{-6}℃^{-1}$，易分散在树脂等有机体中，水浆溶液可制成纸、毡及多孔模坯等。

钛酸钾纤维是制造复合材料的增强剂，主要用于增强塑料、橡胶、金属和陶瓷材料，提高复合材料的强度，增强韧性、耐磨性、耐热性、隔热性、绝缘性和耐磨蚀性等，钛酸钾纤维还可以用作制造特种耐高温及抗氧化涂料、制动品衬套、过滤材料、催化剂支撑材料、绝缘材料和电池隔膜材料等。

制造钛酸钾纤维材料常采用烧结法（固相反应法），将 TiO_2 或者水合 TiO_2 与碳酸钾混合、成型和烧结，900 ~ 1300℃生长纤维，烧结后在水中溶胀析出，经过洗涤、干燥、分散形成纤维制品。

L 钛氧盐

硫酸氧钛（$TiOSO_4$）为白色粉末，可溶于冷水。在溶液或晶体内实际上不存在简单的钛酰离子 TiO^{2+}，而是以 TiO^{2+} 聚合形成的锯齿状长链 $(TiO)_n^{2n+}$ 形式存在：在晶体中这些长链彼此之间由 SO_4^{2-} 连接起来。

TiO_2 为两性氧化物，酸、碱性都很弱，对应的钛酸盐和钛氧盐皆易水解，形成白色偏钛酸（H_2TiO_3）沉淀：

$$Na_2TiO_3 + 2H_2O \longrightarrow H_2TiO_3\downarrow + 2NaOH \qquad (2-155)$$

$$TiOSO_4 + 2H_2O \longrightarrow H_2TiO_3\downarrow + H_2SO_4 \qquad (2-156)$$

2.4.1.10 卤钛酸盐

A 六氟钛酸钠 Na_2TiF_6

六氟钛酸钠为六方晶系，属于细小的六方棱晶，熔点为 700℃，熔化时发生分解挥发，20℃水中溶解度为 6.1%，在 98% 的乙醇中溶解度为 0.004%。

B 六氟钛酸钾 K_2TiF_6

六氟钛酸钾为三角晶系，细小片状结晶，在 300 ~ 350℃转化为立方晶系，15℃时密度为 $3.012g/cm^3$，780℃熔化并发生部分分解挥发，在 865℃时完全分解，在加热的氢气流中还原 K_2TiF_6 为 K_2TiF_5，难溶于水。

六氟钛酸钾与水生成一水化合物 $K_2TiF_6 \cdot H_2O$，在 30℃的饱和离解压为 2.66kPa，容易在空气中脱水。

无水的 K_2TiF_6 可在高于 30℃的饱和水溶液中结晶出来，在水溶液中 K_2TiF_6 可与碱金属的氢氧化物反应，与 KOH 的化学反应具体如下：

$$K_2TiF_6 + 4KOH = 6KF + H_4TiO_4 \qquad (2-157)$$

C 六氯钛酸钾 K_2TiCl_6

气体 $TiCl_4$ 与 KCl 反应可生成少量的 K_2TiCl_6，化学反应如下：

$$2KCl + TiCl_4 \rlap{=\joinrel=} K_2TiCl_6 \qquad (2-158)$$

K_2TiCl_6 仅在氯化氢气氛中稳定，属于立方晶系，K_2TiCl_6 在 300℃ 开始离解，在 520℃ 离解压力达到 0.1MPa。

D 六氯钛酸钠 Na_2TiCl_6

气体 $TiCl_4$ 与熔融氯化钠反应仅生成少量的 Na_2TiCl_6，是很不稳定的化合物。

2.4.2 钛的有机化合物

钛的有机化合物品种繁多，基本的定义是含有一个 Ti 与 C 或含 C 原子团形成共价键的化合物。钛的有机化合物大致可以分为钛酸酯及其衍生物、有机钛化合物、含有机酸的钛盐或钛皂三类。

2.4.2.1 钛酸酯及其衍生物

钛酸酯及其衍生物在工业上有着十分广泛的用途，可用作各种表面处理剂，如耐高温（500~600℃）涂料的基料、酯化和醇解的催化剂、含羟基树脂的交联剂、环氧树脂固化剂、聚酯漆包线等有机硅漆的固化促进剂、乳胶漆的触变剂和玻璃表面处理剂等。

A 钛酸酯

钛酸酯分子结构中含有至少一个 C—O—Ti 键的化合物称为钛烃氧基化合物。钛（Ⅳ）烃基化物的通式为 $Ti(OR)_4$。可把 $Ti(OR)_4$ 看成是正钛酸 $Ti(OH)_4$ 的烃基酯，所以通常称它为（正）钛酸酯。

制备低级钛酸酯最常用的方法是 Nells 法，其原理是：

$$TiCl_4 + 4ROH \rlap{=\joinrel=} Ti(OR)_4 + 4HCl \qquad (2-159)$$

该方法的关键是用氨除去反应生成物 HCl，以使反应完全：

$$TiCl_4 + 4ROH + 4NH_3 \rlap{=\joinrel=} Ti(OR)_4 + 4NH_4Cl \qquad (2-160)$$

戊酯以上的高级钛酸酯可用醇解法方便地由低级酸酯（如钛酸丁酯）和高级醇（R'OH）来制备：

$$Ti(OC_4H_9)_4 + 4R'OH \rlap{=\joinrel=} Ti(OR')_4 + 4C_4H_9OH \qquad (2-161)$$

反应生成的低级醇（如丁醇）用常压或减压蒸出，它们的主要物理化学性质列于表 2-5。

表 2-5 低级钛酸酯的主要物理化学性质

名 称	分子式	外 观	熔点/℃
钛酸甲酯	$Ti(OCH_3)_4$	白色结晶晶体	210
钛酸乙酯	$Ti(OC_2H_5)_4$		< -40
钛酸丙酯	$Ti(OC_3H_7)_4$	浆状黏稠液	
钛酸异丙酯	$Ti[OCH(CH_3)_2]$	≥18.5℃时为微黄色液体	18.5
钛酸丁酯	$Ti(OCH_3)_4$	微黄色液体	约50

名　称	沸点/℃	沸点时的蒸气压 p/Pa	密度/g·cm^{-3}	折光率 n	黏度/MPa·s
钛酸甲酯	170(升华)	1.3			
钛酸乙酯	103	13	1.107	1.5051	44.45
钛酸丙酯	124	13	0.997	1.4803	161.35
钛酸异丙酯	49	13	0.9711	1.4568	4.5
钛酸丁酯	142	13	0.992	1.4863	67

另外，含 C10 以上的高级钛酸酯都是无色蜡状固体。

低级钛酸酯（除钛酸甲酯外）在与潮气或水接触时，会迅速水解而生成含有 Ti—O—Ti 的聚合物，通常为聚钛酸酯。钛酸酯的水解和聚合是逐渐进行的，生成一系列中间聚合物。随着聚合度的增加，聚钛酸酯的黏度和水解的稳定性增大，耐氧化和耐高温性能提高，钛酸酯 R 基团的碳原子数越多，水解就越难进行。

低级钛酸酯易与高级醇或其他含羟基化合物交换烃氧基：

$$Ti(OR)_4 + 4R'OH \Longrightarrow Ti(OR')_4 + 4ROH \tag{2-162}$$

较低级钛酸酯在加热时极易与有机酸的较高级酯起交换反应，如：

$$Ti[OCH(CH_3)_2]_4 + 4CH_3COOC_4H_9 \Longrightarrow Ti(OC_4H_9)_4 + 4CH_3COOCH(CH_3)_2 \tag{2-163}$$

钛酸酯还易与有机酸、酸酐反应生成钛酰化合物。正戊酯以下的低级钛酸酯的热稳定性较好，在常压蒸馏时不会发生变化，但长期加热会发生缩聚作用，生成如水解时所生成的那种聚钛酸酯。随着烃基中碳原子数的增加，钛酸酯的热稳定性降低，高级钛酸酯（如钛酸正十六烷基酯）即使在高真空下蒸馏也会完全分解。热分解的最终产物是聚合 TiO_2。

B　钛的烃氧基卤化物

钛的烃氧基卤化物通式为 $Ti(OR)_nX_{4-n}$，R 为烷基、烯基或苯基，X 为 F、Cl 或 Br。

在由 $TiCl_4$ 与醇或酚制取钛酸酯的过程中生成钛的烃氧基卤化物，如：

$$TiCl_4 + ROH \Longrightarrow ROTiCl_3 + HCl \tag{2-164}$$

$$ROTiCl_3 + ROH \Longrightarrow (RO)_2TiCl_2 + HCl \tag{2-165}$$

$$(RO)_2TiCl_2 + ROH \Longrightarrow (RO)_3TiCl + HCl \tag{2-166}$$

另一种有用的制取钛的烃氧基卤化物的方法，是用化学计量的钛酸酯与 $TiCl_4$ 在惰性碳氢化合物溶剂中反应。

钛（IV）的烃氧基氟化物和氯化物是无色或黄色晶体，新制取的黏稠液体，放置后颜色变暗。而钛的苯氧基卤化物是橙红色固体，熔点较高。它们都易潮解并且易溶于水并逐渐发生水解，生成相应的醇、烃基卤化物和水合 TiO_2。

C　钛螯合物

钛螯合物是钛酸酯的衍生物。低级钛酸酯与螯合剂反应生成钛螯合物，此时钛酸酯中的钛原子与螯合原子（如 O、N 等）形成配价键，从而使钛的配位数为 6，使之形成一个稳定的八面体结构。

螯合剂是具有两个官能基以上的有机化合物，其中一个官能基是羟基。另一个基团需含有螯合原子 O、N 等，可作为螯合剂的化合物有二元醇、羟基酸、二元羟酸、双烯酮、酮酯、烷醇胺等。

钛螯合物是依靠分子内的配位作用而形成的八面体结构，因而它的稳定性，特别是对水解的稳定性要比相应的钛酸酯好得多。钛酸酯因易在空气中潮解而限制它的应用，而钛螯合物则没有这方面的问题。钛螯合物仍有烃氧基存在。因此除了它对水解稳定性较好以外，其他性质与钛酸酯相近。

2.4.2.2 有机钛化合物

有机钛化合物是指分子中至少含有一个 C—Ti 键的化合物。这类化合物是由 $TiCl_4$ 与有机金属化合物（如有机镁、钠、锂试剂）反应制取的。这类化合物包括钛的烃基化合物、苯基化合物、茂基化合物和羰基化合物等。有机钛化合物在催化乙烯聚合和固氮方面有着重要的用途。

A 钛的烃基化合物

钛的烃基化合物大多是很不稳定的，只有甲基钛比较稳定。四甲基钛 $(CH_3)_4Ti$ 在 $-50 \sim -80℃$ 的乙醚里存放，它由甲基锂 (CH_3Li) 缓慢加入到 $TiCl_4$ 的乙醚复合物悬浊液中得到：

$$TiCl_4 + 4CH_3Li \Longrightarrow (CH_3)_4Ti + 4LiCl \qquad (2-167)$$

$(CH_3)_4Ti$ 的热稳定性差，高于 $-20℃$ 发生分解。

三氯甲基钛可用二氯甲基铝与 $TiCl_4$ 反应制得：

$$TiCl_4 + CH_3AlCl_2 \Longrightarrow CH_3TiCl_3 + AlCl_3 \qquad (2-168)$$

CH_3TiCl_3 可用作乙烯聚合的催化剂。

B 钛的苯基化合物

在 $-70℃$ 的乙醚中，用苯基锂 (C_6H_5Li) 与 $TiCl_4$ 制取四苯基钛：

$$4C_6H_5Li + TiCl_4 \Longrightarrow (C_6H_5)_4Ti + 4LiCl \qquad (2-169)$$

四苯基钛是橙色晶体，也很不稳定，在高于 $-20℃$ 发生分解。

钛苯基衍生物都比较稳定，如三异丙氧基苯基钛 $(C_6H_5)Ti[OCH(CH_3)_2]_3$ 是白色晶体，熔点为 $88 \sim 90℃$，在低于 $10℃$ 或惰性气体中是稳定的，但在水中迅速分解。

C 钛的茂基化合物

近年来已制得四茂基钛及其衍生物，如二 π - 茂基二氯化钛可由 $TiCl_4$ 茂基钠反应制得：

$$TiCl_4 + 2C_5H_5Na \Longrightarrow (\pi - C_5H_5)_2TiCl_2 + 2NaCl \qquad (2-170)$$

二 π - 茂基二氯化钛是深红色晶体，可溶于非极性溶剂中，具有抗磁性，可用作链烯聚合反应的均相催化剂。

D 钛的羰基化合物

用 CO 与二 π - 茂基二氯化钛和正丁基锂或茂酸钠的混合物反应，可制得中性的二 π - 茂基二羰基钛 $(\pi - C_5H_5)_2Ti(CO)_2$。它是红褐色固体，热稳定性差，温度高于 $90℃$ 时发生分解。

E 有机酸的钛盐

有机酸的钛盐，如 $TiCl_4$ 与甲酸、乙酸及其他有机酸反应生成相应的钛盐。

2.4.2.3　云母珠光钛

合成珠光颜料的种类很多，云母珠光钛颜料是一种新型的珠光颜料，它是在微细的湿法云母片上用二氧化钛和（或）其他金属氧化物包膜而成的。这种珠光颜料无毒，其耐高温性、耐硫化性、耐光性、耐候性和化学稳定性都很好，得以广泛应用。云母钛的着色，即在云母钛的表面再涂上一层薄膜状的有色无机化合物的胶质粒子，一般称这种云母钛颜料为着色云母钛颜料，以与二氧化钛薄膜产生的干涉色的云母钛颜料相区别。目前国际市场上出售的着色云母钛，其着色剂有炭黑、氢氧化铁、氧化铁、亚铁氰化铁、氢氧化铬和氧化铬等，其发色效果因基体云母钛不同而异。

湿法云母粉的质量是影响成品质量的重要因素，要求湿法云母粉有大的径厚比（大于80），形状规则，表面光滑无划伤。当云母鳞片的粒度大致在 $40\mu m$ 以上时，光泽较强；当云母鳞片的粒度大致在 $5\sim20\mu m$ 以上时，光泽较好；当云母鳞片的粒度大致在 $5\sim10\mu m$ 以上时，透明感增加。当前国际市场上出售的云母钛，粒度大致分为 $5\sim15\mu m$，$5\sim30\mu m$，$10\sim60\mu m$，$10\sim40\mu m$ 四个等级。

能否将二氧化钛均匀地、致密地涂在云母鳞片表面上，也影响云母的质量。焙烧时，所得的二氧化钛能否成为金红石型，也是影响云母质量的重要因素。

2.5　钛的生物特性

钛没有毒性，即使大剂量时也是如此，钛在人体中不会发生任何自然作用。据估计，人每天会摄取约 0.8mg 钛，但大部分都在没有被吸收的情况下通过。然而，含有硅土的组织会出现生物累积钛的倾向。在植物中，一种未知的机制可能会用钛来刺激碳水化合物的生产并促进生长。这可能解释为何大部分植物的含钛量约为 $10^{-4}\%$，而食用植物的含钛量则约为 $2\times10^{-4}\%$，木贼及荨麻更最高可达 $80\times10^{-4}\%$。

最常见的生物医学植入材料有不锈钢、Co－Cr 合金、钛合金 3 种。与前两种合金相比，钛合金具有生物相容性好、综合力学性能优异、耐腐蚀能力强等特点，因而现在已成为生物医学材料领域的主流开发产品。

钛合金由于具有低热导率和低弹性模量，给其机加工带来一定困难。用锻造方法进行材料加工，虽性能优良，但是浪费大，成本高，且难以生产形状复杂的产品；铸造法可获得复杂形状的近净形产品，但是也存在成分偏析、缩孔等缺陷，材料性能较低。粉末冶金是一种少切削或无切削的加工方法，生产的产品性能均匀，可以有效降低钛合金的生产成本，并且在生产多孔材料、小型或形状复杂的零部件方面有其独到优势。因此，目前钛基生物医学材料的研发以粉末冶金方法为主，并且开发出一些新技术。

2.5.1　放电等离子烧结工艺

放电等离子烧结工艺是近年来发展起来的一种快速烧结新技术，它集等离子活化、热压为一体，具有升温速度快、烧结时间短、冷却迅速、外加压力和烧结气氛可控、节能环保等特点。钛合金表面容易形成牢固的 TiO_2 氧化膜，所以用传统的粉末冶金方法难以烧结，烧结温度一般要高达 1300℃，而放电等离子烧结法可以在较低温度下将钛合金较快烧结致密。

2.5.2 粉末注射成型技术

粉末注射成型技术是将粉末冶金和塑胶注射成型结合起来的一种新技术，能够批量生产形状复杂、性能均匀的零部件。例如，采用粉末注射技术成型的 Ti – 6Al – 4V 和 Ti – 6Al – 7Nb 等医学植入合金，其屈服强度分别高达 880MPa 和 815MPa，最大伸长率为 14.5% 和 8%，显示出优异性能。微注射成型是粉末注射成型技术的一个新发展，采用微注射成型技术可以制备形状复杂和精细的医学植入材料。据报道，采用微注射成型技术，使用粒度为 11μm 的预合金粉制造 Ni – Ti 合金，在注射、脱脂、烧结后，不经后续加工，致密度就能达到 97%，并且展现出较好的形状记忆效应。

2.5.3 Ti 合金 – 生物陶瓷复合材料的研发

生物陶瓷以羟基磷灰石为代表，由于其与人体骨骼成分和晶体结构相似，具有很好的生物活性和骨引导作用而被用作植入材料，但其强度低，脆性大，不能用在承载部位。钛及钛合金具有较好力学性能和耐腐蚀性能，但其毕竟是生物惰性材料，植入人体后与周围组织只是机械连接，易发生松动和脱落。因此，如果以钛为基体、表面为生物陶瓷组成复合材料，则能充分利用两种材料的优点。实验结果表明，Ti 合金 – 羟基磷灰石复合材料比纯钛有更好的生物相容性和骨结合能力。有报道，羟基磷灰石质量分数为 5% 的钛基复合材料具有优异的耐腐蚀性、压缩强度、摩擦磨损性和生物相容性，低的弹性模量，显示出良好的应用前景。由于放电等离子烧结技术能降低烧结温度，加快烧结速度，故适合用来制备 Ti 合金 – 生物陶瓷复合材料。

3 钛资源

自然界中的钛总是与其他元素结合成化合物。它是地壳中含量第九高的元素（质量占地壳 0.63%），同时也是第七高的金属元素。大部分的火成岩及由其演变成的沉积岩都含有钛（生物及天然水体也含有钛），在美国地质调查局分析过的 801 种火成岩中，784 种含有钛，钛大约占土壤的 0.5% ~ 1.5%。它分布很广，主要矿物为锐钛矿、板钛矿、钛铁矿、钙钛矿、金红石、榍石及大部分铁矿石。钛可以在陨石中找到，并且已在太阳及 M 型恒星处侦测到钛。在阿波罗 17 号任务从月球带回的岩石中，二氧化钛含量达 12.1%。钛还可以在煤灰、植物，甚至人体中找到。

3.1 钛的地球化学

钛是典型的亲石元素，常以氧化物矿物出现。在天然矿物中，钛只以 4 价形态出现（Ti^{4+}），离子半径 0.068nm，主要是二氧化钛（TiO_2），很少组成硅酸盐。根据钛对氧的强烈亲和性，钛离子属于典型的亲石元素，在所有的岩浆岩中出现，在玄武岩岩浆凝固和分步结晶分异过程中，开始阶段的组成成分（纯橄榄岩，含 0.02% TiO_2）和最后阶段组成成分（花岗岩，含 0.3% TiO_2）平均含钛量最小，钛主要集中在辉长岩中，TiO_2 平均含量为 1.34%。重要的钛矿床［钛磁铁矿（Titanomagnetite）和赤铁钛铁矿（Titanohamatite）］在成因上总是和辉长岩联系在一起。与辉长岩和苏长岩紧密共生的斜长岩虽然只在极个别情况下才具有较高的 TiO_2 含量，但主要钛矿物主体与钛铁矿矿床有关。图 3 - 1 给出了不同类型岩浆岩具有的不同 TiO_2 含量，黏土类沉积岩 TiO_2 含量平均为 0.3%，砂岩的 TiO_2 含量为 0.25%，碳酸盐沉积物 TiO_2 含量不足 0.1%，变质岩的 TiO_2 含量取决于原始岩石中钛的富集程度。

在造岩矿物中，特别是单斜辉石、角闪石和云母，属于含钛矿物，在普通辉石中，TiO_2 含量大于 8%，在钛角闪石和钛云母中，TiO_2 含量一般大于 10%；斜方辉石，特别是橄榄石和长石，TiO_2 含量较低，在石英中有极少量的 TiO_2，偶尔见到的是呈细针状的金红石；超基性岩中的钛主要包含在铬铁矿、钛铁矿和钛磁铁矿的共结混合物中，少部分包含在辉石和角闪石中；在基性岩和中性岩中，含钛矿物主要为钛铁矿和钛磁铁矿；在酸性岩中，常常出现的是含钛硅酸盐（黑云母、角闪石、榍石）；碱性岩中，除了辉石和角闪石外，所见主要为 Na - Ti - 硅酸盐和 Ti - 铌酸盐的复合盐类，硅酸盐富集的 TiO_2 可以达到 50%。

在共结混合物中，铬铁矿基本属于含钛矿物，铬铁矿含 TiO_2 可达 1%，特别是在纯橄榄岩中；钛铁矿存在于所有的侵入岩和喷出岩中，是重要的、呈浸染分布的共结矿物；在苏长岩、辉长岩和角闪石中，作为含钛矿物，钛铁矿具有突出地位。

在高温（ > 600℃）条件下，钛铁矿（$FeTiO_3$）和赤铁矿（Fe_2O_3）可以完全混合，形成混合晶体，一部分铁可能被 Mg、Mn 和 Al 置换；一部分铁被 Ti、Al、V 和 Cr 同晶型

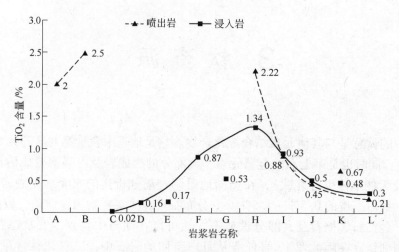

图 3－1　岩浆岩 TiO₂ 含量

A—拉斑玄武岩；B—橄榄碱性玄武岩；C—纯橄榄岩；D—橄榄岩；E—辉岩；F—苏长岩；

G—斜长岩；H—玄武岩，辉长岩；I—安山岩，闪长岩；J—英安岩，石英，闪长岩；

K—流纹英安岩，花岗闪长岩；L—流纹岩花岗岩

置换，在温度下降时，出现分解现象，形成赤铁钛铁矿，厚片状或者薄片状的赤铁矿夹杂在钛铁矿中。含钛矿物中，特别是尖晶石中，磁铁矿（Fe_2FeO_4）和方钛铁矿（Fe_2TiO_4）高温时可以完全混合，同时在磁铁矿（$Fe_2^{+2}\overset{+3}{Fe}O_4$）中，一部分 Fe^{2+} 被 Ti、Mg 和 Mn 取代，一部分铁被 Ti、Al、V 和 Cr 同晶型置换，在温度下降时，发生分解反应，形成磁铁矿、钛铁矿和方钛铁矿，但分解不完全，也不是以纯磁铁矿和方钛铁矿形式完全分解，钛铁矿主要以薄片状分离出来，位于磁铁矿八面体之上，冷却越慢，分解物的组织越粗。

如果钛铁矿在地下水域长期受到风化影响，在一定的 pH 值条件下铁元素会出现溶解析出，使钛元素相对富集，铁进一步溶出，就会出现白钛石现象和白钛石类风化产物，特别是海砂矿和铝土矿，经常出现白钛石类风化现象，白钛石不能成为独立矿石，属于隐晶质的锐钛矿、金红石、板钛矿和赤铁矿，偶尔还有榍石的混合物，其 TiO₂ 含量可以达到94%。图 3－2 给出了 FeO－Fe₂O₃－TiO₂ 的复合组分的关系图。

在 TiO₂ 的三个变体（金红石、锐钛矿和板钛矿）中，金红石的摩尔体积最小，对麻粒岩和榴辉岩，金红石属于典型矿物。金红石 TiO₂ 只在酸性深岩中存在，且呈细针状，是变质岩最重要的钛矿物。

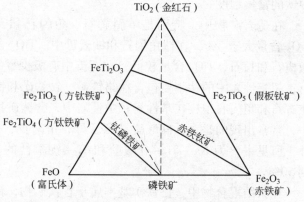

图 3－2　FeO－Fe₂O₃－TiO₂ 的复合组分的关系图

含 TiO₂ 40% 的榍石 ［CaTi（O/SiO₄）］在中性到酸性岩中，是典型钛矿物，特别是绿色角闪石具有镁铁成分的时候，在某些花岗岩中，30% ~40% 的钛存在于榍石中；钙钛矿（$CaTiO_3$）是副矿物，特别是基性碱性浸入岩以及某种玄武岩和变质岩的副矿物成分。

3.2 钛矿的成矿特点

钛矿床在地质作用各阶段中的富集成矿规律是：在晚期岩浆阶段，钛成独立矿物或成类质同象参与铁的氧化物，可以形成具有工业价值的分异型和贯入型的钛铁矿、钛磁铁矿岩矿床。在风化作用条件下，因为钛矿物很稳定，在原生钛矿床或富含钛矿物的各类地质体（成矿母岩）及其附近或流水下游，分别形成残坡积、河流冲积和滨海沉积型钛铁矿、金红石砂矿床。在沉积的铝土矿及红土内有钛的聚集，主要是以钛铁矿、金红石、板钛矿等矿物存在的共（伴）生矿床。在变质作用条件下，可使含钛的泥质岩石中的钛再富集，也可使辉长岩、闪长岩中钛磁铁矿分解，形成金红石岩矿床。

钛族元素是较为活泼的金属，在自然界中主要形成各种复杂的化合物的矿物。迄今为止在自然界中尚未发现单质形式存在的自然元素。Ti 显强的亲氧性，主要形成氧化物和含氧酸盐的矿物组合，很少出现硫化物的矿物。Ti^{4+} 同 $(Nb、Ta)^{5+}$、Sn^{4+} 等高价离子之间可以进行异价的类质同象。

金红石成矿作用包括：（1）区域变质作用。区域变质作用是金红石成矿的必要条件，中国典型金红石矿床，主要赋存在区域变质作用为主的中深部变质岩中，以中高压和中低压变质条件为特征。（2）岩浆作用。岩浆作用与金红石形成的关系主要表现在两个方面，其一是岩浆分异作用使钛铁富集形成高钛岩浆；其二是岩浆结晶作用形成金红石矿床。（3）热液作用。热液作用与成矿的关系主要表现在高钛物质在变质作用过程中重熔形成高钛热液，高钛热液在构造区域动力作用下运移至适当部位结晶形成热液型金红石矿床；另一种则表现在使富含钛铁矿的岩石发生热液蚀变，形成蚀变岩型金红石矿床，变质作用使金红石颗粒变粗，并进一步富集成具有较好工业价值的矿床。（4）风化作用。风化作用使原生金红石矿床矿石结构松散，部分脉石矿物变化，使矿床选采能力提高，并提高其经济价值，而成为新型的风化矿床。（5）沉积作用。原生金红石矿体经风化、剥蚀，成矿物质经地表径流搬运、沉积，使金红石进一步富集而形成现代沉积型金红石矿床。

金红石矿床成因类型有五种：（1）榴辉岩型金红石矿床，产于缝合带附近太古宇中，系古俯冲带深部高压成矿。矿体由榴辉岩体中的金红石榴辉岩透镜体构成，多个群集，长几百至上千米，延深百余米，厚几十至上百米，与石榴子石共生。矿石为金红石榴辉岩，金红石含量为 2%～3%。（2）片麻岩型金红石矿床，产于缝合带附近元古宇中，系区域变质作用中富镁钛热液交代成矿。多个似层状、透镜状矿体产于片麻岩中，单个长几十至几百米，厚几米。矿石由石英滑石片岩、透闪岩、黑云角闪斜长片麻岩组成，金红石粒径为 0.5～1mm，浸染状分布。（3）酸性凝灰岩热液蚀变型金红石矿床，产火山弧中，系次生石英岩化过程中结晶成矿，含矿岩系属元古宙和侏罗纪。矿体似层状、透镜状赋存于凝灰岩的次生石英岩化带中，长几百米，厚几米至几十米。矿石为次生石英岩，金红石浸染状分布，与刚玉、红柱石伴生。（4）滨海相碎屑岩型金红石矿床，产于奥陶纪陆缘海中，系滨海砂矿经成岩作用而成矿。矿体似层状、透镜状产于碎屑岩系中。矿石为含矿粉砂岩或细砂岩，金红石与锆石在其中星散分布。（5）第四纪残坡冲积碎屑型金红石矿床，矿体为含金红石砂层，赋存于风化壳、坡积或洪积层中，金红石的含矿率大于 $2kg/m^3$。（6）滨海砂矿型，有滨海型和离岸海滨型两种，如新南威尔士—昆士兰沿岸金红石矿床、金岛东海岸金红石矿床。塞拉利昂的金红石矿床属残积型，沿舍布河分布。

岩浆钛矿床主要是钛磁铁矿及赤铁钛铁矿，岩浆钛矿床的成因与基性深成岩，特别是与辉长岩、苏长岩和斜长岩具有密切的关系，岩浆钛矿床构造岩石在基性岩，岩浆分步结晶分异和凝固时形成，矿石从岩浆中分离出来，一般是在岩浆冷凝后期发生，通常在形成岩石的硅酸盐有一多半结晶后发生；在辉长岩中生成钛铁矿床时，结晶顺序主要为斜长石、直辉石、斜辉石和铁钛氧化物，斜长石中钛铁矿析出过程酸性斜长石参与其中，如钙钠长石到中长石。钛矿石的组分与其围岩的性质之间存在规律性关系，在辉长岩中钛铁矿石主要以钒钛磁铁矿出现，如南非的海威尔德；相反在斜长石中，钛铁矿主要以赤铁钛铁矿出现，如瑞典的斯莫兰－塔伯格类型矿物。钛铁矿床一部分以整合的层条带状或者透镜状矿体产出，另一部分以不整合脉状至块状矿体产出。

中国钛矿床成因类型及分布见表3－1。

表 3 - 1 中国钛矿床成因类型及分布 （个）

成因类型			全国	四川	河北	海南	广东	山西	陕西	广西	云南	黑龙江	新疆	河南	江西	湖南	北京	浙江	山东	安徽	福建	江苏	吉林	湖北
合 计			108	4	7	22	8	4	5	14	3	2	1	3	2	13	2	1	5	4	3	2	1	2
内生矿床	晚期岩浆 贯入 辉长岩 层状分异	斜长-辉长岩	18	4	7		1	1	1			1	1			2								
		辉长岩																						
		辉长-橄长岩																						
		辉长-苏长岩																						
		辉长-橄辉岩																						
		辉绿岩																						
	热液		1						1															
	火山气液		1															1						
变质矿床	区域变质		4					1							1									2
	沉积变质		4						2						1				1					
外生矿床	风化	残坡积	20			2	6			7				1	2							2		
	流水	湖滨	2								2													
		河谷	34			2			3	7	1	1				13			2	4			1	
		滨海	23			18	1												1		3			
	人工堆积		1																1					

中国钛矿床成因类型，最主要的是晚期基性、超基性岩浆结晶分异型和贯入型钒钛磁铁矿岩矿床；其次是滨海沉积型钛铁矿、金红石（共生或伴生）砂矿床；砂矿据形成条件进而可分为沙丘型、岸滩（阶地）型、沙堤型、滨海底流型砂矿；第三是富含钛矿物地质体风化富集形成的残坡积型钛铁矿、金红石砂矿床；第四是产于富含钛矿物的基性岩或古老变质岩系中形成的区域变质、沉积变质型金红石、钛铁矿岩矿床；第五是河流冲积或湖滨沉积型钛铁矿、金红石砂矿床。

岩浆钛矿床矿石,一部分矿体含钒较高,被主要用作提钒原料,钛作为废弃物没有得到利用;另一部分则在利用铁钒的同时选别钛铁矿。

重砂矿床主要指钛铁矿砂矿和金红石砂矿,海岸地区的砂矿床分为海滩砂矿和砂丘砂矿,不仅沿着现有海岸线形成,而且深入古海岸线 20~30km 和与之相连的砂丘中,以及在大型海浸风吹砂丘中,都出现海滩砂矿和砂丘砂矿。

矿层厚度只有几毫米至几厘米的重矿物,矿层在堆积时或多或少带有无矿夹层,在海浪冲击范围内经过浪击和海水抽吸,进行了选择性富集,从而形成海滩砂矿,矿体大小不一,厚度可以是几十厘米到十几米不等,宽度可以是几米到 100 多米,长度一般几千米,长者可达 10~20km;海滩地区含有重矿物的矿砂被向岸风搬移,在砂丘区域堆积,形成砂丘砂矿。

钛铁矿和金红石矿床形成的先决条件包括:(1)必须存在岩浆岩、变质岩和碎屑沉积岩;重矿物作为混合组分包含在这些岩石中;(2)坚硬岩石必须遭受强烈风化,如亚热带和热带气候条件;重矿物可以自由沉积;(3)分化物必须能够崩解,能被水流搬运入海,在形成冲积岩和残积砂矿的同时,形成海积砂矿,在海浪冲击范围内,砂质被击碎,重质和轻质岩石被分级。

砂矿的共生矿物主要取决于原始岩石的矿物组成,并呈现出非常的生成关系,说明共生重矿物的种类及其相互间比例不同,各个矿床的重矿物与原砂的比例也不相同,有些矿床的重矿物只占很小一部分,但在被称为"黑砂"的矿床中,重矿物含量可以达到 80%。

除了钛铁矿和金红石外,在钛砂矿还含有白钛石(钛铁矿分解的产物)、锆石 ($ZrSiO_4$)、独居石(Ce、La、Th)PO_4 和磷钇矿(YPO_4),此外还含有蓝晶石、石榴石、电气石、尖晶石、十字石、辉石、角闪石、铬铁矿、磁铁矿、赤铁矿、褐铁矿和磷灰石等,从砂矿中生产钛矿石原生产品时,附带生产的最重要伴生产品为锆石和独居石,从钛磁铁矿和赤铁钛铁矿中得到伴生产品的经济价值很小。

表 3-2 给出了中国钛矿床成因类型和地质特征。

表 3-2　中国钛矿床成因类型和地质特征

成因类型			矿床地质特征	矿床实例
岩浆型钒钛磁铁矿床	晚期岩浆分异型钒钛磁铁矿床		矿床规模大,矿体呈较规整的多层似层状,以钛磁铁矿为主,粒状钛铁矿次之,矿石具浸染状、条带状、块状构造,脉石有辉石、基性斜长石、橄榄石、磷灰石等	攀枝花钒钛磁铁矿床
	晚期岩浆贯入型钒钛磁铁矿床		矿体规模中等,矿体形状不规则,一般呈扁豆状,似脉状,分支复合,成群出现。矿石矿物与岩浆晚期分异型类似,矿石呈致密块状,浸染状构造。矿石中有用矿物颗粒较粗大	大庙钒钛磁铁矿床
	碱性杂岩中岩浆型钛铌钽稀土矿床	超基性碱性杂岩中的钛矿床	矿床规模变化大,矿石以钙钛矿-钛磁铁矿组合为主,其次为铈钙钛-钛磁铁矿组合。主要呈浸染状,部分为致密状矿石	
		霞石正长岩类中的钛矿床	矿体呈薄层状,由浸染状矿石组成,除含钛外,还含铌、钽和稀土元素,有时还有放射性元素。矿石矿物以钛铌钙铈矿为主,矿床规模不大	
		霞石正长岩和碱性正长岩的伟晶岩中的钛矿床	矿体呈小矿脉状、矿巢状,或为浸染状矿带。矿石类型有钙钛矿-钛磁铁矿石,铈钙钛-钛磁铁矿石。矿石中含铌、钽和稀土元素。含钛矿物以楣石、金红石为主,其次为钛铁矿。矿床规模不大	

成 因 类 型	矿床地质特征	矿床实例
变质钛矿床——金红石、钛铁矿床	矿床为含钛较高的黏土岩发生强烈变质而形成金红石或钛铁矿的钛矿床。其次是含钛较多的侵入岩和喷出岩发生变质时也能形成富含金红石和钛铁矿的钛矿床，如大阜山金红石矿为古老的含钛铁矿的基性岩体受自变和区域热变质作用而形成的。金红石分布在变质基性岩体内各类岩石中，但主要分布在石榴角闪岩中，其次为石榴富闪钠黝帘石岩，而角闪钠黝帘石岩最少。 另外，在某些前寒武系和古生界的砂岩中，含有丰富的钛铁矿、板钛矿、锐钛矿、白钛矿，经强烈的变质作用而形成变质钛矿床。矿床规模由小型到大型	大阜山金红石矿床
沉积钛矿床——现代海滨钛砂矿床	矿床规模由小型到大型都有，富含金红石、白钛石化钛铁矿、白钛石、锆石、独居石等。根据形状和生成条件分为： 沙丘砂矿——一般规模较大，但其中有用矿物含量较低，为 $10 \sim 20 kg/m^3$； 海滩砂矿——较富，但产在薄层中，重矿物的含量，数十到数百 kg/m^3； 滨海底流砂矿——其厚度、长度和宽度都很大，重矿物的含量，数十到数百 kg/m^3	保定、南港钛砂矿床
风化钛矿床	主要为残坡积和风化壳两种钛矿床，有工业意义的矿床多见于原生钛矿床地区，并且是由原生钛矿床风华而形成的，一般规模不大	

3.3 重要钛矿床

从矿石类型上看，钛矿床包括岩浆钛矿床、金红石砂矿床和钛铁矿砂矿床，岩浆钛矿床包括钛磁铁矿床和赤铁钛铁矿床。

3.3.1 钒钛磁铁矿岩矿床

钒钛磁铁矿岩矿床在成矿时空分布上，矿床主要受扬子地台西缘的盐源—丽江台缘坳陷、康滇地轴中段（攀西地区）近南北向深大断裂，以及沿其深大断裂于加里东期—海西晚期侵位于上震旦统灯影组白云质灰岩中的基性岩（辉长岩、橄长岩、橄榄辉长岩）和基性超基性岩（辉长岩、辉石岩、橄榄岩）的控制，矿体呈似层状、带状赋存在岩体内（尤其在岩体的下部），属岩浆晚期分异型矿床。其次，矿床受华北地台北缘东西向深大断裂，以及沿其深大断裂于海西晚期侵位于前震旦系片麻岩、大理岩中的含矿基性杂岩体（辉长岩、苏长岩、斜长岩）的控制，矿体呈大小不等的脉状、透镜状、囊状，赋存在含矿母岩的接触带及其附近或岩体中，往往呈雁行排列、成群出现，属富含挥发分的铁矿浆沿含矿基性杂岩体形成后发育的断裂裂隙控制的岩浆晚期贯入型矿床。该类矿床集中分布在攀西地区（占同类储量的96%）；其次为承德地区的大庙、黑山、头沟、马营、铁马土沟，丰宁地区的招兵沟和崇礼地区的南天门（占同类储量3%）；此外，在陕西省洋县的毕机沟，山西省左权的桐峪、代县的黑山沟、黎城的西头，北京市怀柔的新地、昌平的上庄，河南省舞阳的赵案庄，广东省兴宁的霞岚，新疆的尾亚和黑龙江的呼玛等地也有分布。

3.3.1.1 攀枝花钒钛磁铁矿矿床

钒钛磁铁矿矿体赋于海西早期基性－超基性岩体中，属晚期岩浆分异矿床。含矿岩体依岩性和含矿性的差异，自上而下分为辉长岩、辉岩和橄辉岩三个含矿带及辉长岩中含矿层、辉长岩下含矿层、辉岩上含矿层、辉岩中下含矿层与橄辉岩五个含矿层。矿体主要赋存于辉岩的两个含矿层中，其次是橄辉岩含矿层。矿层产状与岩体产状一致。

矿石物质成分包括金属氧化物、硫砷化物及脉石矿物三大类。金属氧化物主要为钛磁铁矿、钛铁矿、钛铁晶石等，其次有镁铝尖晶石、钒磁赤铁矿、钙钛矿、锐钛矿、金红石、铬尖晶石等。硫砷化物主要为磁黄铁矿、镍黄铁矿、黄铜矿、黄铁矿等，次为硫钴矿、辉钴矿、紫硫镍铁矿、砷铂矿、毒砂等。脉石矿物主要为辉石、橄榄石、斜长石，次为角闪石、黑云母、磷灰石。蚀变矿物有绿泥石、蛇纹石与伊丁石等。

矿石主要为海绵陨铁结构与包含结构，浸染状构造、块状构造及斑杂状构造。从铁矿的角度看，本矿区是中贫矿，但铁矿储量巨大。

矿石除含铁、钛、钒外，还有钴、镍、铜、铬、锰、镓、硒、碲、铌、钽、磷、硫及铂族金属等，但品位都很低。

3.3.1.2 承德大庙钒钛磁铁矿床

大庙钒钛磁铁矿床位于内蒙古地轴东端的宣化—承德—北票深断裂带上，基性－超基性岩侵入于前震旦纪地层中；由晚期含矿熔浆分异出的残余矿浆贯入构造裂隙而成矿，50多个钛磁铁矿矿体呈透镜状、脉状或囊状产于斜长岩中或斜长岩接触部位的破碎带中，与围岩界线清楚；辉长岩中的矿体多呈浸染状或脉状，与围岩多呈渐变关系。矿体一般长10～360m，延深数十米至300m，矿石有致密块状和浸染状两类。主要矿石矿物有磁铁矿、钛铁矿、赤铁矿与金红石等。磁铁矿与钛铁矿呈固溶体分离结构。

3.3.1.3 前苏联钒钛磁铁矿

前苏联钒钛磁铁矿的储量相当丰富，体现多样的矿物组成和化学成分以及物理性能，属于内生含钒矿床，其主要矿床分布在乌拉尔地区、科拉半岛、西伯利亚及其远东地区，卡契卡纳尔矿床为巨大的带浸染的辉岩矿体，矿体很少发现细脉矿石和流层矿石，主要以他形颗粒填满透辉石、普通角闪石和橄榄石（铁陨石结构）之间的空隙。有卡契卡纳尔采选联合公司露天开采的古谢沃矿（Гусевгорское）、中乌拉尔采选公司的卡契卡纳尔矿（Качканарское）和第一乌拉尔矿露天矿（ПервоуАльское）。前苏联还有相当数量含 TiO_2 较高的钒钛磁铁矿（$TFe/TiO_2 < 10$）矿藏，如缅脱维杰夫矿（Медведевское），沃尔科夫矿（Волковское），科潘矿（Копанское），普多日矿（Пудожгорское），齐涅斯克矿（Ченеиское）等。另外在库辛斯克、伊尔辛斯克、萨姆持坎等地区储有相当量含钛高的钒钛磁铁矿。

古谢沃矿床，从化学成分看（TFe 16.6%、V_2O_5 0.13%、TiO_2 1.23%）属于含钒低的钛磁铁矿浸染体。钛磁铁矿含量在异剥岩中最高，在辉长岩中最低（TFe < 14%）。该矿的金属矿物为磁铁矿和钛铁矿，还有少量的赤铁矿和硫化物。矿床的矿石中，粗粒和中等浸染矿石为难选矿石，矿石中最低工业品位为 TFe 16%。

卡契卡纳尔矿床，位于卡契卡纳尔山的北坡和东北坡。主要部分矿石 TFe 16%～20%，少部分矿石 TFe 14%～16%。橄榄岩中 V_2O_5 0.13%～0.14%，TiO_2 1.24%～1.28%。

第一乌拉尔矿床，位于中乌拉尔山脉西坡。主要金属矿物为角闪石颗粒中一细颗粒集合体形式存在的磁铁矿，尚含有 3% ~5% 的钛铁矿。非金属矿物有角闪石、长石、绿泥石、绿帘石等。表内矿 TFe 14.0% ~35%，其中又分贫浸染矿石（TFe 14% ~25%）、富浸染矿石（TFe 25% ~35%）和致密的钛磁铁矿矿石（TFe 35%）。分布最广的贫浸染矿石含 TFe 14% ~16%，V_2O_5 约 0.19%、TiO_2 2.3%。

卡累利 - 科拉的喀伊乌浸入岩矿石类型为矿颈矿墙式块状产出，主要岩石为辉长岩、斜长岩、碱性岩和超镁铁质岩石，原矿品位 TFe 29% ~45%，TiO_2 5% ~10%，V_2O_5 0.15% ~0.75%；卡累利 - 科拉的察京矿石类型为矿颈矿墙式块状产出，主要岩石为碱性岩、镁铁质岩和超镁铁质岩石，原矿品位 TFe 36%，TiO_2 7%，V_2O_5 0.26%；卡累利 - 科拉的阿非利坎大矿石类型为浸染状，层状透镜式块状产出，主要岩石为辉长岩、斜长岩和镁铁质岩石，原矿品位 TFe 11% ~18%，TiO_2 8% ~18%；卡累利 - 科拉的耶累特湖矿石类型为矿颈矿墙式块状产出，主要岩石为斜长岩、超镁铁质岩和超镁铁质岩石，原矿品位 TFe 13% ~37%，TiO_2 8% ~26%，V_2O_5 0.13%；卡累利 - 科拉的普多日加斯克矿石类型为矿颈矿墙式块状产出，主要岩石为辉长岩、斜长岩和碱性岩、超镁铁质岩和超镁铁质岩石，原矿品位 TFe 13% ~37%，TiO_2 8% ~26%，V_2O_5 0.13%。

3.3.1.4 南非钒钛磁铁矿

南非的布什维德（Bushveld）、罗伊瓦特（Rooiwater）、蔓勃拉（Mambula）和尤萨斯文（Usushwane）的火成岩复合矿中均有钒钛磁铁矿床，浸染式块状产出，主要岩石为辉长岩、斜长岩和碱性岩，其中布什维德是目前南非钒钛磁铁矿最主要基地。其主要矿山有：

（1）马波奇（Mapochs）矿山。该矿山位于德兰士瓦东部的罗森纳克北。马波奇矿山钒钛磁铁矿化学成分见表 3 - 3。

表 3 - 3 马波奇矿山钒钛磁铁矿化学成分 （%）

成 分	TFe	TiO_2	V_2O_5	Cr_2O_3	SiO_2	Al_2O_3
含 量	53 ~57	14 ~15	1.4 ~1.7	0.5 ~0.6	1.5 ~2.0	3 ~4

（2）德兰士瓦合金公司矿山。有位于瓦伯特斯科洛夫和位于马波奇北 20km 的尤洛格两个矿山。

（3）肯尼迪河谷矿山。该矿山位于布什维尔德东部，矿石中含 V_2O_5 约 2.5%。

（4）凡迈脱柯矿山公司矿山。该矿位于博茨瓦纳境内，矿石经选矿后 V_2O_5 平均含量为 2.0%。

（5）RHOVAN 公司矿山。该公司正研究开发博茨瓦纳境内有希望的矿山，该矿与凡迈脱柯矿类似。

3.3.1.5 加拿大钒钛磁铁矿

加拿大纽芬兰省的钢山矿矿石类型为浸染状，层状透镜式块状产出，主要岩石为辉长岩、碱性岩、镁铁质岩和超镁铁质岩石，原矿品位 TFe 50% ~55%，TiO_2 10%，V_2O_5 0.4%；纽芬兰省的印地安·赫德矿，矿石类型为矿颈矿墙式块状产出，主要岩石为辉长岩、碱性岩、镁铁质岩和超镁铁质岩石，原矿品位 TFe 64%，TiO_2 2% ~6%，V_2O_5

0.2% ~0.7%；安大略省马塔瓦矿石类型为浸染状，矿颈矿墙式块状产出，主要岩石为碱性岩、镁铁质岩和超镁铁质岩石，原矿品位 TFe 38%，TiO_2 8%，V_2O_5 0.76%；马尼托巴省克罗斯湖矿石类型为浸染状，矿颈矿墙式块状产出，主要岩石为斜长岩、碱性岩、镁铁质岩和超镁铁质岩石，原矿品位 TFe 28% ~60%，TiO_2 3% ~10%，V_2O_5 0.02% ~0.5%；不列颠哥伦比亚省班克斯岛矿石类型为矿颈矿墙式块状产出，主要岩石为斜长岩、碱性岩、镁铁质岩和超镁铁质岩石，原矿品位 TFe 20% ~50%，TiO_2 1% ~3%，V_2O_5 0.07% ~0.55%；不列颠哥伦比亚省波彻岛矿石类型为矿颈矿墙式块状产出，主要岩石为辉长岩、斜长岩、碱性岩和超镁铁质岩石，原矿品位 TFe 25%，TiO_2 2%，V_2O_5 0.2% ~0.35%。

魁北克省塞文爱兰斯矿石类型为层状透镜状，矿颈矿墙式块状产出，主要岩石为碱性岩、镁铁质岩和超镁铁质岩石，原矿品位 TFe 11% ~42%，TiO_2 3% ~16%；魁北克省马格庇山矿石类型为层状透镜状，矿颈矿墙式块状产出，主要岩石为辉长岩、镁铁质岩和超镁铁质岩石，原矿品位 TFe 43%，TiO_2 10%，V_2O_5 0.2% ~0.35%；魁北克省圣 – 乌巴因矿石类型为块状产出，主要岩石为辉长岩、碱性岩、镁铁质岩和超镁铁质岩石，原矿品位 TFe 35% ~40%，TiO_2 38% ~45%，V_2O_5 0.17% ~0.34%；魁北克省莫林矿石类型为矿颈矿墙式产出，主要岩石为辉长岩、碱性岩、镁铁质岩和超镁铁质岩石，原矿品位 TFe 25% ~43%，TiO_2 19%，V_2O_5 0.05% ~0.34%；魁北克省多尔湖矿石类型为浸染状，矿颈矿墙式块状产出，主要岩石为辉长岩、斜长岩、碱性岩和镁铁质岩石，原矿品位 TFe 28% ~53%，TiO_2 5% ~8%，V_2O_5 0.3% ~1.0%。

加拿大阿拉德湖（Allerd）地区乐蒂奥（Lac tio）矿山矿石，该矿为钛铁矿包裹赤铁矿，属块状钛铁矿（$TiO_2 \cdot FeO$）和赤铁矿（Fe_2O_3），两者比例大致为 2∶1。脉石主要是斜长石，只有少量辉石、黑云母、黄铁矿和磁铁矿，层状透镜状、矿颈、矿墙式块状产出，原矿含 V_2O_5 0.27% 左右。

拉布拉多省米契卡莫湖矿石类型为矿颈矿墙式块状产出，主要岩石为辉长岩、碱性岩、镁铁质岩和超镁铁质岩石。

3.3.1.6 美国钒钛磁铁矿

美国钒钛磁铁矿的矿藏极为丰富。阿拉斯加州、纽约州、怀俄明州、明尼苏达州都有钒钛磁铁矿的矿床，但至今未开采利用。美国纽约州的桑福德湖（Sanford Lake）地区钒钛磁铁矿，成因与阿迪龙达克山脉的前寒武纪辉长岩、斜长岩的杂岩有密切关系，矿体长1600m，下盘岩石为致密粗粒斜长岩，上盘为浸染状或致密、细粒到中粒的辉长岩石，上、下盘相互平行，倾角为45°。矿石平均含 34% Fe，18% ~20% TiO_2，0.45% V_2O_5；纽约州第安纳综合矿体矿石类型为层状透镜状，矿颈矿墙式块状产出，主要岩石为辉长岩、斜长岩、碱性岩和镁铁质岩石，原矿品位 TFe 20%，TiO_2 7%，V_2O_5 0.05%；新泽西州哈格尔矿石类型为浸染状，层状透镜状矿颈矿墙式产出，主要岩石为辉长岩、斜长岩、碱性岩、镁铁质岩和超镁铁质岩石，原矿品位 TFe 60%，TiO_2 6%，V_2O_5 0.4%；新泽西州凡西克尔矿石类型为浸染状，层状透镜状矿颈矿墙式产出，主要岩石为辉长岩、斜长岩、碱性岩、镁铁质岩和超镁铁质岩石，原矿品位 TFe 50%，TiO_2 10% ~15%，V_2O_5 0.5%。

北卡罗来纳州皮德蒙特矿石类型为浸染状，块状产出，主要岩石为辉长岩、斜长岩、碱性岩和超镁铁质岩石，原矿品位 TFe 40% ~65%，TiO_2 约 12%，V_2O_5 0.13% ~0.38%；

北卡罗来纳州与田纳西州阿帕拉契亚矿石类型为浸染状，块状产出，主要岩石为辉长岩、斜长岩、碱性岩和超镁铁质岩石，原矿品位 TFe 40% ~60%，TiO_2 5% ~7%；怀俄明州铁山矿石类型为层状透镜状，矿颈矿墙式产出，主要岩石为辉长岩、碱性岩和超镁铁质岩石，原矿品位 TFe 17% ~45%，TiO_2 10% ~20%，V_2O_5 0.17% ~0.64%；怀俄明州欧温湖矿石类型为块状产出，主要岩石为辉长岩、碱性岩和超镁铁质岩石，原矿品位 TFe 29%，TiO_2 5%，V_2O_5 0.2%；科罗拉多州铁山矿石类型为块状产出，主要岩石为斜长岩、碱性岩、镁铁质岩和超镁铁质岩石，原矿品位 TFe 40% ~50%，TiO_2 14%，V_2O_5 0.41% ~0.45%；加利福尼亚圣加布利尔山矿石类型为层状透镜状，块状产出，主要岩石为碱性岩、镁铁质岩石和超镁铁质岩石，原矿品位 TFe 46%，TiO_2 20%，V_2O_5 0.53%；阿拉斯加州斯内梯斯哈姆矿石类型为层状透镜状，矿颈矿墙式产出，主要岩石为辉长岩、斜长岩、碱性岩和超镁铁质岩石，原矿品位 TFe 19%，TiO_2 2.6%，V_2O_5 0.09%；阿拉斯加州克柳克汪矿石类型为矿颈矿墙式产出，主要岩石为辉长岩、斜长岩、碱性岩和超镁铁质岩石，原矿品位 TFe 15% ~20%，TiO_2 2.0%，V_2O_5 0.05%；阿拉斯加州伊利阿姆拉湖矿石类型为层状透镜状，矿颈矿墙式块状产出，主要岩石为辉长岩、斜长岩、碱性岩和超镁铁质岩石，原矿品位 TFe 12% ~19%，TiO_2 1.3%，V_2O_5 0.02%。

3.3.1.7　北欧钒钛磁铁矿

北欧的芬兰、挪威与瑞典均有钒钛磁铁矿。

（1）芬兰奥坦马蒂（Otn – Mati）及穆斯塔瓦腊矿。奥坦马蒂矿位于芬兰北部，矿石类型为浸染状，矿颈矿墙式块状产出，主要岩石为辉长岩、斜长岩、碱性岩和超镁铁质岩石。穆斯塔瓦腊矿石类型也是浸染状，产状与岩石类型与奥坦马蒂类似。

奥坦马蒂矿石中 TFe 34% ~45%，TiO_2 13%，V_2O_5 0.45%，原矿成分见表 3 – 4。

表 3 – 4　原矿成分　　　　　　　　　　　　　　　　（%）

化学成分	TFe	FeO	Fe_2O_3	V_2O_5	TiO_2	SiO_2	Al_2O_3	CaO	MgO	Na_2O
含　量	17.0	11.5	12.0	0.36	3.1	41.0	15.0	9.2	4.7	2.3

（2）挪威特尔尼斯矿床。挪威特尔尼斯矿床是欧洲最大的钛矿山，矿石类型为浸染状透镜状产出，主要岩石辉长岩、斜长岩、碱性岩、镁铁质岩和超镁铁质岩石。矿石储量约 3 亿吨。原矿含 TFe 20%、TiO_2 17% ~18%；在罗德萨德还有含低钛的磁铁矿，矿石类型为浸染状，矿颈矿墙式块状产出，主要岩石为辉长岩、斜长岩、碱性岩和超镁铁质岩石，TFe 30%、TiO_2 4%、V_2O_5 0.30%；罗弗敦的塞尔瓦格矿石类型为浸染状，矿颈矿墙式块状产出，主要岩石为斜长岩、碱性岩、镁铁质岩和超镁铁质岩石，原矿品位 TFe 35%，TiO_2 4.0%，V_2O_5 0.4%，精选后铁精矿 TFe 60%，TiO_2 5%，V_2O_5 0.7%；莫雷的罗德撒德矿石类型为浸染状，矿颈矿墙式块状产出，主要岩石为辉长岩、斜长岩、碱性岩和超镁铁质岩石，原矿品位 TFe 35%，TiO_2 6.0%，V_2O_5 0.5%，精选后铁精矿 TFe 62%，TiO_2 2%，V_2O_5 0.9%；莫雷的索格矿石类型为矿颈矿墙式产出，主要岩石为碱性岩、镁铁质岩和超镁铁质岩石，原矿品位 TFe 10% ~30%，TiO_2 5.0% ~50%，V_2O_5 0.1% ~1.0%；莫雷的奥斯陆矿石类型为浸染状，矿颈矿墙式块状产出，主要岩石为斜长岩、碱性岩、镁铁质岩和超镁铁质岩石，原矿品位 TFe 10% ~30%，TiO_2 5.0% ~50%，V_2O_5

0.1%～1.0%；埃格松的斯妥尔岗根矿石类型为浸染状，层状透镜状块状产出，主要岩石为辉长岩、碱性岩、镁铁质岩和超镁铁质岩石，原矿品位 TFe 5%，TiO_2 17.0%，V_2O_5 0.14%，精选后铁精矿 TFe 65%，TiO_2 5%，V_2O_5 0.73%。

（3）瑞典塔贝格（Taberg）以及基律纳都有钒钛磁铁矿，矿石类型为浸染状，矿颈矿墙式块状产出，主要岩石辉长岩、斜长岩、碱性岩和超镁铁质岩石。塔贝格矿中含钒较高，可达到 V_2O_5 0.7%。

3.3.1.8 亚太钒钛磁铁矿

亚太地区除中国外，澳大利亚、新西兰、印度、斯里兰卡等国也有钒钛磁铁矿矿藏。

（1）澳大利亚钒钛磁铁矿床。澳大利亚钒钛磁铁矿矿床主要集中在西澳大利亚科茨矿、巴拉矿、巴拉姆比等矿。科茨矿（Coates）在澳大利亚温多维（Wundowie）海滨地区。矿体是磁铁矿辉长岩，其矿石成分较佳。

巴拉（Balla）矿含铁钒钛较高，与南非布什维尔特矿类似。巴拉姆比矿、加巴番宁撒矿原矿中 TiO_2 15%、V_2O_5 0.7%、TFe 26.0%。

（2）印度钒铁磁铁矿床。印度钒铁磁铁矿主要集中在南部喀拉拉邦特里凡得琅沿岸，奥里萨邦玛乌尔伯汉吉（Mayurbhanj）及哈尔邦锡伯姆（Singhbum）和泰米尔纳德邦乌德拉斯附近。大部分为海滨矿，原矿中 TiO_2 15%～30%。在达布拉伯腊发现有钒钛磁铁矿，TiO_2 10.2%～28.7%，V_2O_5 1.45%～8.8%。

（3）斯里兰卡钒铁磁铁矿床。斯里兰卡除东北海岸伯慕达（Pulmoddai）外，从康狄勒玛兰（Kurndirarmalai）湾西北海岸到南部的克林达（Kirinda）西岸均有钛铁矿。TiO_2 53.61%，Fe 31%。矿物中除有 70%～80% 钛铁矿（$TiO_2 \cdot FeO$）外，还有 10% 的金红石（TiO_2）及 8%～10% 的锆英石（$ZrO \cdot SiO_2$）。

（4）新西兰钒铁磁铁矿床。新西兰南、北二岛的西海岸，有大量的钒钛铁矿砂，是全球主要的钒钛磁铁矿生产地之一，平均含 TFe 18.0%～20%，但波动范围达 4%～60%。矿砂中 TFe 22.1%，TiO_2 4.33%，V_2O_5 0.14%。

3.3.1.9 南美钒钛磁铁矿

巴西马拉佳斯（Maracás）钒钛磁铁矿属于典型的高钒矿床，V_2O_5 1.27%，矿物主体为粗晶粒辉长岩/辉岩浸入体，同时含有钛和铂族元素，储量适中；巴西 Campo Alegre de Lourdes 矿床主体为铁镁质浸入体，矿石含 50% Fe，21% TiO_2，0.75% V_2O_5，储量适中。

3.3.2 钛铁矿砂矿床

岩浆岩、变质岩和碎屑沉积岩与重矿物混合，经过冲刷、浸蚀和风化形成钛铁矿砂矿床。残破积型、滨海型、冲积型金红石砂矿的矿物组分与钛铁矿砂矿相似。矿石质量主要取决于金红石的含量及粒度。金红石含量各矿区不一，一般为 1.10%～3.87%，高者达 4.70%～8.37%。常伴有钛铁矿、锆石、磷灰石。

3.3.2.1 中国钛铁砂矿床

钛铁矿砂矿床包括滨海沉积、残坡积和河流冲积等多种成因类型。其中：（1）滨海沉积钛铁矿砂矿床，主要受各地质时代富含钛铁矿的岩浆岩或其他含矿母岩，以及风化、剥蚀、搬运、水动力和沉积环境等成矿地质条件综合因素的制约，成矿时代多属第四纪，主要分布在海南岛（省）东部沿海，即万宁市的保定、南桥、东澳－龙保、横山、坑垄，琼海市的沙老、南港、博敖、潭门、文峰岭，文昌市的辅前、三更寺，陵水县的乌石－港坡、万洲坡、新村港、南湾岭，崖县（三亚市）的马岭，儋县（儋州市）的龙山（占同类砂矿储量的73%）；其次是广东省徐闻县的柳尾、陆丰的甲子、阳江的南山海、吴川的吴阳，福建省厦门的黄厝、诏安的宫口，广西合浦的石康。（2）残坡积钛铁矿砂矿床，主要受海西、印支期富含钛铁矿的中基性岩（石英闪长岩、辉长岩）风化壳的控制，成矿时代以第四纪为主，主要分布在海南省万宁市的长安和兴隆（占同类储量的46%）；其次是云南省保山的板桥，广西藤县的东胜、三吉壤、翰池和苍梧的新地，江西省定南的车步、赤水，陕西省安康的大同等地。（3）河流冲积钛铁矿砂矿床，主要受各类含矿母岩和风化、剥蚀、搬运、水动力和沉积环境等成矿地质条件综合因素的制约，往往在河流下游河床宽阔的河漫滩或阶地富集成矿，矿床规模以小型为主，成矿时代多属第四纪，主要分布在湖南省岳阳的新墙河、华容的三郎堰、湘阴的望湘，云南省勐海的勐河和勐往，陕西省安康的付家河和月河恒口，广西岑溪的义昌河，海南省陵水县的陵水河，吉林省珲春的珲春河等地。

3.3.2.2 澳大利亚砂矿床

澳大利亚的砂矿产于海岸地区，有滨海型和离岸海滨型两种，如新南威尔士—昆士兰沿岸金红石矿床、金岛东海岸金红石矿床。

（1）澳大利亚东海岸矿床。澳大利亚东海岸矿床在新南威尔士州，南起悉尼附近的果斯福德（Gosford），北至特威德（Tweed Heads），纵贯700km，然后沿着昆士兰海岸线大致向罗克汉普顿（Rockhampton）延伸400～500km，东海岸砂矿床主要是金红石和锆英石，共生重矿物是钛铁矿、独居石和磷钇石，重矿物不考虑石榴石和辉石等硅酸盐矿石，金红石和锆英石占20%～50%，有的矿床可以达到60%，但整体钛铁矿质量较差，很多情况下含有0.5%～1.0% Cr_2O_3，个别情况下达到2%～4%。

（2）澳大利亚西海岸矿床。澳大利亚西海岸矿床包括两个区域：一是西海岸南部地区，即佩斯以南，斑伯里同布塞尔敦之间，钛铁矿是最重要的有用矿物，锆石所占比例较小，金红石微量，钛铁矿的 Cr_2O_3 含量低，仅为0.03%；二是西海岸中部地区，佩斯以北，南起佩斯，北至杰腊尔顿。中部地区砂矿金红石比例达到10%～20%，锆石比例为15%～20%，常见蚀变钛铁矿和白钛石等重矿物成分。

3.3.2.3 南非的重砂矿床

南非的重砂矿床不仅埋藏在西海岸弗雷登达耳（Vredendal）和纳马卡兰德（Namaqualand）地区，而且埋藏在东海岸的东伦敦（East London）与莫桑比克边界线之间。南非最重要的砂矿床是纳达尔省（Natal）祖鲁兰德（Zululand）海岸的里查德湾（Richards Bay），矿床从里查德湾（Richards Bay）以北7km开始，与海岸线平行（宽度2km）向圣·卢西亚方向延伸17km，矿床为80m高砂丘，赋存于海拔20～30m的第四纪黏土砂岩上。

3.3.2.4 美国重砂矿床

美国重砂矿床主要分布在佛罗里达、新泽西和纽约州，新泽西州曼彻斯特的阿萨科（Asarco）海滩砂矿位于纽约城以南96km、费城以东88km的大西洋海岸，矿床赋存于第三纪的柯克伍德（Kirkwood）地层和科汗西（Cohansey）地层，以及梅角（Cape May）地层，矿床重矿物中钛铁矿占81.6%，白钛石占3.7%，金红石占1.4%，还有少量锆英石、独居石、十字石、硅线石和蓝晶石，矿床重矿物含量为4%。

佛罗里达古砂矿是从皮德蒙特（Piedmont）和兰岭（Blude Ridge）地区的结晶岩中分离出来的，含重矿物1%~4%，矿床分布于特雷尔里奇（Trail Ridge）地区，由海岸线深入腹地70km，东达海岸低地；南北长30km，宽1~2.7km，局部厚度达到10m，重矿物中钛铁矿占49%~57%，金红石占1%~4%。

3.3.2.5 印度重砂矿床

在印度的东西海岸发现有多种类型的含钛铁矿、金红石、独居石、锆石、石榴石和硅线石等重矿物矿床，类型为海滩砂矿，矿床长2~20km，厚度为0.5~2m，有的达到8m，宽10~60m，砂矿床含重矿物可达80%。印度西南海岸砂矿床，北起喀拉拉邦的卡亚姆库兰（Kayamkulan），南到泰米尔纳德邦的坎尼亚库马里（Kanniyakumari），矿床不含有石榴石，少数地段独居石较高。

印度的重砂矿还有马哈拉施特拉邦的拉特拉吉里（Ratnagiri）矿床，东海岸的泰米尔纳德邦的图蒂科林（Tuticurin），安德拉邦的维萨卡帕特南（Visakhapatnam）矿床，奥里萨邦的甘贾姆（Ganjam）矿床，加尔各答西南的帕米尔拉斯角（Palmyras Point）矿床。

3.3.2.6 斯里兰卡重砂矿床

斯里兰卡重砂矿床位于东海岸木莱提武［Mullaitivu，亭可马里（Tricomalee）以北80km］和卡查维里［Kachchaveli，亭可马里以南200km］之间长280km一段海岸内。著名的普尔姆代海滩砂矿（Pulmoddai）位于亭可马里以北55km，直接沿海岸线延伸，宽90~100m，长10km，厚1.5~3m，矿床中钛铁矿占70%~80%，金红石占8%~12%，锆石占8%~10%。

3.3.2.7 马来西亚砂矿床

马来西亚砂矿床主要在霹雳州（Perak）和雪兰莪州（Selangor）生产锡石，并从锡石选矿尾砂，获得钛铁矿、钛钶钽矿、锆石、独居石、磷钇石和铌铁矿。

3.3.2.8 塞拉利昂砂矿床

塞拉利昂海岸平原地区赋存有重砂矿床，主要是金红石砂矿，此外还含有蚀变钛铁矿、锆石和独居石等矿床，成矿于第三纪到更新世时期，多呈凹状，并被破碎沉积物填充，沉积物不分层或者分层不明显，没有或者很少受到风化作用的影响，沉积物由等量的砂、泥土和淤泥组成，含重矿物的沉积物富集于从表面到20m的地段，沉积砂矿体上部5~6m已经严重红土化，红土化范围不仅出现软矿层，而且可以发现被氢氧化铁和氧化铁硬化的矿层矿带，由前寒武纪卡西拉岩系（Kasilla - Serie）的麻岩和闪岩构成的地区，可以考虑为含重矿砂矿物的沉积区。

塞拉利昂的金红石矿床属残积型，沿舍布河分布，著名的矿床包括姆格威姆（Mog-bwemo）和罗蒂丰克（Rotifunk）矿床。邦巴马（Gbangbama）的姆格威姆（Mogbwemo）矿床位于弗里敦（Freetown）东南130km，离海岸线40km；罗蒂丰克（Rotifunk）矿床位于弗里敦（Freetown）东南60km，离海岸线30km，矿床长10km，宽1km，厚约6m。

3.3.2.9 前苏联砂矿床

乌克兰白垩纪第三纪海滩砂矿主要位于第聂伯河右侧两条支流附近，即日托米尔

（Schitomir）以北的伊尔散斯克（Irshansk）、斯特列米诺哥尔斯克（Streminogorsk）、谢列诺哥尔斯克（Selenogorsk）；第聂伯罗彼得罗夫斯克（Dnepropetrowsk）西北的萨姆特坎斯克（Samotkansk）、沃尔诺哥尔斯克（Volnogorsk）、沃罗昌斯克（Volchansk）；基辅附近的塔拉索夫斯克（Tarasowsk）。

重砂来源于乌克兰地盾和沃罗涅什地块（Woronesch）的分解结晶岩石，砂矿床在某些地段由砂质黏土或者高岭土交代而成，有的部分厚度超过10m，重矿物主要是钛铁矿以及白钛石，其次为金红石和锆石，钛铁矿和金红石比例为3~8:1。在亚速海岸、西伯利亚，外贝加尔（Transbaikalie）和远东有重砂矿床，在千岛群岛有钛磁铁矿砂矿。

3.3.2.10　越南砂矿床

越南钛砂矿分布较广，沿河沿海布局，原生矿地质分布类型突出，潜在砂矿储量比较大，北部地区为原生矿和矿砂矿，中部省份为灰白砂矿层，矿石富集，但矿体薄，储量有限，中南部地区为灰砂矿层和红砂层矿砂，富含黏土，大面积均匀分布，矿体厚，矿石密度低，储量较大。

3.3.2.11　加拿大的油砂矿床

加拿大的油砂矿位于阿尔伯达省的北部和东部地区，油砂层产于白垩纪地层，底部为泥盆纪石灰岩和白云岩，顶部为更新世至近代的碎屑沉积岩，面积为 $7 \times 10^4 km^2$，最大厚度为60m，平均45m，埋藏深度为760m，主要矿区有阿萨巴斯卡瓦比斯考 - 麦克姆雷（Athabasca Wabiskaw – Mcmurray）、科尔德湖（Cold Lake）、皮斯河布卢斯基 - 布尔赫德（Peace River Bluesky – Bullhead）和瓦巴斯卡（Wabasca）。

油砂含有沥青和钛矿物，钛矿物包括金红石、锐钛矿、白钛石和钛铁矿，重矿物含量在0.2%~2.3%，同时含有一定量的锆石。

3.3.3　金红石岩矿床

基于金红石矿床的成矿背景、控矿因素、成矿地质条件，金红石主要产于变质岩系的含金红石石英脉中和伟晶岩脉中。此外，在火成岩中作为副矿物出现，亦常呈粒状见于片麻岩中，也以碎屑或砂矿形式分布于沉积岩或沉积物中。金红石（Rutile）矿床赋存于加里东中—晚期变质基性岩中，变质基性岩体主要由石榴角闪岩、富闪钠黝帘石岩和角闪钠黝帘石岩等三类岩石组成。金红石作为副矿物产于花岗岩、片麻岩、云母片岩和榴辉岩等岩石中，也见于伟晶岩中。在高温热液脉中，它通常与磷灰石共生形成矿床。此外，还见于碎屑岩和砂矿中。矿石以含金红石、石榴子石的角闪岩为主，次为含金红石和石墨石英云母片岩、含金红石的磷块岩等；矿石含金红石2.29%~2.42%，高者达4.89%~6.43%，或伴有磷灰石、钛铁矿、锆石等可综合利用。

国外金红石主要产地在美国加利福尼亚州、南达科他州、阿肯色州、佐治亚州格雷夫斯山脉，加拿大安大略省萨德伯里，挪威，瑞典，德国，澳大利亚昆士兰、新南威尔士，发光金红石在瑞士和巴西都有发现。

3.3.3.1　中国金红石岩矿床

金红石砂矿床其时空分布和成矿规律与钛铁矿砂矿相似（伴生或共生产出），或分布在金红石岩矿床分布区河流的下游河漫滩、阶地，成矿时代多属第四纪，主要分布在湖南省湘阴的望湘、岳阳的新墙河、华容的三郎堰，安徽省潜山的黄铺古井、张家冲、铁冶冲，广东省罗定县的云致，海南省万宁市的保定、乌石 – 港坡，广西壮族自治区北流的520矿区等地。金红石岩矿床主要受富含金红石的区域变质中基性岩（角闪岩为主）控制，属变中基性岩岩浆矿床；其次为受富含金红石的其他区域变质岩或沉积变质岩的控制，成矿时代多在加里东期以前，主要分布在湖北省枣阳的大阜山，山西省代县的碾子沟，浙江省瑞安的仙岩，陕西省大河的熊山沟，河南省西峡县的八庙子沟和新县的红显边、杨冲，山东省莱西的刘家庄等地。

3.3.3.2 美国的金红石岩矿床

美国曾经开采的罗斯兰德（Rose Land）地区开采浸染状钛铁矿，矿石含金红石和钛铁矿 5% ~ 10%；同样曾经在品尼河（Piney River）开采含有金红石、钛铁矿和磷灰石的脉状矿石，矿石 TiO_2 含量为 14% ~ 17%，在品位较高的地段，如纳尔逊钛铁矿床中，含钛铁矿 58%，金红石 7%，磷灰石 29%，在纳尔逊金红石矿床中，含钛铁矿 3%，金红石 58%，磷灰石 38%。

在美国为数众多的斑岩铜矿中，金红石作为副产矿物与主矿物混合存在。

3.3.3.3 意大利金红石岩矿床

意大利的萨沃纳省（Savona）皮安帕卢多（Piampaludo）的榴辉岩矿床，位于利古里亚阿尔皮（Ligurischen Alpen），热亚纳（Genua）西北约 70km，榴辉岩被蛇纹岩包围，榴辉岩矿床平均含 TiO_2 6%，80% 的钛为金红石，其余 20% 的钛包含在钛铁矿、榍石和其他硅酸盐中，常见的共生矿物为石榴石（约 30%）。榴辉岩硬度大，金红石颗粒细，金红石呈浸染状分布在岩石中，皮安帕卢多矿床是最大型金红石岩矿。

3.3.4 其他

铝土矿（红泥矿）也可看做钛资源，按照拜尔生产加工时，作为副产物产出，欧洲和美国的铝土矿含 TiO_2 1% ~ 4%；印度的铝土矿含 TiO_2 6% ~ 8%，某些地方 TiO_2 高达 15%；钛铁矿和白钛石是主要含钛矿物，在印度和西非，片麻岩上面的铝土矿主要含钛矿物则为金红石，可以在提铝赤泥中与铁富集。

3.4 钛矿物

钛在地球上储量十分丰富，在地壳中含钛矿物有 140 多种，但现具有开采价值的仅有十余种。已开采的钛矿物矿床可分为岩矿床和砂矿床两大类，岩矿床为火成岩矿，具有矿床集中、贮量大的特点，FeO（相对于 Fe_2O_3）含量高，脉石含量多，结构致密，且多是共生矿，这类矿床的主要矿物有钛铁矿、钛磁铁矿等，矿石选矿分离较为困难，产出的钛精矿 TiO_2 含量一般不超过 50%。目前已发现含钛矿物有 100 多种，除天然金红石外，还有白钛矿、钛铁矿、钙钛矿等。天然金红石实际上就是较纯的二氧化钛，一般含 TiO_2 在 95% 以上，它是提炼钛的重要矿物原料，但在地壳中储量较少。白钛矿含二氧化钛 70% ~ 92%，而钛铁矿、钙钛矿含二氧化钛较低，一般为 35% ~ 52%。钛铁矿、钙钛矿虽然含二氧化钛量较少，但其储量非常大，是生产金属钛和钛白的主要原料来源。

已发现二氧化钛含量大于 1% 的钛矿物有 140 多种，但从储量和品位来看，至今只有钛铁矿和金红石以及作为混合矿物的白钛石（钛铁矿风化产物）具有开采利用价值，重要钛矿物特性见表 3 – 5，锐钛矿（金红石的变体）、钙钛矿和榍石矿床只具有较小的经济价值，一些杂质含量高的钛铁矿利用价值也受影响。

表 3 – 5　重要钛矿物特性

序号	矿 物	化学式	结晶构造	TiO₂ 含量 /%	密度 /g·cm⁻³	莫氏硬度	颜色	条痕	磁性
1	金红石	TiO_2	正方晶系	100	4.2～4.3	6～6.5	红褐色	浅褐色	无磁性
2	锐钛矿	TiO_2	正方晶系	100	3.9	5.5～6	褐色	无色	无磁性
3	板钛矿	TiO_2	斜方晶系	100	4.1	5.5～6	黄褐色	无色	无磁性
4	钛铁矿	$FeTiO_3$	三方晶系	52.66	4.5～5.0	5～6	黑色	黑色	弱磁性
5	白钛石	$TiO_2·nH_2O$	变质物	不定	3.5～4.5	4～5.5	黄褐色		非磁性
6	钙钛矿	$CaTiO_3$	立方晶系	58.75	5.5	5.5	深褐色	灰白色	非磁性
7	榍 石	$CaTiSiO_5$	单斜晶系	40.82	3.5	5～5.5	黄褐绿色		
8	假板钛矿	Fe_2TiO_5	斜方晶系	33.35	6.0	6.0	赤褐、暗褐		
9	红钛铁矿	$Fe_2O_3·3TiO_2$	六方晶系	60.01			赤褐色		
10	钛磁铁矿	$Fe_2TiO_3·Fe_3O_4$	等轴晶系						强磁性
11	钛铁晶石	$Fe_2TiO_4 2FeO·TiO_2$	等轴晶系	35.73	3.5～4.0	5～5.5	黑色		
12	镁钛矿	$MgTiO_3$	三方晶系	66.46	4.03～4.05	5～6	暗褐色		
13	红锰钛矿	$MnTiO_3$		52.97	4.54～4.58	5～6	褐黑色		
14	赤铁钛铁矿	$Fe_2TiO_3·Fe_2O_3$	三方晶系						弱磁性

钛的工业矿物特征见表 3 – 6。

表 3 – 6　钛的工业矿物特征

矿 物		化学式	TiO₂ 理论含量/%	密度/g·cm⁻³	硬 度
主要矿物	金红石	TiO_2	100	4.2～4.3	6～6.5
	板钛矿	TiO_2	100	4.1	5.5～6.0
	锐钛矿	TiO_2	100	3.9	5.5～6.0
	钛铁矿	$FeTiO_3$	55.66	4.5～5	5～6
	白钛石	TiO_2	~94	3.5～4.5	4～4.5
	红钛铁矿	$Fe_2O_3·3TiO_2$		4.5	
次要矿物	钛磁铁矿	$(Fe, Ti)_3O_4$	12～16	5	6
	钛铁晶石	Fe_2TiO_4	35.4		
	镁钛矿	$MgTiO_3$	52	4	
	红锰钛矿	$MnTiO_3$	52.97	4.5	
	钙钛矿	$CaTiO_3$	66.45	4.1	5.5
	假板钛矿	Fe_2TiO_5	33.35		
	钙铈钛矿	$CaCeTiO_5$	54～59		
	黑钛石	Ti_3O_5			
	榍 石	$CaTiSiO_5$	40.82	3.5	5～5.5

3.4.1 钛铁矿

钛铁矿英文名为 ilmenite，钛铁矿化学成分为 $FeTiO_3$，晶体属三方晶系的氧化物矿物。英文名称来源于最初发现本矿物的产地俄罗斯乌拉尔的伊尔门山（Ильменские горы）。钛铁矿含 TiO_2 52.66%，是提取钛和二氧化钛的最主要矿物原料。晶体常呈板状，集合体呈块状或粒状。钢灰至铁黑色，条痕黑色至褐红色，半金属光泽。莫氏硬度为 5~6，相对密度为 4.70~4.78。具弱磁性。钛铁矿一般作为副矿物见于火成岩和变质岩中，也可以形成砂矿。著名矿山有俄罗斯的伊尔门山、挪威的克拉格勒和美国怀俄明州的铁山、加拿大魁北克的阿拉德湖等。中国四川攀枝花铁矿，也是一个大型的钛铁矿产地，其钛铁矿呈显微粒状或片状分布于磁铁矿颗粒之间或裂理中。

钛铁矿很重，颜色从灰到黑色，具有一点金属光泽。晶体一般为板状，晶体集合在一起为块状或粒状。钛铁矿成分为 $FeTiO_3$，含 TiO_2 52.66%，是提取钛和二氧化钛的主要矿物。三方晶系，中国四川攀枝花铁矿中，钛铁矿分布于磁铁矿颗粒之间或裂理中，并形成大型矿床。钛铁矿的化学成分与形成条件有关。产于超基性岩、基性岩中的钛铁矿，MgO含量较高，基本不含Nb、Ta；碱性岩中的钛铁矿，MnO含量较高，并含Nb、Ta；产于酸性岩中的钛铁矿，FeO、MnO含量均高，Nb、Ta含量亦相对较高。

钛铁矿的性质：钛铁矿是主要含钛矿物之一。三方晶系，晶体少见，常呈不规则粒状、鳞片状、板状或片状。颜色铁黑或呈钢灰色，条痕钢灰或黑色，当含有赤铁矿包体时，呈褐或褐红色。金属至半金属光泽，贝壳状或亚贝壳状断口。性脆。硬度为 5~6，密度为 $4.4~5 g/cm^3$，密度随成分中MgO含量降低或FeO含量增高而增高。具弱磁性。在氢氟酸中溶解度较大，缓慢溶于热盐酸。溶于磷酸并冷却稀释后，加入过氧化钠或过氧化氢，溶液呈黄褐色或橙黄色。钛铁矿可产于各类岩体，在基性岩及酸性岩中分布较广；产于伟晶岩者，粒度较大，可达数厘米。当含矿母岩遭风化作用破坏后，钛铁矿可转入砂矿中。

钛铁矿的理论组成：FeO 47.36%，TiO 52.64%。Fe^{2+} 与 Mg^{2+}、Mn^{2+} 间可为完全类质同象代替，形成钛铁矿 $FeTiO_3 - MgTiO_3$ 或 $FeTiO_3 - MnTiO_3$ 系列。以FeO为主时称钛铁矿，MgO为主时称镁钛矿，MnO为主时称红钛锰矿。常有Nb、Ta等类质同象替代。在温度高于960℃的高温条件下，$FeTiO_3 - Fe_2O_3$ 可形成完全固溶体。随温度下降，在约600℃，$FeTiO_3 - Fe_2O_3$ 固溶体出溶，在钛铁矿中析出赤铁矿的片晶。

钛铁矿晶体为菱面体，但完整晶型极少见，常呈不规则粒状、鳞片状、厚板状。主要单形有平行双面 $\{0001\}$，菱面 $\{10\bar{1}1\}$、$\{02\bar{2}1\}$、$\{4\bar{2}\bar{2}3\}$，六方柱 $\{10\bar{1}0\}$。多呈自形至它形晶粒散布于其他矿物颗粒间，或呈定向片晶存在于铁磁铁矿，铁赤铁矿、铁普通辉石、钛角闪石等矿物中，为固溶体分离产物，偶尔见到依 $\{10\bar{1}1\}$ 和 $\{0001\}$ 形成的双晶，与屑石、磁铁矿、刚玉连生的现象较常见，矿物颜色铁黑色至钢灰色。条痕钢灰色，含赤铁矿包裹体时呈褐色或褐红色，半金属光泽至金属光泽，不透明，无解理。有时出现 $\{10\bar{1}1\}$ 或 $\{0001\}$ 裂开。具有贝状至亚贝状断口。性脆，硬度为 5~6.5，相对密度为 4.79，具有弱磁性。

高温下钛铁矿中的Fe、Ti呈无序分布而具赤铁矿结构（即刚玉型结构），故形成 $FeTiO_3 - Fe_2O_3$ 固溶体。菱面体晶类常呈不规则粒状、鳞片状或厚板状。在950℃以上钛铁矿与赤铁矿形成完全类质同象。当温度降低时，即发生熔离，故钛铁矿中常含有细小鳞片状赤铁矿包体。

钛铁矿常作为副矿物或在基性、超基性岩中分散于磁铁矿中呈条片状，与顽辉石、斜长石等共生。伟晶型钛铁矿，产于花岗伟晶岩中，与微斜长石、白云母、石英、磁铁矿等共生，钛铁矿往往在碱性岩中富集。由于其化学性质稳定，故可形成冲积砂矿，与磁铁矿、金红石、锆石、独居石等共生。晶形、条痕、弱磁性可与赤铁矿或磁铁矿区别。单晶体呈厚板状、棱面体状；通常呈不规则粒状或块状。常和磁铁矿共生，产于基性火成岩中，也见于碱性岩中。钛砂矿床是次生矿床，由岩矿床经风化剥离再经水流冲刷富集而成，主要集中在海岸、河滩、稻田等地，矿物有金红石、砂状钛铁矿、板钛矿、白钛矿等，该矿物的特点是：Fe_2O_3（相对于 FeO）含量较高、结构疏松、杂质易分离，选出的大部分精矿含 TiO_2 达 50% 以上。

3.4.2 钛磁铁矿

磁铁矿中当 Ti^{4+} 代替 Fe^{3+}，其中 TiO_2 小于 25% 时称含钛磁铁矿，TiO_2 不小于 25% 者称钛磁铁矿（Titanomagnetite）。含钒钛较多时，则称钒钛磁铁矿；含铬者称铬磁铁矿。钛磁铁矿与钒钛磁铁矿在高温时形成固溶体，温度下降时发生出溶，在光片中可看到钛铁矿在磁铁矿晶粒中生成的显微定向连生常沿磁铁矿的八面体裂开分布，叫钛磁铁矿。磁铁矿中的 Fe^{2+} 可被 Mg^{2+} 代替，构成磁铁矿 – 镁铁矿完全类质同象系列。其中 $0 < x < 1$，含二氧化钛 12% ~ 16%，可视为富含钛的磁铁矿亚种。一般呈板状和柱状的钛铁矿及布纹状的钛铁晶石镶嵌于磁铁矿晶粒中，钛磁铁矿、钒钛磁铁矿同时亦为钛、钒的重要矿石矿物。富含 Ti、V、Ni、Co 等元素时可综合利用。

3.4.3 白钛石

白钛石（Leucoxene）为钛铁矿的高度蚀变产物，又称蚀变钛铁矿（weathered ilmenite）。化学式为 $TiO_2 \cdot nH_2O$，TiO_2 最高含量约 94%（经验值），密度为 3.5 ~ 4.5 g/cm^3。莫氏硬度为 4 ~ 5.5 级。颜色为黄灰色到褐色，白钛石实际上不是一种独立的矿物，而是隐晶质锐钛矿物、金红石、板钛矿、赤铁矿（偶尔还有榍石）的混合物，储量不大，主要产于澳大利亚。白钛石可与钛铁矿、金红石混合成 TiO_2 含量 60% ~ 70% 的混合矿，用于生产氯化法二氧化钛颜料等。

3.4.4 金红石

矿物名称：金红石（产在闪石内），Rutile in Amphibole，TiO_2 理论含钛量为 60%。Rutile 一字来自拉丁语 Rutilus，指红色（Red），象征着金红石的颜色；金红石是含钛的主要矿物之一。四方晶系，常具有完好的四方柱状或针状晶形，集合体呈粒状或致密块状。暗红、褐红、黄或橘黄色，富铁者呈黑色；条痕黄色至浅褐色。金刚光泽，铁金红石呈半金属光泽。性脆，硬度为 6 ~ 6.5，密度为 4.2 ~ 4.3 g/cm^3，富含铁、铌、钽者密度增大，高者可达 5.5 g/cm^3 以上。能溶于热磷酸，冷却稀释后加入过氧化钠可使溶液变成黄褐色（钛的反应）。金红石可产于片麻岩、伟晶岩、榴辉（闪）岩体和砂矿中。金红石显微针状晶体常被包裹于石英、金云母、刚玉等晶体中，尤其在刚玉中呈六射星形分布形成星光红宝石和星光蓝宝石。

矿物晶体形态：复四方双锥类。常具有完好的四方柱状或针晶形。常见单形：四方柱 {110}、{100} 和四方双锥 {111}、{101}，有时出现复四方柱 {320}、{120} 和复四方双锥 {321}。晶体常具平行 c 轴的柱面条纹。常以 (011) 为双晶面成膝状双晶，三连晶或环状双晶；依 (031) 形成的接触双晶少见。针状、纤维状晶体有时作为包裹体见于透明水晶中，有时成致密块状集合体。化学组成：TiO_2，$Ti60\%$，有时含 Fe、Nb、Ta、Cr、Sn 等。鉴定特征：以其四方柱形、双晶、颜色为鉴定特征；可以和锡石（cassiterite）区别。不溶于酸类，加入碳酸钠予以烧熔，则可溶解于硅酸，若再加入过氧化氢，可使溶液变为黄色。成因产状：形成于高温条件下，主要产于变质岩 [1] 系的含金红石石英脉中和伟晶岩脉中。此外，在火成岩中作为副矿物出现，也常呈粒状见于片麻岩中。金红石由于其化学稳定性大，在岩石风化后常转入砂矿，金红石并不都是红的。

3.4.5 钙钛矿

钙钛矿型复合氧化物 ABO_3 是一种具有独特物理性质和化学性质的新型无机非金属材料，A 位一般是稀土或碱土元素离子，B 位为过渡元素离子，A 位和 B 位皆可被半径相近的其他金属离子部分取代而保持其晶体结构基本不变。化学组成：CaO 41.24%，TiO_2 58.76%。类质同象混入物有 Na、Ce、Fe、Nb。成因产状：常成副矿物见于碱性岩中，有时在蚀变的辉石岩中可以富集，主要与钛磁铁矿共生。钙钛矿（Perovskite）是指一类陶瓷氧化物，其分子通式为 ABO_3，此类氧化物最早被发现是存在于钙钛矿石中的钛酸钙（$CaTiO_3$）。钙钛矿结构：呈立方体晶形。在立方体晶体常具有平行晶棱的条纹，系高温变体转变为低温变体时产生聚片双晶的结果。晶体结构：在高温变体结构中，钙离子位于立方晶胞的中心，为 12 个氧离子包围成配位立方 – 八面体，配位数为 12；钛离子位于立方晶胞的角顶，为 6 个氧离子包围成配位八面体，配位数为 6。硬度：5.5 ~ 6。密度：3.97 ~ 4.04g/cm³。解理：解理不完全。断口：参数状断口。颜色：褐至灰黑色。条痕：白至灰黄色。光泽：金刚光泽。折射率：2.34 ~ 2.38。

3.4.6 锐钛矿

锐钛矿是二氧化钛（TiO_2）的三种矿物之一。它产于火成岩及变质岩内的矿脉中，一般还出现于砂矿床中，呈坚硬、闪亮的正方晶系晶体，并具有不同的颜色。许多锐钛矿是由楔石风化形成的，而且它本身可蚀变为金红石；TiO_2 类质同象替代有 Fe、Sn、Nb、Ta 等。此外，尚发现含 Y 族为主的稀土元素及 U、Th。晶形一般呈锥状、板状、柱状。主要单形：平行双面 c，四方柱 m、a，四方双锥 p、n、q、v、e 等。类质同象替代有 Fe、Sn、Nb、Ta 等。

3.4.7 板钛矿

板钛矿是二氧化钛的另一种同质异象矿物。化学成分为 TiO_2，含钛 59.95%。斜方晶系。与金红石和锐钛矿成同质三象。晶体呈板状、叶片状。淡黄、褐到黑色，条痕浅黄色、浅灰至褐色，透明或半透明，金刚光泽或半金属光泽。莫氏硬度为 5.6 ~ 6。密度为 $3.9 ~ 4.1g/cm^3$。产于区域变质岩系的石英脉中，或作为火成岩的副矿物，有时产于接触变质岩石中，也是沉积岩的一种造岩矿物。板钛矿主要产于变质岩中的阿尔卑斯型矿脉，也见于热液蚀变、接触变质作用及砂矿中。

3.5 工业矿物

钛矿物种类繁多，地壳中含钛 1% 以上的矿物有 80 多种，但具有工业价值的仅有十几种。当前工业利用的主要矿物是金红石和钛铁矿，其次为锐钛矿、板钛矿和白钛石，其他还有红钛铁矿、钛磁铁矿、钛铁晶石、镁钛矿、红锰钛矿、钙钛矿、假板钛矿、钙铈钛矿、黑钛石、榍石等。开采金红石和钛铁矿需要规模支撑，金红石及钛铁矿砂矿一般工业指标参考表见表 3 - 7。

表 3 - 7　金红石及钛铁矿砂矿一般工业指标参考

砂矿名称	边界品位/kg·m^{-3}	最低工业品位/kg·m^{-3}	可采厚度/m	夹石剔除厚度/m
金红石（矿物）	1	2	0.5	（剥采比≤4）
钛铁矿（矿物）	10	15	0.5 ~ 1	0.5 ~ 1

不同钛工业可利用矿物性质性能各异，表 3 - 8 给出了重要工业利用矿物特征。

表 3 - 8　重要工业利用钛矿物特性

矿　物	化学式	TiO$_2$ 理论含量/%	密度 /g·cm^{-3}	硬度	颜色
钛铁矿（ilmenite）	FeTiO$_3$	52.66	4.5 ~ 5.6	5 ~ 6	铁黑至淡褐黑或钢灰色
金红石（rutile）	TiO$_2$	100.00	4.5 ~ 5.2	6 ~ 6.5	淡红褐、血红、淡黄、淡蓝、紫、黑等色
锐钛矿（octahedrite）	TiO$_2$	100.00	3.82 ~ 3.95	5.5 ~ 6	黄褐、蓝、黑等色
板钛矿（brookite）	TiO$_2$	100.00	3.78 ~ 4.08	5.5 ~ 6	发褐、淡黄、淡红、淡红褐、铁黑等色
白钛矿（leucosphenite）	TiO$_2 \cdot n$H$_2$O	约94	3.5 ~ 4.5	4 ~ 5.5	白、黄、褐等色
钙钛矿（perovskite）	CaTiO$_3$	58.00	3.97 ~ 4.06	5.5	淡黄、淡红褐、灰黑等色
榍石（titanite）	CaTiSiO$_5$	40.8	3.4 ~ 3.6	5 ~ 5.5	褐、灰、黄、绿、紫红及黑等色

要成为可利用工业钛矿资源，必须具备相应储量规模和品级要求，表 3 - 9 给出了砂矿储量规模划分标准。根据不同的钛资源特点和应用要求，矿石的工业类型特点对加工十分重要，表 3 - 10 给出了钛铁矿和金红石技术经济指标及主要用途，各工业类型钛矿石的资源特点对比见表 3 - 11。

表 3 - 9　砂矿储量规模划分标准

矿种名称	规模/万吨		
	大　型	中　型	小　型
金红石	≥10	2 ~ 10	<2
钛铁矿	≥100	20 ~ 100	<20

表 3-10　钛铁矿和金红石技术经济指标及主要用途

标　准	部颁标准钛铁矿精矿工业技术经济指标							金红石指标
工业用途	供生产钛合金、钛白粉用				供生产人造金红石、高钛渣用			供生产焊条涂料
化学成分/%	一级品		二级品	三级品	一级品	二级品		
	一类	二类				一类	二类	
TiO_2	≥52	≥50	≥50	≥48	≥52	≥50	≥50	95~97
P	≤0.02	≤0.02	≤0.025	≤0.03	≤0.03	≤0.04	≤0.05	
CaO，MgO		不限	不限	不限	<0.5	<0.6	<0.1	
FeO，Fe_2O_3		不限	不限	不限	不限	不限	不限	

表 3-11　各工业类型钛矿石的资源特点

矿　物	钒钛磁铁矿岩矿	钛铁矿砂矿
矿石质量	金属矿物有钛磁铁矿、镁铝尖晶石、粒状钛铁矿、磁铁矿、磁赤铁矿；造岩矿物有橄榄石、斜长石、辉石、角闪石、磷灰石等，矿石 TiO_2 品位 5.96%~12.5%	残坡积型、滨海型砂矿含钛铁矿分别为 6.4% 及 2.9%，含锆石分别为 0.1% 和 3.5%，含长石、黏土、褐铁矿分别为 50.3% 和小于 3%；含石英分别为 41.5% 和 93%，含独居石和金红石少至微量，含其他分别为小于 1.5% 和 3%
矿石品位	TiO_2 5.22%~13.5% 的大中型矿区为主（16个）；TiO_2 1.01%~4.77% 中小型矿区 5 个	15~47.7kg/m^3 的（矿物）大中型矿区（25 个）为主，≤15kg/m^3 的中小型矿区（37 个）
矿床规模	大型（TiO_2≥500 万吨）6 个；中型（TiO_2 50~500 万吨）10 个；小型（TiO_2≤50 万吨）5 个	大型（TiO_2≥100 万吨）5 个；中型（TiO_2 20~100 万吨）8 个；小型（TiO_2≤20 万吨）49 个
共生伴生矿	主矿产为铁，伴生钛（TiO_2）、钒（V_2O_5）	主产矿以钛铁矿为主，伴生锆石、独居石和金红石等
开采条件	露采或者坑采；TFe≥20%，TiO_2≥5%，V_2O_5≥0.18%，可采厚度≥1m，夹石剔除厚度≥0.3~2.0m	露采或者采砂船水下开采；边界品位（钛铁矿）10kg/m^3，工业品位 15kg/cm^3，可采厚度≥1.0m
可选性能	在磁选铁精矿尾矿中回收粒状钛精矿，钒在钢铁冶炼后进入钒富集，钠化提取分流钒产品；钛精矿直接或者冶炼酸溶性钛渣用作硫酸法钛白原料，或者升级富集形成富钛料，氯化生产 $TiCl_4$，净化分流生产氯化钛白或者海绵钛	螺旋机水里粗选—重力分选—电磁精选，残破积砂矿含泥质多，粒细，选别难度大

　　国外工业钛资源以钛铁矿和金红石为主，岩矿储量大，砂矿分布广，共生伴生元素价值高，总储量水平高，开发潜力大，有害元素基本可控，开采条件优越，环境影响小。国外岩矿金红石总体是多杂稀少，多组元构成，与多种矿物成矿，储量水平低；岩矿钛铁矿主要以钒钛磁铁矿和赤铁钛铁矿为主，储量大，以北美和欧洲为主。岩矿开发严重滞后，大量作为后备资源。

　　中国钛矿的矿石类型以原生矿石为主，在钛铁矿资源中占 97%，金红石资源中原生矿石占 86%，砂矿储量相对较少。不同的资源类型储量分布极不平衡。钛铁矿占国内钛资源总量的 98%，金红石资源相对比较贫乏。中国铁矿石品位普遍偏低，开采选别成本高。表

3-12 为中国各主要产地钛矿物原料基本特征。

表 3-12　中国各主要产地钛矿物原料基本特征

产地	四川攀枝花		河北承德大庙	广西北海	广西东胜	海南乌场	海南
钛矿物名称	钒钛磁铁矿	钛铁矿精矿	钛铁矿精矿	钛铁矿（沉积）精矿			
颜色	黑色	黑色	黑色	黑色	黑色	黑色	黑色
晶体特征	等轴晶系	三方晶系	三方晶系	三方晶系	三方晶系	三方晶系	三方晶系
化学成分 /% TiO_2	8.19 (5~13)	47~48	44.5	58.68	51.18	49.03	50.21~52.24
Fe_2O_3	TFe 22~34	3.34		27.88	12.31	10.71	7.52~10.22
FeO		35.32		5.50	35.13	36.03	34.16~37.18
Al_2O_3	11.8	1~2		1.09	0.994	1.13	
CaO	8.89	1~3	0.5~1	<0.1	0.553	1.00	0.14~0.18
MgO	9.57	4~5.5	0.7~1.8	0.11	0.125	0.10	0.13~0.15
P	0.018	0.01~0.04	0.01~0.04	0.034	0.075	0.018	0.06~0.027
S	0.91		0.1~0.5	0.01	0.007	0.01	
MnO	0.201	0.225~0.5		10.5	1.811	2.23	
SiO_2	36.69	2.0~3.5	1.5~2.1	0.73	1.297	0.50	
V_2O_5	0.2~0.3	0.23~0.068			0.168		
Nd_2O_3							0.0412
Ta_2O_3							0.038

3.6　资源分布

　　全球钛资源分布较广，三十多个国家拥有钛资源。目前全球具有工业利用价值的钛资源主要是钛铁矿（岩矿、砂矿）和天然金红石，其中钛铁矿占绝大多数。据 2007 年美国地质调查局（USGS）公布的资料表明，全球钛铁矿基础储量约为 12 亿吨（以 TiO_2 计，下同），储量约为 6 亿吨，金红石基础储量约为 1 亿吨，储量为 5000 万吨。全球钛资源主要分布在澳大利亚、南非、加拿大、中国和印度。其中，加拿大、中国、印度主要是钛岩矿，澳大利亚、美国主要是钛砂矿，南非的岩矿和砂矿均十分丰富。

3.6.1　国内资源分布

　　中国是一个钛资源大国，占有全球 30% 以上的钛资源。中国探明的钛资源分布在 10多个省（自治区、直辖市）共 100 多个矿。主要产区为四川，次有河北、海南、广东、湖北、广西、云南、陕西、山西等省（自治区）。目前中国钛矿资源主要有三种类型：钛铁矿岩矿、钛铁矿砂矿和金红石矿。其中，钛铁矿岩矿以钒钛磁铁矿为主，是中国最主要的钛矿资源，主要分布在四川攀西地区和河北承德地区，资源量为 4.36 亿吨。四川是中国钒钛磁铁矿资源最丰富的地区，有 27 个钛矿区，资源量为 4.10 亿吨，约占全国的 94%，主要分布在攀枝花、西昌地区。钛铁砂矿主要分布在海南、云南、广东、广西和江西等省（自治区），资源量为 3629 万吨。金红石矿主要分布在河南、湖北和山西等，资源量为

798 万吨。

中国的钛资源在世界占据一定地位，但不同的资源类型储量分布极不平衡。表3-13给出了中国主要钛矿床资源分布情况，钛铁矿占国内钛资源总量的98%，金红石资源相对比较贫乏。钛矿的矿石类型以原生矿石为主。在钛铁矿资源中占97%，金红石资源中原生矿石占86%，砂矿储量相对较少。中国铁矿石品位普遍偏低。在空间分布上，中国的钛储量相对趋于集中，钒钛磁铁矿主要分布在四川、河北两省，其中攀西地区的钒钛磁铁矿资源储量占了中国钛资源储量的90%以上；钛铁砂矿主要分布在海南和广东、广西省；金红石则主要集中在湖北、山西和河南省。金红石岩矿主要分布在湖北省枣阳的大阜山；山西省代县的碾子沟；河南省新县的杨冲；金红石砂矿主要分布在河南省西峡县的八庙子沟、山东省莱西县的刘家庄和储城市的上崔家沟、湖北省枣阳的大阜山等区域。

表3-13 中国主要钛矿床资源分布情况

分 布 地 区	矿 物 类 型	品 位	规 模
四川攀枝花（红格、攀枝花、太和、白马）	钛铁原生矿	TiO$_2$ 5.46% ~ 1.76%	特大
黑龙江呼玛县兴隆沟	钛铁原生矿	TiO$_2$ 8.63%	中型
新疆哈密尾亚	钛铁原生矿	TiO$_2$ 9.73%	中型
河北承德大庙	钛铁原生矿	TiO$_2$ 7.17%	中型
陕西洋县毕机沟	钛铁原生矿	TiO$_2$ 3.5% ~ 8.5%	中型
山西代县碾子沟	金红石原生矿	TiO$_2$ 1.92%	中型
河南舞阳赵案庄	金红石原生矿	TiO$_2$ 1.04%	中型
河南方城柏树岗	金红石原生矿	TiO$_2$ 1.88%	中型
河南方城五间房	金红石原生矿	TiO$_2$ 2.33%	中型
山东莱西刘家庄	金红石原生矿	金红石 1.96kg/t	中型
湖北枣阳大噗山	金红石砂矿	金红石 18.32kg/t	中型
广西合浦官井	钛铁砂矿	钛铁矿 21.6kg/t	中型
广西藤县塘村	钛铁砂矿	钛铁矿 42.6kg/t	中型
广西藤县东升	钛铁砂矿	钛铁矿 32.9kg/t	
云南禄劝－武定	钛铁砂矿	钛铁矿 66.9kg/t	大型
广东化州平定	钛铁砂矿	钛铁矿 31.5kg/t	大型
云南保山板桥	钛铁砂矿	钛铁矿 12.4kg/t	大型
广东紫金临江	钛铁砂矿	钛铁矿 36.8kg/t	
海南万宁长安	钛铁砂矿	钛铁矿 33.5kg/t	大型
海南文昌辅前	钛铁砂矿	钛铁矿 5.1kg/t	中型
海南琼海沙老	钛铁砂矿	钛铁矿 29.7kg/t	中型

表3-14 给出了中国钛矿床类型。

表3-14 中国钛矿床类型

矿 种	类 型		产 地
钛铁矿	原生矿		四川攀枝花、河北承德、广东
	砂矿	海滨砂矿	海南、广西、广东
		残破集砂矿	广东化州、海南万宁
		冲积砂矿	云南
金红石	原生矿		湖北、河南、陕西、江苏、山西、山东
	砂矿	海滨砂矿	河南、广西、广东、福建
		风化壳	河南、山东、湖北、湖南

3.6.2 国外资源分布

国外钛资源十分丰富，工业可利用钛资源以钛铁矿和金红石为主，岩矿储量大，分布广，开发潜力大。北半球多岩矿，南半球多砂矿，钛矿资源以加拿大、俄罗斯、澳大利亚、美国以及印度等为主要储量分布国和生产国。国外岩矿金红石总体是多杂稀少，多组元构成，与多种矿物成矿，储量水平低；岩矿钛铁矿主要以钒钛磁铁矿和赤铁钛铁矿为主，储量大，以北美和欧洲为主。国外钛砂矿主要分布在澳大利亚、南非、印度、斯里兰卡、马来西亚、新西兰、印度尼西亚、俄罗斯、塞拉利昂、美国和乌克兰等，沿海岸和河流分布，多与锆铌矿共生。表3-15 给出了世界钛资源储量及其分布。

表3-15 世界钛资源储量及其分布（以 TiO_2 计） （万吨）

国 家	钛铁矿资源		金红石资源	
	储 量	基础储量	储 量	基础储量
南 非	6300	22000	830	2400
挪 威	3700	6000	—	—
澳大利亚	13000	16000	1900	3100
加拿大	3100	3600	—	—
印 度	8500	21000	740	2000
巴 西	1200	1200	350	350
越 南	520	750	—	—
美 国	600	5900	40	180
乌克兰	590	1300	250	250
中 国	20000	35000	19	28
莫桑比克	1600	2100	48	57
其 他	1500	7800	810	1700
合 计	60610	122650	4987	10065

注：美国地质调查局（USGS）2007 年公布数据。

表3－16 给出了世界各地钛铁矿精矿的化学组成。

表3－16 世界各地钛铁矿精矿的化学组成 （％）

国家及地区	矿床类型	TiO_2	FeO	Fe_2O_3	SiO_2	Al_2O_3	P_2O_5
弗吉尼亚（美国）	岩矿	43.3	35.9	13.8	2.0	1.21	1.01
阿拉德（加拿大）	岩矿	34.30	27.50	25.2	4.30	3.50	0.015
挪威	岩矿	43.90	36.0	11.10	3.28	0.85	0.30
乌拉尔（俄罗斯）	岩矿	48.07	12.21	24.49	1.54	4.66	0.16
乌克兰	岩矿	58.46	—	27.80	0.34	4.04	0.19
攀枝花（中国）	岩矿	47.0	34.27	5.55	2.89	1.34	0.01
印度喀拉拉邦	砂矿	54.20	26.60	14.20	0.40	1.25	0.12
斯里兰卡	砂矿	53.13	19.11	22.95	0.86	0.61	0.05
马来西亚	砂矿	55.3	26.70	13.00	0.70	0.59	0.19
卡佩尔（澳大利亚）	砂矿	54.57	25.15	16.34	0.53	0.10	0.13
巴西	砂矿	61.90	1.90	30.20	1.60	0.25	
新西兰	砂矿	46.50	37.60	3.30	4.10	2.80	0.22
佛罗里达（美国）	砂矿	64.10	4.70	25.60	0.30	1.50	0.21
广西（中国）	砂矿	50.94	28.61	16.68	2.27	1.07	0.071
云南（中国）	砂矿	48.93	32.37	14.86	0.81	0.97	0.03
国家及地区	矿床类型	ZrO_2	MgO	MnO	CaO	V_2O_5	Cr_2O_3
弗吉尼亚（美国）	岩矿	0.55	0.07	—	0.52	0.16	0.27
阿拉德（加拿大）	岩矿	—	3.10	0.16	0.90	0.27	0.10
挪威	岩矿	1.09	3.69	0.33	0.18	0.20	0.03
乌拉尔（俄罗斯）	岩矿	—	0.75	2.25	0.62	0.084	3.25
攀枝花（中国）	岩矿	—	0.98	0.86	0.20	—	3.85
印度喀拉拉邦	砂矿	—	0.80	6.12	0.65	0.75	0.095
斯里兰卡	砂矿	0.10	0.92	0.94	0.26	0.19	0.00
马来西亚	砂矿	—	0.02	0.70	0.50	0.07	0.03
卡佩尔（澳大利亚）	砂矿	0.07	0.32	1.67	0.30	1.18	0.04
巴西	砂矿	—	0.30	0.30	0.10	0.20	0.10
新西兰	砂矿	—	1.20	1.20	1.40	0.03	0.03
佛罗里达（美国）	砂矿	—	0.35	1.35	0.13	0.13	0.10
广西（中国）	砂矿	0.10	1.30	0.10	—	—	
云南（中国）	砂矿	1.99	0.75	0.24	0.12		

表3－17 给出了国外主要钛铁矿原生矿利用情况。

表 3 – 17　国外主要钛铁矿原生矿利用情况

矿 山	矿石类型	原矿品位/%			利用元素	精矿品位/%	
		TFe	TiO$_2$	V$_2$O$_5$		TFe	TiO$_2$
加拿大阿莱德湖	赤铁钛铁	36 ~ 40	34.3	0.27 ~ 0.37	Ti		70 ~ 72
美国桑福德山	磁铁钛铁	34	19	0.45	Ti、Fe	59	44 ~ 48
挪威特尔尼斯	磁铁钛铁		18		Fe、Ti	65	45
挪威勒德撒德	磁铁钛铁	30	4	0.3	Fe、Ti、V	62	30
芬兰奥坦梅基	磁铁钛铁	35 ~ 40	13	0.38	Fe、Ti、V	69	45
南非布什维尔德	磁铁钛铁	42 ~ 60	12 ~ 15	1.5 ~ 2	Fe、V		
俄罗斯卡契卡纳尔	磁铁钛铁	16 ~ 17	1.5	0.1 ~ 0.15	Fe、V	62	

表 3 – 18 给出了国外主要钛矿的经营情况。

表 3 – 18　国外主要钛矿经营情况

经营商	矿 址	矿物名称	品位（TiO$_2$）/%	产能/万吨·年$^{-1}$	备 注
QIT	加拿大魁北克省	钛铁矿岩矿	36	约 250	全部用于生产钛渣和升级钛渣（UGS）
RBM	南非 夸祖鲁 – 纳达尔	钛铁矿砂矿	48	约 200	全部用于生产钛渣
		天然金红石	95 ~ 96	10.5	
Huka	澳大利亚 西海岸和美国	钛铁矿砂矿	95 ~ 96	10.5	部分用于生产人造金红石
		天然金红石	54	194	
Ticor 和 Lscor	澳大利亚 和南非	钛铁矿砂矿	54	105	澳矿用于生产人造金红石
		天然金红石	95 ~ 96	4	
TTI	挪威特尔尼斯	钛铁矿岩矿	45	56	用于生产钛渣
Cable Sand	澳大利亚	钛铁矿砂矿	54	27	
CRL	澳大利亚	钛铁矿砂矿	54	50	用于生产人造金红石
		天然金红石	95 ~ 96	3	
Tiwest	澳大利亚伯斯	钛铁矿砂矿	54		用于生产人造金红石
		天然金红石	95 ~ 96	约 50	
VSMMP	乌克兰	钛铁矿砂矿	64	30	
		天然金红石	95 ~ 96	5 ~ 10	
IERL	印度奥雷撒	钛铁矿砂矿	54	22	部分用于生产人造金红石
		天然金红石	95 ~ 96	1	
KMML	印度恰瓦拉	钛铁矿砂矿	54	30	用于生产人造金红石
Namakwa	南非开普敦	钛铁矿砂矿	48	50	用于生产钛渣
		天然金红石	95 ~ 96		
总 计		钛铁矿砂矿		约 1000	
		天然金红石		43 ~ 48	

第2篇 钛制造

4 钛材料制造技术——钛精矿

具有工业利用价值的钛矿床可概括为岩浆钛铁矿床（脉矿）及钛砂矿床两大类，岩浆钛铁矿床依其矿物种类又可分为磁铁钛铁矿及赤铁钛铁矿两种主要类型。钛砂矿床依矿物种类可分为金红石砂矿与钛铁矿砂矿两类。一般认为，岩矿和砂矿达到下列含量，才具有工业开采价值：岩矿的钛铁矿 TiO_2 含量在 10% ~ 40% 之间，或金红石 TiO_2 含量在 3% 以上；砂矿含钛铁矿在 $15kg/m^3$ 以上，或金红石在 $2kg/m^3$ 以上；某些伴生有多种有价值成分的共生矿，即使 TiO_2 品位低一些，也可综合考虑加以开采。常见的含钛矿物主要有钛铁矿、金红石、钙钛矿和楣石，工业可利用钛矿物主要是钛铁矿和金红石，与绝大多数矿产资源一样，钛资源也需要进一步加工方可成为可以直接利用的钛原料。

钛铁矿一般都混杂有不少废砂石和复合其他矿物，其 TiO_2 品位较低。选矿就是根据这些矿物不同的组成和不同的物理化学性质，采用不同的选矿方法，将钛铁矿与它们分离，以提高 TiO_2 品位。由于钛铁矿常与许多矿物伴生在一起，只用单一的选矿手段，很难选得 TiO_2 品位高而杂质少的钛铁精矿。要提高 TiO_2 品位，必须根据不同的矿种，采用分段方式反复地选用不同的选矿方法组合加以选别。

4.1 钛矿选别基础

钛铁矿分为砂矿和岩矿，选矿富集工艺差异较大，但设备和工序大同小异。钛铁矿是铁和钛的氧化物矿物，是提炼钛的主要矿石。钛铁矿很重，颜色从灰到黑色，具有一点金属光泽。晶体一般为板状，晶体集合在一起为块状或粒状针状，成分为 $FeTiO_3$，纯矿物含 TiO_2 52.66%，是提取钛和二氧化钛的主要矿物，属于三方晶系。中国四川攀枝花钒钛铁矿中，钛铁矿分布于磁铁矿颗粒之间或裂理之中，并可形成大型矿床。钛铁矿的化学成分与形成条件有关，产于超基性岩、基性岩中的钛铁矿，MgO 含量较高，基本不含 Nb、Ta；碱性岩中的钛铁矿，MnO 含量较高，并含 Nb、Ta；产于酸性岩中的钛铁矿，FeO、MnO 含量均高，Nb、Ta 含量亦相对较高。

由于钛铁矿的物理化学性质稳定，相对密度较大，在多雨地区能够在冲刷、搬运、水力输送的过程中沉积下来，富集在地表与河床中，或被洪水冲至河流出口处、近海处沉积下来。因此钛铁矿广泛地产于海滨砂矿、河床砂矿、冲积砂矿、残坡砂矿和低谷砂矿中。在河床上的钛砂矿，常利用链斗式或搅吸式或斗轮式输送器将砂矿送至采矿船再处理；在沙滩上的，常利用推土机、铲运机、装载机、斗轮挖掘机经皮带运输机或砂泵管道送到粗选厂。采得的砂矿先经除渣、筛分、分级、脱泥和浓缩后进行粗选；中国云南残破砂矿选矿过程有时还需要经湿辗。粗选是根据矿物的密度不同进行分离，丢弃密度小的脉石尾矿，获取密度大的重矿物约90%，常用圆锥选矿机和螺旋选矿机，粗选厂都是移动式的，常与采矿结合在一起。精选是先进行湿法的重选、湿法磁选和浮选，再进行干法的磁选、电选和重力分离等。

目前常用的钛铁矿选矿方法为机械选（包括洗矿、筛分、重选、强磁选和浮选），以及火法富集、化学选矿法等。

4.1.1　粗选

用手选矿的原理是根据不同矿物的外形特征如颜色、光泽、粒度和晶型等不同，用目测手拣的方法将混杂的杂质分离，初步将石英等脉石除去，这是一种原始而简单的选矿方法，适用于钛铁矿的粗选。

4.1.2　重力选矿

重力选矿也属粗选，用于粗选的筛分。由于钛铁矿和其他杂质矿物相对密度不同，在一种运动着的介质中，沉降速度的不同，可以使矿粒和杂质分离。含钛矿物的相对密度大于4，采用重力选矿法可将大部分相对密度小于3的长石、石英等脉石矿物除去。钛铁矿的密度比沙土大，采用流水冲洗，相对密度小的沙土就随水而流走，最后选分出密度较大的钛铁矿砂。但是经过重力选后的钛铁矿仍含有与钛铁矿相对密度相近的锆英石、独居石、金红石、白钛石、锡石、磁铁矿和铬铁矿等矿物及一些脉石。大规模的重力选矿可以采用溜槽、淘汰机、螺旋选矿机和摇床等。如采用洗矿、筛分和脱泥后再进行重力选，则可用螺旋机。筛分介质通常是水和空气。

4.1.3　浮选

浮选是利用各种矿物表面的化学或物理性质的不同，加入某些能发泡的浮选药剂，使其产生大量泡沫，由于不同矿物在空气和水的界面上浸湿度不同，可以产生有选择的吸附，某种成分便随泡沫浮起而漂出，其他成分则沉淀下来，从而得以分离。在钛铁矿砂浮洗时，常用的浮选剂有硫酸化皂、太古油、十二酸钠、水玻璃、氟化钠、氟硅酸钠和烷基磺酸钠等。浮选设备有成套的标准设备。一般认为浮选法效果比较好，但选矿成本高，浮选剂的选择和调配比较复杂，废水处理排放难度比较大。

钛铁矿（$FeTiO_3$）和金红石（TiO_2）用羧酸及胺类捕收剂能够浮游。但用羧酸类捕收时，脉石矿物不易浮游，故羧酸类用得较多。工业上常用的具体药剂有油酸、塔尔油和环烷酸及其皂，而且常用煤油为捕收剂。钛铁矿和金红石浮选之前，先用硫酸洗涤矿物表面，可以提高它们的可浮性，降低捕收剂的用量。

用羧酸捕收钛铁矿和金红石时，pH 值为 6 ~ 8，两种矿物都浮游得比较好。在 pH 值小于 5 的酸性介质中，吸附于钛铁矿表面的油酸容易洗脱，洗涤后钛铁矿的可浮性严重下降。

氟硅酸钠和氟化钠可以阻碍十三酸和油酸钠在钛铁矿的表面固着，降低它们在钛铁矿表面的固着量，因而能抑制钛铁矿，硅酸钠对于钛铁矿也有一定的固着作用。

钛铁矿浮选的回收率与调整时矿粒的絮凝和分散状态有关。按照调整槽传动轴净功耗的大小可以将调整时间分成五个阶段，即感应阶段、絮凝阶段、絮凝顶峰阶段、絮凝破坏阶段和分散阶段。矿浆开始絮凝时（絮凝阶段），净功耗、钛铁矿回收率和脉石回收率都上升；到达絮凝顶峰阶段，矿浆充分絮凝，净功率、钛铁矿回收率和脉石回收率都达到了顶点；到达絮凝破坏阶段，钛铁矿的回收率不变，精矿品位增加，净功耗和絮凝程度下降，回收率最小。

升高矿浆温度，捕收剂膜的疏水性增大，钛铁矿的回收率增加而精矿品位下降。充气对钛锆矿物有明显的影响。充空气 60 ~ 120s，金红石和钛铁矿的回收率都上升而锆英石的回收率下降。若只冲入氮气，则两种矿物受到抑制而锆英石能照常浮游。

钙钛矿（$CaTiO_3$）可以先用硫酸处理，经冲洗后用油酸或其他脂肪酸浮游。苏打和水玻璃可以抑制它，而铬酸盐和重铬酸盐可以活化它。当矿石中方解石多时，会使酸洗的耗酸量增大。为了减少酸的用量，在浮钙钛矿之前可以先浮方解石。

榍石（$CaTiSiO_5$）可以用煤油浮化的油酸捕收，可以被水玻璃抑制。其可浮性较其他含钛矿物差，更比磷灰石等碱土金属盐类矿物差，如果伴生的磷灰石多，可以先浮磷灰石。

4.1.4 磁选

磁选属于钛铁矿的精选。它是利用各种矿物磁导率的不同，使它们通过一个磁场，由于不同矿物对磁场的反应不同，磁导率高的矿物被磁盘吸起，再失磁就掉下来，经过集料漏斗将其收集，磁导率低的不被吸起，留在物料中或随转动着的皮带，作为尾矿带出去而得以分离。钛铁矿是能被磁铁吸引而本身不能吸铁，可磁化又可去磁的顺磁性矿物，其磁性属中性和弱磁性。矿物的磁性由强到弱变化的顺序是：磁铁矿 > 钛铁矿 > 赤铁矿 > 石榴石 > 黑云母 > 独居石。而锆英石和金红石为非磁性矿物。将粗矿通过单盘式或三盘式的干式磁选机，弱磁性的石榴石、独居石和非磁性的锆英石、金红石和脉石等就通过皮带分离出去。从钛铁矿选矿情况看，经几次磁选的钛铁矿砂其矿物组成仍十分复杂，仍含有较多的非钛矿物。磁场的强度、电流大小和温度高低对磁选的效果影响较大。钛铁矿的选矿用此法用得很多，为了保证矿的纯度，尽可能地除去非钛矿物，以利于生产的顺利进行。常常是将购进来的杂矿，在雷蒙磨磨矿前，先经一次磁选再进行粉碎。

4.1.5 电选

电选也属于钛铁矿的精选，在采用其他方法达不到分选要求时而使用。采用这种静电选，一般能得到较好的效果。电选是根据矿物在高压电场内电性的不同，而将不同矿物进行选分的一种分选方法。利用两种矿物的整流性不同或它们的分选电位差值，用静电选矿机选分，常用的有静电进矿机和电晕选矿机等。

4.2 钛铁矿的矿石性质

钛铁矿石有岩矿和砂矿之分，砂矿又有海砂和风化砂矿之别。海滨砂矿是原生矿床在海潮及其他自然条件作用下，经风化、破碎、分级、富集而生成的。按其成因可分为海成砂矿及海陆混合成因砂矿两大类，其中海成砂矿最为重要。

4.2.1 海滨砂矿的矿石性质

海成砂矿矿体呈长条状沿海岸线分布，砂矿赋存于第四纪不含土或含土很少的中 - 细粒石英砂或黏土石英岩中。矿体部位严格受地貌控制。矿体多为层状，矿层产状一般均微向海倾斜。海滨砂矿一般规模较大，矿石品位较富。

海滨砂矿一般具有以下几个特点：（1）海滨砂矿一般比较松散，含泥量少，没有或仅有较薄的覆盖层，因此海滨砂矿开采不需要开采原生矿所需的剥离、井巷、穿孔、爆破等昂贵的工程投资及生产费用。矿体一般出露地表，不需要剥离表层，有的需要剥离也仅是矿体上部的腐植层，剥离量很少。因此采矿成本低，在原矿品位较低的情况下，也能被开采利用。（2）海滨砂矿矿石粒度均匀，很少有过粗粒子，含泥量也很少，其中80% ~ 90%的矿物集中在0.8 ~ 0.2mm粒级中，有用矿物富集于0.32 ~ 0.08mm粒级中，表4 - 1和表4 - 2分别列出海南乌场钛矿和南港钛矿的原矿粒度分析结果。（3）海滨砂矿中的脉石矿物比较简单，主要为石英和长石。重矿物组成较为复杂，一般含钛铁矿、锆英石、金红石、独居石、磷钇矿、锡石和自然金等，还含有少量磁铁矿。因此选矿的粗选工艺比较简单，通过重选则可将大量密度较小的石英和长石分离出去。而重矿物的精选分离工艺则相对比较复杂。（4）海滨砂矿的原矿中钛的含量比较低。海滨砂矿床的工业品位要求含钛铁矿为不小于15kg/m³，相当于原矿含TiO_2为0.43%即达到工业品位要求。由于原生矿采选成本较大，钛铁矿原生矿床的工业品位要求为含TiO_2 9% ~ 10%。与国外海滨砂矿相比，中国海滨砂矿的原矿品位都较低，属低品位海滨钛精矿的选矿，成本较高。

表4 - 1　中国海南乌场钛矿原矿筛分分析结果　　　　　（%）

粒度/mm	产　率	品　位		占有率	
		TiO_2	ZrO_2	TiO_2	ZrO_2
1.008	2.65	0.073	0.0065	0.18	0.16
0.68	7.26	0.072	0.0059	0.49	0.39
0.5	13.55	0.044	0.0063	0.56	0.77
0.4	11.54	0.058	0.0063	0.63	0.66
0.3	16.13	0.084	0.0061	1.28	0.89
0.2	20.74	0.12	0.0076	2.34	1.42
0.16	17.62	0.44	0.011	7.30	1.75
0.1	7.16	4.4	0.14	29.67	9.05
0.08	2.69	19.90	2.06	50.42	50.04
-0.08	0.38	17.83	9.34	6.38	32.00
合　计	100	1.062	0.11	100	100

表4-2 中国海南南港钛矿原矿筛分分析结果 （%）

粒度/mm	产 率	品 位			金属分布率		
		TiO_2	ZrO_2	TR_2O_3	TiO_2	ZrO_2	TR_2O_3
+1.6	0.97	0.11	0.01	0.012	0.09	0.14	0.35
-1.6 ~ +1.25	3.79	0.23	0.03	0.042	0.71	1.39	4.84
-1.25 ~ +0.80	16.02	0.10	0.013	0.010	1.31	3.09	4.87
-0.8 ~ +0.63	22.12	0.19	0.01	0.010	3.43	3.28	6.73
-0.63 ~ +0.50	15.57	0.167	0.015	0.016	2.41	3.47	7.58
-0.50 ~ +0.40	16.77	0.185	0.016	0.016	3.42	3.24	8.16
-0.40 ~ +0.32	12.28	0.72	0.02	0.019	7.01	3.64	7.09
-0.32 ~ +0.2	5.94	3.73	0.05	0.048	21.40	5.15	10.13
-0.20 ~ +0.10	3.94	15.38	0.85	0.26	49.44	49.68	31.15
-0.10 ~ +0.08	1.94	11.38	1.65	0.55	9.60	25.46	17.39
-0.08	0.66	2.01	0.14	0.10	0.92	1.16	1.71
合 计	100.00	1.23	0.067	0.033	100.00	100.00	100.00

表4-3给出了乌场钛矿原矿矿物组成。

表4-3 乌场钛矿原矿矿物组成 （%）

矿 物	含 量	矿 物	含 量
钛铁矿	1.5028	磁铁矿	0.0338
锐钛矿金红石	0.0231	褐铁矿	0.0189
白钛石	0.0514	铁铝榴石	0.0290
榍石	0.0318	钙铝榴石	0.0086
锆英石	0.1253	尖晶石	0.0118
独居石	0.0314	绿帘石、十字石	0.0360
钍石	0.003	黄玉、蓝晶石	0.0063
磷钇矿	0.008	角闪石、电气石	0.7739
锡石	0.0004	长石、石英、方解石	97.1200
赤铁矿	0.1946	合 计	100.00

表4-4给出了南港钛矿原矿矿物组成。

表4-4 南港钛矿原矿矿物组成 （%）

矿 物	含 量	矿 物	含 量
钛铁矿	1.665	磷钇矿	0.001
钛磁铁矿	0.254	钍石	0.001
磁铁矿	0.174	自然金	0.15g/t
褐铁矿	0.291	铁铝榴石	0.103
独居石	0.036	钙铝榴石	0.102
锆英石	0.087	黄玉刚玉、尖晶石	0.028
白钛石	0.118	角闪石、电气石	2.739
锐钛矿金红石	0.015	石英、长石、方解石	94.142
榍石	0.242	合 计	100.00
锡石	0.002		

表4-5 给出了国内外海滨砂矿的原矿品位。

表4-5　国内外海滨砂矿的原矿品位　　　　　　　　　　（%）

厂　矿	原矿品位		厂　矿	原矿品位	
	TiO$_2$	ZrO$_2$		TiO$_2$	ZrO$_2$
海南乌场钛矿	1.01	0.088	海南砂老钛矿	0.67 ~ 1.01	0.083 ~ 0.14
海南南港钛矿	1.16	0.058	澳大利亚凯佩尔选矿厂	5.68 ~ 6.85	0.78
广东甲子锆矿	1.20	0.5	澳大利亚西部钛矿公司（精矿）	54 ~ 60	

4.2.2　钛铁矿风化壳或残坡积砂矿的矿石性质

钛铁矿风化壳或残坡积砂矿在云南、广西、广东等地都有分布，特别是云南分布着较多的该类型钛矿石。

云南钛铁矿床由3种类型组成，主要类型为海西期辉长-辉长辉绿岩风化壳红土型砂矿床（滇中与滇南区）；次要类型为由其转变的湖滨-河流冲积型砂矿床（滇西区保山）；第3类型为海西-印支期临沧复式岩体南段二长花岗岩有关的河流冲积型锆英石、独居石、磷钇矿、钛铁矿综合型砂矿床。

滇中与滇南区钛砂矿，产出在禄劝—武定片，昆明西山区—富民片及建水—石屏片（滇南区）；滇西区产出在保山与勐海。滇中与滇南区已有不同程度开发，滇西区短期内尚难利用。其中武定西城，禄劝干坝塘，保山板桥，勐海的勐往与勐阿等5处已批准上表储量（资源量）759.38万吨（工业储量507万吨），已计算储量（资源量）但尚未批准上表的20处矿床（段），共计1319万吨，其中禄劝—武定片1164万吨，西山—富民片81万吨；建水—石屏片74万吨。

以武定大奕坡岩体为例，将风化壳分层自上而下表述如下：（1）棕红色黏土层：红土型砂矿，含矿层厚0~3.5m，最高含钛铁矿184.95kg/m^3、磁铁矿35.07kg/m^3；（2）棕黄灰色砂土层：砂土型砂矿，含矿层2~19.25m，由黏土、高岭土夹石英砂岩屑组成，最高含钛铁矿177.95kg/m^3；（3）半风化岩体（过渡层）：厚大于10m，含钛铁矿7~10kg/m^3；（4）新鲜原岩。

目前所开采的钛矿石主要为棕红色黏土层、棕黄灰色砂土层以及部分过渡层矿石，这些风化壳矿石有如下几个特点：

（1）矿物组成复杂，有较多的含铁矿物如钛磁铁矿、褐铁矿、针铁矿等。风化壳矿中存在着较多的含铁矿物，磁铁矿经长时间的氧化作用，其中的大部分可转变为褐铁矿和针铁矿，有部分钛铁矿在强风化淋滤作用下氧化蚀变为白钛石，大部分长石经风化及氧化后形成高岭土等黏土矿物。云南部分钛铁矿原矿多元素分析见表4-6，云南武定钛铁矿及云南广南钛铁矿的原矿矿物组成分别见表4-7和表4-8。

表4-6　云南部分钛铁矿原矿多元素分析结果　　　　　　　　（%）

矿　体	TiO$_2$	Fe$_2$O$_3$	SiO$_2$	Al$_2$O$_3$	MgO	CaO	MnO
武定大奕坡	10.87	25.01	27.63	20.28	0.60	0.28	
富民沙村	3.72	11.06	50.23	12.91	3.6	2.73	0.18

矿 体	TiO$_2$	Fe$_2$O$_3$	SiO$_2$	Al$_2$O$_3$	MgO	CaO	MnO
武定洒普山	4.41	4.30	48.80	12.69	4.28	7.77	0.22
武定狮山	4.89	5.58	47.27	12.47	5.56	9.06	0.19
沙锡村	7.3	22.47	35.30	22.04	0.94	0.84	0.35

表4-7 云南武定钛铁矿主要矿物相对含量 （%）

矿 物	钛铁矿	钛-磁赤铁矿	褐铁矿	白钛石	黄铁矿
含 量	12.05	2.13	0.20	0.05	0.15
矿 物	石 英	蛇纹石/黏土/针铁石等	金红石	锆 石	合 计
含 量	11.07	74.07	0.05	0.23	100.00

表4-8 云南广南钛铁矿原矿矿物含量 （%）

矿 物	含量	矿 物	含量	矿 物	含量
钛铁矿	3.761	辉 石	1.213	铬铁矿	0.002
氧化钛铁晶石	0.333	角闪石	0.751	磷灰石	0.058
白钛石	1.027	橄榄石	2.960	锆 石	0.006
钛磁铁矿（含钛赤铁矿）	1.054	绿帘石	0.906	水锰矿	0.211
楣石	0.014	石 英	0.834	硬锰矿	0.049
褐铁矿	5.906	黄铁矿	0.004	其 他	0.061
长 石	3.017	闪锌矿	0.001	合 计	100.00
黏 土	77.831	毒 砂	0.001		

普遍存在可工业回收的磁铁矿，大奕坡平均含量达43.10kg/m^3，磁铁矿精矿一般含V$_2$O$_5$ 0.57%~1.06%（平均0.78%），已达伴生钒工业品位（不小于0.7%），少数高达1%以上，可作钒精矿使用。钛铁矿精矿虽然也含V$_2$O$_5$ 0.24%~0.39%，因尚难回收，一般未计算其伴生储量。

（2）部分钛铁矿解离不彻底。云南风化壳型钛铁矿，其中钛铁矿矿物虽然大部分已单体解离，风化壳砂矿的规模、品位、面积、厚度，与其红土化的彻底程度密切相关。红土化越彻底，有用矿物解离越好，残留岩屑也越少，就可形成易采、易选的高品位富矿。表4-9和表4-10分别列出云南武定钛铁矿和云南广南钛铁矿的单体解离度，表4-11给出了云南武定钛矿钛的赋存状态，表4-12给出了云南广南钛矿钛的赋存状态，但部分钛铁矿颗粒表面凹凸不平，多为白钛石、黏土充填和胶结，少数与钒钛磁铁矿、楣石、黑云母等脉石成连生或包裹关系。因此在选矿过程中会一定程度影响钛精矿TiO$_2$品位。

表4-9 云南武定钛铁矿单体解离度

粒级/mm	产率/%	TiO$_2$含量/%	解离度/%	TiO$_2$占有率/%
+0.25	6.70	21.11	86.13	21.05
-0.25~+0.15	6.88	24.86	95.72	25.46
-0.15~+0.076	8.05	18.64	98.81	22.33

粒级/mm	产率/%	TiO$_2$ 含量/%	解离度/%	TiO$_2$ 占有率/%
- 0.076 + 0.043	8.77	8.77	99.11	11.45
- 0.043 ~ + 0.02	8.81	4.88	99.23	6.40
- 0.02 ~ + 0.01	8.49	1.66	99.65	2.10
- 0.01	52.30	1.44	99.80	11.21
合 计	100.00	6.72	95.54%	100.00

表 4 - 10 云南广南钛铁原矿筛水析产品各粒级的解离度

粒级/mm	产率/%	TiO$_2$ 含量/%	钛铁矿解离度/%
+ 1	5.74	5.02	41.67
- 1 ~ + 0.5	1.89	14.57	87.10
- 0.5 ~ + 0.2	7.09	13.54	90.91
- 0.2 ~ + 0.1	8.05	11.74	93.58
- 0.1 ~ + 0.074	3.23	10.89	99.09
- 0.074 ~ + 0.05	3.83	7.54	100.00
- 0.05 ~ + 0.04	1.81	6.63	100.00
- 0.04 ~ + 0.03	0.37	13.29	100.00
- 0.03 ~ + 0.02	0.79	4.00	100.00
- 0.02 ~ + 0.01	12.78	2.24	100.00
- 0.01	54.42	1.74	100.00
合 计	100.00	4.54	92.19

表 4 - 11 云南武定钛矿钛的赋存状态

钛物相	钛磁铁矿	钛铁矿	含钛硅酸盐	合 计
TiO$_2$/%	0.53	2.85	1.37	4.75
分布率/%	11.16	60.00	28.84	100.00

表 4 - 12 云南广南钛矿钛的赋存状态

矿 物	含量/%	含 TiO$_2$ 量/%	分配率/%
钛铁矿	3.761	51.86	44.16
氧化钛铁矿	0.333	50.13	3.78
白钛石	1.027	63.52	14.77
钒钛磁铁矿	1.054	17.26	4.12
榍 石	0.014	40.8	0.13
褐铁矿	5.906	2.75	3.68
脉 石	9.8	1.16	2.57
黏土等	77.832	1.52	26.79
其 他	0.273	—	—
合 计	100	4.42	100.00

（3）原矿含泥多。风化矿石与海滨砂矿不同，它是在原地经过长时间的风化作用形成的，没有受到大的外力（海浪）的冲刷作用，经风化后产生的泥物料基本原地不动，因此原矿中一般含大量泥质物料。武定钛矿中 -0.01mm 粒级泥质物料的产率为 52.30%，广南钛矿中 -0.01mm 粒级的泥质物料的产率为 54.42%。这些泥质物料钛的含量较低，可以直接丢弃。

（4）钛元素分散率高。海滨砂矿中，钛主要分布在钛铁矿、金红石和白钛石中，其他矿物基本不含钛。在风化壳砂矿中，钛则比较分散，分布于钛铁矿和白钛石中的钛金属占有率较低，如武定钛矿和广南钛矿中以钛矿物存在的钛仅占 60% 左右，其他则分散在磁铁矿、褐铁矿及脉石矿物中，这就会影响钛的回收率。

4.2.3　岩矿钛铁矿性质

钒钛磁铁矿是典型的岩矿，也是选别钛铁矿的重要矿源之一。

4.2.3.1　矿物组成

攀西钒钛磁铁矿矿石鉴定和测定查明，虽然矿石中含有的矿物近 40 种，但其中重要的有利用价值的主要矿物是磁铁矿、钛磁铁矿、钛铁矿及硫化物等，以铁氧化物、硫化物和硅酸盐类矿物为主。硫化物主要为磁黄铁矿与黄铁矿，少量钴镍黄铁矿与硫钴矿。矿石中主要原生造岩矿物为橄榄石、斜长石、钛普通辉石、角闪石等。而次生造岩矿物主要为绿泥石、蛇纹石、透闪石、黝帘石、石榴石等。表 4-13 列出历年各矿样的部分矿物含量。

表 4-13　矿物含量　　　　　　　　　　　　　（%）

时　间	钛磁铁矿	钛铁矿	硫化物	钛辉石类	斜长石类	赤褐铁矿
1975 年兰家大样	43 ~ 44	7.5 ~ 8.5	1 ~ 2	28 ~ 29	18 ~ 19	
1992 年兰尖样	40.1	8.1	1.8	30.0	17	3.0
1992 年朱矿样	31.8	10.1	1.6	38.3	14.3	3.9
2009 年现样	43.07	10.39	3.49	43.05		

4.2.3.2　主要矿物的矿物学特征

主要矿物的矿物学特征具体如下：

（1）钛磁铁矿为载体矿物，会有晶体宽度为 0.2 ~ 2.0μm 钛铁晶石和晶体宽度为 3 ~ 5μm 镁铝尖晶石以及晶体宽度为 1.0 ~ 1.5μm 钛铁矿片晶的复合矿物相。随着矿石品级由高至低，矿石中钛磁铁矿中钛铁晶石、钛铁矿片晶较难见到，而成乳滴状星散分布的镁铝尖晶石有增多趋势。还发现，在粗大颗粒钛磁铁矿中见到细小不规则的磁黄铁矿及细小脉石。这导致钛磁铁矿的含铁量较磁铁矿含铁量低。表 4-14 列出的钛磁铁矿单矿物的化学成分表明，其铁含量仅为 57% 左右。钒未见独立矿物，它以类质同象赋存于钛磁铁矿晶格中。

钛磁铁矿是以磁铁矿为载体的含有多种微细粒矿的复合矿物相，其特点是嵌布粒变粗，含 TiO_2 和 V_2O_3 较高，而含 TFe 低于磁铁矿含铁理论值。

表 4 - 14　钛磁铁矿化学成分　　　　　　　（%）

成　分	TFe	FeO	Fe$_2$O$_3$	V$_2$O$_5$	TiO$_2$	Co	Ni
含　量	56.70	35.29	41.82	0.60	13.38	0.022	0.012
成　分	Cu	Cr$_2$O$_3$	Ga$_2$O$_3$	WO$_3$	MnO	(Nb·Ta)$_2$O$_5$	S
含　量	0.030	0.054	0.0058	0.11	0.46	0.0017	0.25
成　分	SiO$_2$	Al$_2$O$_3$	CaO	MgO	P$_2$O$_5$	H$_2$O$^+$	H$_2$O$^-$
含　量	1.65	3.49	0.44	3.45	0.0021	0.94	0.15

（2）钛铁矿呈粒状、片状等形态，可回收的主要是粒状、片状和针状。它与钛磁铁矿中的钛铁矿片晶不同，嵌布粒度较粗大（0.1~1.65mm），分布于钛磁铁矿颗粒间，或钛磁铁矿与脉石颗粒间。钛铁矿的特点是 MgO 含量高，TiO$_2$ 含量低于理论值约1%（绝对值）。

（3）硫化物虽含量少，但矿物中种类较多，主要为磁黄铁矿，其次有黄铁矿、镍黄铁矿、黄铜矿、墨铜矿、斑铜矿等。硫化物较广泛分布于脉石颗粒间及钛磁铁矿或钛铁矿颗粒间，呈细小乳滴状。不规则粒状，粒度最细小 0.001mm，最大 0.4mm，一般为 0.01~0.20mm。表 4 - 15 列出硫化物（磁黄铁矿）单矿物化学成分。

表 4 - 15　硫化物化学成分　　　　　　　（%）

成　分	Fe	Co	Ni	Cu	Re	S	Te	Se
含　量	57.77	0.39	0.29	0.36	<0.0002	35.57	0.0020	0.0054
成　分	Mn	Ti	V	Re$_2$O$_3$	Pt	Pd	Au	
含　量	0.024	0.39	痕量	0.0016	0.04	0.04	0.13	

（4）钛普通辉石广泛分布于矿石及围岩夹石中，多呈浑圆柱状，粒度较粗大，一般为 0.3~1.5mm，最大者可达 4~5mm。表 4 - 16 列出钛普通辉石化学成分分析结果。

表 4 - 16　钛普通辉石化学成分分析　　　　　　　（%）

成　分	TFe	V$_2$O$_5$	TiO$_2$	Cr$_2$O$_3$	Ga$_2$O$_3$	MnO	Co	Ni	Cu
含　量	9.98	0.045	1.85	0.0098	0.001	0.23	0.0078	0.0031	0.013

（5）斜长石广泛分布于矿石及围岩夹石中，颗粒粗大，多呈浑圆状，最大颗粒 1.2cm，一般为 0.3~2.5mm。表 4 - 17 列出斜长石类矿物化学成分。

表 4 - 17　斜长石化学成分分析　　　　　　　（%）

成　分	TFe	V$_2$O$_5$	TiO$_2$	Cr$_2$O$_3$	Ga$_2$O$_3$	MnO	Co	Ni	Cu
含　量	0.39	痕量	0.097	0.0081	0.002	0.0071	0.00035	0.0011	0.0076

在辉石和斜长石中含有数量不等的含铁矿物与二氧化钛，由于其矿物数量大，在选矿过程中将影响选矿回收率。

4.2.3.3　主要矿物嵌布粒度

表 4 - 18 列出钒钛磁铁矿原矿中主要矿物的嵌布粒度测定结果。

表4-18 原矿主要矿物嵌布粒度

粒度/mm	含量/%							
	钛磁铁矿		钛铁矿		硫化物		脉 石	
	个别	累计	个别	累计	个别	累计	个别	累计
>5	13.33						9.27	
3~5	15.18	26.51					20.37	29.64
2~3	15.98	42.49					18.00	47.64
1~2	31.75	74.24	19.50		10.03		26.42	74.06
0.5~1	14.30	88.54	51.35	70.85	25.02	30.05	16.37	90.43
0.2~0.5	7.85	96.36	21.18	92.03	34.09	69.14	4.86	95.29
0.1~0.2	2.16	98.55	4.98	97.01	22.41	91.55	1.91	97.20
0.074~0.1	0.93	99.49	1.56	98.57	3.40	94.95	1.13	98.33
<0.074	0.52	100.0	1.43	100.0	5.05	100.0	1.67	100.0
合 计	100.0		100.0		100.0		100.0	

（1）钛磁铁矿嵌布粒度较粗，主要集中分布于0.2~3mm范围内，0.2mm时累计分布率达到96.39%；（2）钛铁矿主要分布于0.2~1mm，0.2mm时分布率达92.03%；（3）硫化物粒度较细，集中分布于0.074~1mm；（4）脉石矿物（辉石类与长石类矿物）粒度较粗，在0.5mm时分布率达90.43%。

从矿物嵌布粒度分析，选分钛磁铁矿可在较粗磨矿粒度条件下获得铁精矿；选分钛铁矿则磨矿粒度宜细些；选分硫化物则需细磨矿。

4.2.3.4 矿石可磨性

矿样相对可磨度易难顺序为尖包包<兰尖样<兰家火山<营盘山<朱家包包。朱家包包样较难磨。

4.2.3.5 元素赋存状态

根据1975年试验样的原矿化学物相分析结果和矿石化学成分与矿石中主要矿物含量测定结果综合平衡后，概算出的铁、钛、钒、钴、镍诸有价成分平衡关系见表4-19。

表4-19 原矿主要组分的赋存与分布平衡概算 （%）

矿物名称	产率	TFe			TiO$_2$			V$_2$O$_5$		
		品位	金属量	分布率	品位	金属量	分布率	品位	金属量	分布率
钛磁铁矿	43.5	56.70	24.66	79.30	13.38	5.82	56.0	0.60	0.2610	94.1
钛铁矿	8.0	33.03	2.64	8.50	50.29	4.02	38.7	0.045	0.0036	1.3
硫化物	1.5	57.77	0.87	2.8	1.39	0.0059	—	痕量		
钛辉石类	28.5	9.98	2.84	9.1	1.85	0.53	5.1	0.045	0.0128	4.6
斜长石类	18.5	0.39	0.07	0.2	0.097	0.018	0.2	痕量	—	—
合 计	100		31.08	99.9		10.394	100.0		0.2774	100.0
原 矿		30.55			10.42			0.30		
平 衡		101.73			99.75			92.47		

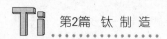
矿物名称	产率	Co			Ni		
		品位	金属量	分布率	品位	金属量	分布率
钛磁铁矿	43.5	0.022	0.00957	57.4	0.012	0.0052	46.8
钛铁矿	8.0	0.0125	0.0010	6.0	0.0059	0.00049	4.2
硫化物	1.5	0.390	0.00585	35.1	0.290	0.00435	39.2
钛辉石类	28.5	0.0078	0.0002	1.2	0.0031	0.00088	7.9
斜长石类	18.5	0.00035	0.00006	0.2	0.0011	0.00020	1.8
合　计	100		0.01608	100.0		0.0110	99.9
原　矿		0.017			0.012		
平　衡			98.12			92.5	

表 4 – 19 表明：（1）钛磁铁矿中 Fe 与 V_2O_5 的分布占绝大部分，TiO_2、Co、Ni 也有相当份额，可以说必须重视从中回收 TiO_2 与 Co、Ni 等；（2）钛铁矿中分布的 TiO_2 只占38.7%，它也是钛铁矿选钛的理论回收率；（3）钴与镍在硫化物中的分布率分别为35.1%与39.2%，它是从硫化物中回收钴与镍的理论回收率。

4.2.3.6　主要矿物物理参数

主要矿物物理参数测定结果列于表 4 – 20 中。（1）主要矿物间磁性差异明显，磁性最强者为钛磁铁矿，可通过磁选法将其分离富集，因硫化物磁性比较大，在磁选时进入磁性产品的机会将增多，虽然硫化物含量少，但它是增加铁精矿含硫量的重要因素；（2）主要矿物间密度差异不明显，采用重选法选分时效果不会理想；（3）钛铁矿与辉石、长石间的电性差较大，选分钛铁矿时可考虑用电选法；（4）矿物的显微硬度以辉石最大，输送矿浆时应考虑管道磨损，采取耐磨措施。

表 4 – 20　主要矿物物理参数

样品名称	参数类别	钛磁铁矿	钛铁矿	硫化物	辉石类	长石类
2009 年攀西钒钛磁铁矿现场生产样	密度/g·cm⁻³	4.76	4.68	4.71	3.35	2.66
	比磁化系数/cm³·g⁻¹	30280×10^{-6}	257×10^{-6}	4100×10^{-6}	114×10^{-6}	18×10^{-6}
	显微硬度（维氏硬度）/MPa	6.25	6.15	4.40	6.94	6.28
1993 年兰家火山样	密度/g·cm⁻³	4.529	4.62	—	3.23	2.66
	比磁化系数/cm³·g⁻¹	30321×10^{-6}	255×10^{-6}		98.6×10^{-6}	21.5×10^{-6}
	显微硬度（维氏硬度）/MPa	798	758		954	783
1975 年兰家火山样	密度/g·cm⁻³	4.591	4.623	4520	3.250	2.672
	比磁化系数/cm³·g⁻¹	710000×10^{-6}	240×10^{-6}	4100×10^{-6}	100×10^{-6}	14×10^{-6}
	显微硬度（维氏硬度）/MPa	752~795	713~752	330	933~1018	762~894
	比电阻/Ω·cm	1.38×10^6	1.75×10^5	1.25×10^4	3.13×10^{13}	$>10^{14}$

从矿物物理参数比较表明，钛磁铁矿中的铁占总铁金属量的80%左右，钛铁矿中的 TiO_2 占矿物总 TiO_2 的38%~44%。钒主要赋存于钛磁铁矿中。分离和回收主要矿物时可

利用物理参数，除磁性外其他物理参数差异均不十分明显，因此只能分段利用矿物物理性质微小差异进行选别，因而导致钒钛磁铁矿石综合回收的选矿工艺流程需使用多种选矿方法和选矿流程，较复杂。

4.3 钛铁矿选矿

4.3.1 砂矿钛铁矿选矿

砂矿是世界上钛铁矿、金红石、锆英石和独居石等矿产品的主要来源。钛砂矿中：(1) 钛元素主要赋存在以 Ti^{4+} 与 Fe^{2+} 呈类质同象置换而形成的钛-铁矿系列中。其中钛铁矿（含 TiO_2 52% ~54%）和富铁钛铁矿（含 TiO_2 46%）所占的比例达66.2%，其次是富钛钛铁矿（含 TiO_2 56% ~58%）占19.2%，钛赤铁矿（含 TiO_2 10.7% ~19.5%）占14.6%。钛元素还少量地赋存在金红石、锐钛矿、白钛石和楔石中。(2) 难选中矿属钛铁矿、锆石、独居石、金红石、锐钛矿等的混合矿物，矿物粒度 0.2 ~0.08mm（属可选粒度）。采用二碘甲烷介质作"沉浮"选矿，相对密度小于 3.3 的非有用矿物的上浮排除率达19.76%，相对密度大于 3.3 的有用重矿物下沉产率达73.5%。(3) 在下沉的重矿物中，除主收钛铁矿外，可综合回收锆石、独居石、富钛钛铁矿和金红石。其有效的选矿流程有二：一是有用重矿物经电磁选场强 6000Oe 分选出占钛铁矿矿物比例88.1%的磁性产品（TiO_2 43%），再经800℃、10min 的氧化焙烧，最后经场强 650Oe 弱磁选，在磁选产品中可获得 TiO_2 50% ~51%的钛铁矿精矿产品；二是有用重矿物（钛铁矿粗精矿，含 TiO_2 43% ~46%）经电选（2.1kV，120r/min），在导体产品中可获得 TiO_2 51% ~53%的钛铁矿精矿产品。(4) 在经场强 8000 ~12000Oe 磁选的尾矿中，再采用浮选，可获得合格的独居石精矿；再对其经场强大于 20000Oe 磁选的非电磁性重矿物尾矿中，采用电选，可在非导体性产品中获得合格的锆石精矿，在导体性产品中获得合格的金红石精矿。

钛铁矿、金红石和锆英石经常伴生，密度都在 4.0 ~4.7g/cm³ 之间，用重选法选别时，它们同时进入重砂中。它们的可浮性也很接近，用浮化油酸浮选时，它们同时进入混合精矿中。它们的混合精矿原则上有两种分离方法：先用磁选法分出钛铁矿（磁选也可以放在浮选之后），其非磁性部分用氟硅酸钠抑制锆英石，用浮化油酸在 pH 值为 3.8 ~4.6 的介质中浮选金红石。

用硫酸抑制金红石，用浮化油酸或阳离子捕收剂浮选锆英石。

4.3.1.1 海滨砂矿钛铁矿的选矿工艺

钛铁矿砂矿主要矿床类型为海滨砂矿，其次是残坡积砂矿和冲积砂矿。砂矿是原生矿在自然条件下风化、破碎、富集生成，具有开采容易、可选性好、产品质量好、生产成本低的特点。

海滨砂矿选厂分粗选和精选两部分。

A 粗选工艺

粗选厂的入选矿石经除渣、筛分、分级、脱泥及浓缩后，进入粗选流程选别。国内的海滨砂矿一般都含泥很少，可根据矿石情况只筛除含矿很少的粗砂部分就可不脱泥入选。澳大利亚西海岸的海滨砂矿，如卡佩尔、埃巴尔、联合埃尼尔巴公司的原矿中除含8% ~20%的粗粒级矿物外，还含有 12% ~15%的细泥，因此在进入重选之前还需要脱粗和脱泥，其流程见图 4-1。

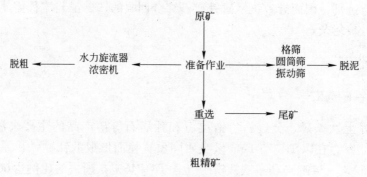

图 4-1　粗选准备作业原则流程

粗选的目的是为精选厂提供粗精矿。入选矿石按矿物密度，用重选法丢弃大量低密度脉石，获得重矿物含量达90％左右的重矿物混合精矿。

粗选厂一般与采矿作业为一体，组成采选厂，为适应砂矿特征，一般粗选厂可建成移动式，移动方式有水上浮船及陆地轨道，或者履带托板等。

粗选一般采用处理能力大、效率高、重量轻、便于移动式选厂应用的设备，多数用圆锥选矿机和螺旋选矿机等设备，少数用摇床。上述设备有单一使用的，也有配合使用的，单一圆锥选矿机主要用于规模大或原矿中重矿物含量高的粗选厂，多数选厂采用圆锥选矿机粗选、螺旋选矿机精选的工艺。一些规模较小的选厂常用螺旋选矿机粗选。

圆锥选矿流程，通常由粗选、精选和再精选段组成。某些选厂还包括扫选及螺旋精选段，使用的数目和类型取决于处理的矿量和矿石类型。重矿物的颗粒大小也会影响设备的选择，对很细和很粗的矿物的回收，往往是很困难的。

回收较小密度的矿物（3.5~4.0g/cm³）则要增加选别段数。澳大利亚海滨砂矿常见的粗选流程如下：（1）单一圆锥选矿机粗选流程见图 4-2；（2）单一螺旋选矿机粗选流程见图 4-3；（3）圆锥与螺旋选矿机相结合的流程见图 4-4。

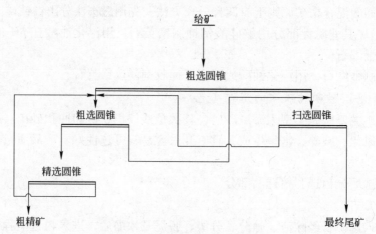

图 4-2　澳大利亚联合矿物公司单一圆锥选矿机粗选流程

B　精选工艺

砂矿中往往是含多种有价值成分的综合性物料，精选的目的是将粗精矿中有回收价值

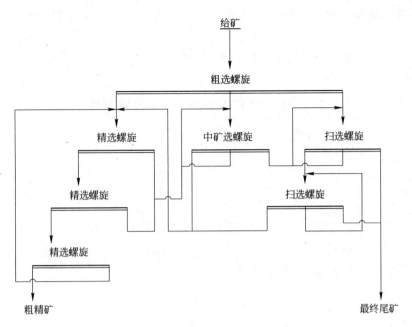

图 4-3 澳大利亚斯特兰选厂单一螺旋选矿机粗选流程

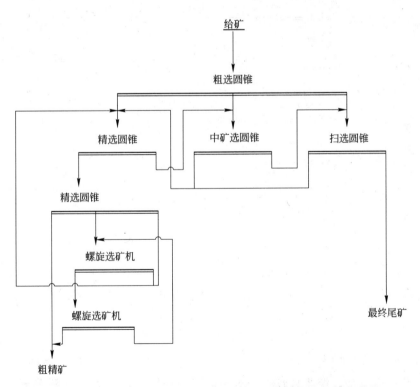

图 4-4 澳大利亚联合埃尼尔巴公司圆锥-螺旋选矿机粗选流程

的矿物有效分离及提纯，达到各自的精矿质量要求，使之成为商品精矿。精选厂一般建成固定式的。精选作业分为湿式精选和干式精选，以干式精选为主。精选工艺的前段往往用湿式作业进一步丢弃低密度的脉石矿物。在精选过程中往往会出现干、湿交替的现象。在生产中有时改变磁场及电场强度等操作条件，使电选、磁选作业交替进行，以改善分选效果。

干式精选是按矿物的磁性、导电性、密度等性质之差异进行分选。精选厂常见矿物的导电性和磁性列入表 4-21 中。

表 4-21　精选厂中常见矿物的导电性和磁性

导电性	磁性	矿物	导电性	磁性	矿物
导体	强磁性	磁铁矿、钛铁矿（含铁矿）	非导体	中磁性	独居石、石榴石、钛辉石
	中磁性	钨锰矿、钛铁矿		弱磁性	电气石、黑云母、白钛石
	弱磁性	钽铌铁矿、赤铁矿、褐铁矿		非磁性	铁英石、棡石、长石、石英、黄玉、刚玉
	非磁性	锡石、金红石			

根据粗精矿中矿物的磁性和导电性，可以依次分选出钛铁矿、磷钇矿、独居石、金红石和锆英石，分离工艺见图 4-5。

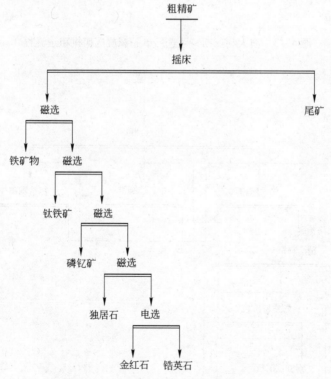

图 4-5　粗精矿中各矿物的分离工艺

砂矿流程结构变化较大。对于矿物组成比较复杂的、综合回收矿物种类较多的粗精矿，选矿工艺更为复杂，作业数较多。对于矿物组成简单的粗精矿，精选流程则很简单。南港钛矿原精选工艺为粗精矿经重选进一步丢弃脉石后，采用以干式作业为主的精选流程，并且干湿交替进行，其精选流程见图 4-6。图 4-7 为南港钛矿精选新工艺。

国外海滨砂矿精选厂，如澳大利亚各矿业公司的精选厂一般包括湿选和干选两部分。有的湿选在前，干选在后，有的厂与此相反，也有干湿交替作业的。湿选一般是加药擦

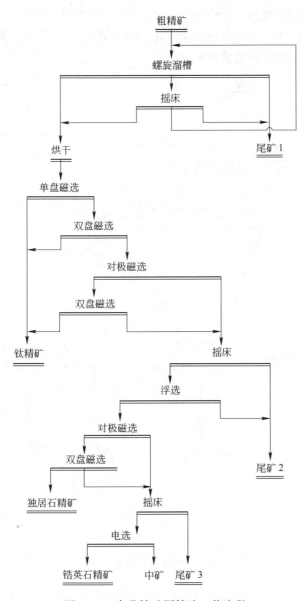

图 4-6　南港钛矿原精选工艺流程

洗，然后重选，使粗精矿的重矿物含量提高到98%，然后经干燥后进入干选流程。在东海岸的干选厂，首先采用高压辊式电选机进行矿物分组，导体部分经磁选、板式电选机精选分选出钛铁矿和金红石；非导体部分采用磁选、筛板式电选机和风力摇床精选，分选出锆石和独居石。西海岸精选厂首先采用交叉带式磁选机选出大部分钛铁矿精矿，其尾矿经擦洗和重选进一步富集有用矿物，然后进入上述干选流程，分别回收金红石、白钛石、锆石、独居石和磷钇矿。国内海滨砂矿精选厂都采用重选—干式磁选—重选—浮选—干式磁选—电选等多次干湿作业交替的联合流程，即粗精矿首先经重选，使粗精矿重矿物含量从60%提高到80%以上。然后干燥，经磁选得出最终钛铁矿精矿。有的还需要电选，其尾矿再重选去脉石，然后采用浮选、磁选、电选等联合作业综合回收锆石、独居石、金红石等产品，该流程干湿交替次数多，干燥量大，不仅浪费能源和劳动力，而且选别能力不高。精选的首要任务是把钛铁矿充分分选出来。影响钛铁矿选别的主要因素为重矿物中钛铁矿的含量，以及钛铁矿和伴生矿物的磁化系数。

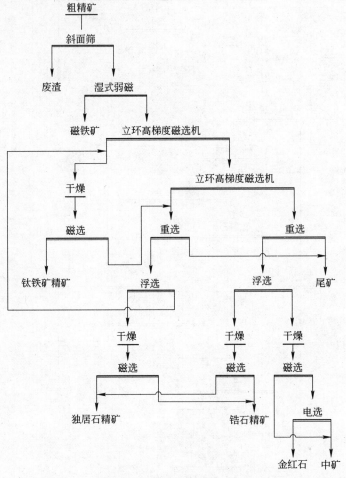

图 4 - 7 南港钛矿精选新工艺

钛铁矿的组成结构，是一个影响钛铁矿分选流程的主要因素，特别是钛铁矿中的 FeO 含量影响钛铁矿磁选设备的选择。对于含 FeO 高的钛铁矿（如澳大利亚联合矿物公司卡佩尔选厂的钛铁矿含 FeO 20% ~ 25%），采用湿式强磁场磁选机可以有效地选别出以钛铁矿为主的磁性产品。有的选厂既可以采用湿式磁选，也可以采用干式磁选，这取决于磁选作业最终产品是否需要进一步精选。对于含 FeO 低的钛铁矿（如联合埃尼尔巴选矿厂钛铁矿中含 FeO 2% ~ 4%，詹宁斯采矿公司选矿厂钛铁矿中含 FeO 2% ~ 4%），干式磁选机使用更为普遍。

国内有关钛铁矿磁性变化与钛铁矿中 FeO 含量关系的研究还比较少。攀枝花的钛铁矿含 FeO 11% ~ 45%，海滨砂矿中的钛铁矿所含 FeO 量并无相关资料。

经过研究南港钛矿中的钛铁矿、独居石、金红石和锆石在不同磁场强度下的分布，认为钛铁矿磁选所需的磁场强度为 0.2 ~ 0.4T，独居石磁选所需的磁场强度为 0.6 ~ 2.0T，金红石磁选所需的磁场强度为0.4~2.0T,但磁性产品的回收率不超过40%,大部分为非磁性的,锆石基本为非磁性的。

以湿式作业为主的新的精选工艺流程如图4-8所示。该流程的特点是前面大部分作业为湿式作业,后面小部分为干式作业,基本上避免了干湿交替,并且分选指标很高。

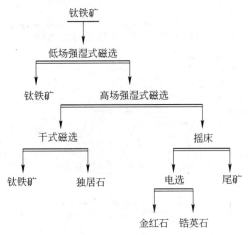

图4-8 以湿式作业为主的海滨砂矿精选

钛铁矿的磁选分离作业可以用湿式低场强(0.2~0.3T)高梯度磁选机或筒式磁选机将部分磁性较强(含FeO较高)的钛铁矿直接选成最终钛精矿,然后再湿式高场强(0.4~1.0T)高梯度磁选机将磁性较低的钛铁矿及独居石分选出来,干燥后用干式磁选机分离钛铁矿与独居石,这样矿石的烘干量将大大减少。

细粒级砂矿钛矿选矿工艺如图4-9所示。

4.3.1.2 风化壳砂矿钛铁矿的选矿工艺

风化壳砂矿钛铁矿矿石有以下几个特点:(1)原矿含泥多;(2)钛铁矿单体解离不完全;(3)矿石有较多的铁矿物;(4)在重矿物中一般不含或很少含独居石、磷钇矿、金红石和锆英石等矿物。

矿物类型包括:(1)红土型砂矿:品位富,储量相对少。在大奕坡由亚黏土、绢云母及少量石英砂、钛铁矿、磁铁矿物组成,平均含钛铁矿120.11kg/m³;沙锅村最高含量在100kg/m³以上。(2)砂土型砂矿:赋存储量的主体。总体色浅,其组成与红土型相同,只是黏土减少,岩屑增多,偶见基性岩残余结构。如云南大奕坡平均含钛铁矿125.90kg/m³,沙锅村含钛铁矿约60kg/m³。

两类砂矿,矿物组成基本相同,主要由钛铁矿(60%~89%)、磁铁矿(11%~40%)组成,粒度小于0.2mm,另有少量赤铁矿、褐铁矿、锐钛矿、白钛石、锆英石、金红石、电气石等。

风化迁移的残积、坡积砂矿,有价成分主要是钛。某典型矿样主要化学成分分析结果见表4-22。含钛矿物主要有钛铁矿(占15.78%),金红石、白钛矿、板钛矿、榍石等(占1.45%),其他金属矿物有针铁矿、水针铁矿、水赤铁矿、锰钡矿、黄铁矿等(占15.87%)。脉石矿物有伊利石、高岭石、绿泥石、埃洛石、蒙脱石、石英、长石、云母、辉石、闪石、硅灰石、碳酸盐等矿物(占66.90%)。矿物密度为3.0g/cm³。

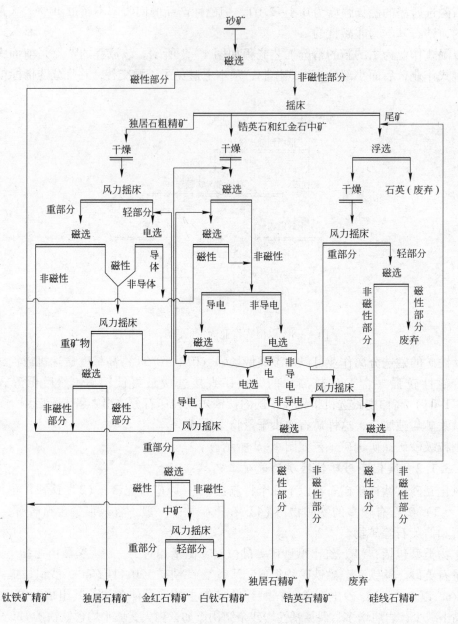

图 4 - 9　细粒级钛精矿生产工艺流程

表 4 - 22　矿物典型化学成分　　　　　　　　　　（ % ）

成　分	TiO$_2$	CaO	MgO	Al$_2$O$_3$	SiO$_2$	Fe	P	S
质量分数	10.2	0.32	0.4	13.79	43.67	14.31	0.17	0.026

　　矿样中钛主要以钛铁矿的状态存在，其次是以金红石、白钛矿、板钛矿的形式存在，少量以榍石的形式存在，此外还有部分钛分散在铁矿物和脉石矿物中。矿样中钛元素的平衡分配计算结果见表 4 - 23。

表 4 - 23 矿物构成表 （%）

矿物名称	矿物含量	矿物中的 TiO_2	TiO_2 的分布率	矿物名称	矿物含量	矿物中的 TiO_2	TiO_2 的分布率
钛铁矿	15.7	52.67	81.5	榍石	0.09	29.82	0.26
金红石	—	—	—	铁锰矿物	15.83	2.10	3.27
白钛矿	1.36	99.82	13.33	其他矿物	66.94	0.25	1.64
板钛矿	—	—	—	合 计	100	10.18	100

矿石中的钛主要以钛铁矿的形式存在，其次是以金红石、白钛矿、板钛矿、榍石的形式存在，有 4.91% 的钛分散在铁锰矿物和脉石矿物中。经测算，钛精矿理论品位为 TiO_2 56.36%，TiO_2 的理论回收率为 94.83%。

A 工艺选择

钛矿物的粒度主要为 -589 ～ +20mm，粒度较粗，有利于回收。矿样中的钛主要分布在 0.8mm 以下，原矿经水浸泡后用振动筛筛分，筛上部分可以弃去不要。钛矿物的单体解离度达 88.80%，钛矿物与铁矿物的连生体占 6.85%，钛矿物与脉石矿物的连生体占 4.35%。由于钛矿物的单体解离较好，矿样不需要磨矿，可直接选别。

由于该矿石中有用矿物钛铁矿的粒度较集中，主要在 -0.6 ～ +0.02mm，且有很多矿泥存在，所以原矿选别前必须进行筛分分级和脱泥作业，分级作业可抛掉产率约为 17.33% 的尾矿，脱泥作业可抛掉约 40.81% 的泥尾矿。按照粗选和精选配置要求，将进行摇床选别作业前的部分视为粗选，摇床选别视为精选，所以工艺流程分为粗选工艺流程和精选工艺流程两部分。最终钛精矿（TiO_2）品位 48%，为确保精矿品位达到要求，分别增加了一次螺旋溜槽扫选和一次摇床中矿再选作业。

选矿工艺流程确定粗选工艺流程为"原矿—分级—脱泥—粗精选—扫选"流程，精选工艺流程为"粗精矿—调浆—摇床精选—中矿再选"流程。

B 主要设备选型配置

筛分分级设备：根据原矿的采矿方法和矿石性质，可按照采金船圆筒筛（洗矿筒）来计算原矿筛分所需圆筒筛的规格和处理量。由于原矿中钛矿物的粒度较细，较高品位的钛主要集中在 -2 ～ +0.038mm，因此在反复研究原矿粒度组成与 TiO_2 分布率的关系和兼顾生产中圆筒筛筛孔的大小对筛分效率和处理量的影响而确定采用双层圆筒筛，内层筛孔 6mm，外层筛孔 1.5mm，另外考虑到矿石性质的变化、圆筒筛的负荷及台时量波动范围和操作等因素，选用 2 台 1.8m×5.4m 的多功能圆筒筛较为适宜。对此矿来说该机最大处理能力可达 546m³/h，可配用 11kW 电动机。

螺旋溜槽选择：螺旋溜槽采用玻璃钢制造，内表面涂聚氨酯金刚砂耐磨层。广泛用于铁矿、钛铁矿、铬铁矿、硫铁矿、锡矿、钽铌矿、金矿、煤矿、独居石、金红石、锆英石、稀土矿和具有足够密度差的其他金属、非金属矿物，以及钢渣、硫酸渣、冶金渣等物料选别回收。此设备结构简单、重量轻、不需动力、节水节电、操作维护方便、适应性强、选别粒度细、处理量大、分选效果好。

摇床选择：6 - S 摇床是重力选矿的主要设备之一，广泛用于选别钨、锡、钽、铌、铁、锰、铬、钛、铋、铅、金等稀有金属和贵重金属矿，也可用于煤矿。它可用于粗选、扫选、精选等不同作业，选别粗砂（0.5~2mm）、细砂（0.074~0.5mm）、矿泥（0.02~0.074mm）等不同粒级。

水力分级设备选择：摇床重选前分级作业常用的水力分级设备为水力分级箱，满足摇床给矿粒度、给矿体积和浓度的要求。水力分级箱为自由沉降式分级设备，适于处理粒度较小和细泥含量较多的物料。适宜的分级粒度为0.074~2mm，给矿浓度为18%~25%。该设备优点是结构简单，不用动力，工作可靠，已在钨矿和锡矿等选矿厂得到广泛应用。选择水力分级箱时应注意分级箱的室数（通常以4~8个分级箱串联成一组）与流程要求的物料分级级别数相对应，并兼顾到所选用的摇床台数。

C 设备配置要求及特点

在设备配置方面，简单的设备配置有利于提高选矿效率，方便操作，安全生产。粗选将螺旋溜槽按4台一组联合配置，这样做可节约用地，减少基本建设投资，并为选矿厂的日常操作、管理和进一步提高选别指标创造条件。

精选厂摇床水平配置，并且摇床基础建在地平面上而不是建在一个平台上。采用平面水平配置，可节省高差，降低厂房高度，降低基本建设投资，总投资也会降低，另外采用水平配置后，由于所有的设备在一个平面上，使得工人容易操作，便于管理；摇床基础建在地平面上而不是建在一个平台上的做法增加了生产的安全性和设备的可靠性。由于摇床生产时产生很大的振动，如果基础建在平台上很容易振坏基础，给生产带来危险，使设备的可靠性得不到保证。有些重选厂为了实现矿浆自流，将摇床按阶梯配置，摇床的基础建在平台上，生产时摇床一振动平台和基础也跟着晃动，日常操作工人不敢靠近操作，给生产带来很大的不安全性，日常操作工人的安全不能保证，后患无穷。

钛精矿 TiO_2 品位48%，TiO_2 回收率可以达到75%。

处理这种矿石的选矿工艺一般粗选相对复杂些，但精选相对比较简单，因此粗选作业和精选作业一般可以在同一厂房进行。

D 脱泥—重选工艺

选矿工艺流程图如图4-10所示。由于原矿中含有50%~60% -20μm的细泥，在细泥中钛的金属分布率较低，这部分细泥可以预先脱除，不但可以大大减少重选作业的矿量，降低选矿成本，而且可以减少细泥对重选作业的干扰，提高重选效率。

武定钛矿原矿中含 TiO_2 7.68%，主要金属矿物为钛铁矿，钛-磁赤铁矿，褐铁矿，少量白钛石、金红石、锆石等。脉石矿物主要有石英、蛇纹石、黏土，并有少量蛭石等。

该矿石风化比较严重，存在大量矿泥。原矿中-0.01mm粒级的矿量占52%，但钛金属量仅占11%，这部分泥可以预先脱除。

钛铁矿为镁钛矿-钛铁矿组成的 Mg-Ti 完全类质同象的混合体，因此该矿石含镁较高。钛铁矿纯矿物含 TiO_2 50.46%，小于一般钛铁矿的正常值。

尽管原矿中钛铁矿都呈颗粒状，但有一部分钛铁矿与假象赤铁矿连生，要想获得较高的钛回收率，必须磨矿。原矿中有74%以上的矿物是蛇纹石和黏土，钛铁矿表面几乎全被黏土和蛇纹石所包裹，因此需要搅拌、洗矿。

粗选的粗精矿中除钛铁矿之外，还有钛-磁赤铁矿、褐铁矿及石英等。粗精矿的精选流程首先是通过分级脱泥除掉泥质物，然后用弱磁场磁选机选出强磁性铁矿物。用螺旋选矿机丢弃低密度的脉石矿物，精矿为最终钛精矿，中矿用湿式高梯度磁选机选出另一部分

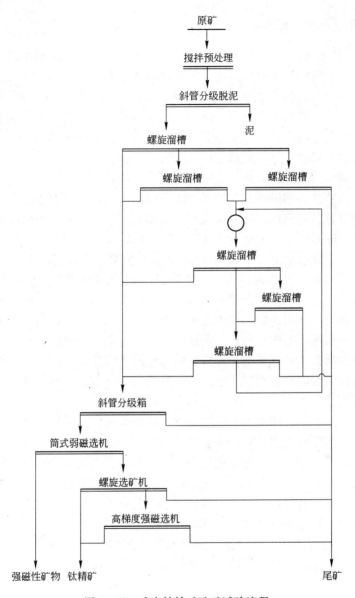

图 4 - 10　武定钛铁矿选矿试验流程

钛铁矿。最终钛矿精矿含 TiO_2 48.34%，回收率为 95%。

　　E　不脱泥强磁选—重选工艺

　　云南广南钛铁矿采用湿式强磁选机为粗选设备，磁性产品再经磨矿弱磁选除去磁性铁之后，用重选方法来获得钛铁矿精矿。强磁选设备不但处理能力大，而且对钛铁矿的回收较好。经过强磁选选别，在回收钛铁矿的同时，还起到脱泥作用。强磁选可直接丢弃 79% 的尾矿，钛的作业回收率达 68%。

　　富集于强磁选精矿中的钛铁矿还未完全单体解理，需磨矿至 −0.25mm，然后再用重选法除去含铁的脉石矿物，如橄榄石、辉石、角闪石等。该工艺流程所获工艺指标最好，工艺流程相对较为简单，生产上容易实施。

4.3.2 钛原生矿（脉矿）的选矿

目前工业上利用的钛原生矿（脉矿）均系含钛的复合铁矿。为利用其中的钛资源，依矿石性质而异，整个选矿过程可分预选、选铁及选钛三个阶段。其中选钛部分又可分为粗选及精选两个阶段进行：（1）预选，有的钛脉矿矿石，在破碎到一定程度的粗粒状态下即有相当数量的脉石达到基本单体解离，这些粗粒单体脉石可采用预选作业将其丢弃，达到增加选厂处理能力及提高入选品位的目的。预选作业可依据矿石性质在磨矿作业前的粗、中、细碎作业的适宜阶段进行。预选常用方法为磁选及重选两种。（2）选铁，含钛复合铁矿，目前工业上利用的主要目的是获得供炼铁用的铁精矿；对于含钒高的矿石则是获得供炼铁及提钒的钒铁精矿。选铁采用简单有效的磁选法进行。入选矿石经破碎（或先经预选）及磨矿，使其达到可选的单体解离度后，采用鼓式、带式弱磁场湿式磁选机选出。有的矿石铁、钛矿物嵌布致密，采用单一选矿方法难以获得单独的精矿，则只经重选丢弃尾矿，将所获得的铁、钛混合精矿，直接进行焙烧及熔炼，生产出高纯生铁及钛渣产品。（3）选钛，钛脉矿中钛的回收是在选出铁精矿后的磁选尾矿中进行。选钛采用的方法有重选、磁选、电选及浮选法，依矿石性质而异，采用适宜的选矿方法组成不同的工艺流程进行选别。目前工业上所采用选矿工艺流程有重选—电选工艺流程。重选—电选工艺流程的特点是采用重选法粗选，电选法精选。重选采用的设备主要是螺旋选矿机（包括螺旋溜），其次为摇床。采用圆锥选矿机重选，在重选粗选阶段目的是丢弃低密度脉石，获得供电选用的粗精矿。电选采用的设备为辊式电选机，其目的是将重选粗精矿进一步富集，使产品达到最终精矿标准。

对于含硫矿石，在粗、精选工艺之间通常采用浮选法作为脱除硫化矿的辅助工艺。重选—磁选—浮选工艺流程特点是对进入钛选别的原矿，首先分级，粗粒级采用重选粗选，磁选精选，细粒级采用浮选。重选采用摇床，磁选采用干式磁选机进行。浮选给矿粒度一般为 $-0.074mm$，所用浮选剂有硫酸、氟化钠、油酸、柴油及松油等。单一浮选法是选别细粒嵌布钛脉矿比较有效的选矿方法。单一浮选工艺简单，操作管理方便，但由于药剂消耗会增加成本，同时存在尾矿排放所带来的环境保护问题，所以目前工业应用尚不广泛。钛浮选采用的浮选剂有硫酸、塔尔油、柴油及乳化剂 Etoxolp - 19 等。为提高浮选效果，对入选矿与浮选剂在浮选前进行高浓度长时间搅拌具有一定作用。

4.3.3 钛铁矿岩矿

钒钛磁铁矿属于典型的钛铁矿岩矿，也是综合性多元素共生矿，矿石中赋存着铁、钒、钛、钴、镍、铜、镓和钪等多种有益元素。矿石分选就是要将矿物中的多种有价矿物，按照不同的矿物特性和产品属性分选成不同种类的矿产品，富集成适用于制钛和制铁及相关金属加工处理的选矿产品，如攀枝花钒钛磁铁矿作为一个整体可以分选形成铁钒精矿、钛精矿、硫钴精矿和脉石矿物等，钒铁精矿主要由钛磁铁矿、钛铁晶石、尖晶石和板状钛铁矿组成，矿石中的硫化物富集形成硫钴精矿，粒状钛铁矿富集形成钛精矿，钒、镓和钪作为非独立矿物主要以类质同象存在于磁铁矿及辉石中。

攀枝花矿经过三段开路磨矿再经一段闭路磨矿和三段磁选，得到钒钛铁精矿，磁选尾矿经过螺旋选矿、浮选和电选得到钛精矿及硫钴精矿，矿石中硫化物的含量约为1%，它是钛精选时的有害杂质，也必须在选态时除去。

矿石主要金属矿物为钛磁铁矿、钛铁矿、钛铁晶石，另有少量的磁赤铁矿、褐铁矿、针铁矿，硫化物以黄磁铁矿为主。

脉石矿物种类多，对选钛影响较大的有钛辉石、角闪石、橄榄石、绿泥石、斜长石和少量磷灰石等。脉石矿物具有不同磁性，其比磁化系数由小到大的变化范围为 $3.81 \times 10^{-6} \sim 206 \times 10^{-6} cm^3/g$，其中小于 $76.32 \times 10^{-6} cm^3/g$ 的脉石矿物产率达80%以上。脉石矿物的平均密度为 $3.06g/cm^3$。脉石矿物以钛普通辉石、斜长石为主，其次为橄榄石、钛闪石，另有少量的绿泥石、蛇纹石、绢云母、方解石等。

在选铁尾矿中主要金属氧化物为钛铁矿和钛磁铁矿，还有少量磁黄铁矿及黄铁矿，脉石矿物有钛辉石、斜长石、橄榄石及极少量磷灰石等。

钛铁矿是选铁尾矿中利用价值最高的工业矿物。钛铁矿的产出形式为粒状钛铁矿，呈固溶体分解产物的叶片状钛铁矿和脉石中包裹的针状钛铁矿。

由于钛铁矿结晶分异不够充分，致使在钛铁矿结晶粒中含有其他成分。因这些外来成分的含量不同，钛铁矿的磁性也有差异。其磁性变化范围为 $76.32 \times 10^{-6} \sim 140.26 \times 10^{-6} cm^3/g$。

矿石主要矿物的密度、硬度及磁性见表4-24。

表4-24 主要矿物的密度、硬度及磁性

矿 物	密度/g·cm⁻³	硬度	比磁化系数/cm³·g⁻¹	矿 物	密度/g·cm⁻³	硬度	比磁化系数/cm³·g⁻¹
钛磁铁矿	4.59	6	10000	钛普通辉石	3.25	7	100
钛铁矿	4.62	6	240	斜长石	2.67	6	14.0
磁黄铁矿	4.52	4		橄榄石	3.26	7	84

钛磁铁矿是由磁铁矿、钛铁矿、钛铁晶石、镁铝-铁铝尖晶石组成的复合矿物。在选铁尾矿中，钛磁铁矿的特点是有不同程度的磁赤铁矿化。选铁尾矿中的钛磁铁矿的另一特征是绿泥石化强烈，在数量上绿泥石化钛磁铁矿含量比原矿石要高得多。

矿石的矿物特性描述如下：

(1) 钛磁铁矿。钛磁铁矿一般呈自形、半自形或它形粒状产出，粒度粗大，易破碎解离，只有极少数呈片晶状包裹于钛普通辉石中，因片晶细小，难以解离。钛磁铁矿实际上是有磁铁矿、钛铁晶石、镁铝尖晶石及少量钛铁矿所组成的复合矿物相。钛铁晶石片晶细微，厚度小于 $0.5\mu m$，长度为 $20\mu m$。

(2) 钛铁矿。钛铁矿指矿石中的粒状钛铁矿，是选矿回收钛的主要钛矿物。粒状钛铁矿常与钛磁铁矿密切共生，或分布于硅酸盐矿物颗粒之间，呈半自形或它形晶粒状，颗粒粗大，易破碎解离。粒状钛铁矿约占钛铁矿总量的90%左右。在它的颗粒中赋存有少量的呈网脉状沿裂隙分布的镁铝尖晶石片晶和细脉状赤铁矿，脉长为 $2 \sim 2.1\mu m$。有时也含有少量乳滴状或细脉状硫化物，影响钛精矿质量。

图4-11给出了攀枝花选钛典型工艺流程。矿石经过破碎和磨矿到0.4mm，两次磁选和一次扫选得到铁钒精矿，为了回收粒状钛铁矿，按照三种方案进行选钛：1) 螺旋选矿—浮硫（硫化矿物）—电选流程；2) 强磁选与螺旋选矿—浮硫（硫化矿物）—电选流程；3) 溜槽与螺旋选矿—浮硫（硫化矿物）—电选流程。

(3) 磁黄铁矿。磁黄铁矿是主要的硫化矿物，约占硫化矿物总量的90%以上。因它以钴、镍硫化矿物紧密共生，所以是富集钴、镍元素的主要对象。

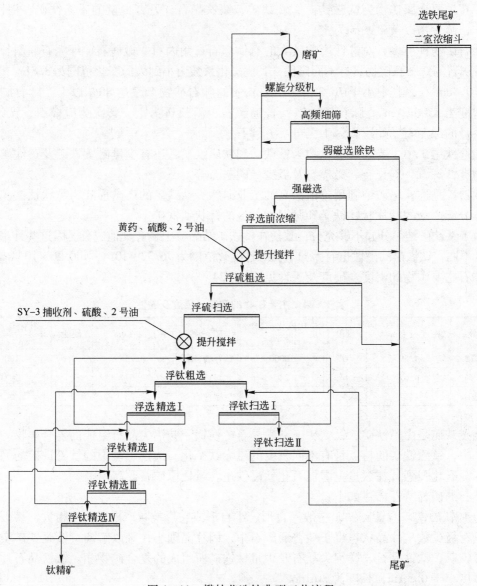

图4-11 攀枝花选钛典型工艺流程

（4）脉石矿物。脉石矿物中钛普通辉石及斜长石占脉石矿物总量的90%以上。其中钛普通辉石大致占脉石矿物总量的55%～57%。因此在矿物定量或分离单体矿物时，考虑到选矿厂分选流程及其物理特征，将脉石矿物密度划分为两类，密度大于3g/cm³者为钛普通辉石，小于3g/cm³者为斜长石。

细粒级钛铁矿通过强磁选和浮选加以回收，主体选矿工艺流程：破碎采用三段一闭路工艺，磨选采用阶段磨矿阶段选别工艺，选钛采用弱磁（除铁）—强磁—浮硫—浮钛工艺。攀枝花钛选厂在过去重选—电选工艺流程的基础上，经过多年的技术攻关和技术改造，优化了选矿工艺。由于原矿性质变化，钛铁矿粒度变细。优化后的选矿工艺为：粗粒级采用重选—电选工艺，细粒级采用磁选—浮选工艺。原矿先用斜板浓密机分级，将物料分成大于0.063mm和小于0.063mm两种粒级，大于0.063mm粒级经圆筒筛隔渣后，经螺旋选矿机选得钛粗精矿，该粗精矿经浮选脱硫后，过滤干燥，再用电选法得粗粒钛精矿。小于 0.063mm 粒级物料用旋流器脱除小于 $19\mu m$ 的泥之后，用湿式高梯度强磁选机将细粒钛铁矿选入磁性产品中，然后通过浮选硫化矿和浮选钛铁矿，获得细粒钛铁矿精矿。

河北承德和四川西昌太和的钒钛磁铁矿分别建立了综合选厂，选取钒铁精矿和钛精矿，技术质量与攀枝花相近。

图 4-12 给出了承钢黑山选钛厂工艺流程。选矿厂工艺生产指标见表 4-25。

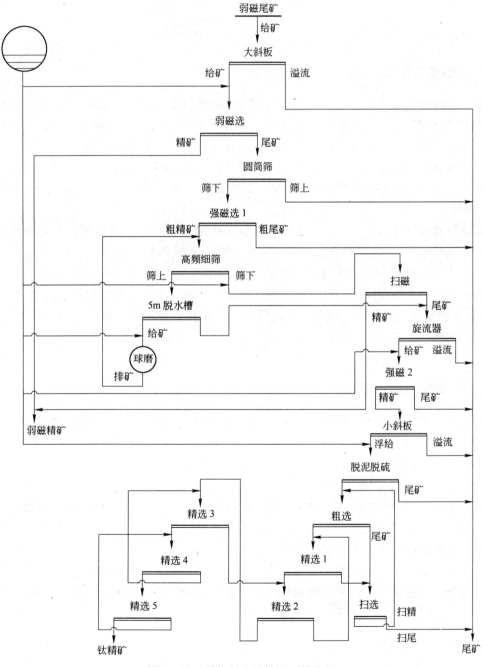

图 4-12 承钢黑山选钛厂工艺流程

表 4 – 25　选矿厂工艺生产指标　　　　　　　　（％）

名　　称	选铁指标			选钛指标		
	品　位	产　率	回收率	品　位	产　率	回收率
原　矿	23.00	100.00	100.00	10.50	100.00	100.00
精　矿	57.00	50.00	71.25	46.00	2.00	8.76
尾　矿	13.00	50.00	28.75	6.94	48.00	31.72

4.4　典型选矿厂

4.4.1　中国攀枝花典型选矿厂

攀钢矿业公司选矿厂，位于中国四川省攀枝花市，是中国最大的钒钛磁铁矿选矿厂。该厂于 1970 年投产，共有 16 个生产系列，设计年处理矿石 1350 万吨。矿石中主要金属矿物为含钒钛磁铁矿、钛铁矿和磁黄铁矿，主要脉石矿物为钛辉石、斜长石等。选矿工艺流程为一段磨矿、磁选。入选原矿含 Fe 30.55%，TiO_2 10.42%，V_2O_5 0.33%。铁钒精矿含 Fe 53%，TiO_2 13.80%，V_2O_5 0.58%，铁回收率 73.83%，钒回收率 81.80%，钛回收率 62.66%。

攀钢钛业公司选钛厂，中国最大的回收钛铁矿的选矿厂，位于中国四川省攀枝花市。设计年产钛精矿 10 万吨。共有两个生产系列，第一个年产 5 万吨钛精矿生产系列于 1979 年建成。第二个年产 5 万吨钛精矿生产系列于 1990 年扩建完成。选钛厂的原料为攀钢矿业公司选矿厂的磁选尾矿，用管道自流输入选钛厂。现有生产流程为原料经分级后，大于 40μm 粒度的用重选—浮选—电选联合流程得钛精矿和硫钴精矿。重选的设备为螺旋选矿机和螺旋溜槽。电选使用高压电选机。钛精矿含 TiO_2 47% 左右，回收率约为 35%；硫钴精矿含 Co 0.3%。

4.4.2　中国承德典型选矿厂

双塔山选矿厂，位于中国河北省承德市，是中国最早处理钒钛磁铁矿的选矿厂，于 1959 年投产，设计年处理矿石 65 万吨左右。矿石来自大庙矿区，主要金属矿物为钛磁铁矿、钛铁矿、黄铁矿，主要脉石矿物为绿泥石、角闪石、斜长石等。入选原矿含 Fe 30%，TiO_2 8%，V_2O_5 0.4%。采用两段磨矿、磁选工艺流程生产铁钒精矿。铁钒精矿含 TFe 61%，V_2O_5 0.7% ~ 0.9%，TiO_2 9%，铁回收率为 70%。从选铁磁选尾矿中综合回收钛铁矿及硫化物采用强磁—重选—浮选联合流程。钛精矿含 TiO_2 45%，回收率为 30%。

黑山铁矿选矿厂，位于中国河北省承德市。1985 年投产，设计年处理矿石 90 万吨。矿石中主要金属矿物为钛磁铁矿、钛铁矿、黄铁矿，主要脉石矿物为绿泥石、角闪石等。采用两段磨矿磁选工艺流程生产铁钒精矿。入选原矿含 TFe 33.80%，TiO_2 8.47%，V_2O_5 0.353%，铁钒精矿含 Fe 60%，回收率为 70% 左右。

4.4.3　美国麦金太尔选矿厂

麦金太尔（Macintyre）选矿厂，位于美国纽约州东北部阿迪隆达克山区埃塞克斯县。

于 1942 年投产，处理矿石 10600t/d。矿石中主要有用矿物为钛铁矿及磁铁矿。主要脉石矿物为拉长石、角闪石、辉石、石榴石与黑云母等。采用两段连续磨矿磁选流程生产铁精矿。入选矿石含 Fe 33%，TiO$_2$ 16%，铁精矿含 Fe 63%。选铁尾矿中回收钛铁矿的工艺流程为分级后粗粒级重选—磁选、细粒级浮选的联合流程。钛精矿含 TiO$_2$ 45%。

4.4.4　芬兰奥坦麦基选矿厂

奥坦麦基（Otanmaki）选矿厂，位于芬兰中部，于 1954 年投产，年处理矿石约 100 万吨。矿石中主要金属矿物为磁铁矿、钛铁矿、黄铁矿，主要脉石矿物为绿泥石、角闪石和斜长石。选矿厂生产的产品为铁钒精矿、钛精矿、硫精矿。入选原矿含 Fe 40%、TiO$_2$ 13%、V 0.25%。采用粗粒预先抛尾再磨矿至 0.2mm 后磁选得铁精矿。铁精矿含 Fe 65.9%，TiO$_2$ 4.75%。回收钛铁矿的工艺流程为，选铁尾矿先用浮选法得硫精矿，再用浮选法得钛精矿。钛精矿含 TiO$_2$ 44%。

4.4.5　俄罗斯卡奇卡纳尔选矿厂

卡奇卡纳尔（KattKaHap）选矿厂，位于俄罗斯斯维尔德洛夫省卡奇卡纳尔市，于 1963 年投产。选矿厂原设计年处理矿石 3300 万吨，1982 年扩建后达 4500 万吨。矿石中主要金属矿物为钛磁铁矿，其次为钛铁矿以及少量硫化物。脉石矿物有斜晶辉石、橄榄石、角闪石、斜长石、绿帘石、蛇纹石。钛磁铁矿嵌布粒度为 0.9~1mm。选矿产品为铁精矿。该选矿厂共有 29 个生产系列，1~20 系列为两段磨矿、四段磁选（包括干式磁选）流程。21~29 系列为三段磨矿、四段磁选流程。选矿生产获得粗粒铁精矿与细粒铁精矿两个产品。入选原矿含 Fe 16%~18%，粗粒铁精矿含 Fe 60.59%，细粒铁精矿含 Fe 62.5%，综合铁回收率为 65%~66%。

4.4.6　新西兰试验选厂

新西兰钢铁公司的矿产位于 Tasman（塔斯曼）海岸线上，来源于火山岩浆沉积，属露天型钒钛铁砂矿，资源极为丰富。该公司目前开采的南北两处矿山，现已开采了 30 余年，特别是北矿区的 Waikato（瓦卡托）矿山从 1967 年开采，现已开采 40 多年。据新西兰钢铁公司介绍，近期探勘钒钛铁砂矿储量有 1.668 亿吨（探距 100m + 200m + 400m），探距 400m 以外一直至海湾未做勘察；矿沙赋存厚度为 50m，直接用斗式取砂机挖取，开采极为容易。

新西兰钢铁公司的钛资源主要在瓦卡托矿区，含钛的尾矿砂形成自然砂丘十余公里，储量上亿吨，尾矿砂中 TiO$_2$ 含量 4.5%~6%，大多赋存于粒状钛铁矿中，现有储量估计上千万吨。1999 年，采用"圆锥粗选—螺旋精选"选钛工艺回收了 50 多吨 TiO$_2$ 为 28% 的粗钛精矿。2002 年，用该粗钛精矿，经低温焙烧、磁选后，获得 TiO$_2$ 为 45% 的精选钛精矿。2003 年，在澳大利亚实验室，对低温焙烧的钛精矿采用电选法选别，成功分选出 ZrO$_2$ 品位为 8% 的锆产品。2003 年 11 月~2004 年 6 月，在新西兰钢铁公司建成了尾矿回收 TiO$_2$ 的工业性试验厂。

尾矿回收 TiO$_2$ 工艺如图 4-13 所示。

选铁尾矿经圆筒筛隔渣后，先经圆锥选矿机进行粗选，再经三级螺旋精选扫选后，获

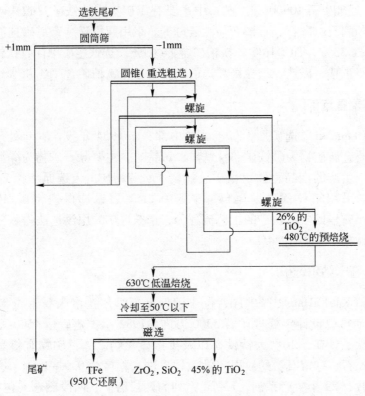

图 4-13 尾矿回收 TiO_2 工艺

得 TiO_2 为 26%的重选粗钛精矿，然后，480℃预热炉预沸腾焙烧，630℃低温焙烧炉沸腾焙烧，并将焙烧料冷却至50℃以下，最后，经磁选分离，获得 TiO_2 为 45%的钛精矿。经过一段时间的试验，获得了实验样品和数据后暂停，试验工厂需要进一步完善。

4.5 钛铁矿选矿设备

钛铁矿选矿工艺复杂，设备应用呈现多、杂和重复现象，具体的取舍取决于地区人群的设备认同感。

4.5.1 筛分分级设备

筛分和分级是在粉碎过程中分出合适粒度的物料，或把物料分成不同粒度级别分别入选。筛分分级主要用于原始钒钛磁铁矿细磨矿物的分级分类处理。按筛面筛孔的大小将物料分为不同的粒度级别称筛分，常用于处理粒度较粗的物料。按颗粒在介质（通常为水）中沉降速度的不同，将物料分为不同的粒度等级称为分级，适用于粒度较小的物料。筛分机械包括固定棒条筛、各种振动筛和湿式细筛。棒条筛一般用钢棒、槽钢和钢轨等焊接而成，根据需要可以设计成条筛或者格筛，可水平安装粗碎机料仓顶部，隔离大块度矿进入破碎机，也可倾斜安装在中碎机前作为预先筛分使用；振动筛主要由筛箱、筛网、振动器及减振弹簧等组成。振动器安装在筛箱侧板上，并由电动机通过三角皮带带动旋转，产生离心惯性力，迫使筛箱振动。筛机侧板采用优质钢板制作，侧板与横梁、激振器底座采用高强度螺栓或环槽铆钉连接。振动器安装在筛箱侧板上，一并由电动机通过联轴器带动旋转，产生离心惯性力，迫使筛振动。在选铁过程中，多数选用圆形运动振动筛，单轴惯性振动筛、自定中心振动筛和重型振动筛。湿式细筛整机结构采用多层筛箱叠加布置，在每层筛箱设有给料箱，输料管将料浆输入给料箱，通过给料箱将料浆分布到筛面全宽，按照几何尺寸控制分级粒度，避免旋流器反富集。

分级机包括浓密机、水力旋流器和螺旋分级机等。分级机广泛用于金属选矿流程中对矿浆进行粒度分级，也可用于洗矿作业中脱泥、脱水，常与球磨机组成闭路流程。常用分级机为螺旋分级机、水力旋流器和浓密机，对于螺旋分级机而言，螺旋叶片与空心轴相连，空心轴支撑在上下两端的轴承内，传动装置安装在槽子的上端，电动机经过伞齿轮传动螺旋轴，下端轴承装在提升机构的底部，转动提升机构使其上升或下降，提升机构由电动机经减速器和一对伞状齿轮带动螺杆，使螺旋下端升降。在矿物分级过程中，由于固体颗粒的大小和相对密度不同，因而在液体中的沉降速度不同，细矿粒浮游在水中成为溢流，从上部排出，粗矿粒沉于槽底，把磨机内磨出的料粉过滤，然后把粗料利用螺旋片旋入磨机进料口，把过滤出的细料从溢流管子排出。

水力旋流器是利用回转流进行高效率分级脱泥的设备，并也用于浓缩、脱水以及选别，水力旋流器的工作筒体由上部一个中空的圆柱体，下部一个与圆柱体相通的倒椎体组成。水力旋流器还有给矿管、溢流管、溢流导管和沉砂口。水力旋流器用砂泵（或高差）以一定压力和流速（约 5～12m/s）将矿浆沿切线方向旋入圆筒，然后矿浆便以很快的速度沿筒壁旋转而产生离心力。在离心力和重力的作用下，较粗、较重的矿粒被抛出。水力旋流器在选矿工业中主要用于分级、分选、浓缩和脱泥。当水力旋流器用作分级设备时，主要用来与磨机组成磨矿分级系统；用作脱泥设备时，可用于重选厂脱泥；用作浓缩脱水设备时，可用来将选矿尾矿浓缩后送去充填地下采矿坑道。外旋流和内旋流是水力旋流器运动的主要形式，它们的旋转方向相同，但其运动方向相反。外旋流携带粗而重的固体物料由沉砂口排出，为沉砂产物；内旋流携带细而轻的固体物料由溢流口排出，为溢流产物。

浓密机是基于重力沉降作用的固液分离设备，通常为由混凝土、木材或金属焊接板作为结构材料建成带锥底的圆筒形浅槽。可将含固量为 10%～20% 的矿浆通过重力沉降浓缩为含固量为 45%～55% 的底流矿浆，借助安装于浓密机内慢速运转（1/3～1/5r/min）的耙的作用，使增稠的底流矿浆由浓密机底部的底流口卸出。浓密机上部产生较清净的澄清液（溢流），由顶部的环形溜槽排出。浓密机按其传动方式分主要有三种，其中前两种较常见：（1）中心传动式，通常此类浓密机直径较小，一般在 24m 以内居多；（2）周边辊轮传动型，较常见的大中型浓密机，因其靠传动小车传动得名，直径通常在 53m 左右，也有 100m 的；（3）周边齿条传动型。

主要特点包括：（1）增加脱气槽，以避免固体颗粒附着在气泡上，似"降落伞"沉降现象；（2）给矿管位于液面以下，以防给矿时气体带入；（3）给矿套筒下移，并设有受料盘，使给入的矿浆均匀、平稳地下落，有效地防止了给矿余压造成的翻花现象；（4）增设内溢流堰，使物料按规定行程流动，防止了"短路"现象；（5）溢流堰改为锯齿状，改善了因溢流堰不水平而造成局部排水的抽吸现象；（6）将耙齿线形由斜线改为曲线型，使矿浆不仅向中心耙，而且还给了一个向中心"积压"的力，使排矿底流浓度高，从而增加了处理能力。

4.5.2 洗矿

洗矿是利用水力冲洗或附加机械擦洗使矿石与泥质分离。常用设备有洗矿筛、圆筒洗矿机和槽式洗矿机。

洗矿作业常与筛分伴随，如在振动筛上直接冲水清洗或将洗矿机获得的矿砂（净矿）送振动筛筛分。筛分可作为独立作业，分出不同粒度和品位的产品供不同用途使用。

洗矿机，亦称选送机，用于选矿工艺执行前含泥矿石清洗，提高后道工艺选矿指标，常用于锰矿、铁矿、石灰石、钨矿、锡矿、硅砂矿等物洗矿。洗矿机是在黑色和有色冶金矿山、钢铁、冶金、化工、建材用来洗净矿石、石料的大型设备，洗矿机处理能力较大，是满足大生产力对矿石、石料的清洁度有要求的企业的理想设备。洗矿可避免含泥矿物原料中的泥质物堵塞粉碎和筛分设备，原料如含有可溶性有用或有害成分也要进行洗矿。

清洗筒体被四个拖轮支撑，电机带动减速机，大小齿轮带动清洗筒体低速旋转。含有泥团和石粉的骨料自进料口给入，进入旋转的滚筒内，被清洗滚筒内安装有一定角度的耐磨橡胶衬板不断带起抛落，自进料端到出料端移动过程中多次循环，并被顺向或逆向的冲洗水冲刷洗涤，清洗干净的骨料经过卸料端筒筛筛分脱水后排出，含有污泥的废水则通过出料或给料端的带孔挡板流出。

4.5.2.1　圆筒洗矿机

圆筒洗矿机广泛用于各种难洗的大块矿石，该洗矿机分圆筒型和圆筒加筛条型两种。后一种可把被洗物料分成 +40mm 和 -40mm 两级产品，-40mm 可再经双螺旋槽式洗矿机进一步擦洗，将物料分为 +2mm 和 -2mm 两级产品，洗矿效率可达 98% 左右，这种组合对目前难洗矿石是最有效的方法。

4.5.2.2　螺旋洗矿机

分选过程为：矿浆自上端给入后，在沿槽流动过程中粒群发生分层。进入底层的重矿物颗粒趋向于向槽内缘运动，轻矿物则在快速的回转运动中被甩向外缘，从而使密度不同的矿物在槽中展开了分带，将内缘的重矿物通过截取器排出。螺旋选矿机结构简单，单位处理能力大，本身不需要动力。一般用于选别 0.074 ~ 2mm 的矿物物料。在螺旋面上矿浆流主要存在两种运动：一种是切向环流，另一种是横向环流。横向环流是由切向环流的某些特性所决定的，由于上层的水流速度快，切向流速大，具有较大的离心力而被推向外缘；下层的水流速度小，离心力小，在重力作用下沿横向断面方向流向内缘，因此形成横向环流。横向环流对选别有很大影响，它能把浮在上层的轻矿物脉石推向外缘成为尾矿，同时又能把下层的重矿物推向内缘成为精矿，从而提高选别效果。从新型螺旋选矿机试验结果来看，该设备不仅适用于选别粗粒级，而且选别全粒级也获得了满意的技术经济指标，在给矿品位和精矿品位相近的情况下，提高粗选回收率8%以上，并具有处理能力大、不需补加冲洗水、占地面积小、简化流程、降低生产成本等优点，是比较理想的粗选设备。

分选断面形状为复合立方抛物线；每圈螺距是变化的，且螺距与直径之比值大；设备结构合理，处理能力大，选别指标高；采用玻璃钢材料，一次整体成型，重量轻，耐腐蚀；螺旋槽面复合有耐磨层，耐磨性能好，使用寿命长；螺旋面不需补加水，分带清晰，操作方便，生产成本低。

螺旋洗矿机适用于铁、锰、石灰石、锡矿等含泥量较多的矿石选矿前序清洗泥沙，可以对矿物的搅拌、冲洗、分离、脱泥等。也适用于建筑、电站等工程石料清洗，冲洗水压为 147~196kPa。螺旋洗矿机是利用水的浮力作用，将粉尘和杂质与砂分离。经过螺旋片的搅动，达到滤水去杂质，提升输送目的。并且在提升过程中，也进行了拌合工作，使出砂搅拌均匀，无细、粗砂之分。

螺旋洗矿机具有螺旋体长，密封系统好，结构简单，处理能力强，维修方便，出砂含水量、含泥量低等特点，广泛运用于各种矿石开采行业。

4.5.2.3 槽式洗矿机

槽式洗矿机广泛用于各种易洗和难洗矿石的洗矿。矿石中含泥量在20%以上则对碎矿机及溜槽产生堵塞，槽式洗矿机可使含泥量在20%以上的矿石在洗矿机中螺旋搅拌、擦洗，达到矿石与泥分离的目的，洗净后的矿石从排料口排出，泥水从尾矿端排出。该设备与圆筒洗矿机配合，对处理难洗矿石是比较有效的洗矿设备。

4.5.3 重选

目前重选只用于选别结构简单、嵌布粒度较粗的钛铁矿石，特别适用于密度较大的氧化钛铁矿石。常用方法有重介质选矿、跳汰选矿和摇床选矿。

目前国内处理氧化钛铁矿选矿设备的工艺流程，一般是将矿石破碎至0~6mm或0~10mm，然后进行分组，粗级别的进行跳汰，细级别的送摇床选。设备多为哈兹式往复型跳汰机和6-S型摇床。

4.5.3.1 重选摇床

选矿摇床可以使矿粒按其密度和粒度不同而沿不同方向运动，并从给矿槽开始沿对角线呈扇形展开，依次沿床面的边沿排出，排矿线很长，能精确地产出多种质量不同的产物，如精矿、次精矿、中精矿和尾矿等。选矿摇床被作为重选设备，曾广泛用于砂金等矿物的分选，主要用于选金或选煤等。选矿摇床分为矿砂选矿摇床，矿泥选矿摇床，玻璃钢选矿摇床，6-S选矿摇床，LS选矿摇床等。

生产中应用的应用类型很多，从用途上分有：矿砂摇床（处理0.075~2mm粒级矿砂），矿泥摇床（处理-0.075mm粒级矿泥），选矿用摇床，选煤用摇床等。从构造上来分，因床头结构、床面形式和支撑方式不同而分为6-S摇床、云锡式摇床和弹簧摇床等。近年来在国外还推广一种悬挂式多层摇床，这种摇床在我国也已研制成功并用于生产中，此外，我国还制成一种特殊结构的离心摇床，已在选煤厂成功应用。离心摇床是在床面做回转运动中借惯性离心力强化选别过程的设备。它的特点是用多块弧形床面（整机为3~4块刻槽床面）围成一个圆筒形，每个床面绕回转中心呈阿基米德螺线展开。因此当圆筒形回转时，矿浆及冲洗水能够沿床面横向运动。不同密度和粒度的矿粒在床面上呈扇形展开，在床面搭接的开缝处排出尾矿及中矿，重矿物被推送到精矿端排出，在整个机体外面围以圆筒形罩子，罩子的内表面镶嵌着环形槽，不同相对密度的矿物进入槽中由底部孔口排出。

6-S摇床基本上是沿袭了早期威尔弗利摇床的结构形式，也称为衡阳式摇床。这种摇床主要适合选别矿砂，但亦可用于处理矿泥。横向坡度的调节范围较大（0°~10°），调节冲程容易，在改变横向坡度和冲程时，仍可保持床面运行平稳，弹簧放置在机箱内，结构紧凑，这些都是6-S摇床的优点。其缺点是安装的精度要求较高，床头结构复杂，易磨损件多，在操作不当时还容易发生折断拉杆事故，改进后的摇床在箱体外面偏心轴末端安有小齿轴油泵，进行集中润滑，箱内只有少量机油，减免了漏油事故。

4.5.3.2 跳汰选矿

跳汰选矿是利用强烈振动造成的垂直交变介质（通常是水或空气）流，使矿粒按相对密度分层并通过适当方法分别收取轻重矿物，以达到分选目的的重力选矿过程。跳汰选矿是处理密度差较大的粗粒矿石最有效的重选方法之一。若分选介质是水，称为水力跳汰（hydraulic - jigging）；若为空气，称为风力跳汰（air - jigging）；个别情况下有用重介质的，则称重介质跳汰（dense medium jigging）。金属选矿厂多为水力跳汰。跳汰选矿经常用于钨、锡等有色金属矿石和煤的选矿。一般被分选矿粒的相对密度差越大，粒度范围越窄（粒度大小差别越小），分选效果越好。

实现跳汰过程的设备叫跳汰机。被选物料给入跳汰机内落到筛板上，便形成一个密集的物料层，这个物料层称为床层。在给料的同时，从跳汰机下部周期性地给入上下交变的水流，垂直变速水流透过筛孔进入床层，物料就是在这种水流中经受跳汰的分选过程。

当水流上升时，床层被冲起，呈现松散及悬浮的状态。此时，床层中的矿粒，按其自身的特性（密度、粒度和形状），做相对运动，开始进行分层。在水流已停止上升，但还没有转为下降水流之前，由于惯性力的作用，矿粒仍在运动，床层继续松散、分层。水流转为下降，床层逐渐紧密，但分层仍在继续。当全部矿粒落回筛面，它们彼此之间已丧失相对运动的可能，则分层作用基本停止。此时，只有那些密度较高、粒度很细的矿粒，穿过床层中大块物料的间隙，仍在向下运动，这种行为可看成是分层现象的继续。下降水流结束，床层完全紧密，分层便暂告终止。水流每完成一次周期性变化所用的时间称为跳汰周期。在一个跳汰周期内，床层经历了从紧密到松散分层再紧密的过程，颗粒受到了分选作用。只有经过多个跳汰周期之后，分层才逐趋完善。最后，高密度矿粒集中在床层下部，低密度矿粒则聚集在上层。然后，从跳汰机分别排放出来，从而获得了两种密度不同的产物。

4.5.4 强磁选

钛铁矿物属弱磁性矿（比磁化系数 $\chi = 10 \times 10^{-6} \sim 600 \times 10^{-6} cm^3/g$），在磁场强度 $H = 800 \sim 1600 kA/m(10000 \sim 20000 Oe)$ 的强磁场磁选机中可以得到回收，一般能提高锰品位 $4\% \sim 5\%$。

磁选设备主要用于钒钛磁铁矿细磨矿物的磁性精矿的选别处理，磁选设备主要由磁系和选箱组成，利用矿物颗粒磁性的不同，在不均匀磁场中进行选别，可用作磁铁矿等磁性矿产的生产选别。磁系通常由几个磁极组成，每个磁极由永磁块和磁导板组成，磁极极性一般沿圆周方向交变，轴向不变。选箱用普通钢板或者硬质塑料板制成，靠近磁系的部位应用非导磁材料，选箱下部为给矿区，底板一般开有矩形孔，用以排放尾矿。底板与磁滚筒之间的间隙在 $30 \sim 40 cm$ 之间，并可以调节。强磁性矿物（磁铁矿和磁黄铁矿等）用弱磁场磁选机选别，弱磁性矿物（赤铁矿、菱铁矿、钛铁矿、黑钨矿等）用强磁场磁选机选别。弱磁场磁选机主要为开路磁系，多由永久磁铁构成，强磁场磁选机为闭路磁系，多用电磁磁系。弱磁性铁矿物也可通过磁化焙烧变成强磁性矿物，再用弱磁场磁选机选别。磁选机的构造有筒式、带式、转环式、盘式和感应辊式等，磁滑轮用于预选块状强磁性矿石。图 4-14 给出了磁选过程示意图。

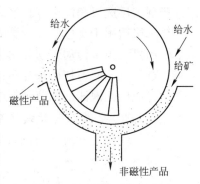

图 4-14　磁选过程示意图

磁选过程是在磁选机的磁场中，借助磁力与机械力对矿粒的作用而实现分选的。不同磁性的矿粒沿着不同的轨迹运动，从而分选为两种或几种单独的选矿产品。按照磁铁的种类来分磁选机可以分为永磁磁选机和电磁除铁机，按照矿的干湿来分类可以分为干式除铁机和湿式除铁机。干式磁选机则要求被分选的矿物干燥，颗粒之间可以自由移动，形成独立的自由状态，否则会影响磁选效果，甚至会造成不可分选的后果。湿式磁选机的磁系，采用优质铁氧体材料或与稀土磁钢复合而成。常用磁滚筒，磁性矿石采用吸着方式选出，当给矿层较厚时，处于上面的磁性矿石，由于受到的磁力较小，易进入尾矿，使其品位增高。电磁系处于分选点的上方，主要用于选出磁性物料；永磁系与电磁系并排，主要用于将磁性物料保持在圆筒表面，随圆筒的旋转被运至弱磁场区。干选筒式弱磁场磁选机多是永磁磁系，主要用于细粒级强磁性矿石的干选，也用于从粉状物料中剔除磁性杂质和提纯磁性材料。

4.5.5　浮选

浮选机指完成浮选过程的机械设备。在浮选机中，经加入药剂处理后的矿浆，通过搅拌充气，使其中某些矿粒选择性地固着于气泡之上；浮至矿浆表面被刮出形成泡沫产品，其余部分则保留在矿浆中，以达到分离矿物的目的。浮选机的结构形式很多，目前最常用的是机械搅拌式浮选机。

4.5.5.1　常规泡沫浮选

常规泡沫浮选适用于选别 0.5mm ~ 5μm 的矿粒，具体的粒径限视矿种而定。当入选的粒度小于 5μm 时需采用特殊的浮选方法。如絮凝—浮选是用絮凝剂使细粒的有用矿物絮凝成较大颗粒，脱出脉石细泥后再浮去粗粒脉石。载体浮选是用粒度适用于浮选的矿粒作载体，使微细矿粒黏附于载体表面并随之上浮分选。还有用油类使细矿粒团聚进行浮选的油团聚浮选和乳化浮选，以及利用高温化学反应使矿石中金属矿物转化为金属后再浮选的离析浮选等。用泡沫浮选回收水溶液中的金属离子时，先用化学方法将其沉淀或用离子交换树脂吸附，然后再浮选沉淀物或树脂颗粒。

处理呈分子、离子及胶体大小的物料，采用浮沫分离，如从水中回收油脂、蛋白质、纸浆以及化工产品等。其特点是利用某些物料的疏水性，缓慢搅拌及少量充气，使成浮沫聚集于水面上刮出。离子浮选是在能与离子发生沉淀或配合的表面活性剂的作用下，使反应生成物进入浮沫，完成分选。

4.5.5.2　无泡沫浮选

无泡沫浮选是使浮选物料在水-气、有机液-水、水-油界面（或表面）萃取聚集后分离。例如早期使用的薄膜浮选、全油浮选，正在发展中的液-液萃取浮选等。油球团筛分是用油将已疏水化了的有用矿物颗粒形成选择性球团后，再行筛分。浮选所需的气泡最早由煮沸矿浆或化学反应产生，目前常用机械搅拌以吸入空气或导入压缩空气起泡，还有减压或加压后再减压起泡以及电解起泡等。与浮选效果有关的因素很多，除矿石性质外以浮选药剂、浮选机和浮选流程最为重要。

浮选机适用于有色黑色金属的选别，还可用于非金属如煤萤石、滑石的选别。该浮选机由电动机三角带传动带动叶轮旋转，产生离心作用形成负压，一方面吸入充足的空气与矿浆混合，一方面搅拌矿浆与药物混合，同时细化泡沫，使矿物黏合在泡沫之上，浮到矿浆面再形成矿化泡沫。调节闸板高度，控制液面，使有用泡沫被刮板刮出。

4.5.5.3 全截面气升式微泡浮选机

全截面气升式微泡浮选机因其特殊原理和结构，大大缩短浮选工艺阶段并最大程度地降低了设备和基建投资。

4.5.5.4 气体析出式浮选机

气体析出式浮选机类型有机械搅拌式浮选机、充气式浮选机、混合式浮选机或充气搅拌式浮选机、气体析出式浮选机，其主要用于细粒矿物浮选和含油废水的脱油浮选。

4.5.5.5 机械搅拌式浮选机

机械搅拌式浮选机的特点：（1）盖板上安装了 18～20 个导向叶片；（2）叶轮、盖板、垂直轴、进气管、轴承、皮带轮等装配成一个整体部件；（3）槽子周围装设了一圈直立的翅板，阻止矿浆产生涡流。

4.5.5.6 充气搅拌式浮选机

充气搅拌式浮选机的特点是：（1）充气量易于单独调节；（2）机械搅拌器磨损小；（3）选别指标较好；（4）功率消耗低；（5）有效充气量大；（6）浮选机内形成一个矿浆上升流。

4.5.5.7 沸腾式选矿机

沸腾式选矿机是集充气、水漂浮、离心、沉降、跳钛为一体的选矿机。其结构特点是无机械搅拌器、无传动部件。充气特点是充气器充气，气泡大小由充气器结构调整。气泡与矿浆混合特点是逆流混合。用途是处理组成简单、品位较高、易选矿石的粗选、精选、扫选。浮选柱结构简单、占地面积小、维修方便、操作容易、节省动力。

4.5.6 电选

电选是在高压电场作用下，配合其他力场作用，利用矿物电性质的不同进行选别的干选过程，可用于有色金属、铁矿石、非金属矿石以及其他物料的选别。电选机的处理能力比其他选别设备低，对粒度小于 0.074mm 的物料，分选效果很差。1880 年奥斯本（T. B. Osborne）首先发明静电选矿机。1907 年美国皮卡德（G. W. Pickard）发明电晕电场电选机，选别效果远高于单纯静电场，是电选的重大发展。20 世纪 60 年代以来，解决了电选的高压电源和绝缘等问题，扩大了电选的应用范围。图 4-15 给出了高压电选机示意图。

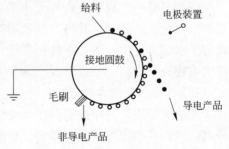

图 4-15 高压电选机示意图

电选过程中应用的矿物电学性质主要有电导率、介电常数等。电阻率大于 10～100Ω·m 的称为导体矿物，有自然铜、石墨、方铅矿、金、磁黄铁矿等；电阻率为 $1 \sim 10\Omega \cdot m$ 的称半导体矿物，有赤铁矿、锡石、磁铁矿、黄铜矿；电导率小于 $10\Omega \cdot m$ 的矿物称非导体矿物，如碳酸盐和硅酸盐矿物等。电选时必须使矿物颗粒带电，主要方法有：（1）摩擦带电；（2）感应带电；（3）接触带电；（4）电晕放电电场中带电等。

电选机种类较多，目前多为圆筒式，用电晕极或电晕与静电极相结合的复合电场。此外，还有室式、溜槽式和摇床式等。圆筒式电选机中，圆筒为接地电极（直径为 $150 \sim 350mm$），电晕极（直径为 $0.2 \sim 0.3mm$）和静电极与圆筒平行安置。当高压直流负（或正）电加到电晕电极和静电极（偏向电极）时，电晕极附近的空气被电离成电晕电流，流向圆筒，在圆筒表面空间形成了空间体电荷；而在偏向电极和圆筒之间则形成静电电场。矿粒经振动给矿槽和转筒带入此空间时，获得电荷。导电性好的矿粒所获得的电荷经圆筒迅速传走，在离心力、重力和静电力的共同作用下，从圆筒前方落下；非导体矿粒因导电性差，不易失去所带的电荷，此电荷与筒面感应，产生镜面吸力使矿粒紧吸于筒面，随圆筒转到后方，然后被毛刷强制刷下（图 4-15）。

下面介绍白钨、锡石和钛锆矿的电选。

（1）白钨、锡石的电选。黑钨矿、白钨矿、锡石共生的矿石，先用重选得出粗精矿，再用干式强磁选分出弱磁性黑钨精矿，其余矿物即为白钨矿、锡石。白钨矿为非导电矿物，锡石为导电矿物，用电选可有效地将它们分离。

（2）钛锆矿的电选。不论原生或砂矿，通常经重选得出粗精矿，然后用电选分离。导电产品为钛铁矿、金红石，非导电产品为锆英石、独居石、电气石、石榴石和石英等。电选对获得高质量钛精矿最有效。

4.6 选矿药剂

浮选工艺是一种复杂的物理化学过程，它的理论基础直接建立在表面化学、胶体化学、结晶学与物理学之上，而浮选药剂则是建立在选矿与化学之间的一种边缘学科。在浮游选矿过程中，为有效地选分有用矿物与脉石矿物，或分离各种不同的有用矿物，常需添加某些药剂，以改变矿物表面的物理化学性质及介质的性质，这些药剂统称为浮选药剂。浮选药剂按其用途可分为五类：捕收剂、起泡剂、活化剂、抑制剂、调整剂。浮选中常用的浮选药剂有捕收剂、起泡剂、抑制剂、活化剂、pH 调整剂、分散剂、絮凝剂等。

4.6.1 黄药

黄药是浮选含金硫化物最常用的捕收剂，化学成分为烃基二硫代碳酸盐（$ROCSSMe$），其中 R 为 C_nH_{2n+1}，类烃基，Me 为金属钠或钾。黄药是一种淡黄色粉末，具有刺激性臭味，有一定的毒性，溶于水，易氧化。使用黄药捕收剂时，必须调整矿浆的 pH 值在 7 以上，即在碱性矿浆中使用。如在酸性矿浆中使用，必须适当增大用量。浮选实践证明：长链烃的高级黄药的捕收能力比低级黄药捕收能力强。

一般在处理含硫化矿时，黄药用量在 $10 \sim 15g/t$。具体用量取决于浮选矿石性质、矿浆浓度等。其用量随金属品位的提高而增加，随矿石氧化程度的提高而增加。提高矿浆浓度可以减少黄药用量。

4.6.2 起泡剂

浮选时泡沫是空气在液体中分散后的许多气泡的集合体。浮选泡沫对气泡的数量、大小及强度有一定的要求：一是要有一定的强度，能在浮选过程中保持稳定；二是气泡尺寸大小适当。一般气泡的尺寸以 0.2~1mm 为好。在浮选过程中泡沫是矿粒上浮的媒介。气泡过大，气液界面面积减小，附着矿粒减少，浮选效果低。气泡过小，则上浮力小而携带矿粒上浮速度慢，同样浮选效果不好。

起泡剂的作用是使空气在矿浆中分散成微小的气泡并形成较稳定的泡沫。起泡剂的作用原理在于它能降低水与空气界面的表面能。起泡剂分子在矿浆中以一定的方向吸附在气液界面上，由于起泡剂定向排列在气泡表面，会形成一层水化膜，能防止气泡兼并。另外，由于起泡剂分子具有定向吸附作用，使气液界面表面能降低，泡壁间水层不易减薄，气泡不易破裂，加强了泡沫稳定。

选厂常用的起泡剂有 2 号油、松油、樟油、重吡啶、甲酚酸等。

2 号油是最常用的浮选起泡剂，起泡性能和浮选效果好。2 号油为淡黄色油状液体，有刺激性，具有较强的起泡性能。在选别含金矿石时，其用量一般为 20~100g/t。

樟油可代替松节油使用，选择性能好，多用于获取高质量精矿及优先浮选作业。

重吡啶、甲酚酸都是炼焦工业副产品，是常用的起泡剂，亦用于选金。

4.6.3 调整剂

调整剂是浮选工艺中一类重要的浮选剂。在浮选中，添加捕收剂和起泡剂后，通常可使性质相近的矿物同时浮游。但浮选工艺却要求分离出两种或多种产品，使这类产品中富集一种或一组有用矿物。而单用捕收剂和起泡剂难以达此目的，还需要一些调整矿物可浮性、矿浆性质的药剂，其对浮选过程起选择性的调整作用。

调整剂按其在浮选过程中的作用可分为：活化剂、抑制剂、介质 pH 值调整剂以及分散与絮凝剂。具体调整剂属于哪一种，常常和作用的具体条件有密切的关系。同一种药剂在这个条件下属于活化剂，在另一条件下却属于抑制剂。前已述及同一种药剂在一定条件下可以起两种或更多种的作用，因此某些药剂究竟属于哪一种要具体分析。

4.6.4 抑制剂

抑制剂能够从矿物表面或溶液中除去活性离子，在矿物表面吸附形成亲水薄膜或在矿物表面形成亲水胶粒而产生抑制作用。抑制矿物的几种方式如下：

(1) 消除溶液中的活化离子，使矿物得到抑制。如石英在 Ca^{2+}、Mg^{2+} 活化下才能被脂肪酸浮选。若在浮选前加入苏打，使 Ca^{2+}、Mg^{2+} 生成不溶性盐沉淀，就消除了 Ca^{2+}、Mg^{2+} 的活化作用，使石英失去可浮性。

(2) 消除矿物表面的活化薄膜。用氰化物溶去闪锌矿表面的硫化铜薄膜，使闪锌矿失去可浮性，达到被抑制的目的。

(3) 使矿物表面形成亲水性薄膜，增强矿物表面的亲水性，削弱其对捕收剂的吸附活性。形成抑制性亲水薄膜有几种情况：1) 形成亲水的离子吸附膜，如矿浆中存在 HS^- 和 S^{2-} 离子时，可使矿物表面形成亲水的 HS^- 或 S^{2-} 离子吸附膜；2) 形成亲水的胶体薄膜，硅酸盐矿物表面吸附硅酸胶粒后,形成亲水的胶体薄膜达到抑制作用;3)形成亲水的化合物薄膜。

对脉石的抑制剂有水玻璃、淀粉等。石灰对黄铁矿有较强的抑制作用,氰化物是黄铁矿以及硫化铜、闪锌矿等常用的抑制剂,同时对金也有抑制作用。但因氰化物能溶解金银等贵重金属,因此在浮选金银矿物时,一般不采用氰化物作抑制剂,以避免金的损失。

上述的作用并不是孤立存在的,某些药剂往往互相配合使用才能有效地实现抑制作用。

4.6.5 活化剂

活化剂可改变矿物表面的化学组成,形成能促使捕收剂附着的薄膜,提高矿物的浮游能力。同时活化剂还可除去矿物表面的抑制性薄膜,恢复矿物原来的浮游活力。活化剂一般通过以下几种方式使矿物得到活化:

(1)在矿物表面生成难溶的活化薄膜。例如白铅矿难于被黄药浮选,经硫化钠活化作用后,便在白铅矿表面生成了硫化铅的活化膜,从而易于用黄药浮选。

(2)活化离子在矿物表面吸附。如纯的石英不能被脂肪酸类型捕收剂浮选,石英吸附Ca^{2+}、Mg^{2+}离子后借Ca^{2+}、Mg^{2+}离子对脂肪酸的吸附活性,使石英得以浮选。

(3)清洗掉矿物表面的亲水薄膜。如在强碱性介质中,黄铁矿表面生成了亲水性的$Fe(OH)_3$薄膜而不能被浮选。用硫酸除去黄铁矿表面亲水薄膜后得到浮选。

(4)消除矿浆中有害离子的影响。当硫化矿浮选时,若矿浆中存在S^{2-}或HS^-离子,硫化矿往往不能被黄药浮选,只有当矿浆中这些离子消失并出现游离氧时才能被浮选。

实践中可作为活化剂的有:有色重金属可溶性盐,如硫酸铜等;碱土金属和部分重金属阳离子;硫化钠和可溶性硫化物等。常用活化剂有硫化钠、硝酸铝、硫酸铜等。有的活化剂也有抑制性能。比如硫化钠既可活化含金氧化矿,同时也可抑制金和硫化矿物。因此在浮选工艺中,对活化剂要进行合理选择和添加。

4.6.6 介质 pH 值调整剂

介质 pH 值调整剂主要用来调整矿浆 pH 值和调整其他药剂的作用活度,消除有害离子的影响,调整矿浆的分散与团聚。介质(矿浆)pH 值是浮选的一个重要的工艺参数,矿物通常在一定的 pH 值范围内才能得到良好的浮选。调整介质的 pH 值一般起下列几方面的作用:

(1)调整重金属阳离子的浓度。重金属阳离子通常可以生成氢氧化物$[Me(OH)_m]$沉淀。它的溶度积为$L[Me(OH)_m]=[Me^{m+}]\cdot[OH^-]^m=$常数。提高介质的 pH 值可以明显降低金属阳离子的浓度。如果Me^{m+}是有害离子,增大 pH 值可以减少它的有害影响。

(2)调整捕收剂离子浓度。捕收剂在水中呈分子或离子存在的状态与介质的 pH 值有密切关系。当弱酸或碱的盐作为捕收剂加入矿浆时,捕收剂就会随溶液的 pH 值而水解成不同组分。

(3)pH 值对矿物表面电性的影响。各种矿物在水溶液中具有自己的零电点(或等电点),对于各种氧化矿物,H^+和OH^-离子是其定位离子,当 pH 值高于零电点时,矿物表面带负电;低于零电点时,表面带正电。

（4）pH 值对捕收剂与矿物之间的影响。捕收剂离子与矿物表面之间的作用与矿浆的 pH 值有密切关系。捕收剂阴离子与 OH^- 之间可以在矿物表面产生竞争。pH 值越高，OH^- 离子浓度越大，越能排斥捕收剂阴离子的作用，在一定的捕收剂浓度下矿物开始被 OH^- 抑制时的 pH 值称为矿物的临界 pH 值。

4.7　钛精矿标准

4.7.1　中国钛精矿行业标准 YB 4031—91

4.7.1.1　主题内容与适用范围

本标准规定了钛精矿（岩矿）的代号、牌号、技术要求、试验方法、检验规则、包装、标志和质量证明书。

本标准适用于经选矿所得的原生钛精矿，供生产钛白粉、人造金红石和高钛渣等用。

4.7.1.2　引用标准

GB/T 1467—2008　冶金产品化学分析方法标准总则及一般规定。

GB 5689—1985　冶金矿产品包装、标志和质量证明书的一般规定。

YS/T 360—1994　钛铁矿（砂矿）精矿化学分析方法。

4.7.1.3　代号与牌号

钛精矿（岩矿）以"钛精矿"三个汉字拼音字第一个大写字头"TJK"为代号；按化学成分钛精矿（岩矿）分为 TJK47、TJK46、TJK45 三个牌号。

4.7.1.4　技术要求

按化学成分钛精矿（岩矿）分为三个牌号，以干矿品位计算，其指标应符合表 4-26 规定。

表 4-26　钛精矿标准规定化学成分

牌　号	化学成分/%				
	TiO_2	S		P	
		Ⅰ组	Ⅱ组	Ⅰ组	Ⅱ组
TJK47	≥47.0	≤0.30	≤0.30	≤0.05	≤0.05
TJK46	≥46.0	≤0.30	≤0.35	≤0.05	≤0.10
TJK45	≥45.0	≤0.30	≤0.40	≤0.05	≤0.20

注：如果用户对成分有特殊要求，可双方商定。

用硫酸法生产钛白粉要求钛精矿（岩矿）中 Fe_2O_3 含量小于 8%，用电炉法生产高钛渣要求钛精矿（岩矿）中 CaO + MgO 含量小于 8%。精矿中钪为有价元素，必要时供方可报出分析数据，精矿中水分含量不超过 1%，精矿中不得混入外来杂物。

4.7.1.5　试验方法和检验规则

化学成分分析方法按 GB/T 1467—2008 和 YS/T 360—1994 进行；产品质量由供方技术监督部门负责检验；产品按批交货，交货地点在供方装车线（站）。以一次交货量为一检验单位。每批量为 50~300t；精矿产品的取样按大包装和小包装进行；大包装（1000kg/袋）每 30~50 袋为一检验单位，每隔 5 袋抽取 1 袋取份样，份样量不少于 30g。

用取样探针插入袋中250mm深处，取出份样，然后合成大样；将合成大样充分混匀，并缩分至不少于60g，然后研磨全部通过160目筛。将试样分为两份，一份送检验，另一份保存三个月备查；用户对产品质量有异议时，应在备查样品保留期内向供方提出复验，以复验结果判定牌号。如要仲裁，有关事宜由双方商定。

4.7.1.6　包装、标志和质量证明书

钛精矿（岩矿）包装分为大包装和小包装两种，大包装每袋量为1000kg，小包装每袋量为40kg。其他有关包装、标志、运输、贮存和质量证明书按GB 5689—1985规定执行。

4.7.1.7　附加说明

本标准由中华人民共和国冶金工业部提出；本标准由攀枝花冶金矿山公司负责起草；本标准主要起草人为卯时敏、董世文、丁良茗、黄宝柱、梁晶泰、牟锐；本标准水平等级标记为YB 4031—91Y；Tag：钛精矿行业标准。

4.7.2　世界各地钛铁矿精矿的化学组成

世界各地钛铁矿精矿的化学组成见表3-16。

4.7.3　钛精矿质量标准YB/T 4031—2006

按照不同用途发布的钛精矿质量标准（YB/T 4031—2006）见表4-27。

表4-27　钛精矿质量标准（YB/T 4031—2006）

类　别	用　途	级　别		化学成分（质量分数）/%			
				TiO_2	杂质含量		
					P	S	CaO + MgO
砂矿钛铁矿精矿	人造金红石	一级品	一类	52	0.025		0.5
			二类	50	0.025		0.5
	钛铁合金、高钛渣	二级品		50	0.030		0.5
		三级品		49	0.040		0.5
		四级品		49	0.050		0.6
		五级品		48	0.070		0.1
	钛白等	一级品	一类	50	0.020		
			二类	50	0.020		
		二级品	一类	49	0.020		
			二类	49	0.020		
岩矿钛精矿	钛白、高钛渣、人造金红石	TJK47		47.0	0.050	0.03	
		TJK46		46.0	0.050	0.03	
		TJK45		45.0	0.05	0.03	

人造金红石用钛精矿一级品：$w(TiO_2) > 57\%$，$w(CaO + MgO) < 0.6\%$，$w(P) < 0.045\%$。钛白用钛精矿一级品：$w(TiO_2) > 52\%$，$w(Fe_2O_3) < 10\%$，$w(P) < 0.025\%$。

4.7.4 上海、株洲电焊条厂对钛铁精矿质量要求

上海、株洲电焊条厂对钛铁精矿质量要求见表4－28。

表4－28 上海、株洲电焊条厂对钛铁精矿质量要求

成 分	TiO_2	SiO_2	FeO	Fe_2O_3	S	P	Sn	Zn
含量（质量分数）/%	≥60	≤5	≥30	≤10	<0.05	<0.05	微量	微量

5　钛材料制造技术——天然金红石

含钛 1% 的矿物有 80 多种，地壳中钛含量为 4400g/t，工业上提钛使用的矿物仅有两种，金红石（TiO_2）和钛铁矿（$FeTiO_3$），金红石 TiO_2 含量高，但储量有限，钛铁矿储量丰富，但 TiO_2 含量低，需要进行富集。金红石（rutile）化学成分为 TiO_2，晶体属四方晶系的氧化物矿物，是 TiO_2 的天然同质三象中最稳定和常见的一种，另两种变体为锐钛矿和板钛矿，前者亦属四方晶体，但空间群与金红石不同；板钛矿则属正交（斜方）晶系。金红石晶体结构中氧离子成畸变的六方紧密堆积，阳离子钛位于变形八面体空隙的中心，组成沿 c 轴延伸的共棱配位八面体链，链间由八面体共顶相连。锐钛矿和板钛矿的晶体结构与金红石结构的主要差别在于每一钛氧八面体与相邻八面体间的共棱数目，在金红石中为 2，而在锐钛矿和板钛矿中分别为 4 和 3。天然金红石矿分为脉矿和砂矿，脉矿主要产于中国、加拿大、美国、俄罗斯和挪威等国，砂矿主要产于澳大利亚、南非、印度、斯里兰卡和中国。

5.1　天然金红石

天然金红石是重要的提钛原料，具有 TiO_2 含量高、粗粒级以及易分选的特点，对沸腾氯化工艺具有较强的适应性。

5.1.1　金红石矿物特征

化学组成：TiO_2，Ti60%，有时含 Fe、Nb、Ta、Cr、Sn 等。

鉴定特征：以其四方柱形、双晶、颜色为鉴定特征；可以和锡石（cassiterite）区别；不溶于酸类，加入碳酸钠予以烧熔，则可溶解于硅酸，若再加入过氧化氢，可使溶液变为黄色；成因产状：形成于高温条件下，主要产于变质岩系的含金红石石英脉中和伟晶岩脉中。此外，在火成岩中作为副矿物出现，也常呈粒状见于片麻岩中；金红石由于其化学稳定性强，在岩石风化后常转入砂矿。

著名产地：世界著名产地有瑞典 Binnental 和 Campolungo、俄罗斯乌拉尔、挪威的 Kfagero、法国 Limoges 附近的 Yrieix、瑞士、奥地利、美国的 Georgia、North Carolifonia 和 Arkansas 各州、美国 Florida 州的东北部以及澳洲 New South Wales 的北部和 Queensland 的南部等地。

名称来源：Rutile 一字来自拉丁语 Rutilus，指红色（Red），象征着金红石的颜色；晶体形态：复四方双锥晶类，常具完好的四方柱状或针状晶形。常见单形为四方柱 m、a 和四方双锥 s 等，有时出现复四方柱和复四方双锥。

晶体结构：晶系和空间群为四方晶系，红棕色、红色、黄色或黑色。

晶胞参数：$a_0 = 0.459nm$，$c_0 = 0.296nm$。

粉晶数据：3.245（1）1.687（0.5）2.489（0.41）。

物理性质：硬度为 6，相对密度为 $4.2 \sim 4.3g/cm^3$，解理为平行中等，断口不平坦，颜色为红棕色、红色、黄色或黑色。

条痕：浅棕色至浅黄色。

透明度：透明到不透明。

光泽：半金光泽至金属光泽。

发光性：无。

其他：有钛的反应。

光学性质：双反射率为 0.2870。

5.1.2 天然金红石产品特征

天然金红石常含 Fe、Nb、Ta 等，其含量高的分别称为铁金红石、铌铁金红石和钽铁金红石。金红石通常呈带双锥的柱状或针状晶体，柱面上常有纵纹；有时亦呈粒状。膝状双晶常见；针状晶体间因双晶而连生成网状的称为网金红石。金红石的显微针状晶体常被包裹于石英、金云母、刚玉等晶体中；定向分布时，可使这些矿物晶体产生呈六射星形的光芒。金红石通常呈红棕色，富含铌、钽的呈黑色，条痕呈淡棕色，金刚光泽至半金属光泽。柱面解理清楚。莫氏硬度为 6.5，相对密度为 4.2，富含铌、钽的相对密度最高可达5.6。金红石作为副矿物产于花岗岩、片麻岩、云母片岩和榴辉岩等岩石中，也见于伟晶岩中。在高温热液脉中，它通常与磷灰石共生形成矿床。此外，还见于碎屑岩和砂矿中。

白钛石是影响提高金红石产品品位最主要的原因，要求金红石产品中杂质的低磷和低硫含量，也是造成金红石选矿工艺复杂的原因；其次，金红石的原料来源包括从海滨砂矿原矿中选出钛铁矿后的尾矿和经别的选厂富集后的金红石中矿，需要重选选别后才能进入电磁选系统，中矿不需重选可直接入电磁选选矿。

5.2 金红石矿床的分类及其主要地质特征

世界上主要的金红石矿床可大致分为 4 大类别，即变质的、与侵入岩有关的、第四纪沉积的和风化的，它们可进一步划分为榴辉岩型、角闪岩型、变质（粉）砂岩型、变质铝硅酸盐型、斜长岩 – 铁闪长岩型、钠长岩型、碱性岩型、斑岩型、海滨砂矿型、河流砂矿型、古沉积砂矿型和碱性岩风化型等 12 个类型。其中以海滨砂矿型最为重要，榴辉岩型、碱性岩风化型和河流沉积砂矿型次之。各类型的矿床典型实例、典型钛矿物、矿石品位和金红石粒度及其经济意义见表 5 – 1。

表 5 –1　重要金红石（锐钛矿）矿床类型及其经济意义

类别及类型		典型钛矿物	金红石粒度 /mm	矿石品位 $w(TiO_2)$ /%	重要性	矿床实例
变质	榴辉岩型	金红石	0.1 ~ 0.2	3.1 ~ 5.8	B	意大利 Piampaludo，挪威 Sun – nfjord
	角闪岩型	金红石 钛铁矿	0.02 ~ 2.2	1.5 ~ 2.5	D	中国河南八庙，中国山西碾子沟
	变质（粉）砂岩型	锐钛型 金红石	0.01 ~ 0.1	1.5 ~ 15	D	中国内蒙古羊蹄子山—磨石山
	变质 铝硅酸盐型	钛铁矿 金红石	<0.1	±1	D	美国科罗拉多州 Evergreen

类别及类型		典型钛矿物	金红石粒度/mm	矿石品位 $w(TiO_2)/\%$	重要性	矿床实例
与浸入岩有关	斜长岩-铁闪长岩型	金红石钛铁矿	较粗	2 ~ 50	C	美国弗吉尼亚州 Rosdand，墨西哥 Pluma Hidalgo
	钠长岩性	金红石		6 ~ 10	D	挪威 Kragero
	碱性岩型	钙钛矿金红石板钛矿	1 ~ 4	6.5	C	美国科罗拉多州 Pow derhorn，美国阿肯色州 Magnet cove
	斑岩型	金红石	0.03 ~ 0.06	0.24 ~ 0.9	D	美国犹他州 Bingham
沉积的	海滨砂矿型	钛铁矿金红石	0.10 ~ 0.18	1.4，金红石占重矿物的 4 – 11	A	澳大利亚东海岸，南非 Richards Bay，印度 Kerala 和 Tamil Nadu 省，Travancore 海岸地区
	河流砂矿型	钛铁矿金红石	0.06 ~ 0.5	0.5 ~ 2	C	塞拉利昂 Ghangbama
	古沉积砂矿型	金红石锐钛矿假象金红石钛铁矿	0.2 ~ 0.25	>20	C	加拿大魁北克 Sutton
风化的	碱性岩风化型	锐钛矿（钙钛矿）	<0.1mm	>20	B	巴西 Tapira

注：A—很重要；B—在最近将来可能很重要；C—中等重要；D—目前在世界范围内较不重要。

5.2.1 变质类矿床

这一大类的金红石矿床主要包括榴辉岩型、角闪岩型、变质（粉）砂岩型和变质铝硅酸盐岩型 4 个矿床类型。变质原岩的成分和变质程度的高低对这类金红石矿的共生矿物组合和含铝硅酸盐矿物中 TiO_2 含量高低影响较大。在高压（超高压）、高级变质的榴辉岩中，钛的氧化物只以金红石形式存在，一般不生成钛铁矿，共生的脉石矿物可能有石榴子石、绿辉石和闪石等，只有在退化变质带才有可能出现少量钛铁矿；在中（偏低）级变质的角闪片岩和变质（粉）砂岩中，金红石常与钛铁矿等密切共生，个别矿床甚至出现较多的锐钛矿，根据变质原岩成分的不同，脉石矿物可能有石英、角闪石、斜长石、铁直闪石、黑云母、蓝晶石和矽线石等。

随着变质程度的增高，黑云母和角闪石中 TiO_2 含量也相应增加，在中级变质相中（如内蒙古磨石山），黑云母一般含 TiO_2 0.06% ~ 2.44%，角闪石的 TiO_2 含量也只有 0.03% ~ 0.18%；但在麻粒岩相，黑云母的 TiO_2 含量可增至 6%，角闪石的 TiO_2 含量可增至 4%。

5.2.1.1 榴辉岩型矿床

金红石是高温高压变质系列榴辉岩中的一个特殊相。在此相中，金红石常与石榴子石（铁铝榴石）、绿辉石或碱质角闪石以及绿帘石共生，钛铁矿很少出现，而榍石只是作为退化变质矿物存在。当榴辉岩具有铁质辉长岩成分时，金红石的含量可超过 5%。

榴辉岩型矿床的几点规律：（1）含金红石的榴辉岩的成分多为铁质辉长岩，它比正常的榴辉岩更富 TiO_2。（2）未蚀变和未遭剪切化的榴辉岩中，金红石分布较均匀，否则就不均匀。（3）榴辉岩的大小一般为 $0.1\sim4km^2$，对于每个岩体来说，金红石资源量多在 10 万～1000 万吨之间；金红石的品位一般为 3%～5%。（4）石榴子石的成分是铁铝榴石，含较多的锰铝榴石分子；绿辉石质成分的辉石对成矿不利。

A 意大利 Piampalud 矿床

该矿床位于意大利西北部的榴辉岩中。区域上还有不少小的含金红石榴辉岩体。矿区内榴辉岩具有铁质辉长岩的成分，TiO_2 含量为 4.6%～5.8%，而 TFe 含量则高达 18.2%。

矿石薄片中能见到石榴子石变斑晶和辉石的大晶体，它们产于蓝绿色角闪石基质中。金红石呈集合体平行片理产出。集合体一般宽 1～2mm，大多数金红石晶体大小为 0.1mm 左右。集合体中的其他矿物有角闪石、绿帘石、钛铁矿和少量石榴子石。估算金红石的含量为 2.7%～9.3%，平均含量为 5.3%。

B 挪威 Sunnfjord 地区

早古生代含矿榴辉岩的成分为铁质辉长岩，包括石榴子石橄榄岩、橄榄岩、斜长岩、橄长岩、斜长二长岩等。榴辉岩边缘由于退化变质变为角闪岩。实际上，含矿榴辉岩是产于花岗岩类岩石中的一个很大的捕掳体。矿石 TiO_2 的平均含量为 2.7%～3.1%，金红石粒径平均为 0.1～0.2mm，通常组成集合体产于粗晶绿辉石、自形的石榴子石和角闪石裂隙中。

C 江苏东海毛北

东海地区位于苏鲁造山带南部，是超高压变质岩的典型出露地区之一。该区分布有 530 多个大小不等的榴辉岩体。它们成群成带地出现在以太古宇片麻岩为主的围岩中。

毛北矿区出露的变质岩有黑云斜长片麻岩、二云斜长片麻岩、斜长片麻岩和角闪片岩等。榴辉岩体成群分布，呈透镜状和不规则弧状产出。其中主要岩体南北长 2200m，东西宽 120～300m。已圈出 10 多个大小不等的矿体，主矿体长 1300m，厚 4～210m，平均厚度为 130m，向深部延伸 300m。

按榴辉岩构造特征和共生矿物的不同，可进一步划分出含金红石块状榴辉岩、片麻状榴辉岩、含蓝晶石多硅云母片麻状榴辉岩、石英榴辉岩和黝帘石条带状榴辉岩等。前者为矿体，其他类型榴辉岩的金红石含量大多小于 1%，矿石中金红石含量为 1.02%～5.85%，平均为 2.32%。金红石的粒径是 0.04～0.6mm，平均为 0.25mm 左右。

5.2.1.2 角闪岩型矿床

由基性或镁铁质岩变质而成的角闪岩型金红石矿床主要产于中国东秦岭和晋北地区，如陕西河南交界处的陕西商南，河南西峡、方城、新县和山西代县等地。根据变质前原岩基性程度的不同，又可分为变质基性岩型和变质镁铁质岩型两个亚类。

A 变质基性岩型

八庙-青山金红石矿床位于豫陕交界处的西峡八庙和商南青山之间，大地构造上隶属于秦岭构造带东段北秦岭褶皱带。矿层与白云石大理岩、大理岩互层，与围岩呈整合接触。金红石产于黑云母角闪片岩、角闪黑云片岩、钠长角闪片岩及斜长角闪片岩等变质岩中。矿层厚度一般为 0.63～13.37m。金红石的共生矿物除角闪石、黑云母、斜长石（钠长石占相当比例）外，含少量榍石、钛铁矿、黄铁矿和绿泥石。金红石多为半自形、自形、短柱状，粒度小于 1mm。矿石品位（TiO$_2$）在 1.64% ~3.56% 之间。

B 变质镁铁质岩型

山西代县碾子沟矿区内有吕梁期基性、超基性岩体（辉石岩、橄榄辉石等）侵入。它们遭受自变质和后期热液作用后蚀变为阳起透闪岩和直闪岩（含蓝晶石）等，并使金红石富集成矿。

矿化带长 11km，主矿体长 1700m，延深 400 ~500m，平均厚 44m。矿体呈脉状、条带状和团块状。矿石 TiO$_2$ 的平均品位为 2.2%。金红石与钛铁矿密切共生，粒度为 0.1 ~0.5mm。

5.2.1.3 变质（粉）砂岩型——内蒙古羊蹄子山—磨石山矿床

内蒙古羊蹄子山—磨石山矿床在大地构造上，矿床地处中国华北地台北缘内蒙地轴的中东部，位于侏罗系火山盆地的局部隆起区。矿体产于中元古代 [（1751.4±8）Ma] 二道凹群绢云石英（或石英绢云）片岩、变质石英（粉）砂岩中，围岩还有斜长角闪岩和角闪岩等。矿体呈透镜状、似层状，与围岩整合产出。

富矿石呈条纹状或条痕状构造，表现为以钛的氧化物为主的条纹（痕）与以石英为主（伴有星散状钛矿物）的条纹相间组成。矿石矿物较特殊，主要为锐钛矿，伴有一定量金红石和钛铁矿。脉石矿物主要为石英（其含量大于60%），含少量直闪石、黑云母和绿泥石，局部有锰铝 – 铁铝榴石。富矿品位 [$w(\mathrm{TiO_2})$] 为 3.17% ~15.46%，而贫矿品位则为 1.3% ~2.97%。锐钛矿、金红石和钛铁矿的粒度较细，一般为 0.01 ~0.1mm。在贫矿石中，钛矿物主要呈不均匀的浸染状分布。

5.2.1.4 变质铝硅酸盐岩型矿床

在美国，这类金红石矿床的重要性在变质型矿床中仅次于变质榴辉岩型。矿床大多数是由火山成因的母岩经变质作用或变质热液作用而形成的。矿床的矿物组合很特殊，而且与变质程度的变化有很大关系。矿石中铝硅酸盐矿物很丰富，其数量能超过石英。它们从高级变质的矽线石，通过蓝晶石和红柱石，到低级变质的叶蜡石。黄玉和铝质磷酸盐矿物（如天蓝石）较常见。黄铁矿局部富集。

美国东南部的蓝晶石、叶蜡石和其他铝硅酸盐型矿床中，金红石可作为副产品。矿石中金红石含量约为 1%。金红石粒径小于 0.1mm。矿床规模通常为中小型，个别为大型。

5.2.2 与侵入岩有关的矿床

5.2.2.1 斜长岩 – 铁闪长岩型矿床

斜长岩侵入体一般产于高级变质的地体中，常伴生铁闪长岩、铁辉长岩、紫苏花岗岩和环斑花岗岩。铁闪长岩和辉长岩的侵入时间明显晚于斜长岩，但它们之间具有一定的地球化学联系。

斜长岩侵入体的成分变化于英安质岩至浅色辉长岩之间。在斜长岩 – 铁闪长岩侵入体内，斜长岩含 TiO$_2$ 较低，但铁闪长岩及有关岩石富含金红石和钛铁矿。除了这两个含钛氧化物外，在这套侵入杂岩中，还有磁铁矿、赤铁矿和钛尖晶石。与斜长岩、铁闪长岩有关的钛矿床可进一步分成两个亚类：一类是钛铁矿－磁铁矿矿床；另一类为金红石矿床。应该指出，与斜长岩类有关的钛铁矿－磁铁矿矿床属岩浆型，在美国纽约州的 Sarford 湖地区、加拿大魁北克 Allard 湖地区、挪威 Tellnes 地区以及中国河北大庙等地均有产出。

A 美国弗吉尼亚州 Roseland 地区

该钛矿床既有岩浆型钛铁矿矿床，又有交代型金红石矿床，粗粒金红石主要沿斜长岩与含钛铁矿蚀变火山岩片麻岩接触带产出，金红石含量约为 2%。在含钛铁矿的片麻岩中，还有钛铁磷灰岩产出。

B 墨西哥 Pluma Hidalgo 地区

该地区（瓦哈卡省）发育一个大的高级变质岩地体。变质岩主要由片麻岩组成，组成矿物有石英、反条纹长石、辉石、石榴子石、石墨和钛铁矿，构成条带状构造。片理方向为北西－南东。

斜长岩含有反条纹长石、辉石的大晶体及石英。这套岩石是 Pluma Hidalgo 矿床的围岩。斜长岩遭高度蚀变，增加了许多石英和电气石。在 Pluma Hidalgo 中部地区，有许多小的不纯斜长岩侵入体，一般含 1%～2% 的粗粒金红石，但具有巨大经济价值的是含 2%～50% 金红石的不纯斜长岩，平均含 TiO_2 20%。金红石矿体宽约 20～40m，长至少为 600m。这个矿带的围岩主要是片麻岩，局部是含低品位金红石的斜长岩。在富矿石中，金红石呈粗粒单晶产出，产于蚀变长石或辉石巨晶中。

C 钠长岩型矿床——挪威 Kragero 地区

在挪威南部海岸靠近 Kragero 产有富金红石的钠长岩，含金红石钠长岩的围岩是角闪岩，它有两种类型：一类为片理化的变辉长岩，含有方柱石和榍石；另一类为斜长角闪岩，是变形的枕状熔岩。

钠长岩中富集金红石，而角闪岩类围岩则富含榍石。Kragero 的主要金红石矿体宽 2m，金红石含量平均为 6%～10%，但分布不均匀，局部甚至高达 25%，其他岩石则含电气石或刚玉和少量金红石。金红石富矿的生成是交代成因的。

5.2.2.2 与碱性侵入岩有关的矿床

含钛氧化物的重要碱性岩为云霞正长岩杂岩，它可能含丰富的钙钛矿、磁铁矿和金红石同质多形晶。除富含磁铁矿外，常富含铌。钛铁矿一般较少，但也有较富集的。与此相反，钠质霞石正长岩类碱性杂岩体中的含钛矿物多为硅酸盐，如榍石、钛普通辉石、钛钙铁榴石、钛闪石等。

A 美国科罗拉多州的 Pow derborn

矿区发育大面积辉石岩（30km²）。该辉石岩由透辉石质普通辉石组成，局部为含钛辉石，伴有少量磁铁矿、钙钛矿、黑云母和金云母；辉石岩的重要变种是局部富含磷灰石、橄榄石、霞石、长石和灰黑榴石的碱性岩，含约 5% 的 TiO_2。石榴子石和榍石一样，均属晚期矿物。辉石的 TiO_2 含量很高，可达 0.3%～11.9%，平均为 6.5%；磁铁矿－钙钛矿岩形成不连续的透镜状岩脉，厚度为 0.5～50m。岩脉中的钙钛矿含量很高（50% 左右）。在磁铁矿－钙钛矿岩石中 TiO_2 的含量最高达 40%。钙钛矿晶体粒度大小一般为 1～4mm。

B 美国阿肯色州 Magnet Cove 地区

一群中生代碱性环状杂岩体侵入到古生代沉积岩组成的褶皱带中，形成一个小的碱性侵入岩盆地。碱性岩内带有碳酸岩，钛矿床产于钛铁霞辉岩外环和中环的响岩中。另外，外环的石榴子石正长岩和钛铁霞辉岩可能与产于蚀变沉积围岩的接触变质板钛矿矿床有关。

钛铁霞长岩或磁铁矿 - 钙钛矿辉石岩含 4.0% ~ 4.3% 的 TiO_2；蚀变响岩局部遭角砾岩化，平均含 TiO_2 2.5%。

矿床的产出有 3 个主要形式（环境）：（1）蚀变响岩中的金红石、长石、碳酸盐脉群，金红石含量为 2.7%；（2）钛铁霞辉岩中的板钛矿 - 长石（微斜长石）- 黄铁矿脉，还伴有辉钼矿；（3）在接触变质似矽卡岩中，板钛矿矿体产于碱性侵入岩和沉积围岩的接触带中。矿体由细网脉状和浸染状石英、板钛矿和褐铁矿组成，产于重结晶的石英岩中。矿石中板钛矿含量为 5%，板钛矿含有 2% 的 Nb 和 0.5% 的 V_2O_5。

5.2.2.3 斑岩型

金红石在钙碱性花岗岩类斑岩蚀变系统中的含量可达 0.3% ~ 1.0%。在斑岩的蚀变岩带中，含钛矿物黑云母、角闪石、钛磁铁矿、榍石和钛铁矿往往消失，形成金红石。

美国犹他州 Bingham 斑岩铜（钼）矿床是美国最大的斑岩铜矿，伴生钼，也伴生金红石。该矿床中第三纪等粒石英二长岩和较晚的浅色斑状石英二长岩侵位于古生代沉积岩中。矿石几乎与钾化蚀变带一致，青磐岩化蚀变带在其外带，而绢云岩化蚀变带则叠加在岩体和钾化带之上。金红石在等粒石英二长岩和浅色斑状石英二长岩的钾化蚀变带中平均含量分别为 0.34% 和 0.24%；金红石的粒度是 0.03 ~ 0.06mm。

5.2.3 沉积类矿床

5.2.3.1 第四纪海滨沉积砂矿床

矿床位于大陆边缘，其产出纬度低于 35°，大多是由从陆地流入海洋的高级变质地体源的碎屑物沉积而成。砂矿粒度为中细粒。重矿物组合属抗风化能力较强的矿物，如钛铁矿、金红石、锆石、独居石和铝硅酸盐矿物等。有经济意义的矿床的重砂矿物含量为 1% ~ 25%，甚至更高。

海滨金红石砂矿床可进一步划分为海滨沉积矿床和海岸风成矿床两类，以前者为主，两者常共生在一个砂矿床中。

（1）澳大利亚东海岸地区的金红石砂矿床。南起 Sydney，北至 Brisbane，断续延长 1200km。开采的重砂矿物粒径一般为 0.11 ~ 0.13mm。高品位矿层主要由金红石、锆石和钛铁矿组成。这 3 个矿物约占重砂矿物的 90% 以上，其他重矿物还有电气石、独居石、铬铁矿和石榴子石等。矿层厚为 2m。矿床可进一步细分为全新世海滨矿床、全新世风化矿床、更新世海滨矿床和更新世风成矿床 4 类。

（2）南非 Richards Bay 地区的砂矿床。由风成矿床和海滨沉积矿床构成，以前者为主。矿层厚 20m 左右。重矿物含量平均为 10% ~ 14%，有经济意义的重矿物为钛铁矿、锆石和金红石，其中钛铁矿占主导地位。另外还有少量白钛矿、独居石、磁铁矿、石榴子石等。重矿物的粒径一般为 0.1 ~ 0.15mm。

5.2.3.2 河流沉积砂矿床（非海相沉积砂矿床）

这是金红石（钛铁矿）矿床一个相当重要的类型。河流沉积矿床形成的 3 个有利地形 - 岩性条件，即：（1）从矿源区出发具有放射状的排水系统；（2）排水盆地完全产于有利源岩区（如榴辉岩）；（3）排水盆地源头有利岩源区被来自这些有利源岩的沉积物所包围。

非洲塞拉利昂 Gbanbama 金红石砂矿床就具备上述 3 个有利的成矿条件。塞拉利昂完全靠出口金红石获得重要外汇收入。

该砂矿床的源岩为石榴子石麻粒岩，富含金红石（0.2% ~ 1%）。这类岩石遭到很强的风化作用，并被放射状排水系统包围。矿体厚 10 ~ 20m，直接覆盖于风化源岩基岩之上。重矿物含量一般为 1% ~ 5%，含 0.5% ~ 2% 的金红石。

5.2.3.3 古沉积砂矿床加拿大魁北克 Sutton 地区

加拿大魁北克省阿巴拉契亚山一个非常特殊的金红石富矿床，属于早寒武世的古砂矿，但又经历了绿片岩相低级变质作用，他们称其为非常规的金红石矿床。

在魁北克阿巴拉契亚山 Sutton 地区，下寒武统富钛变质沉积岩地层分布广泛。该富钛地层 TiO_2 含量大于 20%，层厚达 5 ~ 30m，含矿岩石露头分布面积约为 20km²。因此，钛矿资源潜力很大。

下寒武统金红石古砂矿的赋矿地层自下至上依次为：变质玄武岩；千枚岩，厚 3m；含白云母石英岩，厚 2.5m；变玄武质砂岩，由重矿物、石英和绿泥石组成，厚 35m；变玄武质砂岩，由重矿物、石英和白云母组成，局部夹白云岩，厚 30m；白云质大理岩。

重矿物的成分为：金红石 18%，锐钛矿 20%，假象金红石（$Fe_2Ti_3O_9$）12%，钛铁矿 5%，磁铁矿 10%，赤铁矿 15%，锆石 10%，电气石 5%，钛磁铁矿 3%。这些铁钛氧化物的粒度为 0.2 ~ 0.25mm。重矿物在含矿岩石中的比例超过 60%。

关于矿床的成矿作用过程中，原始的碎屑沉积重矿物中钛铁矿占 65% 左右，金红石碎屑很少。沉积成岩后的古风化淋滤作用，使铁被淋滤，增加了钛的含量；志留纪造山运动又促使矿层遭受低级变质作用，产生的新矿物包括假象金红石、锐钛矿和金红石等。

5.2.4 碱性岩风化型矿床

巴西 Tapira，Salltre 和 Catalao I 矿床是该风化型矿床的唯一实例。这是一个超大型锐钛矿矿床，产于风化的碱性岩中。锐钛矿资源量可达 3 亿吨，矿石含 TiO_2 高达 20%（Force，1991）。

Ulbrich 等（1981）测定该区 64 个碱性岩的时代为 40 ~ 90Ma。其中有 3 个岩体富含钛，其他岩体则含稀土元素、磷酸盐、斜锆石、表生氧化锰矿和硅镁镍矿。这 3 个富钛碱性岩体侵入于前寒武纪地层中，其分布范围可达 25 ~ 40km²。它们由钛铁霞辉岩、云霞钛辉岩和其他碱性辉石岩组成，含 14% 钙钛矿和 30% 榍石，局部还富集磷灰石和磁铁矿。

有潜力的钛矿石实际上不是这些富钛的碱性岩，而是部分产于其上的风化残余物，厚度可达 200m。在风化残余物中，锐钛矿是交代钙钛矿、磁铁矿和榍石形成的；矿物集合体大小可达 0.1mm ~ 1cm。锐钛矿的显微晶体是多孔的，并被褐铁矿所胶结。

5.3　金红石矿物选矿特性及其工艺要求

变质型矿床，金红石自然颗粒主要为单晶，粒度较细，分布均匀，随着变质温压降低，粒度有明显变小趋势；变质蚀变型矿床，金红石自然颗粒主要为集合体，粒度粗，局部富集。其成因前者为变质过程是没有水参与的"干变"及变质温压的改变；后者蚀变过程是有水参与的"湿变"，并且其环境为金红石提供了充分的生长空间。

风化壳砂矿主要含钛矿物为金红石，其次有蚀变钛铁矿、钛铁矿、钛磁性铁矿、榍石。脉石矿物主要有角闪石、石英、白云石、绿帘石、绿泥石等。金红石嵌布粒度较细，属细粒、微细粒不均匀嵌布，粒度区间较大（0.01～0.20mm），一般多在0.037～0.074mm较多。金红石以自形晶或半自形晶粒状嵌布在脉石矿物粒间，部分以包裹体形式分布在脉石中。

5.3.1　金红石砂矿的选矿特性及其工艺要求

金红石砂矿的矿物类型包括残破积型、滨海型和冲积型，矿物组分与钛铁矿砂矿相似。矿石质量主要取决于金红石的含量及粒度。金红石含量各矿区不一，一般为1.10%～3.87%，高者达4.70%～8.37%。常伴有钛铁矿、锆石、磷灰石。

金红石存在于多种矿床中，不同类型矿床的金红石因成矿作用不同，不仅伴生的矿物有较大的差异，而且金红石的颜色、晶形、物化性质及化学成分也不尽相同，同样其选矿的方法也不尽相同。在海滨砂矿中，金红石的含量处于钛铁矿及锆英石之后，占第三位，品位为2%～8%。海滨砂矿的特点是有用矿物种类多，单体解离好，经采场初步富集后即可进入选厂进行选矿，但主要产品只有钛铁矿、锆英石、金红石、独居石及磷钇矿。钛铁矿具有强电磁性，锆英石不具有电磁性，都易于选别，独居石与磷钇矿含量少，一般作为副产品回收。选矿工艺最为复杂的是金红石选矿，往往要采用重选、磁选、电选和浮选等联合工艺流程才能选出合格产品。金红石产品是由金红石、板钛矿、锐钛矿和白钛石等组成，板钛矿和锐钛矿的化学成分与金红石的相同，矿石性质相似，是金红石的同质多象变种。白钛石是钛铁矿等含钛矿物的氧化物，其性质变化极大，在生产实践中，无论采用哪一种选矿工艺，都会有一部分白钛石进入金红石产品中。

金红石矿是由多种矿物组成的复杂矿，其精矿产品要求二氧化钛含量超过87.5%以上。因此金红石矿选矿工艺必须采用多种选矿方法；如重选、磁选、浮选、电选、酸洗等组成的联合选矿工艺，才能获得高质量的金红石精矿产品。（1）重选是根据矿物的密度不同而进行分选的方法，具有生产成本低，对环境污染少的优势。重选最适合于处理砂矿型金红石矿，但在分选原生金红石矿，重选作为富集手段，往往是必不可少的。在金红石矿选别中，重选脱泥、抛尾作为粗选作业，可以抛弃大部分的矿泥；采用摇床作业，可以把石英、电气石、石榴子石以及一部分白钛石作为尾砂分选出去，金红石富集在摇床中矿和精矿中。此外近几年研制出的处理细粒、微细粒矿石的先进新型设备——离波摇床是一种以多种力场作用为分选机制的新型摇床，它对于多种矿床的金红石选别效果都很好，尤其用于处理细粒、微细粒原生金红石矿，取得了更佳的选别效果。（2）磁选是根据矿物的磁性及磁性的强弱，将磁性矿物与非磁性矿物及强磁性矿物与弱磁性矿物彼此分离而进行分选的方法。采用磁选作业可将导磁的钛铁矿、褐铁矿、赤铁矿、磁铁矿等上磁矿物和非导磁的金红石矿物分离。在生产实践中，我们可以看到有少量的金红石进入磁性产品中，这种金红石的颜色呈黑色。经分析，这种金红石含氧化铁为2%以上，具有弱磁性，通常把这种金红石称为铁质金红石。在金红石矿选别中，若与其他选矿方法配合，磁选可以有效地用于金红石矿的预选和精选。（3）电选是建立在矿物电导率基础上，根据各种矿物表面导电性不同进行分选的选矿方法。由于硅酸盐、锆英石、白钛石不导电，所以电选能较容易地实现导电矿物金红石与非导电矿物有效分离，进一步提高金红石精矿的品位和降低杂质含量。（4）浮选是分选细粒金红石、降低金属损失的有效方法，具有发展前途。与国外相比，中国金红石资源主要为原生金红石矿，其粒度嵌布细，与脉石关系紧密，因此不能采用国外普遍采用的重选、电选、磁选联合工艺流程。浮选工艺是解决中国细粒金红石矿选别难的关键作业。许多研究单位在这一领域已做了大量的研究工作，取得了不少成果，寻找高性能捕收剂和无污染的浮选药剂制度是金红石浮选研究的重点。（5）酸洗，由于金红石精矿产品要求硫含量不大于0.05%，磷含量不大于0.105%，且要求二氧化钛含量超过87.5%以上，而金红石矿经重选、磁选、电选和浮选联合选别后，其粗精矿金红石单矿物含量仅为60%以上，还有许多硅酸盐、碳酸盐、铁矿物等杂质矿物黏附在金红石边缘及裂隙，为除去这些杂质，提高精矿质量，必须采用酸洗工艺。

摇床选矿是根据矿物的密度不同而进行分选的方法，在摇床作业中把石英石、柘榴子石以及一部分白钛石作为尾砂分选出去，金红石的密度介于锆英石与尾砂之间，70%以上的金红石富集于摇床中矿，提高了金红石进入电磁选系统的给矿品位，约有1%的金红石在摇床作业中作为尾砂丢弃，其余的则进入锆英石毛精矿中，这部分金红石待选锆英石后再返回金红石选矿系统；磁选作业把导磁的钛铁矿等上磁矿物和非导磁的金红石分离。浮选作业用纯碱和水玻璃作金红石的抑制剂，用煤油和肥皂作捕收剂，在pH=8～9的条件下进行反浮选，把少量的白钛石及其他杂质矿物浮选出来，通过浮选，能把金红石的品位提高3%～5%，杂质的含量控制在0.04%以下，从而保证金红石产品质量。影响重选、磁选、电选及浮选作业的因素很多，各种设备的操作条件因金红石原料性质的不同以及选矿工人的技术水平不同而不同，并没有固定不变的操作条件。中国海滨砂矿资源已逐渐枯竭，砂矿资源品位低，原矿性质变化较大，可选性差。在金红石选矿过程中往往要多次使用这几种选矿工艺才能选出合格产品及有效地提高金红石选矿回收率。

金红石选矿工艺流程中金红石来源有：（1）从海滨砂矿原矿中选出钛铁矿后的尾矿，这部分金红石需要重选选别后才能进入电磁选系统；（2）收购经别的选厂富集后的金红石中矿，该矿不需重选可直接入电磁选选矿，金红石的选矿设备有摇床、双滚筒电选机、高压电选机、永磁对辊式磁选机、单盘磁选机、双盘磁选机及34槽浮选机等，电磁选工艺有先电选后磁选和先磁选后电选两种，一般情况下采用先磁选后电选选矿工艺，即先把磁性较强的钛铁矿分选出来，以减轻电选机负荷。

在金红石的选矿工艺中，每台电选及磁选设备即可以形成流水线的连贯性作业，也可以单台设备作业，在选矿时可以采用两磁两电，两电两磁，又可以采用两磁一电、一磁一电等多种选矿工艺。

图5-1给出了海砂粗精矿典型选矿工艺。

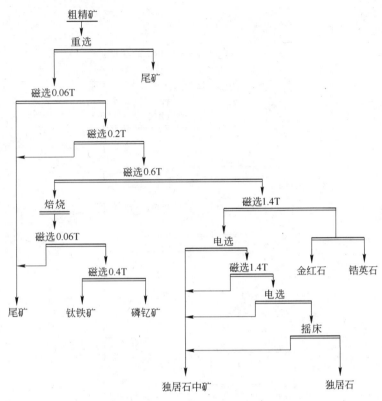

图 5-1 海砂粗精矿典型选矿工艺

5.3.2 金红石脉矿特点及选矿工艺选择

原生脉矿一般在岩浆岩中作为副矿物呈细小颗粒产出，偶尔在伟晶岩中出现。在区域变质过程中，金红石由钛矿物转变而成，在角闪石、榴辉岩、片麻岩和片岩中出现。国内原生金红石具有贫、细和杂的特性，原生金红石矿物组成复杂，金红石矿相常与钛铁矿、钛赤铁矿、赤铁矿和磁铁矿等矿相伴生，脉石矿物主要有石英、长石、白云母、黑云母、绿帘石、斜长石、石榴石、绿泥石、电气石、透闪石、滑石、蛭石和重晶石等，钛铁矿、钛赤铁矿、赤铁矿和磁铁矿都有磁性，密度与金红石相似，均大于 $4.2g/cm^3$。

原生金红石矿矿石中主要金属矿物有金红石、钛赤铁矿、钛铁矿、榍石、方铅矿、硫铁矿、磁黄铁矿、黄铁矿、褐铁矿等。脉石矿物主要为角闪石、黑云母、长石、方解石、绿泥石、透闪石、磷灰石及少量的绿帘石等。金红石粒度以 0.03～0.15mm 为主，占 80.10%。金红石单矿物中含二氧化钛 97.83%。金红石的可选性能主要受其粒度的影响，磨矿细度是影响金红石选别的重要因素，阶段磨矿、擦洗磨矿、添加助磨剂等手段均可有效提高选别效果，根据原生金红石矿矿物组分及嵌布关系复杂的特点，金红石矿的选别必须采用重选、磁选、浮选、电选、酸洗等组成的联合选矿工艺，才能获得高质量的金红石精矿。并且根据原矿品位低的特点，应将选矿工艺分为粗选和精选两阶段进行，选择高效无毒的组合捕收剂和调整剂。

图 5-2 给出了脉矿金红石典型选矿工艺。

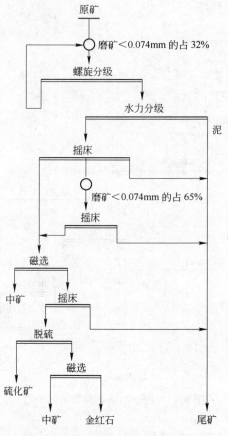

图 5 – 2　脉矿金红石典型选矿工艺

5.5　典型金红石选矿

按照钛矿资源的砂矿和脉矿分类，天然金红石选矿依据矿石性质形成了一些带典型意义的选矿厂。

5.5.1　山西代县碾子沟金红石矿

碾子沟金红石矿床为蚀变岩原生矿，矿石中主要金属矿物为金红石、钛铁矿和磁铁矿。脉石矿物主要为透闪石、滑石、普通角闪石，其次有阳起石、绿泥石、黑云母、石英等，还有少量的蓝晶石和磷灰石等。矿石的结构构造比较简单，金红石呈半自形粒状结构、交代残余结构及少量自形柱状结构。其中，半自形粒状结构金红石分布最广，金红石边缘略被脉石矿物交代，金红石粒度较粗，一般在 0.5 ~ 1.0mm。交代残余结构中的金红石大部分被脉石矿物交代。自形柱状结构则为少量细粒（0.05 ~ 0.1mm）金红石被包裹于滑石、透闪石中，其晶形完整且呈柱状。与国内同类型矿床相比，该矿矿石品位较低，但其金红石自然颗粒粒度较粗，可选性良好，金红石纯度高，杂质少。山西代县目前已建的选厂的选矿工艺：重选—磁选—酸洗联合流程。获得的精矿品位可达90%以上，但选矿回收率低，不足50%。湖北省地质实验研究所、长沙矿冶研究院及化学工业部化学矿产地质研究院曾对代县碾子沟金红石矿做过可选性试验，试验结果表明，代县金红石矿的金红石粒度较粗，采用开路磨矿，既能保证金红石不易产生过分粉碎，又能达到使金红石单体解离较完全的目的。该矿石适宜采用重选。

5.5.2 四川会东新山金红石矿

金红石矿的主要钛矿物为金红石、锐钛矿、钛铁矿等。脉石矿物主要为绢云母、绿泥石、石英、黑云母等。其金红石品位较高，达到3%~4.5%，但矿物组分复杂，浸染粒度极细微，金红石在矿石中分布极不均匀，被绢云母、绿泥石包裹，与褐铁矿化、碳酸盐化、硅化的矿石中氧化铁、碳酸盐呈包裹连生关系，属于较难选的矿石。陕西安康镇平金红石矿与此矿类似。针对金红石粒度细的特性，采用了多段磨矿，并用助磨剂抑制或减少颗粒的团聚，从而改善磨矿效果和降低能耗，采用高梯度磁选机、离波摇床、超高压悬浮电选机等处理微细粒矿石，获得了理想的分离效果。原矿品位为4.20%，采用重选—磁选—浮选—电选的流程，精矿品位为83.73%，回收率达40.19%。

5.5.3 湖北枣阳金红石矿

枣阳金红石矿属富含金红石的变质基性岩原生矿，有用矿物主要为金红石，伴生有少量钛铁矿、磁铁矿、榍石、白钛矿、黄铁矿、磷灰石等。脉石矿物主要为柘榴子石、角闪石，其次为黝帘石、绿泥石、云母、长石、石英等。金红石嵌布粒度细，分布不均匀，一般粒度为0.03~0.10mm，最大可达0.788~0.95mm，最小为0.015mm。有用矿物与脉石矿物密度差小，其顺序由大到小为钛铁矿、金红石、柘榴子石、角闪石、黝帘石。部分金红石内有钛铁矿包裹体，钛在脉石矿物中高度分散，钛含量占钛总量的15%~20%。矿石中含有绿泥石和云母等易引起二次泥化的矿物。从1966年开始，就有研究院对此矿石进行选矿试验研究，结果表明，浮选—磁选流程更适合处理该类矿石。采用苄基肿酸为捕收剂，分别以氟硅酸钠＋硫酸和硝酸铅＋氟硅酸钠为调整剂，对该矿石进行了全浮选试验，结果表明，采用这两种试剂系列，均获得较好的浮选结果。

5.5.4 陕西商南金红石矿

矿石中主要金属矿物有金红石、钛赤铁矿、钛铁矿、榍石、方铅矿、硫铁矿、磁黄铁矿、黄铁矿、褐铁矿等。脉石矿物主要为角闪石、黑云母、长石、方解石、绿泥石、透闪石、磷灰石及少量的绿帘石等。金红石粒度以0.03~0.15mm为主，占80.10%。金红石单矿物中含二氧化钛97.83%。精矿回收率普遍不高，原因主要是矿床的矿石矿物组合复杂，金红石含量低，硫、磷矿物等有害杂质偏高，使选矿流程复杂，加之金红石粒度细，有些还呈连生体或嵌裹在其他矿物晶体之中，使其在选矿流程中难以分离，损失于磁性物和尾矿中。

5.5.5 江苏等地金红石矿

该类矿石矿物组成主要为石榴子石、绿辉石、金红石，其他还有角闪石、绿泥石、磷灰石、石英、帘石、黏土、云母和铁质等。此类型金红石矿床具有储量巨大、品位较高、埋藏浅、易开采等特点。石榴子石是主要的伴生脉石矿物，在选矿中往往成为影响金红石精矿品位提高的重要制约因素。对东海县榴辉岩型金红石矿采用重选—磁选—再磨—浮选—重选联合工艺综合回收石榴子石时，金红石精矿品位为90%以上，回收率为52.30%；未回收石榴子石时，金红石精矿品位为90%以上，回收率为62.13%。综合回收石榴子石的效益明显提高。

5.5.6 河南方城金红石矿

河南方城金红石矿，矿区内有原生矿、风化壳砂矿和冲积型砂矿3种类型。目前主要勘查对象为风化壳砂矿。风化壳砂矿主要含钛矿物为金红石，其次有蚀变钛铁矿、钛铁矿、钛磁性铁矿、榍石。脉石矿物主要有角闪石、石英、白云石、绿帘石、绿泥石等。金红石嵌布粒度较细，属细粒、微细粒不均匀嵌布，粒度区间较大（0.01～0.20mm），一般多在0.037～0.074mm较多。金红石以自形晶或半自形晶粒状嵌布在脉石矿物粒间，部分以包裹体形式分布在脉石中。金红石与铁矿物间关系非常密切，它们互相穿插，互相包裹。同时存在大量的泥质矿物正在研究配套工艺。

5.6 国内外天然金红石矿物质量及用途

5.6.1 国内外天然金红石矿物质量

北半球有脉矿金红石，南半球海洋国家或多或少都有砂矿天然金红石产出，主要国家的典型金红石钛矿化学组成见表5-2。

表5-2 主要国家的典型金红石钛矿化学组成 （%）

成 分	金 红 石				
	澳大利亚	南 非	斯里兰卡	俄罗斯	印 度
TiO_2	95.2	96.5	98.6	93.2	95.5
FeO	0.9				
Fe_2O_3	1.0	0.61	0.89	1.8	2.0
SiO_2	0.2		0.64	2.0	0.74
Al_2O_3	0.02		0.16	1.1	0.5
CaO	0.07			0.22	0.01
MgO	0.18				0.03
MnO	0.008			0.18	0.01
Cr_2O_3	0.6	0.16		0.27	0.11
V_2O_5	0.01	0.63		0.11	0.55
P_2O_5	0.8		0.001		0.07
ZrO_2	0.2		0.38	2.5	1.02
S	0.1				0.02
C	0.03				

5.6.2 金红石矿产品用途及特点

金红石矿产品用途包括氯化钛白、海绵钛、电焊条和钛铁合金生产，天然金红石矿产品质量标准见表 5 −3。

表 5 −3 天然金红石矿产品质量标准（YS/T 352—1994） （%）

质量等级	$w(TiO_2)$	$w(S)$	$w(P)$	$w(FeO)$
特级	96	<0.03	<0.03	<0.05
一级	92	<0.03	<0.03	<0.05
二级	90	<0.03	<0.03	<0.05

国外沸腾氯化工艺对钛原料（高钛渣、天然金红石和人造金红石）的 TiO_2 品位、钙镁含量和粒度要求很严格，TiO_2 品位大多要求在 90% 以上，钙镁含量要求 $\sum(CaO + MgO)$ <1.0%，特别是对 CaO 的含量要求苛刻，一般为不大于 0.12%，粒度在 0.074～0.18mm 范围之内，目的是提高氯化炉的产能，降低氯气消耗和粗 $TiCl_4$ 杂质含量，防止钙镁氯化物对气体分布器的黏结，提高氯化炉运行周期。

金红石还用作覆盖电焊条的涂料成分，用户对金红石产品的一般要求较严格，杂质超标会导致电焊条生锈，或使电焊条涂料层容易脱落，金红石的品位越高，杂质含量越低，越受用户欢迎，当然，其价格也越高。生产高品位的金红石需要解决的是白钛石的分选问题，由于白钛石的特殊性，它在金红石产品中始终占有一席之地，据分析在 87% 的金红石中，白钛石的矿物含量一般在 15%～5% 之间，金红石品位越高，白钛石的含量就越低，白钛石是钛铁矿等矿物的氧化物，但主要从钛铁矿风化转变而来，有的转变完全，有的转变不完全。

6 钛材料制造技术——人造富钛原料

由于氯化钛白和海绵钛生产技术的快速发展，富钛原料需求迅猛增加，严重冲击钛原料供应结构和格局，20世纪80年代钛原料供应结构发生深刻变化，在天然金红石供应恒定或者略微减少的情况下，出现了适合氯化高品位原料的较大供应真空。利用化学加工方法，将钛铁矿中的大部分铁成分分离出去所生产的一种在成分和结构性能上与天然金红石相同的富钛原料，其 TiO_2 含量视加工工艺不同在 91% ~96% 波动，是天然金红石的优质代用品，大量用于生产氯化法二氧化钛，也可用于生产四氯化钛、金属钛、搪瓷制品和电焊条药皮，还可用于生产人造金红石黄颜料。

6.1 人造金红石

由于金红石有用作宝石的优良性质，所以人们一直在研究科学合成它的方法。1947年，美国铅业公司首先用焰熔法制出了人造金红石（synthetic rutile）。其中的无色透明者，主要就是用作钻石的代用品或假冒品。用无色透明的人造金红石琢磨成的宝石闪亮刺眼、五彩缤纷，超过了真钻石的色彩逼真度，常被称为"五彩钻"或"五色钻"。人造金红石琢磨后的成品，即所谓的"五彩钻"，与真钻石不难区别。由于金红石有强烈的双折射，用放大镜从顶面观察"五彩钻"，可以发现底部的棱线的显著的双影，真钻石则绝不会出现双影。此外，"五彩钻"因为闪光过分艳丽，并带有不清亮的乳白光，看来有庸俗之感。

人造金红石生产工艺经过50年的精进发展，形成了不同钛矿物与不同介质配对，产能规模也持续扩大，形成了对氯化钛白和海绵钛生产的强力支持，常用的生产人造金红石的方法有 ILuka 还原锈蚀法、盐酸浸出法、硫酸浸出法、稀盐酸常压流态化浸出法、UGS 升级钛渣法、碱处理法、氯化处理法等。

6.1.1 ILuka 还原锈蚀法

还原锈蚀法生产人造金红石（富钛料）的方法是由澳大利亚西钛公司于20世纪60年代后期首创的。还原锈蚀法是一种选择性除铁的方法，首先将钛铁矿中铁的氧化物经固相还原为金属铁，然后用电解质水溶液将还原钛铁矿中的铁锈蚀并分离出去，使 TiO_2 富集成人造金红石。这种方法是澳大利亚研究成功的，澳大利亚利用这种方法处理海滨蚀变矿（咸水矿）制造人造金红石十分成功，采用当地廉价的褐煤和钛铁矿为原料，生产含 TiO_2 92% ~94% 的人造金红石，可作为氯化法生产钛白的优质原料。现在澳大利亚西钛公司已建成了年产能力达79万吨锈蚀法人造金红石的工厂。锈蚀法生产人造金红石包括氧化焙烧、还原、锈蚀、酸浸、过滤和干燥等主要工序。锈蚀法生产人造金红石工艺流程如图6-1所示。

6.1.1.1 氧化焙烧

澳大利亚在研究和工业化初期，还原之前进行预氧化焙烧处理，所用原料是半风化的

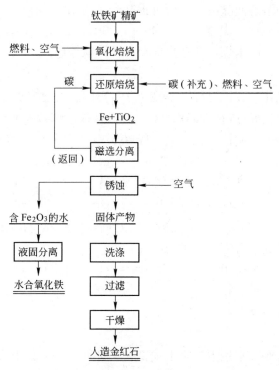

图 6-1 锈蚀法生产金红石工艺流程

钛铁矿（TiO_2 含量为 54%～55%，$Fe^{3+}/Fe^{2+}=0.6～1.2$）。预氧化焙烧的目的是为了减少在固相还原过程中矿物的烧结。钛铁矿预氧化生成高铁板钛矿和金红石：

$$4FeTiO_3 + O_2 = 2Fe_2TiO_5 + 2TiO_2 \qquad (6-1)$$

但是现在工业化生产中，已取消了预氧化工序。

澳大利亚的氧化焙烧是在回转窑中进行的，以燃油为燃料，窑中最高温度为 1030℃。在空气中进行氧化焙烧，先把钛铁矿中的 Fe^{2+} 氧化为 Fe^{3+}，氧化是不完全的，一般仍含有 3%～7% 的 FeO 将氧化矿冷却至 600℃ 左右，即进入还原窑。

6.1.1.2 还原

钛铁矿的还原是在回转窑中进行，采用煤作还原剂和燃料，澳大利亚利用本地廉价的次烟煤，物料经氧化后，钛铁矿中的铁得到活化，可提高还原速率和还原率，并可防烧结。还原温度控制在 1180～1200℃，由于温度高于 1030℃ 时，固体碳即生成 CO，CO 在第一阶段将 Fe^{3+} 还原为 Fe^{2+}，第二阶段将 Fe^{2+} 还原为 Fe，并伴随有部分 TiO_2 被还原。要防止空气进入而引起金属铁被氧化。还原可使 93%～95% 的铁还原为金属铁。当温度超过 1200℃ 时，则会发生矿物的严重烧结而使回转窑结圈。窑内温度是通过调节加煤速度和通风速度而控制的。其反应式如下：

$$Fe_2O_3 \cdot TiO_2 + 3C = 2Fe + TiO_2 + 3CO \qquad (6-2)$$

$$Fe_2O_3 \cdot TiO_2 + 2CO = FeO \cdot TiO_2 + Fe + 2CO_2 \qquad (6-3)$$

$$FeO \cdot TiO_2 + CO = Fe + TiO_2 + CO_2 \qquad (6-4)$$

为了减少锰杂质对还原过程的干扰，澳大利亚在还原过程中加入一定量的硫作催化剂，使矿中的 MnO 优先生成硫化物，减少锰对钛铁矿还原的影响，而所生成锰的硫化物，可在其后的酸浸过程中溶解而除去，从而可提高产品的 TiO_2 品位。

从还原窑卸出的还原矿，温度高达 1140～1170℃，必须将其冷却至 70～80℃，方可进行筛分和磁选脱焦，分离出煤灰和余焦而获得还原钛铁矿。

6.1.1.3 锈蚀

锈蚀过程是一个电化学腐蚀过程，是在含 1% NH_4Cl 或盐酸水溶液的电解质溶液中进行的。锈蚀是放热反应，温度可升高到80℃。还原钛铁矿颗粒内的金属铁微晶相当于原电池的阳极，颗粒外表相当于阴极。在阳极，Fe 失去电子变成 Fe^{2+} 离子进入溶液：

$$Fe - 2e \longrightarrow Fe^{2+} \tag{6-5}$$

在阴极区，溶液中的氧接受电子生成 OH^- 离子：

$$2H_2O + O_2 + 4e \longrightarrow 4OH^- \tag{6-6}$$

颗粒内溶解下来的 Fe^{2+} 离子，沿着微孔扩散到颗粒外表面的电解质溶液中，同时通入空气使之进一步氧化生成水合氧化铁细粒沉淀：

$$2Fe(OH)_2 + 1/2O_2 \Longrightarrow Fe_2O_3 \cdot H_2O \downarrow + H_2O \tag{6-7}$$

所生成的水合氧化铁粒子特别小，根据它与还原矿的物性差别，可将它们从还原矿的母体中分离出来，获得富钛料。

6.1.1.4 酸浸

采用4%的硫酸在80℃常压下，将上述富钛料进行浸出，其中残留的一部分铁和锰等杂质溶解出来，经过滤、水洗，在回转窑中干燥、冷却，即可获得 TiO_2 含量为 92% 的人造金红石。副产品氧化铁中含有 1%～2% 的 TiO_2，钛铁矿中钛的回收率可达98.5%，每吨产品消耗锈蚀剂氯化铵11kg，耗电 135kW·h。澳大利亚和中国采用各自的钛铁矿制出的人造金红石产品组成见表6-1。

表6-1 还原锈蚀法人造金红石产品组成 　　　　　（质量分数，%）

成　分	澳大利亚		中　国	
	原料钛精矿	人造金红石	氧化砂矿人造金红石	藤县矿人造金红石
ΣTiO_2	55.03	92.0	88.04	87.05
Ti_2O_3		10.0		
FeO	22.20	4.63		
Fe_2O_3	18.80		6.35	8.70
SiO_2		0.7	0.84	0.81
CaO		0.03	0.12	0.31
MgO	0.18	0.15	0.12	0.22
Al_2O_3		0.7	1.29	0.10
MnO	1.43	2.0	1.17	1.04
S		0.15	0.005	0.009
P			0.018	0.019
C		0.15	0.028	0.029

6.1.1.5 还原锈蚀法的优点

（1）人造金红石产品粒度均匀，颜色稳定。

（2）用电量和氯化铵、盐酸、硫酸的量均少，还原时主要是以煤为还原剂和燃料，并可利用廉价的褐煤，因此产品成本较低。

（3）三废容易治理，在锈蚀过程中排出的废水接近中性（pH 值为 6～6.5），赤泥经干燥可作炼铁原料，也可进一步加工成氧化铁红，污染较少。

6.1.1.6 还原锈蚀法的缺点

仅适宜处理高品位的钛铁砂矿。由于还原锈蚀法工艺本身的原因，所生产出的产品品位只能达到 92%。后来国外 RGC 在工艺中进行了改进，加了一道酸浸工序，使 TiO_2 品位从 92% 提高到 94%，并降低了产品中铀、钍放射性元素的含量。

6.1.2 盐酸浸出法

在国外用稀盐酸浸出法制取人造金红石有两种稍有不同的方法。其中应用较广而有代表性的是美国科美基公司采用的 BCA 盐酸循环浸出法。这种方法主要是钛铁矿在稀盐酸中选择性地浸出铁、钙、镁和锰等杂质，杂质被除去，从而使 TiO_2 得到富集而提高了品位。其主要反应如下：

$$FeO \cdot TiO_2 + 2HCl \Longrightarrow TiO_2 + FeCl_2 + H_2O \qquad (6-8)$$

$$CaO \cdot TiO_2 + 2HCl \Longrightarrow TiO_2 + CaCl_2 + H_2O \qquad (6-9)$$

$$MgO \cdot TiO_2 + 2HCl \Longrightarrow TiO_2 + MgCl_2 + H_2O \qquad (6-10)$$

$$MnO \cdot TiO_2 + 2HCl \Longrightarrow TiO_2 + MnCl_2 + H_2O \qquad (6-11)$$

在浸出过程中 TiO_2 有部分被溶解，当溶液的酸浓度降低时，溶解生成的 $TiOCl_2$ 又发生水解而析出 TiO_2 水合物：

$$FeO \cdot TiO_2 + 4HCl \Longrightarrow TiOCl_2 + FeCl_2 + 2H_2O \qquad (6-12)$$

$$TiOCl_2 + (x+1) \ H_2O \Longrightarrow TiO_2 \cdot xH_2O \downarrow + 2HCl \qquad (6-13)$$

6.1.2.1 BCA 盐酸循环浸出法

将钛铁精矿与 3%～6% 的还原剂（煤、石油焦）连续加入回转窑中，在 870℃ 左右将矿中的 Fe^{3+} 还原为 Fe^{2+}，还原矿中 Fe^{2+} 占总铁的 80%～95%，在此过程中还添加 2% 的硫作催化剂，以提高 TiO_2 回收率，出窑时应迅速冷却至 85～93℃，以防止氧化。还原料经冷却加入球形回转压煮器中，用 18%～20% 的再生盐酸浸出 4h，浸出温度为 130～143℃，压力为 0.25MPa，转速为 1r/min，然后用含有 18%～20% 的盐酸蒸发物注入压煮器中，以提供所必需的热，避免蒸汽加热造成浸出液变稀。浸出后，固相物经带式真空过滤机进行过滤和水洗，然后在另一个窑用 870℃ 煅烧制成人造金红石。

浸出母液中的铁和其他金属氯化物，通过喷雾氧化焙烧法使这些氯化物都分解为氯化氢和相应的氧化物。其中 $FeCl_2$ 氧化成氧化铁红：

$$2FeCl_2 + 1/2O_2 + 2H_2O \longrightarrow Fe_2O_3 + 4HCl \uparrow \qquad (6-14)$$

用洗涤水吸收分解出来的氯化氢便得到盐酸，然后将这再生的盐酸返回浸出工序使用，使盐酸形成闭路循环。BCA 盐酸循环浸出法生产人造金红石工艺流程如图 6-2 所示。

BCA 法年产 10 万吨人造金红石的工厂，若采用 TiO_2 含量为 54% 的钛铁矿，则可副产氧化铁约 6.5 万吨。球形热压器采用钛合金材料，酸蒸发采用石墨设备，其他为钢衬胶设备。

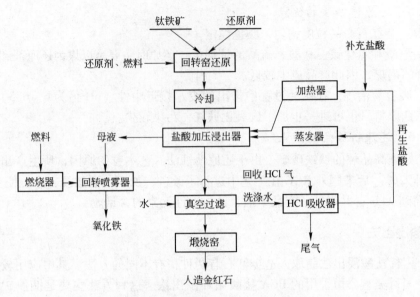

图 6-2 BCA 盐酸循环浸出法生产人造金红石工艺流程

6.1.2.2 BCA 盐酸循环浸出法的优点

（1）以含 TiO_2 54% 左右的钛铁矿为原料，可生产出 TiO_2 含量在 94% 左右的人造金红石，产品具有多孔性，是氯化制取 $TiCl_4$ 的优质原料。

（2）适合处理各种类型的钛铁矿。

（3）浸出速度快，除杂能力强，不仅能除铁，还可除钙、镁、铝和锰等杂质，可获得高品位的人造金红石。

（4）盐酸循环浸出，洗涤产品的洗涤水，吸收氯化氢生成盐酸，又可循环使用。每吨产品只需补充 150kg 盐酸即可。由于母液经喷雾氧化焙烧再生盐酸，并闭路循环利用，产生的废料少，污染少。

6.1.2.3 BCA 盐酸循环浸出法的缺点

所用的盐酸是强腐蚀性的酸，对设备腐蚀严重，而需要专门的防腐材料来制造设备，因而投资较大；喷雾氧化焙烧再生盐酸的能耗较高。

BCA 法后来被改进，可以用低品位钛铁矿为原料，生产出 TiO_2 含量在 95%～97% 之间的人造金红石，改进了钛铁矿的预处理技术和从浸出母液再生盐酸的技术。

6.1.3 硫酸浸出法

日本石原产业株式会社采用印度高品位钛铁矿（氧化砂矿，TiO_2 含量为 59.5%，矿中的铁主要以 Fe^{3+} 形式存在），先用还原剂将 Fe^{3+} 还原为 Fe^{2+}，然后利用硫酸法钛白生产排出的浓度为 22%～23% 的稀废硫酸进行加压浸出，使之溶解矿中的铁杂质而使 TiO_2 富集。这种生产人造金红石的方法源于石原公司，故称石原法。石原法包括还原、加压浸出、过滤和洗涤、煅烧等工序，过程涉及的化学反应如下：

$$Fe_2O_3 \cdot TiO_2 + 3C \longrightarrow 2Fe + TiO_2 + 3CO \qquad (6-15)$$

$$Fe_2O_3 \cdot TiO_2 + 2CO \longrightarrow FeO \cdot TiO_2 + Fe + 2CO_2 \qquad (6-16)$$

$$FeO + H_2SO_4 \Longrightarrow FeSO_4 + H_2O \qquad (6-17)$$

$$Fe + H_2SO_4 \Longrightarrow FeSO_4 + H_2 \qquad (6-18)$$

$$CaO + H_2SO_4 \Longrightarrow CaSO_4 + H_2O \qquad (6-19)$$

$$MgO + H_2SO_4 \Longrightarrow MgSO_4 + H_2O \qquad (6-20)$$

石原公司早已建成了年产 10 万吨人造金红石的工厂。稀硫酸浸出法生产人造金红石工艺流程如图 6-3 所示。典型硫酸法金红石工艺见图 6-4。

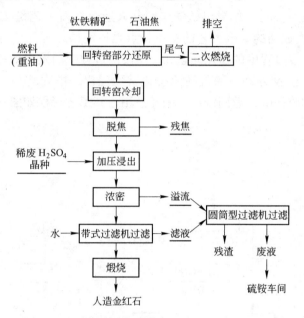

图 6-3　稀硫酸浸出法生产人造金红石工艺流程

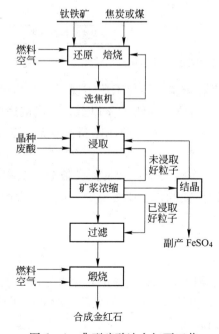

图 6-4　典型硫酸法金红石工艺

还原以石油焦为还原剂，在回转窑中，将矿中的 Fe^{3+} 还原为 Fe^{2+}，还原温度为900～1000℃，时间为5h，还原所得的 Fe^{2+} 应占总铁的95%以上，窑内要求正压操作（19.6～39.2Pa），还原料在冷却窑中于隔绝空气的情况下，冷却至80℃出料。用磁选机分离，除去残焦，剩下的还原料，作为下道工序浸出之用。

6.1.4 稀盐酸常压流态化浸出法

稀盐酸常压多段逆流流态化浸出钛铁矿制备人造金红石工艺是长沙矿冶研究院于20世纪80年代首先开发成功的，该工艺的技术特点是控制预处理和流态化多段逆流常压浸出，很好地解决了酸浸过程中的粉化问题和常压浸出过程中的浸出效率问题。其工艺路线流程为攀枝花钛铁矿经预处理—稀盐酸流态化常压浸出—塔内洗涤—固液分离—烘干煅烧—浸出母液喷烧回收盐酸，返回浸出，循环使用，其工艺流程如图6－5所示。

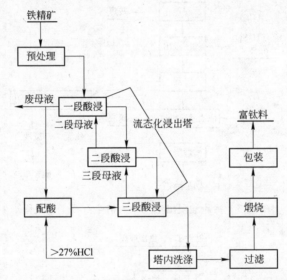

图6－5 稀盐酸常压流态化浸出法生产人造金红石工艺流程

该工艺采用双塔双槽技术在重庆天原化工厂实现了年产5000t高品位人造金红石规模工业化生产，最终产品的 TiO_2 品位可达到92%以上，产出的废酸经喷烧回收可再生20%的盐酸并返回过程使用。该法也可作为电炉法制备高钛渣工艺的后续工序，提高富钛料品位。

5000t/a装置十余年的生产实践表明：该装置设备结构简单，加工制造方便，材质易得，可全部国产化，寿命长，投资低，运作费用少，具备了万吨级至数万吨级工业生产工厂的设计建设条件。

6.1.5 UGS升级钛渣法

要除去酸溶性钛渣中的镁和钙，以提高钛的含量，实际上就是要在一定的条件下加某些不与 TiO_2 作用的物质，使渣中的板钛镁矿相分解为游离的 TiO_2 和 MgO，让 MgO 生成新相，相组成发生根本变化，如氧化改性可以使板钛镁矿产生多孔多晶排列，导致玻璃质硅酸盐相分解成磷石英和硅灰石，还原使得板钛镁矿金属低价相发生有序到无序变化，活化板钛镁矿，然后通过化学处理分离钛及杂质。

UGS 钛渣升级工艺是由电炉熔炼 + 盐酸浸出组成，其中盐酸浸出工艺与人造金红石工艺路线基本是一样的。钛渣经过氧化后，外层硅酸盐包裹被破坏，低价钛氧化物实现金红石转化，铁氧化转化为高价铁，再经过还原阶段后，还原剂与高价铁氧化物反应，使铁形成 Fe – FeO、Fe 相，原有的板钛镁矿中的镁暴露，能与盐酸进行充分的反应，达到后处理工序中除去钙镁的目的。钛渣改性后主要物相包括金红石（TiO_2）相、钛铁矿 $FeTiO_3$、镁含量高的重钛酸固溶体相以及硅酸盐玻璃相，改性过程中铁和钛阳离子在重钛酸盐相中快速扩散，打破原有致密收缩结构，实现钛渣结构矿化疏松，MgO 在钛铁矿和重钛酸盐相间迁移，形成 MgO 含量高的钛铁矿相和重钛酸镁残缺相，同时硅酸盐玻璃相分解为 $CaSiO_3$（硅灰石）和 SiO_2（磷石英），实现了钛结构稳定和杂质相结构重组，创造出有利于无机酸溶解杂质的条件。板钛镁矿的晶体外形一般呈长柱状、针状及短柱状自形晶，黑色，不透明，条痕呈灰黑色，具有金属光泽，断口不平整。绝对硬度（H）：565.3、硬度级（H_0）：5.8、密度为 3.81g/cm³，比磁化系数为 10.34m³/kg，固溶体分解产物为栅状金红石，这种晶体对酸是不溶的。加拿大 QIT 公司建成 200kt/a UGS 升级钛渣生产线，图 6 – 6给出了 UGS 升级钛渣工艺流程，具体的反应过程如下：

$$2Ti_3O_5 + O_2 === 6TiO_2 \tag{6–21}$$

$$4FeO + O_2 === 2Fe_2O_3 \tag{6–22}$$

$$2Fe + O_2 === 2FeO \tag{6–23}$$

$$Fe_2O_3 + H_2 === 2FeO + H_2O \tag{6–24}$$

$$FeO + H_2 === Fe + H_2O \tag{6–25}$$

$$Fe_2O_3 + CO === 2FeO + CO_2 \tag{6–26}$$

$$FeO + CO === Fe + CO_2 \tag{6–27}$$

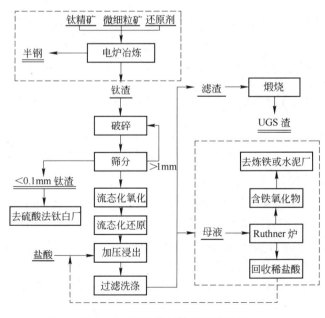

图 6 – 6　UGS 升级钛渣工艺流程

盐酸浸出过程与其他人造金红石化学反应一致。

UGS 钛渣升级工艺的优点是符合目前国际上通行的富钛料标准，粒度可控，因此升级钛渣可以直接用于现有的沸腾氯化工艺，容易规模化生产。缺点是技术成熟度不为外界掌握，无法准确评价。

6.1.6 碱处理法

通过在高温下 NaOH 或者碳酸钠与钛渣中含硅矿物的反应，破坏对杂质铁形成包裹的硅酸盐，焙砂水浸脱硅后，再经酸浸除铁等杂质，煅烧得到 TiO_2 含量大于92%的高品质人造金红石。按钛渣中铝、硅含量理论计算的4.5倍摩尔比加入氢氧化钠混匀，在 900℃ 焙烧2h。焙砂在液固比 1:1、常温下水浸出 1h 脱硅；水洗样在液固比 4:1，盐酸浓度 18%，浸出温度 90℃，浸出时间 4h 条件下进行了酸浸除杂；酸浸样在 900℃ 下煅烧 1h 制备人造金红石产品。碱处理钛渣工艺见图 6-7。

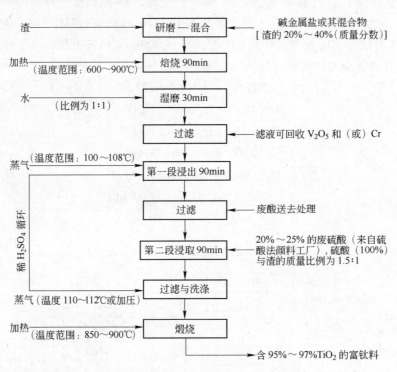

图 6-7　碱处理钛渣工艺

6.1.6.1 碱法活化处理

预氧化钛渣主要是金红石 TiO_2、Fe_2O_3、高铁板钛矿（Fe_2TiO_5）、未彻底氧化的钛铁矿、晶格发生畸变的黑钛石固溶体（Ti_3O_5）、游离态 SiO_2、Al_2O_3 及复杂的硅酸盐体系和铝酸体系，Fe、Mg 和 Mn 等杂质主要存在于晶格畸变的黑钛石固溶体中，高温活化改性机理比较复杂，当加入改性剂碳酸钠时，化学反应如下：

$$(x\text{Fe}, y\text{Mg}, z\text{Mn})\text{Ti}_2\text{O}_5 + 2\text{Na}_2\text{CO}_3 \xrightarrow{\quad} 2\text{Na}_2\text{TiO}_3 + x\text{FeO} + y\text{MgO} + z\text{MnO} + 2\text{CO}_2$$
$$[(x + y + z) = 1] \tag{6-28}$$

$$\text{MgTi}_2\text{O}_5(\text{s}) + 2\text{Na}_2\text{CO}_3(\text{s}) \xrightarrow{\quad} 2\text{Na}_2\text{TiO}_3(\text{s}) + \text{MgO} + 2\text{CO}_2(\text{g}) \tag{6-29}$$

$$FeTi_2O_5(s) + 2Na_2CO_3(s) \Longrightarrow 2Na_2TiO_3(s) + FeO + 2CO_2(g) \qquad (6-30)$$

$$MnTi_2O_5(s) + 2Na_2CO_3(s) \Longrightarrow 2Na_2TiO_3(s) + MnO + 2CO_2(g) \qquad (6-31)$$

$$SiO_2(s) + Na_2CO_3(s) \Longrightarrow Na_2SiO_3(s) + CO_2(g) \qquad (6-32)$$

$$Al_2O_3(s) + Na_2CO_3(s) \Longrightarrow 2NaAlO_2(s) + CO_2(g) \qquad (6-33)$$

$$2TiO_2 + 2FeO + Na_2CO_3(s) \Longrightarrow 2NaFeTiO_4(s) + CO(g) \qquad (6-34)$$

$$TiO_2(s) + Na_2CO_3(s) \Longrightarrow Na_2TiO_3(s) + CO_2(g) \qquad (6-35)$$

碱处理钛渣使渣氧化物组分与碱反应,一方面通过酸洗使反应物进入溶液,另一方面钠离子以游离态进入渣相内部,加热过程中气态金属钠进入钛渣晶格,引起晶格畸变,降低界面活化能,加快界面反应速度,促进金红石晶粒长大,使渣物相表面疏松多孔,增强渣的活性,使杂质元素更容易溶解于稀酸,从而富集渣中 TiO_2,实现高纯度目标。

6.1.6.2 选择浸取

经过氧化的钛渣 TiO_2 以金红石型为主,化学稳定性高,少量无定形 TiO_2 与钠盐反应,主要是晶格畸变的黑钛石、硅和铝的氧化物与活性剂反应,高温焙烧后的产物用水清洗过滤去除过量活化剂,酸性浸出使部分反应物溶解,活化焙烧产物中 Ca、Mg、Al、Si 和 Mn 等杂质元素以 CaO、MgO、MnO、Na_2SiO_3 和 $NaAlO_2$ 等形式存在,与稀酸反应后,杂质离子分别进入溶液中除去,化学反应如下:

$$Na_2TiO_3 + 2H^+ \Longrightarrow H_2TiO_3 + 2Na^+ \qquad (6-36)$$

$$Fe_2O_3 + 6H^+ \Longrightarrow 2Fe^{3+} + 3H_2O \qquad (6-37)$$

$$2CaO \cdot Al_2O_3 \cdot SiO_2 + 10H^+ \Longrightarrow 2Ca^{2+} + 2Al^{3+} + SiO_2 + 5H_2O \qquad (6-38)$$

$$Na_2SiO_3 + 2H^+ \Longrightarrow H_2SiO_3 + 2Na^+ \qquad (6-39)$$

活化焙烧产物中的 Fe、Ca、Mn、Mg 和 V 等化合物在酸性条件中优先溶出,分别进入溶液被除去;通过活化焙烧形成的 Na_2SiO_3 和 $NaAlO_2$ 等化合物在酸溶过程中形成 H_2SiO_3 与 $HAlO_2$ 等难溶化合物,大部分通过逆流洗涤和分段过滤形式除去。

6.1.6.3 水解

部分无定形钛活化后生成少量 Na_2TiO_3,在酸浸过程中与酸反应生成偏钛酸,生成微量钛白,酸浸产物在沸水中洗涤煅烧后得到92% TiO_2 的人造金红石,化学反应如下:

$$Na_2TiO_3 + 2H_2O \Longrightarrow H_2TiO_3 + 2NaOH \qquad (6-40)$$

$$H_2TiO_3 \Longrightarrow TiO_2 + H_2O \qquad (6-41)$$

$$Na_2TiO_3 + FeO + 6HCl \Longrightarrow TiOCl_2 + FeCl_2 + 2NaCl + 3H_2O \qquad (6-42)$$

$$TiOCl_2 + H_2O \Longrightarrow TiO_2 + 2HCl \qquad (6-43)$$

预氧化钛渣化学成分见表6-2。

表6-2 预氧化钛渣化学成分 (%)

成 分	TiO_2	TFe	CaO	MgO	SiO_2	Al_2O_3	MnO	V_2O_5
含 量	76.41	9.02	0.55	1.67	8.99	3.53	0.41	0.56

预氧化钛渣 $\sum(Fe + SiO_2 + Al_2O_3) > 21\%$,CaO 和 MgO 相对较低,粒度分布不均,中位粒度49μm,用碳酸钠改性,实验室条件控制温度900℃,活化时间120min,渣与改性剂的质量比1:5,产品常压浸出,TiO_2 达到92%。

6.1.7 氯化处理

利用钛精矿加碳氯化时钛和铁的热力学性质差异，在中性或弱还原性气氛中铁被优先氯化，以 $FeCl_3$ 的形式挥发出来；而钛不被氯化，在高温下发生晶型转变生成人造金红石。采用海滨砂钛铁矿为原料进行工业试验，成功地保持炉内反应温度在 950℃ 以上，所得人造金红石品位为 92.13%，$FeCl_3$ 平均纯度为 96.94%；当使用攀枝花钛铁矿（其 MgO 和 CaO 总量达 5% ~7%）为原料时，难以解决 $CaCl_2$、$MgCl_2$ 在炉底富集而结料的问题，降低了炉子的运转寿命。

在流态化氯化炉中，控制还原剂碳量［钛铁矿：石油焦为 100：（8 ~ 10）］，在 1123 ~ 1223K 温度下通入氯气对钛铁矿进行选择氯化。反应生成的 $FeCl_3$ 挥发出炉，在收尘器中冷凝回收；TiO_2 不被氯化，从炉内料层上沿溢流出炉，经选矿处理除去未氯化的矿料及剩余石油焦，即可得到人造金红石。在选择氯化前，若钛铁矿经过预氧化处理，则可提高铁的选择氯化率，并抑制 $FeCl_2$ 的生成。化学反应如下：

$$Fe_2O_3 + 3C + 6Cl_2 = 2FeCl_3 + 3CO \qquad (6-44)$$

$$CaO + C + Cl_2 = CaCl_2 + CO \qquad (6-45)$$

$$MgO + C + Cl_2 = MgCl_2 + CO \qquad (6-46)$$

日本三菱金属公司于 1969 年开始研究此法，中国于 20 世纪 70 年代初也已成功地用此法生产人造金红石。近年来，对钛精矿火法处理的研究较多，但取得的进展并不显著，原因在于火法处理对钛铁分离比较有效，而钛精矿中的非铁杂质降低了矿物的质量。因此，要突破火法处理钛精矿的局限性，就要致力于降低钛精矿中杂质的含量，尤其是对 MgO 和 CaO 的脱除。

6.2 中国人造金红石生产实践

攀枝花钛精矿由于钙镁含量高被认为只适合硫酸法钛白生产，经过多年的努力已经形成了具有代表性质的人造金红石工艺和示范工厂。

6.2.1 盐酸法人造金红石

中国攀枝花矿是一种原生钛铁矿，采用盐酸浸出时，矿中铁被溶解进入溶液的同时，钛也以 TiO^{2+} 离子形式进入溶液，其后 TiO^{2+} 离子又发生水解以水合 TiO_2 形式析出，这是产品中存在细粉的原因。为了解决盐酸浸出过程中的粉化问题，使产品基本保持原矿粒度，用低温（750℃左右）预氧化，然后用流态化塔进行多段逆流浸出的方法，这种方法现已实现了工业化。

钛铁矿低温氧化生成 $FeTiO_3 - Fe_2O_3$ 的 Me_2O_3 型固溶体和金红石微晶：

$$mFeTiO_3 + 1/2O_2 \longrightarrow (m-2)FeTiO_3 - Fe_2O_3 + 2TiO_2 \qquad (6-47)$$

在低温氧化过程中钛铁矿的氧化程度不高，矿中高价铁增加不多，矿中的铁仍以 Fe^{2+} 为主，浸出时的主要反应有：

$$FeTiO_3 + 2HCl = FeCl_2 + TiO_2 + H_2O \qquad (6-48)$$

$$Fe_2TiO_5 + 6HCl = 2FeCl_3 + TiO_2 + 3H_2O \qquad (6-49)$$

$$MgTiO_3 + 2HCl == MgCl_2 + TiO_2 + H_2O \qquad (6-50)$$

这种方法以攀枝花钛铁矿（47%左右 TiO_2）为原料可生产出含90%左右 TiO_2 的人造金红石。但此法尚未实现盐酸的再生和循环，还存在处理母液的流程较长等问题。

攀枝花钛铁精矿在加压浸出球中直接浸出可生产出品位更高的人造金红石，过程中所产生的细粒产品作为钛黄粉出售。以强磁选攀枝花钛铁精矿（含49% TiO_2）为原料，可生产出含94% TiO_2 的人造金红石。

这个方法的缺点是浸出产品细粒多，难过滤，尚未实现盐酸的再生和循环。

攀枝花矿和盐酸法人造金红石典型分析见表6-3。攀枝花钛精矿生产人造金红石工艺流程见图6-8。

表6-3 攀枝花矿和盐酸法人造金红石典型分析 （%）

项 目	组　分									
	TiO_2	FeO	Fe_2O_3	MgO	CaO	SiO_2	Al_2O_3	S	P	C
攀钛精矿	47.06	33.3	8.15	4.93	0.81	2.41	0.94			
人造金红石	91.07		1.93	0.54	0.57	4.16	0.36	0.14	0.008	0.012

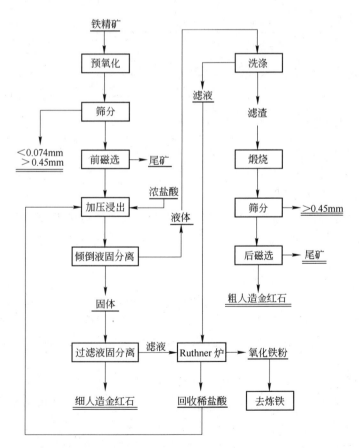

图6-8 攀枝花钛精矿生产人造金红石工艺流程

强磁选攀枝花钛精矿和人造金红石、钛黄粉组成分析见表6-4。

表 6 - 4　强磁选攀枝花钛精矿和人造金红石、钛黄粉组成分析　　　（%）

项　目	成　　分							
	TiO_2	CaO	MgO	SiO_2	Al_2O_3	∑Fe	S	P
强磁选钛精矿	49.18	0.63	4.88	1.90	0.61	31.48		
人造金红石	94.13	0.31	0.21	3.03	0.52	1.71	0.021	0.007
钛黄粉	94.81	0.27	0.60	0.89	0.23	1.40	0.03	

不同矿源生产的人造金红石组成（计算值）见表 6 - 5。

表 6 - 5　不同矿源生产的人造金红石组成（计算值）　　　　（%）

项　目		钛精矿产地				
		北海	海南	攀枝花	承德	富民
人造金红石组成	TiO_2	90.10	88.30	80.05	86.42	90.61
	FeO	0.96	0.96	0.97	0.95	0.96
	Fe_2O_3	4.27	2.82	4.07	2.81	2.53
	CaO	0.27	1.35	1.08	1.40	0.39
	MgO	0.38	0.34	7.17	2.65	3.08
	SiO_2	0.84	0.88	3.76	2.13	0.98
	Al_2O_3	1.19	1.79	1.98	2.13	0.43
	MnO	1.81	3.37	0.76	1.32	0.82

6.2.2　还原磨选富钛料

以攀枝花钛精矿为原料，采用干燥筒装置将冷压（黏结）球团干燥（温度在 360℃），以利于降低富钛料生产工序的能耗。

6.2.2.1　工艺技术原理

干燥筒出来的热球团（温度在 300℃左右）直接进入隧道窑还原，隧道窑采用煤气加热（1250℃），球团中的杂质氧化铁被一同加入的还原剂煤在隧道窑中还原成金属铁，主要反应方程式如下：

$$Fe_2O_3 + 3C \longrightarrow 2Fe + 3CO \tag{6-51}$$
$$FeO + CO \longrightarrow Fe + CO_2 \tag{6-52}$$

采用热振动筛将得到的金属化球团与还原煤渣分离，得到的煤渣（含固定碳 20% 以上）和石灰可送烧结厂作原料。得到的金属化球团经筒式冷却器冷却后送铁粉生产工序。

在隧道窑中还原得到的热金属化球团经筒式冷却器在隔绝空气的条件下冷却，冷却后的富钛料在球磨机中磨细后经磁选机分离富钛料（约 75% TiO_2）和铁粉，得到的富钛料外售，铁组分送氢还原车间进行二次还原。铁粉中少量铁的氧化物在带式硅碳棒电热还原炉内被氢气还原（800～1000℃），还原用的氢气由液氨分解得到后，在分解制氢装置内 800～850℃条件下，经催化剂（Z204）作用下裂解为 75% 的氢气和 25% 的氮气，并吸收 21.9kcal 热量，反应式如下：

$$Fe_2O_3 + 3H_2 \longrightarrow 2Fe + 3H_2O \qquad (6-53)$$

$$FeO + H_2 \longrightarrow Fe + H_2O \qquad (6-54)$$

$$2NH_3 \longrightarrow 3H_2 + N_2 \qquad (6-55)$$

氢还原后的铁粉在冷却器氮气保护下冷却得到成品微合金铁粉。

由厂外购进气化用合格块煤,将气化用合格块煤,由贮煤仓经自动加煤机加入两段煤气发生炉内的干馏段,煤与来自炉底的由空气和水蒸气组成的气化剂发生反应,并沿料层高度方向上形成五层。自下而上为:灰渣层、氧化层、还原层、干馏层、干燥层。

鼓入的气化剂(由空气和水蒸气组成),首先经过渣层,并在此层中得到预热。当上升进入高温的燃料层时,碳和氧发生下列反应:

$$2C + O_2 =\!=\!= 2CO + Q \qquad (6-56)$$

$$2CO + O_2 =\!=\!= 2CO_2 + Q \qquad (6-57)$$

$$C + O_2 =\!=\!= CO_2 + Q \qquad (6-58)$$

由于这几个反应都是放热的所以温度很高,这一层称为氧化层。

氧化层中产生的热气体继续上升,与上层燃料接触,产生了还原反应,这一层称为还原层。

主还原层中的反应主要是:

$$CO_2 + C =\!=\!= 2CO - Q \qquad (6-59)$$

$$C + 2H_2O =\!=\!= CO_2 + 2H_2 - Q \qquad (6-60)$$

$$C + H_2O =\!=\!= CO + H_2 - Q \qquad (6-61)$$

次还原层主要是生成的一氧化碳与过剩的水蒸气反应:

$$CO + H_2O =\!=\!= CO_2 + H_2 + Q \qquad (6-62)$$

此外还有生成甲烷的副反应:

$$C + 2H_2 =\!=\!= CH_4 + Q \qquad (6-63)$$

还原层中产生的煤气为下段煤气,其中部分下段煤气由下段煤气口引出形成下段煤气,也称底部煤气,其特点为温度高(450~650℃),不含焦油,但含尘量大。其余部分下段煤气继续上升,其热量使上部煤层形成了干馏和干燥二层,被干馏和蒸发出来的焦油、苯、酚在干馏筒裂解,生成上段煤气,也称干馏煤气,其特点是温度低(120℃),不含尘,含焦油量大,热值高。同时煤中的水分在干燥层也是靠此热量被完全蒸发进入上段煤气。

生成的下段煤气与上段煤气经汇合后经过平底旋风除尘器、加压机、送气管道送至干燥和还原工序。

6.2.2.2 工艺过程

还原磨选富钛料生产工艺流程见图6-9。

A 还原过程

(1)在料场准备并混匀钛精矿粉等,粒度合格的钛精矿、黏结剂等原料在混料机中,经自动称量系统按批次配料,混合均匀。送压球机压成球状。

(2)球团干燥及还原工序:无烟煤进厂粒度大都已达到合格(5~20mm),石灰原料采用闭路式破碎方式,粒度合格的(5~20mm)进行配料,粒径大于20mm的返回破碎系

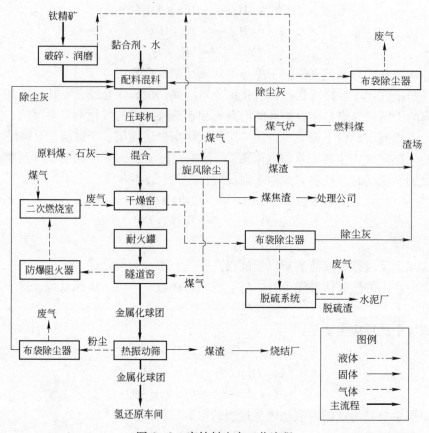

图6-9 富钛料生产工艺流程

统。由人工方式将无烟煤、石灰和冷压球团混合均匀后加入干燥筒中，干燥筒采用隧道窑烟气加热，球团在干燥筒中干燥（温度为360℃）。干燥后的球团、还原剂和脱硫剂石灰石等从干燥筒出来后不经冷却（温度为300℃）由机械装料设施直接均匀地装入耐火罐然后进入隧道窑，采用热煤气将隧道窑内温度加热至1250℃（窑上部空气保持弱氧化气氛），球团中的杂质氧化铁在1250℃条件下被耐火罐中还原煤的碳还原成金属铁（金属化球团）。

B　微合金铁粉工艺流程

a　磁选工序

金属化球团从隧道窑出来后经隔绝空气的筒式冷却器冷却，采用热振动筛将得到的金属化球团与还原煤渣分离，得到的煤渣（含固定碳20%以上）和石灰送烧结厂作原料。将筛分得到的金属化球团破碎磨细至200目（0.074mm），通过一次弱磁，二次强磁选后，分离的非磁性物为富钛粉，作为产品外售，磁性物送氢还原车间。

b　氨分解装置

液氨加热气化并升温至800～850℃，在催化剂（Z204）作用下，在氨分解装置内分解，得到含75% H_2、25% N_2 的氢氮混合气体（该法制氢较水电解制氢装置工艺简单，投资小，成本低，结构简单，操作方便），经变压吸附分离后，氢气作二次还原的还原剂，氮气作微合金铁粉冷却时的保护气体。

c　氢（二次）还原工序

磁选得到的铁粉进入还原炉内，当铁粉被加热到 800～1000℃ 时，铁粉中少量铁的氧化物被氢气还原为金属铁，得到成品微合金铁粉。

6.3　主要原料

生产人造金红石的主要原料包括钛原料和辅助原料。

6.3.1　主要钛原料

人造金红石制造的直接目标是转化钛精矿为富钛原料，一般指钛精矿经过加工处理得到的 TiO_2 大于 85% 的钛原料，包括人造金红石和高品位钛渣。人造金红石制造的直接原料是钛铁矿，钛铁矿是一种以偏钛酸铁（$FeTiO_3$）为基础的多元复杂固溶体，一般可以表示为：$m[(Fe,Me,Mn)O \cdot TiO_2] \cdot n[(Fe,Al,Cr)_2O_3], m+n=1$，基础组元为偏钛酸铁（$FeTiO_3$）。钛精矿可以加工成钛渣后升级成人造金红石，主要杂质是 CaO、MgO、Al_2O_3、SiO_2、MnO 和 TFe 等。另一个人造金红石制造的直接原料是钛渣，在熔融钛渣冷却过程中，大部分的钛氧化物与较强碱性金属氧化物形成重钛酸盐，如 $FeO \cdot 2TiO_2$，$MgO \cdot 2TiO_2$，$MnO \cdot 2TiO_2$，与 $Al_2O_3 \cdot TiO_2$、Ti_3O_5 等形成黑钛石固溶体；也形成少量偏钛酸盐，如 $FeO \cdot TiO_2$，$MgO \cdot TiO_2$，$MnTiO_2$，与 Al_2O_3 和 Ti_3O_5 形成塔基石固溶体，少量钛存在于玻璃体中。

黑钛石固溶体可以表示为 $(FeTi_2O_5)_a (MgTiO_5)_b (Al_2TiO_5)_c (MnTi_2O_5)_d (V_2TiO_5)_e (Ti_3O_5)_f$，$a+b+c+d+e+f=1$，杂质由于形成固溶体，因此对无机酸有浸蚀障碍，只有结构变化才能改善浸蚀性能；少量玻璃质硅酸盐相以杂质形式存在，附着并像脉络一样分布于重钛酸盐矿相内部，通用表达式为：$(Ca, Mg, Al, Fe, Ti)SiO_3$，拥有如此结构的玻璃质硅酸盐相是钛渣矿物构成的一大特色，大部分 CaO 杂质存在其中，直接影响 CaO 的去除和 TiO_2 品位的再提高。

经过 X 射线和电子探针检测分析，酸溶性钛渣中以板钛镁矿和锐钛矿为主要物相，占总渣相组分的 88%，其余相仅占 13%，而钛渣中 99% 以上的钛分布在板钛镁矿和锐钛矿相中，结合的镁占渣中镁总量的 92% 以上，钙则主要分布于玻璃相中，即渣中钛、镁是以较稳定的化合物形式紧密结合在一起，Al_2O_3 和 SiO_2 主要集中在硅酸盐中，MnO 在各相中总体比较均匀，相对而言钙与钛的结合紧密度要低一些。表 6-6 给出了钛渣矿物相金红石、板钛矿和锐钛矿的物理性质。表 6-7 给出了高钛渣中各物相成分。假设渣中仅存在板钛镁矿和锐钛矿相，则渣中钛、铁、钙、镁成分的理论计算值如下：TiO_2 82.94%，MgO 8.95%，FeO 2.55%，CaO 0.06%。

表 6-6　钛渣矿物相金红石、板钛矿和锐钛矿的物理性质

名　称	分子式	形　状	莫氏硬度	颜　色	密度/g·cm⁻³
金红石	TiO_2	柱状、针状	6	褐黄色	4.2～4.3
板钛矿	TiO_2	板状	5～6	黄褐色	3.9～4.0
锐钛矿	TiO_2	双锥、板状	5～6	褐色、黑色	3.9

表6-7　钛、铁、镁、钙在各物相中的分配率　　　　　　　　　（%）

名　称	板钛镁矿	锐钛矿	金属相	玻璃相
TiO$_2$	65.01	34.71	0.01	0.27
FeO	42.27	1.20	51.87	4.66
MgO	92.71	2.49		4.80
CaO	1.11	2.22		96.67

酸溶性钛渣中各物相的相对含量见表6-8。

表6-8　酸溶性钛渣中各物相的相对含量　　　　　　　　　（%）

物相名称	板钛镁矿	锐钛矿	金属铁	玻璃相	其　他
含　量	61.0	27.0	4.0	8.0	1.0

表6-9给出了钛渣中物相成分。

表6-9　钛渣中物相成分　　　　　　　　　（%）

名　称	TiO$_2$	MgO	FeO	Al$_2$O$_3$	CaO	SiO$_2$	MnO
板钛镁矿	77.62	16.47	5.02	0.45	0.03	0.14	0.21
锐钛矿	97.21	1.02	0.34	0.54	0.15	0.13	0.46
金属相	0.35		97.21			0.45	1.02
玻璃相	2.35	6.45	4.42	20.21	21.81	43.08	1.20

6.3.2　辅助原料

6.3.2.1　盐酸

盐酸是氢氯酸的俗称，是氯化氢（HCl）气体的水溶液，是一元强酸。盐酸具有极强的挥发性，因此盛有浓盐酸的容器打开后能在上方看见酸雾，那是氯化氢挥发后与空气中的水蒸气结合产生的盐酸小液滴，称为发烟盐酸。盐酸是一种常见的化学品和化工原料，有众多规模较小的应用，包括家居清洁、食品添加剂、除锈、皮革加工等。市售盐酸质量分数一般为37%（约12mol/L）。胃酸的主要成分也是盐酸。盐酸既是盐化工的重要产品，又是生产硅材料的重要原料。

盐酸是无色液体（工业用盐酸会因有杂质三价铁盐而略显黄色），有腐蚀性，为氯化氢的水溶液。人们把盐酸和硫酸、硝酸、氢溴酸、氢碘酸、高氯酸合称为六大无机强酸。有刺激性气味。

盐酸的主要成分为氯化氢和水。含量：分析纯浓度约为36%~38%；一般实验室使用的盐酸为0.1mol/L，pH值为1；一般使用的盐酸pH值在2~3左右（呈强酸性）；pK_a为-7；熔点为-114.8℃（纯HCl）；沸点为108.6℃（20%恒沸溶液）；相对密度（水=1）为1.20；相对蒸气密度（空气=1）为1.26；饱和蒸气压为30.66kPa（21℃）。溶解性：与水混溶，浓盐酸溶于水有热量放出，溶于碱液并与碱液发生中和反应，能与乙醇任意混溶，氯化氢能溶于苯。

6.3.2.2 工业硫酸

分子式为 H_2SO_4，相对分子质量为 98.08，相对密度为 1.83，工业硫酸应符合 GB/T 534—2002 工业硫酸标准要求。表 6-10 给出 GB/T 534—2002 工业硫酸标准。

表 6-10 GB/T 534—2002 工业硫酸标准

项 目	指 标					
	浓硫酸			发烟硫酸		
	优等品	一等品	合格品	优等品	一等品	合格品
硫酸（H_2SO_4）的质量分数/%	≥92.5 或 ≥98.0	≥92.5 或 ≥98.0	≥92.5 或 ≥98.0	—	—	—
游离三氧化硫（SO_4）的质量分数/%	—	—	—	≥20.0 或 ≥25.0	≥20.0 或 ≥25.0	≥20.0 或 ≥25.0
灰分的质量分数/%	≤0.02	≤0.03	≤0.10	≤0.02	≤0.03	≤0.10
铁（Fe）的质量分数/%	≤0.005	≤0.010		≤0.005	≤0.010	≤0.030
砷（As）的质量分数/%	≤0.0001	≤0.005		≤0.0001	≤0.0001	
汞（Hg）的质量分数/%	≤0.001	≤0.01				
铅（Pb）的质量分数/%	≤0.005	≤0.02		0.005		
透明度/mm	≥80	≥50				
透明度/mL	≤2.0	≤2.0				

注：指标中的"—"表示该类别产品的技术要求中没有此项目。

6.3.2.3 工业纯碱

纯碱外观为白色粉状结晶，密度为 2.53g/cm³，按照堆积密度的差异将纯碱分为轻质纯碱和重质纯碱。分子式为 Na_2CO_3，相对分子质量为 106，熔点为 845~852℃，易溶于水，水溶液呈碱性，在 36℃ 时溶解度最大。表 6-11 给出了 GB 210.1—2004 工业纯碱国标。

表 6-11 GB 210.1—2004 工业纯碱国标

指标项目	I 类	II 类		
	优等品	优等品	一等品	合格品
总碱量（以干基的 Na_2CO_3 的质量分数计）/%	≥99.6	≥99.6	≥98.8	≥98.0
氯化钠（以干基的 NaCl 的质量分数计）/%	≤0.30	≤0.70	≤0.90	≤1.20
铁（Fe）的质量分数（干基计）/%	≤0.003	≤0.0035	≤0.006	≤0.010
硫酸盐（以干基的 SO_4 质量分数计）含量/%	≤0.03	≤0.03	—	—
水不溶物含量/%	≤0.02	≤0.03	≤0.10	≤0.15
堆积密度/g·mL⁻¹	≥0.85	≥0.90	≥0.90	≥0.90
粒度，180μm 筛余物/%	≥75.0	≥70.0	≥65.0	≥60.0
1.18mm/%	≤2.0	—	—	—

6.3.2.4 焦炭

烟煤在隔绝空气的条件下，加热到 950~1050℃，经过干燥、热解、熔融、黏结、固化、收缩等阶段最终制成焦炭，这一过程叫高温炼焦（高温干馏）。由高温炼焦得到的焦炭用于高炉冶炼、铸造和气化。炼焦过程中产生的经回收、净化后的焦炉煤气既是高热值的燃料，又是重要的有机合成工业原料。焦炭的物理性质包括筛分组成、散密度、真相对密度、视相对密度、气孔率、比热容、热导率、热应力、着火温度、线膨胀系数、收缩率、电阻率和透气性等。

焦炭的物理性质与其常温机械强度和热强度及化学性质密切相关。焦炭的主要物理性质如下：真密度为 $1.8 \sim 1.95 \mathrm{g/cm^3}$；视密度为 $0.88 \sim 1.08 \mathrm{g/cm^3}$；气孔率为 $35\% \sim 55\%$；散密度为 $400 \sim 500 \mathrm{kg/m^3}$；平均比热容为 $0.808 \mathrm{kJ/(kg \cdot K)}$（$100℃$），$1.465 \mathrm{kJ/(kg \cdot K)}$（$1000℃$）；热导率为 $2.64 \mathrm{kJ/(m \cdot h \cdot K)}$（常温），$6.91 \mathrm{kJ/(m \cdot h \cdot K)}$（$900℃$）；着火温度（空气中）为 $450 \sim 650℃$；干燥无灰基低热值为 $30 \sim 32 \mathrm{kJ/g}$；比表面积为 $0.6 \sim 0.8 \mathrm{m^2/g}$。

氯气和石油焦等其他原料见第9章。

6.3.3 工业燃料

工业燃气包括焦炉煤气和天然气，固体燃料选用工业燃煤，主要用作燃料、燃气发生原料和还原剂。

6.3.3.1 气体燃料

天然气主要成分是烷烃，其中甲烷占绝大多数，另有少量的乙烷、丙烷和丁烷，此外一般有硫化氢、二氧化碳、氮和水气和少量一氧化碳及微量的稀有气体，如氦和氩等。在标准状况下，甲烷至丁烷以气体状态存在，戊烷以上为液体，甲烷是最短和最轻的烃分子，典型天然气成分见表6-12。

表6-12 典型天然气成分 （%）

成分	CH_4	C_2H_6	C_3H_8	C_4H_{10}	$CO_2 + H_2S$	CO	H_2	N_2	不饱和烃	低发热量/$kJ \cdot m^{-3}$
含量	96.67	0.63	0.26		1.64	0.13	0.07	1.30		35421

6.3.3.2 煤气

煤气是以煤为原料加工制得的含有可燃组分的气体。根据加工方法、煤气性质和用途煤气分为：（1）煤气化得到的是水煤气、半水煤气、空气煤气（或称发生炉煤气），这些煤气的发热值较低，故又统称为低热值煤气；（2）煤干馏法中焦化得到的气体称为焦炉煤气、高炉煤气，属于中热值煤气，常用高炉和焦炉煤气的成分及含量见表6-13和表6-14。

表6-13 高炉煤气成分及含量 （体积分数,%）

组　分	CO	CO_2	H_2	N_2	O_2	CH_4
含　量	25.2	16.1	1.0	57.3	0.2	0.2

表6-14 焦炉煤气成分及含量 （体积分数,%）

组　分	CO	CO_2	H_2	N_2	O_2	CH_4	C_3H_8
含　量	8.6	2.0	59.2	3.6	1.2	23.4	2.0

6.3.4 典型设备配置

人造金红石生产过程中，矿物前处理采用氧化还原工序，大型化采用回转窑，或者流态化炉，热源为天然气，浸出采用常压浸出槽、加压浸出球和锈蚀槽罐，前置磁选或者后置磁选均采用强磁选机，过滤以真空过滤为主。

中国国内有一个典型金红石生产厂的设备配置：（1）回转窑：长 10m，外部直径 ϕ1000mm，内部直径 ϕ530mm；（2）磁选机：KY16/75 干式感应辊强磁选机，处理能力为 0.5～1t/h；（3）加压浸出球：外部直径 ϕ3000mm，转速为 1r/min，有效容积为 10m^3；（4）石墨热交换器，JXZ－03 径向式，热交换面积为 12m^2；（5）真空过滤槽，5000mm×2300mm 和 3500mm×2400mm 各两个。

6.3.5 重要厂家

表 6－15 给出了各国使用钛铁矿生产人造金红石的带典型意义的生产厂家。

表 6－15 各国使用钛铁矿生产人造金红石的主要厂家

序号	公司	地址	能力/kt·a^{-1}	工艺	投产时间
1	克尔麦吉化学公司	美国亚拉巴马州莫比尔	100	贝利莱特法	20 世纪 70 年代
2	古尔夫化学冶金公司	美国德克萨斯州德克萨斯市	10～20	盐酸压浸	20 世纪 70 年代
3	美国贝利莱特公司	美国德克萨斯州科帕斯克里斯蒂	2	贝利莱特法	20 世纪 70 年代
4	杜邦公司			选择氯化	20 世纪 70 年代
5	德兰加德拉化学公司	印度萨胡普兰	25	华昌法	20 世纪 80 年代
6	台湾制碱公司	中国台湾高雄	30	贝利莱特法	20 世纪 70 年代
7	马来西亚钛公司	马来西亚霹雳州怡保	50	贝利莱特法	20 世纪 70 年代
8	石原产业公司	日本四日市	43	石原法	20 世纪 70 年代
9	三菱金属矿山公司		20	选择氯化	20 世纪 70 年代
10	西方钛公司	西澳大利亚卡佩尔	58	锈蚀法	20 世纪 70 年代
11	墨菲尔公司			氧化部分还原－盐酸浸出	20 世纪 70 年代
12	氯工业公司	澳大利亚昆士兰州芒特摩根		选择氯化磁选	20 世纪 70 年代
13	蒂龙化学公司	加拿大魁北克	20	还原－FeCl$_3$ 浸出法	20 世纪 70 年代
14	魁北克铁钛公司	加拿大魁北克	250	升级法	20 世纪 70 年代
15	氧化钛公司	英国斯塔林勃鲁		氧化还原盐酸浸出	20 世纪 70 年代

6.3.6 典型工艺

美国贝利莱特公司发明 BCA 人造金红石工艺，美国克尔－麦吉公司建成 10 万吨/年生产装置，1977 年投产。生产工艺过程包括：（1）还原焙烧和冷却。原料钛铁矿（含 TiO$_2$ 58%～61%，Fe$_2$O$_3$ 30%，FeO 3%，MO$_x$ 6%），经斗式提升机入料仓后，由称量给料器和螺旋输送机送入 ϕ3.5m×50m 回转窑焙烧。以 6 号重油作还原剂，在加料端将适量重油喷洒在钛铁矿上，用量为矿重的 3%～4% 或 5%～6%。在 850℃将 90% 的 Fe$_2$O$_3$ 还原为 FeO。逆流供热。回转窑尾气以风机抽出，经收尘器和燃烧炉除 CO 后由烟囱排空。高温还原物料由还原窑尾直接进入 $\phi 2.5m \times 12m$ 回转冷却窑，窑外壳表面喷淋和内部间接水冷相结合，冷却到 93℃ 左右，再经适当破碎和除去烧结块后，送入高位贮仓待用。还原物料的成分为：TiO_2 58% ~ 61%，Fe_2O_3 4%，FeO 26%，MO_x 2.9%。（2）浸取和过滤。还原物料经自动计量后加入 $\phi 6.1m$ 的浸出球，周期性间断操作，两段浸出，每次加入矿物 45t，第一段加入 18% ~ 20% 的盐酸 14000 加仑❶，盐酸来自盐酸发生器，盐酸输入温度为 160 ~ 170℃，输送压力保持在 343.27kPa，温度控制在 143℃，压力为 241.27kPa 反应器，浸出球转速为 1r/min，持续时间为 9h，借内压放出浸出母液；再加入 18% ~ 20% 盐酸 12000 ~ 13000 加仑，通过盐酸蒸汽进行二段浸出，浸出时间 8.5h，内压排出母液；加入 56779L 水洗涤，洗涤时间 0.5h，排出洗液，打开放料孔，水冲浆料进入矿浆槽。用隔膜泵将浆料输送到带式真空过滤机，真空度为 67.62kPa，滤饼水洗至氯化氢含量小于 0.25%，浸出过程周期为 21h，矿酸比为 1:3，盐酸加入浸出球前经过预热达到 93℃ 左右。

滤饼经螺旋输送至 $\phi 3.5m \times 50m$ 回转窑煅烧，重油喷烧逆流提供热源，煅烧温度控制在 870 ~ 930℃，废气经旋风分离后进水洗塔洗涤排空，洗涤水回收进入盐酸系统，热物料出炉后进入 $\phi 3.0m \times 15m$ 的冷却回转窑，外喷淋水冷却，内通强制空气冷却至 65℃，用提升斗送入储料仓，最终得到高品质人造金红石成品。

浸出器收集的母液，含有 3% HCl，47% $FeCl_2$，经过集中沉降分离后用泵打入废酸再生回收装置，在 650℃ 喷雾燃烧，用过滤洗涤水吸收分解出的 HCl，形成 18% ~ 20% 的盐酸作循环酸使用，尾气经过二次水洗用钛制抽风机通过烟囱排出，炉底排出的主要为铁氧化物的煅烧渣，可用作炼铁原料。

澳大利亚的人造金红石生产厂包括 TiWest、WSL、CRL、RGC 等。RGC 公司是澳大利亚最大的钛矿生产商，利用埃尼巴钛铁矿生产人造金红石，有三个生产工厂：（1）西澳大利亚卡倍尔生产厂，生产能力为 50kt/a。（2）临近埃尼亚选厂的人造金红石生产线，生产能力为 125kt/a，曾因原料辐射性于 1994 年停产，经过研究于 1996 年复产。（3）第三个厂位于纳古鲁，发明 SREP 工艺，解决了困扰人造金红石生产经营的放射性和 TiO_2 品位问题，将原来生产 92% TiO_2 人造金红石提高到 94% TiO_2；（U + Th）含量低于 100×10^{-4}%，纳古鲁厂有两台大还原窑，总生产能力为 260kt/a。RGC 公司人造金红石总生产能力为 375kt/a，另外控制着 CRL 公司 49.5% 的股份，拥有产能 120kt/a。

TiWest 公司在恰达拉拥有 500kt/a 的钛矿生产能力和 200kt/a 人造金红石生产线，工艺为改进型 Becher 法，采用克列优质煤和焦粉还原钛精矿中的铁，形成金属铁，再氧化成可以物理分离的氧化铁颗粒，然后用稀硫酸浸出，除去残留铁锰，获得最终人造金红石产品。

WSL 公司人造金红石生产线位于卡倍尔北部，1997 年在原有 100kt/a 的基础上改建成 130kt/a 新生产线，生产能力达到 230kt/a，矿物一部分由 WSL 公司在约加努普北部的矿山供应，一部分由 Cable 公司在江加杜普的矿山供应，采用新加压系统处理还原钛铁矿，降低了工序成本和废副产品的产出。

印度第一条人造金红石生产线建成于 1971 年，现有 5 个工厂：德兰加德拉化学公司

---

❶ 1 加仑（gal）= 3.785412dm³。

（DCW）生产能力为20kt/a，喀拉拉金属矿物公司（KMML）生产能力为30kt/a，印度稀土公司（IRe）生产能力为100kt/a，科琴矿物及金红石公司（CMRL）生产能力为10kt/a，本尼氯化学品公司（BCCL）生产能力为30kt/a，总生产能力为200kt/a。

德国兰加德拉化学公司（DCW）：位于印度东南部夏胡普拉姆，用盐酸浸出从IRe购买的55% TiO_2 的钛铁矿，生产能力为20kt/a，1987年投产，人造金红石 TiO_2 品位为88% ~ 89%，经过改造，配套了氯化铁处理系统，人造金红石 TiO_2 品位达到95%，U + Th含量低于 70×10^{-4}%，产品包括人造金红石（UTOX）、低档钛白和铁红颜料，主要是通过选矿提高了矿物品位，除去独居石和其他硅酸盐矿物。

喀拉拉金属矿物公司（KMML）：采用贝利莱特工艺生产人造金红石，1985年建厂，初设能力为30kt/a，选址在喀瓦拉，从IRE购买钛铁矿。

印度稀土公司（IRE）：采用贝利莱特工艺生产人造金红石，1986年投产，初设能力200kt/a，选址在喀瓦拉，人造金红石 TiO_2 品位达到93%，U + Th含量低于 40×10^{-4}%，配套酸回收再生装置。

科琴矿物及金红石公司（CMRL）：采用贝利莱特工艺生产人造金红石，1993年建厂投产，初设能力为10kt/a，选址在艾达雅，人造金红石 TiO_2 品位达到95%，U + Th含量低于 11×10^{-4}%，$FeCl_3$ 经过处理用作水处理剂。

本尼氯化学品公司（BCCL）：人造金红石生产厂位于马德拉斯出口加工区，1994年底建厂投产，初设能力为30kt/a，采用部分氯化工艺，钛铁矿经过预氧化，然后在1000 ~ 1100℃配焦氯化，得到的人造金红石 TiO_2 品位为96%。

6.4 人造金红石标准 YS/T 299—2010

6.4.1 人造金红石（Artificial rutile）说明

本标准代替 YS/T 299—1994《人造金红石》。

本标准与 YS/T 299—1994 相比主要变化如下：（1）扩大了产品的适用范围；（2）调整后的牌号为：TiO_2 - 1、TiO_2 - 2、TiO_2 - 3、TiO_2 - 4；（3）产品化学成分增加了对 Fe、Mn 及 CaO + MgO 含量的规定；（4）本标准由全国有色金属标准化技术委员会（SAC/TC 243）归口；（5）本标准起草单位：抚顺钛业有限公司；本标准主要起草人：刘禹明、庄军、易正斌、肖印杰。

本标准所代替标准的历次版本发布情况为：YS/T 299—1994。

6.4.2 人造金红石

6.4.2.1 范围

本标准规定了人造金红石的要求、试验方法、检验规则及标志、包装、运输、贮存、质量证明书和合同（或订货单）内容。

本标准适用于以钛铁矿作原料，采用预氧化，弱还原酸浸或强还原锈蚀等方法生产的人造金红石产品，以及生产精四氯化铁和供作电焊条涂料用的人造金红石产品。其他方法生产的人造金红石可参照执行。

6.4.2.2 规范性引用文件

下列文件对于本文件的应用是必不可少的，凡是注日期的引用文件，仅注日期的版本适用于本文件。凡是不注日期的引用文件，其最新版本（包括所有的修改单）适用于本文件。

GB/T 1480 金属粉末粒度组成的测定干筛分法。

YS/T 514（所有部分） 高钛渣、金红石化学分析方法。

6.4.2.3 要求

A 产品分类

产品按化学成分中 TiO_2 及杂质元素含量不同，分为 $TiO_2 - 1$、$TiO_2 - 2$、$TiO_2 - 3$、$TiO_2 - 4$ 四个牌号。

B 化学成分

产品的化学成分应符合表 6 - 16 的规定。

表 6 - 16 人造金红石的化学成分 （质量分数，%）

牌 号	TiO_2	杂 质					
		Fe	Mn	P	S	C	CaO + MgO
$TiO_2 - 1$	≥90.0	≤2.0	≤2.0	≤0.03	≤0.03	≤0.04	≤1.0
$TiO_2 - 2$	≥87.0	≤3.0	≤3.0	≤0.04	≤0.04	≤0.05	≤2.0
$TiO_2 - 3$	≥85.0	≤4.0	≤3.0	≤0.04	≤0.05	≤0.06	≤2.0
$TiO_2 - 4$	≥82.0	≤5.0	≤4.0	≤0.05	≤0.06	≤0.06	≤2.5

C 产品粒度

产品应全部通过 0.425mm 筛孔，0.09mm 以下的筛下物不大于 30%。

D 外观质量

产品为褐色粉状物，无目视可见的夹杂物和结块。

E 其他

需方对产品有特殊要求，可由供需双方另行商定。

6.4.2.4 试验方法

产品的化学成分分析按 YS/T 514 的规定进行；产品的粒度检验按 GB/T 1480 的规定进行；产品的外观质量用目视方法检查。

6.4.2.5 检验规则

A 检查与验收

（1）产品应由供方进行检验，保证产品质量符合本标准及合同（或订货单）的规定，并填写产品质量证明书；（2）需方应对收到的产品按本标准的规定进行检验，如检验结果与本标准及合同（或订货单）的规定不符时，应在收到产品之日起三个月内，以书面形式向供方提出，由供需双方协商解决。如需仲裁，仲裁取样在需方取，供需双方到场共同进行。

B 组批

产品应成批提交验收，每批应由同一牌号组成。每批质量不大于 60t。

C 出厂检验

每批产品应进行化学成分、粒度、外观质量的检验。

D 取样和制样

按批每30袋随机取一次样，30袋以下逐袋取样。每次取样大体相等，全部混合均匀后，用四分法缩分至500g以上，再分成4等份，一份供化学成分分析，一份供粒度分析，余下两份各存样。

E 检验结果的判定

（1）化学成分分析结果不合格时，判该批不合格。

（2）粒度检验结果不合格时，应从该批产品（包括原检验不合格的样品）中另取两份同等的试样进行重复试验。若重复试验结果仍不合格，则判该批产品不合格。

（3）外观质量不合格时，判该批产品不合格。

6.4.2.6 标志、包装、运输、贮存及质量证明书

A 标志

产品包装件上应注明：（1）产品名称；（2）批号；（3）净重；（4）供方名称。

产品包装上应有明显的"防潮"标志或字样。

B 包装、运输、贮存

（1）产品采用双层包装，内层为乳胶袋，外层为麻袋；（2）每袋产品净重25kg或50kg，袋口封严，运输和贮存中不得受潮。

C 质量证明书

每批产品应附质量证明书，其上注明：（1）供方名称、地址、电话、传真；（2）产品名称和牌号；（3）批号；（4）净重和件数；（5）各项分析检验结果和质量检验部门印记；（6）本标准编号；（7）出厂日期（或包装日期）。

6.4.2.7 合同（或订货单）内容

订购本标准所列产品的合同（或订货单）内应包括下列内容：（1）产品名称和牌号；（2）数量；（3）本标准编号；（4）其他。

美国美礼联无机化工公司计划在中国建立氯化法钛白厂，其要求提供的钛原料质量为：TiO_2 含量不小于92%，$CaO + MgO$ 含量小于1%，其中 CaO 含量小于0.38%；制造 $TiCl_4$ 先进工艺的沸腾氯化法，其对钛原料的质量要求为：TiO_2 含量不小于92%，$CaO + MgO$ 含量小于1%，最多不得超过3%。

7 钛材料制造技术——钛渣

二氧化钛在自然界通常以含 TiO_2 30% ~65% 并伴随着不同量的铁、锰、铬、钒、镁、钙、硅、铝和其他元素的氧化物杂质的钛铁矿形式存在。在工业上通常是采用电冶炼的方法进行钛富集，钛渣生产以钛铁精矿为原料，焦炭或者无烟煤为还原剂，采用矿热电炉设备在非常高的温度（熔融状态）下将钛铁矿还原提纯成含 TiO_2 70% ~90% 的钛渣，充分回收利用钛精矿中的铁资源。钛渣是钛精矿电炉熔态还原除铁浓缩的富钛产物，属于钛生产的中间原料产品，具有 TiO_2 品位高和杂质含量低的特点，适应了现代化工精料使用原则，广泛应用于硫酸法钛白、氯化法钛白、电焊条和海绵钛生产，是重要的钛制品生产原料，为行业环境保护和污染治理做出了贡献。

7.1 钛渣及其分类

钛渣的主体是包含 TiO_2 的高温熔炼产物，与生产要素和市场要素密切相关，不同层次钛渣包含不同的价值利用取向，具有定性分类和定位分类特征。按照正常的生产和产生途径，钛渣可以分为产品型和废弃物型两大类型：产品型钛渣通过定位与钛产业结合紧密；而废弃物型钛渣属于提钛后废弃的，有的是其他冶炼过程产生的，暂时达不到目前技术可利用标准，部分经过转化可以与钛产业再结合利用，有的直接与水泥结合消化，有的处理后仍不具有可利用价值，只有保护性储存，等待技术突破后作为后备钛资源。

7.1.1 定性分类

所有经过高温还原处理、TiO_2 达到一定水平、能够具备提钛条件和体现钛应用功能的富集物均可称为钛渣，TiO_2 品位在 10% ~92% 之间变化，TiO_2 品位在 10% 以下的钛渣与钛有关时被称之为含钛某某渣，其中的 TiO_2 不属于主导组元，不具有提取价值和功能利用价值，一般是以主生产过程命名，如含钛钢渣等；TiO_2 品位在 10% ~65% 的钛渣以主生产工序特点命名为某某钛渣，其中的 TiO_2 组元具有一定的物相影响力，具有潜在提取应用价值和功能利用价值，如钛铁钛渣、高炉钛渣、深还原钛渣和熔分钛渣等；TiO_2 品位大于65% 的钛渣，具有全方位提取价值、应用价值和功能利用价值，如酸溶性钛渣、氯化钛渣和升级 UGS 渣等。

7.1.1.1 副产型钛渣

低品位钛渣有的来源于高炉还原含钛磁铁精矿，TiO_2 品位在 10% ~25% 之间变化，属于副产型钛渣，具有量大和 TiO_2 品位低的特点，可以直接体现提钛功能的用途是经过高温碳化和低温氯化处理提取 $TiCl_4$，另一用途是对高温熔炼炉进行护炉处理；中品位钛渣来源于含钛磁铁精矿的直接还原处理，在熔分和深还原过程中得到的钛回收产物，属于目标回收钛渣，称之为熔分钛渣和深还原钛渣，熔分钛渣 TiO_2 品位在约 45%，深还原钛

渣 TiO_2 品位在约 65%，进行过硫酸法钛白应用试验和熔盐氯化试验，可以满足相关要求，另一用途是对高温熔炼炉进行护炉处理。

7.1.1.2 主产型钛渣

主产型钛渣特指钛铁矿电炉还原的富钛产物，由于钛铁矿初始 TiO_2 和 FeO 含量比较高，钛渣 TiO_2 品位一般可大于 70%。钛渣冶炼原料钛铁矿有岩矿和砂矿之分，砂矿又有风化和蚀变之分，岩矿精选程度各不相同，同时兼顾产地因素，电炉炉型选择和冶炼方式也是影响钛渣质量的因素，按照 TiO_2 品级分成高钛渣和钛渣，按照用途分成氯化钛渣和酸溶钛渣以及其他用途钛渣，也可以按照还原方式、程度和用途分成轻度还原、中度还原和深度还原钛渣，有时按照矿物原料产地分为不同的产地冠名钛渣。

7.1.1.3 废弃型钛渣

一些 TiO_2 品位低难于再利用的钛渣被认为是废弃型，部分占用生产生活空间，释放热量，对环境造成影响。钛渣作为钛制品生产原料，经过硫酸法酸解和沸腾氯化以及熔盐氯化，特别是硫酸法酸解和沸腾氯化，TiO_2 大部分被利用后仍具有钛渣的某些性质，硫酸法酸解后残渣残余钛以难酸解的金红石为主，与大部分的硫酸盐混杂，可以部分选别回收金红石；沸腾氯化后的渣 TiO_2 含量一般较低，与多种氯化物混杂，不具有钛回收价值，但需要进行合适的处理，达到固废堆存标准，有一定处理难度。

7.1.1.4 特殊处理型钛渣

因为某种特殊需要，可以对钛渣进行处理，与后序工序处理结合，钛渣性质不变，含量物相有显著变化，以便得到特殊物相或者成分要求，方便进一步物理化学处理。(1) 钙化处理，通过给钛渣增加石灰石或者氧化钙，以便形成钙钛矿型钛渣；(2) 硅化处理，通过给钛渣增加硅石或者氧化硅，提高硅酸盐玻璃相比重，促使硅钙与钛的结合方式转型，保温促使晶粒长大，形成可离解分离型钛渣物相，以便分相处理；(3) 金红石化处理，钛渣中的二氧化钛和低价钛在高温氧化条件下直接转化为稳定金红石相，一般电焊条用钛渣需要金红石转化处理；(4) 酸溶性钛渣特殊冷却处理，为了保证酸溶性钛渣保持较高的酸解率，在出渣后不久，700℃ 左右通过喷水快速冷却，跨越金红石相形成温度段，降低金红石化率；(5) 氧化还原处理，钛渣经过氧化还原处理，打破玻璃相包裹，含钛板钛镁矿相和钙钛矿相解离，钛进行金红石化处理，铁分解组元氧化突变离解，经过还原形成氧化亚铁和金属铁成为酸可溶组分，方便后序除钙镁铁操作，从而得到升级钛渣。

7.1.2 定位分类

钛渣冶炼企业按照不同的标准组织生产酸溶性钛渣和氯化用钛渣，硫酸法对原料的主要技术要求是钛在浓硫酸中必须是可溶的，氯化法对钛渣的要求是钙镁类易氯化杂质含量低、TiO_2 含量高和粗细颗粒配置适当。

7.1.2.1 酸溶性钛渣

国外一般将 TiO_2 含量大于 70% 的钛矿熔炼除铁产物称为钛渣。钛渣按照 TiO_2 含量高低划分高钛渣和钛渣。一般将 TiO_2 含量大于 80% 的钛渣称为高钛渣，将 TiO_2 含量小于 80% 的钛渣称为钛渣，钛渣易于被硫酸所溶解而称为酸溶性钛渣。酸溶性钛渣的基本要求如下：(1) 具有良好的酸溶性，一般酸解率不小于 94%；(2) 要有适量的助溶剂 FeO 和

MgO，以使钛渣具有良好的酸解反应性能；（3）低价钛含量要控制适量；（4）生产钛白粉的有害杂质（特别是硫、磷、铬、钒）含量不能超标。

7.1.2.2 氯化用钛渣

海绵钛生产的氯化可以采用熔盐氯化和沸腾氯化两种方式，将 TiO_2 含量大于 80% 的钛渣称为高钛渣，80% ~85% TiO_2 的钛渣适用于熔盐氯化，TiO_2 含量大于 85% 的钛渣用于沸腾氯化，部分经过氧化金红石化处理用于电焊条添加剂，要求高钛、低钙镁和合适粒度。冶炼氯化钛渣一般以高品位砂矿为原料，而将钛渣经过升级处理后 TiO_2 含量不小于 90% 的钛渣称为升级钛渣，简称 UGS，即 Upgraded Slag。

7.2 钛渣冶炼技术

钛渣冶炼是系统集成技术，按照电炉大小可以分为小型电炉、大型电炉和超大型电炉钛渣技术；按照供电类别分为交流电炉和直流电炉钛渣技术；根据加料方式可以分为连续加料和间歇加料钛渣技术；也可以按照炉子结构分为圆形和矩形钛渣电炉技术，同时也可分为密闭炉、半密闭、矮烟罩和敞口电炉钛渣冶炼技术；根据电极类别可以分为自熔电极、碳素电极和石墨电极钛渣技术，石墨电极又分为实心电极和空心电极；不同矿物和不同用途钛渣导致冶炼工艺不同，形成砂矿和风化壳钛矿冶炼氯化钛渣与酸溶钛渣技术、岩矿冶炼酸溶性钛渣技术。总之，钛渣冶炼技术属于综合技术，生产要素各有偏重，技术结构直接决定钛渣冶炼的操作控制要点。钛渣生产工艺如图 7-1 所示。

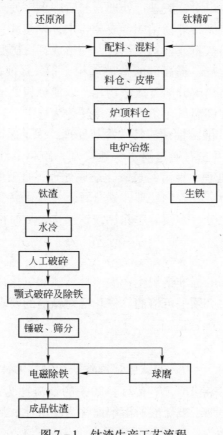

图 7-1 钛渣生产工艺流程

7.2.1　钛渣冶炼技术特征

钛铁矿和还原剂在一种既不同于矿热炉，也不同于电弧炉的特殊电炉中，加热到 1600～1800℃，进行高温熔态还原，钛铁矿中铁氧化物被大部分还原为金属铁，以熔融铁水流出成为生铁，从而在高温冶炼过程中分离除去，部分以亚铁形式与钛渣其他组分结合，部分金属铁夹杂留存渣中，渣中金属铁可以在磁选过程回收。

7.2.1.1　电炉参数选择特征

生产钛渣的电炉是介于电弧炉与矿热炉之间的一种特殊炉型，在设计选择电炉参数时要考虑钛渣熔炼过程的三个基本特征：（1）钛渣的熔化温度一般为 1873～1973K，熔炼最高温度可达 2073K，熔炼的热量必须集中在中心还原熔炼区。（2）高温下熔融钛铁矿精矿的电导率较高，钛渣具有电子型导电体的特征，其电导率可高达 15000～20000S/m。渣相的高电导率决定了钛渣熔炼过程具有开弧冶炼的特征，熔炼的主要热源是电极末端至熔池间的电弧热，渣电阻热是次要的。（3）钛渣熔体具有很高的化学活性，在熔炼过程中必须确保炉内衬挂渣，以保护炉衬不受腐蚀。

7.2.1.2　还原冶炼特征

钛铁矿和还原剂中的 SiO_2、MnO 和 V_2O_5 等被部分还原成金属溶解进入铁水；TiO_2 部分被还原成 Ti 进入铁水，部分还原为 Ti^{3+} 进入钛渣；在还原气氛下，S 和 P 等依照渣铁平衡系数分配在渣铁之间；来自还原剂（无烟煤、焦炭和电极）的 C 部分还原转化为 CO 和 CO_2，部分溶解在铁水中；钛铁矿中的钛和非还原组分以及还原剂中的灰分进入熔炼渣中而成为钛渣，主要组成是 TiO_2 和 FeO，其余为 SiO_2、CaO、MgO、Al_2O_3 和 V_2O_5 等，同时含有 10% 左右的 Ti^{3+}。根据炉型特点和产品应用需要，分为轻度还原、中度还原和重度还原钛渣，中度还原和重度还原需要后序补充还原剂。

钛渣冶炼分为四个阶段：第一阶段为铁还原；第二阶段为熔态深度铁还原；第三阶段为钛还原；第四阶段为分离强化阶段。钛渣冶炼初始为钛矿物的热解离，铁还原阶段发生以固－固和气－固反应为主的反应，物料中铁氧化物还原，按照 Fe_2O_3、FeO 和 Fe 梯级分布，伴随着物料受热和还原反应进行，还原加速，还原气氛形成并加强，铁氧化物与金属铁的比例发生变化，热核心部位物料还原熔化，部分 V_2O_5、SiO_2、MnO、P_2O_5 和硫氧化物被还原，熔化区域扩大，金属铁脱离渣系逐渐熔化形成金属熔池，出现铁水溶碳渗碳现象，此时加入还原剂调节，熔态铁深度还原，Fe_2O_3 消失，渣中 FeO 含量下降，同时部分 TiO_2 被还原，形成低价钛 Ti_3O_5，完成还原后提高温度，保持良好的熔融状态，充分分离渣铁，达到出渣出铁的要求。

7.2.1.3　中小型电炉钛渣冶炼特征

中小型电炉采用间歇式操作，即"捣炉—加料—放下电极—送电熔炼—出炉"作业制度。在准确配料条件下，电炉操作最重要的是选择控制合理的二次电压和二次电流。二次电流在熔炼周期中处于变动状态，可分为以下三个时期：（1）低电流稳定期。开始送电时，电极间的炉料有较大的电阻，炉子送电起弧困难。同时也为了控制焙烧电极的电负荷，二次电流为额定值的 0.3 倍，这一时期电极电流稳定，尽量不调整电极下插深度，让其周围炉料"安静"地升温烧结，避免电流增大，否则会造成上抬电极、"坩埚"（电极熔池）塌料、炉渣翻腾、再增大电流、再上抬电极的恶性循环。（2）电流波动期。低电流稳定末期，"坩埚"出现熔融，进入电流波动期工作，因炉料还原和熔化剧烈，出现金属导电体，并伴随塌料翻渣，电极经常处于短路工作状态，电流在零和额定值间频繁变动，甚至出现超载跳闸现象。人工配电时，这一时期的操作极为关键，要本着逐级稳定、升高的原则，迅速准确地调整电流，选用较高二次工作电压，使相间熔通加快，尽可能缩短电流波动期时间。（3）高电流稳定期。电流波动末期，"坩埚"壁的炉料层温度升高并烧结牢固，塌料现象减少，电极电流波动幅度小，此时电负荷较大，"坩埚"化料速度快、化料深、区域宽、相间接近熔通。当三个"坩埚"最后熔通且熔炼进入高电流稳定期，电极电流平稳易调，可稳定在额定值附近直到熔炼终点。

低电流稳定期电流由大到小，平稳易测，尽量不抬动电极；电流波动期电流波动幅度大，调整困难，要逐步稳定和升高；高电流稳定期电流平衡易测，但容易超载。在熔炼终点，要求在可能出现大塌料之前出炉，用圆耙把渣口堵渣扒出，再用氧气烧穿，熔体盛于渣包，放完熔体后可用钛渣堵住渣口。

由于相间熔通，固体固结料面厚度减少，与熔融渣铁形成空间，温度升高，固结强度降低，可能出现大塌料，固结料层受重力影响进入熔融渣铁，大温差导致剧烈热交换，CO等气体剧烈释放，出现喷溅现象，可能造成炉台设备受损和人员伤害；渣铁混出时由于操作原因，部分炉次出铁渣不正常，少出导致炉内外物料不平衡，炉内熔融渣铁量大量累积，同时无法准确预测可出渣铁量，而渣包容量有限，出炉过程会出现大量熔融铁渣快速出炉，渣铁量超过渣包额定容量，堵口机一时无法快速堵口，致使渣铁流出对出炉装置造成损坏影响；煤气被要求在燃烧室或者料面燃烧，防止聚集，避免中毒爆炸事件发生。

7.2.1.4 大型电炉钛渣冶炼特征

非连续加料大型化电炉钛渣冶炼特征与中小型电炉钛渣冶炼特征相近，只是冶炼周期、操作间隔、渣铁量差异、炉型选择以及操作控制模型不同，炉体结构有半密闭和密闭，半密闭多数为间歇冶炼，炉料入炉开始供电由强到弱，物料的电导率升高，电阻热逐步降低，电弧热增加，还原气体释放集中，出现供电功率差异，高差明显，浪费部分的强供电能力，降低装备整体效率，辅助处理负荷增强，半密闭的特殊之处在于有必要设立煤气燃烧室消解煤气，使气体总量增加，带来气体温度升高和降低除尘收尘能力下降，部分存在开弧冶炼问题，导致热利用率低，开弧冶炼与煤气燃烧交织使炉顶炉衬大面强受热，带来炉顶冷却和结构设计的特殊性问题。

连续加料大型化电炉钛渣冶炼特点是物料持续加入，炉内还原气氛较浓，炉料预热加热迅速，物料进行部分的直接还原和部分的熔融还原，还原周期短，没有煤气燃烧室，在密闭条件煤气定向流动，一般煤气 CO 浓度高，热值高，1t 钛渣可以生成 $100\sim300m^3$ 标准煤气，对改善炉台环境和能源消耗结构意义重大，按照煤气回收利用规则进行净化处理，除尘净化脱硫，回收作为燃气热源，或者集中发电，或者收集后用于矿物处理，或者与其他产业结合用作热源，大型化密闭电炉供电稳定高负荷运转输出，不出现周期性供电转换，没有电网冲击负荷，供电输出效率高，设备利用效率高。渣铁累积根据留铁水平和炉容转换要求分别出炉。

7.2.1.5 冶炼终点判断

熔炼终点的判断，主要依据是连续熔炼 3h 以上，用电量超过额定值，熔炼进入高电流稳定期约 1h，三相电流在额定值附近稳定运行，并趋于平衡。炉内 94% ~96% 的含 TiO_2 熔体出炉，渣包内的熔体由于渣铁密度不同进行分层。生铁的密度大，位于下部，钛渣位于上部，经自然冷却凝结，酸溶性钛渣需要用水快速冷却避免金红石化，用吊具吊出渣包，大块运往渣场冷却破碎；分离大块生铁后，在冷却过程中，可以选择时机对熔铁进行砂模铸块；钛渣再经破碎、筛分和磁选后得到符合要求的钛渣，包装成为成品入库。

7.2.1.6 钛渣品位

钛渣品位受原料和冶炼方式的共同影响，钛渣冶炼最大限度还原去除了铁，形成 Fe/FeO/Fe_2O_3 梯级排布，电炉还原过程中，Fe_2O_3 消失，钛渣深度还原过程中，FeO 和 TiO_2 同步被还原，随着还原深度加深，低价钛增加，钛渣黏度增加，熔点升高，电导性增强，强高压送电导致电耗急剧上升，所以钛渣冶炼的 FeO 和 TiO_2 需要一个平衡，保持合适 FeO 和 TiO_2 比。在持续深还原过程中低价钛增加，FeO 总量下降，钛渣 TiO_2 有小幅度提高，如果在炉内钛总量不变的情况下持续还原提高钛渣，只是钛渣 TiO_2 表观值升高，没有实际的使用价值。

冶炼岩矿钛铁矿可以得到 TiO_2 约 75% 的钛渣，可以作为优质酸溶性钛原料，其中低价铁、低价钛、MgO、CaO 与 TiO_2 达到某种平衡，以获取支持酸解过程的自发热；冶炼风化壳钛矿可以得到 TiO_2 约 90% 的钛渣，冶炼海砂钛矿可以得到 TiO_2 约 85% 的钛渣。

在钛渣冶炼条件下，还原剂中灰分的 MgO、CaO、Al_2O_3 和 SiO_2 基本不被还原，残留成渣，一定程度影响钛渣的 TiO_2 品位，不同地域煤质和灰分构成不同，还原剂选择要求高 C 和低灰分。钛渣的 FeO 和金属 Fe 夹杂影响钛渣 TiO_2 品位，金属 Fe 夹杂可以部分地在加工磁选时去除，降低金属铁夹杂主要是把控出炉过程，保证出炉温度、时间和出炉方式。FeO 溶解进入钛渣物相，要求在出炉前深还原过程中对照平衡技术经济指标，将 FeO 降低到合理水平。

7.2.2 钛渣冶炼原理

钛精矿主要组成是 TiO_2 和 FeO，其余为 SiO_2、CaO、MgO、Al_2O_3 和 V_2O_5 等，钛渣冶炼就是在高温强还原性条件下，使铁氧化物与碳组分反应，在熔融状态下形成钛渣和金属铁，由于密度和熔点差异实现钛渣与金属铁的有效分离。在钛铁矿精矿高温还原熔炼过程中，控制还原剂碳量，可以使铁的氧化物被优先还原成金属铁，而 TiO_2 也有部分还原为钛的低价氧化物。其主要反应为：

$$FeTiO_3 + C === Fe + TiO_2 + CO \qquad (7-1)$$

$$3/4FeTiO_3 + C === 3/4Fe + 1/4Ti_3O_5 + CO \qquad (7-2)$$

$$2/3FeTiO_3 + C === 2/3Fe + 1/3Ti_2O_3 + CO \qquad (7-3)$$

$$1/2FeTiO_3 + C === 1/2Fe + 1/2TiO + CO \qquad (7-4)$$

$$V_2O_5 + 5C === 2V + 5CO \qquad (7-5)$$

$$SiO_2 + 2C === Si + 2CO \qquad (7-6)$$

$$MnO + C === Mn + CO \qquad (7-7)$$

$$Fe_2O_3 + C === 2FeO + CO \qquad (7-8)$$

$$Fe_2O_3 + CO === 2FeO + CO_2 \qquad (7-9)$$

$$CO_2 + C \xrightleftharpoons{} 2CO \qquad (7-10)$$

钛渣冶炼实际反应很复杂，反应生成物 CO 部分参与反应。钛铁矿中非铁杂质亦有少量被还原，大部分进入渣相。不同价态的钛氧化物（TiO_2、Ti_3O_5、Ti_2O_3、TiO）与杂质（FeO、CaO、MgO、MnO、SiO_2、Al_2O_3、V_2O_5 等）相互作用生成复合化合物，它们之间又相互溶解形成复杂固溶体。随着还原过程的深入进行，钛和非铁杂质氧化物在渣相富集，渣中 FeO 活度逐渐降低，致使渣相中 FeO 不能被完全还原而部分留在钛渣中。

7.2.3 炉料系统配置要求

在钛铁矿精矿高温还原熔炼过程中，要求合理控制还原剂碳量，使铁的氧化物被优先还原成金属铁，而 TiO_2 也有部分还原为钛的低价氧化物。冶炼过程首先将钛矿物预处理，可以进行精选、磁选、焙烧、造球、造块、粒化、预氧化、预还原和预加热处理，矿物尽可能地降低水分含量。还原剂一般要求固定碳含量高，灰分含量低，挥发分适当，热值适当，定期、定点和定量分析还原剂特性，根据冶炼钛渣的定位和钛矿情况计算配料，部分冶炼工艺需要后期补充还原的必须预留还原剂，从总还原剂中部分扣除，炉况调节用矿和还原剂需要另行安排，有的在炉台，有的在料仓。经过料批配料，预先贮存于电炉顶部混合料料仓内的混合料通过加料管连续加入已出完渣、铁的电炉内，送电启动电炉。

大型电炉采用多料管和多点位布料，保证电炉空间物料和热量的即时平衡均衡，连续加料主要是配合钛渣冶炼周期，持续利用高温环境，最大限度利用保持高强度供电能力，加料速度与功率输入相互匹配，小型化电炉采用手动仪表控制，手动将负荷逐渐加大到额定负荷，然后开始自动配电进行钛渣冶炼，大型化电炉采用连续加料和自动控制，间歇出料，或者渣铁混出，或者渣铁分出。

小型敞口电炉冶炼钛渣原料需要配入焙烧黏结物料，在持续冶炼过程中形成上部稳定覆盖层，起到类似炉盖的保温和降尘作用。加入物料包括沥青、石油焦和纸浆等，目前沥青由于热分解过程复杂，环境污染严重已被淘汰，纸浆因本身硫含量对产品和环境有影响，应用已受到限制，目前只有石油焦适用，但目前小型敞口电炉冶炼钛渣因本身问题也在淘汰限制之列。

钛渣冶炼生产经验表明：对于酸溶性钛渣而言，保证合适的还原度的钛渣才具有良好的酸溶性。生产硫酸法专用钛渣，钛渣中须含有适量的增进酸溶性能的 MgO 和 FeO。钛渣的酸溶性与钛渣物相结构特别是黑钛石固溶体含量和低价钛含量有关，又受 MgO、MnO、FeO 等组分影响。通常规定钛渣中游离 TiO_2 含量为 R，游离 TiO_2 可以表征钛渣中黑钛石固溶体含量。因此 R 值既能用以表征酸溶性，也可作为钛渣物相结构的特征系数。R 值的特征表达式为：

$$R = (1 - 1.67a)w(\Sigma TiO_2) - 2.22w(FeO) - 3.96w(MgO) - 2.25w(MnO) - 0.78w(Al_2O_3)$$

$$(7-11)$$

式中　w——钛渣各组元的含量；

　　　a——钛渣还原度，$a = w(\Sigma Ti_2O_3)/w(\Sigma TiO_2)$。

R 绝对值越小，表示钛渣的酸溶性越好，当 $R \approx 0$，酸溶性最佳。

表 7-1 给出了国内主要钛精矿及新西兰钛精矿的类比构成，将铁钛合量、钙镁合量以及非铁杂质通过类比判定后续钛渣的构成，从表 7-1 可以看出两广（广东和广西）优

质钛精矿，∑CaO + MgO 合量低，非铁杂质含量少，适合作为沸腾氯化法生产四氯化钛原料；新西兰钛精矿与云南富民砂矿、承德岩矿、两广 B 矿品质接近，可生产出∑TiO₂90% 左右的中等品位氯化渣。

表 7 - 1　国内主要钛精矿及新西兰钛精矿化学成分　　（质量分数,%）

类　别	$\sum TiO_2 + FeO + Fe_2O_3$	$\sum CaO + MgO$	非铁杂质
新西兰砂矿	94.94	1.74	4.87
云南富民砂矿	95.69	1.43	3.47
广西氧化砂矿	93.66	0.21	3.08
粤桂 A 砂矿	98.56	0.20	3.08
粤桂 B 砂矿	95.77	1.10	4.96
承德岩矿	91.98	2.30	6.06

用于冶炼钛渣的典型钛矿原料包括砂矿钛精矿、赤铁钛铁矿和岩矿钛精矿，岩矿钛铁矿攀枝花钛精矿典型化学成分见表 7 - 2。

表 7 - 2　攀枝花钛精矿典型化学成分　　（质量分数,%）

成　分	TiO_2	TFe	FeO	MgO	SiO_2	Al_2O_3	CaO
含　量	47.16	31.00	34.72	5.26	2.96	1.21	1.29
成　分	MnO	S	Cu	P	V_2O_5	Co	Ni
含　量	0.619	0.157	0.0044	0.006	0.087	0.0097	0.0062

表 7 - 3 给出了攀枝花钛精矿典型粒度分布。

表 7 - 3　攀枝花钛精矿典型粒度分布

粒度/mm	+0.45	-0.45 ~ +0.28	-0.28 ~ +0.18	-0.18 ~ +0.154	-0.154 ~ +0.098	-0.098 ~ +0.074	-0.074 ~ +0.043	-0.043
含量（质量分数）/%	0.25	4.37	7.5	20.05	35.26	25.22	6.8	0.51

水分：进入原料库的攀枝花钛精矿含水量不大于 1%。

表 7 - 4 给出新西兰钛精矿的典型化学成分。

表 7 - 4　新西兰钛精矿典型化学成分　　（质量分数,%）

成　分	TiO_2	FeO	Fe_2O_3	CaO	MgO
指　标	44.44 ~ 45.71 45.01	26.35 ~ 37.82 36.27	11.23 ~ 17.59 13.66	0.27 ~ 0.37 0.30	1.38 ~ 1.48 1.41
成　分	Al_2O_3	SiO_2	MnO	V_2O_5	TFe
指　标	0.61 ~ 0.66 0.64	1.21 ~ 1.49 1.33	0.963 ~ 0.999 0.979	0.110 ~ 0.219 0.182	31.35 ~ 38.07 31.35

风化壳砂矿钛精矿云南钛精矿典型化学成分见表 7 - 5。粒度和水分：云南钛精矿的粒

度和含水量与攀枝花钛精矿相近。由于攀枝花选铁工艺变化，要求提高精选铁矿品位，选矿工艺转化为阶段磨矿和阶段选矿工艺，矿物解离充分，钛回收率提高，粒度有较大的变化，细粒度矿增加，需要配矿或者造球。

表 7-5　云南钛精矿典型化学成分　　　　　　　　（质量分数，%）

成　分	TiO_2	TFe	FeO	MgO	SiO_2	Al_2O_3	CaO	MnO
含　量	47.20	35.95	34.38	1.20	1.56	0.43	0.20	0.47
成　分	S	Cu	P	V_2O_5	NiO	Co_2O_3	Fe_2O_3	
含　量	0.015	0.0065	0.0048	0.25	0.011	0.052	11.04	

还原剂：分别采用洗精煤、优质无烟煤和冶金焦作为还原剂，洗精煤典型成分分析见表 7-6。

表 7-6　洗精煤化学成分　　　　　　　　（质量分数，%）

成　分	固定碳	灰　分	挥发分	灰　　分			
				CaO	MgO	Al_2O_3	SiO_2
洗精煤	79.74	13.14	7.12	12.99	4.02	18.97	37.52

表 7-7 给出了冶炼钛渣使用的冶金焦的典型化学成分。

表 7-7　冶金焦典型化学成分

项　目	水分/%	挥发分/%	灰分/%	硫分/%	固定碳/%	发热值/$cal \cdot g^{-1}$
组　分	≤5.0	≤2.0	≤14.0	≤0.08	≥80.0	6554

沥青：沥青的典型化学成分见表 7-8。

表 7-8　沥青的典型化学成分　　　　　　　　（%）

成　分	固定碳	灰　分	挥发分
含　量	46.53	0.20	53.27

无烟煤：无烟煤粒度小于 15mm，密度为 $0.926t/m^3$，无烟煤典型化学成分见表 7-9。灰分典型化学成分见表 7-10。

表 7-9　无烟煤典型化学成分　　　　　　　　（%）

项　目	$C_{固}$	S	P	V_f
成　分	77.27	0.197	0.006	7.21

表 7-10　灰分典型化学成分　　　　　　　　（%）

项　目	SiO_2	Al_2O_3	CaO	MgO	MnO	V_2O_5	TiO_2	Fe_2O_3
成　分	59.40	25.02	4.72	1.08	0.04	0.111	0.430	4.50

7.2.4 电控系统要求

电炉运行时，炉内电路一条是电极下端通过电弧电阻、合金熔体电阻相互间的串联电阻，即熔池电阻 R_r，构成星形主回路；另一条是电极通过炉料，由各种炉料形成的串联电阻，即炉料电阻 R_Δ，构成三角形支路。星形主回路和三角形支路是等效并联的。按照热分布原理，在电炉正常运行的钛渣生产中，支路电流仅占电极电流很小的比例，约10%以下。如果支路电流过大，输入电能过多用于加热炉料，使料层温度过高，电极会上抬，使熔池反应区上移和温度不足。为了使炉内功率分配适当，必须选择合适的电炉参数，控制合适的炉料电阻，这样钛渣电炉才能取得良好的经济指标。

现代钛渣生产布局中采用大供电，分散用电。用电两级大控制，设立变电所和控制室，变电所内所有变配电装置单元的控制、信号及保护均由变电站数字保护及综合自动化系统完成。控制微机系统由保护和监控屏组成，配以直流屏、电度计量屏、外围通讯设备，实现对一次设备的监视、报警、测量、控制、继电保护、记录及开关连锁、远方信息交换等功能。按照控制室集中控制和就地检测相结合的控制方式，装置布局设置主体系统和主控制室。同时结合类似生产装置的现有自控水平，集中控制采用分散型控制系统，实现具有回路控制、顺序控制、过程连锁、历史记录、流程画面、报警画面、操作组等集中显示和操作。

自动控制包括原料工段、冶炼工段、尾气净化工段、污水处理站等，对生产过程中的温度、压力、液位、流量以及溶液 pH 值等参数进行检测、指示、记录、分析。以集中监控为主，就地指示为辅的方式，各工段（或装置）分设控制室安放仪表盘或操作台。冶炼工段的参数检测信号送控制室进行显示及记录、报警，部分设计为确保安全，在炉墙内布设温度敏感测试单元，实时测试过热情况，对异常情况及时处置，特别是出铁出渣炉口。原料工段对温度参数进行显示记录。对工艺参数的越限变量设声光报警信号及连锁系统。污水处理工段对水质的 pH 值以及浊度进行分析、显示。

主厂房控制系统包括主厂房内各装置温度及压力的检测与显示，以就地检测显示为主，集中显示为辅。自控连锁只设置于变压器及短网的冷却循环水的断水保护系统和变压器过电流保护系统。

7.2.5 挂渣保护

由于钛渣具有极高的化学活性，几乎能与所有的金属和非金属材料发生作用，它能很快地腐蚀普通的耐火材料。为防止钛渣对炉壁的腐蚀，在钛渣电炉生产启动开炉时，在烤炉结束后，先对炉体进行挂渣作业，在炉衬内壁上挂一层高品位钛渣本身固体层以保护炉体。同时在正常生产中也经常采用这种方式对炉体进行保护。

挂渣可以通过两种形式实现，一种形式是新炉子投入使用前，将含钛炉渣熔化，高配碳条件下加热，其中的 TiO_2 部分生成 TiC 高温相，让炉渣膨胀浸渍耐火材料表面，部分炉渣进入耐火砖缝隙，然后缓慢冷却，有时一次完成，有时重复两次，保护效果十分显著。

挂渣保护的另一种形式是通过形成固结层实现，电炉生产过程中一般以极心圆为热核心热量向外发散，温度由高向低梯度分布，能量的输出和输入是基本相等的，钛渣冶炼过程中热量处于平衡状态。一般情况在炉体热边缘区留出空间，初始阶段形成物料堆积，反应进行程度影响熔池内渣的黏度，进而影响炉壁挂渣层的厚度和排渣排铁的难易程度，故还原反应过程必须控制输入能量强度使电炉系统达到热量平衡；输入能量过高会使熔池内的渣过热，挂渣层变薄，造成炉壁腐蚀；输入能量过低，会导致渣的黏度明显增大，造成排渣困难，并产生泡沫渣。

7.2.6 操作制度

熔炼过程中主要控制铁渣中的氧化亚铁含量，当电炉冶炼耗电能分别为总消耗电能的60%、70%、80%、90%时，人工取样快速分析渣中氧化亚铁含量，当钛渣中氧化铁含量达到酸溶性钛渣成分要求时，熔炼结束并停电。大型钛渣电炉操作示意图见图7-2。

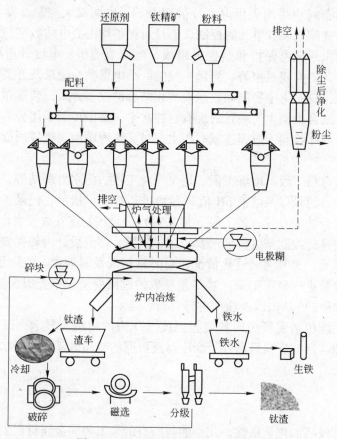

图7-2 大型钛渣电炉操作示意图

熔炼过程结束后，大型炉实行渣铁分出，人工用氧气枪打开出渣口，渣从溜口流入炉前渣盘中；每出2~3次渣后出一次铁，铁水口也用氧枪打开，铁水直接进入钢包。放渣结束后，通过绞车将装有酸溶性钛渣的渣槽运至电炉车间外部进行喷水冷却，后运至精整车间自然冷却。待钛渣凝固后，用行车将钛渣从渣盘取出放到破碎平台。铁水在脱硫前，需进行一些准备工作，即确定铁水的特性，然后由行车送往精炼炉。冶炼过程中所产生的烟气经旋风器、冷却器后进入烟气处理及预热回收车间进行处理。然后再往炉内加入新料，重新进行下一周期的冶炼作业。

钛精矿由皮带机从料场直接送入原料库钛精矿仓，料仓下部设有一台螺旋输送机，可向高位料仓供料。无烟煤用汽车运入厂内原料库贮存。

在库房的一端设有无烟煤料仓，料仓下面有一台电磁振动给料机，由带式输送机送往电炉熔炼车间；按照钛矿类别和钛渣产品要求进行配碳量计算，以矿中 100% Fe_2O_3 转化为 FeO，90% ~96% FeO 还原成金属铁，30% TiO_2 还原成 Ti_3O_5，熔池中铁的渗碳按 2% 计算理论配碳量，折合成还原剂的碳量，配碳量为 95% ~130%。

考虑到焦炭的其他组分和沥青等含碳，以 1t 矿为 1 批，配入适量沥青和焦粉。在出完炉尚未捣炉之前，从电极处加入适量焦粒。在极心圆处炉料化通时，随附加矿加入少量还原剂，调整炉况和 TiO_2 品位。

炉料系统故障包括配碳不足和配碳过量以及严重过量，配碳不足会出现电极消耗加速、反应慢和熔化慢的现象，缺乏还原动力和途径，需要及时矫正，增加配碳水平；配碳过量或者严重过量则会出现大量冒黑烟的现象，造成资源浪费和环境污染，煤气积聚过量可能出现中毒和爆炸危险，需要燃烧消解，操作过程可以适量次序地加入矿物，削减过量碳的影响。

7.3 钛渣冶炼设备

熔炼钛渣的热量主要是来源于电极末端至熔池表面间所产生的电弧热。而电弧热是依靠电极上的电流来控制的，即电极上的电流越大则产生的电弧热越大，钛渣电炉多数是三相三电极组配，按等边三角形布置的。

7.3.1 电炉选择

工业上用的炉子，电炉是利用电热效应供热的冶金炉，主要能源基础为电能。电炉利用电弧热效应和电阻热效应配合物料反应热效应熔炼金属及其他物料。一般电炉包括电炉炉体、电力设备（电炉变压器、整流器和变频器等）、检测控制仪表（电工仪表和热工仪表）、炉用机械设备（进出料设备和倾动装置）以及自动调节系统等。矿热电炉根据不同的需要和要求有较多的炉型选择，以炉子形状不同可以分为圆形电炉和矩形电炉，按照炉子构造则可分为密闭电炉、半密闭电炉和敞口电炉，同时根据炉子倾动方式分为固定式电炉和旋转式电炉。

7.3.1.1 矿热电炉

电炉设备通常是成套的，包括电炉炉体，电力设备（电炉变压器、整流器、变频器等），开闭器，附属辅助电器（阻流器、补偿电容等），检测控制仪表（电工仪表、热工仪表等），自动调节系统，炉用机械设备（进出料机械、炉体倾转装置等）。大型电炉的电力设备和检测控制仪表等一般集中在电炉供电室。电炉的优点有：炉内气氛容易控制，甚至可抽成真空；物料加热快，加热温度高，温度容易控制；生产过程较易实现机械化和自动化；劳动卫生条件好；热效率高；产品质量好等。

矿热电炉设备共分三层布置，第一层由炉体（包括炉底支撑、炉壳、炉衬），出铁系统（包括包或锅及包车等），烧穿器等组成。第二层由下列几部分组成：（1）烟罩。矿热炉目前大多数采用密闭式或半密闭式矮烟罩结构，具有环保、便于维修和改善操作环境的特点。采用密闭式结构还可把生产中产生的废气（主要成分是一氧化碳）收集起来综合利用，并可减少电炉的热损失，降低电极上部的温度，改善操作条件。（2）电极把持器。大多数矿热炉都由三相供电，电极按正三角形或倒三角形，对称位置布置在炉膛中间。大型矿热炉一般采用无烟煤、焦炭和煤沥青拌和成的电极料，在电炉冶炼过程中自己焙烧成的电极。(3) 短网。(4) 铜瓦。(5) 电极壳。(6) 下料系统。(7) 捣炉机。(8) 排烟系统。(9) 水冷系统。(10) 矿热炉变压器。(11) 操作系统。第三层由下列几部分组成：(1) 液压系统；(2) 电极压放装置；(3) 电极升降系统；(4) 钢平台；(5) 料斗及环行布料车。

其他附属设备有斜桥上料系统、电子配料系统等。

7.3.1.2 钛渣电炉

钛渣冶炼选择矿热电炉，而且根据处理能力和外供电条件确定电炉大小，依据电炉能力配套公辅设施。矩形炉允许较大的面积和功率，对变压器的配置比较适宜，有利于炉内物料的熔化和分离，砌筑方便，热膨胀和热分布没有圆形炉均匀。矿热炉是一种耗电量巨大的工业电炉。炉体由砖砌体、钢结构（钢架、炉壳或者围板）和基础墩组成。由于炉底温度较高，一般采用架空结构，用自然风或者强制鼓风冷却。

A 炉体

炉体是由炉壳、炉衬、炉底支撑等构成，炉壳是采用 14~18mm 厚钢板焊接而成的圆筒体，外部焊接有加强筋，以保证炉体具有足够的强度。炉底采用 18~20mm 厚钢板，炉体采用 25 号~30 号工字钢支撑，自然通风冷却炉底，炉壳设有 1~2 个出料口，炉衬采用高铝耐火砖和自焙炭砖无缝砌筑新工艺，炉墙厚度为 460~690mm，外敷 20mm 厚硅酸铝纤维板。炉底炭砖厚度为 800~1200mm。炉口采用碳化硅刚玉砖，流料槽采用水冷结构。根据需要也可增加水冷炉门。

B 矮烟罩

矮烟罩采用全水冷结构或水冷骨架和耐热混凝土的复合结构。其高度以满足设备维修的需要，全水冷结构采用水冷骨架、水冷盖板和水冷壁及水冷围板。水冷骨架采用 16 号~20 号槽钢制成，三相电极周围内盖板采用无磁不锈钢板制成，外盖板及围板采用 Q235 钢板制作，并设有极心圆调整装置和三相电极水冷保护套和绝缘密封装置。采用水冷骨架和耐热混凝土复合结构，烟罩侧壁由金属构件立柱支撑并通水冷却，四周用耐火砖砌筑而成，侧壁上设有三个操作门，在炉内大面上，开启方向是横向旋转式，上部有两个排烟口，与其相连的是两个立冷弯管烟道、直通烟囱或除尘装置。

C 短网

短网包括变压器端的水冷补偿器、水冷铜管、水冷电缆、导电铜管、铜瓦及其吊挂、固定连接等装置。其布置形式可分为正三角或倒三角。不论哪种布置，均要求在满足操作空间的前提下，尽可能地缩短短网的距离降低短网阻抗，以保证获得最大的有功功率。

水冷铜管、导电铜管均采用厚壁铜管，各相均采用同向逆并联，使短网往返电流双线制布置，互感补偿磁感抵消。中间铜管用水冷电缆相连，冷却水直接从水冷铜管经水冷电缆、导电铜管流入铜瓦，冷却铜瓦后经返回的导电铜管、水冷电缆、水冷铜管流出炉外。运行温度低，减少短网导电时产生的热量损失，能有效提高短网的有功功率，同时铜管质量轻，易加工安装，大大减少短网的投资。

D 电极系统

电极系统由把持器筒体、铜瓦吊挂、压力环、水冷大套、电极升降装置、电极压放装置等组成。在电极系统上采用了国际先进的技术，如采用悬挂油缸式的电极升降装置，能灵活、可靠、准确地调节电极的上、下位置。上、下抱闸和压放油缸组成电极带电自动压放装置。

电极系统共三套，每套包括电极筒1个、把持筒1个、保护套1个、压力环1个、铜瓦6~8块。把持器的作用是把持住自焙电极，保护大套、压力环、铜瓦依顺序都吊挂固定在其上面，每根电极上设6~8块铜瓦，通过压力环上的油缸和顶紧装置，形成一对一顶紧铜瓦，压力均匀，可保证铜瓦对电极的抱紧力均衡，铜瓦与电极的接触导电良好。

把持器上部由台架与两个升降油缸连接，油缸的支座固定在三层平台的钢平台上，在钢平台上一定的范围内根据需要可调整极心圆。

每根电极上设有单独电极自动压放装置，由气囊抱闸（或液压抱闸）抱紧电极，充气气囊抱紧电极，放气气囊松开电极；上、下气囊抱闸由导向柱和压放油缸相连接，下气囊抱闸与把持筒相连接，冶炼时下气囊始终抱紧电极，只在压放时才与上气囊配合交替松开夹紧电极，完成压放动作。

E 冷却水系统

冷却水冷系统是对处于高温条件下工作的构件（包括短网、压力环、保护大套、炉壳、烟罩、烟囱）进行冷却的装置，它由分水器、集水箱、压力表、阀门、管道及胶管、接头等组成。

短网（包括水冷铜管、水冷电缆、铜瓦）压力环的水路专门设有放水装置用于检修、抢修时快速排水。

水冷短网及压力环、保护套的冷却水要求：软水，进水温度不高于30℃，出水温度不高于50℃。

熔炼密闭钛渣电炉示意图见图7-3。

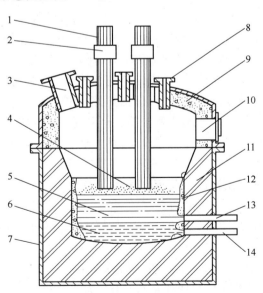

图7-3 熔炼密闭钛渣电炉示意图

1—电极；2—电极夹；3—炉气出口；4—炉料；5—钛渣；6—铁水；7—钢外壳；8—加料管；
9—炉盖；10—检测孔；11—筑炉材料；12—结渣层；13—出渣口；14—出铁口

F 炉用变压器

按日处理量计算炉用变压器的额定功率 P（kV·A）：

$$P = AW/24K_1K_2\cos\varphi \qquad (7-12)$$

式中　A——日处理炉料量，t/d；

　　　K_1——功率利用系数，是炉子带电时间内实际耗电量和理论上可能耗电量的比例，它随炉子调节系统和熔炼制度而异，连续熔炼时，$K_1 = 0.9 \sim 1$，间断操作时，$K_1 = 0.8 \sim 0.9$；

　　　K_2——工时利用系数，$K_2 = $ 昼夜实际作业时数/24，连续作业时一般为 0.92 ~ 0.95；

　　　$\cos\varphi$——电炉功率因数，一般为 0.9 ~ 0.98，当电极直线排列时较高，电极三角形布置时较低，炉子工作电压较高时 $\cos\varphi$ 也比较高；

　　　W——每吨炉料的电能单耗，kW·h/t，由熔炼过程热平衡确定或按同类物料的经验数据选取。

G 供电

补偿后的功率因数为 0.90。如钛渣电炉的装机容量为 25000kV·A，补偿后的功率因数为 0.90。动力及照明负荷为 5000kW，补偿后的功率因数为 0.95。

负荷性质：钛渣电炉在生产钛渣的同时还生产生铁，电炉长时间停电会造成炉温下降，炉内金属铁液凝固而难于处理，短时停电恢复送电，炉子重新启动困难，因此，钛渣电炉对供电可靠性要求很高，属一级负荷，要求电源应能保证电炉正常生产，同时，冷却水泵、浇铸间吊车、电炉电极升降机构等设备均为一级负荷。钛渣辅助生产为二级负荷，其余为三级负荷。

某特定供电电源及供电方案：（1）电源。根据电炉负荷及负荷性质，钛渣项目电源由变电所引 35kV 单回路独立电源，另引一回路 10kV 电源作为保证电源。（2）供配电电压。供电电压为 35kV，配电电压为 35kV、380V，照明电压为 220V，检修电压为 36V 安全电压。（3）用电量。钛渣电炉年最大负荷利用时间为 7920h，动力及照明年最大负荷利用时间为 4500h。（4）配电。根据配电深入负荷中心原则并结合工艺布置情况，设计考虑在主厂房旁设 35kV 变电所，同时设 380V 低压配电室。变压器的变比均为 35kV/380V。（5）继电保护。35kV 变压器设置过负荷保护，包括短路保护、过电流保护、过电压保护、接地保护、瓦斯保护、油量监控、电流速断保护、差动保护和单相接地保护。控制采用微机综合自动化保护装置。380V 低压电机装设过负荷、短路、断相保护。

H 电气制度

合理的电气制度（即二次电压）是保证电炉运行取得最佳技术经济指标的重要条件。在电极极心圆确定之后，二次电压是与之相适应的，其大小要考虑电效率和热效率，同时也要考虑二次电流电压比 I_2/V_2 值对炉底温度的影响。钛渣电炉额定电压与其功率的关系式：

$$U_{额} = 7.6P_{相} \times 0.4$$

式中，7.6、0.4 为熔炼钛渣过程的特征系数；$U_{额}$ 为二次电压；$P_{相}$ 为电炉相功率；电炉二次电压的允许范围为 $0.8 \sim 1.15U_{额}$。

设计时应合理排列短网。尽量减少短网感抗，以提高 COS 值，另外应加强对短网的维护，防止落上大量灰尘，焦粉等易引起漏电和导磁。操作时选择合理操作电压，保持把持器和电极之间足够的压力，保证接触良好等，以尽量提高电炉的电气效率。为了安全及控制的需要，电炉必须设置接地装置。一般大型矿热电炉通常是在两根电极之间下面的炉底砌体内，埋设铜片或钢带，并由炉底或侧墙引出接地。

I 炉用变压器二次侧额定线电压 $U_{线}$

用于有色冶炼的矿热电炉，二次电压目前尚无精确的理论计算，一般根据工厂实践资料选取。选取的二次电压须与冶炼的渣型相适应。高电压操作电能损失较小，能充分发挥电炉的生产能力，达到强化熔炼的目的。但电压过高则会导致明弧，产生局部过热，致使热量及金属的损失增大，设备操作也不安全。低电压操作对炉料适应性较强，炉墙寿命过长，与高电压操作相比，由于二次电流大，所以导电元件和炉体结构也要大些。大型钛渣电炉主体设备见图7-4。

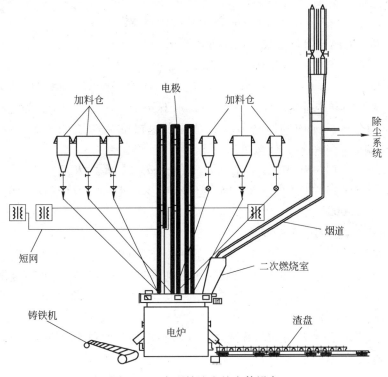

图7-4 大型钛渣电炉主体设备

二次电压可按下述公式进行估算：

$$U_{线} = KP_{极}^{n} \qquad (7-13)$$

式中 $P_{极}$——每根电极的功率，kV·A，对三电极电炉为额定功率的1/3，对六电极电炉为额定功率的1/6；

K，n——系数。

冶炼钛渣时，三电极 $K=17$，$n=0.256$：

$$U_{线} = KP_{极}^{n} = 17 \times (12500 \div 3)^{0.256} = 143$$

按圆周电阻系数计算，当渣型和温度一定时：

$$\pi d_{极} R = \rho = 常数$$

$$R = \rho / \pi d_{极} \qquad (7-14)$$

式中 $d_{极}$——电极直径，cm；

R——每根电极端部对炉底的电阻，Ω；

ρ——圆周电阻系数，或称电极熔缸电阻系数，由实验确定。根据钛渣熔炼性质，电阻系数选择为 $1.55\Omega \cdot cm$。

$$R = \rho / \pi d_{极} = 1.55 \div (3.14 \times 900) = 5.4 \times 10^{-4}$$

电极对炉底的电压（相电压）按下式确定：

$$U_{相} = (RP_{极} \times 1000)^{1/2} = (5.4 \times 10^{-4} \times 4166 \times 1000)^{1/2} = 47 \qquad (7-15)$$

对三相三极或六极电炉，变压器二次侧额定电压（线电压）$U_{线}$ 为：

$$U_{线} = 1.73 U_{相} / \eta \qquad (7-16)$$

η 取 0.95：

$$U_{线} = 1.73 \times 47 / 0.95 = 85$$

按每根电极的熔池电阻计算电极的熔池电阻 $R_{极}$：

$$R_{极} = (0.13 - 0.015 h_{渣} / d_{极})[h_{渣} / (h_{极} r d_{极})](K_{渣} / K_{极}) \qquad (7-17)$$

式中，$h_{渣}$ 为渣层厚度，cm，取 65cm；$h_{极}$ 为电极插入渣层厚度，cm，取 40cm；r 为炉渣在熔池平均温度下的导电系数，$\Omega^{-1} \cdot cm^{-1}$，取 $0.41\Omega^{-1} \cdot cm^{-1}$；$d_{极}$ 为电极直径，cm，取 900cm；$K_{渣}$ 为考虑熔池内固体物料分布情况及电极插入深度的系数，取 $1.5 \sim 1.75$；$K_{极}$ 为考虑工作端形状的系数，钛渣可选 0.3。

$$R_{极} = (0.13 - 0.015 h_{渣} / d_{极})[h_{渣} / (h_{极} r d_{极})](K_{渣} / K_{极}) \qquad (7-18)$$
$$= (0.13 - 0.015 \times 65 / 900)[65 / (40 \times 0.41 \times 900)](1 / 0.16)$$
$$= 0.0035$$

J　二次侧电压级的确定

计算确定的额定电压只能反映某一特定条件的合理电压值。实际上物料条件及操作条件常有波动和变化，为此，在选择变压器二次侧电压时，应有一定的调节范围。另外，为适应开炉期低负荷运行的需要，还可以在低功率范围内按恒电流条件设计，即变压器具有恒功率和恒电流两个工作范围。

$U_{额}$ 是额定工作电压，U_1 和 U_2 分别是变压器额定功率时的调压范围，U_3 为功率下降后恒流工作段的最低电压。

$$U_1 = (1.1 \sim 1.25) U_{额} \qquad (7-19)$$
$$U_2 = (0.7 \sim 0.8) U_{额} \qquad (7-20)$$
$$U_3 = 0.5 U_{额} \qquad (7-21)$$

变压器调压方式：有载调压和无载调压。新设计变压器采用有载调压。

K　操作制度

钛渣电炉的各项工艺参数的设计是否合理将直接影响炉体的使用寿命，主要包括炉膛的直径、炉膛的深度的选取。炉膛的直径关系到固体渣料层的厚度，从而影响炉衬的过热程度，有些钛渣电炉设计炉膛直径有 $100 \sim 200mm$ 的特殊料层贴近耐火炉衬，一方面受电热强度影响，熔化存在困难，形成炉料保护层，一方面起到有效保护炉墙的作用，降低冷却水使用强度。炉膛的深度关系到电炉的产能及炉底的过热程度，钛渣生产中由于翻渣频繁，经常出现物料"喷溅"的现象，因此要求有合适的炉膛高度，炉膛太深不利于生产上料面的控制，熔池下移会造成单炉产能的降低，炉膛太浅会加速炉底的侵蚀。

L 矿热炉功率密度

矿热炉功率密度的表示方法有：单位炉底面积功率密度（kW/m^2）、单位反应区体积功率密度（kW/m^2）、熔池单位体积功率密度（kW/m^3）、单位极心圆面积功率密度（kW/m^2）、电极截面功率密度及电极有效表面功率密度。在生产实践中用得较多的是极心圆面积功率密度。

熔池中心区域的温度一般在1800~2100K之间，且呈"三瓣花状"，此区域是重点布料区域，图7-5中正对电极位置是炉衬的"热点"，与电极呈60°角方向是炉衬的"冷点"，炉衬边缘的布料应重点照顾热点区域。电炉炉内温度场分布见图7-5。

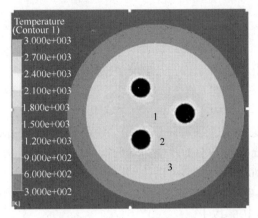

图7-5 电炉炉内温度场分布
（温度场分布从中心层到边缘外层依次由高到低）
1—中心层；2—中间层；3—边缘外层

M 反应区的功率密度

反应区的功率密度为：

$$P_{熔} = P_{效}/3V \qquad (7-22)$$

式中 $P_{熔}$——相电极反应区功率密度，kW/cm^3；

$P_{效}$——电炉熔池的有效功率，kW；

V——弧区体积，cm^3。

在炉底没有上涨的熔池里，反应区的体积为：

$$V_T = \pi/4 D_p^2(h_0 + h_a) - \pi/4 d^2 h_a \qquad (7-23)$$

式中 D_p——反应区直径，即电极极心圆直径，cm；

h_0——电极端到炭质炉底的距离，cm；

h_a——电极有效插入深度，cm；

d——电极直径，cm。

对于圆形熔池而言，反应区直径等于电极极心圆直径，因而，在电炉运行时可以准确计算出单位极心圆面积功率密度：

$$P = P_B/S = 4P_B/\pi d_{极心}^2 \qquad (7-24)$$

式中 P_B——熔池有效功率；

$d_{极心}$——极心圆直径。

代入数据得： $P = 4 \times 12500/(3.14 \times 2400^2) = 0.0027$

熔池里的功率密度，离电极表面最近，最大值取 100%，炉底的功率密度离电极最远而最小，为了使炉底功率密度保持为输入功率的 10% ~ 30%，75% 钛渣冶炼取 30%。这样既可使合金熔体保持适当温度，又可使炉内功率分配和热分配最好。

电极端到炉底的距离 $h_0 = 0.67d$。料面有效深度 $h_1 = 1.2d + 0.3d = 1.5d = 1.5 \times 900 = 1350$。

根据同样的原理，对炭质炉衬来说，从电极表面到炉墙的距离与电极端头到炉底的距离也要相适应，以保持电极埋入炉内的稳定和恰当的功率分配。

N 短网

根据矿热炉的结构特点以及工作特点，矿热炉的系统电抗的 70% 是由短网系统产生的，而短网是一个大电流工作的系统，最大电流可以达到上万安培，因此短网的性能决定了矿热炉的性能，正是由于这个原因，矿热炉的自然功率因数很难达到 0.85 以上。绝大多数的炉子的自然功率因数都在 0.7 ~ 0.8 之间，较低的功率因数不仅使变压器的效率下降，消耗大量的无用功，同时由于电极的人工控制以及堆料的工艺，导致三相间的电力不平衡加大，最高不平衡度可以达到 20% 以上，这导致冶炼效率的低下，电费增高。因此提高短网的功率因数，降低电网不平衡就成为降低能耗、提高冶炼效率的有效手段。如果采取适当的手段，提高短网功率因数，可以达到以下的效果：

（1）降低电耗 5% ~ 20%；

（2）提高产量 5% ~ 10% 以上。

O 极心圆

熔炼钛渣的熔池范围是电极表面向外扩张大约一个电极的直径，即熔池直径大约等于电极极心圆直径加上 3 倍电极直径。

P 单位极心圆面积功率密度

从冶炼反应上讲，电炉单位反应区体积功率密度能真实体现冶炼情况。反应区域的功率密度：

$$P_{VT} = P_g/nV_T \tag{7-25}$$

式中 P_{VT}——反应区功率密度；

P_g——入炉熔池有效功率；

n——电极数目；

V_T——反应区体积，$V_T = \pi/4 D_p^2 (h_0 + h_a) - \pi/4 d^2 h_a$。

各种类型（指电极分布）电炉的反应区体积在理论上可以计算得出。但是，在生产实际中，反应区域的形状及体积不是恒定的，随着冶炼状态（例如电极插入深度，电流、电压运行值，炉料状况，出铁周期）的变化而变化。

对于圆形熔池而言，反应区直径等于电极极心圆直径，因而，在电炉运行时可以准确计算出单位极心圆面积功率密度：

$$P = P_B/S = 4P_B/d_{极心}^2 \tag{7-26}$$

式中 P_B——熔池有效功率；

$d_{极心}$——极心圆直径。

在确定了产能及电炉容量后，炉体的参数极心圆直径、炉膛直径和炉膛深度的确定直接关系到炉体的使用寿命。极心圆直径的确定应充分考虑极心圆单位面积的功率大小，防止因功率的重叠造成炉底过热，根据经验公式极心圆直径 $L_e = k_e d_e$，d_e 为电极直径（6300kV·A 钛渣电炉自焙电极直径取 780mm），k_e 为极距系数。因此极距系数的选取就十分关键，根据生产实践，熔炼钛渣的熔池范围是电极表面向外扩张大约一个电极的直径，即熔池直径大约等于电极极心圆直径加上 3 倍电极直径，熔池外的炉料在正常操作条件下处于固体状态，因此炉膛直径 d 可以用公式 $d = \gamma d_e$ 表示，其中 γ 为经验系数。炉膛直径的确定应考虑炉膛内有一定的固体渣层以保护炉衬，但厚度不能太厚，否则对生产出炉带来困难。钛渣生产主要特点是翻渣频繁，经常出现物料"喷溅"的现象，炉膛深度的确定应适应这个工艺特点，同时要考虑到电极工作端的长度，避免电极事故的发生，并要有一定厚度的存铁（渣）保护层。

极心圆单位面积功率偏大，可导致坩埚区及炉底功率重叠，出现侵蚀炉底的后果。

7.3.2 电极选择

电极选择依据电炉形式不同而不同，密闭电炉电极采用砂封结构；大型电炉一般采用自焙电极、石墨电极和碳素电极，石墨电极使用方便，可控性好，适应性强，但成本高，有冷断风险，对冶炼影响有限；碳素电极经过预处理，适应性比较强，成本适中，使用能够满足冶炼要求，对预处理过程有限制性要求。

12500kV·A 电炉二次电压为 130 ~ 178V，二次额定电流为 52300A，二次电流为 236A，根据电极允许的电流密度进行计算，得到电极直径是：碳素电极直径 900mm，碳素电极实际电流密度 $5.6A/cm^2$，二次额定电流 52300A，电流密度为 $8.22A/cm^2$，可以满足要求。自焙电极的消耗按 0.025t/t 渣计算，碳素电极的消耗按 0.020t/t 渣计算，石墨电极的消耗按 0.015t/t 渣计算。人工费用中自焙电极的费用包括：电极壳承包的费用 40 万元/年，12 个加糊工和电极壳焊结人员的工资。碳素电极的人工费用包括 4 个电极接长人员的工资；石墨电极的人工费用包括 4 个电极接长人员的工资。表 7-11 给出了三种电极方案的比较。

表 7-11 三种电极方案的比较

电极种类	额定功率/MV·A	二次电压/V	电极电流/A	允许的电密度/A·cm⁻²	实际电流密度/A·cm⁻²	选用电极直径/mm
自焙电极	12500	130 ~ 178	52300	5 ~ 7	8.22	900
碳素电极	12500	130 ~ 178	52300	5 ~ 7	8.22	900
石墨电极	12500	130 ~ 178	52300	13 ~ 17	8.22	600

7.3.2.1 电极载流能力

电极直径和电极载流能力是电炉的重要参数。电极的载流能力可以通过电极上的热平衡和电极应力计算：

$$I = \left(\frac{\pi}{\sqrt{P}}\right) \times \frac{d^{1.5}}{\sqrt{\dfrac{R_{AC}}{R_{DC}}}} \times \sqrt{a\Delta T_2 - \lambda \frac{\Delta T_1}{4dL}} \qquad (7-27)$$

式中，P 为电阻率；d 为电极直径；R_{AC}、R_{DC} 分别为电极的趋肤效应和邻近效应系数；L 为电极长度；a 为电极表面传热系数；λ 为电极的导热系数；ΔT_1 为电极端部与上部的温差；ΔT_2 为电极内外的温差。

将自焙电极的电阻率和导热系数代入上式，可得其允许的载流能力：

$$I = 37.5 \times d^{1.5} / \sqrt{R_{AC}/R_{DC}} \tag{7-28}$$

式中，I 为电流，kA；d 为电极直径，m。

自焙电极载流能力的经验式：

$$I = 50d^{1.6} \tag{7-29}$$

式中，I 为电流，A；d 为电极直径，cm。

7.3.2.2　电极电流密度

电极电流密度分为截面电流密度和有效表面电流密度。截面电流密度：

$$i_1 = 4I/\pi d^2 \tag{7-30}$$

有效表面电流密度：

$$i_2 = I/F_s \tag{7-31}$$

式中，F_s 为有效表面积。

电极截面内的电流密度反映了电极载流能力的大小，有效表面电流密度反映了电功率在炉内的分布状况。

7.3.2.3　石墨电极

石墨电极（graphite electrode）为以石油焦、沥青焦为颗粒料，煤沥青为黏结剂，经过混捏、成型、焙烧、石墨化和机械加工而制成的一种耐高温的石墨质导电材料。石墨电极是电炉冶炼的重要高温导电材料，通过石墨电极向电炉输入电能，利用电极端部和炉料之间引发电弧产生的高温为热源，使炉料熔化进行冶炼，其他一些电冶炼或电解设备也常使用石墨电极为导电材料。根据所用原料的不同和成品物理化学指标的区别，石墨电极分为普通功率石墨电极（RP 级）、高功率石墨电极（HP 级）和超高功率石墨电极（UHP 级）3 个品种。

衡量石墨电极质量的主要指标有电阻率、体积密度、机械强度、线膨胀系数、弹性模量等，石墨电极在使用中的抗氧化性与抗热震性都与以上几项指标有关，产品机械加工的精确度和连接的可靠性也是重要检测项目。表 7 – 12 给出了石墨电极的技术指标。

表 7 – 12　石墨电极的技术指标

项　目	部　位	指　标	项　目	部　位	指　标
电阻率/$\mu\Omega \cdot m$	电　极	≤10.5	灰分/%		≤0.5
	接　头	≤8.5	体积密度	电　极	≥1.52
抗折强度/MPa	电　极	≤6.4	/$g \cdot cm^{-3}$	接　头	≥1.68
	接　头	≤11	线膨胀系数/$℃^{-1}$	电　极	≤18×10^{-6}
弹性模量/GPa	电　极	≤9.3	（100 ~ 600℃）	接　头	≤30×10^{-6}
	接　头	≤14			

石墨电极的电阻率是一项重要的物理性能指标，通常用电压降法测量，电阻率的大小

可以衡量石墨电极石墨化度的高低，石墨电极的电阻率越低其热导率越高，抗氧化性能越好。石墨电极使用时的允许电流密度与其电阻率及电极直径有关，石墨电极的电阻率越低，允许电流密度相应提高，但允许电流密度和电极直径的大小成反比，这是因为电极直径越大，电极横截面内中心部位与表层的温差增大，由此产生热应力的提高将引起电极产生裂纹或表面剥落，所以电流密度的增加受到限制。

增加体积密度有利于降低孔隙率和提高机械强度，改善抗氧化性能，但如果体积密度太大则抗热震性能下降，为此需要采取其他措施弥补这一不足，如提高石墨化温度以增加电极的热导率和采用针状焦为原料降低成品的线膨胀系数。

石墨电极的机械强度分为抗压、抗折和抗拉 3 种，主要测定抗折强度，抗折强度是石墨电极在使用时与折断有关的性能指标，在电炉上，当电极和不导电物体接触时，或由于受到塌料的碰撞、强烈振动的破坏作用等原因，石墨电极经常有被折断的危险，抗折强度高的石墨电极不容易被折断。数根电极串接成电极柱使用时，连接处受到很大的拉力，所以对接头最好规定抗拉强度指标。

弹性模量是反映材料刚度的一个指标，通常石墨电极只测定杨氏弹性模量（纵弹性模量），即材料受到压缩或拉伸时产生单位弹性变形需要的应力，石墨电极的弹性模量与其抗热震性直接有关，石墨电极的弹性模量与其体积密度成正比，并且弹性模量随温度上升而增加。

石墨电极的抗热震性表示在温度急剧变化时抵抗热应力破坏的能力，用以下公式表示：

$$R = \frac{\kappa S}{\alpha E} \tag{7-32}$$

式中，R 为抗热震性；κ 为热导率，$W/(m \cdot K)$；S 为抗拉强度，MPa；α 为线膨胀系数，$^{\circ}C^{-1}$；E 为弹性模量，MPa。

从式（7-32）可以看到，石墨电极的抗拉强度越高和弹性模量越低，其抗热震性能越好，另外，石墨电极的热导率越小、线膨胀系数越大则抗热震性越差，电极在温度急剧变化时产生龟裂、表面剥落的可能性越大。

线膨胀系数一般只测定沿电极轴向的线膨胀系数，石墨电极的线膨胀系数与采用原料有关，也与配方的粒度组成、石墨化温度等因素有关。线膨胀系数小的石墨电极，抗热震性能比较好，所以生产超高功率石墨电极应选用线膨胀系数较低的针状焦为原料，并且石墨化温度应该达到 2800~3000℃。石墨电极的线膨胀系数与测定温度范围有关，中国标准测定温度范围为 100~600℃，有些国家的碳素厂对石墨电极的线膨胀系数测定温度范围比较窄，有的是 20~100℃，有的是 30~130℃，因此同样产品在不同温度范围内测定的线膨胀系数不能直接比较。

石墨电极质量的优劣取决于原料性能、工艺技术、管理和生产装备 4 个方面，其中原料性能是首要条件。普通功率石墨电极，采用普通级别的石油焦生产，其力学性能较低，如电阻率高、线膨胀系数大、抗热震性能差，因此允许电流密度较低。高功率石墨电极采用优质石油焦（或低级别的针状焦）生产，其力学性能比普通功率石墨电极要高一些，允许较大的电流密度。而超高功率石墨电极一定要使用高级别的针状焦生产。高功率及超高功率石墨电极的接头质量特别重要，不仅接头坯料的电阻率及线膨胀系数要小于电极本体，而且接头坯料应有较高的抗拉强度及热导率，为了加强电极连接的可靠性，接头上应配有接头栓。

7.3.2.4 自焙电极

自焙电极是用无烟煤、焦炭以及沥青和焦油为原料，在一定温度下制成电极糊，然后把电极糊装入已安装在电炉上的电极壳中，经过烧结成型。这种电极可连续使用，边使用边接长边烧结成型。自焙电极因工艺简单、成本低，因此被广泛用于铁合金电炉、电石炉等。自焙电极在焙烧完好后，其性能与炭素电极相差不大，但其制造成本仅为石墨电极的1/8，是碳素电极的1/3。

制造电极糊的原料为煅烧无烟煤和冶金焦作骨料，沥青和焦油作黏结剂。其中要求无烟煤的灰分小于8%，挥发分小于5%，含硫量低，电阻率大于$1000\mu\Omega\cdot m$，热强度指数大于60%。无烟煤需经1200℃以上高温煅烧，以脱除挥发分。要求冶金焦的灰分小于14%，要求沥青的软化点为60~75℃，灰分小于0.3%，水分不大于0.5%，挥发物为60%~65%，游离碳含量不大于20%~28%。要求焦油的密度为1.16~1.20g/cm³，水分不大于2.0%，灰分不大于0.2%，游离碳含量不大于9%。也可用焦油馏分蒽油调整软化点。

电极糊的生产工艺非常简单，将煅烧的无烟煤、冶金焦，经破碎、筛分、配料加入煤沥青混捏后即成。为提高电极糊烧结速度，在配料中可加入少量石墨化冶金焦、石墨碎或天然石墨，以提高自焙电极的导热性能，使烧结速度加快。配料中无烟煤约占50%或更多，将无烟煤破碎至20mm以下，焦炭磨成粉加入。粒度组成的控制要以颗粒的密实度大为原则，这样可以得到强度大、导电性好的电极。两种粒度混合时，要求大颗粒的平均粒度至少为小颗粒粒度的10倍；混合料中的小颗粒数量应为50%~60%。一般黏结剂的加入量为固体料的20%~24%。各种料按配比称量后加入混捏机中，混捏温度要比黏结剂软化点高70℃以上，搅拌时间不少于30min。

连续自焙电极的外层是由1~2mm的钢板制成的圆筒，电极糊定期添加在圆筒内。随着生产的进行，下部电极逐渐消耗，电极糊下移，高温使电极糊逐步软化，熔融随电极糊继续下移，在更高温度作用下熔融的电极糊就会焦化，最后电极糊转化为导电电极。自焙电极为钛渣电炉的核心装备，其运行效率的高低直接关系到电炉的技术经济指标的高低，其中电极水冷护屏、水冷底环刺火是常见事故之一。水冷护屏共由六片组成，用于保护深入炉内的电极筒（25MV·A钛渣电炉炉膛深度为4.5m，电极工作端一般控制在1.7~1.8m，工作端以上靠护屏及底环保护）。底环用于水冷护屏的支撑及接触元件的密封。其中护屏与护屏之间，护屏与底环之间有绝缘材料密封。

绝缘材料为云母片，一般新安装的绝缘材料在使用一周后就会被烧损或被钛渣侵蚀掉，造成钛渣（钛精矿）等物质填充绝缘材料之间，进而导致护屏与底环、护屏与密封导向环、护屏与护屏之间产生刺火现象，导致护屏漏水等事故的发生，被迫停炉更换漏水元件。在刺火严重的情况下，每炉次均需更换护屏（1~3块），严重影响了设备的正常运行，成为限制电炉技术经济指标的重要环节，因此必须优化绝缘材料以满足钛渣电炉的工艺要求。

云母材料为电炉设计用绝缘材料，其正常使用温度为800~900℃（电极系统由矿热炉系统移植而来，由于矿热炉一般为连续加料操作，炉体上部温度较低。对绝缘材料在矿热炉上的适应性未充分考虑），在此温度下具有良好的绝缘性能。

但由于钛渣电炉为熔态还原，炉膛温度较高，且冶炼过程中时常伴有翻渣、塌料情况的发生。在绝缘材料的选择上要同时兼顾高温、钛渣（钛精矿）侵蚀、绝缘等级、机械加工和安装方面的要求。

云母材料失效的根本原因在于其耐渣性及耐高温性能不能满足要求。绝缘材料应同时满足耐高温、耐渣侵、高绝缘及具有良好的加工和安装性能。

7.3.3 耐火材料选择

由于钛渣电炉生产是在高温下完成的，同时钛渣熔体具有非常强的腐蚀性，一方面它能与冶金中普遍使用的耐火材料发生作用，另一方面在高温条件下炉渣和金属熔体对炉衬还存在冲刷作用，因此冶炼过程所处的环境是极其复杂和恶劣的。因此合适的炉衬结构和足够的工作层厚度是延长炉衬寿命、实现钛渣电炉正常生产的前提和保证。由于炉底中的热量除了来自熔池传导热以外，还有炉底耗电产生的热，所以其温度较高，也是炉底易损坏的原因之一，因此炉底的隔热措施将影响炉体的使用寿命。

耐火材料的主要性能指标有：（1）耐火度。耐火度是耐火材料在高温下抵抗熔化的性能。耐火度主要取决于耐火材料的化学成分和材料中的易熔杂质（如 FeO、NaO 等）的含量。耐火度并不代表耐火材料的实际使用温度，因为在高温载负作用下耐火材料的软化变形温度会降低，所以耐火材料的实际允许最高使用温度比耐火度低。耐火度一般通过试验测定。耐火度大于 1580℃ 的材料方可称为耐火材料。（2）高温结构强度。高温结构强度是指耐火制品在高温下承受压力而不发生变形的抗力。其常以负重软化温度来评定。所谓负重软化温度是指耐火制品在一定核定压力下，以一定的升温速度加热，测出样品开始变形的温度和压缩变形达 4% 或 40% 的温度。前者的温度称为负重软化开始温度，后者称为负重软化 4% 或 40% 的软化点。（3）热稳定性。热稳定性是指抵抗温度急剧变化而不破裂或剥落的能力，有时也称之为耐急冷急热性。它的测定是将耐火制品加热到一定温度（850℃），然后用流动的冷水冷却，直至进行到因制品破裂而部分剥落的质量为原质量的 20% 时，所经受冷热交替次数即为评定热稳定性的指标。（4）体积稳定性。体积稳定性是指耐火制品在一定温度下反复加热、冷却的体积变化百分率。一般在多次高温作用下，耐火制品内组成相会发生再结晶和进一步烧结，会产生残余的膨胀或收缩现象。一般允许的残余膨胀或收缩不应超过 0.5% ~1.0% 。（5）高温化学稳定性。高温化学稳定性系指耐火制品在高温下，抗金属氧化物、熔盐和炉气侵蚀的能力。其常用抗渣性来评定，这种性质主要取决于耐火制品本身相组成物的化学特点和物理结构，如气孔率、体积密度等。（6）体积密度、气孔率、透气性。体积密度是指包括全部气孔在内的单位体积耐火制品的质量，其单位为 g/cm^3。气孔率（%）分显气孔率和真气孔率。显气孔率是耐火制品上与大气相通的孔洞体积与总体积之比。真气孔率是指不与大气相通的孔洞体积与总体积之比。透气性常以透气系数评定，透气系数是在 9.8Pa 的压差下，1h 内通过厚 1m，面积 $1m^2$ 耐火制品的空气量。（7）热导率、比热容、热膨胀性。热导率表示耐火材料的导热性能，常以符号 λ 表示。其物理意义为当温度差为 1K 时，单位时间内通过厚为 1m，面积为 $1m^2$ 耐火制品的热量，单位为 W/(m·K)，比热容反映耐火材料的蓄热能力，单位为 kJ/(kg·℃)，其值随温度升高而增大。热膨胀性常用线膨胀系数 α 来表示，即耐火材料制品在 t（℃）下的长度 L 与 0℃时的长度 L_0 之差值，再与 L 之比的百分数。

按经济与适用的原则，考虑因急冷急热而对炉衬的损坏程度的影响，电炉设计多采用膨胀系数小的耐火材料，通过对比一般选用高铝砖、炭砖和黏土砖作为炉衬材料。镁质耐火砖、高铝质耐火砖和碳质耐火砖在钛渣电炉上都有应用，加强炉前作业，严格控制冶炼各时期的送电负荷，控制炉况，掌握好出炉时间，精心捣炉作业，特别是加强设备的巡视维护，及时处理异常问题。表7-13给出了几种优质耐火材料的特性指标。炭砖、石墨砖的耐火性能良好，不会带入杂质是其优点，但在高温下碳的活性增强，经不起氧化气氛的作用，加速了炉内钛渣、铁水对炉衬的侵蚀作用，同时其价格也较昂贵。镁砖的耐火度较高，使用温度与钛渣冶炼温度接近，在钛渣电炉使用是可行的，但镁砖中的 MgO 成分会影响产品钛渣的质量，同时镁砖的线膨胀系数很大，当加热温度超过其烧成温度 1400 ~ 1650℃时便产生残存收缩现象，当加热温度达到钛渣熔炼温度 1600 ~ 1800℃时收缩现象非常明显，这对砌体是不利的。普通高铝砖的耐火度略低于钛渣的正常熔炼温度，但其使用温度与镁砖一样，通过对炉体的结构进行处理也是可以在钛渣电炉上使用的，最主要的是其价格便宜，经济适用。另外，性能优良的刚玉（$Al_2O_3 > 95\%$）、氧化锆及氰化硼制品都适合作钛渣电炉炉衬，但因价格昂贵，来源有限，因而很少在钛渣电炉上使用。

表 7 - 13　几种优质耐火材料的特性指标

品　种	耐火度/℃	使用温度/℃	常温耐压强度/MPa	0.2MPa 荷重软化点/℃
镁　砖	2000	1650 ~ 1670	40	1470 ~ 1520
炭　砖	3000	2000	25 ~ 50	2000
石墨砖	3500	2000	25	1800 ~ 1900
高铝砖	1750 ~ 1790	1650 ~ 1670	25 ~ 60	1400 ~ 1530
黏土砖	1610 ~ 1730	< 1400	12.5 ~ 55	1250 ~ 1400

钛渣生产需在 1600 ~ 1800℃ 的高温下完成冶炼过程，由于钛渣熔体具有极高的化学活性，几乎能与所有金属和非金属材料发生作用，它能很快地腐蚀普通的耐火材料，对钛渣电炉炉衬的材质、耐火度、抗渣性等理化指标有很高的要求。炉衬部分钛渣电炉多数炉底和炉墙用镁砖，也有炉底炭砖，炉墙高铝砖，炉顶黏土砖的，这些方式都可以增加保证使用安全。

在炉底打 100mm 的镁衬或者混凝土浇注料，定期更换，可以防止铁水侵蚀，在炉料高配碳操作条件下，铁水对炉底影响不大。部分钛渣电炉炉衬结构见表 7-14，钛渣电炉炉体的大修周期最长的为 3 ~ 4 年，短的只有半年，国内外钛渣电炉主要材质及使用寿命见表 7-15。影响炉衬使用寿命的因素是多方面的，要延长炉体的使用寿命，应从炉子参数、炉体结构、电气制度及工艺控制等方面采取措施。

表 7 - 14　部分钛渣电炉炉衬结构

电　炉	炉底总厚度/mm	炉底镁砖（炭砖）耐火层总厚度/mm	侧墙镁砖（高铝砖）厚度/mm
锦州铁合金厂 1800kV·A	1112	993	680
锦州铁合金厂 7000kV·A	1447	694	690
遵义钛厂 6500kV·A	1850	900	780
乌克兰 5000kV·A	1545	1480	750

表 7-15 国内外钛渣电炉主要材质及使用寿命

项 目	锦州铁合金厂		遵义钛厂	乌克兰
	1800kV·A	7000kV·A	6500kV·A	5000kV·A
炉 墙	镁质	镁质	高铝质	镁质
炉 底	镁质	镁质	碳质	镁质
使用寿命/a	0.5~1	0.5~1	3~4	2~3

　　锦州铁合金厂 7000kV·A 钛渣电炉，在出渣口以下留 200~300mm 存铁保护层，乌克兰的 5000kV·A 钛渣电炉炉衬在出渣口以下将炉底砌成半球形，实际上也有一定存铁保护层，它们的炉体寿命都较短，主要是炉底烧穿，其次是炉墙侵蚀；遵义钛厂的 6500kV·A 敞口式钛渣电炉炉体砌筑为在出渣口以下留 400~600mm 存铁保护层，炉体寿命相对较长，但是它的变压器的额定功率仅发挥了 50% 左右，其炉体损坏主要表现为炉墙特别是靠近出渣口部位侵蚀，其次是炉底烧穿。炉体结构为在出渣口以下留有 200~300mm 的存铁（渣）保护层，炉底由上向下分别用炭砖、高铝砖、黏土砖砌筑，炉墙由内向外分别用高铝砖、黏土砖砌筑。

　　电压选取较低时，未考虑阻抗造成的电压降，使二次电流电压比 I_2/V_2 偏大，从而造成炉底温度过高导致炉底的侵蚀，从生产情况来看其使用寿命也是最低的。

　　钛渣电炉的各项工艺参数的设计是否合理将直接影响炉体的使用寿命，主要包括炉膛的直径、炉膛的深度的选取。炉膛的直径关系到固体渣料层的厚度，从而影响炉衬的过热程度；炉膛的深度关系到电炉的产能及炉底的过热程度，钛渣生产中由于翻渣频繁，经常出现物料"喷溅"的现象，因此要求有合适的炉膛高度，炉膛太深不利于生产上料面的控制，熔池下移会造成单炉产能的降低，炉膛太浅会加速炉底的侵蚀。

7.3.4 原料及配上料系统

　　对于单一炉冶炼，上料系统可以考虑吨袋装料，叉车配合将物料按比例输送进入大型 10t 混料机，混合均匀后装入 5t 料斗，用叉车送至炉台近前，配合输送皮带完成批量加料，小批量调节料由现场工人用锹送入炉内。对于多炉冶炼，采用两个 200t 高位料仓分别盛装钛精矿和煤粉，皮带秤计量，进入大型 10t 混料机，混合均匀后根据配料和需要进入不同的料斗，与输送皮带连接完成批量加料，小批量调节料由现场工人用锹送入炉内。

7.3.5 电炉辅助系统

　　电炉辅助系统旨在维护维持电炉系统正常运行，提高系统运行效率，许多钛渣企业采取积极措施增强周期性操控能力。

　　（1）针对炉底材料在炉底打 100mm 的镁衬或者混凝土浇注料，定期更换。（2）提高了冷却水的流量及压力，通过实施护屏结构，护屏进出水管，底环进出水管，电炉供水高压泵、低压泵的改造，解决冶炼生产的水冷护屏和水冷底环冷却水汽化报警的问题。（3）在电极的绝缘材质上做了相应的改造。（4）在循环水中添加"缓释阻垢剂"，较好地阻止了管道内结垢现象的发生。（5）在出铁口使用开堵口机，缩短了开堵口时间，增强了开堵口操作的可靠性、准确性和安全性，而且有利于出炉通道的定位和维护，延长了铁口的使用寿命。(6) 对原有渣盘进行了扩容改造，扩大了渣盘的有效容积，解决了渣盘容量小容易发生溢渣的情况，同时为进一步提高单炉加料量创造了条件。(7) 对上部炉墙耐火材料的材质及砌筑方式进行了改进，提高了耐火材料的耐火度，延长了上部炉衬的使用寿命。(8) 对渣铁口冷却方式及结构做了相应的改造，延长了使用寿命。(9) 对铁水处理方式进行改进，新增加了铸铁机。

7.3.6 成品加工系统

在成品加工阶段在渣冷车间采用叉车进行渣块输送，并配合进行装载作业，锤式破碎机、颚式破碎机、磁选机和包装机配合，厂房空间同时兼顾堆场和库房。

钛渣破碎车间一期全部建成，厂房内设两台 25t 桥式起重机。厂房设有钛渣精整系统。系统包括颚式破碎机、双辊破碎机、管磨机和皮带机，以便进行中碎、细碎和粉碎，粒度合格钛渣经皮带机输送到成品仓，成品仓后接包装机包装。

第一级破碎是用重锤，用天车上的电磁铁吸起重锤，然后自由落下，砸击钛渣坨，使之破碎。经初碎后的钛渣粒度不大于 400mm，然后天车抓斗送至颚式破碎机进行第二级破碎，破碎后的粒度为 50~75mm。第三级破碎采用双辊破碎机，破碎后的粒度为 10~30mm。最后采用管磨机粉碎，粉碎后的粒度为 0.31~0.074mm，该粒度范围的总量大于80%(质量)。

7.3.7 钛渣冶炼操作制度

7.3.7.1 配碳制度

将物料的配碳比改变为中间配碳比低、周边配碳比高的方式，不仅有效地维护了挂渣层厚度，而且提高了中心物料的熔化速度，有利于降低电耗、缩短冶炼周期。

7.3.7.2 批料制度

将原料加料改为 5~7 批加入，分批配料，分批加料，强调基础料、高配碳调节料、低配碳调节料、调温料和调渣料，这样不仅改善了炉内的反应状况，而且提高了物料熔化速度，缩短了冶炼周期，避免了大塌料、大翻渣、出铁温度低、出渣带铁、出铁带渣的情况发生，保证了冶炼过程的稳定性。

通过对电炉能量分布的分析，将中心加料量减少，边缘加料量增加，有效地利用了炉内的热量，缩短了冶炼周期。

7.3.7.3 挂渣保护制度

在冶炼挂渣操作中，采取"分步挂渣法"，解决了上部炉墙的挂渣问题，针对炉衬的侵蚀程度制定行之有效的操作方法，对炉衬进行有效的保护，延长了炉衬的使用寿命。

7.3.7.4 终点管理

加强冶炼终点的判断、控制、调整，严格控制炉温。通过对配碳量和冶炼过程输入功率的合理分配与控制，完善一整套出渣的判定标准，既保证了钛渣出炉的顺行，又避免了温度过高对炉墙的破坏。

7.3.7.5 电极操作制度

制定电极的接续制度，通过严格控制电极柱长度，并根据实际经验总结出电极用量和压放量之间的关系，准确判断，减少电极缺量的发生，同时要防止电极的冷断和热断，避免电极各类事故，通过对加热元件、电极压放时间间隔、电极工作端长度的控制，掌控了适合钛渣电炉用的电极指标制度。

7.3.7.6 电极孔密封

密闭电炉电极孔密封采用无导向水套填料电极密封和固定水套电极密封，适用于炉膛压力为微负压或者正压不超过 20～30Pa 下的操作，对炉内烟尘有严格限制；典型的艾尔肯设计通过配置套桶式活塞环、连接支架、吊挂支架、耐火材料导向环、刮动圈、密封元件 1、充气压力管、密封元件 2 和惰性气体流等实现电极密封，做到完全不漏气。

7.4 典型钛渣冶炼技术

钛精矿可以直接用作硫酸法钛白原料，也可冶炼钛渣后用作钛白原料。国外钛渣冶炼以加拿大 QIT 为首的工艺技术集团垄断形成了第一层次钛渣冶炼技术，采用密闭式电炉连续加料生产，典型代表包括南非 RBM、南非 Namakwa 和挪威 TTI；第二层次钛渣冶炼技术以乌克兰国家钛研究设计院为核心设计形成的非连续生产工艺，采用中大型矮烟罩电炉，粉料入炉，用无烟煤作还原剂，后期补加 20%～25% 的还原剂，代表性企业包括乌克兰扎波罗什（Zaporozhye）和哈萨克斯坦的乌斯卡缅诺哥尔斯克（UST - Kamenogorsk）。国内钛渣冶炼第一层次表现为引进 QIT 技术，国内较多厂与国外交流，表现出引进意向，但都没有与直接厂家形成合作，云南冶金集团引进了南非大型直流电炉技术；第二层次表现为乌克兰引进电炉，容量为 22.5MV·A，2006 年攀钢引进成功投产，但容量发挥不足影响产能提高；第三层次表现为 4500～6300kV·A 的矮烟罩电炉，属于一种铁合金电炉炼钛渣的改进型，外环境条件和操作条件有所改变，但工艺稳定性差，能力发挥部分不足，处在国家产业政策电炉容量限制标准的边沿；第四层次表现为容量为 400～1800kV·A 的敞口电炉，具有容量小、产量低、能耗大、品种单一、劳动强度大和劳动条件差的缺点，环境问题突出，不符合国家产业政策电炉容量标准要求，已经逐渐被淘汰。

表 7-16 给出了钛渣生产应用情况。

表 7-16 钛渣生产应用情况 （万吨/年）

项 目	加拿大 QIT	南非 RBM	挪威 TTI	前苏联	中国
电炉类型	矩形密闭炉	矩形密闭炉	圆形密闭炉	圆形半密闭	圆形半密闭
电炉功率/MV·A	24	68.6	33	5～16.5	6.3
钛渣生产能力/kt·a^{-1}	1100	900	20～30	20	
钛铁矿种类	原生矿	砂矿	砂矿	砂矿	砂矿
TiO$_2$/%	35.4	49	54	58～64	50～60
FeO/%	45～55	22.5			35～38
其 他	6～8	4～5			2.5～3.0
还原剂种类	无烟煤	无烟煤	无烟煤	无烟煤	石油焦
钛渣 ∑TiO$_2$/%	80	85	90	90	92～94
FeO/%	10～12	9～10			4～5
其 他	14～20	7～8			5～6

续表 7 – 16

项　目	加拿大 QIT	南非 RBM	挪威 TTI	前苏联	中国
还原剂消耗/t·t^{-1}	0.13 ~ 0.15	0.15		0.14	0.14 ~ 0.15
电极/kg·t^{-1}	石墨电极 25 ~ 30	石墨电极 25 ~ 30		石墨电极或自焙 24	自焙电极 65 ~ 75
电能/kW·h·t^{-1}	2000 ~ 2200	2400	2000	2000 ~ 2400	2800 ~ 3400
TiO$_2$ 回收率/%				90 ~ 92	88 ~ 90

7.4.1　Rio Tinto 钛铁公司（QIT）矩形电炉熔炼钛渣技术

1941 年加拿大在魁北克东部哈佛 – 圣皮埃尔（Havre – ST Pierre）地区发现钛铁矿床，1942 年开始研究，最初矿床由肯尼克特（Kennecott）铜公司开采，1948 年公司与新泽西（New Jersey）锌公司合资成立魁北克铁钛公司，经过 12 年的研究，试验电炉为 150 ~ 1200kV·A，累计花费了 6000 万美元，开发出钛铁矿冶炼钛渣和生铁工艺，1956 年以后转入工业生产，采用密闭式电炉，连续加料的生产工艺，电炉容量为 25 ~ 100.5MV·A。钛渣供应硫酸法钛白生产，品级 TiO$_2$ 在 70% ~ 80%，即索雷尔钛渣；有配套的脱 S 增 C 装置，生铁经过脱硫，采用喷射技术制铁粉、钢粉等。20 世纪 70 年代魁北克铁钛公司出售给 BP 矿物公司，1988 年英国 RTZ 公司收购 BP 矿物公司，1995 年英国 RTZ 与澳大利亚 CRA 组建集团，目前为必和必拓公司（BHP Billiton Ltd. ，Broken Hill Proprietary Billiton Ltd. ）公司拥有。现有九台矩形密闭电炉，代表性电炉长 21.3m，宽 7.6m，高 4.6m，镁砖炉衬，炉盖为组合式，电极直径为 610mm，二次电压为 300V，炉周加料管 16 根，电极间加料管 6 根，电极侧加料管 16 根，每次排渣 25 ~ 30t，排铁 50 ~ 60t，每天排渣 4 ~ 6 次，吨渣矿耗 2.33t，电耗 2029 ~ 2262kW·h/t 渣，配料加料和功率平衡由计算机控制。目前魁北克钛铁公司是世界上最大和最早的钛渣生产商，9 座电炉的容量包括 20000kV·A（2 台）、36000kV·A（4 台）、45000kV·A（2 台）、60000kV·A（1 台），当时 80% ~ 90% 的钛渣用作硫酸法钛白的原料，向 50 多个国家出口，年设计生产能力为 130 万吨，目前年产量保持在 100 万吨水平，约占有世界市场份额的 1/3，是世界上最大的钛渣冶炼厂，其主要装备（电炉）是世界著名的德马格公司（SMS Demag Aktiengeselllschaft）设计、制造，使用时间已经有 17 ~ 18 年了。

为了适应氯化钛白技术发展需要，1996 年公司投资 2.6 亿美元，建成 200kt/a UGS 渣生产线，将普通索雷尔钛渣加工成满足氯化钛白技术质量要求的升级钛渣，即 UGS 渣，1997 年第 3 季度投产，1999 年第 2 季度达产，后经扩能稳定形成 200kt/a UGS 渣生产能力，目前为 250kt/a UGS 渣生产能力。

QIT 2007 年进入 Rio Tinto 钛铁公司，公司下设三个子公司：加拿大 QIT、QMP 和南非 RBM。QIT 生产含 TiO$_2$ 80% 的酸溶性渣和含 TiO$_2$ 95% 的 UGS 渣，产量分别为 80 万吨/年和 25 万吨/年以上。RBM 生产含 TiO$_2$ 86% 的氯化渣和铸铁。

QIT 生产工艺及主要参数大致为：矿山采出的矿石通过火车运到选厂选别后，钛铁矿装船运到冶炼厂进行钛渣冶炼，每年生产的钛铁矿为 300 万吨，冶炼厂的钛渣冶炼电炉从 2×10^4kV·A、3×10^4kV·A、4×10^4kV·A、6×10^4kV·A 到 10×10^4kV·A 均有，1986 年数量为 9 台，2013 年估计为 11 ~ 12 台，总功率为 51.6×10^4kV·A，最早采用还原冶炼生产 72% 的渣，后因炉子不好操作和 S 含量高，又扩建了 4 座旋转窑对原料进行预焙，预焙温度为 1000℃，预焙后冷却到 150℃ 左右用鼓式磁选除杂，然后再入炉冶炼钛渣，从而生产出了 80% 钛渣。80% 渣经过 UGS 厂进一步处理后生产了含 TiO_2 95% 的 UGS 渣。副产物铁经过进一步处理，可生产高纯铸铁、钢材、铁粉和钢粉。QIT 密闭矩形电炉熔炼钛渣的主要设备技术规格及技术经济指标如表 7-17 所示。

表 7-17 QIT 密闭矩形电炉熔炼钛渣的主要技术规格及技术经济指标

项目名称	参数值	项目名称	参数值
电极数量/根·台$^{-1}$	6	每次排渣量/t	25~30
电极间距/m	2	排渣时间/min	15~25
电炉长/m	18~22	每次排铁量/t	50~60
电炉宽/m	6.1~7.6	每天排渣/次	4~6
电炉高/m	4.6	钛渣水冷时间/h	4~5
二次电压/V	300	铁水出炉温度/℃	1530
二次电流/A	50000	CaC_2 耗量（kg/t 铁水）	10~11
加料管数量/根	约 16	钛渣产出（kg/t 矿）	430
炉内压力/mmHg	25	铁水产出（kg/t 矿）	400
炉底厚度	薄炉底	煤气产出（m³/t 矿）	227
炉内温度	高于钛渣熔点 100℃	无烟煤消耗（t/t 矿）	0.15
渣铁口高差/m	0.5	石墨电极消耗（kg/t 矿）	8~9
每次排渣前炉料加量/t	60	冶炼电耗/kW·h	1800~2000

南非 RBM 公司采用南非的钒钛磁铁矿砂矿为原料，铬含量较高，约含 Cr_2O_3 0.3%，钛渣冶炼技术与 QIT 相同，只是电炉功率较大，拥有 4 台 105MV·A 的矩形电炉。为了使得这种高铬矿生产的钛渣能用于硫酸法钛白生产，RBM 公司先在 730~800℃ 下进行流态化床中氧化焙烧，提高钛铁矿磁化率，而铬铁矿的磁化率不变，从而选择性地将铬铁矿磁选分离出去，使得 Cr_2O_3 含量下降至 0.09%。加拿大 QIT 钛渣原料及钛渣组成见表 7-18。

表 7-18 加拿大 QIT 钛渣原料及钛渣组成

组成	原料			钛渣	
	原矿	重选精矿	焙烧磁选精矿	重选精矿钛渣	焙磁精矿钛渣
TiO_2	34.3	36.6	37.7	72.0	80.0
TFe		41.4	42.5	9.5	8.0
FeO	27.5	29.5	28.8	11.2	9.6
Fe_2O_3	25.2	26.5	28.9		
MFe				0.8	0.6
Ti_2O_3				10.0	17.0

组 成	原 料			钛 渣	
	原 矿	重选精矿	焙烧磁选精矿	重选精矿钛渣	焙磁精矿钛渣
SiO_2	4.3	2.5	0.6	4.9	2.5
Al_2O_3	3.5	3.0	1.0	5.0	2.9
MgO	3.1	3.2	2.9	5.5	5.3
CaO	0.9	0.5	0.1	0.9	0.6
MnO	0.16	0.16	0.2	0.24	0.25
Cr_2O_3	0.10	0.10	0.1	0.18	0.17
V_2O_5	0.27	0.36	0.36	0.58	0.56
S	0.25 ~ 0.3	0.25 ~ 0.30	0.02 ~ 0.03	0.1	0.1
C				0.03 ~ 0.1	0.03 ~ 0.1

RBM 公司生产 1t 钛渣的单耗为：钛精矿 2.35t，无烟煤 0.14 ~ 0.16t，石墨电极 0.018 ~ 0.022t，冶炼电耗 2400 ~ 2600kW·h。

南非 RBM 钛渣原料及钛渣组成见表 7 – 19。

表 7 – 19 南非 RBM 钛渣原料及钛渣组成

组 分	原 料			钛 渣
	原 矿	焙烧精矿	焙磁精矿	
TiO_2	47	46.4	49.5	85.5
FeO	34.4	22.4	22.5	9.4
Fe_2O_3	12.4	25.0	25.0	
MFe				0.2
Ti_2O_3				25.0
SiO_2	2.3	2.3	0.6	0.15
Al_2O_3	0.96	0.95	0.73	2.0
MgO	0.8	0.8	0.6	0.9
CaO	0.3	0.3	0.05	0.14
MnO	1.3	1.3	1.2	1.4
Cr_2O_3	0.3	0.3	0.09	0.22
V_2O_5	0.27	0.27	0.27	0.4
S				0.07
C				0.06

挪威 TTI 钛渣原料及钛渣组成见表 7 – 20。

表 7 – 20　挪威 TTI 钛渣原料及钛渣组成　　　　　　（%）

表 7 – 20　挪威 TTI 钛渣原料及钛渣组成　　　　　　（%）

项　目	成　　分								
	TiO_2	FeO	Fe_2O_3	CaO	MgO	SiO_2	Al_2O_3	MnO	Cr_2O_3	V_2O_5
钛　矿	45	34.5	12.0	0.25	4.3	2.8	0.6	0.25	0.08	0.16
钛　渣	75	7.6			7.9	5.3	1.2		0.09	

7.4.2　乌克兰半密闭圆形电炉熔炼钛渣技术

乌克兰国家钛设计研究院是一家专业的钛渣设计公司，扎巴罗热钛镁厂（乌克兰）和别列兹尼基钛镁厂（俄罗斯）早已在许多年以前就已经采用了生产钛渣的 5 ~ 16.5MV·A 炉子。钛设计院承建的其中一个最新的项目是一个精矿熔炼车间，该车间位于乌斯季卡缅诺戈尔斯克钛镁厂（哈萨克）。在这一车间内，矿石熔炼炉的变压器安装功率为 25MV·A。

对外输出技术采用变压器容量为 25MV·A，根据使用钛铁矿的不同，每台电炉的年产能为 60000 ~ 65000t。该电炉可以熔炼出适宜的 TiO_2 品位为 73.0% 的钛渣，同时每吨渣副产 0.42 ~ 0.5t 铁水。

乌克兰钛渣冶炼技术主要特点：半密闭电炉，圆形，矮烟罩，电炉容量不超过 25MV·A，比较成熟的是容量为 16.5MV·A 的电炉。电极为 $\phi610mm$、$\phi710mm$ 石墨电极或 $\phi1200mm$ 自焙电极，加料方式为批次加料，间歇冶炼，出渣方式是一个出渣口，渣铁混出，用渣铁分离器实现分离，煤气净化后排空，副产铁水作铸铁销售（因分离效果不好，可能对后续深加工有影响），冶炼当地钛渣品位通常为 (76 ± 1)%，产能为酸溶性钛渣 36kt/(a·台)（电炉容量为 16.5MV·A）、60kt/(a·台)（电炉容量为 25MV·A），炉前电耗一般为 2500kW·h/t 渣。乌克兰 25MV·A 半密闭圆形电炉设备的主要技术规格见表 7 – 21。

表 7 – 21　乌克兰 25MV·A 半密闭圆形电炉设备的主要技术规格

项　目	参数值	项　目	参数值
变压器容量/MV·A	25	循环水流速 (0.5MPa, 5 ~ 25℃)/$m^3 \cdot h^{-1}$	135
皮带吸尘罩吸收的气体量/$m^3 \cdot h^{-1}$	70000	电极类型	石墨电极
二次电压调节范围/V	140 ~ 422	循环软水流速 (1MPa, 104℃)/$m^3 \cdot h^{-1}$	14
冶炼过程中产生的气体量/$nm^3 \cdot h^{-1}$	32120	电极直径/mm	710
调节的电压级数	16	蒸汽产生量 (0.6MPa, 164℃)/$t \cdot h^{-1}$	8 ~ 9
烟气温度/℃	680	炉底风冷速度/$m^3 \cdot h^{-1}$	18000
每台变压器相数	3	炉子总体尺寸（长×宽×高)/m×m×m	13.5 × 11.5 × 22.5

7.4.3　乌克兰输出 25MV·A 圆形半密闭电炉熔炼技术

乌克兰输出 25MV·A 圆形半密闭电炉熔炼技术特征包括以攀枝花钛精矿为原料，能够满足年产 6 万吨酸溶性钛渣的需求，如果全部使用云南钛精矿，也能够年产 5 万吨氯化钛白和海绵钛生产用的氯化渣。

电炉的主要规格参数见表 7 – 22，钛渣生产过程的产品单耗及收率见表 7 – 23。

表 7 – 22　25MV·A 钛渣电炉规格

项　目	参　数	项　目	参　数
变压器额定容量	3×8.5MV·A	电极压放长度/mm·次$^{-1}$	$15 \sim 20$
一次电压/kV	$37 \pm 5\%$	电极压放时间/s	30
一次电流/A	240	电极压放间隔时间/min	11
二次侧电压/V	$110 \sim 420$	功率因数 $\cos\phi$	0.74
二次侧相电流/A	$20238 \sim 25400$	电炉外壳直径/m	12.4
电极直径/mm	1000	电路外壳高度/m	6.643
电极电流密度/A·cm^{-2}	5.6	电炉直径/mm	11260
电极极心圆直径/mm	3100	炉口线处炉膛直径/m	10.22
电极行程/mm	2500	熔化区水平线炉膛直径/m	9.3
电极操作行程/mm	1800	炉盖直径/mm	14000
电极上升速度/m·min^{-1}	2.5	进气孔直径/mm	820
电极下降速度/m·min^{-1}	1.1	平均冶炼周期/h	$8 \sim 9$

表 7 – 23　25MV·A 电炉钛渣产品单耗

项　目	原辅料单耗/t·t^{-1}			电耗/kW·h	TiO$_2$ 收率/%
	攀枝花钛矿	自焙电极	焦　炭		
酸溶渣	1.7	0.04	0.25	2355	92
氯化渣	2	0.05	0.4	2890	92

7.4.4　国内矩形电炉熔炼钛渣技术

国内矩形电炉熔炼钛渣技术主要工艺流程为：钛精矿、冶金焦输送至料仓，采用石墨电极，加料管连续、均匀加料，熔炼过程中控制钛渣中的氧化铁达到钛渣成分要求时，停电出渣，渣铁分出，分别设置一个水冷出渣口和一个水冷出铁口，钛渣喷淋冷却、破碎，尾气用于发电。主要参数见表 7 – 24。

表 7 – 24　国内矩形电炉主要生产指标

项　目	参　数	项　目	参　数
炉前电耗/kW·h·t^{-1}	2500	年耗电量/kW·h	3.96×10^8
冶金焦单耗（t/t 渣）	0.3	石墨电极单耗（kg/t 渣）	26.6
年尾气利用量/m^3	12000×10^4	年发电量/kW·h	4800×10^4
尾气温度/℃	850	尾气排放量/m^3·h^{-1}	7500

矩形电炉采用攀枝花钛矿生产的酸溶性钛渣，化学成分见表 7 – 25。

表 7 – 25　国内矩形电炉生产酸溶性钛渣典型化学成分　　　　　　（％）

成分	ΣTiO$_2$	FeO	TiO$_2$	Ti$_2$O$_3$	SiO$_2$	Al$_2$O$_3$	CaO	MgO	MnO	V$_2$O$_5$	S	Fe
含量	76.6	5.89	54.0	15.9	5.0	2.85	2.27	7.32	0.95	0.13	0.08	2

7.4.5 南非密闭圆形电炉熔炼钛渣技术

南非公司针对攀枝花钛精矿生产钛渣，提出了选用两台 25000kV·A 自焙电极交流密闭圆形电炉、采用连续加料的开弧冶炼方法、电极密封微正压操作、炉气湿法净化回收利用、出炉渣经水冷空冷破碎成成品钛渣、铁水经炉外脱硫增碳合金化加工成球墨铸铁的方案。

方案中估算的电耗、还原剂和电极消耗、TiO_2 回收率等技术经济指标是先进的。特别是采用自焙电极方案，避免了使用昂贵的石墨电极，使产品成本大幅度下降，提高了钛渣项目的经济效益。方案中提出的对原料处理输送、冶炼过程、产品出炉、产品后处理、炉气净化利用、设备维护以及工厂环境安全的检测控制监视系统技术是先进的。特别是对电炉冶炼过程控制中采用的对炉子布料和电力输入控制系统，对炉料配比、炉料在炉内的堆积状况、翻渣管理跟踪、炉内温度压力液位等检测控制监视系统，可确保冶炼过程的正常稳定安全运行。主要技术经济指标见表 7-26。

表 7-26 南非公司 25MV·A 密闭圆形电炉熔炼钛渣技术经济指标

技术经济指标	矿 源			
	攀枝花钛精矿	云南钛精矿	50% 云南矿 + 50% 攀枝花矿	攀枝花微细粒级钛精矿
钛渣产率（kg/t 钛铁矿）	618	564	591	599
生铁产率（kg/t 钛铁矿）	288	329	309	304
还原剂（kg/t 钛铁矿）	104	123	114	99
炉气（m³/t 钛铁矿，标准状态）	168	197	183	176
理论能耗（kW·h/t 钛铁矿）	871	915	893	882
设计钛铁矿布料速度/t·h⁻¹	19.8	19.8	19.8	19.8
电炉热损失/MW	5	5	5	5
电耗（kW·h/t 钛铁矿）	1124	1168	1146	1135
电耗（kW·h/t 钛渣）	1818	2070	1938	1894
电极消耗（kg/t 钛铁矿）	5	5	5	5

7.4.6 小型钛渣电炉冶炼适用技术参数选择与经济技术指标

表 7-27 给出了几家小型钛渣电炉的技术参数。

表 7-27 几家小型钛渣电炉的技术参数

厂 家	电极直径/mm	电极材质	极心圆功率密度/kV·A·m⁻²	极心圆直径/mm	二次电流电压比（I_2/V_2）
锦州铁合金厂 1800kV·A	φ300	石墨	3172	850	69
锦州铁合金厂 7000kV·A	φ500	石墨	3570	1450~1650	154~164
遵义钛厂 6300kV·A	φ750	自焙	2006	1800~2200	148
乌克兰 1800kV·A	φ500	石墨	2650	1550	127~144

表7-28给出了国内几种典型钛渣电炉的技术性能。

表7-28 国内几种典型钛渣电炉的技术性能

项 目	1	2	3	4
变压器功率/kV·A	400	400	1800	6300
常用二次侧电压/V	95	88	152	150
二次侧电流/A	2434	2627	6830	24280
电极类型	自熔	石墨	石墨	自焙
电极直径/mm	300	200	400	750
电极极心圆直径/mm	750	500	1000	1800
炉膛直径/mm	1500	1400	2500	4360
炉膛深度/mm	800	1180	1100	2000

主要原料及能耗指标如下：钛铁矿为2070~2080kg/t，石油焦为140~150kg/t，沥青为125~135kg/t，电耗为2800~3400kW·h/t。

表7-29给出了6300kV·A钛渣电炉主要技术参数。表7-30给出了6300kV·A钛渣电炉经济指标。

表7-29 6300kV·A钛渣电炉主要技术参数

炉膛直径/mm	炉膛深度/mm	电极直径/mm	电极材质	极心圆直径/mm	极心圆功率密度/kV·A·m^{-2}	变压器二次侧电压/V	常用二次电压	二次电流电压比（I_2/V_2）
4800	1850	φ780	自熔	1900~2100	1547~1890	130~190	166~178	100~115

表7-30 6300kV·A钛渣电炉经济指标

单炉产能/t	单电耗/kW·h·t^{-1}	电炉作业率/%	平均负荷/kW
4.5	3150	98	5103

7.5 强化冶炼措施分析

电炉冶炼钛渣过程是一个强大的能量输送转化过程，通过极心圆功率密度提高保证区域能量通量，加速反应进程。

7.5.1 提高极心圆功率密度

炉膛内部的功率分布与操作电阻和炉料电阻有关。通过电弧和熔池的电流 I_a 和通过炉料的电流 I_c 分别为：

$$I_a = \frac{U_E}{R_a}$$

$$I_c = \frac{U_E}{R_c}$$

(7-33)

式中，U_E 为电极端部至炉膛的电压；R_a、R_c 分别为熔池电阻，等值的星接炉料电阻。

电弧区功率分配比例：

$$F = \frac{P_1}{P} = \frac{I_a U_E}{I_a U_E + I_c U_E} \tag{7-34}$$

式中，P_1 为电极和熔池功率；P 为输入炉内的总功率。

由操作电阻 $R_0 = R_a R_c / (R_a + R_c)$，得到电弧区功率分配系数：

$$F = \frac{R_c}{R_a + R_c} = \frac{R_0}{R_a} \tag{7-35}$$

7.5.2 提高极心圆面积功率密度

矿热炉在电弧区及熔池区功率分配系数 F，在正常冶炼过程中为一个定值，它的意义是炉料在不同区域稳定地吸收相应的热能，经过预热、加热、熔化和还原过程。炉料电阻决定了功率分布。炉料电阻率越大，炉料内部导电比例越小，料层消耗的功率就小；反之亦然。

电极表面电流分布可分为侧面电流和端部电流，而且电极下插越深，侧面电流所占比例就越大，电功率在反应区的分配比例也越大。

当入炉混合炉料比电阻小时，其功率分配系数 F 较低，料面易发红、烧结，电极难以深插。当粉矿直接入炉冶炼时，由于粉矿一般易熔化，预热状态的料层厚度减小，在生产实践中一些电炉采取增加料面高度的方法来增加预热层厚度。但是，如果控制不好，容易造成翻渣、喷料等现象。对于仍使用 20 世纪 70 年代以前设计的旧式变压器的电炉，其二次电压偏高，电流电压比值偏小，操作电阻偏大，对冶炼不利。鉴于存在的这些情况，在选择工艺参数时，试图增大二次电流，减小操作电阻，使电极深插，增大电炉电功率用于冶炼反应的比例，使电炉功率分配更为合理（此点对炉料状况不太好的电炉显得更加重要）。

电炉操作电阻也可表示为：

$$R_0 = \frac{1}{3C_{流}^2} \times P_B^{-\frac{1}{3}} \tag{7-36}$$

式中，$C_{流}$ 为电流系数，又称产品系数；P_B 为熔池功率。

由式（7-36）可知，对于一台电炉而言，炉料一定，也就是说电流系数一定，则增加电炉熔池功率，可以降低操作电阻。

7.5.3 增大电极电流密度

在电极截面尺寸未做调整的情况下，增大二次电流，即增大了电极电流密度。由自焙电极载流能力经验公式 $I = 50d^{1.6}$，可以计算出不同电极尺寸的自焙电极载流能力及最大电极电流密度。表 7-31 给出了不同电极尺寸的自焙电极允许载流能力。

表 7-31 不同电极尺寸自焙电极允许载流能力

电极直径/cm	50	70	90	100	120	150
允许载流能力/A	26140	44780	66950	79240	106080	151600
最大电流密度 /A·cm⁻²	13.31	11.63	10.52	10.09	9.38	8.58

从表 7-31 中数据可以看出，电极直径越大，其允许的电流密度值越小，这考虑了电极的趋肤效应的影响，与前面介绍的电极载流能力公式相一致。表 7-31 中的电流密度与实际采用 $4.5 \sim 6.5 A/cm^2$ 的数据相比，要大 1 倍以上。

实际生产中，一般料面以上的电极截面尺寸还未变小，而料面以下的截面面积有所变小，截面变小，电流密度是否增大？实际上，由于炉料对侧表电流的分流作用，况且，电极下插越深，这种分流作用越明显。因而，料面以下的电极不会因截面尺寸变小而导致电流密度增大。

从分析可知，就现有工艺技术条件而言，适当增大电极截面电流密度是可行的。

存在的问题：增大二次电流，会增加短网路损和变压器损耗，增加电耗，降低电效率，降低功率因数；增加了变压器及导电设备的承载负担；电极存在过烧，消耗量有所增大等诸多问题。

根据入炉原料状况，结合电炉变压器的输出参数及承载能力，适当地提高极心圆功率密度和电极电流密度，可以改善电炉冶炼指标。

7.6　钛铁矿预处理冶炼钛渣

由于钛矿的粉状物料特性、氧化铁和氧化亚铁的不同存在形态以及硫元素对产品质量的影响，考虑到还原的次序性、还原剂选择和余热利用，一段时间钛渣冶炼工序前置了对钛矿有针对性的预处理，即对粉矿进行造块处理，降低粉尘量和热损失，高硫钛矿则利用余热预氧化脱硫，根据供热和还原剂有条件地对钛矿预还原，主要是利用煤气和热风，提高总热利用率和工序效率。

7.6.1　钛精矿球团冶炼高钛渣试验

球团料冶炼钛渣工艺过程是先将攀枝花钛精矿加入纸浆等混捏成球团，球团烘干后再入敞口电炉冶炼，1978 年中国冶金工业部立项利用锦州铁合金厂 3000kV·A 和 1800kV·A 两台电炉同时进行攀枝花钛铁矿球团料冶炼氯化用高钛渣试验，试验共投矿 300t，生产出 134t 高钛渣，高钛渣的成分基本稳定在 TiO_2 为 82%，$CaO + MgO$ 为 7.94%，冶炼过程炉况稳定，但冶炼回收率极低，仅为 83.3%。试验钛渣化学成分见表 7-32，还原生铁成分见表 7-33，主要技术经济指标见表 7-34。

表 7-32　试验钛渣化学成分　　　　　　　　（%）

化学成分	TiO_2	ΣFe	Al_2O_3	SiO_2	Cr_2O_3	V_2O_5	MnO	CaO	MgO	P	C	S
含量	82.41	3.01	2.24	3.30	<0.06	<0.20	0.97	0.85	7.09	0.0075	0.19	1.01

表 7-33　还原生铁化学成分　　　　　　　　（%）

化学成分	C	Si	Mn	P	S	Ca	Mg	Ti
含量	2.25	0.25	0.15	0.05	1.15	微	微	微

表7－34　钛渣主要技术经济指标

钛精矿 （t/t 钛渣）	石油焦 （t/t 钛渣）	焦炭 （kg/t 钛渣）	纸浆 （t/t 钛渣）	电极 （kg/t 钛渣）	炉前电耗 （kW·h/t 钛渣）	冶炼回收率 /%
2.20	0.404	19.88	0.231	57.50	3560	83.30

1978～1979 年中国冶金工业部立项利用 1800kV·A 电炉再次进行了攀枝花钛精矿团料冶炼酸溶性钛渣工业试验，试验共投料 205.5t，冶炼 64 炉，试制出平均含 TiO_2 78.2% 的酸溶钛渣 108t，经酸溶性试验测定平均酸解率为 94.5%，在上海东升金属厂以硫酸法生产出合格钛白，钛渣的主要技术经济指标见表 7－35。

表7－35　钛渣主要技术经济指标

钛精矿 （t/t 钛渣）	石油焦 （t/t 钛渣）	纸浆 （t/t 钛渣）	电极 （kg/t 钛渣）	炉前电耗 （kW·h/t 钛渣）	动力电耗 （kW·h/t 钛渣）	冶炼回收率 /%
1.907	0.270	0.110	35.0	2487	200	90.30

钛精矿球团冶炼高钛渣试验整个工艺过程过于繁琐，钛的回收率较低，为 90.3%。另外，炉料中加入纸浆、敞口电炉冶炼使大量的有毒气体和粉尘进入大气，污染环境，而且产品钛渣中硫含量高达 1.01%，副产半钢硫含量达 1.15%，加大了半钢应用或进一步深加工的难度，无法实现产业化。

7.6.2　攀枝花钛精矿氧化焙烧—密闭电炉冶炼钛渣半工业试验

1982 年经中国冶金工业部立项协调在锦州铁合金厂 $\phi0.54m \times 8m$ 的回转窑中进行了氧化焙烧脱硫试验，回转窑转速为 2.2r/min，烧成带温度为 900～1050℃，加料速度为 700kg/h，窑利用系数为 7.2t/（m^3·d），柴油消耗 43kg/t 矿。此后进行了密闭电炉冶炼钛渣试验，其中连续冶炼 20d，冶炼钛渣 128 炉（酸溶性钛渣 103 炉、氯化钛渣 5 炉、两广矿高钛渣 20 炉），生产钛渣 22t。

冶炼攀枝花矿酸溶性钛渣的主要技术经济指标为：（1）钛铁矿含 TiO_2 46%，含硫 0.46%，氧化后的炉料含硫 0.038%，脱硫率为 91.7%～95%；出炉铁水含硫 0.12%～0.15%。（2）钛渣 $\sum TiO_2$ 75.04%，含硫 0.1%。（3）消耗冶金焦 206kg/t 钛渣，石墨电极 27kg/t 钛渣，电耗 2650 度。（4）TiO_2 回收率为 98.3%。（5）每吨钛渣煤气发生量为 340m^3（CO 78% 左右）。

7.6.3　攀枝花钛精矿预还原—密闭电炉冶炼钛渣半工业试验

攀枝花钛精矿预还原—密闭电炉冶炼钛渣半工业试验最终结果如下：

在 $\phi0.4m \times 7m$ 回转窑中，用褐煤预还原攀枝花钛精矿，连续运转 36d，球团金属化率为 45%～50%，煤耗为 1.87t 褐煤/t 金属化球团，球团含硫量为 0.066%，综合脱硫率为 92.4%，回转窑利用系数为 0.570t 球团/（d·m^3），钛回收率为 95.29%，回转窑运转顺利。

钛精矿预还原球团在 250kV·A 密闭电炉进行 19d 的钛渣冶炼试验，共冶炼 110 炉。

冶炼过程操作平稳，炉料自沉，不结壳。其中连续冶炼 62 炉，实现了连续加料，连续冶炼，定期出炉。总共生产酸溶性钛渣 10.316t，半钢 4.297t，钛渣含 TiO_2 平均为 75.35%，半钢含硫平均为 0.101%。每吨钛渣消耗还原球团 1.55t，石油焦 73.28kg，石墨电极 16.02kg，电 1862kW·h，TiO_2 回收率为 99.05%。

对含 TiO_2 75% 左右的钛渣进行分批抽样测定，平均酸解率大于 94%。

预氧化和预还原处理攀枝花钛精矿以及粉矿入炉冶炼生铁成分见表 7-36，钛渣成分见表 7-37。

表 7-36 生铁成分 （%）

工 艺	C	S	P	Si	Ti	Mn	V
预氧化	2.57	0.12	0.02	0.15	0.16	0.04	—
预还原	2.55	0.101	0.01	0.125	0.086	0.05	0.025
粉 矿	2.69	0.36	0.0064	0.042	0.047	0.03	0.015

表 7-37 钛渣成分 （%）

工 艺	炉数	数量/t	ΣTiO_2	Ti_2O_3	TFe	FeO	MgO	CaO	MnO	Al_2O_3	SiO_2
预氧化	58	10.7	75.04	18.29	4.66	—	7.97	2.16	0.81	2.99	4.50
预还原	62	10.32	75.35	12.35	4.09	2.09	9.11	2.33	—	2.55	6.04
粉 矿	33	5.695	75.67	10.09	5.74	4.94	8.92	1.90	0.96	2.12	5.17

7.6.4 深还原钛渣

利用 54% TFe 和不大于 12% TiO_2 的钒钛磁铁精矿与非焦煤混合添加黏结剂，制作含碳煤基还原球团，在转底炉约 1100℃ 高温还原气氛中还原磁铁矿中的氧化铁形成含铁的金属化球团，深还原钛渣的化学成分见表 7-38。根据电炉熔分的条件不同而不同，主要含钛物相是黑钛石（赋存镁），它的酸溶性较好，条件控制好时可得到单一的黑钛石含钛物相，是最为理想的情况。在电炉熔分时条件控制不好，得到的钛渣中除黑钛石外，还会有少量的塔基洛夫石、钛铁矿、钛晶石、金红石、钛辉石和低价钛氧化物、碳化钛等物相，其物相结构较为复杂，处理难度较大。

表 7-38 深还原钛渣的化学成分 （%）

编 号	CaO	FeO	SiO_2	TiO_2	V_2O_5	MgO
1	7.51		9.72	44.92	0.17	
2	8.76		8.48	53.00	0.29	
3	11.11		7.35	53.21	0.38	
4	11.55	1.45	9.85	53.85	0.184	
5	13.35	0.86		50.26	0.516	10.34
6	12.96	0.31		50.69	0.182	10.21
7	13.60	0.37		52.31	0.233	9.56
平 均	11.26	0.478	8.85	51.18	0.279	10.04

7.7 钛渣质量

钛渣质量主要与矿源有关，一般砂矿风化程度高，TiO_2 品位高，可以冶炼高品级氯化用钛渣，TiO_2 品位在 85% ~92%，$CaO + MgO$ 合量小于 1.5%；部分岩矿钛矿和砂矿按比例混合可以冶炼熔盐氯化钛渣，TiO_2 品位约为 80%，$CaO + MgO$ 合量小于 5%；岩矿钛铁矿能够冶炼酸溶性钛渣，主要杂质是 Cr、V、Mn 和 Nd 的氧化物，Cr_2O_3 和 V_2O_5 的合量不可超过 0.5%，否则颜料钛白色泽产生影响；氯化用钛渣的主要杂质是 MgO、CaO、MnO、Cr_2O_3、V_2O_5、SiO_2 和 Fe 及其氧化物。

7.7.1 钛渣标准

7.7.1.1 中国高钛渣质量标准

中国高钛渣质量标准见表 7 – 39。

表 7 – 39　中国高钛渣质量标准（ZB H31001—87）

品　　级	化学组成（质量分数）/%			
	ΣTiO_2	ΣFe	$CaO + MgO$	MnO_2
一级品	≥94.0	≤3.0	≤1.0	≤4.5
二级品	≥92.0	≤4.0	≤1.5	≤4.5
三级品	≥80	≤5.0	≤11	≤4.5

7.7.1.2 钛渣生产标准

钛渣生产标准见表 7 – 40。

表 7 – 40　钛渣生产标准　　　　　　　　　（%）

项　目	TiO_2	CaO	MgO	SiO_2	Al_2O_3	TFe	MnO	V_2O_5
酸溶钛渣	70 ~ 80	1.11	7.40	3.88	2.04	5.0	0.8	0.2
氯化钛渣	90 ~ 94	0.4	1.5	2.5	0.8	4.0	0.8	

7.7.2 钛渣测试

应用攀枝花钛精矿可以冶炼 74% TiO_2 的酸溶性钛渣，FeO 含量在 7% 左右，低价钛 Ti_2O_3 含量为 15%，酸解率不小于 92%，钛渣的 V、Cr、Mn、S 和 P 可以控制在合理范围；应用云南钛精矿可以冶炼 TiO_2 品位大于 90% 的氯化钛渣，TFe 在 3.5% 左右，CaO 在 0.3% 左右，MgO 在 1.2% 左右，沸腾氯化率不小于 90%，钛渣的 V、Cr、Mn、S 和 P 可以控制在合理范围；利用云南钛精矿和攀枝花钛精矿的混合可以冶炼 85% TiO_2 的钛渣，用于硫酸法或者氯化。产品质量满足硫酸法钛白、氯化钛白、海绵钛、钛铁合金以及电焊条对钛原料的技术质量要求，由于半密闭和半连续，过程 TiO_2 回收率比国外低 1% ~2%。

经过 X 射线和电子探针检测分析，表 7 – 41 给出了钛矿物金红石、板钛矿和锐钛矿的物理性质，表 7 – 42 给出了高钛渣中各物相的相对含量，表 7 – 43 给出了高钛渣中各物相成分，表 7 – 44 给出了钛、铁、镁、钙在各物相中的分配率。

表7-41 钛矿物金红石、板钛矿和锐钛矿的物理性质

名 称	分子式	形 状	莫氏硬度	颜 色	密度/g·cm^{-3}
金红石	TiO$_2$	柱状、针状	6	褐黄色	4.2~4.3
板钛矿	TiO$_2$	板状	5~6	黄褐色	3.9~4.0
锐钛矿	TiO$_2$	双锥、板状	5~6	褐色、黑色	3.9

表7-42 高钛渣中各物相的相对含量　　　　　　　　（%）

物相名称	板钛镁矿	锐钛矿	金属铁	玻璃相	其他
含 量	61.0	27.0	4.0	8.0	1.0

表7-43 高钛渣中各物相成分　　　　　　　　　　（%）

名 称	TiO$_2$	MgO	FeO	Al$_2$O$_3$	CaO	SiO$_2$	MnO
板钛镁矿	77.62	16.47	5.02	0.45	0.03	0.14	0.21
锐钛矿	97.21	1.02	0.34	0.54	0.15	0.13	0.46
金属相	0.35		97.21			0.45	1.02
玻璃相	2.35	6.45	4.42	20.21	21.81	43.08	1.20

表7-44 钛、铁、镁、钙在各物相中的分配率　　　　（%）

名 称	板钛镁矿	锐钛矿	金属相	玻璃相
TiO$_2$	65.01	34.71	0.01	0.27
FeO	42.27	1.20	51.87	4.66
MgO	92.71	2.49		4.80
CaO	1.11	2.22		96.67

　　X 射线衍射和电子探针分析表明，酸溶性钛渣中以板钛镁矿和锐钛矿为主要物相，占总渣相组分的88%，其余相仅占13%，而钛渣中99%以上的钛分布于板钛镁矿和锐钛矿相中，结合的镁占渣中镁总量的92%以上，钙则主要分布于玻璃相中，即渣中钛、镁是以较稳定的化合物形式紧密结合在一起的，Al$_2$O$_3$ 和 SiO$_2$ 主要集中在硅酸盐中，MnO 在各相中总体比较均匀，相对而言钙与钛的结合紧密度要低一些。

　　根据 X 射线衍射仪和电子探针分析，假设渣中仅存在板钛镁矿和锐钛矿相，则渣中钛、铁、钙、镁成分的理论计算值如下：TiO$_2$ 82.94%；MgO 8.95%；FeO 2.55%；CaO 0.06%。

　　即仅采用一般的处理方法（化学或选矿）除去渣中板钛镁矿和锐钛矿相以外的其他相，TiO$_2$ 含量仅能提高到82.94%，而镁含量仍高达8%~9%。

　　板钛镁矿属黑钛石 [$m(\mathrm{MeO} \cdot 2\mathrm{TiO}_2) \cdot n(\mathrm{Me}_2\mathrm{O}_3 \cdot \mathrm{TiO}_2)$] 固溶体，加入还原剂后的钛渣中黑钛石具有 Fe$_2$MgTi$_3O_4$ 结构，该矿物是 MgTi$_2$O$_5$ – Fe$_2$TiO$_5$ 的中间相，属假板钛矿，其结构是 Pauling 在 1930 年首先测定的。

　　板钛镁矿的晶体外形一般呈长柱状、针状及短柱状自形晶，黑色、不透明、条痕灰黑

色、具有金属光泽，断口不平整。固溶体分解产物为栅状金红石，这种晶体对酸是不溶的。TiO₂的单独结晶相按照相变规律，只有金红石及同质多相变体 - 板钛矿和锐钛矿，在700℃时可以转变为稳定金红石。

钛渣半钢化学成分见表7 - 45。

表7 - 45　钛渣半钢化学成分　　　　　　　　　　　　　　（％）

矿种类	Ti	P	S	C	Mn	Si	Cr
砂　矿	0. 70	0. 057	0. 075	2. 16	0. 30	0. 53	
	0. 80	0. 048	0. 062	2. 11	0. 70	0. 66	
		0. 08	0. 23	2. 08	0. 47	0. 50	
岩　矿	0. 51	0. 075	0. 24	2. 12			
	0. 16	0. 02	0. 12	2. 57	0. 04	0. 15	
	0. 60	0. 02	1. 82	1. 19	0. 05		0. 045

国内钛渣原料及钛渣组成见表7 - 46。

表7 - 46　国内钛渣原料及钛渣组成　　　　　　　　　　　（％）

成　分	原　料			钛　渣		
	攀矿	氧化攀矿	广西北海	攀酸渣	攀氯化渣	广西钛渣
TiO₂	47. 48	46. 85	52. 83	75. 04	81. 2	96. 03
FeO	33. 01	12. 09	37. 45	5. 16	2. 27	1. 65
Fe₂O₃	10. 20	30. 74	8. 62			
MFe				0. 63	0. 60	0. 53
Ti₂O₃				23. 0	44. 6	43. 6
SiO₂	2. 57	2. 73	0. 80	4. 50	3. 68	1. 55
Al₂O₃	1. 16	1. 19	0. 45	2. 99	4. 71	2. 25
MgO	4. 48	4. 73	0. 10	7. 97	8. 18	0. 63
CaO	1. 09	2. 73	0. 17	2. 16	2. 24	0. 55
MnO	0. 73	0. 79	2. 51	0. 81	0. 66	2. 38
S	0. 46	0. 038	0. 01	0. 10	0. 21	0. 15
C	0. 01	0. 01	0. 024	0. 01	0. 01	0. 01

钛渣各物相组成分析见表7 - 47。

表7 - 47　钛渣各物相组成分析

样品	物相	相面积/%	组成（质量分数）/%								
			TiO₂	MgO	FeO	MnO	Al₂O₃	SiO₂	CaO	其他	合计
1	黑钛石	>90	88. 5	6. 2	4. 0	0. 3	0. 9			0. 1	100
	硅酸盐	<10	6. 8	10. 1	3. 6	4. 4	5. 2	46. 6	15. 0	8. 6	100
2	黑钛石	>90	86. 9	8. 9	2. 5	0. 8	0. 8			0. 1	100
	硅酸盐	<10	9. 2	13. 4	1. 7	4. 1	5. 8	44. 7	15. 3	5. 8	100

7.8 主要钛精矿原料

主要国家和地区的典型岩矿钛矿化学组成见表 7 – 48。

表 7 – 48 主要国家和地区的典型岩矿钛矿化学组成 （%）

成 分	岩 矿 钛 矿			
	加拿大	挪 威	美 国	俄罗斯
TiO_2	36.6	45.5	45.2	48.75
FeO	29.5	34.5	37.5	45.9
Fe_2O_3	26.5	13	7.1	
SiO_2	2.5	3.0	3.7	3.3
Al_2O_3	3.0	0.7	2.1	0.5
CaO	0.5	0.3	0.1	1.1
MgO	3.2	5.5	2.6	1.3
MnO	0.16	0.3	0.2	
Cr_2O_3	0.1	0.075		
V_2O_5	0.36	0.17	0.2	
P_2O_5	0.015	0.03		
ZrO_2	0.2			
S	0.30	0.04	0.04	
C		0.055	0.055	

国内主要钛铁矿化学组成见表 7 – 49。

表 7 – 49 国内主要钛铁矿化学组成 （%）

成分	钛 精 矿 名 称							
	北海砂矿	北海钛矿	海南钛矿	攀枝花	承德	湛江	富民	武定
TiO_2	61.65	50.44	48.67	47.74	47.00	51.76	49.85	48.68
FeO	5.78	37.39	35.76	33.93	40.95	24.4	36.50	36.78
Fe_2O_3	29.30	9.06	10.63	7.66	5.6	16.08	9.58	10.97
SiO_2	0.77	0.79	0.70	2.64	1.67	0.82	0.86	0.67
Al_2O_3	1.15	0.75	1.05	1.20	1.23	0.79	0.23	0.60
CaO	0.10	0.10	0.79	1.16	0.81	0.34	0.24	0.05
MgO	0.12	0.10	0.20	4.60	1.54	0.05	1.99	1.18
MnO	1.10	1.30	2.21	0.75	0.85	2.66	0.75	
V_2O_5				0.1	0.14		0.12	0.22
P	0.036	0.02	0.016	0.01	0.063	0.01	0.01	0.01
S	0.01	0.02	0.01	0.2	0.3	0.017	0.02	0.01

8 钛材料制造技术——硫酸法钛白

钛白粉是一种白色颜料,主要有锐钛和金红石两个晶型,是钛系产品最重要的组成部分,世界90%的钛矿用于生产钛白。硫酸法钛白开创了人类历史颜料革命的纪元,通过周期性生产将精细化工工艺和产品推向极致,形成了带典型意义的硫酸法钛白技术装备体系。

自1791年发现钛元素到1918年采用硫酸法商业生产钛白粉以来,至今已有90多年的生产和商业使用历史。钛白粉生产原料主要有两种具有经济开采利用价值的钛矿,钛矿又可分为岩矿和砂矿。多数钛矿在其适合用于钛白粉颜料加工之前,需要进行浓缩与富集以提高 TiO_2 在原料中的含量,富集形成钛精矿、酸溶性钛渣、氯化用钛渣、天然金红石和人造金红石等。

8.1 硫酸法生产工艺技术

硫酸法是以硫酸为介质通过酸解和水解制备钛白的方法,硫酸参与反应,但最终产品没有硫酸,而是作为废副产物存在。硫酸法首先用钛精矿或酸溶性钛渣与硫酸进行酸解反应,得到硫酸氧钛溶液,经过净化水解得到偏钛酸沉淀,洗涤后再进入转窑煅烧产出 TiO_2。硫酸法以间歇操作为主,生产装置能力发挥弹性较大,有利于开停车、工艺工序调节及负荷调整。但硫酸法工艺复杂,需要近二十几道工艺步骤,每一工艺步骤必须严格控制,才能生产出最好质量的钛白粉产品,并满足颜料的最优性能。硫酸法既可生产锐钛型产品,又可生产金红石型产品。

8.1.1 硫酸法生产工艺技术原理

硫酸法技术的主要工艺步骤是:TiO_2 原料用硫酸酸解,经过浸出、还原、沉降和分离,将可溶性硫酸氧钛从固体杂质中分离出来,浓缩后水解硫酸氧钛以形成不溶性水解产物偏钛酸;洗涤和盐处理煅烧除去水分,分解生成干燥的纯 TiO_2。若采用的最初级原料配料的铁含量高或钛含量低时,则要在净化和水解之间增加去除和回收七水硫酸亚铁和浓缩钛液工艺步骤。图8-1给出了硫酸法钛白生产工艺。

硫酸法工艺流程化学反应包括:

酸解:
$$TiO_2 + H_2SO_4 \longrightarrow TiOSO_4 + H_2O \tag{8-1}$$
$$TiO_2 + 2H_2SO_4 \longrightarrow Ti(SO_4)_2 + 2H_2O + 24.41kJ \tag{8-2}$$
$$FeO + H_2SO_4 \longrightarrow FeSO_4 + H_2O + 121.22kJ \tag{8-3}$$
$$CaO + H_2SO_4 \longrightarrow CaSO_4 + H_2O \tag{8-4}$$
$$MgO + H_2SO_4 \longrightarrow MgSO_4 + H_2O \tag{8-5}$$
$$Al_2O_3 + 3H_2SO_4 \longrightarrow Al_2(SO_4)_3 + 3H_2O \tag{8-6}$$
$$Fe_2O_3 + 3H_2SO_4 \longrightarrow Fe_2(SO_4)_3 + 3H_2O + 141.28kJ \tag{8-7}$$

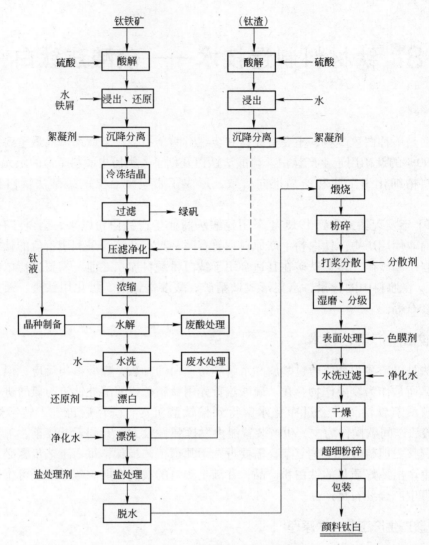

图 8 – 1 硫酸法钛白工艺图

将钛精矿看作一个整体时，化学反应如下：

$$FeTiO_3 + 3H_2SO_4 \longrightarrow Ti(SO_4)_2 + FeSO_4 + 3H_2O \qquad (8-8)$$

$$FeTiO_3 + 2H_2SO_4 \longrightarrow TiOSO_4 + FeSO_4 + 2H_2O \qquad (8-9)$$

$$Fe_2(SO_4)_3 + Fe \longrightarrow 3FeSO_4 \qquad (8-10)$$

$$FeS + H_2SO_4 \longrightarrow FeSO_4 + H_2S \uparrow \qquad (8-11)$$

添加剂化学反应如下：

$$Sb_2O_3 + 3H_2SO_4 \longrightarrow Sb_2(SO_4)_3 + 3H_2O \ （在酸解时进行） \qquad (8-12)$$

$$Sb_2(SO_4)_3 + 3H_2S \longrightarrow Sb_2S_3 + 3H_2SO_4 \qquad (8-13)$$

钛铁矿酸解和去绿矾：

$$5H_2O + FeTiO_3 + 2H_2SO_4 \longrightarrow FeSO_4 \cdot 7H_2O + TiOSO_4 \qquad (8-14)$$

$$Fe + 2H_2SO_4 + 2TiOSO_4 \longrightarrow Ti_2(SO_4)_3 + FeSO_4 + 2H_2O \qquad (8-15)$$

$$2Ti(SO_4)_2 + Fe \longrightarrow Ti_2(SO_4)_3 + FeSO_4 \qquad (8-16)$$

有色重金属离子被还原成金属与钛液分离：

$$MSO_4 + Fe \longrightarrow M + FeSO_4 \qquad (8-17)$$

水解：

$$TiOSO_4 + 2H_2O \longrightarrow TiO(OH)_2 + H_2SO_4 \qquad (8-18)$$

将硫酸氧钛看作初步水解产物，则反应式如下：

$$Ti(SO_4)_2 + H_2O \longrightarrow TiOSO_4 + H_2SO_4 \qquad (8-19)$$

煅烧：

$$TiO(OH)_2 \longrightarrow TiO_2 + H_2O \qquad (8-20)$$

Sb_2S_3 溶胶带有负电荷，可以和带有正电荷的硅、铝的胶体物发生电化学中和，产生凝聚作用，使硅、铝胶体与 Sb_2S_3 产生共沉淀而将其除去。改性聚丙烯酰胺（PAM），叔碳原子具有较强的电负性，当吸附于胶体表面时，中和了胶体表面的 ζ 电位并使其下降，胶体间的斥力减小，当它吸附了大量的胶粒后，PAM 分子链发生卷曲沉降。无机 - 有机联合沉降剂：上述两种沉降剂联合使用，先加入有机絮凝剂产生特性吸附，再通过高分子连接的胶联，将分散状态下的悬浮胶粒网络起来沉降，沉降不完全的部分通过后来加入的无机凝聚剂，进一步凝聚，使之达到净化澄清的目的。实验证明无机 - 有机联合沉降剂效果良好。压渣：经过净化沉降后的泥渣中还含有大量的可溶性与不可溶性的钛，因此，为保证收率，要通过用板框压滤机的办法压滤回收可以溶解的钛元素。真空结晶：钛液中的 $FeSO_4$ 溶解度受溶液的温度影响最大，因此，在组成一定的钛液中，$FeSO_4$ 的溶解度随温度的降低而降低，根据溶液绝热蒸发的原理，利用闪蒸的方式使钛液中的水分快速蒸发，吸收钛液的热量从而使钛液的温度降低，造成 $FeSO_4$ 处于过饱和状态，过饱和的部分便结晶析出，同时带出部分水分，然后用离心机将其分离除去。钛液压滤：利用板框压滤机，并以木炭粉为助滤剂进行压滤，利用木炭的强吸附作用进一步除去钛液中的不溶性杂质。浓缩：利用溶液在真空状态下沸点降低的原理，将钛液中的水分蒸发掉，使精滤后的钛液浓度得以提高，以符合水解要求。

8.1.2 酸解

根据参与反应的硫酸浓度和最终反应产物的状态，钛铁矿酸解的方法有液相法、两相法和固相法三种：（1）液相法，采用 55% ~65% 的硫酸，酸解反应在液相进行，反应温度为 130~140℃，反应时间为 12~16h，为了防止早期水解，酸比值 F 控制在 3~3.2，直接得到硫酸钛溶液。（2）两相法，采用 65% ~80% 的硫酸，反应温度为 150~200℃，反应时间为 6~8h，F 值控制在 1.8~2.2，加热至有沉淀析出为止，所得产物呈糊状，加水浸取后，生成悬浮溶液，反应率达 85% ~90%。（3）固相法，采用 80% 以上的硫酸，反应剧烈迅速，在 5~30min 内完成，反应最高温度达 250℃，由于硫酸的沸点为 338℃，所以能够适应这一要求。所得产物为固相物，然后加水浸取为溶液，控制 F 值在 1.6~2.0，最高酸解率可达 97%。

固相法酸解的优点：液相法和两相法酸解的反应时间长，耗用硫酸多，钛铁矿的分解率低。与这两种方法比较，固相法具有下列优点：（1）耗用硫酸量最少；（2）反应最迅速，可减少加温时间，缩短生产周期，提高设备利用率和产量，节约燃料；（3）酸解率最高；（4）溶液 F 值比较低，有利于后期水解的进行；（5）设备强度大，生产能力高。正是由于固相法酸解的优点多，所以工业生产一般都采用固相法。

钛铁矿（含42%~60%的TiO_2）和/或酸溶性钛渣（TiO_2含量72%~78%）等钛原料经研磨达到200目（0.074mm）左右，干燥后加入具有耐酸铅衬的反应器酸解锅中，用浓硫酸在150~180℃的温度下酸解。大多数硫酸法钛白生产厂使用浓度H_2SO_4为85%~92%的硫酸，剧烈的酸解放热反应在160℃左右就开始了。酸解过程中硫酸和钛原料的混合物一般用空气进行气流搅拌，并通过吹入蒸汽预热加热。而某些厂则先进行酸矿预混物料，这样有助于缓和剧烈的反应。

8.1.2.1 酸解条件控制

钛铁矿中的铁含量越高（TiO_2含量越低），所用硫酸的稀释程度就越高。对处理岩矿而言，合适的酸浓度为85%H_2SO_4。而处理钛渣，酸中的H_2SO_4一般为91%~92%。为了获得平缓的反应，一般不需要更高的硫酸浓度。无论酸解用酸的浓度多高，酸解反应固相物的形态都是疏松的多孔饼，主要组成是$Fe_2(SO_4)_3$和$TiOSO_4$（硫酸氧钛）。由于原料中存在的钒、铬和其他金属也要在硫酸中分解，反应的固相物中也含有这类金属硫酸盐。酸解锅容积根据产能进行合理配置，酸解反应通常用能装60~130t反应物的酸解罐进行间歇式操作。剧烈的放热反应一般持续约30分钟，然后将多孔饼状酸解固相物冷却3个小时左右。接着用水和/或稀硫酸将硫酸盐多孔饼浸出，钛液被逐渐稀释，首先用酸，然后用水。这种饼的分解和三价铁/二价铁的还原通常要进行11~12h，使在酸解罐处的总反应时间达14~15h。

硫酸法钛白酸解工序反应产生大量硫氧化物、酸雾和夹带的未反应原料粒子，在很短时间内释放出来，一般被收集到气体洗涤塔和固体物质除尘系统中。酸解工序反应比较剧烈，考虑到系统效率和工序过程差异，酸雾和硫化物会有少量逸出，而酸解、气体洗涤塔和固体物质除尘系统不匹配时，会对周围环境产生不良影响。国外有些工厂，如美利联在萨尔瓦多（巴西）、亨兹曼在蒂鲁卡隆（马来西亚）的工厂和钛工业公司在（日本）的工厂以及韩国公司为便于更好地控制反应和降低硫氧化物的释放，采用了连续酸解工艺。

8.1.2.2 酸解工序指标设置

酸解后生成的硫酸钛和硫酸氧钛之间的比例，由酸解条件而定，从反应式可以看出，每生成1mol的硫酸钛，需要2mol的硫酸，而每生成1mol的硫酸氧钛，只需要1mol的硫酸。由此可见，硫酸过量得越多，越有利于反应的进行，且生成硫酸钛。

在酸解产物浸取所得的钛液中，硫酸主要以三种形式存在：（1）与钛结合的硫酸；（2）与其他金属（主要是铁）结合的硫酸；（3）未被结合，过剩的游离酸。由于无法单独测定与钛结合的酸和游离酸，只能测定这两者的总和，因此就把这两者的总和称为有效酸：

$$有效酸 = 与铁结合的酸 + 游离酸 \qquad (8-21)$$

同样的钛液，如果经过浓缩或稀释，其浓度变化了，但其性质仍没有变化。

钛液中有效酸与总钛含量之比值称为酸比值，酸比值又称酸度系数，通常用F来表示：

$$F = 有效酸浓度/总TiO_2浓度 = 与钛结合酸 + 游离酸/总TiO_2含量 \qquad (8-22)$$

从公式（8-22）看，游离酸、与钛结合酸和总TiO_2含量等三个因素会影响F值。但是 F 值只是一个酸比值，它在很多情况下，并不能说明一些本质的问题。钛液经过浓缩或稀释后，其总 TiO_2 浓度和有效酸浓度变化了，但其性质和 F 值是保持不变的，溶液中硫酸氧钛与硫酸钛的比值改变时，游离酸也随之而变，但是其 F 值却不会改变；有效酸的测定由于终点不够明显，也容易出现误差，因此 F 值只能作为生产参考，对其数值要结合工艺过程进行具体分析。

F 值的高低，除了能显示钛液中钛的组成、能评价酸解的效果与质量外，还会影响水解速率、水解率和水解产物偏钛酸的结构。

固相法酸解所得钛液可用硫酸氧钛表达，假如钛液中的有效酸正好全部与钛结合形成硫酸钛 $[Ti(SO_4)_2]$，没有游离酸存在，根据分子式 $[Ti(SO_4)_2]$ 推断，1mol 钛与 2mol 酸结合，此时酸比值：

$$F = 2M_r(H_2SO_4)/M_r(TiO_2) = 2 \times 98/79.9 = 2.45$$

假如钛液中全部形成硫酸氧钛 $TiOSO_4$，同样没有游离酸存在，根据分子式 $TiOSO_4$ 推断，1mol 钛与 1mol 硫酸结合，此时酸比值：

$$F = M_r(H_2SO_4)/M_r(TiO_2) = 98/79.9 = 1.2265$$

在酸解后的钛液中，既有硫酸钛，也有硫酸氧钛。可以认为，如果全部是硫酸钛，则其 F 值应为 2.45，再加上铁液中尚有一定量的游离酸，那么，其 F 值更应该大于 2.45。但是固相法浸取所得钛液的 F 值，一般只有 1.6~2.0，其 F 值远远没有达到 2.45，更没有超过 2.45，因此铁液中硫酸钛的含量不会很多，而铁液的 F 值小于 2.45 时，都说明其含量是以硫酸氧钛为主。固相法钛液的 F 值只有 1.6~2.0，就可以用硫酸氧钛表达。在酸解反应的 200℃ 以上，反应物水和反应生成的水都已蒸发了，具备生成 $Ti(SO_4)_2$ 的条件，但是酸矿比为 (1.45~1.55)∶1，不足以将钛变成 $Ti(SO_4)_2$，所以在固相物中还存在 $TiOSO_4$。$Ti(SO_4)_2$ 只存在于固相物，一旦浸取遇水即水解生成 $TiOSO_4$，因此钛液的钛均以 $TiOSO_4$ 的形式存在。

$$与钛结合酸含量 = 总 TiO_2 含量 \times M_r(H_2SO_4)/M_r(TiO_2) \tag{8-23}$$

$$与铁结合酸含量 = 总铁含量 \times M_r(H_2SO_4)/A_r(Fe) \tag{8-24}$$

$$游离酸含量 = 有效酸含量 - 结合酸含量$$
$$= 总酸含量 - 与钛结合酸含量 - 与铁结合酸含量 \tag{8-25}$$

F 值是有效酸含量与总 TiO_2 含量的比值，FOA 值是游离酸与结合钛酸含量的比值。

固相法酸解得的钛液，一般 F 值在 1.6~2.0 之间，则 FOA 值就在 30.45%~63.07% 之间。F 值每相差 0.1，则 FOA 值相差 8.15%，使用 FOA 值来表示，更易于控制。

酸溶性钛渣与浓硫酸反应属于复杂的液固多相反应，其中 TiO_2、Al_2O_3、MgO、Fe_2O_3 与硫酸反应后进入溶液，而 CaO 等与硫酸反应生成了不溶物 $CaSO_4$ 残留于渣相中。H_2SO_4 分解钛渣过程可分解为如下步骤：(1) H_2SO_4 分子通过钛渣颗粒外的液膜扩散到固体矿颗粒的外表面；(2) H_2SO_4 分子由钛渣外表面通过固体产物 $CaSO_4$ 等形成的薄膜扩散到未反应的钛渣颗粒界面上；(3) H_2SO_4 分子与钛渣在钛渣界面上进行反应；(4) 反应产物通过固体产物 $CaSO_4$ 等形成的薄膜扩散到颗粒外表面；(5) 反应产物由颗粒外表面通过液膜扩散到溶液主体。

8.1.2.3 钛液质量

在钛白粉生产中，铁液在条件变化的情况下，有发生早期水解而析出白色胶体粒子的倾向，这种倾向的强弱程度称为钛液的稳定度。表示这种倾向强弱的特性称为钛液的稳定性。钛液的稳定性是以每毫升钛液，用25℃的蒸馏水稀释到刚出现白色浑浊时，所需要蒸馏水的体积（mL）来表示的：

$$稳定性 K = 用水总体积/浓钛液体积 \qquad (8-26)$$

稳定性是衡量钛液质量好坏的重要指标。一般颜料级加压水解钛液的稳定性控制在 $K \geqslant 350$；常压水解钛液可以放宽到 $K \geqslant 300$。要是出现稳定性差的钛液，则会对钛白粉生产带来下列不良影响：（1）钛液容易出现早期水解而生成胶体微粒悬浮于钛液中，造成沉降和压滤的困难，以至于影响产量的提高；（2）钛液产生的含钛胶体微粒，最终要跟残渣一起沉降而被除掉，使钛的回收率降低；（3）钛液属于非颜料级钛液，只能生产出低档的搪瓷钛白粉，这种钛白粉价格较低；（4）钛液后期水解所生成的偏钛酸，有一部分粒子较小，容易造成水洗穿滤流失，直至煅烧时从烟囱飘散不少，使回收率降低；（5）这种钛液本身就已经产生早期水解而生成有胶体微粒，这种胶体微粒极易穿过滤层而存在于钛液中，到后期水解时，成为不良的结晶中心，使水解得到的偏钛酸粒子大小不均匀，容易吸附较多杂质，不仅使水洗时间延长而影响产量，还使产品带有颜色影响白度。同时不规则的小颗粒多，还会造成煅烧时易烧结，而使产品的白度、消色力和分散性能降低，影响到产品的质量。

8.1.2.4 酸解的操作实践

酸解前普遍采用原料硫酸预稀释和矿酸预混合。酸解是在酸解锅中进行的。在锥底通入压缩空气强烈地搅拌下，先按配方投入硫酸，然后投入矿粉，使矿粉与硫酸充分混合，再加定量的稀释用的废酸水，继续搅拌，由于废酸中的水与硫酸发生水化作用而生成大量的热，使锅内物料的温度上升很快。再用蒸汽直接加热（若水化热已足够引发主反应，就不必外加热）。当锅内反应物温度升高到 80~120℃ 时，立即停止加热，一般加完稀释废酸水后 10~20min，即发生剧烈反应。由于反应是放热反应，反应物的温度会急剧上升，在数分钟内达到最高温度（约250℃）。在这一阶段内，反应非常剧烈，酸解锅会出现可以察觉到的震动感，同时排出大量的 SO_2、SO_3 和水汽，反应经过黏稠阶段而逐渐凝固成多孔的蜂窝状固相物。主反应结束后，停止鼓入压缩空气，让其熟化一段时间，使其继续反应，而且反应得更完全，有利于提高酸解率。熟化时间过后，即通入压缩空气进行助冷，当冷却到 90~120℃，即加废酸、淡钛液和自来水进行浸取。然后加铁屑（或铁粉）进行还原，即得到钛液。有时加铁屑还原时，反应剧烈，有气泡冒锅，可撒入少量洗衣粉消泡。

国内钛白粉厂的浸取，大都是从锅顶一次性加入，这样浸取液自上而下地渗入固相物，受到从底部上升的用来搅拌的压缩空气流阻挠，渗入的速度较慢，位于固相物上部的浸取液的酸度不能很快提高，加水量又大，溶液浓度稀，酸度小，就会或多或少地发生早期水解，导致沉降效果的恶化。

国外有采用将少量废酸加入洗渣水和洗硫酸亚铁晶体的淡钛液中，然后将其从酸解锅的底部加入，这样，容易将固相物空隙中的空气排出，而且酸水在上升的过程中，酸度逐渐提高，当酸水充满固相物时，开始用压缩空气搅拌，这时固相物上部的温度可达80℃，但不会产生早期水解现象。原因是温度高的浸取液，酸度也高，随着水的继续加入，温度很快降到70℃以下。

8.1.2.5 酸解过程指标及其优化措施

溶液中可溶钛总量（以 TiO_2 计）占所投钛铁矿中所含钛总量（以 TiO_2 计）的百分比，称为酸解率（％）：

$$酸解率 = 溶液中的总钛含量/矿粉中的总钛含量 \tag{8-27}$$

酸解过程优化措施具体如下：

（1）适当延长熟化时间。酸解反应后要进行熟化，其目的是让固相物逐渐冷却，在这个冷却过程中，让一部分未酸解的矿粉继续与存在的游离酸作用，以利提高酸解率。熟化时间长，酸解率得到提高，但固相物温度低，浸取速度慢；熟化时间短，固相物温度高，浸取时间短，但酸解率低。一般根据酸解锅容积的大小、投矿量多少、室温高低而控制熟化时间在 1~6h，投矿量大，熟化时间要长，投矿少，熟化时间要短。在 $12m^3$ 的酸解锅中，熟化时间由 3h 缩短到 1h，其酸解率并未见降低。在酸解剧烈反应阶段，硫酸浓度大、反应温度高，能起反应的矿都应该起反应了。而反应后，特别是再经熟化 1h 后，酸度和温度都大为降低。这样，寄望于延长熟化时间来提高酸解率是有困难的。延长了熟化时间，只能延长酸解周期，影响产量的提高。

（2）适当提高反应硫酸的浓度。硫酸是一种活泼的强酸，可以任何比例溶于水，同时放出大量热，硫酸浓度对酸解反应影响较大，在酸矿比一定时，适当提高反应硫酸浓度，有利于加快酸解速度和提高酸解率。H_2SO_4 浓度大于 96% 的硫酸比 92.5% 的硫酸反应急剧，这不仅因为将其稀释至工艺要求时放出的热量多，而且由于浓度增大时，H^+ 离子和 SO_4^{2-} 离子渗入钛铁矿物表面裂缝中的概率增大，使 $H^+ - SO_4^{2-}$ 离子对的偶极作用和固体表面的在位作用加强而使钛铁矿的分解速度加快。

（3）适当提高酸矿比。酸矿比越高，反应越完全，酸解率也越高，但过高的酸矿比使硫酸单耗上升，而酸解率的提高却不显著。

（4）适当提高酸解温度。钛铁矿粉与硫酸的分解反应，本身会放出大量的热，一般情况下，开始时物料需要适当加温，以引发酸解反应，这种引发热，常常是在加入稀释的废酸时，由于水与浓硫酸作用而产生一定量的热，若所产生的这些热尚未达到引发热的要求，则要外加蒸汽加热；若这些热已足以达到引发热的要求，则不必再加热。

一般来说，温度越高，反应越剧烈，也越完全，酸解率也越高，但是酸解反应是放热反应，当引发反应开始时便放出大量的热，使反应温度迅速上升，短时间内达到 200℃ 以上。要是事先估计不足，加热过多，物料温度过高，例如温度高于 130℃，则会使主反应来得过早，不仅会使反应过于猛烈而发生冒锅或早期水解现象，还使酸解率降低，甚至生成的固相物难以浸取；如果加温不足，例如只是温度高于 60℃，则引发主反应的时间长，反应不剧烈，容易生成难溶的固相物，酸解率也低。主反应结束，立即停止吹风，继续保持高温，有利于提高酸解率。

（5）矿粉粒度小而均匀。矿粉粒度越大，反应越慢，甚至有些粗颗粒不反应，而使酸解率降低；矿粉粒度不均匀，有粗有细，在反应时，细粒先反应，细粒反应后，硫酸浓度降低了，粗粒反应不完全，酸解率也低。

（6）搅拌要均匀。反应前搅拌不均匀，有未扩散的矿粉团，会影响酸解率。搅拌得太猛，物料过多地溅在锅壁上，无法反应，也会降低酸解率。

（7）选用好矿。选用酸溶性好的矿，钛溶出率高，酸解率也高。由于金红石型矿极难被硫酸分解，因此必须选用金红石成分少的矿，方能提高酸解率。

（8）避免发生早期水解和出现不溶的固相物。因为出现这些现象都会使酸解率降低。

8.1.2.6 浓硫酸和废硫酸加入量的计算

酸解时浓硫酸和废硫酸的加入量可以采用下列计算公式进行计算：

$$\begin{cases} c_1 x + c_2 y = Gf \\ x + Py = \dfrac{Gf}{c_3} \end{cases}$$

解二元一次方程可得下式：

$$\begin{cases} x = \dfrac{Gf}{c_3}\left(\dfrac{Pc_3 - c_2}{Pc_1 - c_2}\right) \\ y = \dfrac{\dfrac{Gf}{c_3} - x}{P} \end{cases} \tag{8-28}$$

式中　x——浓硫酸加入量，kg；

　　　y——废硫酸加入量，L；

　　　f——酸矿比；

　　　c_1——浓硫酸浓度，%；

　　　c_2——废硫酸浓度，%；

　　　c_3——反应时硫酸浓度，%；

　　　P——废硫酸密度，kg/L；

　　　G——矿粉投料量。

8.1.3 酸解节约用酸的方法

酸解节约用酸的方法如下：

（1）选用好矿。钛铁矿中钛的品位低，含钛少，含非钛杂质多，在酸解时，很多硫酸就消耗在与非钛杂质的结合上。例如，未精选的矿 TiO_2 含量仅为 46.5%，精选后 TiO_2 含量达到 48.5%，而选出去的非钛杂质就有 2%。按酸解时的酸矿比为 1.6∶1，每吨钛白粉耗矿 2.8t 计，每吨钛白粉就要多消耗硫酸 $2.8 \times 2\% \times 1.6 = 0.09t$（即 90kg）。这 90kg 硫酸是与非钛杂质起反应而消耗的，是白白浪费了的，属于无效酸。由于总有效酸基本上是控制在一定范围内的，无效酸多了，相对来说有效酸就少了。为了使钛液保证含有一定量的有效酸，就必须多用酸，要是非钛杂质少了，就可以少用酸，从而可以节约硫酸，并且可以减少生产上除杂质的困难程度。为此，有些厂家将买回的矿砂在粉碎之前进行一次磁。

（2）选用含 Fe_2O_3 少的矿和铁屑。在钛铁矿含总铁大体相同的前提下，其中含 Fe_2O_3 越多，其消耗硫酸就越多；在使用铁屑或铁粉时，铁锈（含 Fe_2O_3）越多，其消耗酸也越多。其反应式如下：

$$FeO + H_2SO_4 \Longrightarrow FeSO_4 + H_2O \tag{8-29}$$

$$Fe + H_2SO_4 \Longrightarrow FeSO_4 + H_2 \uparrow \tag{8-30}$$

$$Fe_2O_3 + 3H_2SO_4 \Longrightarrow Fe_2(SO_4)_3 + 3H_2O \qquad (8-31)$$

从式（8-29）~式（8-31）可知，1mol Fe_2O_3（相当于 2mol Fe），需要消耗 3mol 硫酸，而 1mol FeO 或 1mol Fe，只需要消耗 1 mol 的硫酸，说明钛铁矿或铁屑中 Fe_2O_3 含量高，消耗的硫酸就多。另外，Fe_2O_3 与硫酸作用生成的是三价的硫酸铁，最终要用铁屑或铁粉全部还原成二价的硫酸亚铁，还原越多，耗用的硫酸和铁屑都多。因此，为了节约硫酸和铁粉，生产上就应该选用含 Fe_2O_3 较少的钛铁矿和铁屑。

8.1.4 浸取

根据影响钛液稳定性的酸、水、热的关系，在钛铁矿与硫酸进行酸解以后，对固相物浸取时，一开始溶液浓度低、酸度小、温度高，易发生早期水解，即易由其热敏性而产生胶体物。或一开始加水多，刚加到固相物表面的那部分含钛少，局部达到稀释度而发生早期水解。为了防止产生这种缺陷，应先加入大流量的回收废酸和有一定酸度的洗残渣、洗硫酸亚铁晶体的淡钛液，使其增加酸度，同时加入大流量的水。并加大冲气、加快浸取，要是加浸取水的速度太慢、量太少，则浸取初期的温度太高，浸得的钛液稳定性会下降，也容易发生早期水解。因此要严格控制浸取时的温度、酸度和浓度，尽量避免钛液发生早期水解，以免影响钛液沉降、净化和后期水解及水洗，进而造成钛白粉产量和质量的降低。

影响浸取的因素：（1）固相物的多孔性。若固相物为多孔物，则遇水易渗入微孔内部，接触面大，极易溶解；若固相物硬实少孔，则难以浸取。（2）固相物的温度。固相物温度高有利于浸取。但是温度高于 80℃，易使钛液稳定性变差，甚至发生早期水解。（3）浸取的浓度。浸取钛液的浓度越高，则浸取越慢，但浓度不能过低，过低会发生早期水解，会增加浓缩的工作量，甚至对水解产物偏钛酸的结构产生不良影响。（4）是否发生早期水解。固相物如发生不同程度的早期水解，浸取时就有大量僵块，溶化不掉，影响浸取速度。（5）加浸取水的速度。加浸取水的速度要与固相物的溶解速度相适应。一般来说，设备大加水速度要快，设备小加水速度可慢些。

8.1.5 钛液的还原

如果以钛铁矿为原料，钛液要用铁屑处理将三价铁（Fe^{3+}）还原成二价铁（Fe^{2+}），目的是使所有的铁在随后各步骤中都保持二价形式。如果让 Fe^{3+} 进入水解阶段，它们将吸附在 TiO_2 粒子表面，造成最终钛白产品白度指标低。因此在整个工艺过程中使铁保持二价形态至关重要。如果以钛渣为基本原料，由于只有 Fe^{2+}，故可省掉处理工序。还原持续到产生一些三价钛（Ti^{3+}）为止，通常控制 2% 的 Ti^{3+} 就可以，大部分钛以四价（Ti^{4+}）形式存在。

铁在钛铁矿中以二价和三价两种不同状态存在，因此在浸取的钛液中既有硫酸亚铁（$FeSO_4$），又有硫酸高铁 $[Fe_2(SO_4)_3]$。这两种铁盐在一定条件下，会发生水解而生成沉淀，其水解反应式如下：

$$FeSO_4 + 2H_2O \Longrightarrow Fe(OH)_2 \downarrow + H_2SO_4 \qquad (8-32)$$

$$Fe_2(SO_4)_3 + 6H_2O \Longrightarrow 2Fe(OH)_3 \downarrow + 3H_2SO_4 \qquad (8-33)$$

上述两个反应只有在达到一定的 pH 值时才会发生。硫酸亚铁在酸性溶液中是稳定的，只有在 pH 值大于 6.5 时才开始水解，因此在钛液水解过程中，由于钛液酸度大，它始终保持溶解状态，待到偏钛酸洗涤时才得以除去。而硫酸高铁在溶液中的危害性比较大，因为它在 pH 值为 1.5 的酸性溶液中即开始水解，生成氢氧化高铁沉淀。在偏钛酸洗涤时，当 pH 值达到 1.5 就会水解生成氢氧化高铁沉淀混杂在偏钛酸中，待到煅烧时即变成红棕色的三氧化二铁混在钛白粉中，而影响产品的白度。为了防止这种现象的发生，在钛液中就不允许有三价铁的存在，因此必须把三价铁还原成二价铁。

铁屑或铁粉是一种廉价的还原剂，加入铁屑或铁粉的目的主要是将钛液中的三价铁还原成二价铁。其还原反应的反应式如下：

$$Fe_2(SO_4)_3 + Fe \Longrightarrow 3FeSO_4 \qquad (8-34)$$

钛液中高价态的有三价铁和四价钛，由于三价铁的被还原势大于四价钛的被还原势，必须将三价铁全部还原完毕，才轮到四价钛的被还原，也即是说，当钛液中出现三价钛，说明钛液中已经没有三价铁了，三价铁已经全部还原成二价铁了。其四价钛还原为三价钛的反应式如下：

$$2Ti^{4+} + Fe \Longrightarrow Fe^{2+} + 2Ti^{3+} \qquad (8-35)$$

加铁屑的另一个目的是可以将一部分重金属离子还原为金属随残渣而被除去。

由于在生产过程中钛液经常遇到与空气接触或以压缩空气搅拌等氧化条件，要是没有三价钛存在，则二价铁很快被氧化为三价铁。但是，由于三价钛的被氧化势大于二价铁的被氧化势，有氧化条件的话，其必然先将三价铁全部氧化完，才轮到二价铁的被氧化。因此在钛液中保持有一定量的三价钛，可以保证二价铁不被氧化，使钛液始终保持没有三价铁的存在。不过，过多的三价钛存在是不利的，因为在水解时，三价钛不会发生热水解生成偏钛酸沉淀，冷水解也要在 pH 值大于 3 才能水解，故其留在母液的废酸里，若废酸不加以回收利用，则会造成钛的损失。

8.1.6 钛液除杂与深度净化

8.1.6.1 钛液残渣的产生

用硫酸与钛铁矿在酸解锅进行酸分解后，经浸取所得到的溶液，是一种浑浊的复杂体系。这种溶液既具有真溶液的性质，又具有胶体溶液的性质。既含有以钛和铁为主的可溶性硫酸盐，又含有不溶性的、颗粒较大的悬浮的机械杂质和颗粒较小的、具有较高稳定性的胶体杂质。后两种不溶性的固体杂质，称之为钛液残渣。颗粒较大的机械杂质，主要是难溶或未分解的钛铁矿，金红石，独居石，锆英石，脉石，泥浆及碳、铅、钙等的化合物。颗粒较小的胶体杂质，主要是硅酸、铝酸盐和偏钛酸。硅酸和铝酸盐胶体主要是由于钛铁矿中的泥沙与硫酸作用而生成。偏钛酸胶体主要是酸解和浸取操作条件控制不好，部分钛液出现早期水解而产生的。

8.1.6.2 钛液残渣的危害

（1）使钛液沉降时间延长，渣液难分层，抽取钛液时，常常把残渣上层的胶体杂质抽了上来；（2）硫酸亚铁晶体与铁液的分离过滤和钛液进一步净化的板框压滤，会使滤层堵塞，过滤难以进行，以至于大大影响钛白粉的产量；（3）污染了硫酸亚铁晶体；（4）胶体杂质在水解时会成为不规则的结晶中心，使偏钛酸粒子形状不规则、带有棱角，会使煅烧后产品的粒子硬、色泽差和纯度低；（5）胶体杂质是带正电的微粒，当胶体粒子水解成为结晶中心时，吸附的某些金属离子最后会混入成品，降低成品的纯度，而某些带色的铁、钒、铬、锰、铅和钴等有害金属离子的混入，还会影响到产品的白度。

为了加速残渣沉降、加快硫酸亚铁晶体过滤速度、加快板框压滤的速度和制出规则的偏钛酸且易于水洗，以利提高产量和质量，并生产出优质的硫酸亚铁，就必须把钛液的残渣除去。

8.1.6.3 除去钛液残渣的原理

对于不溶性的、颗粒较大的机械悬浮杂质，可在重力作用下，通过自然沉降而分离出去。而对于含量约占不溶性杂质总量 $20\% \sim 36\%$ 的颗粒较小、分散悬浮的胶体杂质来说，由于吸附了 H^+，而带有相同的正电荷，受静电排斥作用，这些胶粒不能相互凝聚靠重力作用沉降。但如加入带负电荷的溶胶，即可使其产生电性中和，细颗粒在碰撞中形成较大的粒子，在重力作用下沉降下来。也可利用某些高分子极性基团的亲和力而产生的极性吸附和桥联作用，使悬浮颗粒借助于絮凝剂分子的作用相互联结长大，网络成大聚集体而迅速沉降下来。

8.1.6.4 除去钛液残渣的方法

首先要从根本上杜绝残渣的来源，使其尽量少产生残渣，这就需要选好矿，尽量减少泥沙成分；其次是要严格控制好酸解和浸取的生产操作，使其尽量不发生或少发生早期水解，从而不产生或少产生偏钛酸或正钛酸胶质。

至于残渣有没有回收再用于酸解的价值问题，从残渣干品的化验证实，其 TiO_2 含量仍大于 40%，要是真能回收利用，确实得益不少。某厂生产剩下的残渣多，为了利用这些残渣，曾把洗去悬浮胶质而晒干的残渣返回少量搭配用于再酸解，结果残渣越积越多，堆在地坪上有几百吨，但其钛的回收率仍然很低，酸和矿的单耗仍很高，说明残渣没有回收再酸解的必要。这部分未分解的钛矿或许其结构不同，可能是难溶的金红石成分，其极难用正常的酸解条件将其分解。这些残渣在上一次酸解的剧烈反应条件下都溶不出来，在下一次酸解又是同样的条件，肯定溶不出来。若用酸更多或将残渣再粉碎得更细，或在更高温度的条件下，恐怕尚能溶出一些。或许可以回收用于制电焊条或再处理过后供氯化法制钛白粉之用。

除去钛液残渣的方法有多种，按沉降方式不同，可分为间歇法和连续法；按沉降机理则有凝聚法、絮凝法和混合沉降法。

（1）间歇法。间歇法是在沉降槽内进行的。将含渣钛液在压缩空气搅拌下，加入一定量的沉降剂，待其分散均匀后，将钛液静置 $8 \sim 12h$。经检查达到工艺要求后，即可将上层清液抽出，供下一工序使用。下层残渣加水搅匀后，用泵打入板框压滤机压滤，滤液为淡钛液，供下一酸解锅浸取固相物之用。

这种间歇法虽然占地面积大，生产周期长，生产能力低，但是工艺适应性强，我国目前生产规模较小的钛白粉厂都使用间歇法。

其操作流程是：将酸解后浸取好的钛液按比例同步加入絮凝剂，经过管线上的混合器，一起泵入 $2 \sim 3$ 个底部略有斜坡的沉降池。每个沉降池的容积相当于日产钛液的总体积（引进国外技术的沉降槽容积在 $300m^3$ 以上）。经 $2.5 \sim 3h$ 的沉降，上部约 $100cm$ 深度的清钛液即达到澄清要求，通过可以上下移动的虹吸管吸取这些清液（约 $35 \sim 45m^3$）导入离心泵送到下一工序。每个沉降池处理 $10 \sim 13$ 罐钛液后，底部渣泥约有 $50cm$ 厚，此时改用另一个沉降池接收钛液。清理渣泥前，先把上部浑浊悬浮的钛液通过离心泵导入另一个沉降池，并同时加入一定的沉降剂。然后用高压水枪清洗最底层的渣泥，并将清洗得的泥浆悬浮液，通过池底阀门用泥浆泵直接送入板框压滤机进行压滤。滤液贮存起来，供酸解后浸取固相物之用，滤渣用高压水枪冲洗流入至专用堆场（亦有将泥浆悬浮液通过池底阀门，直接泵入直径 3m、长度 5.5m、单台过滤面积 $52m^2$ 的真空转鼓过滤机过滤的）。若沉降效果差，需要用无机助沉剂处理时，可在酸解放料前加入酸解锅内处理。

（2）连续法。连续法是在增稠器中进行的。将配好的沉降剂溶液和含渣钛液，按一定比例的流量，连续流进增稠器内混匀，在 $0.1 \sim 0.2 r/min$ 的机械搅拌下，沉降絮团在重力和向心力的作用下，浓集于增稠器锥底，定时或连续排放。上层清液从溢流口连续流出。一个 $\phi 12m \times 1.5m$ 的增稠器，月产量可达 750t。

这种连续法生产能力大，可连续操作，但受沉降效果制约，我国很多钛白粉厂不愿使用，国外（如前苏联）较大的厂家正在使用这种连续法。

（3）凝聚法。常用的凝聚法是氧化锑 - 硫化亚铁法。将氧化锑与钛铁矿粉一起投入酸解锅，在酸解时氧化锑与硫酸作用，生成硫酸锑 $[Sb_2(SO_4)_3]$。在钛液沉降前加硫化亚铁或硫化钠，硫化物与钛液中的游离酸反应生成硫化氢，所生成的硫化氢遇到铁液中的硫酸锑，即生成不溶性的硫化锑沉淀。其有关反应式如下：

$$Sb_2O_3 + 3H_2SO_4 \rightleftharpoons Sb_2(SO_4)_3 + 3H_2O \qquad (8-36)$$

$$FeS + H_2SO_4 \rightleftharpoons FeSO_4 + H_2S \qquad (8-37)$$

$$3H_2S + Sb_2(SO_4)_3 \rightleftharpoons Sb_2S_3 \downarrow + 3H_2SO_4 \qquad (8-38)$$

由于最后所生成的硫化锑是带负电荷的胶团，它能与钛液中带正电荷的硅酸、铝酸盐胶体杂质发生电中和，使胶体粒子内聚力增大，从而产生凝聚作用而加速沉降。

加硫化亚铁处理，不会增加钛液的黏度，也不会造成过滤困难。同时还能使钛液中的 Cu^{2+}、Pb^{2+} 等重金属离子与之作用，生成不溶性的重金属硫化物沉淀（CuS、PbS），随残渣一并除去。

但是这种沉降法材料消耗量大，费用高，不能凝聚较大的粒子，净化效果较差，沉降速度较慢，产生硫化物沉淀会影响 F 值，有降低稳定性的倾向，产生的硫化氢气体对人体有毒，对设备有害，能腐蚀铜设备，其腐蚀产物 CuS 会污染产品。因而此法在 20 世纪 70 年代虽然很盛行，但到 80 年代已被絮凝法所取代。

（4）絮凝法。絮凝法是采用氨甲基改性的聚丙烯酰胺高分子化合物作絮凝剂（也称 AMPAM）。这种高分子化合物具有两方面的作用：1）改性后的 AMPAM 显ець电性，其分子链上所带的许多负电荷极性基团，与钛液中带正电荷的胶体粒子进行电性中和，从而相互吸附成较大的颗粒而沉降；2）高分子链上的极性基团，对悬浮颗粒有很大的亲和力，使高分子链在颗粒之间产生架桥能力，使悬浮颗粒和胶体粒子牢固地吸附在絮凝剂的表面，而后通过高分子链的交联，将分散的悬浮微粒和胶体粒子网络起来，成为容易沉降的大聚集絮团而迅速沉降。

AMPAM 的加入量视矿源而定，一般 $1m^3$ 钛液加入浓度为 1% 的浓液约 $3 \sim 7L$，然后用水冲稀至 0.1% 使用。加入时要控制温度不低于 55℃，搅拌时间不超过 7min。AMPAM 絮凝剂成本低，无毒，无污染，对设备腐蚀弱，沉降速度快，助澄清速度高，渣层致密，在 $60 \sim 70℃$ 的强酸性溶液中不降解时间长，对提高钛白粉的质量和产量以及劳动生产率都有好处。因而被很多钛白粉厂当做理想的沉降剂使用，但仍需进一步改进其对钛液过滤的影响。

8.1.6.5 浸取时出现难溶固相物的原因

浸取时出现难溶固相物的原因如下：（1）酸解时吹入的压缩空气湿度过大，或酸解中过多冷凝水返回酸解锅里。（2）使用酸浓度过低，用酸量过少，加水较少，与硫酸作用产生的水化热少；加温温度过低，引发主反应的时间长，反应过于平缓和不完全，所得到的固相物坚实不易浸取。（3）硫酸浓度过高，酸解加水较多，产生水化热多；或加温温度过高，主反应来得太早，反应温度快速上升，不仅容易冒锅，而且所得固相物硬实，也难以浸取。（4）助冷时间过短，固相物温度过高就开始浸取，结果会形成硬壳，产生不溶性的钛化物和铁的碱式化合物。（5）冲气搅拌不当，或鼓入的压缩空气压力较小，或压力管较小，特别在固化期间，反应物即将凝固之际，向黏稠的反应物吹入的空气流不够强烈，生成的固相物不够疏松多孔，甚至是紧密坚实无孔，酸性水就很难侵入，而使固相物难溶。（6）在浸取时浸取的时间不足，或鼓入的空气压力太小，搅拌强度不够；或过早加入铁屑（或铁粉），3价钛过早达到要求而不得不过早放料，都使固相物溶解不完全。应先用不锈钢管试探，待固相物差不多溶完才加入铁屑（或铁粉）。（7）酸解锅出现少量固相物而不进行清锅，影响到下一锅的搅拌，结果固相物越积越多。（8）钛铁矿中含硅、铝的沙、泥多，酸解产生硅酸、铝酸盐胶体物质多，胶体包裹着固相物，使固相物难以溶解。或浸取的钛液中 $FeSO_4$ 和 TiO_2 浓度大，游离酸多，钛液的总离子浓度太大，亦使固相物难以溶解出来。（9）采用大斗投矿，一下子把大斗的矿粉投下锅去，很难分散，用压缩空气很难搅拌均匀，使矿与酸得不到充分接触，特别是加矿后很快就加稀释水，矿与酸还没有充分的时间进行充分搅拌至均匀，就发生剧烈反应，这样所得的固相物坚实，凿出来有时还有钛铁矿粉团，这样的固相物难以浸出，应该分散加矿，或让其充分搅拌至均匀后才加稀释水。（10）酸解锅的高度和直径的比例不够合理。一般高度与直径的比例增加，锥底夹角 α 减少，压缩空气的冲力增大，死角少，固相物易溶解。反之，高度与直径的比例减少，酸解锅锥底夹角 α 增大，固相物在酸解时产生死角的可能性增大，压缩空气的冲力减弱，浸取难，固相物增多。

由于条件变化或操作不当，常意外地出现一些难溶的固相物，若把固相物丢掉，则会影响回收率。为此必须加以处理，处理的办法是：（1）若固相物较少，可将其取出来捣碎，再在下一锅酸解后加入，让其一起加热，然后与下一锅一起浸取；（2）若固相物较多，则要再加适量的废酸和水，并加热（要防止浓度低、酸度小加热易出现早期水解），再加压缩空气搅拌让其溶解，然后将这些再浸液放到淡钛液槽中去进行回收利用。

8.1.7 沉清/沉降

冷却酸解液、固体惰性物质和未反应的原料残余物溶液从酸解罐的底部全部排放到宽底低位沉淀池/沉降池中，加入酪蛋白、淀粉或其他有机絮凝剂，液体便通过简单的重力分离沉淀在沉降池中，将由钛矿杂质形成的可溶性残余物去掉，这些残余物可能包括硅石、锆石/硫酸锆、白钛石和/或金红石。除去可溶性残余物的沉降可以在此阶段辅以硫化锑（SbS_3）沉淀的形式进行，需在酸解阶段将氧化锑加入到最初的原料中，沉降时加入硫化钠以沉淀 SbS_3，用旋转耙从沉降池中将固体物质去除。通常在沉降池底部有一集中排放点，固体物质排除后，先用废酸洗涤以回收未反应的原料，然后用水洗掉残留酸，沉降后的钛液通过精滤除掉细小的残余粒子。这些精滤滤渣与从沉降池中收集的其他固体物合在一起送往许可的堆放场。整个沉降过程大约 8h。

8.1.8 绿矾回收

绿矾主要是七水硫酸亚铁（$FeSO_4 \cdot 7H_2O$），混杂有铬、钒、锰和其他金属硫酸盐，混杂金属是最初的原料包含元素的酸解产物，钛液冷却至 10℃ 左右，便以绿矾的形式析出大部分的铁，残留的 Fe^{2+} 仍留在钛液中。处置绿矾是硫酸法工艺的主要问题之一，在现代化的硫酸法工厂中，绿矾用专门的真空冷冻结晶系统去除，该系统设计为能生成很大的 $FeSO_4 \cdot 7H_2O$ 晶体，而铬、钒杂质含量最少。大晶体便于处理和储存。

如果只用钛渣作原料，绿矾回收阶段没有大量的铁析出，钛白生产就避免了绿矾处理问题。$FeSO_4 : TiO_2$ 的临界比值是 7:10。如果钛液的 $FeSO_4$ 含量很高，则在此阶段必须除去绿矾。但如果比值小于 0.7，则没有必要除去绿矾。绿矾除去后，余下的钛液通常通过真空蒸发浓缩到 25℃ 时，相对密度为 1.67。如果原料是钛铁矿，经过处理钛液的 TiO_2 含量为 230g/L。如果原料是钛渣，则 TiO_2 含量为 250g/L。尽管经过了析出绿矾除铁，但通过钛铁矿获取的钛液中的铁含量仍高于钛渣钛液。

8.1.9 钛液的浓缩

为了制得具有优越颜料性能的钛白粉，要求水解后得到的水合二氧化钛的颗粒细而均匀。实践证明，要将钛液的浓度提高到二氧化钛含量在 190g/L 以上时，才能生产出具有优越颜料性能的钛白。为此，生产颜料钛白粉必须先将钛液浓缩，提高其浓度，使之符合颜料钛白粉生产的要求。目前国内钛白生产中钛液浓缩一般采用真空薄膜浓缩器连续浓缩。真空浓缩一般控制真空度在 600mmHg❶ 以上，钛液温度 70~80℃，加热蒸汽压力 0.15~0.25MPa。

8.1.10 水解

水解的方法可以从以下三方面分类：（1）以晶种产生的形式分类可以分为自生晶种稀释法和外加晶种法两种；（2）以水解压力分类可以分为常压和加压；（3）以加热方式分类可以分为直接蒸汽加热、间接蒸汽加热和混合加热。

8.1.10.1 水解方法分类

A 以水解压力分类

以水解压力分类，水解方法可分为加压法和常压法两种。加压法是使整个水解罐密封，让其在大于 1atm❷ 的压力下进行水解，这种方法可以控制较高的水解温度，因而水解速度快，时间短，水解生成的偏钛酸粒度较细，产品消色力较好，水解不用添加稀释水，废酸浓度高，便于回收利用。但是得到的偏钛酸粒子不均匀，一致性差，过滤洗涤难，洗滤周期长，产量不高，而且不易洗净，使产品白度差。其设备较复杂，容易损坏漏气，检

---

❶ 1mmHg = 133.3224Pa。

❷ 1atm = 101325Pa。

修较困难，水解锅无法做得太大，一般只有 $2\sim5m^3$ 的容积，也影响产量的提高，同时水解率不高。而常压法是在热水解时加料口敞开，让其在 $1atm$ 下进行水解。

常压法水解具有下列四大优点：（1）常压法水解锅可以大到几十立方米，甚至一百多立方米。我国引进技术的容积为 $120m^3$。一锅就相当于加压水解的20锅左右；常压水解制备的钛液要求铁钛比较高，钛液中允许含硫酸亚铁较高，这样可以加快冷冻；水解生成的偏钛酸粒子均匀、圆滑，在滤饼中保持较大的孔隙率，洗水易于通过滤层而将杂质带走，可以加快水洗和煅烧，从而可以提高产量。（2）常压法水解生成的偏钛酸粒子均匀、圆滑，一致性好，粒度分布范围窄，抗干扰能力强，使产品的白度、消色力和分散性都有较大的提高，从而可以提高钛白粉的质量。（3）常压水解的钛液要求 F 值偏低，可以节约酸解的硫酸；钛液铁钛比提高 0.08，冷冻温度提高 10℃ 左右，可以缩短冷冻时间，节约能源，冷冻液可用水代替盐水，降低冷冻成本；水解量加大，可以节约煤；水洗时间缩短，可以节约水、电；煅烧加快，可以节约柴油（或煤气）；设备损耗降低，冷冻、水解、水洗加快，可以节约动力费用，特别是可以节省价格昂贵的搪瓷高压锅；若采用自生晶种，除了可以缩短水解时间和水洗时间并提高产量和质量外，还可以提高水解率和回收率，可以减少制晶种工序，减少制晶种的人工、设备、烧碱和升温用的蒸汽、降温用的冷冻液等。总之可以大大降低生产成本，再加上可以提高产量和质量，则其经济效益会显著提高。（4）常压水解设备简单，不用密封，操作、维修容易，工作量少，可以减轻劳动强度，同时其安全性好，完全可以避免事故的发生。正因为常压法水解比加压法水解具有较多的优点，以至于近年来绝大部分厂家都淘汰了加压法水解而改用常压法水解。

B　以加热方式分类

以加热方式分类，水解方法可分为直接蒸汽加热法、间接蒸汽加热法和混合加热法三种。（1）直接蒸汽加热法是将一定压力的蒸汽直接通入钛液内部进行加热水解，这种方法设备简单，热利用率高，水解速度快，水解率高。但所制得的钛白粉其颜料性能较差，这是因为水解反应发生前的蒸汽冷凝水会降低钛液的浓度，同时在蒸汽加热管出口处，因高温和强烈冲击作用会使钛液产生不规则的结晶中心，以至于产品颜料性能下降，所以此法以前只能用于非颜料钛白粉生产的水解，但是近年来加以改进，可应用于颜料级钛白粉的钛液水解，其效果也不错。（2）间接蒸汽加热法是利用蛇形管或夹套导入蒸汽传热进行水解，这种方法比较好，加热易于控制，所以为工业生产广泛采用。（3）混合加热法是既有直接蒸汽加热法，也有间接蒸汽加热法，根据水解不同阶段的要求而分别进行控制。例如，有些厂家的常压水解，前期用间接蒸汽加热钛液，后期用直接蒸汽加热水解。

C　以水解晶种分类

以晶种产生的形式分类，水解方法可分为自生晶种稀释法和外加晶种法两种。自生晶种稀释法是将浓钛液加到沸水中去稀释而产生晶核，再进行水解，这种方法水解时间偏长，但可采用大设备，并能减少外来杂质的不良影响，保证颜料钛白粉的性能。外加晶种法是在钛液中先加入预先制好的晶种，再进行水解，这种方法较简单，容易控制，但沉淀物颜料性能较差。

8.1.10.2　水解工艺对钛液的要求

水解钛液的组成和质量对偏钛酸的纯度、微晶体的结构和胶粒的大小以及对产品的质量都影响很大，因此钛液必须达到规定指标的要求。

采用加压法水解时，控制钛液 F 值偏大可以提高产品质量，有些钛白粉厂，在偏钛酸的水洗时，后期适当地加入少量硫酸，使洗水保持在 pH 值不小于 1.5，这对防止铁离子的水解、提高水洗效率和提高产品白度都有好处。有资料表明，用倾泻法水洗 5 次，干基偏钛酸仍含 Fe_2O_3 5%，而用含 1% 硫酸的水洗 4 次，其 Fe_2O_3 含量就降低到 2%，可见酸性水可以加快水洗。而控制钛液 F 值偏大，会使钛液的酸度增大，本身就起到了不用外加酸而又相当于加了硫酸的作用，达到了像外加酸一样的效果，使偏钛酸的水洗速度加快，从而使成品白度提高。

要是钛液的 F 值低，钛液的稳定性差，胶体杂质多，不仅沉降困难，而且一些胶体杂质在水解前本身已成了结晶中心，在水解时这些不规则的结晶中心起到不良作用，使得到的偏钛酸粒子不均匀，容易吸附较多的杂质，不仅使偏钛酸的水洗时间延长，在煅烧时粒子还会容易烧结，使最终产品的白度、消色力和分散性能下降。而 F 值控制偏大，钛液的稳定性提高，这样就不容易出现早期水解现象，钛液中胶质少，到水解时形成不规则的结晶中心少，制得不均匀的偏钛酸粒子少，吸附的杂质少，甚至由于 F 值偏大，其酸度较大，还能溶解偏钛酸中的一些非钛杂质，而其偏钛酸粒子的粒度并不细。这样不仅水洗容易，而且在煅烧时也没有出现过粒子烧结的现象，使制得的钛白粉的性能比较好。这样就有利于钛白粉质量的提高。有关数据也可以说明控制钛液 F 值偏大，钛液的有效酸偏高，游离酸偏高产品的消色力会大大提高。游离酸、硫酸亚铁和消色力的关系见表 8 - 1。

表 8 - 1　游离酸、硫酸亚铁和消色力的关系

TiO_2 含量/g·L^{-1}	207.7	207.7	207.7
H_2SO_4 含量/g·L^{-1}	19.6	127	127
$FeSO_4$ 含量/g·L^{-1}	0	0	167
消色力（标定单位）	200	1200	1670

加压水解时控制钛液 F 值偏大可以提高回收率。由于加压法水解 F 值可以偏大，这样浓废酸就可以全部返还利用。由于浓废酸全部用于酸解和浸取，浓废酸就可以代替一部分硫酸，使酸解时可以少加一些硫酸，从而可以节约硫酸。

浓废酸中还含有 3% ~ 4% 的未水解的钛，浓废酸全部返还利用了，这 3% ~ 4% 的钛就转移到下一周期的钛液中去，使下一批钛液的总 TiO_2 浓度得到提高，以至于回收率达到 80% 以上。

常压法水解钛液控制 F 值与加压法截然不同，通常加压法水解钛液的 F 值控制可以放宽到 2.2，而常压法钛液 F 值的控制若大于 1.95，其水解情况就不好，所得钛白粉的消色力都低于 100。因此采用常压水解时，必须控制钛液的 F 值在 1.75 ~ 1.95 之间。

一般常压法水解使用钛液的浓度为 220 ~ 230g/L，其 F 值可控制在 1.85 ~ 1.95 之间，而自生晶种的常压水解使用钛液的浓度为 250 ~ 260g/L，则其 F 值要控制在 1.75 ~ 1.85 之间。F 值的控制不仅与浓度有关，还与铁钛比和三价钛含量有关。为了控制好钛液的这些指标，以便保证水解的质量，现代大型钛白粉厂，水解前增设了一个钛液调配工序，把钛液调配到符合各项指标要求以后才用于水解。由于常压法水解控制的 F 值较低，即酸度较

小，因而酸解用酸较少，应该在下限，酸解和浸取都不能加太多废酸。这样，浓废酸就不可能用完，只能用一部分。

8.1.10.3 水解晶种

晶种是以它规则的结晶中心来诱导水解进行的。因此晶种的活性和数量对热水解的速度、水解率、回收率、偏钛酸粒子大小、成品平均粒度和消色力都有很大的影响。晶种的活性是由晶种的制备条件而定的。晶种活性好，水解率就高，偏钛酸粒子均匀，成品消色力也高。晶种加入量增加，水解率升高。但晶种加入量大于2%时，水解率的升高就不明显了。晶种加入量为0.6%～2%时，消色力最好。

晶种小于0.6%时，因结晶中心不足，要靠自身形成的一些不规则的结晶中心，因而消色力急剧下降。晶种加入量大于2%时，消色力也缓慢下降。晶种加入量增加，成品平均粒度增大。因为其结晶中心的量增加，偏钛酸原始胶粒的粒度变细，而凝聚成颗粒更大的凝聚体。在煅烧时易烧结。当晶种大于2%时，产品粒度显著增大。

8.1.10.4 三价钛浓度

由于三价钛的被氧化势比二价铁的被氧化势大，在钛液中既有三价钛存在，也有二价铁存在。因此若有氧化的可能，三价钛先被氧化完，才轮到二价铁被氧化。要是二价铁被氧化成三价铁，则三价铁很容易发生水解而生成红棕色的氢氧化铁混在偏钛酸中，使最终制出的钛白粉不够纯白。因此，钛液中存在一定的三价钛，可以防止二价铁被氧化。但是三价钛很容易被氧化成四价钛，钛液在放置、运送和水解时，就有可能被氧化。因此水解前钛液必须保持在水解后的母液里仍含有一定量的三价钛，来抑制全过程不让二价铁被氧化成三价铁。一般水解后三价钛在0.5g/L左右为宜。

三价钛存在得过多也不好，因为它对钛液的热水解有抑制作用，同时三价铁是不发生热水解反应的，会留在母液中而降低水解率和回收率。不过在加压水解时，三价钛偏高一点也影响不大，因为它仍留在母液中，而母液还进行回收利用，钛还是跑不掉。

8.1.10.5 水解温度

在水解过程中，温度的高低对水解的速度和偏钛酸的粒度都有较大的影响。钛液的热水解是吸热反应，提高温度能加快水解速度。钛液在较低温度下水解，要沉淀出偏钛酸是较困难的。在90℃时水解反应才开始微弱地进行，到100℃时反应才显著加快，但仍需较长的时间才能进行得较完全。只有在沸腾的温度下，水解速度才能符合工业生产的需要，操作控制也最为容易。

若温度过高，会产生以下几个弊端：（1）浪费蒸汽；（2）剧烈沸腾会破坏偏钛酸一次粒子向二次粒子的絮凝，使过滤困难；（3）水分蒸发快，影响钛液浓度；（4）水解速度过快，偏钛酸粒子大小不均匀。一般要求在微沸状态下进行水解。为了保持微沸，常常采用微压来观察。在低温下长时间水解，所得偏钛酸颗粒极细，这样煅烧后得到的成品呈角质状，颜料性能很差。所以在工业生产上为了避免这种偏钛酸的产生，要求尽量缩短从80℃到沸腾的时间。国外有些研究者认为，在100℃时热水解生成的偏钛酸质量较优，若在沸腾温度下水解，则生成的偏钛酸颗粒较粗，使消色力稍有下降，但是在100℃时水解生成的偏钛酸过滤和水洗困难。因此工业生产上仍采用沸腾温度进行水解，虽然消色力等颜料性能稍逊，但可以通过调整其他条件予以补偿。目前不少厂家选用微沸状态进行水解。

8.1.10.6 水解时间

水解时间的长短能决定水解过程进行的完全程度。水解时间长，能提高水解率，但对偏钛酸粒子的大小和均匀度有明显的不良影响。诱导期开始时，水解比较迅速，但在 3h 后便渐趋平衡，此后再延长时间，其水解率的提高便不明显，随着水解时间的延长，由于偏钛酸粒度的变粗，时间超过 4h 后，消色力有所下降，一般常压水解时间（指沸腾变白后，维持沸腾状态）以 2~4h 为宜，加压水解以达到压力 19.6×10^4Pa 后保持 15~30min。

8.1.10.7 外加晶种

这种方法适用于通常制取细度和分散性好的颜料钛白粉。其操作过程如下：先以锅容积的 85% 计，通过计量把钛液加入到加压水解锅内，开动搅拌器，以蒸汽蛇形管或蒸汽夹套加热至 60~80℃，然后按 TiO_2 计加入 1% 的晶种（也有在室温下加入的）。关闭加料口并密封，以防漏气，继续进行加热，蒸汽的压力应达到 $(49~58.8) \times 10^4$Pa，当锅内钛液升温至沸腾时，产生的二次蒸汽使内压迅速上升。要求自加入晶种关闭加料口起，在 30~40min 内升至 19.6×10^4Pa，保压 15~30min，水解完毕。然后缓慢打开放空阀，让锅内徐徐降压，最后放料。

8.1.10.8 自生晶种

将浓缩后的钛液，加入用钢壳衬两层耐酸瓷砖的敞口常压水解锅中，开动搅拌，若采用外加晶种水解，则用间接蒸汽加热（也有用直接蒸汽加热的），当温度升到晶种酸溶的温度时，加入计量的晶种；若采用自生晶种水解，则在晶种发生乳白时，立即加入待水解的经过预热到 90~100℃ 的主体钛液中。至于水解过程的控制，两法大同小异，各厂的生产条件不同，其水解方法和控制的指标亦不尽相同。

当晶种加入后，约加热 20min，铁液出现微沸，溶液便由黑蓝色变为暗灰色，若 F 值和三价钛含量偏高，则变色时间可能要延长。这个明显的变色转折点称为临界点，这段时间工业上称为水解的诱导期。

诱导期结束，即水解达到临界点时，停止搅拌和加热。此时偏钛酸粒子仍在增长，只是增长得比较温和、均匀。这样做可以明显地改变偏钛酸的过滤和水洗性能，使过滤和水洗速度提高 50%。大约经过静止 30min，又重新搅拌和加热，直到沸腾后保持微沸状态。大型水解锅为了控制加入的蒸汽不能过大，常利用微压计来调节。为了使水解尽可能以固定的速度进行，加热有时在低于沸点的温度下，还有时在沸点的温度下进行，主要是根据水解速度的快慢来调节的。

水解速度快时要降低温度，水解速度慢时，要提高温度。

当反应处于沸腾状态，水解速度仍不能过高时，水解主要靠加水稀释来提高水解速度。因为水是水解反应的反应物，增加水（反应物），有利于水解反应的进行。加水稀释，降低游离酸的浓度，亦有利于水解反应的进行。一般沸腾后 20min 即开始以 15L/min 左右的速度加入稀释水。加稀释水除了调节水解速度外，更重要的是使 TiO_2 含量达到 160g/L，得到较高的水解率。当加完水后再保持微沸状态至检验沉降率和水解率达到要求后，水解反应即结束。一般从沸腾至结束需要 4h 左右。

放料后一定要用水洗净水解锅，以免残留物在下次水解时成为不良的结晶中心。现代改进的水解钛液浓度可控制在不大于 210g/L，并适当提高铁钛比，这样可以减轻浓缩的负担，同时可以缩短水洗时间；现代加热改用直接蒸汽加热和保持微沸状态水解。在钛液沸腾前用大流量的蒸汽直接加热，钛液沸腾以后，用小流量蒸汽直接加热，保持微沸状态。水解锅有敞口的，也有密封的，密封水解锅的盖通过液封技术防止蒸汽泄漏，整个水解过程不必加入稀释水。

8.1.10.9 水解率

水解率是反映水解完成程度的一个值，即液相 TiO_2 转变成固相 TiO_2 的百分比。水解率的高低，表示钛液中 TiO_2 转变成固相 TiO_2 的转化率的高低。取水解前的浓钛液及水解后的母液样品各一份，按钛液中总钛和总亚铁的测定方法，分别测出其总 TiO_2 和总亚铁的含量，然后按下列公式计算水解率（%）：

$$水解率 = \{1 - (浓钛液亚铁/母液亚铁) \times$$
$$[(母液总钛 - 母液\ Ti^{3+})/(浓钛液总钛 - 浓钛液\ Ti^{3+})]\} \times 100$$

8.1.10.10 沉降率

偏钛酸粒子在水解后浆液中沉降速度的快慢程度称为沉降率。它是反映水解好坏和偏钛酸粒子大小的一个值。沉降率高，偏钛酸粒子的粒度就细；沉降率低，偏钛酸粒子的粒度就粗。测定沉降率的方法如下：量取 125mL 水解浆液，加入带磨口塞的 500mL 量筒内，加水至 500mL，充分摇匀，静置 1h，记录沉降浆液液固界面处的刻度（mL），即为沉降率。衡量水解的好坏，一般用水解率、沉降率、过滤速度三种方法。过滤速度的测定方法是量取定量的水解后浆液，在布氏漏斗中抽滤，测其抽干的时间，以秒计算。若抽滤时间长，说明过滤速度慢，遇此情况，可在所抽取样品对应的那锅水解浆液中加入少量氨甲基化改性的聚丙烯酰胺沉降剂进行处理。

水解工序是硫酸法钛白生产非常关键的工序，将可溶性硫酸氧钛在 90℃ 时水解成不溶于水的水合 TiO_2 沉淀物，或称偏钛酸。要获得所需粒度的高质量水解产物，必须严格控制加热速度、钛液的 Fe^{2+} 和 Ti^{3+} 含量，以及其他因素等条件，避免出现 Fe^{3+}。为保证水解速度、水解物的过滤洗涤性能和最终产品的细度及质量指标，需要在水解时加入晶种。晶种的加入方式有两种：自生晶种（Blumenfeld 法，1928 年）和外加晶种（Mecklenburg 法，1930 年）。两种方式均能生产出同样质量的产品。自生晶种是在水解时利用预先加入的水解钛液和水所产生的晶种进行水解工艺，不用另外制备晶种。外加晶种就是向钛液加入经另外制备的金红石或锐钛型晶种，用以控制水解速度和钛白产品的最终晶体类型。金红石晶种是用偏钛酸～盐酸或纯 $TiCl_4$ 制备，而锐钛型晶种是用偏钛酸、氢氧化钠或向钛液加入水或酸产生的。从硫酸氧钛溶液中沉淀出 TiO_2 为锐钛型，加入金红石晶种是为了在煅烧时易于使偏钛酸沉淀物转化成的 TiO_2 为金红石型。若采用锐钛型或自生晶种，则在煅烧时要加入金红石型煅烧晶种才有利于金红石 TiO_2 的生成。

偏钛酸的沉淀是通过几小时的钛液沸腾达到的。在沉淀快结束时，有时要加入一定的水以提高水解率，但是，加入的水过量则会破坏 TiO_2 沉淀物的质量。

水解沉淀物浆料经过滤、洗涤后，通常要进行漂白洗涤。在还原条件下用硫酸酸浸以除去最后微量吸附铁和其他金属，大约 7%～8% 的 SO_3 紧紧吸附在浆料中，要经历过滤和洗涤，才能将偏钛酸沉淀分离出来。硫酸法钛白粉生产的大部分废酸由此产生。第一次洗涤过滤中的滤液一般含 H_2SO_4 22% ~ 24%，是硫酸法钛白生产过程的浓废酸，通常每生产1t 成品钛白要产生 8 ~ 10t。如果以钛渣为原料，酸中仍含有分解的硫酸亚铁，同时还含有大量的硫酸铝和硫酸镁。第二次洗涤和过滤产生的滤液所含 H_2SO_4 低于 0.5%，是硫酸法钛白生产过程的稀废酸。根据水洗和过滤环节的数量，每生产 1t 成品钛白产生的稀酸可达 60t。为控制粒度生长，需向偏钛酸加入调节剂，如硫酸钾、磷酸钾和锌。有时还需进一步加入金红石晶种以促进煅烧时形成金红石 TiO_2。最终用于煅烧的物料是水合 TiO_2 浆料，固体物含量为 35% ~ 50%。

8.1.11 钛液的早期水解及影响钛液稳定性的因素

一般来说，从酸解后到未进行后期正式水解之前，钛液中不应含有偏钛酸和正钛酸这两种胶体粒子，但是有时在钛液的浸取、还原、输送和存放过程中，由于操作不当或条件变化，而在钛液中出现上述两种白色胶体物质，这种现象称为钛液的早期水解。

水解反应都生成新硫酸，说明钛液中酸多会使水解反应可逆，可以抑制早期水解的发生。所以酸解时用酸较多或浸取时加废酸较多，使钛液中含酸浓度增大，对提高钛液的稳定性有好处。

按化学反应规律，增加反应物会使反应向右进行，增加了水，就增加了反应物，就有利于水解的进行，而使钛液不稳定，说明水多没有好处。在相同的条件下，钛液越稀（水越多）其稳定性就越差。

钛液的水解是吸热反应，因此加热会使反应向右进行，会促进钛液发生早期水解而使钛液不稳定。温度上升，钛液的稳定性下降，加热对钛液的稳定性不利。

影响钛液稳定性差的主要原因是酸少、水多、加热。那么要提高钛液的稳定性，就必须针对钛液的酸度、浓度、温度这三个主要因素进行分析研究并加以控制。

8.1.11.1 酸度

酸解用酸多既可提高钛液的稳定性，又可使酸解反应较完全而提高酸解率，但是用酸过多，既会增加硫酸的消耗，增大钛白粉的生产成本，又会增大后工序钛液后期水解的困难，因为从水解反应式可知，酸多会使水解反应可逆，偏钛酸粒子难以长大，水解率降低，水洗时由于偏钛酸粒子细而出现穿滤流失造成损失。因此要权衡利弊，优化出一个既使钛液稳定，不至于出现早期水解，又要有利于后期水解的最佳用酸量。

根据酸解反应式计算，要想得到稳定性高的硫酸钛，则要按反应式 8 - 1 反应，这样其酸矿比是 1.932:1，也就是说，1t 钛铁矿要用 1.932t 硫酸；要想得到稳定性差的硫酸氧钛，则要按反应式 8 - 2 反应，这样其酸矿比是 1.29:1，也就是说，1t 钛铁矿要用 1.29t 硫酸。除此之外，其他化合物特别是铁的氧化物也要消耗一定量的酸。一般来说，酸矿比越大，用酸越多，钛液就越稳定；酸矿比越小，用酸越少，钛液就越不稳定。从理论分析和实践应用证实，加压水解流程采用酸矿比在（1.50 ~ 1.60）:1 为最佳比值；常压水解流程采用酸矿比在（1.45 ~ 1.55）:1 为最佳比值。究竟采用多少酸矿比才适宜，还要视钛铁矿的质量、工艺要求的酸度和浸取时是否加废酸及废酸加入量而定。

使用硫酸的浓度和控制反应时硫酸的浓度，对铁液的稳定性影响较大。使用时硫酸的浓度大于 96% 时，酸解反应所得到的固相物硬实，多孔性差，浸出时很难溶解，所得钛液的稳定性会下降，当然酸解率也低；若使用的硫酸浓度小于 92%，则酸解后的固相物不易固化，甚至呈糊状，反应不完全，浸出所得的铁液稳定性也差，还会造成沉降等净化的困难，酸解率也不高。一般使用硫酸的浓度在92%～96%之间为宜。

反应时硫酸的浓度大于90%，则反应温度高，使反应初期的生成物在反应结束时已发生早期水解而使钛液不稳定；反应时硫酸的浓度小于85%，浸取所得铁液的稳定性也差，一般控制反应时硫酸的浓度在85%～90%之间。实践证明，使用越浓的硫酸，反应时稀释的浓度要偏低限；使用较稀的硫酸，反应时稀释的浓度要偏高限。不过使用稀酸时，由于酸解加水较少，水与硫酸作用产生的热量少，常常需要用加蒸汽的方法来提高引发热，才能获得较好的酸解效果。

8.1.11.2 浓度

较少钛液的 TiO_2 浓度较高，溶液不容易析出胶体颗粒，稳定性较好；水太多，浸取的浓度太低，则钛液不稳定，容易发生早期水解，同时对后期水解产物偏钛酸的颗粒大小和结构也会产生不良影响，还会增加浓缩的工作量。为此在加水浸取时，必须严格控制，相对密度一般控制在 1.5～1.55 之间，即总 TiO_2 含量要不小于120g/L。为了减少水分，在将钛液结晶时，除去大部分硫酸亚铁的同时，也带走了大量的结晶水，使钛液的总 TiO_2 浓度得到提高，有利于钛液稳定性的提高。为了减少水分，还必须将钛液进行浓缩，使其继续除去一部分水，使总 TiO_2 含量达到（200±5）g/L（加压水解）或215～230g/L（常压水解），以利钛液浓度增大、稳定性提高和后期水解时制出具有优越颜料性能的钛白粉。

基于酸度小、浓度低（水多）会引起钛液稳定性差，易出现早期水解现象，因此洗残渣、洗硫酸亚铁晶体、洗设备的水，尽量不用大量的自来水，而用少量的废酸水。

8.1.11.3 温度

温度上升，钛液的黏度下降，这对杂质颗粒的沉降有利，但是对钛液的稳定性却不利。因为温度过高，钛液的稳定性下降，会出现早期水解。钛液要采取负压蒸发浓缩的原因，其中之一就是因为常压蒸发温度高，钛液稳定性下降，很快就会出现早期水解。而钛液水解的临界温度为80℃，采用真空浓缩，沸点可以降低到80℃以下，这样既保证了水分的大量蒸发，又保证了不会出现早期水解。由此可见，温度上升，钛液的稳定性下降，温度下降对钛液的稳定性有利。一般浸取时控制温度要小于75℃，净化时控制温度在（60±5）℃。

若钛铁矿中三价铁含量高，其酸解浸取所得的钛液其稳定性会差一些。原因之一是三价铁含量高，其酸解反应放出的热量多，温度高，反应剧烈，有时甚至出现冒锅现象，极容易出现早期水解而使钛液不稳定；原因之二是三价铁含量高，酸解反应本身就需要多消耗硫酸，况且制出的钛液需要很多铁屑（或铁粉）来将三价铁还原成二价铁，而多消耗铁屑还原，也需要多消耗硫酸，这些消耗的硫酸属于无效酸。在定量的酸中，无效酸多了，相对来说有效酸就少了，即游离酸少了，这样钛液的稳定性就会下降。

影响钛液稳定性的三个因素作用顺序为：温度＞酸度＞浓度。在较低的温度和较弱的酸度下，浓度高，含水少，钛液较稳定；浓度低，含水多，钛液稳定性差。但是在温度高、酸度大的情况下，钛液浓度的高低影响钛液的稳定性居次要地位。在80℃以下，钛液的稳定性随酸度的增大而提高。但是在80℃以上甚至更高的温度下，酸度偏大的钛液也不稳定，也能进行热水解而生成偏钛酸，只不过酸度大，水解将受到一定程度的抑制，甚至难以水解，水解得到的偏钛酸粒子偏小，水解率也偏低。当然酸度很大的话，那就不是抑制水解的问题了，而是反应可逆，生成的偏钛酸被溶解的问题了。

8.1.12 过滤洗涤

硫酸钛溶液水解得到的水合二氧化钛浆料含有大量游离硫酸及硫酸亚铁等杂质，这些杂质离子含量的高低直接影响二氧化钛成品的色相（白度）。水洗的目的是除去偏钛酸所吸附的母液中大量的铁、硫酸及其他可溶性杂质，得到纯净的偏钛酸。水洗的基本原理是利用硫酸及可溶性杂质离子的可溶性与水合二氧化钛的水不溶性而分离，因此水洗工序能大致洗净可溶性杂质。生产上常用的水洗方法有真空过滤洗涤和离心过滤洗涤。真空过滤洗涤是利用抽真空造成的压力差，将滤液吸过过滤界面而将固体吸附在过滤介质表面，水洗时清水不断将溶解的杂质离子带过滤层。生产上最常用的真空过滤洗涤设备是叶滤机。离心过滤洗涤是利用高速旋转产生的离心力，在过滤介质两侧产生压力差，将滤液挥出滤层，从而达到分离和水洗的目的，生产上最常用的离心过滤洗涤设备是离心机。

要想获得白度高、颜料性能好的钛白粉，必须尽量降低钛白粉中的杂质含量，这些杂质不仅影响白度，在煅烧过程中进入二氧化钛晶格还会产生光敏现象，而依靠延长水洗时间达不到彻底净化的目的，所以在生产颜料级钛白粉或高纯度的二氧化钛时，必须在水洗后对偏钛酸进行漂白。

漂白实际上是一个还原过程，用还原剂把偏钛酸中的高价铁离子等金属杂质及其氢氧化物全部还原成低价状态，让它们重新能够溶于水，通过水洗除去。

漂白操作是在酸性介质中进行的，因为在还原前首先要使氢氧化物沉淀分解，形成可溶状态后再进行还原漂白，如偏钛酸中的氢氧化铁先与硫酸反应生成硫酸高铁后再参加还原反应：

$$2Fe(OH)_3 + 3H_2SO_4 \longrightarrow Fe_2(SO_4)_3 + 6H_2O \qquad (8-39)$$

$$Fe(OH)_2 + H_2SO_4 \longrightarrow FeSO_4 + 2H_2O \qquad (8-40)$$

工业偏钛酸的漂白方法有如下几种。

8.1.12.1 锌粉漂白

这是最早用于偏钛酸漂白的方法，锌与硫酸反应生成氢，新生态的氢是强还原剂，把硫酸高铁还原成硫酸亚铁，但还原剂过量时，部分偏钛酸也被还原成三价钛，呈现淡紫色，其化学反应式如下：

$$Zn + H_2SO_4 \longrightarrow ZnSO_4 + 2[H] \qquad (8-41)$$

$$Fe_2(SO_4)_3 + 2[H] \longrightarrow 2FeSO_4 + H_2SO_4 \qquad (8-42)$$

$$H_2TiO_3 + 2H_2SO_4 \longrightarrow Ti(SO_4)_2 + 3H_2O \qquad (8-43)$$

$$2Ti(SO_4)_2 + 2[H] \longrightarrow Ti_2(SO_4)_3 + H_2SO_4 \qquad (8-44)$$

锌粉漂白一般在搪瓷反应罐或钢衬瓷板的耐酸容器中进行，先把偏钛酸泵入漂白罐内，加入一定量的工艺水，调整 TiO_2 的浓度为 $200 \sim 220g/L$，然后在搅拌下加入硫酸（最好是杂质含量低的蓄电池用硫酸），使浆液中的硫酸浓度达到 $60 \sim 80g/L$，接着通蒸汽加热（夹套加热或盘管加热，也有直接蒸汽加热），如果采用铜盘管加热，在漂白还原过程中有可能使二价铜还原成铜粉，在煅烧时生成黑色的氧化铜而污染产品，反应式如下：

$$CuSO_4 + Zn \longrightarrow ZnSO_4 + Cu\downarrow \qquad (8-45)$$

$$2Cu + O_2 \xrightarrow{\triangle} 2CuO \tag{8-46}$$

当温度加热至 $60 \sim 70℃$ 时，加入 TiO_2 含量为 $0.5\% \sim 1\%$（质量分数）的锌粉，锌粉可用水调成浆状分数次加入，如果加入速度过快，锌粉与硫酸反应过于激烈所生成的氢气会产生大量的泡沫，不仅浪费还原剂，还会造成冒锅事故。当继续升温至 $90℃$ 后，保温 $2h$，冷却后放料进行漂后水洗，通过漂白后的偏钛酸浆料中应含有三价钛（以 TiO_2 计）$0.3 \sim 0.5g/L$ 才视为合格。

在生产金红石型钛白粉时，需要添加煅烧晶种（二次晶种），最好在漂白前加入，因为在制备煅烧晶种时，偏钛酸与碱在不锈钢反应器中长时间煮沸会有铁、铬等金属离子带入，如在漂白前加入可以在漂白的同时把煅烧晶种所带入的高价金属离子及其氢氧化物还原成低价状态，再通过水洗除去。

有的工厂在漂白时采取长时间煮沸的办法，据说对除铬、钒离子有较好的效果；另有资料报道为了除去残留的铜，可在铁洗净后加入硝酸或过氧化氢，使铜转化成可溶性的二价铜以便通过水洗除去；为了除去钙、镁、硅酸根离子，可在除铁后再用碱性铁化合物处理，使 pH 值达到 $5 \sim 8$ 后继续用水洗涤除去。

8.1.12.2　铝粉漂白

铝粉漂白与锌粉漂白的原理、化学反应和操作过程完全一样，只不过铝粉中的杂质含量比锌粉少些，铝与被还原的铁之间的电极电位比锌与铁的电极电位差更大，因此更容易反应，溶液的酸度（用酸量）和铝粉的用量可比锌粉低一些，目前许多工厂已将锌粉改为铝粉。

8.1.12.3　三价钛漂白

锌粉漂白与铝粉漂白反应初期，锌粉与铝粉和硫酸反应生成新生态氢时为固-液相反应，新生态氢与溶液中高价铁等离子进行还原反应时属于气-液相反应，从化学反应的角度上来讲，这两种类型的反应都不容易进行得很完全，因此还原剂的加入量要比理论加入量多，但是加多后往往有残留未反应的锌粉或铝粉混入偏钛酸中，煅烧后会影响产品质量。三价钛漂白属于液-液相反应，反应可以进行得比较完全，不存在锌粉或铝粉混入产品中，其用量和加酸量及反应温度可比锌粉或铝粉漂白时低一些。其化学反应式如下：

$$Fe_2(SO_4)_3 + Ti_2(SO_4)_3 \longrightarrow 2Ti(SO_4)_2 + 2FeSO_4 \tag{8-47}$$

三价钛溶液的制备和使用方法是：把浓度 $180g/L$ 左右的水洗合格后的偏钛酸按 $H_2SO_4 : TiO_2 = 5 : 1$ 的比例与浓硫酸在一耐酸搪瓷反应罐内加热酸溶。酸溶时在搅拌下进行并加热至沸腾，随着沸腾时水分的蒸发，浆液的沸点逐步提高，当温度达到 $120 \sim 150℃$ 时，偏钛酸开始溶解，继续搅拌加热待溶液变成茶褐色澄清透明的硫酸钛溶液后，停止加热冷却并加水稀释使 TiO_2 浓度在 $50 \sim 70g/L$ 左右。

当温度降至 $75 \sim 80℃$ 时，加入事先用水调成浆状的铝粉进行还原操作，铝粉浆的加入应十分小心缓慢，最好在 $20 \sim 30min$ 内分数次加入，否则会因为反应激烈发生冒锅事故，其还原反应式如下：

$$3H_2SO_4 + 2Al \longrightarrow Al_2(SO_4)_3 + 6[H] \tag{8-48}$$

$$Ti(SO_4)_2 + TiOSO_4 + 2[H] \longrightarrow Ti_2(SO_4)_3 + H_2O \tag{8-49}$$

还原用铝粉的加入量为理论量的 1.5 倍，加完铝粉后继续升温至 $90℃$，保温 $1h$，冷却后分析溶液中的三价钛浓度，计算还原率，还原率不得低于90%。

$$还原率 = \frac{溶液中三价钛盐（以 TiO_2 计）含量}{溶液中总 TiO_2 含量} \qquad (8-50)$$

制备好的三价钛溶液应过滤后使用，防止未反应的铝粉和未酸溶的偏钛酸带入三价钛溶液中。该溶液贮存时间不宜过长，最好在48h内用完，因为三价钛是强还原剂，存放过程中会被空气中的氧氧化而降低还原效果。

三价钛漂白虽然比锌粉或铝粉漂白有许多优越之处，但是制备过程复杂，制备时能耗高，酸耗大，成本高。

8.1.12.4　漂洗

漂洗操作和漂白前的水洗一样，只不过漂洗时的水质要求很严格，最好使用离子交换水，以防止水中的杂质再次污染产品，漂洗后偏钛酸中的 Fe_2O_3 含量控制在 30×10^{-6} 左右，可以获得白度极佳的二氧化钛。

有时漂白后偏钛酸中测不出三价钛的含量，其主要原因可能是偏钛酸中三价铁含量太高，所加入的锌粉、铝粉或三价钛溶液的量不足以全部把它们还原成二价铁，或者锌粉、铝粉贮存时间太长或受潮表面钝化。另外在使用三价钛溶液时，三价钛溶液存放的时间过长，三价钛浓度变低，按原来计算加入的量已不够，或者硫酸加入量过少、漂白温度过低、长时间快速搅拌浆料中的三价钛重新被氧化都可能造成测不出三价钛离子的现象。

但是漂白后偏钛酸中的三价钛含量不宜过高或过低，如果在漂洗结束时仍含有较高的三价钛，会造成偏钛酸在煅烧时使产品泛灰相；如果三价钛含量过低，就不能保证三价钛在漂洗时能起到抑制二价铁重新氧化成三价铁的可能，如果没有三价钛就说明偏钛酸中还有一定数量的三价铁未还原成二价铁。

8.1.13　盐处理

偏钛酸在煅烧前加入少量化学品添加剂进行改性处理的过程，称为盐处理，亦称前处理。

偏钛酸如不进行盐处理而直接煅烧，得到的产品颗粒往往很硬，色相及其他颜料性能很差，漆用性能低劣。在生产颜料钛白粉时，都要根据不同品级的需要，在偏钛酸中加入少量化学品进行改性，然后再在适当的温度下煅烧，使产品具有良好的色相、光泽、较高的消色力、遮盖力、较低的吸油量和合适的晶粒大小、形状以及在漆料介质中的易分散性。某些非颜料型产品中，有时也需要加入某些化学品，使产品具有某种特殊性能。

8.1.13.1　生产锐钛型颜料钛白粉的盐处理常使用的添加剂及其作用

生产锐钛型颜料钛白粉的盐处理时，常使用的添加剂有钾盐和磷酸（或磷酸盐）。加入添加剂的作用主要有两个：（1）使产品具有优良的颜料性能；（2）使锐钛晶型起稳定作用，抑制形成金红石晶态，防止产品中混有金红石晶型。但是添加剂加入量过多会使钛白粉的水溶性盐含量明显增加和水选时水分散性下降，只有严格控制加入量，才能既发挥添加剂本身的作用，又不影响钛白粉的其他性能。

8.1.13.2　生产锐钛型颜料钛白粉的盐处理要添加钾盐的原因及其添加量

生产锐钛型颜料钛白粉的盐处理时，加入碳酸钾或硫酸钾等钾盐，其作用是：（1）可以使偏钛酸在较低温度下脱硫，从而降低煅烧温度，使物料在较低温度下达到中性，避免高温烧结而引起产品的变黄或变灰或出现色变现象，造成产品漆用性能低劣，分散性能极差。添加了钾盐，即使在较高温度下煅烧，也不失去钛白粉的优良的颜料性能，因为在较高温度煅烧时，TiO_2 颗粒比较致密，有利于提高耐候性和降低吸油量。（2）能促进锐钛型 TiO_2 微晶体的生成。

8.1.13.3　生产锐钛型颜料钛白粉时要添加磷酸的原因

在生产电焊条级钛白粉时，由于钛白粉含磷高，对焊缝有冷脆性，因而要求钛白粉的含磷量不能大于 0.05%，这样，在生产中不仅不能加入磷酸，而且还要严格控制，特别在矿源上不允许有偏高的含磷量。但是在生产锐钛型颜料钛白粉时，不仅没有严格的含磷要求，而且还要加入磷酸或其盐，使之提高钛白粉的白度和耐候性。不过钛矿含磷过高也不好，因为酸解后磷以磷酸或磷酸二氢盐的形式而存在，很容易与钛结合成对应的难溶钛盐随着残渣被除去，而造成钛回收率降低。

基于在生产锐钛型钛白粉时，偏钛酸经水洗或漂白后，pH 值仍在 2~3 之间，硫酸亚铁仍未达到其水解的 pH 值 6.5，仍以二价铁离子存在。有些厂家没有漂白工序，一部分二价铁在水洗时受到水中的溶解氧氧化而变成三价铁，三价铁在水洗至 pH 值为 1.5 时，即水解生成氢氧化铁沉淀，夹杂在偏钛酸中。这些二价铁和氢氧化铁杂质，如果不加以处理，直接送去煅烧，则在煅烧条件下，会生成红棕色的氧化铁，这就大大地影响到钛白粉的白度。因此，在煅烧前必须进行盐处理，在盐处理中加入适量的磷酸或其盐，使磷酸与氢氧化铁反应生成淡黄色的稳定的磷酸铁；使磷酸与二价铁反应生成白色或灰白色的亚铁的磷酸一元或二元盐，这些二价铁的磷酸盐，在煅烧的条件下，也被氧化成淡黄色的磷酸铁。由于淡黄色的磷酸铁远比红棕色的氧化铁淡得多，这样，对钛白粉的白度影响就小得多，以达到提高钛白粉白度的目的。其磷酸与氢氧化铁的反应式如下：

$$H_3PO_4 + Fe(OH)_3 == FePO_4 + 3H_2O \tag{8-51}$$

8.1.13.4　加入磷酸过多或过少的弊端

在盐处理时，加入适量的磷酸或其盐，可以提高钛白粉的白度和耐候性，并且使颗粒松软、容易粉碎，在生产锐钛型钛白粉时能促进其向锐钛晶型转化和防止金红石晶型生成。但是若加入的磷酸过多，则其入窑偏钛酸的酸度增大，脱硫困难，使达到最大消色力的煅烧温度移向较高温度处，提高了煅烧温度，使物料在较高温度下煅烧，有时还会产生烧结现象，不仅浪费燃料，而且会使煅烧物粒子坚硬，难以粉碎，钛白粉的白度和消色力降低，吸油量升高。

若加入磷酸过少，相对地增大碳酸钾的用量，使酸度降低，有利于物料在较低温度下脱硫，使煅烧物颗粒松软，色泽洁白和消色力提高以及吸油量降低。甚至由于碳酸钾用量相对增大，即使在较高温度下煅烧，也不失去其优良的颜料性能，因为较高温度煅烧时，二氧化钛的颗粒致密，有利于提高产品的耐候性和降低吸油量。但是磷酸用量过少，不足以将全部铁转化为淡黄色的磷酸铁，而未转化的铁最终仍以红棕色的氧化铁出现，达不到提高钛白粉白度的目的。

8.1.13.5　添加磷酸的量及添加方法

根据计算，水洗偏钛酸含铁为 100×10^{-6}，其真正与铁作用所需的磷酸并不多，若加入总钛 0.1% 的磷酸，则其与铁作用所需的磷酸只占加入总磷酸量的 15.1%，即使含铁为 150×10^{-6}，则其与铁作用的磷酸也只占加入总磷酸量的 22.7%，由此可见，所加入的磷酸已绰绰有余。

但是事实并非如此，检测盐处理后偏钛酸的滤液中，根本就没有磷酸根离子，说明磷酸已全部在难溶的磷酸盐。为什么加入的比计算量剩余那么多的磷酸，而最终在滤液中没有磷酸呢？原因是偏钛酸中含有较多的能与磷酸根离子生成难溶磷酸盐的金属离子，这些金属离子都需要与磷酸作用，生成难溶的磷酸盐而消耗了磷酸，因此在盐处理后的滤液中便测不到磷酸根离子。

另外，从盐处理后的滤液中，还发现含有不少的二价铁离子，说明偏钛酸中还有可溶铁，这样的铁带入到回转窑去煅烧，最终会生成红棕色的氧化铁而影响钛白粉的白度。

按计算量所加磷酸全部与铁作用后，应该仍有较多的磷酸剩余，但是最后不仅滤液中没有磷酸剩余，甚至连铁也没有作用完。究其原因如下：(1) 由于偏钛酸中含有能与磷酸根生成难溶磷酸盐的金属离子过多，这些金属离子浓度与磷酸根离子浓度积，比二价铁离子浓度与磷酸根离子浓度积小得多。这些金属离子先与磷酸根离子作用，生成难溶的磷酸盐而消耗了全部或大部分磷酸，使整个体系已经没有或者很少有磷酸根与二价铁作用了，以至于在滤液中仍有较多的二价铁。(2) 偏钛酸中的铁为二价铁，二价铁在 pH 值为 2~3 的酸度下，难以生成难溶的亚铁磷酸盐沉淀，而需要在 pH 值为 6 的酸度下，才能全部生成亚铁磷酸盐沉淀。

根据上述分析，要使偏钛酸的滤液没有铁离子而稍有微量磷酸根离子，就必须采取下列措施：

(1) 除去重金属离子。先除去与磷酸根离子容易生成难溶磷酸盐的重金属离子，从而减少盐处理时磷酸根的消耗。

一般重金属离子与磷酸根离子生成磷酸盐的离子浓度积都很小，虽然在酸解后浸取时，已加入铁屑将三价铁还原为二价铁，有些重金属离子已被铁还原而除去，但是仍有一些重金属未被还原，这些未被还原的重金属中，虽然有些重金属离子与磷酸根离子生成的难溶磷酸盐是白色的，对影响钛白粉白度无碍，但是有些难溶的磷酸盐却是带色的，会影响到钛白粉的白度。另外，这些重金属离子与氢氧根离子生成重金属氢氧化物的离子浓度积也很小，在偏钛酸水洗的酸度较大时，就能生成难溶的重金属氢氧化物沉淀夹杂在偏钛酸中，最终通过煅烧生成重金属氧化物，其中有些氧化物也是带色的，影响钛白粉的白度。再者，重金属杂质的混入，不仅由于重金属元素本身的显色作用而使钛白粉带色，最终影响钛白粉的白度，更重要的是重金属离子的引入，使二氧化钛晶格扭曲或晶格变形，失去对称性而发生色彩反应，使钛白粉带色而不够纯白。因此必须从根本上将重金属除去。除去重金属的方法，是在酸解浸取得到的钛液中，加入少量某种无机物，让其与重金属离子作用生成重金属化合物沉淀，随着残渣被除去。由于容易与磷酸根生成难溶磷酸盐的重金属，浸取时已被除去，因此，在盐处理时消耗的磷酸或磷酸盐就会减少。

(2) 增大磷酸的用量，生成难溶磷酸盐。有些金属离子虽然不是重金属离子，但是其与磷酸根离子生成磷酸盐的离子浓度积也很小，也很容易生成难溶的磷酸盐沉淀，如钛离子与磷酸根离子生成难溶的磷酸钛就是一个例子。虽然磷酸钛是白色的，对影响钛白粉的白度无碍，但是它毕竟要消耗磷酸根，而使磷酸或其盐的加入量增大。

既然所加磷酸不足，就应多加磷酸来满足要求，即由原来的0.1%逐渐增加，至偏钛酸滤液中没有铁离子而稍有磷酸根为止。但是这种做法不可取，因为水洗合格的偏钛酸本身就含有8%~10%的硫酸，这些硫酸已经不利于偏钛酸的煅烧和分解，再多加磷酸，使其酸度增大，会使煅烧脱硫温度提高，产品的白度和消色力降低，吸油量升高。

也可以在增大磷酸用量的同时，增大碳酸钾用量，用碳酸钾中和过大的酸性。但是这种做法会增大产品的水溶性盐含量，水溶性盐含量过高，除了使浆料胶凝和发胀外，还不利于钛白粉质量的全面改善和提高。

要使磷酸根与铁能生成难溶的磷酸铁，从而提高钛白粉的白度，同时又不影响钛白粉的其他质量指标，就必须达到以下三点要求：1）有足够而又不太多的磷酸根离子；2）整个体系的酸度不能太高，pH值要控制在6；3）水溶性盐要达到产品质量指标的要求。要达到这三点要求，应按以下方法：1）增加足够的磷酸后，增加碳酸钾，使之中和其过高的酸性，降低酸度，直至达到二价铁与磷酸根生成难溶的亚铁磷酸盐为止。这种方法虽然水溶性盐会高，但是可以在盐处理时，在偏钛酸中多加一些水，使浆料稀一些，盐处理后尽量把偏钛酸吸得干一些，以吸去更多的水溶性盐。2）用适量的可溶性磷酸二氢铵或磷酸二氢钾来代替磷酸，既可保证有足够的磷酸根离子或磷酸二氢根离子，又可使其酸度和产品的水溶性盐不至于有较大的增加。3）在偏钛酸中由于酸性越弱（甚至碱性），就越有利于磷酸根与二价铁生成难溶的亚铁磷酸盐，也越有利于偏钛酸的煅烧和分解脱硫。因此国外有些厂家用氨水将偏钛酸中的硫酸中和到pH值为5~8，然后洗去硫酸根，再加磷酸进行盐处理，用这种降低整体酸度的方法，促进亚铁与磷酸根的结合和促进偏钛酸的易分解，从而降低煅烧温度，使煅烧物松软，钛白粉的白度和消色力得到提高。尽管通过加磷酸或其盐可以使铁生成淡黄色的磷酸铁，而不像生成红棕色的氧化铁那样对钛白粉的白度影响那么大，但是磷酸铁毕竟是淡黄色的，而不是白色的，若含铁过高，则得到淡黄色的磷酸铁就多。何况偏钛酸的酸度常常是达不到pH值为6的，这样二价铁便难以生成亚铁磷酸盐，不少的二价铁仍以离子状态存在于偏钛酸中，这些二价铁经过煅烧最终仍以红棕色氧化铁存在，由于氧化铁的红棕色和磷酸铁的淡黄色混在一起，使钛白粉出现黄相，对钛白粉的白度影响较大。为此，在水洗时应该延长一些时间，尽量多洗去一些偏钛酸中的铁，使其含铁量小于90×10^{-6}，因为大于90×10^{-6}锐钛型颜料钛白粉的白度就要受到影响，但是寄希望于通过水洗把铁降得很低也是不可能的，因为随着水洗的进行，滤饼的酸度越来越低，当pH值不小于1.5时，被洗水氧化的三价铁离子即水解生成难溶的无法洗去的氢氧化铁。

正是由于靠延长水洗时间难以把铁降得很低，因此有些厂家就增加了漂白工序，加入硫酸将氢氧化铁溶解，然后加入铝粉将三价铁还原为二价的硫酸亚铁，再通过水洗将硫酸亚铁洗去，最终使铁降低到30×10^{-6}以下（同时也可以除去钒、铬、铜等有害杂质），使钛白粉的白度得到较大的提高。

8.1.13.6 生产锐钛型钛白粉盐处理的操作程序

生产锐钛型颜料钛白粉的盐处理，一般是在装有搅拌机的圆筒锥底形塑料质或铁质衬软塑的盐处理槽内进行。将漂洗合格的偏钛酸送入盐处理槽，开动搅拌机将偏钛酸搅拌均匀后，取样化验含铁量，再测定浆料浓度两次（对于涂料品种浆料浓度控制在270~310

g/L）。然后根据含铁量（一般控制在 0.012% 以下）和 TiO_2 浓度，计算出所需碳酸钾和磷酸的量，先加入碳酸钾，经搅拌 1h 后，再加入磷酸，继续搅拌 1h，即可打开放料阀，将处理好的浆料放到方槽，用叶滤机通过真空吸滤吸上叶片，再将叶片吊起来，继续用真空将其残液吸干，然后放到料槽上面，将偏钛酸铲下，开动挤压泵将其送到偏钛酸贮槽，备煅烧之用。

现在大厂引进技术是将盐处理后的浆液用真空转鼓过滤机抽干，配用螺杆泵把物料送入回转窑。这样做会使偏钛酸含水量大减，煅烧耗能也大减。也有在打浆脱水后再加盐处理剂的，这样盐处理剂利用率高，加入量稳定。

8.1.13.7 偏钛酸浆料浓度控制

按一定比例加入的盐处理添加剂，必须充分吸附在偏钛酸颗粒表面或夹带在间隙之中，才能在煅烧时发挥最好的盐处理效果。如果偏钛酸浆料浓度过低，则大部分可溶性添加剂在吸片抽干时被带走，以至于降低了实际被偏钛酸吸附的量，会影响盐处理效果；如果偏钛酸浆料浓度过高，则添加剂不能在浆料里均匀分散，也会影响盐处理效果。为此应该把偏钛酸浆料控制在 TiO_2 含量为 270 ~ 310g/L 为宜。

8.1.13.8 偏钛酸浆料浓度的测定

将偏钛酸打浆均匀后，取出一定的浆料，测出单位体积内 TiO_2 含量（g/L），同时测出浆料的相对密度，然后按其近似方程式求出结果：

$$TiO_2 \ 含量 = (d-1) \times 1190 \qquad\qquad (8-52)$$

式中，d 为浆料相对密度；1190 为实验常数。

再绘成偏钛酸浆料相对密度与浓度的关系曲线，便于生产时查找。

测定浆料浓度可用沥青比重瓶或泥浆比重瓶或圆形薄壁塑料称量瓶。这些比重瓶的体积都是事先校正好的，其上部的盖都有一个小孔，待浆料搅拌均匀后，取出一部分浆料装入称量瓶内，盖紧盖，多余的浆料自小孔溢出，然后用干的滤纸将溢出的浆料擦去，称量，图 8-2 给出了偏钛酸相对密度与浓度的关系，即可从曲线图查出浆料浓度，或用方程式计算出浆料浓度。

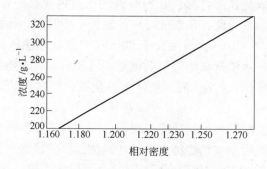

图 8-2 偏钛酸相对密度与浓度的关系

8.1.13.9 盐处理剂的浓度控制

为了使盐处理剂能与偏钛酸充分混合，生产上使用的盐处理剂尽可能采用可溶性盐类，将其配制成溶液加入。盐处理剂所配成的溶液浓度，不宜过浓或过稀，过浓时混合不易均匀，过稀时真空抽滤损失相对增大。一般碳酸钾浓度可配成（400 ± 5）g/L；磷酸可

配成 $100 \sim 140 g/L$（以 P_2O_5 计）。

8.1.13.10 碳酸钾和磷酸加入次序

要使磷酸发挥其隐蔽杂质元素铁的作用，就必须保证添加的磷酸同偏钛酸中的氢氧化铁充分反应。而碳酸钾是碱性物，磷酸是酸性物，要是将磷酸与碳酸钾同时加入，则这两种盐处理剂会相互发生酸碱中和反应，大大地削弱磷酸与氢氧化铁的作用，从而达不到磷酸隐蔽杂质元素铁的应有作用。因此碳酸钾和磷酸不能同时加入，而应当先加入碳酸钾，充分搅拌让其与偏钛酸中的硫酸完全作用，再加入磷酸。当然，同时加入对盐处理没有副作用，但是所加入的量就要进行适当的调整，方能收到应有的效果。

现代改进的方法，可以将各种盐处理添加剂预先配制成混合液，然后一次性加入。这样做既可减少添加剂的配制设备，又可缩短浆料搅拌混合的时间。

8.1.13.11 硫酸法金红石型钛白粉盐处理

金红石型钛白粉在紫外区具有较大的吸收，在可见光区的反射率高于锐钛型钛白粉，因此，金红石型钛白粉的光化学稳定性和光泽度均高于锐钛型钛白粉，具有更大的实用价值。用硫酸法钛液水解制得的偏钛酸是无定形的（使用金红石型晶种除外），在高温下（1050℃以下）长时间煅烧虽然可以使产品全部转化为金红石晶型，但是结晶过程会产生严重烧结，晶格缺陷很多，晶粒过大而且很硬，产品颜料性能极差，另外，高温常使晶格脱氧，使产品呈灰相。因此在生产中，必须在偏钛酸中添加一些金红石化的促进剂和晶型调节剂，使 TiO_2 以合理的速度成长，在较低的煅烧温度下生产出晶型转化完全、大小适中、外形规整的颜料粒子。

大多数金属氧化物在钛白粉的锐钛型向金红石型转化过程中都具有诱导、促进和正催化剂的作用，一般认为阳离子的离子半径越小，促进金红石化的作用就越强。但是有实用价值的必须是能生成白色氧化物的那些金属化合物。常用的促进剂有锌、镁、锑、锡、铝等元素的氧化物和盐类以及二氧化钛溶胶。

锌盐是很强也是最广泛使用的金红石化促进剂，常用硫酸锌、氯化锌和氧化锌。采用锌盐可加速晶型转化，提高转化率，降低达到最高转化率的温度，提高产品耐候性和抗粉化性。但是若单独添加锌盐，由于粒子生长过快，容易造成烧结而降低产品的颜料性能，使底相泛红、颗粒变硬、分散性下降、制成的涂料黏度增加、贮存稳定性下降。如同时添加二氧化钛凝胶或铝盐，可以改善颗粒形状及减少烧结，因而锌盐大都与钾盐、磷酸、铝盐、二氧化铁溶胶等组合使用。一般锌盐添加量为 TiO_2 的 $0.2\% \sim 1.2\%$（以 ZnO 计）。

镁盐是一种弱的金红石型转化剂，它对加速煅烧品的 pH 值达到中性具有显著的作用，一般用量为 TiO_2 的 $0.2\% \sim 0.5\%$。

TiO_2 溶胶俗称煅烧晶种、乳化晶种或偏钛酸外加晶种，有相当强的促进作用，能提高产品消色力，降低转化温度，改善煅烧物粒子外形，使之较为圆滑规整，使产品疏松易于粉碎。常和锌盐、铝盐组合使用，相辅相成。添加量为 TiO_2 的 $2\% \sim 5\%$。晶种用量偏高，金红石型化的诱导期缩短，转变速度加快，形成金红石晶粒减少。

TiO_2 溶胶可以作添加在偏钛酸中的煅烧晶种，也可以作水解晶种，更能促进金红石型转化。工业上往往采用双晶种法，即用两种不同方法，如钛酸盐法和四氯化钛法制成 TiO_2 溶胶。其中一种作水解晶种（通常用四氯化钛法制成），现代常采用普通锐钛型晶种；另一种作煅烧晶种（通常用钛酸盐法制成），能够得到颜料性能更为优良的产品。

8.1.13.12 金红石晶粒调整剂所起的作用及其添加量

为使金红石型钛白粉在煅烧时转化速度不至于过快，并能形成圆滑规整、性能优良的颜料颗粒，以及满足各种品级钛白粉的特殊要求，需要在偏钛酸中添加一些调整剂（又称晶型稳定剂）。常用的调整剂有钾盐、铝盐、磷盐、铵盐和锑盐等。

A 钾盐

常用的有碳酸钾、硫酸钾和硫酸氢钾（是负催化剂的一种）。添加钾盐对改善产品的颜料性能有很大的好处，可以使颗粒疏松，提高白度和消色力，可以使二氧化钛在较高温度下煅烧而不失去优良的颜料性能，因为在较高温度下煅烧时二氧化钛颗粒比较致密，有利于提高耐候性和降低吸油量。添加量一般为 TiO_2 的 0.25% ~ 0.70%（以 K_2O 计）。

B 铝盐

目前国外采用铝盐添加剂日益增多，一般使用硫酸铝并配成溶液加入偏钛酸中。添加铝盐能防止二氧化钛烧结，避免颗粒过分长大，产品比较柔软，即使在 1000 ~ 1100℃ 下煅烧，产品白度仍很好。由于添加铝盐后能在更高的温度下煅烧，产品颗粒较致密，耐光性和耐候性都很好。但铝盐是一种负催化剂，因而必须和其他正催化剂（如 TiO_2 溶胶）组合使用，才能达到较高的转化率和消色力。添加量为 TiO_2 的 0.8% ~ 1.0%（以 Al_2O_3 计）时，产品遮盖力为最高。

C 磷酸或磷酸盐（也是负催化剂）

磷酸或磷酸盐能改善产品白度和耐候性，颗粒比较柔软，容易粉碎。添加量一般为 TiO_2 的 0.1%（以 P_2O_5 计）。如同时增加锌盐，则磷酸用量可适当提高，少量磷酸不会阻碍金红石型化，可通过适当提高晶种加入量来克服消极影响，不过会使消色力稍有降低，并使达到最大消色力的煅烧温度提高。若偏钛酸浆料中可溶性钛及稀土等重金属的量增多的话，则要多加磷酸，因为有一部分磷酸要先消耗在与钛及稀土等重金属元素的结合上。

D 氨水或铵盐

水洗合格的偏钛酸中约含有硫酸 8% ~ 10%，用氨水中和到 pH 值为 5 ~ 8，产品容易研磨，但会降低金红石型化的能力，如在氨水中和后，将硫酸铵洗去，再加入 1% 的氧化锌，所得产品消色力可相对提高一些。一般而言，添加氨能使产品疏松柔软，白度和消色力提高，但吸油量较高。单加氨水会使金红石型化能力降低，因而要与金红石型化促进剂配合使用。

E 锑盐

在锐钛型钛白粉中加入锑盐，可以与物料中的铁生成偏锑酸铁，有遮蔽铁的作用，可使产品略带蓝相，可改善产品光泽度，提高耐候性，更重要的是能防止光色互变现象，但用量不能大，否则会影响分散性，一般只加 0.05% ~ 0.15%。

8.1.13.13 生产搪瓷、陶瓷和电容器钛白粉所用的盐处理剂

生产搪瓷、陶瓷钛白粉时，添加 0.10% ~ 0.15% 的氧化镁和 0.05% ~ 0.10% 的乙酸钴。氧化镁为金红石型化促进剂，使产品中金红石晶型保持在一定比例（80% ~ 83%），提高使用效果，乙酸钴使制成的搪瓷和陶瓷光泽度高，产品光亮，色泽鲜艳；生产电容器钛白粉时，添加 0.3% ~ 0.4% 的碳酸镁，可使电绝缘性提高，产品有一定程度的金红石型化。二价镁离子可以避免四价钛还原为三价钛，因为三价钛的存在会大大地降低电性能。

8.1.13.14　盐处理的操作

A　搅拌要均匀

能配成溶液的盐类 $[K_2CO_3$、H_3PO_4、$Al_2(SO_4)_3]$，一定要配成一定浓度的溶液后才能使用，不能配成溶液的盐处理剂（ZnO、MgO），要用水调成浆状后加入，加入后在常温下搅拌 $1\sim2h$。

B　偏钛酸浆料浓度控制

浆料 TiO_2 浓度低，反应比较均匀，但一些可溶性盐处理剂在过滤时会随滤液带走而影响盐处理效果；浆料浓度过高，虽然过滤流失少，但物料黏度较大，不容易分散均匀，也影响盐处理效果。通常浆料浓度以 TiO_2 计控制在 $270\sim300g/L$。若能解决稠厚浆料的搅拌与分散问题，浆料浓度应该高一些为好，国外有些工厂采用螺旋输送搅拌，其浆料浓度就提高到 $300\sim400g/L$，这样还可以减少回转窑煅烧时脱水的能耗。

C　盐处理剂的添加量及添加顺序

在考虑配方时要注意正、负催化剂之间的搭配和加入顺序，既要考虑降低煅烧温度、促进晶型转化，又要考虑不能转化得太快，以免粒子过大或烧结，同时还要考虑对消色力、白度、耐候性、松软度等颜料性能的影响。通常加入量多少要通过试验来确定，加入量过多不仅会降低产品纯度，造成水溶性盐增高，还会降低分散性。一般加入量（按 TiO_2 计）和加入顺序如下：

锐钛型：(1) K_2CO_3，$0.5\%\sim1.0\%$；(2) H_3PO_4，$0.20\%\sim0.35\%$。

金红石型：(1) 煅烧晶种（TiO_2 溶胶），$2\%\sim5\%$；(2) ZnO，$0.2\%\sim1.5\%$；(3) MgO，$0.2\%\sim0.5\%$；(4) K_2CO_3，$0.5\%\sim1.0\%$；(5) H_3PO_4，$0.01\%\sim0.02\%$。

D　各种盐处理剂的配合使用

在颜料钛白粉生产中，必须掌握下列三种作用，才能使产品取得完整的颜料性能：(1) 损害作用。所添加的盐处理剂，虽能提高产品的某种性能，但往往会损害另一种颜料性能。如添加磷酸或其盐，虽然能改善钛白粉的白度，但会增高吸油量；增加钾盐和磷酸可使颗粒松软，容易粉碎，但又使水溶性盐含量增高，影响以后水选时的分散性。(2) 加和作用。在添加金红石化促进剂时，同时添加两种或两种以上促进剂会起到加和作用，即在相同煅烧温度下提高金红石化转化率，或可降低转化温度。如添加 6.0% $TiCl_4$ 制的溶胶，再加入 1.85% 的硫酸锌，转化温度约降低 $100℃$。(3) 互补作用。如单独添加锌盐，产品消色力不高，若同时添加钾盐，则消色力显著提高；同时单独添加铝盐，消色力不高，如再添加钾盐，则消色力得到补偿而显著提高。在金红石型钛白粉生产过程中，在偏钛酸中添加 TiO_2 的 0.2% 氧化锌、0.2% 氧化镁、0.5% 碳酸钾和 2% TiO_2 溶胶，在 $800℃$ 下煅烧，金红石型转化率达 98%，消色力可达日本 $R-930$ 钛白粉的 90% 以上。

但是盐处理剂的添加量，在保证颜料质量的情况下，应该越少越好，因为大部分添加剂是水溶性的，用量过多会造成水溶性盐升高和水选时水分散性下降。也有研究者认为盐处理剂增加了，吸油量和吸水量也随之增加。

8.1.14　煅烧

煅烧是将水合 TiO_2 浆料高温脱水分解，分离逸出残余 SO_3，增强最终钛白产品的化学惰性和确定其粒度，工业生产中一般在一个微倾的内燃式回转窑中进行。在重力作用下，水合 TiO_2 浆料在回转窑中缓缓前移。煅烧温度在 900～1250℃。为了达到所需的钛白类型，实际温度需要按几个等级严格控制。一般生产金红石钛白所需的温度要高一些。通过煅烧环节脱去水分和除去残余的微量 SO_3，实现锐钛型向金红石型转型。

煅烧后 TiO_2 经研磨破碎烧结颗粒形成初级产品 TiO_2，初级产品 TiO_2 可以直接用于搪瓷和焊条等初级产品应用领域。绝大多数钛白粉厂要进行表面处理，即后处理。不过，大多数生产商都是在同一现场进行 TiO_2 的表面处理，仅有少部分厂家进行异地后处理加工。

钛白包膜产品分为通用型钛白、高耐候性或超高耐候性钛白和颜料体积浓度高的涂料钛白，即重包膜钛白。无机包覆膜可以使来自二氧化钛表面的氧化物质被中和或者制止其扩散，同时，这种包覆膜也可避免二氧化钛的活性表面与可降解的有机材料之间接触。有机包膜就是用有机硅、有机醇、有机胺、有机酸或脂以及有机表面活性剂都可进行有机处理。

在煅烧阶段，随着 SO_3 和酸雾的排出，不可避免要夹带一些细微的 TiO_2 粒子，必须设法回收 TiO_2 粒子，配置必要的除尘和除酸雾装置，以使煅烧尾气不对环境造成危害，同时在可能的条件下回收利用烟气热能。

8.1.15 提高钛白白度的措施

对于颜料钛白粉，除了生产上采取一些措施来提高白度以外，关键还在于杂质的去除，杂质对白度的不良影响是很大的，杂质去除得越彻底，产品白度就越高，这对用在涂料中的意义就更大。在钛白粉生产过程中，如果杂质去除不彻底，当用高温煅烧时，很多杂质元素如铁、锰、钒、铅、铬、钴、铈、铜、镉、镍、钼等以氧化物状态存在，这些带色的氧化物就表现出各种色相，使整个钛白粉的色相受到影响而不纯白，以致大大影响了产品的质量。因此，必须采用多种方法除去杂质。

（1）选矿除杂质。要除去杂质，首先就要选矿。因为任何钛铁矿一般都混杂有不少脉石和共生、伴生、复合的其他矿物。选矿就是利用矿物不同的物理化学性质，采用各种有效方法，将钛铁矿与它们分离。例如摇床的重力选矿，可以除去钛铁矿中的大部分脉石，再用磁选机进行磁选，让矿物通过磁场，由于钛铁矿是磁导率高、能被磁铁吸引而本身不能吸铁、可磁化又可去磁的顺磁性矿物，而能用磁盘吸引，其他磁导率低的非钛铁矿，不能被磁盘吸引而得到分离。

（2）除不溶性杂质。硫酸法生产钛白粉，由酸解浸取得到的是浑浊不清的钛液，其不溶性杂质主要是颗粒较大的机械杂质和颗粒较小的胶体杂质。机械杂质是未起反应的钛铁矿物，属于粗分散状态，很容易沉析下来；胶体杂质主要是硅酸铝酸盐等，由于颗粒小，吸附 H^+ 而带有相同的正电荷，由于同种电荷相斥，胶粒很难接近成比较大的颗粒而沉淀下来，因而具有较高的稳定性。解决的办法是用带负电荷的改性的聚丙烯酰胺胶体进行电性中和，使胶体粒子凝聚沉降而除去。但是由于胶体沉降不完全，经过硫酸亚铁的过滤后，仍有一些穿滤而存在于钛液中，必须用带有木炭粉为助滤层的板框压滤机进行压滤，直到检测滤液的澄清度合格为止。

（3）除铁杂质。在钛铁矿中，非钛杂质最多的是铁，并以二价和三价两种状态存在。将钛铁矿与硫酸作用，即生成 $FeSO_4$ 和 $Fe_2(SO_4)_3$。由于 $FeSO_4$ 只有在 pH 值大于 6.5 时才开始水解，因此在钛液水解过程中，因钛液的酸性较大，$FeSO_4$ 就始终保持溶解状态，在偏钛酸洗涤时得以除去。而 $Fe_2(SO_4)_3$ 在 pH 值为 1.7 的酸性溶液中即开始水解生成 $Fe(OH)_3$ 沉淀，其混杂在偏钛酸中，煅烧时即生成红棕色的 Fe_2O_3 而使成品不够纯白，所以应用铁屑把 $Fe_2(SO_4)_3$ 还原为 $FeSO_4$。为了保证钛液中的三价铁全部还原为二价铁，还原反应还应略为过度，此时钛液中就有小部分四价钛还原为三价钛。三价钛的存在就可保证三价铁还原完全，可避免三价铁水解生成 $Fe(OH)_3$ 进而影响产品白度。经过还原，钛液中全部是 $FeSO_4$，此时冷冻钛液，Fe 即达到过饱和状态而大量结晶析出，过滤即可除去大部分铁钛液中剩下的未结晶的 $FeSO_4$，待水解生成偏钛酸进行水洗时，用水洗除去。由于滤饼的 FeO 质量分数超过 $30 \times 10^{-4}\%$ 时，产品白度将受到影响。所以可采取漂白措施使 FeO 质量分数降低到 $90 \times 10^{-4}\%$，并进一步除去痕量的钒、铬、铜等杂质。

8.1.16 物料平衡

钛原料的 TiO_2 收率在 82% ~ 90% 左右。硫酸是另一重要的原料，主要是用于酸解，也有较少量的稀酸用于各工艺的洗涤/浸出工序中。

每吨钛白产品所需的主要原料（矿及含钛原料）消耗为：

硫酸（100% H_2SO_4）+ 钛精矿（45% TiO_2）：2.5 ~ 4.70t；

钛精矿（54% TiO_2）：2.1 ~ 3.50t；

钛精矿（59% TiO_2）：1.9 ~ 3.20t；

钛渣（75% TiO_2）：1.5 ~ 2.70t；

钛渣（85% TiO_2）：1.3 ~ 2.50t。

如果以钛铁矿为原料，还另需 0.1 ~ 0.2t 铁屑或铁粉。

该工艺所产生的主要废物是废酸（含洗水）和以钛铁矿为原料所产出的七水硫酸亚铁；废酸一般很稀，H_2SO_4 含量低于 25%，钛白生产过程一般将酸解时第一次过滤产生的强酸废物和随后过滤与水洗产生的弱酸废物分离。硫酸法生产每吨钛白产生的副产物及量如下：以钛铁矿为原料：3 ~ 4t 七水硫酸亚铁；7 ~ 8t（23% H_2SO_4）废酸；以钛渣为原料：4 ~ 6t（25% H_2SO_4）废酸。在煅烧阶段，每吨钛白有 7 ~ 8kgSO_3 排入大气，必须对 SO_3 进行回收以减少对大气污染。

8.1.17 硫酸法钛白工艺特点

硫酸法钛白技术成熟可靠，在中国占有主导地位，但产品质量处于中等水平，工艺对现有原料具有较强适应性，但工序多、长，限制环节多，废副产品利用对外依赖性强，工艺的物料循环和能源循环体系需要完善，以经验为主导的控制技术使产品质量保证体系难以持久地发挥作用，外在检测配套，由于硫酸钛白属于间歇性周期操作，工序产能不均衡，需要在磨矿、酸解、分离和浓缩等几个限制环节进行高效规模化整合调整，在水解、洗涤、煅烧和后处理工序追求规模化与精细化的有机结合，硫酸法钛白装置发展的总体趋势是追求高效节能，实现规模化放大。硫酸法生产钛白技术中的"三大灵魂"，即固液分离、晶相控制以及分散与解聚，从酸解沉降、泥浆分离、控制过滤、七水亚铁分离、一洗二洗（还含滤液、洗液中稀薄固体回收）、窑前压滤、包膜三洗到污水红泥等分离，无不体现出固液分离的重要以及产量与质量的统一。而每一步分离包括的功能和目的各不相同，形貌各一、结晶的、非结晶的、可压缩的、不可压缩的、固液比高的、固液比低的等。

8.1.18 钛白包膜

无机包覆膜可以使来自二氧化钛表面的氧化物质被中和或者制止其扩散氧化钛的活性表面与可降解的有机材料之间接触，有利于提高二氧化钛的耐光性、分散性、耐候性和遮盖力，提高二氧化钛制品的使用寿命和应用性能。二氧化钛表面处理的方法按处理剂类型的不同，分为无机包膜和有机包膜，按处理工艺的不同，分为湿法和干法两种。湿法主要适宜于无机包膜，又分煮沸法、中和法和碳化法三种。煮沸法是在强烈沸腾下使处理剂水解而沉积在钛白颗粒上，此法因适应性差，水解不易彻底，过程较慢，不易控制等缺点，故不常采用。中和法是在浆液中加入酸性或碱性包膜剂，再以碱或酸中和，使处理剂在一定 pH 值条件下沉淀出来，钛白包膜最常用此法。碳化法是在含包膜剂的碱性钛白浆料中通入 CO_2 使处理剂沉淀。干法处理是在气流载带下用喷雾方法使钛白颗粒表面吸附一种金属卤化物，再在含氧气体存在下焙烧使其氧化成氧化物，或在过热蒸汽等含水气体存在下使其水解，此法对有机包膜最适宜。国外钛白生产技术先进，钛白包膜专利也很多，钛白生产厂家往往根据钛白用户的不同需要，通过控制后处理工艺生产出不同性能的通用或专用钛白。

8.1.19 硫酸法钛白工艺发展趋势

硫酸法钛白工艺的发展趋势：（1）集群化发展。不再孤立地发展硫酸法钛白，强调靠近硫钛资源，产业链延伸，规模化内循环，追求区域化清洁生产目标。（2）技术升级换代。酸解：重点优化钛矿配比、物料计量和操作控制，生产质量稳定的钛液；水解：强化现有的自生晶种和外加晶种水解机理及控制技术研究，推广应用 $TiCl_4$ 水解晶种，关键是控制粒度分布，提高批次间产品的稳定性；包膜：优化现有包膜技术，提高产品的亮度和耐候性，同时改进包膜工艺，缩短包覆时间，增加单位时间和单位设备的产能；有机处理：建立终端用户数据库，研究与基材匹配性最佳的有机处理剂配方，提升产品的分散性，同时开发产品在应用体系的应用技术；推广外加晶种水解技术，降低钛液水解浓度，节省浓缩能耗和成本；开展煅烧新技术，提高热能利用效率；优化工艺设置和设备选型，减少能量消耗；强化工序水的回用，尤其是水解、包膜等水蒸气的回收利用；探寻废酸资源化利用途径，彻底消除废酸问题；推广钛渣生产钛白技术，根除亚铁问题。（3）产业发展公共化，搭建信息沟通平台。搭建行业信息沟通平台，制定产业政策，引导产业科学发展，合理分配市场份额；建立终端用户数据库：收集整理终端用户资料，建立应用体系档案，开发与应用体系有最佳匹配性的包膜处理数据库，配套产品的应用技术指导产业发展，利用信息沟通平台和用户数据库，制定产业发展规划，分配市场份额，调整产业结构，促使产业健康有序发展。

全面实现绿矾、废酸、中水的回收利用，其中废酸实现闭路循环利用（利用率约为60% ~ 70%），中水利用率大于90%，红石膏排放率减少50%，尾气 SO_2 排放减少80%。

8.2 钛白原料

中国的硫酸法钛白生产多使用钛精矿为原料，每生产 1t 钛白粉要产生 $3.2 \sim 3.8t$ $FeSO_4 \cdot 7H_2O$，由于 $FeSO_4 \cdot 7H_2O$ 作为净水剂和饲料添加剂的用量有限，处理这些 $FeSO_4 \cdot 7H_2O$ 需要投入大量的资金，环保成本不断递增，形成严重制约钛白粉厂生产环节。硫酸法钛白的原料由钛铁矿改为酸溶性钛渣，提高了原料中 TiO_2 品位，满足了精品化工的基础原料需求，单位产品的投入减少和工序减少，产量产能增加。根据镇江钛白粉厂的工业试验，用含 $TiO_2$80% 的加拿大酸溶性钛渣代替钛铁矿作原料，设备产能可以提高 20%，硫酸消耗减少 30%。这样同样一个规模的钛白粉厂，在设备和人员不变的情况下使用酸溶性钛渣为原料，相当于生产规模扩大了 20%。同时减少了单位产品的原材料和辅助材料的消耗、运输费、管理费用以及"三废"处理和设施费用。虽然酸溶性钛渣的价格比钛铁矿高，抵消增加的大部分效益，但总体效益还是有所增加，特别是社会效益更是无法估量。所以世界各钛白厂商都希望以富钛料为原料，而且对富钛料的品质要求也越来越高。国外的硫酸法钛白厂使用的富钛料品位由原来的 72% ~75% 提高到 80% ~85%，用钛渣代替钛精矿作为原料生产钛白粉是大势所趋。

8.2.1 钛精矿

钛精矿是钛产业发展的重要基础，在努力适应钛产业发展的过程中形成了良性发展的技术特色，具体表现为最大限度提高主元素品级、回收率和有效降低有害元素含量三个方面。

8.2.1.1 钛精矿品位

硫酸法钛白生产一般要求钛精矿 TiO_2 的品位不小于45%。目前硫酸法钛白对生产原料的要求有高品位化的趋势，其根本原因是为了减少废副产物的数量，有利于清洁生产。原料品位高，有如下优点：（1）酸解废弃物量少，可以降低环保处理成本；（2）可以从每吨矿中得到更多钛白粉，提高了设备的单产能力；（3）可以避免多用硫酸酸解矿中不必要的杂质，从而降低硫酸的单耗；（4）可以减少钛液残渣含量，生产过程中的杂质含量少，从而提高产品质量；（5）钛液过滤容易，可以提高生产效率。

8.2.1.2 酸解性

硫酸法钛白生产是利用硫酸来溶解钛精矿制取 $TiOSO_4$ 溶液。钛精矿酸溶性的高低，直接影响到矿中 TiO_2 的浸出程度，这可用酸解率来表示。酸解率也是衡量钛精矿质量优劣的一项重要指标。影响钛精矿酸解率的因素较多，最主要的是其表面性能和金红石含量；钛精矿表面越疏松，金红石含量越低，其酸解率就越高。

另外，钛铁矿的酸解活化能值高，酸解反应的诱导条件难以达到，也会使酸解率降低。

8.2.1.3 显色金属杂质

钛白粉是目前世界上最佳的白色颜料，不管是氯化法工艺还是硫酸法工艺，除去其中的显色杂质、提高纯度，都是生产过程的主要任务之一。存在于钛精矿中的这些元素对钛白粉的颜色影响很大，同时在钛白粉生产过程中又很难完全除去。这些元素在煅烧时会侵入二氧化钛晶格，并使晶格变形，从而使钛白粉带上微黄、微红或微灰的色彩。例如，Cr_2O_3 是钛白粉生产中危害最大的着色元素，当其在钛白粉中的含量超过 1.5mg/kg 时，就会使钛白粉呈现微黄色，因此含量超过这个范围，就不能用作生产颜料级钛白粉；V_2O_5 对钛白粉质量的影响仅次于铬，在钛白粉中的含量超过 50mg/kg，就会使钛白粉呈现出肉眼就能看得出的灰蓝颜色；钛白粉中 Nb_2O_5 的含量不得超过 0.1%，否则会呈现青灰色。其余氧化镍、氧化锰、氧化钴、氧化铈的含量高，也会影响颜料钛白粉的白度。

另外，有些特殊用途如食品、化妆品等，要求钛白粉中的有害元素如铅、砷含量很低或无，冶金和电容器用钛白粉要求氧化铅和氧化铜含量低，制搪瓷钛白粉要求氧化铌含量低等。实践证明，要生产高档次钛白粉，要求钛精矿中 $Cr_2O_3 < 0.03\%$、$Nb_2O_5 < 0.2\%$、$V_2O_5 < 0.5\%$、$MnO < 1.0\%$，同时也要控制铜等重金属的含量，越低越好。

8.2.1.4 钛精矿中 FeO 和 Fe_2O_3 含量

钛精矿中的 Fe_2O_3 含量高对钛白粉生产有利也有弊。矿中的 FeO 或 Fe_2O_3 在生产过程中，完全可以溶解并分离出去，因此它们不影响产品质量。但是它们对酸解反应却起着举足轻重的影响。因为钛铁矿和硫酸的反应是放热反应，Fe_2O_3 与硫酸的反应热为 141.4kJ/mol，FeO 为 121.4kJ/mol，TiO_2 为 24.13kJ/mol。一般说来，若钛精矿中 TiO_2 和 Fe_2O_3 含量都高，其反应放出的热量就高，反应性能较好，酸解率也高。相反，TiO_2 和 Fe_2O_3 含量都低，FeO 偏高的钛精矿，则因其放出的反应热少，反应性能差，酸解率低，常常需要外加蒸汽加热，才能获得较好的酸解效果。但是矿中 Fe_2O_3 含量太高，酸解放热太多，会使反应很剧烈，以至于出现冒锅现象，而且钛铁矿中 Fe_2O_3 含量高，还会消耗较多的硫酸，若要从钛矿钛液中得到三价钛时，还要消耗铁屑（或铁粉）。钛铁矿含 Fe_2O_3 比正常矿高 8%，经计算每吨钛白粉就需要多消耗硫酸 105kg 和铁屑 77kg。一般情况下，硫酸法钛白生产用钛铁矿需要高的氧化亚铁与三氧化二铁含量比，通常比值高于 1.5∶1，这样可以提高钛铁矿在硫酸中的反应性能，降低起溶解作用的硫酸的浓度，并因此减少生产成本。

8.2.1.5 非金属氧化物及与硫酸可生成可溶性盐的杂质

铁精矿中的硅和铝在酸解时与硫酸作用生成硅酸和铝酸盐胶体，会影响钛液沉降、净化和钛液的质量；钙和镁在酸解后会变成体积庞大的硫酸盐沉淀，影响残渣的沉降和钛液的回收。由于硅、铝、钙和镁不会对钛白产品质量造成较大影响，因此，在钛精矿的国家标准中均未对其作要求，但这些杂质在生产中会消耗硫酸，增加生产成本。

钛精矿中的硫含量高，不仅会对设备产生较大的腐蚀，而且会在酸解时产生有毒的硫化氢气体，在废气排出及处理系统中析出单质硫，造成排气不畅或堵塞。电焊条级钛白粉含硫高会使焊缝产生热脆性。

磷因为是钛白粉离子调节剂和金红石转化抑制剂，因此磷含量高会对钛白粉质量产生不良影响。在钛白粉生产中，磷无法全部除去，且会造成一定量钛的损失，在某些应用领域会受到一定的不良影响。虽然在生产颜料钛白粉后期，磷是必不可少的盐处理剂。但是钛铁矿中含磷量高，说明含重金属元素量高，这样会影响产品的白度。另外，磷是冶金、硬质合金、电焊条、电容器用钛白粉的主要有害杂质。电焊条级钛白粉中含磷高会使焊缝产生冷脆性。因此，一般要求钛精矿中 S 和 P 含量均不大于 0.02%。

8.2.1.6 放射性

不管是岩矿还是砂矿，钛精矿中都会含有一定量的放射性物质，如 U、Th 等，要想完全除去是不可能的。在钛白粉生产过程中,包含在钛原料中的放射性元素不会进入到废物流中,因此,对从业人员和环境会带来潜在的威胁,这种威胁大于最终消费者面临的威胁。由于不同的国家对放射性元素等级的限制不同,甚至可能没有限制,因此原料中容许的最高放射性元素的等级限定值变化很大。但从商业的角度来看,钛原料的消费者主要参考的是所用产品中放射性元素铀和钍的含量应等于或低于普遍接受的产品中铀和钍的含量。《有色金属矿产品的天然放射性限制》(GB 20664—2006)规定,有色金属矿产品天然放射性元素 ^{238}U、^{226}Ra、^{232}Th、^{40}K 的活度浓度限制值为:^{238}U、^{226}Ra、^{232}Th 衰变系中的任一元素不大于 $1Bq/g$;^{40}K 不大于 $10Bq/g$。由于钛白粉主要用于人们的日常生活中,因此每个钛白生产商规定的质量要求有一个共同的准则——低放射(主要是铀和钍),各工厂制定的标准高低取决于所处国家或地区准许钛白粉厂向环境排放废弃物的标准,比如日本、新加坡、中国台湾就特别严格,根本不允许含放射性废弃物的排放。

8.2.1.7 典型钛矿物

攀枝花钛精矿是攀枝花钒钛磁铁矿综合利用的产物,与规模化钢铁生产密切相关,产能具有矿产平衡的作用。攀枝花钛精矿产能大,成分和物相稳定,钙镁含量高,发热元素适中,有利于酸解反应的发生,适合硫酸法钛白生产需要,攀枝花钛精矿中存在的主要物相及体积含量见表 8-2。

表 8-2 攀枝花钛精矿中存在的主要物相及体积含量

名 称	钛铁矿	硫铁矿	钛磁铁矿	脉 石
含量(体积分数)/%	90~95	1.3	1~3	3~5

攀枝花钛精矿中的钛铁矿物相的含量(体积分数)为 90%~95%,脉石物相含量为 6%~3%,其次为少量的硫铁矿及钛磁铁矿物相。各物相的扫描电镜能谱分析见表 8-3。

表 8-3 钛精矿中各物相扫描电镜能谱分析 (%)

物 相	O	Mg	Al	Si	S	Ca	Ti	Mn	Fe
钛铁矿	38.7	5.94	—	—	—	—	24.35	—	31.02
硫铁矿	—	—	—	—	35.74	—	—	—	64.26
钛磁铁矿	41.05	5.55	8.00	13.31	—	1.09	1.35	—	29.65
脉 石	47.29	9.83	1.91	19.89	—	15.27	—	—	5.81

攀枝花钛精矿的 TiO_2 主要赋存于钛铁矿物相中,因其表面疏松、活性高且几乎不含金红石,具有良好的酸溶性能,将该矿与浓硫酸混合后,不需要通入蒸汽,只需注入适量水即可引发反应,工业生产中的平均酸解率在 96% 以上,比其他钛精矿一般高 2~5 个百分点。

实验室条件下各种钛精矿的酸解率见表 8-4。

表 8-4 有关钛精矿的实验室酸解率情况 (%)

矿 种	攀枝花	云南	广西	澳洲	越南	印度
酸解率	89.71	86.9	87.1	82.64	86.2	85.8

攀枝花钛精矿与国内外钛精矿在硫酸法钛白粉中的应用技术、经济型、环保性、产品质量等方面的比较见表8-5。

表8-5 生产中应用的部分钛精矿综合性能比较

项 目	应用技术	经济性	环保性	产品质量
攀枝花钛精矿	酸矿比为1.56，反应酸浓度为86%，熟化时间为2h	重金属元素含量低，偏钛酸水洗容易，每吨产品产生酸解残渣量稍高，约为340kg	放射性照射指数极低，重金属元素含量低；通过了国家环保部验收	可单独使用到高质量钛白产品
云南钛精矿	酸矿比为1.52，反应酸浓度为84.5%，熟化时间为2h	多消耗铁屑或铁粉用于钛液三价钛的还原，每吨产品约产生酸解残渣250kg	副产物硫酸亚铁量较大	可单独使用到高质量钛白产品
越南钛精矿	酸矿比为1.60，反应酸浓度为87.5%，熟化时间为2h	品位高，硫酸耗量少；偏钛酸的水洗量较大；每吨产品约产生酸解残渣160kg	铬和磷含量较高	可搭配使用，产品白度需要严格控制
莫桑比克钛精矿	酸矿比为1.60，反应酸浓度为87.5%，熟化时间为2h	品位较高，硫酸耗量少；每吨产品约产生酸解残渣170kg	放射性元素含量较高	可搭配使用到高质量钛白产品
马达加斯加钛精矿	酸矿比为1.58，反应酸浓度为87.5%，熟化时间为2h	品位偏低，生产成本偏高，会多消耗硫酸；每吨产品约产生酸解残渣220kg	副产物硫酸亚铁量较大	可搭配使用到高质量钛白产品

从以上综合分析可以得出，攀枝花钛精矿不仅性能优越，而且在硫酸法钛白粉生产中的应用技术成熟，完全能够生产出高质量的锐钛型或金红石型钛白产品，是一种安全环保、性价比较高的优质原料。

8.2.2 钛渣

钛精矿的主要组成是 TiO_2 和 FeO，其余为 SiO_2、CaO、MgO、Al_2O_3 和 V_2O_5 等，钛渣冶炼就是在高温强还原性条件下，使铁氧化物与碳组分反应，在熔融状态下形成钛渣和金属铁，由于密度和熔点差异实现钛渣与金属铁的有效分离。在电炉熔炼的 1600~1800℃ 的中温条件下，除铁的氧化物被还原外，还有相当数量的 TiO_2 被还原为低价钛的氧化物，在钛渣熔炼出炉后的冷却结晶过程中，大部分钛的氧化物与其他碱性较强的金属氧化物化合形成二钛酸盐（如 $FeO \cdot 2TiO_2$、$MgO \cdot 2TiO_2$、$MnO \cdot 2TiO_2$），并与 $Al_2O_3 \cdot TiO_2$、Ti_3O_5 等形成黑铁石固熔体。也有少量偏钛酸盐等形成塔基石固熔体，还有少量钛的氧化物进入硅酸盐玻璃体。钛渣熔体在空气中冷却时，其中部分低价钛还会被氧化生成游离 TiO_2，当这种氧化发生在温度高于 750℃ 时，氧化产物主要是金红石型 TiO_2。生成了金红石型 TiO_2，就不能被硫酸所溶解。因此生产酸溶性钛渣，很重要的一点是在高温期尽量让其保持在还原气氛，不让空气氧化。

钛渣酸溶表明，黑铁石固熔体的钛氧化物最易溶于硫酸，金红石型 TiO_2 不溶于硫酸。因此作为酸溶性钛渣应满足以下几点：（1）应含有适量的助溶杂质（主要是 FeO 和 MgO）

以及一定量的 Ti_2O_3，以使钛的氧化物尽可能存于黑钛石固熔体中。（2）在工艺上采取喷水冷却，可防止高钛渣与空气接触氧化生成不溶于硫酸的金红石型 TiO_2，同时也可加快冷却速度。一般温度在低于 750℃ 时，其钛的氧化产物为锐钛型 TiO_2，而不是金红石型 TiO_2。（3）像前苏联那样，在熔炼后期加入废钛屑，提高钛渣的还原度，避免高温被氧化成金红石型 TiO_2。

经分析攀枝花矿酸溶性钛渣物相表明，其渣中钛氧化物 90% 以上进入黑钛石固熔体中，有 4%~7% 进入硅酸盐相，有 1% 左右以金红石型 TiO_2 形式存在。

钛渣中的 Fe^{2+}、Mg^{2+}、Mn^{2+}、Al^{3+} 为形成黑钛石固熔体提供了必要的二价和三价金属离子，它们具有稳定该固熔体的作用。其中 $FeO \cdot 2TiO_2$ 和 $MgO \cdot 2TiO_2$ 是最易溶于硫酸的，即 FeO 和 MgO 具有促进钛渣中钛氧化物溶于硫酸的作用，是酸溶性钛渣不可缺少的助溶杂质。这两种氧化物增加了钛渣与硫酸的反应热，反应式如下：

$$FeO + H_2SO_4 \longrightarrow FeSO_4 + H_2O + 113.4kJ/mol \tag{8-53}$$

$$MgO + H_2SO_4 \longrightarrow MgSO_4 + H_2O + 163.8kJ/mol \tag{8-54}$$

经计算，攀枝花矿钛渣与硫酸的反应热比砂状钛铁矿（含 $TiO_2$51%）只低 15% 左右。MgO 是攀枝花矿钛渣与硫酸反应的重要热量来源，它占全部反应热的 42% 左右。在酸解攀枝花矿钛渣时，当加热蒸汽压力大于 0.6MPa 时，其反应速率较快，反应最高温度可达 200℃ 左右。攀枝花矿钛渣具有良好的反应性能，可满足硫酸法钛白生产的要求。

国内一些研究和生产单位曾研制成酸溶性好的钛渣，其 TiO_2 含量达 75%~78%，当 TiO_2 含量超过 80% 时，酸溶性便大为降低。一般使用品位高的钛渣时，需要使用更浓的硫酸才能使其酸解。用广东、广西产钛精矿和用攀枝花钛精矿都能炼制出酸溶性好的钛渣。

用酸溶性钛渣作原料比钛铁矿作原料具有以下优点：（1）由于钛渣中的 TiO_2 含量高，产品总收率可提高 2%~3%，并可节约相应的储运、干燥、原矿粉碎的费用；（2）由于钛渣中钛含量高、铁含量低，因此酸耗也显著降低，每吨钛白粉的酸（H_2SO_4）耗可节约 25%~30%，但反应时硫酸浓度较高；（3）无副产品硫酸亚铁，也不需要用铁屑来还原，避免废铁屑带进的杂质对成品质量的影响；（4）能耗低，可节约 0.6t 蒸汽/钛白粉，节电 8%，节油或燃气 4%，节水 5%，节约制造成本 12%；（5）工艺流程短，可省去还原、亚铁结晶与分离和浓缩 3 个工艺操作过程；（6）反应生成的钛液稳定性好，晶种添加量也较少；（7）废酸、废水、废渣排放量以每吨钛白粉计比普通钛铁矿酸解工艺要少得多，三废治理的费用相对少。

因为酸溶性钛渣在高温冶炼时要加入还原剂（无烟煤），因此产品中不含 Fe_2O_3 而含有二价的 FeO 和金属铁，所以在酸解过程中不仅不需要加入铁屑来还原高价铁，有时因为三价钛含量过高还要加入少量的氧化剂。另外由于酸溶性钛渣中二氧化钛含量高、总铁含量低、不含有 Fe_2O_3，因此反应时放热低，需要蒸汽加热的时间较长，反应时的硫酸浓度要求较高（91%），熟化和浸取的时间较长。

图 8-3 为使用加拿大 QIT 索利尔酸溶性钛渣的酸解反应过程，从图中可以看出：反应前的 80min 为加酸、投矿和搅拌的过程，此时的压缩空气流量为 600m³/h，随后加稀释水 7min，由于硫酸稀释放热量，温度从 50℃ 升至 80℃，然后通蒸汽加热 25min，温度上升至 120℃，主反应立即开始，在 5min 内温度从 120℃ 猛增至 200℃ 左右。主反应期间维持

约15min，从加稀释水前20min到主反应期间压缩空气的流量增大至800~1000m³/h，保温吹气0.5h，此时压缩空气量可降至500m³/h，停止吹气熟化约4h，在此期间温度从190℃缓慢降至85℃，接着在不超过90℃的情况下浸取约7h，浸取期间搅拌用的压缩空气流量约为800m³/h，所得钛液的相对密度为1.550g/cm³。

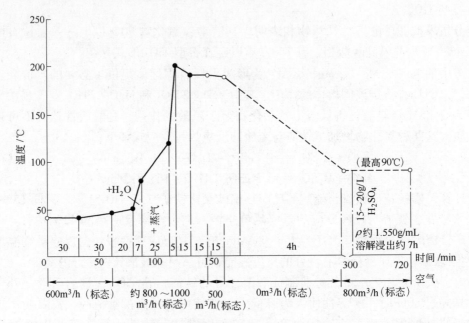

图8-3 使用加拿大QIT索利尔酸溶性钛渣的工艺流程和物料平衡示意图

8.2.3 硫酸

工业硫酸，分子式为H_2SO_4，相对分子质量为98.08，密度为1.83g/mL，工业硫酸应符合GB/T 534—2002工业硫酸标准要求。硫酸法钛白生产过程中硫酸主要用于钛原料的酸解浸出，是硫酸法钛白的生产介质，硫酸法钛白产品单一，硫酸不形成产品，生产过程中经历一个由高到低的浓度变化，钛原料的部分酸可溶性杂质需要消耗硫酸，其余的酸在水解洗涤过程中从流程中形成废硫酸和含酸废水，部分水解废酸可以返回酸解，大量废酸需要处理，或者中和处理，或者蒸发浓缩返回酸解工序。表8-6给出工业硫酸标准（GB/T 534—2002）。

表8-6 工业硫酸标准（GB/T 534—2002）

项　目	指　标					
	浓硫酸			发烟硫酸		
	优等品	一等品	合格品	优等品	一等品	合格品
硫酸（H_2SO_4）的质量分数/%	≥92.5或98.0	≥92.5或98.0	≥92.5或98.0	—	—	—
游离三氧化硫（SO_3）的质量分数/%	—	—	—	≥20.0或25.0	≥20.0或25.0	≥20.0或25.0

项　目	指　标					
	浓硫酸			发烟硫酸		
	优等品	一等品	合格品	优等品	一等品	合格品
灰分的质量分数/%	≤0.02	≤0.03	≤0.10	≤0.02	≤0.03	≤0.10
铁（Fe）的质量分数/%	≤0.005	≤0.010	—	≤0.005	≤0.010	≤0.030
砷（As）的质量分数/%	≤0.0001	≤0.005		≤0.0001	≤0.0001	—
汞（Hg）的质量分数/%	≤0.001	≤0.01		—	—	—
铅（Pb）的质量分数/%	≤0.005	≤0.02	—	≤0.005	—	—
透明度/mm	≥80	≥50	—	—	—	—
透明度/mL	≤2.0	≤2.0	—	—	—	—

注：指标中的"—"表示该类别产品的技术要求中没有此项目。

8.2.4　氢氟酸

　　氢氟酸是氟化氢气体（HF）的水溶液，为无色透明有刺激性气味的发烟液体，纯氟化氢有时也称作无水氢氟酸。因为氢原子和氟原子间结合的能力相对较强，使得氢氟酸在水中不能完全电离，所以理论上低浓度的氢氟酸是一种弱酸。具有极强的腐蚀性，能强烈地腐蚀金属、玻璃和含硅的物体。有剧毒，如吸入蒸气或接触皮肤会造成难以治愈的灼伤。实验室一般用萤石（主要成分为氟化钙）和浓硫酸来制取，需要密封在塑料瓶中，并保存于阴凉处。氢氟酸的中文别名有氟化氢，氟化氢（无水），氟氢酸，氟化氢溶液，无水氟化氢，无水氢氟酸。

8.2.5　磷酸

　　磷酸或正磷酸，是一种常见的无机酸，是中强酸。由十氧化四磷溶于热水中即可得到。正磷酸工业上用硫酸处理磷灰石即得。磷酸在空气中容易潮解。加热会失水得到焦磷酸，再进一步失水得到偏磷酸。磷酸主要用于制药、食品、肥料等工业，也可用作化学试剂。磷酸是三元中强酸，分三步电离，不易挥发，不易分解，几乎没有氧化性。具有酸的通性。外观为白色固体或者无色黏稠液体（>42℃），密度为 1.685g/mL（液体状态），熔点为 42.35℃（316K），沸点为 158℃（431K）（分解，磷酸受热逐渐脱水，因此没有自身的沸点），市售磷酸是含 85% H_3PO_4 的黏稠状浓溶液。从浓溶液中结晶，则形成半水合物 $2H_3PO_4 \cdot H_2O$（熔点为 302.3K）。

　　磷酸无强氧化性，无强腐蚀性，属于较为安全的酸，属低毒类，有刺激性。LD50：1530mg/kg（大鼠经口）；2740mg/kg（兔经皮），刺激性：兔经皮 595mg/24h，严重刺激；

兔眼 119mg 严重刺激。接触时注意防止入眼，防止接触皮肤，防止入口。

8.2.6 纤维素

纤维素（cellulose）是由 D – 葡萄糖以 β – 1，4 糖苷键组成的大分子多糖，相对分子质量为 50000 ~ 2500000，相当于 300 ~ 15000 个葡萄糖基。纤维素不溶于水及一般有机溶剂。纤维素是自然界中分布最广、含量最多的一种多糖，占植物界碳含量的 50% 以上，是植物细胞壁的主要成分。棉花的纤维素含量接近 100%，为天然的最纯纤维素来源。一般木材中，纤维素占 40% ~ 50%，还有 10% ~ 30% 的半纤维素和 20% ~ 30% 的木质素。纤维素的分子式为 $(C_6H_{10}O_5)_n$，木质素纤维是天然木材经过化学处理得到的有机纤维，外观为棉絮状，呈白色或灰白色。通过筛选、分裂、高温处理、漂白、化学处理、中和、筛分成不同长度和粗细度的纤维以适应不同应用材料的需要。由于处理温度高达 250℃ 以上，在通常条件下是化学上非常稳定的物质，不为一般的溶剂、酸、碱腐蚀，具有无毒、无味、无污染、无放射性的优良品质，不影响环境，对人体无害，属绿色环保产品，这是其他矿物质素纤维所不具备的。纤维微观结构是带状弯曲的，凹凸不平的，多孔的，交叉处是扁平的，有良好的韧性、分散性和化学稳定性，吸水能力强，有非常优秀的增稠抗裂性能。全世界用于纺织造纸的纤维素，每年达 800 万吨。此外，用分离纯化的纤维素作原料，可以制造人造丝，赛璐玢以及硝酸酯、醋酸酯等酯类衍生物和甲基纤维素、乙基纤维素、羧甲基纤维素钠等醚类衍生物，用于石油钻井、食品、陶瓷釉料、日化、合成洗涤、石墨制品、铅笔制造、电池、涂料、建筑建材、装饰、蚊香、烟草、造纸、橡胶、农业、胶黏剂、塑料、炸药、电工及科研器材等方面。

8.2.7 絮凝剂

絮凝剂按照其化学成分总体可分为无机絮凝剂和有机絮凝剂两类。其中无机絮凝剂又包括无机凝聚剂和无机高分子絮凝剂；有机絮凝剂又包括合成有机高分子絮凝剂、天然有机高分子絮凝剂和微生物絮凝剂。絮凝过程主要是带有正（负）电性的基团中和一些水中带有负（正）电性难于分离的一些粒子或者叫颗粒，降低其电势，使其处于稳定状态，并利用其聚合性质使得这些颗粒集中，并通过物理或者化学方法分离出来。

溶液澄清絮凝过程一般使用聚丙烯酰胺作絮凝剂，分为阴离子聚丙烯酰胺、阳离子聚丙烯酰胺和非离子聚丙烯酰胺。聚丙烯酰胺按相对分子质量的大小可分为超高相对分子质量聚丙烯酰胺、高相对分子质量聚丙烯酰胺、中相对分子质量聚丙烯酰胺和低相对分子质量聚丙烯酰胺。超高相对分子质量聚丙烯酰胺主要用于油田的三次采油，高相对分子质量聚丙烯酰胺主要用做絮凝剂，中相对分子质量聚丙烯酰胺主要用做纸张的干强剂，低相对分子质量聚丙烯酰胺主要用做分散剂。

聚丙烯酰胺（PAM）是由丙烯酰胺单体聚合而成，是能溶于水的高分子化合物。大多数厂家使用非离子型（也有少数厂家使用阴离子型或阳离子型的）。本身不带电荷，在中性、弱酸性和弱碱性条件下，都有较好的絮凝效果，在 pH 值为 6.5 时，表现出最大的絮凝作用。但是在强酸性条件下，其絮凝效果较差，为了让其在强酸性的钛液中使用，仍有较好的絮凝效果，就必须将其进行氨甲基化改性。改性是在其分子链上导入甲基和氨基，使原来卷曲的聚丙烯酰胺分子链伸展开来，不仅使其原有的极性基团得到充分暴露，而且增加了新的极性基团，使其分子结构中的氮原子上有较大的电子云密度，而呈现负电性，从而对带正电荷的悬浮粒子有较强的亲和力，并使其高分子链在悬浮颗粒之间进行吸附架桥。同时可以降低胶体颗粒的等电位，再通过搅拌使吸附了悬浮颗粒的高分子链互相缠绕，絮凝成团而迅速沉降，使其在强酸性的钛液里，仍能充分发挥絮凝作用，而将悬浮颗粒沉降而除去。

8.2.8 氢氧化钠

氢氧化钠，化学式为 NaOH，俗称烧碱、火碱、苛性钠（中国香港亦称"哥士的"），为一种具有高腐蚀性的强碱。氢氧化钠为白色半透明、结晶状固体。其水溶液有涩味和滑腻感。密度为 $2.130g/cm^3$，熔点为 318.4℃，沸点为 1390℃。极易溶于水并形成碱性溶液，溶解时放出大量的热，如果氢氧化钠固体暴露在空气中，最后会完全溶解成溶液，易溶于水醇、乙醇以及甘油。氢氧化钠为化学实验室中必备的化学品，亦为常见的化工品之一。

8.2.9 石灰

石灰石的主要成分是碳酸钙（$CaCO_3$）。石灰石可直接加工成石料和烧制成生石灰。石灰有生石灰和熟石灰。生石灰的主要成分是 CaO，一般呈块状，纯的为白色，含有杂质时为淡灰色或淡黄色。石灰理化指标见表 8 - 7，典型石灰为石块状/粉状，烧失量为 40.79%，硅含量为 4.62%，铝含量为 1.21%，铁含量为 0.52%，钙含量为 50.16%，镁含量为 1.10%。硫酸法钛白生产过程中碳酸钙石灰石主要用于含酸洗水的中和。

表 8 - 7　石灰的理化指标（YB/T 042—2004）

类　别	指标品级	化学成分/%						活性度，4mol/mL HCl，(40±1)℃，10min
		CaO	CaO + MgO	MgO	SiO_2	S	灼减	
普通冶金石灰	四级品	≥80	—	≤5	≤5.0	≤0.100	≤9	≥180

8.2.10 三氧化二锑

三氧化二锑（Sb_2O_3）为白色立方晶体，粉末状，相对分子质量为 291.5，熔点为 656℃，沸点为 1425℃，相对密度为 5.2。两性，碱性强于酸性。易溶于盐酸、酒石酸，不溶于酯酸和水，在水中的溶解度为 $0.002g/100mL\ H_2O$。三氧化二锑在空气中加热至 300 ~ 400℃ 变黄，可得锑酸锑（Ⅲ）[Sb(SbVO_4)]，其相对密度为 5.82，强热时又放出氧，成为三氧化二锑。三氧化二锑和强碱熔化，得 $M_2(SbO_4)$ 型盐（M 为一价金属）。Sb_2O_3 蒸气分子是二聚物 Sb_4O_6，高于800℃ 开始离解为 Sb_2O_3，到1800℃ 几乎完全离解。三氧化二锑由金属锑在空气中熔化或燃烧制得。五氧化二锑为淡黄色粉末；难溶于水，微溶于碱生成锑酸盐；由锑或三氧化二锑与浓硝酸反应而得。三氧化二锑是一种白色颜料，用于油漆等工业，并可制备各种锑化物。

因为 Sb_2O_3 是一种密度较大的气体，所以能熄灭火焰，目前主要用于防火涂料。其作为阻燃剂可广泛用于聚乙烯、聚丙烯、聚苯乙烯、聚氯乙烯、尼龙、工程塑料（ABS）、橡胶、油漆、涂料、合成树脂、纸张等材料的阻燃。其作为消泡剂用于熔化玻璃清除气泡、在聚酯纤维中作催化剂。其还用于搪瓷与陶瓷制品中作遮盖剂、增白剂，用于石油中重油、渣油、催化裂化、催化重整过程中作钝化剂。

8.3 硫酸法钛白主要设备

硫酸法钛白的主要设备包括主体设备、电器设备、供热设备和其他设备等。

8.3.1 主体设备

8.3.1.1 雷蒙磨

雷蒙磨又称雷蒙磨粉机，英文名称为 Raymond mill。它适用莫氏硬度不大于9.3级，湿度在6%以下的非易燃易爆的各种矿粉制备、煤粉制备，比如生料矿、石膏矿、煤炭等材料的细粉加工。从外形看像一个钢制容器竖立，有进风、出风口，中部有进料口。磨机下部有电机带动内部磨辊与磨盘旋转将需磨物料粉碎或研磨，通过进风口的风将成品物料吹起，磨机内部上部有分离器，可将粗细粉进行分离，然后经由通过磨机的风由出风口带出收集。

雷蒙磨主要由主机、分析机、鼓风机、成品旋风分离器、管道装置、电机等组成。其中主机由机架、进风蜗壳、铲刀、磨辊、磨环、罩壳及电机组成。辅助设备有颚式破碎机、畚斗提升机、电磁振动给料机、电控柜等，用户可以根据现场情况灵活选择。雷蒙磨将大块状原材料破碎到所需的进料粒度后，由斗式提升机将物料输送到储料仓，然后由电磁给料机送到主机的磨腔内，进入到磨腔里的物料在磨辊与磨环之间研磨，粉磨后的粉子由风机气流带到分析机分级，达到细度要求的细粉随气流经管送入大旋风收集器内，进行分离收集，再经卸料器排出即为成品。

主机工作过程是通过传支装备带动中心轴转动，轴的上端连接着梅花架，架上装有磨辊装置形成摆动支点，其不仅围绕中心回旋，磨辊围绕着磨环公转的同时，铲刀与磨辊同转过程中把物料铲抛喂入磨辊、磨环之间，形成垫料层，该料层受磨辊旋转产生向外的离心力（即挤压力）将物料碾碎，由此达到制粉目的。

气流再由大旋风收集器上的回旋管吸收鼓风机。本机整个气流系统是密闭循环的并且是在负压状态下循环流动的。在磨室内因被磨物料中有一定的含水量，在研磨时以防产生热量致磨室内气体蒸发改变了气流量，以及整机各管道接合处不密封，外界气体不吸入，使循环气流风量增加，为此通过调整风机和主机间的余风管来达到气流的平衡，将多余的气体排入小旋风收集器内，把多余气体带入的细粉子收集下来，最后多余气再由小旋风收集器上排气管排入大气中或导入收尘器内使气体净化。

分析机通过调速电机并经二级减速带动转盘上的叶片旋转，形成对粉子的分级作用。叶片转速的快慢是按成品粉子粒度大小进行调节的。当要获得较细粒子时，就必须提高叶片的转速，使叶子与粉子接触增加，使不合要求的粉子被叶片抛向外壁与气流脱离，粗粒子因自重力的作用落入磨室进行重磨，合格的成品粉子通过叶片随气流吸入大旋风收集器内，气流与粉子被分离后，粉子被收集。大旋风收集器对磨粉机的性能起到很重要的作用，带粉气流进入收集器时是高速旋转状态，待气流与粉子分离后，气流随圆锥体壁收缩向中心移动至锥底时（自气流自然长度）形成一个旋转向上的气流圆柱，这时粉子被收集。

由于向上旋转的气流核心呈负压状态，所以对收集器下端密封要求很高，必须对外界空气严格隔开，否则被收集下的粉子会重新被核心气流带走，这直接影响整机的产量，因此收集器下端装有锁粉器，其作用是将外界正压气体与收集器负压气体隔离开，这是一个相当重要的部件，如不装锁粉器或锁粉器的舌板吻合密封不严就会造成不出粉或少出粉，影响整机的产量。

雷蒙磨整机为立式结构，占地面积小，系统性强，从原材料的粗加工到输送到制粉及最后的包装，可自成一个独立的生产系统。与其他磨粉设备相比，雷蒙磨通筛率高达99%。雷蒙磨主机传动装置采用密闭齿轮箱和带轮，传动平稳，运转可靠。雷蒙磨重要部件均采用优质铸件及型材制造，工艺精细，严谨的流程，保证了整套设备的耐用性。电气系统采用集中控制，磨粉车间基本可实现无人作业，并且维修方面。

目前钛白企业引进风扫球磨机，设备效率大大提高，设备主要由进料装置、主轴承、回转部分、传动装置、出料装置、高压起动装置及润滑系统组成。原料经喂料设备由进料装载进入磨内，风由进风管进入磨内，随着磨机筒体的旋转，矿粉在磨内被粉碎和研磨，在矿粉被研磨的同时，细粉被通过磨内的风，经由出料装置带出磨机。

8.3.1.2 酸解锅

酸解锅的构造是：外壳为钢板，锅内先搪一层铅，然后用耐酸胶泥砌上两层耐酸砖；烟囱用钢衬两层耐酸砖，或用厚的硬聚氯乙烯塑料板制成，要大一些，使反应产生的大量水蒸气、SO_2、SO_3 等气体能及时排出；锥底的分布板用铅或耐酸陶瓷制成，开孔的角度要保证压缩空气能均匀地吹到反应锅的四周而不留死角，让固相物溶解完全，大型酸解锅的分布板常设计成泡罩形，有利于压缩空气分布均匀和防止杂物堵塞孔眼；放料阀既要耐温、耐腐蚀，又要能满足放料、通压缩空气、通蒸汽的功能；国内通常使用的容积为 12 ~ 50m³，国外一般为 90m³，引进国外的 3 套装置的容积都为 130m³，酸解每锅投矿为 27 ~ 30t。酸解锅的高度（含锥底部分）是直径（圆柱部分）的两倍。锥底夹角 α 为 60°。酸解锅的构造如图 8 - 4 所示。

8.3.1.3 板框压滤机

板框压滤机是工业生产中实现液固体分离的过滤装置。只要在工业生产过程中，需要进行液固体分离，经常都要用到板框压滤机。与其他固液分离设备相比，压滤机过滤后的泥饼有更高的含固率和优良的分离效果。固液分离的基本原理是：混合液流经过滤介质（滤布），固体停留在滤布上，并逐渐在滤布上堆积形成过滤泥饼。而滤液部分则渗透过滤布，成为不含固体的清液。

板框压滤机有手动压紧、机械压紧和液压压紧三种形式。手动压紧是螺旋千斤顶推动压紧板压紧；机械压紧是电动机配 H 型减速箱，经机架传动部件推动压紧板压紧；液压压紧是有液压站经机架上的液压缸部件推动压紧板压紧。两横梁把止推板和压紧装置连在一起构成机架，机架上压紧板与压紧装置交接，在止推板和压紧板之间依次交替排列着滤板和滤框，滤板和滤框之间夹着过滤介质；压紧装置推动压紧板，将所有滤板和滤框压紧在机架中，达到额定压紧力后，即可进行过滤。悬浮液从止推板上的进料孔进入各滤室（滤框与相邻滤板构成滤室），固体颗粒被过滤介质截留在滤室内，

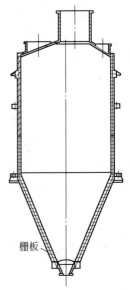

栅板

图 8 - 4　酸解锅构造

滤液则透过介质，由出液孔排出机外。

压滤机的出液有明流和暗流两种形式，滤液从每块滤板的出液孔直接排出机外的称明流式，明流式便于监视每块滤板的过滤情况，发现某滤板滤液不纯，即可关闭该板出液口；若各块滤板的滤液汇合从一条出液管道排出机外的则称暗流式，暗流式用于滤液易挥发或滤液对人体有害的悬浮液的过滤。

板框压滤机由交替排列的滤板和滤框构成一组滤室。滤板的表面有沟槽，其凸出部位用以支撑滤布。滤框和滤板的边角上有通孔，组装后构成完整的通道，能通入悬浮液、洗涤水和引出滤液。板、框两侧各有把手支托在横梁上，由压紧装置压紧板、框。板、框之间的滤布起密封垫片的作用。由供料泵将悬浮液压入滤室，在滤布上形成滤渣，直至充满滤室。滤液穿过滤布并沿滤板沟槽流至板框边角通道，集中排出。过滤完毕，可通入洗涤水洗涤滤渣。洗涤后，有时还通入压缩空气，除去剩余的洗涤液。随后打开压滤机卸除滤渣，清洗滤布，重新压紧板、框，开始下一工作循环。

板框压滤机对于滤渣压缩性大或近于不可压缩的悬浮液都能适用。适合的悬浮液的固体颗粒浓度一般为 10% 以下，操作压力一般为 0.3 ~ 1.6MPa，特殊的可达 3MPa 或更高。过滤面积可以随所用的板框数目增减。板框通常为正方形，滤框的内边长为 200 ~ 2000mm，框厚为 16 ~ 80mm，过滤面积为 1 ~ 1200m^2。板与框用手动螺旋、电动螺旋和液压等方式压紧。板和框用木材、铸铁、铸钢、不锈钢、聚丙烯和橡胶等材料制造。

8.3.1.4　水解锅

一般水解锅为钢壳衬里结构，部分采用搪铅衬瓷板结构，部分采用酚醛玻璃钢结构，封头需要周期性维修维护，主要构成包括筒体、封头、搅拌、加热、减速和固定等，常用的水解锅容积为 30m^3。

8.3.1.5　回转窑

回转窑按照外形分类，可以分为变径回转窑和通径回转窑，提钒用回转窑属于通径型。回转窑本体由窑头、窑体和窑尾三部分组成，窑头是回转窑的出料部分，直径大于回转窑直径，通过不锈钢鱼鳞片和窑体实现密封，主要组成部分有检修口、喷嘴、小车和观察孔等，窑体是回转窑（旋窑）的主体，通常有 30 ~ 150m 长，圆筒形，中间有 3 ~ 5 个滚圈，回转窑在正常运转时里面要内衬耐火砖。窑尾部分也是回转窑的重要组成部分，在进料端形状类似一个回转窑的盖子，主要承担进料和密封作用。

回转窑是由气体流动、燃料燃烧、热量传递和物料运动等过程所组成的热体系，运转过程使燃料能充分燃烧，热量能有效地传递给物料，物料接受热量后发生一系列的物理化学变化，转化形成成品熟料。回转窑的工作区可以分为三段，即干燥段、加热段和焙烧段。通风是燃烧反应的两个物质条件之一，通风供氧使燃料燃烧释放热能，维持适宜的温度。在正常情况下，当通风量小时，供氧不足，燃烧速度减慢，热耗增高；通风量大时，气体流速增大，燃烧分解时间变短，燃烧后烟气量大，热耗高，影响窑的正常运转，应该准确控制窑的通风量，及时对通风量进行调节和控制。正常情况下，系统尾部风机稳定运转排风，窑炉内通风基本稳定，但有一些因素会影响通风量，如整个系统阻力变化，入窑空气的温度，系统漏风，风机入口掺入冷风，管道内积灰、堵塞，物料布料均匀度，窑炉两个系统干扰等因素，一定程度都会影响窑的通风量。

回转窑采用最新无线通信技术，将热电偶测得的窑内温度数据传送到操作室显示。窑温发送器使用电池供电,可同时采集多个热电偶信号。它安装在窑体上,随筒体一道转动,由于采取了隔热措施,能够耐受 300℃ 以上的筒体辐射高温,抗雨、抗晒、抗震动。窑温接收器安装在操作室,直接显示窑内温度,并有 4~20mA 输出,可送计算机或其他仪表显示。

8.3.2 电器设备

硫酸法钛白生产涉及的电气设备主要功能是传动、输送和储存,与工艺和生产规模密切相关,必须严格工序和生产周期核算,强化功能,保证高效运转。

(1)大型化磨矿设备的应用,单机电机功率达到 450kW,提高了单机磨矿能力和效率;(2)将酸解锅从 30m³ 增加到 130m³,为消除环境安全隐患,工艺上采用连续酸解;(3)亚铁真空蒸发降温结晶代替盐水循环冷凝,使绿矾结晶相对细小,过饱和度大,大胆使用国产 25m² 转台过滤机,提高了分离效率;(4)清钛液在蒸汽喷射泵所产生的真空条件下,用蒸汽间接加热蒸发器中的水分以提高二氧化钛溶液的浓度;(5)其水解罐规格:$\phi 5m \times 5.6m$,$V = 112m^3$,双层搅拌,桨径 $D_m = 3000mm$ 和 $D_m = 1000mm$,转速 $n = 7.71r/min$,搅拌桨改为变截面透平桨,槽体、槽底增加折流板,且搅拌转速提高到 $n = 74r/min$,提高了均匀度;(6)1.5 万吨生产装置浓缩蒸发器规格为:加热器面积 $A = 260m^2$,蒸发器体积 $V = 25.82m^3$,生产处理能力为清钛液 11~3m³/h。现在具有一定规模的生产装置采用的薄膜蒸发规格为:$\phi 1220mm \times 2500mm$,加热器面积 $F = 150m^2$,清钛液流量为 10~20m³/h,浓钛液流量为 10~15m³/h,单台浓缩处理量提高了 50%,而且操作范围更大了;(7)洗涤与空转盘过滤机、莫尔过滤机、板框过滤机、厢式压滤机以及离心机等结合;(8)煅烧窑增加压滤,盐处理后的偏钛酸料浆,经过压滤机过滤,压榨,其滤饼水分由 60% 降低到 45%,缩短了滤饼的干燥时间,其产量是引进装置的 2.6 倍多,燃气消耗大幅降低,保证煅烧产品颜料性能,大规格 $\phi 3600mm$ 煅烧窑形成产能 5 万吨/年,$\phi 4200mm$ 煅烧窑产能达到 6 万吨/年;(9)粉磨单台产能大幅度提高,一是处理能力可达 3.0t/h,现在优秀的厂家 7 万吨才使用三台,过去 1.5 万吨需用两台;二是蒸汽消耗大幅减低,每吨钛白粉的蒸汽消耗在 (1.8±0.3)t;三是采用一次高温滤袋收尘回收钛白粉,效率高,蒸汽冷凝水可直接回用;(10)丹麦 Niro 公司开发的离心喷雾干燥器是为了解决浆状物料的干燥一样,而该国 APV 公司开发的旋转闪蒸干燥器则是解决半膏状或含水量相对较高,而气流干燥其无法干燥物料的一种提升换代干燥设备。

8.4 硫酸法钛白的技术参数

酸解、浸取和还原需要控制的指标如下:

(1)硫酸浓度大于 92.5%。

(2)钛铁矿的质量要求。

(3)蒸汽压力不小于 0.5MPa。

(4)空气压力不小于 0.3MPa。

(5)酸矿比为 (1.50~1.60):1(加压水解法),或 (1.45~1.55):1(常压水解法)。

(6)反应时硫酸浓度为 85%~90%。

(7)预热引发温度为 80~120℃。

（8）成熟时间为 1～6h。

（9）助冷时间为 10～30min。

（10）浸取温度低于 75℃。

（11）还原温度低于 70℃。

（12）钛液相对密度为 1.5～1.55（涂料级），或 1.48～1.52（非涂料级）。

钛液质量指标见表 8-8。

表 8-8　钛液质量指标

指标名称	颜 料 级		非颜料级
	加压水解	常压水解	
总钛含量/g·L^{-1}	120～135	120～135	120～130
F 值	1.8～2.1	1.7～1.9	1.7～1.9
三价钛/g·L^{-1}	2.0～5	1.5～3	2～3
稳定性	≥350	≥300	≥300
酸解率/%	≥95.5	≥94.5	≥94

图 8-5 给出了加拿大 QIT 钛渣制钛白过程平衡图。工业硫酸法钛白粉生产企业清洁生产技术指标要求见表 8-9。

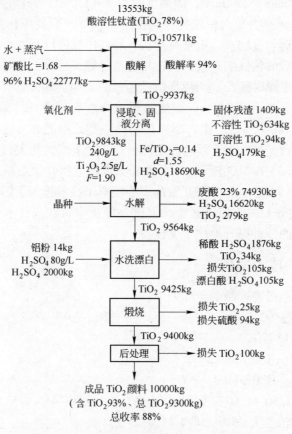

图 8-5　加拿大 QIT 钛渣制钛白过程平衡图

表 8-9 工业硫酸法钛白粉生产企业清洁生产技术指标要求

清洁生产指标等级	一级	二级	三级
一、生产工艺与装备要求			
1. 自动化水平	矿粉磨、水解、偏钛酸煅烧及后处理包膜、干燥、气粉机、成品包装用集散控制系统（DCS）或 PLC 控制		后处理包膜、干燥、气粉机、成品包装部分使用集散控制系统（DCS）或单机 PLC 控制
二、资源能源利用指标			
1. 单位产品硫酸（100%）消耗/t·t⁻¹（自然吨）	3500	3650	3800
2. 单位产品（折 100% TiO_2）钛铁矿（50% TiO_2）消耗/t·t⁻¹	2222（回收率 90%）	2299（回收率 87%）	2409（回收率 83%）
3. 单位产品新鲜水消耗/t·t⁻¹	50	70	85
4. 单位产品综合能耗（标煤）/kg·t⁻¹	1000	1500	1750
三、污染物排放指标			
1.0 废水			
1.1 废水排放量/m³·t⁻¹	75	80	85
1.2 废水中总磷（以 P 计）/mg·L⁻¹	0.8	1.0	1.0
1.3 pH 值	6~9	6~9	6~9
1.4 废水中氨氮/mg·L⁻¹	8	15	20
1.5 废水六价铬/mg·L⁻¹	0.5	0.5	0.5
1.6 悬浮物 SS/mg·L⁻¹	20	70	70
1.7 COD_{Cr}/mg·L⁻¹	50	120	140
1.8 放射性污染物 GB 18871—2002	合格	合格	合格
1.9 硫酸盐（以硫酸根计）（kg/t 产品）	100	250	500
1.10 排入水中铁化物（以 Fe 计）(kg/t 产品)	25	75	125
2.0 废气			
2.1 废气量（m³/t 产品）	9000	10250	10400
2.2 颗粒物（标准状态）/mg·m⁻³	100	120 最高排放速率 51.6kg/h	120 无组织排放 1.0kg/h
2.3 二氧化硫（标准状态）/mg·m⁻³	500	500 最高排放速率 39kg/h	550 无组织排放
3.0 渣量			
3.1 硫酸法废渣量（以硫酸根计）（kg/t 产品）	800	900	1000
四、废物回收利用指标			
1. 工业用水重复利用率/%	95	90	80
2. 废酸综合利用率/%	80	60	50

清洁生产指标等级	一级	二级	三级
五、环境管理要求			
1. 环境法律法规	符合国家和地方有关法律、法规，污染物排放达到国家和地方排放标准、总量控制要求，排污许可证符合管理要求		
2. 生产过程环境管理	具有节能、降耗、减污的各项具体措施，生产过程有完善的管理制度		
3. 相关方环境管理	对原材料供应方、生产协作方、相关服务方等提出环境管理要求		
4. 环境审核	按照《清洁生产审核暂行办法》要求进行了清洁生产审核，并全部实施了无、低费方案		
5. 环境管理制度	按照 GB/T 24001 建立并运行环境管理体系、管理手册、程序文件及作业文件齐备	环境管理制度健全、原始记录及统计数据齐全、准确、有效	环境管理制度健全、原始记录及统计数据基本齐全有效
6. 固体废物管理要求	对一般工业废物进行妥善处理		

硫酸法与氯化法的优势比较见表 8 – 10。

表 8 – 10 硫酸法与氯化法钛白工艺比较

特 征	硫 酸 法	氯 化 法
原 料	钛铁矿，价格低，稳定。酸溶钛渣，价格相对较高，品质较好	钛铁矿/白钛石，价格低，稳定，工艺技术高。金红石，价格相对较高，工艺技术要求不高。钛渣、人造金红石，价格更高，工艺技术要求不高
产品类型	既可生产锐钛型钛白，也可生产金红石钛白	仅能生产金红石钛白。转变成锐钛型钛白需要增加工序，导致增加额外成本
生产技术	应用时间长，资料完备，新厂家易于掌握并采用。但在水解和煅烧工艺段需要进行精确控制以确保钛白所需的最佳粒度	技术相对较新。优化氧化工艺仍有很多技术诀窍。只有少数公司向外界提供过 TiCl$_4$ 氧化技术。据称仅有杜邦、克朗洛斯有其配料 TiO$_2$ 品位低于 70% 原料氯化法技术。如国内锦州钛白厂已闯过氧化炉结疤难关和解决了一些工程材料腐蚀问题
产品质量	工艺控制和完善的包膜技术已缩小了与氯化法产品质量的差异。产品可与氯化法钛白媲美	蒸馏可使 TiCl$_4$ 中间产品达到很高的纯度，因此产品质量通常较好。在涂料工业中可获得更好的"质量效果"，但成本较高。最终产品由于微量的吸附氯和 HCl，因此具有腐蚀性，在某些应用领域受局限
其他原材料	硫酸，如果从烟气/黄铁矿有色金属冶炼副产品获得，无论是当地供给还是从外地购进，通常都较便宜。生产商的成本随元素硫原料的价格波动而变化。 铁屑（粉），以还原钛铁矿原料中的高价铁，用以促进绿矾的析出	氯气，价格随能耗成本和其生产烧碱的需用情况而变化。在以金红石为原料的工厂中，大部分氯气都得以循环使用，所以高成本对其几乎没有影响。而对使用低品位原料配矿的工厂，氯气要多出 10 倍以上，有得有失，廉价的氯气也是影响成本的关键因素之一。 石油焦、氧气、氮气和氯化铝
污染与废物处理	如以钛铁矿为原料，一般每生产 1t 钛白，将产生 3~4t 绿矾和 8t 废酸。废酸已有较好的回收处理方式，如四川龙蟒钛业以最简单实用的浓缩回收，并与磷酸盐协同生产进行废酸利用。若以钛渣为原料，仅不存在绿矾问题	如以金红石为原料，废物排放量很低。但金红石生产商则要承担废物处理重任。一般富钛原料价格高，前移前置废副处理工序，增加钛原料成本考量；低品位原料带进杂质，增加系统负荷，带来废副产物处理成本。目前持有该技术的某些公司采用深井埋放处理方式

特　征	硫 酸 法	氯 化 法
工厂安全	安全卫生主要危害来自于热浓硫酸的处理和 TiO_2 粉尘。后者涉及呼吸系统损坏和自爆	安全卫生主要危害来源于氯气和高温下的 $TiCl_4$ 气体，还有 TiO_2 粉尘损伤呼吸系统和自爆的危害
投　资	每年 1t 钛白 4500 ~ 5500 美元，其中废物处理设施费用要占 10% ~ 15%	每年 1t 钛白 4000 ~ 5000 美元。需要昂贵的高性能防腐蚀设备和设施，不包括人造金红石或高钛渣矿加工投资
生产和能源成本	每生产 1t 钛白需耗电 2500 ~ 3000kW·h。现场硫酸厂燃烧硫黄或黄铁矿产生的蒸汽价值约每生产 1t 硫酸 20 美元，相当于每吨钛白 50 ~ 85 美元	每生产 1t 钛白需耗电 1500 ~ 1800kW·h。在无商品氯气供给的情况下，还要另加现场氯碱装置的能耗
人力水平	人力水平高。因为该技术主要是间歇式生产。在劳动力成本相对较低的地方，该成本差异不那么重要	人力水平较低。因为该工艺主要是连续式生产，易于实现自动控制。操作人员和维护人员需要有较高的技能水平和受过良好的培训
其他运营成本	需要更多的蒸汽和大量的工艺水。废物处理/处置成本一般较高，但如果废物转化成可销副产品，则成本可降低	即使产生大量的 $FeCl_3$，生产成本也较低。废物处置在深井中，或用船运到海上倾倒，或转化成可销产品。但深井埋填与地方法律有关，如欧洲就不适用此方法

9 钛材料制造技术——四氯化钛

四氯化钛（$TiCl_4$）是钛及其化合物生产过程中的重要中间产品，为钛工业生产的重要原料。主要用于生产金属钛、珠光颜料、钛酸酯系列、钛白及烯烃类化合物的合成催化剂等，在化工、电子工业、农业及军事等方面有广泛用途。

纯 $TiCl_4$ 为无色透明液体，目视为无色就已达到很高的纯度，越透明纯度也越高。

9.1 四氯化钛

纯 $TiCl_4$ 在常温下对铁几乎不腐蚀，粗 $TiCl_4$ 或部分水解的 $TiCl_4$ 中溶有 HCl 时则会腐蚀铁。$TiCl_4$ 可溶解多种气体、液体和固体杂质。$TiCl_4$ 在一定温度下可与氧气、镁、钠及铝发生作用，其反应分别是氯化法生产钛白、镁热还原法生产海绵钛和钠热还原法生产海绵钛以及铝还原法制备 $TiCl_3$ 的基础。

9.1.1 四氯化钛性质

四氯化钛是生产金属钛及其化合物的重要中间体。室温下，四氯化钛为无色液体，并在空气中发烟，生成二氧化钛固体和盐酸液滴的混合物。$TiCl_4$ 不易燃也不易爆，但挥发性大，与水接触时发生激烈反应，生成容积很大的黄色沉淀（主要是盐酸与 $Ti(OH)_n Cl_x$ 的混合物），并放出大量热量；在接触大气时即与空气中的水反应，产生有强刺激性和腐蚀性的 HCl 白烟。因此 $TiCl_4$ 要储存在气密性好的容器中。

四氯化钛英文名称为 Titanium tetrachloride。CAS 号为 7550 – 45 – 0，化学式为 $TiCl_4$，分子构型为四面体。四氯化钛为无色发烟液体，相对密度为 1.730（液体），摩尔质量为 189.711g/mol，熔点为 – 24℃，沸点为 136.4℃，折射率为 1.61（10.5℃），蒸汽压为 1.33kPa（21.3℃），溶于冷水、乙醇、稀盐酸，受热或遇水分解。偶极距为 0。$\Delta_f H_m^\ominus$（298K）为 – 804.16kJ/mol，$S^\ominus$（298K）为 221.93J/(K·mol)。

四氯化钛是无色、密度大的液体，样品不纯时常为黄色或红棕色。与四氯化钒类似，它属于少数在室温时为液态的过渡金属氯化物之一，其熔沸点之低与弱的分子间作用力有关。大多数金属氯化物都为聚合物，含有氯桥连接的金属原子，而四氯化钛分子间作用力却主要为弱的范德华力，因此熔沸点不高。

$TiCl_4$ 分子为四面体结构，每个 Ti^{4+} 与四个配体 Cl^- 相连。Ti^{4+} 与稀有气体氩具有相同的电子数，为闭壳层结构。因此四氯化钛分子为正四面体结构，具有高度的对称性。

$TiCl_4$ 可溶于非极性的甲苯和氯代烃中。研究表明 $TiCl_4$ 溶解在某些芳香烃的过程中涉及类似于 $[(C_6 R_6)TiCl_3]^+$ 配合物的生成。$TiCl_4$ 可与路易斯碱溶剂（如 THF）放热反应，生成六配位的加合物。对于体积较大的配体，产物则是五配位的 $TiCl_4$。

除了释放出腐蚀性的氯化氢之外，存放 $TiCl_4$ 时还会生成钛氧化物及氯氧化物，粘住使用过的塞子和注射器。

9.1.2　安全特性

欧盟危险性符号：腐蚀性 C。

警示术语：R：14 – 34。

安全术语：S：1/2 – 7/8 – 26 – 36/37/39 – 45。

毒性：属高毒类。

急性毒性：LC50 400mg/m³（大鼠吸入）。

危险特性：受热或遇水分解放热，放出有毒的腐蚀性烟气。

燃烧（分解）产物：氯化物、氧化钛。

侵入途径：吸入、食入。

健康危害：皮肤直接接触液态四氯化钛可引起不同程度的灼伤。其烟尘对呼吸道黏膜有强烈刺激作用。轻度中毒有喘息性支气管炎，严重者出现呼吸困难、呼吸脉搏加快、体温升高、咳嗽等，可发展成肺水肿。

泄漏应急处理：疏散泄漏污染区人员至安全区，禁止无关人员进入污染区，建议应急处理人员戴正压自给式呼吸器，穿化学防护服。不要直接接触泄漏物，在确保安全情况下堵漏。喷水雾减慢挥发（或扩散），但不要对泄漏物或泄漏点直接喷水。将地面洒上苏打灰，然后用大量水冲洗，经稀释的洗水放入废水系统。如果大量泄漏，最好不用水处理，在技术人员指导下清除。

呼吸系统防护：可能接触其蒸气时，应该佩带防毒口罩，必要时佩戴防毒面具。

眼睛防护：戴化学安全防护眼镜。

防护服：穿工作服（防腐材料制作）。

手防护：戴橡皮手套。

其他：工作后，淋浴更衣。单独存放被毒物污染的衣服，洗后再用。保持良好的卫生习惯。

9.1.3　急救措施

皮肤接触：尽快用软纸或棉花等擦去毒物，然后用水彻底冲洗。若有灼伤，就医治疗。

眼睛接触：立即提起眼睑，用流动清水冲洗10min或用2%碳酸氢钠溶液冲洗。就医。

吸入：迅速脱离现场至空气新鲜处。保持呼吸道通畅，呼吸困难时给输氧。给予2% ~4%碳酸氢钠溶液雾化吸入。就医。

食入：患者清醒时立即漱口，给饮牛奶或蛋清。立即就医。

灭火方法：干粉、砂土。禁止用水。

以上数据若非注明，所有数据来自25℃，100kPa。

9.2　四氯化钛生产工艺技术原理

9.2.1　TiO₂ 直接氯化

二氧化钛与氯气反应可表示为：

$$TiO_2(s) + 2Cl_2(g) === TiCl_4(g) + O_2(g) \qquad (9-1)$$

反应（9-1）标准自由焓变化：$\Delta G_T^{\ominus} = 199024 - 51.88T$（298～1300K），在1000K时，$\Delta G_{1000K}^{\ominus} = 147100J$，而 $\ln K_p = -\Delta G_T^{\ominus}/RT$，则反应平衡常数 $K_p = 2.06 \times 10^{-8} = p(TiCl_4)$ $p(O_2)/[p(Cl_2)]^2$，由此求得，在系统 $p(Cl_2) = 0.1MPa$，$p(O_2) = 0.1MPa$ 条件下，$p(TiCl_4) = 2.06 \times 10^{-9}MPa$。

因此，在工业化生产条件下，TiO_2 与 Cl_2 的反应是不能自发进行的。要使 TiO_2 直接氯化，必须大大增加反应体系氯气分压，不断排出产生的 $TiCl_4$ 和 O_2，这样会大大增加氯气消耗，在经济上是不可行的。

9.2.2 TiO_2 加碳氯化

$$TiO_2(s) + 2C(s) + 2Cl_2(g) === TiCl_4(g) + 2CO(g) \qquad (9-2)$$

$$TiO_2(s) + C(s) + 2Cl_2(g) === TiCl_4(g) + CO_2(g) \qquad (9-3)$$

反应（9-2）标准自由焓变化：$\Delta G_T^{\ominus} = -48000 - 226T$（409～1940K）

反应（9-3）标准自由焓变化：$\Delta G_T^{\ominus} = -210000 - 58T$（409～1940K）

在1000K时，反应（9-2）的 $\Delta G_{1000K}^{\ominus} = -274000J$，反应平衡常数：$K_p = [p(TiCl_4) \times p(CO)^2]/[p(Cl_2)]^2 = 2.05 \times 10^{14}$。

在1000K时，反应（9-3）标准自由焓变化：$\Delta G_T^{\ominus} = -268000J$，反应平衡常数：$K_p = [p(TiCl_4) \times p(CO_2)]/[p(Cl_2)]^2 = 9.99 \times 10^{13}$。

由此可见，在工业生产常规条件下，反应（9-2）、反应（9-3）均是可以自发进行的。

富钛物料中的钛除以 TiO_2 形态存在外，在钛渣中还以 Ti_3O_5、Ti_2O_3、TiO、TiN 和 TiC 等形态存在；另外还含有多种杂质氧化物 FeO、Fe_2O_3、MnO、MgO、CaO、Al_2O_3、SiO_2 等，氯化过程中发生有碳氯化或者无碳氯化，表9-1和表9-2分别为无碳和有碳情况下钛及其他金属氧化物氯化反应的标准自由能变化值。

表9-1和表9-2比较可以看出，由于在氯化过程中加入碳，钛及一些金属氧化物氯化的标准自由能变化值，原来是正值的变为负值，原来是负值的负值变为更大。也就是说，在没有碳时不能氯化的，由于加了碳变为可以氯化了，原来可以氯化的现在更容易氯化了。

表9-1 无碳情况下，钛及某些金属氧化物氯化反应的标准自由能变化值

化学反应式	ΔZ_0 (1000K) (J/mol Cl_2)	ΔZ_0 (1200K) (J/mol Cl_2)
$TiO_2 + 2Cl_2 === TiCl_4 + O_2$	+59341.7	53329.3
$2Ti_3O_5 + 12Cl_2 === 6TiCl_4 + 5O_2$	+13664.9	+11656.6
$2Ti_2O_3 + 8Cl_2 === 4TiCl_4 + 3O_2$	-10631.5	-11501.8
$2TiO + 4Cl_2 === 2TiCl_4 + O_2$	-101641.9	-97269.6
$2MgO + 2Cl_2 === 2MgCl_2 + O_2$	+10526.9	+9824
$2Al_2O_3 + 6Cl_2 === 4AlCl_3 + 3O_2$	+98876.3	+85759

化学反应式	ΔZ_0（1000K）（J/mol Cl_2）	ΔZ_0（1200K）（J/mol Cl_2）
$SiO_2 + 2Cl_2 = SiCl_4 + O_2$	+ 101587.5	+ 96922.4
$2CaO + 2Cl_2 = 2CaCl_2 + O_2$	− 124515.8	− 122018
$2MnO + 2Cl_2 = 2MnCl_2 + O_2$	− 43409	− 42375.6
$2FeO + 3Cl_2 = 2FeCl_3 + O_2$	− 18104.2	− 22932.5

表 9-2 有碳存在下，钛及某些金属氧化物氯化反应的标准自由能变化值

化学反应式	ΔZ_0（1000K）（J/mol Cl_2）	ΔZ_0（1200K）（J/mol Cl_2）
$TiO_2 + 2Cl_2 + 2C = TiCl_4 + 2CO$	− 140921.3	− 164527.4
$TiO_2 + 2Cl_2 + C = TiCl_4 + CO_2$	− 138586.6	− 144795.7
$TiO_2 + 2Cl_2 + 2CO = TiCl_4 + 2CO_2$	− 136289.6	− 124917.5
$TiO_2 + 4Cl_2 + 2C = TiCl_4 + 2COCl_2$	− 57053	− 55538.4
$Ti_3O_5 + 6Cl_2 + 5C = 3TiCl_4 + 5CO$	− 153251.6	− 169895.5
$2Ti_3O_5 + 12Cl_2 + 5C = 6TiCl_4 + 5CO_2$	− 151301.8	− 153385.4
$2Ti_2O_3 + 8Cl_2 + 6C = 4TiCl_4 + 6CO$	− 160858.1	− 174895.4
$2Ti_2O_3 + 8Cl_2 + 3C = 4TiCl_4 + 3CO_2$	− 159105	− 160042.2
$TiO + 2Cl_2 + C = TiCl_4 + CO$	− 202714.8	− 208237.7
$2TiO + 4Cl_2 + C = 2TiCl_4 + CO_2$	− 200622.8	− 196296.5
$2FeO + 3Cl_2 + 2C = 2FeCl_3 + 2CO$	− 151640.7	− 16817.7
$2FeO + 3Cl_2 + C = 2FeCl_3 + CO_2$	− 150084.3	− 154971.2
$CaO + Cl_2 + C = CaCl_2 + CO$	− 324816.5	− 339874.7
$2CaO + 2Cl_2 + C = 2CaCl_2 + CO_2$	− 322481.8	− 320071.8
$MgO + Cl_2 + C = MgCl_2 + CO$	− 189773.7	− 208032.7
$2MgO + 2Cl_2 + C = 2MgCl_2 + CO_2$	− 187439.0	− 188229.8
$MnO + Cl_2 + C = MnCl_2 + CO$	− 243709.6	− 260232.2
$2MnO + 2Cl_2 + C = 2MnCl_2 + CO_2$	− 241375	− 240429.4
$Al_2O_3 + 3Cl_2 + 3C = 2AlCl_3 + 3CO$	− 101424.3	− 132097.2
$2Al_2O_3 + 6Cl_2 + 3C = 4AlCl_3 + 3CO_2$	− 99089.7	− 112294.4
$SiO_2 + 2Cl_2 + 2C = SiCl_4 + 2CO$	− 98713.1	− 120934.3
$SiO_2 + 2Cl_2 + C = SiCl_4 + CO_2$	− 96378.4	− 101131.5

高钛渣中除二氧化钛以外，还含有不同价态的低价氧化物，以及铁、钙、镁、锰、铝、硅等杂质氧化物。从表9-2可看出，在加碳氯化的条件下，这些氧化物均能不同程度地转化为相应的氯化物，其氯化顺序为：CaO > MnO > TiO > MgO > Ti_2O_3 > FeO > Ti_3O_5 >

$TiO_2 > Al_2O_3 > SiO_2$。

这一氯化顺序表明，TiO_2 以前的氧化物在氯化过程中可全部转化为氯化物，而三氧化铝特别是二氧化硅仅部分氯化。钛的低价氧化物比二氧化钛更易氯化，而且价态越低，越容易氯化。因此，钛渣的还原度大对氯化是有利的。但是过高要求钛渣的还原度，将会增加熔炼钛渣操作的困难和提高钛渣的生产成本。

在有碳质还原剂存在时富钛物料中各组分在高温下均可与 Cl_2 反应生成相应的氯化物，其中的 TiO_2 加碳氯化反应为：

$$TiO_2 + (1 + \eta)C + 2Cl_2 === TiCl_4 + 2\eta CO + (1 - \eta)CO_2 \qquad (9-4)$$

式中，η 是表征氧化物加碳氯化时受碳的气化反应影响程度的数值。以 TiO_2 为例，其反应可看作是下面两个反应之和：

$$1/2TiO_2 + C + Cl_2 === 1/2TiCl_4 + CO \qquad (9-5)$$

$$1/2TiO_2 + 1/2C + Cl_2 === 1/2TiCl_4 + 1/2CO_2 \qquad (9-6)$$

其中，按 CO 反应生成的 $TiCl_4$ 占被氯化生成的 $TiCl_4$ 总量的比率为 η。η 值可从炉气中 CO 及 CO_2 的分压值求得：

$$\eta = \frac{p(CO)/2}{p(CO)/2 + p(CO_2)} \qquad (9-7)$$

用不同方法氯化富钛物料时，炉气中的 CO 及 CO_2 含量（体积分数）有不同的值：竖炉氯化的 $CO : CO_2 \approx (8 \sim 10) : 1$，熔盐氯化的 $CO : CO_2 \approx 1 : (10 \sim 20)$，流态化氯化的 $CO : CO_2 \approx 1 : 4$。炉气中 CO 与 CO_2 的比值均会影响到还原剂的耗量、化学反应热以及炉气中的 $TiCl_4$ 浓度。η 值是含钛物料氯化工艺设计（按化学计量进行物料平衡计算和热平衡计算）、确定混合炉气冷凝分离工艺制度的重要依据。

温度对 TiO_2 氯化反应速度有重要影响。低于 973K 温度时，反应处于动力学区；在 973 ~ 1273K 温度时，反应处于扩散控制区。在工业生产中，富钛物料的氯化温度一般为 1023 ~ 1273K。

钛的碳氮化物的氯化反应如下：

$$2TiN + 4Cl_2 === 2TiCl_4 + N_2 \qquad (9-8)$$

$$TiC + 2Cl_2 === TiCl_4 + C \qquad (9-9)$$

表 9-3 列出了 $TiCl_4$ 及某些金属氯化物的相对分子质量、熔点和沸点。从表 9-3 可以看出，沸点低于氯化温度的如 $FeCl_3$、$AlCl_3$、$SiCl_4$ 以及 CO 和 CO_2 等气体就和 $TiCl_4$ 一起挥发逸出沸腾氯化炉，而沸点高于氯化温度的如 $CaCl_2$、$MgCl_2$、$FeCl_2$ 和 $MnCl_2$ 等氯化物，将有一部分与未反应的 TiO_2、炭粉等一起留在炉内成为炉渣。

表 9-3 主要氯化物相对分子质量、熔点和沸点

氯化物	$TiCl_4$	$FeCl_3$	$AlCl_3$	$SiCl_4$	$FeCl_2$	$VOCl_3$	$CaCl_2$	$MgCl_2$	$MnCl_2$
相对分子质量	189.7	162.2	133.4	169.9	126.75	173.5	110.98	95.2	125.9
熔点/℃	-23.95	302.0	162.4	-70.4	677.0	-77.0	782.0	714.0	650.0
沸点/℃	136.0	318.9	180.2	56.5	1026.0	127.2	1900.0	1418.0	1231.0

从氯化炉顶以气体逸出的混合气体，主要成分为 $TiCl_4$、$SiCl_4$、$AlCl_3$、$FeCl_3$、HCl、CO 和 CO_2 以及部分 $MnCl_2$、$CaCl_2$、$MgCl_2$ 和 $FeCl_2$，还有被气流夹带出来的固体颗粒，它

们进入收尘器，由于减速降温的作用，使其中 $AlCl_3$、$FeCl_3$、$FeCl_2$、$MgCl_2$、$MnCl_2$、$CaCl_2$ 等高沸点氯化物以及被气流带出的固体颗粒大部分被冷凝沉积下来。通过收尘器出来的混合气体进入四氯化钛淋洗塔和被两级水冷却及两级 $-10 \sim -15℃$ 的冷冻盐水冷却的四氯化钛液体相接触，使得 $TiCl_4$、$SiCl_4$、$VOCl_3$ 等气体和剩余的高沸点杂质被淋洗下来。不能冷凝的 CO、CO_2、Cl_2、O_2、N_2、HCl 等气体最后进入尾气处理系统，经两级水洗富集制成浓度为 $27\% \sim 31\%$ 的盐酸，再经两级石灰乳或 $NaOH$ 水溶液中和处理后，通过烟囱排空。淋洗下来的四氯化钛液体含有较多的杂质，经过沉降、过滤以后，得到淡黄色或红棕色的粗 $TiCl_4$。在循环泵槽中被沉降下来的高沸点杂质，通过开启循环泵槽上的锥形阀或底部阀门，每班定期放入底流槽，底流槽中含高沸点杂质的泥浆，经管式过滤器过滤后，泥浆排入泥浆槽或浓密机进行沉降，再用泥浆泵打入 1 号收尘器或氯化炉回收四氯化钛。

9.2.3　氯化理论氯气消耗计算

氯化法钛白生产中，氯气循环使用，因此氯气的消耗主要来自于原料中杂质的氯化耗氯，对于高钛渣来说，主要的杂质包括 Fe、Al、Mg、Ca 等元素的氧化物，按照高钛渣中的杂质成分，理论上每吨钛白产品的氯气消耗为 0.24t。如果原料中的钛品位越高，则氯气消耗越少。以钛渣为原料生产四氯化钛理论氯气的消耗见表 9-4。

表 9-4　理论氯气消耗表

高钛渣中成分名称	质量/kg	质量分数/%	完全反应需要的氯气/kg	折算成成品单耗（t/t TiO_2 产品）
TiO_2	2337.50	89.20	4149.05	2.09
Al_2O_3	50.15	1.91	104.63	0.05
H_2O	7.15	0.27	28.14	0.01
SiO_2	48.35	1.85	114.12	0.06
Fe_2O_3	87.25	3.33	116.22	0.06
CaO	10.25	0.39	12.96	0.01
MnO	38.40	1.47	67.54	0.03
MgO	37.10	1.42	37.08	0.02
合　计	2620.5	100	4634.83	2.33
杂质耗氯			485.78	0.24

9.3　粗四氯化钛生产工艺

氯化工艺主要有沸腾氯化、熔盐氯化和竖炉氯化三种方法。沸腾氯化是现行生产四氯化钛的主要方法（中国、日本、美国采用），其次是熔盐氯化（前苏联采用），而竖炉氯化已被淘汰。沸腾氯化一般是以钙、镁含量低的高品位富钛料为原料，而熔盐氯化则可使用含高钙镁的原料。富钛物料制取精 $TiCl_4$ 的工艺流程见图 9-1，全过程包括配料、氯化、冷凝分离、粗 $TiCl_4$ 精制等。表 9-5 列出了三种主要氯化方法的比较。到 20 世纪 80 年代，世界上大型氯化炉的单炉日生产 $TiCl_4$ 能力已达 $120 \sim 150t$，工艺已比较成熟，设备也基本定型。

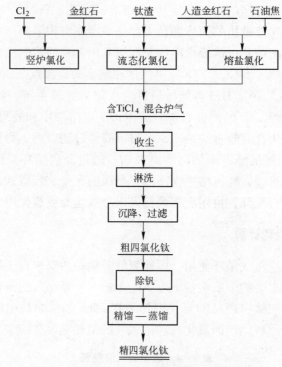

图 9-1 富钛物料制取精 TiCl₄ 的工艺流程

表 9-5 四氯化钛生产方法比较

项 目		方 法		
		流态化氯化法	熔盐氯化法	竖炉氯化法
主体设备	炉子名称	流态化氯化炉	熔盐氯化炉	竖炉氯化炉
	炉型结构	较简单	较复杂	复杂
	供热方式	靠化学反应热自热生产	自热生产并有余热排出	靠电热维护炉温
	TiCl₄ 单炉生产能力 /t·d⁻¹	约 140	120~150	20
原料	适用原料	钛渣或者金红石，其中 MgO 和 CaO 含量不宜过高	钛渣或者金红石，其中 MgO 和 CaO 含量高的物料亦适应	可用 MgO 和 CaO 含量高的物料
	原料准备	粉料入炉	粉料入炉	须制成团块料入炉
工艺	工艺特征	反应在流态化床中进行，传热和传质条件好，可强化生产	熔盐由氯气搅拌，传热和传质条件好，有利反应	反应在团块表面进行，反应速度受限
	碳耗	中等	低	高
	炉气中 TiCl₄ 浓度	中等	较高	低
	TiCl₄ 的炉子生产能力 /t·(m²·d)⁻¹	25~40	20~25	4~5
	三废	氯化渣可以回收利用	废熔盐利用难度大	需要定期清渣，并更换碳素格子
劳动条件		尚好	较好	差

氯化用还原剂，一般是经高温煅烧的石油焦，亦可采用未经高温煅烧的石油焦。前者固定碳含量高（98%），但活性较差；后者固定碳含量较低（少于85%）、挥发分含量（C_nH_m）较高，活性好，氯化过程中发热量大，但生成 HCl 量较多，氯耗高。氯化可使用液氯（Cl_2 体积分数不低于99.5%）或低浓度氯气（Cl_2 体积分数为80% ~90%）。

不论用哪种氯化方法制取 $TiCl_4$，氯化产物均以混合炉气（$TiCl_4$ 的体积分数约为35% ~45%）形态产出，经收尘、淋洗、沉降、过滤将非冷凝性气体 CO、CO_2 以及 Cl_2、HCl 等，杂质氯化物 $FeCl_3$、$FeCl_2$、$MgCl_2$、$MnCl_2$ 等以及未氯化的固体粉料进行初步分离。获得液态粗四氯化钛（$TiCl_4$ 的质量分数大于98%）。

熔盐氯化过程是一个气、固、液三相并存的多相反应过程，对固体物料的粒度及其分布、它们在熔盐中的含量、氯气浓度、氯气流速及分布、熔盐层高度等工艺参数有一定的要求，对熔盐的熔点、密度、黏度和表面张力等物理化学性质也有一定的要求，当熔盐因杂质积累而使其正常组成和物理化学性质破坏后，就要更换废熔盐，补加新熔盐。

气体氯以一定流速从底部通过熔盐与物料的混合层，利用熔盐的循环运动及氯气与气体反应产物的鼓泡搅拌作用，使待氯化物料、还原剂碳和氯气充分接触并发生氯化反应。

在前苏联，熔盐氯化已成 $TiCl_4$ 的主要生产方法。熔盐氯化在镁生产中用于低水氯化镁进一步脱水以制取无水氯化镁，以及用于光卤石脱水以生产无水氯化镁。熔盐氯化还用于从铈铌钙钛矿提取钽、铌、稀土和钛，从其气态产物中回收 $TaCl_5$、$NbCl_5$（$NbOCl_3$）和 $TiCl_4$，从熔盐中回收稀土。

与竖炉氯化、流态化氯化相比，熔盐氯化的优点在于：它使用粉状物料，不需经制团和焦化处理，流程短；按炉膛截面积计算，四氯化钛的熔盐氯化日生产能力为竖炉氯化的3~4倍，但小于流态化氯化的日生产能力；由于熔盐具有溶解杂质以及对粉尘的吸附与过滤粉尘的作用，产出的粗四氯化钛含粉尘和 $FeCl_3$ 等杂质少；能处理 CaO、MgO 含量高的钛物料。其缺点是需不定期地排放废熔盐并补充新盐。

9.3.1 配料

来自高位料仓合格粒度的富钛料与破碎、干燥后的石油焦按一定配料比加入到螺旋输送机，经初混后送入流化器，风送至氯化工段，经旋风和布袋收尘卸入混合料仓，供氯化炉使用。

9.3.2 氯化

来自混合料仓的富钛料和石油焦连续加入氯化炉，通入氯气，在高温下反应生成含 $TiCl_4$ 的混合气体，向混合气体中喷入精制返回钒渣泥浆和粗四氯化钛泥浆以回收 $TiCl_4$，并使热气流急剧冷却，在分离器中分离出钒渣、钙、镁、铁等氯化物固体杂质。分离器顶部排出的含 $TiCl_4$ 气体进入冷凝器，用粗 $TiCl_4$ 循环冷却液将气态 $TiCl_4$ 冷凝，冷凝尾气再经冷冻盐水冷凝后，废气进入废气处理系统处理合格后由烟囱排空。粗 $TiCl_4$ 送至精制工段除钒。分离器排渣，经处理后去专用渣场堆放。

9.3.3 精制

粗四氯化钛必须进行精制，否则由于杂质的影响将大大地影响下游钛产品的加工性能。粗四氯化钛是一种红棕色浑浊液，含有许多杂质，成分十分复杂。其中，重要的杂质有 $SiCl_4$、$AlCl_3$、$FeCl_3$、$FeCl_2$、$VOCl_3$、$TiOCl_2$、Cl_2、HCl 等。这些杂质在四氯化钛液中的含量是随氯化所用原料和工艺过程条件不同而异的。这些杂质对于用作制取海绵钛的 $TiCl_4$ 原料而言，几乎都是程度不同的有害杂质，特别是氧、氮、碳，铁、硅等杂质元素。

对于制取颜料钛白的原料而言，特别要除去使 $TiCl_4$ 着色（也就是使 TiO_2 着色）的杂质，如 $VOCl_3$、VCl_4、$FeCl_3$、$FeCl_2$、$CrCl_3$、$MnCl_2$ 和一些有机物等，但 $TiOCl_2$ 则不必除去。

精制一般用蒸馏方法去除 $FeCl_3$ 等高沸点杂质，用精馏方法去除 $SiCl_4$ 等低沸点杂质，用置换等化学方法去除沸点相近杂质中的 $VOCl_3$。目前常用的除钒试剂有铜、铝粉、硫化氢和有机物等，但优、缺点各异。国内采用铜丝除钒，前苏联采用铝粉除钒，而日本、美国采用 H_2S 和有机物除钒。

9.4 粗四氯化钛的精制

氯化生产的粗 $TiCl_4$ 是一种含有许多杂质、成分十分复杂的浑浊液。杂质的成分和含量与氯化原料、氯化及冷凝温度制度有关。随着杂质成分和含量不同，粗 $TiCl_4$ 呈黄褐色或暗红色。粗 $TiCl_4$ 含有溶解或悬浮状态的多种杂质，对制备下游产品非常有害。例如，用 $TiCl_4$ 制备海绵钛时，$TiCl_4$ 与金属钛的相对分子质量之比约为 4:1，$TiCl_4$ 中的杂质将被浓缩约 4 倍，转移到海绵钛中去，特别是氧、氮、碳、铁、硅等元素杂质，会严重影响海绵钛的力学性能。粗 $TiCl_4$ 中杂质含量的波动范围见表 9-6。

表 9-6 粗 $TiCl_4$ 的大致成分

工艺	成分（质量分数）/%								COCl$_2$ 有机 氯化物	固体 悬浮物 /g·L^{-1}
	$TiCl_4$	Si	Al	Fe	V	Mn	Cl$_2$	S		
竖炉氯化	>98	0.0088	0.010	0.0040	0.07	—	0.079	—	0.1	3.6
沸腾氯化	>98	0.01~0.3	0.01~0.1	0.01~0.02	0.01~0.3	0.01~0.02	0.03~0.08	0.01~0.03	0.004	3.1
熔盐氯化	>98.5	<0.40	0.001	0.002	0.08	—	0.05			

9.4.1 粗四氯化钛中的杂质分类和性质

由于粗 $TiCl_4$ 在冷凝过程中是在液相中被捕集的，所以杂质按其存在状态及其在 $TiCl_4$ 中溶解与否，基本上分为四类：可溶的气体杂质、液体杂质、固体杂质，不溶解的悬浮固体杂质。

溶于 $TiCl_4$ 中的杂质，如按与 $TiCl_4$ 沸点的差别则可分为高沸点杂质（如 $FeCl_3$、$AlCl_3$、$TiOCl_2$ 等）、低沸点杂质（如 $SiCl_4$、CCl_4 等）和沸点相近的杂质（如 $VOCl_3$、S_2Cl_2、$SiOCl_6$ 等）三种。粗 $TiCl_4$ 中杂质分类、性质和特征见表 9-7。

表 9 – 7 粗 $TiCl_4$ 中杂质分类、性质和特征

组分	物质状态	化合物名称	相对分子质量	熔点/℃	沸点/℃	密度/g·cm⁻³	常温下特征
低沸点杂质	气态物质	Cl_2	70.9	−102.4	34.5	3.214×10^{-3}	黄绿色气体
		HCl	36.5	−114	−85	1.6×10^{-3}	无色气体
		O_2	16.0	−218.8	−183	1.4×10^{-3}	无色气体
		N_2	28	−210	−195.8	1.3×10^{-3}	无色气体
		CO_2	44	−56.6	−78.5	2.0×10^{-3}	无色气体
		$COCl_2$	98.8	−126	8.2	1.8×10^{-3}	无色气体
		COS	60	−138.0	−47.5	2.7×10^{-3}	无色气体
	液体物质	$SiCl_4$	169.9	−70.4	56.5	1.48	无色液体
		CCl_4	153.8	−23.8	76.6	1.585	无色液体
		$CH_2ClCOCl$	112.9	−21.8	106	1.41	无色液体
		CH_3COCl	78.5	−57.0	118.1	1.62	无色液体
		CS	44.06	−112	46	2.26	无色液体
		$POCl_3$	153.47	−1.2	107.3	1.68	无色液体
沸点相近杂质	液体	S_2Cl_2	135.12	−76	138	1.69	橙黄色液体
		$SiOCl_6$	285.0	−29	135	—	无色液体
		$VOCl_3$	173.5	−77	127.2	1.836	黄色液体
		VCl_4	192.94	−35	154	1.816	暗棕红色液体
		$TiCl_4$	189.9	−23.95	136.4	1.726	无色液体
高沸点杂质	固体	$AlCl_3$	133.4	162.4	180.2	2.44	灰紫色晶体
		$FeCl_3$	162.2	302.0	318.9	2.898	棕褐色晶体
		C_6Cl_6	284.8	227.0	309.0	2.044	无色固体
		$FeCl_2$	126.85	677	1026	3.16	白色固体
		$TiOCl_2$	134.9	—	—	—	亮黄白色晶体
		$NbCl_5$	270.41	204.7	247.4	2.75	浅黄色针状物
		$TaCl_5$	358.4	216.5	233	3.68	黄色固体
		$MgCl_2$	95.2	714.0	1418	2.316	白色固体
		$MnCl_2$	125.9	650	1231	3.16	淡红色固体
		$CaCl_2$	110.98	782.0	1900	2.15	白色固体

9.4.2 杂质在四氯化钛中的溶解度

大部分气体杂质在 $TiCl_4$ 中的溶解度不大，且随温度升高而下降。气体杂质在 $TiCl_4$ 中的溶解度见表 9 – 8。

表 9 – 8 气体杂质在 $TiCl_4$ 中的溶解度 　　　　（质量分数，%）

温度/℃	0	20	40	60	80	90	96	100	136
Cl_2	11.5	7.60	4.10	2.40	1.80	—	—	1010	
HCl	—	0.108	0.078	0.067	0.059			0.05	
$COCl_2$	—	65.5	24.8	5.60	2.00			0.01	
O_2	0.0148	0.0131	0.0119	0.0099	0.0072		0.0038	—	

温度/℃	0	20	40	60	80	90	96	100	136
N_2	0.070	0.0063	0.0054	0.0046	0.0034	—	0.0019	—	—
CO	0.0094	0.0082	0.0072	0.0063	—	0.0025	—	—	—
CO_2	—	1.44	0.640	0.260	0.220	—	—	0.21	—
COS	9.50	5.70	3.50	2.20	1.40	—	—	1.10	—

9.4.3 精制的原理和方法

从杂质分类中可看出，对不溶于 $TiCl_4$ 中的固体悬浮物可用沉降、过滤等机械方法除去。而对溶于 $TiCl_4$ 中的气体杂质由于其溶解度随温度升高而迅速降低，也容易在除去其他杂质的加热过程中除去。唯有溶于 $TiCl_4$ 中的液体和固体杂质是很难除去的。粗 $TiCl_4$ 的精制，由于杂质性质的不同，仅采用单一的方法不能达到提纯的目的，工业上都采用综合方法来提纯。

溶解在 $TiCl_4$ 中的液体和固体杂质，沸点与 $TiCl_4$ 相差较大的低沸点和高沸点杂质可以用蒸馏—精馏的方法进行分离。即通过严格控制精馏塔顶和塔底温度，就能将四氯化硅和一些可溶性气体从塔顶分离，而高沸点杂质 $FeCl_3$ 和 $AlCl_3$ 等则留在釜内达到精制的目的。但对于沸点与 $TiCl_4$ 相近的杂质，用精馏方法分离极不经济，通常采用化学方法。

9.4.3.1 用蒸馏和精馏法除去高沸点和低沸点杂质的基本原理

液体混合物的蒸馏和精馏操作过程是基于 $TiCl_4$ 与其所含杂质的挥发度（表示某种纯物质在一定温度下蒸汽压大小）不同，在精馏塔中，借气液两相的相互接触，反复进行部分汽化和部分冷凝作用，使混合液分离为纯组分，以达到除去杂质，提纯 $TiCl_4$ 的目的。实现这一操作的设备是精馏塔（浮阀塔）。

对于与 $TiCl_4$ 沸点相差较大的高沸点杂质如三氯化铁，只要控制蒸馏塔底温度略高于 $TiCl_4$ 沸点（139～142℃），就能使三氯化铁残留在蒸馏釜内，定期排出，此为简单蒸馏。塔顶温度控制在四氯化硅的沸点温度（57℃）左右，使全部温度从塔底到塔顶逐渐下降呈一定温度梯度。精馏操作时，塔底含有四氯化硅杂质的 $TiCl_4$ 蒸汽向塔顶上升，穿过一层层塔板，和塔顶的回流液以及塔中加入的料液逆向接触，在每一层塔板上，上升蒸汽与向下流动的回流液之间不但进行着物质交换（组分浓度的变化），同时进行着热交换（热量的传递）。由来自下一层塔板的蒸汽和本层塔板上的液体接触，一方面蒸汽发生部分冷凝，使下降的液体中的难挥发组分 $TiCl_4$ 增多，液体发生部分汽化，使上升的蒸汽易挥发组分四氯化硅增多。对整个塔而言，在上升的蒸汽中，易挥发组分四氯化硅越来越多，在下降的液体中，难挥发组分 $TiCl_4$ 越来越多。精馏塔的分离作用，就是只要有一定数量的塔板，通过气液两相间反复的物质交换和热交换达到 $TiCl_4$ 和 $SiCl_4$ 分离的目的。

$VOCl_3$ 是黄色液体，极易吸湿，容易溶解其他金属氯化物，与 $TiCl_4$ 无限互溶，少量 $VOCl_3$ 存在就会使 $TiCl_4$ 呈黄色。$VOCl_3$ 在20℃下密度为 $1.836g/cm^3$。

$VOCl_3$ 的蒸气压随温度升高而增大，关系式为：

$$\rho = 1/(0.5393 + 4.35 \times 10^{-4}t + 7.66 \times 10^{-7}t^2)$$

$VOCl_3$ 的蒸气压（Pa）随温度 T 变化的关系式（297～400K 时）为：

$$\lg p = -1921T^{-1} + 9.825$$

$VOCl_3$ 黏度 μ（Pa·s）与温度 t 的经验式：

$$\mu = 1/(1043.9 + 13.76t)$$

$VOCl_3$ 的沸点与 $TiCl_4$ 沸点很相近，它们的组成沸点图中气相线与液相线非常接近。在 $VOCl_3$ 的沸点温度下，$VOCl_3$ 对 $TiCl_4$ 的相对挥发度为 1.29。

$SiCl_4$ 是 $TiCl_4$ 中含量较多也是较难分离的低沸点杂质，因此把 $SiCl_4$ 看成粗 $TiCl_4$ 中具有代表性的低沸点杂质，除硅就意味着除低沸点杂质。$FeCl_3$、$AlCl_3$ 和 $TiOCl_2$ 是粗 $TiCl_4$ 中最主要的高沸点杂质，其中 $AlCl_3$ 是较难分离的。

依据 $SiCl_4$ 与 $TiCl_4$ 的沸点差别和挥发度的差别，采用精馏法从 $TiCl_4$ 中除去 $SiCl_4$。精馏装置主要由精馏塔、蒸馏釜和冷凝器等设备组成。除硅在精馏塔内进行，见图 9 - 2。

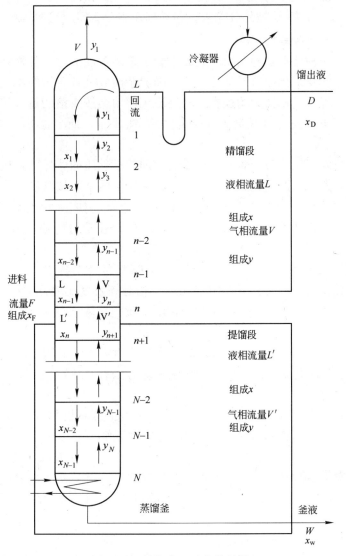

图 9 - 2 精馏装置及参数符号

粗 $TiCl_4$ 原料由精馏塔中部的加料板连续加入塔内，沿塔向下流至蒸馏釜。蒸馏釜内液体被加热而部分气化，蒸气中易挥发组分的 $SiCl_4$ 组成 y 大于液相中易挥发组分 $SiCl_4$ 的组成 z，即 $y > z$。蒸气沿塔向上流动，与下降液体逆流接触，因气相温度高于液相温度，气体有部分冷凝，同时把热量传递给液相，使液相进行部分气化。难挥发组分 $TiCl_4$ 从气相向液相传递，易挥发组分 $SiCl_4$ 从液相向气相传递。结果是上升气相的易挥发组分 $SiCl_4$ 逐渐增多，难挥发组分 $TiCl_4$ 逐渐减少；而下降液相中的易挥发组分 $SiCl_4$ 逐渐减少，难挥发组分 $TiCl_4$ 逐渐增多，在塔底或釜内获得除去了易挥发组分 $SiCl_4$ 的 $TiCl_4$ 产品。在进料板以下（包括进料板）的塔段中，上升气相从下降液相中提出了易挥发组分，故称为提馏段。提馏段的上升气相经过进料板继续向上流动，到达塔顶冷凝器冷凝为液体，冷凝液的一部分回流入塔顶，称为回流液，其余作为塔顶产品（馏出液）排出。塔内下降的回流液与上升气相逆流接触，气体进行部分冷凝，同时液相进行部分气化。难挥发组分 $TiCl_4$ 从气相向液体传递，易挥发组分 $SiCl_4$ 从液相向气相传递。由于塔的上半段（进料板以上）上升气相中难挥发组分 $TiCl_4$ 被部分除去，即易挥发组分 $SiCl_4$ 得到精制，故称为精馏段。

9.4.3.2 除钒的原理和方法

粗四氯化钛是一种含有多种杂质、成分十分复杂的浑浊液体。各种杂质成分的含量与氯化方法、氯化原料及氯化冷凝温度等有关，随着杂质成分各含量的不同，粗四氯化钛呈黄褐色或暗红色。粗四氯化钛中的杂质，在还原工序中会按 4 倍的量转移到海绵钛中，特别是氧、氮、碳、硅、铁、铅等会严重影响海绵钛质量，所以必须对粗四氯化钛进行精制。

精制是根据粗四氯化钛中所含不同杂质的物理化学性质的差异，采用物理处理和化学处理等方法将其分离，达到提纯的目的。粗四氯化钛中的杂质按其沸点的不同，可分为低沸点杂质（如四氯化硅，沸点为 $56.8℃$），高沸点杂质（如三氯化铝，沸点为 $180.2℃$；三氯化铁，沸点为 $318.9℃$），以及沸点与四氯化钛相近的杂质（如三氯氧钒，沸点为 $127℃$）。

工业上采用精馏法除 $SiCl_4$，是由于 $SiCl_4$ 与 $TiCl_4$ 的相对挥发度比较高，但用精馏法除去 $VOCl_3$ 等比较困难，因为两者的沸点相近，相对挥发度比较低。粗 $TiCl_4$ 中的钒杂质主要是以 $VOCl_3$、VCl_4 等形式存在，它使 $TiCl_4$ 呈黄色。除钒的目的，不仅是为了脱色，也为了除氧。

由于 $VOCl_3$ 和 $TiCl_4$ 沸点相近，用精馏法来分离就需安装有很多塔板的很高的塔，极不经济，因此一般采用化学方法来处理。化学处理方法有有机物除钒法、铝粉除钒法、硫化氢除钒法和铜除钒法。

（1）有机物除钒法。此法是在粗 $TiCl_4$ 中，加入少量有机物（如矿物油、植物油），然后把混合物在搅拌下加热到 $90 \sim 140℃$，使有机物裂解、充分碳化，析出细而分散的新生态碳颗粒，它具有高度活性，使 $VOCl_3$ 等杂质还原为不溶性或难挥发性化合物，使溶于 $TiCl_4$ 中的 $VOCl_3$ 转化为固体 $VOCl_2$ 与炭粒一块成为残渣，用固液分离方法（如过滤、沉降、蒸发等）把其分离除去。目前美国采用的矿物油除钒方法，其配比为：油：$TiCl_4 = 1:800$，矿物油消耗：$1.3kg$ 矿物油/t 精 $TiCl_4$。

生产 1t 精 $TiCl_4$ 产生的残渣实际为 $0.0458t$，其中 $TiCl_4$ 含量约为 85%。

图 9-3 给出了典型的有机物除钒精制 $TiCl_4$ 流程示意图，有机物除钒的突出优点是有

机物来源丰富，价格低廉，而且无毒，除钒效果好，能实现连续操作。主要缺点是有机物在加热过程中碳化，并容易与 TiCl₄ 发生聚合反应，生成残渣量多，容易在器壁上黏结，这不仅影响传热，而且可能堵塞管道和冷凝器。另外，有机物易溶于 TiCl₄ 中，分离不净也会污染产品。

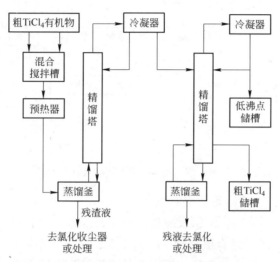

图 9 - 3　典型的有机物除钒精制 TiCl₄ 流程示意图

（2）铝粉除钒法。图 9 - 4 给出了铝粉除钒精制 TiCl₄ 流程示意图，铝粉除钒其反应原理是在有 AlCl₃ 作催化剂的条件下，把铝粉加入到 TiCl₄ 中，发生如下反应：

$$3TiCl_4 + Al \xrightarrow{AlCl_3} 3TiCl_3 + AlCl_3 \qquad (9-10)$$

$$TiCl_3 + VOCl_2 === VOCl \downarrow + TiCl_4 \qquad (9-11)$$

AlCl₃ 可将溶于 TiCl₄ 中的 TiOCl₂ 转化为 TiCl₄，其反应式如下：

$$AlCl_3 + TiOCl_2 === TiCl_4 + AlOCl \downarrow \qquad (9-12)$$

铝粉较铜丝经济，除钒过程可连续，但制备含有 AlCl₃ 的 TiCl₄ 浆液是不连续的，AlCl₃ 容易吸潮，产生沉淀。向 TiCl₄ 中加入铝粉进行除钒的过程安全性较差，要谨慎操作。

（3）硫化氢除钒法。硫化氢是一种强还原剂，在加热条件下它将 VOCl₃ 还原为 VOCl₂：

$$2VOCl_3 + H_2S === 2VOCl_2 \downarrow + 2HCl + S \qquad (9-13)$$

硫化氢可与 TiCl₄ 反应生成钛硫氯化物 TiSCl₂，后者也可将 VOCl₃ 还原为 VOCl₂：

$$2VOCl_3 + TiSCl_2 === 2VOCl_2 \downarrow + TiCl_4 + S \qquad (9-14)$$

硫化氢是综合净化 TiCl₄ 的试剂。它在除钒的同时，也可除去粗 TiCl₄ 中的其他杂质，如 Cl₂、COCl₂、CCl₄、硫酰和亚硫酰氯化物等。但是，与此同时，TiCl₄ 又被新生成的杂质（如 S₂Cl₂）所污染，并有部分未反应的硫化氢溶解在 TiCl₄ 中。

为避免 H₂S 与溶于 TiCl₄ 中的自由氯反应生成硫氯化物 S₂Cl₂，在除钒前对粗 TiCl₄ 进行脱气处理以除去其中的自由氯。将含钒的 TiCl₄ 加热至 110～137℃，在搅拌下通入硫化氢气体进行除钒反应，并严格控制硫化氢的通入速度和通入量，以提高硫化氢的有效利用

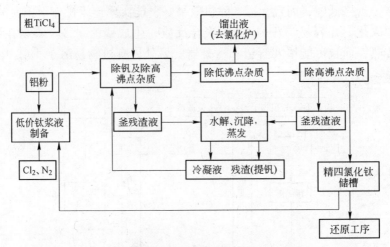

图 9 - 4　铝粉除钒精制 TiCl₄ 流程示意图

率和减少它与 TiCl₄ 的副反应。硫化氢除钒效果好，并可同时除去 TiCl₄ 中的铁、铬、铝等金属杂质和分散的悬浮固体物。除钒反应后，可用过滤方法进行固液分离，也可用蒸发方法。除钒残渣（渣或泥浆）含有硫化物，因而不宜返回氯化系统处理，应单独处理。固液分离的清液经第 1 塔除去低沸点杂质，塔底产品再经第 2 塔除高沸点杂质后获得产品。在日本一些工厂中，没有除高沸点精馏塔，在除低沸点杂质精馏塔底取出产品，经侧塔活性炭过滤除去产品中微量的固体物。

图 9 - 5 给出了硫化氢除钒精制 TiCl₄ 流程示意图，硫化氢的耗量与被处理的 TiCl₄ 中杂质含量和除钒条件有关，一般净化 1t TiCl₄ 消耗 1~2kg H₂S。除钒残渣可用过滤或沉降方法从 TiCl₄ 中分离出来。不过这种残渣的粒度极细，沉降速度小，沉降后底液的液固比较大。除钒干残渣量一般是原料 TiCl₄ 质量的 0.3%~0.35%，其中含钒量可达 4%；残渣中的钛量占原料 TiCl₄ 中钛量的 0.25%~0.3%。硫化氢除钒成本低，但硫化氢是一种具有恶臭味的剧毒和易爆气体，恶化劳动条件。国外只有个别工厂仍在应用这种除钒方法。当原料 TiCl₄ 含钒量较高且附近又有硫化氢副产品时，可考虑选用硫化氢除钒法。

（4）铜除钒法。铜法除钒是以铜作还原剂，使 VOCl₃ 还原成不溶于 TiCl₄ 的 VOCl₂。VOCl₂ 为高沸点（154℃）、不溶于 TiCl₄ 的固体物质，黏附在铜丝上与 TiCl₄ 分离。

铜与氯氧化钒的化学反应式如下：

$$2VOCl_3 + Cu =\!=\!= 2VOCl_2 + CuCl_2 \qquad\qquad (9-15)$$

也可以认为直接参与还原反应的不是铜，而是铜与 TiCl₄ 作用时生成的三氯化钛和一氯化铜的配合物，由铜钛配合物最后将 VOCl₃ 还原为 VOCl₂：

$$Cu + TiCl_4 =\!=\!= CuTiCl_4 \qquad\qquad (9-16)$$

$$CuTiCl_4 + VOCl_3 =\!=\!= VOCl_2 + CuCl + TiCl_4 \qquad\qquad (9-17)$$

采用铜丝球气相除钒法，是让 TiCl₄ 气体通过装有铜丝球的铜丝塔达到除钒目的，失效的铜丝球容易再生反复使用。在除钒过程中还可以除去一部分溶于 TiCl₄ 中的氯（铜与氯生成 CuCl₂），溶于 TiCl₄ 中的氯化铁也被还原为低价氯化铁而被分离。此外，还能除掉含硫化物的杂质，如无限溶于 TiCl₄ 中的 S₂Cl₂（沸点 138℃，橙黄色液体）和几种有机化

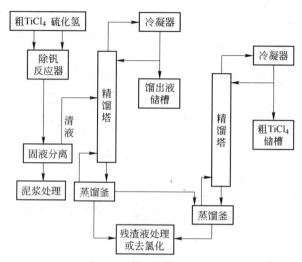

图 9 - 5　硫化氢除钒精制 TiCl$_4$ 流程示意图

合物。

图 9 - 6 为铜丝除钒精制 TiCl$_4$ 流程示意图。铜不仅能除钒，而且由于能够除去上述杂质还起到脱色作用。铜法除钒效果好，流程简单，操作方便，TiCl$_4$ 质量较易控制。

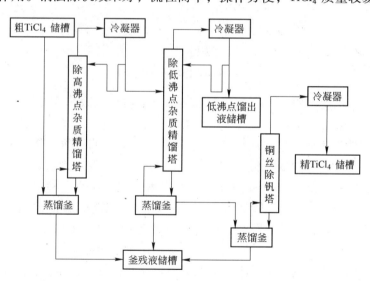

图 9 - 6　铜丝除钒精制 TiCl$_4$ 流程示意图

9.4.4　精制工艺流程

粗 TiCl$_4$ 中的杂质很多，但如按其沸点来分，就可分成高沸点杂质、低沸点杂质和沸点与 TiCl$_4$ 相近的杂质三类，而这三类的代表组分分别为 FeCl$_3$、SiCl$_4$ 和 VOCl$_3$。因此，精制工艺流程就是基于这三种代表组分的分离来确定的。

粗 TiCl$_4$ 精制工艺流程图见图 9 - 7。粗 TiCl$_4$ 中含有一定量的杂质，需净化提纯，以满足制取纯度高的金属钛或钛白的要求。生产上采用蒸馏—精馏法除去粗 TiCl$_4$ 中的高沸点及低沸点氯化物杂质（主要是 FeCl$_3$ 和 SiCl$_4$），用化学法除去 VOCl$_3$。精 TiCl$_4$ 纯度一般在99.9%以上。

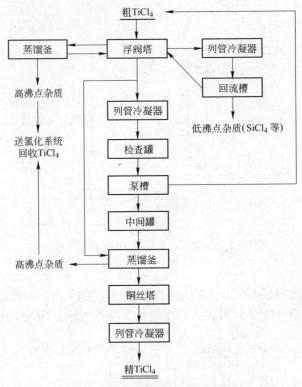

图9-7 粗 TiCl₄ 精制工艺流程图

对沸点与四氯化钛相差较大的低沸点和高沸点杂质可采取蒸馏精馏的方法将其分离，即通过严格控制精馏塔塔顶、塔底温度，回流量和压力等参数，将低沸点杂质（如四氯化硅）和一些可溶性气体杂质从塔顶分离，而高沸点杂质（如三氯化铝、三氯化铁等）则留在蒸馏釜内。对沸点与四氯化钛相近的杂质（如三氯氧钒），则采用化学处理的方法，目前在工业上应用的有金属（如铜、铝）、硫化氢和矿物油除钒三种。

铝粉除钒的实质是三氯化钛除钒。在有三氯化铝作为催化剂的条件下，高活性的细铝粉可还原四氯化钛为三氯化钛，即将铝粉加入到四氯化钛中，并在有保护气体的环境下通入氯气制备低价钛浆液，再将这种浆液加入到被净化的粗四氯化钛中，在沸腾温度下，三氯化钛与四氯化钛中的三氯氧钒反应生成二氯氧钒，此二氯氧钒是一种沸点较高，而且不溶于四氯化钛的高沸点物质，再通过蒸馏将其除去。反应方程式如下：

$$3TiCl_4 + Al（粉末）\xlongequal{\hspace{1cm}} 3TiCl_3 + AlCl_3 \tag{9-18}$$

$$TiCl_3 + VOCl_3 \xlongequal{\hspace{1cm}} VOCl_2 \downarrow + TiCl_4 \tag{9-19}$$

而且催化剂 $AlCl_3$ 还可以将溶于 $TiCl_4$ 中的 $TiOCl_2$ 转变为 $TiCl_4$：

$$AlCl_3 + TiOCl_2 \xlongequal{\hspace{1cm}} TiCl_4 + AlOCl \downarrow \tag{9-20}$$

9.4.4.1　工艺流程

铝粉、精四氯化钛、氯气→混合→低价钛制备→蒸馏→一级精馏→低沸点物→返回氯化→尾气→送尾气处理→二级精馏→精四氯化钛；

粗四氯化钛残留物、水解水→沉降→蒸发→石灰中和→钒渣；

尾气→送尾气处理。

9.4.4.2 主要生产过程及技术参数

A 低价钛浆液的制备

将达到合格标准的精四氯化钛用泵送入精四氯化钛消耗罐中,同时加入混合罐内,启动水力喷射器将铝粉吸入混合罐内与精四氯化钛混合;取样分析合格后送入装有精四氯化钛的反应器内,通上氯气与保护气体,待反应 30min 后关闭氯气,取样分析合格后并送入低价氯化物收集罐内,待蒸馏除钒专用。

B 蒸馏除钒

将粗四氯化钛用泵送入粗四氯化钛消耗罐内并加入蒸馏釜内,釜内液位控制在 1000 ~ 1200mm 之间,同时按一定配比加入一定量的低价钛浆液,送电加热蒸发;控制蒸馏塔塔底温度（135 ~ 140℃）、塔顶温度（132 ~ 136℃）,塔底压力（20 ~ 50kPa）、塔顶压力（0.5 ~ 2kPa）;并做到物料平衡,从塔顶排出的四氯化钛蒸汽通过冷凝后进入初级蒸馏物罐,并取样分析,合格后待进入下工序使用。

C 精馏

将除钒合格的四氯化钛加入一级精馏塔,釜内液位控制在 1000 ~ 1200mm 之间,送电升温;控制精馏塔塔底温度（135 ~ 140℃）、塔顶温度（100 ~ 130℃）,塔底压力（20 ~ 50kPa）、塔顶压力（0.5 ~ 2kPa）;精心调节,做到物料平衡;从塔顶留出的低沸点物通过冷凝后进入低沸点收集罐,定期送入氯化工序处理;将塔内排出的料液趁热加入二级精馏的精馏釜中,釜内液位控制在 1000 ~ 1200mm 之间,加热蒸发,控制二级精馏塔塔底温度（135 ~ 140℃）、塔顶温度（136 ~ 138℃）,塔底压力（20 ~ 50kPa）、塔顶压力（0.5 ~ 2kPa）,同时做到物料平衡;从塔顶排出的四氯化钛蒸汽通过冷凝进入精四氯化钛收集罐中,取样分析合格后送入精四氯化钛贮罐内。

9.4.5 精制设备

9.4.5.1 铜丝塔

铜丝塔是一种填料塔,铜丝球为填料。它是用不锈钢制作的空心圆柱体,里面装有用 $\phi2mm$ 紫铜线绕成的 $\phi200 ~ 250mm$ 的铜丝球。塔底与塔体连接处有一筛板,作气体分布板及支撑铜丝球用。

因塔体散热及塔顶自然冷却,使塔内蒸汽有一部分冷凝为液体,沿着铜丝球表面由上往下流动（生产上称之为内回流）,与上升蒸汽相遇,在铜丝球表面气液两相间呈膜式传质交换,其中 $VOCl_3$ 与铜丝起化学反应转变成高沸点钒化合物或配合物而与 $TiCl_4$ 分离。此外,随着原料一起加入蒸馏釜的高沸点杂质受热后有一部分进入铜丝塔,亦由于气液两相间的物质交换和热交换而与 $TiCl_4$ 分离,高沸点杂质流回釜内。$TiCl_4$ 蒸气由塔顶逸出,在冷凝器中冷凝后,得纯 $TiCl_4$。

粗 $TiCl_4$ 中所有的高沸点杂质,如 $FeCl_3$、$AlCl_3$、$TiOCl_2$ 等,对处理处置同期均有影响。

A 高沸点杂质的含量

所有高沸点杂质,如 $FeCl_3$、$AlCl_3$、$TiOCl_2$ 等对周期均有影响,随着粗 $TiCl_4$ 中高沸点杂质含量增加，生产周期缩短，特别是 $AlCl_3$ 含量高影响最为严重。$AlCl_3$ 与铜丝表面反应生成致密的壳，妨碍铜与 $VOCl_3$ 的还原反应。

B 排放蒸馏釜内高沸点杂质制度

粗 $TiCl_4$ 连续加到蒸馏釜中，随着生产的进行，$TiCl_4$ 蒸气不断排出，釜内高沸点氯化物逐渐富集，其蒸气压逐渐升高，到一定程度后，即可进入铜丝塔，污染铜丝表面。因此必须将釜内富集有高沸点杂质的 $TiCl_4$ 料液定期放出，返氯化处理。

C 气流速度

含钒化合物的蒸气与铜丝接触反应，需要一定的作用时间。实践证明，对于 1000mm 铜丝塔来说，空腔气速介于 235 ~ 390kg/h 为宜。高于上限，周期缩短，低于下限，产量降低。

D 回流比

根据生产实践，回流比控制在 0.5 ~ 1.0 之间较为合适。

9.4.5.2 蒸馏釜

蒸馏釜是加热 $TiCl_4$ 的汽化设备，为排放含有高沸点氯化物的 $TiCl_4$ 方便，一般采用带锥体的立式蒸馏釜。

蒸馏釜的加热通常用电，加热方式有间接加热和直接加热两种，一般都采用间接加热方式。根据产量大小和控制塔内操作速度的要求，加热釜电功率要可调。

以 1000mm 铜丝塔为例，铜丝塔蒸馏釜加热功率计算如下：

铜丝塔加料量为 292kg/h，加热分为加冷料和加热料两种情况来计算。加冷料时温度由 20℃ 升到 $TiCl_4$ 沸点温度 136℃，温度差为 116℃；加热料时由料液进入釜内温度 110℃ 升至 $TiCl_4$ 沸点温度 136℃，温度差为 26℃。$TiCl_4$ 气体过热温度是由 $TiCl_4$ 沸点温度 136℃ 升至 142℃，温度差为 6℃。热损失按 30% 和 40% 两种情况计算。

9.4.5.3 冷凝器

冷凝器是使塔内出来的 $SiCl_4$ 和 $TiCl_4$ 气体冷凝成液体的设备，一般都是采用双程列管冷凝器，管程走 $TiCl_4$ 气体，壳程通冷却水。对冷凝器的密封性要求很高，若发生漏水，会使 $TiCl_4$ 水解造成系统堵塞，并会严重腐蚀管道设备。

9.4.5.4 浮阀塔

以十字架型圆盘浮阀塔的结构为例，十字架型圆盘浮阀塔是由塔体和若干块塔板所组成的，塔板上有溢流管和若干个阀片。浮阀塔的结构设计与处理能力，与操作制度、物料的性能以及分离程度、塔板效率有关。

360mm 浮阀塔的有关参数如下：（1）外形尺寸：360mm × 10300mm；（2）塔节数：精馏段 + 提馏段 = 14 + 17 = 31 节；（3）塔盘数：精馏段 + 提馏段 = 13 + 17 = 30 块；（4）塔盘间距：297mm；（5）塔盘上浮阀数：6；（6）阀片质量：（32 ± 0.5）g；（7）阀片直径：50mm；（8）阀孔直径：39mm；（9）塔盘开孔率：8.8%；（10）浮阀最小和最大开度：2 ~ 8mm；（11）溢流堰高：50mm。

浮阀塔的特性如下：

（1）操作范围大，稳定性好。这是由于气体负荷变化时阀片能上下浮动以自动调节蒸汽通过面积。其操作气速的上限为 0.72m/s，操作气速的下限为 0.28m/s。

（2）塔板效率高。因蒸气在塔板上呈水平方向喷出，气液接触时间长；同时阀片的锐边造成气液接触时剧烈湍动，对传质极为有利；气体负荷较大时产生的雾沫夹带量较小，而在液体流量较小和液层较薄时，也不会发生气体不与液体接触而垂直上升的不良现象。浮阀塔板效率比普通泡罩塔高 10% ~20%。

（3）处理能力大。由于浮阀塔自由截面积较普通泡罩塔大，且相应的雾沫夹带少，故其处理能力比泡罩塔高 20% ~30%。

（4）结构比较简单。和泡罩塔相比，结构简单，安装检修方便，并且不易发生堵塞现象，适应性强，能处理比较"脏"的物料。

影响浮阀塔精馏过程的主要因素有：

（1）回流比。回流比是指单位时间内液体回流量与塔顶馏出液量的比值：

$$R = L/P \qquad (9-21)$$

式中　R——回流比；

　　　L——回流量；

　　　P——塔顶馏出液量。

回流比是浮阀塔操作的重要参数之一。

当 $P=0$ 时，回流量无限增大（$R \to \infty$），即塔顶蒸出的冷凝液几乎全部返回塔内。这是浮阀塔启动时全回流不排料的情况，此时塔的生产能力等于零。

当 $L=0$ 无回流时，$R=0$。这相当于粗 $TiCl_4$ 中 $SiCl_4$ 含量很低，而塔顶低沸点馏分难以富集的情况。在这种条件下，精馏塔不会有分离作用。

因此，生产过程中应选择一个比较合适的回流比。生产上最小回流量是指塔顶塔板上出现液层时的回流液量。回流量太小，会降低塔的分离效果，得不到合格的产品；回流量太大，虽然能提高塔的分离效果，获得高质量产品，但设备生产能力低。如欲保持一定产量，在一定条件下，可随着回流量增大，相应增大塔内气体量，这样会使蒸馏釜功率及冷凝面积都要增加，经济上不够合理，因此，不能增加太大。实际生产中，要根据塔的自身情况及待处理的粗 $TiCl_4$ 中 $SiCl_4$ 含量，确定其合适的回流比。

（2）温度。塔顶温度标志着塔顶低沸点馏分的组成。组成一定时，塔顶温度应为定值。组成变化时，则温度也变化。生产中，实测的塔顶温度与低沸点馏分中 $SiCl_4$ 含量的关系（粗 $TiCl_4$ 含 $SiCl_4 > 0.5\%$ 的料液）如下：

塔顶温度/℃	131	120	86	65	58	54	<50
$SiCl_4$ 含量（质量分数）/%	0.28	8.0	61.4	73.4	89.9	96.7	99.3

由此可见，要得到 $SiCl_4$ 含量较高的低沸点馏出液（$SiCl_4 > 90\%$），塔顶温度必须控制在 58℃ 以下。当粗 $TiCl_4$ 中 $SiCl_4$ 含量较低，富集困难时，塔顶温度应控制高些。

塔顶低沸点馏分的组成与塔板数、原料组成、塔体保温情况及塔的操作条件（回流比、加料量、加入物料的温度等）等有关。由于塔板数、原料组成、加入物料温度及塔体保温等条件，对某一工作的塔来讲均为定值，故生产上常用调整加料量的办法来控制塔顶温度，以改变塔顶低沸点馏分的组成。

塔中部温度不仅是衡量加料状况的标志，也是衡量精馏段内料液中 $SiCl_4$ 含量多少的标志。当塔中部温度较低时，其原因有两个：一是加料过多，二是精馏段内的 $SiCl_4$ 过多。若是后者，则说明 $SiCl_4$ 已进入提馏段，严重时会影响塔底产品质量。

塔底温度一般是不变的，保持在 $139 \sim 142℃$。

来料粗 $TiCl_4$ 的温度既影响精馏段与提馏段的理论塔板数，又影响塔的生产能力。当加入粗 $TiCl_4$ 的温度由 $20℃$ 上升到 $136℃$ 时，精馏段塔板数按计算略有增加，而提馏段塔板数略有下降。对整个塔的生产能力来说，进料温度越高，产能越大。因此，加预热料是强化精馏塔生产能力的有效途径之一。

（3）压力。压力是判断精馏过程是否正常的主要参数之一。当塔顶压力高于 $4mmHg$ 柱（$533.288Pa$）时，说明低沸点馏分的尾气系统有堵塞。当蒸馏釜压力高于 $150mmHg$ 柱（$19998.3Pa$）（塔顶压力正常）时，说明排料过少，釜内液面上升，致使气流波动较大，出现阀片撞击声的不正常现象。此外，当塔底馏分储槽的废气系统有堵塞时，釜压也上升。

（4）蒸馏釜加热功率。提高蒸馏釜加热功率，产量亦可增加。一般可根据生产需要，选择不同的加热功率。例如，对直径为 $273mm$ 的浮阀塔，其产量与釜功率的关系见表 9 - 9。

表 9 - 9　产量与釜功率的关系

釜功率/kW·h	45	43	40	37	35	33
产量/t·d^{-1}	18	17	16	13	12	11

9.4.6　技术操作

9.4.6.1　对粗 $TiCl_4$ 技术要求

要求：（1）固液比小于 0.5%；（2）$AlCl_3$ 含量不大于 0.02%（三氯化铝含量高，在铜丝表面形成一层坚硬的薄膜，使铜丝钝化，缩短铜丝使用周期）。

9.4.6.2　精馏塔（浮阀塔）的操作

A　启动

（1）检查加料、排料、回流、废气等管路阀门、转子流量计是否干燥、畅通、密闭。

（2）检查电热和仪表系统，是否处于工作状态，要求安全可靠，功率符合规定值。

（3）打开塔顶废气和有关贮罐的废气阀门。

（4）向釜内加料，空层高度保持在 $250 \sim 400mm$ 之间。

（5）通上塔顶塔底冷却水。

（6）送电升温：浮阀塔蒸馏釜（包括铜丝塔蒸馏釜）加热元件若采用碳化硅棒时，通电初期用调压器将电压调到其正常工作电压的一半，稳定一段时间以后再逐渐提高电压，这样硅碳棒就不会急剧升温而导致断裂。经常观察电流表、电压表及温度表的读数是否正常，冷凝部夹具是否松动、氧化发黑或打火。

（7）当塔顶温度升到 $100℃$，打全回流 $1 \sim 1.5h$，待温度压力稳定后，开始加排料。

B　正常生产

（1）温度压力控制：塔顶温度在 $70 \sim 110℃$（视环境温度进行调节控制）；塔中温度在 $120 \sim 135℃$；塔底温度 $139 \sim 142℃$；釜压力为 $70 \sim 120mmHg$（$9332.54 \sim 15998.64Pa$）。

（2）根据粗 $TiCl_4$ 中 $SiCl_4$ 的含量确定回流比，当粗 $TiCl_4$ 中四氯化硅含量小于 0.5%时，可打全回流。若四氯化硅含量大于 0.5% 时，取回流比 R（$R = L/P$，L 为塔顶回流量，P 为排料量）为 20~30，排出一定量的 $SiCl_4$。

（3）精心调节，保证物料的平衡，即，加料量 = 塔底排料量 + 塔顶排料量，以免发生干釜、淹塔、干板的现象。

（4）经常检查塔顶和塔底废气，保证畅通。

（5）遇上突然停电，要立即停止加排料，打全回流。恢复送电后，需继续打全回流 0.5~1h，才能开始加排料，如停电时间过长，料层已全部脱落，则需按重新启动处理。

（6）检查罐每满一罐，必须取样分析，四氯化硅含量不大于 0.01% 为合格，否则必须返回处理。

C　停产

（1）停止加排料。

（2）停电。

（3）当塔顶无回流时，关上回流阀门。

（4）关上废气和冷却水阀门。

（5）每生产 150t 左右或遇停产时间较长，即将釜内含高沸点氯化物较多的四氯化钛排放到粗 $TiCl_4$ 贮槽。

9.4.6.3　铜丝塔的操作

A　启动

（1）检查加料、排料、废气、管道、阀门和转子流量计是否干燥、密闭、畅通。

（2）检查电热系统和测量仪表是否处于工作状态，是否安全可靠，功率符合规定值。

（3）打开塔顶废气和有关贮罐的废气阀门，空釜加料，空层高度保持在 250~400mm 之间。

（4）通上冷却水后，送电升温，当温度、压力达到正常生产要求时，即开始加排料。

B　正常生产

（1）温度压力控制：塔顶温度在 137~139℃；塔底温度在 139~142℃；釜压力为 10~50mmHg（1333.22~6666.1Pa）。

（2）精心调节，加料平稳，做到加料量 = 排料量，避免发生干釜和淹塔现象。

（3）生产过程中，除精四氯化钛每满一罐取综合样分析外，还要不定期取瞬时样进行分析，发现钒高或色度增高，停止排料，全回流 1h 后开始排料并取样分析，若仍无好转，即要停产，准备清洗铜丝。

C　停产

（1）停止加料，此时若压力高于正常值时，要继续到压力下降到正常值时再停电。

（2）当塔顶温度降到 100℃ 以下，压力降到零时，才能关闭排料阀。

（3）关闭冷却水和废气阀门。

（4）每生产 150t 左右或遇停产时间较长时，将釜内含有高沸点氯化物的 $TiCl_4$ 排放到粗 $TiCl_4$ 贮槽。

9.4.6.4　产品精 $TiCl_4$ 的质量要求

产品精 $TiCl_4$ 的质量要求如下：

FeCl₃	VOCl₃	SiCl₄	色 度

$FeCl_3$ | $VOCl_3$ | $SiCl_4$ | 色 度
0.002% | 0.0024% | 0.01% | $<5mg\ K_2Cr_2O_7/L$

9.5 典型粗四氯化钛制备流程

经过多年实践，三种经典氯化工艺现在只有熔盐氯化和沸腾氯化在使用。

9.5.1 沸腾氯化

沸腾氯化又称流态化氯化，是利用流体的作用将固体颗粒悬浮起来，使固体颗粒具有流体的某些表观特征，强化了气-固、液-固、气-液-固间的接触，在特定的条件下完成化学反应。这种使固体颗粒具有流体的某些特征的技术称为流态化技术，应用于氯化工艺过程称为沸腾氯化，如富钛矿沸腾氯化生产四氯化钛，锆英砂沸腾氯化生产四氯化锆。

沸腾氯化生产四氯化钛的关键设备是氯化炉，它通常被设计为圆柱状，带有扩大段、过渡段和沸腾段。沸腾段与扩大段的内径之比通常为1∶(2～4)，过渡段的炉腹角（β_{X2}）应小于物料的安息余角。其内部的沸腾是靠从炉底部通入氯气的初始速度来创造良好的流态化条件，从而实现沸腾氯化过程。

氯化过程属于金红石（TiO_2）和碳（固）、氯气（气）气固反应。凡气相与固相之间的物理化学过程如精矿焙烧、冷却、物料干燥、氢气还原等都可在沸腾炉内进行。沸腾炉主要是要得到稳定而正常的流态化状态。

9.5.1.1 气流特征及气体分布板结构

气流特征是指气体在炉内的直线速度（操作速度）、孔眼速度及其分布情况。操作速度在临界速度和带出速度之间选择，而临界速度和带出速度与物料颗粒直径的平方成正比。对细颗粒物料如果采用的操作速度过大，则造成的烟尘损失太大；粗颗粒如果采用的操作速度过小，则不能建立良好的流化床。

除操作速度外，为保证对床层的充分搅拌，并防止颗粒对气体分布板上孔眼的堵塞，要求气体从孔眼喷出时有一定的喷出速度（孔眼速度，一般10～12m/s），均匀地喷入沸腾层。为此，对气体分布板结构就有一定要求；要求分布板上的气孔总面积与分布板面积之比（开孔率）约为0.8～1%。开孔率过低，阻力大；开孔率过高，喷出速度小。同时对孔径大小要适当分布均匀。在实际生产中，部分孔眼被堵塞，或炉内产生液相造成炉料结块等都会破坏沸腾床的稳定性。

9.5.1.2 物料颗粒特性及物理化学性质

颗粒特性包括粒度大小及分布。粒度过大，难以流化；粒度过小，容易产生"沟流"。实际生产中，采用粗粒掺和的混合颗粒。临界速度恰好等于操作速度的称为临界颗粒，带出速度等于操作速度的颗粒成为带出颗粒，这两种颗粒为流化床合理颗粒的极限范围。

根据流态化理论，粗颗粒或粒度分布窄的混合颗粒，流化质量差；细颗粒或粒度分布宽的硫化质量好。这是由于在气流固化床中，粗颗粒有利于产生大气泡影响了流化床的流体力学、传质及化学反应。而粗细掺和的颗粒，有利于使产生的气泡较小，同时也使床层中固体颗粒运动加快，与气体接触更好。对于粒度相同，但密度不同的混合物料，在流化床中会出现分层现象。密度小的颗粒主要集中在床层上部，这对化学反应不利。应保持其直径与密度的 1/3 次方成反比，保持物料混合均匀。

除物料颗粒特性外，还要求物料在作业温度下不发生局部熔化，否则熔体将颗粒黏结成大块，甚至将整个炉膛结死。金红石中若 CaO、MgO、MnO 含量太高，温度高于 614℃时，生成物 $CaCl_2 - MgCl_2、MnCl_2$（熔点 650℃）就会结块。可在原料中增加配碳量，以稀释钙、镁、锰氯化物浓度。

氯化炉中沸腾床压降、流体流速 u 和物料颗粒空隙度是确保正常生产的关键。

沸腾床压降可按下式计算：

$$\Delta p = l_{mf}(l - X_{mf})(\rho_s - \rho_t) \tag{9-22}$$

式中，l_{mf}、X_{mf} 分别为床层颗粒开始流态化时的床层高度和空隙度；ρ_s 为固体颗粒密度；ρ_t 为流体密度。

从公式（9-22）中可以看出：

当 X_{mf}、ρ_s、ρ_t 值一定时，Δp 取决于床层高度 l_{mf}。在沸腾氯化实际操作中最主要的是控制流体流速 u 和沸腾床压降 Δp。

9.5.1.3 无筛板沸腾氯化法生产四氯化钛的工艺流程

将一定粒度的高钛渣（富钛矿、金红石、钛熔渣）与石油焦（煅后焦）按比例充分混合，经预热干燥后，送入沸腾氯化炉，与从炉底送入的氯气发生反应，氯化反应温度为 800℃以上，靠反应热来维持反应，生成四氯化钛和金属氯化物等。反应后生成的炉气和未反应完的细小颗粒从炉顶逸出，经 1 号、2 号收尘器分离除去大部分固体杂质，炉气中的四氯化钛经淋洗、冷凝、过滤得粗四氯化钛。淋洗、冷凝后的尾气经水洗得副产品盐酸，剩余尾气用石灰乳洗涤除氯达标后排放。过滤排出的含四氯化钛泥浆雾化后送入 1 号收尘器进一步回收四氯化钛。

9.5.1.4 工艺流程特点

（1）设备简化，连续生产，流程短，生产能力易扩大，易实现自动化控制，能耗相对小，产品质量好。

（2）主四氯化钛喷淋吸收塔工作效率较高，喷淋量大，通过控制喷淋量与产出四氯化钛之比为（6~10）:1，达到充分传热、传质，湿式除去固体夹带物的目的，系统中的热量完全通过换热器带出，有效地防止热量积累，保证系统内的热量平衡。

（3）回收过滤后泥浆中四氯化钛的效率高，操作环境较好，"三废"少。

9.5.1.5 无筛板沸腾氯化的主要工艺条件

在实际生产中，准确的配碳比、氯料比、混合料粒度以及合适的氯化温度是影响沸腾氯化的关键因素。

（1）温度。反应温度太低会降低氯化反应速率，影响氯化过程的生产率；温度太高则会加剧设备腐蚀程度，缩短氯化炉寿命，也会增大冷凝工序的负担，降低四氯化钛的收率。为确保生产安全，不给设备制造带来很多困难，不使设备造价较高，较适宜的温度为 800~11000℃。

（2）气流速度。选择适宜的气流速度是建立良好沸腾床的关键。在实际应用中，沸腾时气流速度很大，物料混合强烈，尽管钛渣、石油焦的密度相差较大，但因粒度也相差较多，并且有一定比例，粒度也有一定范围，所以床层中分层现象不明显。

在沸腾氯化过程中，合理的气流速度应满足两方面的要求：1）维持床层处于良好的沸腾状态；2）满足化学计量关系，氯化反应完全。由前述分析得知，合理的流体流速应介于最小气流速度与颗粒带出速度之间（$v_{mf} < v < v_t$）。当 v 低时，氯化反应速度慢，生产率也低；当 v 高时，被带出炉外的细粉料量大，缩短了物料在炉内的停留时间，致使尾气中含氯量增加，对氯化过程不利，物料消耗及环保处理费用增加，生产成本提高。生产实践证实，适宜的流体流速 v 是 v_{mf} 的 5～10 倍。

（3）物料粒度。在沸腾氯化生产四氯化钛的过程中，石油焦和高钛渣（或金红石）这两种固体反应物料的密度相差 2.5～3.0 倍。从动力学角度看，对致密颗粒而言，颗粒越细，颗粒表面积越大，反应速度越快。但颗粒太细，会增大粉尘量，降低收率。为使两种物料在沸腾氯化时保持良好的沸腾状态，在同一气速下都能很好地接触，且不分层，顺利、完全反应，要求各自有严格的平均粒度。通常石油焦的平均粒度约比高钛渣（或金红石）的粒度大 40%。可用下面的理论公式计算：

$$Dp_{碳}^3 \times D\rho_{碳}^3 = Dp_{钛}^3 \times D\rho_{钛}^3$$

式中　$Dp_{碳}$，$D\rho_{碳}$——分别为碳颗粒的平均粒径和密度；

　　　$Dp_{钛}$，$D\rho_{钛}$——分别为钛原料颗粒的平均粒径和密度。

（4）配碳比。按照氯化反应总方程式：

$$TiO_2 + (1 + \eta)C + 2Cl_2 \longrightarrow TiCl_4 + (1 - \eta)CO_2 \uparrow + 2\eta CO \uparrow \qquad (9-23)$$

由化学计量关系可以确定：经氯化反应后，气体体积为入炉气体 Cl_2 体积的 $[1 + (1 - \eta) + 2\eta]/2 : (1 + \eta/2)$ 倍。可由尾气中 CO 和 CO_2 的分压确定：

$$\eta = [p(CO)/2)]/[p(CO)/2 + p(CO_2)] \qquad (9-24)$$

若 TiO_2 量为 1mol，则理论配碳量为 $1 + \eta$；若尾气中

$$p(CO):p(CO_2) = 1:1 \qquad (9-25)$$

则理论配碳比为 20%（相对于 TiO_2 的质量分数）。但生产所用钛料中除 TiO_2 外，还有钛的低价氧化物和其他杂质，而且应考虑机械损失等因素，所以实际配碳比应高于此值，生产实践中配碳比一般接近 30%（相对的 TiO_2 质量分数）。配碳量不足，对 TiO_2 的氯化率有严重的影响；配碳量大大超过理论量，并不能给氯化过程带来益处，无助于氯化率的提高。

（5）氯化系统的压力。氯化系统的压力不仅对氯化反应有影响，而且对设备的腐蚀情况有较大的影响。生产中有"正压操作"与"负压操作"两种工艺。正压操作是指系统压力比常压高 50～500mmHg❶，负压操作是指系统压力比常压大约低 200mmHg。相对而言，正压操作具有以下优点：1）系统压力高于外界压力，无空气进入系统，从而减少了 $TiCl_4$ 水解的机会，也减轻了设备、管道的腐蚀程度；2）系统内气流速度缓慢，延长了产物气体在氯化炉、淋洗塔和冷凝器内的停留时间，因而强化了氯化反应、淋洗和冷凝效果，增大了 $TiCl_4$ 的收率。

（6）钙、镁等杂质。由热力学分析可知，在温度高于 800℃时金属氧化物优先发生氯化反应的顺序为：$CaO > MnO > MgO > Fe_2O_3 > FeO > TiO_2 > Al_2O_3 > SiO_2$，且 CaO、MnO、MgO、Fe_2O_3、FeO 会优先于 TiO_2 被氯化，生成相应的金属氯化物。

由于 $CaCl_2$、$MgCl_2$、$MnCl_2$、$FeCl_2$ 的熔点分别为 772℃、714℃、650℃和 674℃，沸

---

❶　1mmHg = 133.3224Pa。

点分别为 1800℃、1418℃、1190℃和 1026℃，即熔点较低，而沸点较高，因而在氯化过程中呈熔融状态，而且又难以挥发。随着反应的进行，它们在床内越积越多，使颗粒黏结，恶化沸腾状态。

在实际操作中，解决氯化物杂质的方法有以下几种：1）选择 Ca、Mg、Fe 等含量较低的原料。2）引入稀释剂。向氯化炉内引入一种惰性的固体物质来冲淡 $CaCl_2$、$MgCl_2$ 等在床层中的浓度，使固体颗粒间不至于黏结。常用的办法是适当增大配碳比，用过剩的石油焦充当稀释剂。3）合理排渣。生产实践证实：在保证沸腾温度正常的情况下，应定时、定量排渣，防止 $CaCl_2$、$MgCl_2$ 等金属氯化物在炉底堆积黏结，一般每 8h 必须排渣 1 次。

（7）氯气的浓度和流量。通常氯气的浓度越高越好，浓度低时带入其他成分的气体对 $TiCl_4$ 的冷凝不利。流量控制在 v 允许的范围内，v 大一点时氯化反应速度快，生产能力高。

9.5.1.6　沸腾氯化工艺的主要技术经济指标

以直径为 1000mm 的沸腾氯化炉的氯化工艺为例，主要技术经济指标：生产能力为 15～20t/d；氯化率为 96%；Cl_2 利用率为 92%；钛回收率为 88%；生产 1t $TiCl_4$ 排渣量为 0.112t；生产 1t $TiCl_4$ 回收盐酸（HCl 质量分数为 20%）0.620t；生产 1t 粗 $TiCl_4$ 消耗高钛渣 0.558t，石油焦（煅后焦）0.154t，氯气 0.945t。

表 9-10 给出了四氯化钛生产的主要消耗定额。

表 9-10　四氯化钛生产的主要消耗定额

序　号	名　　称	消耗定额（kg/t $TiCl_4$）	备　注
1	高钛渣	480～500	高钛渣质量标准 $TiO_2 \geqslant 90\%$
2	石油焦	150～200	石油焦质量标准 $C \geqslant 85\%$
3	氯气	900～1020	电解氯气 $Cl_2 \geqslant 96\%$

9.5.1.7　沸腾状况的判断方法及异常现象处理

沸腾状况的判断方法有：（1）根据体系的压力判断。在正常沸腾状况下，体系的压力小幅度、频繁地围绕某数值上下波动。（2）根据反应温度判断。由于氯化反应是放热过程，因此，如果温度明显下降，则很可能是沸腾状况不好引起氯化反应不正常。（3）根据排渣状况判断。在正常情况下，排渣操作应该是顺畅的，排渣量少，且炉渣呈灰色。（4）根据尾气中游离氯含量判断。如果游离氯含量高，说明很可能是床层出现沟流或沸涌等不正常流化现象。

异常现象的原因和处理措施见表 9-11。

表 9-11　异常现象的原因和处理措施

异常现象	原　因	处理措施
床层压降高	料层厚度太高	减少加料量
	配料比不合适	调整配料比
	未排渣	及时排渣
	粒度太粗	调整粒度
	反应速率低	调整加料量

续表 9 – 11

异常现象	原　因	处 理 措 施
炉温降低	配碳量低	增加配碳量
	氯气量小	加大通氯水平
	物料粒度粗	调整原料粒度
收尘器温度升高	气体流量太大	适当调节气体流量
	入炉气体含氯量高	减少通氯量或者增加加料量
	物料粒度太细	调整物料粒度
尾气含氯高	通氯量过大	减少通氯量
	物料未反应	检查原料配比
	配比不当	增加加料量
	温度太低	加大加料量
	沸腾不正常，有结块或者死料，有沟流，料层太薄	检查炉底，清理结块
系统压力高	管道或者设备堵塞	疏通，尽快排渣
	尾气吸收塔堵塞或者淹塔	检查清除，降低水量
加料不足	加料机转速慢	检查机械故障，处理
	物料潮湿	检查烘干
	调整装置失控	检查处理
	螺旋叶片磨损腐蚀	检查，更换

9.5.1.8　氯化系统压力控制

实际生产中，氯化系统可维持正压或负压操作，根据氯化工艺过程情况，若维持负压操作，其缺陷是：

（1）若系统密闭不好，使空气渗漏到氯化系统内，造成水解堵塞管道。

（2）氯化炉排出的混合气体进入收尘器和冷凝系统速度增大，停留时间不足，使粉尘和高沸点氯化物在收尘器内得不到充分分离和冷凝，致使液体 $TiCl_4$ 含悬浮物和高沸点氯化物增多。

（3）负压下气流速度增大，也使 $TiCl_4$ 冷凝不完全，回收率偏低。因此氯化系统负压控制越低越好，以保持氯化炉顶不冒烟为控制负压大小的依据。

当收尘系统截面积增大，混合气体流经的路程增长，流速减小，为使混合气体及时进入 $TiCl_4$ 循环冷凝系统，氯化系统的压力控制在 $0 \sim -20mmH_2O$❶。

9.5.1.9　氯化主要设备

流态化氯化炉的炉型按照其炉型结构分为直筒形沸腾氯化炉、扩散型沸腾氯化炉和锥形沸腾氯化炉。直筒形氯化炉上下一样大，结构简单而紧凑，适用于粒度较细的物料，对物料粒度要求极为严格，美国和日本使用该炉型较多。国内部分 $TiCl_4$ 生产企业引进了该种流态化氯化炉。

---

❶　$1mmH_2O = 9.80665Pa$。

扩散型沸腾氯化炉的炉膛空间上下不一样大，下部流态化段直径较小，上部直径较粗。该炉型适用的粉料粒级范围较宽，生产过程中较粗粒级的粉料在流态化层反应，而较小粒级的物料进入扩大段继续与残余氯气反应，由于气流在进入扩大段后，气流速度降低，增加了物料在炉内的停留时间，使反应更加完全，提高了物料的利用率，因而在流态化氯化中扩散型沸腾氯化炉使用得更加广泛。

锥形沸腾氯化炉的特点是流态化层呈倒圆锥形，炉截面积自下而上逐渐扩大。此炉型流态化层部位的气流速度随高度升高而变小，使流态化层保留较多的细粉料，对改善流态化床粒度分层有利。

有筛板沸腾氯化炉通常是一个立式反应器，炉体由炉底、炉身和炉顶三部分组成。炉底有气体分布板，炉身由上而下分别由流态化段、过渡段和扩大段组成。

无筛板沸腾氯化炉，炉体由炉底、炉身和炉顶三部分组成。炉底有气体分布板，炉身由上而下分别由流态化段、过渡段和扩大段组成。筛板（又称为气体分布板）的流态化氯化炉称为有筛板沸腾氯化炉。因为气体分布板在氯化过程中常发生筛孔堵塞的情况，特别是在处理含高钙镁原料更易被黏稠的钙镁氯化物堵塞，被迫停炉清理，生产周期短。为了克服有筛板氯化炉的这种缺点，因此出现了一种无筛板（即气体分布板改变了方式）的流态化氯化炉，被称无筛板沸腾氯化炉。

无筛板沸腾氯化炉的结构与有筛板沸腾氯化炉基本相同，不同之处是改变了氯气分布板的方式，早期多采用喷嘴式，即在炉底的圆锥体周围分布了多个喷嘴，氯气通过这些喷嘴进入炉内。有的企业采取了环缝式氯气分布的方法。

流态化氯化设备流程图如图9-8所示。

A 沸腾氯化炉

在中国，沸腾氯化炉用于生产四氯化钛始于20世纪70年代中期，与固定床氯化炉、移动床氯化炉、熔盐氯化炉相比，提高了生产效率，单位截面积产能达到了 $25 \sim 40t/(m^2 \cdot d)$，比固定床、移动床氯化炉增加了 $6 \sim 10$ 倍，是熔盐氯化炉的 $2 \sim 3$ 倍。

沸腾氯化炉结构主要由氯气分配室，气体分布板（筛板），沸腾段（反应段），过渡段，扩大段，顶盖以及加料、排渣装置，检测仪表等组成。沸腾氯化炉型有圆柱形沸腾床和锥形沸腾床，其区别是在过渡段经过了多级放大，一般按锥角 $5° \sim 7°$ 逐级放大，由于锥形床从底部开始沿床高气流速度逐级减小，增加了固体物料在炉内的停留时间分布，适合粒度分布较宽的物料，降低固体物料带出损失，使氯化反应更充分完全。

某厂 $\phi1200mm$ 沸腾氯化炉沸腾段直径为 $\phi1200mm$，单位截面积为 $1.131m^2$，沸腾段高 $3.192mm$。氯化炉内衬要求耐高温、耐腐蚀、密闭性好，特别是沸腾段，温度高、氯气浓度大，物料对炉壁冲刷严重，因此沸腾段内衬一般由保温层、耐火耐酸混凝土捣固层、黏土砖层、电极糊熔铸层组成，炉衬总厚度为 $730mm$。

扩大段的直径要求使炉气上升速度小于最小颗粒的沉降速度，使固体颗粒物料能自由沉降，在扩大段内稀相区进行氯化反应，不至于被带出炉外。扩大段直径一般为沸腾段直径的4倍左右。某厂 $\phi1200mm$ 沸腾氯化炉扩大段直径为 $\phi3812mm$，为沸腾段直径的3.18倍，扩大段高度为 $3856mm$。扩大段内衬没有对沸腾段内衬的要求那样严格，一般分为三层，最外层为保暖砖，里面两层为黏土砖。

过渡段的高度取决于过渡段的锥角。锥角过大，粉尘物料易堆积在锥角上，烧结成

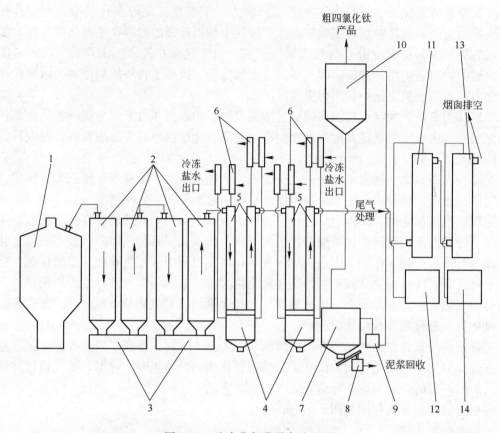

图9-8　流态化氯化设备流程图

1—氯化炉；2—除尘器；3—烟尘处理箱；4—TiCl$_4$循环液泵槽；5—淋洗塔；6—套管冷凝器；7—浓密机；

8—泥浆罐；9—中间存储槽；10—过滤器；11—水洗塔；12—酸循环槽；13—碱洗塔；14—碱液循环罐

"死灰"，达到一定厚度时，可能以块状脱落，沉积在筛板上，破坏正常流态化。合理的锥角应按物料的自然堆积角来确定，实测高钛渣和石油焦混合料的自然堆积角约为30°，因此，一般取过渡段锥角小于30°，某公司 φ1200mm 沸腾氯化炉过渡段锥角为16°，过渡段高度为4060mm。

氯气分配室的作用：一是使氯气静压分布均匀；二是支撑筛板。

筛板的作用是支撑物料，均匀分布气体造成良好的沸腾条件。影响筛板性能的是开孔率和筛板形式。筛板开孔率小可以增加气流阻力，使气体分布均匀、操作稳定，但开孔率太小会增加动力消耗。开孔率一般取1%左右。某公司 φ1200mm 沸腾氯化炉采用直流型平筛板，筛板均匀分布349个孔，直径为 φ8mm，筛板开孔率为1.55%，筛板采用耐火混凝土捣制而成。为不使筛板孔堵塞和漏料，生产时在筛板上铺厚100~150mm 左右、粒度约20mm 左右的耐火颗粒填料。选择加料量为 615.6kg/h 时，筛板的小孔速度为 4.18~4.53m/s。氯气分配室也可采用侧壁分配形式，即所谓的无筛板，但其氯气的分配没有直流型平筛板均匀，其开孔率在0.8%~0.99%为宜。

B　收尘冷凝器

收尘冷凝器的作用，是使从氯化炉出来的混合气体，经过减速、降温，将高沸点杂质氯化物冷凝与夹带的固体颗粒一起沉积下来。在四氯化钛生产中一般采用隔板除尘器。收尘冷凝器的冷凝和沉降效果既与炉气流速、气流途径长短有关，又与温度有关。气流速度低，停留时间长，温度低对固体颗粒、高沸点杂质沉降分离是有利的，但温度太低，四氯化钛气体也会在收尘器中冷凝，造成四氯化钛损失，会对环境造成污染。对收尘器冷凝面积需经物料平衡和热平衡来计算散热量求得，根据经验数据，收尘器外壁空气自然冷却散热为 $800 \sim 1200 kcal/(m^2 \cdot h)$，收尘冷凝器表面积每天每吨四氯化钛不小于 $7m^2$。某公司 $\phi1200mm$ 沸腾氯化炉其收尘冷凝器的冷凝面积约为 $239.8m^2$，每天可冷凝处理约 34t 四氯化钛产量的收尘量。若将收尘冷凝器锥体部分的面积计入，收尘冷凝器的冷凝面积约为 $307.5m^2$，每天可冷凝处理约 44t 四氯化钛产量的收尘量。若沸腾氯化炉产量为 25t/d 时，收尘器表面积过大散热损失增加，当环境温度较低时，$TiCl_4$ 在收尘器中会被冷凝下来，造成 $TiCl_4$ 损失，增加水处理负荷，必须采取保温措施，使收尘器出口温度大于 120℃，控制在 150℃ 左右。若每天产量按 $22 \sim 25t$ 计算，收尘器的表面积为 $154 \sim 175m^2$ 就够了。$\phi1200mm$ 沸腾氯化炉收尘器的总截面积在 $21 \sim 24m^2$ 较适宜，生产实践证明，生产 1t 四氯化钛，收尘器截面积在 $0.8 \sim 1.0m^2$ 其收尘效果非常好。

C 四氯化钛淋洗塔

四氯化钛淋洗塔的作用是将四氯化钛气体以及低沸点杂质冷凝成液体，在收尘冷凝器内未被沉降分离的高沸点杂质也冷凝下来。我公司采用直接喷洒的柱状淋洗塔。淋洗液采用两级壳程水间接冷却，两级壳程冷冻盐水间接冷却后的粗四氯化钛在套管冷却器中走管程后，通过淋洗塔顶端的喷嘴将四氯化钛气体淋洗冷凝为液体。

淋洗塔的冷凝效率与淋洗液的温度、气体停留时间、喷淋密度有关。冷却温度不能太低，这样不仅消耗能量大，并使液体四氯化钛流动性变差。根据四氯化钛在 0℃ 时的蒸气压已经很小（411.965Pa），尾气温度保持 0℃ 即可。喷淋密度一般要求在 $100 \sim 150m^3/(m^2 \cdot h)$，某公司 $\phi1200mm$ 沸腾氯化炉系统的淋洗塔喷淋密度约为 $80m^3/(m^2 \cdot h)$，第一、二淋洗塔喷淋强度偏小，应增加循环淋洗泵的扬程和流量，以提高淋洗塔的冷凝效率，可考虑将扬程提到 40m，流量提到 $55 \sim 60m^3/h$。

D 浓密机（沉降槽）

浓密机是固液分离设备，它的工作原理是借重力作用使悬浮在 $TiCl_4$ 中的固体杂质沉积下来，并在刮板作用下促使沉降物（即泥浆）下沉，使悬浮液分为澄清液和浓厚的泥浆，此过程称为沉降浓缩过程。从浓密机溢流出来的澄清液经过滤器过滤，而进一步使固液分离。浓密机底部泥浆由底部螺旋排出后再进行泥浆干燥处理，并回收 $TiCl_4$，干渣为无公害物质，可进行定点填埋。

浓密机是一个直径为 $5 \sim 8m$ 的圆筒锥体设备，锥体部分设置有搅耙，搅耙的转速为 0.05r/min，排泥浆螺旋倾角约为 $23° \sim 25°$，转速为 7r/min。

E 管式过滤器

从循环泵槽溢流到底流槽的粗 $TiCl_4$ 或有浓密机溢流出来的 $TiCl_4$，固体杂质含量较高，必须经过过滤。过滤用管式过滤器，这是一种压力式的过滤器，内部装有 6 根过滤管，管上均匀分布 $\phi6mm$ 的过滤孔，外面捆扎涤纶 747 过滤布和一层玻璃丝布。过滤液借助高位槽的静压，从过滤器上部切线方向进入，透过涤纶布，固体杂质被分离，四氯化钛液体由上部引出流入成品槽。当停止过滤时，打开底部排渣阀门，管内的四氯化钛通过反冲作用，将滤饼残渣排入泥浆槽或浓密机。

F　尾气淋洗塔

尾气处理系统为两级水洗和两级碱液洗涤。

水洗涤塔为循环淋洗，含 HCl 淋洗液须经过石墨冷却器冷却降温，当盐酸浓度富集到 27% ~ 31%，即可出售。经水洗后的尾气再经过两级碱液中和洗涤塔淋洗，进一步除去 HCl 和游离氯，用酚钛指示剂检查循环洗涤的石灰乳或 7% ~ 10% 左右的 NaOH 溶液，若红色消退表示洗涤液失效，应进行排放，更换新的石灰乳或 7% ~ 10% 左右的 NaOH 溶液。

G　加料装置

沸腾氯化的固体物料加入炉内的方法，在国内多采用螺旋加入的方法。螺旋加料器可适用于输送干燥的固体粉料，具有加料均匀、结构简单、可以采用固体物料密闭的特点，加料量可通过螺旋转数的调节来控制。加料口的位置选择一般在流态化层自由面稍高处。

螺旋加料属于点加料方式，在氯化炉内分布不均匀，影响流态化质量，可能造成物料的氯化率下降，氯气利用率下降，尾气中含氯量高。国外（主要是美国和日本）采用气体输送物料，即用一定压力的气体将物料喷入炉内，物料在炉内的分布较为均匀，改善流态化质量，改善了螺旋加料的缺陷。该加料方式在国内少量 TiCl$_4$ 生产企业得到推广应用。

H　排渣装置

国内 TiCl$_4$ 生产企业氯化炉的排渣几乎全部采用炉底排渣方法，已有多种排渣器。排渣器结构简单，密封良好，操作方便。

I　除尘设备

除尘设备多采用重力沉降收尘和旋风收尘，国内的除尘设备采用隔板收尘器，其基本原理属于重力沉降收尘。隔板收尘器结构简单，防腐性能好，但除尘效果没有旋风收尘效率高。增设隔板的目的是增加炉气在收尘器内停留的时间，改变了气流方向，增加固体颗粒的沉降时间，达到除尘目的。生产实际中有些收尘器不设置隔板，为了达到良好的除尘效果，可将多台收尘器串联使用。

9.5.1.10　氯化炉技术操作

A　氯气准备

氯化的氯气提供主要有两个方面的来源：一是电解返回的氯气；二是液氯蒸发的氯气。氯化生产一般要求氯气的浓度越高越好（体积浓度大于 80%）、杂质越少越好（特别是水分含量低，质量分数小于 0.1%）。使用电解返回氯气从事氯化生产，其浓度不高，从全厂的氯气平衡来看，电解返回氯气量也不能保持氯气的平衡，需要补充一定量的纯氯气，纯氯气由外购或其他方式获得。

氯气由液氯蒸发站蒸发液态氯气制取，一般用蛇形管式、列管式或套管式换热器来使液氯挥发，水浴温度控制为 50 ~ 75℃，蒸发后氯气进入缓冲罐减压，要求氯气出口压力不大于 0.5MPa。气态纯氯与气态电解氯混合由沸腾氯化炉底部通入炉内。

B　固体物料准备

a　石油焦的准备

石油焦用颚式破碎机粗破，粒度小于 80mm，再经反击式破碎机中碎，粒度小于

15mm，进入回转加热输料机内烘干，烘干后经振动筛筛分，筛下物用斗式提升机提入石油焦料仓，筛上物经反击式破碎机破碎后再返回振动筛处理。

石油焦的化学成分要求列于表 9 – 12。

表 9 – 12　石油焦的化学成分要求

项　目	质量指标						
	一级品	合格品					
		1A	1B	2A	2B	3A	3B
硫含量/%	≤0.5	≤0.5	≤0.8	≤1.0	≤1.5	≤2.0	≤3.0
挥发分/%	≤12	≤12	≤14	≤14	≤17	≤18	≤20
灰分/%	≤0.3	≤0.3	≤0.5	≤0.5	≤0.5	≤0.8	≤1.2
水分/%	—	≤3					

b　高钛渣的准备

高钛渣来料是合格品可直接进入高钛渣料仓。高钛渣的化学成分要求列于表 9 – 13。

表 9 – 13　高钛渣的化学成分要求

产品级别	TiO_2/%	杂质含量/%			
		Fe	P	CaO + MgO	MnO
一　级	≥94	≤3.0	≤0.02	≤1.0	≤2.0
二　级	≥92	≤3.5	≤0.03	≤2.0	≤2.5
三　级	≥90	≤4.5	≤0.03	≤2.5	≤3.0
四　级	≥80	≤4.5	≤0.03	≤10	≤3.0

用计量螺旋将高钛渣和石油焦按配比进入功频回转筒混合，并预热烘干，配碳比为：高钛渣∶石油焦 = 100∶(30 ~ 40)（质量比），制成混合料通过刮板输料机和螺旋输料机进入氯化炉内。

所有的钛原料都适合熔盐氯化，沸腾氯化原料以天然金红石、人造金红石、UGS 钛渣和高钛渣为主，同时根据钛原料分布实施综合物料政策。

C　氯化炉的烘烤

凡新修、大中小修或清炉后受潮的炉子，都要进行烘烤。烘烤的目的主要是脱去水分，烧结砖缝灰浆并达到启动的温度。烤炉时间和温度制度随内衬材料和检修情况的不同有所差别。对黏土砖砌的炉子，其烤炉时间和温度控制见表 9 – 14。

表 9 – 14　烤炉时间和温度控制

温度控制	新修或者大修/d	中修/d	小修/d
→150℃	2	1	1
150℃ 恒温	5	2	0.5
150 ~ 300℃	2	2	0.5
300℃	4	2	0.5

温度控制	新修或者大修/d	中修/d	小修/d
300~500℃	2.5	1.5	1
550℃~启动温度	1.5	1.5	1
合 计	17	10	5

　　寒冷季节建成的以及建成后自然干燥时间短的炉子，升温要慢一些，烤的时间要长一些，烘烤后需要降温清理的炉子，也要保持一定的降温速度（可以比升温速度稍快些），否则会因急剧冷却发生炸裂。

　　烤炉的方法，可以在沸腾氯化炉底部安装一个活动炉子，在300℃以内用木材烤，然后用块煤和焦炭烤，再逐渐将活动炉子伸入炉内，使温度升高。

　　D　氯化炉的启动和正常操作

　　启动前的准备工作：（1）检查设备、管路、阀门，要求干燥、密闭、畅通；（2）检查所有电器、仪表、流量计、温度计、压力表是否处于工作状态。风机、循环泵、加料机、尾气淋洗泵必须空负荷运转正常；（3）将沸腾氯化炉底（即气体分配室）和筛板（即气体分布板）进行烘烤，检查筛板孔有无堵塞，在筛板上放一层厚100~150mm、粒度为ϕ20mm左右的耐火颗粒填料，筛板周围用石棉绳蘸水玻璃、长石粉胶泥作密封垫圈，炉底靠螺钉孔里面也用石棉绳蘸水玻璃、长石粉胶泥围两到三圈作密封垫或用耐热真空橡胶垫密封；（4）通知氯气蒸发室做好通氯准备，配料工段备足氯化混合料，启动低温盐水机组制冷。

　　氯化炉的启动：（1）烤炉温度升到800℃时，维持一定时间使炉内温度达到热平衡后，拆去烤炉用的活动炉子，清除氯化炉壁上的烧结物，然后迅速装上准备好的炉底，接上氯气管、压差管；（2）测定好螺旋加料机的每小时加料量，启动螺旋加料机向炉内送料；（3）加料10min，即可通氯，流量由小到大，1h后达到正常流量；（4）启动尾气风机、循环泵和尾气淋洗泵，送冷冻盐水和尾气淋洗水和石灰乳或碱液。

　　ϕ1200mm沸腾氯化炉（系统未设置浓密机）正常生产操作条件：（1）加料量为640~740kg/h；（2）通氯料为915~1070kg/h；（3）反应温度为850~1000℃；（4）炉出口温度为500~700℃；（5）沸腾压差为450~800mmH$_2$SO$_4$。

　　当沸腾压差高于800mmH$_2$SO$_4$时即进行排渣，排到450mmH$_2$SO$_4$为止，排渣量不大于进料量的7%，渣中TiO$_2$含量小于7%为正常。

　　E　氯化后部系统操作制度

　　氯化后部系统操作制度如下：（1）4号收尘器的出口温度控制在150℃左右；（2）每班排收尘渣一次，渣中含四氯化钛越少越好（即干渣），将收尘渣放入冲渣池，冲渣前关好收尘器下部锥形阀或盲板，打开卫生排风插板阀，冲渣后的酸性废水需经碱液中和后，上清水循环使用或排放；（3）要经常检查循环泵是否上料，四氯化钛淋洗塔的出口温度不高于5℃；（4）冷冻盐水温度为-10~-15℃；（5）循环泵槽的底流每班放一次，通过开启循环泵槽顶盖的锥形阀或底部阀门放入底流槽，以免泥浆沉积，影响淋洗效果；（6）折流板槽的出口温度控制在0℃左右；（7）管式过滤器为间歇作业，即将上班生产的四氯化钛从底流槽打到高位槽，进行过滤，过滤完后，打开过滤器阀门，使四氯化钛反冲将附着在滤布上的泥浆冲入泥浆槽内，泥浆浓度用 $TiCl_4$ 溶液稀释到 20% ~30%，经搅拌后，用泥浆泵打入收尘器或氯化炉中回收 $TiCl_4$；（8）定期分析经过滤的四氯化钛固液比，要求固液比小于 0.5%，否则要返回重新过滤，并考虑更换过滤布。

9.5.2 熔盐氯化

熔盐氯化技术是针对高钙镁含量的含钛原料难以采用沸腾氯化技术的问题，采用的一种生产粗四氯化钛的生产技术。目前只有我国的锦州铁合金厂钛白粉分厂、攀钢海绵钛厂和乌克兰和哈萨克斯坦的海绵钛生产厂采用这种氯化技术。含钛矿物熔盐氯化法的原理是将磨细的钛渣和石油焦悬浮在熔盐介质（碱金属和碱土金属氯化物）中通氯氯化生成四氯化钛。碱金属氯化物（NaCl、KCl）和碱土金属氯化物（CaCl、MgCl）本身并不直接参与反应，但它们的物理化学性质（黏度、表面张力等）对氯化过程却有重要影响。

熔盐氯化炉有 3 个用水冷却的石墨电极，启动初期用来加热熔盐。底部有 4 根通氯管，中部设有排盐口，上部设有加料口、启动初期的加盐口、人孔和炉气出口。含 CaO + MgO 较多的原料加入氯化炉中后，浮在熔盐表面（$MgCl_2$、$CaCl_2$、KCl、NaCl 等），底部通入的氯气将原料氯化，炉气逸出炉外，钙盐、镁盐等杂质被留在炉内。

当高速的氯气流喷入熔盐后对熔盐和反应物产生了强烈的搅动。氯气流本身分散成许多小泡，逐渐由底部向上移动。在表面张力作用下，悬浮于熔盐中的固体粒子黏附在熔盐与氯气泡的界面上，随熔盐和气泡的流动而分散于整个熔体中，使反应物之间有良好接触，为氯化反应过程创造了必要条件。反应物根据其性质差异，低蒸气压组分（CaCl、$MgCl_2$、$MnCl_2$、$FeCl_2$）以熔融态转入熔盐中，高蒸气压组分（$TiCl_4$、$SiCl_4$、$AlCl_3$、$FeCl_3$）以气态从熔盐中逸出进入收尘冷凝系统。钛渣中难氯化组分（SiO、Al、C）逐渐以固体渣形式在熔盐中积累。

以钛渣或金红石和石油焦制成团块，在竖式氯化炉内于高温下与氯气作用生成四氯化钛的过程，为四氯化钛制取方法之一。因团块堆放在竖式氯化炉中呈固定层状态与氯气作用，故又称团料氯化或固定层氯化。此法于 20 世纪 40 年代后期首先在美国用于工业生产，中国在 1958 年也开始使用此法。由于需制团，工艺流程冗长，炉的生产能力又低 [生产 $TiCl_4$ 4 ~5$t/(m^2 \cdot d)$]，已逐步为流态化氯化法生产四氯化钛和熔盐氯化法生产四氯化钛所代替。

熔盐氯化与沸腾床氯化 $TiCl_2$ 淋洗、冷凝系统基本一样，最根本的区别在于氯化炉和收尘器系统。

9.5.2.1 熔盐氯化工艺流程

熔盐氯化工艺流程如图 9-9 所示。熔盐氯化工艺经验最丰富的企业当属哈萨克斯坦共和国乌兹基市镁钛联合企业。该企业共有 6 台熔盐氯化炉，每年可以生产海绵钛 3.0 万吨。相当于年产 8.0 万吨的氯化法钛白粉厂的生产能力，但是单台氯化炉的生产能力不高，为日产 100 ~120t 粗 $TiCl_4$ 的水平。

9.5.2.2 熔盐氯化工艺主要设备

A 熔盐氯化炉

熔盐氯化炉的结构如图 9-10 所示。熔盐氯化炉启动比较麻烦，首先应把炉外熔融的

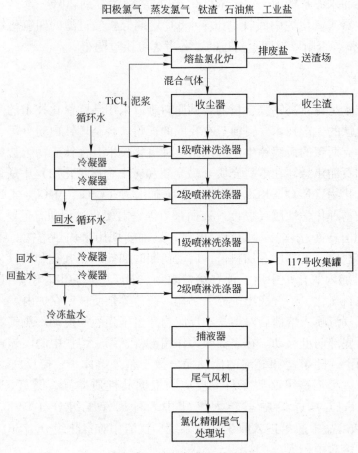

阳极氯气 蒸发氯气 钛渣 石油焦 工业盐

熔盐氯化炉 → 排废盐 → 送渣场

混合气体

$TiCl_4$ 泥浆

循环水

收尘器 → 收尘渣

1级喷淋洗涤器

冷凝器
冷凝器

2级喷淋洗涤器

回水 循环水

1级喷淋洗涤器

回水 ← 冷凝器
回盐水 ← 冷凝器

117号收集罐

2级喷淋洗涤器

冷冻盐水

捕液器

尾气风机

氯化精制尾气
处理站

图 9-9　熔盐氯化工艺流程

NaCl - $MgCl_2$ 混合熔盐压入炉内，淹没电极，送电升温。不断加入干燥的 NaCl 盐直到反应要求的高度，提温到 750℃ 以上可以加料进行反应。

由加料孔向炉内加入配好的混合料，由通氯管通入氯气或氧化循环尾气开始反应。

生成的 $TiCl_4$、$FeCl_2$、$FeCl_3$、$AlCl_3$、CO_2、CO 等进入扩大段，炉气带出粗颗粒炉料及熔盐颗粒沉降落入熔盐中，炉气经出口进入收尘器。反应开始需送电提温，因反应放热，反应正常后完全可以自热。反应区温度达到 750℃ 恒定一段时间后，就可以停止送电。炉盖、扩大段、过渡段、炉缸都有冷却水套，在正常反应时通水移出反应热，保护炉衬，降低炉内温度，防止反应区温度过高造成大量熔盐升华，恶化控制条件。

B　收尘器

收尘器因熔盐氯化，氯化炉出口炉气压力为微正压，收尘器基本采用重力沉降收尘器。收尘器的主要作用是通过大的表面积散热，使 750℃ 左右的炉气冷却；并且使炉气降低流速，使炉气中固相 $FeCl_2$、气相 $FeCl_3$、$AlCl_3$ 结晶长大沉下来，用桶装送到处理工序。

收尘器可为多级。强化散热第一级收尘器表面焊有散热片，内衬有耐酸混凝土层，防止在较高的温度下，金属壳体被炉气中的残余氯气腐蚀。第二级壳体无内衬，加强散热。通常在内壁上结有 $FeCl_3$、$AlCl_3$ 黄色渣层，阻止金属筒体被氯化，可使用多年，但是也降低了散热能力。

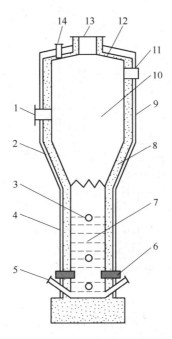

图 9 - 10　熔盐氯化炉的结构

1—加料孔；2—过渡段冷却水套；3—排熔盐孔；4—反应区冷却水套；5—通氯管；6—石墨电极；

7—炉缸反应区（即熔盐区）；8—耐火炉衬；9—扩大段冷却水套；10—扩大段；

11—炉气出口；12—炉盖；13—加盐孔兼防爆孔、入孔；14—加盐孔

熔盐氯化工艺中当炉温较高时常有 $NaFeCl_4$、$NaAlCl_4$ 低熔点物生成，容易造成炉气出口、收尘器筒壁、顶盖结疤。当长大受冲击，振动易掉下，时有堵住出渣口、料桶口的现象发生。因此操作中要严格控制氯化炉温不要太高，减少低熔点 $NaFeCl_4$、$NaAlCl_4$ 生成，防止上述的事件发生，同时也可减少粗 $TiCl_4$ 中的泥浆量。

$$NaCl + FeCl_3 =\!=\!= NaFeCl_4 \qquad\qquad (9-26)$$

$$NaCl + AlCl_3 =\!=\!= NaAlCl_4 \qquad\qquad (9-27)$$

$NaFeCl_4$、$NaAlCl_4$ 被称为低沸点的"固体"，熔点通常在 $188 \sim 430℃$ 之间。

含有 $AlCl_3$、$FeCl_3$ 的 $TiCl_4$ 泥浆料返回到氯化炉系统（包括烟道、收尘器），每 1000kg 料浆气化后可从氯化炉中带走 $380 \sim 420MJ$ 的热量。有利于控制炉温，简化氯化炉的结构。同时发生的反应如下：

$$3TiO_2(s) + 4AlCl_3(g) =\!=\!= 3TiCl_4(g) + 2Al_2O_3(s)\downarrow \qquad (9-28)$$

$$TiO_2(s) + 4FeCl_3(g) + C(s) =\!=\!= TiCl_4(g) + 4FeCl_2(s)\downarrow + CO_2\uparrow \qquad (9-29)$$

这样可以有效地除去泥浆中的 $AlCl_3$、$FeCl_3$，使其变成高熔点、高沸点的杂质从系统中除去，同时又提高了氯的利用率。通常向氯化炉内返泥浆越平稳连续，除杂质的效果越好，越能减少 $TiCl_4$ 中的泥浆含量，越有利于提高氯气的利用率。

C　淋洗塔

$TiCl_4$ 淋洗塔的作用是被降温到 250℃ 以下的 $TiCl_4$ 炉气，在淋洗塔中用 $TiCl_4$ 淋洗进行充分换热，使 90% 左右的 $TiCl_4$ 被吸收，由气相转为液相而收集下来。一般 $TiCl_4$ 淋洗塔为逆流操作，采用文丘里洗涤器的为顺流操作。淋洗塔结构如图 9 - 11 所示。

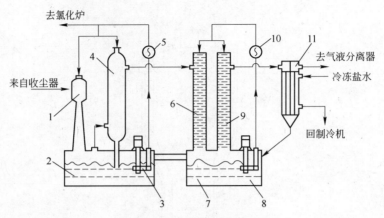

图 9 - 11 淋洗塔结构

1—文丘里洗涤器；2—TiCl₄ 泵槽；3—淋洗 TiCl₄ 泵；4—喷淋塔；5—热交换器（水冷）；6，9—冷凝吸收塔；

7—冷凝 TiCl₄ 泵槽；8—冷凝 TiCl₄ 泵；10—盐水冷却换热器；11—液膜冷却器

D 冷凝设备

冷凝设备采用常温或低于 65℃ TiCl₄ 淋洗吸收的方式是不能把所有 TiCl₄ 淋洗（冷凝）吸收下来的。因为正常情况淋洗用的 TiCl₄ 虽然经过冷却到 50～65℃，淋洗后的 TiCl₄ 料液通常在 90℃ 左右有较高的蒸气压（20kPa）。为进一步使 TiCl₄ 冷凝下来，提高钛的回收率，通常采用冷冻盐水冷却到 -20℃ 下的 TiCl₄ 料液去冷凝气相 TiCl₄。冷凝设备有喷淋塔和膜式冷凝器。膜式冷凝器是在换热器中壳程走冷冻盐水，管程中通过 TiCl₄ 气体，在管程上冷凝形成 TiCl₄ 液膜并吸收 TiCl₄ 气体的装置见图 9 - 12。为使 98% 以上的 TiCl₄ 回收下来，淋洗、冷凝设备采用多级吸收的工艺。

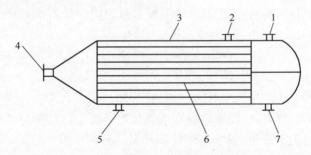

图 9 - 12 膜式冷凝器

1—炉气入口；2—冷冻盐水出口；3—壳程；4—冷凝 TiCl₄ 出口；

5—冷冻盐水出口；6—管程；7—不凝性气体出口

E 气液分离器

气液分离器 TiCl₄ 经过淋洗、冷凝后，98% 被收集下来，但随不凝性气体（CO、CO₂、N₂ 等）夹带的 TiCl₄ 液滴，经过分离器分离液相提高回收率。

前两组淋洗单元淋洗过程使用蛇形管换热器，用工业水冷却换热；后两组用冷冻盐水换热，冷却 TiCl₄ 流体使温度达到 -15℃ 以下，与炉气中的 TiCl₄ 接触，使炉气中的 TiCl₄ 全部冷凝下来，提高回收率。因为 TiCl₄ 中会有一定量的泥浆，主要是 FeCl₂、FeCl₃、

AlCl₃ 等杂质，在炉气温度较高的情况下很容易造成结垢，堵塞淋洗塔的栅板和挡板塔的挡板，所以在氯化用料杂质较高时通常不采用上述两种类型的淋洗、冷凝设备。

为了防止泥浆料的泵罐中淤积，通常采用如下办法：（1）控制第一、二级淋洗槽 TiCl₄ 料浆的温度不低于 90℃，使固体颗粒处于悬浮状态，不易沉积；（2）在容器内搅拌，使固体颗粒在机械力的作用下无法沉积；（3）通过泵循环冲击 TiCl₄ 浆料，使固体颗粒难以沉积；（4）塔下部设计成瀑布式，用淋洗液从高处落下以很大的能量冲击泵槽底部，使固体颗粒不易沉积并节能。

9.5.2.3 熔盐氯化的工艺参数

A 最佳熔盐的组成

最佳熔盐的组成：TiO₂ 含量为 1.5% ~5.0%，C 含量为 2% ~ 5%，NaCl 含量为 15% ~20%，KCl 含量为 30% ~40%，MgCl₂ 含量为 10% ~20%，CaCl₂ 含量小于 10%，FeCl₂ + FeCl₃ 含量小于 10%，SiO₂ 含量小于 6.0%，Al₂O₃ 含量小于 6.0%。

当 TiO₂ 含量小于 1.0% 时，其他杂质被氯化降低了氯的利用率，同时也使 TiCl₄ 中杂质升高。

在实践中因 KCl 较贵，可以适当减少 KCl 的配入量。当熔盐组分中 TiO₂ 以外的其他氧化物组成增高时，熔盐的物理性质变坏，黏度增加，熔点升高影响氯化效率，必须周期性地排出废盐并补充新盐（主要是 NaCl、KCl）。

B 炉气的组成（炉温较低时）

炉气的组成：TiCl₄ 含量为 63.8%，SiCl₄ 含量为 1.0%，AlCl₃ 含量为 1.9%，FeCl₃ 含量为 0.5%，FeCl₂ 含量为 0.3%，N₂ 含量为 9.4%，CO₂ 含量为 21.0%，CO 含量为 0.37%，固体成分含量为 1.73%，FeCl₃、FeCl₂ 的含量主要与高钛渣中的铁含量有关。

C 主要工艺参数

（1）反应温度为 700 ~800℃。

（2）用于熔盐氯化最低氯气浓度（体积）为 70%。

（3）工作熔盐中组分：TiO₂ 含量为 1.5% ~5.5%；C 含量为 2% ~5%；SiO₂ 含量小于 10%。

（4）盐层高度小于 5.5m。

（5）排放废盐中 TiO₂ 含量小于 2.0%。

（6）废气中游离氯气量小于 3.2mg/L（换算成氯气的体积分数为 2%）。

（7）氯化炉炉气压力为 1470Pa。

（8）氯化炉炉气出口温度为 700℃。

（9）进入淋洗塔炉气温度低于 250℃。

（10）淋洗塔循环泵槽中 TiCl₄ 温度不低于 90℃。

（11）冷冻盐水的温度低于 -20℃。

（12）气液分离器的控制温度低于 -5℃。

9.5.2.4 熔盐氯化工艺目前的主要问题

熔盐氯化工艺最大的优点如下：（1）用料比较广泛，沸腾氯化使用困难的 CaO、MgO 高的钛渣，熔盐氯化都可以应用；（2）熔盐沸腾层的控制比气固流化床容易。

目前影响熔盐氯化发展的有以下几方面的问题：

（1）每吨 $TiCl_4$ 大约产出 200kg 的废盐，年产 6.0 万吨的氯化法钛白工厂将产出 12000t 废盐，处理较困难，综合利用有待进一步研究。

（2）熔盐氯化炉目前规模与大型氯化法钛白要求差距较大，生产能力偏小，匹配困难。最大的熔盐氯化炉日产 $TiCl_4$ 只有 130t，相当于年产 1.5 万吨钛白能力，更高生产能力熔炉开发有待论证。

（3）熔盐组成中含有大量 NaCl、KCl，极易同 $FeCl_3$、$AlCl_3$ 形成低熔点"液体"。黏附在炉壁、收尘器上，使装置结疤，易掉下堵塞出料口。同时形成固体颗粒在 $TiCl_4$ 中沉积，使之循环使用困难，要定期清理槽子。

（4）熔盐炉启动烘炉，化盐非常麻烦，需要的附属设备如化盐炉等较多，日常还要经常加入新盐调整熔盐成分，工序较为烦琐。

（5）多台熔盐炉与氧化炉对接困难，各炉的工艺技术参数难以平衡，控制非常困难。

（6）氯化炉排盐操作较危险，环境恶劣，不如流化床排层床料易操作。

9.5.3 多级快速氯化

多级快速氯化床采用稀相技术，形成上流式或下流式快速流化床，粉状原料在被气流吹送的过程中进行氯化反应，颗粒相互碰撞，接触的时间很短，不会形成黏结。虽然一般的快速流化床，气流速度大，大大强化了两相反应，但固相一次通过反应区的停留时间仍难以满足完全反应的要求，必须采用循环流化床技术。对于有黏结危险的氯化过程，循环管的存在显然会遇到很大麻烦。因此提出了多级快速流化床，实质上是快速流化床与湍流床的一种结合，是用半稀相的湍流床代替一般的循环管，从而延长固相的停留时间，并把装置的总高度控制在工业生产可以接受的限度之内。在气速坐标上，湍流床是沸腾床向快速流化床过渡的一个中间状态，虽然仍属密相床，但床层的活跃程度明显高于沸腾床，且物流总体向上，使装置产能大幅度提高，同时采用上排渣操作，工业烘干机可以减少甚至完全消除普通沸腾床的黏结危险。

世界上氯化法生产钛白工厂中的沸腾氯化炉的原料是天然金红石（95% 以上的 TiO_2）或人造金红石和高钛渣（约 90% TiO_2）精料，大型沸腾氯化炉要求原料中的 CaO 和 MgO 含量小于 1%。世界上还没有技术能够使用钙镁含量高的攀枝花钛资源氯化制备出 $TiCl_4$，沸腾床作为流化技术的最初形式，已在含钛矿物氯化工艺中取得较好的效果，经过多年实践，其各项经济技术指标也有很大提高。然而，由于床型本身的固有局限，使其在抗黏结能力以及简化操作等方面，难有更大的突破，尤其是沸腾床的规模放大问题，使这一技术的发展受到很大的限制。解决这个问题的核心是选择一种什么样的床型，可以减轻或避免床内形成黏结，可以采用稀相技术，即所谓的上流式或下流式快速流化床。

在使用高钙镁富钛料进行快速氯化制备四氯化钛时，有以下方案可选择：（1）如果富钛料中的钙镁含量太高，可以适量配入金红石或含钙镁低的高钛渣，使进入氯化炉中的钙镁含量低于上限值。目前，国内沸腾氯化炉可使用 CaO + MgO 小于 2.5% 的钛原料。（2）多孔活性炭作为稀释剂，吸附钙、镁氯化物，达到防止炉料黏结，并随炉气从上部排出。（3）加入使用的磷酸钛，使钙镁氧化物转变为熔点高、与氯气反应小的磷酸盐，可在氯化之前，即转底炉或电炉制备高炉渣时加入，也可在快速氯化炉氯化制备 $TiCl_4$ 时加入。

（4）采用 1500℃ 以上的高温氯化，使钙、镁氯化物几乎都挥发，防止钙、镁氯化物以熔融状态堆积在炉内。但是，很难找到能够抗高温氯化的耐火材料。（5）采用 700℃ 以下的低温氯化，以保证钙、镁氯化物不呈熔融状态（低于氯化钙、氯化镁的熔点），达到抗黏结的目的。但是，低温氯化将降低氯化炉的生产能力。

9.5.4　高温碳化—低温氯化

高钛型高炉渣典型化学组成见表 9-15，高钛型高炉渣中除 TiO_2 外，还含有 MgO、SiO_2、Al_2O_3、CaO、MnO、V_2O_5、FeO、Fe_2O_3 等杂质氧化物，高温碳化过程主要是让 TiO_2 形成有利于氯化的碳氮化物，其中的钛主要以碳氮化钛及低价钛形式存在，碳化渣经低温氯化后，可将碳氮化钛及低价钛转化为四氯化钛。

表 9-15　高钛型高炉渣典型化学组成　　　　　　　（%）

化学成分	TiO_2	SiO_2	Al_2O_3	CaO	MgO	FeO	Fe_2O_3	TFe	MnO	V_2O_5
含　量	21.61	23.22	13.42	27.25	8.22	1.03	<0.5	1.66	0.64	0.34

9.5.4.1　高温碳化

高温碳化—低温选择性氯化工艺的优点在于：（1）工艺流程短，只有碳化和氯化两个工序。经过高温碳化后的高炉渣在 400~550℃ 下氯化，钛的氯化率大于 85%，排出的氯化残渣中 TiO_2 含量为 3.35%，钙氯化率小于 7%，镁氯化率小于 5%。（2）采用高温碳化—低温选择性氯化方法可以规避炉渣中钛分布分散、品位低给提取技术带来的困难，避免了高钙、高镁对氯化操作的影响。（3）该工艺处理量较大，处理效率较高，碳化率达到 85%~90%，钛回收率达 64%，碳化钛达 14%，碳化钛的氯化率达 90%，高钛型高炉渣中 TiO_2 的综合利用率达到 57.3%。采取热装工艺，能充分利用熔融渣的物理显热，达到节能降耗的目的。

高温碳化过程的碳化剂包括碳、氮和一氧化碳，实际碳化过程部分被用作还原剂，部分燃烧形成热源。钛氧化物 C 还原的反应方程式及起始反应温度列于表 9-16，高钛型高炉渣中除 TiO_2 外，还含有 MgO、SiO_2、Al_2O_3、CaO、MnO、V_2O_5、FeO、Fe_2O_3 等杂质氧化物，其他氧化物被 C 还原的反应方程式及起始反应温度列于表 9-17。

表 9-16　钛氧化物加碳还原反应及起始温度

反应方程式	起始温度 T/K	反应方程式	起始温度 T/K
$3TiO_2 + C = Ti_3O_5 + CO$	>1355	$Ti_3O_5 + 2C = 3TiO + 2CO$	>1782
$2TiO_2 + C = Ti_2O_3 + CO$	>1413	$Ti_3O_5 + 8C = 3TiC + 5CO$	>1608
$TiO_2 + C = TiO + CO$	>1630	$Ti_2O_3 + C = 2TiO + CO$	>1837
$TiO_2 + 3C = TiC + 2CO$	>1557	$Ti_2O_3 + 5C = 2TiC + 3CO$	>1612
$2Ti_3O_5 + C = 3Ti_2O_3 + CO$	>1569	$TiO + 2C = TiC + CO$	>1462

钛氧化物在 1300~2000K 的温度范围，随着反应温度的升高，反应趋势逐步加强。在 1300~1600K 的温度范围，碳化还原反应特征表现为 TiO_2 还原为 Ti_3O_5、Ti_2O_3；在 1600~1700K 的温度范围，碳化还原反应特征表现为 TiO_2 还原为 Ti_3O_5、Ti_2O_3、TiO，同时钛氧化物还原为 TiC；在 1700~1800K 的温度范围，碳化还原反应特征表现为钛氧化物还原为

低价钛，同时低价钛还原为最终产物 TiC；在 1800～2000K 的温度范围，碳化还原反应特征表现为 TiO_2 还原为最终产物 TiC。

表 9 – 17　杂质组分加碳还原反应及起始温度

反应方程式	起始温度 T/K	反应方程式	起始温度 T/K
$Fe_2O_3 + 3C \Longrightarrow 2Fe + 3CO$	>931K	$Al_2O_3 + 3C \Longrightarrow 2Al + 3CO$	>2000K
$FeO + C \Longrightarrow Fe + CO$	>1048K	$SiO_2 + 2C \Longrightarrow Si + 2CO$	>1947K
$MgO + C \Longrightarrow Mg + CO$	>2000K	$MnO + C \Longrightarrow Mn + CO$	>1671K
$CaO + C \Longrightarrow Ca + CO$	>2000K	$V_2O_5 + 5C \Longrightarrow 2V + 5CO$	>1179K

钛氧化物被 C 还原生成 CO，C 燃烧反应产物之一即为 CO，钛氧化物被 CO 还原的方程式列于表 9 – 18。

表 9 – 18　钛氧化物被 CO 还原方程式

反应方程式	反应方程式	反应方程式
$3TiO_2 + CO \Longrightarrow Ti_3O_5 + CO_2$	$2Ti_3O_5 + CO \Longrightarrow 3Ti_2O_3 + CO_2$	$Ti_2O_3 + 7CO \Longrightarrow 2TiC + 5CO_2$
$2TiO_2 + CO \Longrightarrow Ti_2O_3 + CO_2$	$Ti_3O_5 + 2CO \Longrightarrow 3TiO + 2CO_2$	$TiO + 3CO \Longrightarrow TiC + 2CO_2$
$TiO_2 + CO \Longrightarrow TiO + CO_2$	$Ti_3O_5 + 11CO \Longrightarrow 3TiC + 8CO_2$	
$TiO_2 + 4CO \Longrightarrow TiC + 3CO_2$	$Ti_2O_3 + CO \Longrightarrow 2TiO + CO_2$	

各氧化物被 CO 还原的反应方程式列于表 9 – 19。

表 9 – 19　其他氧化物被 CO 还原反应方程式

反应方程式	反应方程式	反应方程式
$Fe_2O_3 + 3CO \Longrightarrow 2Fe + 3CO_2$	$CaO + CO \Longrightarrow Ca + CO_2$	$MnO + CO \Longrightarrow Mn + CO_2$
$FeO + CO \Longrightarrow Fe + CO_2$	$Al_2O_3 + 3CO \Longrightarrow 2Al + 3CO_2$	$V_2O_5 + 5CO \Longrightarrow 2V + 5CO_2$
$MgO + CO \Longrightarrow Mg + CO_2$	$SiO_2 + 2CO \Longrightarrow Si + 2CO_2$	

钛氧化物的碳氮化反应方程式列于表 9 – 20。

表 9 – 20　钛氧化物的碳氮化过程 $\Delta_r G_m^{\ominus}$ 与 T 的关系

反应方程式	$\Delta_r G_m^{\ominus}/J \cdot mol^{-1}$	起始温度 T/K
$TiO_2 + 2C + 1/2N_2 \Longrightarrow TiN + 2CO$	$381824 - 262T$	>1457
$Ti_3O_5 + 5C + 3/2N_2 \Longrightarrow 3TiN + 5CO$	$866968 - 580.3T$	>1494
$Ti_2O_3 + 3C + N_2 \Longrightarrow 2TiN + 3CO$	$497023 - 335.3T$	>1482
$TiO + C + 1/2N_2 \Longrightarrow TiN + CO$	$67049 - 68.9T$	>973
$TiC + 1/2N_2 \Longrightarrow TiN + C$	$-151768 + 80.7T$	<1880

钛氧化物碳氮化还原反应温度低于碳化还原反应温度，在 N_2 参与反应的情况下，钛氧化物更易实现碳氮化转化。

当 $T < 1700K$ 时，还原历程表现为 TiO_2 还原为 Ti_3O_5、Ti_2O_3，低价钛氧化物相应转化 TiC 及 TiN，典型特征为 Ti_3O_5 碳氮化生成 TiN 的反应趋势明显；当 $1700K < T < 1900K$，还

原历程表现为钛氧化物碳氮化还原反应趋势大于逐级还原反应趋势，钛氧化物碳氮化还原反应优先级为 $Ti_3O_5 > Ti_2O_3 > TiO_2 > TiO$，还原产物为 TiC 和 TiN，TiC 逐步转化为 TiN；在 1900 ~ 2000K 的温度范围还原历程表现为 TiO_2 向 TiN、TiC、Ti_3O_5 转化趋势均等，最终还原产物为 TiC。

综合上述分析可以看出，在反应体系的 N_2 分压足够的条件下，钛氧化物还原反应温度将大幅降低，还原产物表现为 TiN 与 TiC 同时存在，但以 TiN 为主体。

冶炼状态下，钛氧化物还原以碳热还原和碳氮化还原为主体，CO 不参与还原反应。钛氧化物还原历程与标准状态基本一致，相应的起始反应温度均适当提高。由于赋存量及热力学条件限制，杂质组分基本上不参与还原反应。

碳化过程涉及高温和碳氮化反应吸热，过程需要电炉提高外加热源。Ti(C, N) 虽然熔点很高，但因为溶解弥散在渣熔体中，随着热熔融渣可以顺利完成出炉过程。

9.5.4.2 低温氯化

经过高温碳化得到的碳化渣典型成分见表 9 - 21。

表 9 - 21 碳化渣典型成分 （%）

成 分	TiC	TTi	TFe	Al_2O_3	SiO_2	MgO	CaO
含 量	13.6 ~ 15.48	12.8 ~ 14.57	1.0 ~ 1.6	17.65	23.75	7.15	26.83

低温氯化涉及的化学反应如下：

$$1/2TiC(s) + Cl_2(g) = 1/2TiCl_4(g) + 1/2C(s) \tag{9-30}$$

$$\Delta G_T^\ominus = -289530 + 54.855T, \quad \Delta G_{600℃}^\ominus = -242kJ/mol$$

$$CaO(s) + Cl_2(g) = CaCl_2(s) + 1/2O_2(g) \tag{9-31}$$

$$\Delta G_T^\ominus = -161510 + 55.64T, \quad \Delta G_{600℃}^\ominus = -113kJ/mol$$

$$MgO(s) + Cl_2(g) = MgCl_2(s) + 1/2O_2(g) \tag{9-32}$$

$$\Delta G_T^\ominus = -40166.2 + 119.16T, \quad \Delta G_{600℃}^\ominus = 63.86kJ/mol$$

$$1/2SiO_2(s) + Cl_2(g) = 1/2SiCl_4(g) + 1/2O_2(g) \tag{9-33}$$

$$\Delta G_T^\ominus = 12550 + 38.043T, \quad \Delta G_{600℃}^\ominus = 158.73kJ/mol$$

$$1/3Al_2O_3(s) + Cl_2(g) = 2/3AlCl_3(g) + 1/2O_2(g) \tag{9-34}$$

$$\Delta G_T^\ominus = 558034 - 10.78T, \quad \Delta G_{600℃}^\ominus = 548.86kJ/mol$$

碳化渣组元 600℃ 时只有 TiC 和 CaO 与氯反应，可以有效避免其他杂质的氯化，碳化渣氯化后 TiC 含量在 1.00% ~ 1.59% 之间，氯化率在 90.42% ~ 92.68% 之间波动。反应得到的 $TiCl_4$ 处理与其他氯化方式一样，只是氯化过程渣量较大，排渣周期短。

9.6 "三废"处理处置

氯化产生的三废量不大，但成分复杂，处理处置难度较大。四氯化钛生产过程中产生的"三废"较多，如不治理，不仅对设备和建筑物严重腐蚀，对人体也有害，并会造成对大气、水域污染，破坏了自然环境和生态平衡。

氯化炉渣根据统计，某厂用高钛渣制取 $TiCl_4$ 的流态化氯化炉，每生产 1t $TiCl_4$ 液就要排出炉渣 44.8kg，收尘渣 68.7kg，泥浆 75.8kg。必须进行综合利用，化废为利，对于产

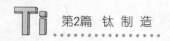

量大的企业尤其突出。

炉渣中含有大量的碳和少量的 TiO_2，常用水洗重选将碳和 TiO_2 分离。湿油焦经烘干后可返回使用或用作其他燃料，TiO_2 返回氯化或经煅烧后可用于制取人造金红石。

泥浆中含 $TiCl_4$ 高达 50% 左右，必须加以回收。从泥浆回收 $TiCl_4$，一般采用蒸发的方法，使泥浆中的 $TiCl_4$ 挥发出来。残渣处理变成金属氧化物后，弃去或作炼铁原料。

9.6.1 废气处理

氯化混合气体经收尘、循环淋洗冷凝后，不能冷凝的 CO、CO_2、Cl_2、O_2、N_2 等气体，进入洗涤塔用水洗涤，洗涤液循环淋洗，HCl 气体被水溶解吸收，逐渐富集为盐酸，当浓度达 27% ~31% 时，输送到盐酸储罐自用或出售。水洗涤后尾气进入中和塔洗涤进一步除去 HCl 和游离氯。碱液洗涤过程中用酚酞指示剂经常检查循环洗涤的碱液，若红色消退表示碱液失效，将碱液循环槽中的循环液排出，打开碱液高位槽阀门向碱液循环槽中补充新的 NaOH 溶液或补充新的石灰乳。未被洗涤出去的 CO、CO_2、O_2、N_2 等气体，经尾气调节阀调节风量用空气稀释后经风机排空。

废气中有害成分除氯气外，还有一定含量的氯化物，如 HCl 和 $TiCl_4$ 等，必须加以处理。排泄废气的地方有下列几处：（1）氯化炉尾气，主要气体成分为 CO、CO_2、O_2、N_2、Cl_2、$TiCl_4$ 等，如果采用未煅烧石油焦，则还有较多的 HCl；（2）氯化炉排渣时泄漏的气体，含 Cl_2 和 $TiCl_4$，虽然排渣时间不长，但排泄的气体量较大。

废气的处理步骤如下：

第一步，必须经湿法净化处理，即用排风机将废气送入净化设备内，用水喷淋进行洗涤。此时 HCl 溶于水，$TiCl_4$ 则水解，固体尘粒被洗入水中。湿法净化的设备可采用洗涤塔、离心洗涤器、喷洒吸收塔和泡沫除尘器等。

第二步，必须进一步除氯，方法有：排出废气的氯气浓度低时，常用石灰乳 $Ca(OH)_2$ 喷淋，氯气便与石灰乳反应生成 $Ca(ClO)_2$；排出的废气的氯气浓度低，但尾气量大时，由于排出的氯量大，常常采用 NaOH 或 Na_2CO_3，喷淋，氯便与它们反应生成可用作漂白粉的 NaClO。若废气中含有 CO_2 时，因其能和碱反应，会多消耗一些碱液；排出的废气的氯气浓度大，但尾气量小时，可用 $FeCl_2$ 喷淋吸收氯。$FeCl_2$ 淋洗液是预先将铁屑加 HCl 反应制得的，淋洗后生成 $FeCl_3$，$FeCl_3$ 再加铁屑又还原成 $FeCl_2$，以循环使用。碱液淋洗设备仍可用洗涤塔或喷洒吸收塔等，用耐碱泵将碱液循环使用。尾气属于酸性，尾气需要通过溶解和中和处理，降解高酸度对环境的影响。

9.6.1.1 水吸收法

最经济的办法是用水淋洗，可使 HCl 溶于洗涤水中，回收稀盐酸。此外，将氯化工艺中的高位槽、计量槽、储罐和地罐等设备的排空废气接入淋洗装置，使氯化物发生水解产生的 HCl 也溶于洗涤水中，生产 1t 四氯化钛回收盐酸（HCl 质量分数为 20%）0.620t，而且改善了操作环境。

9.6.1.2 碱中和法

采用石灰乳或稀烧碱液等碱液淋洗，尾气中的 Cl_2 与碱发生反应。在中和过程中，尾气中的其他氯化物也可相应地被除去。碱中和化学反应如下：

$$Cl_2 + 2NaOH \longrightarrow NaCl + NaClO + H_2O \qquad (9-35)$$

$$HCl + NaOH \longrightarrow NaCl + H_2O \qquad (9-36)$$

$$Na_2CO_3 + Cl_2 + H_2O \longrightarrow NaCl + NaClO + H_2CO_3 \qquad (9-37)$$

$$2Ca(OH)_2 + 2Cl_2 \longrightarrow CaCl_2 + Ca(ClO)_2 + 2H_2O \qquad (9-38)$$

尾气经水洗涤回收盐酸后的尾气，仍含有微量的氯和游离氯，用 NaOH 溶液、Na_2CO_3 溶液或 $Ca(OH)_2$ 溶液进行中和洗涤，进一步地除去氯。日本东邦公司经碱液中和洗涤后，烟囱排出口 HCl 小于 $25 \times 10^{-4}\%$、氯气浓度小于 $10 \times 10^{-4}\%$。采用石灰乳洗涤中和比较经济，要求石灰乳 CaO 含量为 $95 \sim 105 g/L$。

$\phi 1200 mm$ 沸腾氯化炉氯化尾气经两级水洗涤回收盐酸和两级石灰乳洗涤中和氯和游离氯，经环境监测站在烟囱排放口进行取样检测分析，HCl 平均排放浓度为 7.90mg/L（标准状态），平均排放量为 0.20kg/h，执行标准值为：100mg/L（标准状态）和 2.0kg/h；Cl_2 平均排放浓度为 0.58mg/L（标准状态），平均排放量为 $1.43 \times 10^{-2} kg/h$，执行标准值为 65mg/L（标准状态）和 1.89kg/h；CO 平均排放浓度为 $6.8 \times 10^3 mg/L$（标准状态），平均排放量为 99.7kg/h，执行标准为 178kg/h。均达到《大气污染物综合排放标准》（GB 16297—1996）中的二级标准限值。

9.6.1.3 $FeCl_2$ 吸收

经过溶液吸收法处理，尾气仍然含有 Cl_2，可采用 $FeCl_2$ 溶液吸收，生成 $FeCl_3$：

$$2FeCl_2 + Cl_2 \longrightarrow 2FeCl_3 \qquad (9-39)$$

9.6.2 废渣处理

在氯化工序中排出废渣的主要成分是 TiO_2 粉末、石油焦粉末及少量的金属氯化物等，应分段治理。

（1）回收后循环利用。氯化炉气流带出的物料经收尘器收集下来与加入的新料充分混合后，直接送入系统中进行循环利用。

（2）泥浆雾化回收。过滤工序排出的泥浆（生产 1t 四氯化钛的滤渣量为 $65 \sim 70 kg$）含 50% $TiCl_4$、未反应完的石油焦和高钛渣，可用泵直接送入 1 号收尘器，经雾化器雾化，泥浆中的 $TiCl_4$ 在约 400℃ 的高温下汽化，随炉气冷凝回收。干燥滤渣经收尘器收集下来，与新料充分混合后，直接送入氯化炉中进行反应。

（3）氯化炉排出的残渣。生产 1t 四氯化钛的残渣量为 $45 \sim 52 kg$。加水打浆，使残渣中的部分金属氯化物溶于水后被带走，残渣烘干回收 TiO_2。

9.6.3 废水处理

在四氯化钛生产过程中产生的废水包括：（1）冷却水，未被污染；（2）设备清洁的洗涤水和场地所用冲洗水，一般含有 HCl 和 $FeCl_3$ 等成分；（3）废气净化用的淋洗水，一般含 HCl 和一些固体杂质颗粒。这种废水常用中和法处理，即在中和池内调至呈中性。需要补加石灰石或其他碱性物品。中性水液可以直接经排污管道排走。但这种处理方法还不彻底，因为在排走的水中还含有较多的盐类，最好是经过滤净化，使水循环使用。

氯化工序、尾气处理排出的废水大部分（约占 2/3）回收循环使用，用来冲渣、打浆，其余的1/3经处理达标后排放。

$$2FeCl_3 + Fe \longrightarrow 3FeCl_2 \qquad (9-40)$$

得到的 $FeCl_3$ 饱和溶液可回收用作净水剂。从反应式（9-37）中可以看出，在反应过程中消耗的实际上只是废铁屑，因此，这是一种除氯效果很好且最经济的办法。

酸性废水与 $Ca(OH)_2$ 溶液或10% NaOH 溶液，在常温下进行中和反应，其反应方程式如下：

$$2HCl + Ca(OH)_2 \longrightarrow CaCl_2 + 2H_2O \qquad (9-41)$$

$$HCl + NaOH \longrightarrow NaCl + H_2O \qquad (9-42)$$

四氯化钛生产中产生的酸性废水，主要有冲洗收尘渣废水、设备整洁的洗涤水、废气净化淋洗水、厂房地面冲洗水以及洗铜丝清洗水，酸性废水中主要含有 HCl 和 $FeCl_3$ 等成分。

酸性废水经酸沟流至污水处理池，加石灰水进行中和，pH 值调节到 6.5~8.6 后，送至板框压滤机进行过滤。

酸性废水经 $Ca(OH)_2$ 或 NaOH 溶液中和调节后，pH 值大于6.5，控制在 6.5~7.5；经过滤后的澄清水，固体悬浮物（SS）含量不大于250mg/L；$COD_{Cr} < 60mg/L$；$BOD_5 < 100mg/L$。

酸性废水处理工艺见图9-13。

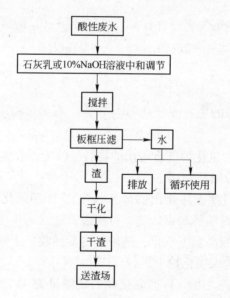

图9-13 酸性废水处理工艺

9.6.4 回收处置

9.6.4.1 低沸点杂质馏出液

精馏馏出液，含 $SiCl_4$ 10%~15% 和 $TiCl_4$ 90%~85%，还有其他一些杂质。应合理地利用其中的有价成分，一般采用再精馏的办法，将 $TiCl_4$ 和 $SiCl_4$ 分离，并分别加以利用。

9.6.4.2 含铜钒废酸液的回收

用作除钒工艺的铜屑或铜丝外表黏附钒杂质后便影响除钒效果，应经洗涤再生操作。

通常用盐酸洗涤，其中再生后的纯铜可以返回使用。而在酸洗液里含有 $CuCl_2$ 和 $VOCl_2$，由于批量小，可集中处理。从废酸液回收铜的处理方法有两种：一是废酸液直接电解法，由于含杂质多，只能制得粗铜（Cu 含量大于 98%），这种铜必须进一步精炼；二是先用铁置换废酸液中的铜，然后再用硫酸处理，精制 $CuSO_4$ 溶液，再进行电解，可以制取纯铜。

9.6.4.3　氯化炉渣处置

为保证沸腾氯化炉良好的流态化状态，当炉内料层较厚，阻力较大时，必须排炉渣，$\phi1200mm$ 沸腾氯化炉正常生产时每天产生的炉渣量约为 1.5～118t。炉渣中的主要成分为未反应的金红石 TiO_2 和固定碳，正常情况下，炉渣 TiO_2 含量应小于 10%，有时炉况不正常时，TiO_2 含量可达 25% 左右，甚至更高。

氯化炉排出的炉渣可用重力选矿法分离出金红石和炭，并洗去炉渣中可溶性氯化物。重力选矿法，洗选操作在摇床上进行，在摇床往复运动和水流的作用下，达到分选的要求，湿金红石经干燥可返回氯化炉使用或出售。选出的金红石 TiO_2 含量在 89% 以上，经测定密度约为 $4.26g/cm^3$，可用作结 422 电焊条药皮敷料。

9.6.4.4　泥浆的水解、沉清、蒸发和中和处理

将蒸馏釜内的残留物通过泵送入水解槽，加入一定量的水进行水解，水解后的泥浆排入沉降槽澄清 24h，将上层清液排放到浓密机进行进一步固体悬浮物沉降处理，浓密机的上清液送入氯化工段粗四氯化钛贮罐，固体悬浮物浆液送入氯化生产系统；沉降槽下层泥浆送入泥浆蒸发炉内进行泥浆蒸发，蒸发温度控制在 300℃ 以下，待蒸发完成后加入一定量的石灰粉进行中和，当 pH 值达到 8～10 时停止中和，排出中和渣送入渣场进行填埋。

9.6.4.5　循环水洗涤回收盐酸

首先将尾气引入两级水洗涤循环吸收塔。水在吸收 HCl 气体时，是放热反应，1mol HCl 需用 5mol H_2O 吸收，放出 10kcal 热量，致使循环淋洗液的温度达到 60～70℃，严重影响循环淋洗液的吸收效果。1200mm 沸腾氯化炉尾气用水吸收回收盐酸采用石墨冷却器冷却降温，经计算冷却面积需 $7.5m^2$。生产实际中采用 YKA 圆块孔式石墨换热器，设计温度为 -20～165℃，设计压力为 0.4MPa，公称换热面积为 $10m^2$，运行效果较好，盐酸浓度可富集到 31%～33%。生产实际中氯化混合料使用煅后焦约 30%，延迟油焦 70% 的混合石油焦作还原剂，根据物料平衡计算，每小时可回收浓度为 31% 的盐酸 150～180kg。

9.7　四氯化钛生产原料

四氯化钛主要生产原料包括钛原料、石油焦和氯气，主要辅助原料有纯碱、苛性钠和石灰等，能源主要是电和柴油等。

9.7.1　主要钛原料

四氯化钛生产钛原料包括钛矿、钛渣、天然金红石、人造金红石和白钛石，要求 TiO_2 含量越高越好，含钙量、含镁量尽可能地低；颗粒的力学稳定性尽可能地高；放射性物质含量尽可能地低。氯气损失将越小，生产废料及副产品的量就越小。常用钛原料有天然金红石、人造金红石、高钛渣和 UGS 钛渣等，中国云南高钛渣典型化学成分见表 9 - 22，典型粒度分布见表 9 - 23。

表 9 – 22　云南高钛渣的化学成分　　　　（%）

钛渣	TiO_2	ΣFe	MnO	Al_2O_3	SiO_2	P	CaO	MgO
1 号	92.29	3.26	0.87	1.83	1.13	0.01	0.35	2.51
2 号	92.97	3.16	0.77	1.83	1.08	0.01	0.32	2.42
3 号	95.07	3.46	0.75	1.83	1.13	0.01	0.22	1.19

表 9 – 23　云南高钛渣典型粒度分布　　　　（%）

粒级/目	+40	−40 ~ +180	−180 ~ +200	−200
1 号	4	69	9	17
2 号	3	69	9	18
3 号	2	70	9	19

在沸腾氯化过程中，流化床内钙、镁氯化物的数量随着钛的氯化减少不断增加。适量地增大混合料中的配碳比 [高钛渣：石油焦 = 100：(40 ~ 42)]，过剩的碳除了起到稀释钙镁盐的作用外，还起包裹、隔离钙、镁氯化物微粒的作用，从而阻止物料颗粒互相黏结、合并以至于长大成团，有效地稀释了床层中 $CaCl_2$ 和 $MgCl_2$ 浓度。国内四氯化钛生产厂对两广（广东和广西）矿钛渣 TiO_2 品位要求达到 91% ~ 93%，CaO + MgO 含量应低于 1%，云南高钛渣 $\Sigma(CaO + MgO) = 2\% ~ 3\%$，粒度要求 − 40 目（0.370mm）~ + 180 目（0.079mm）大于 75%，− 200 目（0.074mm）小于 15%。

南非 RBM 钛渣原料及钛渣组成见表 9 – 24。

表 9 – 24　南非 RBM 钛渣原料及钛渣组成　　　　（%）

组 分	原 料			
	原 矿	焙烧精矿	焙磁精矿	钛渣
TiO_2	47	46.4	49.5	85.5
FeO	34.4	22.4	22.5	9.4
Fe_2O_3	12.4	25.0	25.0	—
MFe	—	—	—	0.2
Ti_2O_3	—	—	—	25.0
SiO_2	2.3	2.3	0.6	0.15
Al_2O_3	0.96	0.95	0.73	2.0
MgO	0.8	0.8	0.6	0.9
CaO	0.3	0.3	0.05	0.14
MnO	1.3	1.3	1.2	1.4
Cr_2O_3	0.3	0.3	0.09	0.22
V_2O_5	0.27	0.27	0.27	0.4
S	—	—	—	0.07
C	—	—	—	0.06

中国国内钛渣原料及钛渣组成见表9-25。

表9-25 国内钛渣原料及钛渣组成 （%）

成 分	原 料			钛 渣		
	攀矿	氧化攀矿	广西北海	攀酸渣	攀氯化渣	广西钛渣
TiO_2	47.48	46.85	52.83	75.04	81.2	96.03
FeO	33.01	12.09	37.45	5.16	2.27	1.65
Fe_2O_3	10.20	30.74	8.62	—	—	—
MFe	—	—	—	0.63	0.60	0.53
Ti_2O_3	—	—	—	23.0	44.6	43.6
SiO_2	2.57	2.73	0.80	4.50	3.68	1.55
Al_2O_3	1.16	1.19	0.45	2.99	4.71	2.25
MgO	4.48	4.73	0.10	7.97	8.18	0.63
CaO	1.09	2.73	0.17	2.16	2.24	0.55
MnO	0.73	0.79	2.51	0.81	0.66	2.38
S	0.46	0.038	0.01	0.10	0.21	0.15
C	0.01	0.01	0.024	0.01	0.01	0.01

中国人造金红石标准见表9-26。

表9-26 中国人造金红石标准

品 级	主要成分（质量分数）/%			
	TiO_2	P	S	C
优级品	90	0.03	0.03	0.04
一级品	87	0.04	0.04	0.05
二级品	85	0.04	0.05	0.06

还原锈蚀法生产的人造金红石化学成分见表9-27。

表9-27 还原锈蚀法生产的人造金红石化学成分 （%）

成 分	澳大利亚			中 国	
	原料钛矿-1	原料钛矿-2	人造金红石	氧化人造金红石	藤县人造金红石
TiO_2	53.85	55.03	92.0	88.04	87.05
TFe	—	—	—	—	—
FeO	22.10	22.20	4.63	—	—
Fe_2O_3	18.45	18.80	—	—	—
Ti_2O_3	—	—	10.0	—	—
SiO_2	—	—	0.7	0.84	0.81
Al_2O_3	—	—	0.7	1.29	0.10
MgO	1.06	0.18	0.15	0.12	0.22

续表9-27

成 分	澳大利亚			中 国	
	原料钛矿-1	原料钛矿-2	人造金红石	氧化人造金红石	藤县人造金红石
CaO	—	—	0.03	0.12	0.31
MnO	1.84	1.43	2.0	1.17	1.04
P	—	—	—	0.018	0.019
S	—	—	0.15	0.005	0.009
C	—	—	0.15	0.028	0.029

盐酸法生产的人造金红石成分见表9-28。

表9-28　盐酸法生产的人造金红石成分

品 名	组分（质量分数）/%							
	TiO$_2$	FeO	Fe$_2$O$_3$	MgO	CaO	SiO$_2$	S	P
攀矿	47.06	33.53	8.15	4.93	0.81	0.94	—	—
人造金红石	91.07	—	1.93	0.54	0.57	4.46	0.14	0.008
强磁钛矿	49.18	—	—	4.88	0.63	1.90	—	—
人造金红石	94.13	—	—	0.21	0.31	3.03	0.021	—
钛黄粉	94.81	—	—	0.60	0.27	0.89	0.03	0.007

石原法原料和产品典型成分见表9-29。

表9-29　石原法原料和产品典型成分　　　　　　（%）

成 分	原 料	产 品	
	印度钛矿	普通人造金红石	焊条人造金红石
TiO$_2$	59.62	96.1	95.9
FeO	9.47	—	—
Fe$_2$O$_3$	24.62	1.7	1.85
P$_2$O$_5$	0.14	0.17	0.05
V$_2$O$_5$	0.2	0.2	0.21
SiO$_2$	0.7	0.5	0.48
Al$_2$O$_3$	1.32	0.46	0.35
MgO	0.28	0.07	0.05
CaO	0.09	0.01	0.01
MnO	0.48	0.03	0.03
SO$_3$	—	0.03	0.03
Cr$_2$O$_3$	0.16	0.15	0.18
ZrO$_2$	0.86	0.15	0.16

挪威 TTI 钛渣原料及钛渣组成见表 9－30。

表 9－30　挪威 TTI 钛渣原料及钛渣组成　　（%）

项　目	成　分									
	TiO_2	FeO	Fe_2O_3	CaO	MgO	SiO_2	Al_2O_3	MnO	Cr_2O_3	V_2O_5
钛矿	45	34.5	12.0	0.25	4.3	2.8	0.6	0.25	0.08	0.16
钛渣	75	7.6	—	—	7.9	5.3	1.2	—	0.09	—

北半球有脉矿金红石，南半球海洋国家或多或少都有砂矿天然金红石产出，主要国家的典型金红石钛矿化学组成见表 9－31。

表 9－31　主要国家的典型金红石钛矿化学组成　　（%）

成　分	澳大利亚	南非	斯里兰卡	俄罗斯	印度
TiO_2	95.2	96.5	98.6	93.2	95.5
FeO	0.9	—	—	—	—
Fe_2O_3	1.0	0.61	0.89	1.8	2.0
SiO_2	0.2	—	0.64	2.0	0.74
Al_2O_3	0.02	—	0.16	1.1	0.5
CaO	0.07	—	—	0.22	0.01
MgO	0.18	—	—	—	0.03
MnO	0.008	—	—	0.18	0.01
Cr_2O_3	0.6	0.16	—	0.27	0.11
V_2O_5	0.01	0.63	—	0.11	0.55
P_2O_5	0.8	—	0.001	—	0.07
ZrO_2	0.2	—	0.38	2.5	1.02
S	0.1	—	—	—	0.02
C	0.03	—	—	—	—

天然金红石矿产品质量标准见表 9－32。

表 9－32　天然金红石矿产品质量标准（YS/T 352—1994）　　（%）

质量等级	TiO_2	S	P	FeO
特级	96	<0.03	<0.03	<0.05
一级	92	<0.03	<0.03	<0.05
二级	90	<0.03	<0.03	<0.05

表 9－33 给出了国外沸腾氯化钛原料典型成分。

表 9 – 33   国外沸腾氯化钛原料典型成分

钛 原 料	TiO_2	CaO	MgO	SiO_2	Al_2O_3	FeO	Fe_2O_3	MnO
升级高钛渣	96.03	0.55	0.63	1.55	2.25	1.65	—	2.38
人造金红石	94.0	0.12	0.60	0.98	0.43	0.96	2.53	0.82
天然金红石（澳大利亚）	95.2	0.07	0.18	0.20	0.02	0.90	1.0	0.01

美国某化学公司沸腾氯化典型钛原料粒度结构见表 9 – 34。

表 9 – 34   美国某化学公司沸腾氯化典型钛原料粒度结构

美国标准筛目数	筛孔尺寸/mm	天然金红石粒度累计/%	人造金红石粒度累计/%	煅后石油焦粒度累计/%
+14	1.18	—	—	5.0
+60	0.25	2.5	10.10	—
+100	0.150	62.5	84.20	95.0
+150	0.106	95.8	98.70	—
+200	0.075	99.70	99.80	—

表 9 – 35 给出了中国国内沸腾氯化钛原料粒度结构。

表 9 – 35   中国国内沸腾氯化钛原料粒度结构

泰勒筛目数	筛孔尺寸/mm	高钛渣粒度累计/%	人造金红石粒度累计/%	煅后石油焦粒度累计/%
+60	0.246	—	0.64	96
+80	0.175	—	2.08	—
+100	0.147	38	6.39	—
+120	0.104	—	16.77	—
+140	—	—	26.75	—
+160	—	—	30.34	—
+180	—	—	49.35	—
+200	0.074	59.00	59.80	—

9.7.2   石油焦

石油焦是黑色或暗灰色坚硬固体石油产品，带有金属光泽，呈多孔性，是由微小石墨结晶形成粒状、柱状或针状构成的炭体物。石油焦组分是碳氢化合物，含碳 90% ~97%，含氢 1.5% ~8%，还含有氮、氯、硫及重金属化合物。氯化用石油焦典型成分见表 9 – 36。

表 9 – 36   氯化用石油焦典型化学成分   （%）

成 分	固定碳	挥发分	灰 分	水 分
I	85 ~98	1 ~9	0.2 ~0.6	0.50

根据石油焦结构和外观，石油焦产品可分为针状焦、海绵焦、弹丸焦和粉焦 4 种：
（1）针状焦，具有明显的针状结构和纤维纹理，主要用作炼钢中的高功率和超高功率石墨电极。由于针状焦在硫含量、灰分、挥发分和真密度等方面有严格质量指标要求，所以对

针状焦的生产工艺和原料都有特殊的要求；（2）海绵焦，化学反应性高，杂质含量低，主要用于炼铝工业及炭素行业；（3）弹丸焦或球状焦：形状呈圆球形，直径 0.6~30mm，一般是由高硫、高沥青质渣油生产，只能用作发电、水泥等工业燃料；（4）粉焦：经流态化焦化工艺生产，其颗粒细（直径 0.1~0.4mm），挥发分高，热胀系数高，不能直接用于电极制备和炭素行业。

根据硫含量的不同，可分为高硫焦（硫含量3%以上）和低硫焦（硫含量3%以下）。低硫焦可作为供铝厂使用的阳极糊和预焙阳极以及供钢铁厂使用的石墨电极。其中高品质的低硫焦（硫含量小于0.5%）可用于生产石墨电极和增炭剂。一般品质的低硫焦（硫含量小于1.5%）常用于生产预焙阳极。而低品质石油焦主要用于冶炼工业硅和生产阳极糊。高硫焦则一般用作水泥厂和发电厂的燃料。石油焦要求经过煅烧，硫及镍含量低，力学稳定性好，水分含量低。石油焦的固定碳含量大于80%，粒度为：+60 目（0.246mm）粒级大于50%，−200 目（0.074mm）的粒级小于10%。

9.7.3 氯气

氯气常温常压下为黄绿色有毒气体，经压缩可液化为金黄色液态氯，是氯碱工业的主要产品之一，用作为强氧化剂与氯化剂。氯混合5%（体积）以上氢气时有爆炸危险。氯能与有机物和无机物进行取代或加成反应生成多种氯化物。氯在早期作为造纸、纺织工业的漂白剂。

9.7.3.1 氯气物理性质

通常情况下氯气为有强烈刺激性气味的黄绿色的有毒气体，密度为空气密度的2.5倍，标准状态下 $\rho = 3.21 kg/m^3$。易液化，熔沸点较低，常温常压下，熔点为 −101.00℃，沸点为 −34.05℃，常温下把氯气加压至 600~700kPa 或在常压下冷却到 −34℃ 都可以使其变成液氯，液氯即 Cl_2，液氯是一种油状的液体。其与氯气物理性质不同，但化学性质基本相同。液氯可溶于水，且易溶于有机溶剂（例如四氯化碳），难溶于饱和食盐水。1体积水在常温下可溶解 2 体积氯气，形成黄绿色氯水，密度为 3.170g/L，比空气密度大；相对分子质量为70.9（71）。

9.7.3.2 氯气化学性质

氯气是一种有毒气体，它主要通过呼吸道侵入人体并溶解在黏膜所含的水分里，生成次氯酸和盐酸，对上呼吸道黏膜造成有害的影响：次氯酸使组织受到强烈的氧化；盐酸刺激黏膜发生炎性肿胀，使呼吸道黏膜浮肿，大量分泌黏液，造成呼吸困难，所以氯气中毒的明显症状是发生剧烈的咳嗽。症状重时，会发生肺水肿，使循环作用困难而致死亡。由食道进入人体的氯气会使人恶心、呕吐、胸口疼痛和腹泻。1L 空气中最多可允许含氯气 0.001mg，超过这个量就会引起人体中毒。

A 助燃性

在一些反应（如与金属的反应）中，氯气可以支持燃烧。

B 与金属反应

氯气具有强氧化性，加热下可以与所有金属反应，如金、铂在热氯气中燃烧，而与 Fe、Cu 等变价金属反应则生成高价金属氯化物。

金属钠在氯气中燃烧生成氯化钠。现象：钠在氯气里剧烈燃烧，产生大量的白烟，放热。反应式如下：

$$2Na + Cl_2 \xrightarrow{\text{点燃}} 2NaCl \tag{9-43}$$

铜在氯气中燃烧生成氯化铜。现象：红热的铜丝在氯气里剧烈燃烧，瓶里充满棕黄色的烟，加少量水后，溶液呈蓝绿色（绿色较明显），加足量水后，溶液完全显蓝色。反应式如下：

$$Cu + Cl_2 \xrightarrow{\text{点燃}} CuCl_2 \tag{9-44}$$

铁在氯气中燃烧生成氯化铁。现象：铁丝在氯气里剧烈燃烧，瓶里充满棕红色烟（有棕黄色和棕红色两种说法），加少量水后，溶液呈黄色。反应式如下：

$$2Fe + 3Cl_2 \xrightarrow{\text{点燃}} 2FeCl_3 \tag{9-45}$$

镁带在氯气中燃烧生成氯化镁，反应式如下：

$$Mg + Cl_2 =\!=\!= MgCl_2 \tag{9-46}$$

常温下，干燥氯气或液氯与铁发生钝化反应，生成致密氧化膜，氧化膜又阻止了氯与铁的继续反应，所以可用钢瓶储存氯气（液氯）。

C　与非金属反应

a　与氢气的反应

工业制盐酸方法，工业先电解饱和食盐水，生成的氢气和氯气燃烧生成氯化氢气体。反应式如下：

$$H_2 + Cl_2 \xrightarrow{\text{点燃}} 2HCl \tag{9-47}$$

现象：H_2 在 Cl_2 中安静地燃烧，发出苍白色火焰，瓶口处出现白雾。

$$H_2 + Cl_2 \xrightarrow{\text{光照}} 2HCl \tag{9-48}$$

现象：见光爆炸，有白雾产生。将点燃的氢气放入氯气中，氢气只在管口与少量的氯气接触，产生少量的热；点燃氢气与氯气的混合气体时，大量氢气与氯气接触，迅速化合放出大量热，使气体急剧膨胀而发生爆炸。氢气在氯气中爆炸极限是 9.8% ~ 52.8%。

b　与磷的反应

现象：产生白色烟雾。反应式如下：

$$2P + 3Cl_2(少量) \xrightarrow{\text{点燃}} 2PCl_3(液体农药,雾) \tag{9-49}$$

$$2P + 5Cl_2(过量) \xrightarrow{\text{点燃}} 2PCl_5(固体农药，烟) \tag{9-50}$$

c　与硫、硅的反应

在一定条件下，氯气还可与 S、Si 等非金属直接化合，反应式如下：

$$2S + Cl_2 \xrightarrow{\text{点燃}} S_2Cl_2 \tag{9-51}$$

$$Si + 2Cl_2 \xrightarrow{\triangle} SiCl_4 \tag{9-52}$$

d　与水反应

氧化剂是 Cl_2，还原剂也是 Cl_2，本反应是歧化反应。氯气遇水会产生次氯酸，次氯酸具有净化（漂白）作用，用于消毒，溶于水生成的 HClO 具有强氧化性。

$$Cl_2 + H_2O =\!=\!= HCl + HClO \tag{9-53}$$

e 与碱溶液反应

氯气可与 $NaOH$、$Ca(OH)_2$ 等碱溶液反应，反应式如下：

$$Cl_2 + 2NaOH == NaCl + NaClO + H_2O \qquad (9-54)$$

$$2Cl_2 + 2Ca(OH)_2 == CaCl_2 + Ca(ClO)_2 + 2H_2O \qquad (9-55)$$

上述两反应中，Cl_2 作氧化剂和还原剂，是歧化反应。

$$Cl_2 + 2OH^-(冷) == ClO^- + Cl^- + H_2O \qquad (9-56)$$

$$3Cl_2 + 6OH^-(热) == ClO_3^- + 5Cl^- + 3H_2O \qquad (9-57)$$

D 与盐溶液反应

$$Cl_2 + 2FeCl_2 == 2FeCl_3 \qquad (9-58)$$

$$Cl_2 + Na_2S == 2NaCl + S \qquad (9-59)$$

E 与气体反应

Cl_2 的化学性质比较活泼，容易与多种可燃性气体发生反应，如 H_2、C_2H_2 等。

F 与有机物反应

甲烷的取代反应：

$$CH_4 + Cl_2 \xrightarrow{光照} CH_3Cl + HCl \qquad (9-60)$$

$$CH_3Cl + Cl_2 \xrightarrow{光照} CH_2Cl_2 + HCl \qquad (9-61)$$

$$CH_2Cl_2 + Cl_2 \xrightarrow{光照} CHCl_3 + HCl \qquad (9-62)$$

$$CHCl_3 + Cl_2 \xrightarrow{光照} CCl_4 + HCl \qquad (9-63)$$

G 加成反应

与乙烯反应：

$$CH_2=CH_2 + Cl_2 \xrightarrow{催化剂} CH_2ClCH_2Cl（1，2-二氯乙烷）\qquad (9-64)$$

与二硫化碳反应：

$$2Cl_2 + CS_2 == CCl_4 + 2S \qquad (9-65)$$

氯气是一极毒的有扩散性的气体，希望就近配套供应，做到稳定和安全供应。

氯气的浓度一般大于 85%，主要根据高钛渣的粒度来确定，如果高钛渣的细粒级较多，就采用较高浓度的氯气同时降低氯气的流速，以防止细粒级的高钛渣未被氯化就被高速气流带走，反之，采用浓度较低的氯气，同时提高气体的流速。

9.7.4 四氯化钛精制原料

9.7.4.1 铜丝

中国在生产海绵钛的初期曾采用铜粉除钒，前苏联也采用过铜粉除钒法。20 世纪 60 年代中国对铜除钒法进行试验研究，成功改进使用了铜丝气相除钒法，现在国内的铜除钒全部是采用铜丝气相除钒法。质地为铜，一般加工为铜丝球。

9.7.4.2 硫化氢

硫化氢是一种无色有臭鸡蛋气味的剧毒、可燃气体，是一种强还原剂，即便是低浓度的硫化氢，也会损伤人的嗅觉，应在通风处进行使用并必须采取防护安全措施。

硫化氢（分子式为 H_2S，相对分子质量为 34.076），无色气体，有恶臭和毒性。密度为 1.539g/L，相对蒸气密度为 1.1906（空气 = 1）。熔点为 -82.9℃，沸点为 -61.8℃。溶于水生成氢硫酸（一种弱酸），1% 水溶液 pH 值为 4.5。

化学性质不稳定，在空气中容易燃烧。能使银、铜等制品表面发黑。与许多金属离子作用，生成不溶于水或酸的硫化物沉淀。

硫化氢的来源较多，一般作为某些化学反应和蛋白质自然分解过程的产物以及某些天然物的成分和杂质，存在于多种生产过程中以及自然界中，如采矿和有色金属冶炼。煤的低温焦化，含硫石油开采、提炼，橡胶，制革，染料，制糖等工业中都有硫化氢产生。开挖和整治沼泽地、沟渠、印染、下水道、隧道以及清除垃圾、粪便等作业也有硫化氢产生。另外天然气、火山喷气、矿泉中也常伴有硫化氢存在。

中心原子 S 原子采取 sp^3 杂化（实际按照键角计算的结果则接近于 p^3 杂化），电子对构型为正四面体形，分子构型为 V 形，H—S—H 键角为 92.1°，偶极矩为 0.97D，是极性分子。由于 H—S 键能较弱，300℃ 左右硫化氢分解。

硫化氢的嗅觉阈值为 0.00041×10^{-4}%，燃点为 260℃，饱和蒸气压为 2026.5kPa/25.5℃。硫化氢溶于水（溶解比例 1:2.6）、乙醇、二硫化碳、甘油、汽油、煤油等。临界温度为 100.4℃，临界压力为 9.01MPa。

危险标记：2.1 类易燃气体，2.3 类毒性气体，有剧毒。

其相对密度为 1.1906（15℃，0.10133MPa）。它存在于地势低的地方，如地坑、地下室里。如果发现处在被告知有硫化氢存在的地方，那么就应立刻采取自我保护措施。只要有可能，都要在上风向、地势较高的地方工作。

爆炸极限：与空气或氧气以适当的比例（4.3% ~ 46%）混合就会爆炸。因此含有硫化氢气体存在的作业现场应配备硫化氢监测仪。

可燃性：完全干燥的硫化氢在室温下不与空气中的氧气发生反应，但点火时能在空气中燃烧，钻井、井下作业放喷时燃烧，燃烧率仅为 86% 左右。硫化氢燃烧时产生蓝色火焰，并产生有毒的二氧化硫气体，二氧化硫会损伤人的眼睛和肺。在空气充足时，生成 SO_2 和 H_2O，反应式如下：

$$2H_2S + 3O_2 = 2SO_2 + 2H_2O \tag{9-66}$$

若空气不足或温度较低时，则生成游离态的 S 和 H_2O：

$$2H_2S + O_2 = 2S + 2H_2O \tag{9-67}$$

除了在氧气或空气中，硫化氢也能在氯气和氟气中燃烧。

可溶性硫化氢气体能溶于水、乙醇及甘油中，化学性质不稳定。

硫化氢是一种二元弱酸。在 200℃ 时 1 体积水能溶解 2.6 体积的硫化氢，生成的水溶液称为氢硫酸，浓度为 0.1mol/L。硫化氢在水中的第二级电离程度相当低，以至于硫化钠水溶液的碱性仅比等浓度的氢氧化钠略低一些，可以充当强碱使用：

$$2NaOH + H_2S = Na_2S + 2H_2O \tag{9-68}$$

硫化氢在溶液中存在如下平衡：

$$H_2S = H^+ + HS^- \tag{9-69}$$

$$HS^- = H^+ + S^{2-} \tag{9-70}$$

氢硫酸比硫化氢气体具有更强的还原性，易被空气氧化而析出硫，使溶液变混浊。在酸性溶液中，硫化氢能使 Fe^{3+} 还原为 Fe^{2+}，Br_2 还原为 Br^-，I_2 还原为 I^-，MnO_4^- 还原为 Mn^{2+}，$Cr_2O_7^{2-}$ 还原为 Cr^{3+}，HNO_3 还原为 NO_2，而它本身通常被氧化为单质硫。H_2S 也能还原溶液中的铜离子（Cu^{2+}）、亚硒酸（H_2SeO_3）、四价钋离子（Po^{4+}）等，如：

$$Po^{4+} + 2H_2S === PoS + S + 4H^+ \qquad (9-71)$$

硫化氢气体可以和金属产生沉淀，通常利用沉淀性被除去，一般的实验室中除去硫化氢气体，采用的方法是将硫化氢气体通入硫酸铜溶液中，形成不溶解于一般强酸（非氧化性酸）的硫化铜：

$$CuSO_4 + H_2S === CuS\downarrow + H_2SO_4 \qquad (9-72)$$

但硫化氢与硫酸铁反应时，若硫化氢量少，只能生成单质硫，因为 Fe^{3+} 与 S^{2-} 会发生氧化还原反应：

$$2H_2S + Fe_2(SO_4)_3 === 2FeSO_4 + S\downarrow + 2H_2\uparrow + 2SO_2\uparrow \qquad (9-73)$$

注意：硫化氢的硫是 -2 价，处于最低价，但氢是 $+1$ 价，能下降到 0 价，所以仍有氧化性，如：

$$2Na + H_2S === Na_2S + H_2\uparrow \qquad (9-74)$$

硫化氢能发生归中反应：

$$2H_2S + SO_2 === 2H_2O + 3S \qquad (9-75)$$

其中硫化氢是还原剂，二氧化硫是氧化剂，硫是氧化产物。

9.7.4.3 有机物

用于除钒的有机物种类很多，生产中常选用的有矿物油和植物油。

A 矿物油质量标准。

某厂常用于除钒的白矿物油标准号有 15 号、26 号白矿物油（采用 SH0007—1990 标准），其主要技术参数见表 9-37。

表 9-37 15 号、26 号白矿物油主要理化指标

名称	运动黏度（40℃）/$mm^2 \cdot s^{-1}$	闪点/℃	紫外吸光度	酸碱性	易炭化物	硫化物	水分/%	机械杂质（重金属）/$mg \cdot kg^{-1}$
15 号	12.5~17.5	150	0.1	中性	通过	通过	0	<10
26 号	24~28	16	0.1	中性	通过	通过	0	<10

B 植物油质量标准

目前采用植物油除钒的生产厂家主要是从美国进口植物油，也可使用国内自产植物油，比照执行大豆油国家质量标准（GB 1535—2003）。

9.7.4.4 铝粉

铝为银灰色的金属，相对分子质量为 26.98，相对密度为 2.55，纯度 99.5% 的铝熔点为 685℃，沸点为 2065℃，熔化吸热 323kJ/g，铝有还原性，极易被氧化，在氧化过程中放热。急剧氧化时每克放热 15.5kJ。铝是延展性金属，易加工。金属铝表面的氧化膜透明且有很好的化学稳定性。铝粉纯度要求大于 99.5%，粒度小于 $5\mu m$，比表面积为 0.5~5.0m^2/g，松装密度为 0.3~1.0g/cm^3，反应活性不小于 95%，要求采用铝箔包装并密封，

贮存于阴凉、干燥、防火的环境，勿与氧化剂接触。

铝粉特性：（1）无气味，银白色金属粉末，自燃温度为590℃，粉尘爆炸下限为40g/m³。可用来制造油漆、油墨、颜料和焰火，也可用作多孔混凝土的添加剂。铝还可作为治疗和医药用品，此外还用于汽车和飞机工业。（2）毒性。该品无毒，对呼吸道有致肺纤维化作用。最高容许浓度为4mg/m³。（3）短期暴露的影响。吸入高浓度粉尘会刺激呼吸道黏膜。眼睛接触，细小尘粒一般没有刺激，大的尘粒会有一些摩擦性刺激。在工作场所正常进入口腔的剂量无毒性反应。大量吞服粉尘则对肠胃有摩擦性刺激。（4）长期暴露的影响。长期或反复暴露会使肺组织产生纤维化，发生铝尘肺，症状包括咳嗽、呼吸急促、食欲减退、昏睡。类似气喘病的症状曾出现过。（5）火灾和爆炸。该品可燃，细粉与空气能形成易燃易爆的混合物。可隔离火源并让其烧完。用黄砂、滑石、氯化钠来扑灭小火。绝对不准用水。（6）化学反应性。不可接触稀酸或强碱。大量粉尘受潮时会自然发热。铝粉与其他金属氧化物的混合物遇火会发生激烈反应或起火。与卤元素混合会起火。与卤化碳氢化合物加热或摩擦会发生爆炸性反应。（7）人身防护。吸入：如粉尘浓度不明或超过暴露限值应戴用Ⅰ级防尘口罩。皮肤：为防止过多的粉尘沉积或摩擦，使用手套、工作服、工作鞋。眼睛：戴用化学安全眼镜。（8）急救吸入：如发生刺激，使眼睑张开，用生理盐水或微温的缓慢的流水冲洗患眼至少10min。皮肤接触：如发生刺激，将过剩铝粉缓和地抹掉或擦掉。口服：不可催吐。给患者饮水约250mL。一切患者都应请医生治疗。（9）储藏和运输。遵守储藏和运输易燃物质的规则。储藏于阴凉、干燥、有良好通风设备的地方，避免粉尘产生。（10）安全和处理。只有受过训练的人员才能从事清洁工作。保证提供良好的通风设备。使用良好的防护服装和呼吸器。不要接触散落物，可铲进清洁、干燥、有标签的容器内并盖好，用水冲洗现场。可燃物应远离散物，遵守环境保护法规。

9.7.4.5 工业盐

工业盐的标准见表9－38。

表9－38 工业盐（GB/T 5462—2003）

指标名称	指标/%	指标名称	指标/%
NaCl	98.5	H_2O	0.5
$CaSO_4$	0.709		

9.8 四氯化钛标准

四氯化钛用于生产金属钛、二氧化钛、钛有机化合物及各种钛酸盐和烟雾弹，并为丙烯、乙烯催化剂的重要组分。

四氯化钛生产执行 Q/WBH001—2007 质量标准。

四氯化钛是由高钛渣氯化制得的，经精制提纯后，其化学成分见表9－39。

表9－39 精四氯化钛化学成分

项目名称	$TiCl_4$/%	$SiCl_4$/%	$FeCl_3$/%	色度/mg·L⁻¹	熔点/℃	沸点/℃
$TiCl_4$	>99.9	<0.0001	<0.001	<1.5	−23	136

表 9 - 40 给出了 $TiCl_4$ 化学成分和色度规定（针对海绵钛生产）。

表 9 - 40　$TiCl_4$ 化学成分和色度规定

品　级	化学成分（质量分数）/%				色　度
	$TiCl_4$	杂　质			
		$SiCl_4$	$FeCl_3$	$VOCl_3$	
一　级	≥99.96	≤0.01	≤0.001	≤0.0012	≤5mg $K_2Cr_2Cl_7$/L
二　级	≥99.94	≤0.01	≤0.002	≤0.0024	≤5mg $K_2Cr_2Cl_7$/L
三　级	≥99.92	≤0.03	≤0.003	≤0.0024	≤8mg $K_2Cr_2Cl_7$/L

表 9 - 41 给出了独联体国家 $TiCl_4$ 质量标准。

表 9 - 41　独联体 $TiCl_4$ 质量标准　　　　　　（质量分数，%）

组　成	$TiCl_4$	V	Si	Fe	O（$TiOCl_2$ 中 O）	光气 + 氯乙酰氯
OTT - 0	≥99.9	≤0.0002	≤0.0002	≤0.0002	≤0.0001	≤0.0002
OTT - 1	≥99.9	≤0.0006	≤0.001	≤0.001	≤0.0005	≤0.0003

组　成	CS_2	CCl_4	ΣC	Al	色度
OTT - 0	≤0.00004	≤0.0005	≤0.001	≤0.002	无色
OTT - 1	≤0.00006	≤0.0020	≤0.001	≤0.002	无色

表 9 - 42 给出了日本 $TiCl_4$ 质量标准。

表 9 - 42　日本 $TiCl_4$ 质量标准　　　　　　（质量分数，%）

厂　商	成　分				颜色
	$TiCl_4$	$SiCl_4$	$VOCl_3$	$FeCl_3$	
大阪钛公司 OTC 标准	>99.9	<0.009	<0.003	<0.006	
东邦钛公司 TCT - 1	>99.9	<0.003	<0.003	<0.003	无色透明
东邦钛公司 TCT - 2	>99.9	<0.01	<0.01	<0.01	

表 9 - 43 给出了美国 $TiCl_4$ 质量标准。

表 9 - 43　美国 $TiCl_4$ 质量标准　　　　　　（质量分数，%）

成分	Al	Cl_2	Fe	Si	V	Cu
含量	0.0005 ~ 0.001	0.0002 ~ 0.0005	0.001 ~ 0.003	0.001 ~ 0.003	0.0005 ~ 0.002	0.0002 ~ 0.0005
成分	Sn	Sb	Ni	As	Pb	ΣO
含量	0.001 ~ 0.0025	0.0005 ~ 0.001	0.0002 ~ 0.0005	0.001 ~ 0.0015	0.0001 ~ 0.0005	<0.005

$TiCl_4$ 的外观为无色透明液体，日光照射下无明显肉眼可见的悬浮物，需方如对 $TiCl_4$ 的化学成分有特殊要求，可由供需双方协商。

9.9　四氯化钛非典型应用

四氯化钛的非典型应用如下：

（1）制备正钛酸正丁酯（钛酸四丁酯）。以正丁醇、四氯化钛和氨为原料，在甲苯的存在下进行酯化反应制得粗品，过滤除去副产物氯化氨，经减压蒸馏而得成品。

产品可用作环氧树脂胶粘剂的偶联剂、硅酮密封胶的固化剂；也可以作为制取金属与橡胶、金属与塑料的改性剂，耐高温染料的添加剂，医用黏合剂，胶联剂和缩合反应的催化剂。

（2）制备钛酸四异丙酯（正钛酸四异丙酯）。以四氯化钛、异丙醇、液氨为原料，在甲苯的存在下进行酯化，经吸滤除去副产物氯化氨，再经蒸馏得成品。

产品可用于制取金属与橡胶、金属与塑料的黏合剂，也可用作酯交换反应和聚合反应的催化剂及制药工业的原料等。

（3）制备三异硬脂酰基钛酸异丙酯。先由异丙醇与四氯化钛反应合成中间体四异丙基钛，然后与硬脂酸反应得到产品。

产品属单烷氧基钛酸酯偶联剂。适用于聚丙烯、聚乙烯、环氧树脂、聚氯乙烯、聚氨酯等树脂的填充体系，对碳酸钙、水合氧化铝等不含游离水的干燥填料特别有效。在顺丁胶、丁基胶和三元乙丙胶等合成橡胶填充体系中也有效。

（4）制备三油酰基钛酸异丙酯。由异丙醇和四氯化钛反应制得中间体四异丙基钛，然后与油酸反应得到产品。

产品为单烷氧基钛酸酯偶联剂。对聚丙烯、聚乙烯等聚烯烃塑料的填充体系有优良的偶联效果，适用于碳酸钙等填料，可提高制品的抗冲击强度、伸长率、尺寸稳定性和热变形性，改变制品的表面光泽。

（5）三氯化钛。用过量的四氯化钛与铝粉在 136℃ 下进行反应，三氯化铝作为引发剂生成三氯化钛与三氯化铝。加热蒸出过量的四氯化钛，回收可循环使用。同时使三氯化铝升华，得成品三氯化钛。用作 α-烯烃聚合的催化剂，强还原剂，用于偶氮染粉分析。

9.10 沸腾氯化技术的发展

流态化过程是固体颗粒在流体作用处于悬浮状态，具有流体的属性特征，相间混合接触充分，传热传质效率高，床层温度均匀，便于连续操作和实现强化节能。气固流态化过程的内控主体是固体物料性质和流体介质性质，一般受固体颗粒粒度、密度和形状的强烈影响，以粒度分布、表面形状和添加组分为主要鉴别特征，流体介质的密度和黏度同样影响流态化过程。基础外调节因素包括操作条件、外力场设计、床型设计和内构件设计等。操作条件包括温度、压力和流速以及反应要求；外力场包括磁场、声场、振动场和超重力场；床型则包括快速床、下行床循环床和锥型床等；常用的内构件有多孔挡板、百叶窗挡板、浆式挡板、环型挡体和锥型挡体。

国外氯化法钛白生产主要采用沸腾氯化工艺，使用高品位、低钙镁杂质的金红石（人造和天然两种）和钛渣为原料。国外沸腾氯化工艺对钛原料（高钛渣、天然金红石和人造金红石）的 TiO_2 品位、钙镁含量和粒度要求很严格，TiO_2 品位大多要求在 90% 以上，钙镁含量要求 $\sum(CaO + MgO) < 1.0\%$，特别是对 CaO 的含量要求苛刻，一般为不大于 0.012%，粒度在 0.074 ~ 0.18mm 范围之内。目的是提高氯化炉的产能，降低氯气消耗和粗 $TiCl_4$ 杂质含量，防止钙镁氯化物对气体分布器的黏结，提高氯化炉运行周期。典型大型氯化工艺流程见图 9 - 14，典型四氯化钛冷凝收集工艺流程见图 9 - 15。

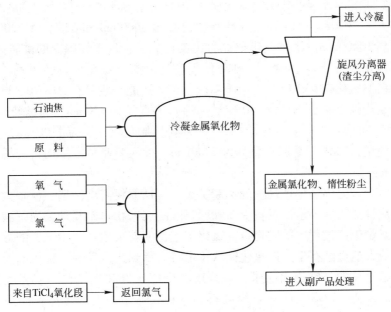

图 9 – 14　典型大型氯化工艺流程

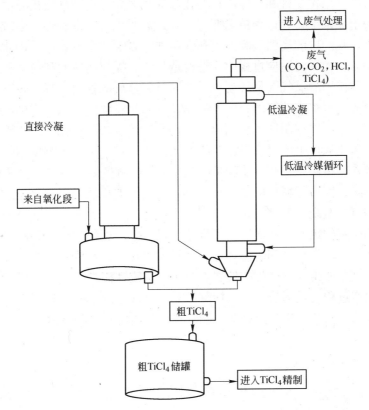

图 9 – 15　典型四氯化钛冷凝收集工艺流程

国外沸腾氯化工艺几乎采用长径比较小的大型氯化炉，直径一般在 3～11m 之间，杜邦最大的沸腾氯化炉直径达 10.97m，生产能力极大，氯化钛白单线（一条生产线）产能可高达 25 万吨/年。国外规模化沸腾氯化始于 1948 年,沸腾炉直径为 1000mm;1956 年,沸腾炉直径扩大为 3000mm;1970 年,沸腾炉直径为 5000mm 和 6200mm;2000 年后,沸腾炉直径增加到 10000mm。沸腾氯化技术的代表是美国、日本等国家的沸腾床氯化技术,它们的沸腾床氯化装置生产规模大,自动化程度高,沸腾氯化炉直径可达 110000mm 以上,产能约为粗四氯化钛 550t/d,而中国生产装置的产能一般只有 20~70t/d。

中国沸腾氯化技术始于 20 世纪 70 年代,沸腾炉直径为 450mm,为试验用;1981 年,沸腾炉直径为 600mm,开始工业化应用;1990 年,沸腾炉直径为 1200mm,工业试验成功,投入设计使用;2004 年沸腾炉直径为 2400mm,投入工业生产使用;其后发展了直径为 2600mm 的沸腾炉。

随着氯化钛白和海绵钛生产规模的不断扩大,富钛原料需求激增,设备大型化趋势明显,对原料适应性提出新要求,设备更新和原料匹配迎来新一轮互动,为了满足日益严格的环保要求,减少生产过程中的废物量,氯化工艺正朝着采用精料为原料的方向发展,使用天然金红石或人造金红石生产四氯化钛的技术将会得到快速发展。传统的天然金红石已经不能满足日益增长的富钛原料需求,而且市场供应比例和规模在一定程度呈现下降趋势,出现了以高钛渣、UGS 渣、天然金红石和各种人造金红石为主体新的多元钛原料结构,沸腾氯化原料适应性要求受到挑战,原料 TiO_2 品位下降,杂质水平在升高,粒度变细,目前正通过炉型结构改进和后序流程变化以提高对新钛料结构变化的适应性。

沸腾氯化要求准确配料,过程精确衔接配合,需要检测的准确性,系统形成系列测试和敏感单元配合,受炉内的高温、高粉尘和强腐蚀的影响,全方位的自动化装置得到应用推广,沸腾氯化自动控制将适应过程的动态稳定要求,提高物料的利用率和氯化效率。

沸腾氯化过程使用的氯气既是气动介质,同时又是反应物料,具有较强的毒性和腐蚀性,对装置的气密性有很高的要求;固体颗粒在流态化过程中要求一定的粒度分布,以保证物料的均匀流态,严格控制细颗粒比例,防止过快反应产生轻化变形,颗粒随气流进入冷凝系统,与四氯化钛产生冷凝吸附,从而增加固体杂质水平,影响粗四氯化钛质量,反应后产生形变颗粒容易聚集,产生质和量的变化,改变沸腾氯化状态,严重时产生炉壁和管壁的不规则黏附,固体颗粒自由沉降和旋风收尘平衡被打破,引起气流紊乱,不利于流态化过程恢复调节的实现。

沸腾氯化和所有的氯化一样面临三废难题,氯化生产过程的原料和产品属于危险化学品范畴,安全性、环保性和管理衔接具有严格具体的要求,对废水、废气和废渣必须进行无害化处理,满足全方位的清洁生产发展需要,一些刚性标准的提出、更新和实施使生产面临新挑战,生产过程关键部位的在线检测和非关键部位的不间断检测进一步强化了氯化生产的安全性保障,力争将生产过程对周围环境的危害降低到最低水平。

10 钛材料制造技术——海绵钛

钛及其合金具有密度小、耐腐蚀、耐高温等优异性能。世界钛工业正经历着以航空航天为主要市场的单一模式，向冶金、能源、交通、化工、生物医药等民用领域为重点发展的多元模式过渡。目前世界上能进行钛工业化生产的国家只有美国、日本、俄罗斯、中国等少数国家，钛的世界年总产量为十多万吨。但是由于钛的重大战略价值和在国民经济中的地位，钛将成为继铁、铝之后崛起的"第三金属"，21世纪将是钛的世纪。

10.1 制钛方法

制取金属钛的方法归纳起来大致有五类：氧化钛的还原法、卤化钛的还原法、钛化合物的电解法、卤化钛的热分解法和其他方法。

10.1.1 氧化钛还原法

10.1.1.1 金属热还原法

由于钛对氧的亲和势特别大，所以，即使锂、钙、镁、钡和铝也不容易将 TiO_2 还原得十分完全，而且还原生成的金属钛又非常容易从氧化物中吸取氧而生成 Ti – O 固溶体。另外，钛与氧结合的牢固性随钛中氧含量的减少而增加。特别是钛中氧含量在 1% ~ 2% 时，要从 Ti – O 固溶体中除去氧就变得更困难。因此，用金属还原二氧化钛很难制取氧含量很低（ < 0.10% ）的金属钛。

A　锂还原

TiO_2 可在 200℃ 以上的温度下被金属锂还原为金属钛：

$$TiO_2 + 4Li \stackrel{}{=\!=\!=} Ti + 2Li_2O \qquad\qquad (10-1)$$

在 TiO_2 粉末中加入液锂（锂熔点为 180℃），在 600℃ 下完成还原反应，然后用真空蒸馏法从还原产物中分离出过剩的锂，并除去产物中的 Li_2O，便可得到粉末状的金属钛。但是，用这种方法制取金属钛，必须使用氮含量低的高纯锂。高纯锂是用活性吸气剂处理和精馏相结合的方法精致工业锂而制取的，因此它的成本很高，无法在工业上应用。

B　镁还原

镁还原 TiO_2 的反应在 700℃ 开始，在 750℃ 下仅能把 TiO_2 还原为低价钛氧化物。即使在 1000℃ 下进行还原，得到的产品中氧含量仍在 2% 以上。MgO – Mg（液体）接触达到平衡时，氧在钛中的平衡含量（质量分数）为 1.5% ~ 2.8%。由此可见，镁还原 TiO_2 的方法不能获得氧含量低的金属钛。

C　铝还原

铝是一种廉价的还原剂，它可将 TiO_2 还原为金属钛，但过程必须要在高温高真空条件下。在还原过程中由于生成的低价氧化钛与 Al_2O_3 形成固熔体，导致 TiO_2 不容易被还原完全。要使产品中氧含量小于 0.1%，则需要过量铝 56% ~ 63%，而且生成的金属钛又与铝生成稳定的金属间化合物。因此，还原剂必须过量很多，而且要从还原产品 Ti - Al 合金中除去铝是很困难的。因此，在工业生产中尚未采用铝热还原法生产纯钛，而是利用它来制取 Ti - Fe 和 Ti - Al 中间合金。

D 钙还原

钙是 TiO_2 最有效的还原剂。钙还原 TiO_2 的反应在 500℃ 便开始进行，在 800 ~ 1000℃ 下反应可得到金属钛。在 900 ~ 1020℃ 下钛与 CaO - Ca（液体）接触达到平衡时，氧在钛中的平衡含量（质量分数）为 0.007% ~ 0.12%。因此，钙还原可以得到氧含量低的金属钙。但所有钙必须过量，而且由于在反应产物分离过程中，产品金属钛往往被氧化物污染，需要再进行一次还原，才能得到氧含量较低的纯钛。为了降低钙的耗量，曾采用 Mg - Ca 联合还原法，即第一步用镁还原 TiO_2 为钛的低价氧化物，然后再用钙将低价钛化合物还原为金属钛。该法在生产中曾得到了氧含量为 0.47% 的金属钙。

钙还原法的另一种改进方法是用 CaH_2 代替钙作为还原剂，产品是粉末钛。但由于含氮量低的高纯钙生产成本高，所以钙还原法未能在工业中广泛应用。

10.1.1.2 碳还原法

碳是最廉价的还原剂。在高温下碳与 TiO_2 的反应是复杂的，可能发生如下的主要反应：

$$TiO_2 + 3C \Longrightarrow TiC + 2CO \tag{10-2}$$

$$2TiO_2 + C \Longrightarrow Ti_2O_3 + CO \tag{10-3}$$

$$TiO_2 + C \Longrightarrow TiO + CO \tag{10-4}$$

$$TiO_2 + 2C \Longrightarrow Ti + 2CO \tag{10-5}$$

经热力学计算和实践表明，碳与 TiO_2 反应的主要生成产物是 TiC 和低价钛氧化物，而不容易生成金属钛。产物组成可用 TiC_xO_y 通式来表示，其中 x、y 值随原料组成和反应条件而变化。当温度升高和压力降低时，TiC_xO_y - CO 平衡系向着碳取代氧的反应进行，即 y 值减小的同时 x 值增加。在一定的温度和压力条件下，可以得到氧含量很低的纯 TiC。如果反应在 3000℃ 左右的高温和真空中进行，则可由于发生下列反应而生成金属钛：

$$TiO_2 + 2TiC \Longrightarrow 3Ti + 2CO \tag{10-6}$$

$$TiO + TiC \Longrightarrow 2Ti + CO \tag{10-7}$$

但生成的金属钛又很容易被碳、氧和氮所污染，所以由碳还原 TiO_2 制取纯钛是相当困难的。

10.1.1.3 氢还原法

TiO_2 在 750 ~ 1000℃ 下的氢气流中反应生成 Ti_2O_3，如果反应在 2000℃ 下的高压氢气中进行，则产物为 TiO。氢还原生成金属钛的反应是可逆反应：

$$TiO_2 + 2H_2 \Longrightarrow Ti + 2H_2O \tag{10-8}$$

要使上述反应向着生成金属钛的方向进行，只有在高温下、大量过量氢存在并不断移去生成的水蒸气的情况下才有可能。通常用等离子获得高温来使上述反应完成，即将 TiO_2 粉末加入等离子流中，由于高温变成液滴，氢等离子与它对流接触，可把 TiO_2 还原为金属钛液滴，用冷却方法收集产品得到固体金属钛。用纯 TiO_2 为原料，以氩和氢为工作循环气体，在3000℃左右的等离子中进行小型试验，制得纯度为99.8%的金属钛。

10.1.1.4 电解法

关于 TiO_2 在 $CaCl_2$ 熔盐中的电化学脱氧，已有人做过描述，提出的机理是：当钙沉积在 TiO_2 阴极上时，会与阴极上的氧反应生成 CaO，CaO 则溶于 $CaCl_2$ 熔盐中。而对机理的另一种解释是：与钙沉积相比，氧的电离能够在相对低的阴极电势下发生，钛氧化物就可以通过电化学法直接还原成金属钛，而不是通过与钙的化学反应来实现。将钛氧化物和 CaO 的自由焓做对比的结果与上述的机理是一致的。以上两种机理可以概括为以下方程式：

$$Ca^{2+} + 2e \Longrightarrow Ca \qquad (10-9)$$
$$TiO_x + xCa \Longrightarrow Ti + xCaO \qquad (10-10)$$
$$TiO_x + 2xe \Longrightarrow Ti + xO^{2-} \qquad (10-11)$$

10.1.2 卤化钛还原法

钛对卤素的亲和势远比氧小，容易把它的卤化物还原成金属钛。研究得最多的方法是 $TiCl_4$ 还原法。

10.1.2.1 四氯化钛金属热还原法

A 锂还原法和钙还原法

锂和钙均是 $TiCl_4$ 的良好还原剂，反应速度快，可以制取纯度很高的海绵钛。而且，$LiCl$ 的熔点为610℃，锂的沸点为1347℃；$CaCl_2$ 的熔点为772℃，钙的沸点为1200℃，故它们的还原操作温度范围远比钠还原宽，这对还原操作有利。但是，它们的共同缺点是制取纯度高的锂和钙成本很高，影响了它们在工业生产上的应用。

B 锰还原法

锰也是 $TiCl_4$ 的良好还原剂，据有关专利报道，该法进行的还原反应为：

$$TiCl_4(g) + 2Mn(l) \Longrightarrow 2MnCl_2(g) + Ti \qquad (10-12)$$

反应温度必须控制在锰的熔点以上，此时，副产物 $MnCl_2$ 可以连续从反应器中逸出。如果在钛的熔点温度以上进行反应，还原作业可以连续进行。

为了增大反应速度，$TiCl_4$ 加入量必须过量。过量的 $TiCl_4$ 既有利于从反应器中排出 $MnCl_2$，又可以防止钛与锰生成 Mn_2Ti 和 $MnTi_2$ 化合物，以降低金属钛产品中的锰含量。过量的 $TiCl_4$ 可随 $MnCl_2$ 逸出，经冷凝分离后返回使用。还原反应可在罐式或塔式设备中进行，设备要能耐高温和耐腐蚀。

还原剂可以用碳还原法再生，比较经济，其反应为：

$$4MnCl_2 + 3O_2 \Longrightarrow 2Mn_2O_3 + 4Cl_2 \qquad (10-13)$$
$$Mn_2O_3 + 3C \Longrightarrow 3CO + 2Mn \qquad (10-14)$$

C 铝还原法

铝也是 $TiCl_4$ 的良好还原剂，还原反应在136℃就可以进行。在400℃以下生成物主要是 $TiCl_3$，在1000℃以下，反应生成钛。

反应生成的 $AlCl_3$ 在183℃升华，在还原温度下它是气体，能从反应区除去。但反应生成的金属钛与还原剂铝生成稳定的 Ti – Al 金属间化合物，不容易从中除去铝以制取纯钛。

一种改进的铝还原法，是用铝和钠联合还原，即首先在较低的温度下用铝把 $TiCl_4$ 还原为低价钛氯化物，然后将后者溶于 NaCl 中，再用钠将其还原为金属钛。但这种联合还原法无论周期生产成本或产品质量上都不如钠还原法。

10.1.2.2 四氯化钛的氢还原法

在温度高于 500℃ 时氢还原 $TiCl_4$ 的反应便开始进行，在小于 800℃ 时还原产物为 $TiCl_3$。温度高于 800℃ 后便开始生成 $TiCl_2$。上述反应是可逆的，如果不断移去反应产物氯化氢，并通入过量氢气时，则可获得低价钛氯化物。生成的 $TiCl_2$ 可发生歧化反应生成金属钛：

$$2TiCl_2 \rightleftharpoons TiCl_4 + Ti \qquad (10-15)$$

10.1.2.3 钛化合物的电解法

由于钛离子在水溶液中被还原为金属的标准电极电位具有很大的负值，因此从水溶液中电解还原金属钛实际上是不可能的。

在非水有机溶液中可将四价钛电解还原为低价钛，但在还原为金属钛的试验中，由于在钛还未完全还原时，溶剂也被还原。因此，钛的非水溶液电解还处于进一步研究之中。

目前用电解法制取金属钛一般是在熔融盐中进行的。当前研究比较深入，而且已开始半工业化试验的有 $TiCl_4$ 电解和残钛的电解精炼两种方法。

10.1.2.4 $TiCl_4$ 电解

采用的电解质体系一般是将 $TiCl_4$、$TiCl_2$ 和 $TiCl_3$ 溶于由碱金属或碱土金属氯化物组成的溶剂中。

$TiCl_4$ 在碱金属氯化物体系中的溶解度随着氯化物阳离子半径的增大而增加。如 $TiCl_4$ 在相应氯化物盐 LiCl（700℃）、NaCl–KCl（700℃）、KCl（800℃）和 CsCl（700℃）中的溶解度（质量分数）分别为 0.014%、0.4%、1.8% 和 6.5%，这是由于 $TiCl_4$ 与溶体形成离子型配合物的稳定性，随氯化物阳离子半径的增大而增加。熔体中加入氟离子能极大地增加 $TiCl_4$ 在熔盐中的溶解度，因为氟离子能与钛离子形成更稳定的配合物。经研究表明，随阳离子价数的增加，配合物的稳定性降低，因而 $TiCl_4$ 在碱土金属氯化物中的溶解度更小。

同样，气相 $TiCl_4$ 通过熔盐界面向熔体深部的溶解扩散能力对于不同盐系也是不同的。$TiCl_4$ 气体对于前述举例的四种盐系的溶解扩散能力相应为 $28.2 \times 10^{-2} \, mL/(h \cdot cm^2)$、$11.5 \times 10^{-2} \, mL/(h \cdot cm^2)$、$5.1 \times 10^{-2} \, mL/(h \cdot cm^2)$ 和 $1.3 \times 10^{-2} \, mL/(h \cdot cm^2)$。

低价氯化钛溶于氯化钾和氯化钠熔体中生成如下固液同成分稳定配合物 $KTiCl_3$、K_3TiCl_6 和固液异成分不稳定配合物 Na_2TiCl_4、$NaTiCl_3$、K_2TiCl_5、Na_3TiCl_6、K_3TiCl_6。

钛作为变价元素，$TiCl_4$ 在熔体阴极上的电还原反应历程是由高价态向低价态逐次被还原的，即由 $TiCl_4 \rightarrow TiCl_3 \rightarrow TiCl_2 \rightarrow TiCl \rightarrow Ti$。达到低价 TiCl 时，它不稳定，分解出细粒金属钛，在阳极上则放出氯气。

$TiCl_4$ 电解制取金属钛是一个一步还原过程，省去了制取还原剂的电解工序。阳极产出的氯气可以直接返回氯化工序使用，阴极产品可用简单的浸出法除盐处理便得到纯钛。此法生产流程短，制取的海绵钛和钛粉质量好，是一种有发展前途的新方法，值得进一步深入研究。

A 氟钛酸钾电解

将氟钛酸钾 K_2TiF_6 溶解在 NaCl 或 NaCl – KF 熔盐中，以石墨为阳极，在 700 ~ 750℃ 下进行电解还原，在阴极上可获得工业纯钛。经研究指出，K_2TiF_6 在熔盐中可发生离解：

$$K_2TiF_6 \longrightarrow 2K^+ + [TiF_6]^{2-} \qquad (10-16)$$

当熔盐中 K_2TiF_6 的溶度较高时，钛离子可直接在阴极上放电生成金属钛：

$$[TiF_6]^{2-} + e \Longrightarrow [TiF_4]^- + 2F^- \qquad (10-17)$$

$$[TiF_4]^- + 3e \Longrightarrow Ti + 4F^- \qquad (10-18)$$

而当 K_2TiF_6 浓度低和在低温下电解时，在阴极上首先是碱金属离子放电，然后碱金属与 K_2TiF_6 进行二次反应生成金属钛。

K_2TiF_6 的氯化物熔盐电解，实际上是 Cl^- 在阳极放电析出氯气，这样随着电解过程的进行，熔盐中氟化物浓度逐渐增加，给电解的连续进行造成困难，这是此法的主要缺点。

B 氧化钛电解

TiO_2 在氟化物、K_2TiF_6、硼酸盐和磷酸盐中的溶解度较大，在氟化物中溶解度很小。在 $CaCl_2$ 中，当加入 CaO 时，可使 TiO_2 的溶解度增加。因此 TiO_2 电解通常采用的电介质有 $CaCl_2$、$CaCl + CaO$、$NaCl + K_2TiF_6$、$NaCl + Na_2P_2O_7$、$NaCl + Na_2B_4O_7$ 和 Na_3AlF_6 等。但是，电解时，在阴极上析出的金属钛很容易被氧污染，因此需要将获得的含有氧等杂质的粗钛再经过一次电解精炼才能获得纯钛。

C 可溶性阳极的电解精炼

在氯化物（NaCl – KCl）熔融盐中，金属钛阳极可因发生电化学反应而溶解，钛进入熔盐中的离子价态取决于电流密度。当阳极电流密度低时，主要是以二价钛离子进入熔盐；当阳极电流密度较高时，熔盐中三价钛离子增加。溶于熔盐中的低价钛离子在阴极上放电被还原为金属钛，钛阳极中不溶解的杂质则残留在阳极中或沉积在电解槽底部。采用这种放电便可将含有许多杂质的粗钛或残钛精炼为纯钛。

钛的电解精炼法可以部分除去它的一些气体杂质，如氧、氮等，也可以有效地除去比它析出电位更高的金属杂质，如铜、镍、铁、铌等；但与钛析出电位相近的金属杂质，如铝、铬等则不能有效地除去。因此，电解精炼法可以用来精炼残钛和等外海绵钛等钛废料，也可以用来使钛与 Ti – Fe、Ti – Si、Ti – Nb 等二元合金中的其他金属分离。但 Ti – Al、Ti – Cr 合金中的钛不容易分离完全，一般来说只有当铝含量小于 3% 的 Ti – Al 合金和铬含量小于 4.3% 的 Ti – Cr 合金才可能达到较完全的分离。

电解精炼产品的纯度取决于所用原料的纯度和电解操作条件。如果利用杂质含量较小的等外海绵钛或残钛为原料，控制适当的电解条件，可以制取高纯金属钛。因此，电解精炼也是一种制取高纯钛的方法。

碳化钛可溶性阳极在氯化物熔盐或 $NaCl – K_2TiF_6$ 熔盐中电解时，碳化钛以 Ti^{2+}、Ti^{3+}、Ti^{4+} 离子进入熔盐，这些钛离子在阴极上放电被还原为金属。这种方法可以利用碳还原 TiO_2 的产物（Ti – C – O 混合物）为原料。

由低价钛氧化物（Ti_2O_3 和 TiO）或由 TiO_2 和碳所组成的可溶性阳极具有较好的导电性，它们在氯化物熔盐中的阳极溶解可表示为：

$$3TiO(阳极) - 3e \longrightarrow Ti_2O_3(阳极) + Ti^{3+}(熔盐) \qquad (10-19)$$

$$2Ti_2O_3(阳极) - 3e \longrightarrow 3TiO_2(阳极) + Ti^{3+}(熔盐) \qquad (10-20)$$

对于 $TiO_2 + C$ 组成的可溶阳极，在电流密度很小时，则以 Ti^{3+} 离子进入熔盐：

$$TiO_2 + C - 3e === Ti^{3+} + CO_2 \qquad (10-21)$$

当电流密度增加时，由于氧在 TiO_2 中扩散速度小，产生阳极极化则 Cl^- 开始在阳极上放电析出 Cl_2，此时进入熔盐的便是 Ti^{4+} 离子。溶于熔盐中的钛离子，在阴极上放电还原为金属钛。

10.1.2.5 卤化钛的热分解法

A 氯化钛热分解

$TiCl_4$ 的热稳定性很高，在温度 2227℃ 时仅有少量分解，3227℃ 的温度下也仅有部分分解，只有在 4727℃ 温度下才能全部分解为金属钛和氯。

$TiCl_2$ 在真空中或在惰性气氛中，加热至 900～1100℃ 便分解（歧化反应）为 Ti 和 $TiCl_4$。用这种方法可以制取工业纯钛，但是在 1000℃ 时 $TiCl_2$ 的分解速度很慢，在工业中应用目前还有困难。

B 碘化钛热分解

碘化钛热分解是目前把粗钛精炼为高纯钛的一种方法，其原理基于下列反应：

$$Ti(粗) + 2I_2(气) \xrightarrow{100～200℃} TiI_4(气) \xrightarrow{1300～1500℃} Ti(纯) + 2I_2(气)$$

$$(10-22)$$

由于碘化法可以有效地除去氧、氮和碳等气体杂质和铁、硅、铝等许多金属杂质，因此是制取高纯钛的基本方法之一。但是，由于碘化钛的分解反应在电热丝上发生，电热丝随过程的进行变粗，电阻下降，需要低电压、大电流操作，设备费用较高，生产效率低。在碘化过程中碘会有少量损失，碘的价格高，使得碘化法产品的成本高，加上生产批量又小，所有这些因素都限制了碘化法的应用。

10.1.3 其他还原方法

10.1.3.1 中间硫化物法

硫在钛中的溶解度比较小（质量分数为 0.02%），硫对钛的力学性能影响也比氧小得多，因此曾研究了一种经过中间硫化物制取金属钛的方法。首先使含钛原料（如 TiO_2）与硫化剂（如 H_2S、$SO_2 + C$、$S + C$）反应生成 TiS：

$$TiO_2 + S + 2C === TiS + 2CO \qquad (10-23)$$

第二步用镁还原 TiS 为金属钛，并生成 MgS。用这种方法能制得 99.5% 的工业纯钛。镁和硫可由副产物 MgS 再生，在还原过程中循环使用。MgS 氯化后制得 $MgCl_2$：

$$MgS + Cl_2 === MgCl_2 + S \qquad (10-24)$$

$MgCl_2$ 电解后得到镁。

硫化物法有许多缺点：MgS 不溶于水也不易挥发，不易从产品中分离出来；硫容易与金属铁等反应对设备造成比较严重的腐蚀。总之，从产品纯度、经济效果、环境保护等方面考虑，这种方法目前还难以用于工业生产。

10.1.3.2 钠还原连续制钛法

钠还原连续制钛法，又称 Armstrong 法是国际钛粉公司（International Titanium Powder，简称 ITP）公开的一种由钠还原四氯化钛连续制造钛粉的方法。其过程是在一个具有熔融钠流体回路的反应器中，连续加入四氯化钛蒸气，在低温下使其反应生成单颗粒的金属钛和副产物氯化钠，而不断流动的钠流体及时将生成的钛颗粒从反应区中分离出来，从而避免其颗粒长大并包裹未反应物和共生物，导致产品的纯度和性能降低。控制反应物流体的流速和反应器的几何尺寸，则可控制产品的形状和粒度分布。

从收集了产品的过滤器中蒸馏出残留的金属钠，将产品分离出来经水洗除去氯化钠而获得钛粉。钛粉质量达到工业纯钛标准。水洗液中的氯化钠经电解分离出金属钠和氯气，实现钠、氯的循环使用。国际钛粉公司完成了工程规模与工业规模反应器的实验，并完成产品钛粉的纯度、形状和粒度分布等性能的检测，以及进行了由钛粉制造钛部件的实验，准备用该工艺建设钛粉制造工厂。

10.1.3.3 高温熔盐电解法连续制造金属钛或钛合金锭的方法

该法是加拿大魁北克铁钛公司（Quebec Iron & Titanium Inc，简称 QIT）公开的一种方法。其过程是在电解槽中注入熔融钛渣之类的含钛的混合氧化物（如钛渣、钛铁矿、白钛矿、钙钛矿、钛酸盐、天然或人造金红石等）熔液，形成熔池作为阴极材料；在该熔液上方是熔融盐电解质；安装消耗碳阳极或惰性稳定阳极或气体扩散电极在电解槽上；并将直流电源与阳、阴极连接成电解回路。电解槽是封闭的，充入氩气进行电解操作。在电解质与钛渣（或其他含钛化合物）界面上阴极熔液中的氧化钛被电化学脱氧形成钛或钛合金液滴，由于密度差别（1700℃ 液体钛密度为 $4082kg/m^3$，在 1700℃，85% 钛渣密度为 $3680kg/m^3$），这些金属液滴下沉至电解槽底部形成液体钛或钛合金熔池，而从氧化钛释放出来的氧离子通过电解质移动到阳极，在此放电并与消耗碳阳极反应放出二氧化碳气体或在惰性阳极上放出氧气。槽底部的液体钛或钛合金在惰性气体保护下，可连续虹吸出或排出铸成金属钛或钛合金锭。钛渣（或其他氧化钛）熔液可从钛渣电炉中连续或间歇注入电解槽，电解槽内的温度用电加热维持，电解过程可连续进行。电解获得的金属钛纯度大于99.9%，其中的氧、氮、铁和氯含量很低，布氏硬度为 600MPa，达到美国试验材料协会（ASTM）B299—99 标准。

10.2 钛金属工业生产方法

金属热还原法生产出的海绵状金属钛，纯度（质量分数）一般为 99.1% ~ 99.7%。杂质元素（质量分数）总量为 0.3% ~ 0.9%，杂质元素氧含量（质量分数）为 0.06% ~ 0.20%，硬度（HB）为 100 ~ 157，根据纯度的不同分为 $WHTi_0$ 至 $MHTi_4$ 五个等级。为制取工业钛合金的主要原料，海绵钛生产是钛工业的基础环节，它是钛材、钛粉及其他钛构件的原料。把钛铁矿变成四氯化钛，再放到密封的不锈钢罐中，充以氩气，使它们与金属镁反应，就得到"海绵钛"。这种多孔的"海绵钛"是不能直接使用的，还必须把它们在电炉中熔化成液体，才能铸成钛锭。

当前钛的生产采用金属热还原法，利用金属还原剂（R）与金属氧化物或氯化物（MX）的反应制备金属钛。1910 年美国人亨特（M. A. Hunter）用金属钠还原四氯化钛制得较纯的金属钛；1940 年克劳尔在氩气保护下用镁还原法（克劳尔法）制得金属钛，它成为海绵钛的工业生产方法。已经实现工业化生产的钛冶金方法为镁热还原法（Kroll 法）

和钠热还原法（Hunter 法），镁热还原法（Kroll 法）和钠热还原法（Hunter 法）均为间歇式生产，工艺主体为金属热还原。

10.2.1 Na 还原法

亨特法的主要工序是：粗金属钠用过滤筛或过滤器等方法净化为精钠。在反应器中，用精钠还原精四氯化钛，还原产物经取出、破碎、酸洗和干燥等工序制成商品海绵钛。有一段钠还原法和二段钠还原法之分：一段法是在一个反应器内完成全部还原作业；二段法是在两个反应器内完成全部还原反应，先在第一反应器内还原成低价钛化合物，再在第二反应器内补充钠，完成还原全过程后烧结，产出成品海绵钛。

1910 年美国人亨特（M. A. Hunter）用金属钠还原四氯化钛制得较纯的金属钛。将金属钠与精制四氯化钛置于充填惰性气体的密封反应器中，加热至 800℃ 恒温，金属钠与精制四氯化钛充分接触反应，快速冷却，反应器冷却至室温后打开，取出反应物用稀酸洗涤，得到金属钛。

钠还原的主要反应为：

$$4Na + TiCl_4 === Ti + 4NaCl + Q \qquad (10-25)$$

考虑到钠还原属于强烈放热反应，$H(1100K) = 375kJ$，工业实践中按照两步法进行设备配置，首先在第一反应器中金属钠与精制四氯化钛反应得到 $TiCl_2$，然后在第二反应器中 $TiCl_2$ 被钠还原成金属钛。

主要反应为：

$$Na + TiCl_4 === TiCl_3 + NaCl + Q \qquad (10-26)$$
$$2Na + TiCl_4 === TiCl_2 + 2NaCl + Q \qquad (10-27)$$
$$Na + TiCl_3 === TiCl_2 + NaCl + Q \qquad (10-28)$$
$$2Na + TiCl_2 === Ti + 2NaCl + Q \qquad (10-29)$$

还原反应为放热反应，$H(1100K) = -375kJ$，比镁热还原反应的放热量大。高温下（1200K），式（10-25）~式（10-29）的反应 $\Delta G^{\ominus}$ 有很大的负值，表明这些反应均可进行。根据各反应的 $\Delta G^{\ominus}$ 负值的大小可知，当限定钠量时，优先按反应式（10-27）~式（10-29）进行。故可控制 $TiCl_4$ 和钠的配比，使 $TiCl_4$ 首先生成 $TiCl_2$，再由 $TiCl_2$ 制取金属钛。

还原生成的 NaCl 熔体，不但能溶解 $TiCl_2$ 和 $TiCl_3$，还能与之相互作用生成诸如 Na_3TiCl_6、Na_2TiCl_4、$NaTiCl_3$ 等氯配合物。$TiCl_3 - NaCl$ 共熔体含 $TiCl_3$ 63.5%（质量分数），熔点为 735K。$TiCl_2 - NaCl$ 共熔体含 $TiCl_2$ 50%（质量分数），熔点为 878K。

上述情况表明：由低价氯化钛还原为金属钛的反应在 NaCl 熔体中进行，由于熔体中含有相当数量钛的低价氯化物，故不能在还原过程中排盐，致使反应罐容积利用系数低，炉生产能力小。

此外，金属钠在 NaCl 熔体中亦具有一定的溶解度，其数值见表 10-1。

表 10-1 金属钠在 NaCl 熔体中的溶解度　　　　　　　　　（质量分数，%）

温度 T/K	1023	1057	1063	1082	1093	1162	1222
溶解度	0.03	0.04	0.06	1.12	1.96	3.87	9.64

钠热还原 $TiCl_4$ 制取海绵钛的工艺流程如图 10 - 1 所示。

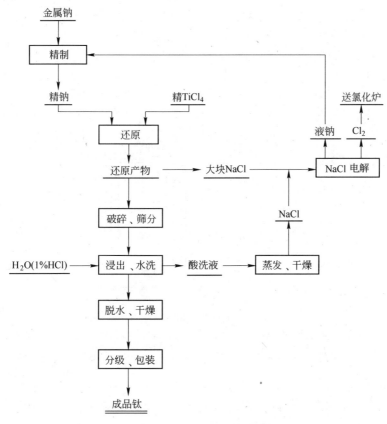

图 10 - 1 钠还原制钛工艺流程

一段钠还原法按化学计量 $TiCl_4/Na = 2.06/1$（质量比）向反应罐内加入 $TiCl_4$ 和液钠，可一次还原成金属钛。物料可同时加入，亦可将液钠预先加入罐内，再将 $TiCl_4$ 按一定料速加入。作业温度为 923～1123K，罐内压力保持在 0.67～2.67kPa。钢制反应罐用电阻炉加热。还原作业结束前需将反应罐加热到 1223K 并保温一段时间，使熔体中 $TiCl_4$ 和 $TiCl_3$ 充分还原为金属钛。

二段钠还原法钠热还原过程分两段进行。第一段按 $TiCl_4/Na = 4.12/1$（质量比）向反应罐同时加入两种物料，反应生成的 $TiCl_2$ 和 NaCl 熔盐经加热钢管用氩气压入另一反应罐中，再加入与第一段同样数量的液钠使熔体中 $TiCl_2$ 还原。二段钠热还原法的特点是：反应热分两步放出，温度较容易调节控制；产品质量较高、粒度较粗，但生产周期长、工艺较复杂。二段钠热还原制钛装置示意图见图 10 - 2。

还原产物从反应罐内取出，除去其表面的盐块，中间部分海绵钛夹杂 NaCl 经破碎、筛分制得小于 10～15mm 颗粒后，先用含有少量氧化剂（HNO_3）的盐酸水溶液（含 $HClO_3$ 1.5%～5%）将 NaCl 浸出，液固比约为 4:1，再用清水洗至洗液呈中性，干燥后即得粒状海绵钛产品。保持浸出液一定酸度，可抑制还原产物中少量钛的低价氯化物水解，防止产品中含氧量增加。

生产 1t 海绵钛约消耗金属钠（99.5%）2.05～2.20t，氩气 25m³。

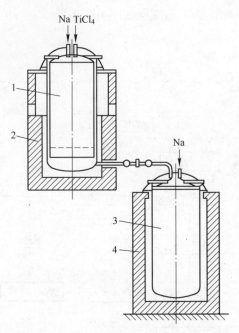

图 10 – 2 二段钠热还原制钛装置示意图
1—第一段反应罐；2—第一段还原炉；3—第二段反应罐；4—第二段还原炉

10. 2. 2 Mg 还原法

用镁还原 $TiCl_4$ 制取金属钛的过程，为金属钛生产的主要方法之一，还原作业在高温、惰性气体保护气氛中进行，还原产物主要采用真空蒸馏分离出剩余的金属镁和 $MgCl_2$，获取海绵状金属钛。镁热还原法于 1940 年为卢森堡科学家克劳尔（W. J. Kroll）研究成功，故又称克劳尔法；1948 年美国杜邦（Du Pont）公司开始用此方法生产商品海绵钛。传统镁热还原法是在还原作业结束待还原产物冷却后，再组装蒸馏设备进行真空分离作业；20世纪 70 年代苏联成功地实现了半联合法；80 年代初，日本采用了还原—蒸馏联合法，简称为联合法，其工艺特征是在镁热还原 $TiCl_4$ 结束后，便将热态的还原产物在高温下直接转入真空蒸馏分离金属镁和 $MgCl_2$。

Mg 还原法工艺系统主要由加热炉、反应罐和冷凝器等设备组成，并设有加料、控温、充氩和测压系统，以及真空系统和还原排热系统，此外，另有 $TiCl_4$ 储罐、液镁抬包及 $MgCl_2$ 罐等附属设备。

加热炉一般为电阻炉，分区域控温；还原过程排热通风带和罐内反应区位置相对应；在真空蒸馏过程中使炉膛保持低真空状态，以防止反应罐在高温下受压变形。钢制反应罐和冷凝器互换使用，即冷凝器连同蒸馏冷凝物（Mg + $MgCl_2$）用作下一炉的还原反应罐，反应罐经冷却取出海绵钛坨后用作下一炉的还原反应罐，反应罐经冷却取出海绵钛坨后也可用作另一炉的冷凝器，这样便可实现蒸馏镁循环。用高温阀门或镁板隔断连接反应罐与冷凝器之间的通道，由还原转入蒸馏作业可适时开通。

10. 2. 2. 1 镁还原

镁还原的实质是，在 880~950℃下的氩气气氛中，让四氯化钛与金属镁进行反应得到海绵状的金属钛和氯化镁，用真空蒸馏除去海绵钛中的氯化镁和过剩的镁，从而获得纯钛，蒸馏冷凝物可经熔化回收金属镁，氯化镁经熔盐电解回收镁和氯气。

镁还原过程包括：$TiCl_4$ 液体的气化→气体 $TiCl_4$ 和液体 Mg 的外扩散→$TiCl_4$ 和 Mg 分子吸附在活性中心→在活性中心上进行化学反应→结晶成核→钛晶粒长大→$MgCl_2$ 脱附→$MgCl_2$ 外扩散。这一过程中的关键步骤是结晶成核，随着化学反应的进行伴有非均相成核。

镁还原的主要反应为：

$$TiCl_4 + 2Mg \Longrightarrow Ti + 2MgCl_2 \quad \Delta H(923K) = 502.753 kJ/mol \tag{10-30}$$

$$1/2TiCl_4 + Mg \Longrightarrow 1/2Ti + MgCl_2 \tag{10-31}$$

$$2TiCl_4 + Mg \Longrightarrow 2TiCl_3 + MgCl_2 \tag{10-32}$$

$$TiCl_4 + Mg \Longrightarrow TiCl_2 + MgCl_2 \tag{10-33}$$

$$2TiCl_3 + Mg \Longrightarrow 2TiCl_2 + MgCl_2 \tag{10-34}$$

$$2/3TiCl_3 + Mg \Longrightarrow 2/3Ti + MgCl_2 \tag{10-35}$$

$$TiCl_2 + Mg \Longrightarrow Ti + MgCl_2 \tag{10-36}$$

式（10-30）~式（10-36）反应的 $\Delta G^{\ominus} - T$ 关系曲线表明，在 1073~1223K 还原温度下，各反应的 $\Delta G^{\ominus}$ 值有较大的负值，故这些反应均可进行；当限定镁量时，优先生成 $TiCl_3$、$TiCl_2$，若镁量不足时，难以将钛的低价氯化物进一步还原成金属钛；镁量不足还可能发生钛与其他氯化物之间生成 $TiCl_3$、$TiCl_2$ 的二次反应。因此，还原过程一定要保证有足够量的金属镁才能使 $TiCl_4$ 的还原反应进行完全，而不会生成钛的低价氯化物。

以上反应热效应较大，在绝热条件下除去物料吸热外，余热量也较大，如在 1073K 下，反应热 $\Delta H_T = -419.3 kJ/mol$，余热 $\Delta Q_T = -271.4 kJ/mol$。工业生产过程中，在反应区域反应不仅可以靠自热维持，多余的反应热还必须及时移出，否则将会使反应超温，影响产品结构，增大产品铁含量升高的概率，严重影响产品质量。

在还原过程中，$TiCl_4$ 中的微量杂质，如 $AlCl_3$、$FeCl_3$、$SiCl_4$、$VOCl_3$ 等均被镁还原生成相应的金属，混杂在海绵钛中。混杂在镁中的杂质钾、钙、钠等，也是还原剂，分别将 $TiCl_4$ 还原并生成相应的杂质氯化物。

镁热还原 $TiCl_4$ 反应具有多相自动催化作用，新生成金属钛的峰尖、棱角处的活性点，可吸附 $TiCl_4$，并减弱其内部原子之间的引力，活性增大，这些 $TiCl_4$ 与镁反应的活化能降低，使钛优先在活化点生长，形成海绵钛的结构。另一种反应机理认为：镁热还原 $TiCl_4$ 主要是气相反应，钛的海绵状结构是由反应放热剧烈，使钛颗粒产生再结晶和烧结作用引起的。

图 10-3 给出了镁还原制钛工艺流程。图 10-4 为 I 形蒸馏器和倒 U 形蒸馏器示意图。

10.2.2.2 真空蒸馏

还原-蒸馏是在高温下用镁将四氯化钛还原成金属钛，该反应过程涉及 $TiCl_4$ - Mg - Ti - $MgCl_2$ - $TiCl_3$ - $TiCl_2$ 等多相体系，是一个复杂的物理化学过程。还原工序所得产物，其组成大约是 55%~60% Ti、25%~30% Mg、10%~15% $MgCl_2$ 和少量钛的低价氯化物 $TiCl_2$、$TiCl_3$。为了获得产品海绵钛，必须分离出 Mg 和 $MgCl_2$，分离方法采用真空蒸馏法。还原产物海绵钛在真空蒸馏过程中经过高温烧结，逐渐致密化、毛细孔逐渐缩小，树枝状

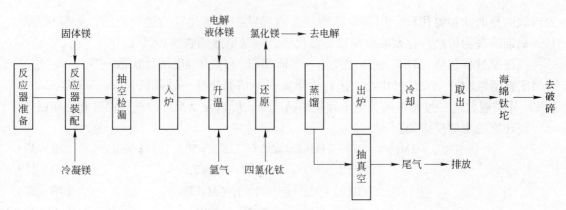

图 10-3 镁还原制钛工艺流程

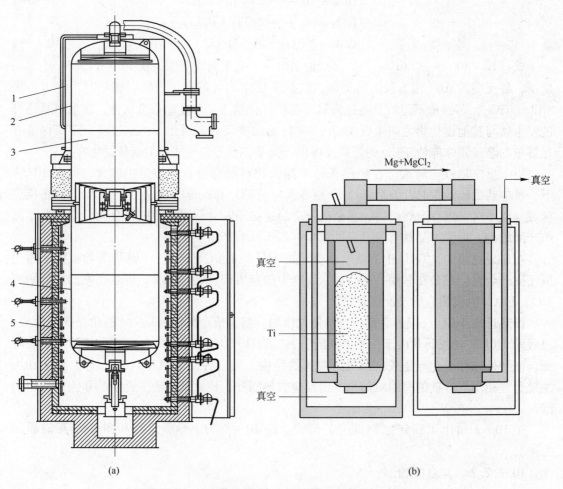

图 10-4 I 形蒸馏器(a)和倒 U 形蒸馏器(b)示意图

1—外冷却单元;2—冷凝罐;3—冷凝器;4—还蒸罐;5—加热单元

结构消失,最后形成海绵状的钛固体物。

在还原历程中,$TiCl_4$ 中的微量杂质,如 $AlCl_3$、$FeCl_3$、$SiCl_4$、$VOCl_3$ 等均被镁还原生成相应的金属,这些金属都混在海绵钛中。

蒸馏分离还原产物之所以要在真空条件下进行，主要是由于：(1) 钛在高温下具有很强的吸气性能，即使存有少量的氧、氢和水蒸气等也会被钛吸收而使产品性能变坏。(2) 在常压条件下，凝聚相的金属镁和 $MgCl_2$ 只有在沸点下具有较高的蒸发速度（金属镁、$MgCl_2$ 和金属钛的沸点分别为 1363K、1691K 和 3560K）；而在真空条件下，温度较低时即可达到沸腾高温状态，具有较高的蒸发速度（Mg、$MgCl_2$ 和钛在不同温度下的蒸气压值可参考其他资料）。(3) 在真空条件下能降低蒸馏作业的温度，从而可避免在罐壁处生成 Fe-Ti 合金，减少 Fe-Ti 熔合后生成的壳皮。

蒸馏法是利用蒸馏物各组分物理特性的差异而进行的分离方法。根据 Mg 和 $MgCl_2$ 在温度 700~1000℃ 蒸汽压较高，而 Ti 在同温度下蒸汽压很低，因而可利用它们在高温下蒸气压相差很大，利用 Mg 和 $MgCl_2$ 对 Ti 的相对挥发度（分离系数）很大的原理进行分离。采用常压蒸馏时，由于 $MgCl_2$ 比 Mg 的沸点高，分离 $MgCl_2$ 比 Mg 困难，提高蒸馏温度将导致海绵钛与铁制容器壁生成 Ti-Fe 合金而污染产品，同时在常压高温下，Ti、Mg 和 $MgCl_2$ 与水蒸气以及 Mg 和 Ti 与空气中的氧、氮均易作用。而在真空条件下蒸馏时，Mg 和 $MgCl_2$ 的沸点将大大降低，挥发度比常压蒸馏时大很多倍，因此采用真空蒸馏可以降低蒸馏温度和提高 Mg 和 $MgCl_2$ 的挥发速度，还可以减少产品钛被罐体铁壁和空气中的氧、氮污染。

10.2.2.3 镁还原、蒸馏工艺及设备

大型的钛冶金企业都是镁钛联合企业，多数厂家采用还原—蒸馏一体化工艺。这种工艺被称为联合法或半联合法，它实现了原料 Mg-Cl₂—$MgCl_2$ 的闭路循环。

还原—蒸馏一体化设备，分为倒 U 形和 I 形两种。倒 U 形设备是将还原罐（蒸馏罐）和冷凝罐之间用带阀门的管道连接而成，设专门的加热装置，整个系统设备在还原前一次组装好。I 形一体化工艺的系统设备如在还原前一次性组装好，即称为联合法设备；而先组装好还原设备，待还原完毕，趁热再将冷凝罐组装好进行蒸馏作业的系统设备则称为联合设备，中间用带镁塞的"过渡段"连接。

采用倒 U 形联合法生产工艺，它是将还原罐（蒸馏罐）和冷凝罐之间用带阀门的管道连接而成，设有专门的加热装置，整个系统设备在还原前一次组装好。倒 U 形联合法生产工艺要求严格，就是还原结束后立即投入真空蒸馏作业。

主要故障包括：(1) 大盖变形。一般反应器大盖存在变形现象，由于安全考量致使寿命受限，同时有过程管理使用因素，后来有所改进加固。日本大盖的使用寿命一般为中国的 3~4 倍，使用次数远远超过中国。(2) 内加热器烧损。内加热器存在烧坏烧损现象，与使用维护有关。(3) 过道加热器损坏。过道加热器也较容易损坏且不易检修。中国的过道加热器结构较简单，散热损失比较大，同样很容易出现故障。(4) 蒸馏堵管。日本在没有设备故障（内加热器一开始蒸馏就坏，没有投入使用）情况下，是不会有蒸馏堵管现象的。中国所有的钛厂，在设备正常的前提下，一般至少堵管 3 次以上。这是在设备设计上体现出来的蒸馏理论的不同结果，体现出冷凝支筒的结构不同和抽空管布置不同（日本用排二氯化镁管做抽空管）。因此，日本在生产中一般根本就不用考虑堵管个问题。(5) 料速。2004 年以前日本的料速是中国的 3 倍，现在是 1.6~2 倍。(6) 蒸馏进气。日本极少有蒸馏过程进气现象，中国则很普遍。一是蒸馏堵管需要数次打开检查，二是设备和工艺控制存在问题。(7) 反应器不同。因为制作采用的材料不同，日本的不锈钢反应器使用次

数达到 80 次以上。中国采用的是锅炉钢反应器，遵义钛厂一般使用 12~14 次，新建钛厂一般使用 6~8 次，日本因为材质和工艺控制，反应器变形现象极少。国内这种现象较多，另一方面体现在为避免反应器变形事故的出现，导致反应器提前报废，使反应器使用次数降低。

10.2.2.4　镁还原蒸馏制钛工艺技术经济指标

以钛铁矿为原料生产海绵钛，包括冶炼钛渣、氯化、精制、还原蒸馏、镁电解及海绵钛破碎包装等整个过程的主要单耗指标为：

钛铁矿（51%~55% TiO_2）/t	4.7~5.0	石墨电极/t	0.25~0.27
钛渣（92%~94% TiO_2）/t	2.2~2.5	电耗/kW·h	20000~45000
石油焦/t	1.1~1.2	氩气/m³	16~20
氯气/t	4.3~4.7	用水量/t	48~50
补充氯/t	1.4~2.2	蒸汽/t	0.06~0.07
精镁/t	1.5~1.7	制冷量/J	16~17
补充镁/t	0.01~0.15	压缩空气/m³	2.5~3.0
铜丝/t	0.005~0.013		

某中国公司还原蒸馏采用国内成熟的倒 U 形 5t 联合反应炉，共 45 套，设计年产海绵钛 5000t。单炉产量为 5t，还原加料时间约为 72h，蒸馏时间约为 85h。四氯化钛消耗约为 4.08t/t，金属镁消耗约为 1.08t/t，炉前电耗约为 7500kW·h/t。真空机组带负荷条件下能达到 0.1Pa 以下，高真空确保了海绵钛的质量和缩短蒸馏时间，降低电耗。

10.2.2.5　镁钛联合模式

用 Mg 还原 $TiCl_4$ 过程中排放的 $MgCl_2$ 作原料，进行熔盐电解制镁，反应产物 Mg 和 Cl_2 分别用于还原 $TiCl_4$ 和氯化制取 $TiCl_4$，这样就构成氯、镁闭路循环的工艺。氯化镁电解生产工艺的实质是用直流电流通过熔融电解质把 Mg^{2+} 还原为金属镁的过程。当直流电流通过熔融电解质时，阴极上析出镁，阳极上析出氯气，反应方程式如下：

$$2Cl^- - 2e \longrightarrow Cl_2 \quad (Cl^- 在阳极上失去电子) \tag{10-37}$$

$$Mg^{2+} + 2e \longrightarrow Mg \quad (Mg^{2+} 在阳极上得到电子) \tag{10-38}$$

10.2.3　海绵钛工业发展趋势

发展趋势：（1）现行的克劳尔法和亨特法用金属置换金属，其成本高。从钛工业建立以来，科技界一直探寻用卤族钛化合物的电解法，来取代现行的这两种方法。（2）电解法仍是海绵钛生产方法变革的研究课题之一。（3）金属还原剂与四氯化钛在气相中高温下还原，生成粒状钛。表 10-2 给出了两种钛生产方法的比较，表 10-3 给出了各国海绵钛生产工艺特点。

表 10-2　两种钛生产方法比较

序号	项　目	钠还原法	镁还原法
1	还原剂特点	钠熔点低，容易净制输送	镁熔点高，净制输送比较困难
2	还原产物处理方法	NaCl 不吸水，不潮解，可以用水清洗	$MgCl_2$ 易吸水，易潮解，需要真空蒸馏除去

序号	项目	钠还原法	镁还原法
3	投资情况	设备简单，投资较低	设备复杂，投资大
4	海绵钛特点	含铁少，含 Cl^- 多，海绵钛块小，疏松，粉末多，松装密度为 $0.1 \sim 0.8 g/cm^3$	含 Cl^- 低，海绵钛块大，致密，粉末少，松装密度大（$1.2 \sim 1.3 g/cm^3$）
5	产品熔铸性能	较差，挥发分多	好，挥发分少
6	还原作业情况	速度快，放热多，操作简单，炉产能小	速度稍慢，放热稍少，操作较复杂，炉产能大

表 10 – 3　各国海绵钛生产工艺特点

工艺	乌克兰	中国	日本	美国
矿物原料	本国钛铁矿	本国钛铁矿	进口金红石、人造金红石	进口金红石、人造金红石、高钛渣
TiO_2 富集	$15000 \sim 24000 kV \cdot A$ 密闭电炉	$6500 \sim 7500 kV \cdot A$ 电炉	—	—
粗 $TiCl_4$	$\phi 5 \sim 8.5 m$ 熔盐氯化炉	$\phi 1.2 m$ 沸腾氯化炉	$\phi 3 m$ 沸腾氯化炉 $\phi 1.9 m$ 沸腾氯化炉	$\phi 3.05 m$ 沸腾氯化炉
$TiCl_4$ 提纯	$\phi 1 m$ 和 $\phi 500 mm$ 筛板塔、铝粉除钒	浮阀塔蒸馏、铜丝除钒	浮阀塔蒸馏矿物油除钒	浮阀塔蒸馏矿物油除钒
海绵钛生产	镁还原真空蒸馏，4t/炉 I 形联合炉并完成 7 ~ 10t/炉联合炉试验	镁还原真空蒸馏，3t/炉 I 形，5t/炉和8t/炉倒 U 形联合炉	镁还原真空蒸馏，8 ~ 10t/炉倒 U 形联合炉	Timet 引进日本技术，8 ~ 10t/炉倒 U 形联合炉
氯化镁电解	$150 \sim 200 kA$ 无隔板电解槽	$110 kA$ 无隔板电解槽	$110 \sim 130 kA$ 多极性电解槽	引进加拿大无隔板电解槽技术
控制水平	计算机控制，机械化操作，自动化程度较高	仪表控制，大部分人工操作，自动化程度较低	计算机控制，机械化操作，自动化程度高	计算机控制，机械化操作，自动化程度较高
产品质量	较好	较好	有 5N 高纯海绵钛	较好

10.3　海绵钛质量影响因素

镁还原生产海绵钛工艺和产品质量受多种因素影响，但不同的控制因素必须与设备选项平衡配套。

10.3.1　加料速度

加料速度是指单位时间加入还原罐的 $TiCl_4$ 的量，加料速度直接影响反应速率，镁还原是一个非稳态过程，随着反应进行，因反应速率限制性环节变化导致反应速率变化，加料速度必须与限制环节变化相适应，还原过程中的加料速度决定最终钛产品结构，适当均匀的加料速度对生产疏松产品和后处理有利，便于蒸馏除杂质，加料速度时高时低将导致钛产品烧结或者硬芯，不便蒸馏，引起 Cl^- 含量升高。镁还原生产海绵钛是一个强烈放热过程，钛的导热值低，炉型特殊，热扩散空间有限，加料速度升高，体系温度大幅度升高，形成热聚集，造成镁吸热气化，还原初期加料速度控制要小，滴入反应罐的 $TiCl_4$ 与气化镁反应，在镁液面和反应钢罐内壁逐渐聚集长大，部分形成粉状钛，与杂质结合沉底；还原中期和还原初期类似，由于熔体内大量镁的存在，反应速度提高，反应剧烈，反应区域温度逐渐增高，尤其是熔体料面集中部位温度最高，局部超过 1200℃，在反应罐内形成高温度梯度。表 10 - 4 给出了镁还原 $TiCl_4$ 反应速率和温度的关系。

表 10 - 4 镁还原 $TiCl_4$ 反应速率和温度的关系

温度/℃	697	727	777	827	877
Ti 生成速率/kg · (m² · h) ⁻¹	32	37	52	60	100

由于海绵钛生成占据了大量空间，同时镁量持续减少，还原反应主要在海绵桥表面进行，熔体中的液镁主要依靠海绵桥的微细孔吸附至反应区域，同时海绵桥逐渐增厚，吸附阻力增大，反应速度降低，此时需要平稳降低加料速度。

还原过程如果加料速度过大，则活性质点提高，晶粒生长无规律，反应温度升高，引起海绵钛烧结，包裹 $MgCl_2$，蒸馏过程溢出困难，产品 Cl^- 升高，尤其是后期镁量不足情况下需要严格控制加料速度；还原过程如果加料速度过小，尤其是后期镁量不足情况下，反应速度降低，同时产品中有低价钛氯化物参加二次反应，细颗粒钛充填到海绵钛空隙中，空隙减少，使海绵钛致密化加剧，蒸馏难度增加，导致钛坨表面和帽部 Cl^- 超标严重。

如果还原过程加料速度不均匀，瞬间速度过大或者过小，可能导致过热烧结，并影响产品形状和加工。

10.3.2 温度影响

镁还原海绵钛是四氯化钛与镁在密闭反应器中进行的放热反应，钛是典型的过渡元素，反应过程会出现稳定中间化合物，温度升高，活化分子数目增加，提高反应速率，实际反应温度首先受生成 Ti - Fe 合金共晶温度（1085℃）影响，其次受平衡常数影响，温度升高，平衡常数降低，自主反应的趋向性降低，加料速度控制反应速度，$TiCl_4$ 加入速度增加，反应温度随之升高，铁在镁中的溶解度增加，铁对钛渗透作用加剧，导致产品 Fe 含量增加，所以必须适当控制 $TiCl_4$ 的加入水平，同时及时排放 $MgCl_2$，使热量及时移出。表 10 - 5 给出了铁在镁液中的溶解度。

表 10 - 5 铁在镁液中的溶解度

温度/℃	700	750	800	850	900	950	1000	1050
溶解度/%	0.05	0.07	0.09	0.13	0.14	0.25	0.30	0.40

800 ~ 1400℃高温下钛在氮气中发生燃烧反应，生成 TiN，在真空中加热时失去部分氮，生成少氮型 TiN，在合适条件下重新吸氮，生成 TiN 固溶体，造成产品 N 升高，必须适时控制温度，以确保产品质量，最佳温度为 877℃。表 10 - 6 给出了镁还原制取海绵钛温度和反应平衡常数的关系。

表 10 - 6 镁还原制取海绵钛温度和反应平衡常数的关系

温度/℃	25	327	527	727	927
反应平衡常数	1.6×10^{19}	6.3×10^{16}	2.4×10^{11}	3.2×10^{8}	3.2×10^{6}

表 10 - 7 给出了加料速度和产品氯含量的关系。

表 10 - 7　加料速度和产品氯含量的关系

加料速度/kg·(m²·h)$^{-1}$	160	240	330
产品 Cl^{-} 含量（质量分数）/%	0.062	0.086	0.096

10.3.3　压力影响

镁还原四氯化钛过程中，还原速率随四氯化钛分压增加而增加，反应器压力是氩气压力和 TiCl$_4$ 压力的总和，氩气压力是主体，一般情况压力控制为 $(2 \sim 5) \times 10^4 Pa$，四氯化钛分压控制在 400 ~ 2000Pa，氩压力控制要适当，有可能时采取放氩降压措施。

10.3.4　产品质量控制

海绵钛产品包括化学纯度质量和物理可加工性质量，主要受主要原料品质、过程控制和设备选型特点的影响。

（1）硬芯。产品硬芯问题一般比较突出，5t 炉没有硬芯，10t 炉有一部分硬芯，日本东邦钛公司产品硬芯直径在 20cm 左右。中国的硬芯情况比较严重，一般在直径 50 ~ 80cm，甚至 100cm 以上。

（2）钛坨夹灰。钛坨夹灰和排料带镁是伴生现象，一般排料带镁程度越严重钛坨夹灰现象也会越严重，但夹灰太多了，带镁现象有时反而会表现得不那么同步严重。

（3）产品硬度。日本油压机为 800t，切割时油压为 4000N。遵义为 800t 和 1000t 两种。国内新建的钛厂大多为 1500t，个别为 1800t，切割时油压达到 10000 ~ 12000N，这样也时不时地有切割不动的情况，切刀和破碎机损坏频繁。日本破碎上当班的只有两三个人，分拣的只有一个女工，国内则都是二三十个人，从这一点上就明显看得出来优劣。

10.3.5　工艺过程控制异常

没有硬芯不一定不带镁，但有硬芯就一定带镁。带镁现象因季节不同程度明显不同，所以有人归结为外界气温，其实不是，而是外界空气的湿度造成的，气候干燥时轻微，气候湿润时严重。一个封闭的系统，一个可调节控制的温度范围，与外部温度没有关系。如果有关联的话，也是气温低时严重，气温高时轻微，但实际情况恰恰是秋季最严重，其次是春季，夏季和冬季明显稳定了很多。

10.4　主要生产原料

还原法生产钛金属的主要原料包括精四氯化钛、金属镁和金属钠等，四氯化钛性质和制备工艺见第 9 章。

10.4.1　金属镁

镁是一种银白色的金属，化学性质活泼，在自然界中从不以单质状态存在。镁的矿物

主要有白云石 $CaCO_3 \cdot MgCO_3$、光卤石 $KCl \cdot MgCl_2 \cdot 6H_2O$、菱镁矿 $MgCO_3$、橄榄石 $(Mg, Fe)_2SiO_4$ 和蛇纹石 $Mg_6[Si_4O_{10}](OH)_8$。镁在地壳中的含量约为 2.1%，在已发现的百余种元素中居第八位。

海水中含镁约为 0.13%，每立方海里的海水中约含 660 万吨镁。大量以镁的氯化物和硫酸盐形式存在于海水中。1971 年世界镁产量有一半以上是以海水为原料生产的；镁也存在于植物中，是叶绿素的主要成分。镁还存在于人体细胞中。在糖类代谢过程中，镁是酶反应的催化剂；镁是轻金属，密度为 $1.74g/cm^3$，熔点为 922K，沸点为 1363K，硬度为 2.0，比同族的其他碱土金属都高。

镁具有优良的切削加工性能，可铸造、锻造，加工成各种形状的型材。在冶金中制备密度小、硬度大、韧性高的镁铝合金（含镁 10% ~ 30%）和电子合金（含镁 90%，其余为铝、锌、锰），大量用于制造飞机和汽车，是重要的国防金属。从镁的电负性（1.31）和标准电极电势（$\psi = -2.36V$）看，它是一个比较活泼的金属，它的化学性质主要表现在以下几个方面：

（1）不论在固态或在水溶液中，镁都具有较强的还原性，是个常用的还原剂。例如：

高温下，金属镁能夺取某些氧化物中的氧，着火的镁条能在 CO_2 中继续燃烧，把 CO_2 还原成 C：

$$2Mg + CO_2 === 2MgO + C \tag{10-39}$$

镁可以使 SiO_2 还原成单质硅：

$$2Mg + SiO_2 === Si + 2MgO \tag{10-40}$$

镁还原四氯化钛为金属钛：

$$2Mg + TiCl_4 === Ti + 2MgCl_2 \tag{10-41}$$

目前就是利用镁、钙等作还原剂，在真空或稀有气体保护下生产某些稀有金属。

镁应该很容易与水反应，但由于表面生成氧化膜，镁不与冷水作用。镁能将热水分解放出氢气：

$$Mg + 2H_2O(热水) === Mg(OH)_2 + H_2 \uparrow \tag{10-42}$$

（2）金属镁能与大多数非金属和几乎所有的酸（只有铬酸和氢氟酸除外）反应。例如镁在一定压力下与氢直接合成氢化镁，具有金红石结构：

$$Mg + H_2 === MgH_2 \tag{10-43}$$

镁在空气中燃烧时射出耀眼的白光，生成氧化镁：

$$2Mg + O_2 === 2MgO \tag{10-44}$$

（3）在醚的溶液中，镁能与卤化烃或卤代芳烃作用，生成有名的格氏试剂（Grignard reagent）：

$$Mg + RX \longrightarrow RMgX \tag{10-45}$$

式中，R 为烃基；X 为 Cl、Br、I。

格氏试剂是有机化学中用途最广的试剂。

（4）镁具有生成配位化合物的明显倾向。镁的最重要配合物是叶绿素，它是一种能够制造糖类的绿色植物色素，一切生命归结到底都要依靠这个配合物：

$$6CO_2 + 6H_2O === C_6H_{12}O_6 + 6O_2 \tag{10-46}$$

在这个配合物中，镁处在一个叫做卟啉的平面有机环系统的中心，其中有四个杂环氮原子与镁结合着。

镁的水合离子 $[Mg(H_2O)_6]^{2+}$ 是六配位的，镁在水溶液中的配合物大多是由含氧配体构成的，例如乙二胺四乙酸与镁的配合物 $[Mg(EDTA)]^{2-}$，它常用于分析化学。

10.4.2　金属钠

钠是一种金属元素，质地柔软，能与水反应生成氢气。钠在自然界没有单质形态，钠元素以盐的形式广泛地分布于陆地和海洋中，钠也是人体肌肉组织和神经组织中的重要成分之一。

钠为银白色立方体结构金属，质软而轻，可用小刀切割，密度比水小，熔点为97.81℃，沸点为882.9℃。新切面有银白色光泽，在空气中氧化转变为暗灰色，具有抗腐蚀性。钠是热和电的良导体，具有较好的导磁性，钾钠合金（液态）是核反应堆导热剂。钠单质还具有良好的延展性，硬度也低，能够溶于汞和液态氨，溶于液氨形成蓝色溶液。在 -20℃时变硬。

已发现的钠的同位素共有 22 种，包括 $^{18}Na \sim ^{37}Na$，其中只有 ^{23}Na 是稳定的，其他同位素都带有放射性。

钠的化学性质很活泼，常温和加热时分别与氧气化合，与水爆炸性反应，与低元醇反应产生氢气，与酸性很弱的液氨也能反应，反应式如下：

$$4Na + O_2 = 2Na_2O \text{（常温）} \tag{10-47}$$

$$2Na + O_2 = Na_2O_2 \text{（加热或点燃）} \tag{10-48}$$

$$2Na + 2H_2O = 2NaOH + H_2 \uparrow \tag{10-49}$$

$$2Na + H_2O \xrightarrow{\text{高温}} Na_2O + H_2 \tag{10-50}$$

$$2Na + 2ROH = 2RONa + H_2 \uparrow \tag{10-51}$$

式中，ROH 表示低元醇。

钠原子的最外层只有 1 个电子，很容易失去，所以有强还原性。因此，钠的化学性质非常活泼，能够和大量无机物，绝大部分非金属单质反应和大部分有机物反应，在与其他物质发生氧化还原反应时，作还原剂，都是由 0 价升为 +1 价，通常以离子键和共价键形式结合。金属性强，其离子氧化性弱。钠的相对原子质量为 22.989770，醋酸铀酰锌钠、醋酸铀酰镁钠、醋酸铀酰镍钠、铋酸钠、锑酸钠、钛酸钠皆不溶于水。

10.4.3　氩气

氩气是工业上应用很广的稀有气体。它的性质十分不活泼，既不能燃烧，也不助燃。在飞机制造、造船、原子能工业和机械工业部门，对特殊金属，例如铝、镁、铜及其合金和不锈钢在焊接时，往往用氩作为焊接保护气，防止焊接件被空气氧化或氮化。

6 种惰性气体元素氦、氖、氩、氪、氙和氡中，就只有相对原子质量最小的氦和氖尚未被合成稳定化合物了。惰性气体可广泛应用于工业、医疗、光学应用等领域，合成惰性气体稳定化合物有助于科学家进一步研究惰性气体的化学性质及其应用技术。

在惰性气体元素的原子中，电子在各个电子层中的排列，刚好达到稳定数目。因此原子不容易失去或得到电子，也就很难与其他物质发生化学反应，因此这些元素被称为"惰性气体元素"。

在相对原子质量较大、电子数较多的惰性气体原子中，最外层的电子离原子核较远，所受的束缚相对较弱。如果遇到吸引电子强的其他原子，这些最外层电子就会失去，从而发生化学反应。1962 年，加拿大化学家首次合成了氙和氟的化合物。此后，氪和氡各自的化合物也出现了。

原子越小，电子所受约束越强，元素的"惰性"也越强，因此合成氦、氖和氩的化合物更加困难。赫尔辛基大学的科学家使用一种新技术，使氩与氟化氢在特定条件下发生反应，形成了氟氩化氢。它在低温下是一种固态稳定物质，遇热又会分解成氩和氟化氢。科学家认为，使用这种新技术，也可望分别制取出氦和氖的稳定化合物。

10.5 海绵钛

10.5.1 GB/T 2524—2002 中规定的产品化学成分及硬度

表 10 – 8 给出了 GB/T 2524—2002 中规定的产品化学成分及硬度。

表 10 – 8 国标 GB/T 2524—2002 中规定的产品化学成分及硬度

产品等级	产品牌号	化学成分（质量分数）/%										布氏硬度 HBW/10/14700/30
		Ti	杂 质									
			Fe	Si	Cl	C	N	O	Mn	Mg	H	
0 级	MHT – 100	≥99.7	≤0.06	≤0.02	≤0.06	≤0.02	≤0.02	≤0.06	≤0.01	≤0.06	≤0.005	≤100
1 级	MHT – 110	≥99.6	≤0.10	≤0.03	≤0.08	≤0.03	≤0.02	≤0.08	≤0.01	≤0.07	≤0.005	≤110
2 级	MHT – 125	≥99.5	≤0.15	≤0.03	≤0.10	≤0.03	≤0.03	≤0.10	≤0.02	≤0.07	≤0.005	≤125
3 级	MHT – 140	≥99.3	≤0.20	≤0.03	≤0.15	≤0.03	≤0.04	≤0.15	≤0.02	≤0.08	≤0.010	≤140
4 级	MHT – 160	≥99.1	≤0.30	≤0.04	≤0.15	≤0.04	≤0.05	≤0.20	≤0.03	≤0.09	≤0.012	≤160
5 级	MHT – 200	≥98.5	≤0.40	≤0.06	≤0.30	≤0.05	≤0.10	≤0.30	≤0.08	≤0.15	≤0.030	≤200

10.5.2 日本住友钛公司的海绵钛质量标准

日本住友钛公司的海绵钛质量标准见表 10 – 9。

表 10 – 9 日本住友钛公司的海绵钛质量标准

产 品	牌号	JIS	Ti/%	硬度	其他成分/%				
软海绵钛	S – 90		≥99.8	90MAX	Fe	Cl	Mn	Mg	Si
					0.03	0.09	0.002	0.04	0.02
					N	C	H	O	
					0.006	0.01	0.003	0.005	
	S – 95		≥99.7	95MAX	Fe	Cl	Mn	Mg	Si
					0.04	0.09	0.002	0.04	0.02
					N	C	H	O	
					0.006	0.01	0.003	0.006	

产　品	牌号	JIS	Ti/%	硬度	其他成分/%				
中等 海绵钛	M - 100	JIS1	≥99.6	100MAX	Fe	Cl	Mn	Mg	Si
					0.09	0.10	0.005	0.05	0.02
					N	C	H	O	
					0.010	0.02	0.004	0.07	
	M - 120	JIS2	≥99.5	120MAX	Fe	Cl	Mn	Mg	Si
					0.12	0.12	0.010	0.06	0.02
					N	C	H	O	
					0.015	0.02	0.005	0.10	

10.5.3　东邦钛公司海绵钛成分

日本东邦钛公司海绵钛成分见表 10 - 10。

表 10 - 10　日本东邦钛公司海绵钛成分

产品	牌号	Ti/%	其他成分/%					粒　度
A	TST - P	≥99.7	Fe	Cl	Mn	Mg	Si	
			≤0.04	≤0.01	≤0.005	≤0.04	≤0.02	
			N	C	H	O		
			≤0.008	≤0.01	≤0.003	≤0.04		
	TST - 1	≥99.7	Fe	Cl	Mn	Mg	Si	
			≤0.04	≤0.01	≤0.005	≤0.04	≤0.02	
			N	C	H	O		
			≤0.010	≤0.01	≤0.003	≤0.05		+0.84 ~
	TST - 2	≥99.6	Fe	Cl	Mn	Mg	Si	-19.1
			≤0.06	≤0.01	≤0.005	≤0.05	≤0.02	
			N	C	H	O		
			≤0.010	≤0.01	≤0.004	≤0.05		
	TST - 3	≥99.4	Fe	Cl	Mn	Mg	Si	
			≤0.08	≤0.02	≤0.010	≤0.06	≤0.02	
			N	C	H	O		
			≤0.010	≤0.02	≤0.005	≤0.06		
B	TAT - 12	≥97	N 小于 0.3					-30
D		≥90						-4

10.5.4　Avisma 海绵钛产品的化学成分与布氏硬度

Avisma 海绵钛产品的化学成分与布氏硬度见表 10 - 11。

表 10 - 11   Avisma 海绵钛产品的化学成分与布氏硬度

牌 号	化学成分/%								硬度 HB 10/1500/ 30
	Ti	杂 质							
		Fe	Si	Ni	C	Cl	N	O	
TT - 90	≥99.74	≤0.05	≤0.01	≤0.04	≤0.02	≤0.08	≤0.02	≤0.04	≤90
TT - 100	≥99.72	≤0.06	≤0.01	≤0.04	≤0.03	≤0.08	≤0.02	≤0.04	≤100
TT - 110	≥99.67	≤0.09	≤0.02	≤0.04	≤0.03	≤0.08	≤0.02	≤0.05	≤110
TT - 120	≥99.64	≤0.11	≤0.02	≤0.04	≤0.03	≤0.08	≤0.02	≤0.06	≤120
TT - 130	≥99.56	≤0.13	≤0.03	≤0.04	≤0.03	≤0.10	≤0.03	≤0.08	≤130
TT - 150	≥99.45	≤0.2	≤0.03	≤0.04	≤0.03	≤0.12	≤0.03	≤0.10	≤150
TT - TB	≥99.75	≤1.2	—	—	≤0.10	≤0.15	≤0.10	—	—

10.5.5   Ustkamenogosk 的海绵钛化学成分

Ustkamenogosk 的海绵钛化学成分见表 10 - 12。

表 10 - 12   Ustkamenogosk 的海绵钛化学成分

牌 号	化学成分/%								硬度 HB 10/1500/ 30
	Ti	杂 质							
		Fe	Si	Ni	C	Cl	N	O	
TG - 90	≥99.74	≤0.05	≤0.01	≤0.04	≤0.02	≤0.08	≤0.02	≤0.04	≤90
TG - 100	≥99.72	≤0.06	≤0.01	≤0.04	≤0.03	≤0.08	≤0.02	≤0.04	≤100
TG - TV	≥97.75	≤1.90	—	—	≤0.10	≤0.15	≤0.10	—	—
TG - NN	≥98.84	≤0.80	≤0.05	—	≤0.02	≤0.10	≤0.04	≤0.15	≤165
TG - SHM - 1	≥98.60	≤1.20	—	—	—	≤0.15	≤0.10	—	—
TG - SHM - 2	≥97.60	≤1.80	—	—	—	≤0.30	≤0.30	—	—

10.5.6   中国海绵钛国家标准 GB/T 2524—2002

对于产品中 Mn、Mg、H 三种成分的分析数据，需方不要求的供方可不提供。

（1）粒度。海绵钛粒度由破碎和筛分后确定，以 0.83 ~ 25.4mm 90% 和 0.83 ~ 12.7mm 90% 两种粒度供应。

（2）外观。产品应为浅灰色海绵状金属，表面清洁，无目视可见的夹杂物。产品（5 级品除外）中存在有缺陷的海绵钛块数量不允许超过批产品总量的 0.1%。有缺陷的海绵钛块是指：过烧的海绵钛块；具有明显的暗黄色和亮黄色的氧化海绵钛块；带有暗黄色和亮黄色痕迹的氧化和富氮的海绵钛块；带有明显氯化物残余的海绵钛块；带有残渣的海绵钛块；高铁及其伴生元素的海绵钛块。

（3）包装。产品按每（件）桶净重为 100 ~ 200kg 分装，包装桶为镀锌铁桶，桶内衬有塑料薄膜，用大直径揭盖密封。产品在包装后，桶内必须抽空、充氩。

（4）应用。海绵钛经熔炼铸锭后，可加工成各种钛材和钛设备，也可熔炼成各种钛合金产品，还可用粉末冶金法制造各种钛部件和钛设备。它被广泛用于航空航天、船舰、兵器、化工、石油、电力、轻工、冶金、纺织、建筑、医疗、体育、休闲等行业。

Tag：海绵钛国家标准

中国海绵钛国家标准（GB/T 2524—2002）见表 10－13。

表 10－13　中国海绵钛国家标准（GB/T 2524—2002）

产品等级	产品牌号	化学成分/%						布氏硬度 HBW/10/14700/30
		Ti	杂　质					
0 级	MHT－100	≥99.7	Fe	Si	Cl	C	N	≤100
			≤0.06	≤0.02	≤0.06	≤0.02	≤0.02	
			O	Mn	Mg	H		
			≤0.06	≤0.01	≤0.06	≤0.005		
1 级	MHT－110	≥99.6	Fe	Si	Cl	C	N	≤110
			≤0.10	≤0.03	≤0.08	≤0.03	≤0.02	
			O	Mn	Mg	H		
			≤0.08	≤0.01	≤0.07	≤0.005		
2 级	MHT－125	≥99.5	Fe	Si	Cl	C	N	≤125
			≤0.15	≤0.03	≤0.10	≤0.03	≤0.03	
			O	Mn	Mg	H		
			≤0.10	≤0.02	≤0.07	≤0.005		
3 级	MHT－140	≥99.3	Fe	Si	Cl	C	N	≤140
			≤0.20	≤0.03	≤0.15	≤0.03	≤0.03	
			O	Mn	Mg	H		
			≤0.10	≤0.02	≤0.08	≤0.005		
4 级	MHT－160	≥99.1	Fe	Si	Cl	C	N	≤160
			≤0.30	≤0.04	≤0.15	≤0.04	≤0.05	
			O	Mn	Mg	H		
			≤0.20	≤0.03	≤0.09	≤0.012		

10.6　遵义钛业公司海绵钛产品标准

10.6.1　粒度

海绵钛粒度由破碎和筛分后确定，以 0.83～25.4mm 90% 和 0.83～12.7mm 90% 两种粒度供应。

10.6.2　外观

产品外观应为浅灰色海绵状金属，表面清洁，无目视可见的夹杂物。

产品（5级品除外）中存在有缺陷海绵钛块数量不允许超过批产品总量的0.1%。有缺陷的海绵钛块是指：过烧的海绵钛块；具有明显的暗黄色和亮黄色的氧化海绵钛块；带有暗黄色和亮黄色痕迹的氧化和富氮的海绵钛块；带有明显的氯化物残余的海绵钛块；带有残渣的海绵钛块；高铁及其伴生元素的海绵钛块。

10.6.3 包装

产品按每（件）桶净重为70~250kg分装，包装桶为镀锌铁桶，桶内衬塑料薄膜，用大直径揭盖密封，产品在包装后，桶内必须抽空、充氩。

遵义钛业公司海绵钛产品质量标准见表10-14。

表10-14 遵义钛业产品质量标准（QB/ZT-JS.02. KJ. T. 01—2004）

产品等级	产品牌号	化学成分/%						布氏硬度 HBW/10/14700/30
		Ti	杂 质					
0级	MHT-100	≥99.7	Fe	Si	Cl	C	N	≤100
			≤0.06	≤0.02	≤0.06	≤0.02	≤0.02	
			O	Mn	Mg	H		
			≤0.06	≤0.01	≤0.06	≤0.005		
1级	MHT-110	≥99.6	Fe	Si	Cl	C	N	≤110
			≤0.10	≤0.03	≤0.08	≤0.03	≤0.02	
			O	Mn	Mg	H		
			≤0.08	≤0.01	≤0.07	≤0.005		
2级	MHT-125	≥99.5	Fe	Si	Cl	C	N	≤125
			≤0.15	≤0.03	≤0.10	≤0.03	≤0.03	
			O	Mn	Mg	H		
			≤0.10	≤0.02	≤0.07	≤0.005		
3级	MHT-140	≥99.3	Fe	Si	Cl	C	N	≤140
			≤0.20	≤0.03	≤0.15	≤0.03	≤0.03	
			O	Mn	Mg	H		
			≤0.10	≤0.02	≤0.08	≤0.005		
4级	MHT-160	≥99.1	Fe	Si	Cl	C	N	≤160
			≤0.30	≤0.04	≤0.15	≤0.04	≤0.05	
			O	Mn	Mg	H		
			≤0.20	≤0.03	≤0.09	≤0.012		
5级	MHT-200	≥98.5	Fe	Si	Cl	C	N	≤200

11 钛材料制造技术——氯化法钛白

氯化法生产钛白的方法主要有水解法、气相水解法和气相氧化法三种，真正实现工业化生产的只有气相氧化法。氯化法技术于20世纪30年代开始研究，1932年德国拜耳公司首先发表有关气相氧化法生产钛白粉的专利，1933年由美国克莱布斯颜料公司（后被杜邦公司兼并）发表类似专利。1937年美国匹兹堡玻璃公司参与了研究，获得一系列专利。杜邦公司则于1940年开始进行实验室试验、扩大试验和中间试验，1948年在特拉华州的埃奇摩尔建成日产35t的试验工厂，1954年在田纳西州的斯约翰维尔建成年产10万吨的生产工厂，1958年率先投入工业生产，并于1959年向市场提供优质氯化钛白产品。20世纪60年代以后，先后有十多家公司建厂介入氯化钛白生产，在以后的生产技术稳定发展过程中，其中有3家公司因技术不过关被迫停产关闭，只有美国杜邦和钾碱公司实现技术–生产跨越，维持了正常生产。这个时期形成的杜邦法和钾碱公司的APCC法成为较为普遍的生产方法。

11.1 氯化法生产技术

氯化法工艺的核心是氯化和氧化，氯气参与反应过程，但不进入产品，氯气作为消解循环介质，部分补充，整体循环。氯化钛白工艺流程见图11-1。氯化法一般采用富含钛的原料，氯化高钛渣或人造金红石或天然金红石等与氯气反应生成四氯化钛，经精馏提纯，然后再进行气相氧化；氧化产物在速冷后，经过气固分离得到 TiO_2。氧化生成的 TiO_2 因吸附氯需要洗涤处理。氯化法技术的主要步骤是：氯化，用氯气在还原气氛下氯化钛原料；精馏，四氯化钛冷凝、精馏提纯；氧化，四氯化钛氧化生成 TiO_2。

四氯化钛制取金红石型钛白的三种方式：液相水解法、气相水解法和气相氧化法。

11.1.1 液相水解法

液相水解法工艺：稀疏法或者中和法生产晶种—$TiCl_4$ 液相水解—制成偏钛酸 H_2TiO_3—煅烧—制成金红石型钛白。水解过程产生大量的稀盐酸无法循环利用。反应式如下：

$$TiOCl_2 + (x+1) H_2O = TiO_2 \cdot xH_2O \downarrow + 2HCl \qquad (11-1)$$

11.1.2 气相水解法

气相水解法是利用 $TiCl_4$ 极易水解的特性设计的，从可控性的角度一般不用水蒸气直接水解，而是利用氢在氧气（空气）中燃烧产生的过热蒸汽进行水解，此时蒸汽温度超过1800℃，也超过 TiO_2 熔点，为此被称为氢氧焰水解法或者火焰水解法，同样被称之为气

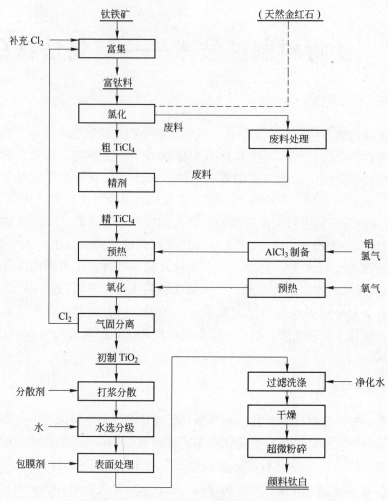

图 11 – 1 氯化法生产颜料钛白工艺流程

溶胶法（Aerosil Mothed），具体化学反应如下：

氢燃烧反应：$$2H_2 + O_2 \rule[0.5ex]{2em}{0.4pt} 2H_2O \tag{11-2}$$

$TiCl_4$ 水解反应：$$TiCl_4 + 2H_2O \rule[0.5ex]{2em}{0.4pt} TiO_2 + 4HCl \tag{11-3}$$

总反应：$$2H_2 + O_2 + TiCl_4 \rule[0.5ex]{2em}{0.4pt} TiO_2 + 4HCl \tag{11-4}$$

氢气燃烧提供了高温和水解需要的蒸汽，同时 $TiCl_4$ 水解是一个强放热反应，反应热可以维持支撑过程持续热需求，降低了对外部强供热的依赖，使设备构造大大简化，用蒸汽替代 $AlCl_3$ 作成核剂，省却了 $AlCl_3$ 发生器及其配套装置。

$TiCl_4$、O_2 和 H_2 经过喷嘴输送进入水解炉，温度控制在1800℃，反应生成球形熔融 TiO_2 气溶胶，粒径大小可以通过调节料比、温度、流量和停留时间等参数来控制，氢气体积浓度控制在15% ~17%时可以得到金红石纳米钛白；氢气体积浓度控制在小于15%或者在17% ~30%可以得到混合晶型纳米钛白。气溶胶初相粒子进入聚集冷凝器，停留一段时间后形成絮凝状钛白粒子，再进入收集器，此时 pH 值保持在 2 ~3，进入洗酸炉用蒸汽和氨脱出粒子表面的酸。气相水解法工艺流程见图 11 –2。

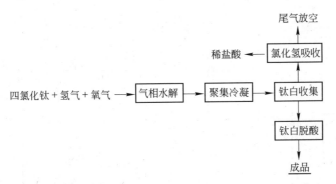

图 11 - 2 气相水解工艺流程图

11.1.3 气相氧化法

氧化技术是氯化钛白技术的重点和关键，要求合理的供氧和 $TiCl_4$ 入炉制度，保持氧化炉内的供热和反应过程热平衡，气相反应首先要创造初始反应条件，使原料（$TiCl_4$、$AlCl_3$ 和 O_2）在 1200℃高温下进入氧化反应器，在反应器中顺利完成气相物接触、反应析出晶核、晶粒长大、晶型转化和生成物移出反应区过程。整个氧化技术要求原料（$TiCl_4$、$AlCl_3$ 和 O_2）速热，尽快进入反应状态，反应过程速度快，次序进行，反应产物氯气和 TiO_2 快速输出，离开装置，防止反应器壁结疤，反应产物经过淬冷进行液固分离。设备需要有较好的防腐效果，建立原料快速输入和反应产物快速输出系统，冷却平衡输出反应热，设备结构配合合理，对接迅速，使物料快进快出，强力冷却，减少反应热影响。氧化是将 $TiCl_4$ 与空气或氧气进行氧化反应，生成高纯的 TiO_2 和氯气。温度低于600℃时，氧化反应速度微乎其微；超过 600℃，反应迅速增加，最后反应温度范围在 1300 ~ 1800℃。氧化反应热一般不能维持足够的反应温度，必须提供辅助热量，通常的做法有：（1）$TiCl_4$ 和氧气/空气与少量蒸气混合，分别预热到所需的温度，并分别进入反应器；（2）通过燃烧 CO 成 CO_2 提供辅助热；（3）氧气通过电火花加热。

气相氧化工艺流程图见图 11 - 3。

在氧化时，为增加 TiO_2 的产率，通常加晶种以促使 TiO_2 的生成，$AlCl_3$ 是一个常见的辅助材料被加到 $TiCl_4$ 进料中，氧化时以固体颗粒的形式生成 Al_2O_3 以提供所需的晶种。也可在氧化时的空气或氧气中喷入液滴，作为晶种以促进 TiO_2 颗粒的生成。氧化生成的 TiO_2 并不完全被气体带走，部分微细 TiO_2 迅速稳定地粘糊在氧化反应器的壁上和进口喷嘴外壁上，严重时降低气流速度，造成气流偏转和系统失衡，严重影响产品质量和反应器效率，生产必须采取有效措施进行重点预防。一些工厂采用连续的氮气保护。使反应器气体进口部分冷却以防止 TiO_2 结疤沉淀，有些厂用砂和砂砾防结疤的方法，也有采用气膜保护和加盐除疤。

在将反应物料迅速冷却之后，钛白粉与气体采用旋风、布袋、电除尘等过滤进行分离。排出气体经冷凝回收氯气，以液氯形式贮存，并循环返回氯化工段使用。从过滤器中分离出的 TiO_2 含有大量的吸附氯，需通过加热除去，最常用的为蒸汽处理，氯被洗出并转化成盐酸，进一步处理是用含 0.1% 硼酸的蒸汽除掉微量的氯和盐酸得到 TiO_2。TiO_2 从过滤器取出，在水中浆化，进行湿磨解聚后，再送入后处理进行加工。

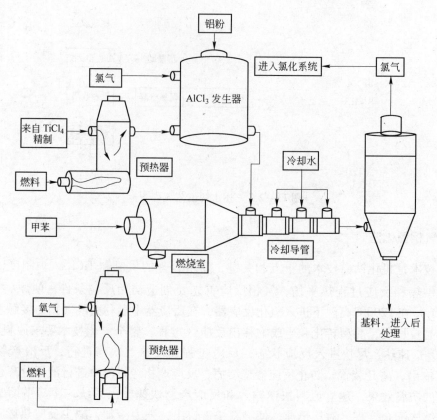

图 11 – 3　气相氧化工艺流程图

11.2　气相氧化反应及热力学数据

$TiCl_4$ 气相氧化过程的反应式如下：

$$TiCl_4(g) + O_2(g) \Longrightarrow TiO_2(R) + 2Cl_2(g) \tag{11-5}$$

反应热效应为：$\Delta H_0 = -181.5856 kJ/mol$（为放热反应）。

不同温度下的反应热按基尔霍夫公式计算：

$$\Delta H_T = 298\Delta H^{\ominus} + \int_{298}^{T} \Delta C_p dT \tag{11-6}$$

式中，$\Delta C_p = C_p TiO_2 + 2C_p Cl_2 - (C_p TiCl_4 + C_p O_2)$。

11.2.1　热力学数据

氧化体系中各种物质的热容见表 11 – 1。不同温度下的反应热焓见表 11 – 2。

表 11 – 1　氧化体系中各种物质的热容 C_p

物质名称	$\Delta H^{\ominus}/kJ \cdot mol^{-1}$	$S^{\ominus}/kJ \cdot mol^{-1}$	$C_p = \alpha + \beta T + \gamma T^{-2}/J \cdot (mol \cdot K)^{-1}$		
			α	β	γ
$TiCl_4(g)$	– 763.1616	354.8032	107.15224	0.46024×10^{-2}	-10.54368×10^5
$O_2(g)$	0	205.05784	29.95744	4.184×10^{-2}	1.6736×10^5

物质名称	$\Delta H^{\ominus}/\text{kJ} \cdot \text{mol}^{-1}$	$S^{\ominus}/\text{kJ} \cdot \text{mol}^{-1}$	$C_p = \alpha + \beta T + \gamma T^{-2}/\text{J} \cdot (\text{mol} \cdot \text{K})^{-1}$		
			α	β	γ
$TiO_2(g)$	– 944. 7472	50. 33352	62. 84368	$11. 33864 \times 10^{-2}$	$9. 95792 \times 10^{5}$
$Cl_2(g)$	0	223. 844	36. 90288	$0. 25104 \times 10^{-2}$	$– 2. 84512 \times 10^{5}$

注：α、β、γ 是恒压热容系数。

表 11 – 2　不同温度下的反应热焓

项　目	T/K				
	298	1000	1300	1600	1900
反应热焓 $\Delta H_T/\text{kJ} \cdot \text{mol}^{-1}$	– 181. 6	– 179. 7	– 178. 1	– 175. 8	– 172. 9

从表 11 – 2 中可以看出气相反应是放热反应，其热焓变化不大，随着反应温度升高，热焓略有降低，其反应热不足以维持反应在高温下进行。为保证反应的同步、快速进行，在工业实践中通常把 $TiCl_4$、O_2 预热到一定温度再进行反应，这样就使气相氧化装置略显复杂。

11.2.2　$TiCl_4$ 气相反应的动力学

$TiCl_4$ 气相氧化生成 TiO_2 是多相复杂反应，其特征是在相变过程中成核。反应大致包括下列步骤：

（1）气相反应物在极短时间内相互扩散和接触。

（2）加入晶型转化剂兼成核剂 $AlCl_3$，首先与氧反应生成 Al_2O_3，并成核。

（3）$TiCl_4$ 与 O_2 反应生成 TiO_2，并附着在 Al_2O_3 核上长大。

（4）TiO_2 晶核长大，并转化为金红石型，表示为：

$$n TiO_2(s) \longrightarrow (TiO_2)_n(s) \qquad (11 - 7)$$

$$n TiO_2(A) \longrightarrow (TiO_2)_n(R) \qquad (11 - 8)$$

（5）生成物被快速降温并移出反应区，控制晶体颗粒长大，防止失去颜料性能。

表 11 – 3 给出了常压条件下不同反应温度对自由能、平衡常数和平衡转化率的影响。

表 11 – 3　常压条件下不同反应温度对自由能、平衡常数和平衡转化率的影响

温度 T/K	自由能 ΔG_T /kJ · mol^{-1}	反应平衡 常数 K_{PT}	平衡转化率/%		
			$No = 1.0$	$No = 1.1$	$No = 1.2$
1200	– 62. 63448	$4. 29 \times 10^{-4}$	99. 04	99. 04	99. 15
1400	– 62. 04872	$3. 423 \times 10^{-3}$	96. 69	98. 96	99. 44
1600	– 61. 54664	517. 6	91. 92	92. 25	96. 87
1800	– 60. 91904	122. 3	84. 69	88. 27	90. 78
2000	– 60. 29144	39. 20	75. 80	79. 20	81. 97

注：No 为氧气过量系数。

通常认为，$TiCl_4$ 气相氧化反应是非均相成核的典型例子，优先在反应器壁上成核。随着反应进行，新相 TiO_2 颗粒不断黏附在反应器壁上，TiO_2 产物不断长大形成疤层。实际也是如此，在反应器壁表面形成黏软的疤层又被气流冲刷不断去除，反复进行，周而复始。在没有有效驱除疤层的情况下，疤层就会逐渐加厚、烧硬，最终会影响反应正常进行，这就是通常讲的氧化炉结疤。

$TiCl_4$ 氧化反应平衡常数可以用下式表示：

$$K_{PT} = \exp(-\Delta G_T/RT) \qquad (11-9)$$

式中，K_{PT} 为反应温度 T 时的平衡常数；R 为气体常数；ΔG_T 为反应的自由能变化，可以表示为：

$$\Delta G_T = \Delta H_T - T\Delta S \qquad (11-10)$$

$$K_{PT} = p(Cl_2)^2/p(TiCl_4)p(O_2) \qquad (11-11)$$

11.3 气相氧化主要设备功能

气相氧化的主要反应在氧化炉中完成，但有较多的准备条件和后处理在炉外进行，所以配置了一些辅助设备。

11.3.1 四氯化钛预热器

四氯化钛预热器的作用是把精 $TiCl_4$ 气化并预热到 $450 \sim 550℃$，其装置与炼油厂的原油加热炉相似，见图 11 - 4。

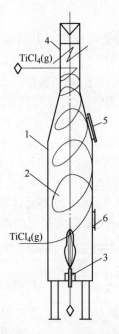

图 11 - 4　四氯化钛预热装置

1—炉壳耐热钢焊制造，内衬绝热材料；2—$TiCl_4$ 加热蛇形管（节能型 $TiCl_4$ 先在上部预热气化，再到高温区加热升温，蛇形管的材料要求耐高温、耐腐蚀）（材料 Incon 600）；3—燃烧器（燃料重柴油）；4—烟道（排出燃料燃烧产生的 H_2O、CO_2）；5—防爆孔（当有意外时，可以崩开泄压）；6—焊孔

11.3.2 氧气预热器

$TiCl_4$ 气相氧化工艺要求是将氧气加热至 $1800℃$ 后，再与 $450 \sim 550℃$ 的 $TiCl_4$ 气体均匀

混合进行反应。通常采用两段式加热：第一段预热器先把氧气预热到 850~920℃；第二段在氧化炉内用甲苯燃烧产生的热量再把流入的热氧流加热到 1800℃。氧气预热器的结构如图 11-5 所示。

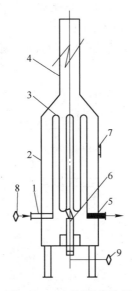

图 11-5　氧气预热装置

1—冷氧气进管（材料 Incon 601）；2—炉壳（外层为钢板，内衬耐火绝热板）；
3—蛇形管加热器（材料 superthemalloy，上部有吊架，底部有支架，防止倾斜）；
4—烟道；5—热氧出口管（引入氧化炉）；6—加热用重柴油燃烧器；7—视孔；
8—冷氧入口；9—流量切换系统和柴油流量雾化控制系统（接入 DCS）

11.3.3　三氯化铝发生器

TiCl$_4$ 气相氧化过程中晶型转化剂 AlCl$_3$ 的加入和发生的工艺有以下几种：

（1）溶解法。把 AlCl$_3$ 溶解在 TiCl$_4$ 中，这种方法工艺过程复杂，装置多，加入量难以控制得准确，需要定期除去水解的 AlCl$_3$，操作条件恶劣，环境很差，这种方法已经被淘汰。

（2）AlCl$_3$ 升华法。在小型试验工艺中曾采用此法。因 AlCl$_3$ 装料条件差、蒸发量控制困难等因素，没有形成产业化装置。

（3）直接加入法。用铝粉与氯气反应直接产生 AlCl$_3$，同时与 TiCl$_4$ 气体均匀混合后进入氧化炉进行反应。这种方法产生的 AlCl$_3$ 活性强，反应热得到充分利用，工艺过程简单，可控性强。现在国外大型装置都采用这种方法生产。

该方法又分为两种工艺：一种为熔融铝法，国外有 K.M. 公司采用；另一种为流化床法发生 AlCl$_3$，很多大公司采用。流化床发生器的结构如图 11-6 所示。

工作原理：加入惰性填料的发生器经过预热到 200℃以上。按产能要求，加入过量铝粒的同时分别通入 TiCl$_4$ 和定量的 Cl$_2$，使惰性物床流化的同时，铝粒与氯气反应生成 AlCl$_3$ 并放出大量的热，与同步导入的 TiCl$_4$ 进行热交换并混合。炉气上升到扩大段，铝粉颗粒沉下去，炉气净化后由出口进入氧化炉。由于惰性填料损失由惰性物加入系统补加新的填料。填料的作用是防止铝粒相互接触，在高温下熔结在一块，同时也有强化传热、传质的功能。停产时可由放料管放出床中的惰性填料和残留的铝粒。

这种工艺装置体积小，生产能力大，传质、传热效果好，结构简单，安全可靠，全部参数由 DCS 控制。其反应式如下：

$$2Al(s) + 3Cl_2(g) \Longrightarrow AlCl_3(g) \tag{11-12}$$

$$\Delta H^{\ominus} = -584.5048 \text{kJ/mol}$$

$$\Delta G^{\ominus} = -99000 + 16.4T(500 \sim 932K) \tag{11-13}$$

国外大型装置基本都采用此方法。国外加入碱金属盐的流化床 AlCl₃ 发生装置如图 11-6 所示，工艺流程如图 11-7 所示。

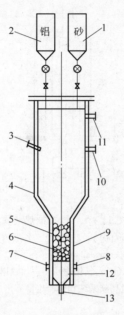

图 11-6　流化床 AlCl₃ 发生装置图

1—惰性物加入罐及加入系统；2—铝粒加入罐及加入系统；3—测压孔；4—炉壳（材料 Incon600）；
5—耐高温、耐腐蚀炉衬；6—惰性物填料；7—TiCl₄ 气体进入管（来自预热器）；8—Cl₂ 进口管及计量控制系统；
9—筛板；10—测温孔；11—AlCl₃、TiCl₄ 出口（引入氧化炉）；12—缓冲室（TiCl₄、Cl₂）；13—出渣管

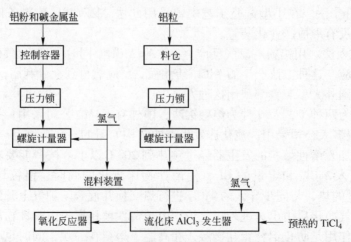

图 11-7　加入碱金属盐的流化床发生装置工艺流程

该装置在用铝粉与氯气反应生成 $AlCl_3$ 的同时，也在流化床内加入定量的碱金属盐（通常可以加入无水油酸钾），并随气流一块进入反应区，既有促进晶型转化的作用，又有促使晶粒细化的作用，一举两得。

11.3.4 氧化反应器

氧化反应器的形式多种多样，按氧化加热方式分为甲苯燃烧二次提温型、CO 作燃料反应器、等离子加热等多种方式。最为普遍的是甲苯燃烧二次加热使氧气升温到 1800℃ 的方式。按除疤形式分为喷砂除疤式、喷盐除疤式、喷盐和气流保护式、高速气流和气膜保护相结合等多种方式。而最为普遍、先进的为高速气流、喷盐除疤的方式。按 $TiCl_4$ 喷入方式分为单狭缝和双狭缝喷入节能型。

氧化反应器是 $TiCl_4$ 气相氧化技术的核心设备，它关系到氧化产品是否具有良好的颜料性能、高的使用价值。氧化反应器的除疤系统关系到全系统的稳定运行，装置耐高温、耐腐蚀性能关系到全系统的安全可靠性，它是氯化法钛白生产厂和工程技术人员最为关注的关键设备。

$TiCl_4$ 气相氧化过程是在高温、高压、强腐蚀介质下进行的，简单手工操作已经不能满足安全生产和生产出高品质产品的需要，所以不管是国内、国外，都完全是由计算机自动控制，即大家常说的 DCS 控制系统。

11.3.4.1 CO 作燃料的氧化反应器

CO 和氧气从反应器炉头进入，经分布板整流，轴向喷入燃烧室燃烧，温度达 2000℃（图 11 – 8）。下游第一环惰性气体沿切向多孔喷入，目的是形成旋转气幕（膜），保护第二环 $TiCl_4$ 喷入环不过热，喷口不结疤和反应高温膨胀气流不返混。第二环为 $TiCl_4$ 喷入环，$TiCl_4$ 沿环进入流道，经缓冲稳压室稳压之后，又通过均布分配孔沿径向喷入反应器内与高温（≥1800℃）的热氧正交混合，并瞬间发生反应。因产生大量的热量和氯气，极易被氧化的反应器内层表面通过冷却剂冷却。第三环为气膜，有防结疤的作用，惰性气体在此环沿切线快速喷入形成气膜，使新生成的 TiO_2 粒子无法与反应器内壁接触，防止结疤。又因旋转气速较快对器壁有一定的吹扫作用，减缓和冲刷结疤，延长反应器的工作时间。同时对系统轴向气流和器壁有冷却作用，控制 TiO_2 长大和防止内层被热腐蚀。$TiCl_4$ 与 O_2 充分反应的反应室，此处温度可达 1400℃，器壁有水冷保护。反应后混合气流温度可达 1400℃，反应器出口设计有混合气流骤冷装置。该反应器反应室尺寸为 $200mm \times 1500mm$，反应室各部件用镍制成，水冷，生产能力为 $5.0t/h$ TiO_2。

这种三环式结构复杂，各喷孔易热腐蚀烧坏，特别在预热 500℃ 的 $TiCl_4$ 气体中夹杂没有完全反应完的铝粉时，第二环即 $TiCl_4$ 喷入孔非常易被烧损变形，影响 $TiCl_4$ 和 O_2 的充分混合，反应导致 TiO_2 的粒子不能满足颜料的要求。

11.3.4.2 多孔壁反应器

多孔壁反应器的结构如图 11 – 9 所示。热氧气与 $TiCl_4$ 气流垂直交叉混合后进入反应区，反应区圆筒壁有小孔以高速喷入 Cl_2 或惰性气体，冷却反应壁不被腐蚀的同时形成气幕隔离新生成 TiO_2 粒子不与反应器壁接触，防止结疤。多孔壁开孔率为 $0.1\% \sim 0.6\%$，清洁气体的用量为 $TiCl_4$ 的 $1/20 \sim 1/3$（质量比）。孔壁材质以镍质为最好。内径 305mm，

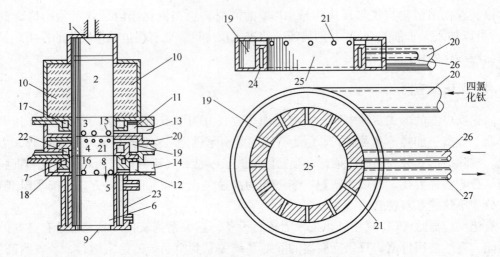

图 11 – 8　CO 作燃料的氧化反应器结构图

1—CO、CO_2 分配室；2—CO、O_2 燃烧室；3—第一环气膜保护；4—第二环 $TiCl_4$ 喷入环；
5—第三环气膜保护环；6—反应室；7—第二环冷却环；8—混合后的气流；9—反应器出口法兰；
10—燃烧室耐火砖衬；11—第一环气体均压腔；12—第二环 $TiCl_4$ 均压腔；13—第一环氮气进口；
14—第二环氮气进口；15—第一环氮气喷孔；16—第三环氮气喷孔；17—第一环内层表面冷却气体环道；
18—第三环冷却气体环道；19—第二环 $TiCl_4$ 均压腔；20—第二环 $TiCl_4$ 进口管；21—第二环 $TiCl_4$ 喷孔；
22、24—第二环冷却气体环道；23—反应管冷却水套；25—第二环内层表面；
26—第二环冷却气体进口管；27—第二环冷却气体出口管

每平方英寸（$1in^2 = 645.16mm^2$）开有一个直径 1.6mm 小孔，
$600 \sim 700℃$ 的 $TiCl_4$ 以 18t/h 的速度加入，1400℃ 的氧气以
$2260m^3/h$ 的速度加入，干燥的室温 Cl_2 以 $1130 \sim 1360kg/h$ 的
速度送入穿过多孔镍壁，使壁温在 300℃ 以下，长时间反应后
多孔壁不结疤，清洁光滑。

特点：进入冷风量比较小，当生产能力较大的反应器引入
的气量占炉气中比例很小时，对氧化反应的干扰和对氯气浓度
的冲稀作用都是很小的。

11.3.4.3　固体颗粒冲刷法除疤的氧化反应器

固体颗粒冲刷法除疤的氧化反应器，采用喷砂或粗粒子的
TiO_2 利用高速运动固体颗粒的冲刷作用，解决喷口及反应器
壁结疤的问题。采用喷砂法要求后处理严格控制，喷砂不能进
入包膜罐，否则会影响产品质量。而 TiO_2 的颗粒会使后面处
理工艺简单化，较为适用。

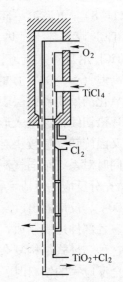

图 11 – 9　多孔壁反应器结构

典型的喷砂除疤反应器如图 11 – 10 所示。

经预热的氧气夹带石英砂，以 15.24m/s（最好为 30.48m/s）的速度从给料导管轴向
喷入。高速冲刷 O_2 和 $TiCl_4$ 成夹角交叉射流混合喷口处及反应区扩展管壁的疤料，Kerr -
McGee 公司使用这种技术。石英砂的粒度为 $0.4 \sim 1.7mm$，在氧气悬浮气流中浓度为
$0.1 \sim 2.16g/ft^3$（$1ft^3 = 0.02831685m^3$）。

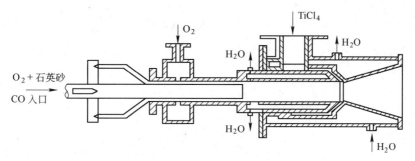

图 11 – 10　典型的喷砂除疤反应器

11.3.4.4　高速气流再配以加盐除疤式的氧化炉

这种氧化炉的结构更为简单（见图 11 – 11）。$TiCl_4$ 与 O_2 成 90°交叉混合，由于推动力压力很大，在氧化炉高温区停留时间很短，约 0.10s，造成很高的流速（10~15m/s）。反应新生态的 TiO_2 粒子还来不及在器壁上结疤，就进入骤冷段；与此同时，以 N_2 作载体加入岩盐冲刷器壁上结疤，实现长周期稳定运行，目前国外大公司产能高的装置几乎都采用这种方法。

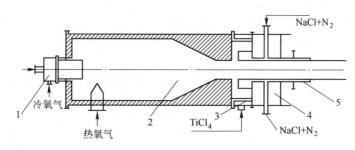

图 11 – 11　高速气流、加盐除疤式氧化反应器结构
1—冷空气入口；2—反应器；3—$TiCl_4$ 入口；4—$NaCl + N_2$ 管；5—缓冲管

11.3.4.5　$TiCl_4$ 双喷口节能型氧化反应器

工作原理：经过预热并按比例混有 $AlCl_3$ 的 $TiCl_4$ 气体，$AlCl_3$ 比例占 $TiCl_4$ 加入总量的约 50%~60%，喷入与总量的热氧反应放出大量的热量；混合气流极快地流到 $TiCl_4$ 喷口 Ⅱ，与 $TiCl_4$ 气流第二次交叉混合。第二孔喷入的 $TiCl_4$ 吸收部分反应热，升温很快，又开始同热氧反应。反应热同上游混合流一并进入反应段完成全部反应。

特点：喷口 n 喷出的 $TiCl_4$ 吸收喷口 Ⅰ 下游的反应热，首先，可适当降低氧气的预热温度，节约了能源并有利于氧气预热量安全运行；其次，可使反应温度控制在 1450℃，不至于过高；第三，因喷口 Ⅱ 的 $TiCl_4$ 升温消耗了部分热焓，可以减少急剧骤冷通入的冷却气量。

国内 20 世纪开发的刮刀式氧化炉现已比较落后。目前氧化反应器朝着结构简单、高速（150m/s）、高压（0.4MPa）、气膜和加盐相结合除疤方式为主的方向发展。$TiCl_4$ 双喷口节能型氧化反应器其结构如图 11 – 12 所示。

11.3.4.6　悬浮气流冷却、气固分离和制浆装置

从氧化炉移出的悬浮气流 TiO_2 固相的浓度（质量分数）约为 33%，氯气浓度（体积分数）达不小于 68% 需要骤然冷却到 700℃ 以下，通常工艺上采取的措施如下：（1）喷入

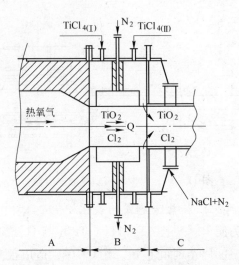

图 11 - 12　TiCl₄ 双喷口节能型氧化反应器结构

A—燃烧室（氧气被预热到不低于1800℃）；B—混合段（TiCl₄ 分别由 Ⅰ、Ⅱ 两个狭缝喷口喷入与轴向的热氧流
交叉混合，喷口间管段可用 N₂ 冷却防结疤）；C—反应段（TiCl₄ 与 O₂ 充分反应并生成 TiO₂ 和 Cl₂ 快速移出）

冷却干燥的循环尾气或氯气、氮气直接冷却降温；（2）把冷却导筒浸入水中强化移热；（3）为加温传热，向导管内加入固体颗粒多为岩盐烧结的 TiO₂ 颗粒，冲刷管壁上的结垢，提高传热能力。

冷却导管的长度应满足在进入脉冲袋滤器前的悬浮气流的温度要低于 275℃，以利于延长滤袋的使用寿命。

气固分离装置可分为两级：第一级为旋风收尘器；第二级为脉冲布袋收尘器；也有一级脉冲布袋进行分离的，但粉尘浓度高，所需要的布袋面积较大。布袋通常选用美国 GORE - TEX、BH 公司的全四氟乙烯、覆膜滤袋，也可以用覆四氟乙烯膜的玻璃纤维布袋，造价便宜一些。GORE - TEX 公司的覆膜滤袋具有一种强韧而柔软的纤维结构，有足够的力学强度、卓越的清灰性，在低而稳的压力损失下能长期使用，比普通的滤袋寿命长并能实现零排放。

布袋装置收集下来的热 TiO₂ 粉料，经旋转阀加到制浆罐中，用去离子水稀释制浆并降低物料温度，产生的水蒸气和释放出的 HCl、Cl₂ 排到稀碱液脱氯罐中去脱氯后外排。

对装置的技术要求见表 11 - 4。

表 11 - 4　对装置的技术要求

装置名称	工作压力/MPa	温度/℃	杂质成分	工况要求	仪表控制
冷却导管	0.30 ~ 0.40	140 ~ 300	TiO₂、Cl₂、HCl、O₂、CO₂	耐氯气腐蚀、耐冲刷、耐压、Incon 600 材料	测温压
布袋收尘器	0.25	150 ~ 275	TiO₂、Cl₂、HCl、O₂、CO₂	耐氯气腐蚀、耐冲刷、耐压、Incon 600 材料	自动反吹料面控制出料可控
旋风收尘器	0.30	300	TiO₂、Cl₂、HCl、O₂、CO₂	布袋为全四氟乙烯或者四氟乙烯膜玻璃纤维袋	—
制浆罐	0.20	<100	TiO₂、H₂O、NaClO、HCl	内衬防腐，耐磨蚀	液位自动控制，加水自动控制

11.4　TiCl₄氧化影响因素

四氯化钛氧化反应热力学计算结果表明，在氧化反应器及流场设计中，不但要考虑产能、质量、热平衡等问题，还要兼顾 $TiCl_4$ 平衡的转化率问题，才能正确地设定氧化的操作参数。

实践中 $TiCl_4$ 气相氧化反应是在高温下进行的（≥1300℃），TiO_2 的粒子受反应温度、反应区的停留时间和加入的成核剂影响很大，欲制得平均粒度为 0.2μm 的高级颜料用 TiO_2 是很不容易的事。

11.4.1　反应温度

$TiCl_4$ 和氧在 500～600℃就可以缓慢进行，700℃时就可明显察觉到 TiO_2 气溶胶存在。随着反应温度的提高，反应速率呈幂次函数增加。在 600～1100℃温度范围内反应从受化学反应控制变为受动力学控制。在高于 1100℃时，已达到很高的反应速率，反应时间小于 0.01s，反应的活化能为 138kJ/mol。

$TiCl_4$ 转化率与热力学温度的关系见图 11－13。NB 安基波夫等在电阻丝加热的石英管反应器中测定了 $TiCl_4$ 氧化反应的动力学数据见图 11－14。

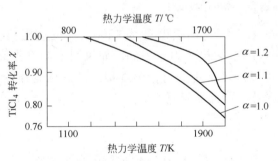

图 11－13　$TiCl_4$ 转化率与热力学温度的关系

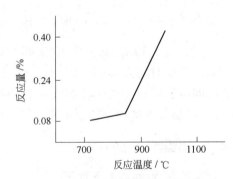

图 11－14　反应量与反应温度的关系

从图 11－14 中可以看出，当反应温度高于 900℃时，反应速率提高是非常快的。依此看，氧化操作中 $TiCl_4$ 和 O_2 混合后的温度高于 900℃是非常必要的。

研究表明，该反应产品的晶型结构主要取决于反应物的起始温度（即反应的引发温度）和化学反应时间。当反应温度为 500～1100℃时，反应产品主要是锐钛型 TiO_2；当引发温度提高到 1200～1300℃时，反应产品的金红石率可达 65%～70%。因为由锐钛型 TiO_2 转化为金红石型 TiO_2 的活化能较高（460kJ/mol），特别是在反应区高温下停留时间极短的情况下，反应的起始温度就显得更加重要。实践证明，即使温度提高到 1300℃，如果不加晶型转化促进剂也无法实现金红石型 TiO_2 的转化率不低于 98% 的指标。

11.4.2　反应时间

$TiCl_4$ 气相氧化反应需要在高温下进行，反应温度的提高虽然有利于生成粒子长大，但是生成粒子在高温区停留时间过长会使其过分长大，难以获得颜料用的 TiO_2 产品。为了防止其过分长大，必须控制生成粒子在高温区的停留时间。

从反应历程看，反应停留时间应包括 $TiCl_4$ 与 O_2 混合成核时间、化学反应时间、晶粒长大和晶型转化时间。一些研究者通过对实验数据的数理统计处理，得出了 TiO_2 平均粒度与宏观停留时间的关系，经验公式如下：

$$d_P = Algt + C \qquad (11-14)$$

式中，d_P 为 TiO_2 的平均粒径，μm；t 为停留时间，s；A、C 为经验常数。

结合温度控制有人曾绘出一条曲线来表示反应物和产物的温度变化，见图 11-15。

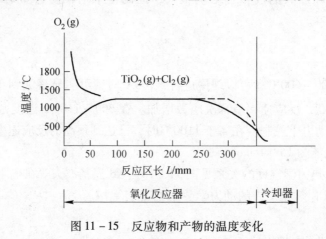

图 11-15　反应物和产物的温度变化

一般情况，$TiCl_4$ 预热温度为 400～500℃，氧气预热温度为 1700℃，反应温度为 1300℃，反应时间为 0.05～0.08s，可以获得的平均粒径为 0.2μm，如果引发温度提高，停留时间可以缩短，这样参加反应的物质可以同步集中进行，历程相近，并且能骤冷至 700℃，产品粒度平均粒径分布窄，粒径偏差小，产品质量好。

11.4.3　晶型转化剂的作用

锐钛型 TiO_2 在高温条件下可以向金红石型 TiO_2 转化，在转化过程中自由能降低，晶体表面收缩，体积缩小，结构致密，稳定性好。应提出，由于晶型转化所需要的活化能高，晶型转化的动力学速度是缓慢的。即使在很高的温度（>1300℃）下，停留数秒其转化率也不够大。在相对较低的温度（约850℃）下，要经 20～30min 才能使转化率达到理想的程度。转化率 K 的计算如下：

$$K = K_0 \exp(-\Delta E/RT) \qquad (11-15)$$

式中，K 为转化率；ΔE 为相转变活化能，$\Delta E = 418.4 \sim 460.24kJ/mol$；$K_0$ 为频率因子，$K_0 = 10^{20} \sim 10^{22} h^{-1}$。

金红石型转化率达到99%时所需要的时间见表11-5。

表 11-5　金红石型转化率达到 99% 时所需要的时间

温度 T/K	速率常数$/s^{-1}$	转化所需时间$/s$	温度 T/K	速率常数$/s^{-1}$	转化所需时间$/s$
1300	0.425	10.8	1800	2.0×10^4	2.3×10^{-4}
1500	74.4	0.06			

11.4.4 晶粒细化剂加入

在氧化反应过程中为了得到产品平均粒径 0.25μm 且粒径分布窄的产品，试验证明，必须要加入晶粒细化剂。细化剂多为碱金属盐类的水溶液。其中最经济、效果也非常好的晶粒细化剂是 KCl。

晶粒细化剂加入流程如图 11-16 所示。

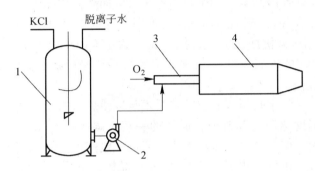

图 11-16　晶粒细化剂加入流程
1—KCl 晶体溶解罐；2—KCl 溶液计算泵；3—喷射器；4—氧化反应器

11.4.5 对装置的技术要求

通过实践人们认识到氧化反应器主要应具备以下功能：（1）使与 $TiCl_4$ 反应的氧气被加热到不低于 1180℃，并能实现使其气流成平稳轴向脉冲流；（2）使被加热到 420～500℃的 $TiCl_4$ 气体能均匀、连续地径向喷入反应器内；（3）使轴向高温氧流与沿一定角度径向喷入的 $TiCl_4$ 气流交叉，快速混合实现传热、传质同步开始反应，该角度与轴向成 60°～90°角；（4）具有交叉混合气流升温膨胀不向燃烧室返混的措施；（5）有可靠的使 $TiCl_4$ 喷口附近及喷口下游反应器不结疤，及时冲刷除疤，保证反应器长周期运行的功能；（6）反应器中温度高达 1450℃以上，有强腐蚀介质热氧气及浓度不低于65%（体积分数）的氯气流，装置材料应具有耐腐蚀、耐高温的性能和保护措施；（7）反应器结构上易腐蚀件易更换维护，结构简单；（8）反应器结构有利于高温悬浮气流快速离开反应区进入冷却区。

氧化是氯化法工艺核心，四氯化钛的氧化是气相反应，反应温度高达 1400～1500℃左右，$TiCl_4$ 生成 TiO_2 的反应时间只有几毫秒，不像硫酸法从 H_2TiO_3 生成 TiO_2 那样需要煅烧 10 余小时，其化学反应式如下：

$$TiCl_4(g) + O_2(g) \longrightarrow TiO_2[金红石(s)] + 2Cl_2(g) \qquad (11-16)$$

氧化前先将精 $TiCl_4$ 液体在 150～200℃下加热气化，分步或一步预热到 900～1000℃，氧气同样也要预热到此温度，两者按一定比例同时喷入氧化器内。氧化时的另一个技术关键问题是如何添加 $AlCl_3$，$AlCl_3$ 是金红石型二氧化钛的成核剂（又可以称为晶种），也是促进剂，不加 $AlCl_3$ 反应生成 TiO_2 粒子较粗（0.6～0.8μm），加入一定量 $AlCl_3$（0.9%～1.5%）后所生成的 TiO_2 粒子较细（0.15～0.35μm）。加入的方法有：一种是事先把 $AlCl_3$ 溶解在 $TiCl_4$ 内，随 $TiCl_4$ 一同蒸发气化；另一种方法是在高温下向熔融的金属铝箔或铝粉中通入氯气，所产生的 $AlCl_3$ 蒸气与 $TiCl_4$ 蒸气一同混合进入氧化器内。

由于反应生成的 TiO_2 是在几毫秒（$0.05 \sim 0.1s$）内产生的，所以为了避免 TiO_2 晶体的高温下迅速增长和相互黏结而结疤，初生的 TiO_2 晶体必须剧烈降温，以极高的流速通过冷却套管用低温循环氯在数秒钟内从 $1400 \sim 1500℃$ 冷却至 $600℃$ 左右，这一过程也很难掌握，然后二氧化钛等反应物经旋风分离器进一步冷却后进入高温袋滤器把二氧化钛收集下来，含氯量在 $70\% \sim 80\%$ 左右，可返回氯化工序使用。

为了防止二氧化钛在冷却套管中沉积附着于管壁而降低传热效果，可在管内导入煅烧 TiO_2 或石英砂来清洗，但是煅烧 TiO_2 颗粒粗硬，混入产品中较难除去，美国专利 USP5266108 中建议采用压力机或压力辊，把二氧化钛粉末压成致密的二氧化钛颗粒，用这种二氧化钛（用量 $0.5\% \sim 15\%$）来清洗，很容易重新破碎成普通颜料级二氧化钛的粒度，不影响后加工过程。

由于四氯化钛在氧气中燃烧所放出的热量不足以使炉内的物料上升到氧化所需要的温度，因此需要提供辅助热源帮助升温，燃烧的一氧化碳、甲苯（或二甲苯）及等离子火炬、激光都可以使用，但等离子法能耗太高，所以一般使用一氧化碳或甲苯，燃烧甲苯时会有部分水分子生成，正好可以成为新生的 TiO_2 晶核，取得一举两得的效果。辅助加热的方式有内加热和外加热两种：内加热因要在反应物的气流中引入燃烧气体，会使氯气浓度降低而增加氯气循环回收时的难度；外加热会造成炉壁过热而结疤的问题更趋严重。

氧化反应器是氯化法的关键设备，有立式和卧式两种，技术复杂难度高。首先在高温下四氯化钛腐蚀性很强，在 $1000℃$ 以上的温度下对所有材料的强度、耐温、耐腐蚀性能要求很严格（国外通常用一种价格昂贵的 Incon 600 型镍基合金）；其次 $TiCl_4$、O_2、$AlCl_3$ 不仅混合要均匀，而且混合喷入的速度很快，国外资料介绍为 $150 \sim 200m/s$，这样高速混合的工艺和设备难度很大，而要在几毫秒内利用控制反应物的停留时间来调整 TiO_2 的晶粒大小是非常困难的；另外氧化系统必须严密正压操作，整个氯化—氧化生产过程闭路联动循环，生产环节紧紧相扣又互相制约，有一处出问题就会影响全局。一条 $15kt/a$ 的氯化法生产线，以每年 300 个工作日，$2t/h$ 二氧化钛计算，氧化反应器每小时要消耗 5t 四氯化钛、$60m^3$ 氧气、0.1t 三氯化铝和 3.5t 尾氯（浓度 80% 以上）。

为了防止氧化器的喷嘴和反应器内壁结疤，各厂商研究了许多办法，主要有喷砂（盐）法、多孔反应器壁法、机械刮刀法、惰性气体保护法等，实际生产中似乎喷砂法较多，图 11 - 17 为一种四氯化钛氧化反应器的功能示意图。

11.5　二氧化钛（中间半成品）脱氯

从布袋收集下来的半成品二氧化钛吸附一定量的（$0.1\% \sim 0.5\%$）游离氯，微量的 $TiCl_4$ 氯氧化物如 $TiOCl_2$、$Ti_2O_3Cl_3$ 等。这些杂质不脱除，带入后处理会影响产品的白度，制漆时氯与树脂反应影响漆用性能，产品吸潮变黄，使设备的腐蚀严重。工艺要求脱出二氧化钛粒子吸附的氯气及其他氯化物。

脱氯的方法主要分为干法脱氯和湿法脱氯。

11.5.1　干法脱氯

干法脱氯主要为沸腾床脱氯。干法脱氯工艺流程如图 11 - 18 所示。流化床通电加热，

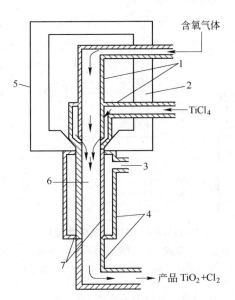

图 11 - 17　四氯化钛氧化反应器功能示意图

1—防腐金属；2—绝热层；3—氯气（冷却剂）夹套；4—防腐金属套；5—金属外壳；

6—反应区；7—多孔耐高温管 ϕ0.3m，长度为 0.875m

温度控制在 400~500℃，吸附氯气的氧化半成品从炉中间加入，炉底筛板吹入干燥空气，使 TiO_2 粉料流化，氯气被空气从 TiO_2 粒子表面脱出进入空气中，稀释，从气固混合流经旋风、布袋收尘器分离，气相进入碱淋洗塔净化。脱氯后的料制浆经泵送到后处理分散后砂磨。也有的把干料送入粉磨机磨成细粉。

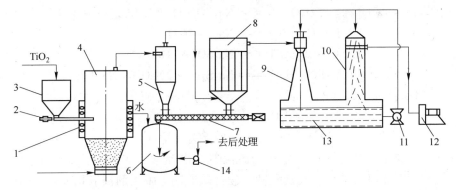

图 11 - 18　干法脱氯工艺流程

1—电加热设备；2—加料机；3—半成品 TiO_2 料仓；4—流化床炉；5—旋风收尘器；

6—搅拌反应器；7—气体输送管；8—换热器；9—洗涤塔；10—喷淋塔；

11—循环泵；12—气流调节；13—吸收液；14—浆料出口

这种方法工艺复杂，设备繁多，耗能多，现在氯化法生产工艺已被淘汰。

11.5.2　湿法脱氯

目前大型氯化法钛白的装置基本上都采用湿法脱氯。湿法脱氯工艺流程如图 11 - 19 所示。

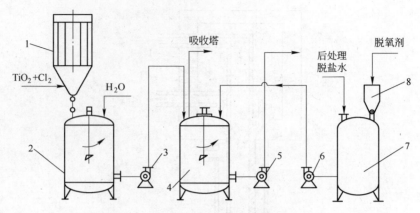

图 11 - 19　湿法脱氯工艺流程

1—布袋收尘器；2—打浆罐；3—打浆罐泵；4—脱氯罐；5—脱氯罐料泵；

6—脱氯剂计量泵；7—脱氯剂罐；8—脱氯剂料仓

通常用的脱氯剂有焦亚硫酸钠（$Na_2S_2O_5$）、硫代硫酸钠（$Na_2S_2O_3$）、双氧水（H_2O_2），脱氯反应式如下：

（1）H_2O_2 脱氯反应：

$$2HCl(g) + H_2O_2(l) = Cl_2(g) + 2H_2O \qquad (11-17)$$

$$NaClO(l) + H_2O_2(l) = NaCl(l) + O_2(g) + H_2O \qquad (11-18)$$

（2）焦亚硫酸钠、硫代硫酸钠反应：

$$Cl_2 + H_2O = HClO(l) + HCl \qquad (11-19)$$

$$NaOH + HClO = NaClO + H_2O \qquad (11-20)$$

$$Na_2S_2O_3(l) + 4Cl_2(g) + 5H_2O(l) = Na_2SO_4(l) + H_2SO_4(l) + 8HCl \qquad (11-21)$$

$$NaOH + HCl = NaCl + H_2O \qquad (11-22)$$

$$H_2SO_4 + 2NaOH = Na_2SO_4 + 2H_2O \qquad (11-23)$$

$$Na_2S_2O_3 + NaClO + H_2O = Na_2S_4O_4 + 2NaOH + NaCl \qquad (11-24)$$

（3）Na_2SO_3 脱氯：

$$Na_2S_2O_5 = Na_2SO_3 + SO_2 \qquad (11-25)$$

$$Na_2SO_3 + 1/2O_2 + Cl_2 = Na_2SO_4 + 2NaCl \qquad (11-26)$$

脱氯反应主要是把具有较强氧化性的游离氯、次氯酸、次氯酸盐还原成稳定的氯化物，如氯化钠，而亚硫酸钠、硫代硫酸钠、焦亚硫酸钠等脱氯剂被氧化成硫酸盐在后处理时很容易被洗去，不影响产品漆用性能。

11.6　氧化尾气的循环使用

经过脉冲布袋分离后的氧化尾气典型成分见表 11 - 6。

表 11 - 6　氧化尾气典型成分　　　　　　　　　　　　（％）

成　分	Cl_2	CO	CO_2	O_2	HCl	N_2
含　量	68 ~ 79	0.8 ~ 1.6	4 ~ 6	4 ~ 8	1 ~ 3	10 ~ 13

若氯气浓度很高通常返回氯化使用。返回使用最简便的方法是直接输送到氯化工序使

用，杜邦、美礼联等一些公司都是这样做的。前提是氧化炉的工作压力高，从氧化输送到氯化过程中通导能力大，阻力损失小，无须加压可直接使用。因氧化尾气中含有 4% ~8% 的氧气，在氯化炉与碳反应放出热量，使氯化炉气的温度升高给后面 $TiCl_4$ 的冷凝带来更多的困难。

此外，为避免氧化尾气直接用于氯化带来的热量、废气量大的缺点，国外某公司利用低温 $TiCl_4$ 吸收氯的特点，利用 $TiCl_4$ 在低温下吸收氯气把氯气与其他无用成分的气体分开，然后将 $TiCl_4$ 加热后吸收的氯气释放出来，再经过加压以较纯的氯气循环使用。

氯气在 $TiCl_4$ 中的溶解度见表 11 – 7。

表 11 – 7　氯气在 $TiCl_4$ 中的溶解度

温度 t/℃	– 2	0	20	40	60	80	100	120
溶解量/%	56.7	28.1	16.3	10.1	6.75	4.71	3.27	2.27

虽然这样的工艺较为复杂，但送到氯化工序的氯气纯，不含氧气，可以提高氯化率，减少反应热，使 $TiCl_4$ 冷凝的工艺得到简化。氧化尾气直接输送的管道因压力较高，其含 HCl 很容易液化腐蚀管线，在生产中使用衬四氟乙烯的钢管效果很好。

11.7　钛白后处理

钛白粉是十分纯的产品，根据不同的市场用途如涂料、塑料和造纸需进行后处理。其目的是改善其应用性能，提高钛白粉的耐候性，提升钛白粉在不同介质溶剂、塑料、水溶性乳胶中的分散性，提高钛白粉润湿性，提高遮盖力及光泽，后处理包括湿磨、无机包膜、洗涤、干燥、气流磨及有机包膜和产品包装等工序。

11.7.1　湿磨

从硫酸法生产中经转窑煅烧获得的 TiO_2 或从氯化法生产中经氧化后获得的 TiO_2，在无机或有机分散剂的存在下进行湿磨。其湿磨设备主要采用介质磨，有球磨机、珠磨机、砂磨机、重介质磨机等。将 TiO_2 聚集粒子尽量磨细解聚为原级粒子，以利于进行无机包膜。

11.7.2　无机物包膜与干燥

经湿磨解聚后的 TiO_2 需要进行无机物包膜，以屏蔽紫外光，提高钛白粉的耐候性。常用的无机包膜剂有硅、铝的氧化物及水合氢氧化物。由硅、铝包膜提高了钛白粉的耐候性能，但影响了应用时的光泽。近年开发的锆包膜技术，达到了高耐候、高光泽的颜料应用要求。无机包膜剂常以氧化物及氢氧化物的形式沉积，并依据其最后产品的用途，以松散或致密膜的形式包覆于 TiO_2 粒子表面。

在包膜处理时，必须严格控制反应温度、pH 值、时间，以达到最佳的使用目的。包膜后的料浆经过过滤，用去离子水洗涤。采用多种干燥方式，如带式干燥机、喷雾干燥机等进行干燥。

11.7.3　有机包膜与气流粉碎

气流粉碎的目的是为得到狭窄粒度范围和优良颜料性能的钛白粉后处理最后一道工

序。目前采用的粉碎机多数为扁平式气流粉碎机，其气源为16kg的过热蒸汽，并根据产品用途加入一定的有机包膜剂；一是由于粉碎后的钛白粉表面能较高，容易重新团聚，需要中和其能量，消解表面电位，也起到助磨效果；二是改变钛白粉的表面物理化学性能，使其应用在涂料、塑料时有更好的适应性及相容性。对涂料有机包膜剂有胺、醇胺类、硅烷类，对塑料有机包膜剂有二甲基硅烷、聚乙醇、三乙醇胺等。

11.7.4 产品包装

市售的钛白粉通常的包装是采用25kg纸袋或塑编复合纸袋。大规模使用时可用500kg或1000kg大包装。包装袋上标示有产品牌号、规格、适合的标准、用途、生产厂家以及生产批号。尽管国内市场销售多数钛白粉为通用级的，可用于水性涂料、油性涂料、塑料，甚至橡胶或弹性体。

11.8 主要原料消耗及技术经济指标

氯化钛白的技术经济评估一般与氯化结合一起分析。

11.8.1 原料掺混90% TiO_2 或更高含量

从金红石原料生产钛白粉的回收率在93%～95%，而从钛精矿与板钛矿混矿原料生产钛白粉其回收率约为90%。从钛渣中的回收率高于人造金红石，因为钛渣粒度比人造金红石高，氯化时带走的细粉少。每吨钛白粉生产大约需原料量如下：

每吨氯化钛白消耗金红石或人造金红石1.1～1.3t，氯气0.10～0.15t，石油焦0.25～0.27t，氧气0.45～0.50t，$AlCl_3$ 0.03t；每吨氯化钛白消耗掺混65% TiO_2 钛精矿和板钛矿1.75t，氯气1.15t，石油焦0.30～0.35t。

11.8.2 排出废料

以90% TiO_2 为原料时，排出氯0.05～0.30t，主要为 $FeCl_3$。以65% TiO_2 为原料时，排出 $FeCl_3$ 1.5～1.6t。

四氯化钛的制备是一个高耗能过程，要有充足的能源供应，首先是电力，钛矿冶炼和氯碱工业都需要电，其次钛矿冶炼还需要石油焦。

11.8.3 氯化钛白典型消耗指标

表11-8给出氯化钛白典型消耗指标。

表11-8 氯化钛白典型消耗指标

序号	指标	每吨 TiO_2 的消耗量	序号	指标	每吨 TiO_2 的消耗量
1	电/kW·h	360	5	压缩气体（标准状态）/m³	40
2	蒸汽/t	0.5	6	清洁压缩空气（标准状态）/m³	2
3	氧气（标准状态）/m³	350	7	氯气/kg	350
4	氮气（标准状态）/m³	100	8	燃烧气/GJ	2.3

序号	指　标	每吨 TiO$_2$ 消耗量	序号	指　标	每吨 TiO$_2$ 消耗量
9	冷媒/t	0.6	17	矿物油/kg	3.6
10	石油焦/kg	370	18	H$_2$O$_2$ 30%/kg	1.8
11	渣/t	1.27	19	除疤介质/kg	2
12	苯/kg	13	20	Ca(OH)$_2$/kg	500
13	NaCl/kg	8	21	水/m^3	2.5
14	NaOH 50%/kg	25	22	去离子水/m^3	2.5
15	铝/kg	6.5	23	冷却水补充量/m^3	4.5
16	KCl/kg	0.05			

11.9　氯化钛白原料

　　氯化钛白的原料主体是四氯化钛、氧气、氯化钾和铝粉，燃料主要为甲苯和 CO。四氯化钛在第 9 章有重点描述，这里表 11 - 9 给出了某氯化钛白厂的四氯化钛入炉典型成分。

表 11 - 9　某氯化钛白厂的四氯化钛入炉典型成分　　　　　　　（％）

成　分	TiCl$_4$	Fe	V	Cr	Cu	Ni	Mn
含　量	≥99.8	≤10×10^{-4}	≤3.5×10^{-4}	≤2×10^{-4}	≤2×10^{-4}	≤3×10^{-4}	≤2×10^{-4}

11.9.1　铝粉

　　铝粉包括特细铝粉、超细铝粉、炼钢铝粉、细铝粉、烟花铝镁粉、涂料铝粉、铝镁合金粉和球磨铝粉等，特细铝粉牌号为 LFT1、LFT2，粒度不大于 0.37mm，原料是纯铝锭。主要用途：主要用于航天工业火箭推进的燃料，另外还用于一级原料军工炸药等。超细铝粉牌号为 FLT1、FLT2，精度为 16 ~ 30μm，原料是纯铝锭。主要用途：用于高档汽车、手机、摩托车、自行车的外用金属漆的原料。炼钢铝粉牌号为 FLG1、FLG2、FLG3，粒度不大于 0.35mm，可以利用废铝生产。主要用途：炼钢除气，脱氧。细铝粉牌号为 FLX1、FLX2、FLX3、FLX4，粒度不大于 0.35mm。主要用途：用于化工，烟花爆竹等。烟花铝镁粉牌号为 FLMY1、FLMY2、FLMY3、FLMY4，粒度不大于 0.16mm，可以利用废铝生产。主要用途：用于烟花粉。涂料铝粉主要用于工业用防腐、防锈的涂料，生产烟花爆竹等。利用档次高的废导线可以生产普通涂料铝粉。铝镁合金粉牌号为 FLM1、FLM2。主要用途：用于烟花爆竹、军工炸药。球磨铝粉牌号为 FLQ1、FLQ2、FLQ3，粒度不大于 0.08mm。主要用途：用于化工、铸造、烟花。

　　表 11 - 10 给出了某氯化钛白厂的铝粉入炉典型成分。粒度控制在 150 ~ 550μm，小于 150μm 部分占比不超过 2%。

表 11 – 10　某氯化钛白厂的铝粉入炉典型成分　　　　　　（%）

成 分	杂 质						活性铝	全 铝
	Si	Fe	Zn	Cu	V	其他		
含 量	0.10	0.20	0.03	0.04	0.03	0.10	98.0	99.3

11.9.2　甲苯

甲苯是石油的次要成分之一。在煤焦油轻油（主要成分为苯）中，甲苯占 15% ~ 20%。我们周围环境中的甲苯主要来自重型卡车所排的尾气（因为甲苯是汽油的成分之一）。许多有机物在不完全燃烧后会产生少量甲苯，最常见的如烟草。大气层内的甲苯和苯一样，在一段时间后会由空气中的氢氧自由基（OH·）完全分解。

甲苯是最简单，最重要的芳烃化合物之一。在空气中，甲苯只能不完全燃烧，火焰呈黄色。甲苯的熔点为 –95℃，沸点为 111℃。甲苯带有一种特殊的芳香味（与苯的气味类似），在常温常压下是一种无色透明、清澈如水的液体，对光有很强的折射作用（折射率为 1.4961）。甲苯几乎不溶于水（0.52g/L），但可以和二硫化碳，酒精，乙醚以任意比例混溶，在氯仿、丙酮和大多数其他常用有机溶剂中也有很好的溶解性。甲苯的黏度为 0.6mPa·s，也就是说它的黏稠性弱于水。甲苯的热值为 40.940kJ/kg，闪点为 4℃，燃点为 535℃。

在工业生产中主要以石油为原料。在第二次世界大战期间，由于石油供应的匮乏，德国也尝试过用苯或甲醇为原料的制备法。在制备过程中主要的副产品是乙烯和丙烯。每年甲苯的全球产量大约为 500 万 ~ 1000 万吨。从石油中直接提取或将煤炭干馏的方法虽然简单，但都是不经济的。工业上主要采用将石油裂解并将所得到的产物之一正庚烷脱氢成环的方法，反应式如下：

$$C_7H_{16} \longrightarrow C_7H_{14} + H_2 \longrightarrow C_7H_8 + 4H_2 \qquad (11-27)$$

正庚烷的脱氢成环反应：正庚烷将先脱氢生成甲基环己烷，然后被进一步氧化为甲苯。此外，环庚三烯可由光化学的方法直接转化为甲苯。甲苯在一般条件下性质十分稳定，但同酸或氧化剂却能激烈反应。它的化学性质类似于苯酚和苯，反应活性则介于两者之间。甲苯能腐蚀塑料，因而必须被存放在玻璃容器中。在氧化反应中（如与热的碱性高锰酸钾溶液），甲苯能经由苯甲醇、苯甲醛而最终被氧化为苯甲酸。甲苯主要能进行自由基取代、亲电子取代和自由基加成反应，亲核反应则较少发生。在受热或光辐射条件下，甲苯可以和某些反应物（如溴）在甲基上进行自由基取代反应。

氯化钛白生产过程中甲苯主要用作高放热燃料。

11.9.3　氧气

氧气（分子式 O_2，分子量 32）是氧元素最常见的单质形态。氧气是空气的组分之一，在大气中的体积分数为 20.95%，无色、无臭、无味。氧气密度比空气大，在标准状况下密度为 1.429g/L，能溶于水，溶解度很小，1L 水中约溶 30mL 氧气。在压强为 101kPa 时，氧气在约 –180℃时变为淡蓝色液体，在约 –218℃时变成雪花状的淡蓝色固体。比热容为 920J/(kg·℃)，蒸发热为 3.4099kJ/mol，熔化热为 0.22259kJ/mol，导电率为 10/cm；导热系数为 0.0002674W/(cm·K)。同素异形体有臭氧（O_3），O_4，O_8。

氧气的化学性质比较活泼。除了稀有气体、活性小的金属元素如金、铂、银之外，大部分的元素都能与氧气反应，这些反应称为氧化反应，而经过反应产生的化合物（由两种元素构成，且一种元素为氧元素）称为氧化物。一般而言，非金属氧化物的水溶液呈酸性，而碱金属或碱土金属氧化物则为碱性。此外，几乎所有的有机化合物，可在氧气中剧烈燃烧生成二氧化碳与水。化学上曾将物质与氧气发生的化学反应定义为氧化反应，氧化还原反应指发生电子转移或偏移的反应。氧气具有助燃性，氧化性。

氯化钛白生产中以高纯氧形式用作氧化剂。

11.9.4　氯化钾

氯化钾为无色细长菱形或立方晶体，或白色结晶小颗粒粉末，外观如同食盐，无臭、味咸。常用于低钠盐、矿物质水的添加剂。

物理性质：味极咸，无臭无毒。密度为 1.984g/cm³。熔点为 770℃。加热到 1500℃ 时即能升华。易溶于水、醚、甘油及碱类，微溶于乙醇，但不溶于无水乙醇。有吸湿性，易结块。与钠盐常起复分解作用而生成新的钾盐。

溶解性：1g 溶于 2.8mL 水、1.8mL 沸水、14mL 甘油、约 250mL 乙醇，不溶于乙醚、丙酮和盐酸，氯化镁、氯化钠和盐酸能降低其在水中溶解度。在水中的溶解度随温度的升高而迅速地增加。

11.9.5　氮气

氮气，元素周期表第 7 位，化学式为 N_2，通常状况下是一种无色无味的气体，且通常无毒。氮气占大气总量的 78.12%（体积分数），是空气的主要成分。在标准大气压下，冷却至 -195.8℃ 时，变成没有颜色的液体，冷却至 -209.86℃ 时，液态氮变成雪状的固体。在生产中，通常采用黑色钢瓶盛放氮气。氮气的化学性质很稳定，常温下很难跟其他物质发生反应，但在高温、高能量条件下可与某些物质发生化学变化，用来制取对人类有用的新物质。在标准情况下的气体密度是 1.25g/L，氮气难溶于水，在常温常压下，1 体积水中大约只溶解 0.02 体积的氮气。

11.10　氯化钛白厂的建设规范及要求

氯化钛白厂的建设规范及要求具体如下：

（1）厂址选择。鉴于氯化法钛白生产的特点，特别是氯化和氧化生产中有毒、有害物质很多，如氯气、四氯化钛、$SiCl_4$ 等，万一泄漏对周围环境将产生强烈的有害影响。为此，建议厂址选择宜远离市区、人口稠密地区，宜选交通方便的地区，有利于原料和产品的运输，资源整合比较优势强，例如，电力、水、天然气供给方便的地区建设。

（2）关于配套辅助工程的建设。氯化法需要液氯、液碱、蒸汽、氮气和氧气。按国内水平，年产 6 万吨的工厂，每年需要液氯 3 万吨，38% 离子液碱 10000t，蒸汽 60 万吨，氧气 3.2 万吨，氮气 5.2 万吨。

特别是液氯，火车运输、罐检、车检非常频繁，即使是汽车运输要求也非常严格，造成众多制约，并且使成本增高。为此，建议在大型氯化法工厂区域内建设配套氯碱工厂，以供热为主的动力工厂和空分工厂统筹规划，发挥产品链和区域经济优势，互动发展创造多赢。当然，如果有实力同步建设，日后管理更好协调。

（3）后处理生产线的配置。钛白粉产品发展趋势向满足不同需要、多种牌号、个性化方向发展。大型的工厂不可能依靠一两条后处理生产线就达到年产 6 万吨或 15 万吨的产能。有一些设备不可能特别大，例如，包膜罐、过滤机、干燥机、气流粉碎机、包装机等。肯定需要平行地建设几条生产线来实现。如果氧化工序半成品粒度、白度、消色力等能满足各种用途的需要，那么在同一时间，在后处理工序可以生产多个牌号和多种用途的产品。这样可根据各种产品的生产量设计专用生产线。在专用生产线上，过滤机、干燥机完全可以根据工艺要求选择不同的型号满足个性化的要求。实际国外的大型工厂干燥设备是不一样的，既有生产普通型产品用的带式干燥机，又有生产个性化产品的喷雾干燥机和旋转闪蒸干燥机，它们是各具特点的。

12 钛材料制造技术——钛白后处理

钛白粉作为一种被广泛使用的高档白色颜料，除了对二氧化钛含量、pH 值、电阻率、粒径大小、水分、金红石含量等理化指标有具体而严格的要求外，其耐候性、白度、遮盖力等颜料性能受到重视。由于二氧化钛的光化活性，当其表面暴露在波长为 $300 \sim 400 nm$ 的光中，能氧化或还原很多种被吸附或与之接触的有机和无机化合物，导致如塑料和涂料中的有机机体氧化降解，从而发生脆裂和粉化。因此，早在 1938 年，国外就有对二氧化钛进行表面处理的专利报道，其目的就是在 TiO_2 粒子表面包覆一层无机或有机包覆膜，从而降低二氧化钛的光学活性，避免二氧化钛的活性表面与可降解的有机材料之间接触，有利于提高二氧化钛的耐光性、分散性、耐候性和遮盖力，提高二氧化钛制品的使用寿命和应用性能。无论从硫酸法煅烧，还是从氯化法氧化之后所产生的钛白粉是十分纯的产品，但颜料填料并不使用这种产品，通常根据不同的市场用途如涂料、塑料和造纸要求需进行后处理。为了提高 TiO_2 耐候性和化学稳定性，改善 TiO_2 在各种不同介质中的分散性，通常要对 TiO_2 进行表面处理。无机表面处理是在 TiO_2 粒子表面形成一层均匀的无色或白色无机氧化物膜，以堵塞 TiO_2 的光活化点，屏蔽紫外光，阻止钛白粉的光催化活性，阻止钛白粉的光催化活性，提高耐候性。有机处理是在 TiO_2 表面包覆一层有机氧化物膜或表面活性剂，使 TiO_2 粒子保持分散状态并可以在有机介质中更好地相容，均匀地分散。对 TiO_2 进行表面处理，一般先进行无机表面处理，后进行有机表面处理。无机表面处理的材料一般用 SiO_2（二氧化硅）、Al_2O_3（氧化铝）、ZrO（氧化锆）、ZnO（氧化锌）。用硫酸法生产的金红石型 TiO_2 一般要进行氧化铝/氧化硅/氧化锆处理，其含量依次为 2.23%，1.55%、0.77%。氯化法生产的金红石型 TiO_2 可以只经氧化铝/氧化硅表面处理，耐磨性特强，光泽度高且着色力好，有较高的遮盖力和极佳的室外耐候性。单纯采用 Al_2O_3 表面处理的 TiO_2 有较好的分散性，但耐候性不足。用 SiO_2 接到 Al_2O_3 处理的表面上，耐候性可大大提高，但 TiO_2 含量降低，着色强度下降。

钛白后处理的目的是改善其应用性能，如提高钛白粉的耐候性，提高钛白粉在不同介质溶剂、塑料、水溶性乳胶中的分散性，提高钛白粉润湿性，提高遮盖力及光泽。钛白后处理主要有湿磨、无机包膜、洗涤、干燥、气流磨及有机包膜和产品包装等工序。控制一定的 pH 值、温度和沉淀时间等条件，可分别得到致密硅、致密铝包膜和多孔硅、多孔铝包膜。

随着建筑工业的发展，世界上每年消耗大量的建筑乳胶漆。降低乳胶漆成本的主要途径是减少钛白粉的用量（TiO_2 成本有时占乳胶漆原料成本的 40% ~50%）。为了能提高钛白粉的各种应用性能，如耐候性，又能减少钛白粉用量，其主要途径就是对钛白进行较廉价的中量或重量包膜，即在 TiO_2 粒子表面上，包覆 10% ~20% 疏松多孔的 $Al_2O_3 - SiO_2$ 包膜层，以达到既提高涂料遮盖力，又可节约钛白的目的。

12.1 钛白后处理技术发展背景

未经处理的钛白粉粒子很小，具有很高的比表面能，极不稳定，容易团聚，形成亚稳态的较大粒子，对于 TiO_2 而言，粒子越小，原级粒子之间的引力越强，粒子更易团聚。实际应用的 TiO_2 必须进行表面处理，即在 TiO_2 颗粒表面形成连续包覆的膜，使 TiO_2 颗粒表面能与活性降低，大大减少团聚，得到具有单分散特性的 TiO_2 颗粒。

12.1.1 晶格缺陷修补

无论硫酸法还是氯化法，在二氧化钛晶体形成和生长过程中，均存在晶格缺陷（肖特基缺陷）。由于二氧化钛这些晶格缺陷，使其表面上存在许多光活化点，在紫外光（UV）的作用下，发生如下光催化反应：

第一步，二氧化钛颗粒吸收紫外光，在其颗粒中发生电荷分离，在导带的负电荷电子 e 和在价带的正电荷空穴 h^+ 形成激发态：

$$TiO_2 + h\gamma = TiO_2(e + h^+) \tag{12-1}$$

第二步，空穴正电子氧化二氧化钛颗粒表面的羟基离子生成羟基自由基：

$$h^+ + OH^- = \cdot OH \tag{12-2}$$

第三步，四价钛得到电子还原成三价钛：

$$Ti^{4+} + e = Ti^{3+} \tag{12-3}$$

第四步，三价钛被新吸附的氧氧化成四价钛，形成过氧阴离子自由基：

$$Ti^{3+} + O_2 = Ti^{4+} + \cdot O_2^- \tag{12-4}$$

第五步，在氧化钛表面的过氧阴离子自由基与水反应，形成羟基离子和过氧羟基自由基：

$$Ti^{4+} + \cdot O_2^- + H_2O = Ti^{4+} + OH^- + \cdot O_2H \tag{12-5}$$

经过五步反应过程产生了两个自由基，二氧化钛的初始状态得到恢复。UV 光子、水和氧的反应是由总能量 3.1eV 以上的一个光子产生了两个自由基（羟基和过氧羟基自由基），具有高度活性，能使有机聚合物氧化降解，总反应式如下：

$$H_2O + O_2 + h\gamma(UV) = \cdot OH + \cdot O_2H \tag{12-6}$$

$$3OH^- + 3 \cdot O_2H + 2(-CH_2-) = 2CO_2 \uparrow + 5H_2O \tag{12-7}$$

光催化的条件：UV、氧和一定湿度。

由于 TiO_2 具有的这一特殊的光催化特质，使钛白粉作为颜料在塑料、涂料等的应用中加速老化。因此，除在晶体形成和生长过程中采取措施弥补和减少其晶格缺陷外，必须对其进行后无机物包膜处理，以屏蔽紫外光造成的光催化作用。

12.1.2 遮盖力提升

不透明性（遮盖力）是指某种材料遮盖其后面的物质以免其显现出来的能力。通过光的反射或吸收以避免光通过该材料就能获得不透明性。就漆膜而言，为获得最大的不透明度，就必须使透过漆膜的光量降至最低。反射光的量取决于入射光的角度、漆膜的折射率和漆膜底材。白色颜料通过对光的多次反射和折射而赋予涂膜不透明性。对白色颜料的基本要求是要有能力产生光散射。光散射效率的关键在于折射率（R_1），折射率越高，颜料的光散射能力越强。光散射程度有赖于颜料与他周围介质之间的折射率之差。就色漆而言，这一差值通常为 1.5（即颜料折射率必须大于 1.5，否则就是透明的）。

在商品白色颜料中，TiO$_2$ 和以 TiO$_2$ 为主的复合颜料是最白的和明度最高的。这是由于 TiO$_2$ 具有很高的折射率，以及它对可见光的比较低而均匀的吸收率。

用各种不同的无机和有机材料包覆 TiO$_2$ 颜料粒子表面，可以获取高分散性。这通常要用一层能使基料与活性 TiO$_2$ 和表面衍生的氧化物隔离开来，同时又能增大颜料–基料相容性的适当的无机材料将 TiO$_2$ 颜料粒子包覆起来。所用材料的种类和将其包覆在 TiO$_2$ 颜料表面上的方法，都是极为保密的制造技术。

非碱性的 TiO$_2$ 对常规的油性树脂显示出很差的亲和力，因此采用氢氧化钡或氧化锌包覆，从而形成碱性表面。

为了使分散体具有稳定性，又包硅、钛、铝、锑，这些无定性的凝胶包膜层大约占颜料质量的 2%~5%，相当于包膜厚度大约 5nm，这层包膜层对可见光来说是透明的，并且很薄，以避免 TiO$_2$ 的反射性能。使用酸性氧化物和碱性氧化物的混合物进行包膜的一个好处是，它们很容易共沉淀，并包覆在颜料表面上，纯的二氧化硅或氧化铝当快速沉淀时，倾向于形成胶体相，因而可能不会均匀或容易吸附在颜料的表面上。采用能形成在随后的干燥过程中或煅烧过程中可被消除的挥发性盐的相反粒子的包膜配方，有助于消除副产的盐类。

磷酸盐或硼酸盐以及钡、镁、锌、锆也可包覆。也有申请把少量的变价离子如铈、铬、锰、钴等加到包膜层中的，以改进颜料的明度和耐候性。

反射光的量取决于入射光的角度、漆膜的折射率和漆膜底材。白色颜料通过对光的多次反射和折射而赋予涂膜不透明性。

颜料体积浓度（PVC）是指相对于干漆膜总体积而言的颜料体积，通常以百分数表示。在 30% 以前，不透明度随颜料的 PVC 增加而增加。

12.2　包核钛白的生产技术原理

目前国内包核钛白的生产有三种方法：（1）物理方法；（2）化学方法；（3）物理和化学综合方法，这三种方法由于原理的不同，生产出的包核钛白在质量和成本上有很大差异。上述三种方法尽管有方法、质量、成分等差异，但是很重要的一点是相同的，那就是干法生产包核钛白，与一般包覆方法，如云母钛生产的湿法有本质的不同。干法生产包核钛白的优点是：设备投资少，生产效率高，生产成本低，没有环境污染。

12.2.1　物理法生产原理及其缺陷

12.2.1.1　物理法生产包核钛白

物理法生产包核钛白以无机内核材料（碳酸钙、高岭土等）外包钛白的方法生产包核钛白。生产中采用离心振动磨等相关设备和工艺，使内核与钛白之间产生分子间力（范德华力、氢键力）和静电力等，从而相互吸附成为包核钛白。该法的优点是：生产效率高，工艺流程短，节约原材料和能源，没有环境污染。

12.2.1.2　物理法生产包核钛白的缺陷

A　工艺设备原因

由于工艺和设备的原因，生产过程中钛白与内核之间相互吸附是不完全的，核与钛白之间的相互吸附不可能达到100％，而是呈概率分布，因此只具有统计学上的意义。因此生产出的包核钛白量极不稳定，难以被市场和客户接受。

B　包覆本质原因

由于钛白对内核的包覆仅是物质吸附，其分子间的作用力和静电力较弱，钛白容易从内核的表面脱落。包核钛白在介质中不能承受高剪切力和强挤出力，从而使包核钛白应用性能下降甚至丧失。因此，综合以上因素分析，单纯依靠物理法生产包核钛白这条途径是行不通的，将逐步被淘汰。

12.2.2　化学法生产包核钛白的原理

针对物理法生产包核钛白的缺陷，我们摒弃了物理法，成功地开发出化学法生产包核钛白的配方和工艺，从而使包核钛白在实用化方面较物理法大大地前进了一步。

12.2.2.1　专用的包覆剂化学包覆

采用的包覆剂每个分子中必须有至少两个或两个以上的官能团，其中一个官能团可以与内核材料作用使包覆剂能牢固地吸附在内核材料上，另一个基团可与钛白反应并吸附在钛白的表面上，从而使内核材料与外层钛白粉牢固地相互吸附。以上两个反应可以同时进行，又可以分步进行。具体如何进行，应视包核钛白产品的用途及其具体配方、工艺要求而言。

12.2.2.2　共价键形式化学包覆

采用化学法包覆后，其中的内核与钛白之间是以共价键的形式吸附的，所以化学法包覆的内核与外层钛白之间吸附力比物理法牢固得多。故生产的包核钛白较物理法无论是质量还是性能均大大地提高了一步，各项性能都能满足应用要求。

12.2.2.3　对应包覆

为了使化学法包核钛白分别适用于涂料、塑料、橡胶、造纸等领域，可以选择不同的包覆剂以形成包核钛白的系列产品，每个系列产品又可分为若干个牌号。为了提高包核钛白的通用性能，我们可以选择两种或两种以上的包覆剂，以增加包覆后的协同效果，提高其通用性能，使包核钛白具有更广阔的应用领域。

12.2.2.4　限制因素

虽然化学法生产包核钛白成功地解决了应用性能、稳定性等问题，但实践证明单纯的化学法生产包核钛白仍然有一些缺点。其一，化学法生产包核钛白虽然可以解决质量的根本性问题，但因考虑到环境保护、设备投资、生产效率以及能源消耗等限制因素，选择了干法工艺生产包核钛白。由于干法工艺本身的局限，不得不加大包覆剂的用量，以期达到最佳质量。这无疑提高了生产成本，使利润大幅下降。其二，包覆利用量并非越多越好，过量的包核剂对介质的性能具有一定负面影响。

12.2.3　化学物理综合法生产原理

化学物理综合法包核就是利用化学法和物理法包覆原理，通过工艺和配方的调整，巧妙地将化学法和物理法有机地结合起来，达到单纯用物理法或化学法无法达到的目的。化学物理法摒弃了物理法单纯依靠物理作用力包覆，使物理法的作用力得到最大程度的发挥。同时又摒弃了化学法过分依赖于包覆剂和成本较高的缺点，使包覆剂用量下降了一个数量级，大幅度降低了成本。化学物理法的实质是充分发挥化学法和物理法各自的作用，按照一定的工艺和配方，二法并存产生协同作用，达到二法单独所难以达到的作用，提高了产品的性能和稳定性，降低了产品成本，产品的竞争力得到了最大程度的提高。

12.2.4 影响包核钛白质量的因素

内核材料的选择是生产包核钛白的基础。无机内核的相对密度、粒径分布、吸油量、比表面积、折射率、容量、白度、硬度、化学成分等均对最终产品质量有着举足轻重的影响，例如：重质碳酸钙由于相对密度较大，生产出重钙内核包核钛白由于相对密度过大而使用性能较差。

内核材料及原料钛白的粒径分布是制造高质量包核钛白的两大关键因素之一。只要内核材料及原料钛白的粒径及粒径分布合理，便可以解决以往看来似乎无法解决的问题，例如包核钛白粒径粗大的问题，由此延伸出的包核钛白的光学性能（光泽、着色能力、遮盖力等）便可以得到充分发挥。仅此一项便足以改变以往认为包核钛白只能应用于中低档产品的观念，使包核钛白不但用于中低档产品，而且可以用于高档产品，其某些性能甚至优于普通的钛白颜料。如果针对使用介质确定钛白颜料适宜的粒径分布并对国产钛白颜料进行粒径分布的深加工，国产钛白的质量完全可以提高到一个新的水平。但这又牵涉到一系列问题，如粒径分布的基础研究、相关钛白颜料质量的国标中指标的修改等。

（1）内核材料的折射率应尽可能高。若折射率过低，则相应的包覆用钛白量就要增加，导致成本上升。当然，也可以考虑选择一些高折射率的材料（颜料）加入到体系中以弥补其不足。

（2）内核材料的适度吸油量和比表面积。过高的吸油量和比表面积使包覆剂用量增大，成本上升。

（3）内核材料的白度。如果白度不够，则包覆钛白产品将呈杂色调，降低了包核钛白产品的档次。

（4）内核材料的化学成分和纯度。内核材料的化学成分和纯度对包核钛白的化学稳定性有相当大的影响，所以应注意其化学成分的构成及纯度。

12.2.5 包覆剂的选择

包覆剂的选择是制造高质量包核钛白的又一大关键因素。包覆剂的选择有两大意义：首先，必须满足将钛白粒子包覆到内核材料上的要求，使包覆层与核体材料能牢固地结合在一起；其次，包覆剂必须满足官能团取向的要求，以使包核钛白在介质中具有良好的性能。这里的官能团取向要求，类似于钛白的吸附和有机化改性，这就是包核钛白在某种物质中的应用性能竟比普通钛白颜料还好的重要原因之一。

市场上可供选择的包覆剂很多。选择时应考虑内核材料，包覆用钛白以及工艺、配方、价格、包核钛白产品的具体应用领域等因素。包核钛白的应用介质不同，则包覆剂的品种也是有区别的。在涂料中使用的包核钛白所用的包覆剂与塑料或橡胶中使用的包覆钛白所用的包覆剂是不相同的。涂料又分为水性涂料和溶剂性涂料，其所用的包覆剂又有所区别。为提高包核钛白产品的通用性能，以水性和溶剂涂料为例可以选择应用两种或两种以上的包覆剂，以同时满足水性和溶剂性涂料的功能需要。

12.2.6 包覆配方和工艺

包覆配方和生产工艺在包核钛白颜料的生产中十分重要。配方和工艺的选择以及确定容量需要一系列排列组合的试验过程，可以通过正交设计法予以解决。

（1）搅拌强度。如果搅拌强度不够，将使包覆剂浸润不良，直接影响包覆效果和包覆产品的质量。

（2）反应温度。如果包覆反应温度过高或过低，都将影响包覆效果和官能团取代。

（3）反应时间。在一定搅拌强度和反应温度下，包覆反应时间是一个确定值，过长或过短的反应时间都对包覆效果不利。

（4）pH 值。不同的包膜产品需要不同的 pH 值。

12.3　包膜钛白产品分类

钛白粉是最好的白色颜料，但是由于钛白粉的某些指标之间往往存在矛盾，如在要求耐候性高的同时，着色力就有所下降，因此，国外钛白生产厂家根据钛白用户的不同需要，通过后处理已开发出上千个不同牌号的钛白品种。但根据它们的性能，国外一般将包膜产品分为通用型钛白、高耐候性或超高耐候性钛白和颜料体积浓度高的涂料钛白，即重包膜钛白三大类。

12.3.1　通用型钛白

通用型钛白产量最大，占 60%，其白度、着色力、分散性和耐候性指标都较好，一般是采用 TiO_2 的 2%～5% 的 Al_2O_3、$Al_2O_3 - SiO_2$ 或者 $Al_2O_3 - SiO_2 - TiO_2$ 等无机氧化物包膜，如日本的 R－930、杜邦的 R－902、R－706，原西德的 R－KB－2，TiO_2 含量在 94% 左右。

12.3.2　高耐候性钛白

高耐候性钛白主要适用于户外涂料等领域，一般仍采用 Al_2O_3、SiO_2、ZrO_2 等无机包膜，包膜量为 7%～10%，如杜邦的 R－960 等。

12.3.3　颜料体积浓度高的涂料钛白

主要用于平光乳胶漆，其特点是粒子表面粗糙多孔，无机包膜量高，产品吸油量高，钛白粉亲水性能良好，并且有最大的遮盖力，无机处理量一般为 10%～15%，通常二氧化钛含量低至 80%，Al_2O_3 为 5%～6.5%，SiO_2 为 8%～10%，不进行有机处理。如日本石原的 R－780、杜邦的 R－931、Kronos 的 2043、英国 Tioxide 公司的 R－XL 等。

12.4　包膜钛白生产方法概述

从硫酸法生产中经转窑煅烧获得的 TiO_2 或从氯化法生产中经氧化后获得的 TiO_2，在无机或有机分散剂的存在下进行湿磨。其湿磨设备主要采用介质磨，有球磨机、珠磨机、砂磨机、重介质磨等。将 TiO_2 聚集粒子尽量磨细解聚为原级粒子，以利于进行无机包膜。此工艺是在 20 世纪 90 年代开始大量使用，其关键是可获得更好包膜处理的，颜料性能更佳的钛白粉。钛白包膜的生产方法主要分为酸性包膜工艺和碱性包膜工艺，同时又分为无机包膜和有机包膜。酸性包膜首先将二氧化钛浆料 pH 值调节至 8~9 左右，然后将酸性盐加入浆料中，使 pH 值降至 1~2 左右，然后向浆料中加入苛性碱或某种别的碱试剂，以使加入的盐在酸性条件下水解，并在颜料表面沉淀出相应的水合金属氧化物。碱性包膜则在整个加料过程中保持 pH 值高于 8.0。

12.4.1　无机包膜

可用于二氧化钛包膜的物质较多，但迄今为止国内外应用最多的无机包膜是硅、铝、锆等物质的化合物，即在一定浓度的 TiO_2 浆液中，加入酸性或碱性包膜剂，再以碱或酸中和，使包膜剂在一定 pH 值条件下以水合氧化物的形式沉淀在 TiO_2 粒子表面。无机包膜是以高质量的金红石初品钛白粉为基础，金红石钛白的多品种化是以无机包膜技术来实现的，无机包膜必须赋予钛白粉高耐候性、高光泽以及在应用体系的高分散等物理、化学性能。无机包覆膜可以使来自二氧化钛表面的氧化物质被中和或者制止其扩散，同时，这种包覆膜也可避免二氧化钛的活性表面与可降解的有机材料之间接触。其反应原理如下：

$$Al_2(SO_4)_3 + 6NaOH = Al_2O_3 \downarrow + 3Na_2SO_4 + 3H_2O \qquad (12-8)$$
$$2NaAlO_2 + H_2SO_4 = Al_2O_3 \downarrow + Na_2SO_4 + H_2O \qquad (12-9)$$
$$(n+1)H_2O + Na_2SiO_3 + H_2SO_4 = SiO_2 \cdot nH_2O \downarrow + Na_2SO_4 + 2H_2O \qquad (12-10)$$
$$Zr(SO_4)_2 + 4NaOH = ZrO_2 \downarrow + 2Na_2SO_4 + 2H_2O \qquad (12-11)$$

在包膜处理时，严格控制反应温度、pH 值、时间，以达到最佳的使用目的。然后将包膜后的料浆进行过滤，用去离子水洗涤至一定的电导率。采用多种干燥方式如带式干燥机、喷雾干燥机等进行干燥。

12.4.1.1　单铝包膜

通过控制 pH 值和温度，使钛白粉颗粒表面形成一层致密的 Al_2O_3 和 $\alpha-AlOOH$ 水合氧化铝膜。国外 Rochlle M. Cornell 等人较早就研究了氧化铝沉淀时的 pH 值对包膜外观的影响。指出，在酸性介质中，当 pH 值由 3.0 增大到 8.5 时，所有氧化铝在 pH 值 3.7~6.0 之间沉淀，但是这种包膜不是均匀沉积在钛白粒子上。氧化铝呈不规则状，往往钛白粒子不能单个包膜，而是与密集网状氧化铝结合在一起。即使沉淀时间由 15min 增长至 120min，也不能在钛白颗粒上生成一层平整氧化铝膜，仍然是形状不规则的氧化铝包膜。因此，在酸性条件下得到的氧化铝沉淀，不管陈化多久，仍然是无定形的。这种条件下产生的包膜疏松多孔。

在 pH 值为 8 的条件下沉淀的氧化铝包膜，包膜外观光滑致密，有序性较强，沉淀类似于假勃姆石型结晶。而在 pH 值 7~12 范围内沉淀氧化铝包膜，既不致密，又不均匀。氧化铝在 pH 值为 7.5 时开始沉淀，在 pH 值 10.5 时沉淀完全。

英国专利 1368601 指出，致密状氧化铝包膜可提高耐候性，勃姆石型氧化铝包膜可提高光泽和分散性。勃姆石型氧化铝沉淀 pH 值为 7.0~9.5，最好是 8~9，温度为 40~90℃，最好是 45~60℃；致密状氧化铝沉淀 pH 值为 5.2~6.5，最好是 5.7~6.5，温度最好是 45~60℃。这种处理后的钛白粉具有光泽性好、分散性高的优点。

pH 值为 4.0 时，铝以无定形形式存在，颗粒界限不明；pH 值为 8.5 时，铝以勃姆石和假勃姆石形式存在，即一水软铝石 AlOOH，属斜方晶系，呈针状或纤维状；pH 值为 10.5 时，铝以三羟铝石形式存在，属单斜晶系，呈棱镜状。

12.4.1.2 铝硅包膜

仅包覆一层氧化铝的钛白，其耐候性往往达不到要求，因此，先包一层致密 SiO_2，再包一层多孔 Al_2O_3，或者是致密 SiO_2 与多孔 Al_2O_3 交替在钛白粉表面进行包膜，可使钛白粉的耐候性和分散性等性能同时得到改善。例如，在 pH 值为 5 ~ 9 的范围内，一定温度下，向钛白浆料中逐渐加入铝酸钠和硅酸钠，内层包覆多孔的 Al_2O_3 和 SiO_2，外层包覆致密的 SiO_2 和多孔 Al_2O_3，或者内层为致密 SiO_2，外层为多孔的 Al_2O_3 和 SiO_2，由于致密和多孔两种膜同时存在，使产品大大提高了耐候性，这样处理得到的钛白粉适用于户外的平光涂料。pH 值为 11.0 ~ 12.0 时，硅酸是以 $SiO(OH)_3^-$ 和 $H_3SiO_4^-$ 离子形式存在；pH 值为 10.6 时，开始有 $Si(OH)_4$ 活性单体，而 $SiO(OH)_3^-$ 含量达到最高；pH 值为 7.0 ~ 8.0 时，$Si(OH)_4$ 的量达到最大值。

12.4.1.3 铝 - 锆或钛 - 硅 - 铝包膜

在 Al - Si 包膜中，可使用 ZrO_2 代替 SiO_2 包膜，或增加一层 TiO_2 或 ZrO_2 包膜，以及用 ZrO_2 及锆的磷酸盐进行复合包膜。资料介绍，在包膜配方中含有钛盐或锆盐，能在沉淀过程的早期阶段，在 TiO_2 表面上沉淀出 TiO_2 或富二氧化锆 - 二氧化硅物相，这被认为可改进 TiO_2 表面和其上面的包覆层之间的附着力。二氧化锆有着较低的光催化活性，它吸附在二氧化钛晶格的表面上，将会固定住大多数的光活性的 TiOH 基团，使颜料表面的电化学性能得到改善。同时二氧化锆还能提高包膜产品的光泽，相反二氧化硅则会使产品的白度和消色力有所降低。这样处理后的钛白粉分散性好，遮盖力高，适用于制造工业上用的水溶性乳胶漆。

12.4.1.4 铝 - 铈或铝 - 锡包膜

用铈作内包膜，再用磷酸铝作外包膜，制得的钛白粉具有良好的光稳定性。用磷酸锡和水合 Al_2O_3 进行包膜或用 SnO_2 和 ZrO_2 为内包膜，Al_2O_3 为外包膜的产品有很强的抗粉化能力，其分散性也好。

12.4.1.5 重包膜

A 重包膜钛白特点

重包膜钛白特点是无机处理量高，在颜料体积浓度高的乳胶漆中具有好的消色力，在水性介质中易分散，分散剂需要量低，在水性漆中具有优良的储存稳定性，并且有最大的遮盖力。重包膜钛白多应用在高 PVC 的平光建筑涂料中，它还有成本低的特点。英国 Tioxide 公司在用该公司生产的重包膜钛白品牌 R - XL 与通用型钛白颜料用在建筑乳胶漆中进行对比时指出，当两者质量用量相等时（这是成本相等），采用 R - XL 遮盖力更高些，即为了达到同样的遮盖力，可用少量的 R - XL 代替通用型钛白，这时涂料的成本较低些。还有，采用 R - XL 配制乳胶漆时，只需要少量甚至不用所谓的"功能性增量剂"（即可以代用钛白的填料），主要采用普通填料，成本很低，而乳胶漆性能不变。

重包膜钛白用在高 PVC 乳胶漆中能产生最大的遮盖力，首先，由于重包膜钛白包覆了大量的多孔二氧化硅和氧化铝，颗粒表面粗糙多孔，由于粗糙的表面具有更大的表面积，从而能够使粒子以多种不同的角度反射光，因少量的光进入漆膜内部，故遮盖力强。另外，由于遮盖力还受颜料散射力的影响，而散射力又取决于颜料粒子同其周围介质之间的折射率之差，差值越大，对光的散射力越大，若通过降低周围介质的折射率使此差值增大（例如通过包裹空气），将使遮盖力增大。重包膜钛白由于表面疏松多孔，部分空气进入涂层中，由于空气折射率小于基料折射率，使其折射率差值增大，颜料的散射力增大，遮盖力得到提高。例如，乳胶漆就是利用了这一现象。当乳胶漆膜干燥后，原先被水占据的微孔，便进入了一定量的空气，这样 TiO_2 与空气之间形成了遮盖力，这种遮盖力称为干遮盖力，这就使得在乳胶漆膜中，除 TiO_2 与涂层中的树脂基料之间产生的遮盖力（真遮盖力或油遮盖力）和填料遮盖力以外，增加了空气遮盖力，这也是重包膜钛白遮盖力高的原因。

虽然重包膜钛白以遮盖力高和成本低为显著特点，但是，据资料介绍，由于重包膜钛白无机包膜量大，在使用过程中，容易发生包膜层脱落现象，因此，严格控制包膜过程中的条件是关键。另外，由于重包膜钛白适用于高 PVC 乳胶漆，但当在超过临界颜料体积浓度（能使漆膜中含有空气的颜料体积浓度）条件下配制的涂料其湿膜遮盖力也会降低，只有在水分蒸发以后，空气进入漆膜中才会使遮盖力显著增强，这给涂装者的使用带来麻烦，因此，合理配制颜料体积浓度的乳胶漆也是必须掌握的技术。

B 重包膜产品应用特点

重包膜钛白品牌 R-XL 是包膜剂量很大的金红石型钛白，在颜料体积浓度高的乳胶漆中具有好的消色力，在水性介质中易分散，在水性漆中具有优良的储存稳定性，也可用于涂料、油墨、纸张中。其特点是遮盖力强，分散剂需要量低，储存稳定性优异，分散性和颜料白度也很好，既适用于内用，也适用于外用。

R-XL 主要用于建筑乳胶漆，与通用型钛白颜料相比，当两者质量用量相等时（这是成本相等），采用 R-XL 遮盖力更强些；或者，当两者体积用量相等时，采用 R-XL 成本稍低，遮盖力稍强；换句话说，为了达到同样的遮盖力，可用少量的 R-XL 代替通用型钛白，这时涂料的成本较低些。吸油量为 35g/100g 颜料，吸水量为 55mL/100g 颜料。再者，采用 R-XL 配制乳胶漆时，只需要少量甚至不用所谓的"功能性增量剂"（即可以代用钛白的填料），主要采用普通填料，这时，不仅成本很低，乳胶漆的性能也好，达到了最有效的成本-性能平衡。

在包膜层中 Al_2O_3 的含量不仅影响着分散性，还影响颜料的不透明度。据说，当钛白包膜层中 Al_2O_3 比例由 2% 增加到 4% 时，在醇酸树脂中的不透明度也增加。Al_2O_3 之所以能对不透明度和分散性产生有利的影响，是因为它能使颜料分散体具有稳定性。颜料的不透明度和分散性之间有明显的关系。

对于颜料粒子能发生严重絮凝的高 PVC 乳胶漆而言，最大 5% Al_2O_3 和 9% SiO_2 可被沉积在 TiO_2 粒子的表面上，以改进这种乳胶漆的不透明度。这种所谓的重包膜型 TiO_2 颜料表面上的 SiO_2 是很松散的和无定形的，可以防止能导致遮盖力下降的颜料粒子的絮凝效应。

C 产生多孔包覆的条件控制

当硅酸钠的模数为 3，酸化剂为硫酸时，在 pH 值小于 2~3，或 pH 值大于 11 时，硅酸胶凝速度最慢，pH 值为 7~8 时，硅酸胶凝速度最快。这就在理论上为致密膜和海绵状多孔膜的形成指明了方向。即在大"N"曲线最高点附近对应的 pH 值范围内包膜，得到的是厚薄基本均匀的连续的致密膜，而在曲线低点附近对应的 pH 值范围内包膜，由于硅酸聚合速度过快，不可能逐渐沉积到 TiO_2 粒子表面形成表皮状的致密膜，而生成许多小球状的 SiO_2 粒子，众多小粒子的堆积就形成了海绵状多孔膜。

工业上，致密膜和多孔膜工艺要点：（1）浆液的 pH 值在 8 ~ 11 之间，使浆液处于高分散状态，致密膜以 pH 值 9 ~ 11 为好，多孔膜以 pH 值 8 左右为好；（2）致密膜的反应温度为 80 ~ 100℃，多孔膜则在 60℃ 以下；（3）硅酸钠的模数（$NaO:SiO_2$），对致密硅膜而言，以单硅酸钠或双硅酸钠为好，对多孔膜则以三硅酸钠为好；（4）致密膜的包膜时间一般为 5 ~ 10h，而多孔膜则要快速得多；（5）两种包膜方式都要求良好的搅拌，对致密膜，硅酸钠和硫酸稀些为好，多孔膜则可浓些。

致密硅包膜钛白常用于高光泽高耐久性的瓷漆。多孔海绵膜粒度一般在 0.4 ~ 0.5μm，由于颜料粒子间堆积着大量的二氧化硅粒子，而且互相隔开留有气孔，入射光穿过颜料 - 空气界面的折射率之差（1.76 ~ 1.06），大于 TiO_2 - 介质的折光指数之差，所以 TiO_2 的干遮盖力比它的真实遮盖力（TiO_2 的折射率与漆料的折射率）或湿遮盖力（TiO_2 折射率与水折射率之差）都大。从而获得了额外的干遮盖力，提高了漆膜的不透明度。

12.4.1.6 其他包膜

例如用 Al_2O_3（占二氧化钛的 0.05% ~ 2%）和 Sb_2O_3（占二氧化钛的 0.01% ~ 6%）进行包膜后的产品，适用于作涂料和纸张不透明剂，也可用于纤维的消光剂。又如磷酸盐或硼酸盐以及钡、镁、锌也可进行包覆。也有专利申请把少量变价离子如铈、铬、锰、钴等加到包膜层中，以改进颜料的明度和耐候性。

12.4.2 有机包膜

有机硅、有机醇、有机胺、有机酸或脂以及有机表面活性剂都可进行有机处理。一般有机处理是在无机处理之后进行的，也有专利介绍在无机处理的同时加入如三乙醇胺、乙二乙醇等，可使产品耐久性得到提高。例如用长链醇或胺类、多元醇或有机硅处理可减少 TiO_2 在储存过程中的附聚，改进它们与有机物的相容性，降低吸水量。用胺处理 TiO_2 可产生疏水亲油表面，从而改善 TiO_2 在非极性介质中的润湿性和分散性。而最经常用于提高亲油性的胺类，是 16 ~ 18 的脂族伯胺或脂族仲胺。使用多胺可改进吸附性能。具有低挥发性的多元醇如三羟甲基丙烷或季戊四醇，或环氧乙烷低聚物，对二氧化钛进行表面处理，可改进颜料的分散性。多元醇可以作为粉碎助剂在二氧化钛气流粉碎过程中加入，以防止重新形成强聚集体或附聚体。

用有机硅处理的颜料能降低水分的吸附量，也能改进用颜料着色的色漆和塑料的耐久性。然而，有机硅可能阻碍颜料在极性更强的介质如涂料配方中所用的醇酸树脂溶液中的分散性。

中国对金红石钛白进行表面处理普遍采用多羟基醇、高级脂肪酸及酯类偶联剂。这种简单的有机表面处理能够满足通用性钛白品种的要求，不能满足专用性钛白的要求，对专用性金红石钛白品种需采用效果更好、功能更强的有机表面处理剂，不同的钛白品种应采用专门的有机表面处理剂和配方。

有机硅表面活性剂是功能性较强的一类有机表面处理剂，美联、杜邦等已普遍采用有机硅表面活性剂对钛白粉进行表面处理，例如用 DOW Corning R – 346 对金红石钛进行表面处理，可以使钛白粉轻易均匀地分散于塑料中。功能型有机表面处理剂不但能赋予钛白粉在应用体系的良好分散性，还能够强化其他应用性能，如提高钛白粉的粉碎性能、储藏性能，应用于油漆中的金红石钛白增强与漆膜的结合性，能提高漆膜韧性和油漆的催干性能，如 Dow Corning Q – 6300 是一种带乙烯基硅烷偶联剂，用其处理的钛白粉广泛用于自由基固化树脂。

涂料油性：丙烯酸、聚氨酯、氟碳体系；涂料水性：纯丙乳液、苯丙乳液、水性聚氨酯；粉末涂料：聚酯树脂、环氧树脂、丙烯酸树脂、聚氯乙烯；油性油墨：氯化聚丙烯、聚氨酯、聚酰胺（表印）、耐高温聚氨酯体系（蒸煮油墨）；水性油墨：水性氨基树脂、羧甲基纤维素、水溶性丙烯酸树脂；塑料：PP、PE、ABS、PC、PVC。

气流粉碎的目的是为得到狭窄粒度范围和优良颜料性能的钛白粉后处理最后一道工序。目前采用的粉碎机多数为扁平式气流粉碎机，其气源为 16kg 的过热蒸汽，并根据产品用途加入一定的有机包膜剂。其目的有二：一是由于粉碎后的钛白粉表面能较高，容易重新团聚，需要中和其能量（或称为表面电位），也起到助磨效果；二是改变其钛白粉的表面物理化学性能，使其应用在涂料、塑料等时有更好的配伍性及相容性。有机包膜剂对涂料有胺类、醇胺类、硅烷类；对塑料有二甲基硅烷、聚乙醇、三乙醇胺等。由于有机物结构的复杂性和容易改变并不断地合成新产品，以满足日新月异的涂料、塑料新产品的需要，包膜剂的品种也在不断创新，已经出现多重有机包膜的新产品、新技术。

12.4.3 影响钛白遮盖力的因素

颜料加在透明的基料中使之成为不透明，完全盖住基片的黑白格所需的最少颜料量称之为遮盖力。影响钛白遮盖力的因素有：

（1）聚集效应。散射效率的降低是由聚集效应的作用所致。当颜料浓度超过一定水平时，颜料粒子相互重叠起来，因此每一粒子所散射的光量减少，使散射效率的损失增大，同时，漆膜深处的颜料粒子被遮蔽起来，不能接受入射光，因此就没有机会散射入射光。

（2）晶粒大小和粒子大小。晶粒大小是指晶体所固有的大小，只受钛白厂家控制，而粒子大小是由颜料用户控制的并且与用户如何使颜料粒子分散均匀有关。一般涂料中所用的最佳晶粒大小应为略大于 $0.2\mu m$，并且远离此大小（即高于或低于）会对不透明度产生极为不利的影响。在 PVC 非常低的情况下（尤其是塑料），晶粒数量的增加将产生良好的不透明性，这是由于散射点数量的增加，这就是"粒子数效应"。然而，若在 PVC 较高的色漆中采用这种晶粒尺寸较小的颜料，则由于粒子数的大量增多导致聚集效应大大增大，从而使不透明度受损失，最终的结果将是不透明度下降。

（3）分散状态。颜料粒子的絮凝程度对不透明度影响相当大。絮凝是指研磨后颜料粒子重新形成絮团。在颜料絮团形成后，出现了低 PVC 区域和高 PVC 区域，在高 PVC 区域，由于产生了聚集效应，导致不透明度下降，在低 PVC 区，由于散射效率降低而使不透明度降低。絮凝除了对其他性能（如颜色、光泽和耐久性）有负作用外，还意味着颜料的有效散射力没有得到有效的利用。在绝大多数情况下，若絮凝量降至很低时，就意味着可节省大量原材料费用，改进涂料质量。

（4）漆膜表面的性能。不透明性受漆膜表面粗糙度的影响。由于粗糙的表面具有更大的表面积，能够以多种不同的角度反射光，因少量的光进入漆膜内部，故不透明度比平整的漆膜大。

（5）空气的混入。颜料的散射力取决于颜料粒子同其周围介质之间的折射率之差，若通过降低周围介质的折射率使此差值增大（例如通过包裹空气），将使不透明度增大。在PVC 50%时，出现不透明度的增加，这是由于介质不足，难以完全包围颜料粒子，因此使空气泡进入漆膜中，增大了颜料的散射力所致。乳胶漆就是利用这一现象。但在此情况下，绝大部分的粒子都是体质颜料。体质颜料的折射率与许多漆膜介质相似，因此在漆料完全连接成一体的情况下不会产生不透明度。然而，在含有空气后，体质颜料和空气之间折射率差值足以产生显著的不透明性。能使漆膜中含有空气的颜料体积浓度称为临界颜料体积浓度（CPVC），在超过CPVC条件下所配制的涂料其湿膜不透明性也会降低，这给涂装者带来麻烦。漆膜在湿的情况下，颜料和体质颜料为介质和水所包围，唯有在水分蒸发以后，空气进入漆膜中才会使折射率差值显著增大，因此，这种涂料通常以干漆膜的不透明度明显增大为特征。

在最佳粒径产生最大遮盖力的原因是由于光的衍射作用，当粒径相当光波的$1/2\lambda$时效果最佳，粒径再小时，光线会绕过颜料粒子，发生光的衍射，则不能发挥最大的遮盖作用，随着粒径的减小，透明性增强，遮盖力越来越差。当超过粒径的最佳状态后，随着粒径的增大，光的散射作用越来越差，遮盖力逐渐减弱。

12.5 重要钛白包膜产品

功能型有机表面处理剂不但能赋予钛白粉在应用体系的良好分散性，还能够强化其他应用性能，如提高钛白粉的粉碎性能、储藏性能，应用于油漆中的金红石钛白增强与漆膜的结合性，能提高漆膜韧性和油漆的催干性能，如 Dow Corning Q - 6300 是一种带乙烯基硅烷偶联剂，用其处理的钛白粉广泛用于自由基固化树脂。

表 12 - 1 给出了世界主要的 TiO_2 生产商最新的重包膜钛白产品牌号，包括二氧化钛的表面处理、吸油量和密度参数、产品主要性能及推荐应用的领域。

表 12 -1　重包膜钛白产品

生产厂家	产品牌号	TiO_2 /%	表面处理	吸油量	密度	主 要 性 能	推 荐 用 途
美国 Bayer plc	R - D	82	Al、Si	34	3.6	良好的分散性，高消色力和不透明性，良好耐候性和耐光性	底漆，装饰性涂料，乳胶漆，墙纸油墨和路标漆
瑞士 Du pont	R - 931	80	Al、Si	36	3.6	在高PVC配方中具有最高的遮盖力	平光装饰涂料
芬兰 Kemira pigments	RDE2	88	Al、Si	30	3.9	在水性介质中有优异分散性、遮盖力和着色力	乳胶漆和平光醇酸涂料
	RDD	83	Al、Si	40	3.7	水性介质中优异分散性、良好的遮盖力和着色力	高PVC乳胶漆，平光醇酸涂料和印刷油墨
	RDD1	81	Al、Si	43	3.7	在高PVC配方中具有优异遮盖力和着色力	高 PVC 乳胶漆，平光油墨

生产厂家	产品牌号	TiO$_2$/%	表面处理	吸油量	密度	主要性能	推荐用途
美国 Kerr - McGee pigments Ltd.	CR - 813	86	Al、Si	37	3.8	优异的光泽，清晰的色调	水性和溶剂型的高 PVC 和平光装饰涂料
英国 Kronos	2043	84	Al、Si	31 ~ 39	3.7	良好的分散性、光学性能和耐久性	乳胶漆，底漆，平光装饰涂料，印刷油墨和纸张涂料
	2044	82	Al、Si	35 ~ 45	3.6	良好的亮度和光学性能，良好的分散性和耐久性	高 PVC 乳胶漆，苯胺印刷油墨，化学固化涂料
美国 SCM Chemicals Europe	RCL - 376	82	Al、Si	30	3.6	在高 PVC 下良好的不透明度	高 PVC 场合，平光油墨和乳胶漆
	RCL - 388	86	Al、Si	24	3.8	在中等 PVC 下良好的不透明度	户外砖石结构面漆，中等 PVC 乳胶漆，皱纹涂料
英国 Tioxide Europe Ltd.	R - XL	81	Al、Si	35	3.6	容易分散于水性介质，优异的光学性能	平光装饰性涂料
沙特阿拉伯 Gristal - The Nationl Titanium Dioxide Co. Ltd.	113	86	Al、Si	36	3.9	很高的干遮盖力，优异的分散性	内外用装饰性涂料，部分平光油墨
日本石原产业公司	R - 780	88	Al、Si	33	4.0	很高的干遮盖力，优异的分散性	建筑乳胶漆专用涂料
	R - 780 - 2	80	Al、Si	40	3.8	很高的干遮盖力，优异的分散性	建筑乳胶漆专用涂料
美国 Du Pont	R - 931	80	Al、Si	36	3.6	良好的分散性，很高的遮盖力	建筑乳胶漆专用涂料

12.6 提高钛白遮盖力的途径

12.6.1 钛白粉的遮盖力

钛白粉的遮盖力，是指使应用体系（涂料、塑料等）具有不透明度的能力。资料介绍，钛白粉的遮盖力与颜料的折射率和包围颜料粒子的基料（如树脂水空气等）的折射率之差有关。如金红石型 TiO$_2$ 的折射率为 2.72，而锐钛型 TiO$_2$ 的折射率为 2.55，因此，在同一体系中，没有经过包膜的金红石型 TiO$_2$ 的遮盖力比锐钛型 TiO$_2$ 的遮盖力高。

影响 TiO$_2$ 应用体系遮盖力的，不仅仅只有折射率，稀释度即颜料体积浓度（PVC）也是很重要的。稀释度对遮盖力的影响可表示为：

$$HP = K(1 - \sqrt[3]{pvc/0.74}) \tag{12 - 12}$$

式中，HP 为遮盖力；K 为给定颜料的常数。

由式中可见，随着 TiO$_2$ 的 PVC 的增大，TiO$_2$ 遮盖力下降。但是，TiO$_2$ 的粒径对遮盖力也有影响，且粒子与颜料体积浓度之间又发生相互影响。通常，在低 PVC 的情况下，由于有着大量的空间，为了充满空间，一定体积下的细粒子因粒子个数多，而能均匀地分布在体系内，因此，在这种情况下，细粒子 TiO_2 比粗粒子 TiO_2 更有利于提高遮盖力。随着颜料浓度的增大，细粒子颜料粒子之间的空隙，比粗粒子颜料以更快的速率减少，有更多的细粒子进入颜料空间，细粒子多了，便开始聚集，从而降低了遮盖力，并失去了其他光学性能的优越性。此时，重包膜钛白由于表面疏松多孔，部分空气进入涂层中，乳胶漆膜干燥后，原先被水占据的微孔，便进入了一定量的空气，这样 TiO_2 与空气之间形成了遮盖力，这种遮盖力称为干遮盖力，而 TiO_2 与涂层中的树脂基料之间产生的遮盖力为真遮盖力（油遮盖力）。这样，在乳胶漆膜中，便产生了三个方面的遮盖力，即 TiO_2 真遮盖力、空气遮盖力和填料遮盖力，从而提高了涂料遮盖力。

12.6.2 产生多孔包覆的条件控制

据资料（Rochlle M. Cornell 等人）介绍，氧化铝沉淀时的 pH 值是决定包膜外观最重要的一个因素。在酸性介质中沉淀氧化铝包膜，pH 值由 3.0 增大到 8.5 时，所有氧化铝在 pH 值 3.7 ~ 6.0 之间沉淀。这种包膜不是均匀沉积在金红石型粒子上。多数情况下，部分包膜没有附着在金红石粒子上，而生成有时比金红石粒子本身大的分离聚集体，并扩展成数十毫微米区域间充膜，其量取决于沉淀速率和氧化铝总量。附着在金红石型钛白上的氧化铝呈不规则状，往往这些金红石粒子不能单个包膜，而是与密集网状氧化铝结合在一起。

在 pH 值为 4.1 时，当沉积氧化铝总量的 10% 沉淀出来时，便有少量的氧化铝沉积是不均匀的，说明这种包膜特有的不均匀性是从过程一开始就出现的而不是包膜物质过剩造成的。当氧化铝沉淀了 25% 时，便出现了间充物。包膜的金红石钛白呈现上述特征的程度取决于精确的沉淀条件，尤其是金红石钛白上存在的包膜百分含量，沉淀物的最后加热处理以及沉淀氧化铝所需的时间。

加热前，氧化铝沉淀物外观常常呈粒状，实际上，附着在金红石钛白上的许多沉淀物也是由氧化铝粒子链段和粒子团组成的。加热期间，氧化铝失去它的颗粒状态，变成网状物，这些网状物常常张开，并绊住邻近金红石型粒子。加热不仅使溶液中阴离子从包膜中排出，而且使金红石粒子同氧化铝结合得较好。因此，加热后制得的包膜优于不经过处理的包膜。

另外，快速沉淀（如 15min）会在金红石粒子之间得到粗的氧化铝沉淀。随着沉淀时间增长，间充物量减少，但不能完全消除。即使沉淀时间增长至 120min，也不能在金红石钛白颗粒上生成一层平整氧化铝膜，仍然是形状不规则的氧化铝包膜。因此，在酸性条件下得到的氧化铝沉淀，不管陈化多久，仍然是无定形的。这种条件下产生的包膜疏松多孔。

在 pH 值为 8 的条件下沉淀的氧化铝包膜，发现很少有间充沉积物和粒子之间伸展的氧化膜网状物。包膜外观似乎同包覆过程所用试剂的浓度和性能关系不大，如铝酸钠中铝离子浓度由 115.6g/L 变到 346.8g/L，而包膜外观却没有任何明显的变化。当采用硫酸铝、硝酸铝或氯化铝溶液代替铝酸钠溶液时，也可制得致密包膜。但是，由硝酸盐或氯化物溶液沉淀的碱性包膜比表面积常常较大，几乎是硫酸盐或铝酸盐沉淀的包膜比表面积的两倍。这类沉淀类似于假勃姆石型结晶，有序性较强。

在 pH 值为 12~4 情况下，在 pH 值为 7 时，60% 氧化铝沉淀，而 pH 值为 7~4 之间，约 10% 氧化铝再溶，然后 pH 值为 4~8.5 时其余氧化铝沉淀。通常，间充氧化铝不存在，并且连接金红石粒子的氧化铝网状物很难观测到。大部分包膜在每个金红石粒子周围生成一层不规则膜。

研究还表明，颜料表面用氧化铝处理后，比表面积增加 300%。酸性条件下包膜试样的比表面积与所存在的氧化铝量成线性增大关系，许多氧化铝多孔。它的比表面积在某种程度上取决于存在的氧化铝量，另外一些因素如沉淀速率也影响孔隙度。沉淀氧化铝在陈化期间比表面积增大可能由于两个原因：（1）由于失去水分，在试样中形成微孔；（2）粒子进行内部（有序化）调整时，它们受到应力而破裂。

12.6.3 国外相关专利简介

由 A. Allen 发明的美国专利 3897261 号介绍改进遮盖力的 TiO_2 颜料生产方法，它是用 1%~4% 的 SiO_2 和 4%~9% 的 Al_2O_3 在接近中性条件下处理 TiO_2 基粒，包覆产品在平光涂料中有很高遮盖力而不损失其他性能。该专利指出，在搅拌条件下逐步加入能提供 1%~4% SiO_2 的碱性溶液到 300g/L 的 TiO_2 浆料中，加入硅酸钠期间，加酸维持 pH 值为 5~9，然后逐步加入能提供 4%~9% Al_2O_3 的可溶性铝酸盐，加入期间，维持 pH 值为 5~9，再依次包覆一次硅和铝，温度为 20~90℃，最好为 50~70℃。同时指出，当温度低些时，pH 值则可控制得高些，反之，当温度高些时，pH 值则可控制得低些。包膜完后，颜料静置和熟化 30min，过滤，洗涤，100℃ 干燥和微气流粉碎。

R. L. Decolibus 发明的美国专利 3928057 介绍二氧化硅和三氧化二铝的多孔内包膜和二氧化硅的致密外包膜颜料生产方法，指出在内包膜中的多孔二氧化硅的较好用量为 7%，而多孔三氧化二铝为 6%，在外包膜中的致密二氧化硅的较好用量为 8%。它是在 TiO_2 为 300g/L 浆料溶液中，加入 96% H_2SO_4 使 pH 值下降至 1.3，升温至 70℃，在该温度下，将含 400g/L SiO_2（$SiO_2/Na_2O = 3.25/1$，质量比）的可溶性硅酸盐在搅拌下逐步加入到浆液中，直到 pH 值为 6.9，70℃ 熟化 30min，再将 96% 的硫酸和含 380g/L Al_2O_3 的铝酸钠溶液，以维持 pH 值为 6~8 的速率同时加入，升温至 90℃，调节 pH 值至 9.0~9.5，补加 8% 的相同浓度的硅酸钠溶液，直到浆液 pH 值下降到 7.3~7.6 为止，然后 90℃ 熟化 1h，过滤，洗涤，120℃ 干燥，气流粉碎得到包膜颜料，其遮盖力（油遮盖力和空气遮盖力）和着色力得到提高。

美国专利 4075031 号介绍二氧化硅和三氧化二铝的致密内包膜和多孔外包膜，指出三氧化二铝必须存在于内包膜中或者存在于外包膜中，致密无定形二氧化硅的较好用量为 3.5%~6%，致密内包膜 Al_2O_3 较好用量为 1%~3%，多孔二氧化硅的较好用量为 5%~10%，Al_2O_3 的较好用量为 5%~10%，致密包硅温度为 90℃，时间为 1h，pH 值为 9.5，10% 硫酸，硅酸钠浓度为 400g/L，多孔包硅包膜剂浓度相同，但用 96% 硫酸，控制 pH 值为 5~7，静置熟化 30min，然后在 pH 值 6~8 之间同时加入约 400g/L 铝酸钠溶液和 96% 硫酸包多孔铝，最后调节 pH 值为 7.5~8.0，过滤，洗涤，120℃ 干燥，气流粉碎得到包膜颜料。

该专利还介绍，用致密二氧化硅包覆的 TiO_2 颜料能产生优良的耐久性，但不能获得像很多油漆所希望的高遮盖力。同时明确指出，高耐久性主要是由连续和孔状包覆物起作用，而高遮盖力主要是由孔状包覆物产生的。

12.6.4 典型包膜工艺方法

称取一定量的某钛白初品于烧杯中或工业试验中的分散罐内，加蒸馏水或脱盐水调浆料浓度到 500g/L 二氧化钛，工业试验中通过测定浆料相对密度，控制 TiO_2 固体含量在 30% ~ 34%，测量液面离罐顶的空高，以计算出浆料体积和浆料中 TiO_2 质量，搅拌打浆 20min 或 1h，在此期间，加入 20% 或 45% NaOH 溶液，调 pH 值至 9.0 ~ 10.0，再根据 TiO_2 量加入二氧化钛质量的 0.3% 六偏磷酸钠溶液（以 P_2O_5 计）或 0.4%（以 SiO_2 计）的分散剂硅酸钠溶液，然后在砂磨机内砂磨 30min，至钛白粒子粒径小于 1μm 的占 95% 以上。倾出浆料，工业中砂磨浆料直接进入包膜罐，用蒸馏水或脱盐水通过测定相对密度的方法，稀释浆料浓度至 300g/L 或工业试验浆料浓度 200g/L，在恒温加热器中升温至包膜温度，用 PHS – 3C 型 pH 计电极放入浆料中简易在线检测浆料 pH 值，用恒流泵控制包膜剂和硫酸流量，控制搅拌速度在 200 ~ 300r/min，工业上采用 pH 值、流量计自动监控控制系统，用蒸汽加热到包膜温度时即停蒸汽，在规定温度、时间和 pH 值条件下，首先一次性加入一半硅酸钠溶液，使 pH 值升至 10.0 ~ 10.5，搅拌均匀后，然后并流加入剩余的硅酸钠溶液和硫酸，再缓慢用 20% 硫酸酸化至 pH 值为 7.3 ~ 7.8，熟化一定时间后，开始并流加入提供多孔硅的硅酸钠溶液和 30% 硫酸，熟化一定时间后，并流加入铝酸钠溶液和 30% 硫酸溶液，包膜剂水解沉积在钛白颗粒上，最后熟化一定时间，包膜结束，进行真空过滤，用蒸馏水洗涤至滤液电阻率大于 8000Ω·cm，在烘箱或带式干燥机上干燥，温度为 100 ~ 150℃，最后干燥样在气流粉碎机中进行有机包膜处理，有机包膜量为 TiO_2 的 0.5%，成品进行称重包装。包膜沉积主要水解反应和成膜缩合反应为：

$$\begin{bmatrix} HO & OH \\ & Si & \\ HO & OH \end{bmatrix} + \begin{bmatrix} O & OH \\ & Si & \\ HO & OH \end{bmatrix} \rightleftharpoons \begin{bmatrix} OH & OH \\ HO-Si-O-Si-OH \\ OH & OH \end{bmatrix} + OH^-$$

$$(12-13)$$

$$Na_2SiO_3 + H_2SO_4 + (x-1)H_2O = SiO_2 \cdot xH_2O + Na_2SO_4 \qquad (12-14)$$

$$2NaAl(OH)_4 + H_2SO_4 + (x-5)H_2O = Al_2O_3 \cdot xH_2O + Na_2SO_4 \qquad (12-15)$$

用某氯化法金红石型钛白初品生产高遮盖力钛白工艺流程见图 12 – 1。

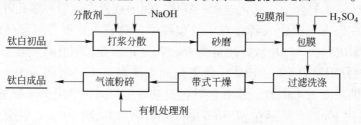

图 12 – 1　钛白后处理工艺流程

12.6.5 珠光云母钛

云母钛珠光颜料是珠光印刷中最常用的珠光颜料，其物质架构的内核为低光学折射率的云母，包裹在外层的是高光学折射率的金属氧化物，其性能较好，无毒，珠光好，耐热性、耐候性和耐化学性均好。

一般颜料是对可见光进行选择吸收后，将剩余的色光反射或者透射而呈色，而云母钛珠光颜料是靠干涉呈色。云母钛珠光颜料是以云母薄片为基底物，在光滑的云母表面包裹上透明或较透明的高折射率的二氧化钛和氧化铁组成的薄层。当光纤照射到云母片上时，云母片就像透明的小镜子，部分光线反射出去，部分光纤以折射的方式透射过去。透过去的光线折射到下一个界面上，又发生第二次的部分反射和部分透射，依次继续下去。由物理光学知道，在两个反射面反射的光线会相互作用，相互作用的结果取决于相位差、入射角、折射率等因素，从而形成干涉特征的珠光现象。

云母钛珠光颜料可分成三大系列：银白色云母钛系列（不同的粒径范围会显出不同的色调）、干涉色云母钛系列和着色云母钛系列。每一个系列根据粒径范围不同和色调不同又分成若干个型号的产品。另外还有一类云母钛系列，是在云母片表面包覆上氧化铁。由于氧化铁有多种构型和色彩，所以云母钛珠光颜料系列也有多种型号的产品。

作为油墨的着色剂，珠光颜料可以单独使用，也可以与其他着色剂混用，但混用的颜料或染料要求是透明的，不然会降低珠光光泽。尤其是那些遮盖力强的颜料如 TiO_2，应严禁混用。一般在珠光油墨中不用填料，因为填料大都是不透明的，影响珠光效果。在选用其他助剂时，也要考虑助剂的透明性，以免降低珠光光泽。配制彩色的珠光色，可以选用着色云母钛，也可以用银白色云母钛和透明的有机颜料。云母钛珠光颜料在黑的或暗的底色上会显示轻微的金属效应，因此把银白色云母钛与炭黑混合用会显出似铝粉的银灰色。把银白色云母钛印在暗的底色上也会有同样的金属效应。把金色云母钛与少量炭黑混用会显出青铜色，所以银白色云母钛或干涉色云母钛与各色透明着色剂混用可配出各种鲜艳夺目的光彩。

云母钛珠光颜料适用于多种油墨体系，凹印和凸印的一些连接料都可混入云母钛来用。在印刷油墨的制造与使用过程中，应该注意以下几点：（1）在珠光颜料与油墨连接料混合过程中，只可轻微搅拌，避免颜料表面破碎而造成光泽损失。尽可能不用三辊机、高速搅拌机或球磨机、砂磨机。这些东西会破坏或剥落包覆的薄膜，而降低或破坏珠光光泽。在制造高黏度胶印墨必须用到三辊机时，应该注意将辊子开口放大，并尽可能在短时间内完成搅拌。（2）油墨成分中所有的色料和连接料必须是透明的，避免使用不透明的添加剂，如填料等。（3）为改善珠光颜料在油墨中的分散状况，建议用油墨溶剂（水或者酒精等），先将粉状颜料润湿成糊状，再混入油墨中搅拌，这样能得到均匀的混合。（4）云母钛珠光油墨要有好的流动性，以便印刷时让薄片颜料与印刷表面有一平行取向的过程，使珠光颜料呈现出最佳的珠光效果。（5）在配制中应注意调整珠光颜料表面的酸碱值，避免在油墨中产生絮凝或使油墨黏度发生变化。（6）在使用珠光油墨印刷时，如遇到有珠光颜料颗粒沉淀的情况，在使用前搅拌均匀即可。

钛白初品化学成分及常规性能见表 12－2。

表 12 – 2　钛白初品化学成分及常规性能

编　号	TiO₂ /%	Al₂O₃ /%	SiO₂ /%	粒度 /μm	白度/%			消色力 /%	吸油量 /%	水分散性 /μm
					L	a	b			
PJT – 3	99.00	0.800	0.121		92.62	– 0.24	0.28			
PJT – 4		0.923	0.160		93.47	– 0.21	0.57	102	14.6	
PJT – 5	97.80	0.954	0.266		94.42	– 0.26	1.07	104	16.2	
PJT – 6		0.837			93.14	– 0.19	0.84	104		81.3
PJT – 7	98.40	0.900			93.5	– 0.18	0.76	107		
PJT – 8		0.67		0.275	100.80			106		

硅酸钠和铝酸钠化学成分见表 12 – 3。

表 12 – 3　硅酸钠和铝酸钠化学成分

编　号	SiO₂	Al₂O₃	Na₂O	TFe	备　注
硅酸钠 CSI48 – 1	354.56g/L		6.55%	0.449μg/g	实验室用
硅酸钠 CSI48 – 2	192.72 ~ 207.18g/L		45.67 ~ 59.74g/L	7μL/L	工业试验用
铝酸钠 AN – 1		39.0%	25.95%	0.01%	实验室用
铝酸钠 AN – 2		179.17 ~ 184.16g/L	242.91 ~ 246.43g/L	13μg/g	工业试验用

13　钛材料制造技术——钛铁

钛铁合金 Ti 含量大于 25%，熔点为 1450～1580℃，固态密度为 6.0t/m³，堆密度为 2.7～3.5t/m³，块度小于 200mm。金红石型钛铁生产的主要原料为钛精矿（或钛渣，或金红石）、铝粒、铁矿（或铁鳞）、石灰和硅铁等，生产工艺多采用铝热法和电铝热法；合成钛铁生产的主要原料为海绵钛（废钛）、碳钢和铝粒，生产工艺采用真空熔炼法；钛铁复合合金以钛铁为主要组元，复合元素根据用途和生产工艺包括硅以及铝等，应用于钢铁、铝和铜冶炼熔铸体系。钛铁主要用于钢铁生产的脱氧剂、合金化添加剂、铸造孕育剂和脱气剂等，在冶炼不锈钢和耐热钢时，钛与碳结合形成稳定的化合物，能防止碳化铬的生成，从而减少晶间腐蚀，提高铬镍不锈钢的焊接性能；用钛脱氧的产物易于上浮，镇静钢用钛脱氧可以减少钢锭上部偏析，改善钢锭质量，提高收得率；钛与溶解在钢水中的氮结合生成稳定的不溶于钢水的氮化钛；用钛铁合金化时，钛与碳形成碳化钛，可以提高钢的强度；钛铁还可用作钛钙型电焊条的涂料。

13.1　铝热法钛铁冶炼工艺

铝热法钛铁冶炼的冶金原理是用铝还原 TiO_2，部分 FeO、Fe_2O_3、MnO、SiO_2 和 V_2O_5 等被还原，同时放热加热、熔化、聚集和分离钛铁合金及渣，可以在热状态浇铸钛铁，得到钛铁合金铸块，也可在冷却过程中自然分离。

13.1.1　铝热还原原理

其主要反应方程式为：

$$TiO_2 + 4/3Al \Longrightarrow Ti + 2/3Al_2O_3 \qquad \Delta G_T^\ominus = -40000 + 2.9T \qquad (13-1)$$

从热力学观点，在高温下铝能够还原 TiO_2，但实际上钛的氧化物是属于难还原的氧化物，炉料中有一部分 TiO_2 被铝还原成 TiO：

$$2TiO_2 + 4/3Al \Longrightarrow 2TiO + 2/3Al_2O_3 \qquad \Delta G_T^\ominus = -1081150 + 3.43T \qquad (13-2)$$

TiO 是碱性氧化物，易与 Al_2O_3 和 SiO_2 生成复合化合物，可使 TiO_2 还原向生成 TiO 的方向进行，有利于 TiO 的生成，从而影响钛的回收率。为了阻止 TiO 生成反应的不断进行，必须在反应物料中配入比 TiO 碱性更强的 CaO，当有 CaO 存在时，还原过程便向 $TiO_2 \rightarrow Ti$ 的方向进行，化学反应式为：

$$TiO_2 + 4/3Al + 2/3CaO \Longrightarrow Ti + 2/3(CaO \cdot Al_2O_3) \qquad \Delta G_T^\ominus = -45575 + 2.9T \qquad (13-3)$$

从以上反应式可见，反应物料中配入 CaO 后，反应的自发性和彻底性更强。

在冶炼过程中，除 Ti 的氧化物外，Fe、Mn 和 Si 的氧化物也要被铝还原，反应式如下：

$$3Fe_2O_3 + 2/3Al \Longrightarrow 2Fe_3O_4 + 1/3Al_2O_3 \qquad \Delta G_T^\ominus = -115700 + 14.85T \qquad (13-4)$$

$$Fe_3O_4 + 2/3Al \Longrightarrow 3FeO + 1/3Al_2O_3 \qquad \Delta G_T^\ominus = -17000 - 29.25T \qquad (13-5)$$

$$MnO + 2/3Al \rightleftharpoons Mn + 1/3Al_2O_3 \quad \Delta G_T^\ominus = -103495 - 4.5T \tag{13-6}$$

$$SiO_2 + 4/3Al \rightleftharpoons Si + 2/3Al_2O_3 \tag{13-7}$$

从以上反应式可见，Fe、Mn、Si 的氧化物还原更容易。

根据铝热法的冶炼特点和高钛铁的质量要求，高钛铁与普通钛铁的不同之处，在于合金中的含钛量高达 65% ~ 75%，要增加合金中的钛含量，只有提高原料中的 TiO_2 含量，但原料中的 TiO_2 含量越高，需要的热量就更多，因而会影响炉料的单位热效应，致使反应不能自发进行。因此必须提高炉料的单位反应热，在炉料中加入氯酸钾、氯酸钠这类发热量高的物质，以补充不足部分的热量。采用氯酸钾作发热剂较合适，因其反应释放的热量大，1kg $KClO_3$ 被铝还原的发热量为 14040.82kJ/kg，反应产物 KCl 进入炉渣，不影响合金成分。其反应式为：

$$KClO_3 + 2Al \rightleftharpoons KCl + Al_2O_3 \quad \Delta H^\ominus(298K) = -860kJ/mol\ Al \tag{13-8}$$

因为单位热效应是铝热法冶炼的关键，必须通过每一个化学反应进行详细计算。各化学反应的单位热效应为：

$$TiO_2 + 4/3Al \rightleftharpoons Ti + 2/3Al_2O_3 \quad 1720kJ/kg \tag{13-9}$$

$$2TiO_2 + 4/3Al \rightleftharpoons 2TiO + 2/3Al_2O_3 \quad 2105.5kJ/kg \tag{13-10}$$

$$3FeO + 2Al \rightleftharpoons 3Fe + Al_2O_3 \quad 3206kJ/kg \tag{13-11}$$

$$Fe_2O_3 + 2Al \rightleftharpoons 2Fe + Al_2O_3 \quad 4014kJ/kg \tag{13-12}$$

$$3MnO + 2Al \rightleftharpoons 3Mn + Al_2O_3 \quad 1921kJ/kg \tag{13-13}$$

$$3/2SiO_2 + 2Al \rightleftharpoons 3/2Si + Al_2O_3 \quad 2545kJ/kg \tag{13-14}$$

为使冶炼过程中渣与合金易于分离，炉料中还须配入能改善传质条件、降低炉渣熔点的添加剂，如氟化钙等。

生产过程中还原剂铝的作用，首先作为还原剂保证足够的能力还原以氧化物为基础的 Fe_2O_3、TiO_2、FeO 和 TiO，其次通过配置催化剂提供足够的基础热量。按照 2800kJ/kg 配置热量，在连续加料过程中取得基础反应热后，后续加料在一定程度上借助持续反应热，补充达到铝热反应的临界基础条件。

通过连续加料和持续反应创造过热反应条件，加速反应过程向有利于产物生产的方向进行，保证反应装置内部过热时间，促进反应物料的高温分离。

采用 $CaF_2 - CaC_2$ 脱除 S 和 P，具体反应如下：

$$2[P] + 3Ca(l) \rightleftharpoons (Ca_3P_2) \tag{13-15}$$

$$[S] + Ca(l) \rightleftharpoons (CaS) \tag{13-16}$$

$$(CaC_2) \rightleftharpoons [Ca] + 2[C] \tag{13-17}$$

$$(CaC_2) \rightleftharpoons [Ca](g\ 或\ l) + 2[C] \tag{13-18}$$

$$(CaC_2) \rightleftharpoons [Ca] + 2[C] \tag{13-19}$$

不同氧化物组分的转化率如下：

$TiO_2 \longrightarrow TiO$	35%		$TiO \longrightarrow Ti$	65%
$Fe_2O_3 \longrightarrow FeO$	10%		$Fe_2O_3 \longrightarrow Fe$	99%
$FeO \longrightarrow Fe$	99%		$SiO_2 \longrightarrow Si$	90%

富钛料作为主钛原料，铁皮为主铁原料，粒度控制在不大于 1mm，铝粉为还原剂，0.1~2mm 的占 80%，石灰作为主要碱度调节剂，CaO 含量不小于 85%，粒度不大于

2mm，C 含量小于 1.0%，SiO_2 含量小于 2%。

　　氯酸钾和过氧化钡为发热催化剂，发热量为 14040kJ/kg，氯酸钾需铝量为 0.44kg/kg。

　　炉料预热每 100℃ 可以提高热效应 125kJ/kg。

13.1.2　工艺流程

　　铝热法钛铁冶炼典型工艺流程见图 13 -1，不同的钛原料工艺稍有不同，不同产品质量控制要求也在工艺过程体现一定的差异。

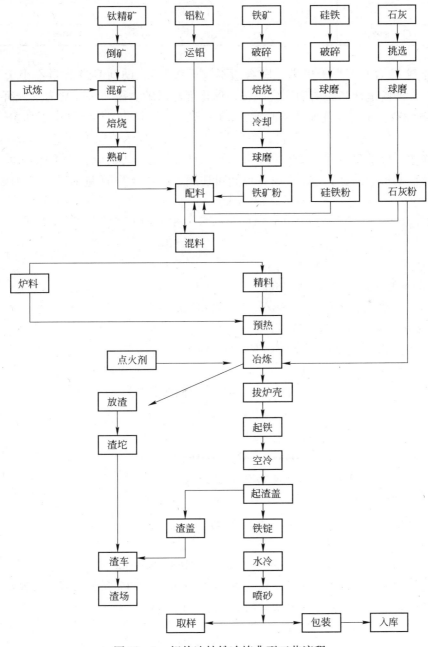

图 13 -1　铝热法钛铁冶炼典型工艺流程

13.1.3 配料计算

铝热法生产钛铁的钛原料包括钛铁矿、钛渣、天然金红石和人造金红石，铁原料主要是钛原料含铁、铁鳞和粒铁补充料等，在某高钛铁生产中使用的富钛料和铁鳞化学成分见表 13 - 1。

表 13 - 1 富钛料和铁鳞化学成分 （%）

项　目	TiO_2	TFe	FeO	CaO	MgO	Al_2O_3
铁原料		73.56	49			
富钛料	92		3.0	0.3	0.4	1.8

主还原剂 Al 含量不小于 98%，Si 含量不大于 0.2%；助剂 CaO 含量不小于 75%；复合除杂剂，标准脱硫剂和脱磷剂配合制备；催化剂，以硝酸盐和氯酸盐为主，有效成分大于 98%；铁辅料，主要为优质铁矿和粒铁，Fe 含量大于 72%，S 含量小于 0.5%，P 含量小于 0.6%，Si 含量小于 2%；燃料，主要为煤焦系列，要求热值大于 4000kcal/kg。

高钛铁按照标准 70% Ti，5% Al，2% Si，1% 其他，其余成分为 Fe。钛原料中各氧化物还原所需铝量的计算，设 100kg 钛原料可还原进入合金的 Ti 量为 X，还原钛需要的铝量为 Y：

$$3TiO_2 + 4Al \longrightarrow 3Ti + 2Al_2O_3 \qquad (13-20)$$
$$240 \qquad\qquad\qquad 144$$
$$0.65 \times 92 \qquad\qquad\qquad X$$

$X = 0.65 \times 92 \times 144/240 = 35.88kg$

可得到 70% 的高钛铁量 = 35.88/0.70 = 51.25kg

Fe 含量为 22%，Fe = 51.25 × 22% = 11.21kg

用铁鳞补充 Fe，铁鳞 = 11.21/0.73 = 15.4kg

铝需求计算：

$$3TiO_2 + 4Al \longrightarrow 3Ti + 2Al_2O_3 \qquad (13-21)$$
$$3TiO_2 + 2Al \longrightarrow 3TiO + Al_2O_3 \qquad (13-22)$$
$$Fe_2O_3 + 2Al \longrightarrow 2Fe + Al_2O_3 \qquad (13-23)$$
$$3FeO + 2Al \longrightarrow 3Fe + Al_2O_3 \qquad (13-24)$$

$TiO_2 \longrightarrow Ti \qquad 92 \times 65\% \times 104/240 = 25.91kg$

$TiO_2 \longrightarrow TiO \qquad 92 \times 35\% \times 52/240 = 7.0kg$

钛原料还原需铝量 = 25.91 + 7.0 = 32.91kg

铁鳞铝需求：

$FeO \longrightarrow Fe \qquad 15.4 \times 0.4934 \times 99\% \times 52/168 = 2.31kg$

$Fe_2O_3 \longrightarrow Fe \qquad 15.4 \times (73.56 - 49.34) \times 0.01 \times 99\% \times 52/112 = 1.70kg$

铁鳞还原需铝量 = 2.31 + 1.70 = 4.0kg

还原需铝量 = 32.91 + 4.0 = 36.91kg

理论配铝量 = 36.91 × 1.03 = 38.01kg

石灰配量 $= 38.01 \times 0.22 = 8.36 \text{kg}$

入炉料量 $= 100 + 16.4 + 38.01 + 8.36 = 162.81 \text{kg}$

13.1.4 配热计算

$$3/2\text{TiO}_2 + 2\text{Al} \longrightarrow 3/2\text{Ti} + \text{Al}_2\text{O}_3 \quad 1720 \text{kJ/kg} \tag{13-25}$$

$$(27.6 + 98 \times 0.65) \times 1720 = 157036 \text{kJ}$$

$$3\text{TiO}_2 + 2\text{Al} \longrightarrow 3\text{TiO} + \text{Al}_2\text{O}_3 \quad 2105.5 \text{kJ/kg} \tag{13-26}$$

$$(7.4 + 98 \times 0.35) \times 2105.5 = 87799.35 \text{kJ}$$

$$\text{Fe}_2\text{O}_3 + 2\text{Al} \longrightarrow 2\text{Fe} + \text{Al}_2\text{O}_3 \quad 4014 \text{kJ/kg} \tag{13-27}$$

$$[(73.56 - 49.34) \times 0.0099 \times 16.4 \times 1.4 + 1.82] \times 4014 = 29403 \text{kJ}$$

$$3\text{FeO} + 2\text{Al} \longrightarrow 3\text{Fe} + \text{Al}_2\text{O}_3 \quad 3206 \text{kJ/kg} \tag{13-28}$$

$$[(0.49 \times 16.4) \div (56 \div 72) + 2.47] \times 3206 = 41043 \text{kJ}$$

反应热 $= 157036 + 87799 + 29403 + 41043 = 315281 \text{kJ}$

单位热效益 $= 315281 / 165.81 = 1910 \text{kJ/kg}$

炉料预热每 $100 ℃$ 可以提高热效应 125kJ/kg，一般加热温度为 $200 ℃$。

单位热效益 $= 1910 + 250 = 2160 \text{kJ/kg}$

按照 2800kJ/kg 配热水平补充热量，需要再补充 700kJ/kg，$700 \times 165 = 115500 \text{kJ}$。

KClO_3 需求 $= 115500 / 14040 = 8.22 \text{kg}$

耗用铝粉 $= 8.22 \times 0.44 = 3.6 \text{kg}$

总铝需求 $= (39.29 + 3.6) \times 1.03 = 44.17 \text{kg}$

石灰配入量为铝配入量的 22%，则石灰配入量为：

$(39.29 + 3.6) \times 22\% \times 1.03 = 9.77 \text{kg}$

总入炉量 $= 100 + 9.77 + 44.17 + 16.4 + 8.22 = 178 \text{kg}$

实际配料单位热效应 $= 165 \times 2860 / 178 = 2651 \text{kJ/kg}$

修正：

$$150 \times 178 = 26700 \text{kJ} \quad 26700 / 14040 = 1.9 \text{kg} \quad 1.9 \times 0.44 = 0.836 \text{kg}$$

13.1.5 钛铁生产技术经济指标的影响因素

钛铁生产技术经济指标影响因素较多，在保证产品质量和工艺顺行的前提下要求主要技术条件经济、合理和可控。钛铁合金系列产品主要指标体系包括主金属 Ti 回收率、主金属 Ti 品位、Si 含量、Al 含量、杂质 P 和杂质 S 水平，原料结构、过程温度和操作方式等是主要的影响因素。

（1）钛原料的影响。钛铁 Ti 品位与含钛原料中 TiO_2 含量密切相关，用含 TiO_2 为大于 90% 的钛原料生产的高钛铁合金含钛达 $65\% \sim 75\%$ 的比例为 87.5%，而用含 TiO_2 为 87% 的钛原料生产的高钛铁合金含钛 $65\% \sim 75\%$ 的比例仅为 12.5%，原料中 TiO_2 含量大于 90% 是冶炼高钛铁合金的首要条件。采用 TiO_2 含量低于 90% 的钛原料只能生产含钛 60% 以下的中钛铁合金材料，冶炼 40TiFe 钛原料 TiO_2 品位大于 50%，冶炼 30TiFe 钛原料 TiO_2 品位大于 40%。

（2）铝加入量与钛铁合金 Al 含量的关系。铝的含量是钛铁合金一个重要质量指标和经济指标，不同的标准有不同的要求，钛铁合金材料 Al 含量与铝加入量密切相关，直接影响钛铁合金中铝的残余量。生产 70TiFe 合金时，随着铝加入量的增加，合金 Al 含量经历一个由高—低—高的过程，说明当配铝量低于计算值时，反应不完全，铝溶解残留在高钛型合金材料中，显示高铝水平；配铝量等于计算值时反应完全，钛铁合金铝含量在可控制水平；配铝量大于标准时，反应完全，残铝引起钛铁合金中的铝含量上升。Al 的加入量必须根据物料组成详细计算确定，既要保证有足够的还原剂还原 TiO_2，又要确保标准要求的 Al 含量。

（3）CaO 加入量与高钛铁合金 P、S 含量间的关系。高钛铁冶炼过程有大量的 Al_2O_3 产生，Al_2O_3 和 CaO 结合形成 $Al_2O_3 \cdot CaO$，CaO 既调整渣的酸碱度平衡，同时增加炉渣的硫容和磷容，提高硫磷脱出能力，抑制逆反应发生，同时对相关冶金辅料要求的 CaO 含量大于85%，要求含 S 和 P 水平低。高钛铁合金中 S 和 P 随 CaO 的增加有上升的趋势。CaO 加入量高于计算值，影响炉渣熔点，不利于 P 和 S 的传质脱出，部分 CaO 原料还会带入少量 P 和 S。

（4）Na_2CO_3 加入量与高钛铁合金 P、S 含量间的关系。高钛铁合金产品对 S 和 P 有严格要求，冶金产品的 P 和 S 主要来源于原料，在多数钛原料中的 S 和 P 水平较高的情况下需要加入 Na_2CO_3 处理，脱除 S 和 P 以满足产品质量要求。Na_2CO_3 加入总体将高钛型合金材料中的 P 和 S 稳定在合理的水平，适量 Na_2CO_3 加入量降低了50%的 S 和 P，但从理论上讲加入 Na_2CO_3 将降低炉渣熔点，使炉渣流动性更好，有利于合金沉降和渣铁分离。但加入量太多，热损失大，炉渣变稀，会引起回 P 和回 S。

13.1.6　铝热法实践

攀枝花市银江金勇工贸有限公司以富钛料、还原剂、铁原料、熔剂、助剂、辅材和其他配对合金等为原料生产钛铁系列合金，通过突出合理供热制度和物料平衡测算，优化工艺参数和严格操作制度，稳定并降低钛铁系列合金消耗水平，形成满足国家标准的 30TiFe、40TiFe 和 70TiFe 生产技术能力，同时试生产出满足特殊用户要求的 50TiFe 和 60TiFe 产品，形成企业标准，2012 年被中国铁合金协会批准，由企业标准上升为国家标准。钛铁系列合金生产检验结果见表 13 - 2。

表 13 - 2　钛铁系列合金牌号和化学成分　　　　　　　　（%）

牌　号	化学成分							
	Ti	Al	Si	P	S	C	Cu	Mn
FeTi40 - A	35.0 ~ 45.0	≤9.0	≤3.0	≤0.03	≤0.03	≤0.10	≤0.40	≤2.5
FeTi40 - B	35.0 ~ 45.0	≤9.5	≤4.0	≤0.04	≤0.04	≤0.15	≤0.40	≤2.5
波动值	32.5 ~ 46.46							
平均值	36.94	≤9.4	≤3.01	≤0.04	≤0.04	≤0.14	≤0.02	≤0.91
FeTi70 - A	65.0 ~ 75.0	≤8.0	≤4.5	≤0.05	≤0.03	≤0.10	≤0.40	≤2.5
波动值	64.5 ~ 71.24							
平均值	66.52	≤10.2	≤1.08	≤0.05	≤0.04	≤0.09	≤0.03	≤0.33

还原剂消耗平均 836kg/t 优质高钛铁，富钛料消耗平均 1760kg/t 优质高钛铁，辅助材料消耗约为 350kg/t 优质高钛铁，过程钛收率平均为 69%，中钛铁合金材料品位按照攀钢和武钢要求组织生产，钛品位保持（40% ±2%）Ti。

13.1.7　电铝热法实践

锦州铁合金厂电铝热法钛渣电炉间断冶炼钛铁工艺试验：底料由高钛渣和石灰组成；主料由钛铁精矿、铝粒、硅铁粉和钢屑组成；副料基本由钢屑和发热剂组成。先在电炉内将底料全部融化，接着向熔池内加主料，主料可自动反应。此时电极上抬，并停止送电。副料在主料反应结束时加入。反应时间很短，一旦停止即插下电极精炼炉渣。试验整个过程顺利，铝耗明显下降。

钛铁合金成分：Ti 29.75%，Al 6.42%，Si 4.72%，Mn 1.33%，P 0.038%，S 0.005%，C 0.055%。

炉渣成分：TiO_2 10.63%，Al_2O_3 53.41%，CaO 14.28%。

主要经济指标：铝耗为 397kg/t，金属回收率为 71.72%，电耗为 406kW·h。

13.2　电硅热法冶炼钛硅铁合金

钛原料在硅热反应条件也能生成钛铁，钛与硅生成钛硅化物和钛硅固溶体，铁作为溶解介质，最终形成钛硅铁合金，由于钛的硅热反应放热量小，无法形成有效熔融体系，反应过程的传热和传质受阻严重，造成产品偏析，渣相混乱，必须借助外热条件建立有效熔融体系，电硅热法成为一种选择。

13.2.1　电硅热法冶炼钛硅铁合金技术原理

电硅热法冶炼钛硅铁合金以钛精矿和各种钛渣为原料，硅铁为还原剂，在电炉高温熔炼条件下发生硅热还原反应，生成溶解于铁的钛硅化物，过程发生的硅热还原反应如下：

$$TiO_2 + 3Si = TiSi_2 + SiO_2 \quad \Delta G_T^\ominus = -145046 + 32.69T \qquad (13-29)$$

$$TiO_2 + 8/5Si = 1/5Ti_5Si_3 + SiO_2 \quad \Delta G_T^\ominus = -126654 + 23.83T \qquad (13-30)$$

反应过程有氧化钙存在时，可能的硅热还原反应式如下：

$$TiO_2 + 3Si + CaO = TiSi_2 + CaO \cdot SiO_2 \quad \Delta G_T^\ominus = -228228 + 29.26T \qquad (13-31)$$

$$TiO_2 + 3Si + 2CaO = TiSi_2 + 2CaO \cdot SiO_2 \quad \Delta G_T^\ominus = -271282 + 27.67T \qquad (13-32)$$

$$TiO_2 + 8/5Si + CaO = 1/5Ti_5Si_3 + CaO \cdot SiO_2 \quad \Delta G_T^\ominus = -209836 + 20.40T \qquad (13-33)$$

$$TiO_2 + 8/5Si + 2CaO = 1/5Ti_5Si_3 + 2CaO \cdot SiO_2 \quad \Delta G_T^\ominus = -252890 + 18.8T \qquad (13-34)$$

反应过程以硅铝铁合金为还原剂时，铝参加反应，与铝热反应类似，见反应式（13-1）～式（13-7）。

13.2.2　钛硅铁合金实践

重庆大学采用含 TiO_2 30%、47% 的钛矿渣为含钛原料，$FeSi_{75}$ 为还原剂，成功地冶炼出钛硅合金。试验结果表明：钛硅合金中含硅量大于 40%，含钛量平均约为 20%，钛回收率小于 60%。若硅铁用量过大，并不能增加钛的还原率，而只能增加合金中硅的含量。

俄罗斯采用含 TiO_2 17.10% 的高炉渣，用 $FeSi_{75}$ 和 $FeSi_{90}$ 作还原剂，在实验室冶炼钛硅合金，得到的合金中含钛小于12%，含硅大于68%。攀钢钢研院以含 TiO_2 22.57% 的攀钢高炉钛渣为原料，用 $FeSi_{75}$ 作还原剂，采用直流电硅热法冶炼钛硅合金的工业试验表明：钛硅合金产品中平均含 Ti 23.45%、Si 44.46%，还原残渣含 TiO_2 7.09%。钛回收率以合金计为 54.03%，以渣计为 59.16%。为了使钛硅合金得到广泛应用，必须研究提高钛硅合金的等级。即提高钛硅合金中钛含量、降低硅含量，生产炼钢工业上能大规模使用的高钛低硅合金。同时贫化渣中二氧化钛，提高钛的回收率。而升钛降硅的主要方法在于：(1) 采用还原能力强，含硅量少，价格相对便宜的还原剂；(2) 采用最优的工艺参数。

以攀钢高钛型高炉渣为主钛原料，硅铁作还原剂，石灰作为外加助剂调节碱度，电炉外加热进行熔融热还原反应，制取高钛低硅的钛硅铁合金。攀钢高钛型高炉渣与外加剂的质量配比为：高炉渣:外加剂 = 1:(0.4~0.8)。所述外加剂按质量比包括40%~80%的还原剂，所述还原剂主要成分为金属铝。攀钢高钛型高炉渣主要化学成分：TiO_2 22.57%、SiO_2 23.04%、CaO 26.18%、Al_2O_3 13.43%、MgO 8.41%、TFe 2.20%、F^- 2.98%；炉渣碱度用氧化钙调整；还原剂硅铁化学成分为：Si 75% 和 Fe 25%。

将实验室试验用各种原料磨细，按比例混匀。试验在高温二硅化铂炉内进行。正交试验条件为：冶炼温度为 1500~1580℃，炉料碱度为 1.14~2.00，还原剂加入量为 17.72~44.29g/100g 钛矿渣。试验设计 15 炉次，重复试验 15 炉次（共 30 次）。试验结果的回归方程为：

$$\eta_{Ti} = 70.87 - 4.5691x_1 - 6.8848x_2 - 14.4545x_3 + 0.3063x_1x_2 -$$
$$0.1013x_1x_3 + 5.0838x_2x_3 + 3.3202x_1^2 - 5.3225x_2^2 - 4.2257x_3^2 \quad (13-35)$$

$$[Ti] = 31.40 - 1.1638x_1 - 1.7447x_2 + 1.2294x_3 + 0.0938x_1x_2 -$$
$$0.0638x_1x_3 + 0.3263x_2x_3 + 1.2608x_1^2 - 0.4454x_2^2 + 0.6346x_3^2 \quad (13-36)$$

$$[Si] = 27.83 - 0.6659x_1 + 1.3807x_2 - 3.0805x_3 + 0.6225x_1x_2 -$$
$$0.555x_1x_3 + 0.42x_2x_3 - 2.2576x_1^2 + 1.4595x_2^2 + 0.2678x_3^2 \quad (13-37)$$

$$(TiO_2) = 5.92 - 1.2702x_1 - 1.2976x_2 - 3.3987x_3 + 0.3938x_1x_2 - 0.0288x_1x_3 -$$
$$0.3813x_2x_3 - 0.1323x_1^2 + 1.5905x_2^2 + 1.3805x_3^2 \quad (13-38)$$

式中，x_1、x_2、x_3 分别代表冶炼温度、初渣碱度与还原剂用量的水平。

经方差分析可知它们在 $a = 0.01$ 水平上显著；经 F 检验可以证明试验数与回归方程是吻合的。

根据式（13-35）~式（13-38）做二维等量线图，讨论冶炼条件对升钛降硅的影响。

图 13-2 为钛回收率 $[\eta(Ti)]$ 与冶炼温度（t）、炉料初始碱度（R）或还原剂用量（W_R）的二维等量线图。

图 13-2a 说明：在还原剂用量为 31.0g/100g 高炉钛矿渣，温度高于 1550℃时，一定温度下存在一适宜碱度范围，过大或过小均会使钛回收率降低。1540~1580℃ 之间适宜碱度为 1.60~1.90。

图 13-2b 说明：碱度为 1.57 时，温度一定，还原剂用量增加，钛回收率增加。温度越高，增加还原剂使钛回收率升高的作用越大。温度高于 1540℃，还原剂用量大于

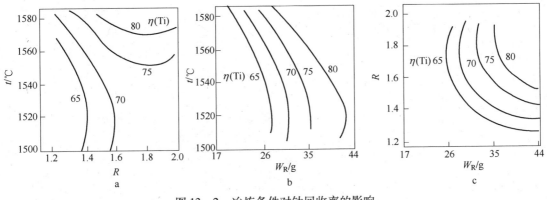

图 13-2 冶炼条件对钛回收率的影响
（W_R 为每 100g 钛矿渣中还原剂用量）

31.0g/100g 钛矿渣时，钛回收率大于 70%。

图 13-2c 说明：温度为 1540℃，还原剂用量一定时，存在一较佳碱度，使钛回收率较高，碱度过高不利于钛回收率升高。温度为 1540℃、还原剂用量为 31.0g/100g 钛矿渣时，合适碱度为 1.60~1.90。以上说明，冶炼温度是影响钛回收率提高的重要因素，只有在较高的温度（>1550℃）时，才能采用较高的碱度，获得高的钛回收率。与温度高于 1550℃、碱度为 1.60~1.90、还原剂用量大于 31.0g/100g 钛渣时，钛回收率可达 70% 以上。

图 13-3 为合金中钛含量与冶炼温度、炉料初始碱度或还原剂用量间二维等钛图。

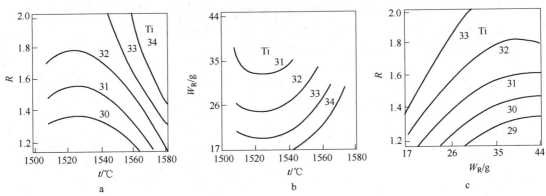

图 13-3 冶炼条件对合金中钛含量的影响
（图中坐标以外的数据为 Ti 的质量分数）

图 13-3a、c 说明：冶炼温度或还原剂用量一定时，碱度升高，合金中钛含量升高。温度高于 1540℃，增加碱度使钛含量升高的程度比低温下大，碱度大于 1.90，升高碱度使钛含量升高作用变缓。

图 13-3b、c 说明：还原剂用量升高，合金中钛含量降低；高温下降低作用变小。碱度越高，还原剂增加使钛品位降低作用变小。

要获得钛品位较高的合金必须采用较高的冶炼温度与碱度，而还原剂用量不宜过高。温度高于 1550℃、碱度大于 1.57、还原剂用量小于 38.0g/100g 钛渣时，合金中钛品位大于 31.0%。

图 13-4 为合金中二维等硅图。

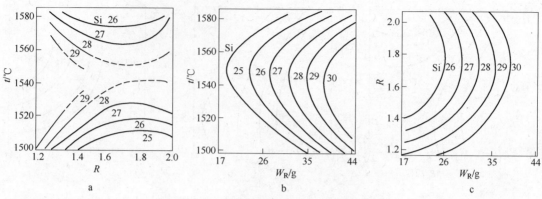

图 13-4　冶炼条件对合金中硅含量的影响

（图中坐标以外的数据为 Si 的质量分数）

图 13-4a 表示了还原剂用量为 31.0g/100g 钛渣时，冶炼温度与炉料初始碱度对合金中含硅量的影响。冶炼温度对合金中硅含量影响分两个区域：温度低于 1550℃ 时，温度升高使合金中硅含量升高；温度高于 1550℃，温度升高使合金中硅含量降低。一定温度下，存在一合适的炉料初始碱度范围，碱度升高或降低均使合金中硅含量升高。还原剂用量为 31.0g/100g 钛渣，冶炼温度高于 1550℃ 时，该碱度位于 1.60~1.90 之间。

图 13-4b、c 表明了温度或碱度一定时，还原剂用量增加，合金中硅含量升高。而冶炼温度为 1540℃、碱度位于 1.60~1.90 时，还原剂用量增加，合金中硅含量升高最小；碱度过高或过低均不利。因此，冶炼温度大于 1550℃，碱度位于 1.60~1.90 之间有利于降低合金中硅含量；还原剂用量增加则对合金中硅含量降低不利。

图 13-5 为残渣中 TiO_2 含量的二维等量线图。

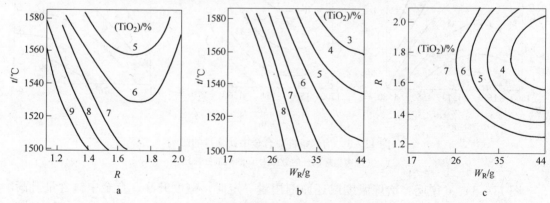

图 13-5　冶炼条件对残渣中 TiO_2 含量的影响

图 13-5a 表明：还原剂用量一定（31.0g/100g 钛矿渣）时，残渣中 TiO_2 含量对炉料初始碱度存在一极值点，温度高于 1540℃ 时，该碱度位于 1.57~1.79 之间，残渣中 TiO_2 含量小于 6%。碱度一定时，温度升高，残渣中 TiO_2 含量降低。

图 13-5b 表明：炉料初始碱度为 1.57 时，温度升高或还原剂升高均使残渣中 TiO_2 含量降低。但还原剂用量大于 38.0g/100g 钛矿渣后，降低残渣中 TiO_2 含量作用变小。当温度高于 1510℃，还原剂用量为（31.0~38.0）g/100g 钛矿渣时，残渣中 TiO_2 含量位于 2.0%~6.0% 之间。

图 13-5c 表明：冶炼温度为 1540℃时，存在一合适碱度范围（1.57~1.90），在该碱度范围内，还原剂用量增加，残渣中 TiO_2 含量较低；若还原剂用量大于 31.0g/100g 钛矿渣时，残渣中 TiO_2 含量小于 6%。

以上说明，当冶炼温度为 1540℃，碱度位于 1.57~1.90，还原剂用量大于 31.0g/100g 钛矿渣时，残渣中 TiO_2 含量小于 6%。

为给高炉钛渣冶炼钛硅合金升钛降硅的工业试验提供较优的工艺参数，对前述式（13-35）~式（13-38）用直接搜索法进行优化。在优化过程中考虑如下优化条件：

钛回收率不小于 80%，合金中钛含量不小于 30%，合金中硅含量不大于 30%，残渣中 TiO_2 含量小于 8%，而且从经济角度考虑还原剂用量不应过大。

根据上述条件可得升钛降硅的最佳工艺参数为：

冶炼温度高于 1550℃，炉料初始碱度为 1.80±0.05，还原剂硅铝铁用量为（31.0±2.0）g/100g 钛矿渣。

可得合金成分为：合金中钛含量不小于 32.5%，硅含量不大于 28.4%，钛回收率为（83.50±3.50）%，残渣中 TiO_2 含量小于 5.44%。

根据优化条件进行硅铝铁升钛降硅的稳定试验，共进行 7 炉，试验温度为 1550~1570℃，碱度为 1.80，还原剂用量为 31.0g 硅铝铁/100g 钛渣，冶炼时间为 110min（图 13-6）。

由图 13-6 可知，所有试验炉次的结果为：合金中钛含量均大于 32.50%，平均值为 33.57%，合金中硅含量均小于 28.40%，平均值为 25.05%，钛硅合金中钛硅含量之比为 1.34（平均值），以合金计钛回收率为 82.90%~89.31%，平均为 86.29%，残渣中 TiO_2 含量为 1.96%~2.70%，平均为 2.20%。

半工业性稳定试验在攀钢 200kV·A 直流矿热炉内进行，冶炼条件为：冶炼温度为 1560~1670℃之间，炉料初始碱度为 1.80，还原剂用量为 30.0g 硅铝铁/100g 钛渣，冶炼时间从生产角度考虑取 70min。从试验结果（图 13-7）看：

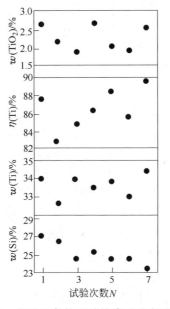

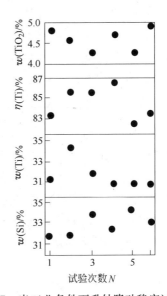

图 13-6　实验室条件下升钛降硅稳定试验结果　　图 13-7　半工业条件下升钛降硅稳定试验结果

钛回收率均大于 82.0%，平均为 84.30%；

合金中含钛量均大于 30.0%，平均值为 31.63%；

合金中硅含量小于 35.0%，平均值为 32.79%；

残渣中 TiO_2 含量小于 5.0%，平均值为 4.58%。

从二维等量线图分析可知：冶炼温度是升钛降硅最重要的因素，只有在较高的温度下，才能采用较高的碱度和适宜的还原剂用量。冶炼温度必须大于 1540~1550℃。与之相适应的炉料初始碱度为 1.60~1.90，较高的碱度有利于升钛降硅。还原剂加入量对升钛降硅影响不同，还原剂用量提高使钛回收率升高，但使合金中硅含量升高、钛含量降低，不利于升钛降硅。冶炼温度高于 1540~1550℃，碱度位于 1.60~1.90 之间，还原剂用量小于 38.0g/100g 钛矿渣时，可使合金中钛含量大于 31.0%，硅含量小于 30%，钛回收率大于 70%，残渣中 TiO_2 含量小于 6%。

半工业性稳定试验与实验室稳定试验相比，硅含量稍高，这主要是由于冶炼时间比实验室冶炼时间短得多，但升钛降硅的实验结果仍然十分满意。

对稳定试验得到的钛硅合金进行化学分析得到其化学成分，见表 13-3。

表 13-3　稳定试验钛硅铁合金化学成分　　　　　　　　　（%）

化学成分	Ti	Si	Fe	Mn	V	C	S	P	Al
含　量	30.8~34.4	24.2~34.2	29.7~40.3	0.9~1.4	0.3~0.5	0.03~0.3	<0.005	<0.039	<0.10
平　均	32.6	29.2	36.25	1.15					

由表 13-3 可知：钛硅合金中主要元素为 Ti、Si、Fe，杂质元素 C、S、P 含量很低，三者之和小于 0.45%。

不同国家钛硅铁合金化学成分见表 13-4。

表 13-4　不同国家钛硅铁合金化学成分　　　　　　　　　（%）

生产或者研制国家	Ti	Si	Al	C
法国	18~22	35~40	≤1.5	≤0.15
	15~20	35~40	≤1.0	—
日本	10~20	50~60	—	—
中国	15~18	35~40	0.05	0.12

采用硅铝铁作还原剂与采用 $FeSi_{75}$ 作还原剂相比，技术指标发生明显变化：钛回收率、合金中钛含量、合金收得率大大升高，合金中硅含量、电耗大大降低。

采用硅铝铁作还原剂冶炼得到的钛硅合金中钛含量已达到 30TiFe 中钛品位要求，而合金中硅含量远低于采用硅铁作还原剂得到的钛硅合金中硅含量。这种高钛低硅合金在炼钢上应用时既可代替 30TiFe，还可减少硅铁加入量。高钛低硅合金中因硅含量低，其应用范围比硅含量约为 45% 的钛硅合金要广、取代钛铁面要大，有利于在炼钢工业上大规模推广使用。

用碳热还原法可以制备钛硅铝合金，以含钛炉渣、含钛矿或含钛渣和含钛矿的混合物为含钛原料，加入碳质还原剂混合磨细，再加入黏结剂混合、制备成含钛球团并烘干，将含钛球团、硅石和碳质还原剂按成品所需比例混合配制批料，将配制的批料置于矿热电弧炉内进行冶炼，得到钛硅铝合金成品。

13.3 合成法钛铁冶炼工艺

钛铁合金是钛合金的一种，合成法钛铁生产通常在真空或惰性气体保护的气氛下，在水冷或液体金属冷却的铜坩埚内熔铸，方法与钛合金熔炼类似。目前合成法钛铁生产中应用最为广泛的是真空自耗电极电弧炉熔炼。将一定比例的海绵钛、低碳钢、铝片、返回料和合金元素混合均匀后，在液压机上压制成块状（称电极块），再采用等离子焊接方法将电极块焊接成电极（棒），在真空自耗电极电弧炉中经二次重熔成锭。为保证铸锭成分均匀，对加入的低碳钢、铝片、合金元素、返回料和海绵钛的粒度均控制在一定范围之内，并根据需要采取三次真空重熔。工业规模熔炼的钛铁合金锭一般为 3~6t。近年也采用其他方法，如等离子熔炼、电子束熔炼、壳式熔炼和电渣熔炼等，熔得钛合金扁锭和方锭。

13.4 铝硅钛合金

铝硅合金是一种重要的工业铝合金，在汽车、航天、机械、电器等方面得到广泛的应用，其消耗量约占世界金属铝年产量的 1/4。在铝硅合金中加入一定量的钛可以细化晶粒，提高强度，改善理化性能。中国含钛铝合金牌号约占铝合金总牌号数的 42%，随着对铸铝制品性能要求进一步提高，含钛的铝硅合金的应用将越来越广泛。

传统的铝硅钛合金生产方法都是先由铝土矿生产出氧化铝，再熔盐电解制取金属铝，然后在金属铝中加入纯硅和海绵钛配制成合金。在氧化铝生产中将铝土矿中的硅钛成分除去，而在配制合金却又要加入硅钛。这样使得合金生产的工艺相当繁杂，各方面的消耗都很大。

为了简化铝硅钛合金的生产工艺，降低消耗和生产成本，在熔盐电解过程中直接制取铝硅钛合金，如澳大利亚马尔克公司曾在 84kA 的电解槽中添加氧化铝和石英砂生产了含硅 7% 的铝硅合金。美国雷诺公司在 75kA 和 90kA 电解槽中加入氧化铝和石英砂生产铝硅合金。但都未能省略氧化铝生产的环节，且只是生产铝硅合金。前苏联德徨克铝厂在铝电解槽中加海绵钛和钛渣生产了含钛 0.7% 的铝钛合金。国内包头铝厂等也进行了类似实验。铝土矿预处理后直接电解生产铝硅钛合金，国内曾有厂家在 12kA 铝电解槽中短期实验过，但槽面难以结壳且钛偏析。

根据铝电解基本理论和文献资料，合金中硅含量越高，工艺过程越难掌握，尤其是超过硅含量 9% 时冶炼工艺非常困难。而应用较广的 ZL102 合金的硅含量为 10%~12%，铁含量为 0.6%。因此，一方面为探索硅含量的适宜上限和最佳工艺控制参数，另一方面使合金具有较广的适应性和选择性，将铝硅钛合金的硅含量定为 6%~12%。

硅钛氧化铝中含有 1.31% 的 TiO_2，可以通过电解过程析出到合金中，无须加入金属钛。经分析认为，只要合金中钛含量在 1% 以下，对电解工艺不会有大的困难。因此，确定合金中的钛含量控制在 0.24%~1.0%。

由于合金中硅钛含量较高，电解工艺要求较严格，要根据生产槽况，及时进行工艺调整。保持壳面不塌，不出现病槽。为保持稳定生产，要求控制的主要技术条件如下：

槽工作电压：4.40~4.50V；电解质分子比：2.8~2.9；电解质水平：17~20cm；出

铝后铝水平：18～20cm；阳极效应系数：0.5～1.0。

以除铁含硅钛的铝土矿粉（简称硅钛氧化铝）为原料，在某铝厂60kA铝电解槽中直接电解。除铁含硅钛的铝土矿粉化学成分见表13－5。

表13－5　除铁含硅钛的铝土矿粉化学成分　　（%）

成　分	Al_2O_3	SiO_2	TiO_2	Fe_2O_3	灼　减
1	74.90	22.67	1.31	0.54	0.34
2	73.92	22.41	1.37	0.52	
3	76.38	20.49	1.33	0.51	
平　均	75.07	21.84	1.34	0.56	

使用硅钛氧化铝直接电解，其电解质成分存在多价离子。在电解过程中出现循环氧化－还原作用，TiO_2、V_2O_5等高价氧化物将对电流效率产生严重影响，电解质中每含0.01%的钛使电流效率降低0.75%。由于原料为硅钛氧化铝，电解质中含0.113%的TiO_2，相当于0.066%的钛，将会使电流效率降低约4.95%。电解质中非冰晶石成分见表13－6。

表13－6　电解质中非冰晶石成分　　（%）

非冰晶石	Al_2O_3	SiO_2	TiO_2	Fe_2O_3	V_2O_5	KF	CaF_2	MgF_2
样品1	6.72	1.17	0.113	0.04	0.003	0.62	5.04	2.0
样品2	5.08	0.078	0.002	0.012	0.001	0.38	2.9	1.16

铝硅钛合金成分达到预定要求后，通过控制硅钛氧化铝的用量来稳定合金成分在硅6%～12%、钛0.2%～1.0%、铁小于0.5%的范围内。硅含量在6%以下时，槽况基本上较稳定，当超过6%尤其9%以上时，操作有一定难度，必须正确掌握技术条件，正确操作才能稳定生产。

铝电解槽中硅钛的析出，除对技术条件和操作工艺有一定的影响外，对电流效率有较大影响，使生产铝硅钛合金的实验槽电流效率明显低于生产纯铝的电流效率。

电解过程供电状况极不平稳，整个60kA系列电流效率都较低。铝硅钛实验槽较纯铝非实验槽仍低10.26%，这主要是合金中硅含量的影响，每增加1%的硅将降低0.706%的电流效率。铝硅钛合金含硅量平均为9.82%，降低电流效率6.93%。加上前述电解质中钛降低电流效率4.95%，两方面约降低电流效率6.93%＋4.95%＝11.88%。

14 钛材料制造技术——碳氮化钛

碳化钛（Titanium Carbide，TiC）为灰黑色结晶体，熔点约为3200℃，具有熔点高、硬度高和化学性能稳定性好的特点，广泛应用于制造耐磨材料、切削刀具材料、模具制造、制作熔炼金属坩埚等诸多领域，透明碳化钛陶瓷又是良好的光学材料。磨料和磨具行业碳化钛磨料是替代氧化铝、碳化硅、碳化硼、氧化铬等传统研磨材料的理想材料。粉末冶金领域碳化钛粉体用于粉末冶金生产陶瓷、硬质合金零件的原料，如拉丝膜、硬质合金模具等。碳化钛在制造金属陶瓷、耐热合金和硬质合金过程中，是硬质合金的重要成分，在 WC – Co 系硬质合金中加入6%～30%的碳化钛，与 WC 形成 TiC – WC 固溶体，可明显提高合金的红热性、耐磨性、抗氧化性、抗腐蚀性等性能，比 WC – Co 硬质合金更适于加工钢材，也可以用 Ni – Mo 等合金作黏结剂制成无钨硬质合金，能提高车削速度和加工件的精度及光洁度。用作金属陶瓷材料则具有高硬度、耐腐蚀和热稳定性好的特点。碳化钛的研磨能力可与人造金刚石相媲美，大大降低了成本，目前在美国、日本、俄罗斯等国家已得到广泛应用。碳化钛材料制造的磨料、砂轮及研磨膏等制品可以大大提高研磨效率，提高研磨精度和表面光洁度。碳化钛也可用于钢铁品种开发，替代钛铁合金生产含钛钢种，钛收得率大于90%。碳氮化钛是碳化钛的异变产品，Ti(C，N) 在钢铁铸件方面的应用，中国和美国、英国、瑞典等国学者近年来利用原位合成 Ti(C，N) 研究对钢铁铸件的增强效果，其结果表明含 Ti(C，N) 铸件的力学性能均优于不含 Ti(C，N) 的铸件。

14.1 碳氮化钛

碳化钛具有产品纯度高、粒径小、分布均匀、比表面积大、高表面活性、松装密度低、耐高温、抗氧化、强度高、硬度高、导热性良好，韧性好，以及对钢铁类金属的化学惰性等优异性能，是极有应用价值的材料。碳氮化钛广泛应用于制造耐磨材料、切削刀具材料、模具制造、制作熔炼金属坩埚等诸多领域。

14.1.1 制备方法

碳氮化钛生产方法包括 TiO_2 碳热还原法、自蔓延合成法、氨解法、高温合成法、高温氮化法、溶胶凝胶法、等离子合成法和机械合成法等，还原剂包括炭黑、石墨和丙烯类含碳气体，钛原料包括钛白、人造金红石、钛黄粉和钛盐等，等离子合成法用于制备碳氮化钛涂层薄膜，溶胶凝胶法用于制备碳氮化钛粉末，各类热还原法用于制备碳氮化钛固溶体。碳化钛制备工艺比较表明，碳化钛制备存在控制难度大、原料成本高和生产规模小的问题。

国外碳化钛生产主要是熔钛高温合成，即将海绵钛（或者废钛）真空熔化，1800～2400℃直接与碳反应生成 TiC，如加拿大肯纳金属公司马克罗分公司、氰氨基化钙公司和米兰范策第金属陶瓷公司。国外公司往往将生产应用结合，如碳氮化钛喷镀到金属表面，形成金黄色钛镀层，起到表面硬化作用，提高外观效果和抗耐腐蚀能力；国外公司还将 TiC 和 TiN 结合生产，得到质量比 20% TiC 和 80% TiN 的混合物，形成紫色镀层；部分厂家生产与金属陶瓷企业结合生产，生产应用结合顺畅。

TiC 硬质合金生产的工艺方法是将 TiC、Ni 和 Mo（或 Mo_2C）一起进行湿磨，压坯通常于真空中在 1300 ~ 1500℃下进行液相烧结，也可以采用熔渗法和高温自蔓延合成法制取。采用熔渗法制取 TiC – Mo_2C：Ni 合金时，预先制取 TiC 多孔烧结体（骨架），然后用 Ni：Mo 熔体熔渗骨架，从而形成致密烧结体。采用高温自蔓延合成法制取 TiC – Mo_2C：Ni 合金时，将钛粉、炭黑、钼粉和镍粉进行配料球磨、干燥和压团，然后在石墨模内进行高温自蔓延合成反应，并在燃烧波通过之后立即增加 0.05MN 的载荷下保持 6 ~ 10s。TiCN 硬质合金实质上是 TiC 硬质合金的变种，其制取工艺基本上相同，包括混合料的制备、成型、烧结或热压，混合料制备时，TiC 和 TiN 既可以 TiC 和 TiN 混合物的形式加入，也可以 Ti(C，N) 固溶体的形式加入。

（1）碳热还原法。碳热还原采用炭黑还原 TiO_2 实现，温度控制在 1700 ~ 2100℃，化学反应如下：

$$TiO_2(s) + 3C(s) = TiC(s) + 2CO(g) \qquad (14-1)$$

参加反应的 TiO_2 和炭黑以颗粒分散物存在，反应过程进行主要受分散颗粒物的接触面积和炭黑在 TiO_2 中的分布影响，产品与未反应物料混杂，而且由于晶粒生长和粒子间的化学键合，TiC 粒度分布宽，产品需要球磨后处理。一般反应持续 10 ~ 20h，受产品反应扩散梯度影响，直接品质纯度不高，应用受限。

（2）直接碳化法。直接碳化是在熔融钛中加入炭粉，利用钛与碳的强烈反应特性，搅拌溶解后得到 TiC；也可以细粒钛粉与炭粉高温真空合成，利用颗粒结合特性，得到 TiC，化学反应如下：

$$Ti(l) + C(s) = TiC \qquad (14-2)$$
$$Ti(s) + C(s) = TiC \qquad (14-3)$$

反应持续时间为 5 ~ 20h，反应控制难度大，未反应物料夹杂，产品容易团聚或者结块，处理比较困难，球磨后需要化学处理提纯。

（3）气相沉积法。气相沉积法以 $TiCl_4$ 为原料，碳和氢为还原剂，化学反应如下：

$$TiCl_4 + 2H_2(g) + C(s) = TiC(s) + 4HCl(l) \qquad (14-4)$$

反应产物沿钨丝和碳热棒表面生成，反应控制有一定难度，产品质量不稳定。

（4）高温自蔓延合成法。高纯高活性钛粉与炭粉混合，加热点燃定向蔓延燃烧，碳与钛反应生成 TiC，反应速度可以在 1s 完成，主要控制单元为配料。反应与式（14-3）相同。

（5）反应球磨法。炭粉和钛粉在高能球磨机中通过机械诱发自蔓延反应或者机械无显热固态合成反应得到 TiC。化学反应与式（14-2）和式（14-3）相同。

（6）溶胶法。用含钛的 $C_{16}H_{36}O_4Ti$ 和蔗糖为原料，首先混合制备 Ti – 溶胶，在 Ti – 溶胶中加水形成前驱体，加热脱水，制块，微波加热 1.5h，流动氩气保护，1200℃得到 TiC 粉末，1300℃获得 0.1 ~ 0.5μm 的 TiC 粉末。

用 TiO_2 和树脂碳为原料，在甲醇溶液中研磨混合均匀，在旋转蒸发皿 70℃烘干，并研磨成颗粒，放入流动氩气保护的石墨管式炉中加热，1500℃保温 15min 得到粒度 80nm

的 TiC 粉末。

将 600℃ 热解乙烯碳均匀覆盖在 TiO_2 表面，1550℃ 保温 4h，得到残氧 0.6%，粒度 0.1~0.3μm 的 TiC。

用钛铁矿和石墨或者活性炭为原料，混合均匀，用热重分析仪加热至 1500℃，氩气流保护，样品在不同温度热处理 1h，最后用盐酸浸出，TiC 与铁 100% 分离，但残留部分钛铁矿中的杂质影响 TiC 质量。

（7）氧化物金属钙热还原法。用金属钙、炭粉和 TiO_2 为原料，按照比例混合加入石墨反应器中，氩气流保护，加热至 950℃，保温 2h，产物酸洗后真空干燥，得到 10μm TiC 粉末，化学反应如下：

$$TiO_2 + 2Ca + C \Longrightarrow TiC + 2CaO \qquad (14-5)$$

用 CaH_2 和 CaC_2 以及 TiO_2 为原料，加热温度高于 1100℃，反应加速，在 1150~1200℃ 加热 8h 得到粒度分布均匀的 TiC，准确配料后可以得到满足化学计量要求的 TiC_{10} 粉末。化学反应如下：

$$TiO_2 + 2CaH_2 \Longrightarrow Ti + 2CaO + 2H_2 \qquad (14-6)$$
$$CaC_2 \Longrightarrow Ca + 2C \qquad (14-7)$$
$$Ti + C \Longrightarrow TiC \qquad (14-8)$$

（8）氯化物金属热还原法。将高纯 $TiCl_4$ 和 C_xCl_4（x 为 1，2）液体按比例加入到装有液体镁的绝热圆柱容器中，内部氩气保护，加热至 900~1100℃，反应制备出 TiC 粉末，产品中残留的 Mg 和 $MgCl_2$ 可以真空加热蒸馏去除，化学反应如下：

$$TiCl_4 + CCl_4 + 4Mg \Longrightarrow TiC + 4MgCl_2 \qquad (14-9)$$
$$TiCl_4 + 1/2C_2Cl_4 + 3Mg \Longrightarrow TiC + 3MgCl_2 \qquad (14-10)$$

用 CCl_2 可以在 1000℃ 生产出自由碳 0.30%，晶粒约 50nm 的亚化学计量 $TiC_{0.96}$ 粉末，主要杂质为 O、Fe、Mg 和 Cl。

（9）氧化物金属镁还原法。以 TiO_2、碱式碳酸镁和镁粉为原料，研磨后放入不锈钢加压反应器中，550℃ 加热 10h，得到尺寸为 30nm、具有良好热稳定性和抗氧化性的 TiC 粉末，化学反应如下：

$$(MgCO_3)_4 \cdot Mg(OH)_2 \cdot 5H_2O + 4TiO_2 + 22Mg \Longrightarrow 4TiC + 27MgO + 6H_2$$
$$(14-11)$$

（10）氮化钛。用锐钛矿和金红石为原料，鳞片石墨、石墨和炭黑为碳化还原剂，不同配比混合后在管式电炉和流动氮气保护下，在 1300℃ 和 1400℃ 制备了 TiN。

（11）碳氮化钛。钛氧化物在氮气保护下碳热还原可以得到 Ti(N，C)。

14.1.2　基本技术原理

碳氮化钛生产属于长周期，反应过程缓慢，机理比较复杂。

14.1.2.1　碳氮化钛的晶体结构

Ti(C，N) 具有典型的 NaCl 型的面心立方（f，c，c）结构，碳或氮原子占据面心立方顶角，钛原子占据面心立方的（1/2，0，0）位置。因 TiC 和 TiN 的晶格常数非常接近，故它们可形成 TiC_{1-x} 和 TiN_x 组成的连续固溶体。Ti(C，N) 中相邻 Ti 原子平面间以 Ti—(C，N) 最强键结合。在 Ti(C，N) 的 NaCl 型晶体点阵中，C、N 两种原子的分布是统计分布的。

14.1.2.2 反应过程相态分析

通过对 Ti（C，N）晶体结构的分析，可以知道 TiO_2 在形成 Ti（C，N）时，应首先被还原形成 TiC，然后 N 原子再替代部分 C 原子在晶体上的位置，使得 TiC 再进一步形成了 Ti（C，N）。而 $TiO_2 \rightarrow TiC$ 的还原、碳化则是逐级进行的。还原过程的各个阶段，不仅 O 含量在变化，而且其晶型也在发生变化，也就是在还原的同时发生相变。而在 $TiO_2 \rightarrow TiC$ 的过程中，则无相变，是 C 原子取代了 O 原子在晶格中的位置。

14.1.2.3 反应过程热力学分析

对于 TiO_2 还原的热力学机理，国内外存在着两种观点，一种观点认为，还原过程伴随 Boudouord 反应，即反应是由如下反应组成：

$$C + CO_2 \longrightarrow 2CO \qquad \Delta G_T^\ominus = -166550 + 171.00T \qquad (14-12)$$

$$3TiO_2 + CO \longrightarrow Ti_3O_5 + CO_2 \qquad \Delta G_T^\ominus = -106950 + 26.98T \qquad (14-13)$$

$$2Ti_3O_5 + CO \longrightarrow 3Ti_2O_3 + CO_2 \qquad \Delta G_T^\ominus = -82950 + 18.53T \qquad (14-14)$$

$$Ti_2O_3 + CO \longrightarrow 2TiO + CO_2 \qquad \Delta G_T^\ominus = -191950 + 24.67T \qquad (14-15)$$

$$TiO + 3CO \longrightarrow TiC + 2CO_2 \qquad \Delta G_T^\ominus = -117700 + 194.68T \qquad (14-16)$$

$$3TiO_2 + C \longrightarrow Ti_3O_5 + CO \qquad \Delta G_T^\ominus = -273500 + 197.98T \qquad (14-17)$$

$$2Ti_3O_5 + C \longrightarrow 3Ti_2O_3 + CO \qquad \Delta G_T^\ominus = -249500 + 152.47T \qquad (14-18)$$

$$Ti_2O_3 + C \longrightarrow 2TiO + CO \qquad \Delta G_T^\ominus = -358500 + 195.67T \qquad (14-19)$$

$$TiO + 2C \longrightarrow TiC + CO \qquad \Delta G_T^\ominus = -215400 + 147.32T \qquad (14-20)$$

$$2TiC + N_2 \longrightarrow 2TiN + 2C \qquad \Delta G_T^\ominus = -151500 + 80.71T \qquad (14-21)$$

$$TiCl_4 + O_2 \longrightarrow TiO_2 + 2Cl_2 \qquad (14-22)$$

对于产生 Ti_3O_5 的反应，从第一种反应机理出发可导出：是减函数，当温度提高，为了维持反应平衡，CO 浓度应降低，但为了促进反应向右进行，打破平衡，则应提高 CO 浓度。

由于实际中，TiO_2 和炭粉间均有一定的空间距离，所以第一种反应机理的普适性要强一些，但只要注意到反应式（14-14）的存在，就不难看出第二种反应机理也有其存在的条件。因为在 $TiC \rightarrow TiN$ 的过程中，有 C 析出，而每一颗粒的 Ti（C，O）是由无数的 Ti（C，O）晶胞组成，析出的 C 必定和邻近 Ti（C，O）晶胞中的氧原子或 Ti_xO_y 反应，此时，可认为 Ti_xO_y 和 C 之间的距离为零距离。

$TiO \rightarrow TiC \rightarrow TiN$ 的过程是在同相之内同时进行的，可以分为 $TiO \rightarrow TiC$ 和 $TiC \rightarrow TiN$ 两过程，由于 TiO、TiC、TiN 同属面心立方晶体，它们的晶格常数非常接近，分别是 4.162、4.329、4.235，在氮气气氛下 TiO 的还原、碳化、氧化是在同相内同时进行的，其氧原子在晶体中的位置先被碳原子取代，随后部分碳原子又被氮原子取代。碳热还原合成的 Ti（C，N）中总有少量的氧，碳氮化钛可以表示为 $TiN_xC_yO_z$，化学反应式如下：

$$TiO + 2C + N_2 \longrightarrow TiCN + CO \qquad (14-23)$$

因为 TiC 之间的还原反应（$TiO_2 \rightarrow Ti_3O_5 \rightarrow Ti_2O_3 \rightarrow TiO$）的反应自由能是温度 T 的减函数，温度提高之后，维持原平衡所需的 CO 量减少，而升高温度促进 Boudouord 反应向右进行，产生了过量的 CO，这就促成了各级还原反应（$TiO_2 \rightarrow Ti_3O_5 \rightarrow Ti_2O_3 \rightarrow TiO$）向右进

行。但因炉内主流气体是氮气，产生 CO 很容易被 N_2 气带走，反而促使还原反应向右进行。对于 TiO→TiC 过程：在标准状态下，当温度高于332K 时，反应就不能向右进行，要使反应向右进行，必须有过量的 CO 才能促进反应向右进行，也就是依赖于 Boudouord 反应提供的 CO，而温度越高，则 Boudouord 反应提供的 CO 越多，因此从总体上来说，提高温度有利于该反应。在标准状态下，需在1189K 反应才开始进行，之后温度越升高，反应的 ΔG 越小，越有利于 TiC 的生成。

14.1.3 碳化钛生产工艺

碳化钛生产规模小，工艺配置总体简单。

14.1.3.1 高温合成

碳化钛高温合成生产工艺主要是将海绵钛（或者废钛）在水冷铜坩埚中真空高温熔融，形成钛金属液体，浇注过程喷入高纯炭粉，配碳系数为理论值的 1.03 ~ 1.05 倍，在1800 ~2400℃直接与炭粉反应生成 TiC，工艺流程如图 14 -1 所示。

海绵钛或废钛
熔化
喷入炭粉
冷却
精整
碳化钛

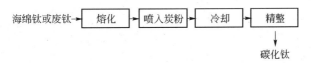

图 14 -1　高温合成工艺流程

14.1.3.2 真空碳热还原

碳化钛真空碳热还原生产工艺主要是精确计算高纯钛白（锐钛钛白）与高纯炭粉的配料比，配碳系数为理论值的 1.03 ~1.05 倍，造球加入 1400 ~1600℃真空高频真空炉中，加热 15 ~18h，后期如供应少量氮，即可得到 Ti(C，N）碳氮化钛固溶体。工艺流程如图 14 -2 所示。

钛白 + 炭粉
造球
入炉加热
冷却
精整
碳化钛

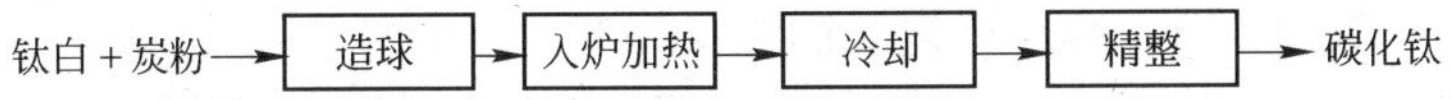

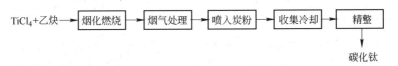

图 14 -2　真空碳热还原工艺流程

14.1.3.3 $TiCl_4$ 烟化制备法

碳化钛 $TiCl_4$ 烟化制备法，主要通过以 $TiCl_4$ 为原料，主体设备与等离子火焰配套，加热 $TiCl_4$ 流体，利用乙炔气燃烧碳化生产碳化钛，特殊情况喷入高纯炭粉。工艺流程如图 14 -3 所示。

TiCl4+乙炔
烟化燃烧
烟气处理
喷入炭粉
收集冷却
精整
碳化钛

图 14 -3　$TiCl_4$ 烟化制备法工艺流程

14.2 碳化钛的应用性质

TiC 为浅灰色，立方晶系，不溶于水，具有很高的化学稳定性，与盐酸、硫酸几乎不起化学反应，但能够溶解于王水，硝酸，以及氢氟酸中，还溶于碱性氧化物的溶液中。相对分子质量为 59.91，密度为 4.93g/cm³，熔点为 3160℃，沸点为 4820℃。

碳化钛是典型的过渡金属碳化物，可由骨炭与二氧化钛在电炉中加热制得。它是硬质合金的重要成分。它的键型是由离子键、共价键和金属键混合在同一晶体结构中，因此碳化钛具有许多独特的性能。晶体的结构决定了碳化钛具有高硬度、高熔点、耐磨损以及导电性等基本特征。

14.2.1　物性数据

中文名称：碳化钛，英文名称：Titanium Carbide，别名：Titanium（Ⅳ）Carbide。

CAS 号：12070 – 08 – 5，MDL 号：MFCD00011268，EINECS 号：235 – 120 – 4，Pub-Chem 号：235 – 120 – 4。

性状：灰色金属光泽的结晶固体，质硬，硬度仅次于金刚石，弱磁性。密度（25℃）为 4.93g/m³，熔点为 3140℃，沸点（常压）为 4820℃。溶解性：溶于硝酸和王水，不溶于水。莫氏硬度为 9 ~ 10，显微硬度为 30000MPa，弹性模量为 2940MPa，抗弯强度为 240 ~ 400MPa，线膨胀系数为 $7.74 \times 10^{-6} K^{-1}$，热导率为 21W/(m·K)，生成热为 – 183.4 kJ/mol。

14.2.2　毒理学数据

主要的刺激性影响：（1）在皮肤上面，刺激皮肤和黏膜；（2）在眼睛上面，有刺激的影响；（3）致敏作用，没有已知的敏化现象。

14.2.3　计算化学数据

拓扑分子极性表面积（TPSA）为 0，重原子数量为 2，表面电荷为 0，复杂度为 0，同位素原子数量为 0，确定原子立构中心数量为 0，不确定原子立构中心数量为 0，确定化学键立构中心数量为 0，不确定化学键立构中心数量为 0，共价键单元数量为 2，氢键供体数量为 0，氢键受体数量为 0，可旋转化学键数量为 0。

14.2.4　安全稳定性数据

常温常压下稳定，避免接触氧化物。不溶于水，能溶于王水及硝酸。储存方法：常温密闭，阴凉通风干燥。安全标识：S16 S22。注意事项：碳化钛粉体应贮藏于阴凉、干燥室内，避免重压。未经表面处理的粉体，使用过程中不宜暴露在空气中，以免吸湿团聚，影响分散性能和使用效果。

14.3　氮化钛应用性质

氮化钛用作粉末冶金、精细陶瓷原料粉、导电材料及装饰材料，广泛用于耐高温、耐磨损及航空航天等领域。该材料具有良好的导电性，可用作熔盐电解的电极和电触头等导电材料，也可作为添加剂用于硬质刀具中。它还用作粉末冶金、精细陶瓷原料粉、导电材料及装饰材料。

14.3.1　物性数据

中文名称：氮化钛，英文名称：Titanium Nitride，别名：氮化钛溅射靶、氮化钛耐火喷剂，分子式为 TiN，相对分子质量为 61.89。

物竞编号：0QMN，CAS 号：25583 - 20 - 4，MDL 号：MFCD00049596，EINECS 号：247 - 117 - 5。

14.3.2　计算化学数据

氢键供体数量为 0，氢键受体数量为 1，可旋转化学键数量为 0，拓扑分子极性表面积（TPSA）为 23.8，重原子数为 2，表面电荷为 0，复杂度为 10，同位素原子数量为 0，确定原子立构中心数量为 0，不确定原子立构中心数量为 0，确定化学键立构中心数量为 0，不确定化学键立构中心数量为 0，共价键单元数量为 1。

14.3.3　安全稳定性数据

如果遵照规格使用和储存则不会分解，避免接触氧化物、热。在空气中稳定。在 270℃ 以上能被氯腐蚀。在热的氢氧化钾溶液中分解，在过热的水蒸气中也分解。硬度极高，具有很好的耐热性、耐腐蚀、耐磨性能。保持贮藏器密封放入紧密的贮藏器内，储存在阴凉、干燥的地方。

14.4　TiCN 应用性质

TiCN 具有比 TiN 更低的摩擦系数和更高的硬度，镀了氮碳化钛的工具更加适合于切割如不锈钢、钛合金和镍合金等坚硬材料，更具耐磨性和高温稳定性，可显著提高刀具的寿命。性质：深灰色粉末。具有较低的内应力，较高的韧性，良好的润滑性，以及高硬度、耐磨损等特性，适用于要求较低摩擦系数及较高硬度的场合。

14.4.1　物性数据

中文名称：腈化钛，英文名称：Titanium Carbonitride，别名：碳氮化钛，分子式为 TiCN，相对分子质量为 121.75。物竞编号：0LGZ，CAS 号：12654 - 86 - 3，MDL 号：MFCD01868685。

14.4.2　安全稳定性数据

通常 TiCN 对水不产生危害，但若无政府许可，勿将材料排入周围环境。常温常压下稳定，应避免接触氧化物。应储存在常温密闭避光、通风干燥处。危险运输编码：UN 3178 4.1/PG 3。

14.5　碳氮化钛应用

14.5.1　含钛特殊钢

钛氮合金是一种既含钛，又含氮和碳的复合合金，为新型的炼钢添加剂。钛在钢中主要以 TiC 或 Ti（C，N）的形态存在。钛是钢中强脱氧剂，它能使钢的内部组织致密，细化晶粒；降低时效敏感性和冷脆性，改善焊接性能。在 Cr18Ni9 奥氏体不锈钢中加入适当的钛，可避免晶间腐蚀。氮能提高钢的强度、低温韧性和焊接性，增加时效敏感性。钢中含碳量增加，屈服点和抗拉强度升高，但塑性和冲击性降低。此外，碳能增加钢的冷脆性和时效敏感性。碳氮化钛技术指标见表 14 - 1。

表 14 -1　碳氮化钛技术指标　　　　　　　　（%）

牌　　号	产品技术指标					
	Ti	N	C	Si	P	S
TiN10	≥75	8 ~ 12	≤8	≤0. 25	≤0. 03	≤0. 01
TiN14	≥70	12 ~ 16	≤8	≤0. 25	≤0. 03	≤0. 01

合金元素中比较活泼的元素有 Al、Mn、Si、Ti 和 Zr 等，极易和钢中的 N 和 O 结合，形成稳定的氧化物和氮化物，一般以夹杂物的形态存在于钢中。Mn 和 Zr 也与硫化物夹杂。钢中含有足够数量的 Ni、Ti、Al 和 Mo 等元素时可以形成不同类型的金属间化合物，有的合金元素如 Cu 和 Pb 等，如果含量超过在钢中的溶解度，则以较纯的金属相存在。

14.5.2　磨料用途

磨料和磨具行业碳化钛磨料是替代氧化铝、碳化硅、碳化硼、氧化铬等传统研磨材料的理想材料。碳化钛的研磨能力可与人造金刚石相媲美，大大降低了成本，目前在美国、日本、俄罗斯等国家已得到广泛应用。碳化钛材料制造的磨料、砂轮及研磨膏等制品可以大大提高研磨效率、提高研磨精度和表面光洁度。

14.5.3　陶瓷用途

在 Si_3N_4 陶瓷中引入 TiC 颗粒，可使材料的断裂韧性提高。譬如，当 TiC 的加入量为 20%（体积分数）时，材料的韧性可提高 50%。在 TiC - Si_3N_4 体系中，增韧机理是裂纹尖端被 TiC 颗粒钉扎和微裂纹增韧，但是当 TiC 的加入量太多时，材料的强度下降。碳化钛 TiC 是碳化硅陶瓷良好的增强体。原因是：（1）TiC 的线膨胀系数（$7.4 \times 10^{-6} ℃^{-1}$）与 SiC 的界面上存在残留张应力场，将促使裂纹偏折；（2）TiC 晶粒有五个滑移系，且在 800℃ 以上呈延性；（3）在常规的热压温度下，TiC 与 SiC 化学相容。SiC - TiC 复合材料韧性、强度与碳化钛颗粒的加入量、颗粒的大小、分布状态以及添加剂有关。

14.5.4　硬质合金

碳化钛基硬质合金具有如下特点：（1）硬度高，一般可达 HRA90 以上；（2）耐磨性好，磨损率低；（3）良好的耐高温和抗氧化能力；（4）导热性能好，化学稳定性好。

14.5.5　高温冶金用途

用热压法制造的碳化钛陶瓷性能如下：密度为 4.94g/mL，线膨胀系数为 $7.4 \times 10^{-6} ℃^{-1}$，电阻率为 68.2Ω·cm，洛氏硬度为 93。

碳化钛陶瓷硬度大，是硬质合金生产的重要原料，并具有良好的力学性能，可用于制造耐磨材料、切削刀具材料、机械零件等，还可制作熔炼锡、铅、镉、锌等金属的坩埚。另外，透明碳化钛陶瓷又是良好的光学材料。

14.5.6　钛在表面技术中的应用

14.5.6.1　离子注入技术

用钛和氮离子注入到调整工具钢、模具钢、硬质合金的铣刀、钻头、热挤压模、板牙等，可提高工具使用寿命数倍。

汽轮机的燃料喷嘴，经 Ti 和 B 的离子注入后，其高温使用寿命可延长 2.7 ~ 10 倍。汽轮机轴承经 Ti + C、Ti + Cr 离子注入后，其使用寿命能提高上百倍，发电机低温轴承可提高到 400 倍。

用 Ti + C 离子注入到铁基合金中，能提高轴承、齿轮、阀、模具的耐磨性。注入到超合金纺丝用模口处也能提高其耐磨性。用 $4.6 \times 10^{17}/cm^2$ 的 Ti 离子注入到 5210 轴承钢中，磨损率下降 67%。用 Ti、N 和 Ti + N 离子注入到不锈钢中，在干摩擦中摩擦系数由 0.8 下降到 0.2 ~ 0.4；在湿润滑条件下，304 不锈钢的摩擦系数可由 0.16 降到 0.12。

14.5.6.2　离子镀膜技术

这种技术适用于沉积硬质薄膜，镀耐磨镀层，应用于刀具、模具、抗磨零件上，作抗磨损保护膜，例如工业纯钛磁力泵轴镀 TiN，这类镀膜可利用 TiN、TiAlN、TiC、TiCN 等。TiN 膜硬度为 (2500 ± 400) HV，耐 (550 ± 50)℃高温，金黄色，韧性好。TiCN 膜硬度为 (2900 ± 400) HV，耐 (450 ± 50)℃高温，红棕色或灰色，韧性良好。近来出现利用纳米多层结构超硬效应膜系，如 TiAl/AlN、TiN/TiAlN、TiN/W_2N、TiCN/TiN 等，适用于刀具与耐磨零件上，其性能比单层优越。如 TiN/AlN 纳米多层膜，每层只有几纳米至十几纳米，两者交叠达数百层，硬度可达 4000HV，称"紫刀"，因为这一系列膜为浅紫色。这种膜特别适用于某些难加工的材料切削加工。

硬质膜广泛应用于装饰领域，因为它耐磨、耐蚀和耐候，还可调控彩色，如仿金系列镀 TiN、TiN + Au 等，银色镀 Ti 等；彩色调整用不同配比的 TiAlN、TiCN、ZrCN、TiON、ZrON、TiOCN 等，黑色系列镀 TiC、TiC + Ti、TiAlCN 等。被镀基体材料有不锈钢、黄铜、锌合金、铝合金，甚至玻璃、塑料、陶瓷等。产品有钟件、表件、打火具、笔具、餐具、饰物、厨具、洁具、金属家具、皮具、服饰、日用五金配件、灯具、建筑五金件、运动器材、锁具、眼镜框等。

举例：镀 TiN 硬质膜，基件为直径 $\phi8 ~ 46mm$ 的高速钢麻花钻头。采用小圆靶（直径 $\phi60mm$）8 弧源阴极电弧离子镀膜机。靶与钻头距离为 150 ~ 200mm，本底真空度为 $5 \times 10^{-3}Pa$，负偏压由 0 升至 700 ~ 800V，各靶轰击 1min。预镀 Ti 打底，氩气压约为 $10^{-1}Pa$，负偏压为 300V，4 - 8 靶同时作业 2 ~ 3min。镀 TiN 膜，氮气压为 1.5 ~ 0.5Pa，负偏压为 50 ~ 150V，4 - 8 靶同时作业 30 ~ 40min。效果是 TiN 膜呈金黄色，膜厚为 2 ~ 2.5μm，硬度大于 2000HV，附着力（划痕试验）不小于 60N，膜层组织致密，麻花钻头使用寿命按 GB 1436—85 标准，钻层钻头钻削长度平均为 13.8m，比未镀膜钻头的 1.98m 高约 7 倍。

14.5.6.3　热喷涂技术

热喷涂是利用某种热源将涂层材料加热到熔融或半熔融状态，同时借助于焰流或高速气流将其雾化，并将雾化的喷涂层材料粒子喷射到基体材料表面上，沉积成具有某种功能的涂层技术。热喷涂分为气体燃烧火焰喷涂、电弧喷涂、等离子喷涂、激光喷涂和电热热源喷涂。

石油精制废水处理装置，冷凝器采用 SUS405 或 316L 不锈钢制造，由于工作环境中有硫化氢和氨作用，使用时间不长便发生腐蚀减薄及应力腐蚀裂纹，腐蚀速率达 5mm/a。采用 TiO_2 陶瓷涂层并用硅树脂封孔，使用 18 年后仍可正常运行。

钛在高温下活泼，在大气气氛下喷涂会生成大量流动性差的氧化钛和氮化钛，涂层产生大量孔洞。在低压保护性气氛中喷涂，涂层不会受大气污染，孔洞少，涂层致密。

近等原子 Ti–Ni 合金为一种多功能材料，除具有形状记忆、超弹性、耐磨、耐蚀等优点外，还具有高阻尼和消振特性，能降低工作过程中产生的振动和噪声，因此是一种优异的抗气蚀材料。Ti–Ni 合金热喷涂涂层在海军快艇上得到了应用。铝青铜螺旋桨表面用低压等离子喷涂 Ti–Ni 合金涂层后，干扰空泡腐蚀的能力比无涂层的铝青铜螺旋桨高 5 倍。

热喷涂的关键是使涂层与基体良好结合。因此首先在喷涂前基体材料表面进行净化处理，将油污、氧化物、油漆等污物去除。然后将基体材料表面进行粗化加工处理，一般的办法是喷砂、电拉毛或机械加工等，使净化处理的洁净表面形成均匀的凸凹不平的粗糙表面，增加涂层和基体材料表面的结合力。热源是重要因素，热源有电热、火焰、热源、射流气氛和速度这些参数，直接影响喷涂材料的熔化状况，最终决定沉积涂层的速率、品质和效率。喷涂材料有线材、棒材和粉末，喷涂时送进量根据对涂层的要求而定，一定要控制得当。送进量太大，沉积率低，涂层品质下降；太小影响生产效率，增加喷涂成本。喷涂环境和基体材料温度应特别注意，喷涂过程中是在大气下进行的，免不了氧化和吸入灰尘，降低涂层品质。要求高或者基体材料化学性质活泼，应在保护性气氛或真空中进行喷涂。喷涂过程中，防止基体材料和涂层温度升高，温度过高会引起基体材料和涂层的相对膨胀，从而产生应力乃至涂层破裂。涂层中会有一定数量的孔隙，为了提高涂层耐蚀性，应采用封孔处理。

15　钛材料制造技术——纳米钛白

纳米材料是指三维空间尺度至少有一维处于纳米量级（$1 \sim 100nm$）的材料，它是一种典型的介观系统，处于原子族和宏观物体交界的过渡区域，既非微观系统，也非宏观系统，具有一系列特异的物理化学性质。纳米材料可分为两个层次，即纳米微粒和纳米固体。纳米微粒是指单个纳米尺寸的超微粒子，纳米微粒的集合体称为超微粉末或纳米粉。纳米固体是由纳米微粒聚集而成的，它包括三维纳米块体、二维纳米薄膜和一维纳米线。纳米粒子（有时称为纳米晶）的特性主要有四方面效应：小尺寸效应、大比表面积、量子尺寸效应和量子隧道效应。从尺寸大小来说，通常产生物理化学性质显著变化的细小微粒的尺寸在 $0.1\mu m$ 以下，如 $100nm$ 以下的二氧化钛，其外观为白色疏松粉末。纳米钛白粉，亦称纳米二氧化钛。TiO_2 纳米材料主要有三大特性：超微性、高效光催化活性和紫外吸收性，纳米二氧化钛还具有很高的化学稳定性、热稳定性、无毒性、超亲水性、非迁移性，且完全可以与食品接触，具有抗紫外线、抗菌、自洁净、抗老化功效，可用于化妆品、功能纤维、塑料、油墨、涂料、油漆、精细陶瓷、抗菌材料、食品包装材料、纺织、光催化触媒、自洁玻璃、造纸工业填料、航天工业等领域。TiO_2 具有十分宝贵的光学性质，在汽车工业及诸多领域都显示出美好的发展前景。钛白粉具有化学惰性，但当粒子变得越来越小后，反过来其表面相应会变得越来越大，粒子表面与环境间相互作用，会引发氧化应激反应。这些粒子太小，可以到达身体的任何部位，甚至可以穿过细胞，并干扰亚细胞机制，而身体却没有办法来消除它们。

15.1　纳米钛白

纳米钛白按照晶型可分为金红石型纳米钛白粉和锐钛型纳米钛白粉，按照其表面特性可分为亲水性纳米钛白粉和亲油性纳米钛白粉。表 15 - 1 给出了纳米钛白的产品指标，指标并非指的是某一公司产品指标，而是市场上常见的，故有些数据并不能套在某一产品上。

表 15 - 1　纳米钛白产品指标

技术数据	金红石型纳米级钛白粉	锐钛型纳米级钛白粉
性　状	白色粉末	白色粉末
晶　型	金红石型	锐钛型
金红石含量/%	99	—
粒径/nm	$20 \sim 50$	$15 \sim 50$
干燥减量/%	1	1
灼烧减量/%	$10 \sim 25$	10
表面特性	亲水性或亲油性	亲水性或亲油性
pH 值	$6.5 \sim 8.5$	$6.5 \sim 8.5$

技术数据	金红石型纳米级钛白粉	锐钛型纳米级钛白粉
比表面积/$m^2 \cdot g^{-1}$	80～200	80～200
重金属（以 Pb 计）/%	0.0015	0.0015
砷含量/%	0.0008	0.0008
铅含量/%	0.0005	0.0005
汞含量/%	0.0001	0.0001

15.2　纳米钛白制造方法

制备纳米钛白粉的方法很多，基本上可归纳为物理法和化学法。物理法又称为机械粉碎法，对粉碎设备要求很高；化学法又可分为气相法（CVD）、液相法和固相法。TiO_2 纳米材料的制备方法也可分为干法和湿法两大类。湿法制得的金红石型 TiO_2 纳米材料分散性比干法的好，但是晶型不纯，光活性较强，尽量避免用来做化妆品防晒剂。干法制得的金红石型产物晶型纯度较高，光活性小，主要的问题是分散性差，需要通过对其进行表面处理来解决。

15.2.1　气相法制备纳米钛白粉

气相法反应速度快，能实现连续化生产，而且制造的纳米 TiO_2 粉体纯度高、分散性好、团聚少、表面活性大，特别适用于精细陶瓷材料、催化剂材料和电子材料；但气相法反应在高温下瞬间完成，要求反应物料在极短的时间内达到微观上的均匀混合，对反应器的形式、设备的材质、加热方式、进料方式均有很高的要求。目前气相法在中国还处于小试阶段，如到工业化大生产，还要解决一系列工程问题和设备材质问题。

15.2.1.1　物理气相沉积法

物理气相沉积法（PVD）是利用电弧、高频或等离子体等高稳热源将原料加热，使之气化或形成等离子体，然后骤冷使之凝聚成纳米粒子。其中以真空蒸发法最为常用。粒子的粒径大小及分布可以通过改变气体压力和加热温度进行控制。该法同时可用于单一氧化物、复合氧化物、碳化物以及金属粉的制备。

15.2.1.2　化学气相沉积法

化学气相沉积法（CVD）利用挥发性金属化合物的蒸气通过化学反应生成所需化合物，CVD 法又可分为气相氧化法、气相合成法、气相热解法和气相氢火焰法。该法制备的纳米 TiO_2 粒度细，化学活性高，粒子呈球形，单分散性好，可见光透过性好，吸收屏蔽紫外线能力强。该过程易于放大，实现连续化生产，但一次性投资大，同时需要解决粉体的收集和存放问题。

15.2.2　液相法制备纳米钛白粉

液相法生产纳米 TiO_2 其优点是原料来源广泛，成本较低，设备简单，便于大规模生产。但是液相法易造成物料局部浓度过高，粒子大小、形状不均，而且由于超细 TiO_2 粒子细小，比表面积大，表面能极高，干燥和煅烧过程易引起粒子间的团聚，特别是硬团聚，使产品的分散性变差，影响产品的使用效果和应用范围。液相法可引入均相沉淀、微乳和高温水热技术来控制粒径的大小和粒度的分布，还可用冷冻干燥、共沸蒸馏、超临界干燥和表面处理等技术来减少颗粒之间的团聚。我们认为只要严格控制工艺条件，就可以制得粒径小、粒度分布窄、分散性好的纳米 TiO_2 粉体，液相法中以 $TiOSO_4$ 和 $TiCl_4$ 液相中和水解法或加热水解法最有发展潜力。

液相法是选择可溶于水或有机溶剂的金属盐类，使其溶解，并以离子或分子状态混合均匀，再选择一种合适的沉淀剂或采用蒸发、结晶、升华、水解等过程，将金属离子均匀沉积或结晶出来，再经脱水或热分解制得粉体。它又可分为胶溶法、溶胶－凝胶法和沉积法。其中沉积法又可分为直接沉积法和均匀沉积法。以硫酸氧钛为原料，加酸使其形成溶胶，经表面活性剂处理，得到浆状胶粒，热处理得到纳米 TiO_2 粒子。

15.2.2.1 溶胶－凝胶法

溶胶－凝胶法（简称 S－G 法），是以有机或无机盐为原料，在有机介质中进行水解、缩聚反应，使溶液经溶胶－凝胶化过程得到凝胶，凝胶经加热（或冷冻）干燥、煅烧得到产品。该法得到的粉末均匀，分散性好，纯度高，煅烧温度低，反应易控制，副反应少，工艺操作简单，但原料成本较高。

向 $TiSO_4$ 水溶液中加入碱性水溶液，生成 TiO_2 水合物沉淀，再加酸使其变成带正电荷的透明溶胶。加入阴离子表面活性剂如十二烷基苯磺酸钠，使溶胶胶粒转化成亲油性的聚集体。然后加入有机溶剂剧烈震荡，使胶体粒子转入有机相中，得到有机溶胶，再经回流、减压蒸馏和热处理即得纳米超细 TiO_2 粉体。用这种方法制得的纳米 TiO_2 分散性好，透明度高，但工艺流程长，成本高。

15.2.2.2 微乳法

W/O 微乳液是由水、油和表面活性剂组成的热力学稳定体系，其中水被表面活性剂单层包裹形成微水池，分散于油相中，通过控制微水池的尺寸来控制超微颗粒的大小，因为在微水池生成的纳米颗粒粒径可被微水池的大小有效限制，微乳技术的关键是制备微观尺寸均匀、可控、稳定的微乳液。微乳法有望制备单分散的纳米 TiO_2 微粉，但降低成本和减轻团聚还是微乳法需要解决的两大难题，估计利用微乳法在工业上生产纳米级超细 TiO_2 还要经历相当长的时间。

15.2.2.3 钛醇盐水解法

该法为溶胶－凝胶法（简称 S－G 法）的一种，以钛醇盐为原料，通过水解和缩聚反应制得溶胶。再进一步缩聚得到凝胶。凝胶经干燥、煅烧得到纳米 TiO_2。

这种工艺原料的纯度较高，整个过程不引入杂质离子，可以通过严格控制工艺条件，制得纯度高、粒径小、粒度分布窄的纳米粉体，且产品质量稳定。缺点是原料成本高，干燥、煅烧时凝胶体积收缩大，易造成纳米 TiO_2 颗粒间的团聚。该工艺可以用来生产单分散的球形纳米 TiO_2，采用这种制备工艺可以获得平均原始粒径 10～150nm，比表面积为 50～300m^2/g 的非晶型纳米 TiO_2，它的特点是操作温度较低、能耗小，对材质要求不是很高，并且可以连续化生产。

15. 2. 2. 4　沉淀法

A　直接沉淀法

其反应机理为:

$$TiOSO_4 + 2NH_3 \cdot H_2O \longrightarrow TiO(OH)_2 \downarrow + (NH_4)_2SO_4 \qquad (15-1)$$

$$TiO(OH)_2 \longrightarrow TiO_2(s) + H_2O \qquad (15-2)$$

该法操作简单易行,产品成本较低,对设备、技术要求不太苛刻,但沉淀洗涤困难,产品中易引入杂质,而且粒子分布较宽。

B　均匀沉淀法

均匀沉淀法是利用某一化学反应使溶液中的构晶离子由溶液中缓慢均匀地释放出来,在该法中,加入沉淀剂(如尿素),不立刻与被沉淀物质发生反应,而是通过化学反应使沉淀剂在整个溶液中缓慢生成。该法得到的产品颗粒均匀、致密,便于过滤洗涤,是目前工业化看好的一种方法。

15. 2. 2. 5　水解合成法

A　水热法

水热法的基本操作是:在内衬耐腐蚀材料的密闭高压釜中加入纳米 TiO_2 的前驱体(充填度为 60% ~ 80%),按一定升温速度加热,待高压釜升至所需的温度值,恒温一段时间,卸压后经洗涤、干燥即可得到纳米级的 TiO_2。水热法为 TiO_2 前驱体的反应、溶解、结晶提供了一种特殊的物理和化学环境。水热法制备的纳米 TiO_2 粉体具有晶粒发育完整、原始粒径小、分布均匀、颗粒团聚较少的特点。特别是用水热法制备纳米 TiO_2,有可能避免了得到金红石型 TiO_2 而要经历的高温煅烧,从而有效地控制了纳米 TiO_2 微粒间团聚和晶粒长大。水热法合成纳米 TiO_2 的关键问题是设备要经历高温、高压,因而对材质和安全要求较严,而且成本较高。

B　$TiCl_4$ 加碱中和水解法

$TiCl_4$ 加碱中和水解法是以氯化法钛白粉厂的精制 $TiCl_4$ 为原料,将其稀释到一定浓度后,加入碱性溶液进行中和水解,所得的 TiO_2 水合物经洗涤、干燥和煅烧处理后即得纳米 TiO_2 产品。

C　$TiOSO_4$ 水解法

以 $TiOSO_4$ 为原料,把 $TiOSO_4$ 配制成一定浓度的溶液后,进行加碱中和水解或加热水解,形成的 TiO_2 水合物经解聚、洗涤、干燥处理后,根据不同的煅烧温度便得到不同晶型的纳米 TiO_2 产品。这种工艺的突出优点是原料来源广,产品的成本较低;缺点是工艺路线长,自动化程度较低,各个工序的工艺参数须严格控制,否则难以得到分散性好的纳米 TiO_2。

15. 2. 3　固相法合成纳米钛白粉

固相法合成纳米钛白粉是利用固态物料热分解或固 - 固反应进行的。它包括氧化还原法、热解法和反应法。常用偏钛酸热解法制备纳米 TiO_2。该法制得的纳米 TiO_2 粒径分布较宽,工艺简单,操作易行,可批量生成。

15.2.4　表面改性工艺

因 TiO_2 纳米材料颗粒细小，比表面积较大，比表面能较高，具有较强极性，光催化活性强，易导致化妆品中的香精、油脂和营养物质氧化分解，使化妆品变质变味。未经表面处理的 TiO_2 纳米材料表面是亲水的，不能很好地分散于化妆品内其他有机基质材料中去，因此要对 TiO_2 纳米材料表面进行改性处理。常用的改性方法是在 TiO_2 纳米材料表面包覆氧化铝、氧化硅等无机物或者有机硅氧烷、硬脂酸等有机物以克服以上困难。

近年来，日本帝国化工公司推出了彩色纳米 TiO_2，是在粒子表面包覆 Al、Si、Fe（肤色）或者 Ni、Co、Ce、Cu、Cr、Mn、V、W 等氧化物（其他彩色）而制成的。

15.3　纳米钛白应用功能特性

纳米钛白作为稳定无机材料，具有纳米材料和钛白的共有应用特性。

15.3.1　颜料特性

纳米 TiO_2 商品以金红石型为主，但也有锐钛型，还有混晶型和无定形。汽车面漆用的纳米 TiO_2，必须是经表面处理的金红石型，具有优异的耐候性。纳米 TiO_2 具有与普通颜料 TiO_2 相同的 TiO_2 成分和相同的金红石型或锐铁型晶型。作为一种基本晶型没有改变的 TiO_2，自然还具有普通颜料 TiO_2 的许多特点，如耐化学性、热稳定性（金红石型）、无毒性等。但是普通颜料 TiO_2 的粒径为 0.2～0.4m（即 200～400nm），它对整个光谱都具有同等程度的强反射，因此外观呈现白色，遮盖力很强；而纳米 TiO_2 的粒径一般为 10～50nm，是普通颜料 TiO_2 粒径的 1/10，光线通过粒子时发生绕射，对可见光的透射能力很强，因此呈现透明而失去遮盖力。例如，对波长 550nm 的可见光，透明度可达 90% 以上。但是，根据著名的瑞利光散射理论，这种纳米 TiO_2 还是可以反射短波光如可见光中的蓝色光。由于粒子附聚，以粉末状态存在的纳米 TiO_2 只能达到半透明状，具有带蓝色调的乳白色。

由于纳米 TiO_2 具有与普通颜料 TiO_2 所不同的粒径，其粒子尺寸小，随着粒子的超细化，单位体积或质量的纳米 TiO_2 粒子众多，增加了许多吸收或散射点，故纳米 TiO_2 比普通颜料 TiO_2 具有更大的紫外线屏蔽性。由于纳米 TiO_2 粒子的超细化，其比表面积大为增加，其表面原子结构和晶体结构发生了变化，因而便产生了与普通颜料 TiO_2 所不同的表面效应、体积效应、量子尺寸效应、宏观量子隧道效应、表面界面效应、颜色效应、随角异色效应、透明性和光学特性等多种奇异性能。

作为一种效应颜料，纳米 TiO_2 只有与其他片状效应颜料如铝粉颜料和（或）珠光颜料拼用时，才会产生随角异色性。与珠光颜料拼用，不会削弱而只会加强珠光颜料的干涉色。这种随角异色性带有乳光或虹光，是一种未曾有过的新感觉色光。在纳米 TiO_2 - 铝料颜料的最简单的模型（如涂膜）中，当入射光照射在这一模型上时，纳米 TiO_2 将可见光中波长较短的蓝色光散射出去，形成蓝色光的掠视色，而透射的波长较长的绿色光到红色光，被铝粉颜料反射出去，形成金黄色光的正视色。加有不同颜色的珠光颜料，可以改变这种典型的金黄色正视色。这种随角异色效应所显现的颜色的柔和变化，能随着汽车车身曲率的改变而变化，很适合当前国外流行的圆角度和流线型的新车型的需要。

15.3.2 杀菌功能

纳米钛白在光线中紫外线的作用下可长久杀菌。实验证明，$0.1mg/cm^3$ 浓度的锐钛型纳米 TiO_2 可彻底地杀死恶性海拉细胞，而且随着超氧化物歧化酶（SOD）添加量的增多，TiO_2 光催化杀死癌细胞的效率也提高。对枯草杆菌黑色变种芽孢、绿脓杆菌、大肠杆菌、金色葡萄球菌、沙门氏菌、牙枝菌和曲霉的杀灭率均达到98%以上；用 TiO_2 光催化氧化深度处理自来水，可大大减少水中的细菌数，饮用后无致突变作用，达到安全饮用水的标准；在涂料中添加纳米 TiO_2 可以制造出杀菌、防污、除臭、自洁的抗菌防污涂料，应用于医院病房、手术室及家庭卫生间等细菌密集、易繁殖的场所，可净化空气，防止感染，除臭除味，有效杀灭有害细菌。

纳米二氧化钛在光催化作用下使细菌分解而达到抗菌效果。由于纳米二氧化钛的电子结构特点为一个满 TiO_2 的价带和一个空的导带，在水和空气的体系中，纳米二氧化钛在阳光尤其是在紫外线的照射下，当电子能量达到或超过其带隙能时，电子就可从价带激发到导带，同时在价带产生相应的空穴，即生成电子、空穴对，在电场的作用下，电子与空穴发生分离，迁移到粒子表面的不同位置，吸附溶解在 TiO_2 表面的氧俘获电子形成 $O_2\cdot$，生成的超氧化物阴离子自由基与多数有机物反应（氧化），同时能与细菌内的有机物反应，生成 CO_2 和 H_2O，而空穴则将吸附在 TiO_2 表面的 OH 和 H_2O 氧化成 $\cdot OH$，$\cdot OH$ 有很强的氧化能力，攻击有机物的不饱和键或抽取 H 原子产生新自由基，激发链式反应，最终致使细菌分解。

TiO_2 的杀菌作用在于它的量子尺寸效应，虽然钛白粉（普通 TiO_2）也有光催化作用，也能够产生电子空穴对，但其到达材料表面的时间在微秒级以上，极易发生复合，很难发挥抗菌效果，而达到纳米级分散程度的 TiO_2，受光激发的电子、空穴从体内迁移到表面，只需纳秒、皮秒、甚至飞秒量级的时间，光生电子与空穴的复合则在纳秒量级，能很快迁移到表面，攻击细菌有机体，起到相应的抗菌作用。

二氧化钛纳米粒子被视为是无毒的，因为它们不会激起化学反应。但美国加州大学洛杉矶分校强森综合癌症研究中心病理学、放射肿瘤学和环境卫生科学教授罗伯特·席斯特尔的研究表明，二氧化钛纳米粒子一旦进入体内，会在不同器官中累积，导致单链和双链DNA断裂，并造成染色体损伤以及炎症，从而增加患上癌症的风险。

（1）农田抗菌剂。日本开发了一种新型无菌杀菌剂。其主要成分为纳米二氧化硅（同 VK – SP30）、纳米二氧化钛（同 VK – TG01）和银、铜等离子，可用于土壤中，对所有的细菌都有很强的抗菌性。该杀菌剂是陶瓷类微量混合金属离子，并在含有相同离子的催化剂作用下，具有使土壤中的氧活化的功能，该功能持续时间长达 2~5 年。

（2）卫生陶瓷洁具。陶瓷的烧结温度很高，故只能添加高温下稳定的无菌抗菌剂。日本最近开发出的用纳米二氧化硅包覆的抗菌陶瓷用品。其制造工艺是先将纳米二氧化钛（同 VK – TG01）加水制成浆料涂在陶瓷表面上，高温烧结即得到 $1\mu m$ 厚的光催化纳米二氧化钛（同 VK – TG01）薄膜产品。在光照射下，就能完全杀死其表面的细菌。在微弱光下也有抗菌性，也可在纳米二氧化钛浆料中加银、铜等离子化合物。这种陶瓷的持久性、耐酸和耐碱性好，是医药、宾馆、家庭浴缸、地砖、卫生设施等抗菌除臭的理想陶瓷。

（3）水处理。美国德克萨斯大学研究人员利用纳米二氧化钛（同 VK – TG01）和太阳光进行灭菌。他们将大肠杆菌和纳米二氧化钛（同 VK – TG01）混合液置于波长大于 380nm 的光线下照射，发现大肠杆菌被迅速杀死。这种技术有可能成为目前用氯化方法进行水处理的代用技术。

（4）新型抗菌荧光灯。日本制作开发了具有抗菌作用的信息荧光灯，并于 1997 年商品化。这种灯寿命长，节能，应用前景广阔。该灯表面涂布了光催化杀菌剂纳米二氧化钛（同 VK – TG01），能分解灯表面的油渍、空气中的菌类异臭等。自动清理，且具有防止灯光发暗的效果。

（5）抗菌纤维。抗菌纤维和除臭纤维是信息的功能纤维，这些将纳米二氧化钛、纳米二氧化硅（同 VK – SP30）、纳米氧化锌（同 VK – JS03）等微粉掺入天然、人工聚合物或长丝中，再纺制出各种抗菌和除臭纤维。抗菌纤维具有优良的保健功能。

（6）抗菌建材和抗菌涂料。抗菌钛可杀死周围的菌类，具有抗菌、防锈、分解异臭、防污、减少二氧化氮含量等功能。不仅能将房间内新建材、黏结剂等产生的甲醛，吸烟产生的乙醛，家庭灰尘等产生的甲硫醇等有机异臭在紫外线照射下分解而消除掉，还能分解油分和有机物的表面污染。对油膜经 3 日照射就可以明显减少，5 日照射就不留痕迹。对有机染料经 3 日照射，颜色就可消退。利用这种性能，可将抗菌钛用作外壁和内墙装饰材料。在建筑物的屋顶和外墙上、医院手术室的手术台和墙壁上常附着细菌，如果涂刷光催化纳米二氧化钛涂层或墙砖，在阳光或室内弱光照射下，细菌能很快消灭。而且，经雨水冲刷可随时把氧化分解后的污垢物冲刷掉。

（7）杀灭口腔微生物。纳米二氧化钛能杀灭 S. Mutans 株 AHT（血清型），还能杀灭仓鼠属链球菌 SH – 6、鼠属链球菌 FA – 1 和黏性放线菌 ATCC – 19246。研究表明，纳米二氧化钛（同 VK – TG01）粒度越细，分散性越好，比表面积越大，杀菌效果越好。

15.3.3　防紫外线功能

纳米 TiO_2 既能吸收紫外线，又能反射、散射紫外线，还能透过可见光，是性能优越、极有发展前途的物理屏蔽型的紫外线防护剂。

纳米二氧化钛的抗紫外线机理：按照波长的不同，紫外线分为短波区 190 ~ 280nm，中波区 280 ~ 320nm，长波区 320 ~ 400nm。短波区紫外线能量最高，但在经过臭氧层时被阻挡，因此，对人体伤害的一般是中波区和长波区紫外线。

纳米二氧化钛的强抗紫外线能力是由于其具有高折光性和高光活性。其抗紫外线能力及其机理与其粒径有关：当粒径较大时，对紫外线的阻隔是以反射、散射为主，且对中波区和长波区紫外线均有效。防晒机理是简单的遮盖，属一般的物理防晒，防晒能力较弱；随着粒径的减小，光线能透过纳米二氧化钛的粒子面，对长波区紫外线的反射、散射性不明显，而对中波区紫外线的吸收性明显增强。其次是吸收紫外线，主要吸收中波区紫外线。纳米二氧化钛对不同波长紫外线的防晒机理不一样，对长波区紫外线的阻隔以散射为主，对中波区紫外线的阻隔以吸收为主。

15.3.4　光催化功能

采用液相法制备出的纳米二氧化钛具有粒子团聚少、化学活性高、粒径分布窄、形貌均一等特性，具有很强的光催化性能。研究结果表明，在日光或灯光中紫外线的作用下使

TiO$_2$ 激活并生成具有高催化活性的游离基，能产生很强的光氧化及还原能力，可催化、光解附着于物体表面的各种甲醛等有机物及部分无机物。能够起到净化室内空气的功能。

影响 TiO$_2$ 光催化活性的因素很多，就 TiO$_2$ 本身特性而言，主要有晶型、晶粒尺寸和晶体缺陷。一般认为锐钛型晶型的 TiO$_2$ 光催化活性高于金红石晶型，但也有研究表明混晶有更高的催化活性。TiO$_2$ 粒子的粒径越小，单位质量的粒子数越多，比表面积也就越大，越有利于光催化反应在表面上进行，因而光催化反应速率和效率越高。当粒子的大小在 1~10nm 时，就会出现量子化效应，成为量子化粒子，导致明显的禁带变宽，从而使空穴－电子对具有更强的氧化－还原能力；催化活性将随尺寸量子化程度的提高而增大，尺寸的量子化也使半导体获得更大的电荷迁移速率，空穴与电子复合的概率大大减小，也有利于提高光催化效率。另外，缺陷的存在对 TiO$_2$ 光催化活性也有着重要影响。

（1）气体净化。环境有害气体可分为室内有害气体和大气污染气体。室内有害气体主要有装饰材料等放出的甲醛及生活环境中产生的甲硫醇、硫化氢及氨气等。纳米二氧化钛（同 VK－TG01）通过光催化作用可将吸附于其表面的这些物质分解氧化，从而使空气中这些物质的浓度降低，减轻或消除环境不适感。TiO$_2$ 在光照下对环境中微生物具有抑制或杀灭作用，因此纳米二氧化钛（同 VK－TG01）能净化空气，具有除臭功能。

（2）对有机废水的处理。纳米二氧化钛（同 VK－TG01）复合材料对有机废水的处理，效果十分理想。以 TiO$_2$ 为光催化剂，在光照的条件下，可使水中的烃类、卤代物、羧酸等发生氧化－还原反应，并逐步降解，最终完全氧化为环境友好的 CO$_2$ 和 H$_2$O 等无害物质。采用新型纳米二氧化钛载银复合催化剂，对印染和精炼废水生化处理后的出水进行深度处理，光照 120min 后，印染和精炼废水的 COD$_{Cr}$ 去除率分别为 75.3% 和 83.4%。经研究表明，在太阳光照射下用多孔纳米 TiO$_2$ 薄膜处理水溶液中的敌敌畏有很好的效果。除此之外，纳米二氧化钛（同 VK－TG01）还可有效地用于含 CN$^-$ 的工业废水的光催化降解。

（3）处理无机污水。除有机物外，许多无机物在 TiO$_2$ 表面也具有光学活性，例如无机污水中的 Cr^{6+} 接触到 TiO$_2$ 催化剂表面时，能够捕获表面的光生电子而发生还原反应，使高价有毒的 Cr^{6+} 降解为毒性较低或无毒的 Cr^{3+}，从而起到净化污水的作用；一些重金属离子如 Pt^{4+}、Hg^{2+}、Au^{3+} 等，在催化剂表面也能够捕获电子而发生还原沉淀反应，可回收污水的无机重金属离子。

（4）光催化还原二氧化碳。CO$_2$ 的光催化还原是在太阳光照射下通过光催化剂将 CO$_2$ 和水或氢气直接转化为碳氢燃料，这既可降低大气中的 CO$_2$ 浓度，又能将太阳能转变为易于储存与运输的高能量燃料，从而缓解当今的能源危机，对低碳减排、太阳能利用、二氧化碳的资源化都具有十分重要的意义。

（5）光解水制氢。1972 年，Fujishima 和 Honda 在英国《Nature》杂志上首次报道了二氧化钛电极在紫外光照射下分解水产生氢气的现象。光催化制氢是利用太阳能引发的光化学过程分解水产出氢，氢能是非常高效、清洁的能源，而地球水资源储量是非常巨大的。

（6）半导体光催化剂。半导体光催化剂的一个最重要应用是利用其光催化活性从空气和水中去除污染物以及在大气条件下除臭、防污和杀菌。由于二氧化钛有着高的光催化活性、高的稳定性、无毒性以及容易获得等优点，从而使得它成为目前最有潜力而且几乎是唯一可选的光催化材料。

由于二氧化钛薄膜光致亲水性的发现，又促使人们研制开发出防雾自清洁玻璃。Fu-jishima 等总结了二氧化钛薄膜光致亲水性在自清洁和抗雾等方面的应用，比较了涂有二氧化钛薄膜的建材和没有涂覆二氧化钛薄膜的瓷砖暴露在户外的行为发现，涂有二氧化钛薄膜的超亲水性瓷砖表面远比普通瓷砖要清洁。日本 Nissan 公司开发出了一种具有双层结构的亲水性室外玻璃，这种玻璃具有良好的亲水性保持能力，他们将这种玻璃用于汽车后视镜，获得了良好的防雾效果，大大提高了汽车后视镜的可见度和环境适应能力。日本 TO-TO 公司也开发了类似产品，他们所开发的这种膜由 PET 膜组成，其正面涂有 TiO_2，反面涂有胶，用户可根据需要贴上这种膜，英国皮尔金顿公司及美国 PPG 公司开发出涂有约 40nm 厚的二氧化钛薄层，在紫外光照下能起到自清洁、分解有机污染物及杀菌的作用。日本 Toyota 公司等也有类似的以二氧化钛为基础的防雾产品，自清洁玻璃是在常温常压的条件下实行镀膜的，镀膜玻璃的透光率仅降低 2% ~ 3%，且克服了彩虹效应。

15.3.5　综合作用

纳米二氧化钛对某些塑料、氟利昂及表面活性剂 SDBS 也具有很好的降解效果。还有人发现，TiO_2 对有害气体也具有吸收功能，如含 TiO_2 的烯烃聚合物纤维涂在含磷酸钙的陶瓷上可持续长期地吸收不同酸碱性气体。利用纳米 TiO_2 的透明性和紫外线吸收能力还可用作食品包装膜、油墨、涂料、纺织制品和塑料填充剂，可以替代有机紫外线吸收剂，用在涂料中可提高涂料耐老化能力。

在纤维纺织成纱的过程中，为了减少经纱断头必须上浆。纳米二氧化钛（同 VK – T25F）用在纺织浆料里面，通过与淀粉的完美结合，提高纱线的综合织造性能，减少 PVA 的用量，煮浆时间短，降低了浆料成本，提高浆纱效益，也解决了 PVA 浆料不易退浆、环境污染等诸多问题。纳米二氧化钛（同 VK – T25F）在纱线里主要是替代 PVA，起到贴顺毛羽、填补缺口、润滑的作用。

纳米二氧化钛（同 VK – T30D）添加到锂电池里，可提高锂电池容量及循环稳定性，特别是循环时放电电压平台的稳定性，可有效提高电池在多次充放电过程中的电化学稳定性和热稳定性，电池在使用过程中更稳定、耐用。

15.3.6　防雾及自清洁功能

TiO_2 薄膜在光照下具有超亲水性和超永久性，因此其具有防雾功能。如在汽车后视镜上涂覆一层氧化钛薄膜，即使空气中的水分或者水蒸气凝结，冷凝水也不会形成单个水滴，而是形成水膜均匀地铺展在表面，所以表面不会发生光散射的雾。当有雨水冲过，在表面附着的雨水也会迅速扩散成为均匀的水膜，这样就不会形成分散视线的水滴，使得后视镜表面保持原有的光亮，提高行车的安全性。

纳米 TiO_2 具有很强的"超亲水性"，在它的表面不易形成水珠，而且纳米 TiO_2 在可见光照射下可以对碳氢化合物作用。利用这样一个效应可以在玻璃、陶瓷和瓷砖的表面涂上一层纳米 TiO_2 薄层，利用氧化钛的光催化反应就可以把吸附在氧化钛表面的有机污染物分解为 CO_2 和 O_2，同剩余的无机物一起可被雨水冲刷干净，从而实现自清洁功能。日本东京已有人在实验室研制成功自洁瓷砖，这种新产品的表面上有一薄层纳米 TiO_2，任何沾污在表面上的物质，包括油污、细菌，在光的照射下，由于纳米 TiO_2 的催化作用，可以使这些碳氢化合物进一步氧化变成气体或者很容易被擦掉的物质。纳米 TiO_2 光催化作用使得高层建筑的玻璃、厨房容易沾污的瓷砖、汽车后视镜及前窗玻璃的保洁都可很容易地进行。

15.3.7　二氧化钛纳米材料紫外线吸收特性的应用

紫外线对皮肤的危害：绝大部分的 UVB 在表皮层即被吸收，皮肤产生急性红斑效应，形成黑色素，发生急性皮炎，通常称为日光晒斑；UVA 辐射能量占紫外线能量的 98%，绝大部分能够透过真皮，少量的甚至透过真皮的皮下组织，辐射穿透力远远大于 UVB，长期照射积累，会逐渐破坏弹力纤维，使肌肉失去弹性，引起皮肤松弛，出现皱纹、雀斑和老年斑。紫外线过量照射容易引起皮肤癌。

一般 TiO_2 纳米材料的粒径小于 100nm，可以有效地散射和吸收紫外线，具有很强的紫外线屏蔽能力。散射原理：当紫外线作用到介质中的 TiO_2 纳米粒子时，由于粒子尺寸小于紫外线的波长，TiO_2 纳米材料中的电子被迫振动（其振动频率与入射光波的频率相同），成为二次波源，向各个方向发射电磁波，即紫外线的散射。吸收原理：TiO_2 是一种 n 型半导体，锐钛型 TiO_2 的禁带宽度为 3.2eV，金红石型 TiO_2 的禁带宽度为 3.0eV，价带上的电子可吸收紫外线而被激发到导带上，同时产生电子 - 空穴对，紫外线的能量被吸收，再以热量或产生荧光的形式释放能量，不对皮肤造成伤害。

TiO_2 纳米材料为粒径在 10 ~ 100nm 的白色无机小颗粒，无毒性，无臭味、怪味，紫外线照射下不分解，不易与其他化学成分反应，能够在透过可见光的同时有效地屏蔽 UVA 和 UVB，具有极强的紫外线吸收能力。最突出的特点是安全性和有效性。影响 TiO_2 纳米材料紫外线吸收能力主要有以下几个因素：（1）晶型。从保持稳定、增强屏蔽作用、减少光活性以及降低其光危害性的角度出发，在化妆品中尽量使用金红石型 TiO_2。（2）粒径。TiO_2 纳米材料的粒径大小与其抗紫外线能力密切相关，当其粒径等于或者小于光波波长的一半时，对光的反射、散射量最大，屏蔽效果最好。紫外线的波长为 190 ~ 400nm，因此 TiO_2 的粒径不能大于 200nm，最好不大于 100nm。粒径太小的问题：比表面积大，颗粒易团聚，对分散不利；易堵塞皮肤毛孔，不利于透气和排汗。TiO_2 纳米材料的最佳粒径范围是 30 ~ 100nm，对紫外线的屏蔽效果最好，同时透过可见光，使皮肤的白度显得更自然，不会太白。

15.3.8　抗菌剂

纳米 TiO_2 广泛应用于抗菌水处理装置，食品包装，卫生日用品（抗菌地砖、抗菌陶瓷卫生设施等），化妆品，纺织品，抗菌性餐具和切菜板，抗菌地毯，以及建筑用抗菌砂浆，抗菌涂料和抗菌不锈钢板、铝板等制作的电冰箱，医用敷料及医用设备等耐用的消费品。

大多数抗菌剂是有机物质，它们广泛用于食品、洗涤剂、纺织品及化妆品中。但它们存在着耐热性差、易挥发、易分解产生有害物、安全性较差等缺点。为此人们积极开发研究了一些无机抗菌剂，超微细 TiO_2 就是其中之一。由于抗菌剂在产品中需达到一定的用量，故选择抗菌剂必须遵循下列原则：（1）对人体是安全无毒的，对皮肤没有刺激性；

（2）抗菌能力强，抗菌范围广；（3）无臭味、怪味，外观颜色要浅，气味要小；（4）热稳定性要好，高温下不变色、不分解、不挥发、不变质等；（5）价格便宜，来源容易等。超微细钛白粉为无机成分，无毒、无味、无刺激性，热稳定性与耐热性好，不燃烧，且自身为白色，完全符合上述原则。

15.3.8.1　农用抗菌剂

日本开发了商品名为アリン的新型无机杀菌剂。其主要成分为 SiO_2、TiO_2 和银、铜离子。

15.3.8.2　卫生陶瓷洁具

日本最近开发出用 TiO_2 薄膜覆盖的抗菌陶瓷用品。其制造工艺是先将 TiO_2 加水制成浆料涂在陶瓷表面上，高温煅烧即得到了 $1\mu m$ 厚的光催化 TiO_2 薄膜产品。在光照射下，就能完全杀死其表面的细菌。为了在微弱光下亦有抗菌性，可在 TiO_2 浆料中加银、铜离子化合物。

15.3.8.3　水处理

污水处理要把水中的有害物质、悬浮物、泥沙、细菌、病毒、异味、色素等污染物从水中去除。传统水处理方法占地大，投资高，耗电大，效率低，运行费用高，并且还有二次污染，所以污水处理问题一直得不到理想的解决方法。

纳米二氧化钛催化可直接利用太阳光、紫外光，彻底分解有机或无机的有毒污染物，通过纳米粒子的光催化作用，可以完全矿化、氧化成无害的 CO_2 和 H_2O，无二次污染，对造纸厂、印刷厂、酒精厂、化工厂、食品厂、生物制药厂、农药厂等污水的降解处理结果显示，$60min$ COD 的降解率达 90% 以上，完全可以达到 COD 低于 100 以下的国家污水排放标准。

15.3.8.4　新型抗菌荧光灯

日立制作所新开发了具有抗菌作用的新型荧光灯，并于 1997 年商品化。这种灯寿命长，节省能量，应用前景广阔。该灯表面涂上了光催化杀菌剂 TiO_2，能分解灯表面的油渍、空气中的菌类异臭等。

15.3.8.5　空气净化技术

1996 年大金公司开发了新型空气净化除臭机，该机具有抗菌除臭的能力，同年 10 月开始出售。与原产品相比，价格约高出 10%，抗菌效率提高 10%，达到 99.9%。除臭能力为产品的 13 倍，为活性炭的 130 倍。日本石原公司与丰田汽车公司和 Equos 研究公司联合成功开发出利用 TiO_2 光催化反应高效率地除掉空气中的有害成分如 NO_x、甲醛等的技术。此项新技术是在 TiO_2 中添加特殊的氧化助催化剂。其净化能力约为现有 TiO_2 的 3 倍。

15.4　化妆品

一般情况下 TiO_2 纳米材料只在皮肤角质层表面成膜，无法进入表皮、真皮及皮下组织，最可能进入皮肤的方式是进入毛囊孔。在皮肤表面容易被洗去。另外，有极少研究认为，TiO_2 纳米材料可通过皮肤角质层的细胞间隙而非毛囊孔进入皮肤颗粒层；也有研究认为，在使用含 TiO_2 纳米材料的防晒剂时，会导致在田间作业的人，特别是饮酒嗜好者，对有毒除草剂通过皮肤吸收的可能性增加。

纳米钛白粉，呈透明状，因此在阻挡紫外线、透过可见光以及安全性方面具有一般化妆品原料所不具备的许多优良特性和功能。纳米钛白粉既能散射紫外线（波长 200～400nm），又能吸收紫外线，故其屏蔽紫外线的能力极强，可作为优良的防晒剂，用于制造防晒系列化妆品；由于纳米钛白粉呈透明状，可用来制造透明的护肤霜，这种护肤霜膏体细腻，具有自然肌肤感觉，目前在日本等国非常流行。

化妆品防晒剂的选择原则包括：（1）安全无毒。无皮肤刺激性，无致癌性；（2）良好的紫外线吸收性能，可同时对 UVA 和 UVB 起到良好的防护作用；（3）皮肤附着性佳，具有防水性能，既耐水又耐汗；（4）要求防晒剂本身的色泽浅，气味小，无臭味、怪味，外观颜色符合要求；（5）热稳定性好，被紫外线照射后不分解、不变色，挥发性小，不与配方中其他成分起化学反应；（6）有适当的溶解性，可与化妆品其他成分配伍；（7）价格便宜，原料易得。

任何二氧化钛都具有一定的吸收紫外线功能，以及优异的化学稳定性、热稳定性、无毒性等性能。超细二氧化钛由于粒径更小（呈透明状）、活性更大，因此吸收紫外线的能力更强，此外，如消色力、遮盖力、清晰的色调、较低的磨蚀性和良好的易分散性，决定了二氧化钛是化妆品中应用最广的无机原料。根据其在化妆品中的功能不同，可选用不同品质的二氧化钛。

日本资生堂应用 10～100nm 的纳米二氧化钛（同 VK－T25）作为防晒成分添加于口红、面霜中，其防晒因子可达 SPF11～19。纳米二氧化钛（同 VK－T25）由于粒径小，活性大，既能反射、散射紫外线，又能吸收紫外线，从而对紫外线有更强的阻隔能力。与同样剂量的一些有机紫外线防护剂相比，纳米氧化钛（同 VK－T25）在紫外区的吸收峰更高，更可贵的是它还是广谱屏蔽剂，不像有机紫外线防护剂那样只单一对 UVA 或 UVB 有吸收。它能透过可见光，加入到化妆品使用时皮肤白度自然，不像颜料级 TiO_2，不能透过可见光，造成使用者脸上出现不自然的苍白颜色。

利用钛白的白度和不透明度这两种性能，可使化妆品的颜色范围很宽广，钛白作为一种白色添加剂时，主要用锐钛型钛白，但考虑到遮盖力和耐晒时，还是采用金红石型钛白为好。

化妆品用的钛白，纯度要求高，对有害杂质的含量要求甚严。例如，欧共体食品添加剂法规（它适用于化妆品）规定，化妆品用钛白的酸溶性物 <0.35%，As <5μg/g，Pb <20μg/g，Sb <100μg/g，Cu <100μg/g，Cr <100μg/g，Zn <50μg/g，$BaSO_4$ <5μg/g，（Sb＋Cu＋Cr＋Zn＋$BaSO_4$）<200μg/g，Hg 检测不出来。

美国食品药物管理局（FDA）的食品、药物和化妆品等条例规定，用作化妆品的二氧化钛，作为分散助剂的 SiO_2 和/或 Al_2O_3 总量，不能超过 2%，Pb <10μg/g，As <1μg/g，Sb <2μg/g，Hg <1μg/g。另外，在 105℃下干燥 3h 后于 800℃下灼烧减量不大于 0.5%。水溶物含量不能大于 0.3%，在 105℃下干燥 3h 后的二氧化钛含量，不少于 99.0%，平均粒径小于 1μm。

15.5 典型纳米钛白

日本帝国化工公司 MT 系列和德国迪高沙公司 P－25 纳米 TiO_2 的性能见表 15－2。

表 15 – 2 日本帝国化工公司 MT 系列和德国迪高沙公司 P – 25 纳米 TiO_2 的性能

性　能	MT – 100S	MT – 100T	MT – 150W	MT – 500B	MT – 100F	P – 25
外　观	白色粉末	白色粉末	白色粉末	白色粉末	白色粉末	白色粉末
主要处理剂	月桂酸	硬脂酸			硬脂酸	
生成物	Al(OH)₃	Al(OH)₃			Fe(OH)₃	
pH 值			中性至微碱性	中性		
晶型①	R	R	R	R	R	R + A
水分/%	≤2.5	≤3.0	≤3.0	≤1.5	≤3.0	
灼烧减量/%	≤13.0	≤13.0	≤7.0	≤2.5		
表面性质	疏水	疏水	亲水	亲水	亲水	亲水
平均粒径/nm	15	15	15	35	15	21
比表面积/m² · g⁻¹	50 ~ 70	50 ~ 70	80 ~ 110	30 ~ 35	50 ~ 70	35 ~ 65
表面处理前的比表面积/m² · g⁻¹	90	90			90	

①R 为金红石型，A 为锐钛型。

德国萨其宾化工公司生产纳米级金红石型和锐钛型 TiO_2，其中锐钛型系列牌号为 L5，金红石型系列牌号为 RM，现将其 RM 纳米 TiO_2 技术数据列于表 15 – 3。

表 15 – 3　萨其宾 RM 纳米 TiO_2 技术数据

指　标	RM120	RM200	RM220	RM300	RM400
TiO_2 含量/%	80	88	>88	88	>8
金红石含量/%	99	>99	>99	>99	>99
比表面积/m² · g⁻¹	110	50	45	60	110
pH 值	6.5	6.5	6.5	6.5	6.5
晶粒大小/nm	13	15	20	15	10
密度/g · cm⁻³	4	4	4	4	4
耐候性	良好	一般	优	优	优
分散性	非常好	非常好	非常好	非常好	非常好

日本石原产业公司生产的纳米 TiO_2 性能见表 15 – 4。

表 15 – 4　日本石原产业公司生产的纳米 TiO_2 性能

性　能	晶型	TiO_2 含量/%	表面处理剂	粒径/nm	比表面积/m² · g⁻¹	表面性质
TTO – 55A	金红石	95 ~ 97	Al	30 ~ 50	35 ~ 45	亲水性
TTO – 55B	金红石	90 ~ 97	Al	30 ~ 50	35 ~ 45	亲水性
TTO – 55C	金红石	86 ~ 92	Al, 硬脂酸	30 ~ 50	25 ~ 35	疏水性

性 能	晶 型	TiO$_2$ 含量/%	表面处理剂	粒径/nm	比表面积/m^2·g^{-1}	表面性质
TTO - 55D	金红石	76 ~ 81	Al，Zr	30 ~ 50	65 ~ 80	亲水性
TTO - 55S	金红石	94 ~ 96	Al，有机硅氧烷	30 ~ 50	30 ~ 40	疏水性
TTO - 55N	金红石	96 ~ 99	无	30 ~ 50	35 ~ 40	亲水性
TTO - 55A	金红石	76 ~ 82	Al	10 ~ 30	75 ~ 85	亲水性
TTO - 55B	金红石	81 ~ 87	Al，月桂酸	10 ~ 30	50 ~ 65	疏水性
TTO - 55C	金红石	79 ~ 85	Al，硬脂酸	10 ~ 30	50 ~ 60	疏水性
TTO - 55D	金红石	65 ~ 75	Al，Zr，月桂酸	10 ~ 30	70 ~ 80	疏水性
TTO - F - 1	金红石	72 ~ 78	Al，Zr[①]	30 ~ 50	75 ~ 90	亲水性
TTO - F - 2	金红石	82 ~ 90	Al[①]	30 ~ 50	34 ~ 42	亲水性

①因含铁而具有皮肤颜色，主要用于制造化妆品。

16 钛材料制造技术——钛粉末

钛粉是指尺寸小于1mm的金属钛颗粒，其性能综合了金属钛块的特性和粉末体的共性。钛粉具有大的表面自由能，所以比金属钛块更活泼，更易和其他元素或化合物反应，发生氧化、燃烧、爆炸，属于一种危险品。其纯度和性能很大程度上取决于制取方法及其工艺条件。工业生产的钛和钛合金粉末主要有以下四种方法：（1）钠还原海绵钛粉。此种粉末产量大，价格便宜，粉末塑性好，宜于冷成型，是生产一般耐蚀制品的主要原料。因其含有较高的钠和氯离子，烧结时易污染设备并使材料的焊接性能变坏。（2）电解钛粉。纯度较钠还原的海绵钛粉高，但电解钛粉的成型性较海绵钛粉末差。（3）氢化脱氢钛粉。通过氢化脱氢工艺可获得质量好、粒度细的钛粉及其合金粉末，但是批量小，价格较贵。（4）离心雾化钛粉。20世纪60年代美国核金属公司首先采用电弧旋转电极法制成钛的预合金粉末。粉末呈球形。这种合金粉末纯度高，成分均匀，流动性好，装填密度为理论值的65%。此种粉末只宜采用热成型，可用热等静压工艺制成形状复杂的零件。电弧旋转电极制粉工艺，由于有一电极为钨棒，故容易产生钨的污染（粉末中的含钨量达$400\mu g/g$），会降低材料的疲劳性能。为消除钨的污染，又发展了以电子束或等离子体为热源的旋转电极和电弧旋转坩埚以及电子束旋转盘等多种离心雾化制粉工艺。此类粉末是制造钛粉末冶金航空零件的主要原料。

16.1 钛粉的生产

钛粉的生产方法很多，有氢化脱氢法、金属还原法（镁还原、钠还原和钙还原等）、电解法、离心雾化法和直接粉碎法等。目前，多用氢化脱氢法，离心雾化法主要用于生产球形钛粉或球形钛合金粉（生产批量不大）。

16.1.1 TiCl₄金属热还原法

TiCl₄金属热还原主要是钠和镁还原，过程与海绵钛生产类似。

16.1.1.1 钠还原法

将TiCl₄注入到过量熔融钠中，TiCl₄金属钠热还原过程中发生多级分步反应，总化学反应式如下：

$$4Na + TiCl_4 =\!=\!= Ti + 4NaCl \tag{16-1}$$

TiCl₂和TiCl₃等低价钛氯化物溶解于熔融氯化钠中，分散形成钛粉末，还原结束后过量的钠冷却还原产物与混合物一起进入净化分离工序，经过冷却粉碎，洗涤干燥得到钛粉。

四氯化钛钠还原法生产的海绵钛产品粒度小，易粉碎，副产物NaCl又不易吸水，适合于生产钛粉，一般经过TiCl₄钠还原、还原产物初碎、研磨、浸出水洗、干燥、筛分等过程。

TiCl$_4$ 还原过程与钠热还原法生产海绵钛相同，但还原温度较高（1073～1123K），罐内压力则较低，有利于制得细粒钛粉。为避免有残留钠，TiCl$_4$ 需适当过量。还原产物一般先用 Ti∶NaCl 为 1∶1 的混合物进行研磨，然后再以 0.5%～1.0% 的稀盐酸液浸出水洗，接着在 353K 温度下真空烘干。产品钛粉的布氏硬度为 120～135，粒度较粗，Cl$^-$ 含量较高。其化学成分（质量分数）为：O 0.10%～0.12%，H 0.015%，N 0.01%，C 0.015%，Fe 0.02%，其他 0.28%，Ti 余量。

16.1.1.2 金属镁还原法

金属镁热还原过程与海绵钛生产近似，TiCl$_4$ 金属镁热还原过程产物为海绵状，粉末呈枝状不规则形，需要进一步处理。涉及的化学反应如下：

$$TiCl_4 + 2Mg \xrightarrow{\quad\quad} Ti + 2MgCl_2 \qquad (16-2)$$

16.1.2 TiO$_2$ 金属热还原

以金属钙为还原剂，高温真空条件下与 TiO$_2$ 反应生成钛金属，为了获得钛金属粉末，温度控制低于 1300K，同时为避免钛粉烧结，还原剂可选用 CaH$_2$，化学反应式如下：

$$TiO_2 + 2Ca \xrightarrow{\quad\quad} Ti + 2CaO \qquad (16-3)$$
$$CaH_2 \xrightarrow{\quad\quad} Ca + H_2 \qquad (16-4)$$

16.1.3 电解法

电解法包括熔盐电解和电解精炼，熔盐电解又可分为低价氯化钛电解和碳氧化钛电解，产物产状略有不同，技术规模和成熟程度差异较大。

16.1.3.1 熔盐电解法

TiCl$_4$ 在熔盐电解介质中的溶解度较低，为了实现正常化电解，首先将 TiCl$_4$ 转化为低价氯化物，分别在正负电极发生如下电化学反应：

正极反应： $\qquad\qquad 2Cl^- - 2e \xrightarrow{\quad\quad} Cl_2 \qquad (16-5)$

负极反应： $\qquad\qquad Ti^{n+} + ne \xrightarrow{\quad\quad} Ti \quad (n\ 为\ 2\ 或\ 3) \qquad (16-6)$

电解法采用 TiCl$_4$ 熔盐电解，通过控制电流密度、TiCl$_4$ 加料速度、熔盐组成和电解温度等工艺条件，可以得到疏松多孔金属钛，其产物经研磨、酸浸出、水洗、干燥、筛分处理，可得到纯度较高的钛粉。产品含 Cl$^-$ 量（0.04%～0.1%）较高，其机械加工性能不如四氯化钛钠还原法生产的钛粉。

16.1.3.2 电解精炼

将海绵钛或者废钛首先制成可溶阳极，在熔融氯化物介质中电解精炼，钛在阳极发生溶解反应，在阴极析出金属钛，控制适当的工艺技术条件下可以得到金属钛粉，同时过程具有净化作用。

16.1.4 熔融雾化法

以金属钛为原料，采用感应加热，当钛被加热形成金属液滴落时，用氩气喷吹，形成雾滴，冷却后成为钛粉。

16.1.5 机械合金化法

通过研磨介质和在保护气体条件下对海绵钛或者废钛进行机械加工细磨，可以得到金属钛粉。

16.1.6 氢化脱氢法生产钛粉

氢化脱氢法（HDH）生产钛粉的原料有海绵钛、废钛、钛屑和残钛边角料等。这种生产方法比较简单，主要流程是：

钛原料—表面净化处理—氢化—粉碎—筛分—脱氢—粉碎—筛分—混合—组批—真空封装—出厂销售

16.1.6.1 表面净化处理

金属钛表面，特别是残钛，存在一层氧化膜以及夹杂物和油污等，这些不利氢化的因素必须去除。这层氧化膜对钛的吸氢速度有很大影响。因此，氢化前必须清除这层氧化膜。如果有大块的夹杂，必须事先铲除。油污要清洗干净。

清除氧化膜可把钛放在真空中或氢气中加热，当温度达到 $700 \sim 850℃$ 时，钛表面的氧化物开始向金属内部扩散，经过如此处理后钛的吸氢速度大为增加。但这种方法氧化膜中的氧并未消除，而是进入了金属内部，降低了氢向钛内部的扩散速度，而且氧还会进入最终产品之中，降低了产品品质。另外，还会引起钛的颗粒烧结，也会降低吸氢速度。

比较好的处理方法是化学处理，首先在含有 2% 氢氧化钠（NaOH）溶液中加热到 $330 \sim 425℃$，处理 $15min$，表面上的 TiO_2 被还原成 TiO，TiO 与氢氧化钠反应，反应式如下：

$$TiO + 2NaOH \Longrightarrow Na_2TiO_3 + H_2 \qquad (16-7)$$

经过处理后，钛表面变为松散的粉末状，很容易溶于含 HF 或 NaF 的硝酸或硫酸溶液中，经酸洗的钛表面氧化膜完全被清除。如果钛的表面氧化不严重，不必用这种方法，因为这种方法对钛的溶损较大。

16.1.6.2 氢化

钛的氢化是钛吸收氢的过程，也是钛和氢的化合过程，反应式如下：

$$Ti + H_2 \Longrightarrow TiH_2 \qquad (16-8)$$

反应可以自发进行，钛在吸氢过程中先生成 Ti_2H，为间隙固溶体，继续吸氢后成为 TiH_2 非计量假氢化物，体积比金属钛膨胀约 15%，使金属钛晶格发生严重畸变，产生很大的内应力，因此 TiH_2 性脆。TiH_2 破碎难易程度取决于含氢量，含氢量越高越容易粉碎。纯钛中含氢量一般超过 $1.8\% \sim 2.0\%$，合金钛中含氢量超过 $2.0\% \sim 2.3\%$ 时方能破碎。影响氢化过程的因素，除钛表面形状外，还有氢气压力、纯度、温度和冷却时间等。加大氢气压力能使钛吸氢速率增加，一般采用 $0.2MPa$，氢中不应有过多的氧、氮和水等杂质，否则氢化时杂质会被钛吸收，或形成新的 TiO 膜阻碍钛的氢化过程，或将杂质带入产品之中，降低产品品质。

钛氢化是将钛加热到 $900℃$，吸氢是在降温过程中进行的，氢溶解度与冷却速度有关，氢化冷却时间越长，就是冷却速度越慢，吸氢量越多。快速冷却增加氢溶解困难，中间产品含氢量低。从 $900℃$ 冷却到 $600℃$，在氢气压力为 $0.2MPa$ 时，视批量而定，冷却时间为

1~15h。

16.1.6.3 脱氢

被钛吸收的气体，唯有氢是可逆的，可以从钛中解析出来，把它看做是 TiH_2 的分解反应：

$$TiH_2 \rightleftharpoons Ti + H_2 \tag{16-9}$$

脱氢过程属扩散控制，直接与物料的堆放状态有关。应指出，脱氢是个可逆反应，TiH_2 可以脱氢，同时也吸氢，粒层中的粒子又起着传递氢的功能。由于气相扩散速率远远大于金属内部的扩散速率，在料层薄、疏松、孔隙多的情况下，氢的扩散能借助于粒层孔隙中气相传递，大大地提高脱氢速率。为了促进脱氢速度，最好使物料（钛粉）不断翻动。

脱氢速率与氢气压力平方根成反比，为了在脱氢过程中降低氢气压力，需选排气量大又能合乎真空度要求的设备。

脱氢处理时，随着温度的提高，氢在钛中的溶解度减少。当温度达到300℃时开始脱氢，500℃时便可脱除大部分的氢，但是总会有少量氢残留在钛粉中，即使在 1000~1100℃高温下，氢也不会完全脱除。在真空中脱氢，达到 600~800℃，产品中含氢量会减少到0.1%以下。

脱氢过程中往往伴随着钛颗粒的烧结。烧结与脱氢温度、时间和钛颗粒间所承受的压力有关。为了减少钛颗粒间压力，物料层不能太厚，一般为 50~100mm，有时加 NaCl 作分散剂，减少烧结。分散剂 NaCl 可在脱氢后浸除。

16.1.6.4 粉碎与分级

脱氢后物料需破碎成粉状，因其性脆比较容易碎，仅用一级粉碎机械即可完成。为了获得理想的粒级产品，必须建立粉碎机分级机组。当制取粗粒或细粒产品时，可用球磨机干磨、干筛系统。如制取微粉，则宜采用球磨机湿磨、流体分级。

在生产海绵钛时，还原工艺的副产品，粒度为 -100 目（0.147mm）的海绵钛细粉，因其形状不规则，易于等静压成型，成本低，受用户青睐。

16.2 钛粉成分和牌号

中国生产钛粉单位有遵义钛厂、北京有色金属研究总院、西北有色金属研究院、凤翔县钛粉厂和武邑凯美特公司等，年总产量约为2000t。

16.2.1 钛粉成分及牌号

对钛粉要求一般包括三个方面，即纯度、粒度（或粒级范围）和粒形。钛粉纯度包括含钛量和杂质含量。钛粉的纯度与其粒级有关，同一规格的产品，粒级越小纯度越低。通常钛含量大于（或等于）99%、或者接近99%的（粗）钛粉称为等级品（如是钛合金粉，应包括合金成分），低于这个成分的产品称为等外品。在等级品中，除特殊用途的要求外，一般以含氧量来分级，即含氧量越低，品质越好，等级越高。含氧量小于0.15%者为高品质钛粉。

钛粉粒级分成4个级别，粒级为 1000~50μm 的为粗粉，50~10μm 为细粉，10~

0.5μm 为微粉，小于 0.5μm 为超细粉。

　　钛粉的粒形有球形、多角形、海绵状和片状等，粒形与制取钛粉方法有关。

　　西北有色金属研究院生产的钛粉化学成分和粉末粒度见表 16-1。中国凤翔县钛粉厂生产的钛粉化学成分和牌号见表 16-2。日本大阪钛公司氢化脱氢法产品规格见表 16-3。

表 16-1　西北有色金属研究院生产的钛粉化学成分与粉末粒度

牌　号	粒度/μm	化学成分（max）/%									
		O	Cl	H	N	C	Si	Mg	Fe	Mn	Ti
TP20-1	-840	0.15	0.04	0.03	0.03	0.02	0.02	0.006	0.04	0.01	余量
TP20-2		0.25	0.06	0.06	0.05	0.03	0.04	0.01	0.08	0.01	
TP60-1	-250	0.15	0.04	0.03	0.03	0.02	0.02	0.006	0.04	0.01	余量
TP60-2		0.20	0.05	0.04	0.04	0.02	0.03	0.01	0.06	0.01	
TP60-3		0.30	0.06	0.05	0.05	0.03	0.04	0.01	0.10	0.01	
TP100-1	-150	0.20	0.04	0.03	0.03	0.02	0.02	0.006	0.04	0.01	余量
TP100-2		0.25	0.05	0.04	0.04	0.02	0.03	0.01	0.08	0.01	
TP100-3		0.30	0.06	0.05	0.05	0.03	0.04	0.01	0.10	0.01	
TP200-1	-75	0.25	0.04	0.03	0.03	0.02	0.02	0.006	0.04	0.01	余量
TP200-2		0.35	0.05	0.04	0.04	0.02	0.03	0.01	0.08	0.01	
TP200-3		0.50	0.06	0.05	0.05	0.03	0.04	0.01	0.10	0.01	
TP325-1	-45	0.30	0.04	0.03	0.03	0.02	0.02	0.006	0.04	0.01	余量
TP325-2		0.45	0.05	0.04	0.04	0.02	0.03	0.01	0.08	0.01	
TP325-3		0.60	0.06	0.05	0.05	0.03	0.04	0.01	0.10	0.01	
TP500-1	-30	0.35	0.04	0.03	0.03	0.02	0.02	0.006	0.04	0.01	余量
TP500-2		0.50	0.05	0.04	0.04	0.02	0.03	0.01	0.08	0.01	
TP500-3		0.60	0.06	0.05	0.05	0.03	0.04	0.01	0.10	0.01	
TPSF-1	-20	0.35	0.04	0.03	0.03	0.02	0.03	0.006	0.04	0.01	余量
TPSF-2		0.60	0.06	0.06	0.05	0.03	0.04	0.01	0.10	0.01	

表 16-2　中国凤翔县钛粉厂生产的钛粉化学成分和牌号

牌号	Ti/%	化学成分/%										
		H	O	N	Cl	C	Si	Fe	Mg	Mn	Al	V
HFTi-1	≥99.6	≤0.02	≤0.25	≤0.02	≤0.05	≤0.02	≤0.02	≤0.06	≤0.06	≤0.01		
HFTi-2	≥99.4	≤0.03	≤0.30	≤0.30	≤0.06	≤0.03	≤0.03	≤0.09	≤0.07	≤0.01		
HFTi-3	≥99.2	≤0.04	≤0.04	≤0.04	≤0.07	≤0.04	≤0.03	≤0.12	≤0.08	≤0.02		
HFTi-4	≥99.0	≤0.05	≤0.5	≤0.05	≤0.08	≤0.05	≤0.04	≤0.20	≤0.09	≤0.03		
HFTi-5	≥98.0	≤0.08	≤0.08	≤0.08	≤0.09	≤0.06	≤0.06	≤0.40	≤0.12	≤0.06		
JFTi-1	≥98.0	≤0.05	≤0.05	≤0.05	≤0.05	≤0.05	≤0.04	≤0.15	≤0.10	≤0.04	≤0.60	≤0.02
JFTi-2	≥97.0	≤0.20	≤0.06	≤0.06	≤0.06	≤0.07	≤0.05	≤0.20	≤0.15	≤0.04	≤1.00	≤0.40

牌号	Ti/%	化学成分/%										
		H	O	N	Cl	C	Si	Fe	Mg	Mn	Al	V
JFTi – 3	≥96.0	≤0.03	≤0.07	≤0.07	≤0.07	≤0.08	≤0.05	≤0.25	≤0.16	≤0.05	≤1.50	≤0.60
JFTi – 4	≥95.0	≤0.40	≤0.80	≤0.08	≤0.08	≤0.09	≤0.06	≤0.30	≤0.18	≤0.05	≤2.20	≤0.80
JFTi – 5	≥92.0	≤0.50	≤0.09	≤0.09	≤0.09	≤0.10	≤0.10	≤0.50	≤0.25	≤0.10	≤4.00	≤2.50
JFTi – 6	≥90.0	≤0.60	≤1.00	≤0.10	≤0.10	≤0.10	≤0.10	≤0.50	≤0.30	≤0.10	≤5.00	≤3.00
FTi6Al4V	余量	≤0.02	≤0.25	≤0.06	≤0.05	≤0.05	≤0.04	≤0.20	≤0.10	≤0.05	≤5.5 ~ 6.5	≤3.5 ~ 4.5

表 16 – 3   日本大阪钛公司氢化脱氢法产品规格

牌号[①]		TiH (或 Ti) /%	杂质含量/%									粒度 /μm
			H	Fe	Cl⁻	Mn	Mg	Si	N	C	O	
氢化钛粉	TSH – 100	≥99.6	≤(3.0)	≤0.02	≤0.08	≤0.05	≤0.045	≤0.02	≤0.025	≤0.02		<150
	TSH – 325	≥99.4	≤(3.0)	≤0.03	≤0.08	≤0.05	≤0.045	≤0.02	≤0.025	≤0.02		<45
	TMH – 100	≥99.2	≤(3.0)	≤0.05	≤0.10	≤0.02	≤0.055	≤0.03	≤0.04	≤0.03		<150
	TMH – 325	≥99.1	≤(3.0)	≤0.05	≤0.10	≤0.02	≤0.055	≤0.03	≤0.04	≤0.03		<45
钛粉	TSP – 100	≥99.6	≤0.02	≤0.02	≤0.04	≤0.02	≤0.02	≤0.02	≤0.03	≤0.02	≤0.25	<150
	TSP – 325	≥99.5	≤0.02	≤0.03	≤0.04	≤0.02	≤0.02	≤0.03	≤0.03	≤0.02	≤0.35	<45
	TMP – 100	≥99.2	≤0.02	≤0.05	≤0.05	≤0.02	≤0.025	≤0.03	≤0.05	≤0.03	≤0.50	<150
	TMP – 325	≥99.1	≤0.02	≤0.05	≤0.06	≤0.02	≤0.05	≤0.05	≤0.05	≤0.03	≤0.60	<45

①牌号符号所代表意义如下：T—钛；H—含氢；P—粉末；S—钠还原法钛制取的；M—镁还原法钛制取的。

钛粉基本性能见表 16 – 4。

表 16 – 4   钛粉基本性能

国标编号	41504
CAS	7440 – 32 – 6
中文名称	金属钛
英文名称	Titanium
别 名	钛粉，海绵钛粉
分子式	Ti
相对分子质量	47.90
熔 点	1720℃
相对密度（水 = 1）	4.5
蒸汽压	
溶解性	不溶于水，溶于氢氟酸、硝酸、浓硫酸
稳定性	稳定
外观与性状	钛为银白色，粉末为深灰色或黑色并发亮，或硬的钢色立方结晶
危险标记	8（易燃固体）
用 途	用于合金制造等

16.2.2 钛粉对环境的影响

（1）健康危害。

侵入途径：吸入、食入。

健康危害：吸入后对上呼吸道有刺激性，引起咳嗽、胸部紧束感或疼痛。

（2）毒理学资料及环境行为。

危险特性：金属钛粉尘具有爆炸性，遇热、明火或发生化学反应会燃烧爆炸。其粉体化学活性很高，在空气中能自燃。金属钛不仅能在空气中燃烧，也能在二氧化碳或氮气中燃烧。高温时易与卤素、氧、硫、氮化合。

燃烧（分解）产物：氧化钛。

（3）现场应急监测方法。

暂无。

（4）实验室监测方法。

等离子体光谱法，原子吸收法。

（5）环境标准。

中国（待颁布）饮用水源中有害物质的最高容许浓度为 0.1mg/L。

（6）应急处理处置方法。

1）泄漏应急处理。

隔离泄漏污染区，限制出入。切断火源。建议应急处理人员佩戴自吸过滤式防尘口罩，穿消防防护服。不要直接接触泄漏物。小量泄漏：避免扬尘，用洁净的铲子收集于干燥、洁净、有盖的容器中。转移回收。大量泄漏：用塑料布、帆布覆盖，减少飞散。使用无火花工具转移回收。

2）防护措施。

呼吸系统防护：可能接触其粉尘时，必须佩戴自吸过滤式防尘口罩。

眼睛防护：戴安全防护眼镜。

身体防护：穿透气型防毒服。

手防护：戴防毒物渗透手套。

其他：工作现场禁止吸烟、进食和饮水。工作毕，淋浴更衣。注意个人清洁卫生。

3）急救措施。

皮肤接触：脱去被污染的衣着，用肥皂水和清水彻底冲洗皮肤。

眼睛接触：提起眼睑，用流动清水或生理盐水冲洗。就医。

吸入：迅速脱离现场至空气新鲜处。保持呼吸道通畅。如呼吸困难，给输氧。如呼吸停止，立即进行人工呼吸。就医。

食入：饮足量温水，催吐，就医。

灭火方法：灭火剂为干粉、干砂。严禁用水、泡沫、二氧化碳扑救。高热或剧烈燃烧时，用水扑救可能会引起爆炸。

16.3 钛粉的应用

钛粉应用十分广泛。等级钛粉根据不同的纯度和粒级有不同的用途，主要用于制取粉末冶金零件的原料，还用作电真空吸气剂、电真空中固体汞源的原料、表面涂装材料、塑料充填剂和制取各种钛化合物（如 TiB_2、TiN、TiC 等）的原料等。等外钛粉主要用作铝合金细化剂、添加剂，烟火和礼花爆燃剂等。

16.3.1 钛粉在粉末冶金中的应用

粉末冶金产品多为近净成品形状的产品，只需很少辅助加工就可获得成品，因此具有加工工序少、流程短、原材料利用率高等优点。特别适合要求晶粒细、成分均匀、结构复杂的异形零件。粉末冶金产品的缺点是致密性差、疲劳强度低，应用受到了限制。新技术热等静压技术发明后，使其性能大为改善。

采用于粉末冶金方法生产钛合金零件（制品）的原料粉分两种：一种是元素混合粉，即需用多少种合金元素，就按需要制备或购买多少种合金元素粉末，然后按所需比例配料和把原料混合均匀，备压制用；另一种是预制合金粉，即先配成合金，然后制成合金粉末，再按需要质量称取，备压制用。

压制元素混合粉的基本方法是普通压制或冷等静压制，也可热等静压，以提高密度。压制预制合金粉一般采用热等静压、真空热压，这两种方法都能达到高度的密实性。在压制形状非常复杂的异形零件时，元素混合粉一般采用弹性冷模等静压法；预制合金粉一般采用金属包套、陶瓷模或流体模热等静压法。压制后烧结，钛粉末冶金零件真空烧结温度一般在 $1100 \sim 1300℃$，其真空度大于 $0.13Pa$。真空烧结的目的是为了保证颗粒连接和化学成分均匀。粉末冶金产品生产流程见图 16-1。

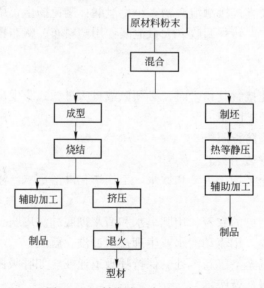

图 16-1　粉末冶金产品生产流程

元素混合法冷压后，制品致密度能达到 $85\% \sim 90\%$，经过真空烧结，致密度提高到 $95\% \sim 99\%$，控制粉末粒度和粒度分布可以生产出 99% 致密度的制品。但是，在粉末冶金钛合金中，有任何微小的即使是极少量的残留孔隙都会明显地降低抗疲劳性能和断裂韧度。只有彻底地清除其中的孔隙，才能使合金在宇航军工等重要部门得到应用。只有成本降低，才能在其他领域中推广。

为了提高钛材的利用率和降低钛制品的成本，最近几年研究出许多加工新工艺，如粉末冶金热等静压、真空热压、粉末锻造等。这些工艺有的配合使用，效果更佳。

例如，采用热等静压技术，以旋转电极法制备的钛合金粉末为原料，用陶瓷模热等静压近净形状成形工艺，制造粉末钛合金零件获得成功。用此工艺，不仅能制造小的机身撑板块，还能制造大型和复杂形状的各种发动机零件。表 16-5 中列出热等静压粉末零件质量与锻件质量的比较。

表 16-5 热等静压粉末零件质量与锻件质量的比较

发动机型号	零件名称	零件质量/kg			
		锻坯	P/M，HIP	成品	成本减少/%
F14	机身支柱	2.8	1.1	0.8	50
F18	托架	7.7	2.5	0.5	20
F18	捕钩架	79.4	24.5	12.9	25
F107	径向压气机涡轮	14.5	2.8	1.6	40
AH64	径向压气机涡轮	9.5	2.3	1.06	35
F14	机舱架	142.9	82.1	29.1	50

由表 16-5 可以看出，用热等静压工艺（温度为 870~1000℃，压力为 69~98MPa，2~8h），制成的粉末钛合金发动机零件，其材料利用率要比传统铸锻工艺高 1~4 倍。采用热等静压工艺，制造各种形状产品，具有极大的灵活性。它不仅能够制造各种外形复杂的零件，还能制作具有复杂形状内腔的产品。而这种产品用其他方法制作是很困难或是不可能的。制作近似使用形状零件，是热等静压技术的一个特长。与一般工艺相比，热等静压技术，可使材料利用率由 10%~20% 提高到 50%，同时可压缩工艺流程，节省大量机加工，从而使成本降低 50%~80%。

近几十年，涌现出大量新制粉技术，特别是雾化技术和机械合金化技术，使制粉技术朝着超微、超细、速凝、高纯、均质成分可控、大规模、多品种的方向发展。其中最引人注目的是快速凝固技术。雾化技术制取的钛粉是将钛或钛合金的液滴通过激冷，形成非晶、准晶和微晶粉末，从而对钛粉末冶金制品的显微组织和宏观特征，乃至合金成分设计都产生深刻影响，为钛粉末冶金技术开辟了一条崭新的途径。

机械合金化是通过合金组元粉末在高能球磨机中，粉末颗粒间、粉末颗粒与磨球之间长时间的激烈碰撞，形成新的表面之间互相冷焊，因此逐步合金化，可制成非晶、准晶、微晶和纳米粉末。这一技术是制造弥散强化钛合金的理想道路，引起了材料界的极大关注。

16.3.2 钛粉在铝合金生产中的应用

在约 150 种变形铝合金中，有约 120 个牌号加钛，但加入量不多，在 0.02%~0.4% 之间；在约 40 种铸造铝合金中，约有 13 个牌号加钛，一般在 0.08%~0.35% 之间。加钛的主要目的是细化铸造组织和焊缝组织，减小铸造裂纹开裂倾向和提高力学性能。加钛的作用是钛与铝形成化合物 $TiAl_3$，作非自发核心，在铝合金凝固时细化铸造组织。有时配合加 Ti 还加少量的 B，形成 TiB_2 化合物，促进 Ti 的细化作用。

铝合金加钛有两种方法，其一是加中间合金，有块状的，也有丝状的；其二是加钛添加剂，是添加钛元素的；也有加细化剂的，专门细化铸造组织，不是合金元素，不作成分分析。

16.3.2.1 钛添加剂

钛添加剂是为了调整铝合金中含钛量用的。它是用钛加铝粉或熔剂盐类压制成块（或饼）状，每块质量 500g（或按需方要求）。其中含钛粉量为 55%～75%，含铝粉（或熔剂盐类）量为 45%～25%。按需量投放到熔体铝合金中即可。这类添加剂如果采用熔剂盐类为配料，应注意不能吸潮或含水分，其实产品中的熔剂盐类是无用的。加经过包装的纯金属粉末最为合适。

16.3.2.2 钛细化剂

钛细化剂在合金中的元素不是合金中的成分，而是在熔炼铸造过程起细化组织作用的元素，是用钛粉、盐类化学物质混合后压成块（或饼）供应。含钛量（钛粉）一般有三种，即 30%、40%、60%，同时加入含硼的盐（KFB_4），按硼含 1%、2%、3% 或 4% 加入，其余加 NaCl 及 KCl 等配制。市场供应有 Ti40B4、Ti30B4、Ti30B3 以及 Ti60B1 等产品。

第3篇 钛 应 用

17 钛制品应用特性——
钛白制品性质和延伸应用

钛白粉学名为二氧化钛，是一种多晶型的化合物，在自然界中有 3 种结晶形态：金红石型、锐钛型和板钛型。板钛型在自然界中很稀有，属斜方晶系，是不稳定的晶型，在 650℃ 左右即转化为金红石型。板钛型可以以烷基钛或钛酸钠与氢氧化钾或氢氧化钠为原料，在加热器内，于 200~600℃ 下，经过数天即可制得板钛型二氧化钛。

金红石型和锐钛型为同一晶型，都属于四方晶系，但具有不同的晶格，因此 X 射线图像也不同，锐钛型二氧化钛的衍射角（2β）位于 25.5°，金红石型二氧化钛的衍射角（2β）位于 27.5°。金红石型晶体细长，呈棱形晶体，通常是孪晶，而锐钛型一般为近似规则的八面体。金红石型和锐钛型钛白的每个钛原子都位于八面体的中心，并且被 6 个氧原子环绕，锐钛型 TiO_2 分子的八面体上只有两个共用边，而金红石型 TiO_2 的单体晶格，是由 2 个二氧化钛分子组成的，锐钛型 TiO_2 是由 4 个二氧化钛分子组成。因此金红石型与锐钛型相比，由于其单位晶格较小而紧密，故具有较大的稳定性和相对密度，因此具有较高的折射率和介电常数以及较低的热传导性。在自然界中，这些晶体通常都含有少量的杂质，使晶格不完整，有缺陷，在这种情况下有时会对二氧化钛的色光有较大的影响。

17.1 钛白的物理性能

TiO_2 含量（质量分数）不小于 90%。白度（与标准样比）不小于 98%。吸油量为 23g/100g。pH 值为 7.0~9.5。105℃ 挥发分不大于 0.5%。消色力（与标准样比）不小于 95%。遮盖力不大于 45g/m²。325 目筛余物量不大于 0.05%。电阻率不小于 80Ω·m。平均粒径不大于 0.30μm。分散性不大于 22μm。水溶物含量（质量分数）不大于 0.5%，密度为 4.23g/cm³，沸点为 2900℃，熔点为 1855℃，分子式为 TiO_2，相对分子质量为 79.87。

17.2 特殊物理性能

17.2.1 相对密度

在常用的白色颜料中，二氧化钛的相对密度最小，同等质量的白色颜料中，二氧化钛的表面积最大，颜料体积最高。

17.2.2 熔点和沸点

由于锐钛型在高温下会转变成金红石型，因此锐钛型二氧化钛的熔点和沸点实际上是不存在的。只有金红石型二氧化钛有熔点和沸点，金红石型二氧化钛的熔点为 1850℃，在空气中的熔点为 (1830±15)℃，富氧中的熔点为 1879℃，熔点与二氧化钛的纯度有关。金红石型二氧化钛的沸点为 (3200±300)℃，在此高温下二氧化钛稍有挥发性。

17.2.3 介电常数

由于二氧化钛的介电常数较高，因此具有优良的电学性能。在测定二氧化钛的某些物理性质时，要考虑二氧化钛晶体的结晶方向。锐钛型二氧化钛的介电常数比较低，只有 48。

17.2.4 电导率

二氧化钛具有半导体的性能，它的电导率随温度的上升而迅速增加，而且对缺氧也非常敏感。金红石型二氧化钛的介电常数和半导体性质对电子工业非常重要，可利用该性质生产陶瓷电容器等电子元器件。

17.2.5 硬度

按莫氏硬度 10 分制标度，金红石型二氧化钛为 6~6.5，锐钛型二氧化钛为 5.5~6.0，因此在化纤消光中为避免磨损喷丝孔而采用锐钛型。

17.2.6 吸湿性

二氧化钛虽有亲水性，但其吸湿性不太强，金红石型的吸湿性比锐钛型小。二氧化钛的吸湿性与其表面积的大小有一定关系，表面积大，吸湿性高，还与表面处理与性质有关。

17.2.7 热稳定性

二氧化钛属于热稳定性好的物质。

17.2.8 粒度

钛白粉粒度分布是一个综合性的指标，它严重影响钛白粉颜料性能和产品应用性能，因此，对于遮盖力和分散性的讨论可直接从粒度分布上进行分析。影响钛白粉粒度分布的因素较为复杂，首先是水解原始粒径的大小，通过控制和调节水解工艺条件，使原始粒径在一定范围内。其次是煅烧温度，偏钛酸在煅烧的过程中，粒子经历一个晶型转化期和成长期，控制适宜的温度，使成长粒子在一定范围内。最后就是产品的粉碎，通过对雷蒙磨的改造和分析器转速的调节，控制粉碎质量，同时可以采用其他粉碎设备，例如万能磨、气流粉碎机和锤磨装置。

17.3 晶体性质

二氧化钛在自然界有三种结晶形态：金红石型、锐钛型和板钛型。板钛型属斜方晶系，是不稳定的晶型，在650℃以上即转化成金红石型，因此在工业上没有实用价值。锐钛型在常温下是稳定的，但在高温下要向金红石型转化。其转化强度与制造方法及煅烧过程中是否加有抑制剂或促进剂等条件有关。一般认为在165℃以下几乎不进行晶型转化，超过730℃时转化得很快。金红石型是二氧化钛最稳定的结晶形态，结构致密，与锐钛型相比有较高的硬度、密度、介电常数与折光率。金红石型和锐钛型都属于四方晶系，但具有不同的晶格，因而X射线图像也不同，锐钛型二氧化钛的衍射角位于25.5°，金红石型的衍射角位于27.5°。金红石型的晶体细长，呈棱形，通常是孪晶；而锐钛型一般呈近似规则的八面体。

金红石型比起锐钛型来说，由于其单位晶格由两个二氧化钛分子组成，而锐钛型却是由四个二氧化钛分子组成，故其单位晶格较小且紧密，所以具有较大的稳定性和相对密度，因此具有较高的折射率和介电常数及较低的热传导性。

二氧化钛的三种同分异构体中只有金红石型最稳定，也只有金红石型可通过热转换获得。天然板钛矿在650℃以上即转换为金红石型，锐钛矿在915℃左右也能转变呈金红石型。

17.4 化学性质

二氧化钛无毒，化学性质很稳定，是一种偏酸性的两性氧化物。常温下几乎不与其他元素和化合物反应，对氧、氨、氮、硫化氢、二氧化碳、二氧化硫都不起作用，不溶于水、脂肪，也不溶于稀酸及无机酸、碱，只溶于氢氟酸。但在光作用下，钛白粉可发生连续的氧化还原反应，具有光化学活性。在紫外线照射下锐钛型钛白粉十分明显，使钛白粉成为某些无机化合物的光敏氧化催化剂，又是某些有机化合物光敏还原催化剂。

17.4.1 特殊化学反应

二氧化钛微溶于碱和热硝酸，只有在长时间煮沸条件下才能完全溶于浓硫酸和氢氟酸。其反应方程式如下：

$$TiO_2 + 6HF \Longrightarrow H_2TiF_6 + 2H_2O \tag{17-1}$$

$$TiO_2 + 2H_2SO_4 \Longrightarrow Ti(SO_4)_2 + 2H_2O \tag{17-2}$$

$$TiO_2 + H_2SO_4 \Longrightarrow TiOSO_4 + H_2O \tag{17-3}$$

溶解速度与水合二氧化钛的加热煮沸温度有关，加热煮沸温度越高，溶解速度越慢。为了加速溶解，可在硫酸中加入硫酸铵、碱金属硫酸盐或过氧化氢。硫酸铵等的加入使硫酸的沸点增高，加速了二氧化钛的溶解。与酸式硫酸盐（如硫酸氢钾）或焦硫酸盐（如焦硫酸钾）共熔，可转变为可溶性的硫酸氧钛或硫酸钛：

$$TiO_2 + 2KHSO_4 \Longrightarrow TiOSO_4 + K_2SO_4 + H_2O \tag{17-4}$$

$$TiO_2 + 4K_2S_2O_7 \Longrightarrow Ti(SO_4)_2 + 4K_2SO_4 + 2SO_3 \tag{17-5}$$

二氧化钛能熔于碱，与强碱（氢氧化钠、氢氧化钾）或碱金属碳酸盐（碳酸钠、碳酸钾）熔融，可转化为可溶于酸的钛酸盐：

$$TiO_2 + 4NaOH =\!=\!= Na_4TiO_4 + 2H_2O \qquad (17-6)$$

在高温下，如有还原剂（碳、淀粉、石油焦）存在，二氧化钛能被氯气氯化成四氯化钛，其反应方程式如下：

$$TiO_2 + 2C + 2Cl_2 =\!=\!= TiCl_4 + 2CO \qquad (17-7)$$

二氧化钛在高温下可被氢、钠、镁、铝、锌、钙及某些变价元素的化合物还原成低价钛的化合物，但很难还原成金属钛。如将干燥的氢气通入赤热的二氧化钛，可得到 Ti_2O_3；在 2000℃、15.2MPa 的氢气中，也只能获得 TiO，但是若将金红石型钛白粉喷入等离子室中，则可与氢气反应而被还原成金属钛。反应方程式如下：

$$2TiO_2 + H_2 =\!=\!= Ti_2O_3 + H_2O \qquad (17-8)$$

$$TiO_2 + H_2 =\!=\!= TiO + H_2O \qquad (17-9)$$

$$TiO_2 + 2H_2 =\!=\!= Ti + 2H_2O \qquad (17-10)$$

17.4.2 应急处理

隔离泄漏污染区，限制出入。建议应急处理人员戴防尘面具（全面罩），穿一般作业工作服。避免扬尘，小心扫起，置于袋中转移至安全场所。若大量泄漏，用塑料布、帆布覆盖，收集回收或运至废物处理场所处置。

17.5 光学性质

二氧化钛的主要光学性质见表 17-1。

表 17-1 二氧化钛的主要光学性质

晶 型	光 学 性 质				
	折射率	反射率 (500nm) /%	紫外线吸收率 (360nm) /%	耐光性	荧光性
锐钛型	2.52	94~95	67	倾向粉化	无
金红石型	2.71	95~96	90	优良	强

17.5.1 折射率

折射率是指光线通过两个在光学上不同介质的界面时，因光的速度的变化而使入射方向发生改变，这种现象叫做折射，光线入射角与折射角的正弦的比值称为折射率。折射率随物质的化学组成、晶体结构以及光的波长不同而改变。二氧化钛的折射率表示 TiO_2 晶体对光的折射能力，也称作折射指数。钛白粉的某些光化学性能（如吸收和散射能力）不是固定不变的，与钛白中的杂质和颗粒状态有关，可以通过提高钛白的纯度和改善其颗粒状态，来提高钛白的一些颜料性能。TiO_2 折射率随着 TiO_2 晶型和光波长不同而发生变化，在可见光蓝光末端，TiO_2 折射率增加，而在黄光和红光区则降低。金红石的折射率比锐钛型高，在可见光内，TiO_2 晶体几乎发生等幅散射，使人的视觉得到白色感觉，可见光的激发作用不能使电子获得足够的能量引起跃迁，具有很低的光吸收作用和很高的散射能力，但紫外光则引起 TiO_2 晶体的强烈吸收。

二氧化钛的折射率在常见的白色物质中是最高的，甚至超过金刚石。金红石型二氧化钛由于其单位晶格较小，原子堆积密度更紧密，因此比锐钛型二氧化钛的折射率高。常见白色物质的折射率见表17-2。

表17-2　常见白色物质的折射率

物 质	折 射 率	物 质	折 射 率
金刚石	2.47	氧化锌	2.02
锐钛型二氧化钛	2.55	碱式碳酸铅	2.00
金红石型二氧化钛	2.71	碱式硫酸铅	1.93
硫化锌	2.37	硫酸钡	1.64
氧化锑	2.20	滑石粉	1.57

17.5.2　散射力

光的散射即漫反射，是白色颜料最重要的物理性质之一，又是形成白色颜料重要的光学效应——着色力（消色力）和遮盖力的物理原因。散射光主要包括反射光、折射光和衍射光。

17.5.2.1　折射率

光的散射能力的大小取决于颜料和基料（载色剂）的折射率之差。颜料与基料的折射率之差越大，反射率就越大，体系中的散射能力也就越高。由于二氧化钛在所有的白色颜料中折射率最高，所以它对光的散射能力也最大。

17.5.2.2　粒径

涂料中的大部分漆料（树脂）的折射率在1.45~1.60之间。当光散射力最大时，颜料粒径 D 与入射光的波长、颜料的折射率 n_1、漆料的折射率 n_2 之间的关系，可用下式表示：

$$D = 2\lambda \left[\pi (n_1 - n_2) \right]$$

可见光的波长为400~700nm，二氧化钛粒子在可见光波长范围内，通常最适宜的粒径范围在0.15~0.35μm。因此无论是锐钛型的二氧化钛还是金红石型的二氧化钛，都应将粒径控制在0.15~0.35μm为好，这样才能获得最高的散射力，其颜色也更白。

17.5.2.3　分散性

二氧化钛颜料需要以微细的颜料粒子形式均匀地分散到介质中，颜料中任何过多的凝聚、聚集和絮凝颗粒，都会对光的散射能力产生不良的影响。两种不同晶型的二氧化钛中，由于金红石型的折射率比锐钛型的高，所以在有机介质中，金红石型的散射力要比锐钛型高20%。

影响涂层中颜料粒子对光线的散射力的决定性因素是粒子的粒径和体系中颜料的体积浓度（Pigment Volume Concentration，简称PVC）。二氧化钛颜料粒子的平均粒径和粒径分布是由生产工艺决定的，而二氧化钛颜料在应用体系中的颗粒粒径则取决于颜料的分散过程及分散效率。

17.5.3　光泽度

物体的光泽度是指物质对投射来的光线的反射能力，反射能力越强，光泽度越大。由于二氧化钛既有高的反射率（可达到标准氧化镁的96%~98%），又有高的不透明度，所以经它着色后的材料色调鲜明。涂膜中应用二氧化钛颜料的主要原因是利用其不透明度和白度。影响二氧化钛颜料成膜后光泽度的重要原因是它的粒径和分散性，如果二氧化钛的粒径很细并能均匀地分散到漆料中，则涂膜表面光滑平整，能折射出镜面般的光泽；如果二氧化钛颜料的粒径过粗，则其涂膜就会显得粗糙，光泽度就会降低，并会带有其他底色，着色后色调发暗。

17.5.4　耐候性

耐候性是指含有二氧化钛颜料的有机介质（如涂膜）暴露在日光下，在氧气和水分存在的条件下抵御紫外线侵蚀，抵抗大气的作用，避免发生黄变、失光和粉化的能力。耐候性主要取决于颜料的光学性质和化学组成，也与暴露在自然光下的条件有关。由于二氧化钛的晶格缺陷，使得它在日光特别是紫外线的照射及水等催化剂的作用下被还原为不稳定的三氧化钛，同时释放出初生态氧，这个氧使作为漆基的有机物氧化，发生高分子的断链和降解，变成可溶性或易挥发的物质而破坏了漆膜的连续性。工业生产中为了改善二氧化钛漆膜的耐候性，在偏钛酸煅烧前添加少量的盐处理剂，或对其进行包膜处理以堵塞其光活化点，隔绝二氧化钛与光（紫外线）的直接接触。

17.5.5　光色互变现象

含有氧化铁、氧化镍、氧化铬等杂质的二氧化钛在阳光的照射下会变为褐色，离开阳光后仍恢复原色；或在氧化气氛中，将二氧化钛加热到200~600℃，二氧化钛会变成黄褐色，冷却后又恢复原色，这种现象称为光色互变现象。由于二氧化钛的光化学活性，二氧化钛在日光照射下，吸收400nm以下的紫外光后所释放出来的氧，使这些杂质氧化，形成高价氧化物，停止照射，高价氧化物又转化为低价氧化物而恢复原来的颜色。

17.6　颜料性能

颜料性能与光学性质密切相关，二氧化钛作为颜料，基本的颜料性质如白度、遮盖力、消色力、耐候性等都是其光学作用的结果。

17.6.1　遮盖力

遮盖力（Hiding Power），亦称为不透明度（Opacity）。二氧化钛最突出的颜料性质就是有极强的遮盖力，它是一种颜料能遮蔽被涂物体表面底色的能力，表达为刚达到完全遮蔽时，单位质量涂料所能涂覆的底材面积，或刚达到完全遮蔽时单位底材所需的涂料质量。影响遮盖力的主要因素是颜料晶体本身的折射率、粒径、粒径分布及其分散性能，其光学本质是由颜料与周围介质折射率之差造成的。

颜料的遮盖力与折射率之间的关系可用下式表示：

$$HP \propto m^2 \propto 0.16(n_p - n_b)^2 \qquad (17-11)$$

式中　　HP——遮盖力；

　　　　n_p——颜料的折射率；

　　　　n_b——展色剂（基料）的折射率；

　　　　m——Lorentz 指数，$m = 0.4(n_p - n_b)$。

一般认为当颜料的折射率和基料的折射率相等时涂膜就是透明的；颜料的折射率大于基料的折射率，涂膜就呈不透明，两者差距越大，涂膜的不透明度就越高，颜料的遮盖力就越强。由于不同基料（展色剂）的折射率相差不大，所以一般情况下由基料不同而引起的遮盖力的差异也不大，颜料的遮盖力主要取决于其本身折射率的大小，二氧化钛是所有常见白色物质中折射率最大的，故它的遮盖力最高。当然颜料的遮盖力还与颜料的粒径、粒径分布及其分散性能有关。

影响遮盖力的因素：（1）折射率，折射率越大，遮盖力越强；（2）吸收光线能力，吸收光线能力越大，遮盖力越强；（3）结晶度，晶形的遮盖力较强，无定形的遮盖力较弱；（4）分散度，分散度越大，遮盖力越强。

17.6.2　着色力和消色力

颜料的着色力（Tinctorial Strength）是指它加入到一种涂料中以后能改变该种涂料的色彩并呈现自身色彩的能力。有时为了区分着色颜料和白色颜料，把着色颜料的着色能力称为着色力，而把白色颜料的着色能力称为消色力。

中国现行国家标准对二氧化钛颜料的评价采用的是与标样相比较的方法，是在特制的含有群青的蓝色浆料中加入定量的二氧化钛制成的浆料，再与标准二氧化钛制成的浆料进行色彩比较，并以百分数表示，称为相对消色力。国外商业上有时习惯用雷诺数（Re）表达颜料的消色力，方法是将炭黑或群青与油加入等量的标样和试样中，直到两者明度一致时，根据试样中所加入着色剂的量，在已标定的指数表中读取相应的数值。

着色力是颜料对光的吸收和散射的结果，但是对二氧化钛这种白色颜料来说，由于其对光的吸收非常小，所以它的消色力仅是散射系数的函数。二氧化钛在白色颜料中的折射率最高，因而其消色力也高于其他白色颜料。

同遮盖力一样，二氧化钛的消色力（Reducing Power，Whiteing Power，Achromatic）与其颜料的粒径、粒径分布和分散性有关。

17.6.3　白度

白度就是物质对可见光吸收和反射两部分之比，它又综合了亮度和色调两种光学效果。根据 Kubelka – Munk 理论，无限厚的涂膜（不透明膜）的亮度或反射率 R 与颜料对光的吸收系数 K 和散射系数 S 有如下函数关系：由式（17 – 12）可知 R_∞ 与 K/S 成反比，K 减少，S 增大，白度和亮度就增大。

$$\frac{K}{S} = 1 - \frac{1 - R_\infty}{2R_\infty} \tag{17 - 12}$$

影响二氧化钛白度的因素是复杂的，在钛白粉的生产中，具有实际意义的是二氧化钛中的杂质含量和粒径与粒径分布。因此为了提高白度，除了尽可能地减少杂质含量，提高化学纯度，避免二氧化钛晶格出现缺陷来降低 K 外，同时还要调整和控制二氧化钛的粒径和粒径分布，增强其分散性，提高 S。

白度通常是以颜色指数（Color Index，简称 CI）表达的。通过测定二氧化钛颜料在红、绿、蓝光下的反射值，按下式进行计算：

$$颜色指数 CI = [(R - B)/G] \times 100\%$$

式中，R 代表红色；G 代表绿色；B 代表蓝色。计算后若指数为正值，表示颜料呈黄相；指数为负值，表示颜料呈蓝相。

17.6.4　吸油量

颜料的吸油量是指每 100g 颜料，在达到完全湿润时需要用油的最低质量，常用百分率来表示。吸油量既是钛白粉的一种重要的颜料性质，也是一个评价颜料优劣的指标，吸油量低的颜料有较高的颜料体积浓度（PVC），可以充分发挥颜料的各种光学性能。

$$PVC = [颜料体积／(颜料体积 + 胶黏剂体积)] \times 100\%$$

式中，颜料体积 = TiO_2 体积 + 填充料体积。

影响吸油量的因素很多，如粒子小，比表面积大，粒子表面所包覆的油多，吸油量就高；凝聚和絮凝的颗粒多，粒子之间的间隙较大，间隙中所填充的油多，吸油量也高；片状颗粒，在捏合时呈平行排列，孔隙小，吸油量低；针状或不规则形状的颗粒，由于孔隙较大，吸油量高；而接近球形的颗粒，理论上吸油量在 40% 左右。

在生产中要降低吸油量，减少颜料粒子的凝聚和絮凝的程度是重要的手段之一。

17.6.5　分散性

分散性又称研磨分散性或研磨湿润性，在以水为使用介质时（如化纤、造纸用钛白粉）则称为水分散性。

分散性是钛白粉的重要应用指标，任何优秀的颜料，只有它的颗粒能够均匀地分散到展色剂中，才能充分体现它的各种光学效果和颜料性能。分散性的好坏不仅影响钛白粉的消色力、遮盖力、吸油量等指标，而且也影响涂料成膜后的光泽和耐候性能。为了提高钛白粉在不同介质中的分散性能，通常要在无机表面处理后，添加各种不同的表面活性剂以增强其在不同展色剂中的分散性。

影响钛白粉颜料分散性的因素主要有粒径大小、比表面积、表面自由能、表面电荷、pH 值、极性、表面吸附状态等表面性质，也与展色剂的性质有关。

17.7　二氧化钛应用

钛白粉有两种主要结晶形态：锐钛型（Anatase），简称 A 型；金红石型（Rutile），简称 R 型。二氧化钛广泛用于各类结构表面涂料、纸张涂层和填料、塑料及弹性体，其他用途还包括陶瓷、玻璃、催化剂、涂布织物、印刷油墨、屋顶铺粒和焊剂。钛白具有优异的颜料性能，可以说是一种最好的白色颜料。钛白颜料主要用于涂料、油墨、塑料、造纸、化纤和橡胶等工业部门。涂料是钛白的第一大用户，塑料居第二位，第三位是造纸。

17.7.1 涂料工业

涂料工业是钛白粉的第一大用户。用钛白粉制造的涂料，色彩鲜艳，遮盖力高，着色力强，用量省，品种多，对介质的物理稳定性可起到保护作用，并能增强漆膜的机械强度和附着力，防止裂纹，防止紫外线和水分透过，延长漆膜寿命。在涂料生产中，以钛白作为颜料，不仅可大大减少颜料的用量，而且使涂料具有色彩鲜艳、稳定性高和寿命长等优点，广泛用于白漆和色漆的生产中，是室外漆的必需原料。在国外涂料工业中，涂料工业是钛白粉的第一大用户，特别是金红石型钛白粉，大部分被涂料工业所消耗。

17.7.2 塑料工业

塑料工业是钛白粉的第二大用户。由于钛白颗粒细、耐光以及分散性好，适合用作塑料的不透明剂或白色、浅色塑料的着色填充剂。由于钛白在塑料中的体积分数很低（一般为 1% ~2%），因此要用颗粒细、分散性好的钛白粉，一般需要使用无机和有机包膜的金红石型钛白。钛白和其他颜料配合使用时，可使塑料的色泽鲜艳。在塑料中加入钛白粉，可以提高塑料制品的耐热、耐光、耐候性，使塑料制品的物理化学性能得到改善，增强制品的机械强度，延长使用寿命。

17.7.3 造纸工业

造纸工业是钛白粉第三大用户。钛白粉作为纸张填料，主要用在高级纸张和薄型纸中。加有钛白填料的纸薄而不透明，其不透明度比碳酸钙和滑石粉等普通填料高约 10 倍，可使纸的质量减轻 15% ~30%，还具有白色度高、光滑、光泽好、强度大和性能稳定等优点。造纸用钛白粉一般使用未经表面处理的锐钛型钛白粉，可以起到荧光增白剂的作用，增加纸张的白度。但层压纸要求使用经过表面处理的金红石型钛白粉，以满足耐光、耐热的要求。

17.7.4 油墨用钛白

在油墨生产中，钛白是高级油墨中不可缺少的白色颜料，根据油墨品种不同，可选择锐钛型钛白或金红石型钛白。含有钛白粉的油墨耐久不变色，表面润湿性好，易于分散。油墨行业所用的钛白粉有金红石型，也有锐钛型。

17.7.5 纺织化纤用钛白

纺织和化学纤维行业是钛白粉的另一个重要应用领域。钛白具有折射率高、遮盖力强、颗粒细和分散性好的优点，是化学纤维的优良消光剂。在纺丝原液中加入 0.5% ~1% 的钛白粉，可使化纤具有永久的消光作用和最佳的增白效果，达到天然纤维相仿的不透明度，并可提高化纤的强度和韧性。化纤一般使用粒度细（0.19μm）而柔软的锐钛型钛白粉，以减少化纤制造过程中对设备（特别是喷嘴）的磨损。化纤用钛白粉主要作为消光剂。因锐钛型比金红石型软，因此一般使用锐钛型。化纤用钛白粉一般不需表面处理，但某些特殊品种为了降低二氧化钛的光化学作用，避免纤维在二氧化钛光催化的作用下降解，需进行表面处理。

17.7.6 橡胶用钛白

钛白的性能稳定，粒子细，不含锰、铜、镉和钴等杂质，不会影响橡胶的硫化过程，是橡胶优良的填料、增白剂和补强剂。用钛白作填料制成的白色或浅色橡胶制品具有强度高、伸展率大，老化慢和不易褪色等优点。橡胶用钛白要求它具有较好的耐热性，硫化加热时（110～170℃）不泛黄，对硫黄和配合剂不起反应，铜、锰、钴、硅、钙、镁等杂质含量低。钛白粉在橡胶工业中既作为着色剂，又具有补强、防老化、填充的作用。在白色和彩色橡胶制品中加入钛白粉，在日光照射下，耐日晒，不开裂、不变色，且伸展率大及耐酸碱。橡胶用钛白粉，主要用于汽车轮胎以及胶鞋、橡胶地板、手套、运动器材等，一般以锐钛型为主。但用于汽车轮胎生产时，常加入一定量的金红石型产品，以增强其抗臭氧和抗紫外线能力。

17.7.7 日用化妆用钛白

钛白粉在化妆品中应用也日趋广泛。由于钛白粉无毒，远比铅白优越，所以各种香粉几乎都用钛白粉来代替铅白和锌白。香粉中只需加入5%～8%的钛白粉就可以得到永久白色，使香料更滑腻，有附着力、吸收力和遮盖力。在水粉和冷霜中钛白粉可减弱油腻及透明的感觉。其他各种香料、食品、防晒霜、皂片、白色香皂、剃须膏和牙膏中往往也用钛白粉。

17.7.8 其他用途钛白

用钛白粉制得的瓷釉透明度强，具有质量轻、抗冲击力强、力学性能好、色彩鲜艳、不易污染等特点。

17.8 钛白标准

17.8.1 钛白性能指标

表17－3给出了金红石型与锐钛型钛白粉的性能指标对比。

表17－3 金红石型与锐钛型钛白粉的性能指标对比

性　能	钛白粉（二氧化钛）	
	锐钛型	金红石型
外　观	亮白色粉末状	亮白色粉末状
结晶系	正方晶系	正方晶系
结晶形状	锥状	针状
折射率	2.48	2.90
密度/g·cm⁻³	3.8	4.2
吸油量/(g/100g)	20～35	17
荧光性	无	强
遮盖力/g·m⁻²	30～35	23～28
着色力/%	75～80	100
平均粒度/μm	0.3	0.2～0.3

二氧化钛颜料技术指标见表 17 - 4。

表 17 - 4　二氧化钛颜料技术指标

项　目	指　标								
	BA01 - 01（锐钛型）			BA01 - 02（锐钛型）			BA01 - 03（金红石型）		
	优等品	一等品	合格品	优等品	一等品	合格品	优等品	一等品	合格品
TiO_2 含量/%	≥98.0			≥92.0			≥90.0		
颜色（与标准样比）	近似	不低于	微差于	近似	不低于	微差于	近似	不低于	微差于
消色力（与标准样比）/%	100	100	90	100	100	90	100	100	90
105℃挥发分/%	≤0.5			≤0.8			≤1.0		
105℃挥发物含量[①]/%	≤0.5			≤0.8			≤1.5		
水溶物含量/%	≤0.4	≤0.5	≤0.6	≤0.3	≤0.3	≤0.5	≤0.3	≤0.3	≤0.5
水悬浮液 pH 值	6.5~8.0	6.5~8.0	6.0~8.5	6.5~8.0	6.5~8.0	6.0~8.5	6.5~8.0	6.5~8.0	6.0~8.5
吸油量/(g/100g)	≤22	≤26	≤28	≤22	≤26	≤28	≤20	≤23	≤26
筛余物（45μm 筛孔）含量/%	≤0.05	≤0.10	≤0.30	≤0.05	≤0.10	≤0.30	≤0.05	≤0.10	≤0.30
水萃取电阻率/Ω·m	≥30	≥20	≥16	≥100	≥50	≥50	≥100	≥50	≥50

①经 (23±2)℃及相对湿度 (50±5)% 预处理24h 的挥发分。

17.8.2　二氧化钛颜料的国家标准 GB/T 1706—2006

二氧化钛颜料共分 2 个类型（锐钛和金红石），5 个品种（A1，A2，R1，R2 和 R3）。其中，A1 指未经无机表面包膜处置的锐钛型颜料，其 TiO_2 含量不低于 98%；A2 指经过无机表面包膜处置的锐钛颜料，其 TiO_2 含量不低于 92%；R1 指 TiO_2 含量不低于 97% 的金红石型颜料，通常不经过无机表面包膜处置或经过微量的无机包膜处置；R2 指 TiO_2 含量不低于 90% 的金红石型颜料，具有较理想的综合光学和使用功能，是用途最广的一类产品；R3 指 TiO_2 含量不低于 80% 的金红石型颜料，通常都经过高包覆量的 Al_2O_3/SiO_2 包膜处置，具有高吸油量和低密度。表 17 - 5 给出二氧化钛颜料的根本要求，表 17 - 6 给出二氧化钛颜料的条件要求。

表 17 – 5　二氧化钛颜料的根本要求

指　标	要　求				
	A1	A2	R1	R2	R3
TiO_2 含量/%	≥98	≥92	≥97	≥90	≥80
105℃挥发分/%	≤0.5	≤0.8	≤0.5	商定	
水溶物/%	≤0.6	≤0.5	≤0.6	≤0.5	≤0.7
筛余物（45μm）/%	≤0.1	≤0.1	≤0.1	≤0.1	≤0.1

注：1. 测定时所用的参比样为有关单位商定的样品；
　　2. 商定项目，当有关方面明白规则或有合同商定时才中止。

表 17 – 6　二氧化钛颜料的条件要求

指　标	要　求				
	A1	A2	R1	R2	R3
颜　色	与商定的参比样相近				
散射力	商定				
在（23±2）℃和相对湿度（50±5）% 下预处理24h后105℃挥发物/%	≤0.5	≤0.8	≤0.5	≤1.5	≤2.5
水悬浮 pH 值	商定				
吸油量	商定				
水萃取液电阻率	商定				

17.8.3　日本工业标准 JIS K1409—1994 化学纤维用钛白粉标准

表 17 – 7 给出日本工业标准 JIS K1409—1994 化学纤维用钛白粉标准。

表 17 – 7　日本工业标准 JIS K1409—1994 化学纤维用钛白粉标准

项　目	品　质	项　目	品　质
白度/%	96 以上	钙/%	0.01 以下
着色力容许极限	与用户商定的标准相比 ±50[1]	粗粒子数（长径 5μm 以上的数）	10 个以下
水分/%	0.5 以下	硫酸不溶物/%	0.3 以下
二氧化钛含量/%	98 以上	灼烧减量/%	0.3 以下
pH 值	6.8 ~ 8.0	筛余物（325 目）[2]/%	0.03 以下
铁含量/%	0.008 以下	水分散性/%	90 以上

①标样由行业内商定，雷诺数一般为1250。

②325 目指筛孔大小为 0.043mm。

17.8.4　搪瓷、陶瓷用钛白粉的技术指标

搪瓷、陶瓷用钛白粉的技术指标见表 17 – 8。

表 17-8　搪瓷、陶瓷用钛白粉的技术指标

项　目	指　标		
	上海钛白粉厂		镇江钛白粉厂
	一级	二级	
外观色泽			符合标准样
白度/%	≥90	≥85	
TiO_2 含量/%	≥98.5	≥98.5	≥98.5
Fe_2O_3 含量/%	≤0.025	≤0.04	<0.04
SO_3 含量/%	≤0.15	≤0.2	<0.15
P_2O_5 含量/%			<0.3
SiO_2 含量/%			<0.3
细度（45μm 筛孔）/%	≤0.1	≤0.3	<0.2

17.8.5　电焊条钛白粉的技术指标

电焊条钛白粉的技术指标见表 17-9。

表 17-9　电焊条钛白粉的技术指标

项　目	指标（ZBG 13004—90）		
	上海钛白粉厂		镇江钛白粉厂
	一级	二级	
TiO_2 含量/%	≥98.5	≥98.5	>98.5
S 含量/%	≥0.03	≥0.05	<0.05
P 含量/%	≤0.03	≤0.05	<0.05
细度（45μm 筛孔）/%	≤0.5	≤0.5	<0.5
外观色泽	—	—	符合标准样

17.8.6　食品中使用的钛白粉产品标准

食品中使用的钛白粉产品标准（执行欧洲药典 1997 年版标准）见表 17-10。

表 17-10　食品中使用的钛白粉产品标准

项　目	指标	项　目	指标
外　观	白色粉末，无臭，无味	钡（Ba）/mg·kg^{-1}	≤5
TiO_2 含量（干基）/%	99.0~100.5	砷（As）/mg·kg^{-1}	≤3
铅（Pb）/mg·kg^{-1}	≤20	灼烧减量/%	≤0.5
锑（Sb）/mg·kg^{-1}	≤100	水溶物/%	≤0.5
汞（Hg）/mg·kg^{-1}	≤1 酸溶物/%		≤0.5

在食品中使用的钛白粉产品标准如下（杂质含量执行欧洲药典 1997 年版标准，颜料性能执行 GB 1706—1993 标准）。

食品用钛白粉技术指标见表 17-11。

表 17-11 食品用钛白粉技术指标

项 目	指 标	项 目	指 标
TiO_2 含量（干基）/%	98.0~100.5	颜色（国标）	不低于
重金属以 Pb 计含量	$\leq 20 \times 10^{-6}$	LAB（色差仪）	≥ 98
锑（Sb）/$mg \cdot kg^{-1}$	≤ 100	消色力（雷诺数）	1250
砷（As）/$mg \cdot kg^{-1}$	≤ 5	吸油量/（$g/100g$）	≤ 26
钡（Ba）/$mg \cdot kg^{-1}$	≤ 5	$45\mu m$ 筛余比例/%	≤ 0.2
pH 值	6.5~7.5	平均粒径/μm	0.2~0.4
水溶物/%	0.5		

17.8.7 电容器用钛白粉的技术指标

表 17-12 给出了电容器用钛白粉的技术指标。

表 17-12 电容器用钛白粉的技术指标

项 目	指 标	
	上海钛白粉厂	镇江钛白粉厂
外 观	白色，微黄粉末	白色粉末，经 1250~1300℃灼烧呈米黄色
TiO_2 含量/%	≥ 98.5	≥ 98.5
Fe_2O_3 含量/%	≤ 0.1	≤ 0.1
SO_3 含量/%	≤ 0.15	≤ 0.15
SiO_2 含量/%	≤ 0.2	< 0.2
P_2O_5 含量/%	≤ 0.1	< 0.1
钙、镁（以 MgO 计）含量/%	≤ 0.2	
钾、钠（以 $K_2O + Na_2O$ 计）含量/%	≤ 0.2	
锑（Sb）含量/%		< 0.03
相对密度	≥ 3.9	≥ 3.9
细度（$45\mu m$ 筛孔）/%	≤ 0.3	< 0.3
比表面积/$cm^2 \cdot g^{-1}$	10000~14000	9000
1000℃灼烧减量/%	≤ 0.5	< 0.5

17.8.8 显像管用钛白粉的技术指标

表 17-13 给出显像管用钛白粉的技术指标。

表 17－13 显像管用钛白粉的技术指标

项目	指标	
	彩色显像管用	黑白显像管用
TiO_2 含量/%	≥99	≥98.5
Fe_2O_3 含量/%	≤0.01	≤0.015
P_2O_5 含量/%	≤0.1	—
SO_3 含量/%	—	0.15

表 17－14 给出了国际标准与其他国家标准对照。

表 17－14 国际标准与其他国家标准对照

项目	ISO 591—1985					JIS K5116—1973				POCT 9808—84①				ASTM D476—84（89）			
	A 类		B 类			锐钛型		金红石型		锐钛型		金红石型		1 类	2 类	3 类	4 类
	A_1	A_2	R1	R2	R3	1 类	2 类	1～3 类	4 类	A－1	A－01	P1	P02	锐钛型	金红石型	金红石型	金红石型
TiO_2 含量/%	≤98	≤92	≤97	≤90	≤80	≤98	≤95	≤92	≤82	≤98	≤94	≤98	≤93	≤94	≤92	≤80	≤80
颜色	接近商定样品					几乎与标准样品无差别				不规定							
消色力	与商品样品相同					几乎与标准样品无差别				1170	1200	1600	1700				
105℃挥发物/%	≤0.5	≤0.8	≤0.5	商定		≤0.7	≤1.0	≤1.0	≤2.5	≤0.5	≤0.5	≤0.5	≤0.5	≤0.7	≤0.7	≤1.5	≤1.5
经（23±2）℃及相对湿度（50±5）%预处理 24h 后 105℃挥发物/%	0.5	0.8	0.5	1.5	2.5												
水溶物/%	≤0.6	≤0.5	≤0.6	≤0.5	≤0.7	≤0.5		≤0.5		≤0.4	≤0.3	≤0.4	≤0.3	≤5000 Ω·cm②		≤3000 Ω·cm②	
水悬浮液 pH 值	与商定样品相同					6.0～9.0	6.0～8.0	6.0～8.0	6.0～9.0	6.5～8.0							
吸油量/(g/100g)	与商定样品相同					与样品无太大差别											
筛余物（45μm 筛余）/%	≤0.10	≤0.10	≤0.10	≤0.10		≤0.2		≤0.2		≤0.10	≤0.02	≤0.15	≤0.03	≤0.2		≤0.2	
水萃取电阻率		与商定样品相同		与商定样品相同						不规定							
相对密度														3.8～4.0	4.0～4.3	3.6～4.3	
遮盖力/$g \cdot m^{-2}$						几乎与标准样品无差别				≤40	≤40	≤40	≤40				
分散性/μm						与标准样品无差别				不规定	≤15	不规定	≤15				
流动性						几乎与标准样品无差别											

①原苏联标准 POCT 9808—84 消色力用雷诺数表示。
②ASTM 标准水溶物用比电阻（Ω·cm）表示。

18 钛制品应用特性——钛合金

钛及其合金具有密度小、耐腐蚀、耐低温和耐高温等优异性能，是性能优良的结构材料、装饰材料和功能材料。世界钛工业正经历着以航空航天为主要市场的单一模式，向冶金、能源、交通、化工、生物医药等民用领域为重点发展的多元模式过渡。

18.1 钛的性质

钛的外观与钢相似，致密钛具有银白色光泽。钛有良好的延展性，容易进行机械压力加工。钛有两种同素异形体，即 α 钛和 β 钛，晶形转变的温度为 882.5℃，β 钛相变后的体积增加 5.5%。钛的熔点高（1668℃ ±4℃），密度小（4.51g/cm³）。其机械强度很大，超过许多结构钢材料，但密度比钢小 43%，微量杂质可以使钛的强度显著增高。高纯钛的硬度很小（小于 120 布氏硬度），但微量元素含量会增加其硬度。致密钛在空气中是极其稳定的，加热到 500~600℃ 时，表面为一层氧化薄膜所覆盖而防止其进一步氧化。当温度高于 600℃ 时，氧化速度增大。粉状钛在不高的温度下便氧化并易着火燃烧。金属钛对海水、工业腐蚀性气体、许多酸碱都具有抗蚀能力。但在高温下钛的化学活性很强，可与卤族元素、氧、硫、碳、氮、氢、水蒸气、一氧化碳、二氧化碳和氨发生强烈作用。

钛易溶解于氢氟酸、浓硫酸、浓盐酸和王水中。钛在稀硫酸（5%）、稀盐酸（5%~10%）中相当稳定。钛不溶解于碱溶液，但与熔融碱能发生强烈作用，生成钛酸盐。钛是一种理想的结构材料，具有低密度高强度性能。钛的合金具有很高的比强度（强度与密度之比），广泛地应用于航空和火箭等技术领域。例如，Ti 与 Al、Cr、V、Mo、Mn 等元素组成的合金，经过热处理，强度极限可达 1176.8~1471MPa，比硬度达 27~33，与它相同强度极限的合金钢，其比强度只有 15.5~19，钛合金不仅强度高，而且耐腐蚀，因此在船舶制造、化工机械和医疗器械方面有广泛的应用。

钛具有优良的物理化学性质，纯钛的可塑性可以使钛伸长率达到 50%~60%，断面收缩率可达 70%~80%，部分钛合金质量轻、强度大和比强度优良，是合适的轻质量材料，某些钛合金可以在 450~500℃ 和 -250℃ 时长期工作。

18.2 钛合金的分类

如按金相特点分类，则根据室温下平衡和亚平衡组织中 α 相和 β 相的有无和多少，把钛合金广义地分成 α 型钛合金、α+β 型钛合金和 β 型钛合金三大类，又可进一步把广义的 α 型钛合金细分成 α 型钛合金（狭义的）和近 α 型钛合金，把广义的 α+β 型钛合金细分成 α+β 型钛合金（狭义的）和富 β 的 α+β 型钛合金，把广义的 β 型钛合金细分为近 β 型钛合金、亚稳定 β 型钛合金和稳定 β 型钛合金。其中富 β 的 α+β 型钛合金与近 β 钛合金之间的界线不够清楚，因此同一种钛合金，有的资料把它归入富 β 的 α+β 型钛合金，有的资料则把它归入近 β 钛合金。中国钛合金牌号就是按金相特点进行分类编号的：

α 型钛合金均为 TA 系列（如 Ti - 5Al - 2.5Sn 合金的牌号为 TA7），β 型钛合金均为 TB 系列（如 Ti - 5Mo - 5V - 8Cr - 3Al 合金的牌号为 TB2），α + β 型钛合金均为 TC 系列（如 Ti - 6Al - 4V 合金的牌号为 TC4）。对于铸造钛合金，若其成分跟变形合金相同，则其牌号就在变形合金牌号前加字母"Z"（例如铸造 TMAl - 4V 的牌号为 ZTC4），如果为铸造合金独有的成分，则均为 ZT 系列（如 Ti - 5Al - 5Mo - 2Sn - 0.3Si - 0.02Ce 合金的牌号为 ZT3）。

若按工艺特点分类，钛合金可分为变形钛合金、铸造钛合金和粉末钛合金三大类。

若按性能特点分类，钛合金主要分为高温钛合金、低温钛合金、阻燃钛合金、高强度钛合金、中强度钛合金、低强度高塑性钛合金、耐蚀钛合金等。

18.2.1 高温钛合金

这通常是指极限长期工作温度可达 400 ~ 600℃ 的钛合金。它们的室温拉伸强度保证值通常在 900 ~ 1050MPa 之间，大多属于近 α 型钛合金或 β 含量不太多的 α + β 型钛合金。近 α 型钛合金的工作温度一般要高于 α + β 型钛合金。很多年以前就有人根据纯钛的熔点推测其极限工作温度应该高于镍基高温合金。纯镍的熔点约为 1450℃，其极限工作温度高达 1090℃，而钛的熔点高达 1670℃ 左右，那么按镍等大多数金属的规律，钛合金的极限工作温度应超过 1000℃。因此，世界各国从 20 世纪 50 年代开始就一直为提高钛合金的工作温度而投入大量的人力物力，经过近 30 年的努力，其极限工作温度才从 1958 年的 400℃ 等级提高到 1986 年的 600℃ 等级，平均每年提高 7℃。更值得注意的是，1986 年至今又过了 18 年，而 600℃ 这个极限工作温度却始终未能突破。钛合金领域的专家们都很清楚，很难逾越的障碍有两个：其一，高温钛合金的工作温度一旦超过 600℃，现有的各种强化合金的途径均不能有效地阻止其蠕变（一种缓慢的变形方式），而航空发动机压气机盘和叶片等关键零件是严格限制在长期工作过程中的蠕变量的（例如有的发动机规定不允许超过 0.1% 的蠕变量）。其二，高温钛合金的工作温度越高，其热稳定性问题就越突出，而当工作温度超过 600℃ 时，这一矛盾更尖锐化，以至于达到很难解决的程度。所谓热稳定性问题是指合金在高温下长期热暴露后因内部析出脆化相和表面被氧化而变脆。

18.2.2 高强钛合金

高强度钛合金通常是指室温拉伸强度保证值高于 980MPa 的钛合金。它们大多属于亚稳定 β 型钛合金（如 Ti - 15 - 3，其名义成分为 Ti - 15V - 3Cr - 3Sn - 3Al）、近 β 型钛合金（如 Ti - 10 - 2 - 3，其名义成分为 Ti - 10V - 2Fe - 3Al）或富 β 的 α + β 型钛合金（如 Ti - 17，其名义成分为 Ti - 5Al - 2Sn - 2Zr - 4Mo - 4Cr）。近 β 型和亚稳定 β 型钛合金的极限工作温度一般低于 350℃，而富 β 的 α + β 型钛合金的极限工作温度通常在 350 ~ 425℃ 之间。

高强钛合金在 β 转变温度（高于此温度时合金从 α + β 两相区转入 β 单相区）附近加热后冷却（冷却方式分水冷、油冷、风冷、空冷等）被称为固溶处理。由于固溶处理使大量的呈体心立方晶格的 β 相亚稳定地保留下来，因此合金在固溶状态下通常具有很低的强度和很高的塑性。这不仅有利于可锻性的提高，而且使钛合金有可能在室温下进行冷成型（例如紧固件头部的冷镦和钣金件的冷冲压等），相应地显著降低了钛成品的成本。高强钛合金固溶后再经时效（在较低温度下保温较长时间后空冷）则可显著提高强度（塑性相应地有所降低），从而使钛合金零件能承受更大的工作载荷。不同的固溶和时效制度可获得不同的强度等级。很多试验数据表明，要把某些钛合金的室温拉伸强度通过热处理强化至1300MPa以上甚至强化至1400MPa以上是轻而易举的，而且往往可保留一定的室温拉伸塑性。然而，随着断裂力学的发展和航空产品损伤容限设计的应用，人们发现过高的强度往往伴随着过低的断裂韧性和过快的疲劳裂纹扩展速率，因此反而会显著降低飞行的安全可靠性或增大零件的尺寸质量。于是人们迅速改变概念，摒弃那些片面追求很高强度的热处理制度，宁可选用那些能获得高韧性、低裂纹扩展速率和适当高强度（例如拉伸强度保证值为1100MPa左右）的热处理制度。

钛合金的弹性模量显著低于钢（几乎只有钢的一半），而在钛合金中，β型钛合金的弹性模量又是最低的，但其拉伸屈服强度却较高。这表明β型钛合金的弹性变形范围宽阔，非常适合于制造弹簧等弹性元件。

18.2.3　中强钛合金

中强度钛合金通常是指室温拉伸强度保证值在785～980MPa之间的钛合金，它们大多属于α+β型钛合金，其典型代表是国际上应用最广的 Ti－6Al－4V 合金。这类合金往往具有优良的综合性能，几十年来一直是飞机及其发动机制造中选用最多的钛合金材料。以美国的第四代战斗机 F－22 为例，其原型机的钛合金用量占总结构质量的24%，在选用的仅两种钛合金中，Ti－6Al－4V 占1/3，高强钛合金 Ti－62222（Ti－6Al－2Sn－2Zr－2Cr－2Mo－0.23Si）占2/3，当初选用这么多 Ti－62222 的目的显然是为了更多地减轻飞机的结构质量。然而，在生产型 F－22 上，选材方案发生很大变化，钛合金用量大幅度地增至41%，其中 Ti－6Al－4V 用量从原型机的8%猛增至36%，而 Ti－62222 用量却从原型机的16%骤降至5%。其主要原因是很多钛合金零部件均须采用焊接结构，因此焊接性能优良的 Ti－6Al－4V 用量增加，而焊接性能欠佳的 Ti－62222 用量减少。

18.2.4　低强高塑性钛合金

低强度高塑性钛合金通常是指室温拉伸强度保证值低于785MPa和工艺塑性优良的钛合金，它们大多属于低合金化的近α型或α型钛合金（包括工业纯钛），例如中国的TC1合金（Ti－2Al－1.5Mn）、英国的 IMI230（Ti－2.5Cu）和美国的 Ti－3Al－2.5V，主要用于要求高工艺塑性的钣金件和管材等。

18.2.5　铸造钛合金

在航空工业的钛用量中，虽然变形钛合金仍占主要地位，但铸造钛合金所占的比例在不断增长。与变形钛合金相比，铸造钛合金的工序简单，可直接铸出复杂形状的结构件，陶瓷型熔模精密铸造更可节省大量的原材料和机械加工工时。但是，影响其广泛应用的缺陷是铸件组织通常不均匀和存在微孔、疏松等缺陷，因而拉伸和疲劳等性能的波动性大并通常低于变形钛合金。近几年来，国内外通过计算机工艺模拟和新型的热处理制度使钛合金铸件（包括大型铸件）的组织细化和均匀化，通过热等静压工艺消除了铸件内部的微孔、疏松等缺陷，从而获得与变形合金相同的拉伸、疲劳等性能，为钛合金铸件的推广应用（包括航空重要受力件）铺平了道路。近期发展的铸造模型、样件的快速成型技术以及金属模精铸工艺，又进一步降低了钛合金铸件的成本。大型整体复杂结构精密铸造技术的新成就更得到飞机及发动机设计师们的青睐。由于整体结构精铸技术可大幅度地减少组合件的零件数量和紧固件数量，故飞机及发动机的结构质量可得到显著减轻，制造周期显著缩短。例如，美国新型垂直起落飞机（V-22）的传动接合座原来由铝合金制造的43个零件和536个紧固件组合而成，后来改为铸造钛合金（Ti-6Al-4V）整体结构件，零件减至3个，紧固件减至32个。

18.3 钛及其合金的加工应用性能

钛是一种新型金属，钛的性能与所含碳、氮、氢、氧等杂质含量有关，最纯的碘化钛杂质含量不超过0.1%，但其强度低、塑性高。99.5%工业纯钛的性能为：密度$\rho=4.5\text{g/cm}^3$，熔点为1672℃，导热系数$\lambda=15.24\text{W/(m·K)}$，抗拉强度$\sigma_b=539\text{MPa}$，伸长率$\delta=25\%$，断面收缩率$\psi=25\%$，弹性模量$E=1.078\times10^5\text{MPa}$，硬度为HB195。

18.3.1 比强度高

金属钛的密度为4.51g/cm^3，高于铝而低于钢、铜、镍，但比强度高于铝合金和高强合金钢。

18.3.2 强度高

钛合金的密度一般在4.51g/cm^3左右，仅为钢的60%，纯钛的强度才接近普通钢的强度，一些高强度钛合金超过了许多合金结构钢的强度。因此钛合金的比强度（强度/密度）远大于其他金属结构材料，见表18-1，可制出单位强度高、刚性好、质轻的零、部件。目前飞机的发动机构件、骨架、蒙皮、紧固件及起落架等都使用钛合金。

表18-1 几种常用金属材料性能比较

材料类型	抗弯强度δ_b/MPa	弹性模量E/MPa	密度ρ/g·cm^{-3}	δ_b/ρ	E/MPa
超硬铝合金	1.88	7.154	2.8	210	2.55
耐热铝合金	4.16	7.154	2.8	165	2.55
高强度镁合金	3.134	4.41	1.8	191	2.45
高强度钛合金	1.646	11.76	4.5	356	2.61
高强度结构钢	1.421	20.58	8	178	2.57
超高强度结构钢	1.862	20.58	8	233	2.57

18.3.3 热强度高

钛合金件使用温度比铝合金高几百度，在中等温度下仍能保持所要求的强度，可在450~500℃的温度下长期工作，高强和中强钛合金在150~500℃范围内仍有很高的比强度，而铝合金在150℃时比强度明显下降。钛合金的工作温度可达500℃，铝合金则在200℃以下。

18.3.4 抗蚀性好

钛是一种非常活泼的金属，其平衡电位很低，在介质中的热力学腐蚀倾向大。但实际上钛在许多介质中很稳定，如钛在氧化性、中性和弱还原性等介质中是耐腐蚀的。这是因为钛和氧有很大的亲和力，在空气中或含氧的介质中，钛表面生成一层致密的、附着力强、惰性大的氧化膜，保护了钛基体不被腐蚀。即使由于机械磨损也会很快自愈或重新再生。这表明钛是具有强烈钝化倾向的金属。介质温度在 315℃ 以下钛的氧化膜始终保持这一特性。

为了提高钛的耐蚀性，研究出氧化、电镀、等离子喷涂、离子氮化、离子注入和激光处理等表面处理技术，对钛的氧化膜起到了增强保护性作用，获得了所希望的耐腐蚀效果。针对在硫酸、盐酸、甲胺溶液、高温湿氯气和高温氯化物等生产中对金属材料的需要，开发出 Ti-Mo、Ti-Pd、Ti-Mo-Ni 等一系列耐蚀钛合金。钛铸件使用了 Ti-32Mo 合金，对常发生缝隙腐蚀或点蚀的环境使用了 Ti-0.3Mo-0.8Ni 合金或钛设备的局部使用了 Ti-0.2Pd 合金，均获得很好的使用效果。

钛合金在潮湿的大气和海水介质中工作，其抗蚀性远优于不锈钢，对点蚀、酸蚀、应力腐蚀的抵抗力特别强，对碱、氯化物、氯的有机物品、硝酸、硫酸等有优良的抗腐蚀能力，但钛对具有还原性氧及铬盐介质的抗蚀性差。

18.3.5 低温性能好

钛合金在低温和超低温下，仍能保持其力学性能。低温性能好，间隙元素极低的钛合金，如 TA7，在 -253℃ 下还能保持一定的塑性。因此，钛合金也是一种重要的低温结构材料。以钛合金 TA7（Ti-5Al-2.5Sn）、TC4（Ti-6Al-4V）和 Ti-2.5Zr-1.5Mo 等为代表的低温钛合金，其强度随温度的降低而提高，但塑性变化却不大。在 -196~-253℃ 低温下保持较好的延性及韧性，避免了金属冷脆性，是低温容器、贮箱等设备的理想材料。

18.3.6 弹性模量低

钛的弹性模量在常温时为 106.4MPa，为钢的 57%。

18.3.7 导热系数小

钛的导热系数 $\lambda = 15.24W/(m \cdot K)$，约为镍的 1/4，铁的 1/5，铝的 1/14，而各种钛合金的导热系数比钛的导热系数约下降 50%。钛合金的弹性模量约为钢的 1/2，故其刚性差、易变形，不宜制作细长杆和薄壁件，切削时加工表面的回弹量很大，约为不锈钢的 2~3 倍，造成刀具后刀面的剧烈摩擦、黏附、黏结磨损。金属钛的导热系数小，是低碳钢的 1/5，铜的 1/25。

18.3.8 抗拉强度与其屈服强度接近

钛的这一性能说明了其屈强比（抗拉强度/屈服强度）高，表示了金属钛材料在成型时塑性变形差。由于钛的屈服极限与弹性模量的比值大，使钛成型时的回弹能力大。

18.3.9　无磁性、无毒

钛是无磁性金属，在很大的磁场中也不会被磁化，无毒且与人体组织及血液有好的相溶性，所以被医疗界采用。

18.3.10　抗阻尼性能强

金属钛受到机械振动、电振动后，与钢、铜金属相比，其自身振动衰减时间最长。利用钛的这一性能可作音叉、医学上的超声粉碎机振动元件和高级音响扬声器的振动薄膜等。

18.3.11　耐热性能好

新型钛合金可在600℃或更高的温度下长期使用。

18.3.12　吸气性能

钛是一种化学性质非常活泼的金属，在高温下可与许多元素和化合物发生反应。钛吸气主要指高温下与碳、氢、氮、氧发生反应。

18.3.13　化学活性大

钛的化学活性大，与大气中 O、N、H、CO、CO_2、水蒸气、氨气等产生强烈的化学反应。含碳量大于 0.2% 时，会在钛合金中形成硬质 TiC；温度较高时，与 N 作用也会形成 TiN 硬质表层；在600℃以上时，钛吸收氧形成硬度很高的硬化层；氢含量上升，也会形成脆化层。吸收气体而产生的硬脆表层深度可达 0.1~0.15mm，硬化程度为 20%~30%。钛的化学亲和性也大，易与摩擦表面产生黏附现象。

18.4　钛合金

钛是20世纪50年代发展起来的一种重要的结构金属，钛合金因具有强度高、耐蚀性好、耐热性高等特点而被广泛用于各个领域。第一个实用的钛合金是1954年美国研制成功的 Ti-6Al-4V 合金，由于它的耐热性、强度、塑性、韧性、成型性、可焊性、耐蚀性和生物相容性均较好，而成为钛合金工业中的王牌合金，该合金使用量已占全部钛合金的75%~85%。其他许多钛合金都可以看做是 Ti-6Al-4V 合金的改型。20世纪50~60年代，主要是发展航空发动机用的高温钛合金和机体用的结构钛合金，70年代开发出一批耐蚀钛合金，80年代以来，耐蚀钛合金和高强钛合金得到进一步发展。耐热钛合金的使用温度已从20世纪50年代的400℃提高到90年代的600~650℃。A2（Ti3Al）和r（TiAl）基合金的出现，使钛在发动机的使用部位正由发动机的冷端（风扇和压气机）向发动机的热端（涡轮）方向推进。结构钛合金向高强、高塑、高强高韧、高模量和高损伤容限方向发展。另外，20世纪70年代以来，还出现了 Ti-Ni、Ti-Ni-Fe、Ti-Ni-Nb 等形状记忆合金，并在工程上获得日益广泛的应用。世界上已研制出的钛合金有数百种，最著名的合金有20~30种，如 Ti-6Al-4V、Ti-5Al-2.5Sn、Ti-2Al-2.5Zr、Ti-32Mo、Ti-Mo-Ni、Ti-Pd、SP-700、Ti-6242、Ti-10-5-3、Ti-1023、BT9、BT20、IMI829、

IMI834 等。

18.4.1　合金化

钛合金是以钛为基础加入其他元素组成的合金。钛有两种同质异晶体：882℃以下为密排六方结构 α 钛，882℃以上为体心立方的 β 钛。

合金元素根据它们对相变温度的影响可分为三类：（1）稳定 α 相、提高相转变温度的元素为 α 稳定元素，有铝、碳、氧和氮等。其中铝是钛合金主要合金元素，它对提高合金的常温和高温强度、降低密度、增加弹性模量有明显效果。（2）稳定 β 相、降低相变温度的元素为 β 稳定元素，又可分同晶型和共析型两种。应用了钛合金的产品前者有钼、铌、钒等，后者有铬、锰、铜、铁、硅等。（3）对相变温度影响不大的元素为中性元素，有锆、锡等。

氧、氮、碳和氢是钛合金的主要杂质。氧和氮在 α 相中有较大的溶解度，对钛合金有显著强化效果，但却使塑性下降。通常规定钛中氧和氮的含量分别在 0.15% ~ 0.2% 和 0.04% ~ 0.05% 以下。氢在 α 相中溶解度很小，钛合金中溶解过多的氢会产生氢化物，使合金变脆。通常钛合金中氢含量控制在 0.015% 以下。氢在钛中的溶解是可逆的，可以用真空退火除去。

利用钛的上述两种结构的不同特点，添加适当的合金元素，使其相变温度及相分含量逐渐改变而得到不同组织的钛合金（Titanium Alloys）。室温下，钛合金有三种基体组织，钛合金也就分为以下三类：α 合金，α + β 合金和 β 合金。中国分别以 TA、TC、TB 表示。

18.4.2　α 钛合金

它是 α 相固溶体组成的单相合金，不论是在一般温度下还是在较高的实际应用温度下，均是 α 相，组织稳定，耐磨性高于纯钛，抗氧化能力强。在 500 ~ 600℃ 的温度下，仍保持其强度和抗蠕变性能，但不能进行热处理强化，室温强度不高。

18.4.3　β 钛合金

它是 β 相固溶体组成的单相合金，未热处理即具有较高的强度，淬火、时效后合金得到进一步强化，室温强度可达 1372 ~ 1666MPa，但热稳定性较差，不宜在高温下使用。

18.4.4　α + β 钛合金

它是双相合金，具有良好的综合性能，组织稳定性好，有良好的韧性、塑性和高温变形性能，能较好地进行热压力加工，能进行淬火、时效使合金强化。热处理后的强度约比退火状态提高 50% ~ 100%；高温强度高，可在 400 ~ 500℃ 的温度下长期工作，其热稳定性次于 α 钛合金。

三种钛合金中最常用的是 α 钛合金和 α + β 钛合金；α 钛合金的切削加工性最好，α + β 钛合金次之，β 钛合金最差。

钛合金按用途可分为耐热合金、高强合金、耐蚀合金（Ti – Mo，Ti – Pd 合金等）、低温合金以及特殊功能合金（Ti – Fe 贮氢材料和 Ti – Ni 记忆合金）等。典型合金的成分和性能见表 18 – 2。

表 18 – 2　典型合金的成分和性能

合金牌号	特 性 及 应 用
Ti – 5Al – 2.5Sn	锻造时抗裂纹的能力较好，成型性尚可，焊接性良好，热处理不能强化。用于传动齿轮箱外壳，喷气发动机外壳装置及导向叶片罩，管道结构等
Ti – 8Al – 1Mo – 1V	成型性及锻造时抗裂纹的能力尚可，焊接性好，但不可热处理强化。用于制作喷气发动机叶片，叶轮和外壳，陀螺仪万向导向叶片罩，喷管装置的内蒙皮和框架等
Ti – 6Al – 4V	属于热处理强化的钛合金，它具有较好的焊接性薄板成型性和锻造性能。用于制造喷气发动机压缩机叶片、叶轮等。其他还用于如起落架轮和结构件、紧固件、支架、飞机附件、框架、桁条结构、管道，应用非常广泛
Ti – 6Al – 6V – 2Sn	属于可热处理强化的钛合金，锻造时抗裂纹的能力好，但焊接性差，用于制造紧固件，入风口控制导向装置，试验结构件
Ti – 13V – 11Cr – 3Al	属于可热处理强化的钛合金，成型性良好，锻造时有一定抗裂纹能力，焊接性尚可，用作结构锻件、板状桁条结构、蒙皮、框架、支架、飞机附件、紧固件
Ti – 2.25Al – 11Sn – 5 Zr – 1Mo – 0.2Si	属于可热处理强化的钛合金，锻造时抗裂纹的能力好，用于制造喷气发动机叶片、叶轮，起落架滚轮，飞机骨架、紧固件等
Ti – 6Al – 2Sn – 4Zr – 2Mo	成型性、焊接性好，锻造时有良好的抗裂纹能力，但不宜热处理强化。用于制造压缩机叶片、叶轮，起落架滚轮，隔圈压气机箱组合件，飞机骨架，蒙皮构件等
Ti – 4Al – 3Mo – 1V	属于可热处理强化的钛合金，锻造性、成型性好。用于制造飞机骨架构件
IMI125 IMI130 IMI160	工业纯钛，抗蚀性优异，比强度较高，疲劳极限较好，锻造性好，可用普通方法锻造、成型和焊接。可制成板、棒、丝材。应用于航空、医疗、化工等方面，如排气管、防火墙、受热蒙皮以及要求塑性好、能抗蚀的零件
IMI317	属于 α 型钛合金，可焊接，在 315～593℃具有良好的抗氧化性、强度和高温稳定性，可制造锻件及板材零件，如航空发动机压气机叶片、壳体、支架
IMI315	属于 α + β 型钛合金，可热处理强化，用于航空发动机压气机盘和叶片、导弹部件等
IMI318	α + β 型合金，锻造性及综合性能良好，是各国普遍使用的钛合金，用于航空发动机压气机盘和叶片等部件
IMI550	α + β 型钛合金，易锻造，室温强度好，蠕变抗力较高（400℃以下），持久强度高，广泛用于制造发动机及机翼滑轨、动力控制装置外壳等
IMI551	属于 α + β 型钛合金高强度钛合金，它具有强度高、蠕变极限高（400℃以下），锻造性良好等特性，用于制造飞机构件如起落架、安装座、燃气涡轮部件，亦可用于一般工程和化工用途的汽轮机叶片、压气机零件及其他高速旋转的部件
IMI685	属于 α + β 型钛合金，在室温及中温的比强度高，在高温（520℃）抗蠕变性能良好，高温稳定性好，可焊接，容易加工，其使用温度较高。用于制作航空发动机零部件
IMI684	属于 α + β 型钛合金，可焊接、抗蠕变性能（535℃以下）好，热稳定性优良。该合金与 IMI685 性能相近，用途相同。用于制作高压压气机盘及叶片等
IMI679	是一种复杂的 α 型钛合金，在 450～500℃具有较好的强度、高的蠕变极限以及高温稳定性和良好的抗氧化性，它的缸口疲劳强度高。用于制造航空发动机压气机盘、叶片，飞机骨架等
IMI230	α 型钛合金，中等强度，塑性好，可焊接，能时效强化，易成型，合金在退火状态下使用，具有较高的力学性能。用于制作 350℃以下工作的发动机导管，飞机结构等

合金牌号	特 性 及 应 用
T – A5E	在 –253℃下具有好的塑性和韧性
T – A6V	综合性能好，是宇航工业用的优质材料
T – A7D	可焊性中等，力学性能高，用作锻件
T – A6V6E2	主要用于制作燃气涡轮发动机和飞机导弹结构件
T – TU2	淬火状态下具有可焊性和成型性，在350℃以下使用
T – T6Zr4DE	可焊接，用于喷气发动机叶片和盘
Ti – 6246	可制作燃气涡轮盘、风扇叶片及飞机和导弹的结构件
T – V13CA	用于制作250℃以下的框架、蜂窝结构件等
T – A6Z5W	可焊接的高强度钛合金，在520℃有良好的抗蠕变性能
T – A6ZD	用于制作喷气发动机的零件（如叶片、盘等）
T – A4DE2	合金在400℃以下具有高强度和抗蠕变性能
3.7114	可焊接，成型性合格，强度中等
3.7124	塑性、焊接性和高温强度与工业纯钛相似，用于350℃以下的零件及抗蚀件
3.7134	密度小，弹性模量高，用于制作在450℃以下工作的压气机盘、叶片等，是航空工业的重要材料
3.7144	用于制作在450℃以下工作的航空发动机转子和叶片
3.7164	综合性能好，用于350℃以下工作的高应力机械零件
3.7154	合金的强度高、抗蠕变性能好，可焊接。用于500℃以下长期工作的零件，如航空发动机压气机部件等
3.7174	属于高强度钛合金，可热处理强化，锻造性能良好
3.7184	用于制作在400℃以下工作的航空发动机部件，如压气机盘、叶片等
LT32	合金的强度高、淬透性好，用于制作427℃以下工作的飞机骨架，导弹锻件等
LT41	是一种可热处理化的钛合金，它的成型性优异，用于制作飞机的骨架、蒙皮、蜂窝结构、压力容器以及高强度紧固件等

18.4.5 热处理

常用的热处理方法有退火、固溶和时效处理。退火是为了消除内应力、提高塑性和组织稳定性，以获得较好的综合性能。通常 α 合金和 α + β 合金退火温度选在 α + β→β 相转变点以下 120 ~ 200℃；固溶和时效处理是从高温区快冷，以得到马氏体 α′相和亚稳定的 β 相，然后在中温区保温使这些亚稳定相分解，得到 α 相或化合物等细小弥散的第二相质点，达到使合金强化的目的。通常 α + β 合金的淬火在 α + β→β 相转变点以下 40 ~ 100℃进行，亚稳定 β 合金淬火在 α + β→β 相转变点以上 40 ~ 80℃进行。时效处理温度一般为 450 ~ 550℃。

热处理钛合金通过调整热处理工艺可以获得不同的相组成和组织。一般认为细小等轴组织具有较好的塑性、热稳定性和疲劳强度，针状组织具有较高的持久强度、蠕变强度和断裂韧性，等轴和针状混合组织具有较好的综合性能。

（1）消除应力退火：目的是为消除或减少加工过程中产生的残余应力，防止在一些腐蚀环境中的化学侵蚀和减少变形。

（2）完全退火：目的是为了获得好的韧性，改善加工性能，有利于再加工以及提高尺寸和组织的稳定性。

（3）固溶处理和时效：目的是为了提高其强度，α钛合金和稳定的β钛合金不能进行强化热处理，在生产中只进行退火。α+β钛合金和含有少量α相的亚稳β钛合金可以通过固溶处理和时效使合金进一步强化。

此外，为了满足工件的特殊要求，工业上还采用双重退火、等温退火、β热处理、形变热处理等金属热处理工艺。

18.4.6　切削特点

钛合金的硬度大于HB350时切削加工特别困难，小于HB300时则容易出现粘刀现象，也难于切削。但钛合金的硬度只是难于切削加工的一个方面，关键在于钛合金本身化学、物理、力学性能间的综合对其切削加工性的影响。钛合金有如下切削特点：

（1）变形系数小。这是钛合金切削加工的显著特点，变形系数小于或接近于1。切屑在前刀面上滑动摩擦的路程大大增大，加速刀具磨损。

（2）切削温度高。由于钛合金的导热系数很小（只相当于45号钢的$1/5 \sim 1/7$），切屑与前刀面的接触长度极短，切削时产生的热量不易传出，集中在切削区和切削刃附近的较小范围内，切削温度很高。在相同的切削条件下，切削温度可比切削45号钢时高出1倍以上。

（3）单位面积上的切削力大。主切削力比切钢时约小20%，由于切屑与前刀面的接触长度极短，单位接触面积上的切削力大大增加，容易造成崩刃。同时，由于钛合金的弹性模量小，加工时在径向力作用下容易产生弯曲变形，引起振动，加大刀具磨损并影响零件的精度。因此，要求工艺系统应具有较好的刚性。

（4）冷硬现象严重。由于钛的化学活性大，在高的切削温度下，很容易吸收空气中的氧和氮形成硬而脆的外皮，同时切削过程中的塑性变形也会造成表面硬化。冷硬现象不仅会降低零件的疲劳强度，而且能加剧刀具磨损，是切削钛合金时的一个很重要特点。

（5）刀具易磨损。毛坯经过冲压、锻造、热轧等方法加工后，形成硬而脆的不均匀外皮，极易造成崩刃现象，使得切除硬皮成为钛合金加工中最困难的工序。另外，由于钛合金对刀具材料的化学亲和性强，在切削温度高和单位面积上切削力大的条件下，刀具很容易产生黏结磨损。车削钛合金时，有时前刀面的磨损甚至比后刀面更为严重；进给量$f < 0.1 \, \text{mm/r}$时，磨损主要发生在后刀面上；当$f > 0.2 \, \text{mm/r}$时，前刀面将出现磨损；用硬质合金刀具精车和半精车时，后刀面的磨损最大小于0.4mm较合适。

对于钛合金Ti6Al4V来说，在刀具强度和机床功率允许的条件下，切削温度的高低是影响刀具寿命的关键因素，而并非切削力的大小。

切削加工钛合金应从降低切削温度和减少黏结两方面出发，选用红硬性好、抗弯强度高、导热性能好、与钛合金亲和性差的刀具材料，YG类硬质合金比较合适。由于高速钢的耐热性差，因此应尽量采用硬质合金制作的刀具。常用的硬质合金刀具材料有YG8、YG3、YG6X、YG6A、813、643、YS2T和YD15等。

涂层刀片和 YT 类硬质合金会与钛合金产生剧烈的亲和作用，加剧刀具的黏结磨损，不宜用来切削钛合金。对于复杂、多刃刀具，可选用高钒高速钢（如 W12Cr4V4Mo）、高钴高速钢（如 W2Mo9Cr4VCo8）或铝高速钢（如 W6Mo5Cr4V2Al、M10Mo4Cr4V3Al）等刀具材料，适于制作切削钛合金的钻头、铰刀、立铣刀、拉刀、丝锥等刀具。

采用金刚石和立方氮化硼作刀具切削钛合金，可取得显著效果。如用天然金刚石刀具在乳化液冷却的条件下，切削速度可达 200m/min；若不用切削液，在同等磨损量时，允许的切削速度仅为 100m/min。

在切削钛合金的过程中，应注意的事项有：

（1）由于钛合金的弹性模量小，工件在加工中的夹紧变形和受力变形大，会降低工件的加工精度；工件安装时夹紧力不宜过大，必要时可增加辅助支撑。

（2）如果使用含氯的切削液，切削过程中在高温下将分解释放出氢气，被钛吸收引起氢脆，也可能引起钛合金高温应力腐蚀开裂。

（3）切削液中的氯化物使用时还可能分解或挥发有毒气体，使用时宜采取安全防护措施，否则不应使用。切削后应及时用不含氯的清洗剂彻底清洗零件，清除含氯残留物。

（4）禁止使用铅或锌基合金制作的工、夹具与钛合金接触，铜、锡、镉及其合金也同样禁止使用。

（5）与钛合金接触的所有工、夹具或其他装置都必须洁净。经清洗过的钛合金零件，要防止油脂或指印污染，否则以后可能造成盐（氯化钠）的应力腐蚀。

（6）一般情况下切削加工钛合金时，没有发火危险，只有在微量切削时，切下的细小切屑才有发火燃烧现象。为了避免火灾，除大量浇注切削液之外，还应防止切屑在机床上堆积，刀具用钝后立即进行更换，或降低切削速度，加大进给量以加大切屑厚度。若一旦着火，应采用滑石粉、石灰石粉末、干砂等灭火器材进行扑灭，严禁使用四氯化碳、二氧化碳灭火器，也不能浇水，因为水能加速燃烧，甚至导致氢爆炸。

18.5 钛合金制品

钛合金强度高而密度又小，力学性能好，韧性和抗蚀性能很好。另外，钛合金的工艺性能差，切削加工困难，在热加工中，非常容易吸收氢氧氮碳等杂质。还有抗磨性差，生产工艺复杂的缺点。钛的工业化生产是 1948 年开始的。航空工业发展的需要，使钛工业以平均每年约 8% 的增长速度发展。目前世界钛合金加工材年产量已达 4 万余吨，钛合金牌号近 30 种。使用最广泛的钛合金是 Ti-6Al-4V（TC14），Ti-5Al-2.5Sn（TA7）和工业纯钛（TA1、TA2 和 TA3）。

钛合金主要用于制作飞机发动机压气机部件，其次为火箭、导弹和飞机的结构件。20世纪 60 年代中期，钛及其合金已在一般工业中应用，用于制作电解工业的电极，发电站的冷凝器，石油精炼和海水淡化的加热器以及环境污染控制装置等。钛及其合金已成为一种耐蚀结构材料。此外还用于生产贮氢材料和形状记忆合金等。

中国于 1956 年开始钛和钛合金研究；20 世纪 60 年代中期开始钛材的工业化生产并研制成 TB2 合金。钛合金是航空航天工业中使用的一种新的重要结构材料，密度、强度和使用温度介于铝和钢之间，但比强度高并具有优异的抗海水腐蚀性能和超低温性能。1950 年美国首次在战斗轰炸机上用做后机身隔热板、导风罩、机尾罩等非承力构件。20 世纪 60

年代开始钛合金的使用部位从后机身移向中机身、部分地代替结构钢制造隔框、梁、襟翼滑轨等重要承力构件。钛合金在军用飞机中的用量迅速增加，达到飞机结构重量的20% ~ 25%。70年代起，民用机开始大量使用钛合金，如波音747客机用钛量达3640kg以上。马赫数小于2.5的飞机用钛主要是为了代替钢，以减轻结构质量。又如，美国SR - 71高空高速侦察机（飞行马赫数为3，飞行高度为26212m），钛占飞机结构质量的93%，号称"全钛"飞机。当航空发动机的推重比从4 ~ 6提高到8 ~ 10，压气机出口温度相应地从200 ~ 300℃增加到500 ~ 600℃时，原来用铝制造的低压压气机盘和叶片就必须改用钛合金，或用钛合金代替不锈钢制造高压压气机盘和叶片，以减轻结构质量。20世纪70年代，钛合金在航空发动机中的用量一般占结构总质量的20% ~ 30%，主要用于制造压气机部件，如锻造钛风扇、压气机盘和叶片、铸钛压气机机匣、中介机匣、轴承壳体等。航天器主要利用钛合金的高比强度、耐腐蚀和耐低温性能来制造各种压力容器、燃料贮箱、紧固件、仪器绑带、构架和火箭壳体。人造地球卫星、登月舱、载人飞船和航天飞机也都使用钛合金板材焊接件。

近年来，各国正在开发低成本和高性能的新型钛合金，努力使钛合金进入具有巨大市场潜力的民用工业领域。国内外钛合金材料的研究新进展主要体现在以下几方面。

18.5.1 高温钛合金

世界上第一个研制成功的高温钛合金是 Ti - 6Al - 4V，使用温度为300 ~ 350℃。随后相继研出使用温度达400℃的 IMI550、BT3 - 1 等合金，以及使用温度为450 ~ 500℃的IMI679、IMI685、Ti - 6246、Ti - 6242 等合金。目前已成功地应用在军用和民用飞机发动机中的新型高温钛合金有英国的 IMI829、IMI834 合金，美国的 Ti - 1100 合金，俄罗斯的BT18Y、BT36 合金等。

近几年国外把采用快速凝固/粉末冶金技术、纤维或颗粒增强复合材料研制钛合金作为高温钛合金的发展方向，使钛合金的使用温度提高到650℃以上。美国麦道公司采用快速凝固/粉末冶金技术成功地研制出一种高纯度、高致密性钛合金，在760℃下其强度相当于目前室温下使用的钛合金强度。

18.5.2 钛铝化合物为基的钛合金

与一般钛合金相比，钛铝化合物为基 $Ti_3Al(\alpha_2)$ 和 $TiAl(\gamma)$ 金属间化合物的最大优点是高温性能好（最高使用温度分别为816℃和982℃）、抗氧化能力强、抗蠕变性能好和质量轻（密度仅为镍基高温合金的1/2），这些优点使其成为未来航空发动机及飞机结构件最具竞争力的材料。

目前，已有两个 Ti_3Al 为基的钛合金 Ti - 21Nb - 14Al 和 Ti - 24Al - 14Nb - V - 0.5Mo 在美国开始批量生产。其他近年来发展的 Ti_3Al 为基的钛合金有 Ti - 24Al - 11Nb、Ti25Al - 17Nb - 1Mo 和 Ti - 25Al - 10Nb - 3V - 1Mo 等。$TiAl(\gamma)$ 为基的钛合金受关注的成分范围为 Ti - (46 ~ 52)Al - (1 ~ 10)M（摩尔分数），此处 M 为 V、Cr、Mn、Nb、Mo 和 W 中的至少一种元素。最近，$TiAl_3$ 为基的钛合金开始引起注意，如 Ti - 65Al - 10Ni 合金。

18.5.3 高强高韧 β 型钛合金

β 型钛合金最早是 20 世纪 50 年代中期由美国 Crucible 公司研制出的 B120VCA 合金 (Ti－13V－11Cr－3Al)。β 型钛合金具有良好的冷热加工性能，易锻造，可轧制、焊接，可通过固溶－时效处理获得较高的力学性能、良好的环境抗力及强度与断裂韧性的很好配合。新型高强高韧 β 型钛合金最具代表性的有以下几种：Ti1023 (Ti－10V－2Fe－3Al)，该合金与飞机结构件中常用的 30CrMnSiA 高强度结构钢性能相当，具有优异的锻造性能。

Ti153 (Ti－15V－3Cr－3Al－3Sn)，该合金冷加工性能比工业纯钛还好，时效后的室温抗拉强度可达 1000MPa 以上。

β21S (Ti－15Mo－3Al－2.7Nb－0.2Si)，该合金是由美国钛金属公司 Timet 分部研制的一种新型抗氧化、超高强钛合金，具有良好的抗氧化性能，冷热加工性能优良，可制成厚度为 0.064mm 的箔材。

日本钢管公司（NKK）研制成功的 SP－700 (Ti－4.5Al－3V－2Mo－2Fe) 钛合金，该合金强度高，超塑性伸长率高达 2000%，且超塑成型温度比 Ti－6Al－4V 低 140℃，可取代 Ti－6Al－4V 合金用超塑成型－扩散连接（SPF/DB）技术制造各种航空航天构件。

俄罗斯研制出的 BT－22 (Ti－5V－5Mo－1Cr－5Al)，其抗拉强度可达 1105MPa 以上。

18.5.4 阻燃钛合金

常规钛合金在特定的条件下有燃烧的倾向，这在很大程度上限制了其应用。针对这种情况，各国都展开了对阻燃钛合金的研究，并取得一定突破。美国研制出的 Alloy C（也称为 Ti－1720），名义成分为 50Ti－35V－15Cr，是一种对持续燃烧不敏感的阻燃钛合金，已用于 F119 发动机。BTT－1 和 BTT－3 为俄罗斯研制的阻燃钛合金，均为 Ti－Cu－Al 系合金，具有相当好的热变形工艺性能，可用其制成复杂的零件。

18.5.5 医用钛合金

钛无毒、质轻、强度高且具有优良的生物相容性，是非常理想的医用金属材料，可用作植入人体的植入物等。目前，在医学领域中广泛使用的仍是 Ti－6Al－4V ELI 合金。但后者会析出极微量的钒和铝离子，降低了其细胞适应性且有可能对人体造成危害，这一问题早已引起医学界的广泛关注。美国早在 20 世纪 80 年代中期便开始研制无铝、无钒、具有生物相容性的钛合金，将其用于矫形术。日本、英国等也在该方面做了大量的研究工作，并取得一些新的进展。例如，日本已开发出一系列具有优良生物相容性的 α＋β 钛合金，包括 Ti－15Zr－4Nb－4Ta－0.2Pd、Ti－15Zr－4Nb－Ta－0.2Pd－(0.05~0.20) N、Ti－15Sn－4Nb－2Ta－0.2Pd 和 Ti－15Sn－4Nb－2Ta－0.2Pd，这些合金的腐蚀强度、疲劳强度和抗腐蚀性能均优于 Ti－6Al－4V ELI。与 α＋β 钛合金相比，β 钛合金具有更高的强度水平，以及更好的切口性能和韧性，更适于作为植入物植入人体。在美国，已有 5 种β 钛合金被推荐至医学领域，即 TMZFTM (Ti－12Mo－Zr－2Fe)、Ti－13Nb－13Zr、Timetal 21SRx (Ti－15Mo－2.5Nb－0.2Si)、Tiadyne 1610 (Ti－16Nb－9.5Hf) 和 Ti－15Mo。估计在不久的将来，此类具有高强度、低弹性模量以及优异成型性和抗腐蚀性能的钛合金很有可能取代目前医学领域中广泛使用的 Ti－6Al－4V ELI 合金。

一般钛合金是由还原反应所造出来的。例如，铜钛合金（把加了铜的金红石还原而成）、碳钛铁合金（把钛铁矿和焦炭用电炉还原而成）和锰钛合金（金红石加锰或氧化锰）都是经还原而成的。

18.5.6　钛镍合金

钛镍合金在一定环境温度下具有单向、双向和全方位的记忆效应，被公认是最佳记忆合金。在工程上用钛镍合金制作成管接头用于战斗机的油压系统、石油联合企业的输油管路系统；直径 0.5mm 丝做成的直径 500mm 抛物网状天线用于宇航飞行器上；在医学工程上用于制作鼾症治疗；制成螺钉用于骨折愈合等。

18.5.7　超导功能

Nb－Ti 合金在温度低于临界温度时，呈现出零电阻的超导功能。

18.5.8　贮氢功能

钛－铁合金具有吸氢的特性，把大量的氢安全地贮存起来，在一定的环境中又把氢释放出来。这在氢气分离、氢气净化、氢气贮存及运输、制造以氢为能源的热泵和蓄电池等方面应用很有前途。

18.6　钛的合金应用

钛常与其他金属制成合金，这些金属有铝（改良晶粒大小）、钒、铜（硬化）、镁及钼等。钛的机械制品（片、板、管、线、锻件、铸件）在工业、航天、休闲及新兴市场上都有应用。钛粉在烟火制造上用于提供明亮的燃烧颗粒。

金属钛是航空、航天、航海、石化、氯碱、电站以及生物医学、体育休闲等行业的重要材料，既关系到国家高科技的发展水平，也与人民生活息息相关。

现时钛与钛合金共有大约 50 种指定品位，尽管市面上能容易买到的就只有六种。美国材料试验协会（ASTM）承认 31 种钛金属及合金品位，其中 1 号～4 号品位在商业上属纯钛（非合金）。这四种品位以它们不同的抗拉强度区分，也就是含氧百分比，其中 1 号品位韧性最佳（抗拉强度低，含氧量为 0.18%），4 号最差（抗拉强度高，含氧量为 0.40%）。其余品位皆为合金，每一种配方都有其特定的用途，例如韧性、强度、硬度、电阻、抗蠕变及抗腐蚀（特定某种介质或同时多种介质）。

Ti6Al4V 是 Ti－V－Al 系钛合金的典型代表，也是 Ti－V－Al 系钛合金延伸的基体材料，具有良好热变形性、焊接性、切削加工性和抗腐蚀性等力学性能及加工性能，可以加工成棒材、型材、板材、锻件和模锻件等半成品供应市场，在航空工业上多用于制造压气机叶片、盘以及某些紧固件等。Ti6Al4V 初级产品是钛金属的重要供应源，是高强高韧 β 钛合金（Ti－10V－2Fe－3Al、Ti－15V－3Cr－3Al－3Sn 等）、高温钛合金（Ti－6Al－2.7Sn－4Zr－0.4Mo－0.45Si 等）、钛铝基合金及复合材料（Ti3Al 基的 Ti－21Nb－14Al 及 Ti－24Al－14Nb－3V－0.5Mo 等）、阻燃钛基合金（Ti－35V－15Cr 等）的基体材料。

世界材料设计研究表明，以金属间化合物 γ（TiAl）和 α2（Ti3Al）为基础的钛铝化合物可以满足高熔点（1460℃）、低密度（3.9~4.2g/cm³）、高弹性模量、低扩散系数和良好的结构稳定性等设计要求，同时拥有优良的抗氧化性和抗腐蚀性，阻燃性高于常规钛合金，可以在一定应力范围和温度范围内用钛合金替换较重的铁基和镍基合金，最终使钛铝合金在汽车工业、发电厂涡轮机和燃气涡轮机部件中得到应用。

Ti-Al合金系中合金强度主要取决于显微组织，γ（TiAl）和$\alpha2$（Ti3Al）相区扩展取决于所添加的第三组元，通常降低合金的铝含量可以增加合金的强度水平，但会降低塑性和抗氧化能力，添加Cr、Mn和V组分达到2%可以提高合金的塑性，添加1%~2%的Nb可以使合金获得足够的抗氧化能力，添加W、Mo、Si和C，每种元素达到0.2%~2%可以提高合金的蠕变抗力，添加0.2%~2%的B可以作为晶粒细化剂，以稳定在高温使用过程中合金的显微组织。

18.6.1 钛医疗器械

钛的一个显著特点是具有良好的生物相容性，被认为是最理想的人体植入材料。用钛材制作的体材料包括人工骨、人工关节头、金属缝线、心脏起搏器、镶牙、齿列矫正器、人造齿根，补助器械的假手、假脚、轮椅保健用的碱离子水制造装置用电极。

日本拥有居世界领先地位的牙科铸铁机，该设备可用来铸造钛骨内种植体，骨膜下种植等小型人工骨，铸造全口义齿钛基板、部分义齿支架、固定义齿钛基底及牙冠桥。

据美国国家心肺及血液研究所统计，美国现有近500万人患心力衰竭症，且每年新增病例40万。如果不采用取心脏移植手术，每年约有2.5万~10万保有患心力衰竭症死于心脏病。由于捐赠的人体心脏数量极为有限，因而每年实际进行心脏移植手术的只有2000~2500例，远远满足不了病人的需求量，造成许多患者病情恶化甚至死亡。

钛具有极好的生物相容性，可耐受人体苛刻的生理环境（人体pH值为7.4），因而长期以来一直用于人体臀部及膝部关节和移植。实践证明，人体对钛无排异反应，也不产生凝血现象。

面对医学界的需求并根据钛材的特点，近十年，特别是近几年来，许多科研所的专家教授都在致力于钛制人工心脏的研制和开发工作，这样既可挽救诸多心脏病患者的生命，也可带来可观的经济效益。

总之，无论采用哪一类产品，使用钛材是必然趋势。如果美国食品药品监督管理局（FDA）经过探讨，能够批准将钛制人工心脏作为长期性或永久性植入件植入人体，不仅可使不适合接受异体心脏种植的病人得到康复，还会带来每年20亿美元的收益。

因钛轻、强度好、不易生锈、无毒、抗冲击性和抗振动性优良，是制作轮椅的理想材料。日本继1994年开发了轻量、高刚性且不引起过敏反应的篮球、马拉松等体育项目的钛制轮椅之后，又开发了日常生活用的各种钛制轮椅。其中"TiG-0L101"型轮椅，通用型质量约为8kg，折叠起来宽25cm，若取下车轮只有15cm。每台价格为20万日元，比钢制的价格高，与铝合金相当。

18.6.2 航空航天用钛

飞机上有40%~50%的钛，钛制件有机翼、管道、蒙皮和机身骨架、连接件、发动机、尾锥、喷管、射舱、防火墙、装配夹具、蜂窝结构、整流罩、隔框、主起落架大梁、力矩环主装置、紧固螺帽和锁紧部件。

航天飞机和宇宙飞船关键的钛件部分包括飞船船舱、蒙皮、后舱壁和地板构件、结构骨架、液体燃料贮箱、高压容器，制动火箭主起落架，登月舱及推进系统，人造卫星外壳、翼、推力构件和油压配管。

18.6.3 现代军事工业用钛

钛在军事工业上使用，主要是基于钛及钛合金具有的优异性能：（1）减轻结构质量，提高结构效率。先进的战机性能要求飞机具有比较低的结构质量系数（即机体结构质量/飞机正常起飞质量），钛合金的密度小，比强度高，代替结构钢和高温合金，能大幅度减轻结构质量。（2）钛合金的耐热性符合高温要求。目前经合金化后的热强钛合金最高使用温度可达 500~600℃，结构钛合金的使用温度也可达 300~400℃，常用的 Ti-6Al-4V 能在 350℃ 下长期工作，在飞机的高温部位（如后机身等）可取代高温使用性能不能满足要求的铝合金，TC11 能在 500℃ 下长期工作，在发动机的压气机部件可取代高温合金和不锈钢。（3）可与复合材料结构匹配。为减轻结构质量和满足隐身要求，先进飞机大量使用复合材料，钛与复合材料的强度、刚度匹配较好，能获得很好的减重效果，同时，由于两者的电位比较接近，不易产生电偶腐蚀。（4）优异的耐腐蚀性。钛在中性和氧化性气氛及众多恶劣环境中具有比其他金属材料更优异的耐蚀性能，受环境条件制约的程度小。

除上述特性外，钛还具有高韧性、高弹性、无磁性等诸多优点。这些都为钛在军事工业中的应用提供了可选择的条件。

18.6.3.1 钛的生产及军工用钛概况

钛是第二次世界大战后 20 世纪 40 年代末至 50 年代开始用于工业化生产并逐步发展起来的一种高性能的重要结构材料。钛最早的应用，就是为军事航空工业提供高性能材料。随着各国军事工业的发展，钛的应用领域被不断拓宽。至今，钛已在航空航天、核能、舰船、兵器等诸多领域获得越来越多的应用，成为重要的战略金属材料。自 1948 年美国开始海绵钛的工业化生产、1951 年生产出钛加工件以来，钛首先用于飞机上。1954 年钛用于 J57 航空发动机，该发动机装于 B-52 战略轰炸机上。其后的一段时期，美国生产的钛材基本上用于军事工业，尤其以航空为主。60 年代以后，才逐步扩大民用领域的用钛比例。现在，美国军工用钛的比例已远低于包括民用航空在内的民用比例。但由于钛的总产量比以前有大幅度增加，实际上军工用钛的数量则比以前高得多。

钛工业是军事工业实现三位一体的合成攻击和防卫的重要支撑，主体包括空中攻击的火箭和导弹，地面攻击用途的坦克和装甲车，海上游弋攻击的潜艇和航空母舰，其中的钛件有外壳、喷嘴、火箭发动机、高压容器、液体燃料贮箱、机翼、炮筒、车辆、装甲板、防弹背心、头盔、雷达三角支架和坦克天窗。

18.6.3.2 钛在飞机上的应用

钛合金是当代飞机和发射极的主要结构材料之一，美国在 20 世纪 80 年代以后设计的各种先进军用战斗机和轰炸机中，钛的用量已在 20% 以上。如第三代 F-15 战斗机的钛合金用量占 27%，而第四代 F-22H 战斗机的钛合金用量占 41%。

A　F-22 战斗机

F-22 战斗机是美国洛克西德公司、波音公司和通用动力公司设计的战术战斗机，是目前世界上具有代表性的第四代战斗机。它首次将隐身、高机动性和敏捷性、不加力超音速巡航等特性融于一体，将作为美国空军 2000 年以后的主力制空机种。

在选材方面，主要考虑的因素有：（1）非常规机动带来的减重要求；（2）超音速巡航导致的抗持续加温要求；（3）有隐身引出的主力制空机种。

可以看出，设想的钛合金用量不到 15.9%，而进入工程制造和发展阶段，钛合金的比例已提高到 41%。

F-22 主要使用了两种钛合金：Ti-62222（Ti-6Al-2Sn-2Zr-2Cr-2Mo）和 Ti-6Al-4V。Ti-6Al-4V 有锻态和铸态两种产品形式，Ti-6Al-4V ELI 合金在 β 退火条件下使用，另外，还使用了 Ti-6Al-4V 液态导管；Ti-62222 仅拥有锻态产品形式。在 F-22 的后机身段，钛的结构质量达 55%，多为耐热钛合金，其中也采用了 Ti-6Al-4V ELI。怀曼·戈登公司提供了发动机舱隔框，隔框为整体式 Ti-6Al-4V 锻件，该锻件长 3.8m，宽 1.7m，重 1590kg，投影面积大于 $5m^2$。复杂的中机身段 30% 为钛，有 4 个锻造的钛合金整体式承力框，其中最大的重 2770kg，投影面积为 $5.5m^2$，也是由怀曼·戈登公司提供。机翼结构中钛占 42%，主翼梁是由钛合金锻件切削而成的。F-22 中一个创新点是用钛合金制造主承力结构的复杂零件，采用热等静压技术，用一个复杂形状的铸件代替多零件的组装件，如复翼、襟复翼、方向舵制动器壳体、机体上连接机翼与机身的侧向接头及进气口框架。

F-22 的发动机上还采用了美国新发展的阻燃钛合金 Alloy C，已用于高压压气机机匣、加力燃烧室筒体及尾喷管上。

B F/A-18 舰载飞机

对于舰载飞机，要求使用的材料：（1）有良好的综合性能，即具有高的疲劳强度和断裂韧性；（2）具有防盐雾、潮湿及霉菌的能力；（3）隐身性。

在 F/A-18 中，钛合金主要用于飞机的承力框纵梁、翼根和尾部结构等关键部位。所用钛合金主要有 Ti-6Al-4V 和 Ti-15-3（Ti-15Mo-3Al-3Sn-3Cr）。机身和机翼接头均采用 β 退火的 Ti-6Al-4V，而制动器扭力管用 Ti-6Al-4V 铸件。另外，为降低成本，提高材料利用率，在着陆拦阻钩支架接头及发动机安装架还采用了热等静压的 Ti-6Al-4V 粉冶金制造。

C 其他

联合攻击战斗机（JSF）是一种低成本、多用途战术攻击战斗机，将取代美国空军现役的 F-16C 和 A-10、海军的 F/A-18E/F、海军陆战队的 F/A-18 和 AV-8B 等机型，与 F-22g 一起构成新一代战斗机的高、低搭配。目前，波音公司和洛克希德·马丁公司已分别完成了 X-32 和 X-35 验证机的研制工作。JSF 定单已超过 3000 架，估计其总用钛量可达 55000t。将来 JSF 的定单可能达到 6000 架。V-22 是美国贝尔直升机公司为海军陆战队研制的运输型倾转旋翼机，具有直升机能垂直起降、悬停以及航程远的优点，又增强了固定翼飞机高速飞行与远航的优点，有 MV-22 突击运输型、HV-22 战斗搜索和救援型、CV-22 远程作战型和 SV-22 反潜型等多种型号。V-22 倾转悬翼机是能与喷气发动机或直升机的发明相媲美的技术。其中风挡密封框架、发动机短舱主结构、主防火墙等使用了钛合金，而作为转子系统、发动机主要支承件的传动接头，则由 Howmet 公司用一个整体钛铸件取代了原有的 43 个元件和 536 个紧固件。

18.6.3.3 钛在战车上的应用

随着反装甲威胁的日益增加，防护装甲也越来越厚，战车的质量在最近十年中增加了15%～20%，严重影响其运输能力及机动性。用钛合金替代轧制均质装甲钢是最有效的途径。在美国，钛合金已用在 M1 "艾布拉母斯" 主战坦克、M2 "布莱德雷" 战车上。针对 M1 主战坦克，美国陆军研究了许多可应用钛合金的部件，例如设计了钛坦克炮塔比原设计轻 4t。美国还开展了用钛合金取代轧制均质钢制造坦克其他部件的技术项目。在该项目的第一个阶段中，生产和鉴定了两组部件，每组包括 7 个部件：回转炮塔板，核、生物和化学武器对抗系统护盖，炮手主瞄准具罩，发动机顶盖，炮塔枢轴架，指挥舱盖和车长执成像观察仪罩，上述钛合金部件可使 M1 主战坦克减重 475kg，在第二个阶段中，选择了回转炮塔板和炮手主瞄准具罩交付生产。通用动力地面系统公司已承包制造这两种部件。该改进计划始于 1996 年 10 月，在随后 5 年中将改进 580 辆 M1A2 主战坦克。在实施该改进计划的过程中，还有可能采用其他的钛合金部件，例如铸造钛合金炮塔座圈。用 Ti - 6Al - 4V 替代装甲钢，在不降低坦克的防护水平的情况下，可达到减重的目的。在 M1 主战坦克上，还将继续考虑钛替代。M2 战车上，钛主要用于指挥舱盖和顶部攻击装甲的改进。M2 的指挥舱盖是美国陆军首次应用低成本钛合金的部件，该舱盖原来采用锻造铝合金制成，现在已用锻造 Ti - 6Al - 4V 合金制造，指挥舱盖每个质量为 68kg，要用 100～127mm 厚的钛板加工而成，总计约 1000 辆 M2 战车要改装，1997 年已开始第一批，改装了 580 辆，顶部攻击装甲用 80mm 厚的钛板，已改装了 91 辆。改用钛合金材料后，减轻质量 35%，并大大增加了防弹能力。加强 M2 战车装甲的一个措施是，在某些特定部位采用锻造钛合金附加装甲以防大口径弹药的攻击。

M113 装甲人员运输车也采用钛合金附加装甲，以提高装甲的防弹能力，但相对于装甲钢，钛还是太贵，如果钛价格能降至能接受的水平，M113 装甲输送车即可用钛改进防护水平。若将 50% 的 M113 用钛改进，大约要用 80000t，如侧面保护的附加装甲要用 32mm 厚的钛板，质量为 1026kg，而前斜装甲则需 58.8mm 厚的钛板，质量为 751kg。

火炮系统中，两种 155mm 轻型牵引榴弹炮大量使用了钛合金。美国联合防务有限公司发展的装甲火炮系统，采用了钛合金附加系统。在未来 "十字军战士" 155mm 自行榴弹炮中，有许多部件要使用钛合金。

美国海军陆战队正在寻求减轻先进两栖突击车质量的各种方案。一种方案是采用轻型装甲。另一方案是用钛合金钢制造负重轮、平衡臂、负重齿轮箱等部件。尽管钛合金性能优良，但因为价格高而不能广泛应用于国防领域。

近年，美国对低成本钛合金的研究力度加大，并开发了一些军用低成本钛合金，如 Timet 以 Fe - Mo 代替 Al - Mo 中间合金制造 Timetal62S，RMI 放宽氧含量控制水平，制成富氧的 Ti - 6Al - 4V - 0.250，它们的力学性能和抗弹能力等指标等于或超过 Ti - 6Al - 4V 的相应值，而成本却较低。在未来的战车和主炮系统中，美国陆军将用低成本钛合金取代轧制均质装甲钢的铝合金制造装甲和零部件。低成本钛合金在海军和空军装备中也将有很大的应用潜力。因海水腐蚀，海军舰船上每年大约需要换 97km 热交换器用的铜镍合金管，用钛合金制造该管，可延长使用寿命，大量节省维修和维护费用，美国空军也对低成本钛合金具有极大兴趣。

（1）发动机业：Ti5Al2.5Sn 高强钛合金用于制造齿轮套、发动机外壳、叶片罩，Ti8Al1Mo1V 高温钛合金用于制造发动机叶片、陀螺仪导向罩、内蒙皮，Ti6Al4V（抗拉强度≥895MPa）热处理强化钛合金用于制造核心机叶片及叶轮。

（2）航空业：Ti6Al2Sn 强化钛合金用于制造紧固件、导向装置、重要结构，Ti4AlMo1V 钛合金用于制造飞机骨架，TiSn5ZrMo 钛合金用于制造起落架、飞机承重架、紧固件。

（3）航天业：钛合金 1M1315 用于制造火箭机盘、导弹基座构件，钛合金 1M1550 用于制造导弹动力叶片套，钛合金 T-A6V 用于制造飞船主用材料。

（4）陆军业：中国已经研制成功了 83-1 型和 83-2 型两种迫击炮。83-1 型 82 迫击炮广泛采用了钛合金，把全炮质量降低到 18.1kg，极其方便班、排这样的小单位的袭扰战的开展。钛 A7D 用于制造新型装甲车辆力学分析锻件，钛 A6Z5W 用于制造反坦克火箭（导弹）、地空导弹罩等抗蠕变性要求高的部件，钛 1M1551 用于制造某装甲车辆火力高速旋转部件。

（5）海军业：LT41 钛合金用于制造舰船大面积蒙皮；某些钛合金可焊性优良、成型性好，适合制造各种水密隔层；钛 V13CA 钛合金用于制造蜂窝状舰身，承重框架。

飞机用钛数据具体如下：

（1）超大型客机——空客 A380，用钛量为 45~65t/架；

（2）波音客机，用钛量占其总重的 15%~17%（净重）；

（3）F15 战斗机，结构用钛 5.75t，两台喷气发动机用钛 5t；

（4）F22 战斗机，结构用钛 36t，两台发动机用钛 5t；

（5）美国 F35 战斗机，结构用钛 10t，单台发动机用钛 5t；

（6）F18 舰载战斗机，用钛量占其总重的 12%~13%（净重）；

（7）C-17 大型运输机，用钛量占其总重的 10%（净重）。

18.6.4　体育用钛

钛的应用改良了现代体育，用钛制作了网球、羽毛球球拍、高尔夫球的球棒长柄、金属面、击剑用的面罩、登山用的冰杖、登山钉、螺钉、钓鱼用的绕线架、滑雪用的把手、滑雪板、旅行用自行车的车身、各零部件和足球鞋的底钉。

（1）高尔夫球杆头。市场上最早出售的钛高尔夫球杆头为铸造品（1989 年），1993年才出现了锻造品，且容积逐年增大。特别是容积为 250mL 的锻造钛杆头的出现对钛业来说具有划时代的意义。从此，钛制品高尔夫球杆头的销售数量呈直线上升。目前的制造方法主要用精密铸造及锻造工艺，铸造采用的合金有 Ti-10Zr、Ti-4.5Al-3V-3Sn、Ti-20V-4Al-1Sn 等。

钛制高尔夫球的需求 20 世纪 90 年代中期呈上升趋势。但近几年该市场一直处于低迷状态，随着高尔夫球杆市场的逐渐复苏，今后，世界高尔夫球杆市场的竞争也将从原来的价格和质量竞争向服务和差别化方向发展。

（2）钛网球拍。最近，日本钛制网球拍市场需求量呈上升势头。几乎所有的网球拍生产厂家都在出售钛制球拍，约占网球市场的一半份额。

18.6.5　化学工业用钛

用于化学工业抗腐蚀的钛件应用有：乙醛设备（槽、热交换器和反应器）、丙酮设备（各种配管）、对酞酸设备（反应器、搅拌轴）、尿素肥料设备（合成塔）、湿氯气冷却器、染料设备（换热器、废液处理装置）、氯碱电解阳极板、氯酸盐和次氯酸钠电解阳极板、纯碱生产中的蒸氨塔冷却器、醋酸生产设备（氧化塔、换热器、催化剂再生罐、精馏塔等）、硝酸生产设备（氧化塔、换热器、蒸馏装置）、硫酸生产设备（接触含氧化性物质稀硫酸设备，如换热器、高压釜）、盐酸生产时的低浓度接触设备（泵、喷射器）、真空制盐设备（预冷器、氨蒸发器、预热器、加热室、泵等）、炼焦设备（吸滤器、结晶器、冷凝器等）。在石油化学工业中钛广泛用于石油精炼和脱丁烷、脱硫、脱丙烷等工艺设备（塔顶冷凝器和反应塔、蒸馏塔、冷却器及各种热交换器）制造。

18.6.6　轻工业用钛

在轻工业发展过程中，造纸工业用钛部件有：搅拌器、漂白塔、加热锅、换热器、吸收塔塔板支撑件、漂白剂的制备设备。化纤纺织工业钛部件有：作为丙烯基、密胺、精纺尼龙、涤纶等的生产设备，对苯二甲酸反应器和连续漂白机；食品工业钛部件有：食品和医药的加工设备和运输容器，食品、泡菜和番茄酱生产的换热器，咸奶酪容器、加盐和醋调味的容器。旅游疗养钛部件有温泉用热交换器。

18.6.7　日常生活中用钛

钛耐久消费品有：仪表、钟表、饰物外表的 TiN（金黄色）涂层、刻蚀金属画、打印机用打印锤、打印机和照相机的机身、快门，音像器中的支架、拾音器支臂、扩音器振动板、眼镜架、装饰品、壁挂（蚀刻版面）台历、领带别针、垂饰、餐具、匙子、叉子、器皿和文房用具。钛用作室内的温水管道，屋顶板材，照明器具的反射板。

（1）眼镜架。日本尼康公司早在约 10 年前，就开始着手研制合乎要求的钛眼镜架，而成功地研究出钛眼镜架制作技术的则是福井公司。1982 年，钛眼镜架还只是作为样品，到 20 世纪 80 年代后半期，钛眼镜架的数量已占眼镜架生产总数的 20%，1991 年眼镜架用钛材量为 100t，到 1999 年已超过 470t，2000 年眼镜架用钛材质量达历史最高水平。现在，日本福井眼镜公司已形成年产 1200 万~1400 万副钛眼镜架的生产能力（按每副镜架重 12g 计算，使用钛材则可达 144t）。目前，日本一半以上的眼镜架是用钛制作的。20 世纪 80 年代，眼镜架用钛以纯钛为主，到 90 年代，眼镜架材有复合钛、钛合金形状记忆合金、超弹性合金和高强钛合金等。

（2）手表壳。近几年，全世界每年可生产近 10 亿只各种表壳，钛表壳仅占总生产量 1% 左右。1994 年，日本表壳、表带的钛消费量约为 130t。使用的材料不仅有纯钛，还有合金（Ti-10Zr，Ti-3Al-2.5V，Ti-4，5Al-3V-2Fe-2Mo 和 Ti-15V-3Cr-3Al-3Sn 等）。日本精工公司上市了一种登山用钛表，单价 5 万日元。该表的表壳及表链均用纯钛制成，且表壳采用了离子碳沉积硬化处理技术，表面硬度提高了 5 倍。日本西铁城公司则上市了一种为"爱克希德·尤罗斯"的钛手表，所用钛材光亮度接近不锈钢，表壳所用钛合金具有很高的硬度。

（3）照相机外壳。在日本，用于照相机的钛材年消费约 10~15t。日本尼康公司最早使用钛箔材（JIS2 类）制成平面帘幕式快门。日本美能达公司制成的尺寸为 99mm（长）×59mm（宽）×29.5mm（厚），质量为 185g 的超小型高级照相机，现已在市场上出售。该相机的上下盖、前后盖及镜头均采用 JIS2 类纯钛。照相机是日本精密工业中的领先产品，年产 2700 万台，由此可见，照相机用钛材的市场份额还会进一步扩大。

（4）钛制厨房用具。日本新泻县的燕三条地区钛制厨房用具生产较为集中，与日本的另一大民用品制造的鲭江县（以钛制眼镜框架为主）并驾齐驱，一起成为日本的两大民用钛产品基地。在燕三条地区，不锈钢的用量达到每月 15000t，如果能取代 10% 不锈钢，对钛来讲那将是非常可观的数量。目前各种各样的钛厨房用品已经商品化。用钛制厨具无金属离子的溶出，在冷藏条件下长期存放食品、饮料等不变味，口感好，这也为实际所证明。如果对钛厨房用具再进行阳极氧化着色，会使其呈现各种鲜艳的颜色，则可进一步提高其档次和品位。

（5）钛制外壳笔记本电脑。美国著名的苹果电脑公司 2001 年 1 月推出了一款新型笔记本电脑。该电脑不仅具有先进的性能，而且其外壳是用钛制作的。虽然有很多笔记本电脑都自称采用了钛外壳，但一般都是镀钛，而这台 PowerBook G4 笔记本电脑则采用 1 级工业纯钛做外壳。这也是目前世界上第一个用纯钛作外壳的电脑。电脑整体厚度为 2.54cm，质量为 2.4kg。

在笔记本电脑的生产中，日本索尼公司曾采用镁合金外壳，其产品外形美观，整体又轻又薄，苹果公司力图在电脑的外形设计上有所突破，希望外壳轻而薄，钛薄板是最佳选择。苹果公司推出的这台钛外壳电脑能够挑战索尼电脑，不但具有美观的外形，而且具有优良的性能。这也是钛向消费品市场迈出的一大步。

（6）手机外壳与钛合金。诺基亚推出新款高价手机 Nokia8910。该手机除保持了 Nokia 过去一贯的设计理念、按键部分镀铬的处理以及应用蓝牙技术，更重要的是外壳使用了钛合金，使其质感有了极大的提高，更增加了手机的价值感。

18.6.8　有色金属工业用钛

锌冶金用的钛设备包括浸出槽、贮液槽、泵，以及电解锌、镉的电解槽和换热器、烟气净化装置、除尘器和风机等；钒冶金中的钛设备有输送钒酸铵液的泵和阀；氧化铝生产中用钛制作运输稀硫酸管道；用钛制作二氧化锰电解用阳极；用钛制作制取 ZrO_2 和 $ZrOCl_2$ 设备（真空过滤器和搅拌器）；电解铜装置用钛部位有箔用阴极辊和电解槽；电镀工业及铝表面处理设备用钛有热交换器、薄膜蒸发器、装入阳极顶端的网篮、电发热体、挂具和塔槽等；提取钨酸用钛蒸发锅；提取贵金属用钛设备有泵、加热盘及黄金氰化浸出容器、装硫酸和盐酸硫脲溶液的树脂交换柱及换热器等；镁和钛氯化作业中用钛制作烟气净化系统设备（风机、捕集器、洗涤器等）；铜冶炼设备用钛有电解槽、热交换器、洗涤塔、阴极母板和用于制备硫酸和硫酸盐的设备系统；镍冶炼设备用钛有加热器、过滤设备和阴极母板；钴冶炼气体净化系统用钛设备有风机叶轮和泵等；生产 V_2O_5 工业中的加热器、稀土和锆冶炼的反应器、萃取器等采用钛材质。

18.6.9　海洋事业用钛

在船舶制造领域，用钛范围包括潜水艇和深海调查船的壳体、耐压容器、通气排气管、配管、甲板、阀和锚，全钛型深海潜艇和船用海水淡化装置，救难艇（壳体、各种仪表装置）、军舰、游艇和消防艇等船只（壳体、螺旋桨推进器等）、油船和运输船（透平的主冷凝器和碳酸钠冷却器、蒸发喷射空调机和热交换器）。

海洋事业中用钛还包括海上石油用采集酸性气体管道、钻采海底石油提升管和阀门、海洋温差发电用热交换器、海洋钻井平台、换热器、阀门和泵等，海水淡化的钛设备件有热交换器、管道、连接件和盐水加热器。渔业中用钛制作例如浮动消波堤用的连接螺栓、螺母、水族馆水槽、温度计保护管、热交换器、养殖笼、渔业加工蒸烤鱼盘和冷冻库。

日本四面临海，经济发展迫使日本扩大利用海域。为此，日本设立了超大型浮式海洋构筑物技术研究小组。钛材则成为海洋构筑物的首选材料。作为海洋构筑物防蚀材料，一是用钛薄板包覆易腐蚀部位；二是海洋构筑物易腐蚀部分用钛钢复合板。目前已建造了一个超大型浮式海洋构筑物，在海水飞沫冲刷处使用了钛钢复合材。日本新开发的钛钢复合板基本上与高级不锈钢的制造成本相同。

已经使用或计划中的大型浮式海洋构筑物有机场、港湾物流基地、发电厂、原油和天然气贮存基地、紧急避难所、体育娱乐设施等。

18.6.10　交通运输用钛

钛的高比强度实现了交通工具的快捷，美丽的外观和优良的性能使钛在交通运输中大显身手，车本体质量越来越轻，高性能钛白制成的面漆美化汽车，汽车和摩托赛车用的钛部件有曲轴、弹簧、螺栓和螺母等，磁力浮动车和氢贮存器也有大量的钛部件，钛储氢器使环保汽车离我们越来越近。

钛因其诱人的特性在汽车行业中有很大的应用潜能。其高强度、低密度和优良的耐腐蚀性，不仅可用于汽车驱动装置，也可应用到汽车底盘上。多年以来，赛车制造就用钛来制造发动机气门和连杆。由于钛气门和连杆具有更大的转矩和输出功率以及更小的部件挠度而使其性能得到提高。在家用轿车上，发动机使用钛部件可以提高燃烧效率，减少其噪声和振动，提高使用寿命。这套部件包括发动机气门、连杆、气门弹簧和气门弹簧座圈。

18.6.11　钛的建筑业应用

传统的金属建材，尤其是屋顶材料的发展是依铜、表面处理过的钢板、铝、不锈钢和钛的顺序发展的。随着时代的前进，人们对城市建筑物的要求，尤其对建筑物的美观性要求越来越高。伴随建筑工业的发展，近年来建筑师追求使用比传统材料更高级的建筑材料。钛的一系列优异特性使之能完全满足建筑材料的许多性能要求，因而备受建筑师和建筑业的青睐。

（1）能满足建材轻量化的要求。钛的密度小，约为钢的 60%，铜的 50%，铝的 1.7 倍，但具有和普通钢几乎相同的强度，作为建筑材料可以减重 70% ~ 75%，容易吊装，并可使建筑物的重心下移，提高建筑物的整体抗震能力。

（2）抗蚀性能好。钛具有良好的耐蚀性，能抵御城市污染、工业辐射和极端的侵蚀。因此，适合在海洋气候环境中使用。

（3）线膨胀系数低。与其他金属建筑材料相比，钛的线膨胀系数小，约为不锈钢的 50%，铝的 30%，与玻璃、砖、水泥和石头的接近，可多用途多途径应用，并可在设计上突出钛与玻璃的特点。钛的热应力非常低，是不锈钢的 1/2，铝的 1/3。钛可作为整体材料使用，不需要接缝来补偿热胀冷缩。

（4）无环境污染。随着社会发展，人们对环保的要求越来越高，对回归大自然的愿望越来越强烈，由于钛耐蚀性好，可以 100% 回收，不会污染环境，符合环保要求，可称得上绿色环保材料。

（5）使用寿命长。钛用作建筑材料、装饰材料，能抵抗百年腐蚀而不用维护和修理。从这一角度讲明显优于其他金属。这种优点在高度腐蚀环境（如滨海城市和工业区）尤为突出。考虑到钛的寿命周期长，它的长期成本性能超过所有不锈钢，钛建材是不需要维护材料的，钛建筑物也就不需要保养。

（6）加工性、焊接性能好。钛易加工成薄板，焊接性能好。钛本身具有闪亮的银白色光泽，通过处理，可获得更加光亮的表面。为了达到更加漂亮的装饰效果，可通过刻蚀、阳极氧化处理获得不同的图案和色彩，并可根据需要，把屋顶做成各种形状，再加上彩色，会使整个建筑物成为一个完美的艺术品。

18.6.12 装饰材料

钛作为装饰材料主要有以下几个特点：

（1）轻量、强度好且不易生锈。

（2）可根据需要控制色彩。

（3）可进行与其他材料一样的加工。

（4）特别是与其他材料极易相配，重点部位使用可提高美观度和附加值。

19 钛制品应用特性——钛系催化剂

钛系催化剂主要包括载体钛白和有机合成用钛氯化物。氮氧化物（NO_x）是主要的大气污染物，主要包括 NO、NO_2、N_2O 等，可以引起酸雨、光化学烟雾、温室效应及臭氧层的破坏。自然界中的 NO_x 63% 来自产业污染和交通污染，是自然发生源的 2 倍，其中电力产业和汽车尾气的排放各占 40%，其他产业污染源占 20%。在通常的燃烧温度下，燃烧过程产生的 NO_x 中 90% 以上是 NO，NO_2 占 5% ~ 10%，另有极少量的 N_2O。NO 排到大气中很快被氧化成 NO_2，引起呼吸道疾病，对人类健康造成危害。目前烟气脱硝技术可分为干法和湿法两大类，其中干法脱硝中的选择性催化还原（SCR）技术和选择性非催化还原（SNCR）技术是市场应用最广（约占 60% 烟气脱硝市场）、技术最成熟的脱硝技术。

钛有机催化剂一般由载体、金属组分和酸性组分构成，载体有氧化铝型、硅铝型和分子筛型（结晶型），常用的是氧化物型。按金属组分有单胶型和加有第二种金属的双金属型（如铂-铼型、铂-锡型等）或多金属型（如铂-铼-铝型、铂-铼-钛型等），酸性组分有氟-氯型和全氯型。目前这种催化剂有单铂、铂-铱、铂-铼、铂-锡四大系列。它们都具有双功能，既具有脱氢、加氢活性，又具有异构化、加氢裂化活性。前一功能一般由铂来承担，后一功能由载体或加到载体上酸性组分来承担。由于具有这两种功能，在重整反应中才能使甲基环戊烷异构脱氢转化成苯。

当前世界上活性最高的聚酯缩聚催化剂是钛硅催化剂（C-94），其活性是锑系催化剂的 6~8 倍，比较 C-94 催化剂与 SbO_3 和 $Sb(Ac)_3$ 催化剂的催化结果，钛/硅催化剂随着二氧化硅含量的增加，表面 Lewis 酸的数目和强度都减小。

TiO_2 光催化材料作为一种半导体催化剂，具有特殊的电子结构，与金属相比，半导体的能带是不连续的，在其填满电子的低能价带和空的高能导带之间存在着一个宽度较大的禁带。

19.1 烟气脱硝工艺

火电厂产生的 NO_x 主要是燃料在燃烧过程中产生的。其中一部分是由燃料中的含氮化合物在燃烧过程中氧化而成的，称为燃料型 NO_x；另一部分由空气中的氮高温氧化所致，即热力型 NO_x，化学反应为：

$$N_2 + O_2 \longrightarrow 2NO \tag{19-1}$$

$$NO + 1/2O_2 \longrightarrow NO_2 \tag{19-2}$$

还有极少部分是在燃烧的早期阶段由碳氢化合物与氮通过中间产物 HCN、CN 转化为 NO_x，简称瞬态型 NO_x。

减少 NO_x 排放有燃烧过程控制和燃烧后烟气脱硝两条途径。现阶段主要通过控制燃烧

过程 NO_x 的产生，通过各类低氮燃烧器得以实现。这是一个既经济又可靠的方法，大部分煤质通过燃烧过程控制可以满足目前排放标准。

19.1.1 相关化学反应

NO 的分解反应（式（19-3）的逆反应）在较低温度下反应速度非常缓慢，迄今为止还没有找到有效的催化剂。因此，要将 NO 还原成 N_2，需要加入还原剂。氨（NH_3）是至今发现的最有效的还原剂。有氧气存在时，在 900~1100℃，NH_3 可以将 NO 和 NO_2 还原成 N_2 和 H_2O，反应如式（19-3）、式（19-4）所示。还有一个副反应，生成副产物 N_2O，N_2O 是温室气体，因此，式（19-5）的反应是不希望发生的。

$$4NO + 4NH_3 + O_2 \longrightarrow 4N_2 + 6H_2O \qquad (19-3)$$

$$2NO_2 + 4NH_3 + O_2 \longrightarrow 3N_2 + 6H_2O \qquad (19-4)$$

$$4NO + 4NH_3 + 3O_2 \longrightarrow 4N_2O + 6H_2O \qquad (19-5)$$

在 900℃时，NH_3 还可以被氧气氧化，如式（19-6）~式（19-8）所示：

$$2NH_3 + 3/2O_2 \longrightarrow N_2 + 3H_2O \qquad (19-6)$$

$$2NH_3 + 2O_2 \longrightarrow N_2O + 3H_2O \qquad (19-7)$$

$$2NH_3 + 5/2O_2 \longrightarrow 2NO + 3H_2O \qquad (19-8)$$

这就意味着 NH_3 除了作为 NO、NO_2 的还原剂外，还有相当一部分被烟气中的氧气氧化，而氧化的产物中有 N_2、N_2O 和 NO，后者增加了 NO 的浓度却降低了脱硝效率。

19.1.2 非选择性催化还原工艺

非选择性催化还原工艺（Selective Non-Catalytic Reduction，SNCR）利用锅炉顶部 850~1050℃ 的高温条件，喷进 NH_3，在没有催化剂作用下还原 NO_x，在锅炉中的布置如图 19-1 所示。不用催化剂，则无须设置催化反应器，故 SNCR 工艺简单、投资省，对没有预留脱硝空间的现有锅炉改造工作量少。可是在 850~1050℃ 时，NH_3 的氧化反应（式（19-6）~式（19-8））全部可以发生，确定了该工艺的脱硝效率不高，一般仅为 50% 左右，同时还要求有较高的 NH_3/NO 摩尔比，增加了 NH_3 的消耗与逃逸。故 SNCR 工艺难以满足环保要求高的大型燃煤锅炉。

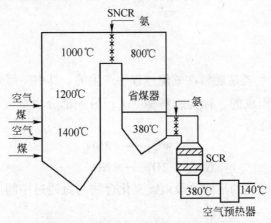

图 19-1 锅炉中 SNCR 和 SCR 布置图

19.1.3　选择性催化还原

选择性催化还原（Selective Catalytic Reduction，SCR）的原理是在催化剂作用下，还原剂 NH_3 在相对较低的温度下将 NO 和 NO_2 还原成 N_2，而几乎不发生 NH_3 的氧化反应，从而进一步增加了 N_2 的选择性，减少了 NH_3 的消耗。该工艺 20 世纪 70 年代末首先在日本开发成功，80 年代和 90 年代以后，欧洲和美国相继投入产业应用，现已在世界范围内成为大型产业锅炉烟气脱硝的主流工艺。当 NH_3/NO_x 的摩尔比为 1 时，NO_x 的脱除率可达 90%，NH_3 的逃逸量控制在 5 mg/L 以下。为避免烟气再加热消耗能量，一般将 SCR 反应器置于省煤器后、空气预热器之前，即高飞灰布置。氨气在空气预热器前的水平管道上加进，与烟气混合。对于新建锅炉，由于预留了烟气脱氮空间，可以方便地放置 SCR 反应器和设置喷氨槽，流程如图 19 - 2 所示。

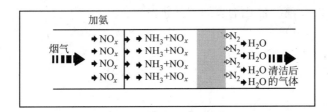

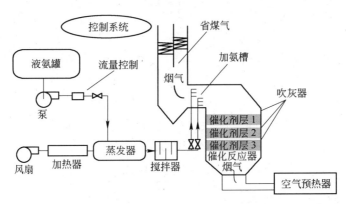

图 19 - 2　电站锅炉 SCR 工艺流程

SCR 系统由氨供给系统、氨气/空气喷射系统、催化反应系统以及控制系统等组成，催化反应系统是 SCR 工艺的核心，设有 NH_3 的喷嘴和粉煤灰的吹扫装置，烟气顺着烟道进入装载了催化剂的 SCR 反应器，在催化剂的表面发生 NH_3 催化还原成 NO_x。

19.1.4　SCR 工艺采用的催化剂

催化剂由催化组元和载体构成，催化有多组元和单一组元，载体包括载体物质和载体装置。

19.1.4.1　催化剂的化学组成

催化反应器中装填的催化剂是 SCR 工艺的核心。金属氧化物催化剂，如 V_2O_5、Fe_2O_3、CuO、Cr_2O_3、Co_3O_4、NiO、CeO_2、La_2O_3、Pr_6O_{11}、Nd_2O_3、Gd_2O_3、Yb_2O_3 等，催化活性以 V_2O_5 最高。V_2O_5 同时也是硫酸生产中将 SO_2 氧化成 SO_3 的催化剂，且催化活性很

高，故 SCR 工艺中将 V_2O_5 的负载量减少到 1.5% （质量分数）以下，并加进 WO_3 或 MoO_3 作为助催化剂，在保持催化还原 NO_x 活性的基础上尽可能减少对 SO_2 的催化氧化。助催化剂的加入能进一步提高水热稳定性，抵抗烟气中 As 等有毒物质。催化剂是分散在 TiO_2 上，以 V_2O_5 为主要活性组分，WO_3 或 MoO_3 为助催化剂的钒钛体系，即 $V_2O_5 - WO_3/TiO_2$ 或 $V_2O_5 - MoO_3/TiO_2$。

19.1.4.2 催化反应原理

催化反应原理是：NH_3 快速吸附在 V_2O_5 表面的 B 酸活性点，与 NO 按照 Eley – Rideal 机理反应，形成中间产物，分解成 N_2 和 H_2O，在 O_2 的存在下，催化剂的活性点很快得到恢复，继续下一个循环，其化学吸附与反应过程如图 19 – 3 所示。反应步骤可分解为：（1）NH_3 扩散到催化剂表面；（2）NH_3 在 V_2O_5 上发生化学吸附；（3）NO 扩散到催化剂表面；（4）NO 与吸附态的 NH_3 反应，生成中间产物；（5）中间产物分解成终极产物 N_2 和 H_2O；（6）N_2 和 H_2O 离开催化剂表面向外扩散。

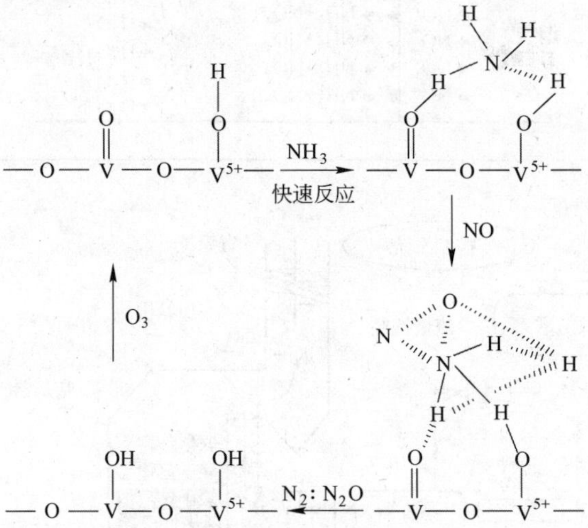

图 19 – 3　V_2O_5 上 NH_3 吸附及与 NO 反应

19.1.4.3 催化剂的结构形式

催化剂是 SCR 脱硝技术的核心，其催化活性直接影响 SCR 系统的整体脱硝效果。国内现行使用的 SCR 催化剂绝大部分为进口的以 TiO_2 为载体的整体催化剂，TiO_2 约占催化剂总质量的 80% 左右，存在成本高、活性组分利用率低等问题。整体式催化剂是以活性组分和载体为基体，与黏合剂、造孔剂以及润滑剂等混合后通过捏合、挤压成型、干燥和煅烧等过程获得的，但目前在催化剂成型过程中，仍存在不同程度的催化活性降低问题。

由于 SCR 反应器布置在除尘器之前，大量飞灰的存在给催化剂的应用增加了难度，为防止堵塞、减少压力损失、增加机械强度，通常将催化剂固定在不锈钢板表面或制成蜂窝陶瓷状，形成了不锈钢波纹板式和蜂窝式的结构形式，如图 19 – 4 和图 19 – 5 所示。板式催化剂的生产过程为，将催化剂原料（载体、活性成分与助催化剂）均匀地碾压在不锈钢板上，切割并压制成带有褶皱的单板，煅烧后组装成模块，便于安装和运输。蜂窝式催化剂的主要生产步骤为：将 3 种化学原料与陶瓷辅料搅拌，混合均匀，通过挤出成型设备按所要求的孔径制成蜂窝状长方体，进行干燥和煅烧，再切割成一定长度的蜂窝式催化剂单体，组装成模块。催化剂形式可分为三种：板式、蜂窝式和波纹板式。三种催化剂在燃煤SCR上都拥有业绩，其中板式和蜂窝式较多，波纹板式较少。

图 19 - 4　不锈钢板式催化剂
a—不锈钢单板；b—波纹板式催化剂单元

图 19 - 5　蜂窝式催化剂
a—15 × 15 孔；b—20 × 20 孔

板式和蜂窝式催化剂的主要成分与催化反应原理相同，只是结构形式有所区别。相比板式催化剂，蜂窝式催化剂可通过更换挤出机模具方便地调节蜂窝的孔径，从而控制表面积，因此应用范围更宽，除燃煤锅炉外，还用于燃油、燃气锅炉，在很高的空速（GHSV）下获得较高的脱硝效率，其市场占有率为70%；板式催化剂在燃煤锅炉应用中有一定优势，发生堵塞的概率小，板式催化剂中的30%应用在燃煤电站。

板式催化剂以不锈钢金属板压成的金属网为基材，将 TiO_2、V_2O_5 等的混合物黏附在不锈钢网上，经过压制、煅烧后，将催化剂板组装成催化剂模块。蜂窝式催化剂一般为均质催化剂。将 TiO_2、V_2O_5、WO_3 等混合物通过一种陶瓷挤出设备，制成截面为150mm × 150mm、长度不等的催化剂元件。

波纹板式催化剂的制造工艺一般以用玻璃纤维加强的 TiO_2 为基材，将 WO_3、V_2O_5 等活性成分浸渍到催化剂的表面，以达到提高催化剂活性、降低 SO_2 氧化率的目的。

最初的催化剂是 Pt - Rh 和 Pt 等金属类催化剂，以氧化铝等整体式陶瓷做载体，具有活性较高和反应温度较低的特点，但是昂贵的价格限制了其在发电厂中的应用。

19.1.4.4　典型脱硝催化剂

氧化钒脱硝催化剂包括钒/钨 - 钛催化剂、复合载体 TiO_2 - Al_2O_3 及其负载型催化剂和多组分复合氧化物活性组分催化剂。典型催化剂的 BET 比表面积及孔结构表征见表

19 - 1。

表 19 -1 典型催化剂的 BET 比表面积及孔结构表征

样品	表面积/$m^2 \cdot g^{-1}$	空隙/$cm^3 \cdot g^{-1}$	平均孔径/nm
TiO_2	11.47	0.038	13.3
W_8Ti	12.17	0.036	12.13
$V_{0.4}W_8Ti$	11.72	0.037	12.33
$V_{1.2}W_8Ti$	10.07	0.029	11.77
$V_{1.6}W_8Ti$	9.23	0.040	17.37

钒/钨 – 钛催化剂的制备工艺见图 19 – 6，WO_3 含量（质量分数）为 8%，测试条件：NO 和 NH_3 的含量为 500μg/g，O_2 含量为 2%，空速为 10000h^{-1}，N_2 作平衡气。无 V_2O_5 时，其最大活性在 400℃时仅为 40% 左右；催化剂中钒的含量为 0.4% 时，催化剂在 350 ~ 400℃时的最大脱硝率可以接近 99%。钒含量为 0.4% 和 0.8% 时，催化剂活性窗口为 250 ~ 450℃。当钒含量大于 0.8% 时，脱硝率有明显下降的趋势。

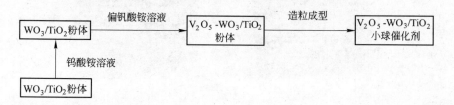

图 19 – 6 钒/钨 – 钛催化剂的制备工艺

$V_2O_5 – WO_3/TiO_2$ 催化剂活性测试主要信息见表 19 – 2。图 19 – 7 给出了钒/铁 – 钛催化剂制备流程图。氧化铁的加入，一定程度上增大了催化剂的活性，但是该催化剂中 V_2O_5 的含量过大。

表 19 -2 $V_2O_5 – WO_3/TiO_2$ 催化剂活性测试主要信息

V_2O_5 含量/%	活性起始温度/℃	活性下降温度/℃	最高活性温度/℃	最高活性脱硝率/%
0	350	425	400	49.7
0.4	250	450	400	98.3
0.8	250	425	350	96.1
1.2	250	425	350	91.5
1.6	250	375	300	86.4
2.0	250	350	300	82.2
2.4	250	375	300	86.8

多组分氧化物催化剂典型组成见表 19 – 3，多组分氧化物对催化剂的脱硝率影响情况较为复杂。惰性平衡物质对脱硝率也存在一定的影响。

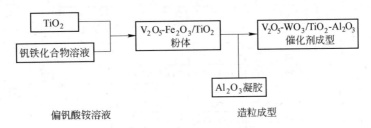

图 19-7　钒/铁-钛催化剂制备流程图

表 19-3　多组分氧化物催化剂典型组成

编号	催化剂	组成（质量分数）/%	平衡组成（质量分数）/%	最高温度/℃	脱硝率/%
1	M10701	Fe_2O_3，27.53；MnO_2，6.83；Cr_2O_3，1.67；V_2O_5，1.29；TiO_2，7.98	Al_2O_3，27.35；SiO_2，27.35	300	96.09
2	M10702	Fe_2O_3，27.53；MnO_2，6.83；Cr_2O_3，1.67；V_2O_5，1.29；TiO_2，7.98	Al_2O_3，27.35；SiO_2，18.23	350	89.56
3	M10703	Fe_2O_3，27.53；MnO_2，6.83；Cr_2O_3，1.67；V_2O_5，1.29；TiO_2，7.98	Al_2O_3，43.75；SiO_2，10.94	350	88.97
4	M10704	Fe_2O_3，27.53；MnO_2，6.83；Cr_2O_3，1.67；V_2O_5，1.29；TiO_2，7.98	Al_2O_3，36.46；SiO_2，18.23	300	95.26
5	M10705	Fe_2O_3，27.53；MnO_2，6.83；Cr_2O_3，1.67；V_2O_5，1.29；TiO_2，7.98	Al_2O_3，43.75；SiO_2，10.94	300	93.11
6	M10801	Fe_2O_3，27.53；MnO_2，6.83；Cr_2O_3，1.67；V_2O_5，1.29；TiO_2，7.98；K_2O，0.14	Al_2O_3，27.28；SiO_2，27.28	300	91.20
7	M10802	Fe_2O_3，27.53；MnO_2，6.83；Cr_2O_3，1.67；V_2O_5，1.29；TiO_2，7.98；Na_2O，5.90	Al_2O_3，24.40；SiO_2，24.40	300	81.77

　　选择氧化铝对二氧化钛进行了改性制备复合载体，以及复合载体负载的 V_2O_5 - WO_3/TiO_2 - Al_2O_3 催化剂，复合载体负载的 V_2O_5 - MoO_3 - WO_3/TiO_2 催化剂制备工艺见图 19-8。不同钼含量条件下催化剂的脱硝过程的低温活性显著提高。

19.1.4.5　催化剂发展

　　从 20 世纪 60 年代末期开始，日本日立、三菱、武田化工三家公司通过不断的研发，研制了 TiO_2 基材的催化剂，并逐渐取代了 Pt - Rh 和 Pt 系列催化剂。该类催化剂的成分主要由 V_2O_5（WO_3）、Fe_2O_3、CuO、CrO_x、MnO_x、MgO、MoO_3、NiO 等金属氧化物或起联合作用的混合物构成，通常以 TiO_2、Al_2O_3、ZrO_2、SiO_2、活性炭（AC）等作为载体，与 SCR 系统中的液氨或尿素等还原剂发生还原反应，目前成为了电厂 SCR 脱硝工程应用的主流催化剂产品。SCR 工艺自 1978 年在日本成功地实现产业应用以后，工艺技术与催化剂的生产技术一直在不断地进步与完善，形成了由触媒化成与界化学为代表的蜂窝式和以 Babcock - Hitachi 为代表的板式两种主流结构与技术，在日本的生产能力并没有太多扩大，可是技术已经向各主要经济体和重要地区扩散输出。目前各主要生产商生产的 SCR 催化剂

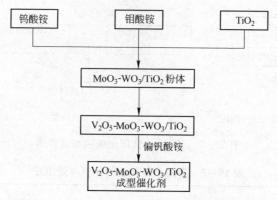

图 19-8　$V_2O_5 - MoO_3 - WO_3/TiO_2$ 催化剂制备工艺

及产量如表 19-4 所示。

表 19-4　国际上主要催化剂生产商

厂商名称	国家和地区	催化剂形式	生产能力	应用业绩
Babcock - Hitachi	日 本	板 式	3 条生产线，总计 15000m³/a	600 套
触媒化成	日 本	蜂窝式	1 条生产线，2500m³/a	超过 500 套
Cormetech	美 国	蜂窝式	>20000m³/a	876 套
Argillon	德 国	板式、蜂窝式	>12000m³/a（板式）；>5000m³/a（蜂窝式）	超过 540 套
Envirotherm GmbH（KWH）	德 国	蜂窝式	被中国东方锅炉收购，组建东方凯瑞特	—
Topsoe	丹 麦	波纹板式	3 条生产线	—
Seshin Electronics	韩 国	蜂窝式	≤3000m³/a	—

几大主要生产商各有特点，Babcock - Hitachi 成立最早，自 1970 年成功开发了不锈钢板式催化剂，在燃煤电站的应用业绩居世界之首，在日本的安芸津工场共有 5 条生产线，日常运行 3 条生产线，在中国内地设有分公司，但暂未建生产基地。触媒化成公司生产蜂窝式催化剂，其触媒研究所 20 多年来一直对这一技术进行改进与完善，并先后向美国、德国及韩国进行技术转让，成为成功转让技术最多的公司。Argillon 公司从触媒化成公司引进了蜂窝式生产技术，又自主开发了板式催化剂技术，是唯一同时生产两种结构形式的催化剂公司。Cormetech 与日本三菱公司合作引进触媒化成蜂窝式技术，在美国北卡罗来纳州和田纳西州设有生产基地，其蜂窝式的生产能力居世界之首。Topsoe 公司自主开发了区别于不锈钢板式的波纹板式催化剂，并在美国建有 2 条生产线，在丹麦建有 1 条生产线。

19.1.4.6　影响因素

随着环保形势的日益严重，仅靠低氮燃烧不能满足更加严格的排放标准，SCR 工艺是减少固定源 NO_x 排放的一个行之有效的办法，先后在发达国家已应用了 30 年，中国亦已开始投入使用。SCR 法烟气脱硝所采用的催化剂是该工艺的核心，是获得较高脱硝效率的关键，催化剂生产技术含量高、投资大，对原料品质要求也高，国际上仅有为数未几的几家公司拥有技术并具备一定的生产能力。随着东方凯瑞特试生产成功和江苏龙源催化剂公司的投产，国内目前主要依靠进口的状况将得到改善，对降低烟气脱硝的投资与运行用度将起到积极作用。

催化剂作为 SCR 脱硝反应的核心，其质量和性能直接关系到脱硝效率的高低，所以，在火电厂脱硝工程中，除了反应器及烟道的设计不容忽视外，催化剂的参数设计同样至关重要。一般来说，脱硝催化剂都是为项目量身定制的，即依据项目烟气成分、特性，效率以及客户要求来定的。催化剂的性能（包括活性、选择性、稳定性和再生性）无法直接量化，而是综合体现在一些参数上，主要有活性温度、几何特性参数、机械强度参数、化学成分含量、工艺性能指标等。

（1）活性温度。催化剂的活性温度范围是最重要的指标。反应温度不仅决定反应物的反应速度，而且决定催化剂的反应活性。如 $V_2O_5 - WO_3/TiO_2$ 催化剂，反应温度大多设在 $280 \sim 420℃$ 之间。如果温度过低，反应速度慢，甚至生成不利于 NO_x 降解的副反应；如温度过高，则会出现催化剂活性微晶高温烧结的现象。

（2）几何特性参数。包括：

1）节距/间距。这是催化剂的一个重要指标，通常以 P 表示。其大小直接影响到催化反应的压降和反应停留时间，同时还会影响催化剂孔道是否会发生堵塞。对蜂窝式催化剂，如蜂窝孔宽度（孔径）为 d，催化剂内壁壁厚为 t，则对平板和波纹式催化剂，如板与板之间宽为 d，板的厚度为 t，由于 SCR 装置一般安装在空预器之前，飞灰浓度可大于 $15g/m^3$（干，标态），如果催化剂间隙过小，就会造成飞灰堵塞，从而阻止烟气与催化剂接触，效率下降，磨损加重。一般情况下，蜂窝式催化剂堵灰要比平板式严重些，需要适当地加大孔径。燃煤电站 SCR 脱硝工程中的蜂窝式催化剂节距一般在 $6.3 \sim 9.2mm$ 之间，同等条件下，板式催化剂间距可以比蜂窝式稍小些。

2）比表面积。比表面积是指单位质量催化剂所暴露的总表面积，或用单位体积催化剂所拥有的表面积来表示。由于脱硝反应是一个多相催化反应，且发生在固体催化剂的表面，所以催化剂表面积的大小直接影响催化活性的高低，将催化剂制成高度分散的多孔颗粒，为反应提供了巨大的表面积。蜂窝式催化剂的比表面积比平板式的要大得多，前者一般在 $427 \sim 860m^2/m^3$，后者约为其一半。

3）孔隙率和比孔体积。孔隙率是催化剂中孔隙体积与整个颗粒体积之比。孔隙率是催化剂结构最直接的一个量化指标，决定了孔径和比表面积的大小。一般催化剂的活性随孔隙率的增大而提高，但机械强度会随之下降。比孔体积则指单位质量催化剂的孔隙体积。

4）平均孔径和孔径分布。通常所说的孔径是由实验室测得的比孔体积与比表面积相比得到的平均孔径。催化剂中的孔径分布很重要，反应物在微孔中扩散时，如果各处孔径分布不同，会表现出差异很大的活性，只有大部分孔径接近平均孔径时，效果最佳。

（3）机械强度参数。主要体现了催化剂抵抗气流产生的冲击力、摩擦力、耐受上层催化剂的负荷作用、温度变化作用、及相变应力作用的能力。机械强度参数共有 3 个指标，即轴向机械强度、横向机械强度和磨耗率。前两个分别是指单位面积催化剂在轴向和横向可承受的重量。磨耗率则是用一定的试验仪器和方法测定得到的单位质量催化剂在特定条件下的损耗值，用于比较不同催化剂的抗磨损能力。

（4）化学成分含量。化学成分含量即指活性组分及载体，如 $V_2O_5 - WO_3/TiO_2$ 催化剂中各成分的质量分数。这其中关键为起催化作用的量，助催化与载体的配比量也同样重要。根据不同用户的情况，含量会有所不同。一般情况下，V_2O_5 占 1% ~ 5%，WO_3 占 5% ~ 10%，TiO_2 占其余绝大部分比例。目前最常用的催化剂为 $V_2O_5 - WO_3(MoO_3)/TiO_2$ 系列（TiO_2 为主要载体，V_2O_5 为主要活性成分）。催化剂是 SCR 技术的核心部分，决定了 SCR 系统的脱硝效率和经济性，其建设成本占烟气脱硝工程成本的 20% 以上，运行成本占 30% 以上。

（5）工艺性能指标。催化剂的设计就是要选取一定反应面积的催化剂，以满足在省煤器出口烟气流量、温度、压力、成分条件下达到脱硝效率、氨逃逸率等 SCR 基本性能的设计要求。在灰分条件多变的环境下，其防堵和防磨损性能是保证 SCR 设备长期安全和稳定运行的关键。工艺性能指标包括体现催化剂活性的脱硝效率、SO_2/SO_3 转化率、NH_3 逃逸率以及压降等综合性能指标。这些指标一般在催化剂成品完成后需要在实验室实际烟气工况下进行检测，以确认各指标符合要求。

1）脱硝效率。脱硝效率指进入反应器前、后烟气中 NO_x 的质量浓度差除以反应器进口前的 NO_x 浓度（浓度均换算到同一氧量下），直接反映了催化剂对 NO_x 的脱除效率。一般情况下，脱硝工程会设计初期脱硝率和远期脱硝率，通过初置和预留若干催化剂层，今后逐层添加来满足未来可能日益严格的排放要求。

2）SO_2/SO_3 转化率。SO_2/SO_3 转化率指烟气中 SO_2 转化成 SO_3 的比例。SO_2/SO_3 转化率越高，催化剂活性越好，所需要催化剂量越少，但转化率过高会导致空预器堵灰及后续设备腐蚀，而且会造成催化剂中毒。因此，一般要求 SO_2/SO_3 转化率小于 1%。在钒钛催化剂中加入钨、钼等成分，可有效地抑制 SO_2 转化成 SO_3。

3）NH_3 逃逸率。NH_3 逃逸率指催化剂反应器出口烟气中 NH_3 的体积分数，它反映了未参加反应的 NH_3。如果该值高，一是会增加生产成本，造成 NH_3 的二次污染；二是 NH_3 与烟气中的 SO_3 反应生成 NH_4HSO_4 和 $(NH_4)_2SO_4$ 等物质，会腐蚀下游设备，并增大系统阻力。

4）压降。压降指烟气经过催化剂层后的压力损失。整个脱硝系统的压降是由催化剂压降以及反应器及烟道等压降组成的，这个压降应该越小越好，否则会直接影响锅炉主机和引风机的安全运行。在催化剂设计中合理选择催化剂孔径和结构形式，是降低催化剂本身压降的重要手段。

5）使用寿命。工程上计算催化剂的使用寿命一般从脱硝装置投入商业运行开始到更换或加装新的催化剂之前，催化剂的运行时间（h）作为催化剂化学使用寿命（NO_x 脱除率不低于性能保证要求，氨的逃逸率不高于 $3\mu g/g$）。600MW 机组 SCR 脱硝催化剂设计要求在锅炉 B - MCR 工况下保证催化剂的化学寿命不少于 24000h。按机组每年利用时间为 5000 ~ 6000h 计算应该在 4 ~ 5 年之间，在设计寿命后期随着脱硝效率的下降，就应该进行催化剂的置换、或部分或整体更换。如果 SCR 系统运行使用、维护不够合理的话将使催化剂提前失效，进一步增加催化剂的折旧成本。

（6）其他。除了以上物理、化学和工艺性能指标外，各特定 SCR 脱硝项目工程所采用的催化剂还有体积、尺寸等合同指标，在催化剂评标、验收中也作为很重要的参数需要予以审核。

19.1.5　催化剂的维护

催化剂在正常使用周期内必须防堵灰、防中毒、防失效和防变形损坏。

19.1.5.1　防堵灰

脱硝催化剂的堵塞分为大颗粒飞灰堵塞和细灰搭桥堵塞。在防堵灰方面，对于一定的反应器截面，在相同的催化剂节距下，板式催化剂的通流面积最大，一般在85%以上，蜂窝式催化剂次之，流通面积一般在80%左右，波纹板式催化剂的流通面积与蜂窝式催化剂相近。在相同的设计条件下，适当地选取大节距的蜂窝式催化剂，其防堵效果可接近板式催化剂。三种催化剂以结构来看，板式的壁面夹角数量最少，且流通面积最大，最不容易堵灰；蜂窝式的催化剂流通面积一般，但每个催化剂壁面夹角都是90°直角，在恶劣的烟气条件中，容易产生灰分搭桥而引起催化剂的堵塞；波纹板式催化剂流通截面积一般，但其壁面夹角很小而且其数量又相对较多，为三种结构中最容易积灰的板型，但其抗中毒性能及抗二氧化硫氧化性最强。板式、蜂窝式和波纹板式三种催化剂在燃煤SCR上都拥有业绩，其中板式和蜂窝式较多，波纹板式较少。

19.1.5.2　耐磨损

在燃煤高灰高砷烟气条件下，催化剂的磨损主要包括顶部磨损和内部通道磨损。对于蜂窝式催化剂而言，虽然顶端硬化加固可部分解决催化剂的顶部磨损问题，但对内部磨损却无能为力。实践经验表明，催化剂的内部通道磨损不可忽视，在极高尘条件下，即使使用顶端加固硬化，如果催化剂过薄，仍存在由于内部通道过度磨损而断裂的风险。在极高尘条件下，使用顶端硬化加固薄壁催化剂的方案是非常危险的。

19.1.5.3　耐砷中毒

燃煤中砷含量较高，催化剂的选型设计需考虑砷中毒的影响。众所周知，SCR催化剂布置在省煤器和空气预热器之间，在该区间 As_2O_3 以蒸汽形式存在。当烟气通过催化剂表面时，其中的 As_2O_3 蒸汽会吸附到催化剂表面并渗透进入催化剂内部，与催化剂中的 V_2O_5 活性物质反应，生成一种对脱硝反应无活性的聚合物。具体措施主要是在 E–G 脱硝催化剂中添加大量 MoO_3 作为脱硝催化剂助剂，当 As_2O_3 蒸汽通过脱硝催化剂时会优先与 MoO_3 结合，降低 As_2O_3 与 V_2O_5 结合的概率，从而有效延长脱硝催化剂的使用寿命，而蜂窝式催化剂由于采用纯陶瓷结构，无法添加大量 MoO_3，否则，会造成催化剂机械能力下降。

19.1.5.4　抗中毒性能强

脱硝催化剂的毒物大多来源于飞灰，如飞灰中的 CaO、K_2O 和 Na_2O 等，催化剂的失活速度主要取决于飞灰在催化剂表面的沉积速度，脱硝催化剂自身要求通流面积大，并且采用薄型不锈钢筛网板作为担体，当烟气流经脱硝催化剂表面时，脱硝催化剂会发生持续不断的振动，飞灰不易在脱硝催化剂表面沉积，脱硝催化剂的抗中毒能力比蜂窝式催化剂好很多。

19.2　有机聚合钛催化剂

聚烯烃是重要的高分子材料，它们应用于人们生活的方方面面，由简单的烯烃在催化剂的作用下聚合转变成为聚烯烃材料，而不同结构的催化剂可以产生不同结构、不同性能的聚烯烃材料。

19.2.1 选择性聚合

选择性低聚合是一种定向反应，存在单烯烃的低聚合、不同种类单烯烃共二聚、丁二烯类共二烯烃的环化低聚合、链状低聚合或单烯与二烯的共二聚等多种反应。

19.2.2 有机合成催化剂选择

由于催化剂对反应有严格的选择性，催化剂的应用有很强的专一性。催化剂的作用机理可分三类：（1）离子型反应机理。可从广义的酸、碱概念来理解催化剂的作用，所用的催化剂多数为酸、碱、盐类，如氧化铝，硅酸铝等。多数为非过渡元素的化合物，具有催化裂化、异构化、烷基化、水合、脱水等反应的功能。（2）自由基型反应机理。催化剂与反应物间因氧化－还原作用而使后者活化，在反应过程中涉及催化剂元素的价态变化，所用催化剂的材质多数为金属、金属氧化物、金属硫化物，如催化剂镍、铂、氧化钒、氧化铬、硫化钼等。它们多数是过渡元素及其化合物，具有催化加氢、脱氢、氧化等反应的功能。（3）配合反应机理。催化剂与反应物发生配位作用而使后者活化，所用的催化剂称配合催化剂。

选择催化剂的另一途径是选用具有同类功能的已知催化剂，但由于反应的差异和催化剂的专一性，必须用实验加以验证。有些化学过程的结果，是几种不同反应机理的反应总和，要求几种催化活性组分加以配合，以具有多种功能，称为多功能催化剂。例如催化重整所用催化剂中的铂对加氢、脱氢有催化功能，氧化铝对异构化有催化功能。

在选择催化剂时还必须注意：催化剂的性能不仅取决于其活性组分，而且是各种成分的性质及其相互影响的总和，此外还必须考虑其对反应装置、反应工艺的适应性。

19.2.3 催化机理

四氯化钛系催化剂是 Ziegler（德）－Natta（意）催化剂中的核心成分，用于烯烃聚合，如乙烯聚合成聚乙烯，四氯化钛是理想的催化剂。Ziegler 和 Natta 两位科学家因此而获得诺贝尔化学奖。齐格勒－纳塔催化剂（Ziegler－Natta Catalyst）以固体形态引发烯烃类聚合反应，生成定向聚合物，齐格勒－纳塔催化剂引发的聚合反应属于阴离子配位加聚，目前提出两种机理，即双金属活性中心机理和单金属活性中心机理。双金属活性中心机理指出，单体在聚合时插入到过渡金属原子（活性中心）和烃基相连的位置，生成 π 配位化合物，该化合物又经配位反应生成一个新的活性中心，交替进行。单金属中心理论则是以过渡金属原子为活性中心，单体在活性中心的空位上配位，插入到金属原子－碳键中。

$TiCl_4$ 是阳离子引发剂，$Al(C_2H_5)_3$ 是阴离子引发剂。两者单独使用时，都难使乙烯或丙烯聚合，但相互作用后，却易使乙烯聚合；$TiCl_3 - AlEt_3$ 体系还能使丙烯定向聚合。

配置引发剂时需要一定的陈化时间，保证两组分适当反应。反应比较复杂，首先是两组分基团交换或烷基化，形成钛–碳键。烷基氯化钛不稳定，进行还原态分解，在低价钛上形成空位，供单体配位之需，还原是产生活性不可缺的反应。相反，高价态的配位点全部与配体结合，就很难产生活性。烷基化反应如下：

$$TiCl_4 + AlR_3 \longrightarrow RTiCl_3 + AlR_2Cl \tag{19-9}$$

$$TiCl_4 + AlR_2Cl \longrightarrow RTiCl_3 + AlRCl_2 \tag{19-10}$$

$$RTiCl_3 + AlR_3 \longrightarrow R_2TiCl_2 + AlR_2Cl \tag{19-11}$$

烷基钛的均裂和还原反应如下：

$$RTiCl_3 \longrightarrow TiCl_3 + R \cdot \tag{19-12}$$

$$R_2TiCl_2 \longrightarrow RTiCl_2 + R \cdot \tag{19-13}$$

$$TiCl_4 + R \cdot \longrightarrow TiCl_3 + RCl \tag{19-14}$$

$2R \cdot \rightarrow$ 偶合或歧化终止。以 $TiCl_3$ 作主引发剂时，也发生类似反应。两组分比例不同，烷基化和还原的深度也有差异。上述只是部分反应式，非均相体系还可能存在着更复杂的反应。研究 $Cp2TiCl_2 – AlEt_3$ 可溶性引发剂时，发现所形成的蓝色结晶有一定的熔点（126 ~ 130℃）和一定的相对分子质量，经 X 射线衍射分析，确定结构为 Ti—Cl—Al 桥形配合物。估计氯化钛和烷基铝两组分反应，也可能形成类似的双金属桥型配合物（$TiCl_3 – AlEt_3$ 双金属配合物）或单金属配合物（$TiCl_3$ 单金属配合物），成为烯烃配位聚合的活性种，但情况会更加复杂。

19.2.4　茂金属催化剂

茂金属催化剂最早由德国学者 Kaminsky 的研究组发现，而产业化生产中采用的是单茂钛配合物催化剂，部分学者称其为 Ziegler – Natta – Kaminsky。这类 Ziegler – Natta – Kaminsky 催化剂很好地解决了乙烯与 A – 烯烃或环烯烃共聚的问题，符合高性能聚烯烃树脂生产的需求，占据了目前线性低密度聚乙烯生产 3/4 的催化剂体系。对于高性能聚烯烃树脂的需求，推动了钛配合物催化剂研究的发展，出现了 2 – 亚胺酚氧配位钛（FI 催化剂）、2 – 亚胺吡咯配位钛（PI 催化剂）以及非桥联酚氧配位单茂钛配合物催化剂。

双配体的单阴离子双齿配位钛配合物催化剂，1999 年日本三井公司的 Fujita 等首先报道了双配体 2 – 亚胺酚氧配位钛配合物，该类催化剂具有很高的催化活性；不仅如此，其含有氟原子取代基配体的催化体系能够实现乙烯活性聚合，且所得聚乙烯数均分子量超过了 40 万，分子量分布（M_w/M_n）小于 112。这类配合物催化剂引起了广泛的关注和深入的研究，配体使用的是 2 – 亚胺酚氧（2 – iminophenoxy，也可以写成 phenoxy – imine，ph 表述为 F），研究者把这类配合物催化剂称为 FI 催化剂，命名源于 Fujita 领导下的研究工作，意为是 FujitaInnovated 催化剂。然而，FI 催化剂致命的缺点是难于进行乙烯与 alpha – 烯烃共聚，为了克服这类缺点，Fujita 等设计合成了双配体的 2 – 亚胺吡咯（pyrrolide – imine）配位钛催化剂 2（PI 催化剂）。这类催化剂活性中心周围获得了更大的配位空间，极大地改善了乙烯与 A – 烯烃或环烯烃配位共聚合的能力，极大地提高了共聚单体插入比。

表 19 – 5 给出了二氯二茂钛的安全性能。

表 19 – 5　二氯二茂钛的安全性能

CAS 号	1271 – 19 – 8
分子式	$C_{10}H_{10}Cl_2Ti$
相对分子质量	248.96
纯度/%	≥90
密度（25℃）/$g \cdot L^{-1}$	1.69
外　观	红色晶体
熔点/℃	280 ~ 285
钛含量/%	18.7
氯含量/%	27.7
常规包装	净重 10kg 的铝箔袋
用　途	广泛应用于化工及医药领域，聚合催化剂

19.2.5　钛硅分子筛催化剂

钛硅分子筛催化剂以及化学修饰的无机介孔材料，由于具有良好的热稳定性而成为新研究热点。如环氧丙烷的生产，传统工艺为：

$$CH_3CH = CH_2 \xrightarrow[\text{(2)Ca(OH)}_2]{\text{(1)Cl}_2} CH_3CH \overset{O}{\overbrace{\quad}} CH_2 + CaCl_2 + H_2O \qquad (19-15)$$

反应不仅以有毒的氯气为原料，而且还伴生大量的氯化钙废水。以钛硅分子筛为催化剂，丙烯与 H_2O_2 可经一步反应生成环氧丙烷：

$$CH_3CH = CH_2 + H_2O_2 \xrightarrow{TS-1} CH_3CH \overset{O}{\overbrace{\quad}} CH_2 + H_2O \qquad (19-16)$$

由于生成的副产物是水，因此不会污染环境。日本神奈川大学的研究人员开发的一种装载铂的钛纳米管催化剂，可以将 CO 和氢气高选择性地合成甲醇，也适用于 CO 加氢以及 CO 和水的制氢反应。

合成 β – 甲基环氧氯丙烷（β – MEP）一般采用间接法和直接法工艺。氯醇法间接工艺是生产 β – MEP 的工业化方法，而各种直接法尚处于实验室研究阶段。目前已知的各种直接合成法所使用的氧化剂主要是氧气、烷基过氧化物和过氧化氢，且都在一定催化剂的催化下进行。钛硅催化剂 TS – 1 催化过氧化氢与 β – 甲基氯丙烯合成，β – MEP 是一种很有开发潜力的清洁工艺，提高反应速率、降低生产成本或进行过氧化氢与 β – MEP 生产过程集成将是今后的发展方向。

19.2.6　Ziegler – Natta 催化剂

目前世界生产聚丙烯的绝大多数催化剂仍是基于 Ziegler – Natta 催化体系，即 $TiCl_4$ 沉积于高比表面积和结合 Lewis 碱的 $MgCl_4$ 结晶载体上（有的是以 SiO_2 作 $MgCl_2$ 的载体），助催化剂是烷基铝，催化剂的特点是高活性、高立构规整性、长寿命和产品结构的定制。

茂金属催化剂是由茂金属化合物和助催化剂组成。茂金属为金属有机配合物，是由具有 6 个 π 电子的环戊二烯阴离子（$\eta_5 - C_5H_5—$）或其衍生物与过渡金属生成的配合物。1951 年，首次发现茂金属——二茂铁 Cp2Fe（1），自此茂金属化合物得到蓬勃发展，随后其他茂金属（茂铬、茂钛、茂锆和茂铪）也制备出来。最初茂金属化合物作为 Ziegler - Natta 催化体系主催化剂的组分，与烷基铝（$AlEt_3$，$AlEt_2Cl$）结合用于烯烃聚合，但活性低。直至 20 世纪 70 年代后期，Sinn 和 Kaminsky 发现用 $AlMe_3$ 的部分水解产物——甲基铝氧烷（MAO）作助催化剂可大大提高茂金属化合物的活性，对茂金属化合物的研究才得到迅速发展。80 年代中期，新型具有立构选择性的茂金属催化剂的出现成为开发新型聚烯烃材料的里程碑。进入 90 年代，以硼化合物作助催化剂引起了人们的注意。目前负载型茂金属催化剂方兴未艾。

茂金属催化剂与一般传统 Ziegler - Natta 催化剂相比具有如下特点：（1）茂金属催化剂具有很高的催化活性；（2）茂金属催化剂属于单一活性中心催化剂，具有很好的均一性，主要表现在茂金属催化聚合物的相对分子质量分布相对较窄，共聚单体在聚合物主链中分布均匀；（3）茂金属催化剂具有优异的催化共聚合能力，几乎能使大多数共聚单体与乙烯共聚合，可以获得许多新型聚烯烃材料。高相对分子质量无规聚丙烯（APP）是一种弹性体，具有优良的拉伸和抗冲性能。由于主链中不含不饱和键，是一种饱和橡胶，其抗氧化性、耐候性和防老化性都优于普通的二烯烃橡胶，在医疗器械、包装、纤维、薄膜和汽车配件等方面具有广阔的应用前景。同时，无规聚丙烯具有良好的光学性能，也可以作为光学材料。目前，各国学者对丙烯聚合的研究主要集中于研究不同茂金属催化剂对丙烯聚合的反应规律，考察各种因素对丙烯聚合的影响以及合成出合乎性能要求的聚丙烯。现阶段由于缺乏直接高产率地获得高相对分子质量的无规聚丙烯的方法，已经妨碍了对无规聚丙烯性质的研究，也限制了无规聚丙烯的应用范围。特别是绝大多数的茂金属催化体系需要使用大量的助催剂甲基铝氧烷（MAO），而 MAO 的制备工艺复杂，危险，而且价格昂贵（大约 400US \$/kg），极大地限制了这类催化剂在工业上的应用，限制了聚丙烯工业的发展。为了加速聚烯烃工业的发展，各国研究人员开发了各种无 MAO 的茂金属催化体系。

茂金属催化剂由过渡金属锆、钛或铪与一个或几个环戊二烯基或取代环戊二烯基，或与含环戊二烯环的多环化结构（如茚基、芴基）及其他原子或基团形成的有机金属配合物和助催化剂（某些情况下，还需要载体）等组成。

高活性钛系催化剂的制备方法及其应用属于聚酯催化剂领域。具体方法如下：将钛金属醇化物溶于有机溶剂，经水解得到的二氧化钛沉淀，经洗涤过滤，再将沉淀置于有机改性剂的溶液中，或者有机改性剂在水解过程中直接加入到有机溶剂中，得到有机改性的二氧化钛。催化剂用于制备相对分子质量小于 10000 的饱和聚酯树脂，或相对分子质量大于 10000 的热塑性聚酯和共聚酯。使用有机改性剂对高比表面积二氧化钛进行有机改性，改善了聚酯品质，经有机改性剂改性的二氧化钛不仅活性高，而且克服了二氧化钛沉淀物催化聚合过程得到的 PET 聚酯色相发黄的问题。

以钛和钒为基的齐格勒 - 纳塔催化剂可用于具有低量铝和镁的烯烃的溶液聚合，以充分提高在高温乙烯聚合方法中的聚合物相对分子质量。催化剂中的镁与铝组分的摩尔比为（4.0∶1）~（8.0∶1），镁与钛和钒的摩尔比为（4.0∶1）~（8.0∶1）。

19.3 光催化剂

通常 TiO_2 有三种晶型：锐钛矿（Anatase）、金红石（Rutile）和板钛矿（Brookite）。通常认为锐钛矿是活性最高的一种晶型，其次是金红石型，而板钛矿和无定形 TiO_2 没有明显的光催化活性。

19.3.1 TiO_2 的光催化结构基础

锐钛矿和金红石晶型结构均可用互相连接的 TiO_2 八面体表示，两者的差别在于八面体的畸变程度和八面体的连接方式不同：金红石型的八面体不规则，微显斜方晶；锐钛矿呈明显的斜方晶畸变，对称性低于前者（Linsebigler）；金红石 TiO_2 中的每个八面体与周围 8 个八面体相连，而锐钛矿 TiO_2 中的每个八面体与周围 8 个八面体相连，锐钛矿 TiO_2 的 Ti—Ti 键长比金红石大，而 Ti—O 键比金红石小。锐钛矿的带隙略高于金红石型，稳定性比金红石差，金红石型对 O_2 的吸附能力比锐钛矿差。

锐钛矿表现出高的活性有以下几个原因：（1）锐钛矿的禁带宽度为 3.2eV，金红石禁带宽度为 3.0eV，锐钛矿较高的禁带宽度使其电子空穴对具有更正或更负的电位，因而具有较高氧化能力；（2）锐钛矿表面吸附 H_2O、O_2 及 OH^- 的能力较强，导致其光催化活性较高，在光催化反应中表面吸附能力对催化活性有很大的影响，较强的吸附能力对其活性有利；（3）在结晶过程中锐钛矿晶粒通常具有较小的尺寸及较大的比表面积，对光催化反应有利。

在同等条件下无定形 TiO_2 结晶成型时，金红石通常会形成大的晶粒以及较差的吸附性能，由此导致金红石的活性较低；如果在结晶时能保持与锐钛矿同样的晶粒尺寸及表面性质，金红石活性也较高。用脉冲激光照射锐钛矿 TiO_2，由于晶体内部产生高温使得晶粒向金红石相转变，相转变的过程比表面积和晶粒尺寸保持不变，此法制出的金红石型催化剂表现出相当高的活性。采用不同方法制备锐钛矿和金红石型 TiO_2 光催化降解含酚溶液，结果表明 TiO_2 活性与制备方法及煅烧温度有关，在一定条件下金红石型 TiO_2 表现出很高的光催化活性，该结果主要取决于金红石表面存在大量的羟基。

无论是锐钛矿还是金红石型 TiO_2，它们都可能具有较高的活性，而活性的高低则主要取决于晶粒的表面性质及尺寸大小等因素。板钛矿是一种很少有人关注的晶型，在锐钛矿晶粒中若混有少量的板钛矿会造成催化剂活性显著下降，原因是在两种晶相的表面形成复合中心。由锐钛矿和金红石以适当比例组成的混晶通常比单一晶体的活性高。混合晶体表现出更高的活性是因为结晶过程中在锐钛矿表面形成薄的金红石层，通过金红石层能有效地提高锐钛矿晶型中电子–空穴分离效率（称为混晶效应）。100% 的锐钛矿与 100% 的金红石活性同样不高，而不同比例的两者混合体却表现出比纯的锐钛矿或金红石更高的活性，尤以 30% 金红石和 70% 锐钛矿组成的混合晶型活性最高，由此可见两种晶型的确具有一定的协同效应。高活性光催化剂 P–25 也是由两种晶型混合组成的，而不是纯的锐钛矿。

尽管 TiO_2 是目前已知所有半导体材料中光催化反应活性最高的，TiO_2 光催化反应的量子效率都还是很低，也就是说绝大部分光子在反应中不能够被利用，所以提高 TiO_2 的催化活性是多相光催化技术推广应用的重要任务。由于 TiO_2 的带隙高（锐钛矿为 3.20eV 和金红石为 3.03eV），所以只有光线的辐射能大于其带隙才能够在光催化反应中被利用，而太阳光中只有很小的一部分满足这样的能量要求，基于这些原因，掺杂或改性 TiO_2 光催化剂以达到对可见光的利用和提高其活性是很有必要的，国内外科技工作者对此进行了大量的研究。改性 TiO_2 光催化剂的方法主要有金属掺杂改性、金属表面修饰、半导体复合、染料表面修饰等。近年来的一些研究表明以非金属掺杂改性同样具有高的效率并且显示出可见光活性，这些方法包括氮掺杂改性、碳掺杂改性以及 F、S 元素等掺杂改性。

TiO_2 能带是由充满电子的价带（Valance Band，VB）和空的导带（Conduction Band，CB）构成，价带和导带间存在禁带。电子在填充时优先从能量低的价带填起。3d 轨道分裂成为两个亚层，它们全是空的轨道，电子占据 s 和 p 能带；费米能级处于 s，p 能带和 t2g 能带之间；最低的两个价带相应于 O2s 能级，接下来 6 个价带相应于 O2p 能级。当用能量大于禁带宽度（E_g）的光照射时，TiO_2 价带上的电子被激发跃迁至导带，同时在价带上产生相应的空穴（h^+），电子与空穴对在电场作用下分离并迁移到表面。当 pH = 1 时，利用能带结构模型计算的 TiO_2 晶体的禁带宽度为 3.0eV（金红石相）和 3.2eV（锐钛矿相）。TiO_2 对光的吸收阈值 λ_g（nm）与其禁带宽度 E_g（eV）有关，其关系式为：

$$\lambda_g = 1240/E_g \tag{19-17}$$

对于锐钛型相 TiO_2，其吸收阈值为 387nm。光吸收阈值 λ_g 越小，半导体的禁带宽度 E_g 越大，则对应产生的光生电子和空穴的氧化－还原电极电势越高。空穴的电势大于 3.0eV，比高锰酸根、氯气、臭氧甚至氟气的电极电势还高，具有很强的氧化性。研究发现，纳米 TiO_2 能氧化多种有机物，由于其氧化能力很强，能把有机物最终氧化为二氧化碳和水等无机小分子。

19.3.2　光催化机理

光催化氧化反应的基本机理大致为以下过程：当半导体光催化剂受到光子能量高于半导体禁带宽度的入射光照射时，位于半导体催化剂价带的电子就会受到激发进入导带，同时会在价带上形成对应的空穴，即产生光生电子－空穴对。光生电子具有很强的氧化还原能力，它不仅可以将吸附在半导体颗粒表面的有机物活化氧化，还能使半导体表面的电子受体被还原。而受激发产生的光生空穴（h^+）则是良好的氧化剂，一般会通过与化学吸附水（H_2O）或表面羟基（—OH）反应生成具有很强氧化能力的羟基自由基（·OH）。研究表明羟基自由基几乎能够氧化所有有机物并使之矿化。实验证明一般光催化反应都是在空气气氛中进行的，其中一个主要原因就是空气中氧气的存在对光催化有促进作用，能加速反应的进行，从原理上分析普遍认为氧气的存在可以抑制光催化剂上电子与空穴的复合，同时它还可以与光生电子作用形成超氧离自由氧 O^{2-}，接着与 H^+ 生成 HO_2，最后再生成羟基自由基，因此成为了羟基自由基的另外一个重要来源。

一般的光催化反应就是利用催化剂产生的极其活泼的羟基自由基（·OH）、超氧离子自由基（·O^{2-}）等活性物质将各种有机物污染物直接氧化为 CO_2、H_2O 等无机小分子。但是在气相条件下光催化反应可能并不一定是羟基自由基反应。有学者研究发现当光催化反应在气态环境下进行时，有时主要起作用的可能是其他物质。4－氯苯酚的光催化反应就是光生空穴直接参与反应完成的。他们在研究后发现这有可能是因为 4－氯苯酚的苯环结构可以捕获中间自由基和电子，在没有水蒸气存在时，它能够直接和光生空穴反应，从而达到降解的目的。

19.3.3 提高 TiO_2 光催化剂活性的途径

因为具有光催化活性高、价廉、无毒、稳定等优点，TiO_2 光催化剂在光催化领域的应用具有非常广阔的前景。但是因为它吸收太阳光的波长范围太窄，量子效率又低，从而阻碍了其在环保方面的应用。通过对 TiO_2 光催化剂进行改性，提高其光催化活性。

19.3.3.1 贵金属沉积

将贵金属或贵金属氧化物负载在光催化剂半导体颗粒表面可以提高其光催化活性。这是由于光催化半导体的费米（Fermi）能级与贵金属的存在很大不同，在它们的表面相互接触时，经常会有电子由光催化半导体表面运动到贵金属表面，直到两者的费米能级相等时为止。在它们表面积接触后，它们之间形成一个短路的微电池，其中半导体表面上会存在多余的正电荷，贵金属表面将存在多余的负电荷。研究证明，Pt、Ag 等贵金属能够有效捕获光生电子，从而有效地抑制电子和空穴的复合，大大增大光催化反应的降解速率。其中应用最广泛的是在半导体催化剂表面负载 Pt。1982 年，蔡乃才等第一个研究出将金属 Pt 负载在 TiO_2 表面能够有效地促进光解水的效率的提高，从而引发后续的研究。

19.3.3.2 离子掺杂

通过对 TiO_2 光催化剂进行离子（一般为稀土金属离子、过渡金属离子和无机官能团离子等）掺杂，可以使 TiO_2 对光辐射的响应波长扩展到可见光区域，从而提高了其对太阳光的利用率。其原因是过渡金属元素存在多种化合价，当少量过渡金属离子进入到 TiO_2 晶格中后会在其晶体中形成缺陷并改变其结晶度，变成光生电子 – 空穴对的浅势捕获阱，这些浅势捕获阱会捕获光生电子从而使光生电子与光生空穴的复合时间延长，而且还会让 TiO_2 纳米晶电极呈现出 p – n 型光响应共存现象，减小光生电子空穴对复合概率。有文献指出，Fe^{3+} 掺杂的半导体光催化剂氧化钛激发载流子寿命由原来的 $200\mu s$ 增至 $50ms$。离子掺杂促进半导体二氧化钛的催化降解效率的原理可以总结为以下几个方面：通过掺杂能够得到掺杂能级，从而使吸收能量小的光生电子能跃迁到掺杂能级，然后再吸收小能量的光子跃迁到导带，提高光子的利用率；掺杂可以在半导体晶格形成捕获中心，若是小于 4 价的金属离子则捕获空穴，若是大于 4 价的金属离子则会捕获电子，从而抑制 e^-/h^+ 复合；掺杂还可以在半导体表面形成晶格缺陷，这样会有更多的 Ti^{3+} 中心生成；另外掺杂还可以让载流子扩散长度增大，从而延长了电子和空穴的寿命，最终达到抑制了 e^-/h^+ 复合的目的。

19.3.3.3 表面光敏化及表面配合物作用

光催化半导体的表面光敏化作用是让光活性化合物通过物理化学吸附使其附着在氧化锌半导体光催化剂的表面，在紫外可见光的辐射下，这些化合物具有很大的激发因子，它们在吸收光子后会受到激发生成自由电子，自由电子会运动到 ZnO 导带，被溶解的 O_2 捕获形成 O^{2-}，从而扩大半导体光催化剂对光的响应范围，提高光催化降解反应对太阳光的利用效率。一般我们所用的光活性化合物大多是光敏有机染料，这些光敏染料分子的吸附功能基团会与光催化半导体催化剂相互作用，从而在染料分子和半导体表面之间出现电性耦合，从而最终达到电荷转移的目的。其主要条件在于保证光活性敏化剂分子牢固吸附在半导体光催化剂表面，而且它的激发态电位与 ZnO 的导带电位相匹配。由于其处于激发态的自由电子的寿命非常短（ns 级），所以光敏化剂与半导体光催化剂的表面要紧密结合在一起，这样才能达到有效的电子转移的目的。

另外酚类化合物和 H_2O_2 能在半导体光催化剂表面形成一层表面配合物，通过可见光辐射，表面吸附物质（配位体）与金属中心之间发生电荷跃迁（LMCT），最终达到提高光催化降解活性的目的。

19.3.4　TiO₂ 光催化剂的载体

用于 TiO_2 光催化剂的载体有玻璃片、玻璃纤维网（布）、空心玻璃珠、玻璃螺旋管、玻璃筒、石英玻璃管（片）、普通（导电）玻璃片、有机玻璃等。张新英等以空心玻璃微球为载体，用溶胶－凝胶法制备负载型复合光催化剂，所得催化剂可以漂浮在水面上，便于回收和重新利用。

陶瓷也是一种多孔性物质，对 TiO_2 颗粒具有良好的附着性，耐酸碱性和耐高温性较好，也可用作催化剂载体。若在日常使用的陶瓷上负载 TiO_2，可以制成具有良好自洁功能的陶瓷，起到净化环境的作用。贺飞等采用溶胶－凝胶法，在自制的陶瓷釉体表面制得粒径大小为 40～100nm 的 TiO_2 晶粒。它紧密结合，形成透明均一无"彩虹效应"的 TiO_2 光催化薄膜型自洁功能陶瓷，具有超级亲水性和去污功能。

国内外研究较多的催化剂载体有：SiO_2、Al_2O_3、玻璃纤维网（布）、空心陶瓷球、海砂、层状石墨、空心玻璃珠、石英玻璃管（片）、普通（导电）玻璃片、有机玻璃、光导纤维、天然黏土、泡沫塑料、树脂、木屑、膨胀珍珠岩、活性炭等。

天然矿物类物质本身具有一定的吸附性和催化活性，且耐高温，耐酸碱，常被用作催化剂的载体。目前已被用作 TiO_2 载体的有硅藻土、高岭土、天然浮石和膨胀珍珠岩等。不同天然矿物（硅藻土、蛭石、高岭土、膨润土、硅灰石和海泡石）可以与纳米 TiO_2 复合。6 种天然矿物所制得的复合材料中，以海泡石光催化降解效率最高，作用6h 后，对甲基橙光降解率达到98%。其次是硅藻土和硅灰石，分别达到87%和85%，光催化降解效率与天然矿物吸附能力呈一一对应关系。以轻质绝热保温建筑材料膨胀珍珠岩作载体，制得的能长时间漂浮于水面的纳米 TiO_2 负载型光催化剂，可用于水面浮油的太阳光光催化降解；采用天然浮石为载体负载 TiO_2 作光催化剂，利用高压汞灯为光源对有机磷农药的光催化降解进行了研究。结果表明，浓度为 1.2×10^{-4} mol/L 的农药光照2h 左右可完全被光催化氧化为 PO_4^{3-}。

吸附剂类载体为多孔性物质，比表面积较大，是使用最为广泛的一类载体。用作负载 TiO_2 的吸附剂类载体主要有活性炭、硅胶、多孔分子筛等。吸附剂类载体可以获得较大的负载量，可以将有机物吸附到 TiO_2 粒子周围，增加界面浓度，从而加快反应速度。将活性炭负载到 TiO_2 膜作为光催化剂对甲基橙水溶液进行了光催化降解试验，与商品化的 TiO_2 微粉光催化剂的降解性能相比，其降解速率较高，由于 TiO_2/C 光催化剂中活性炭良好的吸附性能，使得光催化反应体系内产生了吸附—反应—分离的一体化行为，提高了光催化速率。在不同负载量下，TiO_2 在硅胶表面均没有形成连续涂层；TiO_2 和 SiO_2 之间的作用力包括氢键、静电力和少量的 Si—O—Ti 键，SiO_2 抑制了 TiO_2 从锐钛型向金红石型的相变。采用溶胶–凝胶法将改性后的高效 TiO_2 光催化剂负载于球形硅胶上，得到了具有混晶结构、大比表面积、高活性的纳米 TiO_2 光催化剂。负载后的催化剂在紫外区具有强的吸收，比表面积达到 $379.8m^2/g$。

19.3.5 光催化剂制备

19.3.5.1 钛酸锌光催化剂

将钛原料和可溶性锌盐分别溶于乙醇和乙二醇，再将两种溶液混合，在搅拌过程中加入少量乙酰丙酮和表面活性剂，搅拌 $0.5 \sim 2h$，使反应体系混合均匀。将溶液静置在空气中，老化 $12 \sim 24h$ 后再进行反应，反应温度为 $160 \sim 190℃$，反应时间为 $60 \sim 120min$，得到白色混浊液。反应物采用离心分离技术得到；先用丙酮超声清洗，再用乙醇清洗 $3 \sim 5$ 次后，$110 \sim 170℃$ 烘干，即可得到前体粉末。最后将前体粉末或者离心分离得到的反应物进行 $600 \sim 900℃$ 退火 $2 \sim 4h$，得到白色钛酸锌粉末样品。产率 80% 以上，比表面积约为 $10 \sim 15m^2$。

19.3.5.2 掺杂氧化钛的可见光响应型光催化剂

将具有氨基的碱性聚合物和水溶性钛化合物合成获得新型聚合物，与二氧化钛交替层叠的聚合物/二氧化钛的层状结构复合体热烧成，从而在氧化钛晶体表面上掺杂该聚合物中的碳原子和氮原子。通过使该聚合物预先与金属离子形成配合物，还可以将金属离子掺杂到氧化钛中。

20　钛制品应用特性——钛在钢铁中的应用

钢铁产品是人类社会最主要的结构材料，也是产量最大、覆盖面最广的功能材料，不同合金元素与钢铁的结合可以形成细化晶粒和特殊结构，改善并赋予钢铁产品新的结构性能。Ti 在钢铁材料中的重要强化作用已为国内外冶金行业认识，但其实际应用和 V、Nb 相比，仍有较大的差距，原因是有四大难点：（1）目前 Ti 的加入方法是以钛铁的形式加入，而 Ti 要和钢中的 C、N 结合形成 TiC、TiN 才起强化作用，这就使 Ti 的应用受到钢中 C、N 含量的限制；（2）钛铁的生产成本高，国内外现有的钛铁生产方法都存在原料价格高的问题，而且还有 Ti 回收率低的问题；（3）传统的各种 Ti（C，N）生产工艺主要是用于硬质合金行业，对纯度要求很高。

V、Ti、Nb 等合金元素作为开发低合金钢的有效元素已经得到了广泛应用，V、Ti 在钢中的存在形式相似，即以 VC、VN 或 TiC、TiN 的形式存在，两者在钢中的强化机理主要是细化晶粒和弥散强化，但各有其侧重。

武钢、北京钢铁研究总院和宝钢分别选择 Nb – V、Nb – Ti、Nb – V – Ti 三个钢种作了抗奥氏体长大的研究，结果表明，含 Ti 合金钢的抗奥氏体晶粒长大能力均优于不含 Ti 的合金钢，并且 Nb – V – Ti 钢比 Nb – V 钢具有明显高的强度。鞍钢利用 V、Ti、Nb 复合作用相继开发了多种具有良好力学性能的钢材。在建筑用钢方面，重庆大学的研究表明：含微 V、Ti 的钢种的综合抗震性能优于不含 V、Ti 或只含 V 的钢种。Ti（C，N）在钢铁铸件方面的应用结果表明，含 Ti（C，N）铸件的力学性能均优于不含 Ti（C，N）的铸件。

20.1　钢铁产品分类

钢铁材料按成分特点可分为生铁、铸铁和钢三类。生铁是碳的质量分数大于 2% 的铁碳合金，按用途可将生铁分为炼钢生铁（含硅低）和铸造生铁；按化学成分可将生铁分为普通生铁和特种生铁（包括天然合金生铁和铁合金）。铸铁是碳的质量分数大于 2%（一般为 2.5% ~3.5%）的铁碳合金。铸铁一般用铸造生铁经冲天炉等设备重熔，用于浇注机器零件。按断口颜色可将铸铁分为灰铸铁、白口铸铁和麻口铸铁；按化学成分可将铸铁分为普通铸铁和合金铸铁；按生产工艺和组织性能可将铸铁分为普通灰铸铁、孕育铸铁、可锻铸铁、球墨铸铁、蠕墨铸铁和特殊性能铸铁。

钢是碳的质量分数小于 2% 的铁碳合金。钢的种类很多，钢的分类最为繁杂。按钢的用途可划分为结构钢、工具钢、特殊性能钢三大类。按钢的品质可分为：（1）普通钢（$w(P) \leqslant 0.045\%$，$w(S) \leqslant 0.050\%$）；（2）优质钢（$w(P)$、$w(S) \leqslant 0.035\%$）；（3）高级优质钢（$w(P) \leqslant 0.035\%$，$w(S) \leqslant 0.030\%$）。按化学成分分为：（1）碳素钢：1）低碳钢（$w(C) \leqslant 0.25\%$）；2）中碳钢（$w(C) \leqslant 0.25\% \sim 0.60\%$）；3）高碳钢（$w(C) \leqslant 0.60\%$）。（2）合金钢：1）低合金钢（合金元素总含量不大于 5%）；2）中合金钢（合金元素总含量大于 5% ~10%）；3）高合金钢（合金元素总含量大于 10%）。按成型方法分

为：（1）锻钢；（2）铸钢；（3）热轧钢；（4）冷拉钢。按金相组织分为：（1）退火状态的：1）亚共析钢（铁素体＋珠光体）；2）共析钢（珠光体）；3）过共析钢（珠光体＋渗碳体）；4）莱氏体钢（珠光体＋渗碳体）。（2）正火状态的：1）珠光体钢；2）贝氏体钢；3）马氏体钢；4）奥氏体钢。（3）无相变或部分发生相变的。按用途分为：（1）建筑及工程用钢：1）普通碳素结构钢；2）低合金结构钢；3）钢筋钢。（2）结构钢：1）机械制造用钢：①调质结构钢；②表面硬化结构钢，包括渗碳钢、渗氮钢、表面淬火用钢；③易切结构钢；④冷塑性成型用钢，包括冷冲压用钢、冷镦用钢。2）弹簧钢。3）轴承钢。（3）工具钢：1）碳素工具钢；2）合金工具钢；3）高速工具钢。（4）特殊性能钢：1）不锈耐酸钢；2）耐热钢，包括抗氧化钢、热强钢、气阀钢；3）电热合金钢；4）耐磨钢；5）低温用钢；6）电工用钢。（5）专业用钢，如桥梁用钢、船舶用钢、锅炉用钢、压力容器用钢、农机用钢等。

20.2　钢中的主要元素及其影响

钢的主要元素包括 Fe、C、S、P、O、N 以及合金化元素，在不同钢种中作用各异。

20.2.1　钢中的主要元素

钢材的质量及性能是根据需要而确定的，不同的需要，要有不同的元素含量配置。（1）碳：含碳量越高，钢的硬度就越高，但是它的可塑性和韧性就越差。（2）硫：是钢中的有害杂物，含硫较高的钢在高温进行压力加工时，容易脆裂，这种现象叫做热脆性。（3）磷：能使钢的可塑性及韧性明显下降，特别在低温下更为严重，这种现象叫做冷脆性。在优质钢中，硫和磷要严格控制。但从另一方面看，在低碳钢中含有较高的硫和磷，能使其切削易断，对改善钢的可切削性是有利的。（4）锰：能提高钢的强度，能削弱和消除硫的不良影响，并能提高钢的淬透性，含锰量很高的高合金钢（高锰钢）具有良好的耐磨性和其他的物理性能。（5）硅：它可以提高钢的硬度，但是可塑性和韧性下降，电工用的钢中含有一定量的硅，能改善软磁性能。（6）钨：能提高钢的红硬性和热强性，并能提高钢的耐磨性。（7）铬：能提高钢的淬透性和耐磨性，能改善钢的抗腐蚀能力和抗氧化作用。（8）钒：能细化钢的晶粒组织，提高钢的强度、韧性和耐磨性。当它在高温熔入奥氏体时，可增加钢的淬透性；反之，当它在碳化物形态存在时，就会降低它的淬透性。（9）钼：可明显提高钢的淬透性和热强性，防止回火脆性，提高剩磁和矫顽力。（10）钛：能细化钢的晶粒组织，从而提高钢的强度和韧性。在不锈钢中，钛能消除或减轻钢的晶间腐蚀现象。（11）镍：能提高钢的强度和韧性，提高淬透性，含量高时，可显著改变钢和合金的一些物理性能，提高钢的抗腐蚀能力。（12）硼：当钢中含有微量的（0.001%～0.005%）硼时，钢的淬透性可以成倍地提高。（13）铝：能细化钢的晶粒组织，阻抑低碳钢的时效，提高钢在低温下的韧性，还能提高钢的抗氧化性，提高钢的耐磨性和疲劳强度等。（14）铜：它的突出作用是改善普通低合金钢的抗大气腐蚀性能，特别是和磷配合使用时更为明显。

20.2.2　合金元素在钢中的作用

钢的性能取决于钢的相组成、相成分、相结构、各种相在钢中所占的体积组分和分布状态，合金元素通过影响钢的相组成、相成分、相结构、各种相在钢中所占的体积组分和分布状态影响钢的性能。

20.2.2.1　合金元素及合金钢

合金钢分为优质合金钢和特殊质量合金钢。优质合金钢生产过程中需要特别控制质量和性能，特殊质量合金钢生产过程中要严格控制质量和性能。合金钢种类繁多，大体可以分为建筑结构用钢、机械结构用钢（合金结构钢、合金弹簧钢和轴承钢）、工具钢（工模工具钢和高速工具钢）以及特殊性能钢（不锈耐酸钢、耐热不起皮钢和无磁钢）等，按照合金总量划分，可以分为低合金钢（合金量 5% 以下）、中合金钢（合金量 5% ~ 10%）、高合金钢（合金量超过 10%），依据主合金元素可以分为铬钢、镍钢、铬镍钢和铬镍钼钢，同时根据金相组织可以分为铁素体钢、珠光体钢、贝氏体钢、马氏体钢、奥氏体钢、亚共析体钢和共析体钢等。合金钢中常用的合金元素有 Si、Mn、Cr、Ni、Mo、W、V、Ti、Nb、Zr、Co、Al、Cu、B、Re 等，P、S、N 在钢中某些条件下起合金作用。根据各元素在钢中形成碳化物的倾向，可以分为三类：第一类为强碳化物元素，如 V、Ti、Nb 和 Zr 等，在适当的条件下只要有足够的碳就可以形成各自的碳化物，仅在缺碳或高温条件下以原子状态进入固溶体；第二类为碳化物形成元素，如 Mn、Cr、W 和 Mo 等，一部分以原子状态进入固溶体，另一部分形成置换式合金渗碳体，如 (Fe，Mn)$_3$C、(Fe，Cr)$_3$C 等，如果含量超过一定限度（Mn 除外），又将形成各自的碳化物，如 (Fe，Cr)$_7$C$_3$、(Fe，W)$_6$C 等；第三类为不形成碳化物元素，如 Si、Al、Cu、Ni 和 Co 等，一般以原子状态存在于奥氏体和铁素体等固溶体中。

合金元素中比较活泼的元素有 Al、Mn、Si、Ti 和 Zr 等，极易和钢中的 N 和 O 结合，形成稳定的氧化物和氮化物，一般以夹杂物的形态存在于钢中。Mn 和 Zr 也与硫化物夹杂。钢中含有足够数量的 Ni、Ti、Al 和 Mo 等元素时可以形成不同类型的金属间化合物，有的合金元素如 Cu 和 Pb 等，如果含量超过在钢中的溶解度，则以较纯的金属相存在。

20.2.2.2　对钢的相变点影响

改变相变点位置，改变相变点温度，扩大 γ 相（奥氏体）区的元素有 Mn、Ni、C、N、Cu 和 Zn 等，使 A_3 点温度降低，A_4 点温度升高，相反缩小 γ 相（奥氏体）区的元素有 Zr、B、Si、P、Ti、V、Mo、W 和 Nb 等，使 A_3 点温度升高，A_4 点温度降低。唯有 Co 可使 A_3 和 A_4 点温度同时升高，Cr 的作用十分特殊，含 Cr 量小于 7% 时使 A_3 点温度降低，大于 7% 则使 A_3 温度提高。改变共析点 S 的位置，缩小 γ 相（奥氏体）区的元素均使共析点 S 的温度升高，扩大 γ 相（奥氏体）区的元素则相反，此外几乎所有合金元素都使共析点的 C 含量降低，使共析点 S 左移，不过碳化物形成元素 V、Ti、Nb（包括 W、Mo）在含量高到一定程度使 S 点右移。改变 γ 相的形状、大小和位置，一般在合金元素含量较高时，能使之发生显著变化，如 Ni 和 Mn 含量高时，可使 γ 相区扩展到室温以下，使钢成为单相奥氏体组织，而 Si 或 Cr 含量高时可使 γ 相缩小得很小甚至消失，使钢在任何温度下都是铁素体组织。

20.2.2.3　对钢加热和冷却时相变的影响

钢在加热时的相变是非奥氏体向奥氏体相转化，亦即奥氏体化过程，整个过程都与碳的扩散有关，在合金元素中，非碳化物形成元素如 Co 和 Ni 等降低碳在奥氏体中的激活能，增加奥氏体的形成速度，而强碳化物形成元素如 V、Ti 和 W 等，强烈妨碍碳钢中的扩散，显著减缓奥氏体化的过程。

钢冷却时的相变是过冷奥氏体的分解，包括珠光体相变、贝氏体相变以及马氏体相变，由于钢中大多存在几种合金元素的相互作用，钢冷却时相变的影响十分复杂，大多数合金元素（Co 和 Ni 除外）均起减缓奥氏体等温分解的作用，但各种合金元素所起的作用有所不同，不形成碳化物元素（Si、Cu、P、Ni）和少量碳化物形成元素（V、Ti、W、Mo）对奥氏体向珠光体转变和向贝氏体转变的影响差异不大，因而使转变曲线向右移动。

碳化物形成元素（V、Ti、Cr、W、Mo）如果含量较高，将使奥氏体向珠光体的转变显著推迟，但对奥氏体向贝氏体转变的推迟并不显著，当这类元素增加到一定程度时，在两个转变区域中间还将出现过冷奥氏体的亚稳定区。

合金元素对马氏体转变温度 M_s（起始转变温度）和 M_f（终了转变温度）的影响十分显著，大部分元素均使 M_s 和 M_f 点降低，其中以碳的影响最大，其次是 Mn、V、Cr 等，但 Co 和 Al 使 M_s 和 M_f 点升高。

20.2.2.4　对钢的晶粒度和淬透性的影响

影响奥氏体晶粒度的因素很多，钢的脱氧和合金化与奥氏体晶粒度有关，一些不形成碳化物，如 Ni、Si、Cu 和 Co 等，阻止奥氏体晶粒的作用较弱，而 Mn、P 则有促进晶粒长大的倾向，碳化物形成元素 W、Mo、Cr 等对阻止奥氏体晶粒长大起中等作用，强碳化物形成元素 V、Ti、Nb、Zr 等强烈阻止奥氏体长大，起细化晶粒作用，Al 虽然属于不形成碳化物元素，但却是细化晶粒开始粗化温度的最常见元素。

20.2.2.5　合金元素在结构钢中的作用

合金结构钢一般分为调质结构钢和表面硬化结构钢。合金元素在结构钢中的作用具体如下：（1）增大钢的淬透性。除 Co 外，几乎所有的合金元素 Mn、Cr、Mo、Ni、Si、C、N 和 B 等都能提高钢的淬透性，其中 Mn、Mo、Cr、B 的作用最强，其次是 Ni、Si、Cu。而碳化物形成元素如 V、Ti、Nb 等只能在溶入奥氏体中时才能增大钢的淬透性。（2）影响钢的回火过程。由于合金元素在回火时能阻碍钢中各种原子的扩散，因而在同样温度下和碳素钢相比，一般能起到延迟马氏体的分解和碳化物聚集长大作用，从而提高钢的回火稳定性，提高钢的抗回火软化能力，V、W、Ti、Cr、Mo、Si 的作用比较显著，Al、Mn、Ni 的作用不明显。含有较高碳化物形成元素如 V、W、Mo 等的钢，在 500～600℃回火时，析出细小特殊的碳化物质点，如 V_4C_3、Mo_2C、W_2C 等，代替部分较粗大的合金渗碳体，使钢的强度不再下降反而升高，形成二次硬化，Mo 对钢的回火脆性有阻止和减缓作用。（3）影响钢的强化和韧化。Ni 以固溶强化方式强化铁素体，Mo、V、Nb 等碳化物形成元素，既以弥散硬化形式又以固溶强化方式提高钢的屈服强度。碳的强化作用最为显著，加入合金元素均可细化奥氏体晶粒，增加晶界的强化作用，Ni 改善钢的韧性，Mn 易使奥氏体晶粒粗化。对回火脆性敏感，降低 S、P 含量可以提高钢的纯净度，对改善钢的韧性有重要作用。

20.2.2.6　氮对钢的影响

氮的原子半径（0.075nm）比铁的原子半径（0.172nm）小，氮在钢中容易浸入母晶格形成间隙式固溶体，导致晶格畸变，在体心立方的 α-Fe 中通过间隙型溶质原子作用，产生非对称应变，在低碳铁素体钢和奥氏体不锈钢产生强烈的固溶强化作用，是置换式固溶原子的 10~100 倍。钢中的钒和氮具有复合强化作用，钢中添加钒可以结合钢中的游离氮，含钒钢中氮碳饱和时，碳氮化物沿位错线析出，阻碍位错运动，使间隙固溶原子产生的强化大于置换式固溶原子。

钒是最适合产生稳定强烈析出的元素，因为钢中钒的碳氮化物溶度积大，固溶温度低，在高温下的溶解能力大。钒的氮化物具有超强溶解度，钢中的氮能与钒生成大量弥散的细小碳氮化物粒子，氮的存在引导产生沉淀强化，通过析出强化和晶粒细化强化显著提高钢的强度，改善或保持钢的良好塑性和韧性。

N 是非调质钢中常常存在的元素之一。非调质钢在冶炼过程中，必须保证钢中含有稳定的和适量的 N。通常来说，N 对钢有一定的危害，比如说造成钢的时效，而且通常与钢的各种脆断有关。但是 N 在钢中也有一些有益的作用，对于非调质钢意义尤其大。微合金化元素在非调质钢中的行为和作用，很大一部分是通过微合金化元素与氮元素所形成的碳氮化合物来实现的。

N 是很强的形成和稳定奥氏体的元素。N 与 Ti、Nb 和 V 等元素有很强的亲和力，可以形成极其稳定的间隙相。氮化物与碳化物可以互相溶解，形成碳氮化物。氮化物之间也可以互相溶解，形成复合氮化物。这些化合物通常以细小质点存在，产生弥散强化效果，提高钢的强度。N 和钢中的 Al 化合形成 AlN。AlN 以及 TiN、NbN 等都可以有效地阻止奥氏体晶粒粗化，得到细小的铁素体晶粒，有利于提高钢的韧性。

N 在非调质钢中的作用，主要是加强沉淀强化效果及细化晶粒。尤其是对含 V 的微合金非调质钢而言，每加入 0.001% 的 N，其屈服强度将增加 5MPa。提高钢中的 N 的含量，使碳氮化物的析出范围扩大，提高了微合金化元素的有效作用，以较少的微合金化元素含量就能获得同等的力学性能。钢中的 VN 不但是强化相，还可以抑制奥氏体晶界的迁移，细化奥氏体晶粒，从而细化铁素体晶粒和珠光体团；在相变时，又起核心作用，进一步使铁素体晶粒细化。因此，V 和 N 同时存在时，既具有明显的沉淀强化作用，又能起韧化作用。

20.3　钛在钢铁中的作用机理

由钛铁、钛复合合金以及碳氮化钛形式加入的钛元素在钢铁生产中主要起到脱氧和合金化作用，功能包括去除杂质和合金化赋予特殊钢结构。

20.3.1　钛在钢铁中的作用

Ti 是化学上极为活泼的金属元素之一，虽然 Ti 的脱氧能力仅次于 Al，但它与氧、氮、碳都有极强的亲和力。在钢铁冶炼中，钛铁合金不仅有合金化的功能，也有脱氧、固氮和固碳的功能。Ti 在钢中除了和 C、N 结合形成 Ti[C, N]，细化铁素体晶粒达到强韧性目的，Ti 与钢中的 O、S 也有着极强的亲和力，改善硫化物的形态，显著提高钢的韧性，改善焊接热影响区性能和疲劳性能，按 Ti/S 为 2~4 及经济的原则确定其含量为 0.01%~0.02%。采用含钛氧化物原位生产的高钛铁，活性高，含 Al 量和含 Si 量高。当含 Ti 量与用废钛或废钛合金和废钢制造的高钛铁相同时，熔点低，有利于提高合金在钢液中的熔化速度，硅对任何钢种都是必需的有益元素。对大多数含 Ti 钢种来说，Al 都是必需的脱氧剂。使用含 Al 量高，含 Si 量高的钛铁合金，由于 Al、Si、Ti 是以金属化合物的形态存在于合金中，合金进入钢液时，可同时作用于钢液。高钛铁的密度小于钢液的密度。如不采取特别加入方法，按常规将高钛铁加入钢液，高钛铁要上浮，在高温下暴露在空气中很容易使合金氧化。合金中较高的 Al 和 Si 含量以及少量的氧，可有效减少 Ti 的氧化损失，提高 Ti 的回收率 5% ~10%，提高综合脱氧效果。这远远优于分别单独加入低铝低硅钛铁、硅铁及铝脱氧剂的效果。使用 Ti - Fe - Al - Si 复合合金还可减少硅的加入量，减少脱氧剂铝的用量。采用废钛或废钛合金和废钢制备的高钛铁，含 Al 量和含 Si 量较低。当合金加入钢液中，其反应产物首先是 TiO₂。TiO₂ 的熔点为 1840℃ 左右，在钢液温度下呈固态。而用含钛氧化物制造的高钛铁，其 Al、Si、Ti 均以化合物形态存在。当合金进入钢液中，如发生 Al 的优先氧化，则首先出现反应产物 Al₂O₃，继而产生 TiO₂ 和 SiO₂ 混合氧化物；如不能发生 Al 的优先氧化，则可同时产生 TiO₂（或 TiO）与 Al₂O₃ 和 SiO₂ 混合氧化物。这种混合氧化物熔点降低，分子体积增大。在钢液温度下，$TiO_2 \cdot Al_2O_3 \cdot SiO_2$ 呈液态，便于从钢液中上浮，对清洁钢液极为有利。Ti 在钢中除了和 C、N 结合形成 Ti[C，N]，细化铁素体晶粒达到强韧性目的，Ti 与钢中的 O、S 也有着极强的亲和力，改善硫化物的形态，显著提高钢的韧性，改善焊接热影响区性能和疲劳性能。钛在钢铁中的主要化学反应如下：

$$[Ti] + [O] = TiO \qquad (20-1)$$

$$[Ti] + 2[O] = TiO_2 \qquad (20-2)$$

$$[Ti] + [N] + [C] = Ti[C，N] \qquad (20-3)$$

$$[Ti] + 2[S] = TiS_2 \qquad (20-4)$$

20.3.2　Ti(C，N) 控制基体晶粒长大

晶粒细化是使钢材强度提高的同时还提高其韧性的唯一的强化机制，一直受到广泛的重视，在采用各种工艺方法使基体晶粒细化的同时，还必须有效防止晶粒长大才能保证晶粒细化的效果，而第二相钉扎晶界是最重要的阻止晶粒长大的方法。钢中第二相颗粒阻止基体晶粒粗化的基本原理是由 Zener 和 Hillert 首先定量分析考虑的，其提出的当第二相为均匀分布的球形粒子时晶界解钉的判据为：

$$D_c \leqslant Ad/f \qquad (20-5)$$

式中，D_c 为可以有效钉扎的晶粒的临界平均等效直径；d 和 f 分别为第二相的平均直径和体积分数；A 为比例系数。

而 Gladma 则详尽分析了解钉时的能量变化从而得到了当第二相为均匀分布的球形粒子时晶界解钉的判据为：

$$D_c \leqslant \frac{\pi d}{6f}(3/2 - 2/Z) \qquad (20-6)$$

式中，$Z = D_M/D_0$，是晶粒尺寸不均匀性因子，即最大晶粒的直径 D_M 与平均晶粒直径 D_0 的比值。理想均匀的晶粒 Z 值为 $\sqrt{2}$；晶粒正常长大时，Z 值约为 1.7；而反常晶粒长大时 Z 值可高达 9。由式（20-5）或式（20-6）可知能够被有效钉扎而基本不发生长大的临界晶粒尺寸正比于第二相的平均尺寸而反比于第二相的体积分数，为保证一定晶粒尺寸的基体晶粒不发生粗化，就必须存在足够体积分数的平均尺寸足够小的第二相颗粒。

第二相阻止晶粒长大具有临界性，当基体晶粒尺寸大于临界尺寸时将可被有效钉扎而基本不发生长大；而当基体晶粒尺寸一旦小于或等于临界尺寸时就将发生解钉并发生晶粒的反常长大。因此，第二相钉扎基体晶粒具有方向性，当第二相颗粒的体积分数不断增大及第二相颗粒的平均尺寸不断减小时，基体晶粒尺寸的均匀性较高，Z 值约为 1.7，相应的系数 A 为 0.1694，晶界一旦被钉扎就将持续钉扎而使晶粒基本不长大；而当第二相颗粒的体积分数不断减小或第二相颗粒的平均尺寸不断增大时，一旦发生解钉则将发生快速的反常晶粒长大，使 Z 值增大到 3（弱钉扎后的解钉）或 9（强钉扎后的解钉），相应的系数 A 分别为 0.4363（Hillert 理论为 4/9）或 0.6690（Hillert 理论为 2/3），即必须到晶粒尺寸足够大之后（强钉扎后解钉必须长大到原晶粒尺寸的接近 4 倍）才会重新被钉扎。因此，不同的热历史条件下要达到完全控制晶粒长大需要不同的第二相尺寸与体积分数的控制要求。

反常晶粒长大如果进行得不充分，将导致混晶现象的产生，混晶使得钢的性能不均匀且严重损害钢的塑性和韧性，必须严格控制避免发生。

钢铁材料在进行轧制、锻造或热处理的加热保温过程中以及在焊接快速加热过程中，一般均需要有足够体积分数的平均尺寸足够小的第二相颗粒阻止晶粒长大；在发生再结晶或固态多型性相变后得到细小的晶粒后，则必须有更大体积分数的平均尺寸更小的第二相颗粒才能阻止晶粒长大。

而在电工钢生产中，均热时必须有一定体积分数的第二相颗粒阻止初始晶粒长大，但在轧制过程中则需要发生解钉使晶粒发生反常晶粒长大（最好是定向长大）从而获得良好的电磁性能。

TiN 或富氮的 Ti[C、N] 具有非常优异的高温稳定性，TiN 或富氮的 Ti[C，N] 在铁基体中的固溶度积非常小使其在很高温度下仍不会发生明显的固溶，从而保证仍具有足够体积分数的 TiN 或富氮的 Ti[C，N] 相存在，TiN 或富氮的 Ti[C，N] 在很高温度下的粗化速率仍保持很小从而可保证其平均尺寸足够细小。高温均热时需要控制晶粒尺寸在 200μm 左右，若第二相的平均尺寸可控制在 100nm 左右，则由式（20 - 5）可得，当晶粒尺寸不均匀性因子为 1.7 时其体积分数应在 0.0085% 以上，当晶粒尺寸不均匀性因子为 3 时其体积分数应在 0.0218% 以上。当钢中有效钛含量在 0.012%、氮含量在 0.004% 以上时，高温未溶的 TiN 或富氮的 Ti[C，N] 很容易满足这样的尺寸及体积分数条件，因而可有效阻止基体晶粒长大。大量的研究及实际生产结果表明，微合金钢中 TiN 或富氮的 Ti[C，N] 阻止晶粒长大的作用可持续到 1300℃ 以上，相对而言，Nb[C，N] 阻止晶粒长大的温度在 1200℃ 左右，AlN 在 1100℃ 左右，而 V[C，N] 仅在 1000℃ 左右。钛在轧前均热过程及焊接热循环中阻止晶粒长大的作用是其他微合金元素不能替代的，因而钛在微合金钢中获得广泛应用。为得到足够体积分数的高温未溶 TiN 或富氮的 Ti[C，N] 同时又避免液析 TiN 的产生，钛含量一般控制在 0.012% ~0.025% 的范围，这样的钢称为微钛处理钢。采用再结晶控制轧制的钢材通常需要控制均热态奥氏体晶粒尺寸，因而都需要进行微钛处理；对焊接接头热影响区晶粒尺寸有较高要求的钢也广泛采用微钛处理。目前微钛处理钢占微合金钢的 1/3 左右，且还具有非常广阔的发展空间。

钛微合金钢中 TiC 在 1000℃ 以下的温度范围将在形变奥氏体中应变诱导析出，其尺寸为 10 ~20nm。这时，随着轧制过程进行，温度不断降低，沉淀相体积分数将不断增加且平均尺寸不断减小，其对晶界的钉扎作用将不断增大，因而晶粒尺寸不均匀性因子为1.7，若需要控制的再结晶奥氏体晶粒尺寸在 20μm 左右，则体积分数为 0.0085% ~ 0.017% 的 TiC 就可有效阻止再结晶奥氏体晶粒长大。钛含量在 0.08% 以上的钛微合金钢中很容易达到沉淀相体积分数及有效沉淀析出温度范围方面的要求，而钒微合金钢或钒 - 氮微合金钢中 V[C，N] 的有效沉淀析出温度范围较低因而阻止再结晶晶粒长大的作用甚微。因此，钛微合金钢采用再结晶控制轧制工艺时可以获得更为显著的奥氏体晶粒细化效果。

20. 3. 3 TiC 沉淀析出强化

基体中弥散分布的第二相颗粒可产生弥散强化作用，由于第二相通常是通过沉淀析出产生的，故也称为沉淀强化（高合金钢中也称为时效硬化）。

第二相沉淀强化往往会导致钢材韧性的下降，但在低合金高强度钢中，相对于位错强化及间隙固溶强化等其他强化方式而言，其脆化矢量（钢材强度每提高 1MPa 时冷脆转折温度升高的值）较小，故第二相强化在低合金高强度钢中是除晶粒细化外应优先采用的强化方式。

位错越过第二相颗粒的机制有切过机制和绕过机制，其强化机制分别为切过机制和 Orowan 机制，当第二相相对较软或尺寸很小时主要为切过机制，其强度增量正比于第二相的尺寸和第二相体积分数的二分之一次方，而当第二相较硬或尺寸较大时主要为 Orowan 机制，其强度增量正比于第二相体积分数的二分之一次方并大致反比于第二相的尺寸。对每一种特定的第二相都存在一个临界尺寸 d_c，小于临界尺寸时切过机制起作用，而大于临界尺寸时 Orowan 机制起作用，在临界尺寸附近可得到最大的强化效果。理论分析计算结果表明，TiC 沉淀析出强化的临界尺寸 d_c 为 2.70nm。

研究结果表明，对钢中大部分第二相而言，其强化机制主要为 Orowan 机制，考虑到随机分布的第二相颗粒的平均边对边间距以及位错线环绕颗粒时不能紧贴颗粒边缘从而导致其有效尺寸的增大等因素，可得到球形第二相颗粒强度增量 ΔR_P 的理论计算公式为：

$$\Delta R_P = \frac{Gb}{\pi K} \times \frac{1}{\left(1.18\sqrt{\frac{\pi}{6f}} - 1.2\right)d} \times \ln\left(\frac{1.2d}{2b}\right) = \frac{Gb}{\pi K} \times \frac{f^{1/2}}{(0.854 - 1.2f^{1/2})d} \times \ln\left(\frac{1.2d}{2b}\right)$$

$$(20 - 7)$$

式中，G 为基体的切变弹性模量；b 为位错矢量的绝对值；$\frac{1}{K} = \frac{1}{2}\left(1 + \frac{1}{1-\nu}\right)$，$\nu$ 为泊松比；f 为第二相的体积分数；d 为第二相的尺寸。位错核心尺寸假设为 $2b$，考虑到相界而对滑移位错的排斥力使得第二相颗粒周围存在一滑移位错不能进入的区域，相当于使第二相颗粒的尺寸增大约 20%，因而上式中第二相的尺寸乘以 1.2。

当第二相的体积分数很小时（$f^{1/2}$ 远小于 0.854/1.2），可得：

$$\Delta R_P = \frac{\sqrt{6}Gb}{1.18\pi^{3/2}K} \times \frac{f^{1/2}}{d} \times \ln\left(\frac{1.2d}{2b}\right) = 0.3728 \times \frac{Gb}{K} \times \frac{f^{1/2}}{d} \times \ln\left(\frac{1.2d}{2b}\right) \quad (20 - 8)$$

代入钢铁材料的相关常数，G 为 80650MPa，泊松比 ν 为 0.291，b 为 0.24824nm，可得：

$$\Delta R_P = 8.995 \times 10^3 \frac{f^{1/2}}{d}\ln(2.417d) \quad (20 - 9)$$

式中，ΔR_p 的单位为 MPa；d 的单位为 nm。

由式（20-9）可看出，第二相尺寸对强度增量的影响明显大于第二相体积分数的影响，对钢中绝大多数类型的第二相来说，通过各种控制方法减小其平均尺寸将可显著提高其强化效果。在微合金钢中，通常可使微合金碳氮化物的尺寸控制在 2~10nm 的范围，即使微合金元素的加入量很小从而使得可有效析出的微合金碳氮化物的体积分数仅为 0.01%~0.1% 的数量级，仍可获得数十至上百兆帕的强度增量。高碳钢中渗碳体的体积分数可达到 10% 的数量级，但若其平均尺寸控制在微米数量级，则仅能提供数十兆帕的强度增量；良好控制条件下可使其平均尺寸控制在 200nm 左右，可获得上百兆帕的强度增量。

当第二相颗粒的形状为非球形时，同样体积的第二相颗粒在基体滑移面上的投影面积及投影高度（即可占据的滑移面层数）之乘积明显大于球形颗粒，使其强化效果将明显增大。我们曾对钢中圆片状的碳氮化铌颗粒的强化机制进行了深入分析得到相应的强度增量的计算式。

低合金高强度钢中除部分钛在高温以 TiN 形式存在阻止晶粒长大外，其余的钛主要以 TiC 或非常富碳的 Ti[C，N] 形式在形变奥氏体中应变诱导析出或在卷取过程中在铁素体中析出，奥氏体中形变诱导析出的 TiC 尺寸一般在 10nm 左右，而铁素体中析出的 TiC 的尺寸可控制在 2~5nm，即使其体积分数非常小，也可以产生强烈的沉淀强化效果。

钛与钒、铌相比，三者的相对原子质量分别为 47.867、50.9415、92.9064，其相对原子质量略低于钒而为铌的一半多一点，相同质量分数的钛可结合的碳或氮的质量分数将略大于钒而明显大于铌，即相同质量分数的钛化合形成的 TiC 或 TiN 的质量分数略大于碳氮化钒而明显大于碳氮化铌；此外，TiC、TiN、VC、VN、NbC、NbN 的密度分别为 4.944g/cm^3、5.398g/cm^3、5.717g/cm^3、6.097g/cm^3、7.803g/cm^3、8371g/cm^3，钛的碳氮化物比钒轻 14% 左右而比铌轻 56% 左右，即同样质量分数的碳氮化钛将比碳氮化钒的体积分数大 14% 左右而比碳氮化铌大 56% 左右。由于微合金碳氮化物沉淀强化的效果正比于体积分数的二分之一次方，故相对而言，相同质量分数的元素加入量条件下，碳氮化钛的沉淀强化效果明显大于碳氮化钒而显著大于碳氮化铌。大量的实际生产结果表明，铌含量 0.02%~0.05% 的铌微合金钢中由 Nb[C，N] 沉淀析出产生的强度增量一般在 50~100MPa 的范围，钒含量为 0.08%~0.12% 的钒微合金钢中由 V[C，N] 沉淀析出产生的强度增量一般在 100~200MPa 的范围（常规氮含量的钒微合金钢偏下限，高氮含量的钒－氮微合金钢偏上限），而在良好控制条件下，钛含量为 0.08%~0.12% 的钛微合金钢中由 TiC 沉淀析出产生的强度增量可达到 300MPa 甚至更高。

由于钛在高温时容易形成诸如氧化物、硫化物、硫碳化物等其他含钛相，从而使得能够形成 TiC 的有效钛含量发生明显的波动，这不仅使 TiC 的体积分数发生波动，同时还由于 TiC 沉淀析出反应的化学自由能的波动导致其有效沉淀析出温度范围发生改变并由此影响其尺寸，因此，通常的工业生产控制条件下 TiC 沉淀析出强化的强度增量波动较大，由此造成钛微合金钢的性能稳定性明显低于铌微合金钢或钒微合金钢，这是钛微合金钢生产应用的关键技术难题。深入了解掌握各种含钛相的沉淀析出规律并在实际生产中严格控制各种含钛相的沉淀析出过程，有效抑制氧化物、硫化物、硫碳化物等其他含钛相的析出从而稳定 TiC 的体积分数及有效析出温度，由此获得稳定的钢材性能。

20.3.4 固溶钛及应变诱导析出的 TiC 阻止形变奥氏体再结晶

钢材经受塑性变形后，形变基体中将存在形变储能。形变储能是基体再结晶的驱动能，同时可增大后续固态多型性相变的相变驱动能。钢材热轧过程中形变奥氏体发生再结晶特别是动态再结晶可以使奥氏体晶粒明显细化（再结晶控制轧制）；而未发生再结晶的晶粒会被明显拉长压扁且在晶内产生大量形变带，在随后发生奥氏体 – 铁素体相变时得到非常细小的铁素体晶粒（未再结晶控制轧制）。改变形变奥氏体的再结晶行为对获得良好的控制轧制晶粒细化效果至关重要。

再结晶过程涉及晶界或亚晶界的迁移，当溶质原子大量偏聚在晶界或亚晶界上时，晶界的迁移需要或者挣脱溶质原子移动或者带着溶质原子一起迁移，由此使晶界迁移受到阻碍，迁移速度被减缓，这就是溶质拖曳阻止再结晶作用。显然，溶质原子尺寸与铁原子尺寸相差越大越容易发生晶界偏聚，溶质原子在铁基体中的扩散系数若与铁的自扩散系数有明显差异则将明显减缓晶界迁移速度。铌、硼等元素的原子尺寸与铁原子相差较大且在奥氏体中的扩散系数与铁的自扩散系数相差很大，因而具有显著的溶质拖曳阻止再结晶作用。钛的原子尺寸与铁的原子尺寸相差较大，但在奥氏体中的扩散系数与铁的自扩散系数相差不大，因而具有一定的溶质拖曳作用，但不如铌、硼显著。钒、铬、锰等元素的原子尺寸与铁原子很接近，故溶质拖曳作用很小。

此外，在晶界或亚晶界上应变诱导析出的第二相会产生显著的钉扎作用而显著阻止再结晶，这就是第二相钉扎阻止再结晶作用，或称为 Zener 钉扎作用。大量试验结果表明，微合金碳氮化物在奥氏体中的应变诱导沉淀一旦发生，形变奥氏体的再结晶过程就被显著推迟。由于形变储能既可促进形变基体的再结晶也可促进第二相应变诱导析出，这两个过程具有明显的竞争性，先发生形变诱导析出必然显著阻止基体再结晶，而先发生再结晶后由于形变储能的耗散将使第二相的沉淀过程显著推迟从而也使其阻止再结晶的作用显著减弱。Nb[C，N] 和 TiC 在奥氏体中的有效沉淀析出温度范围均在 900℃ 以上，均能通过应变诱导析出方式阻止形变奥氏体再结晶；通常氮含量的钒微合金钢中 V[C，N] 在奥氏体温度范围基本不会沉淀析出，对形变奥氏体的再结晶过程基本无影响，高氮含量的钒 – 氮微合金钢中富氮的 V[C，N] 的有效沉淀析出温度在 850℃ 左右，因而在该温度范围具有一定的阻止再结晶作用。

形变奥氏体基体再结晶过程被阻止后，基体晶粒的形状逐渐扁平化，晶界发生锯齿化，基体形变储能得以保存，若继续进行形变，则晶粒扁平化程度不断加大，晶界锯齿化程度明显加强，基体形变储能不断累积。形变储能可明显增大奥氏体相的自由能，在随后冷却过程中发生铁素体相变时，形变储能将有效促进铁素体相的形成，使铁素体相形成的温度比平衡温度 A_3 明显升高或使确定温度下的铁素体形成量明显大于平衡形成量；同时，应变诱导析出第二相后，奥氏体基体化学成分的变化（溶质原子的贫化）也将增高奥氏体相的自由能，从而进一步促进铁素体相的形成。此外，晶粒扁平化使得奥氏体晶界面积显著增加，形变基体晶粒内大量形变带的存在相当于进一步增大晶界面积，而晶界的锯齿化使得晶界之上形成大量的类晶隅，铁素体的形核位置将不局限于奥氏体的晶隅而可广泛分布在形变奥氏体的晶界面，由此使得新相铁素体的非均匀形核率显著增大，铁素体的晶粒尺寸显著细化且分布均匀。

铌同时兼具溶质拖曳作用和第二相钉扎作用，而溶质拖曳作用在再结晶与沉淀析出的竞争中明显有利于应变诱导析出，由此将显著强化第二相钉扎阻止再结晶的作用，故铌微合金钢在精轧阶段可很容易地完全抑制再结晶而特别适合采用未再结晶控制轧制工艺乃至形变诱导铁素体相变工艺。钒基本没有溶质拖曳作用且析出相钉扎作用也较小，故钒微合金钢特别适合采用高温动态再结晶控制轧制工艺。钛对形变奥氏体再结晶的作用介于铌和钒之间，具有一定的阻止再结晶作用，钛微合金钢则既可采用再结晶控制轧制也可采用未再结晶控制轧制工艺甚至同时采用两种工艺。将再结晶控制轧制与未再结晶控制轧制结合起来，可得到非常显著的晶粒细化效果，是微合金钢以及控制轧制技术发展的重要方向，钛微合金钢在这方面具有非常独特的优势。

20.3.5　TiN 促进晶内铁素体形成

低碳钢中晶内铁素体的形成可在一定程度上增加铁素体的形核率从而细化铁素体晶粒；晶内铁素体的晶体取向往往是随机的，而在奥氏体晶界形核的铁素体与奥氏体晶粒之间一般均遵循 K - S 位向关系因而具有较为确定的晶体取向，因此，晶内铁素体的形成可分割原奥氏体晶粒，使铁素体晶粒的形状和分布有利。近年来晶内铁素体技术受到广泛的关注。

晶内铁素体的最大好处在于：(1) 晶内铁素体是在较高温度下形成的，碳含量及合金元素含量很少，因而具有非常高的韧塑性；(2) 晶内铁素体分割了原奥氏体晶粒，晶内铁素体的位向与晶界形核连续推进的铁素体晶粒的位向完全不一样，由此可明显抑制非等轴铁素体晶粒的形成及定向长大；(3) 韧性较高的晶内铁素体完全包围了第二相颗粒从而使其对钢材韧塑性和疲劳性能的损害显著降低甚至消除。

第二相的尺寸必须与铁素体新相核心尺寸相匹配才能有效促进晶内铁素体形核，仅当第二相颗粒的尺寸在 100 ~ 1000nm 时，才具有明显的促进晶内铁素体形成的能力，过于细小或粗大的第二相则不具备这方面的作用。这一方面说明第二相促进晶内铁素体形成的细化晶粒效果是相当有限的（若可用于促进晶内铁素体形核的第二相的体积分数为 0.1%，平均尺寸为 500nm，奥氏体晶粒尺寸为 20μm，则每个晶粒内平均只存在 1.6 个第二相颗粒；当奥氏体晶粒尺寸为 10μm 时，每个晶粒内平均只存在 0.4 个第二相颗粒）；另一方面则明确告诉我们，钢中存在一定体积分数的尺寸为 100 ~ 500nm 的第二相（夹杂物）实际上是基本无害的，只要能够将钢中第二相的尺寸普遍控制在微米级以下且使之均匀分布，则数百纳米尺寸的第二相可促进晶内铁素体的形成并被晶内铁素体所包围，因此，没有必要在钢中追求完全不出现夹杂物。

TiN 在液态铁水中及在奥氏体中具有很小的固溶度积，很难完全抑制 TiN 的高温析出。通常情况下，液相析出 TiN 的尺寸在数微米至数十微米的范围，凝固过程中在奥氏体中析出的 TiN 的尺寸在数微米至数百纳米的范围。因此，完全抑制液相 TiN 的析出，适当加大凝固冷却速度使 TiN 的实际析出温度降低，从而控制 TiN 的尺寸在 100 ~ 200nm 的范围，不仅可有效阻止奥氏体晶体长大，同时还可显著降低甚至消除 TiN 的有害作用。薄板坯连铸技术生产钛微合金钢时，由于凝固过程的冷速较大，TiN 尺寸得到明显细化，再通过晶内铁素体技术使 TiN 颗粒完全被塑性良好的铁素体晶粒包围，可使钢材性能特别是塑性和韧性明显提高。

20.3.6 钛固定非金属元素

钢中一般均存在微量的非金属元素如碳、氮、氢等,它们以间隙固溶状态存在时,往往对钢材的某些性能造成严重的危害。如碳、氮间隙固溶原子往往会偏聚到位错线上形成气团,当材料承受冷加工变形时,气团将阻碍位错发生滑移运动,一旦解钉则将产生屈服伸长,这种不连续屈服现象将严重有损钢材的深冲性能,导致冷加工变形钢材的表面质量下降,对于表面质量要求很高的零件,如轿车面板必须严格控制间隙固溶原子的存在。在不锈钢中,间隙固溶原子往往偏聚在晶界上,加工及使用过程中会与固溶的铬发生反应生成相应的化合物,导致晶界附近固溶贫铬而产生晶间腐蚀。此外,间隙固溶的氢原子在加工及使用过程中往往会发生一些复杂的反应,导致氢脆、氢蚀、氢致微裂纹、延迟断裂等现象的产生。

为了避免微量非金属元素的有害作用,必须严格控制钢中微量非金属元素的含量,如IF钢的碳含量往往需要控制在0.002%以下,而这必然导致冶炼生产成本的明显升高。

另一方面,在钢中加入金属性很强而又不至于在冶炼过程中氧化的合金元素如钛、铌等,它们可与微量非金属元素形成稳定的化合物第二相,从而固定这些非金属元素,消除其有害作用。为了完全固定非金属元素,一般必须根据所形成的化合物的理想化学配比进行化学成分的设计,合金元素的含量适当超过理想化学配比。

IF钢中通常超过理想化学配比加入适量钛或复合加入钛和铌,使之与碳、氮形成稳定的碳氮化物,这就可以适当放宽碳含量的控制范围,明显节约生产成本。

不锈钢中加入适量的钛或复合加入钛和铌,使之优先于铬与晶界偏聚的碳形成稳定的碳化物,可以有效防止晶界周围贫铬导致的晶间腐蚀,被称为稳定化不锈钢。

中碳钢中适当加入钛、铌等元素,可形成所谓的"氢陷阱",有效抑制各种氢致缺陷,明显提高钢的疲劳性能特别是抗延迟断裂性能。

钛在元素周期表中的位置表明其是钢中最为强烈的碳化物和氮化物形成元素,钛与碳或氮元素的化合可以非常有效固定钢中的间隙固溶元素。由此,钛是不锈钢中重要的合金元素,通过稳定化处理后,可使钢中的碳元素与钛结合形成碳化钛,从而避免晶界周围的碳与铬形成 $Cr_{23}C_6$ 而使晶界周围贫铬产生晶间腐蚀。为了完全固定碳元素,钛的加入量必须大于理想化学配比,即 $w(Ti)/w(C)$ 必须大于 47.867/12.011 = 3.99;与另一稳定化元素铌相比,其理想化学配比 92.9064/12.011 = 7.74,相同碳含量条件下钛的加入量明显低得多,成本优势非常明显。因此,大量的稳定化不锈钢中广泛采用钛合金化。

基于同样的原理,钛在超深冲钢中也是最主要的固定间隙固溶原子的合金元素。超低碳、氮含量且加入超过理想化学配比量的 Ti 和 Nb 元素使得冷变形时完全不存在间隙固溶原子(包括 C、N)的钢由于在冷变形时不会产生屈服现象,因而具有很高的 n 值和 r 值,且不会产生橘皮现象而具有优良的表面质量,称为无间隙原子钢(IF钢),是汽车、家电等行业的高端面板材料。IF钢的使用强度较低,抗凹陷性能有所不足,在IF钢的基础上使碳元素在冷轧退火时能够回溶数 $\mu g/g$,从而在烤漆保温过程中使强度提高30~50MPa的钢称为燃烤硬化钢(BH钢),BH钢中广泛采用接近理想化学配比的钛来固定氮元素,而用超过理想化学配比的铌来固定碳元素且可使NbC在冷轧退火时能适当回溶,因此,钛也是BH钢中重要的合金元素。

20.3.7 钛对钢的韧性的影响

材料的韧性是材料在受力发生变形直至发生断裂的过程中吸收能量的能力。材料强度提高的同时，必须有足够的韧性来保证其安全使用，因而韧性也是非常重要的材料性能指标。低碳钢中多用冲击韧度或冷脆转折温度来表征韧性，而中高碳钢中则多用断裂韧度来表征韧性。

固溶原子对钢的韧性具有重要影响，固溶后使基体晶体发生不对称畸变，造成韧性降低。间隙固溶原子使基体晶格发生严重畸变，因而对韧性危害很大。使基体晶格发生不对称畸变的固溶元素如 P、Si 等也会对韧性有较大的损害。固溶钛对钢的韧性影响不大，且因固溶钛量很小，故对钢材韧性基本没有影响。

钢材基体的晶粒尺寸对钢的韧性具有十分重要的影响，晶粒细化是使钢的强度提高同时使钢的韧性也提高的唯一强韧化方式。通过 TiN 控制高温晶粒粗化，通过再结晶控制轧制及应变诱导析出的 TiC 阻止再结晶晶粒长大，再通过采用未再结晶控制轧制及形变诱导铁素体相变技术，可在钛微合金钢中获得非常细小的铁素体晶粒尺寸从而获得良好的韧性。

根据钢中第二相发生断裂时的特征，一般可将第二相分为解聚型和断裂型。解聚型第二相与基体的结合力较弱，为非共格结合，形状多为近球形，受到外力时容易沿相界面与基体脱离（解聚），从而产生尺寸略大于第二相颗粒尺寸的微裂纹。断裂型第二相受到外力时容易发生自身断裂，形成尺寸略大于第二相颗粒短向尺寸的微裂纹。此外，与基体完全共格或仅存在很小错配度的半共格的第二相，当其尺寸在数十纳米以下时，与基体的结合力较强且其形状多为球形或近球形，因而既不容易解聚也不容易发生自身断裂，即基本不会引发微裂纹，可称为非引裂第二相。根据断裂力学的相关理论，只有达到临界尺寸的微裂纹才会发生扩展而导致断裂，因此，控制最大颗粒第二相的尺寸（而不是第二相的平均尺寸）从而控制最大尺寸的微裂纹使之不超过临界裂纹尺寸对提高材料的断裂强度及韧性是至关重要的。低强度钢中的临界裂纹尺寸接近毫米数量级，只要控制不产生最大尺寸为毫米数量级以上的夹杂物颗粒就不会发生严重的脆性断裂；而超高强度钢中的临界裂纹尺寸在 $10\mu m$ 左右，必须严格控制 $10\mu m$ 以上尺寸的第二相（夹杂物）颗粒的形成。

大颗粒第二相的形状对微裂纹的产生具有重要的影响，具有尖锐棱角的脆性第二相在尖锐棱角处将发生显著的应力集中故很容易引发微裂纹；显著拉长的膜状、薄片状、线状第二相颗粒非常容易发生折断而引发微裂纹。第二相的分布对微裂纹的扩展具有重要的作用，当第二相颗粒在基体中均匀分布时，颗粒周围的应力场的相互影响较小，单个微裂纹即使形成也由于周围铁基体的包围而难于扩展（临界裂纹尺寸较大），而当第二相在基体晶界上偏析时，可明显使晶界弱化而导致微裂纹沿晶界快速扩展发生晶间断裂，当第二相颗粒成串列分布时，颗粒周围的应力场会发生相互作用，使得临界裂纹尺寸减小，由此导致微裂纹形成后容易扩展并相互连接，最终超过临界裂纹尺寸而发生快速扩展。

不同尺寸的第二相对韧性的作用具有不同的规律。低碳钢中均匀分布的细小第二相强化方式的脆性矢量约为 0.26℃/MPa，是除晶粒细化外脆性矢量最低的强化方式，即均匀分布的细小第二相对钢材的脆性的危害相对很小；同时，第二相强化强度增量的表达式可推知，第二相对钢材韧性的损害程度将正比于体积分数的二分之一次方而大致反比于其平均尺寸。另外，大颗粒的非均匀分布的第二相（通常称为夹杂物）的强化效果很小，对钢材韧性的损害却很大，即其脆性矢量显著增大。有关试验结果表明，大颗粒第二相对韧性的损害程度同样大致正比于第二相体积分数的二分之一次方，且随第二相颗粒平均尺寸的增大而增大。显然，降低钢中大颗粒第二相的体积分数可明显改善钢的韧性，而使大颗粒第二相的尺寸减小将具有更为显著的改善作用。

奥氏体中应变诱导析出或在铁素体中析出的 TiC 颗粒尺寸非常细小，形状为球形或圆片状，在基体中均匀分布，属于非引裂第二相，因此，其对钢材韧性有一定的不利影响，且这种影响基本正比于其所产生的强度增量，即在产生显著的强化效果的同时适当牺牲部分韧性。而在高温下析出的 Ti 颗粒尺寸较大，形状为方形，对钢材韧性有明显的损害；此外，高温析出的 TiS、Ti_2CS 的尺寸也很大，同样对钢材韧性有明显的损害。这些粗大的析出相不会产生沉淀强化效果但非常严重地损害钢的韧性，必须严格控制其体积分数和尺寸以减轻其危害作用。从热力学方面考虑，通过降低钢中硫含量、氮含量可减小这些粗大的析出相的平衡析出量即降低其体积分数，而从动力学方面考虑，降低钢中硫含量、氮含量还可降低沉淀析出反应的驱动能从而使其平衡析出温度降低，再通过适当快速的冷却可使实际析出温度明显降低，由于析出相的尺寸主要取决于实际析出温度，实际析出温度越低得到的析出相尺寸越细小，由此就可明显减小这些相的尺寸。目前，良好控制条件下在钛微合金钢中已可完全抑制 TiS、Ti_7CS 的析出，而 TiN 的尺寸可控制在 200nm 以下，对钢材韧性的危害作用显著减轻。

20.4 含钛钢种

中国传统的含钛钢种有 15MnTi、13MnTi、14MnVTi、20Ti、10Ti 等，新开发了 CuP-TiRE 和 CuPCrNi 系列耐大气腐蚀钢。日本开发了高纯净度 ULO + UL. TiN 钢，日本采用 ULO（超低氧）、ULO + UL. TiN（超低氧 + 超低 TiN）和 VI + VAC（真空感应 + 真空重熔）等工艺生产了汽车悬挂和气门弹簧用钢 SUP6、SUP7 及 SUP12。

根据不锈钢的性质，含 Cr > 8%、Ti > 0.3% 的不锈钢，具有高的平衡氧浓度。随着钢中铬含量的增加，氧在铁中的溶解度（氧的平衡浓度）开始减少；在铬含量达到 8% 左右，氧的溶解度达到最低值。然而，进一步增大钢中铬含量，氧的溶解度又明显提高，这是由铬的浓度再增加时，氧的活性下降造成的。

钢中钛浓度在 0.3% 时，氧的溶解度为最小。钢中氧、铝总含量分析表明，成品钢的铝含量在 0.05% ~ 0.10% 时，其收得率在 50% 左右，而钛的收得率平均为 57%。氧含量在 0.006% ~ 0.024% 的大范围内波动。众所周知，冶炼不锈钢时，渣的氧化度水平取决于铁、锰和铬的氧化物含量。铝耗在 0.8kg/t 时，随着钢渣氧化度的提高，成品钢中氧含量大幅增加。铝耗增至 1.2kg/t 时，在很大程度上会抑制出钢时的二次氧化过程，降低出渣氧化度的影响。

热轧高强钢中添加微合金元素（Nb、Ti）的目的是在钢中形成细小的碳化物、氮化物或碳氮化合物，以析出强化为主，辅以相变强化和细晶强化。钛是高强钢主要的析出强化元素，它利用高温时未固溶颗粒对奥氏体晶粒的钉扎作用阻碍晶粒的长大，以及低温时细小颗粒的析出强化组织来提高力学性能。在大生产中，钛含量的不同会对加热过程中阻止奥氏体晶粒长大、热轧及其后的冷却过程中的析出特性以及钢板的最终力学性能等产生影响。

采用金相法、相分析、X 射线衍射技术定量研究了不同钛含量的微合金高强钢加热温度及保温时间对奥氏体晶粒长大尺寸的影响，以及其析出特性对力学性能的影响。试验材料 A、B 微合金化试验钢的主要化学成分见表 20 – 1，它们的主要差别是钛含量不同。

表 20 – 1　试验材料 A、B 微合金化试验钢的主要化学成分　（质量分数,%）

试验钢	C	Si	Mn	Mo	P	S	Nb	Ti	N
A	0.069	0.19	1.15	—	0.09	0.0014	0.049	0.02	0.0049
B	0.057	0.21	1.65	0.16	0.09	0.0015	0.048	0.12	0.0050

20.5　离子注入技术

用钛和氮离子注入到调整工具钢，模具钢，硬质合金的铣刀、钻头、热挤压模、板牙等，可提高工具使用寿命数倍。

汽轮机的燃料喷嘴，经 Ti 和 B 的离子注入后，其高温使用寿命可延长 2.7～10 倍。汽轮机轴承经 Ti + C、Ti + Cr 离子注入后，其使用寿命能提高上百倍，发电机低温轴承可提高到 400 倍。

用 Ti + C 离子注入到铁基合金中，能提高轴承、齿轮、阀、模具的耐磨性。注入到超合金纺丝用模口处也能提高其耐磨性。将 Ti 离子注入到 5210 轴承钢中，磨损率下降67%。用 Ti，N 和 Ti + N 离子注入到不锈钢中，在干摩擦中摩擦系数由 0.8 下降到 0.2～0.4；在湿润滑条件下，304 不锈钢的摩擦系数可由 0.16 降到 0.12。

20.6　钛钢复合板

日本钛加工材的生产始于 1954 年，钛钢复合板则始于 1962 年。那时的生产方法称之为爆炸复合法，是凭借炸药的爆发能而接合的一种方法。1986 年开发了热轧法、厚板轧制法。1990 年又开发了连续热轧带卷的生产法，主要是指薄板的生产。钛因其优良的耐腐蚀性而被大量用作各种化学反应容器、热交换器材料，但缺点是成本较高。特别是作为结构部件使用时这个问题尤为突出，有效的解决方法就是使用钛钢复合板。钛与普通钢的复合材称之为钛钢复合材，既有钛的耐蚀性，又有普通钢板作为结构物的强度，重要的是成本也大幅度下降了。

一般复合钢板的制造方法有：填充金属钢锭轧制法、爆炸复合法、轧制压接法、堆焊法等。考虑到钛的特性，工业上常采用爆炸复合法或轧制压接法，而实际的生产方法则包括：（1）爆炸复合法；（2）厚板轧制法；（3）连续热轧法。爆炸复合法通常是在常温下进行的，轧制压接法是将板组装、加热轧制。

20.6.1　爆炸复合法

爆炸复合法的要点：首先将欲压接的两张金属板之间保持一定间隔放置，在其上面再放上适量炸药。由炸药的一端起爆，爆炸速度每秒数千米，凭借该爆发能钛板从基材钢板的角度碰撞。在该碰撞点基材钢板与钛板因非常大的变形速度与超高压下显示出流体行为，两金属表面的氧化膜、气体吸附层作为金属喷流而排除掉，干净的面与面之间的接合就在瞬间完成，称之为冷接合。

采用该法制造的钛钢复合板可继续热轧至板厚为 4mm，所以又称为爆炸复合法。

20.6.2 厚板轧制法

厚板轧制法最初将钛板（复合材）与钢板（基材）以嵌入式的板坯组装。这时，在钛板与钢材之间放入合适的中间嵌入材，再在高真空下采用电子束焊接。最后放入加热炉加热后，在厚板轧机上强压轧到所要求的厚度，这样钛板与钢板则真正接合了。

20.6.3 连续热轧法

连续热轧法与厚板轧制法基本相同，所不同的是两张板中间加入的是钢板，在大气下进行电弧焊接，最后在连续热轧机上连续轧至所要求的厚度，以带卷形式取出。

20.6.4 钛钢复合板应用

爆炸法、厚板轧制法制造的钛钢复合板为厚板，其用途主要用作耐蚀性构造材料。

连续热轧制造的钛钢复合板为薄板，主要用在海洋钢构造物的衬里，应用领域为海洋土木。

20.6.5 质量问题

钛钢复合板生产中，其常见的质量问题是：复合板缺陷和焊接缺陷。其中前者主要是结合率不够、钛层及钢层局部表面裂纹等；后者主要有气孔、裂纹、未焊透、夹渣。

20.6.6 防治措施

必须有针对性地处理复合板缺陷和焊接缺陷。

20.6.6.1 复合板缺陷防治措施

（1）坚持来料复验制度，复合板的结合状况应逐张检验。重点是过渡接头、法兰等。对钛材不考虑强度的复合板，探伤要求周边 50mm 宽的范围内连续 100% 超声波探伤，其余区域做 200mm 间距探伤。

（2）复合板塑性差时，要重新退火，消除应力，提高其性能，防止后续制作产生缺陷。

（3）对卷筒、冲压封头等牵扯板需要弯曲操作时，当温度低时，要火焰预热弯曲部位，防止产生鼓泡或裂纹。

（4）在刨破口、钻管孔操作时，下料和钻孔操作要尽量从钛层向钢层方向加工，防止将复合板撕开或形成裂纹。

20.6.6.2 焊接缺陷

（1）焊接钛层要用纯度不低于 99.99% 的氩气做保护气体。此外焊丝不允许有裂纹、夹层。

（2）焊接前认真清理、处理工件焊接区。环境温度低于 5℃，应用火焰预热基层钢面。

（3）对于钛钢复合板设备，钛焊缝加工工艺为贴条加工，即将复合板边部 15mm 范围内钛层去除，先焊接钢材焊缝，再用 50mm 宽钛板条将钢焊缝完全覆盖，进行钛层的焊接，同时氩气保护。

（4）对复合板表面微裂纹必须将缺陷清除干净后再进行补焊。对于小裂纹可采用直接补焊法。

（5）对于制作以及成检过程中发现的不贴合，若面积大必须更换材料，若面积小，可以采用补救方法，不结合区用钛铆钉进行加固，铆钉以少为宜。

20.6.7 钛钢复合板标准

钛 - 钢复合板 GB 8547—87 适用于耐蚀压力容器、贮槽及其他用途的钛 - 钢爆炸复合板或爆炸 - 轧制复合。钛 - 钢复合板：用爆炸或爆炸 - 轧制方法使钛（复材）与普通钢（基材）达到冶金结合的金属复合板。基材、复材、复合板的总厚度、外弯曲、内弯曲等定义按《复合钢板性能试验方法》（GB 6396—86）的规定。

21 钛制品应用特性——钛加工

钛材加工就是采用金属塑性加工方法，将海绵钛熔锭，将钛锭加工成各种尺寸的饼材、环材、板材、带材、箔材、管材、棒材、线材和型材等产品，也可用铸造和粉末冶金等方法制成各种形状零部件。钛合金导热系数低，仅是钢的 1/4、铝的 1/13、铜的 1/25。因切削区散热慢，不利于热平衡，在切削加工过程中，散热和冷却效果很差，易于在切削区形成高温，加工后零件变形回弹大，造成切削刀具扭矩增大，刃口磨损快，耐用度降低。其次，钛合金的导热系数低，使切削热积于切削刀附近的小面积区域内不易散发，前刀面摩擦力加大，不易排屑，切削热不易散发，加速刀具磨损。最后，钛合金化学活性高，在高温下加工易与刀具材料起反应，形成溶敷、扩散，造成粘刀、烧刀、断刀等现象。加工中心加工钛合金的特点：（1）加工中心可以同时加工多个零件，提高生产效率。（2）可提高零件加工精度，产品一致性好。加工中心具有刀具补偿功能，可以获得机床本身的加工精度。（3）具有广泛的适应性和较大的加工灵活性，可实现一机多能。（4）加工中心可以进行铣削、钻孔、镗孔、攻丝等一系列加工。（5）可以进行精确的成本计算，控制生产进度。（6）不需要专用夹具，可节约成本经费，缩短生产周期。（7）可大大减轻工人的劳动强度。钛加工就是将钛及钛合金经熔炼、铸锭、平辊轧制、热处理和精整等工序加工成截面为矩形的单张或成卷的加工材的过程。

21.1 钛材料加工

钛材料包括纯钛和钛合金，钛材料生产工艺流程见图 21-1。

21.1.1 塑性加工

钛和钛合金同铝、铜和钢铁相比，有下述特点：变形抗力大，常温可塑性差，屈服极限与强度极限的比值高，回弹大，对缺口敏感和变形过程易与模具黏结等，也因而塑性加工比较困难。钛合金的性能对组织敏感，应严格控制其变形工艺制度。在加热过程中，钛和钛合金易吸收氧、氮和氢而降低塑性并损害工件性能，因此应采用感应加热或气密性好的室状电炉加热。如果采用燃气或燃油炉加热，必须保持炉内为微氧化性气氛，如果有特殊要求可采用保护涂层或在保护性气氛中加热。钛和钛合金热导率低，加热大截面或高合金化锭坯时，为了防止热应力可能引起锭坯破裂，一般采用分段加热。

21.1.2 锻造

锻造是钛和钛合金重要加工方法之一，可以生产棒材、锻件和模锻件等产品。锻造一般采用锻锤或液压机，也可采用高速精锻机。钛和钛合金铸锭一次加热锻造时，锻件的伸长率和断面收缩率较低。因此成品锻造一般开坯铸造后的坯料，并严格控制变形参数，以

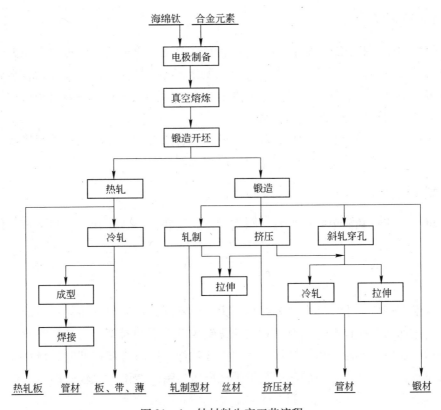

图 21 – 1　钛材料生产工艺流程

便得到较佳的综合性能。开坯锻造的温度范围为 950～1200℃。一般认为 α 合金和 α + β 合金的锻件，锻造前的加热温度应在 α + β 相区内，低于 α + β 和 β 相转变温度 30～100℃；对于 β 合金，由于合金元素含量较高，变形抗力比较大，锻造更加困难，因而 β 合金的开锻和终锻温度均处于 β 相区内。一般适宜的变形量为 50%～70%。除了采用常规的锻造工艺外，还发展出诸如 β 锻造（α + β 合金在 β 区加工）和等温锻造等工艺。

21.1.3　挤压成型

挤压法可以生产管材、棒材和型材。钛和钛合金挤压时容易粘模，若润滑不良，不仅要损害模具，而且会使挤压件表面形成纵向"沟槽"状缺陷。常用润滑方法是涂玻璃粉或包铜套并涂石墨基润滑剂等。

21.1.4　板材、带材、箔材轧制

轧制有热轧、温轧和冷轧三种方法。除 β 合金外，热轧一般应在 α 或 α + β 相区进行。热轧温度通常较锻造温度低 50～100℃。厚 2～5mm 板材可采用温轧工艺，更薄尺寸的可采用冷轧。两次退火间的冷轧变形量为 15%～60%。为了保证板材质量和轧制过程顺利进行，应采用中间退火和表面处理等工艺措施。也可采用带式轧制、连续酸洗和连续退火等机组，可生产每卷重数吨的钛带卷。

21.1.5　管材轧制

厚壁管材可采用挤压或斜轧法生产，小直径薄壁无缝管材需再经冷轧和拉伸制得。钛合金在冷态下塑性有限，对缺口敏感，易加工硬化，容易粘模。为了提高钛合金管材的可轧性，常采用温轧工艺。轧管质量很大程度取决于壁厚减缩率和直径减缩率的比值，当前者大于后者时，可得到质量较好的管材。

此外，以轧制的薄带卷为坯料在焊管机列上卷管成型并在保护气氛下焊接成的薄壁焊接钛管，也已在电力工业、化学工业中得到广泛应用。

21.1.6　型材轧制

轧制可生产棒材和简单断面型材。与钢相比，钛和钛合金在孔型轧制时具有较大的宽展系数。

21.1.7　拉伸

拉伸可生产管材、小尺寸棒材和线材。为避免粘模，拉伸前先将坯料涂层，一般采用磷酸盐或氧化处理。拉伸时涂敷石墨、二硫化钼或石灰基润滑剂。为了提高丝材质量，降低拉伸力和延长模具寿命，可用增压模和超声波拉伸。用增压模拉伸时，线材以一定的速度通过拉伸模，放在组合模前的润滑剂被带进增压喷嘴。增压模以较大的压力向工作模变形区输送润滑剂，收到增压强制润滑的效果。

21.2　熔炼与铸锭

钛的熔点高，化学性质活泼，在高温或熔融状态下容易与空气和耐火材料发生作用。钛及钛合金通常在真空或惰性气体保护的气氛下，在水冷或液体金属冷却的铜坩埚内熔铸。目前钛锭生产中应用最为广泛的是真空自耗电极电弧炉熔炼。将一定比例的海绵钛、返回料和合金元素混合均匀后，在液压机上压制成块状（称电极块），再采用等离子焊接方法将电极块焊接成电极（棒），在真空自耗电极电弧炉中经二次重熔成锭。为保证铸锭成分均匀，对加入的合金元素、返回料和海绵钛的粒度均控制在一定范围之内，并采取三次真空重熔。工业规模熔炼的钛合金锭一般为 3~6t，大型铸锭达 15t。通常用真空自耗电极电弧炉熔得的铸锭为圆形。近年也采用其他方法，如等离子熔炼、电子束熔炼、壳式熔炼和电渣熔炼等，熔得钛合金扁锭和方锭。例如日本采用等离子束炉熔炼得重达 3t 的扁锭，直接供轧制板带之用。

21.2.1　真空自耗电弧炉熔炼法

真空自耗电弧炉熔炼法（简称 VAR 法）主要由电极制备和真空熔炼两大工序组成。电极制备可分为三大类：一是采用按份加料连续压制的整体电极，省去了电极焊接工艺；二是先压制单块电极，然后经等离子氩弧焊或真空焊将单块电极拼焊成自耗电极；三是利用其他熔炼法制备自耗电极。

过程需配备相应的电极压制设备和焊接装置。VAR 法生产钛铸锭的工艺流程见图 21 -2。将海绵钛、残钛、添加剂和母合金挤压成重达几十千克的压块。这些压块在惰性气体氛围下焊接成圆柱状的原始电极。这些原始电极由几十块到几百块压块组成，这取决于钛锭的大小。原料和添加剂在每个压块中的质量和混合程度都一样。

原始电极在 VAR 炉中的熔炼过程如图 21 -3 所示。钛的原始电极与熔炼炉的阴极相连，通过在原始电极和与熔炼炉阳极相连的水冷铜坩埚之间产生的直流电流进行熔化。融化的钛在水冷铜坩埚内凝固，形成一个钛锭。该钛锭要熔炼一到两次或者更多，以形成均匀的钛锭。VAR 生产的钛锭一般质量为 4 ~8t。

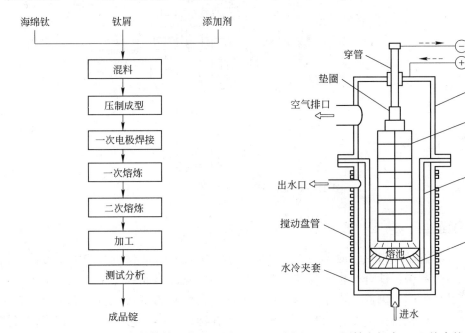

图 21 -2　VAR 法生产钛铸锭工艺流程图　　　　图 21 -3　原始电极在 VAR 炉中的熔炼过程

21.2.2　冷炉床熔炼法

冷炉床熔炼法（简称 CHM 法）将熔化、精炼和凝固过程分离，即炉料进入冷炉床后先进行熔化，然后进入冷炉床的精炼区进行精炼，最后在结晶区凝固成锭。用电子束（EB 炉）或等离子束（PA 炉）加热熔化钛原料；浇铸前给钛熔体增加一个流动段，以达到提纯的目的；可以方便地得到圆形、长方形铸锭；冷炉床熔炼技术可以大量"吃废料"，降低生产成本。

该方法仅用一次熔炼即可生产大型、无偏析、无夹杂的优质钛及钛合金圆锭、扁锭和空心锭，简化了板材（省去锻造工序）和大规格管材（省去锻造和挤压工序）的后续加工，降低了生产成本。该方法使金属熔体的保温时间延长，因此可除去第一类夹杂物（氧、氮化合物等）缺陷，这样得到高品质的制品就可用于制造旋转结构件，这对 Ti -6Al -4V、Ti -6Al -2Sn -4Cr -2Mo -Si 等钛合金部件材的生产显得特别重要。

图 21 -4 为 EBCHM 炉示意图。

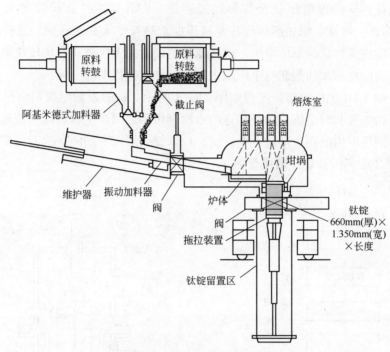

图 21-4 EBCHM 炉示意图

21.2 钛锭锻造

锻造是破碎铸态结晶组织、改善材料性能和获得一定尺寸、形状板坯的主要方法。板坯锻造前的加热过程中，钛合金很容易与空气发生强烈反应，形成氧化皮和吸气层，降低材料的塑性和其他性能。因此，常采用感应加热或在气密性好的室状电阻炉中加热。当采用火焰炉加热时，应保持炉内为微氧化性气氛，也可在锭坯表面涂保护层，或在惰性气体中加热。钛合金的热导率低，在加热大截面或高合金化锭坯时，为防止热应力可能引起的锭坯开裂，通常采用低温慢速、高温快速的分段加热法。控制锭坯的加热和终锻温度以及锻造变形量是获得高质量钛板坯的重要保证。钛合金板坯的锻造一般采用水压机和锻锤。为了保证随后的轧制过程顺利进行和保证板材的表面质量，锻造的板坯和铸锭应进行机械加工，剥去表面裂纹及深度达 3~4mm 的吸气层。

成品锭的开坯锻打工艺属于加工工艺。首先将成品钛锭放入卧式链条加热炉中加热，根据钛锭所含的中间合金成分不同，一般分为纯钛锭和合金锭，其加热温度在 890~1100℃之间；当钛锭加热到赤红时，用气电锻锤机组锻打赤红钛锭，根据加工需要，用锻锤将锭子打成棒坯或板坯；最后根据客户需要将棒坯和板坯送入车床加工成成品棒坯和成品板坯。该工艺锻打时要注意均匀用力，要随时翻转锭身，使晶体分布均匀、等轴。如果一直锻打一点或一面，就会造成偏折或软硬不均。

表 21-1 给出了几种钛合金板坯锻造工艺制度，图 21-5 给出了成品锭的开坯锻打工艺流程。真空自耗电极电弧凝壳铸造炉适用于钛、钛合金及活性难熔金属的熔炼与离心浇铸成型。离心盘采用变频调速控制系统精确控制转速，电极传动采用变频调速差动传动及先进的调节控制自适应技术，电极传动带有光电传感和数字称重装置精确控制熔化量，计

算机控制图像监控系统，安全可靠。技术指标：极限压力为 6.6×10^{-2} Pa；压升率为 1.0Pa/h；工作电压为 20～45V；熔炼量为 50～500kg；铸型最大尺寸为 ϕ2000mm×1200mm（离心铸造）；铸件最大质量为 500kg；熔化速度为 15～20kg/min；离心盘转速为 0～600r/min，可调，可正反转；自动浇铸速度为 5～10s，可调；熔化电流为 12～36kA；冷却水用量为 60t/h；快速提升速度为 0.6m/s；坩埚翻转角度为 0～110°。

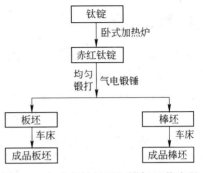

图 21-5 成品锭的开坯锻打工艺流程

表 21-1 几种钛合金板坯锻造工艺制度

合 金	加热温度/℃	终锻温度/℃
工业纯钛	900～1020	≥750
Ti-5Al-2.5Sn	1050～1200	≥850
Ti-6Al-4V	960～1150	≥800
Ti-15V-3Cr-3Sn-3Al	960～1150	≥800

21.3 钛铸造

钛铸件通常采用真空状态下，自耗电极电弧熔炼，水冷铜坩埚盛装熔融液（钛水）翻转倒入石墨型的方式来生产。因为钛水非常活泼，很容易与氢、氧、氯等杂质发生反应，在浇注后，与模壳接触的金属液迅速冷却，凝固的前沿的液相中形成气体的过饱和浓度区，该区固化后，就形成了皮下的铸造缺陷。因此石墨型的选用和制造就成了铸造的关键。模型应选择质密、疏松度小的原料。在制型过程中，要注意审图，使模型的钛水流道尽量圆滑光洁，不留夹隔，保证钛水流动性，从而提高浇铸的成型率。石墨型制好后要进行烘干、除气、除潮。这主要就是减少钛水与杂质元素反应的概率，避免皮下气孔、沙眼以及缩松现象的产生。铸造的另一个关键因素就是假电极（与电极杆接触，通过自熔产生钛水）。要选择杂质量小的成品锭来锻打、调直，然后车光去氧化皮。总之，无论是模型，还是假电极，都要本着减少杂质的原则来制作。

铸造都是单次浇铸，一次成型。将备好的假电极与电极杆焊接好，紧固浇道和石墨型。认真检查，无松动、漏焊。待压力达到要求的真空度即可浇铸。

铸造参数如下：

（1）真空度：不大于 6.67×10^{-2} Pa；

（2）冷却水压：0.2～0.4MPa；

（3）离心转速：100～400r/min。

钛锭锻造参数：卧式链条加热炉温度为 890～1100℃，纯钛锭 890℃以上即可，合金锭 1000℃左右。

图 21-6 给出了成型钛铸件浇铸工艺流程图。

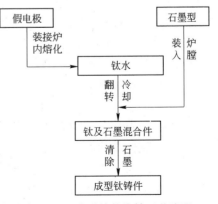

图 21-6 成型铸件浇铸工艺流程

21.4 粉末冶金

用粉末冶金方法制成的金属钛和钛合金。钛的化学活性大，易受气体和坩埚材料等的污染，因此高质量钛粉末主要是在真空或高纯惰性气体保护下采用离心雾化制粉工艺来生产的。制品的成型一般不加黏结剂，坯料必须在真空中烧结。20 世纪 40 年代末，首先开展了以海绵钛粉末为原料的压制烧结工艺的研究。但该工艺生产的产品性能尚不能满足航空部门的要求，主要用于制造化工、轻工、冶金、海洋开发等部门所需的耐蚀、过滤等零件。其中获得工业生产应用的第一种产品是钛多孔过滤材料。60 年代中期，开始发展以旋转电极法制取钛的预合金粉末和热等静压致密化的工艺。用此工艺生产的制品的静态力学性能与熔炼加工制品相当，但显著地减少了切削加工，提高了材料的利用率，开始用于航空工业中。至 70 年代末，钛粉末冶金制品在耐蚀和航空方面的应用获得较快的发展。中国 70 年代初开始进行钛粉末冶金工艺及制品的研究，钛金属阀门、轴套、多孔管和板、钛 - 碳化钛耐磨材料以及钛钼耐蚀合金等均已工业生产。70 年代末期，开展了离心雾化制取高质量钛合金粉末及热等静压成型工艺的研究。

21.5 钛板带生产

钛板带生产即将钛及钛合金经熔炼、铸锭、平辊轧制、热处理和精整等工序加工成截面为矩形的单张或成卷的加工材的过程。国际上钛合金板带的工业化生产自 20 世纪 50 年代初开始，现已能生产卷重达 4 ~ 5t 的带材和宽度达 4.2m 的厚板。中国于 20 世纪 50 年代后期开始钛板带生产，60 年代中期建成了较大型的钛加工厂，形成了生产体系，产品已经系列化，能生产厚度为 0.3 ~ 30mm 的板材以及厚度为 0.01 ~ 2.0mm 的带材。钛合金板带材的生产工艺流程见图 21 - 7。

21.5.1 轧制

与铝、铜、钢相比，钛合金板带材轧制时的特点是变形抗力大、塑性低、高温下易氧化，因而加工比较困难。轧制包括热轧、温轧和冷轧。热轧是钛板带生产过程的重要工序。制定钛合金板带材热轧工艺制度时，还应考虑到晶粒组织对力学性能的影响。为了减少加热时吸气层和氧化皮的形成，纯钛和低合金化钛合金采用较低的加热温度，且在热透情况下尽可能缩短保温时间。然而降低温度会使轧制时变形抗力急剧增加，同时塑性也下降，这对于

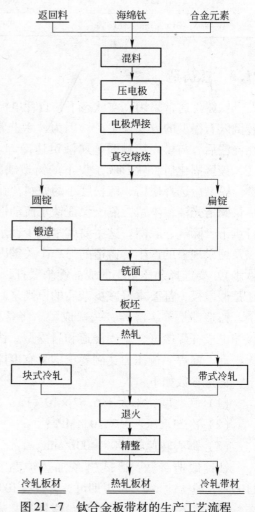

图 21 - 7 钛合金板带材的生产工艺流程

高合金化钛合金往往是不允许的。为了获得均匀细小晶粒组织和具有良好性能的板带材，生产中常常采用多次热轧、包覆叠轧和温轧等，以保证板带材在 α 或 α + β 相区有足够的变形量。因此，确定合理的热轧工艺制度是十分重要的。

21.5.1.1　热轧

钛坯热轧需在加热炉内均匀加热，并应限制加热温度和加热时间，防止氧扩散，以保证在压延工序中不产生裂纹。用带有惰性气氛的工频感应炉加热钛坯，在 45min 内，能将尺寸为（170 ~ 190）mm × 1070mm × 1600mm 纯钛板坯加热到 860℃。采用可逆式万能开坯轧机开坯，然后在装有炉内卷取机的可逆四辊精轧机上精轧。用开坯轧机将加热到轧制温度的板坯轧成 25mm 左右的厚度，并沿着辊道送进精轧机。为了使长而薄的扁材在最后几个热轧道次中有相当高的温度，在精轧机前后安装炉内卷取机。厚扁材第一轧制阶段是在辊道上进行的。表 21 - 2 给出了几种钛合金热轧工艺制度。

表 21 - 2　几种钛合金热轧工艺制度

合　　金	加热温度/℃	热轧变形量/%
工业纯钛	830 ~ 860	40 ~ 85
Ti - 5Al - 2.5Sn	1000 ~ 1050	30 ~ 60
Ti - 6Al - 4V	940 ~ 1000	30 ~ 70
Ti - 15V - 3Cr - 3Sn - 3Al	900 ~ 1050	40 ~ 80

当扁材达到 10 ~ 13mm 厚度时，再将其卷到位于炉中的一个卷取机上。轧机逆转，将带材后端装入第二个卷取机。带材装上卷取机的工序是用装在卷取机下、轧机辊道上的铰接导向装置来实现的。经过几个道次的轧制以后，厚度 1.5 ~ 3.5mm 的带材由卷取机送上辊道，然后再送往松卷设备。

钛板带材的热轧可采用带卷取机的可逆式四辊热轧机、四辊可逆式炉卷轧机和多机架四辊热连轧机等。与热连轧机组相比，带卷取机的可逆式四辊热轧机设备投资少，占地面积小，可以轧制质量良好、厚度为 3 ~ 6mm 的热轧板卷，是适于小批量多品种钛合金板带的生产设备。一般采用热轧法生产厚度大于 3mm 的各种钛合金板材。

使用轧制钢材的设备生产钛卷，所要解决的主要问题是把温度、速度等转换成适合于轧钛的条件，确保带材有高的表面质量，无氧化斑痕等缺陷，且不降低轧机的生产率。

热连轧的工艺要点是：将加热到一定温度的钛坯，在宽带热轧机列上被轧成 35mm 厚的带坯。当轧件头部进入连轧机最末机架时，其尾部仍在连轧机第一机架轧辊中轧制。终轧温度最好是 650 ~ 800℃，带材的卷取温度不低于 450℃。为得到均匀的组织，在输出辊道上进行水冷。在现有的连续热轧设备输出辊道上，一般都有能用层流或射流冷却带材的装置。使用该装置很容易将热轧钛带的冷却速度控制到 50℃/s 以上，如果调节水量，也能很容易得到 50℃/s 以下的冷却速度。这种水冷设备通常分为几部分配置，有选择性地使用其全部或一部分，就能很容易地将输出辊道的带材的冷却速度控制到 10℃/s，该冷却速度能保证得到合适的卷取温度。卷取的温度即使稍有变化，钛的屈服应力和屈服应变率也会明显改变。

在坯料出炉之后，通过粗轧和精轧，最后将终轧带传送到卷取。卷取机的形式有固定卷筒式地下卷取机和轧制线式地下卷取机两种。由于卷取速度提高，带卷质量增大，现在一般都采用固定卷筒式的卷取机。

21.5.1.2 冷轧

板厚小于 2mm 的钛合金板通常采用冷轧法生产。同热轧相比，冷轧板具有表面质量好、尺寸精度高、尺寸公差小等优点。冷轧板可用带式法生产，然而钛合金的冷轧板大多采用块式法生产。冷轧通常在四辊可逆式冷轧机上进行，也可采用多机架串列式冷轧机组。厚度小于 0.5mm 的板带材在 20 辊轧机上轧制。为提高产品质量，这些轧机应使用计算机控制。为了获得不同厚度钛合金板带材，冷轧、中间退火和精整工序可反复多次进行。当生产高合金化钛合金板带时，为了提高材料的塑性和降低轧制时的变形抗力，也可以在 600~850℃ 范围内进行温轧。

工业纯钛板带冷轧生产工艺主要包括：原料准备（拼卷、焊引带）、热轧卷的退火、热轧卷酸洗、钛带表面修磨、冷轧、冷轧卷的热处理、平整和精整（拉矫、剪切和包装等）。一般情况下冷轧为控制投资多采用单机架轧机生产，为达到成品厚度往往需进行多轧程轧制，这时每两次轧程之间都要进行冷轧卷的中间热处理，以降低冷轧变形抗力。

冷轧用热轧卷其规格一般为（3~6）mm ×（600~1600）mm，单卷质量在 10t 以下。在工业纯钛板带冷轧生产工艺中，原料准备是一个很重要的工序，主要有拼卷、焊引带、表面修磨等工作。主要是将小卷拼为大卷、焊引带、引带的切除及更新、切除裂边等，因此须设置拼卷机组来完成这些功能；而常规不锈带钢的冷轧生产因来料的卷重较大，此工序已淡化，只剩下较单一的焊引带功能，此功能常在退火酸洗机组的辅助线上完成，辅助线所设置的设备相对也较为简单。

在冷轧中采用可逆轧制，带卷两端数米长的头尾部分（厚度不均匀）不能被轧制，会使钛材有较大的浪费，因此，冷轧前在带卷两端须连接引导带（长 10m 左右），以提高成品的成材率。当引带的材质与带坯同为纯钛时，采用对焊连接，但是，当引带的材质不是纯钛时（如不锈钢等），由于不能进行直接焊接，必须采用机械铆合法连接。在冷轧终了时须取下引带，引带可反复使用。

21.5.1.3 拼卷

拼卷机组主要用于原料准备，将热轧小卷拼为大卷，为热轧卷焊引带、对中间轧制后的带材进行原有引带的切除并焊上合适的新引带，提高生产效率及成材率，同时具有切除热轧及中间来料裂边的功能。

拼卷机组的设备主要由上卷小车、存料台、开卷机、入口 CPC 对中装置、带夹送辊和铲头板的矫直机、切头剪及废料输送装置、焊机（带月牙剪和冲孔装置）、引带真空吸盘运输装置、引带存储装置、焊缝检测装置、圆盘剪、碎边剪及碎边运输装置、分切剪、出口 CPC/EPC 装置、卷取机、卸卷小车及存料台、半自动打捆机和称重装置等组成。

21.5.2 精整处理

精整包括碱洗、酸洗、矫直、剪切、喷砂和打磨等。钛合金板材在氢氧化钠熔融液中碱洗和在含氢氟酸水溶液中酸洗时，一定要加入适量的硝酸钠和硝酸作为氧化剂，以防钛合金吸氢。钛合金屈强比高，弹性模量小，回弹大，因而矫直和平整较为困难，可采用热矫直和热平整或采用真空蠕变矫直等方法。由于钛合金对缺口敏感，生产过程产生的表面缺陷如裂纹和吸气层等，应及时采用打磨等方法清除干净，以防变形过程中缺陷进一步加深。因此，在钛合金板带材生产中精整工序十分重要，是使产品的表面质量、几何形状和组织性能符合技术标准要求的保证。

热轧带卷，由于不均匀的残余应力分布存在有板形缺陷（边波、翘曲），各部分的热加工过程的差别存在有微小的材质不均匀性，这些因素对冷轧性能及最终产品的质量是有影响的，因此，通常通过退火消除应力矫正板形，通过再结晶使材质均匀化。

21.5.2.1 退火酸洗

退火、酸洗采用分线生产方式还是采用连线生产方式各有利弊，分线生产方式较为灵活，适合多品种生产，特别对于既生产钛材又生产不锈钢和其他特种金属材料的生产厂，分线生产方式是较为合理的选择；若仅仅生产钛材，并且产量较大，建设连续式的退火—酸洗机组是较好的选择，连续式的退火—酸洗机组其工艺设备示意图见图 21-8。

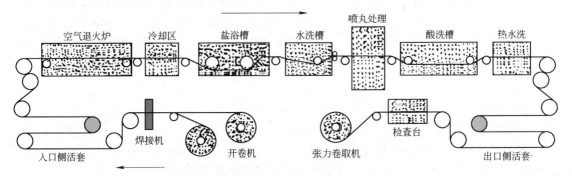

图 21-8　连续式退火—酸洗机组工艺设备示意图

退火后的带坯表面，不仅存在有由于热轧、退火产生的氧化皮，而且还残存有热轧时的表面缺陷，以及在铸坯加热时由于氧的扩散而产生的表面硬化层。这些因素是产生冷轧钛材表面缺陷的主要原因，尤其是冷轧钛带卷表面产生条状缺陷，除鳞—酸洗的目的是在冷轧前将其完全除去。

几种钛合金板材退火工艺制度见表 21-3。

表 21-3　几种钛合金板材退火工艺制度

合　金	退火加热温度/℃	合　金	退火加热温度/℃
工业纯钛	650~750	Ti-6Al-4V	750~900
Ti-5Al-2.5Sn	750~850	Ti-15V-3Cr-3Sn-3Al	780~830

将钛合金板带材加热到一定温度，保持足够时间，然后以适宜的速度冷却。钛合金板带材的退火包括中间退火和成品退火两种。中间退火的目的是消除加工硬化，恢复钛合金塑性和变形能力，以利于继续轧制。成品退火是为了获得具有一定组织和性能的产品。对于 α 和 α+β 型合金，退火可以采用在 α 和 α+β 相区温度范围内保温和较慢的冷却速度冷却，以获得均匀细小的再结晶组织，保证材料具有良好的性能。对于 β 型钛合金，退火在 β 相区某一温度范围内保温后，通常以较快的冷却方式冷却，以保证获得高塑性的 β 相晶粒组织，满足随后的进一步加工和使用。较厚的板带材可在空气中退火，较薄的板带材常在真空或惰性气体保护下退火。轧制和退火后的几种钛合金板带材的力学性能见表 21-4。

表 21－4　轧制和退火后的几种钛合金板带材的力学性能

合　金	σ_b/MPa	$\sigma_{0.2}/MPa$	$\sigma/\%$
工业纯钛	≥450	≥380	18
Ti－5Al－2.5Sn	≥750	≥700	10
Ti－6Al－4V	≥925	≥870	6~10
Ti－15V－3Cr－3Sn－3Al	705~945	690~835	

21.5.2.2　碱洗

碱洗采用 380~450℃ 的 80% NaOH 和 NaNO₃ 碱溶液对钛带表面进行化学腐蚀，碱洗工艺存在较大缺点：（1）介质温度接近 450℃，以氢氧化钠为基的高温熔体与钛的反应能力相当强，故容易造成薄细断面半成品的着火，此外，碱洗造成的金属损失也较大；（2）机械除鳞一般采用喷丸的方法促使致密的氧化钛疏松；（3）酸洗一般采用（硝酸＋氟酸）或（硫酸＋氟酸）的混合酸溶液。鉴于碱洗工艺的缺点，目前倾向于选用"机械除鳞＋混酸酸洗"工艺清除钛表面氧化层。

21.5.2.3　修磨

热轧时产生的表面缺陷或表面硬化层，如果经酸洗或再酸洗不能完全除去时，须通过机械修磨除去。带卷表面修磨，使用高速回转的宽幅修磨带，对带材表面进行连续修磨，每道次的修磨量约为 10μm。根据表面缺陷的除去情况，每面需要进行 2~3 道次的磨削，此外在对平直度有要求的情况下，可在修磨前先进行矫正板形的轻冷轧。

在钛的修磨过程中，由于钛是非常活泼的金属，修磨屑易附着于磨料上，堵塞修磨带的气孔，使其修磨能力降低并易发生修磨烧伤。因此，适当选择修磨条件及修磨带是非常重要的。此外，由于修磨粉尘有着火的危险性，为此一般采用水或水溶性修磨油。修磨是生产高质量产品所需的生产工序之一，修磨分中间修磨和成品修磨两种：中间修磨是在热轧卷退火酸洗后进入冷轧工序前进行的修磨，又称粗磨，目的是消除热轧和退火酸洗工序造成的表面缺陷，改善外观质量，为获得高质量的成品表面创造条件，同时还可减少钛带表面缺陷在冷轧过程中对轧辊的损伤，为改善板形，粗磨通常在修磨前进行一次小压下量轧制；成品修磨又称精磨（抛光），是在冷轧成品退火后进行修磨，目的是得到某种特定的表面质量，满足抛光品要求。

目前普遍使用的带式修磨机为 3~6 磨头，考虑中间修磨通常磨两面，选择 3 上、3 下布置的 6 磨头修磨机，可以提高修磨机组的生产效率。

21.5.2.4　冷轧机组选型

金属钛的晶体结构为密排六方结构，导致钛的力学性能呈现显著的各向异性，在常温下仅有三个滑移面（基面、棱锥面、棱柱面）和一个滑移方向。这样就大大减小了钛晶体变形的容易程度，使其具有较高的屈服极限，轧制反弹力高，JIS 1 类纯钛的拉伸强度和屈服强度随加工率增加而增大，加工率达 20% 以上时，强度在 500MPa 以上，伸长率随加工率增加而降低，加工率达 20% 以上时，伸长率降至 10% 以下。因此，冷轧纯钛通常采用较小直径工作辊的轧机或在垂直方向配以多个辊的多辊轧机进行轧制，并且在大张力下生产。二十辊轧机是钛材较为理想的冷轧钛材生产用轧机，四辊和六辊轧机也适用于钛材的冷轧，特别是六辊轧机具有较好的尺寸精度、良好的板形控制能力和适中的投资，因此也是很好的选择。

（1）二十辊轧机。二十辊轧机也称森吉米尔轧机，它的主要特点是：20 个轧辊环形叠加式镶嵌在具有"零凸度"的整体铸钢机架内，在轧机机架受力情况下，轧机宽度方向变形均匀，且有较小的接触弧长和不易变形的小直径工作辊，使该轧机可以达到大压下量，高速连续轧制板带材。轧机辊系由 2 个工作辊、4 个第一中间辊、6 个第一中间辊及 8 个支撑辊组成。其压下机构和调整机构均采用液压缸或液压马达，通过齿轮、齿条带动与偏心轮连接的齿轮来实现参数的调整。这样，液压缸或液压马达的推力只需克服轧制分力引起的滑动面间的摩擦力即可，使液压设备和轧机的尺寸大大减小。

二十辊轧机亦存在一些缺点，主要为：1）开口度小，不利于穿带与换辊；2）轧辊可使用范围小，轧制厚规格需搭配使用；3）齿条偏心压下，响应慢，存在间隙；4）由于机架的整体结构，无法实现直接倾斜控制。

（2）六辊轧机。六辊轧机具有以下优点：1）工作辊正/负弯辊，主要控制板形的 4 次方分量；2）在保证良好板形的前提下，可使用小直径工作辊，从而实现大压下率轧制，节省能源；3）板形修正能力强，可使用平直辊进行多品种轧制，减少辅助工时，提高工作效率；4）中间辊装有串动装置，串动系统位于操作侧，利用中间辊的串动，可有效控制带材边部的减薄量，在提高质量的同时提高了带材的成材率。

21.6 国外钛加工

国外钛加工企业起步早，技术力量雄厚，产品精度高，面向高精尖领域。

21.6.1 日本

在日本，钛板带材的生产设备大多是与普钢、不锈钢、铜等生产设备兼用。这不仅节省了设备投资费用，而且也可借鉴和应用其他金属产品的生产技术，这一点与其他国家相比是有利的。日本生产钛材产品的公司有 8 家：神户制钢、新日铁、住友金属、大同制钢、爱知制钢、古河电工、NKK、住友轻金属。其中神户制钢产量居首位，占日本总产量的 30%，新日铁和住友金属各占 25%。

日本最初的钛薄板制造是从长府制造厂的薄板轧机开始的，需要成卷轧制时，该公司委托日新制钢（周南厂）采用炉卷轧机进行轧制。但资料显示，尽管炉卷轧机轧制不锈钢没有问题，但是轧钛材则经常出现表面氧化皮造成的表面质量缺陷，特别是轧制中与侧导板接触时产生的擦伤和卷取时层间滑动产生的擦划伤。因此，神户制钢在 1971 年加古川厂热带钢连轧机投产后，开始了采用带钢热连轧机生产钛板卷的技术开发，历时一年多，终于开发成功了利用带钢热连轧机生产钛带卷的技术。

采用热带钢连轧机轧制钛带，所要解决的关键问题是确定合适的加热、轧制及卷取工艺，同时避免钛带表面形成裂纹、擦划伤等缺陷。国内外相关厂家在工业纯钛热轧生产中所确定的钛板坯出炉温度一般为 800～920℃，粗轧温度为 820～870℃，精轧温度为 650～820℃，卷取温度为 470～750℃。

为了提高控制炉温的能力，日本企业在改造的钛专用燃气加热炉中装有低容量的烧嘴，在加热时，能均匀地加热（保持成品率）。为了最大限度地抑制钛的氧化，减小板坯的修整成本及损耗，日本研制出抗氧化剂应用于实际生产中。

日本专利"用连续热轧装置生产热轧钛卷的方法"中介绍的工业纯钛卷的轧制工艺如下：钛坯厚度为120mm，用步进式加热炉加热到910℃，粗轧后中间坯厚度为30mm，粗轧终轧温度为790℃，精轧终轧温度为670℃，成品厚度为3.0mm，卷取温度为470~490℃。

21.6.1.1 神户制钢

日本钛板、带的生产没有专用设备，通常使用钢铁、有色压延设备。宽厚板使用大型轧机单机轧制，而带材则使用多机架连续轧制。在日本领先确立钛板、带轧制技术的企业是神户制钢，1968~1972年，神户制钢在加古川制铁所建立了板材车间，装备有四辊可逆轧机，可轧厚4.5~300mm、宽1000~4500mm、长25m的厚板，为钛的宽厚板生产提供了设备基础。1971年热轧带卷，冷轧带卷车间投入生产，热轧车间的粗轧设有2机架四重轧机，精轧为7机架串列式连续轧机，成品尺寸为（1.2~25.4）mm（厚）×（600~2080）mm（宽），热轧钛单卷尺寸为（2~3）mm×1050mm，重5t。1972年，冷轧钛带车间投入生产，这是一个设有68in（1700mm）、5机架串列式连续冷轧带材的车间，其单卷成品尺寸为（0.15~3.2）mm×（600~1600）mm。轧机使用计算机控制，提高了产品质量。钛带退火有专用真空退火炉，成卷退火。冷轧钛单卷成品尺寸为（0.5~0.7）mm×1050mm，厚度公差为±0.04mm，重4.3t。该公司热轧卷、冷轧卷、薄板的生产流程见图21-9。

21.6.1.2 新日铁

新日铁1984年进入钛材领域，目前是日本第二大钛材生产企业，是世界最大民用钛材供应商，拥有世界最大钛板轧机，其钛板产品有宽薄冷轧板至厚板较宽范围，钛材的最大市场是热交换器，此外该公司生产的钛材广泛应用于化工、电厂、土建以及建筑物结构。

新日铁的冷轧薄板是在外购钛锭后，在名古屋厂开坯轧制成板坯，在广畑厂进行热轧，然后在光厂进行冷轧，加工成最终产品。另外也外购电子束（EB）熔化板坯，在广畑厂热轧成成品。

关于降低生产成本方面，在谋求省略工序的同时，以减少冷轧产品表面缺陷为重点进行了技术开发。明确了钛锭的表面清理、开坯板坯的切削基准、热轧条件等对缺陷的影响。在谋求减少热轧缺陷的同时，还在光厂进行去除缺陷的高效化技术开发。起初为了在光厂去除热轧卷的缺陷，使用了钛卷研磨机，但通过开发减少热轧工序的缺陷发生和热轧卷在酸洗工序以后的高效去缺陷技术，几乎可省略对成本影响大、使用研磨机的钛卷切削工序。

新日铁公司的钛卷生产工艺流程见图21-10，可生产的钛卷及板的尺寸见图21-11。

21.6.1.3 住友金属公司

住友金属公司在早期就与大阪钛技术公司有着一定的关联，于1952年就进行了海绵钛的试生产。1971年设置了等离子束炉（PB炉）。1972年开始了宽幅钛卷的热轧生产。1974年采用大型真空熔化炉生产6t钛锭。从1976年开始批量生产尿素设备用钛无缝管。最大的一张焊管订单是1978年提供给沙特阿拉伯阿尔旧贝尔一期海水制取淡水设备用管730t。住友金属公司的产品种类繁多，规格齐全，主要有：热轧厚板、薄板、板卷、冷轧板卷、薄板、钛箔、热轧和冷轧精轧无缝管、焊接管，用于腐蚀性气氛的换热器的低翅片管、异形管、管接头、三通、减径管等管件，小方坯、棒线材、型材、包层材以及各种钛合金产品。

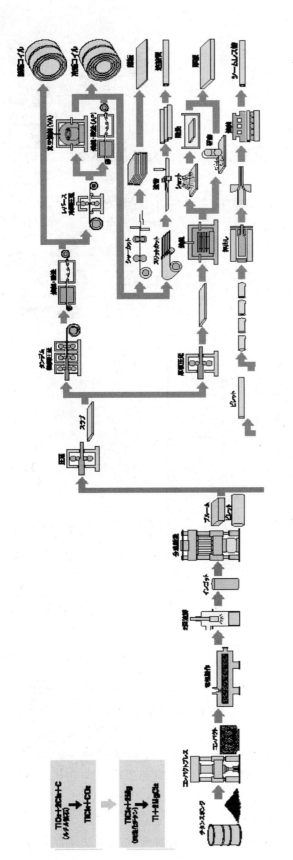

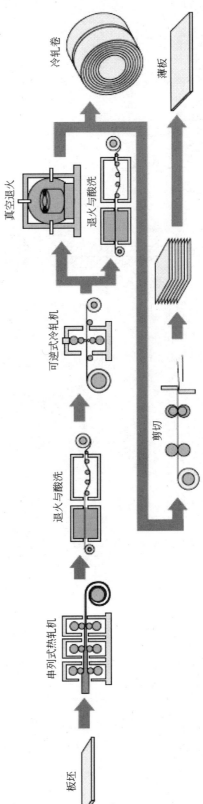

图21-9　神户制钢钛板卷生产工艺流程

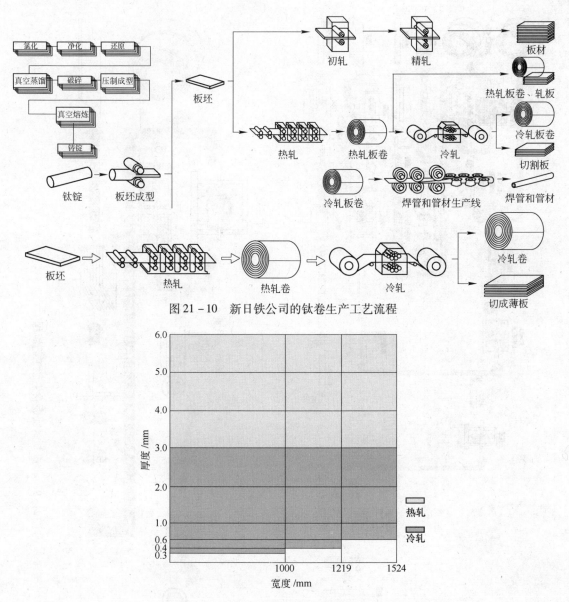

图 21 - 10　新日铁公司的钛卷生产工艺流程

图 21 - 11　新日铁可生产的钛卷尺寸

21.6.2　美国

从 20 世纪 40 年代到现在，美国的钛工业发展一直处于老大的地位。1948 年美国利用克劳尔技术成功实现了钛的工业化生产，当年生产了约 10t 海绵钛，主要用于军事飞机中，后来逐渐扩大了钛的应用领域，美国的钛工业是从军事起步、战争需要、民用航空到非航空应用步步综合发展而来的，这期间美国的主要钛生产公司也在不断变化，经历了集团整合、资金重组等。美国目前主要有 TIMET、RTI 和 ATI 三大钛材生产企业，其产量合计约占美国钛材总量的 90%，ATI 不生产钛板。

21.6.2.1　钛金属公司（TIMET）

该公司成立于 1950 年，号称世界上最大的、完全一体化的海绵钛、钛及其合金铸锭坯料、各种加工产品的生产和供应厂家。通过前几年的兼并和联合，现已控制了欧洲大部分钛加工企业，业务扩展到世界各地，并且是波音公司最大的钛加工材供应商。TIMET 在内华达州的亨务森工厂生产海绵钛和钛及其合金铸锭。俄亥俄州的多伦多工厂生产各种钛材产品，其中包括各种板材、带材、棒材、条材、管材和坯料。该公司在美国本土有 6 个销售办事处和服务中心，在欧洲还有 3 个这类机构。该公司 70% 的钛材用于航空工业。

TIMET 公司采用炉卷轧机轧制热轧带卷，生产的钛带以冷轧钛卷或切成薄板的形式销售，该公司的森吉米尔式冷轧机以及连续真空退火设备在钛工业中是独一无二的，生产的钛卷厚度最薄为 0.31mm，最大宽度为 1219mm，切割长度通常为 3658mm，退火温度为 700℃，退火时间为 1h，空气冷却。

21.6.2.2 国际金属公司（RTI）

RTI 国际金属公司主要从事航空级钛合金板材的生产和销售，主要为美国军用战斗机的生产提供钛和钛合金板材。公司于 1951 年建立（当时称为 RMI Titanium），是美国生产海绵钛及钛加工材的最大厂家之一，它由四个分厂和三个分部共七个部分组成。产品包括钛锭、小方坯、大方坯、钛板、钛棒、钛带、钛管（焊管和无缝管）以及各种其他型材和异型材，具有挤压、热成型、超塑成型等加工能力，市场涵盖航天航空、军工、化工、电力、船舶、海洋作业、石油及天然气勘探、医疗器械和运动器械等工业。总部设在美国俄亥俄州耐尔市，是纽约的上市公司，下属 19 个分公司，设施分布于世界各地。RTI 的钛板生产的工艺流程见图 21 - 12，热轧板坯经打磨后在专为轧钛设计的四辊可逆式轧机上（带卷取机）热轧。该轧机可生产最大板宽规格为 1524mm 的板材，超过 1524mm 宽的板在 United States Steel、Homesteed Works 的 4060mm 宽轧机上生产。

铸锭 ⟶ 114mm 厚板坯（砂轮或砂带打磨）⟶ 加热 ⟶ 单机架可逆轧制 ⟶ 13mm 或 19mm 中间坯 ⟶ 炉卷轧机 ⟶ 4.8mm 热轧板

图 21 - 12　RTI 公司钛板生产工艺流程

21.6.3 俄罗斯

俄罗斯上萨尔达冶金联合企业（VSMPO - AVISMA）是由俄罗斯最大的钛材生产公司 VSMPO 与海绵钛生产公司 AVISMA 合并而成，成立于 2005 年 1 月。集团的成立使其在国际高技术航空市场具有更强的竞争力，目前是世界最大的钛材及海绵钛生产商。

VSMPO 位于俄罗斯乌拉尔北部的上萨尔达市，创建于 1933 年，从 20 世纪 50 年代中期开始生产钛材，钛锭最高年产量曾达到 11 万吨，钛材 6 万吨。该公司的主要产品有：海绵钛、钛锭、钛坯、冲压件、型材、无缝/焊接钛管、热轧钛板、冷轧钛薄板、钛卷板、棒材、发动机叶片、各种钛合金半成品及铝合金锻压制品、合金钢半成品、耐热镍基合金半成品以及钛铁等。

该公司以其价格优势成为美国和欧洲主要飞机商的钛材供应者，全球 95% 的航空工业企业都与 VSMPO 公司建立了采购关系，VSMPO 公司是波音飞机公司的第二大钛材供应商，占有世界飞机发动机涡轮叶片用钛棒 30% 的市场份额。

对于热轧钛板卷的轧制，该公司采用两架可逆式轧机进行轧制，其中在两辊粗轧机架上将板坯轧制成 18~25mm 的厚板，然后在 2000mm 四辊精轧炉卷轧机上轧制成 3~4mm

的带卷。该公司冷轧钛薄板和钛卷的工艺流程图分别见图 21 – 13 和图 21 – 14。

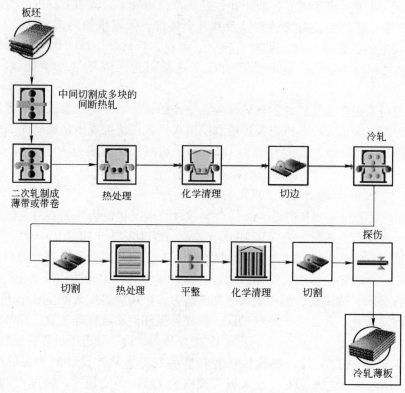

图 21 – 13　VSMPO – AVISMA 钛薄板生产流程图

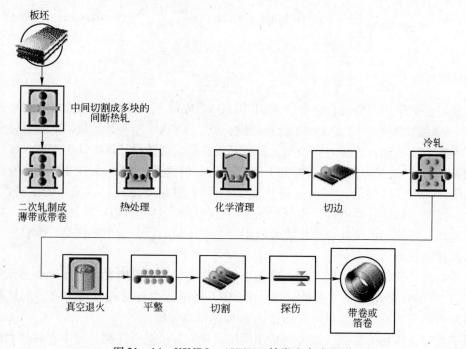

图 21 – 14　VSMPO – AVISMA 钛卷生产流程图

21.7　中国钛加工

钛材生产、加工及相关的企业实际运营的全国约有 300 多家，2013 年底中国大约形成了 80600t 钛锭的生产能力，2013 年钛材产量为 5.4 万吨。

钛加工及其制造业大体上存在四个比较集中的区域。

（1）以宝鸡为中心的西北地区。这个地区以宝鸡有色金属加工厂及其控股的宝鸡钛业股份有限公司和西北有色金属研究院为龙头，形成了中国专业化程度最高、加工设备最系统化、产品规格最多的钛加工及其制造业基地。宝鸡市现有 40 多家从事钛材生产的民营企业，其总量约为宝钛股份的 80% ~ 90%，产品以民用为主，多数企业通过购买海绵钛（包括收购的钛废料），冶炼成钛锭，自己或委托加工成材，规模普遍较小，一般企业年产量仅为几十吨，大的只有 2 ~ 4 家，年产量约 500t，是中国的钛都。

（2）以沈阳为中心的东北地区。该地区以沈阳有色金属加工厂、抚顺欣兴特钢板材公司、沈阳东方钛业有限公司、沈阳派司钛设备有限公司和中国科学院沈阳金属所为主，形成了东北钛加工及设备制造集团。该地区中小企业多，社会化协作程度高，钛设备制造颇为活跃，主要设计制造各种塔器、换热器、反应容器、储存容器等一、二类压力容器及成套供应各种泵、风机、阀门、板式换热器等。

（3）以上海为中心的华东地区。该地区以宝钢集团上海五钢有限公司、南京宝色钛业公司、张家港市宏大钢管厂等单位为主形成了长江三角洲钛加工及其设备制造集团，产品均以压力容器为主，有少量医疗器械。该地区便捷的市场、开放的理念、雄厚的资金和人才是其优势，具有较强发展潜力。

（4）以广州、深圳为核心的华南地区。该地区以运动器材为主，其中广东广盛运动器材公司为全球最大的高尔夫球杆头生产企业，主要是对各单位提供的球杆头毛坯精加工为成品，球头部分约有 2/3 为离心浇铸而成，钛材实际消耗约 1700t。

21.7.1　宝钛 – 酒钢 – 太钢

宝鸡钛业股份有限公司成立于 1999 年 7 月 21 日，是由宝鸡有色金属加工厂作为主发起人设立的股份有限公司。公司作为中国最大的钛及钛合金生产、科研基地，是国家高新技术企业和首批 520 家 "守合同，重信用" 企业，所在地被誉为 "中国钛城"。主要生产厂有熔铸厂、锻造厂、管棒厂、板带厂。

板带厂主要从事钛及钛合金板材及多种金属复合板材的加工生产。目前的设备主要有从国外引进的 1200mm 型四辊可逆热轧机、1200mm 型四辊可逆冷轧机和两台辊磨床及与之相配套的大型进口设备。

该公司新建 5000t 板带生产线：该项目计划新增 5 条生产线，主要设备有宽幅 20 辊冷轧机、联合酸洗、热处理、成品精整等设备。生产产品为宽度不大于 1360mm 的纯钛薄板及合金薄板。该公司目前生产的钛板带产品见表 21 – 5。

宝钛无热轧生产线，大卷重钛卷的热轧部分在酒钢完成。

表 21 -5 宝钛生产的钛板带产品

牌　号	制造方法	供应状态	规格（厚度×宽度×长度）/mm×mm×mm
TA0、 TA1、 TA2、 TA3、TA5、TA6、TA7、 TA9、TA10、TB2、TC1、 TC2、TC3、TC4	热轧	热加工状态（R）退火状态（M）	(4.1 ~ 60.0)×(400 ~ 3000)×(1000 ~ 4000)
	冷轧	冷加工状态（Y）退火状态（M）	(0.3 ~ 4.0)×(400 ~ 1000)×(1000 ~ 3000)
TB2	热　轧	淬火（C）	(4.1 ~ 10.0)×(400 ~ 3000)×(1000 ~ 4000)
	冷　轧	淬火（C）	(1.0 ~ 4.0)×(400 ~ 1000)×(1000 ~ 3000)

注：工业纯钛板材供货的最小厚度为 0.3mm。

21.7.2 宝特

宝钢是中国最大的冶金联合企业，是中国制造行业第一批进入世界 500 强的企业。其子公司宝钢特钢是具有 40 年生产经验的特殊钢分公司，40 余年中为中国航空、航天、舰船和核电领域生产了大量钛锻件、棒材及厚板。由于新生产线的建成，现已能生产 ϕ760mm、ϕ860mm、ϕ960mm 和 ϕ1066mm 直径的钛锭，质量最大至 12.5t；直径（厚）ϕ80 ~ 350mm、长度可达 10 ~ 12m 的各种规格锻棒；（80 ~ 300）mm（厚）×（300 ~ 1300）mm（宽）的大型扁材；投影面积可达 1.5m^2 的大型模锻件；直径 ϕ14 ~ 130mm 规格热轧棒材；ϕ5 ~ 20mm 热轧盘圆；厚度 0.15 ~ 3mm 和宽度 200 ~ 300mm 的钛带；（12 ~ 76）mm（外径）×（0.8 ~ 5.0）mm（厚）×7000mm（长）钛管；ϕ1 ~ 6mm 的钛丝。初步成为品种、规格较齐全，规模接近国际水平的钛加工材的生产企业。

宝钢钛产业的发展战略为：完成对钛加工熔炼、锻造、棒材轧制、板带轧制等生产线分期分批进行大力度技术改造。并同时确定重点开展大型钛锭真空电弧熔炼技术，大型优质钛合金坯料制备技术，大规格棒材加工技术、热轧带卷技术、冷轧钛带连续加工及表面质量控制技术、尺寸精度控制技术，新型电子束和等离子冷床炉熔炼技术，短流程钛合金加工技术，以及特种钛合金冶炼加工技术，特大型钛合金等温锻件制造技术等系列工艺技术的研究。

生产商业纯钛、高温合金、镍基耐蚀合金、精密合金以及铬 - 镍合金等五大类产品，年产冷轧特种金属板卷 7500t，其中纯钛卷的产量将达到每年 3700t。该项目配备两台轧机：粗轧机采用国产六辊轧机，主要用于带钢的减薄，同时也出一定量的成品；精轧机采用二十辊轧机，主要用于生产成品。

宝钢生产纯钛冷轧卷的工艺流程主要为：热轧卷（来自炉卷轧机）→拼卷机组→连续退火机组→连续酸洗机组→六辊轧机轧制→修磨机组→二十辊轧机轧制→清洗机组→真空退火炉→平整机→纵剪机组→打包。

原料为热轧金属卷，来料规格为厚度 2.5 ~ 7.1mm、宽度 600 ~ 1300mm、热轧卷内径 762mm、热轧卷外径最大 1800mm、卷重 2 ~ 16t。生产规模：年产钛、镍特种金属板带冷轧板卷 7.5 万吨，铬 - 镍合金冷轧板带 2.35 万吨。产品品种：钛、高温合金、镍基耐蚀合金、精密合金（部分产品要求 BA 表面或硬态交货）、铬 - 镍合金（部分产品要求 BA 表面或硬态交货）。产品规格：（0.3 ~ 0.4）mm ×（600 ~ 1250）mm（厚度×宽度）。

根据产品方案及生产工艺，钛、镍特种金属板带冷轧生产选择的主要工艺设备为拼卷机组 1 条、引带矫直机组 1 条、退火机组 1 条、酸洗机组 1 条、修磨机组 1 条、1 号冷轧机组（六辊，其配置见表 21 – 6）1 条、2 号冷轧机组（二十辊）1 条、立式光亮退火机组 1 条、清洗机组 1 条、真空退火炉 3 台（其中 2 台缓建）、平整机组 1 条、拉矫机组（预留）1 条、纵切机组 1 条和翻卷机 1 台。拼卷机组、引带矫直机组、六辊冷轧机组、清洗机组、平整机组和翻卷机采取立足国内、部分引进供货方式，其他机组采取引进和国内配套相结合的供货方式。

表 21 – 6　六辊轧机配置

工作辊直径/mm	最大轧制力/t	最大速度/m · min^{-1}	最大张力/t	冷却介质
350 ~ 380	2000	400	30	纯油

由于宝钢生产的特种金属冷轧生产线生产的品种有纯钛、高温合金、镍基耐蚀合金、精密合金以及铬 – 镍合金，各种产品的退火、酸洗技术要求差异大，为避免生产上的风险，退火、酸洗选择了分线设置。退火机组和酸洗机组主要用于原料的退火、酸洗，此外还用于部分冷轧卷的退火、酸洗，退火机组和酸洗机组的形式均选择混线以控制投资。

冷轧机组的选择考虑到特种金属的产品机械强度大多偏高、难轧制、产品质量要求高、多轧程的产品比常规不锈带钢多得多及来料的卷重相对较小、产品厚度跨度较大等因素，选用了一台六辊轧机和一台二十辊轧机。

光亮退火炉选择了混合型炉型（马弗 + 无马弗），此炉型无论是生产能力、还是退火温度均能满足生产要求。钛材冷轧卷的退火选择真空炉退火。受投资限制，真空炉采取先上 1 台、缓建 2 台的方式。

项目的平整机为二辊可逆式平整机组，设置了 1 条独立的清洗机组，拉矫机组作为预留考虑以降低初期建设费用，剪切机组只选择设置 1 条纵切机组，用于产品的切边、分条、表面检查和分卷，需板状交货的产品，采用外委处理。此外，该项目还设置了引带矫直机组、翻卷机等设备。

21.7.3　湘投金天 – 涟钢

2007 年湘投金天在涟钢 CSP 轧出了国内第一卷大卷重宽热轧钛带卷，2008 年 8 月轧制第二卷长 220m、宽 1000mm、厚 3.0mm，单卷重 3t 的热轧钛卷，2008 年 8 月冷轧钛卷试轧成功，2009 年用自产的冷轧钛带卷生产出钛焊管，全线打通了钛带卷工艺路线。

湘投金天 2009 年 10 月开工建设的高性能钛带项目，项目总投资为 14.5 亿元，主轧机引进，其余设备国内生产，占地面积为 144705m^2，年产能 1 万吨冷轧钛带卷，项目计划将于 2011 年建成投产。该工程建设内容有：1400mm 多辊冷轧机一套，$\phi10 \sim 125$mm 焊管机组七套，2300mm 三辊开坯机一套，全年生产冷轧钛板、带 8000t，钛焊管 2000t；同时建立一个钛设备车间，规模为年产钛设备 1000t。

21.7.4　云钛 – 昆钢

昆钢在炉卷轧机轧制热轧钛卷。2008 年 4 月轧制出冷轧钛带卷，其轧制工艺流程为：热卷表面清理→第一次冷轧→脱脂→退火→第二次冷轧→脱脂、退火→第三次冷轧→脱脂、退火→平整轧制。热轧钛卷表面清理采用碱浴水爆＋酸洗的方法，冷轧采用四辊轧机，退火采用罩式炉氩气保护，脱脂采用碱洗方法。第一次冷轧：轧制速度小于400m/min，轧制张力为40~50MPa，轧制乳化液浓度为2.0%~2.5%，温度为48~50℃，进行5道次轧制，第一道轧制压下率控制在10%~15%，第二道次8%~13%，第三道次7%~12%，第四道次6%~10%，第五道次5%~8%。第二次冷轧：轧制速度小于200m/min，轧制张力为120~170MPa，轧制乳化液浓度为1.8%~2.0%，温度为48~50℃，进行6道次轧制，第一道轧制压下率控制在10%~15%，第二道次8%~13%，第三道次8%~12%，第四道次7%~11%，第五道次6%~9%；第六道次5%~8%。第三次冷轧与第二次相同。平整伸长率为1%~3%，轧制速度不大于200m/min，轧制张力为3~5t。

21.7.5 攀长钢钛业分公司

攀长钢钛业分公司位于江油市三合镇境内，占地面约63.6亩。一期工程于2009年投产，生产规模为年产钛及钛合金3000t，二期工程建设规模为年产量10000t钛及钛合金加工材，其产品种类包含钛及钛合金的板、棒、管、丝、带、锻件等加工材，产品广泛应用于航空航天、海洋工程、船舶制造、医疗器械、兵器工业、车辆制造、化工石化、建筑工业、运动器械、生活用品和其他领域。该公司拥有3t真空自耗炉、10t真空自耗炉、80MN油压机、自动称混料系统、真空等离子焊箱、45MN液压锻造机等国内外先进的生产设备。该公司依靠攀钢集团丰富的钒钛磁铁矿资源，将打造成中国最大的钛及钛合金材生产基地。

第4篇 钛产业发展

22 攀枝花钒钛资源特征

考古发现证明，攀枝花是人类活动较早的地区，除邻近地区已发现的"元谋人""蝴蝶人"遗迹外，在攀枝花市内还发现了距今约 1.8 万 ~ 1.2 万年前的回龙洞寺古人类遗址。攀西裂谷一带地方属于人类最早活动的一个区域，也是原始人群南北迁徙、东西交往的走廊。这里的人类活动，最早见于文字的有：《山海经·海内经》关于黄帝长子昌意降居若水（今雅砻江下游及其与金沙江汇合后的一段河道），并生帝颛顼的神话；《尚书·周书·牧誓》关于居住在这一带地方的髳、微、濮人参加武王伐纣的传说。清末，宣统元年（1909 年）盐源境置盐边厅，中华民国二年（1913 年）改盐边厅为盐边县，改会理州为会理县。今米易安宁河西，为西昌县辖地；河东为会理县辖地，同属建昌道。中华民国 24 年（1935 年），盐边县、会理县、西昌县改属四川省第 18 行政督察区。中华民国 28 年（1939 年）1 月 1 日建西康省，三县又改属西康省第三行政督察区，改迷易巡司为迷易所。解放初期，攀枝花市境仍分属川滇两省。1951 年在会理、德昌部分地区，建立迷易县，次年更名为米易县，隶属于西康省西昌专区。1955 年，西康省撤销，会理、米易及盐边等县，随西昌专区重隶四川省。市境江北西部地区，初属云南省丽江专区华坪县，江南地属楚雄专区永仁县。1958 年，合永胜、华坪两县为永华县，永仁县并入大姚县，市境两地亦随之改属。

1964 年中央决定建立攀枝花市，由原四川省（西康省）和云南省部分地区组成，基本构成为三区两县，即东区、西区、仁和区、米易县和盐边县。攀枝花市是中国四川省地级市，位于中国西南川滇交界部，金沙江与雅砻江汇合处，北纬 26°05′ ~ 27°21′，东经 101°18′ ~ 102°15′。

22.1 攀枝花地质演变

6 亿年前构成中国大陆的中朝、扬子、青藏、塔里木板块尚未连成一体，攀枝花处在扬子板块边缘；2.5 亿年前后，扬子板块向北漂移，与中朝板块接近，西部古特提斯洋板块东来，俯冲扬子板块，攀枝花上部地壳基底薄弱带断裂，地心岩浆喷出，形成宏大岩浆杂岩带，地表呈现熔岩高原地貌。随后出现正断裂活动和沉积作用，隆起岩浆杂岩带西侧，攀枝花断裂首先在宝鼎、红坭和红格形成裂谷盆地；东侧安宁河断裂随之成谷，形成W形构造，演变为南北长300km和东西宽100km的攀西裂谷。2亿年前后南来的羌塘－昌都陆块沿金沙江缝合带与扬子板块碰撞，川西地区被挤压成山，攀西高原深谷地貌消失，形成前陆坳陷盆地。200万年左右，印度板块沿雅鲁藏布江缝合带与欧亚板块碰撞，攀西沉积盖层一起被挤成褶皱和冲断，在西缘形成木里－盐源推复体，最终形成攀西安宁河裂谷；裂谷作用是重要的造矿工程，攀西裂谷经过孕育、破裂和掩埋，形成品类繁多、系列齐全和规模巨大的内生、外生和再生矿藏。在裂前穹状隆起阶段，地球深处幔源岩浆上涌，但未穿过地面，形成与岩浆结晶分异和重力堆积有关的钒钛磁铁矿和铜镍铂族成矿系列。裂谷作用形成多种矿床，攀西裂谷具有对称性分布特征；轴部地带为钒钛磁铁矿、铜镍矿及稀有稀土金属为主的内生矿床，两侧为以煤为主的外生矿床，边界带上则为以铁矿、铜矿和铅锌矿为主的火山型－沉积型的再生矿床。

22.2 勘探定性

攀枝花矿产资源为世人注目已久，从1872年起，在攀西地区进行地勘的外国人有德国的李希霍芬，匈牙利的劳策，法国的乐尚德，瑞士的汉威。在攀西地区进行地勘的中国人有丁文江、谭锡畴、李春昱、李承三、黄汲清、常隆庆、刘之祥和程裕祺等。

1912年出版的《盐边厅乡土志》写道："磁石（磁铁矿），亦名戏（吸）石，产白水江（即今金沙江）边，能戏（吸）金铁。"1936年地质学家常隆庆、殷学忠调查宁属矿产，在攀枝花倒马坎矿区见到与花岗岩有关的浸染式磁铁矿，并在《宁属七县地质矿产》一文中论及："盐边系岩石，接近花岗石。当花岗石浸入时，金铁等矿物浸入岩石中，成为矿脉或浸染矿床，故盐边系中，有山金脉及浸染式之磁铁矿、赤铁矿等。"

1940年6月，汤克成及助手姚瑞开奉资源委员会川康铜业管理处之命，到宁属调查矿产。在从盐边返回会理途经攀枝花时，于山谷间见有多量铁粒，踵其源，发现铁矿露头，因之以10余天的时间复勘了攀枝花及倒马坎两矿区，并略测地质图各一幅，推算两矿区的磁铁矿和磁黄铁矿储量为1000万吨左右，并写成《西康省盐边县攀枝花倒马坎一带铁矿区简报》。1942年，汤克成与刘振亚、陆凤翥等奉资源委员会西康钢铁厂筹备处之命，再次到攀枝花矿区进行勘测，经过20天的野外工作，测制了攀枝花矿区1/5000地质图、倒马坎矿区1/2500地质图，写出了《盐边攀枝花及倒马坎矿区地质报告》，认定铁矿成因为岩浆分异矿床，估计铁矿储量可达4000万吨。从1940年8月17日到11月11日对宁属地质矿产进行了调查，经河西、盐源县、白盐井、梅雨铺、黑盐塘、黄草坝、永兴场、盐边县、新开田、棉花地、弄弄坪等地，于9月6日到达攀枝花村，对尖包包、营盘山（兰家火山）、倒马坎等矿区的磁铁矿及硫黄铁矿露头进行了勘察，以罗盘仪、气压表、皮尺等简单仪器做了测量，绘制了地形和地质草图，在铁矿露头处照了相。

1941年8月，刘之祥用中、英两种文字印行了《滇康边区之地质与矿产》论著。文中写道："此次则限于宁属南部之康滇边区……费时八十七日，共行一千八百八十五里。""矿产方面，则发现弄弄坪之沙金矿，及他处之煤、铜、铁等矿……最有价值者，当属盐边县攀枝花之磁铁矿。""攀枝花海拔一千四百八十五公尺，位于盐边县之南东，距盐边县九十七公里，在弄弄坪以东十四点七公里处，农民有十余家。""总计尖包包与营盘山二处磁铁矿储量共为一千一百二十六万四千吨。"

1942 年 6 月，常隆庆在《新宁远》杂志调查报告专号发表了《盐边、盐源、华坪、永胜等县矿产调查报告》。文中说："攀枝花在盐边之东南二百一十里，新庄之东六十里，位于金沙江北岸之倮果十里，系一小村。海拔 1430 米。有农民十余家。四周皆小山、丘陵起伏，有小溪自北高山流水来，向东南经倮果之西而入金沙江。村北有二山对峙，两山相连，而中隔一沟。东侧之山为营盘山，高出地面约四百米；西侧之山较低，为尖包包，两山坡面皆甚陡峭，山顶则颇平坦，磁铁矿出露于两山顶之。总计营盘山及尖包包二处铁矿之储量，共为八百六十五万二千吨。其露头甚佳，极易认识，本地人民亦知山下有矿，惟该地森林地带极远，如建设之炼铁厂，则燃料取给显难，故历来无人经营。然该矿之天然条件则甚优越，试登矿山西望，则永仁纳拉箐大煤田中群山历历可数，南望金沙江俯瞰即是，其位置之优越在已知各铁矿之上，有首先经营之价值。"

早在 1938 年，雷祚文、袁复礼、戴尚清、任泽雨等即受宁源公司之邀调查了永仁、会理、华坪、盐边等地煤、铁、铜矿产的分布情况。1939 年袁复礼、苏良赫、任泽雨等亦曾到攀枝花、倒马坎铁矿区绘制了地质草图，认为两矿属侏罗纪接触矿床，估计攀枝花矿区储量为 8000 万吨以上，倒马坎矿区为 5000 万吨。1941 年探矿工程师雷祚文又奉宁源公司之命，在戴尚清的工作基础上复勘攀枝花磁铁矿，认为矿藏极丰。

1941 年 3 月，中央地质调查所李善邦、秦馨菱到达攀枝花，测制了矿区地形图，进行了地表调查，利用磁秤探测，并雇用民工挖掘一些明洞，对营盘山、尖包包、倒马坎 3 个矿区的矿层作了较为细致的观察，采集了矿样，著有《西康盐边攀枝花倒马坎铁矿》（中央地质调查所临时报告）。报告提出："综合攀枝花、倒马坎储量 15607350 吨，或称一千六百万吨，贫矿不计"。所采矿样经地质调查所化验分析，含铁 51%、二氧化钛 16%、三氧化二铝 9%，从此得知攀枝花铁矿石中含有钛。

1943 年 8 月，武汉大学地质系教授陈正、薛承凤复受中央地质调查所所长李赓扬之邀，利用暑假调查攀枝花铁矿。在进行详细野外地质调查的基础上，对取得的资料进行了室内整理研究，对所采矿样逐个进行钛的定性分析，择要进行铁的定量分析，同时引用李善邦、秦馨菱的分析结果，作出攀枝花矿床为钛磁铁矿的结论，并且提出："此种高钛铁矿至今尚不适炼铁，惟我国缺少钛矿，本矿床不妨作为电炼铁合金矿开采。"

同年资源委员会郭文魁、业治铮借到西康之便顺道查勘了攀枝花矿区。他们以平板仪测制了攀枝花矿区 1/5000 地质图 3 幅，估算营盘山、尖包包、倒马坎 3 处铁矿储量为 2400 万吨，并论证了矿床的岩浆分异成因，指出主要矿物为磁铁矿及少量钛铁矿。1944 年，根据程裕祺的意见，又发现钛磁铁矿中含有钒，从而确定了攀枝花铁矿为钒钛磁铁矿。

攀枝花铁矿的发现，曾经引起国民政府的注意。在《资源委员会季刊》上曾有人提出，"在会理、盐边及永仁间之金沙江岸，择地另建一个钢铁中心，以开发该方面之煤铁资源。其规模之大小，则可视当时之需要情况而定。惟此一钢铁中心之建立，自须有铁路联络贯通乃可"。1941 年 12 月，资源委员会决定在会理设立西康钢铁厂筹备处，以胡博渊为筹备处主任。据有关资料记载，这个厂"由资源委员会与西康省政府合作经营，其计划系设立十吨炼铁炉两座，三吨贝色麦炼钢炉一座，及轧钢厂全部，该厂所有铁矿，取诸会理攀枝花，炼焦所需之烟煤，则拟取诸永仁。设厂地点，择定金沙江岸旁鱼岔（鲊）地方"。1944 年资源委员会决定撤销西康钢铁厂筹备处，由黔西铁矿筹备处接收，更名为康黔钢铁事业筹备处。抗日战争胜利后，这一机构也被撤销，攀枝花铁矿的调查与开发研究亦告中止。

22.3 勘探定量

中华人民共和国成立后，西南地质局根据全国的统一部署，组建了会理普查大队，即508地质队。7月，南京大学地质系教授徐克勤应西南地质局局长黄汲清之邀，带领师生30余人到达会理，正式编入普查大队进行工作。在此期间，徐克勤等曾带领南京大学应届毕业生到攀枝花，对兰家火山、尖包包、倒马坎3个山头及其外围地区进行了详细观察，判定钒钛磁铁矿产于辉长岩中，呈层状，岩体厚度大，北西倾斜，北东走向，3个山头应属同一矿床，但被南北走向的断层割开。不久，他们又在距倒马坎不远的江边找到了矿床露头，从而证实了它们是同一矿床。通过现场观测，由徐克勤等绘制了兰家火山、尖包包、倒马坎和外围地区的路线图一幅，由杨逸恩、吕觉迷对3个矿区进行刻槽取样，采取了一个剖面的矿样共200余件。攀枝花钒钛磁铁矿是粒状共生结构，易选，可以利用。矿区含矿岩体长6.7km，最厚处100m，估算地表水位以上的矿石储量至少有5000万吨，可能超过1亿吨，建议国家进行正式地质勘探。

南京大学师生关于攀枝花的普查找矿报告，引起了地质部和西南地质局的极大重视。西南地质局根据国家建设需要，决定将所属510地质队从涪陵一带迁至攀枝花，并于1955年1月组建了508地质队二分队，负责攀枝花的普查勘探工作。同年9月，又以508二分队为基础组成了531地质队，次年5月改名为攀枝花铁矿勘探队，队部驻在兰家火山下的攀枝花村。勘探高峰时，开动钻机28台，并得到了苏联专家的指导。

1955年1月，勘探队在矿区开始物理探矿及地质勘探工作，地表调查方面以槽探为主，深部勘探则以钻探手段进行。钻孔的布置，在矿床主要地段用200m×(100~120)m的密度进行，以获得C1级储量；在靠近地表稳定地段则用100m×100m的密度（获B级储量），或100m×(50~60)m的密度（获A2＋B级储量）进行。通过各种勘探手段，在矿石产状、品位、储量等方面获得了大量资料，并据此作出了地质结论。

攀枝花铁矿产于辉长岩体中，分上部含矿层、底部含矿层及暗色粗粒辉长岩中浸染状矿石3个层位，而底部含矿层则是工业储量的获得层位。矿床分布于辉长岩的底部，延长达19km，最大厚度200m，已知延深在850m以上，一般含矿率达60%。矿石的主要成分是磁铁矿、钛铁矿、钛铁晶石、磁黄铁矿、黄铜矿等，脉石矿物以长石、辉石为主。矿石呈致密状及浸染结构，而以致密浸染状为主，夹石中很大一部分含铁达15%~20%。

通过地质勘探，不仅探明了兰家火山、尖包包、倒马坎3个矿区，而且还发现了朱家包包、公山、纳拉箐等矿区，它们与兰家火山等矿区属于同一辉长岩体的不同矿段。1956年通过对攀枝花铁矿找矿标志进行总结，结合区内基性岩体广泛出露的情况，又陆续发现了禄库（即红格，包括新村芭蕉矿点）、白马（包括巴洞）矿区，确认了康滇地轴中段钒钛磁铁矿呈带状分布的规律。

1957年12月27日攀枝花铁矿的地质勘探告一段落，1958年6月野外工作基本结束，随即提出《攀枝花钒钛磁铁矿储量计算报告书》。矿床储量计算的结果见表22-1。攀枝花矿区经过20世纪50年代的地质勘探，获得工业储量10.75亿吨、远景储量10亿吨，探明为一处大型铁矿床。这一储量上报全国储量委员会。

表 22 −1　矿床储量统计表　　　　　　　　　（万吨）

矿种储量级别	铁	二氧化钛	五氧化二钒
平衡表内储量 A2 + B + C1	70823.9	8272.1	211.8
C2	36666.1	4136.6	104.7
平衡表外储量 A2 + B + C1	12813.7	881.4	19.0
C2	31686.4	2444.6	44.3
远景储量	100000		

　　在攀枝花铁矿勘探过程中，地质部苏联专家组库索奇金、潘捷列耶夫、塔拉洛夫、彼德洛·巴甫洛夫斯基等先后 3 次到现场指导工作，负责审查勘探设计，提出了兰家火山后面还可能有铁矿在深部与已知铁矿连在一起的设想，就铁矿工业品级、矿体分层、分类等提出建议，对地质勘探有一定的指导作用。

22.4　资源特征

　　1964 年攀枝花铁矿的开发被列为国家重点建设项目。地质部全国储量委员会于同年 10 月 29 日审查了攀枝花铁矿的储量报告，批准朱家包包、兰家火山、尖包包 3 个详细勘探区的铁钒储量可以作为工业设计依据，钛的储量因利用问题尚未解决暂作平衡表外储量处理，并且要求地质部门按照工业部门的需要提供补充地质资料。四川省地质局 106 地质队接受了这项任务，于 1965 年 1~5 月对攀枝花矿区进行了补充勘探工作，并于同年 5~9 月两次提交了有关矿区断裂构造、水文地质、矿石围岩的物理力学性能试验、尖包包矿区 22~24 线储量计算、矿石中元素赋存状态及其分布规律、矿石选矿性能及综合利用、钴镍的储量计算等方面的补充报告，使地质勘探资料基本满足了工业设计的要求。

　　攀枝花铁矿经过 20 世纪 50 年代的地质勘探和 60 年代中期的补充勘探，完成了勘探任务。在此基础上，许多单位在成矿规律、矿产预测、伴生元素研究、扩大远景、后备勘探基地选择等方面又陆续做了大量工作。到 1980 年，攀枝花—西昌地区已探明铁矿 54 个，总储量 81 亿吨，其中钒钛磁铁矿 23 个，总储量 77.6 亿吨。到 1985 年，攀西地区已探明钒钛磁铁矿储量达到 100 亿吨，占全国同类型铁矿储量的 80% 以上，其中钒的储量占全国的 87%，钛的储量占全国的 92%。攀枝花市境内有攀枝花、白马、红格、安宁村、中干沟、白草成为攀西地区的 6 大矿区，总储量为 75.3 亿吨。

　　攀西地区的钒钛磁铁矿中伴生矿物多，储量大。地质勘探结果，全矿区保有二氧化钛储量为 8.98 亿吨，五氧化二钒储量为 2045.2 万吨。在红格矿区，钒钛磁铁矿中伴生的铬（Cr_2O_2）平均达到 0.33%，三氧化二铬储量为 810.05 万吨。另外，钒钛磁铁矿中含有氧化钴 0.014%~0.018%、镍 0.008%~0.015%、钨 0.036%、锰 0.25%、钽（Ta_2O_5）0.0004%、铌（Nb_2O_5）0.0002%。此外，还有锆、铪、镧、铈、镨、钕、钐、铕、钆、铽、镝、钬、铒、铥、镥、镱、钇、铀、钍、铂族元素等。

　　表 22−2 给出了攀枝花钒钛磁铁矿多元素典型分析。表 22−3 给出了攀枝花钒钛磁铁矿主要矿相。

表 22 –2 攀枝花钒钛磁铁矿多元素典型分析 （%）

元　素	TFe	FeO	V₂O₅	SiO₂	Al₂O₃	CaO	MgO	S
含　量	30.55	22.82	0.30	22.36	7.90	6.80	6.35	0.64
元　素	P₂O₅	TiO₂	Cr₂O₃	Co	Ga	Ni	Cu	MnO
含　量	0.08	10.42	0.029	0.017	0.0044	0.014	0.022	0.294

表 22 –3 攀枝花钒钛磁铁矿主要矿相 （%）

矿　物	钛磁铁矿	钛铁矿	硫化物	钛普通辉石	斜长石
含　量	43 ~ 44	7.5 ~ 8.5	1 ~ 2	28 ~ 29	18 ~ 19

钒钛磁铁矿中除了上述伴生元素外，还含有硒、碲、镓、钪等重要组分。硒、碲一般赋存于硫化物中，硒含量平均为 0.0041%，碲含量平均为 0.0004%。镓主要赋存于钛磁铁矿中，含量为 0.003% ~ 0.0058%。钪是一种高度分散的元素，在钒钛磁铁矿中一般不形成独立矿物，而是呈类质同象赋存于含钛普通辉石、含钛角闪石、黑云母及钛铁矿中。据红格矿区矿样分析，辉长岩相带中钛磁铁矿含钪为每吨 2.89 ~ 5.39g，钛铁矿中为每吨 18.2 ~ 22.2g，脉石矿物中为 17.6 ~ 27.1g；辉石岩 – 橄榄岩相带中钛磁铁矿每吨含 3.4 ~ 7.16g，钛铁矿中为 24.5 ~ 28.4g，脉石矿物中为 37.0 ~ 56.2g。在攀枝花矿区，辉长岩型矿石钛铁矿中含钪为每吨 40.9g；在白马矿区，辉长岩型矿石钛铁矿中含钪为每吨 50.6g。

攀枝花钒钛磁铁矿含矿岩体沿安宁河、攀枝花两条深断裂带断续分布，一般多浸入震旦系灯影组白云岩中，或震旦系与前震旦系不整合面之间。岩体由辉长岩、橄榄辉长岩和橄长岩组成，含矿岩体为海西晚期富铁矿，为高钙、贫硅、偏碱性的基性超基性岩体，矿床为典型的晚期岩浆结晶分凝成因，分异好，呈层状构造，其中大型矿床有攀枝花、太和、白马和红格等，矿体赋存于韵律层的下部，呈层状，似层状，透镜状，多层平行产出，单层矿体长达 1000m 以上，厚几十厘米至几百米。四大矿区中，攀枝花矿区矿石中 Fe 含量为 31% ~ 35%，TiO₂ 含量为 8.98% ~ 17.05%，V₂O₅ 含量为 0.28% ~ 0.34%，Co 含量为 0.014% ~ 0.023%，Ni 含量为 0.008% ~ 0.015%，与太和矿同属高钛高铁矿石；白马矿是高铁低钛型矿石，TiO₂ 含量为 5.98% ~ 8.17%，平均矿石品位 Fe 28.99%，V₂O₅ 为 0.28%，Co 为 0.016%，Ni 为 0.025%；红格矿属低铁高钛型矿石，TiO₂ 含量为 9.12% ~ 14.04%，其他组元平均品位 Fe 为 36.39%，V₂O₅ 为 0.33%，同时矿石中含镍量比较高，平均为 0.27%。攀枝花、白马、太和三矿区矿石化学组元基本相同，只是含量有所变化。随矿石中铁品位的升高，TiO₂、V₂O₅、Co 和 NiO 的含量增加，SiO₂、Al₂O₃、CaO 的含量降低，MgO 的含量对于攀枝花、太和矿区，随铁品位增高而降低，但对于白马矿区则相反。

矿石中主要金属矿物有：钛磁铁矿（系磁铁矿、钛铁晶石、铝镁尖晶石和钛铁矿片晶的复合矿物相）和钛铁矿，其次为磁铁矿、褐铁矿、针铁矿、次生黄铁矿；硫化物以磁黄铁矿为主，另有钴镍黄铁矿、硫钴矿、硫镍钴矿、紫硫铁镍矿、黄铜矿、黄铁矿和墨铜矿等。

脉石矿物以钛普通辉石和斜长石为主，另有钛闪石、橄榄石、绿泥石、蛇纹石、伊丁石、透闪石、榍石、绢云母、绿帘石、葡萄石、黑云母、石榴子石、方解石和磷灰石等。

23 攀枝花矿产资源配置及利用布局

攀枝花钒钛磁铁矿属多金属共生矿，矿物共生关系密切、嵌布微细，含铁品位偏低，含钛品位较高。常隆庆的"有山金脉及浸染式之磁铁矿、赤铁矿等"明确给出了攀枝花矿产的磁铁矿属性；中央地质调查所李善邦和秦馨菱所采矿样经地质调查所化验分析，含铁51%、二氧化钛（TiO_2）16%、三氧化二铝（Al_2O_3）9%，从此得知攀枝花铁矿石中含有钛，武汉大学地质系教授陈正和薛承风采矿样逐个进行钛的定性分析，择要进行铁的定量分析，同时引用李善邦和秦馨菱的分析结果，做出了攀枝花矿床为钛磁铁矿的结论；资源委员会郭文魁和业治铮论证了矿床的岩浆分异成因，指出主要矿物为磁铁矿及少量钛铁矿，发现钛磁铁矿中含有钒，从而确定了攀枝花铁矿为钒钛磁铁矿。

20 世纪六七十年代经过全面详尽的勘探计算，认定全矿区保有二氧化钛（TiO_2）储量为 8.98 亿吨，五氧化二钒（V_2O_5）储量为 2045.2 万吨。红格矿区钒钛磁铁矿中伴生的铬（Cr_2O_3）平均达到 0.33%，三氧化二铬（Cr_2O_3）储量为 810.05 万吨。另外钒钛磁铁矿中含有氧化钴 0.014% ~ 0.018%、镍 0.008% ~ 0.015%、钨 0.036%、锰 0.25%、钽（Ta_2O_5）0.0004%、铌（Nb_2O_5）0.0002%。还有锆、铪、镧、铈、镨、钕、钐、铕、钆、铽、镝、钬、铒、铥、镥、镱、钇、铀、钍、铂族元素等。钒钛磁铁矿中除了含有上述伴生元素外，还含有硒、碲、镓、钪等重要组分。硒、碲一般赋存于硫化物中，硒含量平均为 0.0041%，碲含量平均为 0.0004%。镓主要赋存于钛磁铁矿中，含量为 0.003% ~ 0.0058%。钪是一种高度分散的元素，在钒钛磁铁矿中一般不形成独立矿物，而是呈类质同象赋存于含钛普通辉石、含钛角闪石、黑云母及钛铁矿中。据红格矿区矿样分析，辉长岩相带中钛磁铁矿含钪为每吨 2.89 ~ 5.39g，钛铁矿中为每吨 18.2 ~ 22.2g，脉石矿物中为 17.6 ~ 27.1g；辉石岩 – 橄榄岩相带中钛磁铁矿每吨含 3.4 ~ 7.16g，钛铁矿中为 24.5 ~ 28.4g，脉石矿物中为 37.0 ~ 56.2g。在攀枝花矿区，辉长岩型矿石钛铁矿中含钪为每吨 40.9g；在白马矿区，辉长岩型矿石钛铁矿中含钪为每吨 50.6g。

23.1 攀枝花重要资源矿物的利用流向设计

攀枝花资源配置及利用布局根据不同矿物特点属性，以铁、钒和钛资源利用为主线，兼顾回收有价元素，不断提升资源利用技术设备的适应性，优化系统整体工艺技术，分层次回收提高铁、钒和钛的利用率，产品逐步由初级产品向中高级产品转变。

23.1.1 铁矿物

钛磁铁矿是攀枝花钒钛磁铁矿石中的主要铁矿物，由磁铁矿、钛铁晶石、铝镁尖晶石和钛铁矿片晶等组成，以磁铁矿为主。钛铁矿、次铁精矿和浮硫尾矿等也是主要的含铁矿物，钒钛铁精矿和次铁精矿全部进入钢铁生产现流程烧结工序，钛精矿在用作硫酸法钛白原料时，铁转化成硫酸亚铁二次铁资源，后序以铁化合物和铁粉为主线的产品，若钛精矿冶炼酸溶性钛渣用作硫酸法钛白原料时，铁资源转化为半钢，作机械铸件用途，硫钴精矿的铁可在制硫酸过程中形成硫酸渣铁红，与铁精矿配矿制球团用作高炉调节料。

23. 1. 2　钛矿物

钛矿物主要是钛铁矿和钛铁晶石，钛铁晶石的分子式为 $2FeO \cdot TiO_2$，具有强磁性，呈微晶片晶，与磁铁矿致密共生，形成磁铁矿－钛铁晶石连晶（即钛磁铁矿），在磁选过程中以钛磁铁矿进入精矿，大量的钛沿烧结－高炉流程进入高炉渣中，正在进行提钛利用研究。钛铁矿是从矿物中回收钛的主要矿物，主体为粒状，其次为板状或粒状集合体，晶度较粗，主要混存于磁选尾矿，经过弱磁选—强磁选—螺旋、摇床重磁选—浮硫—干燥电选，得到钛精矿、次铁精矿和浮硫尾矿。钛精矿用途包括硫酸法直接制钛白粉，或冶炼高钛渣回收铁，高钛渣用作硫酸法钛白和氯化法钛白的生产原料，或用作冶炼含钛铁合金（或复合合金）的原料。

23. 1. 3　钒矿物

矿石中的金属钒绝大多数与铁矿物类质同象，在选矿过程中大部分进入铁精矿，经过烧结—高炉—铁水雾化提钒（或转炉提钒）得到钒渣，钒渣经多膛炉焙烧—浸出—沉淀—熔片— V_2O_5 成品，或还原生产 V_2O_3，V_2O_3 和 V_2O_5 电铝热法生产高钒铁，或生产钒氮合金；在高炉强还原过程中，钒在铁水与高炉渣之间依据温度和活度变化，按照平衡常数分配，以 V_2O_5 形式部分地存在于高炉渣中，可以在高炉渣提钛利用过程中回收；少量的钒进入钛精矿中，钒在钛渣冶炼过程中，部分进铁水，部分进酸溶性钛渣，在制钛白过程中分散在绿矾硫酸亚铁和酸解渣，没有利用；尾矿中也有部分的钒，在以后利用过程中回收。

23. 1. 4　钴、镍矿物

钒钛磁铁矿中，主要钴镍矿物有硫钴矿、钴镍黄铁矿、辉钴矿、紫硫铁镍矿和针镍矿等，其中攀枝花、太和矿区以钴镍黄铁矿和硫钴矿为主，白马矿区以镍黄铁矿为主，辉钴矿在三个矿区都存在。钴镍金属除以硫化物的包裹体或细脉石状存在于钛磁铁矿、钛铁矿等矿物中以外，其余部分主要以含镍、钴的独立矿物存在于硫化矿物中，这种镍、钴矿物粒度微细，不能破碎解离，只能富集到硫化物精矿中。硫化物在矿石中分布不均，颗粒大小不等，但大部分可以单独回收。在回收钛精矿过程中，以浮硫精选尾矿形式（硫钴精矿）存在，镍、钴品位达到工业利用标准，选钛浮硫部分回收。钛磁铁矿和钛铁矿中的钴镍分散存在于铁水、高炉渣、钒渣和钢渣中，无法利用。在硫钴精矿中，除镍和钴之外，还存在大量的 S、Cu 资源，在硫钴精矿的深加工时通过制硫酸回收硫，并可考虑回收铜。

23. 1. 5　镓、钪矿物

由于镓和钪属稀散金属，按攀枝花资源利用流程，经过选矿冶炼后，镓在提钒浸渣中有所富集，镓品位达到 0.012% ~ 0.015%，成为提镓主要原料；钪同样在高炉渣中得到富集，达到 20g/t，成为提钪的重要原料之一；钪也存在于钛精矿中，在硫酸法制钛白过程分散于废酸，可以考虑提钪；钛精矿在冶炼成高钛渣后，在熔盐氯化时，富集在氯化烟尘中，是另一提钪原料。

23.1.6 其他有益元素矿物

在钛磁铁矿中还存在有锰、铬；硫化物中还有硒、碲和铂族元素；在钛铁矿中还存在 Ta、Nb 等元素，这些部分均达到或接近工业利用水平。

23.2 技术选择

根据化学光谱分析表明，攀枝花矿含有各类化学元素 30 多种，有益元素 10 多种，资源价值链若按矿物含量进行排序，依次为：Fe—Ti—S—V—Mn—Cu—Co—Ni—Cr—Sc—Ga—Nb—Ta—Pt；若以矿物经济价值排列，则排序为：Ti—Sc—Fe—V—Co—Ni。

23.2.1 选矿富集

攀枝花钒钛磁铁矿属多金属共生矿，矿物共生关系密切、嵌布微细，含铁品位偏低，钛磁铁矿是攀枝花钒钛磁铁矿石中的主要铁矿物，由磁铁矿、钛铁晶石、铝镁尖晶石和钛铁矿片晶等组成，以钛磁铁矿为主。含钛品位较高，必须经过选矿工艺进行钛铁分离和脉石矿物分离，控制性降低钛品位，提高含铁品位，方能进行冶炼。

表 23 − 1 给出了钒钛磁铁矿多元素典型分析，表 23 − 2 给出了钒钛磁铁矿主要矿相，表 23 − 3 给出了钒钛磁铁矿主要矿物的物理性质。

表 23 − 1　钒钛磁铁矿多元素典型分析 （％）

成　分	TFe	FeO	V_2O_5	SiO_2	Al_2O_3	CaO	MgO	S
含　量	30.55	22.82	0.30	22.36	7.90	6.80	6.35	0.64
成　分	P_2O_5	TiO_2	Cr_2O_3	Co	Ga	Ni	Cu	MnO
含　量	0.08	10.42	0.029	0.017	0.0044	0.014	0.022	0.294

表 23 − 2　钒钛磁铁矿主要矿相 （％）

矿　物	钛磁铁矿	钛铁矿	硫化物	钛普通辉石	斜长石
含　量	43 ~ 44	7.5 ~ 8.5	1 ~ 2	28 ~ 29	18 ~ 19

表 23 − 3　钒钛磁铁矿主要矿物物理性质

矿物名称	钛磁铁矿	钛铁矿	硫化物	钛普通辉石	斜长石
密度/$g \cdot cm^{-3}$	4.561	4.623	4.500	3.250	2.672
比磁化系数/$cm^3 \cdot g^{-1}$	7300×10^{-6}	240×10^{-6}	4100×10^{-6}	100×10^{-6}	14×10^{-6}
比电阻/Ω	1.38×10^6	1.75×10^5	1.25×10^4	3.13×10^{13}	$> 10^{14}$

23.2.1.1 选铁试验

1956 年地质部北京矿物原料研究所首先对攀枝花铁矿进行了可选性试验研究。1959 年中国科学院长沙矿冶研究所、冶金部选矿研究院、有色金属研究院等单位也进行了研究。到 1963 年得到的研究结果是：攀枝花钒钛磁铁矿经过选矿富集，只能获得含铁 52% ~

55%、二氧化钛12%~14%、五氧化二钒0.5%~0.6%的钒钛铁精矿。研究结果说明，这种矿石的钛、钒等共生金属是不能用机械方法选出低钛高铁精矿粉的。

1964年长沙矿冶研究所等科研单位对攀枝花兰家火山、尖包包、朱家包包3个矿区的矿样分别进行了实验室和半工业性选矿试验，1965年10月在西昌410厂进行了工业试验。试验结果表明，钒钛磁铁矿与普通铁矿不同，不是含铁品位越高越好。当原矿品位为33%时，精矿品位以选到53%为宜；原矿品位为30%，精矿品位以选到51%较为合适。采用一段磨矿磨到0.6mm粒度时，因原矿品位不同，可以获得含铁51%~52%的精矿，选矿回收率也较高：但如采用二段磨矿，磨到0.2mm粒度时，则可获得含铁54%~56%的精矿，而选矿回收率要降低3%，流程也比较复杂，高的铁品位也带来了钛的高品位，对高炉冶炼有害无利。最后确定采取一段磨矿、一次粗选、一次扫选的选矿工艺流程，并以此作为选矿的设计依据。

表23-4给出了钒钛铁精矿多元素典型分析，表23-5给出了磁选尾矿多元素典型分析。铁精矿投产初期生产基本正常，但一直尝试提高铁品位和降低TiO_2品位，后序经过数次和多年的技术攻关改造，特别是通过阶磨阶选，TFe可以控制在54%，TiO_2控制在约10%，表23-6给出了铁矿选矿初期16年主要技术经济指标统计。

表23-4 钒钛铁精矿多元素典型分析 （%）

成　分	TFe	FeO	V_2O_5	SiO_2	Al_2O_3	CaO	MgO	S
含　量	51.56	30.51	0.564	4.64	4.69	1.57	3.91	0.532
成　分	P	TiO_2	Cr_2O_3	Co	Ga	Ni	Cu	MnO
含　量	0.0045	12.73	0.032	0.02	0.0044	0.013	0.02	0.33

表23-5 磁选尾矿多元素典型分析 （%）

成　分	TFe	V_2O_5	SiO_2	Al_2O_3	CaO	MgO	S
含　量	18.32	0.065	34.4	11.06	11.21	7.66	0.609
成　分	P	TiO_2	Co	Ga	Ni	Cu	
含　量	0.034	8.63	0.016	0.0044	0.01	0.019	

表23-6 铁矿选矿初期16年主要技术经济指标统计

年份	原矿处理量/万吨	铁精矿产量/万吨	选矿比	原矿品位/%	精矿品位/%	尾矿品位/%	铁回收率/%	全员劳动生产率/元·(人·年)$^{-1}$
1970	50	20.4	2.348	30.81	52.63	14.60	<72.78	3056
1971	221	100.4	2.204	31.88	51.67	15.30	<73.72	14783
1972	289	126.6	2.284	30.96	51.46	14.99	<72.78	15544
1973	420	164.9	2.548	28.51	50.72	14.16	<69.82	16947
1974	375	165.4	2.268	31.21	50.91	15.68	<71.91	14236
1975	463	205.6	2.252	31.03	50.24	15.09	<71.91	16749
1976	383	169.0	2.263	31.34	51.24	15.57	<72.27	13081
1977	531	210.7	2.520	29.54	51.48	15.12	<69.14	15189

年份	原矿处理量/万吨	铁精矿产量/万吨	选矿比	原矿品位/%	精矿品位/%	尾矿品位/%	铁回收率/%	全员劳动生产率/元·(人·年)⁻¹
1978	641	282.1	2.271	30.68	51.58	14.22	<70.05	20222
1979	813	343.8	2.366	29.95	51.56	14.12	<72.78	21624
1980	777	345.4	2.248	30.81	51.59	14.17	<74.47	25683
1981	661	297.1	2.226	30.73	51.59	13.72	<75.41	21450
1982	743	326.3	2.278	30.25	51.57	13.57	<78.84	22718
1983	727	320.4	2.270	30.23	51.54	13.46	<75.11	23558
1984	803	357.3	2.248	30.60	51.56	13.81	<74.94	29795
1985	732	324.1	2.252	30.56	51.59	13.78	<74.94	26701

23.2.1.2 选钛试验

攀枝花钒钛磁铁矿中其他有用成分（钛、钴、镍、硫等）的综合回收，是将尾矿作进一步选矿处理，从尾矿中回收的。1971 年以前，长沙矿冶研究所及其他有关科研和生产单位，曾以钛精矿品位 45% 为目标，采取重选法、浮选法、重—浮结合法的磁—重—浮流程进行选钛试验，同时进行回收钴、镍的试验。通过试验，可以获得含二氧化钛 45% 左右的钛精矿。这种钛精矿当时被认为不能满足钛冶炼方面的要求，用来制造钛白粉等也嫌 TiO_2 品位偏低。1971 年以后，各研究单位把选钛试验研究的重点放在了提高钛精矿的质量方面，目标是把钛精矿的品位提高到 48% 以上，同时尽可能地降低钛精矿中的钙和镁的含量。

表 23 - 7 给出了选钛原矿多元素典型分析，表 23 - 8 给出了选钛原矿的主要矿相。

表 23 - 7　选钛原矿多元素典型化学成分　　　（%）

成　分	TFe	FeO	V_2O_5	SiO_2	Al_2O_3	CaO	MgO	S
含　量	13.82	—	0.30	34.40	11.60	11.21	7.66	0.609
成　分	P_2O_5	TiO_2	Cr_2O_3	Co	Ga	Ni	Cu	MnO
含　量	0.034	8.63	—	0.016	—	0.01	0.019	0.187

表 23 - 8　选钛原矿主要矿相　　　（%）

矿　物	钛磁铁矿	钛铁矿	硫化物	钛普通辉石	斜长石
含　量	4.3 ~ 5.4	11.4 ~ 15.3	1.5 ~ 2.1	45.6 ~ 50.3	30.4 ~ 33.3

1972 ~ 1973 年，长沙矿冶研究所等单位提出了以电选手段的"重选—浮选—电选"流程，从攀枝花的磁选尾矿中选出了含二氧化钛（TiO_2）48% 的钛精矿。为了探索这一选钛流程在工业生产上的可行性，长沙矿冶研究所在攀枝花冶金矿山公司等单位的协作下，于 1974 年至 1975 年 5 月，以兰尖铁矿的矿样在承德双塔选矿厂进行了单机工业性试验和全流程试验，最终确定了"强磁选—重选—浮选—电选"的选钛工艺流程，获得了含二氧化钛 48.7% 的钛精矿，钛回收率达到 53%。

粗粒级采用重选—电选工艺，细粒级采用磁选—浮选工艺。原矿先用斜板浓密机分级，将物料分成大于 0.063mm 和小于 0.063mm 两种粒级，大于 0.063mm 粒级经圆筒筛隔渣后，经螺旋选矿机选得钛粗精矿，该粗精矿经浮选脱硫后，过滤干燥，再用电选法得粗粒钛精矿。小于 0.063mm 粒级物料用旋流器脱除小于 $19\mu m$ 的泥之后，用湿式高梯度强磁选机将细粒钛铁矿选入磁性产品中，然后通过浮选硫化矿和浮选钛铁矿，获得细粒钛铁矿精矿。

表 23 - 9 给出了钛精矿多元素典型分析。钛精矿投产初期生产规模小，但生产秩序基本正常，一直尝试提高 TiO_2 品位和降低 $\Sigma(CaO + MgO)$ 品位，后序经过数次和多年的技术攻关改造，工艺技术水平和装备水平明显提升，随着国内钛产业 20 世纪 90 年代后的持续升温，产能产量和技术经济指标实现质的突破，完成了微细粒级回收利用，增加钛精矿当年 1/3 的产量，特别是攀钢选铁流程通过阶磨阶选改造后，选钛工艺进行了改造对接，装备可以接受磁选系统的所有尾矿，攀钢钛精矿产能达到 400kt/a，钛精矿 TFe 可以控制在约 34%，TiO_2 控制在约 47%，$\Sigma(CaO + MgO)$ 控制在约 5%，选钛尾矿 TiO_2 稳定在 5% ~ 8% 水平，有的达到 3% ~ 4% 水平，钛资源回收率大幅提高。2000 年以后民营企业介入选钛，生产能力放大迅速，2012 年达到创纪录的 2500kt/a。

表 23 - 9　钛精矿多元素典型分析　　　　　　　　　　（%）

成　分	TFe	FeO	V_2O_5	SiO_2	Al_2O_3	CaO	MgO	S
含　量	31.56	32	0.068	4.64	1.4	1.2	6.0	0.532
成　分	P	TiO_2	Cr_2O_3	Co	Ga	Ni	Cu	MnO
含　量	0.01	46 ~ 48	—	0.01	—	0.06	0.01	0.65

表 23 - 10 给出了钛精矿 1980 ~ 1985 年生产统计。

表 23 - 10　钛精矿 1980 ~ 1985 年生产统计　　　　　　　（t）

年　份	1980	1981	1982	1983	1984	1985
产　量	2100.44	2580.42	5715.92	3873.20	8724.92	6190.32
品位（TiO_2）/%	46.23	46.81	47.10	47.33	47.07	47.21

23.2.1.3　硫钴精矿选矿试验

硫钴矿（Co_3S_4）是主要的含钴矿物，包裹于磁黄铁矿中，当磁黄铁矿蚀变为黄铁矿或磁铁矿时，硫钴变产在其中。硫钴矿在磁黄铁矿中呈针状、片状分布于其边沿，粒径一般小于 0.01mm。而在磁黄铁矿呈粒状者，其粒径较大。

钴黄铁矿和镍黄铁矿的通式为（Co，Fe，Ni）$_9S_4$，也包裹于磁黄铁矿中，常呈硫化物包裹和细脉粒状产生，粒度微细，不能破碎解离，只能富集在硫化物精矿中，硫化物在矿石中分布不均，颗粒大小不一，但大部分可以单独回收。在选钛浮硫过程中选出了含钴 0.31%（磁选尾矿中含钴 0.0123%）的硫钴精矿，回收率达到 25%。硫钴精矿多元素典型分析见表 23 - 11。

表 23 - 11　硫钴精矿多元素典型分析　　　　　　　　　（%）

成　分	TFe	FeO	V_2O_5	SiO_2	Al_2O_3	CaO	MgO	S
含　量	49.01	32	0.282	5.42	1.4	1.69	2.16	36.61
成　分	P	TiO_2	Cr_2O_3	Co	Ga	Ni	Cu	MnO
含　量	0.019	1.62	—	0.258	—	0.192	0.32	0.058

23.2.2 冶炼试验

攀枝花铁矿经过选矿所得到的铁精矿含二氧化钛（TiO_2）高达 13% 左右，这种铁精矿在高炉冶炼中生成含二氧化钛（TiO_2）25% ~30% 的炉渣。冶炼试验主要是为冶炼操作选择合适的炉渣，为渣铁有效分离创造条件，Al_2O_3 属于中性，但在高炉冶炼中可认为是酸性物质，其熔点是 2050℃，在高炉冶炼中与 SiO_2 混合后仍产生高熔点（1545℃）的物质，使渣铁流动性差，分离困难。当加入碱性物质如 CaO 或 MgO 后，尽管 CaO 的熔点是 2570℃，MgO 的熔点是 2800℃，但与 SiO_2 和 Al_2O_3 结合后生成低熔点（低于 1400℃）的物质，在高炉内熔化，形成流动性良好的炉渣，使渣铁分离，保证高炉正常生产。高炉冶炼攀枝花钒钛磁铁矿，渣中的二氧化钛（TiO_2）含量高，在炉缸中往往被还原成高熔点的碳化钛（TiC）和氮化钛（TiN），高熔点组分提高了炉渣熔点，造成炉渣黏稠、渣铁难分，从而导致炉缸堆积。当积存起来的炉渣超过风口水平面后，粘渣中的碳化钛和氮化钛又被热风搅动氧化为二氧化钛，变为稀渣，影响炉况。

23.2.2.1 承德试验

1965 年 2~6 月在承德钢铁厂 $100m^3$ 高炉上进行了模拟试验，在没有烧结机的条件下，通过土法烧结，初步掌握了钒钛磁铁矿的烧结性能。高炉冶炼试验中，围绕钛渣黏度、熔化温度、高温变稠与消稠、钛渣脱硫性能、钛渣矿物组成及冶炼铁损高等问题，分五个阶段进行试验，探索其反应规律。首先把炉渣含二氧化钛量控制在 20%，采用冶炼普通铁矿的方法试炼，炉况基本顺行，但出渣出铁不均匀，钒钛磁铁矿冶炼的特殊现象逐步显露出来。随后将炉渣二氧化钛增加到 25%，此时出渣出铁既不均匀，也出不净，后来只出铁不出渣，忽然大渣量涌出，流满炉台。将炉渣中的二氧化钛提高到 30%，炉渣变得黏稠，大渣量喷涌次数增加，炉缸堆积，炉底上涨，用氧气烧化渣口前的铁渣，使渣口通连风口，才避免了炉子闷死。把生铁含硅量从 0.5% 降到 0.3%，把炉温控制在较低水平，出渣前后向炉内喷入精矿粉，提高炉缸氧化气氛，提高冶炼强度，炉况逐渐顺行，渣铁畅流。最后将炉渣含二氧化钛提高到 35%，在操作上控制适当的炉渣碱度，降低烧结矿的含硫量，保持和适当发展中心气流的煤气分布，做到渣铁畅流，生铁合格率达到 93.3%，焦比为 692kg/t，铁损为 6% ~13%。这次试验的结果表明：用普通高炉冶炼高钛型钒钛磁铁矿是可能的。试验所取得的指标不够理想，主要是铁损高，焦比高（750~1068kg/t），生铁合格率低（含硫量不大于 0.07% 的占 50.7%），钒回收率低（56% ~64%）。

23.2.2.2 西昌验证试验

1966 年 1~5 月在西昌四一〇厂 $8.25m^2$ 烧结机和 $28m^3$ 小高炉上，用攀枝花铁矿进行了从烧结到冶炼的大型试验，验证承德试验的结果。试验共分三段进行：（1）1 月 19 日用泸沽矿开炉。（2）2 月 19 日~3 月 19 日以太和矿进行试验，采用承德取得的基本冶炼制度，做到渣铁畅流，生铁含硫量在 0.07% 以下的达到 98%，其中优质率（含硫量不大于 0.05%）占 97.2%。（3）3 月 30 日~4 月 20 日用兰家火山矿试验。高炉冶炼各项指标均取得较好的结果：焦比为 643kg/t，铁损为 3.6%，生铁平均含硫量为 0.054%，钒回收率为 71.9%。$8.25m^2$ 烧结机的烧结试验，解决了兰家火山高硫精矿的脱硫问题，钢铁厂建设的技术基础基本奠定了。

试验组经过审慎研究，对几个重大问题提出了决策性建议：第一，选矿采取一段磨矿工艺流程；第二，建小高炉还是建大高炉？试验组认真讨论了各方面专家的意见，根据试验中风口的风力可以搅拌全炉的情况，认为采用 $1000 \sim 1500m^3$ 的高炉不会有问题，提出了建设大高炉的可行性报告；第三，炼钢炼铁实行联合生产，建设混铁炉这个中间储仓予以调节。

23.2.2.3 首钢生产试验

1967 年 4 ~ 6 月，在首钢 $62.5m^2$ 烧结机和 $516m^3$ 高炉上进行生产性试验。这次试验既是对前两次试验的验证，也是一次生产性演习。试验的原料是用承德钒钛铁精矿加上钛精矿粉，配制成炉渣含二氧化钛 30% 左右的炉料进行的。试验的内容主要有：富氧配锰矿、富氧不配锰矿、喷无烟煤粉、转炉含钒钢渣返高炉冶炼、抑制钛还原措施等，并着重探索送风制度、合理料线、均匀布料、炉缸温度和合理炉渣碱度等操作制度。试验证明：承德、西昌试验中采取的技术措施是成功的。不论高炉容积大小，也不论用模拟矿或者攀枝花矿，其基本规律是一致的，所采取的抑制钛还原的措施也是合理的，用大型高炉冶炼钒钛磁铁矿一样可以做到炉况顺行，渣铁畅流。但是试验中也出现铁水粘罐和泡沫等问题，需进一步研究解决；炉前操作也带来新的困难，有加强炉前工作机械化的必要。

23.2.2.4 昆钢攻关试验

用攀枝花的钒钛铁精矿在昆钢 $18m^2$ 烧结机上烧结，在 $250m^3$ 高炉冶炼。冶炼仍按已经掌握的操作制度进行，但炉料中配加了 3% 左右的萤石，试验结果炉况顺行。在出铁到铸块过程中，由于工序组织紧凑，时间较短，铁水温度降低不大，粘罐情况不是很严重。

23.2.2.5 攀钢投产出铁

攀枝花钒钛磁铁矿冶炼攻关组的科技人员，在 3 年攻关试验中，先后进行了 1200 多炉次试验，取得了 3 万多个数据，终于找到了用普通高炉冶炼高钒型钒钛磁铁矿的规律，攻克了世界冶金技术上的一个难关。在多次试验研究分析的同时，设计勘探施工同时进行，终于在 1970 年 7 月 1 日攀钢 1 号高炉顺利投产出铁，陆续有 3 号高炉和 2 号高炉投产出铁，后序经过数次和多年的技术攻关改造，工艺技术水平和装备水平明显提升，高炉利用系数和喷煤水平提升，经济性逐步显现。

与普通铁矿相比，钒钛磁铁精矿成分稳定，含铁量波动较小，钒钛磁铁矿理论成矿含铁量低，脉石矿物选别难度大，攀枝花钒钛磁铁精矿具有亚铁、钛、铝、硫含量高和硅含量低的特点，$(CaO + MgO)/(SiO_2 + Al_2O_3)$ 大于 0.5，由于钒钛磁铁矿中 TiO_2 的存在，而且随着 TiO_2 的含量水平提高，钙钛矿形成的概率和含量增加，$CaO \cdot TiO_2$ 熔化温度高，表面张力小，抗压强度低，钙钛矿在烧结矿中不起粘接作用，相反会削弱钛磁铁矿和钛赤铁矿的连晶作用，钙钛矿含量水平为复合铁酸盐（SFCA）的 1/4，由于钒钛磁铁矿冶炼的特殊性，烧结过程必须配加不同比例的普通铁矿，以控制高炉炉渣中 TiO_2 含量不大于 24%。表 23 - 12 给出了攀钢历年生铁产量及炼铁主要技术经济指标统计。

表 23-12　攀钢历年生铁产量及炼铁主要技术经济指标统计

年　份	生铁产量/万吨	高炉利用系数/t·(m³·d)⁻¹	焦比/kg·t⁻¹	生铁合格率/%
1970	7. 15	0. 482	979	70. 30
1971	42. 82	0. 851	818	87. 72
1972	55. 99	0. 696	847	90. 17
1973	82. 21	0. 846	794	91. 65
1974	82. 28	0. 690	766	79. 19
1975	110. 04	0. 903	746	67. 82
1976	85. 98	0. 705	798	59. 87
1977	110. 84	0. 931	750	80. 55
1978	144. 16	1. 255	684	99. 14
1979	176. 71	1. 431	648	99. 67
1980	195. 23	1. 569	613	99. 96
1981	184. 84	1. 540	614	99. 95
1982	197. 68	1. 626	628	99. 80
1983	189. 12	1. 623	631	99. 76
1984	207. 09	1. 651	625	99. 78
1985	193. 74	1. 662	609	99. 84

23.2.3　提钒炼钢试验

攀枝花铁矿中含有 0.28% ~0.34% 的五氧化二钒，回收利用钒资源也是开发攀枝花资源的一项重要课题。以承钢的含钒生铁为原料，在首钢 3t 转炉上进行吹炼试验。试验以三种方案进行：第一种方案是以单渣法炼钢，将所得钢渣返回高炉，增加铁水中的含钒量，然后用转炉提钒。第二种方案是双渣炼钢法，将吹炼前期所得的钒渣用人工扒出，作为产品。这是当时重点进行的两种试验方案，但是试验中发现，所提钒渣中二氧化硅和氧化钙含量较高，而且扒渣工艺在大型转炉上难以实现，两种方案均被淘汰。第三种方案是苏联下塔基尔钢厂采用的双联提钒法，到 1965 年末共炼 300 余炉，试验中钒的回收率虽然取得较好效果，但是吹钒与炼钢工艺周期不协调，难于相互配合，造成设备利用率低，提钒工艺未能圆满解决。

西南钢铁研究院技术人员查阅了大量国外资料，从英国的炼钢杂志上的"雾化炼钢"得到启示，提出了雾化提钒的设想。利用土坑作熔池，制成简易雾化器、出铁槽和漏斗等装置，露天作业，试炼了几炉，发现效果不错，随后试炼 3 次共计 16 炉，经过总结，认为雾化提钒工艺设备简单，设备利用率高。1966 年被冶金部列入重点科研项目，在首钢回转窑车间，利用半吨电炉化铁，安装了一座每小时处理 20t 铁水的简易雾化提钒炉进行扩大试验，试验虽然取得了很大成效，但是由于提钒工艺尚不够完善，冶金科技界对此存在异议，不少人仍主张采用双联法提钒。

1967 年 2 ~6 月，冶金部工作组继续在首钢 30t 氧气转炉上进行双联提钒和炼钢的扩大试验。其办法是：先用一座转炉吹炼提钒，在得到钒渣和半钢（提钒后的铁水）后，用另一座转炉把半钢吹炼成钢。试验中就供氧强度、冷却剂的选定和用量进行了探索，得到的钒渣含五氧化二钒平均 20% 左右，钒的氧化率为 88.73%，产渣率为 3.046%，钒收得率为 76.02%。总计试炼 233 炉，取得了大量技术数据，为攀钢提钒炼钢设计提供了依据。

半钢炼钢试验与双联提钒试验同步进行。半钢炼钢的关键是解决热量和造渣问题，试验初期为了保证钢水温度，不论冶炼低碳钢还是高碳钢，都加入硅铁提温。后来发现，当每吨钢的渣料量在 60kg 左右时，炼低碳钢时可以不加提温炉料，炼高碳钢时只要生产能连续进行并且操作得当，热量也是够用的；在造渣方面，通过配加河沙、铁水配锰和留渣试验，已能保证吹炼的顺利进行。

23.2.4 钢材轧制试验

1965 年开始，四〇公司就开始进行钢材轧制试验，探讨钢中残余钒钛对钢材性能的影响。最初模拟攀枝花铁矿进行冶炼轧制试验；炼铁投产后，即用攀枝花含钒生铁在兄弟单位炼制成钢再行轧制；炼钢和初轧投产以后，则用攀钢自己的钢锭或钢坯到兄弟单位做轧制试验。总计先后试轧了重轨、型钢、管材、板材、硅钢片等产品系列共 40 多个品种，3 万多吨。

23.2.4.1 重轨轧制试验

1965 ~ 1970 年曾用模拟攀枝花矿和攀枝花原矿在首钢、上钢一厂进行了 7 次试验。试验证明，用攀枝花铁矿资源，不仅能炼出合格的重轨钢，而且其抗张强度 σ_b 接近或超过 1000MPa，伸长率 δ 不小于 10%，常温冲击韧性接近或超过 10J/cm^2，PD1 的化学成分与平炉钢 P71 接近，综合性能达到了中锰重轨钢 AP1 的水平。

23.2.4.2 型钢轧制试验

1970 年攀钢以自己冶炼的生铁，在上钢一厂 30t 氧气转炉炼成 09V、14V、AP3 等钢种，并在包钢轧制成 14 号、16 号、40 号和 56 号轻型工字钢，钢材的强度、塑性及常温冲击韧性都比较好，只有低温冲击值较低；经过采取措施，提高钢中酸溶铝含量，使晶粒度达到 8 级，其 –40℃ 冲击韧性已大于 35J/cm^2，达到了满意的结果。

23.2.4.3 板材轧制试验

1968 年以模拟攀枝花矿炼成铁水在首钢及上钢一厂炼成 09V 钢，复经鞍钢开坯轧成 8 ~ 12mm 中板，经检验，具有强度高、塑性好、焊接性能强等优点，完全能够满足制作油罐车的技术要求。攀钢初轧投产后，又将炼制的 20g 钢锭开坯后送往武钢轧成 10 ~ 24mm 中板，中板屈服强度比其他钢板高 20MPa，并保证了塑性和韧性要求。

23.2.4.4 硅钢片轧制试验

1970 年进行第一次试验，用攀钢生铁在上钢一厂炼成硅钢，然后在每炉钢中取一个钢锭在上海钢铁研究所轧成 100mm 宽的冷轧硅钢片，电磁性能全部合格，高牌号 D340 产品达 60% 以上，个别炉号达到日本产品 G11 的水平。1977 ~ 1978 年进行第二次试验，将攀钢自产的硅钢坯送往鞍钢半连轧厂热轧成卷，再送往太钢第七轧钢厂冷轧并热处理为成品，总成材率为 14.66%，最高牌号为 Z10，成材率及产品性能均达到当时国内最好水平。1979 年进行第三次试验，将攀钢的硅钢坯料送往武钢硅钢片厂冷轧及热处理，总成材率达到 50.55%，高牌号 Q12 的比例达 61.78%。

23.2.4.5　管材轧制试验

1972～1973 年攀钢在钢铁研究所 30kg 及 50kg 高频感应炉上进行了小型冶炼试验，初步确定了套管钢的化学成分及热处理工艺。1974 年在密地机修厂 1.5t 电炉上进行半工业性试验。1975 年又将攀钢轨梁厂轧制的 140mm 及 150mm 管坯送往鞍钢轧成 140mm × 11mm 的管体和 150mm×15mm 的接手料，并进行热处理和加工丝扣。试轧的产品经试用，屈服强度 $\sigma_s \geqslant 550MPa$，氢脆系数不大于 56%，应力腐蚀持续时间 200h 以上，达到了 3000～5000m 深井抗硫化氢套管的要求。

23.3　攀枝花资源战略布局

根据统一计划、统一步骤、分工负责、联合作战的原则，确定攀枝花工业基地建设以钢铁厂为中心，要求围绕这个中心搞好综合平衡。

23.3.1　总体要求

首先由冶金部提出攀枝花钢铁厂的内部配套综合平衡计划，根据一期工程的年产钢规模，拟定采矿、选矿、烧结、炼焦、炼铁、炼钢、轧钢以及联合企业各个辅助部门的相应规模，提出技术要求和钢铁联合企业的设计任务书；其次以攀枝花钢铁厂的建设规模和生产需要，向国家有关部委局办提出外部的配套项目建设计划和要求，其中包括煤炭部门的炼焦用煤和工业用煤，电力部门的发供电需求，机械工业部门的成套设备制造，铁道部门的铁路支线建设，交通部门的公路网络建设布局，工程建设部门的施工能力，物资部门的物资供应，劳动部门的职工人数计划，邮电部门的通讯设施，卫生部门的医疗设施，教育部门的学校计划，银行和商业部门的网点建设，蔬菜基地规划，城市规划等。各部门根据这些要求提出各自的建设计划以及相互间的协作关系，最后综合为工业基地的初步建设计划和城市建设发展规划。

冶金工业部给重庆黑色冶金设计院、长沙黑色金属矿山设计院和鞍山焦化耐火材料设计院下达了《攀枝花联合企业设计任务书》。提出"攀枝花钢铁联合企业是西南地区以攀枝花为中心的第一个钢铁企业，它包括弄弄坪钢铁厂、攀枝花铁矿及密地选矿厂，设计规模为年产钢 100 万吨、生铁 100 万吨、钢材 70 万～80 万吨，铁矿年开采总量为 1200 万吨"。要求设计 750m³ 高炉 3 座，预留 1 座，80t 氧气顶吹转炉 3 座，其中 1 座吹炼钒渣。铁矿山工程分两期连续建设，第一期开采朱家包包矿区，建设规模年产铁矿 500 万吨，供弄弄坪钢铁厂；第二期开采兰家火山及尖包包矿区，所产精矿外供其他厂使用。选矿厂建设总规模为年处理原矿 1200 万吨左右，第一期建设规模为年处理原矿 500 万吨左右，产铁精矿 200 万吨左右，并预留回收钴、钛等元素所需设施的余地。

23.3.2　项目选址

20 世纪 60 年代中期攀枝花基地调查组从乐山经泸沽、西昌到攀枝花，先后考察了 11 处可供建设钢铁厂的厂址，包括盐边的弄弄坪、西昌的小庙、礼州、牛郎坝、德昌的巴洞—宽裕—王所、米易的挂榜—丙谷、乐山的黄田坝—太平场和九里的临江河北岸等。按照中央当时提出的"靠山、分散、隐蔽"的要求，以及尽量节约用地、不占或少占良田的原则，还有建设钢铁厂必需具备的条件，多数在踏勘过程中已被否定。

1964 年 7～11 月，攀枝花筹建小组继续组织选厂工作，同时对四川宜宾以及贵州、云南一些地方又作了调查并进行比较。推荐了 6 处备选厂址，并对备选厂址的建设规模提出了初步设想：盐边弄弄坪，可建年产 100 万吨钢的钢铁厂；西昌牛郎坝，可建年产 200 万吨钢的钢铁厂；乐山太平场，可建年产 70 万吨钢的钢铁厂；云南昆明，可建年产 50 万吨钢的钢铁厂；云南宣威和贵州威宁，均可建设年产 100 万吨钢的钢铁厂。如果全部建设达产，年产钢能力可达 600 万吨。

在广泛进行厂址调查的基础上，经过反复分析对比，意见逐步集中在 3 处，即乐山的太平场、西昌的牛郎坝和盐边的弄弄坪。

乐山选址，其优点是：地域广阔，土地较平坦，土石方工作量小，地震烈度低，水源充足，又靠近大城市，工农业基础好，建设速度快，还可以减轻攀枝花工业区的施工压力。缺点是：乐山少煤无铁，远离资源，并要占用大量良田，更不符合当时"靠山、分散、隐蔽"的要求。

牛郎坝选址，其优点是：距西昌仅 15km，有城市为依托，生活供应困难较小，有面积约 5km² 的场地，附近有一定的铁矿资源，可以建设较大的钢铁联合企业，并有发展前途。缺点是：距离煤矿和水源较远，占用农田多达 6000 亩（1 亩 =（10000/15）m²），同农业争水，铁路通车时间比攀枝花约晚一年。地震烈度高达 8 度。

弄弄坪选址，其优点是：矿产资源得天独厚，有巨型的攀枝花铁矿，有中型的宝鼎煤矿，距贵州水城大型煤矿 752km，比西昌、乐山运距小，区内有丰富的石灰石、白云石等辅助原料，厂区周围有原始森林，可为建设提供木材；金沙江、雅砻江水源充足，还有丰富的水力资源；厂区大部分是荒地，占用农田极少；地震烈度为 7 度，不需要采取过多的防震措施；成昆铁路南段修通比西昌可早一年。主要的问题是：厂区土石方工作量大；取水扬程高，约 110m，耗电多；所在地区农业不如西昌；在 30km 范围内几个建设项目同时施工，施工组织和生活供应均较困难。

以上 3 个厂址方案，经过反复比较，多数人主张选择在盐边弄弄坪，也有一部分人主张选择在乐山。

23.3.3 设计遵循的原则

设计遵循的原则：

（1）坚持"以农业为基础"。坚持"以农业为基础"，不占和少占良田好地，充分考虑支援农业的措施。

（2）树立战备观念。树立战备观念，平时使用云南永仁、羊场和贵州水城、盘县焦煤，战时使用永仁、华坪当地焦煤；平时生产重轨、大型钢材，战时转产部分军用钢材。

（3）生产工艺求新，生活设施从简。生产工艺求新，生活设施从简，积极采用国内外行之有效的新工艺、新技术、新设备、新材料，生活上贯彻"干打垒"精神，职工家属下农村，实行厂社结合、工农结合。

（4）充分利用积压设备。充分利用积压设备，"复活"设备资金，加快建设速度。

（5）总图布置考虑防空要求。总图布置考虑防空要求，尽可能采取分散隐蔽伪装措施，分散部分生产车间，适当预留发展余地。

（6）有利企业管理。有利企业管理。工厂实行两级管理，技职人员集中在厂部，服务到班组，干部参加劳动，工人参加管理，生产工人参加维护检修，实行亦工亦农制度。

（7）专业化生产与协作相结合。专业化生产与协作相结合，工业区内设置区域机修厂，既为矿山、钢铁厂生产备品备件，也为其他工厂承担部分机修任务。

（8）充分考虑综合利用。充分考虑综合利用，转炉回收钒渣，利用高炉水渣、转炉煤气和加热炉余热，治理工业废水和生活污水，变废为利。

23.3.4 工程勘察

冶金勘察公司武汉分公司于 1964 年 9 月进入厂区和矿区，着手进行场地测量和工程地质、水文地质勘察工作。在弄弄坪厂区，对厂区自然条件、地质岩性结构、土壤物理力学性质、水文地质条件、地震、构造及自然地质等情况进行了全面的勘察。1964 年 11 月提出了《关于西昌钢铁公司弄弄坪厂址稳定性与建厂适应性的工程地质评价》，1965 年 1 月提出《四川省西昌钢铁公司弄弄坪冶金厂厂址初步设计阶段工程地质勘察报告书》。与此同时，四川、云南两省卫生防疫站对金沙江水质卫生状况进行了检验，并于 1965 年 1 月初提出《水质卫生检验报告书》。中国科学院地球物理研究所对弄弄坪及其周围地震情况进行了考察，于 1965 年 3 月提出《弄弄坪地区地震基本烈度的初步意见》。四川省气象局工作组也于 1965 年 1 月提出《弄弄坪地区风向调查报告》。

在攀枝花矿区，冶金勘察公司武汉分公司 107 队在西南地质局测绘大队和冶金勘察武汉分公司二队以往工作的基础上继续勘察，1964 年完成了矿区大地测量，随后由 103 队对原有测量控制网进行改造，1965 年 11 月完成了 III 等水准和 IV 等三角测量，1966 年 1 月提出了测量成果。武汉分公司 202 队根据矿山初步设计阶段工程地质勘察的要求，对攀枝花 0.06km^2 的工业场地和朱家包包 0.05km^2 工业场地进行了勘察，1964 年 12 月提出了两处场地可以作为天然地基的结论。武汉分公司 102 队于 1965 年 4 月承担了密地地区的测量任务，同年 6 月底完成。1967 年 7 月以后，昆明勘察公司接替了武汉勘察公司的全部工作，继续承担了攀枝花钢铁联合企业的全部工程地质勘察任务，积极有效地配合各个时期的设计工作。

23.3.5 厂区设计

弄弄坪厂地狭窄，地质条件复杂，东西长仅 3km，南北宽 0.8km，面积约为 2.5km^2，横向自然坡度高达 10%，且有 5 条大冲沟、两条断裂带。在这个狭小的场地上，布置一个大型钢铁联合企业，难度很大。按照当时苏联的设计规范，大型钢铁联合企业的总图布置要"三大一人"，即大平地、大厂区、大铁路，工厂布置成"人字形"，自然坡度不得超过 5%，厂区建筑系数为 22% ~ 25%。如果照此办理，就得用几年时间搬走 3000 × 10^{4}m^3 土石方，把山坡削平，即使做到这一点，也只能布置一个年产钢 60 万 ~ 80 万吨的钢铁厂。

承担厂区设计的重庆、长沙、鞍山等冶金设计院和铁道部第二设计院的设计人员，没有拘泥于外国的规范，他们本着"总图上摆得下，运输上通得过"的原则，一方面同在一块总图板上布置设计方案，一方面深入现场，在场地上用仪器测量，"一比一"地放大样。他们考察了 100 多个国外总图布置和相应的技术经济指标，先后做出了 50 多个总图方案，经过反复比较，集思广益，最后择优推荐一个比较理想的总图布置方案。这个方案，把生产和使用铁水、钢锭、铁渣、钢渣等炽热货流，需要用铁路运输的炼铁、炼钢、铸铁、初轧、轨梁、渣场等生产设施摆在标高基本相同的台地上，把具有独立生产的机修、耐火材料等厂安排到主厂区之外，这样就在弄弄坪厂地摆下了一个年产150万吨钢的大型钢铁联合企业。

在总图设计中，设计人员高度协作，打破了历次规划中将工厂铁路站与钢铁厂串联布置的办法，采取了并联布置。这样做，增强了工厂铁路站对钢铁厂规模变化的适应性，并增加了铁路服务的扇面，充分利用了弄弄坪坡地。铁道部同意了这一方案，并把原拟放在弄弄坪的全区工业站移至密地，又为弄弄坪总图布置让出了地方。

在总图设计中，设计人员还从山区地形的实际出发，合理利用坡地，尽量减少土石方工作量。对厂区土石方量做了30多次平衡，计算了16万个数据，最终选出一个经济合理的竖向布置方案，把钢铁厂的各项生产设施布置在4个大台阶和23个小台阶上，相邻的阶差在 $5 \sim 21m$ 之间，大大超出了前苏联工业区工业规划管理中"各台阶的高差不得超过 $1.5 \sim 2m$"的规定。另外，还利用台阶斜面布置了若干建筑物。

在总图设计中，还根据物料性能和山区特点，因地制宜地采用多种运输工具，形成多种运输方式同时并举的运输体系。对大宗原燃料如烧结矿、冶金焦等全部采用胶带运输，减少了厂区铁路长度和站场设施；对铁水、钢锭、铁渣、钢渣等炽热货流，则采用铁路运输，并且使用了6号曲线尖轨道岔，做到省地、高效、安全；对部分颗粒物料，采取因势利导的自流水力输送；对水、风、气、汽采用管道输送；初轧和轨梁间的钢坯，采取两库合并办法，冷坯过跨用牵引车运送，热坯用辊道输送；石灰石矿采用架空索道运输；小宗物料采用汽车运输。此外，矿山铁矿石的运输采用了平硐溜井开拓方式，减少了大量的盘山铁路；选矿厂的矿浆利用坡地实行自流，节约了大量砂泵。

经过周密的总图布置，钢铁厂区主要利用荒地，占用农田只有177亩，厂区建筑系数高达34%，平均每吨钢占地仅一个多平方米。这个设计开创了大型钢铁厂总图布置的先例，被人们誉为"象牙微雕"，为在山区建设大型钢铁厂闯出了一条新路子。

工厂设计中尽量采用先进工艺、先进技术和先进装备。炼铁采用了国内首创的用普通高炉冶炼高钛型钒钛磁铁矿的工艺和国外行之有效的先进经验，炉料采用100%的自熔性烧结矿、含硫0.5%以下的焦炭，冶炼采用1200℃的高风温和0.15MPa炉顶压力的高压操作。炼焦采用36孔大容积焦炉，热效率高，加热均匀，能耗低，焦炭强度高，劳动生产率高。炼钢120t氧气转炉和 $130m^2$ 烧结机不仅在国内型号最大，而且机械化、自动化程度高。初轧机结构较国内同类型设备合理，操作方便。轨梁轧机品种适应性强，轧制能力和作业率高，并设有全国第一条重轨全长淬火作业线。

23.3.6 矿区设计

1964年，长沙黑色金属矿山设计院210队进驻攀枝花矿区，根据冶金部下达的设计任务书着手矿区设计。设计队研究了矿山实际情况，根据设计任务书的要求，提出以下方案：（1）在已经探明的朱家包包、兰家火山、尖包包、倒马坎、公山、纳拉箐6个矿区中，以前3个矿区为前期开采对象。（2）兰家火山矿区剥采比最小，铁路工程量小，达产时间快，基建副产矿石多，矿山建设程序按先兰家火山，次尖包包、后朱家包包的顺序进行为宜。（3）根据技术上可能和经济上合理的原则，矿山建设规模为年产铁矿石1350万吨，其中兰家火山500万吨、尖包包150万吨、朱家包包700万吨；矿石采剥总量4601万吨，平均剥离系数为每吨矿石剥离废石 2.4t。（4）矿石技术标准，根据矿体赋存特点和开采技术条件，采取高、中、低品位混合开采办法，以单一品种送往选矿，采出矿石平均含铁 31.3%，二氧化钛 11.42%、五氧化二钒 0.31%，矿石最大块度 1000mm。（5）矿山开拓运输方案，兰家火山和尖包包采用平硐溜井开拓，工作面用 25t 自卸汽车运输，朱家包包采用铁路上山办法。采出矿石均以准轨铁路运往选矿厂。（6）矿山建设进度，兰家火山和尖包包 1967 年开始剥离，1969 年和 1968 年分别投产；朱家包包 1967 年剥离，1971 年投产。1974 年达到 1350 万吨设计规模。

选矿厂布置在矿区东南 4.6km 密地新村北面的荒山坡上，占地约 50 公顷，场地自东而西基本平顺，坡度不大。设计方案是：（1）建设规模为年处理原矿 1350 万吨，产钒钛铁精矿 564.3 万吨；（2）矿石采用三段开路破碎流程，最终破碎粒度达到 25mm 以下；（3）选矿采用二段磨矿阶段磁选流程；（4）选出的钒钛磁铁精矿含铁 54%、二氧化钛 14%、五氧化二钒 0.6%，铁的回收率为 72%；（5）排出的尾矿经 2 个直径 100m 的浓缩池浓缩后，扬送至金沙江南岸马家田尾矿场储存；（6）矿石中钛、钴等伴生金属回收，因未做试验研究，在场地上预留位置，待以后进行。

除了采选主体工程外，在矿区选择了 10 个排土场，分别布置在五道河、朱家包包、兰家火山、尖包包等处，其中五道河两侧的万家沟及马家湾两处均为铁路排土场，是全矿区最大的排土场，可堆放岩土 5 亿立方米，其余为汽车排土场。矿区采用铁路运输方案，由密兰、密朱铁路及厂区联络线组成。密兰线承担兰家火山、尖包包两个采场的矿石运输任务，由溜井底部的板式给矿机装车，运至密地选矿厂破碎站，以自身侧翻装置卸车。密朱线承担朱家包包采场矿石及岩土运输任务。矿山开采后期，密兰线通过兰家火山平硐经由采场固定崖道可与密朱线接通，从而形成矿区铁路环形运输系统。其他方面还有矿山机修、汽车修理、炸药加工以及供电、供水、通讯等辅助生产设施等，使整个矿区形成一个以铁矿采选为主体的矿山生产体系。

矿区初步设计于 1965 年 11 月完成，经冶金部审查，12 月 6 日获得批准，接着转入施工图设计。1966 年施工图完成后，适值西昌四一〇厂取得新的选矿试验成果，于是将选矿的两段磨矿改为一段磨矿，并将精矿年产规模调整为 588 万吨。其他方面也有修改补充。

在矿区设计中，设计人员针对山脚至最高开采标高近 500m、地形坡度在 35°以上的情况，大胆构思，科学地利用山区地形，创造性地提出了露天矿采用平硐溜井开拓运输方案，利用矿石自重装车，克服运输困难。具体方案是：在采矿矿体内布置了 3 个直径 5m、深 400 多米的大溜井，溜井下部掘有运输平硐，使用（3～4）m×8m 重型板式给矿机，装入 100t 侧卸式液压自翻矿车，以 150t 电机车牵引输出。这个方案的特点是：大溜井随采场开采一道下降，岩矿运输不倒段，可以最大限度地缩短矿岩运距，简化工艺环节；采出的直径 1m 以上的大矿块可以不经破碎，飞泻溜井装车外运；同时还针对这一新型工艺的特点，采取了一套预防"跑""砸""堵""溜"事故的应变措施。选矿厂利用从原矿破碎站到精矿仓 108m 的高差，把工厂布置在山坡上，利用矿浆自流，减少了泵站设施和运输胶带，简化了生产工艺，取得了较好经济效果。

1973 年以后，随着矿区建设发展和管理体制的变更，出现了原设计的某些环节与新情况不相适应的问题。到 1980 年止，经过冶金部批准的重大设计修改和补充共有 6 次。主要内容有：（1）增加兰尖、朱家包包铁矿和密地选矿厂的机修、电修、汽车保养、仓库等设施。（2）改革朱家包包开拓运输系统和采剥方案，实行汽车场外倒装，矿岩分流，减少铁路运量。采用陡帮分期开采横向推进的采剥工艺，选择矿体厚大、出露条件好、岩石覆盖较薄的半箐沟西侧（东山头、南山头、狮子山东头），为先期强化开采区段，由东向西推进，同时放缓狮子山西部铁路曲线部分的推进，以平衡前后期的采剥比。（3）改变采场组织。将朱家包包 5 个山头划分为东、西两个采场，营盘山、徐家山组成西露天采场，狮子山、东山头、南山头组成东露天采场，等矿山开采进入中期、西采场的营盘山和徐家山降到兰家火山同一水平时，即可将其划入兰尖铁矿，形成统一的采场。（4）将兰家火山平硐以下的矿石运输与朱家包包的深部运输系统进行统筹安排，尽量利用兰家火山现有平硐运矿。

24 攀枝花钛资源利用

攀枝花钛资源利用以钒钛磁铁矿为原料起点，将含钛物料选别为以钛铁矿为主的钛精矿和以钛磁铁矿为主的铁精矿，铁精矿以钢铁利用为主线，将钛富集在高钛型高炉渣中，形成新的钛利用起点，通过资源化再处理多用途开发利用钛；钛精矿选别以选铁尾矿为原料，全面回收了粒状钛精矿，通过细磨离解板状和针状钛铁矿，兼顾回收微细粒级钛精矿，通过工艺改进提高了资源阶段的钛回收率，钛精矿深度加工阶段生产了钛渣、人造金红石、钛黄粉和富钛料等，精细加工生产了专业化硫酸法钛白，通过矿渣利用生产钛铁合金和钛复合合金，在攀枝花地区形成了比较完整的钛产业链。

24.1 攀枝花钛精矿选别

钛矿物主要是钛铁矿和钛铁晶石，钛铁晶石的分子式为 $2FeO \cdot TiO_2$，具有强磁性，呈微晶片晶，与磁铁矿致密共生，形成磁铁矿 - 钛铁晶石连晶（即钛磁铁矿），在磁选过程中以钛磁铁矿进入精矿，钛铁矿是从矿物中回收钛的主要矿物，主体为粒状，其次为板状或粒状集合体，晶度较粗，主要混存于磁选尾矿，经过弱磁选—强磁选—螺旋、摇床重磁选—浮硫—干燥电选，得到钛精矿、次铁精矿和浮硫尾矿。

24.1.1 选钛技术发展

1971 年以前，长沙矿冶研究所及其他有关科研和生产单位，曾以钛精矿品位 45% 为目标，采取重选法、浮选法、重—浮结合法的磁—重—浮流程进行选钛试验，同时进行回收钴、镍的试验。通过试验，可以获得含二氧化钛 45% 左右的钛精矿。这种钛精矿当时被认为不能满足钛冶炼方面的要求，用来制造钛白粉等也嫌 TiO_2 品位偏低。1971 年以后，各研究单位把选钛试验研究的重点放在了提高钛精矿的质量方面，目标是把钛精矿的品位提高到 48% 以上，同时尽可能地降低钛精矿中的钙和镁的含量。

1979 年攀枝花冶金矿山公司建成年产 5 万吨钛精矿的选钛厂，处理公司选矿厂的部分选铁尾矿。1990 年又扩建到年产 10 万吨，从而成为全国最大的钛铁矿生产厂家。工艺流程由重选、磁选、浮选、电选组成，主要回收 0.045mm 以上粒级。由于存在生产工艺及装备问题，选钛厂一直存在钛回收率低的问题。随着采场向深部开采，选钛入选物料中适合原工艺流程的有效粒级（0.40~0.045mm）含量已从原先的 60% 降到了 40% 左右，选钛工艺流程的不合理性越来越突出，由于设备落后，水、电和备件消耗量大，生产成本高。经过不断的科技攻关和技术革新，到 2004 年选钛厂接取攀钢选矿厂生产的全部选铁尾矿作为选钛原矿，现已形成以"重选—电选"为主体的粗粒钛铁矿回收生产线和以"强磁—浮选"为主体的细粒钛铁矿回收生产线及一条硫钴精矿回收生产线。目前攀钢选钛厂已形成实际年生产能力 45 万~47 万吨钛精矿，成为国内模最大的原生钛铁矿选矿厂之一。

24.1.2 选钛装备选择

选钛装备围绕重点工序的高效和产品达标展开。

（1）浓缩、分级、脱泥装备。选钛浓缩分级脱泥设备发展经历 2 次阶段性的跨越：第一阶段是新型高效浓缩分级箱的研制，并成功取代四室水力分级机；第二阶段是斜板浓缩分级箱的研制和应用。

（2）强磁装备。选钛工艺流程先后采用 $\phi1500mm \times 1000mm$ 湿式笼式永磁强磁机和强磁选机，目前在选钛厂生产使用的强磁设备有立环式脉动高梯度强磁机和高梯度强磁机。

（3）重选装备。先后采用铸铁螺旋溜槽和螺旋选矿机。目前采用刻槽螺旋溜槽。

（4）电选装备。先后使用了多型电选机，同时对电选设备改造后使用。

（5）浮选装备。先后采用了多型号规格的浮选机。

24.1.3 选钛技术优化

粗、细粒原矿采取适合各自特点的处置措施：对粗粒部分，按照"强磁抛尾—粗粒再磨—强磁精选—浮选"的流程展开；对细粒部分，采用"强磁抛尾—强磁精选—浮选"的流程进行优化改造，优化改造完成后，形成粗、细粒级两个选钛系统。

次铁精矿回收流程是对选钛过程中产生的次铁精矿进行集中回收处理，形成铁精矿生产线。铁精矿回收流程内部结构为：粗粒分级（细粒直接进入分级）—磨矿——次精选—二次精选—扫选，通过此流程得到最终铁精矿，同时将铁精矿回收产生的尾矿返回钛铁矿回收流程。

硫钴矿回收流程是对浮钛作业前的浮硫作业所得的粗硫精矿进行集中回收，虽然选钛厂现有硫钴矿回收流程，但由于流程结构的不完善，大量硫钴矿从尾矿中流失。

浮选尾矿回收是针对浮选尾矿按照"强磁抛尾—分级—脱铁—强磁—磨矿—浮选"的流程展开。

24.1.4 选钛装备水平的提高

选钛装备水平随着认识水平的提高逐步提升，选择-配套-优化并重，不断满足选钛技术质量要求。

24.1.4.1 筛分设备

A 隔粗设备

对于物料隔粗，选钛厂先后使用过直线筛、反冲式圆筒筛、SLon 圆筒筛、圆振筛，均存在筛网堵塞、物料输送困难、工作环境差等问题。新型筛分系统是筛机直线振动与局部电磁振动形成复合运动的复振筛，配以弧形筛组合成的新型筛分系统，采用新的振动原理，利用电磁激振器驱动振动系统激振筛网，并伴有筛机的直线振动。弧形筛的大量脱水和复振筛的复合振动作用可达到提高筛分效率、加大处理量、降低筛上物料水分的目的。系统具有操作简单，性能稳定，效率高，功耗低，动载小，自清理筛网等特点。筛网采用聚氨酯筛网。

B 细筛设备

MVS 系列电磁振动高频振网筛叠层筛是在 MVS 普通系列单层电磁筛的基础上新开发的一种产品，它有多层独立的筛箱，上下重叠安装在同一机架上，每层筛箱独立工作，互不影响。这样就相当于在原一台筛机的占地面积上又增加了多台筛机的处理面积。多层筛箱结构相同，布局紧凑，大大减少了筛机的占地面积。

选钛细筛采用 5 叠层德瑞克筛，德瑞克筛具有筛分效率高、筛网开孔率高且使用寿命长、动力消耗低、操作维护简单的特点，具体如下：

（1）最大可实现五路并联，扩展了德瑞克细筛原有的多路给料原理；（2）直线振动配合 $15° \sim 25°$ 的筛面倾角，筛分物料流动区域延长，传递速度更快，具有更大的筛分能力和筛分效率；（3）配置德瑞克独有的可张紧、高开孔率、寿命长的耐磨防堵聚酯筛网（细达 0.10mm），确保最低的筛分成本；（4）配置重复造浆槽，最大限度从给料中筛除细粒级物料。

24.1.4.2 浓缩分级设备

高频振动变形式斜板浓密分级设备主要特点：（1）分级浓缩通道的集成模式，保证各通道作业的稳定性和同一性；（2）斜板组模块化，多个模块组合与集成使设备大型化，安装维护方便；（3）分级浓缩过程在独立的斜板通道内分别完成，保证设备获得高而稳定的分级浓缩效率；（4）根据矿浆性质和作业要求，进行斜板通道的变形设计，使设备发挥最佳效能；（5）抗静电、耐磨损、表面光滑疏水的特殊高分子材料加工的斜板，板面不粘接矿泥；（6）斜板组模块间歇式高频微振，对斜板板面进行自动清洗，斜板板面不堆积物料，通道不堵塞，分级浓密效率大于 70%；（7）底流采用二级阀门控制。

24.1.4.3 强磁设备

采用国内先进和成熟的高梯度强磁机，具有转环立式转动、反冲精矿、配有脉动机构等结构特点。且具有富集比大、分选效率高、不易堵塞、对原矿适应性强、操作维护方便等优点。

针对攀枝花钒钛磁铁矿的特点，对磁介质进行研制开发，同时对配电、密封、隔渣、耐磨等问题进行特别改造。流程中，一段强磁选前采用一段隔粗和脱铁，能有效去除粗渣和原矿中的铁，有利于设备的维护，更有利于流程的连续、生产的稳定、强磁产品质量的保证，在高效脱铁的同时又能减少钛的流失。

24.1.4.4 提高浮选粒度上限

粗粒浮选时采用 0.154mm 粒度界限为浮选入浮粒度上限。将钒钛磁铁矿回收钛铁矿的浮选粒度界限由原来的 −0.074mm 扩大到 −0.154mm，钒钛磁铁矿中回收粒度 −0.154 ~ +0.074mm 粒级钛铁矿采用"弱磁除铁——一段强磁—磨矿筛分分级—二段强磁—浮选"工艺流程，分级采用高效旋流器 + 德瑞克筛组合，筛孔尺寸 0.15mm + 0.18mm 组合筛网。

24.1.4.5 尾矿浓缩处理

尾矿浓缩处理一直是许多选矿厂的棘手问题，处理不当，将给生产、环境带来影响，进而影响大局，通过专门针对尾矿浓缩处理进行研究，将浮选尾矿集中处理，使浮选药剂更加少接触尾矿，保证绝大部分矿物有正常沉降速度，同时在尾矿浓缩设施中设置自动控制添加絮凝剂，提高沉降速度，尽可能实现尾矿的高浓度输送和循环水充分利用，针对浮选尾矿含药剂、pH 值在 5 ~ 6，浮选尾矿的絮凝剂采用相对分子质量在 500 万 ~ 800 万的聚丙烯酰胺和石灰。

24.1.5 选钛能力提升

2000 年以后选钛技术理论和装备水平提高以及下游钛矿市场扩大刺激拉动了选钛能力

的提升，攀枝花民营企业介入选钛，对存量尾矿和表外矿进行再利用，形成了五个大型选钛基地，分布在攀枝花两县两区，参与企业众多，经济成分多杂，生产能力放大迅速，2012 年达到创纪录的 2200kt/a。

24.2 攀枝花钛精矿高品质化利用尝试

针对攀枝花钛精矿高钙镁的特点，国内高校和科研院所进行了大量高品质化试验生产的有益尝试，以冶炼钛渣和制造人造金红石作为两条主线，开展了密闭电炉连续加料、配碳方式、明弧或半明弧、薄料层操作、稳定炉况操作条件等系列研究，先后采用 24kV·A、100kV·A、187kV·A、250kV·A、400kV·A、650kV·A、1800kV·A、3200kV·A、6000kV·A 和 22.5MW 各种规模的电炉，做了攀枝花钛精矿预氧化球团、预还原球团和粉矿直接入炉冶炼酸溶性钛渣 3 种原料方式的半工业性和工业性试验，生产出氯化钛渣和酸溶性钛渣，积累了丰富的试验数据和经验。

24.2.1 冶炼钛渣

攀枝花钛精矿具有钙镁高和成分稳定的特点，岩矿资源丰富，属于综合回收利用，备受重视和关注。

24.2.1.1 攀枝花钛精矿球团冶炼高钛渣试验

1978 年，在宣钢五七厂 400kV·A 电炉、阜新铁合金厂 400kV·A 电炉、锦州铁合金厂 1800kV·A 电炉和遵义钛厂 6000kV·A 电炉冶炼攀枝花钛精矿试验的基础上，锦州铁合金厂用 3000kV·A 和 1800kV·A 两台电炉同时进行攀枝花钛铁矿球团料冶炼高钛渣试验，试验目的是为熔盐氯化工业试验提供钛渣原料。试验共投矿 300t，生产出 134t 高钛渣，高钛渣的成分基本稳定在 82% TiO_2，$\Sigma(CaO + MgO) = 7.94\%$，冶炼过程炉况稳定，但冶炼回收率低，仅为 83.3%。试验钛渣化学成分见表 24 - 1，还原生铁化学成分见表 24 - 2，主要技术经济指标见表 24 - 3。

表 24 - 1 试验钛渣化学成分 （%）

成 分	TiO_2	ΣFe	Al_2O_3	SiO_2	Cr_2O_3	V_2O_5	MnO	CaO	MgO	P	C	S
含 量	82.41	3.01	2.24	3.30	<0.06	<0.20	0.97	0.85	7.09	0.0075	0.19	1.01

表 24 - 2 还原生铁化学成分 （%）

成 分	C	Si	Mn	P	S	Ca	Mg	Ti
含 量	2.25	0.25	0.15	0.05	1.15	微量	微量	微量

表 24 - 3 钛渣主要技术经济指标

组 元	钛精矿 （t/t 钛渣）	石油焦 （t/t 钛渣）	焦炭 （kg/t 钛渣）	纸浆 （t/t 钛渣）	电极 （kg/t 钛渣）	炉前电耗 （kW·h/t 钛渣）	冶炼回收率 /%
指 标	2.20	0.404	19.88	0.231	57.50	3560	83.30

1979 年，锦州铁合金厂和北京有色金属研究总院在锦州铁合金厂 1800kV·A 电炉上

再次进行了攀枝花钛精矿团料冶炼酸溶性钛渣工业试验，试验共投料 205.5t，冶炼 64 炉，试制出平均含 TiO_2 78.2% 的酸溶钛渣 108t，经酸溶性试验测定平均酸解率为 94.5%，在上海东升钛白厂以硫酸法生产出合格钛白，钛渣的主要技术经济指标见表 24-4。

表 24-4　钛渣主要技术经济指标

成　分	钛精矿 (t/t 钛渣)	石油焦 (t/t 钛渣)	纸浆 (t/t 钛渣)	电极 (kg/t 钛渣)	炉前电耗 (kW·h/t 钛渣)	动力电耗 (kW·h/t 钛渣)	冶炼回收率 /%
含　量	1.907	0.270	0.110	35.0	2487	200	90.30

　　球团料冶炼钛渣工艺过程是先将攀枝花钛精矿加入纸浆等混捏成球团，球团烘干后再入敞口电炉冶炼，整个工艺过程过于繁琐，钛的回收率较低，为 90.3%。另外，炉料中加入纸浆、敞口电炉冶炼使大量的有毒气体和粉尘进入大气，污染环境，而且产品钛渣中硫含量高达 1.01%，副产半钢硫含量达 1.15%，加大了半钢应用或进一步深加工的难度，无法实现产业化。

24.2.1.2　攀枝花钛精矿氧化焙烧—密闭电炉冶炼钛渣半工业试验

　　1980~1981 年，北京有色金属研究总院、锦州铁合金厂、沈阳铝镁设计研究院在实验室做了攀枝花钛铁矿氧化焙烧脱硫条件试验，然后将 187kV·A 敞口电炉进行密闭后做了冶炼钛渣的探索试验。在此基础上，沈阳铝镁设计研究院完成了 187kV·A 密闭电炉的设计，锦州铁合金厂制造并安装了回转窑和 187kV·A 密闭电炉。

　　1982 年在 $\phi0.54m \times 8m$ 的回转窑中进行了氧化焙烧脱硫试验，回转窑转速为 2.2r/min，烧成带温度为 900~1050℃，加料速度为 700kg/h，窑利用系数为 $7.2t/(m^3 \cdot d)$，柴油消耗为 43kg/t 矿。此后进行了密闭电炉冶炼钛渣试验，其中连续冶炼 20d，冶炼钛渣 128 炉，酸溶性钛渣 103 炉，氯化钛渣 5 炉，两广（广东和广西）矿高钛渣 20 炉，生产钛渣 22t。冶炼攀枝花矿酸溶性钛渣的主要技术经济指标为：（1）钛铁矿含 TiO_2 46%，含硫 0.46%，氧化后的炉料含硫 0.038%，脱硫率 91.7%~95%；出炉铁水含硫 0.12%~0.15%。（2）钛渣 $\sum TiO_2$ 75.04%，含硫 0.1%。（3）消耗冶金焦 206kg/t 钛渣，石墨电极 27kg/t 钛渣，电耗为 2650kW·h。（4）TiO_2 回收率为 98.3%。（5）每吨钛渣煤气发生量为 340m^3（CO 78% 左右）。

　　试验结果表明，采用连续加料开弧冶炼的方法可以实现密闭电炉连续冶炼钛渣，与敞口炉相比，密闭电炉冶炼钛渣有如下优点：（1）热损失减少，电耗降低，回收率提高。187kV·A 电炉作开口炉冶炼试验时，每吨攀枝花矿酸溶性钛渣（品位折合 75% $\sum TiO_2$）电耗为 2873kW·h，TiO_2 回收率为 89%。用密闭电炉试验时，每吨攀枝花矿酸溶性钛渣（品位折合 75% $\sum TiO_2$）电耗为 2650kW·h，TiO_2 回收率为 98.3%。（2）冶炼操作在密闭的还原性气氛下进行，避免了石墨电极的高温氧化和还原剂的氧化烧损，因此电极和还原剂的消耗比开口电炉分别减少 50% 和 28%。（3）无噪声，尘粉少，无须进行繁重的捣炉作业，有利于环境保护和劳动条件的改善。（4）炉况稳定，基本上消除了因电流波动大而引起的短路跳闸现象，有利于安全操作。（5）可回收利用电炉煤气，减少能源消耗。

24.2.1.3　攀枝花钛精矿预还原—密闭电炉冶炼钛渣半工业试验

　　1980~1982 年攀钢和贵阳铝镁设计研究院进行了"攀枝花钛精矿预还原—密闭电炉冶炼酸溶性钛渣"实验室试验和扩大试验，1983 年完成了全流程半工业性试验。

（1）钛精矿回转窑预还原试验。在实验室小试验基础上，1981～1982 年在链箅机一回转窑装置上进行了 5 个周期试验，第一、二周期着重对球团的性能和设备适应性进行考察。第三、四周期主要做各种条件试验和连续运转试验，连续运转时间为 16d 和 36d。第五周期考察使用褐煤工艺操作条件并为密闭电炉试验备料。

（2）预还原球团冶炼钛渣试验。1981 年末，在 100kV·A 可倾动有盖电炉中进行了冶炼工艺条件试验，连续冶炼 121 炉。冶炼过程电流稳定，渣面平稳，出渣后不用捣炉可继续加料进行冶炼，出炉时渣铁畅流，分离良好。在此基础上，用 250kV·A 密闭电炉做了预还原球团冶炼钛渣电参数条件试验，并就试验获得的最佳参数进行连续冶炼和对比试验。试验主要考察了不同二次电压对钛渣冶炼过程的影响和入炉料对冶炼效果的影响。

（3）半钢炼钢试验。钛渣试验冶炼得到的半钢与国内钛渣厂冶炼的半钢相比，含硫量大幅度下降，Si、Mn、P 等杂质也很低，因此可代替废钢，直接冶炼成低合金钢和碳素结构钢。试验组用 0.5t 电弧炉冶炼 15Cr、30Cr 低合金钢以及 50 号碳素结构钢，其成分合乎部颁标准。

（4）钛渣酸溶性试验。对含 TiO_2 75% 左右的钛渣进行分批抽样测定，平均酸解率大于 94%。攀枝花钛精矿预还原—密闭电炉冶炼钛渣半工业试验最终结果如下：在 $\phi0.4m$ ×7m 回转窑中，用褐煤预还原攀枝花钛精矿，连续运转 36d，球团金属化率为 45% ～ 50%，煤耗为 1.87t 褐煤/t 金属化球团，球团含硫量为 0.066%，综合脱硫率为 92.4%，回转窑利用系数为 0.570t 球/$(d·m^3)$，钛回收率为 95.29%，回转窑运转顺利。钛精矿预还原球团在 250kV·A 密闭电炉进行 19d 的钛渣冶炼试验，共冶炼 110 炉。冶炼过程操作平稳，炉料自沉，不结壳。其中连续冶炼 62 炉，实现了连续加料，连续冶炼，定期出炉。总共生产酸溶性钛渣 10.316t，半钢 4.297t，钛渣含 TiO_2 平均 75.35%，半钢含硫平均 0.101%。每吨钛渣消耗还原球 1.55t，石油焦 73.28kg，石墨电极 16.02kg，电 1862 kW·h，TiO_2 回收率为 99.05%。

钛渣和半钢含硫量降低，钛渣含硫量符合硫酸法制钛白的要求，酸解率平均大于 94%，半钢不经炉外脱硫，可代替废钢冶炼出合格的低合金钢（15Cr，30Cr）和碳素结构钢。预氧化和预还原—密闭电炉冶炼钛渣，能够达到炉况稳定和脱硫的双重目的，工艺可靠，设备顺行，具有较好的技术经济指标，但同时也带来了两个明显的问题：（1）工艺流程增长；（2）总能耗增加。从而影响经济效益的进一步提高，因此，攀钢开展了粉矿直接入炉冶炼钛渣试验。1983 年进行了探索性试验，1984 年在 250kV·A 密闭电炉上做了 58 炉条件试验，1985 年又做了 68 炉补充试验和 33 炉连续试验。得到 TiO_2 75.67% 的钛渣，$\Sigma(MgO+CaO)$ 为 10.82%。粉矿直接入炉小试与预氧化和预还原工艺指标对比结果表明：（1）粉矿直接入炉工艺能耗仅为预氧化的 79%，预还原的 52%；（2）粉矿入炉工艺电耗为 2070kW·h，是预氧化的 78%，预还原的 111%；（3）成本对比分析表明，粉矿入炉工艺的成本分别为预氧化的 85% 和预还原的 97%。

24.2.1.4　大型化基础试验

1997 年攀钢研究院、攀钢西昌分公司、北京有色研究总院和贵阳铝镁设计院在攀钢西昌分公司 3200kV·A 电炉上进行了工业试验，目的是考察连续加料工艺在电炉放大后的冶炼规律，考察过去试验结果的重现性以及对现有 3200kV·A 电炉设备的适应性，为下一步条件试验和连续稳定试验打下基础，为进一步改造设备提供依据。本次试验共冶炼了 7

炉，加入钛精矿 35.6t，冶金焦 3.36t，产钛渣 23.874t，半钢 8.836t，电耗为 2277kW·h/t 渣，电极消耗为 23.87kg/t 渣，TiO_2 收率为 96.81%。

24.2.1.5　混合矿试验

2001 年攀钢研究院和攀钢钛业公司用攀枝花钛精矿和云南钛精矿两种原料，在 650kV·A 敞口电炉上进行了半工业试验，首先探索冶炼品位为 TiO_2（80±2）% 的钛渣配矿比、配碳比以及供电制度对钛渣品质的影响，然后在云南陆良 1800kV·A 敞口电炉上进行了攀枝花矿配加 50% 云南矿、云南矿和攀枝花矿冶炼钛渣工业试验，共消耗钛矿 772t，其中攀枝花矿 478t，冶炼 270 炉，生产钛渣 417.7t。

钛渣出炉后采用喷水急冷措施，大大降低了产品中金红石相的含量，钛渣成品的金红石量仅为 TiO_2 总量的 4%～6%，按钛渣品位 TiO_2 80% 折算，钛渣中金红石的实际含量仅为 3.2%～4.8%，与加拿大钛渣金红石含量相当，可提高钛渣酸解率。试验采用三种不同的钛矿原料，冶炼出了 5 种品位的钛渣，为探索不同钛渣酸解制取钛白工艺提供了原料。钛渣品位与冶炼电耗对比表明，攀枝花钛精矿配加 50% 云南钛矿冶炼酸溶性钛渣的合理经济品位是 TiO_2（77±2）%，全云南矿冶炼酸溶性钛渣的合理经济品位是 TiO_2（80±2）%。试验结果表明，采用传统生产氯化钛渣的敞口电炉，在二次电压不调整的条件下可冶炼酸溶性钛渣，试验期间炉况稳定顺行，采用试验确定的炉料配比和供电制度可以稳定得到试验要求的钛渣产品。

24.2.1.6　钛渣的多元发展

2002～2012 年攀枝花建成多台次 1800kV·A、3200kV·A、6300kV·A 和 12500kV·A 的中小型电炉，利用云南矿和攀枝花矿根据市场需要冶炼氯化钛渣或者酸溶性钛渣。

24.2.1.7　大型化钛渣电炉

2005 年攀钢集团开始建设 6 万吨钛渣生产厂（18 万吨钛渣项目一期工程），该生产线引进乌克兰钛渣生产技术，于 2006 年建成投产 1 台 22.5MW 电炉，2011 年建成投产 2 台 22.5MW 电炉；2008 年攀枝花金江钛业有限公司开始建设 30MW 矩形连续加料钛渣电炉，2011 年建成投入试生产。

24.2.1.8　深还原钛渣

国家"六五""七五"和"十二五"规划期间，利用攀枝花 54% TFe 和不大于 12% TiO_2 的钒钛磁铁精矿与非焦煤混合添加黏结剂，制作含碳煤基还原球团，在回转窑和转底炉约 1100℃高温还原气氛中还原磁铁矿中的氧化铁形成含铁的金属化球团，根据电炉熔分的条件不同而不同，有深还原钛渣和熔分钛渣，主要含钛物相是黑钛石（赋存有镁），它的酸溶性较好，条件控制好时可得到单一的黑钛石含钛物相，是最为理想的情况。在电炉熔分时条件控制不好，得到的钛渣中除黑钛石外，还会有少量的塔基洛夫石、钛铁矿、钛晶石、金红石、钛辉石和低价钛氧化物、碳化钛等物相，其物相结构较为复杂，处理难度较大。

2008 年攀钢和龙蟒相继建成以转底炉为特征的中试线进行系统攻关。

24.2.2　人造金红石

攀枝花钛精矿由于钙镁含量高被认为只适合硫酸法钛白生产，经过多年的努力现已经形成了具有典型代表性质的人造金红石工艺和示范工厂。

24.2.2.1　盐酸法人造金红石

中国攀枝花钛铁矿是一种原生钛铁矿，采用盐酸浸出时，矿中铁被溶解进入溶液的同时，钛也以 TiO^{2+} 离子形式进入溶液，其后 TiO^{2+} 离子又发生水解以水合 TiO_2 形式析出，这是产品中存在细粉的原因。为了解决盐酸浸出过程中的粉化问题，使产品基本保持原矿粒度，用低温（750℃左右）预氧化，然后用流态化塔进行多段逆流浸出的方法，这种方法曾在重庆天原建成生产厂。

以攀枝花钛铁矿（47%左右 TiO_2）为原料，可生产出含90%左右 TiO_2 的人造金红石；攀枝花钛精矿在加压浸出球中直接浸出可生产出品位更高的人造金红石，过程中所产生的细粒产品作为钛黄粉出售，此法以强磁选攀枝花钛铁精矿（含49% TiO_2）为原料，在自贡东升钛黄粉厂形成生产线，可生产出含94% TiO_2 的人造金红石。

24.2.2.2　还原磨选富钛料

以攀枝花钛精矿为原料，采用干燥筒装置将冷压（黏结）球团干燥（温度在360℃），以利于降低富钛料生产工序的能耗。干燥筒出来的热球团（温度在300℃左右）直接进入隧道窑还原，隧道窑采用煤气加热（1250℃），球团中的杂质氧化铁被一同加入的还原剂煤在隧道窑中还原成金属铁。

在隧道窑中还原得到的热金属化球团经筒式冷却器在隔绝空气的条件下冷却，冷却后的富钛料在球磨机中磨细后经磁选机分离富钛料（约75% TiO_2）和铁粉，得到富钛料，铁粉送氢还原车间进行二次还原。铁粉中少量铁的氧化物在带式硅碳棒电热还原炉内被氢气还原（800~1000℃），还原用的氢气由液氨气化后，在分解制氢装置内 800~850℃ 条件下，经催化剂（Z204）作用下裂解为75%的氢气和25%的氮气，并吸收 21.9kcal 热量。氢还原后的铁粉在冷却器氮气保护下冷却得到成品微合金铁粉。

24.2.2.3　钛渣升级研究

由于攀枝花钛精矿与 QIT 钛矿化学成分非常相似，因此 QIT 酸溶性钛渣升级工艺非常值得借鉴。2002 年攀钢进行了开发适合氯化法高品质钛原料的研究。该项目的技术特点是流态化氧化技术、流态化还原技术和流态化高温高压浸出除杂提纯技术。2003 年完成了实验室流态化氧化、还原、浸出设备的设计与建设。经过一年多的实验室试验研究，得到了适合氯化法钛白生产的钛原料，工艺可以使钛渣中的 MgO + CaO 降低到 1.2% 以下（要求1.5%），满足氯化钛白生产要求。

24.2.3　攀枝花矿高钙镁钛原料氯化

攀枝花钛精矿经过冶炼或者化学处理得到钛渣和人造金红石，分别进行了适应性氯化测试试验。

24.2.3.1　攀枝花钛渣氯化

A　有筛板沸腾氯化

1977~1978 年，冶金部贵阳铝镁设计院完成了攀矿高钛渣沸腾氯化的理论研究，并于1980 年在遵义钛厂的 $\phi600$ 内径、装配电预热有筛板沸腾氯化炉上完成了两次工业试验，取得良好的试验结果。试验钛原料是遵义钛厂用攀枝花钛精矿在 6000kV·A 电弧炉上冶炼得到的高钛渣。钛渣化学成分及粒度分布见表 24-5 和表 24-6。

表 24-5　攀枝花钛精矿冶炼高钛渣的化学成分　　　　　　　　　　　　（%）

试　样	TiO$_2$	ΣFe	Al$_2$O$_3$	MnO$_2$	SiO$_2$	MgO	CaO
1	81.57	3.01	2.28	0.95	3.32	6.75	1.58
2	80.08	4.67	2.07	1.34	2.86	7.28	1.72

表 24-6　攀枝花钛精矿冶炼高钛渣的粒度分布　　　　　　　　　　　（%）

粒级/μm	380	250~380	180~250	150~180	120~150	109~120	96~109	80~96	75~80	75
1	0	23~25	0	13.05	8.6	7.1	5.2	2.6	3.65	36.45
2	21	0	20.2	0	14.6	0	11.7	0	5.1	27.2

石油焦化学成分和粒度分布见表 24-7 和表 24-8

表 24-7　石油焦的化学成分

试验阶段	化学成分/%			
	固定碳	挥发分	灰分	水分
1	85.69	10.28	0.91	3.12
2	87.26	8.97	0.99	2.78

表 24-8　石油焦的粒度分布

试验阶段	粒度组成/%			
	250μm	120~250μm	75~120μm	75μm
1	58.00	16.8	12.2	13
2	73	17.7	8.9	0.4

　　两次工业试验表明：Σ(MgO+CaO)=8%~10%、TiO$_2$=80% 左右的攀矿高钛渣与石油焦按 100:42 的配料，在 φ600 内径、装配电预热有筛板的沸腾氯化炉进行沸腾氯化生产 TiCl$_4$ 在技术上是可行的。

　　试验主要参数见表 24-9，粗 TiCl$_4$ 化学成分见表 24-10。

表 24-9　试验主要操作参数

项　目	高钛渣:石油焦（质量比）	加料量/kg·h^{-1}	通氯量/kg·h^{-1}	氯气压力/kPa	氯化炉反应温度/℃	沸腾压力/kPa
数　量	100:(40~50)	270~290	390~410	3~4	1100±50	(2.76~9.2)×10^{-2}
项　目	氯化炉出口气体温度/℃	淋洗入口温度/℃	尾气温度/℃	系统压力/kPa	尾气含氯/%	粗 TiCl$_4$ 的固液比
数　量	>700	90~120	8~12	(0~2)×10^{-3}	<1	<1

表 24-10　粗 TiCl$_4$ 的化学成分　　　　　　　　　　　　　（%）

试验阶段	TiCl$_4$	SiCl$_2$	FeCl$_3$	FeCl$_2$	V	AlCl$_3$	固液比
1	99.57	0.158	0.02	<0.002	0.015~0.017	≤0.17	<0.1
2	99.71	0.227	<0.02	<0.015	0.021	0.234	0.53

　　注：第1试验阶段：20.5~23.3t TiCl$_4$/(m^2·d)；第2试验阶段：约26.58t 粗 TiCl$_4$/(m^2·d)。

原料单耗见表 24 – 11。

表 24 – 11　原料单耗　　　　　　　　（t/t TiCl₄）

试验阶段	高钛渣	石油焦	氯 气
1	0.583	0.277	1.484
2	0.594	0.248	1.307

两次工业试验表明：81%～83%的镁和23%～28%的钙在沸腾氯化过程中随氯化物混合气体排出氯化炉进入后部系统，其余钙镁随炉渣排出。钛的收率见表 24 – 12。

表 24 – 12　钛的收率　　　　　　　　（%）

试验阶段	钛的实际收率		备 注
	未回收泥浆中 TiCl₄	回收泥浆中 TiCl₄	
1	88.66	92.71	泥浆中 TiCl₄ 回收率按80%计
2	88.01	92.19	

B　无筛板沸腾氯化

用 $\phi600mm$ 无筛板沸腾氯化炉进行攀枝花钛精矿钛渣（TiO_2 品位78.28%，$\Sigma(MgO+CaO)=8.11\%$）氯化制取四氯化钛的试生产过程中，采用通氯高温氯化、适当增大配碳比、5～6h 排一次炉渣等技术措施，氯化炉的沸腾状态稳定，床层中钙镁氯化物含量富集到25%～30%，反应良好。炉况正常，排渣顺畅。获得了合格的四氯化钛产品。氯化炉的产能为 26.60～29.76t $TiCl_4/(m^2 \cdot d)$。

试验所用高钛渣是 1982 年遵义钛厂用攀枝花钛精矿作为原料在 6000kV · A 电弧炉冶炼而成的。其化学成分及粒度分布见表 24 – 13 和表 24 – 14。

表 24 – 13　攀矿高钛渣的化学成分　　　　　　　　（%）

化学成分	TiO₂	ΣFe	Al₂O₃	MnO₂	SiO₂	MgO	CaO
含 量	78.28	3.81	1.68	1.08	3.08	6.81	1.30

表 24 – 14　攀矿高钛渣的粒度分布

粒度范围/μm	380	180～380	120～180	96～120	75～96	75
含量/%	0	0	8.6	5.2	3.65	36.45

试验用石油焦化学成分见表 24 – 15。

表 24 – 15　石油焦的化学成分　　　　　　　　（%）

成 分	固定碳	挥发分	灰 分	水 分
1 号石油焦百分含量	91.29	1.07	7.36	0.28
3 号石油焦百分含量	85.52	11.82	1.12	1.12

氯气为遵义碱厂生产的工业纯氯，含氯量大于99.5%，水分小于0.5%。

$\phi 600mm$ 无筛板沸腾氯化炉的关键技术在炉底结构，炉底的主要技术参数见表 24 - 16。

表 24 - 16　炉底的主要技术参数

项　目	炉底底角/(°)	喷嘴孔径/mm	下排管率/%	上排管数/根	下排管数/根	开孔率/%
数　量	45	18	42.9	8	6	1.26

试生产的主要操作参数见表 24 - 17。

表 24 - 17　试验主要操作参数

项　目	反应温度 /℃	炉顶温度 /℃	加料量 /kg·h⁻¹	通氯量 /kg·h⁻¹	高钛渣：石油焦① （质量比）
数　量	1100 ± 50	>600	330 ~ 340	420 ~ 450	100：48
项　目	通氧量 /m³·h⁻¹	尾气压力 /Pa	炉压差 /Pa	尾气含氯 /%	粗 $TiCl_4$ 的固液比
数　量	90 ~ 120	30 ~ 100	-10 ~ -20	1 ~ 3	<0.5

①石油焦中，85% 为 3 号焦，15% 为 1 号焦。

粗 $TiCl_4$ 产品的成分见表 24 - 18。

表 24 - 18　粗 $TiCl_4$ 产品的化学成分　　　　　　　（%）

试验阶段	$TiCl_4$	$SiCl_3$	$FeCl_4$	$FeCl_2$	V	$AlCl_3$	固液比
含　量	99.57	0.121	0.002	0.0049	0.0107	0.123	<0.5

C　沸腾氯化工业试验

遵义钛业公司用攀枝花矿钛渣进行了沸腾氯化生产四氯化钛的工业试验，试验目的是为了验证 CaO、MgO 含量较高的高钛渣经无筛板沸腾氯化生产粗 $TiCl_4$ 的可行性。试验原料为遵义钛厂自产的攀枝花矿高钛渣。含 CaO、MgO 较高，$\sum(CaO + MgO) = 6.71\%$，其化学成分见表 24 - 19，粒度为 -0.047mm 占 23.25%。还原剂采用 3 号石油焦（固定碳含量 84.73%）；电解氯气为镁电解车间的阳极氯气，含氯量较低（62.33%）。试验在 $\phi 1200mm$ 无筛板沸腾氯化炉上进行，炉底主要技术参数为：$\alpha = 52°$，$D = 25mm$，喷嘴数 25 个，开孔率 1.09%。其主要操作条件见表 24 - 20。

表 24 - 19　攀枝花矿高钛渣化学成分　　　　　　　（%）

化学成分	TiO_2	TFe	MgO	CaO	SiO_2	$AlCl_3$	Mn
含　量	84.86	3.19	5.38	1.33	2.33	1.54	0.30

表 24 - 20　主要操作条件

项　目	高钛渣：石油焦	加料量/kg·h⁻¹	通氯量/kg·h⁻¹	反应段温度/℃	排渣周期/d
含量/%	100：45	910	1276①	950 ~ 1100	6

①其中电解氯 476kg/h（折算成 100% 氯气），纯氯 800kg/h。

工业性试验结果表明，钛的氯化率达 97.23%，钛回收率为 83.76%，$TiCl_4$ 单炉产能为 22.1t/(m²·d)，粗 $TiCl_4$ 的质量符合企业标准，经精制后生产出合格的海绵钛。沸腾床

层内 $\sum(MgCl_2 + CaCl_2)$ 的含量达 18.03%，反应良好，沸腾状态稳定，炉况正常，排渣顺畅，排出的炽热炉渣呈疏松的颗粒状，流动性良好。炉渣中碳含量为 61.43%，TiO_2 含量较低，这表明过剩碳随着氯化过程的进行而逐步地富集在床层内，并形成了以碳为主体的沸腾床层。

24.2.3.2 人造金红石的沸腾氯化

A 有筛板沸腾氯化

1982 年天津化工厂、冶金部有色金属研究总院、东北工学院、沈阳铝镁设计院以及攀枝花钢铁研究院在天津化工厂 $\phi600mm$ 有筛板（直孔性石墨分布板，开孔率为 0.815%）沸腾氯化炉上，以西昌太和钛精矿和攀枝花钛精矿选择性氯化扩大试验所得的高镁金红石为原料进行了沸腾氯化试验。

主要原料人造金红石化学成分见表 24 – 21，粒度分布见表 24 – 22。

表 24 – 21　高镁人造金红石化学成分　（%）

化学成分	TiO_2	Fe_2O_3	Al_2O_3	MnO	MgO	CaO
西昌太和矿金红石	79.26	6.79	5.12	0.42	4.71	0.50
攀枝花矿金红石	83.37	6.43	2.70	0.18	5.19	0.55

表 24 – 22　高镁人造金红石粒度分布　（%）

粒级/μm	380	250 ~ 380	180 ~ 250	150 ~ 180	120 ~ 150	109 ~ 120	96 ~ 109	80 ~ 96	75 ~ 80	75
西昌太和矿金红石	0.1	0.2	1.3	1.3	4.9	21.8	0.3	14.3	5.8	50.0
攀枝花矿金红石	0.2	0.7	4.7	2.1	9.8	24.6	0.3	12.2	3.9	41.5

石油焦化学成分见表 24 – 23。

表 24 – 23　石油焦的化学成分　（%）

成 分	固定碳	挥发分	灰 分	水 分
1	81.33	12.47	2.70	3.50
2	76.29	13.23	3.48	7.00

试验主要操作参数见表 24 – 24。

表 24 – 24　主要操作参数

项 目	反应温度/℃	气体空膛线速/m·s^{-1}	加料量/kg·h^{-1}	氯气流量/kg·h^{-1}
数 量	980 ~ 1100	0.13 ~ 0.14	290 ~ 340	430 ~ 460
项 目	排渣周期/h	金红石:石油焦	炉顶压力/kPa	沸腾压差/kPa
数 量	4	100:44	0.2 ~ 0.4	5.20 ~ 11.04

用 $\phi600mm$ 有筛板沸腾氯化炉进行高镁人造金红石（其中 $\sum(MgO + CaO)$ =5.21% ~ 5.78%）氯化制取四氯化钛试验表明：采用高温氯化、高气速、加碳稀释、增加排渣次数等技术措施，对分散床层中的钙镁氯化物十分有效。其中 62.3% 的镁随炉气带出炉外，床层中 $MgCl_2$ 富集到 13.8%，$CaCl_2$ 富集到 2.6% 时，床层的沸腾状态良好，没有出现局部富集黏结和搭桥现象。钛的回收率为 86.7%，氯化炉的产能为 30.18t $TiCl_4/(m^2 \cdot d)$。每

吨 $TiCl_4$ 的单耗见表 24 – 25。

表 24 – 25　每吨 $TiCl_4$ 的单耗

项　目	金红石	石油焦	氯　气
数量/t	0.586	0.258	1.238

B　无筛板沸腾氧化

1982 年广州有色金属研究院与遵义钛厂以广东江门电化厂选择氯化制备的攀矿人造金红石为原料，在遵义 $\phi 600mm$ 无筛板沸腾氯化炉上进行了两阶段工业试验。

主要原料人造金红石化学成分见表 24 – 26，粒度分布见表 24 – 27。

表 24 – 26　攀矿人造金红石化学成分　（%）

化学成分	TiO_2	TFe	TiO	Al_2O_3	MnO	MgO	CaO
含　量	80.10	4.46	6.60	1.17	0.20	6.60	0.88

表 24 – 27　攀矿人造金红石粒度分布

粒度范围/μm	250	180 ~ 250	120 ~ 180	96 ~ 120	75 ~ 96	75
百分含量/%	12.3	8.9	34.7	22.5	12.4	9.2

石油焦化学成分见表 24 – 28，粒度分布见表 24 – 29。

表 24 – 28　石油焦的化学成分

成　分	固定碳	挥发分	灰　分	水　分
含量/%	86.95	9.23	0.84	2.98

表 24 – 29　石油焦的粒度分布

粒度范围/μm	250	180 ~ 250	120 ~ 180	96 ~ 120	75 ~ 96	75
含量/%	57.6	8.8	11.1	8.5	4.7	9.3

试验主要操作参数见表 24 – 30。

表 24 – 30　试验主要操作参数

项目	反应温度/℃	氧气流量/$m^3 \cdot h^{-1}$	加料量/$kg \cdot h^{-1}$	氯气流量/$kg \cdot h^{-1}$	金红石:石油焦	排渣周期/d
数量	900 ~ 1050	4 ~ 8	270 ~ 290	350 ~ 380	100:(42 ~ 45)	5.5

$\phi 600mm$ 无筛板沸腾氯化炉的主要结构参数见表 24 – 31。

表 24 – 31　$\phi 600mm$ 无筛板沸腾氯化炉的主要结构参数

项目	沸腾段内径/mm	扩大段内径/mm	炉子高度/mm	炉内壁倾角/(°)	喷嘴孔径/mm	上排喷嘴距炉底法兰/mm	上排管数/根	下排管数/根	下排管率/%	喷嘴孔径/mm	开孔率/%	下排喷嘴距炉底法兰/mm
数量	600	1750	8282	45	45	120	8	6	42.9	16 ~ 18	1 ~ 1.26	120

用 φ600mm 无筛板沸腾氧化炉进行攀矿人造金红石（其中，TiO_2 为 80.10%，$\sum(MgO + CaO)$ 为 7.48%）氯化制取四氯化钛试验表明：采用通氧高温氯化、加大配碳比等技术措施，炉内反应状态良好，钛的氯化率高（97% 左右），排渣顺利，炉内没有结块。虽床层内的钙镁氯化物富集到 20% ~ 25%，沸腾状态也良好，炉底排渣顺畅。其中 2/3 的 $MgCl_2$ 随炉气进入收尘系统，其余随炉渣排出；约 30% 的 $CaCl_2$ 随氯化物混合气体进入收尘系统，其余随炉渣排出。

氯化炉的产能达 28 ~ 31t $TiCl_4/(m^2 \cdot d)$，$TiCl_4$ 的实际收率为 92%。每吨 $TiCl_4$ 的单耗见表 24 - 32，粗 $TiCl_4$ 的化学成分见表 24 - 33。

表 24 - 32　每吨 $TiCl_4$ 的单耗

项　目	金红石/t	石油焦/t	液氯/t	氧气/m^3
单　耗	0.65	0.30	1.47	18.4

表 24 - 33　粗 $TiCl_4$ 产品的化学成分

试验阶段	$TiCl_4$	$SiCl_4$	$FeCl_3$	$FeCl_2$	V	$AlCl_3$	固液比
含量/%	>99.51	0.15	<0.02	<0.02	0.0043	0.094	<0.2

2004 年攀钢与遵义钛业有限公司以"十五"规划期间工业试验的 36t 粗粒级人造金红石为原料在遵义钛业公司 φ800mm 沸腾氯化炉上进行了沸腾氯化制备 $TiCl_4$ 工业试验，金红石与云南钛精矿冶炼钛渣混合作为氯化钛原料。

主要原料人造金红石化学成分和粒度分布见表 24 - 34 和表 24 - 35。

表 24 - 34　人造金红石化学成分

化学成分	TiO_2	TFe	SiO_2	CaO	MgO	Fe_2O_3
含量/%	91.04	—	4.21	0.48	0.46	3.83

表 24 - 35　人造金红石粒度分布

粒级/mm	>0.45	0.125 ~ 0.45	0.09 ~ 0.125	0.074 ~ 0.09	<0.074
含量/%	—	35.8	45	8.8	10.6

工业试验所用高钛渣为云南高钛渣，化学成分见表 24 - 36，粒度分布见表 24 - 37。

表 24 - 36　云南高钛渣化学成分

化学成分	TiO_2	CaO	MgO	TFe	SiO_2	MnO	Al_2O_3	V
含量/%	88.05	0.17	1.68	4.47	2.50	1.07	1.68	0.26

表 24 - 37　云南钛渣的粒度分布

粒级/mm	>0.45	0.125 ~ 0.45	0.09 ~ 0.125	0.074 ~ 0.09	<0.074
含量/%	4.5	57.8	4.7	15.6	17.4

石油焦化学成分见表 24 - 38。

表 24 - 38　石油焦的化学成分　　　　　　　（%）

编　号	固定碳	挥发分	水　分	灰　分	备　注
SYJ - 1	89.83	9.32	3.92	0.85	第一轮试验
SYJ - 2	79.78	9.68	4.72	5.82	第二轮试验

补充液氯的浓度为 99.06%，电解氯气的体积分数为 61% ~63%。

主要设备型号及参数见表 24 - 39。主要工艺参数见表 24 - 40。

表 24 - 39　主要设备型号及参数

项目	沸腾氯化炉	冷凝收尘器	管式过滤器	套式冷凝器	淋洗塔
规格	$\phi800mm \times 9700mm$	$\phi2600mm \times 9700mm$	$\phi840mm \times 1650mm$	$25m^3$	$\phi465mm \times 6000mm$
数量	1	2	1	3	2 ×3

表 24 - 40　试验主要工艺参数

编号	项　目	第一轮试验	第二轮试验		
1	金红石配比/%	100	50	80	100
2	运行时间/h	43.67	29	30.4	26.1
3	起炉温度/℃	330	617	633	600 或 590
4	炉顶平均温度/℃	450	659	548 ~636	577 ~624
5	配碳比/kg:kg	100:27	100:31	100:31	100:37
6	钛原料加料速度/kg·h^{-1}	298	266	172	224
7	纯氯平均质量流量/kg·h^{-1}	600		249.4	
8	电解氯平均体积浓度/%	62	61.15	61.33	61
9	混合氯气平均质量浓度/%	71.2	87.23	87.3	87.16

人造金红石按 50%、80% 和 100% 的比例配入高钛渣，在遵义钛业 $\phi800mm$ 沸腾氯化炉上进行氯化试验，其 TiO_2 收率分别达到 98.44%、95.34% 和 95.85%，钛的总收率达到 96.02%、95.12% 和 94.61%，氯化炉的产能分别为 26.26t 粗 $TiCl_4/(m^2 \cdot d)$，17t 粗 $TiCl_4/(m^2 \cdot d)$ 和 22.2t 粗 $TiCl_4/(m^2 \cdot d)$。试验结果表明，人造金红石按 50% 配入高钛渣中作沸腾氯化的原料是完全可行的，但随着人造金红石配比量的增加，氯化炉系统热量不够，还需补充热量。氯化炉内温度是影响人造金红石氯化效率的主要因素，炉内温度越高，人造金红石中 TiO_2 的氯化率越高。由于人造金红石粒度较细，密度较小，在遵义钛业公司现有工艺条件下，氯化炉内的反应段上移，增加了后续系统的负担。

遵义钛业公司 $\phi800mm$ 沸腾氯化系统排渣周期短（6 ~16h），CaO 含量 0.5% 左右的人造金红石在沸腾氯化过程中生成的钙、镁氯化物没富集到影响氯化炉床层沸腾状态的程度。

24.3　高钛型高炉渣利用

攀枝花矿经选矿后约 50% 的钛进入铁精矿，在随后的高炉炼铁中基本进入高钛型高炉渣。攀钢目前已累计生产 TiO_2 含量为 22% ~25% 的高钛型高炉渣约 6000 万吨，并以每年约300万吨的速度递增，其中每年约70万吨二氧化钛资源进入高炉渣中被废弃。目前，攀钢高钛型高炉渣采取堆放方式，高钛型高炉渣经年堆积，既造成钛资源的极大浪费，又占用土地，污染环境。因此经济有效地提取攀钢高炉渣中的钛和消除渣害是攀钢高炉渣综合利用的关键所在。

24.3.1 非提钛利用高钛型高炉渣

针对攀钢高钛型高炉渣量大和利用难度大的特点，国内科研院所和相关企业进行了非提钛利用高钛型高炉渣研究。

（1）作混凝土的骨料。1973年以来，冶建总院和十九冶建研所对攀钢高炉渣的性能及应用进行试验表明：攀钢高炉渣作为混凝土骨料的技术性能与普通矿渣和天然碎石相近，其主要性能可以达到质量标准，用粒径5~40mm攀钢高炉渣作粗骨料的基本力学性能能满足要求。1985年攀研院炼铁室用攀钢高炉渣作原料，进行了采用转鼓法干粒化制砂作混凝土的骨料研究，攀钢建安公司也曾用攀钢水淬高炉渣代替天然砂配制混凝土和砂浆的试验，都表明粒化渣砂可以代替河砂用。前苏联下塔吉尔钢铁公司也曾将含钛高炉渣破碎后作碎石用，同时通过磁选回收其中的金属铁。攀钢钢研院于2003年对攀钢高炉渣用作混凝土粗骨料进行了系统研究，结果表明，用高钛高炉重矿渣碎石可以代替普通碎石配制混凝土，且混凝土的性能指标与普通碎石配制的混凝土相当。

（2）用作混凝土掺和材料。攀钢钢研院与西南科技大学合作，于2003年进行了攀钢高钛高炉渣作混凝土掺和材料的研究，结果表明，磨细高钛高炉渣等量取代20%~30%的水泥时，完全可以配制出高性能混凝土和高强混凝土，其28d抗压强度与纯水泥基准混凝土相当，90天强度普遍高于基准混凝土，胶凝材料用量在350kg/m³以上时，磨细高钛高炉渣等量取代30%的水泥，可配制出普通混凝土。掺加磨细高钛高炉渣混凝土的耐久性完全满足国际技术要求，与掺普通矿渣和粉煤灰的混凝土相当，在实际工程中的应用效果令人满意。

（3）用于生产卫生瓷板。重庆硅酸盐研究所曾将液态的攀钢高炉渣（1350℃）加热到1500℃，用浇注成型和离心成型法制做出不同外观的矿渣微晶玻璃，并用于制备卫生瓷板、内外墙砖、铺地砖及耐腐耐磨管道，该工艺可以利用熔渣的热量，可节能，但只做了实验室研究。

（4）用于生产釉面砖、陶瓷砖和地砖。1986年攀研院和仁和瓷厂合作，用攀钢含钛水淬高炉渣和当地陶土配料制备成了符合国家标准的釉面砖，其工艺比传统工艺烧成温度低，可节省能源，延长窑炉使用寿命。四川轻工业研究所曾在实验室小试中用含钛高炉渣制备陶瓷砖、地砖等各种成品，其指标性能达到了同类产品的要求。

（5）用于制备微晶铸石和耐碱玻璃纤维（或矿棉）。四川省建材工业科研所用含钛高炉渣、石英和氟化钙在坩埚窑和小型池窑中加热熔化，经澄清、保温后拉丝进行浇注，做成微晶铸石，经离心浇注做成微晶铸石管，用以代替铸铁、钢材和橡胶作某些设备的内衬，但成本较高。另外，他们以含钛高炉渣为主要原料，配加部分石英砂和萤石，在窑炉中熔化（1500℃左右），然后在1220℃左右拉制成玻璃纤维或吹制成耐碱矿棉。

（6）用作原料生产石油压裂支撑剂。攀枝花环业冶金渣开发有限责任公司于2004年以一级轻烧铝矾土、攀钢高钛高炉渣和二滩铝矾土生料等为主要原料，HY复合烧结剂为辅助原料，采用喷雾造粒加糖衣机后处理技术，研制出了成本低、强度高、导流能力好的高强度石油压裂支撑剂，产品质量达到国际先进水平。

（7）用作原料生产新型墙体材料。攀钢钢研院与西南科技大学合作，利用攀钢高钛高炉渣为主要原料研制新型墙体材料，开发出了空心率为52%的小型矿渣空心砌块和MU15实心免烧砖，小型矿渣空心砌块的综合性能指标达到MU10的水平，实心免烧砖达到一级品，墙体材料中高炉渣的掺量最高可达85%。

（8）目前攀钢高炉渣的主要利用途径。目前攀钢高炉渣的处理都由攀枝花环业冶金渣开发有限责任公司来进行，每年可利用高炉渣380万吨，不仅可完全消耗掉攀钢每年产生的约300万吨的高炉渣，也开始消耗以前堆积的高炉渣，其主要利用途径有：用于回填约200万吨，作混凝土粗骨料140万吨，作混凝土用砂30万吨，其他用于生产矿渣微粉、砌块和路面砖约10万吨。除以上利用方法外，环业公司还积极投入科研力量开发如石油压裂支撑剂等高附加值的产品。

24.3.2 高钛型高炉渣提钛利用

国内对攀钢高炉渣中提钛技术进行了大量研究，主要有以下几个方面：

（1）攀钢高炉渣熔融电解 Si – Ti – Al 合金。重庆钢铁研究所和重庆铝厂合作曾将攀钢高炉渣破碎、球磨、筛分后，配入一定的 Al_2O_3，进行熔融电解制备成 Si – Ti – Al 中间合金，然后再进行熔炼，可制备成含钛量为 1.0% ~ 1.5% 的 Si – Ti – Al 合金，渣中钛的回收率可达 66.17%，但由于用渣量少，未工业化生产。

（2）含钛高炉渣冶炼 Si – Ti 合金。重庆大学曾用30% TiO_2 高炉渣作原料，高炉渣的配比为 44.6%，用硅热法制备出含钛量为 19.56% 的 Si – Ti 合金，但其生产成本太高，耗电量为 7000kW·h/t。

攀钢与重庆大学以及重庆钢铁公司在国家"八五"规划期间合作研究钛硅合金，并应用于钢种开发。

（3）攀钢高炉渣制取钛白和中品位人造金红石。中南工大在试验室以攀钢高炉渣为原料，H_2SO_4 分解，常压水解制取了焊条级、搪瓷级和颜料级钛白粉，其残渣可用于水泥生产。同时，还进行了制取高品位人造金红石的研究，但只是进行了实验室小试。

（4）攀钢高炉渣提取 TiO_2 和 Sc_2O_3。在"八五"规划期间，攀钢研究院、湖南稀土金属材料研究所、中南工业大学、冶金部建设研究总院对从攀钢高炉渣中综合提取钛、钪等元素进行了联合攻关，采用硫酸分解攀钢高炉渣，使其中钛、钪、铝等元素转入溶液，再从溶液中分别回收这些有用元素的工艺。在完成实验室小试的基础上，进行了扩大试验，试验结果表明：钛的回收率为73.4%，钪的回收率为60%，制取的钛白粉质量达到了 BA01—01 国家标准，三氧化二钪纯度大于 99.99%，残渣制成的渣砖质量达国家 GB 5101—85 标准 200 号要求。

（5）攀钢高炉渣碳化—磁选—盐酸浸出工艺富集 TiC。攀钢研究院将攀钢高炉渣碳化后，采用先磁选后盐酸浸出除杂工艺富集 TiC，TiC 精矿的品位达 60% ~ 64%（以 TiO_2 计），回收率分别为 58.33% 和 80.12%，每吨 TiC 精矿耗酸量分别为 2.43t 和 4.47t。

（6）攀钢高炉渣高温碳化、低温选择性氯化以及氯化渣制水泥。攀钢钢研院就攀钢高炉渣（22% ~ 24% TiO_2）进行过高温碳氮化和低温选择性氯化的研究（国家"八五"攻关项目），碳化条件试验是在 250kV·A 密闭矿热炉上进行的，碳化扩大试验在西昌四一〇厂 2250kV·A 炼钢炉上进行的，其碳氮化率为 90% 以上。并在自行设计的简易沸腾床（ϕ160mm）上进行了氯化试验，氯化温度为 410~510℃，采用连续加料、排渣的方式，连续稳定运行的最长时间达 72h，平均钛的氯化率约为 90%，氧化钙和氧化镁的氯化率分别小于 6% 和 5%，钛的总收率为 80%。其氯化渣经水洗后配以所需的氧化钙后成功烧制成 525 号硅酸盐水泥。

2008 年攀钢建成中试线开展系统攻关。

（7）攀钢含钛高炉渣中钛选择性富集到钙钛矿。东北大学采用 CaO 和 Fe_2O_3 对原高炉渣进行改性处理，在适当热处理条件下，将近 80% 的钛组分进入钙钛矿相中，而且钙钛矿的平均晶体尺寸达 90μm，并采用选矿工艺分选出其中的钙钛矿，再进行钛的提取。

24.4 钛白

1993 年攀钢钛白厂建成投产，初始规模为 4kt/a，经过 4 改 6 和 6 改 10 以及引进消化专业化造纸钛白，2007 建成 40kt/a 金红石钛白生产线，逐步形成专业化钛白产业。2004 年 1 月 13 日渝钛白股份公司发布公告：攀钢集团受让长城资产管理公司渝钛白 900 万股国有股，攀钢成第一大股东。

一批钛白产业企业在攀枝花钒钛产业园区落户：攀枝花兴中钛业有限公司年产 1.2 万吨钛白粉项目 2005 年 3 月 18 日投产；攀枝花鼎鑫钛业有限公司 5000t/a 钛白全钛渣应用硫酸法钛白项目投产；四川卓越钒钛有限公司年产 1.5 万吨钛白粉项目 2006 年 10 月 25 日投入试生产；攀枝花大互通钛业有限公司的年产 3 万吨钛白粉项目 2007 年 11 月 18 日投入试生产；攀枝花钛海科技有限公司年产 4 万吨硫酸法钛白项目 2008 年 8 月投入试生产；攀枝花钛都钛业有限公司年产 2 万吨钛白粉项目 2008 年 11 月投入试生产。

2009 年 3 月 24 日攀枝花安宁工业区攀枝花天伦化工有限公司年产 2 万吨钛白粉项目投产，2009 年 3 月 25 日攀枝花米易东方钛业有限公司年产 4 万吨钛白粉项目投产，2010 年 8 月米易华铁钒钛有限公司年产 5000t 脱硝催化剂载体钛白粉项目试生产。

投产后各钛白企业经过特殊市场定位，经过技改扩能，产能放大明显，14 家钛白企业拥有产能 450kt/a，产品包括锐钛型、金红石和特种专用钛白，分布在攀枝花两区两县。

24.5 钛合金

攀枝花市银江金勇工贸有限责任公司和攀枝花市永泰工贸有限公司于 2005 年采用铝热法生产钛铁，质量标准满足国标要求，被攀钢认证使用，攀枝花市银江金勇工贸有限责任公司部分企业标准 2011 年升格为国家标准。

2006 年四川三洋制钛有限公司投资建成 5000t/a 海绵钛项目，2007 年 10 月生产出攀枝花第一炉海绵钛，标志着攀枝花钛金属生产进入了一个全新时期，攀钢、攀钢企业公司和部分民营企业海绵钛项目于 2009 年和 2011 年投产，攀枝花海绵钛产能达到 2.7 万吨/年的生产能力，形成规模化钛金属生产能力。

2009 年攀枝花攀航钛业有限公司建成真空自耗电极熔炼炉熔锭获得成功，2012 年昆钢集团建成冷床炉熔炼出大规格钛锭，同年攀枝花天明钛业有限公司建成 2kt/a 铸钛生产线。

25　钛产业发展

1789 年，英国传教士兼业余矿冶家威廉·格雷戈尔在所居住的村庄附近发现了一种黑色带有磁性的矿石，经过一连串的试验，测到其中含有 59% 在当时并未发现到的金属元素。格雷戈尔以所居住的区域名命名为 Menaccanite，又称该矿为 Menaccanite。1795 年，德国科学家马丁·克拉普斯从匈牙利山脉中发现一种新的金属氧化物，经过系统分析检验时发现了新的金属氧化物，即是现在的金红石（TiO_2）亦含有此新元素。他以希腊神话中宙斯王的第一个儿子 Titans 将其所发现的金属命名为 Titanic Earth。这两种所发现的金属，后来被证明属于一种元素，学术界仍以 Titanium 命名，但将发现者之名归于格雷戈尔以尊重其贡献。该矿砂以俄境 Ilmen 山区为主要蕴藏地，因此将含有钛金属的矿泛称为 Ilmenite。

25.1　钛产业发展特征

钛产业发展以技术理论突破为引导，高新技术产品为目标，产品—资源—技术—市场—环境互动为动力，体现了技术能力本位建设的重要性。

25.1.1　钛产业的资源性经济特征

钛产业发展凸现资源性经济特征，对钛矿产资源有较强的依赖性，是资源导向经济发展的产物。伴随钛产业的迅猛发展，钛资源消耗明显增加，能源配套需求强劲，钛产业不断延伸和产品精细化发展，多元原辅材料进入产业系统，对硫酸、盐酸、碱和氯气的大宗化工原料依赖较深。按照 1t 钛白需要 2.5t 钛精矿计算，目前 10 万吨/年钛白的钛精矿消耗量为 25 万吨/年，按目前的钛回收率水平折算，将消耗攀枝花钒钛磁铁原矿 1000 万吨/年，消耗硫酸 40 万吨/年，净水耗 300 万吨/年。

25.1.2　钛产业的技术复杂性特征

钛产业具有流程长、工序多和原辅料品种多杂等特点，涉及矿物采选、高温冶金和化工提取过程。矿物处理精细化，高强度和高细度进一步强化了能源需求。工序交叉重复，氨氮等环境敏感因素贯穿，热能和化学能交替转换，能量与物质形式高频度转换，酸碱盐介质使用频繁，聚合—分散—分离切换交替，部分危险化学品介质作为主原料进入生产过程，如硫酸法钛白生产以硫酸作为分解介质，酸解—水解作为主要工艺特点，酸解水解过程中 TiO_2 品级逐步升高达到精细级水平，硫酸则由浓酸逐步稀释；氯化法钛白以氯气作为分解介质，氯化—氧化作为主要工艺特点，氯化氧化过程中 TiO_2 品级逐步升高达到精细级水平，氯气则由高浓度逐步稀释；钛原料处理使用了超强磨矿和有机类捕收剂，部分工艺环节工序可控性差，整个工艺、工序和原料具有强烈环境影响特殊性。

25.1.3 钛产业的产品多重性特征

钛作为稀有金属，矿物与多金属元素伴生赋存，生产过程产品形成一主多副格局，如提钛生产过程可以形成钛矿、钛渣、钛白、海绵钛和钛合金等，过程副产品则包含铁精矿、半钢、稀盐酸、稀硫酸、绿矾、$SiCl_4$ 和 $FeCl_3$ 等，副产品再加工可以形成多元系列产品，主体涉及铁、钒、钛、硫酸盐、氯化物和氧化物等，产品根据品级需要实现差异化，通过再处理和深加工实现其物质价值，而可持续发展目标就是要最大限度减少生产加工过程的废物产生量，使所有物质物有所值和物有所归，实现其应有价值。

25.1.4 资源能源对接结合特征

钛产业发展对资源能源需求强烈，集中度高，产品追求高质量，工艺技术设备追求高效率。

（1）硫酸法钛白与硫酸生产对接结合。硫酸法钛白需要大量硫酸，在酸解和浓缩工序有两个重要的加热环节，消耗大量的蒸汽。硫酸生产在洗涤工序产生大量蒸汽，生产规模与蒸汽产量呈正比。现代硫酸法钛白建设一般与硫酸生产配套，管路输送硫酸，节约物流和储存成本，平衡两大系统的能源使用。

（2）海绵钛与电解镁生产对接结合。克罗尔法海绵钛生产采用镁还原四氯化钛，生成海绵钛和镁氯化物，镁消耗量大。电解镁生产可以同时生产氯气，用于氯化过程。海绵钛与电解镁生产对接结合可以形成钛—镁—氯循环，节约物流和储存成本，平衡三大系统的物质转化使用。

（3）海绵钛与氯化钛白生产对接结合。海绵钛和氯化钛白的中间原料产品为精制四氯化钛，海绵钛和氯化钛白结合对接可以通过兼顾两个市场，最大限度保证四氯化钛生产的平稳顺行。

（4）钛加工与钢铁加工结合。钛加工成型装备与钢铁加工成型装备完全一致，金属塑性加工原理相近，可以使钛加工与钢铁加工结合，降低投资成本，增强专业化加工水平。

（5）钛熔炼与高温合金生产结合。钛熔炼成型装备与高温合金熔炼成型装备完全一致，金属熔炼成型原理相近，可以使钛熔炼与高温合金成型结合，降低投资成本，拓展业务领域，增强专业化熔炼水平。

（6）资源化分流处理系统废物。硫酸法钛白使用钛精矿（或者钛渣）和硫酸作为原料，产品仅有钛白，浓硫酸被稀释为稀硫酸和含酸洗水，钛原料中部分可溶性杂质溶解其中，废酸产生量为8t/t 钛白，硫酸浓度约为20%，钛白稀硫酸与磷酸盐结合生产磷肥和磷酸盐，形成钛—磷结合模式。钛白稀硫酸直接浓缩达到70%，混入酸解酸中使用，形成简单钛—硫利用模式。钛白稀硫酸用于有色金属提取，或者制备有色金属硫酸盐，形成钛—有色金属利用模式，或者钛—有色金属硫酸盐生产利用模式。钛白生产过程主要的铁形成硫酸亚铁被分离后，一方面与制硫酸结合用作冷却剂，回收铁红用于钢铁原料，形成钛—硫—铁利用模式；另一方面钛白副产硫酸亚铁经过水解—沉淀—氧化—分离—煅烧生产铁红铁黑产品，形成钛—铁利用模式；第三，钛白副产硫酸亚铁直接用作净水剂，形成钛—铁系净水剂利用模式。

25.1.5　管理分区与功能分区特征

钛产业企业实施管理分区和功能分区，以钛产品为核心，工序为重点，进行区域功能配置和分区管理，体现不同的管理侧重和要求，可以一体化管理，也可以分层次分级管理。钛矿企业按照采、磨和选功能特点集中分区；钛渣根据冷热分区；人造金红石则根据前处理和后加工的不同特点进行功能分区管理；硫酸法钛白分简单黑区和白区，也可分为主生产区和辅助生产区，按照功能分为原料区、生产区、成品区、辅助区和管理区，大型现代化钛白简单分为硫酸区和钛白区。海绵钛生产与镁电解和钛加工形成功能分区，管理联动。

25.1.6　政治经济社会一体化发展特征

钛产业发展经历了发现、发明、专业认知、技术成熟和市场成熟五个阶段，不同的发展阶段拥有各不相同的差异和不平衡，发现的茫然、发明遭遇的低专业认知、技术成熟和市场成熟的不同步、产业要素互动的不深刻、政治经济在钛产业发展中的拦腰式竞争以及全球范围竞争合作领域的变迁使钛产业发展走出了一条不平凡而又充满传奇之路。

钛产品以典型特殊性能著称，应用以国家部门为核心进行有限度的扩散，部分产品技术被设置禁区。随着钛产品制备技术的成熟发展和全球政治经济社会发展一体化进程的加快，钛产品正在从单一型走向多元，从独特性能向多功能转化，强化应用功能和性能的产品设计赋予，形成了形状、形式和功能性统一的复合体，逐步提高专业性，精确对接不同领域的产业产品需求。

25.2　钛铁矿和天然金红石

19 世纪末至 20 世纪 20 年代，世界工业生产快速发展，对矿物原料的需求增大，加上 18 世纪产业革命的推动，使机械化成为可能，直接推动了选矿技术从古代的手工作业向工业技术的真正转变，选矿技术已成为一门人类从天然矿石中选别、富集有用矿物原料的成熟的工业技术，并得到广泛应用。

25.2.1　选矿技术进步

选矿技术进步以选矿技术理论为引导，技术突破和市场化应用为动力，设备应用支持为条件，使选矿技术和产业发展实现了质的飞跃。欧美于 1848 年出现了机械重选设备——活塞跳汰机，1880 年发明静电分选机，1890 年发明磁选机，促进了钢铁工业的发展。1893 年发明摇床，1906 年泡沫浮选法取得专利。20 世纪 40 年代末起，钛铁矿的浮选法就已成功地用于工厂生产，陆续建厂的有美国的麦克太尔矿、芬兰的奥坦麦克矿等。从设备发展的角度看，整个产业特点是：（1）向连续作业转变；（2）由单一的重力选别发展到利用离心力、剪切力和磁力等综合力场的选别；（3）设备向大型化、多层化发展。

25.2.1.1　重选

重选是选钛的基础和开端，伴随选矿技术进步和设备大型化，选钛到 20 世纪 60 年代已经形成了基础完备的技术装备和理论体系。重选设备包括跳汰、摇床和螺旋溜槽，19 世纪中叶至 20 世纪 60 年代，是重选技术取得较快发展的时期，1848 年在德国出现了第一台活塞跳汰帆，1893年美国威尔弗利（A. Wilfley）发明了摇床，1923年重介质分选成功，1943年英国采用汉弗莱螺旋选矿机选别海滨砂矿，20世纪50年代出现了悬挂及座落式的多层摇床，60年代在中国个旧出现了云锡式离心选矿机，在英国出现了40层摇动翻床，这些设备的出现，不仅使重选由手工操作走向机械化作业，由工场的作坊逐渐变成了现代化的选矿厂，而且能处理的物料从块体扩展到细粒及矿泥。

摇床的应用已有近100年的历史，最初的摇床是利用撞击造成床面不对称往复运动，1890年制造并成功装备用于选煤。选矿摇床是1896~1898年由A. Wilfley制成，采用偏心肘板机构；1918年普兰特-奥（Plat-O）又以凸轮杠杆制成另一种传动机构。这两种摇床结构经过改进至今仍在使用。第二次世界大战后德国制成了偏心轮传动的快速摇床，中国于1964年研制成功惯性弹簧式摇床。为了解决摇床占地面积大的问题，床面向着多层化和离心化方向发展。20世纪50年代中国即制成了双层摇床、四层摇床和六层矿泥摇床，但因床面惯性力难以平衡而未获准推广；前苏联曾研制出双联三层摇床。英国在60年代用玻璃钢做床面制成双层及三层摇床，每个床面均有单独的传动机构。原西德为了解决选煤厂大处理量的要求，建造多层配置的塔架。

螺旋选矿机是由美国I. B. 汉弗莱研制成功的，1941年开始试验，初始用废旧汽车轮胎制成，继后又用铅板手工制作，其直径、螺距、断面形状都是可变的。最后研制成直径为609mm，5圈的汉弗莱铸铁螺旋选矿机。该机首先用于选别俄勒冈海滨砂矿中的铬铁矿。20世纪40年代末开始，应用范围迅速扩大，被用来选别钨、锡、铬、钛、铁、金、煤、铅等矿物，取得了令人满意的结果。特别是用在非磁性铁矿选矿，取得了很大的进展，成为主要的选别设备。

1943年汉弗莱公司在库斯坎提矿首先建成了拥有30台螺旋选矿机的选厂。1950~1960年间美国建立了几个以螺旋选矿机为主体选别设备的大型铁矿选厂，以后又在加拿大、利比亚与瑞典等国相继采用，英国、苏联、澳大利亚等先后于1972年、1957年及20世纪50年代初期分别制成了各自的螺旋选矿机。

英国的175型（螺距$17\frac{1}{2}$in时）适用于选别相对密度大于2.0的矿物，而135型设备（螺距$13\frac{1}{2}$in时）则适用于相对密度较小、浓度较低的矿物，其处理能力，前者单层的在1~3t/h，后者单层为1~1.5t/h，槽体用铸铁或铸铝制成，内衬以耐磨成型橡胶。

前苏联有CBM-75OA和CBM-1200两种工业设备。槽体用钢板压成。其有效选别粒级，前者为1.0~0.15mm，后者为4~0.05mm，处理量一般在2~3t/h。20世纪70年代以来，苏联又研制成了工业用双层螺旋CB2-150OA型，处理水力分级后的-2mm产品，回收相对密度3.0，粒级0.5mm的重矿物，作为粗选设备，在最佳试验工艺条件下，处理量为40~60t/h。

前苏联对螺旋槽断面形状进行了一系列实验研究，并研制成了立方抛物线断面的螺旋溜槽，澳大利亚起初引用美国的螺旋选矿机，以后曾对汉弗莱型进行过大量改进，先后试制了双层、三层螺旋选矿机。赖克特螺旋选矿机有单层和双层两种结构，直径仍为610mm，槽内衬橡胶（Linatex），给矿粒度为2~0.03mm，处理能力在2~3t/h。双层设备质量只有57.3kg。

20世纪50年代，澳大利亚引进美国汉弗莱铸铁螺旋选矿机，为了减轻设备的质量，提高处理量，研制成了赖克特玻璃钢双头螺旋选矿机，其直径为 609.6mm，螺旋为393.7mm。与此同时，英国、加拿大、瑞典等国均生产螺旋选矿机。

中国于 1955 年开始研制螺旋选矿机，广西平佳矿务局 1955 年用于选别砂锡矿，获得了良好的结果。1973 年北京矿冶研究院开始研制立方抛物线形截面螺旋溜槽，先后研制成外径为 400mm、600mm、900mm、120mm 的螺旋溜槽，并在工业上得到了推广应用。目前中国还生产汉弗莱铸铁螺旋，该螺旋在攀枝花选钛厂用于粗选钛铁矿。

25.2.1.2　磁选

赤铁矿选矿设备高梯度磁选机是 20 世纪 60 年代末在美国发展起来的一项磁选新技术，为解决品位低、粒度细、磁性弱矿石的选矿，开辟了新的途径。随着高梯度磁选理论和选矿设备的不断发展，它的应用已突破了磁选的传统对象。

25.2.1.3　浮选

18 世纪人们已知道气体黏附固体粒子上升至水面的现象，19 世纪时人们就曾用气化（煮沸矿浆）或加酸与碳酸盐矿物反应产生的气泡浮选石墨。19 世纪末期澳大利亚、美国及一些欧洲国家开始用浮选选别细粒矿石，初期应用薄膜浮选法及全油浮选法。前者是将矿石粉洒于浮选机中流动的水面上，疏水性矿物飘浮于表层被回收；后者在矿浆中拌入一定数量的矿物油，粘捕疏水亲油矿粒并浮至矿浆表面回收。

到 20 世纪初，应用泡沫浮选法按矿粒对水中气泡亲和程度不同进行选别。1922 年用氰化物抑制闪锌矿和黄铁矿，发展了优先浮选工艺，1925 年使用以黄药为代表的合成浮选药剂，药剂用量由全油浮选时为矿石量的 1 ~ 10% 降至矿石量的万分之几，使浮选得到了重大发展，并广泛应用于工业生产。在多金属矿石的分离浮选、复杂矿石的综合利用、铁矿石浮选以及非金属矿石与煤的浮选等领域内，均取得了成就。

25.2.2　选钛技术发展

选钛技术与选矿技术进步同步，伴随设备大型化和规模化工序重组，选钛效率和技术经济指标持续改善。原始钛矿 TiO_2 品位一般比较低，选矿过程主要由准备、解离和选别三个基本部分构成，矿物准备过程让原始矿物精制，砂矿洗矿去泥，重矿物再进选矿系统；岩矿磁选除铁，磁选尾矿进选钛系统；解离的基础是破磨筛，通过破磨筛过程实现分级交替，不同粒度粒级矿物进入不同的系统；选别的基础是重选、磁选、电选和浮选措施的细化实施，浮选、电选和磁选在选钛的过程中属于精选手段，不同的选钛阶段和物料品级条件对应不同的精选方式。

砂矿经过风化，结构疏离，完成洗矿作业后通过重选分离重矿物，磁选精选后得到钛铁矿和金红石产品，浮选技术使细粒砂矿回收成为可能；岩矿如钒钛磁铁矿必须磁选分离钛磁铁矿，溜槽重选分离脉石，浮硫回收硫化物，降低钛铁矿的硫水平，回收粒状钛铁矿，电选和磁选发挥精选功能，提钛降铁减脉石，大大提高了矿物利用率和主金属元素的回收率；岩矿类矿物结构复杂，矿物致密，磁铁矿、钛磁铁矿、钛铁矿和脉石共存共生，粒状钛铁矿所占比重较小，片状和针状钛铁矿回收难度较大，需要高强度的磨矿，促使矿物深度离解，最大限度地矿相分离，通过浮选回收微细粒级钛铁矿，提高矿物回收利用率。

金红石岩矿选矿是分级 - 重选 - 磁选高度配合，砂矿金红石主要是重选分离钛铁矿和

磁选除铁以及回收其他有价元素。

25.3　钛渣

钛精矿的主要组成是 TiO_2 和 FeO，其余为 SiO_2、CaO、MgO、Al_2O_3 和 V_2O_5 等，钛渣冶炼就是在高温还原气氛条件下，促使铁氧化物与碳组分反应，在熔融状态下形成钛渣和金属铁，由于密度和熔点差异实现钛渣与金属铁的有效分离。

25.3.1　国外钛渣

1941 年加拿大在魁北克东部哈佛 – 圣皮埃尔（Havre – ST Pierre）地区发现钛铁矿床，1942 年开始研究，最初矿床由肯尼克特（Kennecott）铜公司开采，1948 年公司与新泽西（New Jersey）锌公司合资成立魁北克铁钛公司，经过 12 年的研究，试验电炉容量为 150 ~ 1200kV·A，累计花费了 6000 万美元，开发出钛铁矿冶炼钛渣和生铁工艺，1956 年以后转入工业生产，采用密闭式电炉，连续加料的生产工艺，电炉容量为 25 ~ 100.5MV·A。钛渣供应硫酸法钛白生产，品级 TiO_2 在 70% ~ 80%，即索雷尔钛渣；有配套的脱 S 增 C 装置，生铁经过脱硫，采用喷射技术制铁粉、钢粉等。20 世纪 70 年代公司出售给 BP 矿物公司，1988 年英国 RTZ 公司收购 BP 矿物公司，1995 年 RTZ 与澳大利亚的 CRA 组建集团，目前为必和必拓公司（Broken Hill Proprietary Billiton Ltd.，BHP Billiton Ltd.）拥有。现有 9 台矩形密闭电炉，代表性电炉长 21.3m，宽 7.6m，高 4.6m，镁砖炉衬，炉盖为组合式，电极直径为 610mm，二次电压为 300V，炉周加料管 16 根，电极间加料管 6 根，电极侧加料管 16 根，每次排渣 25 ~ 30t，排铁 50 ~ 60t，每天排渣 4 ~ 6 次，矿耗为 2.33t/t，电耗为 2029 ~ 2262kW·h/t 渣，配料加料和功率平衡由计算机控制。目前魁北克钛铁公司是世界上最大和最早的钛渣生产商，9 座电炉的容量包括 20000kV·A（2 台）、36000kV·A（4 台）、45000kV·A（2 台）、60000kV·A（1 台），当时 80% ~ 90% 的钛渣用作硫酸法钛白的原料，向 50 多个国家出口，年设计生产能力为 130 万吨，目前年产量保持在 100 万吨水平，约占世界市场份额的 1/3，是世界上最大的钛渣冶炼厂，其主要装备（电炉）是世界著名的德马格公司（SMS Demag Aktiengeselllschaft）设计、制造。同时 QIT 又持有拥有 4 座 100.5MV·A 的电炉南非 RBM 公司 50% 的股份，RBM 使用 QIT 钛渣冶炼技术，利用南非优质沙矿直接生产 $TiO_2 \geq 86\%$，$\Sigma(MgO + CaO) < 1\%$ 的氯化钛渣。

为了适应氯化钛白技术发展需要，1996 年公司投资 2.6 亿美元，建成 200kt/a UGS 渣生产线，将普通索雷尔钛渣加工成满足氯化钛白技术质量要求的升级钛渣，即 UGS 渣，1997 年第 3 季度投产，1999 年第 2 季度达产，后经扩能稳定形成 200kt/a UGS 渣生产能力，目前为 250kt/a UGS 渣生产能力。

南非理查兹湾矿厂采用加拿大技术，有 4 座交流电炉；南马克瓦矿厂与南非矿冶技术公司合作开发了单电极直流电炉冶炼技术，该项技术生产效率高，很有发展前途。现已在南非几家公司推广，用于高钛渣生产，可冶炼 85% TiO_2 的钛渣，回收氧化锆。

挪威 Tinfos 生产氯化渣，33MV·A 的电炉是埃肯公司制造的，但后经德马格公司改造过。

俄罗斯的别列兹尼基（Berezniky）钛镁联合企业、乌克兰的扎波罗什（Zaporozhye）钛镁联合企业、哈萨克斯坦的乌斯卡缅诺哥尔斯克（UST – Kamenogorsk）钛镁联合企业，他们采用矮烟罩电炉，粉料入炉，用无烟煤作还原剂，后期补加 20% ~25% 的还原剂的非连续生产工艺。电炉容量为 5 ~25MV·A，采用三根石墨电极进行三相供电，5.0MV·A 电炉电极的直径为 500mm。16.5MV·A 电炉上的电极直径为 610mm。电炉的设计者多是乌克兰国家钛研究设计院。前苏联生产的钛渣大部分用来生产四氯化钛，为了确保钛渣的质量，严格要求控制剩余 FeO 的含量和其他杂质的含量，剩余 FeO 的最小含量不大于 5%。专门用于硫酸法生产钛白的钛渣只有乌克兰的扎波罗什（Zaporozhye）钛镁联合企业在生产。

别列兹尼基钛镁联合企业 20 世纪 60 年代初开始研究钛的生产，1962 年建成 16500kV·A 电炉的高钛渣生产车间，形成了万吨级海绵钛生产能力，还有 500t/a 能力的利用氯化废渣生产铁红涂料和民用玻璃的生产线，钛渣生产用的还原剂是无烟煤，煤的固定碳含量达 87% ~89%，粒度为 15 ~20mm，石墨电极直径为 610mm，熔炼特点是前期加还原剂 75% ~80%，后期补加 20% ~25%，精炼期加入一定量的废钛，这些原料从烟罩侧门加入。

目前以 QIT 为首的工艺技术集团垄断了钛渣冶炼技术，他们一般不出售技术，这样控制了技术就控制了市场。虽然上述两种技术方案都达到了操作稳定、电炉大型化和煤气利用或余热利用，但以 QIT 为首的连续式生产技术无论在工艺、设备、自动化装备水平、半钢处理利用及煤气回收等方面均优于非连续式生产技术。

25.3.2 国内钛渣

中国从 20 世纪 50 年代末开始冶炼钛渣的研究，当时电炉容量是 400kV·A 敞开式电炉，到今天已有近 60 年的历史。1957 年北京有色金属研究总院做了用钛铁矿制取高钛渣扩大试验，此后过了近 20 年时间，国内一些科研单位和生产厂家才大量进行钛渣冶炼试验：（1）1975 年在宣化钢铁公司五七厂做了 400kV·A 电炉冶炼铁和钛渣试验；（2）1976 年在阜新铁合金厂做了 400kV·A 电炉冶炼铁和钛渣试验；（3）1976 年用锦州铁合金厂 1800kV·A 电炉做了熔炼铁和钛渣试验；（4）1979 年用遵义钛厂 6300kV·A 电炉进行了电炉熔炼高钛渣试验；（5）1979 年在锦州铁合金厂 1800kV·A 电炉上再次做了冶炼酸溶性钛渣工业试验；（6）1980 年用锦州铁合金厂 4000kV·A 电炉做了冶炼氯化钛渣试验；（7）1982 年在遵义钛厂 6300kV·A 电炉上做了冶炼氯化钛渣试验。这些试验都是在敞口电炉上进行的，采用自焙电极，一次加料，操作中存在翻渣结壳现象，电流不稳，变压器能力不能充分发挥，煤气和半钢得不到很好利用。中国高钛渣生产的特点是：电炉台数多、容量小、产量低、技术落后，除少数在建电炉外，基本上是 20 世纪七八十年代的技术水平，产品全部在国内市场销售，未进入国际市场。

中国钛渣冶炼分为四个层次，中国目前拥有各类钛渣电炉 50 多台，第一层次表现为容量为 400 ~1800kV·A 的敞口电炉，具有容量小、产量低、能耗大、品种单一、劳动强度大和劳动条件差的特点，环境问题突出，不符合国家产业政策电炉容量标准要求，发展受到限制；第二层次表现为 4500 ~6300kV·A 的矮烟罩电炉，属于一种铁合金电炉的改进型，外环境条件和操作条件有所改变，但工艺稳定性差，能力发挥部分不足，处在国家产业政策电炉容量限制标准的边沿；第三层次表现为乌克兰引进电炉，容量为 22.5MV·A，2006 年攀钢引进成功投产，但容量发挥不足影响产能提高；第四层次表现为 QIT 技术电炉，国内较多厂与国外交流，表现出引进意向，但都没有与直接厂家形成合作。

25.4 人造金红石

面对天然金红石类富钛原料减少以及海绵钛和氯化钛白的快速增长，人造金红石工艺被开发出来。国外广泛开展对富集钛铁矿生产人造金红石的研制工作。到目前为止提出的专利有一百多个，总的说可分为干法和湿法两类。

25.4.1 酸浸法

酸浸法是把钛铁矿与酸进行反应，溶出杂质，使 TiO_2 得到富集成为人造金红石。根据酸的性质分为盐酸浸出和硫酸浸出两大类。而盐酸浸出法又有稀盐酸和浓盐酸浸出之分，这取决于不同国家的生产厂的具体条件，美国、中国台湾、马来西亚等采用18% ~ 29%稀盐酸浸出法（BCA 法或贝利特法）生产金红石用于氯化钛白生产。印度德兰加德拉化学公司则采用浓盐酸浸出法生产人造金红石（华昌法）。加拿大利用低品位钛渣酸浸生产人造金红石，称为 UGS 法。

日本石原公司利用硫酸法生产钛白，产出的大量废硫酸用于浸出钛铁矿，生产出含 TiO_2 96%的人造金红石作为氯化法生产钛白的原料，浸出后的母液用于生产硫酸铵，由于充分进行综合利用，经济效益较好，该法又称石原法。

25.4.2 锈蚀法

锈蚀法是将钛铁矿进行氧化焙烧，使矿中的 FeO 变成 Fe_2O_3，再用 C 将 Fe_2O_3 还原成金属铁，通过磁选进行分离，剩余少量的 Fe 和未还原的氧化铁用氨水锈蚀，生成氢氧化铁，经过过滤分离、洗涤、干燥得到人造金红石，氢氧化铁进一步处理得到铁红，该法主要在澳大利亚使用。

25.4.3 选择氯化法

钛铁矿经氧化焙烧后，加入沸腾氯化炉进行选择氯化，矿中氧化铁转化为 $FeCl_3$，经高温焙烧回收氯循环使用，TiO_2 富集成人造金红石，该法又称三菱法。选择氯化法是基于在有一定量碳还原剂存在时，氯与钛铁矿中的钛亲和力大，生成的三氯化铁在高温下挥发，而 TiO_2 不被氯化，这种热力学上的差异达到富集钛的效果。

25.4.4 Becher 法

Becher 法（强还原—锈蚀—硫酸常压浸出法）在中国称为"还原—锈蚀法"，它是澳大利亚 CSIRO 研究成功的一种特有的制造人造金红石的方法。该法以风化的高品位钛铁矿为原料（$TiO_2 \geq 54\%$），廉价的褐煤为还原剂和燃料，在回转窑1100 ~ 1180℃高温下将钛铁矿中的铁氧化物全部还原为金属铁。还原钛铁矿在含有少量盐酸或氯化氨的水溶液中，用空气将矿中金属铁"锈蚀"为水合氧化铁（称为赤泥），然后用旋流分离器将赤泥从 TiO_2 富集物中分离出来，TiO_2 富集物再用稀硫酸常压浸出其中的可溶性杂质，最后经流态化床干燥为人造金红石产品。

Becher 工艺采用经过自然风化而且 TiO_2 含量相对较高的钛铁矿生产人造金红石，是人造金红石生产中应用最为广泛的方法，在西澳形成了规模，2004 年西澳 3 套设备的总生产能力超过了 $90 \times 10^4 t$。Becher 工艺要求 TiO_2 含量 57% ~63% 的钛铁矿和优质煤作为原燃料，以保证操作效率最高。Becher 法生产的人造金红石 TiO_2 的含量在 92% ~94%，其颗粒密度为 $4.1 ~4.3 g/cm^3$，比表面明显大于天然金红石和以其他工艺生产的人造金红石。

在还原窑中以单质硫或硫酸铁形式加入的硫都能将氧化锰转化为硫酸锰，在最后的浸取阶段，硫酸锰容易被稀硫酸溶解，可除去钛铁矿原矿中 50% 左右的锰。这一改进的 Becher 工艺常被称作"改进型 Becher 工艺"，可去除少量的附加铁，使最终产品中 TiO_2 含量更高。西澳 3 家生产商均采用了这一改进型工艺。这 3 家生产厂是：位于 Narngulu 的 RGC 矿砂公司，位于 Chandala 的 Tiwest 和位于 Capel 的 Westralian 矿砂公司。而位于 Capel 的 RGC 矿砂公司的人造金红石生产线采用标准 Becher 工艺，未附加硫酸浸取，生产 TiO_2 含量在 90% ~91% 的人造金红石产品。

25.4.5 NewGenSR 法

NewGenSR 法（强氧化—强还原—锈蚀—硫酸常压浸出法）属于 Becher 法的改进方法。针对 Becher 法的局限性，为了能用于处理澳大利亚大量未风化的品位较低的钛铁矿资源，1996 年 CSIRO 与 Iluka 合作开始研究新的工艺技术，现已完成工厂试验并建设新厂。该工艺流程是强氧化—强还原—锈蚀—硫酸常压浸出，与 Becher 法不同之处主要有两点：一是因为以未风化钛铁矿为原料，所以在强还原之前增加了 1 个强氧化工序；二是强还原不再采用回转窑，而是应用循环流化床反应器（称为 CFB）。还原采用 CFB 技术是为了降低还原温度，提高还原效率。

25.4.6 SREP 工艺

RGC 矿砂公司开发了自己的人造金红石生产工艺。该工艺也是标准 Becher 工艺的一种改进方法。SREP 工艺的独特之处是能够解决标准 Becher 工艺产品中钍含量较高的问题。SREP 工艺改变了回转窑的操作条件，在 Becher 还原炉的炉料中加入硼酸盐熔剂。钛铁矿在炉内与硼酸盐共存促进了钛铁矿颗粒表面玻璃相的形成，各种杂质元素包括钍在内被富集在玻璃相中。玻璃相所吸收的杂质在随后的稀酸浸出过程中被去除。

SREP 工艺是 RGC 在实验室和半工业试验基础上建立的，1996 年只有一座窑生产 SREP 人造金红石，此后不久第二座窑投入运行，使生产能力达到 $26 \times 10^4 t/a$。

25.4.7 RUTILE 工艺

在进行 Victoria 的 WIM150 项目中，作为相关技术开发的一部分，CRA 开发了自己的人造金红石生产工艺，称为 RUTILE 工艺。该工艺包括将铁在回转窑中还原成金属铁，其方法与 Becher 工艺相似。回转窑中熔剂材料的加入促进了玻璃相的形成，在其中富集杂质元素。还原过程之后，经还原的钛铁矿用盐酸浸出，生产的人造金红石产品中 TiO_2 含量高达 96%。

25.4.8 UGS 工艺

升级钛渣工艺是由电炉熔炼 + 盐酸浸出组成，其中盐酸浸出工艺与人造金红石工艺路线基本是一样的，它们的本质差异就是处理量和副产品的差异。

表 25-1 给出了各国使用钛铁矿生产人造金红石的主要厂家。

表 25-1　各国使用钛铁矿生产人造金红石的主要厂家

序号	公司	所在地	能力 /kt·a^{-1}	工艺	投产时间
1	克尔麦吉化学公司	美国亚拉巴马州莫比尔	100	贝利莱特法	20 世纪 70 年代
2	古尔夫化学冶金公司	美国得克萨斯州得克萨斯市	10~20	盐酸压浸	20 世纪 70 年代
3	美国贝利莱特公司	美国得克萨斯州科帕斯克里斯蒂	2	贝利莱特法	20 世纪 70 年代
4	杜邦公司			选择氯化	20 世纪 70 年代
5	德兰加德拉化学公司	印度萨胡普兰	25	华昌法	20 世纪 80 年代
6	台湾制碱公司	中国台湾高雄	30	贝利莱特法	20 世纪 70 年代
7	马来西亚钛公司	马来西亚霹雳州怡保	50	贝利莱特法	20 世纪 70 年代
8	石原产业公司	日本四日市	43	石原法	20 世纪 70 年代
9	三菱金属矿山公司		20	选择氯化	20 世纪 70 年代
10	西方钛公司	西澳大利亚卡佩尔	58	锈蚀法	20 世纪 70 年代
11	墨菲尔公司			氧化部分还原-盐酸浸出	20 世纪 70 年代
12	氯工业公司	澳大利亚昆士兰州芒特摩根		选择氯化磁选	20 世纪 70 年代
13	蒂龙化学公司	加拿大魁北克	20	还原-FeCl$_3$ 浸出法	20 世纪 70 年代
14	魁北克铁钛公司	加拿大魁北克	250	升级法	20 世纪 70 年代
15	氧化钛公司	英国斯塔林勃鲁		氧化还原盐酸浸出	20 世纪 70 年代

25.5　钛白粉

钛金属元素虽然早在 18 世纪末就被发现，但真正到 20 世纪初期，钛金属的潜力及钛氧化物的利用才逐渐被发掘出来。

25.5.1　国外钛白粉产业发展

1911 年法国人罗西申请了第一个钛白制造专利，从此钛白技术沿着硫酸法、氯化法和盐酸法三种流程优化完善，其中硫酸法和氯化法成为工业化主流工艺，盐酸法则仅限于试验阶段，没有实现工业化。

25.5.1.1　初期的复合钛白

受初期钛白技术和认知程度的限制，1923 年以前生产的钛白属于复合型钛白。钛颜料公司（Titanium Pigment Company）于 1916 年在美加边境尼加拉瓜瀑布区建厂生产钛白粉；大约同一时期，挪威因其境内蕴藏大量钛矿，也开始发展钛白粉制造技术，在 1919 年成立钛公司（Titan Company）正式开始生产钛白粉，年产 1000t 含 25% TiO$_2$ 的复合颜料，使之实现了工业化生产；次年该两大集团同意交换技术及相互使用彼此的专利。也在同年，国家铅业公司（National Lead Company）买下钛颜料公司（Titanium Pigment Company），才开启了钛白粉工业生产的规模。当时的生产制备工艺流程属于硫酸法（此法仍沿用至今）。但生产的钛白粉仍为复合型钛白粉：内含 25% 的 A 型钛白粉及 75% 的硫酸钡，因较当时泛用的"白铅"和"氧化锌"有较优的遮盖力，而且不会和涂料树脂发生反应而变色，所以 20 世纪初期复合型钛白粉席卷大部分的市场。

25.5.1.2　硫酸法钛白

1921～1923 年法国人布鲁门菲尔等人用硫酸溶解钛铁矿制取钛白并申请了专利，1923 年法国的卢米兹公司以此专利为基础生产出纯度为 90%～99% 的颜料级钛白，第一个纯 A 型钛白粉是在 1923 年由法国 Thann et Mulhouse 公司研制出来的，采用稀释晶种进行水解，生产出含 96%～99% TiO_2 颜料钛白粉。其所用的制造工艺流程被广泛地授权制造。杜邦公司后来买下其中的一家公司，开始钛白粉的制造。

在 20 世纪 30 年代，钛白粉工业开始蓬勃发展，以硫酸法制造的 A 型钛白粉在市场上与立德粉和白铅等白色颜料开始竞争。但以 A 型钛白粉生产的涂料易粉化，耐候效果欠佳，所以各厂研发单位，无不尽力在找寻新技术开发高遮盖力及耐候性佳的颜料。

1930 年，麦克伦堡采用外加碱中和晶种法对水解制钛白粉的制备工艺过程作了改进。1935 年，日本界化学公司开始生产 A 型钛白粉。第一个 R 型钛白粉是在捷克境内的实验室制出的，但一直到 1939 年才正式在市场推出。

在 20 世纪 40 年代，因二次世界大战爆发，影响了钛白粉技术在欧洲的发展，但美国则继续地研究发展。当时的钛白粉市场主要由 National Lead 和杜邦公司所把持。这时候的 R 型钛白粉仍是由硫酸法制成的，但却已经渐渐地取代 A 型钛白粉在涂料和塑料的地位。

20 世纪 50 年代，环保意识逐渐被人们所重视，硫酸法所造成的环境污染也被业界所注意。1951 年，加拿大魁北克铁钛公司采用高钛渣作硫酸法制钛白粉的原料取得成功，为钛白粉生产减少副产品提供了新的原料路线。

25.5.1.3　氯化钛白

氯化法生产钛白的方法主要有水解法、气相水解法和气相氧化法三种，真正实现工业化生产的只有气相氧化法。氯化法钛白研究始于 20 世纪 30 年代，1932 年德国法本公司（现在的拜耳公司）首先发表有关气相氧化 $TiCl_4$ 制造颜料级钛白粉的专利，1933 年起美国克莱布斯公司、匹兹堡玻璃公司和杜邦公司以及法国的麦尔霍斯公司对氯化钛白进行了系列研究并申请了一些专利。杜邦公司则于 1940 年开始进行实验室试验、扩大试验和中间试验，1948 年在特拉华州的埃奇摩尔建成日产 35t 的试验工厂，1954 年在田纳西州的斯约翰维尔建成年产 10 万吨的生产工厂，1958 年率先投入工业生产，并于 1959 年向市场提供优质氯化钛白产品。20 世纪 60 年代以后，先后有十多家公司建厂介入氯化钛白生产，在以后的生产技术稳定发展过程中，其中有 3 家公司因技术不过关被迫停产关闭，只有美国杜邦和钾碱公司实现技术－生产跨越，维持了正常生产。这个时期形成的杜邦法和钾碱公司的 APCC 法成为较为普遍的生产方法。20 世纪六七十年代氯化钛白技术扩散迅速，在美洲、大洋洲（澳大利亚）、亚洲形成规模化产能，因其产品的高质量和工艺的低污染特性而超越硫酸法成为钛白生产的主流工艺。

1958 年高品质的 R 型钛白粉在美国境内开始被大量制造使用。初期发现以氯化法制成的钛白粉与硫酸法所制成的钛白粉比较，其遮盖力及调色力高出 7% 以上，而且容易分散。

25.5.1.4 钛白后处理

20世纪60年代，钛白粉制造技术则集中在表面处理技术的研究开发，以期能改善分散性和耐候性。这个时候发展出所谓"硅包裹"（Silica Encapsulation）的表面处理技术，后期发展了硅铝锆包膜和有机包膜，大大提高了耐候性，适用于屋外涂装等用途。

20世纪70年代，由于水性涂料的需求大增，涂料制造厂家对钛白粉的使用更加殷切。水性且易分散的钛白粉浆剂（Slurry）则在这个时候推出，开创了钛白粉应用的新纪元。

25.5.1.5 钛白的竞争合作发展

20世纪70年代，大型的跨国企业逐渐形成，全球产量达到年产160万吨而其中几大家（DuPont, Tioxide, SCM, Kemira, Kerr McGee）占去了70%左右。

20世纪80年代，由于钛白粉在工业上用途相当广泛，各大主要制造厂为适应客户的要求，发展出各种不同规格的钛白粉，开始在品质及服务上相互竞争。此时钛白粉已不再是特殊化学品，而被定义成泛用化学品（Commodity）。

20世纪90年代，钛白粉工业遭受到一连串挑战，如产能过剩，需求疲软，售价低落及环保投资高昂，全球经济的不景气，致使北美、西欧地区成长缓慢，而发展区域就集中在亚太地区。1990~2000年，10年间可以说是全球钛白粉工业自产生以来变化最大的10年。变化其一：各主要厂商在亚太地区投资设厂或增加生产线，加入竞争行列。Tioxide钛白粉集团在马来西亚投资建成5万吨硫酸法装置于1992年投产；杜邦公司在中国台湾观音山投资建成6万吨氯化法装置于1994年投产，并不断扩充改造该装置，于1999年底成功达产10万吨。另外MIC公司、Kerr McGee公司也纷纷将其亚太地区装置扩产改造。变化其二：兼并重组。近几年，在公司合并、兼并、资产重组之风影响下，钛白粉行业也掀起了全球性的兼并和重组风波：法国的罗纳-普朗克公司（Rhone-Poulenc）钛白粉厂全部被美国美联化学公司（MIC，前身称SCM）收购，MIC的年生产能力由兼并前的47.3万吨上升到71.5万吨，世界排名也由第三位上升至第二位；美国克尔-麦吉公司（Kerr McGee）兼并了德国拜耳公司钛白粉厂和Kemira公司主要钛白粉工厂，其年总产能力由原17万吨增至60万吨以上，排名由原第八位升至第三位；后英国帝国化工公司（ICI）下属二氧化钛子公司（TIOXIDE），原是世界钛白粉排名第二位的大公司，被美国亨兹曼公司（HUNTSMAN）收购；其他还有一些公司也在酝酿中。兼并重组后，英国帝国化工公司、法国罗纳-普朗克公司和德国拜耳公司已退出了钛白粉行业，原十大公司缩减为八大公司。

25.5.1.6 重要钛白公司

目前钛白粉的生产与技术被一些大公司高度垄断，6家公司的钛白粉产量约占世界总产量的65%，世界前5名钛白粉生产商全部是美国公司，第6位为日本公司。

杜邦（Du Pont）公司：共有5座生产厂，分布于美国、墨西哥和中国台湾地区，总产能为1080kt/a。

美联（Millennium）化学品公司：2004年底被Lyondell公司全部收购，成为北美第三大上市化学公司的一员，目前共有8座生产厂，位于美国、英国、澳大利亚、法国和巴西，总产能为720kt/a。

科美基（Kerr McGee）公司：因效益欠佳不得不让其以钛白粉为主业的化工产业在股

市上市，出售3亿美元普通股，脱离母公司，更名为Tronox，目前共有4个氯化法厂（Leverlusen 145kt/a，Langerblllgge 74kt/a，Varennes 73kt/a，Lake Charles 72.5kt/a）和4个硫酸法厂（Nordenllam 60kt/a，Redrikstacl 30kt/a，Leverlusen 28kt/a，Varennes 17kt/a），分布于美国、荷兰、德国、比利时、澳大利亚和沙特阿拉伯，总产能为500kt/a。

亨兹曼公司：目前6个在西欧，分布于英国、法国、意大利、西班牙，1个在南非，1个在马来西亚，另外还包括在美国Lake Charles一个年产14.5kt厂中占有50%的股份，随着在英国Greatham第3个生产线的安装，总产能已达600kt/a，这个厂采用亨兹曼公司所独有的ICON氯化法工艺。

国家铅业公司：其下属的生产钛白的子公司是德国的克朗（康）诺斯，共有5.5座（其中1座为合资）生产厂，总产能430kt/a，分别位于加拿大、比利时、德国、挪威和美国。

第6位钛白生产商是日本的石原公司，有4座生产厂，位于日本、新加坡和中国台湾，总产能为220kt/a。

25.5.1.7　市场结构特点

市场结构第一阵营由国际（DP、Cristal、Tronox、HM、KRONOS、ISK）六大公司组成。特点：实力强大富有经验，产品针对性强，质量稳定。

市场结构第二阵营由（SAC、FUJI、KOGYO、KEMIRA）特殊应用行业供应商组成。特点：专用品牌，价格高。

25.5.1.8　发展动态

俄罗斯的JSC：是俄罗斯唯一的一家钛白粉生产厂，近几年的钛白粉产量低于50kt/a。

乌克兰的Krymsky Tian的Armyansk厂位于克里米亚半岛，目前有两条生产线在生产，生产量均维持在87kt左右。该公司计划将现有装置的生产能力提高到120kt/a；Sumy Khimprom厂位于乌克兰东北部，有三条生产线，生产能力为42kt/a，2006年对其中的一条生产线进行了改造，使装置总生产能力达50kt/a。

印度Kerala矿物和金属公司（KMM）对旗下的钛白粉工厂进行扩能，此次扩能分两个阶段进行。第一阶段，该工厂的产能从原来的40kt/a扩至60kt/a，第二阶段扩能至100kt/a，此次扩能预计投资约1.69亿美元。印度政府环保署已经批准了Travancore钛产品公司（TTP）关于将钛白产能从目前的15kt/a提升到33kt/a项目的计划，项目投资约5500万美元。

2005年末，National Titanium Dioxide Co.（Cristal）公司在沙特阿拉伯的Yanbu市安装了第5条氯化法钛白生产线，使总产能增加到115~120kt/a。第6条生产线于2007年初上马，使总产能再增加到140kt/a，2008年上马第7条生产线以提高产能至180kt/a。

越南政府已经同意Avireco的合资项目，用Altair盐酸法及本地的钛铁矿生产钛白粉。Avireco公司是位于美国的一家美越合资公司，工厂最初的年生产能力约为10kt/a。

25.5.2　中国钛白产业发展

中国钛白粉工业自1956年生产搪瓷和电焊条开始，距今已有五十余年的发展历史。中国钛白粉工业发生了很大的变化，取得了令人瞩目的成就。中国钛白粉工业的发展大体可分为四个阶段：

（1）起步阶段。1955 年一些研究机构开始了硫酸法的系统研究，1956 年在上海、广州和天津等地开始用硫酸法生产钛白粉，以生产搪瓷和电焊条钛白粉起步，产量低，质量也差。随后逐步建立了一些钛白粉厂，设备趋于正规化和大型化，产量也有了较大的发展，质量不断提高。1958 年制成涂料用 A 型钛白粉，1967 年初步掌握硫酸法制 R 型钛白粉技术，但由于当时条件的限制，技术落后，发展十分缓慢。20 世纪 70 年代，东华工程科技股份有限公司（原化工部第三设计院）设计了湖南永利化工股份有限公司 2.5kt/a 钛白粉工程，本项目是国家投资和正规设计的第一套硫酸法钛白装置，利用常州涂料化工研究院（原化工部涂料研究所）的技术在南京钛白化工有限责任公司（原南京油脂化工厂）设计了 1kt/a 化纤钛白粉装置并建成投产，标志着中国钛白粉工业的发展迈出了可喜的一步。其中南京钛白化工有限责任公司 1kt/a 化纤钛白粉工程 1984 年获国家优秀设计金质奖。但由于当时历史条件、技术水平及经济发展的制约，钛白粉工业的发展十分缓慢。

（2）发展阶段。1978 年全国钛白粉总产量不过 2 万吨，其中颜料级钛白粉所占比例不到15%。20 世纪 80 年代中期利用"攀枝花钒钛磁铁矿资源综合利用"科技攻关中取得的硫酸法钛白粉开发成果，改造了一批老厂，兴建了一批新厂，装置技术水平有所提高，年生产规模迈向了 5000t 级，产品品种转为以生产涂料用颜料级钛白粉为主。

20 世纪 80 年代后期属于世界钛白粉市场黄金时代，全国各地兴起了大办钛白粉厂热潮，中国钛白粉工业迎来发展史上的第一个繁荣期。到 90 年代初，包括乡镇企业，全国已达 100 多家钛白粉厂，年生产能力猛增至近 10 万吨。但紧随世界钛白粉市场低潮的到来，大部分匆匆上马的小厂倒闭了。

20 世纪 80 年代初开始，东华工程科技股份有限公司、常州涂料化工研究院和镇江钛白粉股份有限公司（原镇江钛白粉厂）合作，对钛白粉生产进行了一系列的实验开发，完成了攀枝花钒钛磁铁矿资源综合利用、废酸浓缩、常压水解等中试项目，这种设计、研究与生产三位一体的联合开发取得了显著的成果，并利用科技攻关所取得的硫酸法钛白粉生产成果，先后建起了十多个 4kt/a 规模的钛白粉装置，中国的钛白粉建设走向了第一次的发展高峰，极大地推动了中国钛白事业的发展。

20 世纪 80 年代，钛白粉工业的发展出现了旺盛的势头，尤其是 80 年代后期，钛白粉生产处于供不应求的状态，当时国内钛白粉短缺，价格飞涨，全国各地兴起了建设钛白粉厂的热潮，最多时全国共有钛白粉生产厂 100 余家。这一时期是中国硫酸法钛白粉工业发展史上的"第一个繁荣期"。

（3）技术进步阶段。20 世纪 90 年代，重庆渝港钛白粉有限公司、中核华原钛白股份有限公司及济南裕兴化工总厂相继引进了 3 套万吨级钛白粉生产装置，3 套装置的相继建成投产，标志着中国钛白粉工业的发展走向了一个新的阶段。

20 世纪 90 年代中期，东华工程科技股份有限公司与美国巴伦国际咨询公司（Baron International Consulting Inc.）合作对国内的部分钛白粉生产厂进行了一系列的改造，针对国内一些 4~6kt/a 规模的钛白粉装置，采用新技术、新工艺，对产品的能耗、收率和产品的质量进行了一系列的改造，重点对常压水解、水洗、煅烧等工序进行技术改造，从产品的质量、收率及能耗着手，以挖掘企业的内部潜力为主，在技术改造提高产品收率上下工夫，使质量、产量和效益同步上升。先后完成了铜陵安纳达钛白粉装置、重庆新华化工厂、攀钢钛业公司钛白粉厂的改造，取得了一系列的成果，对国内的钛白粉事业发展起到了一定的推动作用。这一时期可以称作硫酸法钛白粉工业发展史上的"技术成长期"。

（4）成熟发展阶段。进入20世纪90年代，重庆渝港钛白粉股份有限公司、中核华原钛白粉股份有限公司（原兰州404钛白粉厂）、济南裕兴化工总厂及攀钢集团锦州钛业有限公司（原锦州铁合金厂）相继从国外引进了年产1.5万吨钛白粉能力的3套硫酸法和1套氯化法生产装置，硫酸法均已投产并运转良好。氯化法钛白粉因熔盐氯化和氧化还存在一些技术难题，需要攻关解决，目前已取得重大进展，其装置已达到连续稳定运转，产品合格率达90%以上，第一步攻关目标已基本实现。这几套装置，技术比较先进，改变了中国钛白粉仅有硫酸法工艺、仅能生产低档锐钛型钛白粉、小规模生产方式的落后面貌。

进入2000年新世纪，兴旺走势凸显出来，故有人认为新世纪为中国钛白粉工业迎来了"第二个繁荣期"。中国大陆已有20余家产量超过万吨级的工厂。

以攀钢集团钛业公司为龙头兼并重组的中国第一个万吨级氯化法钛白粉工厂——攀钢集团锦州钛业有限公司已达产金红石型钛白粉1.5万吨和重庆渝港钛白粉股份有限公司原有的2.6万吨硫酸法金红石型钛白粉产能，再加之攀钢自身现有的1.5万吨锐钛型产量，攀钢钛业集团已形成了既具有氯化法工艺又具有硫酸法工艺且掌握钛矿资源优势的中国钛白粉产业"巨无霸"。同时，四川龙莽集团钛业公司、山东东佳集团金虹钛白化工有限公司（原淄博钴业有限公司）等一批万吨级钛白装置的相继建成并迅速扩产达到经济规模（一般指5万/年以上），标志着中国钛白粉行业迎来了发展的"成熟期"。

从2000年开始，随着对国内引进钛白粉装置的消化吸收，完成了国产化建设国内大型钛白装置的技术积累以及大型设备的国产化工作。钛白粉工业向大型化、规模化发展，短短几年内，中国的钛白粉产量从2000年的290kt至2013年的1890kt，钛白粉工业迎来了发展的"成熟期"。

（5）市场结构特点。中国钛白粉行业进入"成熟期"后，以硫酸法为主的工艺和技术日臻完善，产能、产量和产品质量大幅提高。

国内市场结构第一阵营由"三巨头"（龙蟒，东佳，佰利联）+"攀钢系企业"构成。特点：产品应用面广，市场知名度高。国内市场结构第二阵营由中型企业和中型向大型发展企业构成，代表企业为无锡豪普、南京钛白、江苏太白、宁波新福、江西添光等。特点：特色产品。国内市场结构第三阵营由大量中小企业和新建、在建、拟建企业组成，代表为"两广""云南""攀系"。特点：有矿源，已有企业规模小，新建、在建、拟建企业规模大。

（6）硫酸法钛白的发展趋势。

1）装置和设备的大型化。装置大型化可降低单位产品投资，提高产品竞争力，同时能够更好地消化因环保治理导致成本增加的压力。设备大型化可提高设备有效利用率，减少频繁操作给产品质量带来的波动，减少装置的占地面积。

2）开发适用各种用途的专用产品。由于钛白粉用途的不断拓展，新产品不断涌现。世界各大钛白粉生产厂家在保持传统行业竞争优势的同时，致力于专用产品的开发和推广应用，拥有完善的科研开发及应用体系，注重技术进步。

3）注重清洁生产。硫酸法钛白清洁生产，除最大限度地将污染源削减和循环利用外，更重要的是改变依靠末端治理的传统思想，通过改进原料路线及生产工艺，达到削减污染保护环境的目的。采用酸溶性钛渣和废酸浓缩综合利用是硫酸法钛白粉清洁生产的发展方向。

中国硫酸法钛白粉生产经过三十多年的努力，虽然有了较大的发展，但与国外先进水平相比，仍存在着生产技术落后、生产规模小、产品档次低、产品质量不稳定等诸多差距，尤其是高档金红石型钛白粉。在生产技术上，国外以氯化法为主，而中国基本上都是硫酸法生产；除几家引进国外硫酸法钛白粉生产技术的厂家外，中国大部分钛白生产厂家在工艺技术、生产设备、自动控制、"三废"治理等方面与国外先进水平相比还有相当的差距；在生产规模上，国外以装置大型化见长，而中国钛白粉生产装置规模偏小，点多分散，造成了能耗和生产成本较高，也导致产品质量不稳定；在原料方面，国外硫酸法大都采用高品位的酸溶性钛渣，而国内基本上使用的是钛精矿；在产品质量上，国外以光学性能好和遮盖力、消色力、耐候性优异的金红石型钛白粉为主，其中又以经过表面处理的金红石型钛白粉居多，并有各种专用钛白粉产品，国内硫酸法钛白粉以锐钛型和金红石型产品为主，专用产品极少。

（7）氯化钛白。20 世纪 90 年代初，通过技术咨询的方式从国外引进关键生产技术，建成的锦州铁合金厂 15kt/a 氯化法钛白粉装置是迄今为止国内唯一的氯化法钛白粉生产线。这套装置经过十几年的艰苦攻关，现已基本达到设计要求，2003 年 4 月经国家涂料监督检验中心检测，产品的主要指标已基本达到杜邦公司 R902 的实物水平。但从 2004 年开始的该装置 30kt/a 氯化法钛白粉扩能改造工程由于核心技术和关键设备的制约仍正在进行中，氯化法钛白粉的生产，其核心技术和部分关键设备的技术的掌握仍有大量的工作需要完成，由硫酸法钛白向氯化法钛白的转变还需要一段时间，中国的钛白粉生产至少在一段较长的时间内仍以硫酸法钛白生产为主。

25.6　钛及其合金

钛及其合金生产技术开发走出了一条复杂艰苦而又前景远大的路。

25.6.1　钛的生产启蒙

在很长一段时间内，人们一直把以含钛的磁铁矿精矿为原料，在高炉炼铁时产生的高炉渣中形貌与金属钛有些相像的钛的碳氮化物（Ti（N，C））误认为是金属钛。事实上，到了 1825 年才由化学家贝齐里乌斯（I. J. Berzelius）用金属钾还原氟钛酸钾（K_2TiF_6）的方法，在实验室第一次制得了真正意义上的金属钛，但其纯度很差，量又很少，不能供研究之需。之后瑞典学者，尼尔森（Nilson）和彼得森（Petson）又在 1887 年用钠热还原 $TiCl_4$ 的方法制得了杂质含量小于 5% 的金属钛。因为量少，杂质多，无法对其理化性质进行研究，因此，对钛的各种性质仍然知之甚少。1895 年，Muasana 用碳还原 TiO_2 并随后精炼的方法，制得了约含 2% 杂质的金属钛。直到 1910 年，也就是在发现钛元素 120 年之后，美国化学家亨特（M. A. Hunter）在前人研究的基础上，再次重复尼尔森和彼得森的方法，在抽除了空气的钢弹中，用钠还原高纯 $TiCl_4$，第一次制取了几克纯金属钛，这种纯钛含杂质 0.5%，热态时具有延性，冷态下却是脆性的。1925 年，V. 阿尔克尔（Van Arkel）和 D. 布尔（De Boer）用在灼热的钨丝上热分解 TiI_4 的方法，制出了无论在冷态或热状态下都具有优良延展性的纯金属钛，高纯度为钛性质的研究创造了条件。这种制取纯金属钛的方法，因生产效率很低，且成本很高，无法用于大规模工业生产，但它是提纯金属钛的一种有效方法，至今仍被用来小规模生产特殊用途的高纯钛。1938 年，卢森堡冶金学家克劳尔（W. J. Kroll）发明了新的钛制备技术，在内衬了钼的反应器中，在惰性气体氩（Ar）的保护气氛下，用镁热还原纯 $TiCl_4$ 制取金属钛的方法。镁热还原法和钠热还原法为组织钛的工业化生产提供了可能性。又经过 10 年时间的不断研究和改进，金属钛的生产终于从实验室走向了工业化生产。

25.6.2 钛的工业化生产

1948 年 9 月，美国杜邦公司发布了用克劳尔法（镁热还原 $TiCl_4$ 法）工业生产海绵钛取得成功的消息，其纯度在 99% 以上。当年美国总共生产了 3t 海绵钛。至此终于实现了钛冶金的工业规模生产，开辟了钛冶金工业的新纪元。到 1950 年秋，供实验用的钛总产量已增加到 60t/a。1951 年生产量为 450t，1957 年美国海绵钛的产量猛增到 15.50kt，1981 年约为 26.30kt，1985 年达 34.00kt。美国基本上都是采用镁法生产海绵钛。

日本大阪钛公司于 1951 年开始在实验室成功地制得了 20kg 海绵钛，1954 年制造了月产 50t（每炉 1t）的工业生产设备，奠定了日本海绵钛生产的基础。20 世纪 70 年代以来日本海绵钛生产量不断增加：1975 年 7600t，1978 年 9200t，1981 年 25.80kt。产品大量出口到美国。日本基本上是以金红石精矿和高钛渣为原料采用镁热还原 $TiCl_4$ 法进行海绵钛生产。

英国因为镁原料缺乏，过去英国海绵钛生产采取钠热还原法，产量约为 2500t/a，唯一的一家钛厂 1994 年关闭后，英国已退出世界海绵钛生产国之列。

在 20 世纪 40 年代以前，苏联开始生产钛铁合金和颜料二氧化钛。1947 年开始海绵钛生产工艺的研究工作，1950 年在苏联国立稀有金属研究所的实验工厂中，进行了金属钛的工业生产试验。与此同时，苏联航空材料研究所（BNAM）也参加了钛生产工艺的研究工作。该所对镁法生产金属钛的过程，特别是在真空蒸馏纯化海绵钛及电弧熔炼生产致密金属钛方面做了大量的研究。到 1952 年基本上解决了钛原料的供应问题，从而奠定了钛金属工业生产的基础。1954 年 2 月在俄罗斯境内的波多尔斯克化冶厂，用镁热法以工业规模生产出了第一批钛；不久又在乌克兰扎波罗热市开展了第聂伯镁钛联合企业的设计和建设，1956 年 6 月投产生产了首批海绵钛；1960 年在俄罗斯乌拉尔的别列兹尼科夫镁钛联合企业开始生产海绵钛；1965 年在哈萨克斯坦乌斯季卡明诺哥尔斯克镁钛联合企业投产。1977 年苏联掌握了 TT‑90 牌号高质量海绵钛的生产。现在俄罗斯 Avisma‑VSMPO 厂是美国波音和欧盟空客的主要钛产品供应商。全世界 1955 年生产钛 2 万吨，1962 年猛增到 6 万吨，20 世纪 70 年代达 11 万吨，80 年代达 13 万吨，1992 年达 14 万吨。

中国于 1955 年在原北京有色金属综合研究所（现有色金属研究总院）开始钛生产工艺的研究工作，1958 年以 10kg/炉的实验室规模制取了第一批海绵钛。1959 年在抚顺铝厂扩大至 100kg/炉的小规模试生产，为中国海绵钛的生产奠定了基础。在 20 世纪 60~70 年代上海第二冶炼厂、湛江化工厂和遵义钛厂相继建立了海绵钛厂（前两个厂早已停产），现仅遵义钛厂和抚顺钛厂在继续生产。2012 年国内海绵钛厂增加 20 家，生产能力达到 200kt/a。

金属钛的工业化生产从 1948 年算起，至今不过 70 年历史，但却成就了年产 20 万吨的一个新兴工业门类，发展速度是很快的，大大超过其他有色金属生产的发展速度。过去世界上生产海绵钛的国家有 5 个（美国、日本、英国、苏联、中国），目前因英国迪赛德钛公司已于 20 世纪 90 年代关闭，加之苏联的解体，现产海绵钛的国家为 6 个，总生产能

力约为 $20 \times 10^4 t/a$，其中以俄罗斯、乌克兰和哈萨克斯坦的 3 个国家产能最大，近 $7 \times 10^4 t/a$，钛的出口量也最多。其海绵钛产能和钛材加工能力约占世界总能力的 1/3 左右，在钛的生产及其应用方面有很丰富的经验和研发能力。

世界主要海绵钛厂生产能力见表 25 – 2。至今海绵钛的世界产量仍很小，根本原因在于成本太高。而成本高的根本原因又在于：（1）工序多，流程长，生产周期长，从炼钛渣算起到产出海绵钛需时在 15 ~ 20d 以上，单是还原—蒸馏，1 ~ 3t 炉，需 5 ~ 6d，5t 炉需 8 ~ 10d；（2）能耗太大，镁 – 钛联合企业生产 1t 海绵钛的电耗在 $3.5 \times 10^4 kW \cdot h$ 以上（其中钛生产与镁电解约各占 1/2）；（3）过程不连续，间歇操作，劳动强度较大；（4）"三废"较多，处理费用高；（5）原材料和设备费用贵，一次性投资大。

表 25 – 2　主要海绵钛厂生产能力

国　家	公司名称	方法	公称生产能力/$h \cdot a^{-1}$	实际生产能力/$kt \cdot a^{-1}$	备　注
美　国	钛冶金公司（Timet）	MD	12.7	10	生产中
	俄勒冈冶金公司（Oremet）	MH	6.8	6	2001 年停产
	活性金属公司	MD	（11.0）		1992 年关闭
日　本	住友钛公司	MD	18.0	15	原大阪钛公司（生产中）
	东邦钛公司	MD	12.0	10.8	生产中
	昭和钛公司	MD	3.0	3.0	关闭
乌克兰	第聂伯镁钛联合企业	MD		15.0	生产中
俄罗斯	阿维斯玛镁钛联合企业	MD	35.0	35.0	生产中
哈萨克斯坦	马斯季卡缅诺戈尔斯克镁钛联合企业	MD	40.0	40.0	生产中
英　国	迪赛德钛公司	SL	5.0	3.0	1993 年关闭
中　国	两个工厂	D	—	—	生产中
合　计			155.5	137.8	

美国杜邦公司（E. I. Dupont corp）首先产出 2t 工业用海绵钛，至 20 世纪 50 年代，美国、英国、日本及苏联分别设计建成海绵钛厂。生产初期，多采用克劳尔（Kroll）法炼钛，间断生产。60 年代末至 70 年代，相继研制出半联合及联合的克劳尔法改良工艺，前者始于苏联，后者出自日本。80 年代，倒 U 形联合工艺已广泛应用于日本各海绵钛厂中。

1958 年中国首次设计建成抚顺铝厂海绵钛试验车间，还先后建成上海第二冶炼厂钛车间和锦州铁合金厂钛车间。1964 年开始设计中国第一个海绵钛厂——遵义钛厂，1970 年建成投产。中国设计的海绵钛厂或车间，其最终产品只有一种——海绵钛。日本和前苏联的海绵钛厂还设计有铸锭车间，用自耗电极和非自耗电极炉熔炼钛锭，将占海绵钛产量 6% ~ 8% 的等外钛添加到钛锭内，以提高经济效益，钛厂的产品都在两种以上，美国的海绵钛厂多与加工厂设计为一体，主要产品为多规格、多品种的钛材。

20 世纪 60 年代，中国设计建成的海绵钛厂，起步规模最大者为 1000t/a。而西方国家海绵钛厂的起步规模在 300 ~ 5000t/a 之间，前苏联为 3000 ~ 10000t/a。基于金属钛建厂投资多、市场易波动和生产成本高的特点，60 年代后，国外有些海绵钛厂基本上依靠技术革新，逐步扩建为年生产能力达万吨以上的大厂。

25.6.3 钛合金

钛是 20 世纪 50 年代发展起来的一种重要的结构金属，钛合金因具有强度高、耐蚀性好、耐热性高等特点而被广泛用于各个领域。第一个实用的钛合金是 1954 年美国研制成功的 Ti-6Al-4V 合金，由于它的耐热性、强度、塑性、韧性、成型性、可焊性、耐蚀性和生物相容性均较好，而成为钛合金工业中的王牌合金，该合金使用量已占全部钛合金的 75%~85%。其他许多钛合金都可以看做是 Ti-6Al-4V 合金的改型。

20 世纪 50~60 年代，主要是发展航空发动机用的高温钛合金和机体用的结构钛合金，70 年代开发出一批耐蚀钛合金，80 年代以来，耐蚀钛合金和高强钛合金得到进一步发展。耐热钛合金的使用温度已从 20 世纪 50 年代的 400℃ 提高到 90 年代的 600~650℃。A2（Ti3Al）和 r（TiAl）基合金的出现，使钛在发动机的使用部位正由发动机的冷端（风扇和压气机）向发动机的热端（涡轮）方向推进。结构钛合金向高强、高塑、高强高韧、高模量和高损伤容限方向发展。20 世纪 70 年代以来，还出现了 Ti-Ni、Ti-Ni-Fe、Ti-Ni-Nb 等形状记忆合金，并在工程上获得日益广泛的应用。

世界上已研制出的钛合金有数百种，最著名的合金有 20~30 种，如 Ti-6Al-4V、Ti-5Al-2.5Sn、Ti-2Al-2.5Zr、Ti-32Mo、Ti-Mo-Ni、Ti-Pd、SP-700、Ti-6252、Ti-10-5-3、Ti-1023、BT9、BT20、IMI829、IMI834 等。

中国的钛工业有 60 多年的历史，经历了创业期（1954~1978 年）、成长期（1979~2000 年）和崛起期（2001 年至今）三个阶段。20 世纪 50 年代中期，在北京开始了钛加工的研究工作；60 年代初期，在沈阳开始了钛的半工业化生产；60 年代中期，在遵义和宝鸡分别建成海绵钛和钛加工材生产厂，标志着中国已成为世界钛工业国家的一员。中国已形成了完整的钛工业体系，生产能力和规模迅速提升。主要企业有宝钛集团、宝钢特钢等，先后通过了 ISO9001，GJB，AS/EN 质量体系等重要产品资质认证。宝钛集团还获得了波音、空客、Snecma、Fortech、Goodrich、庞巴迪等国际大公司的质量认证。

从全球情况看，国际钛材加工业有三个旺盛时期：第一次繁荣期开始于 1988 年，是由于美国民用航空工业的复苏和日本化学、发电工业市场开始活跃而带来了国际钛加工业市场的相对活跃的阶段；第二次繁荣期开始于 1994 年，由于日本经济复苏且美国民用航空工业再次活跃，民用航空的复苏推动了钛需求的增加；第三次繁荣期开始于 2004 年，是由于国际经济形势普遍看好，国际航空业呈现飞速发展的势头，尤其是空客 A380 和波音 787 用钛量占机体总质量的比例增加到 10% 以上，而日本民用钛工业的发展也异常迅猛。

同时全球钛材加工业也经历了三个明显的萧条期：第一次萧条期始于 1990 年的美国经济衰退和日本经济泡沫的崩溃，加上前苏联囤积的大量钛材充斥市场，导致钛材价格大幅下降；第二次萧条期是因为亚洲金融危机和航空市场的萧条以及 2001 年的"911"事件重创国际民用航空业；最近一次萧条期则是由于 2008 年金融危机引发的国际经济形势动荡导致的。

钛材行业的发展与全球经济形势密切相关，三次繁荣期都开始于经济繁荣期，而三次萧条期也都不约而同地始于全球经济低迷，体现出较强的周期性，究其原因，是因为钛材重要的下游应用领域多体现为强周期性行业。

中国从事钛的科研发展起始于 1954 年北京有色金属研究总院。20 世纪 50 年代末，当西方国家钛工业已趋成熟时，中国才开始钛的工业化历程。1958 年中国第一个海绵钛试制车间在抚顺铝厂建成投产（年产 48t），1960 年中国第一个钛熔炼、加工车间在沈阳有色金属加工厂建成投产。60 年代中期，由于国防建设的需要，宇航工业用钛的呼声较大，专门建立一个稀有金属加工和科研基地已势在必行。宝鸡有色金属加工厂、西北有色金属研究院及遵义钛厂也就应运而生。70 年代初，宝鸡有色金属加工厂和遵义钛厂的建成投产，标志着中国已建成一个从钛矿采选、海绵钛提取到钛的熔炼、加工、设备制造一套完整的钛工业体系。

中国目前有 20 多家工厂、研究院所及民营企业能够生产钛加工材、钛铸件及钛设备。其中最大的是宝钛集团，它也是 Ti、Zr、W、Mo、Ta、Nb 等稀有难熔金属加工材和钛铸件及钛设备制造的专业生产厂，拥有全国最先进的熔炼加工设备。

附录　钛基材料制造有关附表

附表1　元素物理性质

元素符号	元素名称	熔点/℃	沸点/℃	质量热容/J·(kg·K)⁻¹	密度(20℃)/g·cm⁻³
Ag	银	960.15	2117	234	10.5
Al	铝	660.2	2447	900	2.6984
Ar	氩	-189.38	-185.87	519	1.7824×10^{-3}
As	砷	817 (12.97MPa)	613	326 (升华)	2.026(黄) 4.7(黑)
Au	金	1063	2707	130	19.3
B	硼	2074	3675	1030	2.46
Ba	钡	850	1537	192	3.59
C	碳	4000 (6.83MPa)	3850 (升华)	711519	2.267(石墨) 3.515(金刚石)
Ca	钙	861	1478	653	1.55
Ce	铈	795	3470	184	6.771
Cl	氯	-101.0	-34.05	477	2.98×10^{-3}(气体)
Co	钴	1495	3550	435	8.9
Cr	铬	1990	2640	448	7.2
Cu	铜	1683	2582	385	8.92
F	氟	-219.62	-188.14	824	1.58×10^{-3}
Fe	铁	1530	3000	448	7.86
H	氢	-259.2	-252.77	1.43×10^4	0.8987×10^{-3}
Hg	汞	-38.87	365.58	138	13.5939
K	钾	63.5	758	753	0.87
Mg	镁	650	1117	1.03×10^3	1.74
Mn	锰	1244	2120	477	7.30
Mo	钼	2625	4800	251	10.2
N	氮	-209.97	-195.798	1.04×10^3	1.165×10^{-3}
Na	钠	97.8	883	1.23×10^3	0.97
Ni	镍	1455	2840	439	8.90
O	氧	-218.787	-182.98	916	1.331×10^{-3}
P	磷	44.2 59.7 610	280.3 431(升华) 453(升华)		1.828(白) 2.34(红) 2.699(黑)
Pb	铅	327.4	1751		11.34

续附表 1

元素符号	元素名称	熔点 /℃	沸点 /℃	质量热容 /J · (kg · K)$^{-1}$	密度(20℃)/g · cm^{-3}
Pt	铂	1774	3800	130	21.45
Re	铼	3180	5885	138	21.04
Rh	铑	1966 112.3	3700	243	12.41
S	硫	114.6 106.8	444.60	732	2.68(α) 1.96(β) 1.92(γ)
Sb	锑	630.5	1640	20	6.684
Si	硅	1415	2680	711	2.33
Sn	锡	231.39	2687	218	7.28(白)
Ti	钛	1672	3260	523	4.507(α) 4.32(β)
V	钒	1919	3400	481	6.1
W	钨	3415	5000	134	19.35
Zn	锌	419.47	907	285	7.14
Zr	锆	1855	4375	276	6.52(混)

附表 2 元素物理性质

元素符号	元素名称	热导率 /W · (m · K)$^{-1}$	电阻率 /Ω · m	熔化热 /kJ · mol^{-1}	气化热 /kJ · mol^{-1}
Ag	银	4182	1.6×10^{-8}	11.95	254.2
Al	铝	211.015	2.6×10^{-8}	10.76	284.3
Ar	氩	0.016412		1.18	6.523
As	砷	817(12.97MPa)	3.5×10^{-7}		
Au	金	293.076	2.4×10^{-8}	12.7	310.7
B	硼		1.8×10^{-4}		
Ba	钡		6.0×10^{-7}	7.66	149.32
C	碳	23.865	1.375×10^{-5}	104.7	326.6(升华)
Ca	钙	125.604	4.5×10^{-8}	9.2	161.2
Ce	铈		7.16×10^{-7}		
Cl	氯		>10(液态)	6.410	20.42
Co	钴	69.082	0.8×10^{-7}	15.5	398.4
Cr	铬	66.989	1.4×10^{-7}	14.7	305.5
Cu	铜	414.075	1.6×10^{-8}	13.0	304.8
F	氟			1.56	6.37
Fe	铁	75.362		16.2	354.3
H	氢			0.117	0.904

元素符号	元素名称	热导率/W·(m·K)$^{-1}$	电阻率/Ω·m	熔化热/kJ·mol^{-1}	气化热/kJ·mol^{-1}
Hg	汞	10.476	9.7×10^{-7}(液态) 2.1×10^{-7}(固态)	2.33	58.552
K	钾	97.134	6.6×10^{-8}	2.334	79.05
Mg	镁	157.424	4.4×10^{-8}	9.2	13.9
Mn	锰			14.7	224.8
Mo	钼	146.358	0.5×10^{-7}		
N	氮			0.720	5.581
Na	钠	132.722	4.4×10^{-8}	2.64	98.0
Ni	镍	58.615	6.8×10^{-8}	17.6	378.8
O	氧			0.444	6.824
Sb	锑	22.525	3.9×10^{-7}	20.1	195.38
Si	硅	83.736		46.5	297.3
Sn	锡	64.058	1.15×10^{-7}	7.08	230.3
Ti	钛		0.3×10^{-7}		
V	钒		5.9×10^{-7}		
W	钨	167.472	5.48×10^{-8}		
Zn	锌	110.950	5.9×10^{-8}	6.678	114.8
Zr	锆		4.0×10^{-7}		

附表 3 常见氧化物物理性质

氧化物	氧的质量分数/%	密度/g·cm^{-3}	熔化温度/℃	气化温度/℃
Fe_2O_3	30.057	5.1 ~ 5.4	1565	
Fe_3O_4	27.640	5.1 ~ 5.2	1597	
FeO	22.269(异稳定) 23.239 ~ 23.28(稳定)	5.163(含氧23.91%)	1371 ~ 1385	
SiO_2	53.257	2.65(石英)	1713(硅石 1750)	2590
SiO	36.292	2.13 ~ 2.15	1350 ~ 1900(升华)	1990
MnO_2	36.807	5.03	535 前分解	
Mn_2O_8	30.403	4.30 ~ 4.80	940 前分解	
Mn_3O_4	27.970	4.30 ~ 4.90	1567	
MnO	22.554	5.45	1750 ~ 1788	
Cr_2O_3	31.580	5.21	2275	
TiO_2	40	4.26(金红石) 3.84(锐钛矿)	1825	
P_2O_5	49	2.39	569(加压)	
TiO	56.358	4.93	1750	

续附表 3

氧化物	氧的质量分数 /%	密度 /g·cm⁻³	熔化温度 /℃	气化温度 /℃
V_2O_5	25.038	3.36	663 ~ 675	1750(分解)
VO_2	43.983	4.30	1545	
V_2O_3	38.581	4.84	1967	
VO	32.024	5.50	1970	
NiO	25.901	6.80	1970	
CuO	21.418	6.40	1148(分解)	
			1062.6	
Cu_2O	20.114	6.10	1235	
ZnO	19.660	5.5 ~ 5.6	2000(5.629MPa)	1950(升华)
PbO	7.168	9.12 ± 0.05(22℃)	888	1470
		7.794(880℃)		
CaO	28.530	3.4	2585	2850
MgO	39.696	3.2 ~ 3.7	2799	3638
BaO	10.436	5.0 ~ 5.7	1923	约 2000
Al_2O_3	47.075	3.5 ~ 4.1	2042	2980
K_2O	16.986			766
Na_2O	25.814			890

附表 4　常用化学反应的自由能与温度关系（$\Delta G^\ominus = A + BT$）

反应	$A/J·mol^{-1}$	$B/J·(mol·K)^{-1}$	误差 /kJ	温度范围 /℃
$Al(s) = Al(l)$	10795	−11.55	0.2	660(熔点)
$Al(l) = Al(g)$	304640	−109.50	2	660 ~ 2520(沸点)
$2Al(s) + 1.5O_2 = Al_2O_3(s)$	−1675100	313.20		22 ~ 660(熔点)
$2Al(l) + 1.5O_2 = Al_2O_3(s)$	−1682900	323.24		660(熔点) ~ 2024
$2Al(l) + 1.5O_2 = Al_2O_3(l)$	−1574100	275.01		2042 ~ 2494(沸点)
$2Al(g) + 1.5O_2 = Al_2O_3(l)$	−2106400	468.62		2494 ~ 3200
$2Al(l) + 0.5O_2 = Al_2O(g)$	−170700	−49.37	20	660 ~ 2000
$2Al(l) + O_2 = Al_2O_2(g)$	−470700	28.87	20	660 ~ 2000
$4Al(l) + 3C = Al_4C_3(s)$	−265000	95.06	8	660 ~ 2200(熔点)
$Al(l) + 0.5N_2(g) = AlN(s)$	−327100	115.52	4	660 ~ 2000
$Al_2O_3(s) + SiO_2(s) = Al_2O_3·SiO_2(s)$	−8800	3.80	2	25 ~ 1700
$3Al_2O_3 + 2SiO_2 = 3Al_2O_3·2SiO_2(s)$	−8600	−17.41	4	25 ~ 1750(熔点)
$Al_2O_3 + TiO_2 = Al_2O_3·TiO_2(s)$	−25300	3.93		25 ~ 1860(熔点)
$C(s) = C(g)$	713500	−155.48	4	1750 ~ 3800
$0.5O_2 = CO(g)$	−114400	85.77	0.4	500 ~ 2000
$g) = CH_4(g)$	−91044	110.67	0.4	500 ~ 2000
(l)	8540	−7.70	0.4	839(熔点)

反　应	$A/J \cdot mol^{-1}$	$B/J \cdot (mol \cdot K)^{-1}$	误差 /kJ	温度范围 /℃
$Ca(1) = Ca(g)$	157800	− 87.11	0.4	839 ～ 1491（熔点）
$Ca(1) + F_2(g) = CaF_2(s)$	− 1219600	162.3	8	839 ～ 1484
$CaF_2(g) = CaF_2(1)$	2970	− 17.57	0.4	1418（熔点）
$CaF_2(1) = CaF_2(g)$	308700	− 110.0	4	2533（沸点）
$Ca(1) + 2C(s) = CaC_2(s)$	− 60250	− 26.28	12	839 ～ 1484
$Ca(1) + 0.5S_2(g) = CaS(s)$	− 548100	103.85	4	839 ～ 1484
$3CaO + Al_2O_3 = 3CaO \cdot Al_2O_3(s)$	− 12600	− 24.69	4	500 ～ 1535
$CaO + Al_2O_3 = CaO \cdot Al_2O_3(s)$	− 18000	− 18.83	2	500 ～ 1605
$CaO + 2Al_2O_3 = CaO \cdot 2Al_2O_3(s)$	− 16700	− 25.52	3.2	500 ～ 1750
$CaO + 6Al_2O_3 = CaO \cdot 6Al_2O_3(s)$	− 16380	− 37.58	1.7	1100 ～ 1600
$CaO + CO_2(g) = CaCO_3(s)$	− 161300	137.23	1.2	700 ～ 1200
$CaO + Fe_2O_3 = CaO \cdot Fe_2O_3(s)$	− 29700	− 4.81	4	700 ～ 1216（熔点）
$2CaO + Fe_2O_3 = 2CaO \cdot Fe_2O_3(s)$	− 53100	− 2.51	4	700 ～ 145（熔点）
$3CaO + SiO_2 = 3CaO \cdot SiO_2(s)$	− 118800	− 6.7	12	25 ～ 1500
$3CaO + 2SiO_2 = 3CaO \cdot 2SiO_2(s)$	− 236800	9.6	12	25 ～ 1500
$2CaO + SiO_2 = 2CaO \cdot SiO_2(s)$	− 118800	− 11.3	12	25 ～ 2130（熔点）
$CaO + SiO_2 = CaO \cdot SiO_2(s)$	− 92500	2.5	12	25 ～ 1540（熔点）
$3CaO + 2TiO_2 = 3CaO \cdot 2TiO_2(s)$	− 207100	− 11.51	10	25 ～ 1400
$4CaO + 3TiO_2 = 4CaO \cdot 3TiO_2(s)$	− 292900	− 17.57	8	25 ～ 1400
$CaO + TiO_2 = CaO \cdot TiO_2(s)$	− 79900	− 3.35	3.2	25 ～ 1400
$CaO + MgO = CaO \cdot MgO$	− 7200	0	1.2	25 ～ 1027
$3CaO + V_2O_5 = 3CaO \cdot V_2O_5(s)$	− 332200	0	5	25 ～ 670
$2CaO + V_2O_5 = 2CaO \cdot V_2O_5(s)$	− 264800	0	5	25 ～ 670
$CaO + V_2O_5 = CaO \cdot V_2O_5(s)$	− 146000	0	5	25 ～ 670
$Cr(s) + 1.5O_2 = CrO_3(s)$	− 580500	259.2		25 ～ 187（熔点）
$Cr(s) + 1.5O_2 = CrO_3(1)$	− 546600	185.8		187 ～ 727
$Cr(s) + O_2 = CrO_2(1)$	− 587900	170.3		25 ～ 1387
$2Cr(s) + 1.5O_2 = Cr_2O_3(s)$	− 1110140	247.32	0.8	900 ～ 1650
$2Cr(s) + 1.5O_2 = Cr_2O_3(s)$	− 1092440	237.94		1500 ～ 1650
$3Cr(s) + 2O_2 = Cr_3O_4(s)$	− 1355200	264.64	0.8	1650 ～ 1655（熔点）
$Cr(s) + 0.5O_2 = CrO(1)$	− 334220	63.81	0.8	1665 ～ 1750
$Fe(s) = Fe(1)$	13800	− 7.61	0.8	1536（熔点）
$Fe(1) = Fe(g)$	363600	− 116.23	1.2	1536 ～ 2862（沸点）
$Fe(s) + 0.5O_2 = FeO(s)$	− 264000	64.59	0.8	25 ～ 1377
$Fe(1) + 0.5O_2 = FeO(1)$	− 256060	53.68	2	1377 ～ 2000
$3Fe(s) + 2O_2 = Fe_3O_4(s)$	− 1103120	307.38	2	25 ～ 1597（熔点）

续附表4

反　　应	$A/\text{J} \cdot \text{mol}^{-1}$	$B/\text{J} \cdot (\text{mol} \cdot \text{K})^{-1}$	误差/kJ	温度范围/℃
$2\text{Fe} + 1.5\text{O}_2 = \text{Fe}_2\text{O}_3(\text{s})$	-815023	251.02	2	25 ~ 1462
$\text{Fe}(\text{s}) + 0.5\text{O}_2 + \text{V}_2\text{O}_3(\text{s}) = \text{FeO} \cdot \text{V}_2\text{O}_3(\text{s})$	-288700	62.34	1.2	750 ~ 1536
$\text{Fe}(\text{l}) + 0.5\text{O}_2 + \text{V}_2\text{O}_3(\text{s}) = \text{FeO} \cdot \text{V}_2\text{O}_3(\text{s})$	-301250	70.0	1.2	1536 ~ 1700
$\text{Fe}(\alpha) + 3\text{C}(\text{s}) = \text{FeC}_3(\text{s})$	29040	-28.03	0.4	25 ~ 727
$\text{Fe}(\gamma) + 3\text{C}(\text{s}) = \text{FeC}_3(\text{s})$	11234	-11.0	0.4	727 ~ 1137
$\text{Fe}(\gamma) + 0.5\text{S}_2(\text{g}) = \text{FeS}(\text{s})$	-336900	224.51	4	630 ~ 760
$2\text{FeO} + \text{SiO}_2 = 2\text{FeO} \cdot \text{SiO}_2(\text{s})$	-36200	-61.67	4	25 ~ 1220(熔点)
$2\text{FeO} \cdot \text{SiO}_2(\text{s}) = 2\text{FeO} \cdot \text{SiO}_2(\text{l})$	92050	-61.67	4	1220(熔点)
$2\text{FeO} + \text{TiO}_2 = 2\text{FeO} \cdot \text{TiO}_2(\text{s})$	-33900	5.86	8	25 ~ 1100
$\text{FeO} + \text{TiO}_2 = \text{FeO} \cdot \text{TiO}_2(\text{s})$	-33500	12.13	4	25 ~ 1300
$\text{Fe}(\text{l}) + 0.5\text{O}_2 + \text{V}_2\text{O}_3(\text{s}) = \text{FeO} \cdot \text{V}_2\text{O}_3(\text{s})$	-288700	62.34	1.2	750 ~ 1536
$\text{Fe}(\text{l}) + 0.5\text{O}_2 + \text{V}_2\text{O}_3(\text{s}) = \text{FeO} \cdot \text{V}_2\text{O}_3(\text{s})$	-301250	70.0	1.2	100(沸点)
$\text{H}_2\text{O}(\text{l}) = \text{H}_2\text{O}(\text{g})$	41086	-110.12	0.12	25 ~ 2000
$\text{H}_2 + 0.5\text{O}_2 = \text{H}_2\text{O}(\text{g})$	-247500	55.86	1.2	25 ~ 2000
$\text{H}_2 + 0.5\text{S}_2(\text{g}) = \text{H}_2\text{S}(\text{g})$	-91630	50.58	1.2	649(熔点)
$\text{Mg}(\text{s}) = \text{Mg}(\text{l})$	8950	-9.71	0.4	649 ~ 1090(沸点)
$\text{Mg}(\text{l}) = \text{Mg}(\text{g})$	129600	95.14		25 ~ 649(熔点)
$\text{Mg}(\text{s}) + 0.5\text{O}_2 = \text{MgO}(\text{s})$	-601230	107.59		649 ~ 1090(沸点)
$\text{Mg}(\text{l}) + 0.5\text{O}_2 = \text{MgO}(\text{s})$	-609570	116.52		1090 ~ 1727
$\text{Mg}(\text{g}) + 0.5\text{O}_2 = \text{MgO}(\text{s})$	-732700	205.99		25 ~ 1400
$\text{MgO}(\text{s}) + \text{Al}_2\text{O}_3(\text{s}) = \text{MgO} \cdot \text{Al}_2\text{O}_3(\text{s})$	-35600	-2.09	3.3	700 ~ 1400
$\text{MgO}(\text{s}) + \text{Fe}_2\text{O}_3(\text{s}) = \text{MgO} \cdot \text{Fe}_2\text{O}_3(\text{s})$	-19250	-2.01	3.3	25 ~ 1500
$\text{MgO}(\text{s}) + \text{Cr}_2\text{O}_3(\text{s}) = \text{MgO} \cdot \text{Cr}_2\text{O}_3(\text{s})$	-42900	7.11	5	25 ~ 1898(熔点)
$\text{MgO}(\text{s}) + \text{SiO}_2(\text{s}) = \text{MgO} \cdot \text{SiO}_2(\text{s})$	-67200	4.31	6	25 ~ 1577(熔点)
$2\text{MgO}(\text{s}) + \text{SiO}_2(\text{s}) = 2\text{MgO} \cdot \text{SiO}_2(\text{l})$	-41100	6.10	6	25 ~ 1500
$\text{MgO}(\text{s}) + \text{TiO}_2(\text{s}) = \text{MgO} \cdot \text{TiO}_2(\text{s})$	-25500	1.26	2	25 ~ 1500
$\text{MgO}(\text{s}) + 2\text{TiO}_2(\text{s}) = \text{MgO} \cdot 2\text{TiO}_2(\text{s})$	-26400	3.14		25 ~ 1500
$\text{MgO}(\text{s}) + 2\text{TiO}_2(\text{s}) = \text{MgO} \cdot 2\text{TiO}_2(\text{s})$	-27600	0.63	3.3	25 ~ 670
$2\text{MgO}(\text{s}) + \text{V}_2\text{O}_5(\text{s}) = 2\text{MgO} \cdot \text{V}_2\text{O}_5(\text{s})$	-721740	0	6	25 ~ 1200
$2\text{MgO}(\text{s}) + \text{V}_2\text{O}_5(\text{s}) = 2\text{MgO} \cdot \text{V}_2\text{O}_5(\text{s})$	-53350	8.4	3	1244(熔点)
$\text{Mn}(\text{s}) = \text{Mn}(\text{l})$	12130	-7.95		1244 ~ 2062(沸点)
$\text{Mn}(\text{l}) = \text{Mn}(\text{s})$	235800	-101.17	4	25 ~ 1277
$\text{Mn}(\text{s}) + 0.5\text{O}_2 = \text{MnO}(\text{s})$	-385360	73.75		25 ~ 1277
$3\text{Mn}(\text{s}) + 2\text{O}_2 = \text{Mn}_3\text{O}_4(\text{s})$	-1381640	334.67		25 ~ 1277
$2\text{Mn}(\text{s}) + 1.5\text{O}_2 = \text{Mn}_2\text{O}_3(\text{s})$	-956400	251.71		25 ~ 727
$\text{Mn}(\text{s}) + \text{O}_2 = \text{MnO}_2(\text{s})$	-519700	180.83		527 ~ 1277

续附表 4

反 应	$A/\mathrm{J\cdot mol^{-1}}$	$B/\mathrm{J\cdot(mol\cdot K)^{-1}}$	误差/kJ	温度范围/℃
$MnO(s) + Al_2O_3(s) = MnO\cdot Al_2O_3(s)$	– 48100	7.3	6	25 ~ 1291(熔点)
$MnO(s) + SiO_2(s) = MnO\cdot SiO_2(s)$	– 28000	2.76	12	25 ~ 1345(熔点)
$2MnO(s) + SiO_2(s) = 2MnO\cdot SiO_2(s)$	– 53600	24.73	12	25 ~ 1360
$MnO(s) + TiO_2(s) = MnO\cdot TiO_2(s)$	– 24700	1.25	20	25 ~ 1450
$2MnO(s) + TiO_2(s) = 2MnO\cdot TiO_2(s)$	– 37700	1.7	20	98 ~ 675(熔点)
$MnO(s) + V_2O_5(s) = MnO\cdot V_2O_5(s)$	– 65900		6	98 ~ 801(熔点)
$2Na(l) + 0.5O_2 = Na_2O(s)$	– 514600	218.8	12	98 ~ 883(熔点)
$Na(l) + 0.5Cl_2 = NaCl(s)$	– 411600	93.00	0.4	850 ~ 2200
$2Na(l) + C(s) + 1.5O_2 = Na_2CO_3(s)$	– 1227500	273.54		250 ~ 884(熔点)
$2Na(l) + C(s) + 1.5O_2 = Na_2CO_3(l)$	– 1229600	362.47		25 ~ 1089(熔点)
$Na_2O(s) + SO_2(g) + 0.5O_2 = Na_2SO_4(s)$	– 651400	237.3	12	25 ~ 974(熔点)
$Na_2O(s) + SiO_2(s) = Na_2O\cdot SiO_2(s)$	– 237700	– 3.85	12	25 ~ 1030(熔点)
$Na_2O(s) + 2SiO_2(s) = Na_2O\cdot 2SiO_2(s)$	– 283500	8.83	12	25 ~ 986(熔点)
$Na_2O(s) + TiO_2(s) = Na_2O\cdot TiO_2(s)$	– 209200	– 1.26	20	25 ~ 1128(熔点)
$Na_2O(s) + 2TiO_2(s) = Na_2O\cdot 2TiO_2(s)$	– 230100	– 1.7	20	25 ~ 527
$Na_2O(s) + 3TiO_2(s) = Na_2O\cdot 3TiO_2(s)$	– 234300	– 11.7	20	25 ~ 627
$Na_2O(s) + V_2O_5(s) = Na_2O\cdot V_2O_5(s)$	– 325500	– 15.06	16	25 ~ 527
$2Na_2O(s) + 2V_2O_5(s) = 2Na_2O\cdot 2V_2O_5(s)$	– 536000	– 29.3	20	25 ~ 627
$2Na_2O(s) + 2V_2O_5(s) = 2Na_2O\cdot 2V_2O_5(s)$	– 721740	0	20	25 ~ 670
$Na_2O(s) + Fe_2O_3(s) = Na_2O\cdot Fe_2O_3(s)$	– 87900	– 14.6		25 ~ 1132
$P(s,白) = P(l)$	657	– 2.05	0	44(熔点)
$P(s,红) = 0.25P_4(g)$	32130	– 45.65	1.2	25 ~ 431
$2P_2(g) = P_4(g)$	217150	– 139.0	2	25 ~ 1700
$0.5P_2(g) + 0.5O_2 = PO(s)$	– 77800	– 11.59		25 ~ 1700
$0.5P_2(g) + O_2 = PO_2(s)$	– 385800	60.25		25 ~ 1700
$2P_2(g) + 5O_2 = P_4O_{10}(s)$	– 3156000	1010.9		358 ~ 1700
$S(s) = S(l)$	1715	4.44	0	115(熔点)
$S(l) = 0.5S_2(g)$	58600	68.28	2	115 ~ 445(沸点)
$S_2(g) = 2S(g)$	469300	– 161.29	2	25 ~ 1700
$S_4(g) = 2S_2(g)$	62800	– 115.5	20	25 ~ 1700
$S_6(g) = 3S_2(g)$	276100	305.0	20	25 ~ 1700
$S_8(g) = 4S_2(g)$	397500	– 448.1	20	25 ~ 1700
$0.5S_2(g) + 0.5O_2 = SO(g)$	– 57780	– 4.98	1.2	445 ~ 2000
$0.5S_2(g) + O_2 = SO_2(g)$	– 361660	72.68	0.4	445 ~ 2000
$0.5S_2(g) + 1.5O_2 = SO_3(g)$	– 457900	163.34	1.2	445 ~ 2000
$Si(s) = Si(l)$	50540	– 30.0	1.6	1412(熔点)
$Si(l) = Si(g)$	395400	– 111.38	4	1412 ~ 3280(沸点)
$Si(s) + 0.5O_2 = SiO(g)$	– 104200	– 82.51		25 ~ 1412
$Si(l) + O_2 = SiO_2(S)$	– 907100	175.73		25 ~ 1412(熔点)
$Si(s) + O_2 = SiO_2(\alpha,\beta)$	– 904760	173.38		25 ~ 1412(熔点)

反　　应	$A/\mathrm{J} \cdot \mathrm{mol}^{-1}$	$B/\mathrm{J} \cdot (\mathrm{mol} \cdot \mathrm{K})^{-1}$	误差 /kJ	温度范围 /℃
$\mathrm{Si(l)} + \mathrm{O_2} = \mathrm{SiO_2}(\alpha,\beta)$	-946350	197.64		1412 ~ 1723(熔点)
$\mathrm{Si(l)} + \mathrm{O_2} = \mathrm{SiO_2}(l)$	-921740	185.91		1723 ~ 3241(沸点)
$\mathrm{Ti(s)} = \mathrm{Ti(l)}$	15480	-7.95		1670
$\mathrm{Ti(l)} = \mathrm{Ti(g)}$	426800	-120.0		1670 ~ 3290(沸点)
$\mathrm{Ti(s)} + 0.5\mathrm{O_2} = \mathrm{TiO}(\alpha,\beta)$	-514600	74.1	20	25 ~ 1670
$\mathrm{Ti(l)} + \mathrm{O_2} = \mathrm{TiO_2(s)}$	-941000	177.57	2	25 ~ 1670(熔点)
$2\mathrm{Ti(s)} + 1.5\mathrm{O_2} = \mathrm{Ti_2O_3(s)}$	-1502100	258.1	10	25 ~ 1670
$3\mathrm{Ti(s)} + 2.5\mathrm{O_2} = \mathrm{Ti_3O_5(s)}$	-2435100	420.5	20	25 ~ 1670
$\mathrm{V(s)} = \mathrm{V(l)}$	22840	-10.42		1920(熔点)
$\mathrm{V(l)} = \mathrm{V(g)}$	463300	-125.77	12	1920 ~ 3420(沸点)
$\mathrm{V(s)} + 0.5\mathrm{O_2} = \mathrm{VO(s)}$	-424700	80.04	8	25 ~ 1800
$2\mathrm{V(s)} + 1.5\mathrm{O_2} = \mathrm{V_2O_3(s)}$	-1202900	237.53	8	20 ~ 2070
$\mathrm{V(s)} + \mathrm{O_2} = \mathrm{VO_2(s)}$	-706300	155.31	12	25 ~ 1360(熔点)
$\mathrm{V_2O_5(s)} = \mathrm{V_2O_5(l)}$	64430	-68.32	3.3	670(熔点)

附表 5　某些元素在铁液中的标准溶解自由能

反　　应	$\gamma_i^{\ominus}$	$\Delta G^{\ominus} = A + BT/\mathrm{J} \cdot \mathrm{mol}^{-1}$
$\mathrm{Al(l)} = [\mathrm{Al}]$	0.029	$-63180 - 27.91T$
$\mathrm{C(s)} = [\mathrm{C}]$	0.57	$22590 - 42.26T$
$\mathrm{Cr(l)} = [\mathrm{Cr}]$	1.0	$-37.70T$
$\mathrm{Cr(s)} = [\mathrm{Cr}]$	1.14	$19250 - 46.86T$
$1/2\mathrm{H_2(g)} = [\mathrm{H}]$		$36480 + 30.46T$
$1/2\mathrm{H_2(g)} = [\mathrm{H}]$		$36480 - 46.11T$
$\mathrm{Mg(g)} = [\mathrm{Mg}]$	91	$117400 - 31.4T$
$\mathrm{Mn(l)} = [\mathrm{Mn}]$	1.3	$4080 - 38.16T$
$\mathrm{Mo(l)} = [\mathrm{Mo}]$	1	$-42.80T$
$\mathrm{Mo(s)} = [\mathrm{Mo}]$	1.68	$27510 - 52.38T$
$\mathrm{Ni(l)} = [\mathrm{Ni}]$	0.66	$-23000 - 31.05T$
$1/2\mathrm{N_2(s)} = [\mathrm{N}]$		$3600 + 23.89T$
$1/2\mathrm{O_2(g)} = [\mathrm{O}]$		$-117150 - 2.98T$
$1/2\mathrm{P_2(g)} = [\mathrm{P}]$		$-122200 - 19.25T$
$1/2\mathrm{S_2(g)} = [\mathrm{S}]$		$-135060 + 23.43T$
$\mathrm{Si(l)} = [\mathrm{Si}]$	0.0013	$-131500 - 17.61T$
$\mathrm{Ti(l)} = [\mathrm{Ti}]$	0.074	$-40580 - 37.03T$
$\mathrm{Ti(s)} = [\mathrm{Ti}]$	0.077	$-25100 - 44.98T$
$\mathrm{V(l)} = [\mathrm{V}]$	0.08	$-42260 - 35.98T$
$\mathrm{V(s)} = [\mathrm{V}]$	0.1	$-20710 - 45.6T$
$\mathrm{W(l)} = [\mathrm{W}]$	1	$-48.1T$
$\mathrm{W(s)} = [\mathrm{W}]$	1.2	$31380 - 63.64T$

注：以质量分数1%溶液为标准态。

附表 6 美国钛及钛合金牌号和化学成分

化学成分(质量分数)/%,不大于(注明范围值和余量值除外)

级别	N	C	H	Fe	O	Al	V	Sn	Ru	Pd	Co	Mo	Cr	Ni	Nb	Zr	Si	单个	总计
1级	0.03	0.08	0.015	0.2	0.18	—	—	—	—	—	—	—	—	—	—	—	—	0.1	0.4
2级	0.03	0.08	0.015	0.3	0.25	—	—	—	—	—	—	—	—	—	—	—	—	0.1	0.4
3级	0.05	0.08	0.015	0.3	0.35	—	—	—	—	—	—	—	—	—	—	—	—	0.1	0.4
4级	0.05	0.08	0.015	0.5	0.4	—	—	—	—	—	—	—	—	—	—	—	—	0.1	0.4
5级	0.05	0.08	0.015	0.4	0.2	5.5~6.75	3.5~4.5	—	—	—	—	—	—	—	—	—	—	0.1	0.4
6级	0.03	0.08	0.015	0.5	0.2	4.0~6.0	—	0.12~0.25	—	—	—	—	—	—	—	—	—	0.1	0.4
7级	0.03	0.08	0.015	0.3	0.25	—	—	—	—	0.12~0.25	—	—	—	—	—	—	—	0.1	0.4
9级	0.03	0.08	0.015	0.25	0.15	2.5~3.5	2.0~3.0	—	—	—	—	—	—	—	—	—	—	0.1	0.4
11级	0.03	0.08	0.015	0.2	0.18	—	—	0.12~0.25	—	0.12~0.27	—	—	—	—	—	—	—	0.1	0.4
12级	0.03	0.08	0.015	0.3	0.25	—	—	—	—	—	—	0.2~0.4	—	0.6~0.9	—	—	—	0.1	0.4
13级	0.03	0.08	0.015	0.2	0.1	—	—	—	0.04~0.06	—	—	—	—	0.4~0.6	—	—	—	0.1	0.4
14级	0.03	0.08	0.015	0.3	0.15	—	—	—	0.04~0.06	—	—	—	—	0.4~0.6	—	—	—	0.1	0.4
15级	0.05	0.08	0.015	0.3	0.25	—	—	—	0.04~0.06	—	—	—	—	0.4~0.6	—	—	—	0.1	0.4
16级	0.03	0.08	0.015	0.3	0.25	—	—	—	—	0.04~0.08	—	—	—	—	—	—	—	0.1	0.4
17级	0.03	0.08	0.015	0.2	0.18	—	—	—	—	0.04~0.08	—	—	—	—	—	—	—	0.1	0.4
18级	0.03	0.08	0.015	0.25	0.15	2.5~3.5	2.0~3.0	—	—	0.04~0.08	—	—	—	—	—	—	—	0.1	0.4
19级	0.03	0.05	0.02	0.3	0.12	3.0~4.0	7.5~8.5	—	—	0.04~0.08	—	3.5~4.5	5.5~6.5	—	—	3.5~4.5	—	0.15	0.4

续附表6

级别	化学成分(质量分数)/%,不大于(注明范围值和余量值除外)																	其他杂质	
	N	C	H	Fe	O	Al	V	Sn	Ru	Pd	Co	Mo	Cr	Ni	Nb	Zr	Si	单个	总计
20级	0.03	0.05	0.02	0.3	0.12	3.0~4.0	7.5~8.5	—	—	0.04~0.08	—	3.5~4.5	5.5~6.5	—	—	3.5~4.5	—	0.15	0.4
21级	0.03	0.05	0.015	0.4	0.17	2.5~3.5	—	—	—	—	—	14.0~16.0	—	—	2.2~3.2	—	0.15~0.25	0.1	0.4
23级	0.03	0.08	0.0125	0.25	0.13	5.5~6.5	3.5~4.5	—	—	—	—	—	—	—	—	—	—	0.1	0.4
24级	0.05	0.08	0.015	0.4	0.2	5.5~6.75	3.5~4.5	—	—	0.04~0.08	—	—	—	—	—	—	—	0.1	0.4
25级	0.05	0.08	0.0125	0.4	0.2	5.6~6.75	3.5~4.5	—	—	0.04~0.08	—	—	—	0.3~0.8	—	—	—	0	0.4
26级	0.03	0.08	0.015	0.3	0.25	—	—	—	0.08~0.14	—	—	—	—	—	—	—	—	0.1	0.4
27级	0.03	0.08	0.015	0.2	0.18	—	—	—	0.08~0.14	—	—	—	—	—	—	—	—	0.1	0.4
28级	0.03	0.08	0.015	0.25	0.15	2.5~3.5	2.0~3.0	—	0.08~0.15	—	—	—	—	—	—	—	—	0.1	0.4
29级	0.03	0.08	0.015	0.25	0.13	5.5~6.5	3.5~4.5	—	0.08~0.16	—	—	—	—	—	—	—	—	0.1	0.4
30级	0.03	0.08	0.015	0.3	0.25	—	—	—	—	0.04~0.08	0.20~0.80	—	—	—	—	—	—	0.1	0.4
31级	0.05	0.08	0.015	0.3	0.35	—	—	—	—	0.04~0.08	0.20~0.80	—	—	—	—	—	—	0.1	0.4
32级	0.03	0.08	0.015	0.25	0.11	4.5~5.5	0.6~1.4	0.6~1.4	—	—	—	0.6~1.2	—	—	—	0.6~1.4	0.06~0.14	0.1	0.4
33级	0.03	0.08	0.015	0.3	0.25	—	—	—	0.02~0.04	0.01~0.02	—	—	0.1~0.2	0.35~0.55	—	—	—	0.1	0.4
34级	0.05	0.08	0.015	0.3	0.35	—	—	—	0.02~0.04	0.01~0.02	—	—	0.1~0.2	0.35~0.55	—	—	—	0.1	0.4
35级	0.05	0.08	0.015	0.2~0.8	0.25	4.0~5.0	1.1~2.1	—	—	—	—	1.5~2.5	—	—	—	—	0.20~0.40	0.1	0.4
36级	0.03	0.08	0.0035	0.3	0.16	—	—	—	—	—	—	—	—	—	42.0~47.0	—	—	0.1	0.4
37级	0.03	0.08	0.015	0.3	0.25	1.0~2.0	—	—	—	—	—	—	—	—	—	—	—	0.1	0.4

附表7 美国钛及钛合金牌号及化学成分

化学成分(质量分数)/%,不大于(注明范围值和余量值除外)

级别	N	C	H	Fe	O	Al	V	Sn	Ru	Pd	Co	Mo	Cr	Ni	Nb	Zr	Si	其他杂质 单个	其他杂质 总计	Ti
F-1级	0.03	0.08	0.015	0.2	0.18	—	—	—	—	—	—	—	—	—	—	—	—	0.1	0.4	余量
F-2级	0.03	0.08	0.015	0.3	0.25	—	—	—	—	—	—	—	—	—	—	—	—	0.1	0.4	余量
F-3级	0.05	0.08	0.015	0.3	0.35	—	—	—	—	—	—	—	—	—	—	—	—	0.1	0.4	余量
F-4级	0.05	0.08	0.015	0.5	0.4	—	—	—	—	—	—	—	—	—	—	—	—	0.1	0.4	余量
F-5级	0.05	0.08	0.015	0.4	0.2	5.5~6.75	3.5~4.5	—	—	—	—	—	—	—	—	—	—	0.1	0.4	余量
F-6级	0.03	0.08	0.015	0.5	0.2	4.0~6.0	—	2.0~3.0	—	—	—	—	—	—	—	—	—	0.1	0.4	余量
F-7级	0.03	0.08	0.015	0.3	0.25	—	—	—	—	0.12~0.25	—	—	—	—	—	—	—	0.1	0.4	余量
F-9级	0.03	0.08	0.015	0.25	0.15	2.5~3.5	2.0~3.0	—	—	—	—	—	—	—	—	—	—	0.1	0.4	余量
F-11级	0.03	0.08	0.015	0.2	0.18	—	—	—	—	0.12~0.27	—	—	—	—	—	—	—	0.1	0.4	余量
F-12级	0.03	0.08	0.015	0.3	0.25	—	—	—	—	—	—	0.2~0.4	—	0.6~0.9	—	—	—	0.1	0.4	余量
F-13级	0.03	0.08	0.015	0.2	0.1	—	—	—	—	—	—	—	—	0.04~0.06	—	—	—	0.1	0.4	余量

续附表7

级别	化学成分(质量分数)/%,不大于(注明范围值和余量值除外)																	其他杂质		Ti
	N	C	H	Fe	O	Al	V	Sn	Ru	Pd	Co	Mo	Cr	Ni	Nb	Zr	Si	单个	总计	
F-14级	0.03	0.08	0.015	0.3	0.15	—	—	—	0.04~0.06	—	—	—	—	0.4~0.6	—	—	—	0.1	0.4	余量
F-15级	0.05	0.08	0.015	0.3	0.25	—	—	—	0.04~0.06	—	—	—	—	0.4~0.6	—	—	—	0.1	0.4	余量
F-16级	0.03	0.08	0.015	0.3	0.25	—	—	—	—	0.04~0.08	—	—	—	—	—	—	—	0.1	0.4	余量
F-17级	0.03	0.08	0.015	0.2	0.18	—	—	—	—	0.04~0.08	—	—	—	—	—	—	—	0.1	0.4	余量
F-18级	0.03	0.08	0.015	0.25	0.15	2.5~3.5	2.0~3.0	—	—	0.04~0.08	—	—	—	—	—	—	—	0.1	0.4	余量
F-19级	0.03	0.05	0.02	0.3	0.12	3.0~4.0	7.5~8.5	—	—	—	—	3.5~4.5	5.5~6.5	—	—	3.5~4.5	—	0.15	0.4	余量
F-20级	0.03	0.05	0.02	0.3	0.12	3.0~4.0	7.5~8.5	—	—	0.04~0.08	—	3.5~4.5	5.5~6.5	—	—	3.5~4.5	—	0.15	0.4	余量
F-21级	0.03	0.05	0.015	0.4	0.17	2.5~3.5	—	—	—	—	—	14.0~16.0	—	—	2.2~3.2	—	0.15~0.25	0.1	0.4	余量
F-23级	0.03	0.08	0.0125	0.25	0.13	5.5~6.5	3.5~4.5	—	—	—	—	—	—	—	—	—	—	0.1	0.4	余量
F-24级	0.05	0.08	0.015	0.4	0.2	5.5~6.75	3.5~4.5	—	—	0.04~0.08	—	—	—	—	—	—	—	0.1	0.4	余量
F-25级	0.05	0.08	0.0125	0.4	0.2	5.6~6.75	3.5~4.5	—	—	0.04~0.08	—	—	—	0.3~0.8	—	—	—	0	0.4	余量

续附表 7

化学成分（质量分数）/%，不大于（注明范围值和余量值除外）

级别	N	C	H	Fe	O	Al	V	Sn	Ru	Pd	Co	Mo	Cr	Ni	Nb	Zr	Si	其他杂质 单个	其他杂质 总计	Ti
F-27 级	0.03	0.08	0.015	0.2	0.18	—	—	—	0.08~0.14	—	—	—	—	—	—	—	—	0.1	0.4	余量
F-28 级	0.03	0.08	0.015	0.25	0.15	2.5~3.5	2.0~3.0	—	0.08~0.14	—	—	—	—	—	—	—	—	0.1	0.4	余量
F-29 级	0.03	0.08	0.015	0.25	0.13	5.5~6.5	3.5~4.5	—	0.08~0.14	—	—	—	—	—	—	—	—	0.1	0.4	余量
F-30 级	0.03	0.08	0.015	0.3	0.25	—	—	—	—	0.04~0.08	0.20~0.80	—	—	—	—	—	—	0.1	0.4	余量
F-31 级	0.05	0.08	0.015	0.3	0.35	—	—	—	—	0.04~0.08	0.20~0.80	—	—	—	—	—	—	0.1	0.4	余量
F-32 级	0.03	0.08	0.015	0.25	0.11	4.5~5.5	0.6~1.4	0.6~1.4	—	—	—	0.6~1.2	—	—	—	0.6~1.4	0.06~0.14	0.1	0.4	余量
F-33 级	0.03	0.08	0.015	0.3	0.25	—	—	—	0.02~0.04	0.01~0.02	—	—	0.1~0.2	0.35~0.55	—	—	—	0.1	0.4	余量
F-34 级	0.05	0.08	0.015	0.3	0.35	—	—	—	0.02~0.04	0.01~0.02	—	—	0.1~0.2	0.35~0.55	—	—	—	0.1	0.4	余量
F-35 级	0.05	0.08	0.015	0.2~0.8	0.25	4.0~5.0	1.1~2.1	—	—	—	—	1.5~2.5	—	—	—	—	—	0.1	0.4	余量
F-36 级	0.03	0.04	0.0035	0.3	0.16	—	—	—	—	—	—	—	—	—	42.0~47.0	—	—	0.1	0.4	余量
F-37 级	0.03	0.08	0.015	0.3	0.25	1.0~2.0	—	—	—	—	—	—	—	—	—	—	—	0.1	0.4	余量

附表8　俄罗斯加工钛及钛合金牌号及化学成分

化学成分(质量分数)/%,不大于(注明范围值和余量值除外)

牌号	Ti	Al	Cr	Mo	Sn	Mn	V	Fe	Si	Zr	C	N	H	O	其他杂质总计
BT1-00	余量	—	—	—	—	—	—	0.15	0.08	—	0.05	0.04	0.008	0.1	0.1
BT1-00	余量	—	—	—	—	—	—	0.25	0.1	—	0.07	0.04	0.01	0.2	0.3
BT1-2	余量	—	—	—	—	—	—	1.5	0.15	—	0.1	0.15	0.01	0.3	0.3
OT4-0	余量	0.4~1.4	—	—	—	0.5~1.3	—	0.3	0.12	0.3	0.1	0.05	0.012	0.15	0.3
OT4-1	余量	1.5~2.5	—	—	—	0.7~2.0	—	0.3	0.12	0.3	0.1	0.05	0.012	0.15	0.3
OT4	余量	3.5~5.0	—	—	—	0.8~2.0	—	0.3	0.12	0.3	0.1	0.05	0.012	0.15	0.3
BT5	余量	4.5~6.2	—	0.8	—	—	1.2	0.3	0.12	0.3	0.1	0.05	0.015	0.2	0.3
BT5-1	余量	4.3~6.0	—	—	2.0~3.0	—	1	0.3	0.12	0.3	0.1	0.05	0.015	0.15	0.3
BT6	余量	5.3~6.8	—	—	—	—	3.5~5.3	0.6	0.1	0.3	0.1	0.05	0.015	0.2	0.3
BT6C	余量	5.3~6.5	—	—	—	—	3.5~4.5	0.25	0.15	0.3	0.1	0.04	0.015	0.15	0.3
BT3-1	余量	5.5~7.0	0.8~2.0	2.0~3.0	—	—	—	0.2~0.7	0.15~0.40	0.5	0.1	0.05	0.015	0.15	0.3
BT8	余量	5.8~7.0	—	2.8~3.8	—	—	—	0.3	0.20~0.40	0.5	0.1	0.05	0.015	0.15	0.3
BT9	余量	5.8~7.0	—	2.8~3.8	—	—	—	0.25	0.20~0.35	1.0~2.0	0.1	0.05	0.015	0.15	0.3
BT14	余量	3.5~6.3	—	2.5~3.8	—	—	0.9~1.9	0.25	0.15	0.3	0.1	0.05	0.015	0.15	0.3
BT20	余量	5.5~7.0	—	0.5~2.0	—	—	0.8~2.5	0.25	0.15	1.5~2.5	0.1	0.05	0.015	0.15	0.3
BT22	余量	4.4~5.7	0.5~1.5	4.0~5.5	—	—	4.0~5.5	0.5~1.5	0.15	0.3	0.1	0.05	0.015	0.18	0.3
ИT-7M	余量	1.8~2.5	—	—	—	—	—	0.25	0.12	2.0~3.0	0.1	0.04	0.006	0.15	0.3
ИT-3B	余量	3.5~5.0	—	—	—	—	1.2~0.5	0.25	0.12	0.3	0.1	0.04	0	0.15	0.3
AT3	余量	2.0~3.5	0.2~0.5	—	—	—	—	2.0~0.5	0.2~0.4	—	0.1	0.05	0.008	0.15	0.3

附表9 各国加工钛及钛合金牌号近似对照表

序号	中国 GB/T 3620.1	国际标准 ISO 17850	德国 DIN 17850	英国 BS 2TAI 等	法国 NFL 21 – 110 等	俄罗斯 ГОСТ 198701	日本 JIS H 4650 等	美国 ASTM B381
1	TAD	—	—	—	—	—	—	—
2	TA0	Grade1	Ti1	2TA1	T40	BT1 – 00	1级	GradeF – 1
3	TA1	Grade2	Ti3	2TA2	T40	BT1 – 0	2级	GradeF – 2
4	TA2	Grade4 A4B	Ti4	2TA2	T40	BT1 – 0	2级	GradeF – 3
5	TA3	Grade3	Ti4	2TA3	T40	BT1 – 0	3级	GradeF – 4
6	TA4	—	—	—	—	—	—	—
7	TA5	—	—	—	—	—	—	—
8	TA6	—	—	—	—	OT4		
9	TA7	—	TiAl5Sn2.5	—	—	BT5 – 1	YTAB525	GradeF – 6
10	TA7 ELI	—	TiAl5Sn2.5	—	—	BT5 – 1	YTAB525	GradeF – 6
11	TA9	—	Ti3Pd				12级	GradeF – 7
12	TA10	—	TiNi0.8Mo0.3				—	GradeF – 12
13	TB2	—	—	—	—	—	—	—
14	TB3	—	—	—	—	—	—	—
15	TB4	—	—	—	—	—	—	—
16	TC1	—	—	—	—	OT4 – 1	—	—
17	TC2					OT4		
18	TC3	TiAl6V4	TiAl6V4	Ti – 6Al – 4V	TA6V	BT6C	YATB640E	Grade24
19	TC4	TiAl6V4	TiAl6V4	Ti – 6Al – 4V	TA6V	BT6	YATB640	GradeF – 5
20	TC6					BT3 – 1		
21	TC9	—	TiAl4Mo4Sn2	Ti – 4Al – 4Mo – 2Sn – 0.5Si	—	BT19(Sn)	—	—
22	TC10	—	TiAl6V4Sn2			—	—	—
23	TC11	—	—	—	—	BT11(Zr)		

附表10 美国钛及钛合金板带力学性能（ASTM B265—05）

级 别	伸长率 δ (L = 50mm) /%	抗拉强度 σ_b/MPa	屈服强度 $\sigma_{0.2}$/MPa	弯曲105°	
				弯曲直径 t < 1.8mm	弯曲直径 t = 1.8 ~ 4.75mm
1	≥ 240	170 ~ 310	≥ 24	3	4
2	≥ 345	275 ~ 450	≥ 20	4	5
3	≥ 450	380 ~ 550	≥ 18	4	5
4	≥ 550	483 ~ 655	≥ 15	5	6

级　别	伸长率 δ ($L=50mm$) /%	抗拉强度 σ_b/MPa	屈服强度 $\sigma_{0.2}$/MPa	弯曲 105°	
				弯曲直径 $t<1.8mm$	弯曲直径 $t=1.8\sim4.75mm$
5	≥ 895	≥ 828	≥ 10	9	10
6	≥ 828	≥ 793	≥ 10	8	9
7	≥ 345	275 ～ 450	≥ 20	4	5
9	≥ 620	≥ 483	≥ 15	5	6
11	≥ 240	170 ～ 310	≥ 24	3	4
12	≥ 483	≥ 345	≥ 18	4	5
13	≥ 275	≥ 170	≥ 24	3	4
14	≥ 410	≥ 275	≥ 20	4	5
15	≥ 483	≥ 380	≥ 18	4	5
16	≥ 345	275 ～ 450	≥ 20	4	5
17	≥ 240	170 ～ 310	≥ 24	3	4
18	≥ 620	≥ 483	≥ 15	5	6
19	≥ 793	≥ 759	≥ 15	6	6
20	≥ 793	≥ 759	≥ 15	6	6
21	≥ 793	≥ 759	≥ 15	6	6
23	≥ 828	≥ 759	≥ 10	9	10
24	≥ 895	≥ 828	≥ 10		
25	≥ 895	≥ 828	≥ 10		
26	≥ 345	275 ～ 450	≥ 20	4	5
27	≥ 240	138 ～ 310	≥ 24	3	4
28	≥ 620	≥ 483	≥ 15	5	6
29	≥ 828	≥ 759	≥ 10	9	10
30	≥ 345	275 ～ 450	≥ 20	4	5
31	≥ 450	380 ～ 550	≥ 18	4	5
32	≥ 689	≥ 586	≥ 10	7	9
33	≥ 345	275 ～ 450	≥ 20	4	5
34	≥ 450	380 ～ 550	≥ 18	4	5
35	≥ 895	≥ 828	≥ 5	16	16
36	≥ 450	410 ～ 655	≥ 10		
37	≥ 345	215 ～ 450	≥ 20	4	5

附表 11 纯钛板材质量表

产品规格 (厚度)/mm	质量 /kg·m⁻²	产品规格 (厚度)/mm	质量 /kg·m⁻²	产品规格 (厚度)/mm	质量 /kg·m⁻²	产品规格 (厚度)/mm	质量 /kg·m⁻²
0.30	1.350	1.20	5.400	4.00	18.00	25	112.50
0.32	1.440	1.25	5.625	4.20	18.90	28	126.00
0.35	1.575	1.30	5.850	4.50	20.25	30	135.00
0.38	1.710	1.35	6.075	4.80	21.60	32	144.00
0.40	1.800	1.40	6.300	5.00	22.50	35	157.50
0.42	1.890	1.45	6.525	5.20	23.40	38	171.00
0.45	2.025	1.50	6.750	5.50	24.75	40	180.00
0.48	2.160	1.55	6.975	5.80	26.10	45	202.50
0.50	2.250	1.60	7.200	6.00	27.00	50	225.00
0.52	2.340	1.65	7.425	6.20	27.90	55	247.50
0.55	2.475	1.70	7.650	6.50	29.25	60	270.00
0.58	2.610	1.75	7.875	6.80	30.60	65	292.50
0.60	2.700	1.80	8.100	7.00	31.50	70	315.00
0.62	2.790	1.85	8.325	7.20	32.40	75	337.50
0.65	2.925	1.90	8.550	7.50	33.75	80	360.00
0.68	3.060	1.95	8.775	7.80	35.10	85	382.50
0.70	3.150	2.00	9.000	8.00	36.00	90	405.00
0.72	3.240	2.10	9.450	8.20	36.90	95	427.50
0.75	3.375	2.2	9.900	8.5	38.25	100	450.00
0.78	3.510	2.3	10.350	8.8	39.60	110	495.00
0.80	3.600	2.4	10.800	9.0	40.50	120	540.00
0.82	3.690	2.5	11.250	9.2	41.40	130	585.00
0.85	3.825	2.6	11.700	9.5	42.75	140	630.00
0.88	3.960	2.7	12.150	9.8	44.10	150	675.00
0.90	4.050	2.8	12.600	10	45.00	160	720.00
0.92	4.140	2.9	13.050	11	49.50	170	765.00
0.95	4.275	3.0	13.500	12	54.00	180	810.00
0.98	4.410	3.1	13.950	13	58.50	190	855.00
1.00	4.500	3.2	14.400	14	63.00	200	900.00
1.02	4.590	3.3	14.850	15	67.50	210	945.00
1.05	4.725	3.4	15.300	16	72.00	220	990.00
1.08	4.860	3.5	15.750	17	76.50	230	1035.00
1.10	4.950	3.6	16.200	18	81.00	240	1080.00
1.12	5.040	3.7	16.650	19	85.50	250	1125.00
1.15	5.175	3.8	17.100	20	90.00		
1.18	5.310	3.9	17.550	22	99.00		

附表 12 纯钛棒材质量表

产品规格 /mm	质量 /kg·m⁻²	产品规格 /mm	质量 /kg·m⁻²	产品规格 /mm	质量 /kg·m⁻²	产品规格 /mm	质量 /kg·m⁻²
3.0	0.0318	6.5	0.1493	13.0	0.5973	28.5	2.8707
3.1	0.0340	6.6	0.1540	13.2	0.6158	29.0	2.9723
3.2	0.0362	6.7	0.1587	13.5	0.6441	29.5	3.0757
3.3	0.0385	6.8	0.1634	13.8	0.6731	30	3.1809
3.4	0.0409	6.9	0.1683	14.0	0.6927	31	3.3965
3.5	0.0433	7.0	0.1732	14.2	0.7127	32	3.6191
3.6	0.0458	7.1	0.1782	14.5	0.7431	33	3.8489
3.7	0.0484	7.2	0.1832	14.8	0.7742	34	4.0857
3.8	0.0510	7.3	0.1883	15.0	0.7952	35	4.3295
3.9	0.0538	7.4	0.1935	15.5	0.8491	36	4.5805
4.0	0.0565	7.5	0.1988	16.0	0.9048	37	4.8385
4.1	0.0594	7.6	0.2041	16.5	0.9622	38	5.1035
4.2	0.0623	7.7	0.2095	17.0	1.0214	39	5.3757
4.3	0.0653	7.8	0.2150	17.5	1.0824	40	5.6549
4.4	0.0684	7.9	0.2206	18.0	1.1451	41	5.9412
4.5	0.0716	8.0	0.2262	18.5	1.2096	42	6.2345
4.6	0.0748	8.2	0.2376	19.0	1.2759	43	6.5349
4.7	0.0781	8.5	0.2554	19.5	1.3439	44	6.8424
4.8	0.0814	8.8	0.2737	20.0	1.4137	45	7.1570
4.9	0.0849	9.0	0.2863	20.5	1.4853	46	7.4786
5.0	0.0884	9.2	0.2991	21.0	1.5586	47	7.8073
5.1	0.0919	9.5	0.3190	21.5	1.6337	48	8.1430
5.2	0.0956	9.8	0.3394	22.0	1.7106	49	8.4859
5.3	0.0993	10.0	0.3534	22.5	1.7892	50	8.8358
5.4	0.1031	10.2	0.3677	23.0	1.8696	52	9.5567
5.5	0.1069	10.5	0.3897	23.5	1.9518	55	10.6913
5.6	0.1108	10.8	0.4122	24.0	2.0358	58	11.8894
5.7	0.1148	11.0	0.4277	24.5	2.1215	60	12.7235
5.8	0.1189	11.2	0.4433	25.0	2.2089	62	13.5858
5.9	0.1230	11.5	0.4674	25.5	2.2982	65	14.9324
6.0	0.1272	11.8	0.4921	26.0	2.3892	68	16.3426
6.1	0.1315	12.0	0.5089	26.5	2.4820	70	17.3181
6.2	0.1359	12.2	0.5260	27.0	2.5765	72	18.3218
6.3	0.1403	12.5	0.5522	27.5	2.6728	75	19.8804
6.4	0.1448	12.8	0.5791	28.0	2.7709	78	21.5027

产品规格 /mm	质量 /kg·m⁻²	产品规格 /mm	质量 /kg·m⁻²	产品规格 /mm	质量 /kg·m⁻²	产品规格 /mm	质量 /kg·m⁻²
80	22.6195	110	42.765	160	90.4781	210	155.8626
82	23.7646	115	46.7411	165	96.2213	215	163.373
85	25.5353	120	50.8939	170	102.1413	220	171.0601
88	27.3696	125	55.2234	175	108.2379	225	178.9239
90	28.6278	130	59.7297	180	114.511	230	186.9645
92	29.9143	135	64.4126	185	120.9614	235	195.1817
95	31.8971	140	69.2723	190	127.5882	240	203.5757
98	33.9434	145	74.3087	195	134.3918	245	212.1464
100	35.343	150	79.5218	200	141.372	250	220.8938
105	38.9657	155	84.9116	205	148.529		

附表 13 纯钛管材质量表

产品规格 直径 /mm	壁厚 /mm	质量 /kg·m⁻¹	产品规格 直径 /mm	壁厚 /mm	质量 /kg·m⁻¹	产品规格 直径 /mm	壁厚 /mm	质量 /kg·m⁻¹	产品规格 直径 /mm	壁厚 /mm	质量 /kg·m⁻¹
3	0.1	0.004	6	1	0.071	10	0.3	0.041	13	1	0.17
3	0.2	0.008	6	1.25	0.084	10	0.4	0.054	13	1.25	0.208
3	0.3	0.011	7	0.3	0.028	10	0.6	0.08	13	1.5	0.244
3	0.4	0.015	7	0.4	0.037	10	0.8	0.104	13	2	0.311
3	0.5	0.018	7	0.6	0.054	10	1	0.127	14	0.5	0.095
4	0.2	0.011	7	0.8	0.07	10	1.25	0.155	14	0.8	0.149
4	0.3	0.016	7	1	0.085	11	0.5	0.074	14	1	0.184
4	0.4	0.02	7	1.25	0.102	11	0.8	0.115	14	1.25	0.225
4	0.5	0.025	8	0.3	0.033	11	1	0.141	14	1.5	0.265
4	0.6	0.029	8	0.4	0.043	11	1.25	0.174	14	2	0.339
4	0.7	0.033	8	0.6	0.063	11	1.5	0.201	15	0.5	0.102
5	0.2	0.014	8	0.8	0.081	11	2	0.254	15	0.8	0.161
5	0	0.026	8	1	0.099	12	0.5	0.081	15	1	0.198
5	0.5	0.032	8	1.25	0.119	12	0.8	0.127	15	1.25	0.243
5	0.8	0.048	9	0.3	0.037	12	1	0.156	15	1.5	0.286
5	1	0.057	9	0.4	0.049	12	1.25	0.19	15	2	0.368
6	0.3	0.024	9	0.6	0.071	12	1.5	0.223	16	0.8	0.172
6	0.4	0.032	9	0.8	0.093	12	2	0.283	16	1	0.212
6	0.6	0.046	9	1	0.113	13	0.5	0.188	16	1.25	0.261
6	0.8	0.059	9	1.25	0.137	13	0.8	0.138	16	1.5	0.307

产品规格		质量	产品规格		质量	产品规格		质量	产品规格		质量
直径/mm	壁厚/mm	/kg·m⁻¹	直径/mm	壁厚/mm	/kg·m⁻¹	直径/mm	壁厚/mm	/kg·m⁻¹	直径/mm	壁厚/mm	/kg·m⁻¹
16	2	0.396	22	1.25	0.367	28	1	0.382	33	1.5	0.668
16	2.5	0.477	22	1.5	0.435	28	1.5	0.562	33	2	0.877
17	0.8	0.183	22	2	0.565	28	2	1.735	33	2.5	1.078
17	1	0.226	22	2.5	0.689	28	2.5	0.901	33	3	1.272
17	1.25	0.278	23	0.8	0.251	28	3	1.06	33	3.5	1.46
17	1.5	0.329	23	1	0.311	28	4	1.357	34	1	0.467
17	2	0.424	23	1.25	0.384	29	1	0.396	34	1.5	0.689
17	2.5	0.512	23	1.5	0.456	29	1.5	0.583	34	2	0.905
18	0.8	0.159	23	2	0.594	29	2	0.763	34	2.5	1.113
18	1	0.24	23	2.5	0.725	29	2.5	0.937	34	3	1.315
18	1.25	0.296	24	0.8	0.262	29	3	1.103	34	3.5	1.509
18	1.5	0.35	24	1	0.325	29	4	1.414	34	4	1.696
18	2	0.452	24	1.25	0.402	30	1	0.41	34	5	2.05
18	2.5	0.548	24	1.5	0.477	30	1.5	0.604	35	1	0.481
19	0.8	0.206	24	2	0.622	30	2	0.792	35	1.5	0.71
19	1	0.254	24	2.5	0.76	30	2.5	0.972	35	2	0.933
19	1.25	0.314	25	0.8	0.274	30	3	1.145	35	2.5	1.149
19	1.5	0.371	25	1	0.339	30	3.5	1.311	35	3	1.357
19	2	0.481	25	1.25	0.42	30	5	1.767	35	3.5	1.559
19	2.5	0.583	25	1.5	0.498	31	1	0.424	36	1	0.495
20	0.8	0.217	25	2	0.65	31	1.5	0.626	36	1.5	0.732
20	1	0.269	25	2.5	0.795	31	2	0.82	36	2	0.961
20	1.25	0.331	26	0.8	0.285	31	2.5	1.007	36	2.5	1.184
20	1.5	0.392	26	1	0.353	31	3	1.188	36	3	1.4
20	2	0.509	26	1.5	0.52	31	3.5	1.361	36	3.5	1.608
20	2.5	0.619	26	2	0.679	32	1	0.438	36	4	1.81
21	0.8	0.228	26	2.5	0.831	32	1.5	0.647	36	5	2.191
21	1	0.283	26	3	0.975	32	2	0.848	37	1	0.509
21	1.25	0.349	26	4	1.244	32	2.5	1.043	37	1.5	0.753
21	1.5	0.414	27	1	0.368	32	3	1.23	37	2	0.99
21	2	0.537	27	1.5	0.541	32	3.5	1.41	37	2.5	1.219
21	2.5	0.654	27	2	0.707	32	4	1.583	37	3	1.442
22	0.8	0.24	27	2.5	0.866	32	5	1.909	37	3.5	1.658
22	1	0.297	27	3	1.018	33	1	0.452	38	1	0.523

续附表 13

产品规格		质量	产品规格		质量	产品规格		质量	产品规格		质量
直径/mm	壁厚/mm	/kg·m^{-1}	直径/mm	壁厚/mm	/kg·m^{-1}	直径/mm	壁厚/mm	/kg·m^{-1}	直径/mm	壁厚/mm	/kg·m^{-1}
38	1.5	0.774	42	6	3.054	47	3.5	2.152	51	4	2.658
38	2	1.018	43	1	0.594	47	4	2.432	52	1	0.721
38	2.5	1.255	43	1.5	0.88	48	1	0.664	52	1.5	1.071
38	3	1.484	43	2	1.159	48	1.5	0.986	52	2	1.414
38	3.5	1.707	43	2.5	1.431	48	2	1.301	52	2.5	1.749
38	4	1.923	43	3	1.696	48	2.5	1.068	52	3	2.078
38	5	2.333	43	3.5	1.954	48	3	1.909	52	3.5	2.4
39	1	0.537	44	1	0.608	48	3.5	2.202	52	4	2.714
39	1.5	0.795	44	1.5	0.901	48	4	2.488	52	6	3.902
39	2	1.046	44	2	1.187	48	5	3.039	52	7	4.453
39	2.5	1.29	44	2.5	1.467	48	6	3.563	53	1	0.735
39	3	1.527	44	3	1.739	49	1	0.679	53	1.5	1.092
39	3.5	1.757	44	3.5	2.004	49	1.5	1.007	53	2	1.442
40	1	0.551	44	6	3.223	49	2	1.329	53	2.5	1.785
40	1.5	0.816	45	1	0.622	49	2.5	1.643	53	3	2.121
40	2	1.074	45	1.5	0.922	49	3	1.951	53	3.5	2.449
40	2.5	1.325	45	2	1.216	49	3.5	2.251	53	4	2.771
40	3	1.569	45	2.5	1.502	49	4	2.545	54	1	0.749
40	3.5	1.806	45	3	1.781	50	1	0.693	54	1.5	1.113
40	5	2.474	45	3.5	2.053	50	1.5	1.028	54	2	1.47
40	6	2.884	45	4	2.319	50	2	1.357	54	2.5	1.82
41	1	0.565	46	1	0.636	50	2.5	1.679	54	3	2.163
41	1.5	0.838	46	1.5	0.944	50	3	1.993	54	3.5	2.499
41	2	1.103	46	2	1.244	50	3.5	2.301	54	4	2.827
41	2.5	1.361	46	2.5	1.537	50	4	2.601	54	6	4.072
41	3	1.612	46	3	1.824	50	5	3.181	54	7	4.651
41	3.5	1.856	46	3.5	2.103	50	6	3.732	55	1	0.763
42	1	0.58	46	4	2.375	50	7	4.255	55	1.5	1.135
42	1.5	0.859	46	6	3.393	51	1	0.707	55	2	1.499
42	2	1.131	47	1	0.65	51	1.5	1.05	55	2.5	1.856
42	2.5	1.396	47	1.5	0.965	51	2	1.385	55	3	2.205
42	3	1.654	47	2	1.272	51	2.5	1.714	55	3.5	2.548
42	3.5	1.905	47	2.5	1.573	51	3	2.036	55	4	2.884
42	5	2.615	47	3	1.866	51	3.5	2.35	56	1	0.778

产品规格		质量	产品规格		质量	产品规格		质量	产品规格		质量
直径 /mm	壁厚 /mm	/kg·m⁻¹	直径 /mm	壁厚 /mm	/kg·m⁻¹	直径 /mm	壁厚 /mm	/kg·m⁻¹	直径 /mm	壁厚 /mm	/kg·m⁻¹
56	1.5	1.156	60	2.5	2.032	64	3.5	2.994	69	1.5	1.431
56	2	1.527	60	3	2.417	64	4	3.393	69	2	1.894
56	2.5	1.891	60	3.5	2.796	65	1	0.905	69	2.5	2.35
56	3	2.248	60	4	3.167	65	1.5	1.347	69	3	2.799
56	3.5	2.598	60	5	3.888	65	2	1.781	69	3.5	3.241
56	4	2.941	60	6	4.58	65	2.5	2.209	69	4	3.676
56	6	4.241	60	7	5.881	65	3	2.63	70	1	0.975
56	7	4.849	60	8	6.489	65	3.5	3.043	70	1.5	1.453
57	1	0.792	61	1	0.848	65	4	3.449	70	2	1.923
57	1.5	1.166	61	1.5	1.262	65	8	6.447	70	2.5	2.386
57	2	1.555	61	2	1.668	65	9	7.125	70	3	2.842
57	2.5	1.926	61	2.5	2.068	65	10	7.775	70	3.5	3.29
57	3	2.29	61	3	2.46	66	1	0.919	70	4	3.732
57	3.5	2.647	61	3.5	2.845	66	1.5	1.368	70	8	7.012
57	4	2.997	61	4	3.223	66	2	1.81	70	9	7.761
58	1	0.806	62	1	0.862	66	2.5	2.244	70	10	8.482
58	1.5	1.198	62	1.5	1.283	66	3	2.672	71	1	0.99
58	2	1.583	62	2	1.696	66	3.5	3.093	71	1.5	1.474
58	2.5	1.962	62	2.5	2.103	66	4	3.506	71	2	1.951
58	3	2.333	62	3	2.502	67	1	0.933	71	2.5	2.421
58	3.5	2.697	62	3.5	2.895	67	1.5	1.389	71	3	2.884
58	4	3.054	62	4	3.28	67	2	1.838	71	3.5	3.34
58	6	4.411	63	1	0.877	67	2.5	2.28	71	4	3.789
58	8	5.655	63	1.5	1.304	67	3	2.714	72	1	1.004
59	1	0.82	63	2	1.725	67	3.5	3.142	72	1.5	1.495
59	1.5	1.219	63	2.5	2.138	67	4	3.563	72	2	1.979
59	2	1.612	63	3	2.545	68	1	0.947	72	2.5	2.456
59	2.5	1.997	63	3.5	2.944	68	1.5	1.41	72	3	2.926
59	3	2.375	63	4	3.336	68	2	1.866	72	3.5	3.389
59	3.5	2.746	64	1	0.891	68	2.5	2.315	72	4	3.845
59	4	3.11	64	1.5	1.325	68	3	2.757	73	1	1.018
60	1	0.834	64	2	1.753	68	3.5	3.191	73	1.5	1.516
60	1.5	1.241	64	2.5	2.174	68	4	3.619	73	2	2.007
60	2	1.64	64	3	2.587	69	1	0.961	73	2.5	2.492

续附表 13

产品规格		质量	产品规格		质量	产品规格		质量	产品规格		质量
直径 /mm	壁厚 /mm	/kg·m⁻¹	直径 /mm	壁厚 /mm	/kg·m⁻¹	直径 /mm	壁厚 /mm	/kg·m⁻¹	直径 /mm	壁厚 /mm	/kg·m⁻¹
73	3	2.969	78	1	1.089	82	3	3.351	87	3	3.563
73	3.5	3.439	78	1.5	1.622	82	3.5	3.884	87	3.5	4.132
73	4	3.902	78	2	2.149	82	4	4.411	87	4	4.694
74	1	1.032	78	2.5	2.668	83	1.5	1.728	88	1.5	1.834
74	1.5	1.537	78	3	3.181	83	2	2.29	88	2	2.432
74	2	2.036	78	3.5	3.686	83	2.5	2.845	88	2.5	3.022
74	2.5	2.527	78	4	4.185	83	3	3.394	88	3	3.605
74	3	3.011	79	1	1.103	83	3.5	3.934	88	3.5	4.181
74	3.5	3.488	79	1.5	1.643	83	4	4.467	88	4	4.75
74	4	3.958	79	2	2.177	84	1.5	1.749	89	1.5	1.856
75	1	1.046	79	2.5	2.704	84	2	2.319	89	2	2.46
75	1.5	1.559	79	3	3.223	84	2.5	2.88	89	2.5	3.057
75	2	2.064	79	3.5	3.736	84	3	3.435	89	3	3.647
75	2.5	2.562	79	4	4.241	84	3.5	3.983	89	3.5	4.231
75	3	3.054	80	1	1.117	84	4	4.524	89	4	4.807
75	3.5	3.538	80	1.5	1.665	85	1.5	1.771	90	1.5	1.877
75	4	4.015	80	2	2.205	85	2	2.347	90	2	2.488
75	8	7.578	80	2.5	2.739	85	2.5	2.916	90	2.5	3.093
75	9	8.397	80	3	3.266	85	3	3.478	90	3	3.69
75	10	9.189	80	3.5	3.785	85	3.5	4.033	90	3.5	4.28
76	1	1.06	80	4	4.298	85	4	4.58	90	4	4.863
76	1.5	1.58	80	4.5	7.224	85	7	7.719	90	8	9.274
76	2	2.092	80	7	8.143	85	8	8.709	90	9	10.306
76	2.5	2.598	80	8	9.034	85	9	9.67	90	10	11.31
76	3	3.096	80	9	9.896	85	10	10.603	91	1.5	1.898
76	3.5	3.587	81	1.5	1.686	86	1.5	1.792	91	2	2.516
76	4	4.072	81	2	2.234	86	2	2.375	91	2.5	3.128
77	1	1.074	81	2.5	2.774	86	2.5	2.951	91	3	3.732
77	1.5	1.601	81	3	3.308	86	3	3.52	91	3.5	4.33
77	2	2.121	81	3.5	3.835	86	3.5	4.082	91	4	4.92
77	2.5	2.633	81	4	4.354	86	4	4.673	92	1.5	1.919
77	3	3.138	82	1.5	1.707	87	1.5	1.813	92	2	2.545
77	3.5	3.637	82	2	2.262	87	2	2.403	92	2.5	3.163
77	4	4.128	82	2.5	2.81	87	2.5	2.986	92	3	3.775

产品规格		质量	产品规格		质量	产品规格		质量	产品规格		质量
直径 /mm	壁厚 /mm	/kg·m⁻¹	直径 /mm	壁厚 /mm	/kg·m⁻¹	直径 /mm	壁厚 /mm	/kg·m⁻¹	直径 /mm	壁厚 /mm	/kg·m⁻¹
92	3.5	4.379	98	1.5	2.046	102	4	5.542	106	4	5.768
92	4	5.089	98	2	2.714	102	4.5	6.203	106	4.5	6.457
93	1.5	1.94	98	2.5	3.375	102	5	6.857	106	5	7.139
93	2	2.573	98	3	4.029	103	1.5	2.152	107	1.5	2.237
93	2.5	3.199	98	3.5	4.676	103	2	2.856	107	2	2.969
93	3	3.817	98	4	5.316	103	2.5	3.552	107	2.5	3.693
93	3.5	4.428	99	1.5	2.068	103	3	4.241	107	3	4.411
93	4	5.033	99	2	2.743	103	3.5	4.923	107	3.5	5.121
94	1.5	1.962	99	2.5	3.411	103	4	5.598	107	4	5.825
94	2	2.601	99	3	4.072	103	4.5	6.266	107	4.5	6.521
94	2.5	3.234	99	3.5	4.725	103	5	6.927	107	5	7.21
94	3	3.859	99	4	5.372	104	1.5	2.174	108	1.5	2.258
94	3.5	4.478	100	1.5	2.089	104	2	2.884	108	2	2.997
94	4	5.089	100	2	2.771	104	2.5	3.587	108	2.5	3.792
95	1.5	1.983	100	2.5	3.446	104	3	4.284	108	3	4.453
95	2	2.63	100	3	4.114	104	3.5	4.973	108	3.5	5.171
95	2.5	3.269	100	3.5	4.775	104	4	5.655	108	4	5.881
95	3	3.902	100	4	5.429	104	4.5	6.33	108	4.5	6.584
95	3.5	4.527	100	8	10.405	104	5	6.998	108	5	7.281
95	4	5.146	100	9	11.578	105	1.5	2.195	109	1.5	2.28
95	8	9.839	100	10	12.723	105	2	2.912	109	2	3.025
95	10	12.017	101	1.5	2.11	105	2.5	3.623	109	2.5	3.764
96	1.5	2.004	101	2	2.799	105	3	4.326	109	3	4.496
96	2	2.658	101	2.5	3.481	105	3.5	5.022	109	3.5	5.22
96	2.5	3.375	101	3	4.156	105	4	5.711	109	4	5.938
96	3	3.944	101	3.5	4.824	105	4.5	6.394	109	4.5	6.648
96	3.5	4.577	101	4	5.485	105	5	7.069	109	5	7.351
96	4	5.202	101	4.5	6.139	105	8	10.97	110	1.5	2.301
97	1.5	2.025	101	5	6.786	105	10	13.43	110	2	3.054
97	2	2.686	102	1.5	2.131	106	1.5	2.216	110	2.5	3.799
97	2.5	3.34	102	2	2.827	106	2	2.941	110	3	4.58
97	3	3.987	102	2.5	3.517	106	2.5	3.658	110	3.5	5.27
97	3.5	4.626	102	3	4.199	106	3	4.368	110	4	5.994
97	4	5.259	102	3.5	4.874	106	3.5	5.072	110	4.5	6.712

续附表13

产品规格		质量	产品规格		质量	产品规格		质量	产品规格		质量
直径 /mm	壁厚 /mm	/kg·m⁻¹	直径 /mm	壁厚 /mm	/kg·m⁻¹	直径 /mm	壁厚 /mm	/kg·m⁻¹	直径 /mm	壁厚 /mm	/kg·m⁻¹
110	5	7.422	113	1.5	2.364	115	2.5	3.976	117	4	6.39
110	10	14.137	113	2	3.318	115	3	4.75	117	4.5	7.157
110	12	16.625	113	2.5	3.905	115	3.5	5.517	117	5	7.917
110	15	20.146	113	3	4.665	115	4	6.277	118	3	4.877
111	1.5	2.322	113	3.5	5.418	115	4.5	7.03	118	3.5	5.665
111	2	3.082	113	4	6.164	115	5	7.775	118	4	6.447
111	2.5	3.335	113	4.5	6.902	115	10	14.844	118	4.5	7.221
111	3	4.58	113	5	7.634	115	15	21.206	118	5	7.988
111	3.5	5.319	114	1.5	2.386	116	1.5	2.428	119	3	4.92
111	4	6.051	114	2	3.167	116	2	3.223	119	3.5	5.715
111	4.5	6.775	114	2.5	3.941	116	2.5	4.011	119	4	6.503
111	5	7.493	114	3	4.408	116	3	4.793	119	4.5	7.284
112	1.5	2.343	114	3.5	5.468	116	3.5	5.567	119	5	8.058
112	2	3.11	114	4	6.22	116	4	6.333	120	3	4.962
112	2.5	3.87	114	4.5	6.966	116	4.5	7.093	120	3.5	5.764
112	3	4.623	114	5	7.705	116	5	7.846	120	4	6.56
112	3.5	5.369	114	7	10.589	117	2	3.252	120	4.5	7.348
112	4	6.107	114	9	13.36	117	2.5	4.047	120	5	8.129
112	4.5	6.839	115	1.5	2.407	117	3	4.835	120	10	15.551
112	5	7.563	115	2	3.195	117	3.5	5.616	120	15	22.266

参 考 文 献

[1] 莫畏，邓国珠，罗方承．钛冶金（第2版）［M］．北京：冶金工业出版社，1998.

[2] 杨绍利，盛继孚．钛铁矿熔炼钛渣与生铁技术［M］．北京：冶金工业出版社，2006.

[3] 李大成，周大利，刘恒．镁热法海绵钛生产［M］．北京：冶金工业出版社，2009.

[4] 王桂生，田荣璋．钛的应用技术［M］．长沙：中南大学出版社，2007.

[5] 中国大百科全书总编辑委员会．中国大百科全书（矿冶）［M］．北京：中国大百科全书出版社，1984.

[6] 陈鉴，何晋秋，李国良，等．钒及钒冶金．攀枝花资源综合利用领导小组办公室出版，1983.

[7] 廖世明，柏谈论．国外钒冶金［M］．北京：冶金工业出版社，1985.

[8] ［苏］H.Π利亚基舍夫，等．钒及其在黑色冶金中的应用［M］．崔可忠，等译．重庆：科学技术文献出版社重庆分社，1987.

[9] 张清涟．英汉双解钢铁冶炼词典［M］．北京：北京出版社，1993.

[10] 李照明．有色金属冶金工艺［M］．北京：化学工业出版社，2010.

[11] 吴良士，白鸽，袁忠信．矿物与岩石［M］．北京：化学工业出版社，2005.

[12] 赵乃成，张启轩．铁合金生产实用手册［M］．北京：冶金工业出版社，2010.

[13] 孙家跃，杜海燕．无机材料制造与应用［M］．北京：化学工业出版社，2001.

[14] 王盘鑫．粉末冶金学［M］．北京：化学工业出版社，1997.

[15] 有色冶金炉设计手册编委会．有色冶金炉设计手册［M］．北京：冶金工业出版社，1999.

[16] 陈家镛．湿法冶金手册——钒铬的湿法冶金［M］．北京：冶金工业出版社，2005.

[17] 朱俊士．选矿试验研究与产业化［M］．北京：冶金工业出版社，2005.

[18] 攀枝花钒钛磁铁矿科研史话．攀枝花市科学技术委员会编印，1999.

[19] 朱训．中国矿情［M］．北京：科学出版社，1999.

[20] 程鸿．中国自然资源手册［M］．北京：科学出版社，1990.

[21] 杜鹤桂，等．高炉冶炼钒钛磁铁矿原理［M］．北京：科学出版社，1990.

[22] 毛裕文，等．渣图集［M］．北京：冶金工业出版社，1996.

[23] 杨绍利，等．钒钛材料［M］．北京：冶金工业出版社，2007.

[24] 金永铎，冯安生．金属矿产利用指南［M］．北京：科技出版社，2007.

[25] Dean J A. 兰氏化学手册［M］．尚久方，等译．北京：科学出版社，1991.

[26] 荆秀枝，等．金属材料应用手册［M］．西安：陕西科学技术出版社，1989.

[27] 马荣骏，肖松文．离子交换法分离金属［M］．北京：冶金工业出版社，2003.

[28] 罗远辉，刘长河，王武育，等．钛系列丛书：钛化合物［M］．北京：冶金工业出版社，2011.

[29] 杨绍利，盛继孚，敖进清，等．钛铁矿富集［M］．北京：冶金工业出版社，2012.

[30] 董天颂，莫畏．钛选矿［M］．北京：冶金工业出版社，2009.

[31] 张矗，叶镇煜，林乐耘，等．钛业综合技术［M］．北京：冶金工业出版社，2011.

[32] 马济民，贺金宇，庞克昌，等．钛铸造与锻造［M］．北京：冶金工业出版社，2012.

[33] 张矗，王群骄，莫畏．钛的金属学与热处理［M］．北京：冶金工业出版社，2009.

[34] 谢成木，莫畏，李四清．钛近净成型工艺［M］．北京：冶金工业出版社，2009.

[35] 张益都．硫酸法钛白粉生产技术创新［M］．北京：冶金工业出版社，2010.

[36] 项斌，高建荣．化工产品手册［M］．北京：化学工业出版社，2008.

[37] 攀钢集团公司．钒钛资源综合利用国际学术交流会论文集，2005.4.

[38] 冶金工业部长沙黑色冶金矿山设计研究院．钛世界钛供求调研报告，1983.8.

[39] 胡岳华，冯其明．矿物资源加工技术与设备［M］．北京：科学出版社，2007.

［40］邱俊，吕宪俊，陈平，等. 铁矿选矿技术［M］. 北京：化学工业出版社，2009.

［41］黄嘉琥，应道宴. 钛制化工设备［M］. 北京：化学工业出版社，2002.

［42］张喜燕，赵永庆，白晨光. 钛合金及应用［M］. 北京：化学工业出版社，2005.

［43］陈朝华，刘长河. 钛白粉生产及应用技术［M］. 北京：化学工业出版社，2006.

［44］杨保祥，何金勇，张桂芳. 钒基材料制造［M］. 北京：冶金工业出版社，2014.

［45］邓南圣，吴峰. 环境光化学［M］. 北京：化学工业出版社，2003.

［46］Leyens C，Peter M. 钛及钛合金［M］. 北京：化学工业出版社，2003.

［47］日本钛协会. 钛材料及其应用［M］. 周连在，译，王桂生，校. 北京：冶金工业出版社，2008.

［48］李成功，马济民，邓炬. 中国材料工程大典［M］. 北京：化学工业出版社，2005.

［49］邹武装. 钛手册［M］. 北京：化学工业出版社，2012.

［50］胡克俊，锡淦，等. 全球钛渣生产技术现状［J］. 世界有色金属，2006（12）.

［51］杨保祥. 硫钴精矿提钴工艺及技术经济分析［J］. 钢铁钒钛，1998（2）.

［52］吴碧君，刘晓勤. 燃烧过程中氮氧化物的天生机理［J］. 电力环境保护，2003（4）.

［53］吴碧君，刘晓勤. 燃烧过程 NO_x 的控制技术与原理［J］. 电力环境保护，2004（2）.

［54］吴碧君，刘晓勤. 燃煤锅炉低 NO_x 燃烧器的类型及其发展［J］. 电力环境保护，2004（3）.

［55］BUSCA G，LIETTI L，RAMIS G，et al. Chemical and mechanistic aspects of the selective catalytic reduction of NO_x by ammonia over oxide catalysts［J］. Applied Catalysis B：Environmental，1998（1）.

［56］吴碧君，王述刚，方志星，等. 烟气脱硝工艺及其化学原理分析［J］. 热力发电，2006（11）.

［57］BOSCH H，JAN SSEN F. Catalytic reduction of nitrogen oxides—A review on the fundamental and technology［J］. Catalysis Today，1988（4）.

［58］INOMATA N，MIYAMOTO A，MURAKAMI Y. Mechanism of the reaction of NO and NH_3 on vanadium oxide catalyst in the presence of oxygen under the dilute gas condition［J］. Journal of Catalysis，1980（1）.

［59］金奇庭，张希衡，王志盈. 合成有机物在厌氧生物处理中的抑制特性研究［J］. 西安冶金建筑学院学报，1991，23（增）.

［60］Fujishima A，Honda K. Electrochemical photocatalysis of water at a semiconductor electrode［J］. Nature，1972.

［61］Fujishima A，Rao T N，Tryk D A. Titanium dioxide photocatalysis［J］. J. Photochem. and Photobi. C：Photochem. Rev.，2000（1）.

［62］Amama P B，Itoh K. Photocatalytic oxidation of trichloroethylene in humidified atmosphere［J］J. Mol. Catal. A：Chem.，2001.

［63］Liyi Shi，Chunzhong Li，Aiping Chen，et al. Morphological structure of nanometer $TiO_2 - Al_2O_3$ composite-powders synthesized in high temperature gas medium reactor. Chemical Engineering Jounal，2001（84）.

［64］范崇政，肖建平，丁建伟. 纳米 TiO_2 的制备与光催化反应研究进展［J］. 科学通报，2001（4）.

［65］黄华林. 锑白在钛白生产中应用探讨［J］. 无机盐工业，1997（3）.

［66］蒋子铎，刘安华. 高级氧化过程的研究与进展［J］. 现代化工，1991（5）.

［67］张淑霞，李建保，张波. TiO_2 颗粒表面无机包覆的研究进展［J］. 化学通报，2001（2）.

［68］于向阳，程继建，等. 二氧化钛光催化材料［J］. 化工世界，2000（11）.

［69］周铭. 纳米 TiO_2 研究进展［J］. 涂料工业，1996（4）.

［70］Bicldey R I，Jayanty R K M，Navio J K，et al. Photo - oxidative fixation of molecular nitrogen on TiO_2（rutile）surfaces：the nature of the adsorbed nitrogen - containing species. Surface Science，1991，251.

［71］隋建新. 密闭电炉冶炼钛渣试验研究［J］. 轻金属，1998（5）.

［72］Nakamura R，Imanishi A，Murakoshi K，et al. In situ FTIR studies of primary intermediates of photocatalytic reactions on nanocrystalline TiO_2 films in contact with aqueous solutions [J]. J. Am. Chem. Soc., 2003 (24).

[73] 李东. 25.5MV·A 钛渣电炉自焙电极维护与事故的探讨 [J]. 钛工业进展, 2007 (5).

[74] 周廉. 美国、日本和中国钛工业发展评述 [J]. 稀有金属材料与工程, 2003 (8).

[75] 蒋鲁银, 余鑫. Uai 圆形钛渣电炉实现连续冶炼生产工艺 [J]. 黑龙江冶金, 2008 (4).

[76] 邹建新. 国内外钛及钛合金材料技术现状, 展望与建议 [J]. 宇航材料工艺, 2004 (1).

[77] 周天华. 国内外海绵钛工业现状及今后的发展趋势 [J]. 钛工业进展, 2001 (6).

[78] 颜学柏. 我国钛加工业的发展战略 [J]. 钛工业进展, 2002, 19 (4).

[79] 梁德忠. 我国海绵钛生产现状及发展方向 [J]. 钛工业进展, 2002, 19 (1).

[80] 刘彬, 刘延斌, 杨鑫, 等. TITANIUM 2008: 国际钛工业, 制备技术与应用的发展现状 [J]. 粉末冶金材料科学与工程, 2009 (2).

[81] Holz M. The global titanium market and the European challenge//International Titanium Association. TITANIUM 2008 [C]. Las Vegas, USA, 2008.

[82] Hanchen W. The rapid development of Chinese titanium industry//International Titanium Association. TITANIUM 2008 [C]. Las Vegas, USA, 2008.

[83] Takeshi K. Updme of titanium industry in Japan//International Titanium Association. TITANIUM 2008 [C]. Las Vegas, USA, 2008.

[84] 中国钛工业发展综述//中国有色金属工业协会钛锆铪分会年会论文集 [C]. 北京, 2007.

[85] 王向东, 逯福生, 郝斌, 等. 2008 年中国钛工业发展报告//中国有色金属工业协会钛锆铪年会论文集 [C]. 北京, 2009.

[86] 邹建新. 世界钛渣生产技术现状与趋势 [J]. 轻金属, 2003 (12).

[87] 新中国有色金属工业 60 年——钛工业篇//中国有色金属工业协会钛锆铪年会论文集 [C]. 北京, 2009.

[88] 郭建军. 2005 年世界钛工业发展状况及展望 [J]. 稀有金属快报, 2007 (7).

[89] 张华. 俄罗斯钛市场综述 [J]. 亚洲钛业资讯, 2005 (4).

[90] 郝斌, 王向东, 逯福生, 等. 世界钛市场现状及展望 [J]. 钛工业进展, 2008 (1).

[91] 苏鸿英. 世界钛工业简介 [J]. 世界有色金属, 2004 (7).

[92] 娄贯涛. 钛合金的研究应用现状及其发展方向 [J]. 钛工业进展, 2003 (2).

[93] 日本钛金属产业发展现况与策略 [R]. 日本经济产业省金属工业研究发展中心, 2006.

[94] 白木, 周沽. 金属钛的性能、发展与应用 [J]. 矿业快报, 2003 (5).

[95] 钱九红. 航空航天用新型钛合金的研究发展及应用 [J]. 稀有金属, 2000, 24 (3).

[96] 蔡建明, 李臻熙, 马济民, 等. 航空发动机用 600℃ 高温钛合金的研究与发展 [J]. 材料导报, 2005, 19 (1).

[97] 许国栋, 王凤娥. 高温钛合金的发展和应用 [J]. 稀有金属, 2008, 32 (6).

[98] 魏寿庸, 何瑜, 王青江, 等. 俄航空发动机用高温钛合金发展综述 [J]. 航空发动机, 2003, 31 (1).

[99] 毛小南, 赵永庆, 杨冠军. 国外航空发动机用钛合金的发展现状 [J]. 稀有金属快报, 2007, 26 (5).

[100] 曹春晓. 钛合金在大型运输机上的应用 [J]. 稀有金属快报, 2006, 15 (1).

[101] 攀枝花钛资源利用现状及其开发策略分析. 中国有色金属协会钛锆铪 2010 年年会论文, 2010.5.

[102] Klenz E. Titanium industry overview//International Titanium Association. TITANIUM 2008 [C]. Las Vegas, USA, 2008.

[103] 杨保祥. 攀枝花钛产业发展涉及的安全环保问题及其保护措施建议. 2008 年全国钛白年会会

刊，2008.10.

[104] 訾群. 钛合金研究新进展及应用现状 [J]. 钛工业进展，2008，25（2）.

[105] 王镐，祝建雯，何瑜，等. 钛在舰船领域的应用现状及展望 [J]. 钛工业进展，2003（6）.

[106] 徐鲁杰，程德彬. 船用钛合金及钛合金粉末冶金技术 [J]. 材料开发与应用，2009，24（2）.

[107] 余洪. 金属钛及其合金 [J]. 汽车工艺与材料，2004（12）.

[108] Opportunities for low cost titanium in reduced fuel consumption, and enhanced durability heavy – duty vehicles [R]. U. S. Department of Energy，2002.

[109] 刘静安. 钛合金的特性与用途及其在汽车上的应用 [J]. 轻金属，2003（3）.

[110] 牟仁艳，胡树华. 美国国家汽车创新工程研究 [J]. 汽车工业研究，2006（11）.

[111] 杨保祥，王彦华，阳露波. 氯化钛白技术难点分析 [J]. 攀枝花科技与信息，2002（3）.

[112] 冯颖芳. 日本钛及钛合金的开发应用 [J]. 钛工业进展，2001（5）.

[113] 李梁，孙健科，孟祥军. 钛合金的应用现状及发展前景 [J]. 钛工业进展，2004，21（5）.

[114] 石应江. 日本建筑用钛材概述 [J]. 钛工业进展，2005，22（1）.

[115] 皇甫强，牛金龙. 钛合金在医学领域的应用 [J]. 稀有金属快报，2005，24（1）.

[116] 朱峰. 医用钛合金材料研究与应用的进展 [J]. 世界有色金属，2007（8）.

[117] 全世平. 钛设备的应用及制造技术发展的现状 [J]. 中国金属通报，2009（5）.

[118] 高娃，张存信. 低成本钛合金制备技术及其军事应用 [J]. 钛工业进展，2008，25（3）.

[119] 曲恒磊，周义刚，周廉，等. 近几年新型钛合金的研究进展 [J]. 材料导报，2005，19（2）.

[120] 苏鸿英. 近期全球钛工业发展综述 [J]. 世界有色金属，2005（9）.

[121] 张鹏省，毛小南，赵永庆，等. 世界钛及钛合金产业现状及发展趋势 [J]. 稀有金属快报，2007，26（10）.

[122] 赵永庆，魏建峰，高占军，等. 钛合金的应用和低成本制造技术 [J]. 材料导报，2003，17（4）.

[123] 汪镜亮. 高纯度人造金红石生产工艺——Heubach Reptile – 96 [J]. 钛工业进展，2002（5）.

[124] 李文兵，杨成现，黄文来，等. 钛白粉材料历史、现状与发展 [J]. 现代化工，2002（12）.

[125] 付自碧，黄北卫，王雪飞. 盐酸法制造人造金红石工艺研究 [J]. 钢铁钒钛，2006（12）.

[126] 韩丰霞，雷霆，周林，等. 密闭直流电炉冶炼钛渣热量平衡研究 [J]. 轻金属，2011（12）.

[127] Yang Baoxiang. Rate of silicothermic reduction of TiO_2 in TiO_2 containing slag melt [J]. Transactions of Nonferrous Metal Society of China，1996.

[128] 赵红芬. 某金红石选矿试验研究 [J]. 矿产保护与利用，2001（4）.

[129] 狄伟伟，刘正红，孙虎明. 镁还原四氯化钛生产海绵钛过程热分析 [J]. 钛工业进展，2011（2）.

[130] 杨保祥. 钛硅铁合金生产中金属元素与渣氧化物的反应和平衡 [J]. 钢铁钒钛，1995（6）.

[131] 李祖树，徐楚韶. 提高钛硅合金等级研究 [J]. 重庆大学学报，1994（7）.

[132] 杨保祥. 攀枝花矿产资源特征及循环经济发展策略探讨 [C]. 2006年宝钢学术年会文集，2006.

[133] 唐安琪. 微压水解罐防腐设计 [J]. 化工装备技术，1998（39）.

[134] 尚青亮，刘捷，方树铭，等. 金属钛粉制备工艺 [J]. 材料导报，2013（5）.

[135] 杨阳，余刚，李铮，等. 基于钒钨钛催化剂的六氯苯催化氧化动力学研究 [J]. 持久性有机污染物论坛，2011.

[136] 章瑛红. 钛系聚酯催化剂催化活性的影响因素研究 [J]. 合成纤维工业，2012（4）.

[137] 张玉博，杜伊江，孟祥进. 烯烃聚合催化剂的应用研究 [J]. 内蒙古石油化工，2011（20）.

[138] 余伟. 用攀枝花矿和云南矿冶炼钛渣工业试验研究 [J]. 钛工业进展，2005（1）.

[139] 杨保祥. 稀硫酸浸出富集深还原渣 [J]. 钢铁钒钛，1996（1）.

［140］张小明．钛在摩托车和轿车中的应用［J］．稀有金属快报，2002（11）．

［141］杨保祥．转变经济增长方式，低碳环保发展攀枝花钛产业［J］．攀枝花科技与信息，2011（5）．

［142］田广民，洪权，张龙，等．国外大型民用客机用钛［J］．钛工业进展，2008，25（2）．

［143］赵树萍，吕双坤．钛合金在航空航天领域中的应用［J］．钛工业进展，2002（6）．

［144］Liao Ronghua，Yang baoxiang. Current situation of the use of copperas from sulphuric – acid TiO$_2$ process and Pangangs counter – measure for comprehensive utilization of copperas. 2005 年钒钛资源综合利用国际学术交流会论文．攀钢集团公司，2005.

［145］周林，雷霆．世界钛渣研发现状与发展趋势［J］．钛工业进展，2009，26（1）．

［146］沈政昌．浮选机发展历史及发展趋势［J］．有色金属，2011（增1）．

［147］森维，徐宝强，杨斌，等．碳化钛粉末制备方法［J］．轻金属，2010（12）．

［148］蒋伟，蒋训雄，汪胜东，等．钛铁矿湿法人造金红石新工艺［J］．有色金属，2010（10）．